L. D. Landau · E. M. Lifschitz
Lehrbuch der Theoretischen Physik
Band VIII

L. D. LANDAU · E. M. LIFSCHITZ

LEHRBUCH DER THEORETISCHEN PHYSIK

in zehn Bänden

In deutscher Sprache herausgegeben

von Prof. Dr. habil. PAUL ZIESCHE
Technische Universität Dresden

Band VIII

ELEKTRODYNAMIK DER KONTINUA

L. D. LANDAU · E. M. LIFSCHITZ

ELEKTRODYNAMIK DER KONTINUA

In deutscher Sprache herausgegeben

von Prof. Dr. sc. GERD LEHMANN
Zentralinstitut für Festkörperphysik
und Werkstofforschung der
Akademie der Wissenschaften der DDR, Dresden

5., von E. M. Lifschitz und L. P. Pitajewski
ergänzte und berichtigte Auflage

Mit 65 Abbildungen und 2 Tabellen

AKADEMIE-VERLAG BERLIN

Л. Д. Ландау и Е. М. Лифшиц
Электродинамика сплошных сред

Erschienen im Verlag NAUKA, Moskau 1982
Zweite, von E. M. Lifschitz und L. P. Pitajewski ergänzte und bearbeitete Auflage

Übersetzt aus dem Russischen von
Dr. Georg Dautcourt, Berlin
Dipl.-Phys. Helmut Günther, Berlin
Dr. Horst Heino v. Borzeskowski, Berlin
Dr. Stefan-Ludwig Drechsler, Dresden

Bd. VIII–ISBN 3-05-500 072-2
Ges.–ISBN 3-05-500 063-3

Erschienen im Akademie-Verlag Berlin, Leipziger Str. 3 – 4, Berlin, DDR-1086

Printed in the German Democratic Republic
Gesamtherstellung: VEB Druckerei „Thomas Müntzer", 5820 Bad Langensalza
Lektor: Dipl.-Phys. Ursula Heilmann
LSV 1114
Bestellnummer: 763 127 2 (5436/VIII)

VORWORT DER HERAUSGEBER ZUR DEUTSCHEN AUSGABE

Der achte Band der zehnbändigen Lehrbuchreihe von L. D. LANDAU und E. M. LIFSCHITZ enthält eine ungewöhnlich breite Skala von Anwendungen der Elektrodynamik. Abschnitte über Supraleiter, Magnetohydrodynamik, Streuung elektromagnetischer Wellen und Beugung von Röntgenstrahlen zum Beispiel findet man in ähnlichen Werken meist nicht.

Es überrascht immer wieder, daß die auf einer breiten physikalischen Grundlage aufbauenden Beispiele in diesem sich mit hoher Dynamik entwickelnden Gebiet ihre Aktualität in den 25 Jahren seit der ersten Auflage behalten haben. Der 4., deutschen Auflage liegt die 2., überarbeitete russische Auflage von 1982 zugrunde. In ihr wurden neue Ergebnisse insbesondere zur nichtlinearen Optik, zur Magnetohydrodynamik sowie zur räumlichen und zeitlichen Dispersion berücksichtigt. Hervorzuheben ist auch die gründliche Neufassung und Erweiterung des Kapitels über Ferro- und Antiferromagnetismus. Die Breite der aufgenommenen Gebiete und die vom Grundlegenden ausgehende Betrachtungsweise macht das Werk für Physiker, aber besonders auch für Vertreter angrenzender Disziplinen besonders wertvoll.

Wir gedenken voller Verehrung E. M. LIFSCHITZ, der uns bei der Vorbereitung der deutschen Ausgaben zu Lebzeiten stets freundlich unterstützte. Für die Übersetzung der 2., russischen Auflage und die Hilfe bei den Korrekturen sei Herrn Dr. S. L. DRECHSLER gedankt.

Dresden, im Mai 1990

P. ZIESCHE G. LEHMANN

VORWORT ZUR ZWEITEN RUSSISCHEN AUFLAGE

Für die erste Auflage wurde dieser Band vor 25 Jahren geschrieben. Natürlich machte ein derartig großer Zeitraum eine ziemlich erhebliche Überarbeitung und Ergänzung des Buches für die vorliegende zweite Auflage notwendig.

Die Auswahl des Stoffes wurde seinerzeit so getroffen, daß er bis zum heutigen Zeitpunkt (mit ganz unwesentlichen Ausnahmen) nicht veraltete. In dieser Hinsicht wurden lediglich verhältnismäßig geringfügige Ergänzungen und Verbesserungen angebracht.

Dagegen wurde eine wesentliche Ergänzung des Buches mit neuem Material erforderlich. Dies betrifft besonders die magnetischen Eigenschaften der Materie sowie die Theorie der optischen Erscheinungen; es wurden neue Kapitel über die räumliche Dispersion sowie über die nichtlineare Optik hinzugefügt.

Das Kapitel über die elektromagnetischen Fluktuationen wurde entfernt, da dieses Material nun in abgeänderter Form in einem anderen Band dieses Lehrbuches, dem Band IX, behandelt wird.

Eine unschätzbare Hilfe bei der Überarbeitung dieses Bandes sowie auch der anderen Bände waren die Hinweise unserer wissenschaftlichen Freunde und Kollegen, allzu vieler, um sie hier alle anzuführen. Besonders viele Hinweise gaben W. L. Ginsburg, B. J. Seldowitsch und W. P. Krainow. Sehr wertvoll war für uns die Möglichkeit, entstandene Fragen ständig mit A. F. Andrejew, I. J. Dsjaloschinski und I. M. Lifschitz erörtern zu können. Besonderer Dank gebührt S. I. Wainstein und R. W. Polowin für die große Hilfe bei der Überarbeitung des Kapitels über die Magnetohydrodynamik.

Schließlich danken wir A. S. Borowik-Romanow, W. I. Grigorjew sowie M. I. Kaganow, die das Buch als Manuskript lasen und eine Reihe nützlicher Bemerkungen machten.

Moskau, Juli 1981

E. M. Lifschitz, L. P. Pitajewski

VORWORT ZUR ERSTEN RUSSISCHEN AUFLAGE

Der vorliegende Band des „Lehrbuches für Theoretische Physik" beschäftigt sich mit der Theorie elektromagnetischer Felder in Substanzen und mit der Theorie makroskopischer elektrischer und magnetischer Erscheinungen der Stoffe. Wie man aus dem Inhaltsverzeichnis entnehmen kann, gehört hierzu ein sehr weiter Bereich von Fragen.

Beim Schreiben dieses Buches hatten wir viele Schwierigkeiten zu überwinden, die mit der Notwendigkeit zusammenhingen, eine Auswahl aus dem vorliegenden riesigen Material zu treffen, und auch damit, daß die gewöhnliche Darstellung vieler hier berührter Fragen nicht den nötigen Grad physikalischer Klarheit besitzt und teilweise sogar falsch ist. Wir sind uns darüber klar, daß auch in der vorliegenden Darstellung noch viele Mängel enthalten sind, die wir in weiteren Auflagen des Werkes richtigzustellen beabsichtigen.

Wir danken Prof. W. L. Ginsburg, der das Buch im Manuskript las und eine Reihe nützlicher Bemerkungen machte. Unser Dank gilt auch I. J. Dsjaloschinski und L. P. Pitajewski für ihre große Hilfe beim Lesen der Korrekturen.

Moskau, Oktober 1956

L. D. Landau, E. M. Lifschitz

INHALTSVERZEICHNIS

Einige Bezeichnungen XIII

Kapitel I. **Elektrostatik von Leitern** 1

§ 1. Das elektrostatische Feld von Leitern 1
§ 2. Energie des elektrostatischen Feldes von Leitern 4
§ 3. Lösungsmethoden elektrostatischer Aufgaben 10
§ 4. Leitendes Ellipsoid 23
§ 5. Kräfte, die auf einen Leiter wirken 35

Kapitel II. **Elektrostatik von Nichtleitern** 42

§ 6. Das elektrostatische Feld in Nichtleitern 42
§ 7. Dielektrische Permeabilität 44
§ 8. Dielektrisches Ellipsoid 48
§ 9. Dielektrische Permeabilität einer Mischung 52
§ 10. Thermodynamische Beziehungen für Dielektrika im elektrischen Feld 54
§ 11. Freie Energie des dielektrischen Körpers 59
§ 12. Elektrostriktion isotroper Dielektrika 63
§ 13. Dielektrische Eigenschaften von Kristallen 66
§ 14. Das Vorzeichen der dielektrischen Suszeptibilität 72
§ 15. Elektrische Kräfte in einer dielektrischen Flüssigkeit 74
§ 16. Elektrische Kräfte in Festkörpern 79
§ 17. Piezoelektrika 84
§ 18. Thermodynamische Ungleichungen 93
§ 19. Ferroelektrika 97
§ 20. Uneigentliche Ferroelektrika 105

Kapitel III. **Konstante Ströme** 108

§ 21. Stromdichte und Leitfähigkeit 108
§ 22. HALL-Effekt 112
§ 23. Kontaktpotentiale 115
§ 24. Galvanische Elemente 118
§ 25. Elektrokapillarität 119
§ 26. Thermoelektrische Erscheinungen 121
§ 27. Thermogalvanomagnetische Erscheinungen 126
§ 28. Elektrische Diffusionserscheinungen 127

Kapitel IV. **Zeitunabhängige Magnetfelder** 131

§ 29. Das zeitunabhängige Magnetfeld 131
§ 30. Das Magnetfeld von konstanten Strömen 134

§ 31. Thermodynamische Beziehungen im Magnetfeld 142
§ 32. Die gesamte freie Energie magnetischer Substanzen 144
§ 33. Energie eines Systems von Strömen 147
§ 34. Selbstinduktion linienförmiger Leiter 151
§ 35. Kräfte im Magnetfeld 157
§ 36. Gyromagnetische Erscheinungen 161

Kapitel V. **Ferromagnetismus und Antiferromagnetismus** 163

§ 37. Magnetische Symmetrie von Kristallen 163
§ 38. Magnetische Klassen und Raumgruppen 166
§ 39. Ferromagnetika in der Nähe des Curie-Punktes 170
§ 40. Energie bei magnetischer Anisotropie 173
§ 41. Magnetisierungskurve eines Ferromagnetikums 176
§ 42. Magnetostriktion eines Ferromagnetikums 181
§ 43. Oberflächenspannung einer Domänenwand 184
§ 44. Domänenstruktur eines Ferromagnetikums 192
§ 45. Eindomänenteilchen 197
§ 46. Orientierungsübergänge 199
§ 47. Fluktuationen in einem Ferromagnetikum 203
§ 48. Antiferromagnetika in der Nähe des Curie-Punktes 208
§ 49. Bikritischer Punkt eines Antiferromagnetikums 213
§ 50. Schwacher Ferromagnetismus 215
§ 51. Piezomagnetismus und magnetoelektrischer Effekt 220
§ 52. Helikoidale magnetische Struktur 222

Kapitel VI. **Supraleitfähigkeit** 225

§ 53. Magnetische Eigenschaften von Supraleitern 225
§ 54. Supraleitender Strom 227
§ 55. Kritisches Feld 231
§ 56. Zwischenzustand 236
§ 57. Struktur des Zwischenzustands 241

Kapitel VII. **Das quasistationäre elektromagnetische Feld** 247

§ 58. Die Gleichungen des quasistationären Feldes 247
§ 59. Eindringtiefe des Magnetfeldes in einen Leiter 250
§ 60. Skineffekt 259
§ 61. Komplexer Widerstand 261
§ 62. Die Kapazität in einem quasistationären Stromkreis 266
§ 63. Bewegung eines Leiters im Magnetfeld 270
§ 64. Stromerregung durch Beschleunigung 276

Kapitel VIII. **Magnetohydrodynamik** 280

§ 65. Die Bewegungsgleichungen für eine Flüssigkeit im Magnetfeld 280
§ 66. Dissipative Prozesse in der Magnetohydrodynamik 284
§ 67. Magnetohydrodynamische Strömung zwischen parallelen Ebenen 287
§ 68. Gleichgewichtskonfigurationen 289
§ 69. Magnetohydrodynamische Wellen 293
§ 70. Bedingungen an Unstetigkeiten 299
§ 71. Tangentiale und Rotationsunstetigkeiten 300
§ 72. Stoßwellen 306
§ 73. Die Evolutionsbedingungen für Stoßwellen 309
§ 74. Turbulenter Dynamo 316

Kapitel IX. **Elektromagnetische Wellengleichungen** 322

§ 75. Die Feldgleichungen in einem Dielektrikum bei fehlender Dispersion 322
§ 76. Elektrodynamik sich bewegender Dielektrika 326
§ 77. Dispersion der dielektrischen Funktion 331
§ 78. Die dielektrische Funktion bei sehr großen Frequenzen . . . 335
§ 79. Dispersion der magnetischen Permeabilität 336
§ 80. Feldenergie in Medien mit Dispersion 341
§ 81. Der Spannungstensor in Medien mit Dispersion 346
§ 82. Die analytischen Eigenschaften der Funktion $\varepsilon(\omega)$ 349
§ 83. Die ebene monochromatische Welle 355
§ 84. Transparente Medien 359

Kapitel X. **Ausbreitung elektromagnetischer Wellen** 362

§ 85. Geometrische Optik 362
§ 86. Reflexion und Brechung von Wellen 366
§ 87. Oberflächenimpedanz von Metallen 374
§ 88. Ausbreitung von Wellen im inhomogenen Medium 381
§ 89. Reziprozitätsprinzip 384
§ 90. Elektromagnetische Schwingungen in Hohlraumresonatoren . 387
§ 91. Ausbreitung elektromagnetischer Wellen in Wellenleitern . . . 392
§ 92. Streuung elektromagnetischer Wellen an kleinen Teilchen . . 398
§ 93. Absorption elektromagnetischer Wellen durch kleine Teilchen 402
§ 94. Beugung an einem Keil 404
§ 95. Beugung an einem ebenen Schirm 408

Kapitel XI. **Elektromagnetische Wellen in anisotropen Medien** 412

§ 96. Die dielektrische Funktion der Kristalle 412
§ 97. Die ebene Welle im anisotropen Medium 415
§ 98. Optische Eigenschaften einachsiger Kristalle 421
§ 99. Zweiachsige Kristalle 424
§ 100. Doppelbrechung im elektrischen Feld 431
§ 101. Magnetooptische Effekte 432
§ 102. Dynamooptische Erscheinungen 440

Kapitel XII. **Räumliche Dispersion** 445

§ 103. Räumliche Dispersion 445
§ 104. Natürliche optische Aktivität 450
§ 105. Räumliche Dispersion in optisch inaktiven Medien 455
§ 106. Räumliche Dispersion in der Nähe einer Absorptionslinie . . 457

Kapitel XIII. **Nichtlineare Optik** 462

§ 107. Frequenzwandlung in nichtlinearen Medien 462
§ 108. Die nichtlineare dielektrische Funktion 464
§ 109. Selbstfokussierung 469
§ 110. Erzeugung der zweiten Harmonischen 476
§ 111. Starke elektromagnetische Wellen 482
§ 112. Erzwungene kombinierte Streuung 485

Kapitel XIV. **Durchgang schneller Teilchen durch Substanzen** 489

§ 113. Ionisationsverluste schneller Teilchen im Medium. Nichtrelativistischer Fall 489

§ 114. Ionisationsverluste schneller Teilchen im Medium. Relativistischer Fall . . . 495
§ 115. Tscherenkow-Strahlung . . . 503
§ 116. Übergangsstrahlung . . . 506

Kapitel XV. **Streuung elektromagnetischer Wellen** . . . 511

§ 117. Allgemeine Theorie der Streuung in isotropen Medien . . . 511
§ 118. Prinzip des detaillierten Gleichgewichts bei Streuprozessen . . 518
§ 119. Streuung mit kleiner Frequenzänderung . . . 522
§ 120. Rayleigh-Streuung in Gasen und Flüssigkeiten . . . 530
§ 121. Kritische Opaleszenz . . . 536
§ 122. Streuung in Flüssigkristallen . . . 538
§ 123. Streuung in amorphen Festkörpern . . . 540

Kapitel XVI. **Beugung von Röntgenstrahlen in Kristallen** . . . 543

§ 124. Allgemeine Theorie der Beugung von Röntgenstrahlen . . . 543
§ 125. Integrale Intensität . . . 549
§ 126. Diffuse Wärmestreuung von Röntgenstrahlen . . . 552
§ 127. Temperaturabhängigkeit des Beugungsquerschnitts . . . 554

Anhang. **Krummlinige Koordinaten** . . . 558

Sachverzeichnis . . . 560

EINIGE BEZEICHNUNGEN

Elektrische Feldstärke und elektrische Induktion: $\boldsymbol{E}$ und $\boldsymbol{D}$.
Feldstärke und Induktion des Magnetfeldes: $\boldsymbol{H}$ und $\boldsymbol{B}$.
Äußere elektrische und magnetische Feldstärken: $\boldsymbol{\mathfrak{E}}$, $\boldsymbol{\mathfrak{H}}$; Beträge $\mathfrak{E}$, $\mathfrak{H}$.
Dielektrische Polarisation: $\boldsymbol{P}$.
Magnetisierung: $\boldsymbol{M}$.
Integrales elektrisches und magnetisches Moment eines Körpers:
$\boldsymbol{\mathcal{P}}$ und $\boldsymbol{\mathcal{M}}$;
Beträge $\mathcal{P}$ und $\mathcal{M}$.
Dielektrische Permeabilität: ε.
Dielektrische Suszeptibilität: $\varkappa$.
Magnetische Permeabilität: μ.
Magnetische Suszeptibilität: χ.
Elektrische Stromdichte: $\boldsymbol{j}$.
Elektrische Leitfähigkeit: σ.
Absolute Temperatur: T.
Druck: P.
Volumen: V.
Dichten thermodynamischer Größen:
Entropiedichte S,
Dichte der inneren Energie U,
Dichte der freien Energie F,
Dichte des thermodynamischen Potentials Φ.
Die gleichen Größen für den Gesamtkörper: $\mathcal{S}$, $\mathcal{U}$, $\mathcal{F}$, φ.
Chemisches Potential: ζ.

Ein komplexer, zeitlich periodischer Faktor wird immer in der Gestalt $e^{-i\omega t}$ geschrieben.

Volumenelement: $\mathrm{d}V$ oder d^3x; Flächenelement: $\mathrm{d}\boldsymbol{f}$.

Stets benutzt wird die Summationskonvention für zwei wiederholte vektorielle und tensorielle dreidimensionale (lateinische Buchstaben) und zweidimensionale (griechische Buchstaben) Indizes.

Die Zeichen $\approx$, $\sim$ bzw. $\propto$ bedeuten:
$\approx$ angenähert gleich
$\sim$ größenordnungsmäßig gleich
$\propto$ proportional

Die anderen Bände dieser Lehrbuchreihe werden wie folgt zitiert

I – Band I „Mechanik“
II – Band II „Klassische Feldtheorie“
III – Band III „Quantenmechanik“
IV – Band IV „Relativistische Quantentheorie“
V – Band V „Statistische Physik, Teil 1“
VI – Band VI „Hydrodynamik“
VII – Band VII „Elastizitätstheorie“
IX – Band IX „Statistische Physik, Teil 2“
X – Band X „Physikalische Kinetik“

I ELEKTROSTATIK VON LEITERN

§ 1. Das elektrostatische Feld von Leitern

Den Gegenstand der makroskopischen Elektrodynamik bildet das Studium von elektromagnetischen Feldern in stofferfüllten Räumen. Wie jede makroskopische Theorie hat es die Elektrodynamik mit physikalischen Größen zu tun, die über „physikalisch unendlich kleine Volumenelemente" gemittelt wurden, wobei die vom molekularen Bau der Stoffe herrührenden mikroskopischen Schwankungen nicht interessieren. So werden wir etwa statt des wahren mikroskopischen Wertes der Intensität des elektrischen Feldes $\boldsymbol{e}$ seinen durch

$$\bar{\boldsymbol{e}} = \boldsymbol{E} \tag{1,1}$$

bezeichneten Mittelwert betrachten.

Die Grundgleichungen der Elektrodynamik der Kontinua erhält man durch Mittelung der Gleichungen für das elektromagnetische Feld im Vakuum. Diesen Übergang von den mikroskopischen zu den makroskopischen Gleichungen führte als erster H. A. Lorentz (1902) durch.

Sowohl die Form der Gleichungen der makroskopischen Elektrodynamik als auch die Bedeutung der darin eingehenden Größen hängen von der physikalischen Natur des Mediums und von der Art der zeitlichen Änderung des Feldes ab. Es erscheint daher vernünftig, die Ableitung und Untersuchung dieser Gleichungen für jede Gruppe physikalischer Erscheinungen getrennt durchzuführen.

Wie bekannt, lassen sich alle Körper bezüglich ihrer elektrischen Eigenschaften in zwei Gruppen einteilen, in Leiter und Nichtleiter (Dielektrika), wobei sich Leiter von Nichtleitern dadurch unterscheiden, daß in ihnen jedes elektrische Feld eine Ladungsbewegung, einen elektrischen Strom hervorruft.[1])

Wir beginnen mit dem Studium zeitunabhängiger elektrischer Felder, die von geladenen Leitern hervorgerufen werden, also mit der Elektrostatik von Leitern. Aus der Grundeigenschaft der Leiter folgt vor allem, daß im elektrostatischen Fall das elektrische Feld im Innern des Leiters verschwinden muß. Ein nichtverschwindendes elektrisches Feld $\boldsymbol{E}$ würde nämlich einen Strom hervorrufen; die Ausbreitung eines Stromes im Leiter ist jedoch mit der Dissipation von Energie verbunden und kann daher ohne äußere Energiequellen nicht als stationärer Zustand aufrechterhalten werden.

Umgekehrt folgt hieraus, daß sich alle Ladungen im Leiter auf seiner Oberfläche befinden müssen; Ladungen im Innern des Leiters würden dort notwendig ein elek-

---

[1]) Der Leiter wird hier als homogen (bezüglich seiner Zusammensetzung, seiner Temperatur usw.) angenommen. In inhomogenen Leitern können, wie wir später sehen werden, durchaus Felder existieren, die keine Ladungsbewegung hervorrufen.

trisches Feld hervorrufen;[1]) dagegen können Ladungen auf der Leiteroberfläche so verteilt sein, daß die von ihnen im Innern erzeugten Felder sich gegenseitig zu Null kompensieren.

Die Aufgabe der Elektrostatik der Leiter besteht also in der Bestimmung des elektrischen Feldes im Vakuum außerhalb des Leiters, und in der Bestimmung der Ladungsverteilung auf seiner Oberfläche.

In Punkten, die von der Oberfläche des Leiters hinreichend weit entfernt sind, fällt das mittlere Feld $\boldsymbol{E}$ im Vakuum praktisch mit dem wahren Feld $\boldsymbol{e}$ zusammen. Diese beiden Größen unterscheiden sich nur in unmittelbarer Nähe des Körpers voneinander, wo noch der Einfluß der irregulären molekularen Felder wirksam ist. Dieser Umstand hat jedoch keinen Einfluß auf die Gestalt der gemittelten Feldgleichungen. Die strengen mikroskopischen Feldgleichungen im Vakuum lauten:

$$\operatorname{div} \boldsymbol{e} = 0\,, \tag{1,2}$$

$$\operatorname{rot} \boldsymbol{e} = -\frac{1}{c}\frac{\partial \boldsymbol{h}}{\partial t} \tag{1,3}$$

(mit $\boldsymbol{h}$ als mikroskopischer magnetischer Feldstärke). Da ein mittleres Magnetfeld als abwesend angenommen wird, verschwindet auch die Ableitung $\partial \boldsymbol{h}/\partial t$ im Ergebnis der Mittelung, und wir finden, daß das statische elektrische Feld im Vakuum den üblichen Gleichungen

$$\operatorname{div} \boldsymbol{E} = 0\,, \qquad \operatorname{rot} \boldsymbol{E} = 0 \tag{1,4}$$

genügt, d. h. ein Potentialfeld darstellt, mit einem Potential φ, das mit $\boldsymbol{E}$ durch die Beziehung

$$\boldsymbol{E} = -\operatorname{grad} \varphi \tag{1,5}$$

verbunden ist und die LAPLACE-Gleichung

$$\Delta \varphi = 0 \tag{1,6}$$

erfüllt.

Die Grundgleichungen für das Feld $\boldsymbol{E}$ auf der Oberfläche des Leiters folgen ebenfalls aus der Gleichung $\operatorname{rot} \boldsymbol{E} = 0$, die (wie auch die Ausgangsgleichung (1,3)) sowohl außerhalb als auch im Innern des Körpers gültig ist. Wir legen in irgendeinem Oberflächenpunkt des Leiters die z-Achse in die Richtung seiner Oberflächennormalen $\boldsymbol{n}$. Die Feldkomponente E_z erreicht in unmittelbarer Nähe der Oberfläche sehr große Werte (da hier eine endliche Potentialdifferenz in einer sehr kleinen Entfernung besteht). Dieses intensive Feld ist eine Eigenschaft der Oberfläche selbst und hängt von ihren physikalischen Eigenschaften ab, hat aber keine Beziehung zu der von uns gestellten elektrostatischen Aufgabe, da es bereits auf Entfernungen zusammenbricht, die mit atomaren Dimensionen vergleichbar sind. Wesentlich ist, daß bei homogener Oberfläche die Ableitungen $\partial E_z/\partial x$, $\partial E_z/\partial y$ längs der Oberfläche endlich bleiben, obwohl $\partial E_z/\partial z$ selbst gegen Unendlich geht. Aus

$$(\operatorname{rot} \boldsymbol{E})_x = \frac{\partial E_z}{\partial y} - \frac{\partial E_y}{\partial z} = 0$$

folgt daher, daß auch $\partial E_y/\partial z$ endlich ist. Dies bedeutet, daß E_y stetig durch die Oberfläche geht (ein Sprung von E_y würde nämlich bedeuten, daß die Ableitung

[1]) Dies ist klar aus der später angegebenen Gleichung (1,8) ersichtlich.

$\partial E_y/\partial z$ gegen Unendlich strebt). Gleiches gilt auch für E_x, und da im Innern des Leiters allgemein $\boldsymbol{E} = 0$ gilt, ergibt sich, daß die Tangentialkomponenten des Außenfeldes verschwinden müssen:

$$\boldsymbol{E}_t = 0\,. \tag{1,7}$$

Das elektrostatische Feld steht also in jedem Oberflächenpunkt des Leiters senkrecht auf der Oberfläche. Wegen $\boldsymbol{E} = -\operatorname{grad}\varphi$ bedeutet dies, daß das Potential des Feldes auf der gesamten Leiteroberfläche konstant sein muß, oder anders ausgedrückt, die Oberfläche eines homogenen Leiters stellt eine Äquipotentialfläche des elektrostatischen Feldes dar.

Die zur Oberfläche normale Feldkomponente hängt auf einfache Weise mit der Dichte der auf der Oberfläche verteilten Ladung zusammen. Man erhält diese Beziehung aus der allgemeinen elektrostatischen Gleichung $\operatorname{div}\boldsymbol{e} = 4\pi\varrho$, die nach Mittelung

$$\operatorname{div}\boldsymbol{E} = 4\pi\bar{\varrho} \tag{1,8}$$

mit $\bar{\varrho}$ als mittlerer Ladungsdichte lautet. In Integralform besagt diese Gleichung bekanntlich, daß der Fluß des elektromagnetischen Feldes durch eine geschlossene Oberfläche gleich der mit 4π multiplizierten Gesamtladung ist, die sich im durch die Fläche eingeschlossenen Volumen befindet. Wenden wir diesen Satz auf ein Volumenelement an, das zwischen zwei infinitesimal benachbarten Einheitsflächenelementen eingeschlossen ist, und berücksichtigen wir, daß auf der Innenfläche $\boldsymbol{E} = 0$ gilt, so finden wir $E_n = 4\pi\sigma$, wobei σ die Dichte der Oberflächenladung ist, d. h. der auf die Leitoberfläche bezogenen Ladung. Die Ladungsverteilung auf der Leiteroberfläche wird also durch die Formel

$$\sigma = \frac{1}{4\pi}E_n = -\frac{1}{4\pi}\frac{\partial\varphi}{\partial n} \tag{1,9}$$

bestimmt (die Ableitung des Potentials ist in Richtung der äußeren Oberflächennormalen zu nehmen). Die Gesamtladung des Leiters ist

$$e = -\frac{1}{4\pi}\oint\frac{\partial\varphi}{\partial n}\,\mathrm{d}f\,, \tag{1,10}$$

das Integral erstreckt sich über seine gesamte Oberfläche.

Die Potentialverteilung in jedem elektrostatischen Feld besitzt folgende bemerkenswerte Eigenschaft: Die Funktion $\varphi(x, y, z)$ kann ihre Maxima und Minima nur an den Grenzen des vom Feld eingenommenen Bereiches annehmen. Diese Aussage läßt sich auch als Satz über die Unmöglichkeit eines stabilen Gleichgewichts für eine in das Feld gebrachte Probeladung e formulieren, weil es dann keinen Punkt gibt, in dem die potentielle Energie $e\varphi$ der Ladung ein Minimum hätte.

Der Beweis dieses Satzes ist sehr einfach. Nehmen wir etwa an, daß in irgendeinem Punkt A (der kein Grenzpunkt des Feldbereiches ist) das Potential ein Maximum besitzt. Dann läßt sich A stets mit einer solchen kleinen geschlossenen Oberfläche umgeben, daß für alle Normalableitungen $\partial\varphi/\partial n < 0$ gilt. Auch für das Integral über diese Oberfläche ist $\oint(\partial\varphi/\partial n)\,\mathrm{d}f < 0$. Aus der LAPLACE-Gleichung folgt aber

$$\oint\frac{\partial\varphi}{\partial n}\,\mathrm{d}f = \int\Delta\varphi\,\mathrm{d}V = 0$$

im Widerspruch zur Voraussetzung.

§ 2. Energie des elektrostatischen Feldes von Leitern

Wir berechnen die Gesamtenergie $\mathcal{U}$ des elektrostatischen Feldes geladener Leiter[1])

$$\mathcal{U} = \frac{1}{8\pi}\int E^2 \, \mathrm{d}V\,, \tag{2,1}$$

hierbei ist das Integral über das gesamte Raumgebiet außerhalb des Leiters zu erstrecken. Das Integral schreiben wir wie folgt um:

$$\mathcal{U} = -\frac{1}{8\pi}\int \boldsymbol{E}\,\mathrm{grad}\,\varphi \cdot \mathrm{d}V = -\frac{1}{8\pi}\int \mathrm{div}\,(\varphi \boldsymbol{E})\,\mathrm{d}V + \frac{1}{8\pi}\int \varphi\,\mathrm{div}\,\boldsymbol{E}\,\mathrm{d}V\,.$$

Das zweite Integral verschwindet wegen (1,4), während sich das erste in Integrale über die das Feld begrenzenden Leiterflächen und über eine unendlich ferne Fläche umwandeln läßt. Das letzte dieser beiden Integrale verschwindet, da das Feld hinreichend stark im Unendlichen abfällt (dabei wird angenommen, daß die willkürliche Konstante in φ so gewählt wurde, daß im Unendlichen $\varphi = 0$ gilt). Versehen wir die Leiter mit Indizes a und bezeichnen wir den konstanten Wert des Potentials auf jedem Leiter mit φ_a, so erhalten wir[2])

$$\mathcal{U} = \frac{1}{8\pi}\sum_a \oint \varphi E_\mathrm{n}\,\mathrm{d}f = \frac{1}{8\pi}\sum_a \varphi_a \oint E_\mathrm{n}\,\mathrm{d}f\,.$$

Führen wir schließlich gemäß (1,10) die Gesamtladung e_a der Leiter ein, so ergibt sich der endgültige Ausdruck

$$\mathcal{U} = \tfrac{1}{2}\sum_a e_a \varphi_a\,, \tag{2,2}$$

analog zum Ausdruck für die Energie eines Systems von Punktladungen.

Ladungen und Potential der Leiter können nicht gleichzeitig willkürlich gewählt werden; zwischen ihnen besteht ein bestimmter Zusammenhang. Infolge der Linearität und Homogenität der Feldgleichungen im Vakuum muß dieser Zusammenhang ebenfalls linear sein, sich also durch eine Relation der Form

$$e_a = \sum_b C_{ab}\varphi_b \tag{2,3}$$

ausdrücken lassen, worin die Größen C_{aa}, C_{ab} die Dimension einer Länge besitzen und von der Form und gegenseitigen Lage der Leiter abhängen. Die Größen C_{aa} heißen *Kapazitätskoeffizienten,* die C_{ab} $(a \neq b)$ *elektrostatische Induktionskoeffizienten.* Für nur einen vorhandenen Leiter gilt $e = C\varphi$, wobei C die Kapazität ist; sie fällt größenordnungsmäßig mit der linearen Dimension des Körpers zusammen. Umgekehrt läßt sich das Potential durch die Ladung gemäß

$$\varphi_a = \sum_b C^{-1}_{ab} e_b \tag{2,4}$$

---

[1]) Das Quadrat $\boldsymbol{E}^2$ fällt nicht mit dem mittleren Quadrat $\overline{\boldsymbol{e}^2}$ des tatsächlichen Feldes in der Nähe der Oberfläche des Leiters oder in ihm (wo $E = 0$, aber natürlich $\overline{\boldsymbol{e}^2} \neq 0$ gilt) zusammen. Bei der Berechnung des Integrals (2,1) vernachlässigen wir die uns hier nicht interessierende innere Energie des Leiters und die Affinität der Ladungen zur Oberfläche.

[2]) Bei der Umwandlung eines Volumenintegrals in ein Oberflächenintegral ist hier und später im Auge zu behalten, daß E_n die Feldkomponente in Richtung der äußeren Normalen des Leiters ist. Diese Richtung ist entgegengesetzt zur äußeren Normalen des mit dem Raum außerhalb des Leiters identischen Integrationsbereiches. Das Vorzeichen des Integrals ist daher bei der Umwandlung geändert worden.

ausdrücken, wo die Koeffizienten C_{ab}^{-1} eine zu der Koeffizientenmatrix C_{ab} reziproke Matrix bilden.

Wir wollen nun die Änderung in der Energie eines Systems von Leitern berechnen, die durch eine unendlich kleine Änderung ihrer Ladungen oder Potentiale bewirkt wird. Variieren wir die Ausgangsbeziehung (2,1), so haben wir

$$\delta\mathcal{U} = \frac{1}{4\pi}\int \boldsymbol{E}\,\delta\boldsymbol{E}\,\mathrm{d}V\,.$$

Dieser Ausdruck kann nach zwei äquivalenten Methoden weiterbehandelt werden. Setzen wir $\boldsymbol{E} = -\,\mathrm{grad}\,\varphi$ und beachten wir, daß das variierte Feld ebenso wie das Ausgangsfeld die Gleichung (1,4) erfüllt (so daß $\mathrm{div}\,\delta\boldsymbol{E} = 0$ ist), so können wir

$$\delta\mathcal{U} = -\frac{1}{4\pi}\int \mathrm{grad}\,\varphi\cdot\delta\boldsymbol{E}\,\mathrm{d}V = -\frac{1}{4\pi}\int \mathrm{div}\,(\varphi\,\delta\boldsymbol{E})\,\mathrm{d}V$$
$$= \frac{1}{4\pi}\sum_a \varphi_a \oint \delta E_{\mathrm{n}}\,\mathrm{d}f$$

schreiben oder schließlich

$$\delta\mathcal{U} = \sum_a \varphi_a\,\delta e_a\,, \tag{2,5}$$

d. h., wir erhalten die Änderung der Energie ausgedrückt durch die Variationen der Ladungen. Dieses Ergebnis ist verständlich, da es die Arbeit darstellt, die nötig ist, um die infinitesimalen Ladungen aus dem Unendlichen, wo das Potential verschwindet, auf die verschiedenen Leiter zu bringen.

Andererseits können wir auch

$$\delta\mathcal{U} = -\frac{1}{4\pi}\int \boldsymbol{E}\,\mathrm{grad}\,\delta\varphi\cdot\mathrm{d}V = -\frac{1}{4\pi}\int \mathrm{div}\,(\boldsymbol{E}\,\delta\varphi)\,\mathrm{d}V$$
$$= \frac{1}{4\pi}\sum_a \delta\varphi_a \oint E_{\mathrm{n}}\,\mathrm{d}f$$

schreiben oder

$$\delta\mathcal{U} = \sum_a e_a\,\delta\varphi_a\,, \tag{2,6}$$

d. h. die Energieänderung ausgedrückt durch die Änderung in den Potentialen der Leiter.

Die Gleichungen (2,5), (2,6) zeigen, daß man durch Ableitung der Energie $\mathcal{U}$ nach den Ladungen die Potentiale der Leiter erhält, und daß die Ableitung von $\mathcal{U}$ nach den Potentialen die Ladungen ergibt:

$$\frac{\partial\mathcal{U}}{\partial e_a} = \varphi_a\,, \qquad \frac{\partial\mathcal{U}}{\partial\varphi_a} = e_a\,. \tag{2,7}$$

Potentiale und Ladungen sind aber lineare Funktionen voneinander. Mit (2,3) haben wir

$$\frac{\partial^2\mathcal{U}}{\partial\varphi_a\,\partial\varphi_b} = \frac{\partial e_b}{\partial\varphi_a} = C_{ba}\,,$$

und bei Vertauschen der Differentiationsreihenfolge würden wir C_{ab} erhalten: Man sieht daraus, daß

$$C_{ab} = C_{ba} \tag{2,8}$$

gilt (und analog $C_{ab}^{-1} = C_{ba}^{-1}$). Die Energie $\mathcal{U}$ kann als quadratische Form in den Potentialen oder Ladungen dargestellt werden:

$$\mathcal{U} = \tfrac{1}{2} \sum_{a,b} C_{ab}\varphi_a\varphi_b = \tfrac{1}{2} \sum_{a,b} C_{ab}^{-1} e_a e_b \,. \tag{2,9}$$

Diese quadratische Form muß wie der Ausgangsausdruck (2,1) positiv definit sein. Aus dieser Forderung ergeben sich bestimmte Ungleichungen, die die Koeffizienten C_{ab} erfüllen müssen. Insbesondere sind alle Kapazitätskoeffizienten positiv:

$$C_{aa} > 0 \tag{2,10}$$

(ebenso gilt $C_{aa}^{-1} > 0$).[1]

Die Koeffizienten der elektrostatischen Induktion sind dagegen negativ:

$$C_{ab} < 0 \qquad (a \neq b) \,. \tag{2,11}$$

Dieser Umstand ergibt sich bereits aus folgenden einfachen Überlegungen. Nehmen wir an, daß alle Leiter mit Ausnahme des a-ten geerdet sind, d. h., daß ihre Potentiale verschwinden. Dann ist die durch den geladenen a-ten Leiter auf irgendeinem anderen Leiter b induzierte Ladung gleich $e_b = C_{ba}\varphi_a$. Das Vorzeichen der induzierten Ladung ist umgekehrt zu dem des induzierten Potentials, somit gilt $C_{ab} < 0$. Davon kann man sich leicht überzeugen, indem man davon ausgeht, daß das Potential eines elektrostatischen Feldes seine Maxima und Minima nicht außerhalb der Leiter annehmen kann. Es sei etwa das Potential φ_a des einzigen nichtgeerdeten Leiters positiv. Dann ist das Potential auch im ganzen Raum positiv, und sein kleinster Wert (Null) kann nur auf den geerdeten Leitern erreicht werden. Daraus folgt, daß auf den Oberflächen der geerdeten Leiter die Normalableitung des Potentials $\partial\varphi/\partial n$ positiv ist und die Ladung gemäß (1,10) negativ.

Durch ähnliche Überlegungen kann man auch $C_{ab}^{-1} > 0$ einsehen.

Die Energie des elektrostatischen Feldes von Leitern hat eine bestimmte Extremaleigenschaft, die jedoch von mehr formalem als physikalischem Charakter ist. Um sie abzuleiten, nehmen wir an, daß die Ladungsverteilung auf den Leitern eine infinitesimale Änderung erleidet (die Gesamtladung eines jeden Leiters jedoch konstant bleibt), bei der die Ladungen in den Leiter eindringen können; dabei kümmern wir uns nicht darum, daß in Wirklichkeit eine solche Ladungsverteilung nicht stationär aufrecht erhalten werden kann. Wir betrachten die entsprechende Änderung des Integrales

$$\mathcal{U} = \frac{1}{8\pi}\int E^2 \, \mathrm{d}V \,,$$

das nun über den ganzen Raum zu erstrecken ist, einschließlich der Leitervolumina selbst (da nach der Ladungsverschiebung das Feld $\boldsymbol{E}$ auch im Innern der Leiter von

[1]) Für positive Definitheit der Form (2,9) ist ferner die Ungleichung

$$C_{aa}\, C_{bb} > C_{ab}^2$$

nötig.

Null verschieden sein kann). Wir schreiben

$$\delta\mathcal{U} = -\frac{1}{4\pi}\int \operatorname{grad}\varphi \cdot \delta\boldsymbol{E}\,\mathrm{d}V = -\frac{1}{4\pi}\int \operatorname{div}(\varphi\cdot\delta\boldsymbol{E})\,\mathrm{d}V + \frac{1}{4\pi}\int \varphi\operatorname{div}\delta\boldsymbol{E}\,\mathrm{d}V\,.$$

Das erste Integral verschwindet, da es in ein Integral über eine unendlich weit entfernte Fläche umgewandelt werden kann. Im zweiten haben wir nach (1,8) $\operatorname{div}\delta\boldsymbol{E} = 4\pi\,\delta\bar{\varrho}$, so daß

$$\delta\mathcal{U} = \int \varphi\,\delta\bar{\varrho}\,\mathrm{d}V$$

folgt. Dieses Integral verschwindet aber, wenn φ das Potential eines echten elektrostatischen Feldes ist: In diesem Fall ist innerhalb eines jeden Leiters $\varphi = \mathrm{const}$; das Integral $\int \delta\bar{\varrho}\,\mathrm{d}V$ über das Volumen eines jeden Leiters verschwindet, da seine Gesamtladung ungeändert bleibt.

Die Energie eines wirklich vorkommenden elektrostatischen Feldes ist also ein Minimum[1]) im Vergleich mit der Energie jener Felder, die durch irgendeine andere Ladungsverteilung im Bereich der Leiter erzeugt werden können (Satz von THOMSON).

Aus diesem Satz folgt insbesondere, daß die Einführung eines ungeladenen Leiters in das Feld von gegebenen Ladungen (geladenen Leitern) die Gesamtenergie des Feldes verringert. Um sich davon zu überzeugen, reicht es aus, die Energie des tatsächlichen Feldes, das sich durch die Einführung des ungeladenen Leiters ergibt, mit der Energie eines fiktiven Feldes zu vergleichen, in dem keine induzierten Ladungen auf dem eingeführten Leiter bestehen. Die erste Energie ist, da sie ihren kleinstmöglichen Wert besitzt, kleiner als die letztgenannte, die zugleich die Energie des ursprünglichen Feldes ist (da bei Abwesenheit induzierter Ladungen das Feld ungeändert den Leiter durchdringt). Dieses Ergebnis kann auch etwas anders formuliert werden: Ein ungeladener Leiter, der von einem System gegebener Ladungen entfernt wird, wird von diesen angezogen.

Schließlich läßt sich zeigen, daß ein (geladener oder ungeladener) Leiter, wenn er in ein elektrostatisches Feld gebracht wird, sich unter alleinigem Einfluß elektrischer Kräfte nicht im stabilen Gleichgewicht befinden kann. Diese Behauptung verallgemeinert den am Ende des letzten Paragraphen bewiesenen Satz für Punktladungen und kann durch kombinierte Anwendung dieses Satzes und des Satzes von THOMSON bewiesen werden; wir führen hier die entsprechenden Überlegungen nicht durch.

Die Formel (2,9) ist bequem zur Berechnung der Energie eines Systems von Leitern, die sich in endlichen gegenseitigen Entfernungen befinden. Eine besondere Betrachtung erfordert jedoch die Energie ungeladener Leiter, die sich in einem homogenen äußeren Feld $\mathfrak{E}$ befinden, das man sich durch Ladungen im Unendlichen erzeugt denken kann. Gemäß (2,2) ist diese Energie gleich $\mathcal{U} = 1/2\, e\varphi$, wo e die entfernte, das Feld erzeugende Ladung ist, und φ das Potential jenes Feldes, das durch die betrachteten Leiter am Ort der Ladung e hervorgerufen wird ($\mathcal{U}$ schließt nicht die Energie der Ladung e in ihrem eigenen Feld ein, da sie in keiner Beziehung zu der uns interessierenden Energie der Leiter steht). Die Ladung des Leiters ist Null, durch den Einfluß des äußeren Feldes erhält er jedoch ein elektrisches Dipolmoment, das wir mit $\mathfrak{P}$

---

[1]) Wir geben hier nicht die einfachen Überlegungen an, die zeigen, daß es sich hier um ein Minimum, nicht um ein unbestimmtes Extremum handelt.

bezeichnen. Das Potential eines elektrischen Dipols ist in großen Entfernungen vom Dipol bekanntlich $\varphi = \mathcal{P}\mathfrak{r}/r^3$. Somit gilt

$$\mathcal{U} = \frac{e\mathcal{P}\mathfrak{r}}{2r^3}.$$

Nun ist $-\ e\mathfrak{r}/r^3$ gleichzeitig die Stärke $\mathfrak{E}$ des von der Ladung e hervorgerufenen Feldes. Auf diese Weise folgt

$$\mathcal{U} = -\tfrac{1}{2}\mathcal{P}\mathfrak{E}\,. \tag{2,12}$$

Infolge der Linearität der Feldgleichungen ist klar, daß die Komponenten de Dipolmomentes $\mathcal{P}$ lineare Funktionen der Komponenten der Feldstärke $\mathfrak{E}$ sein müssen. Die hierbei auftretenden Koeffizienten haben die Dimension einer dritten Potenz der Länge und sind daher dem Volumen des Leiters proportional:

$$\mathcal{P}_i = V\alpha_{ik}\mathfrak{E}_k\,, \tag{2,13}$$

die Koeffizienten α_{ik} hängen nur von der Form des Körpers ab. Die Gesamtheit der Größen $V\alpha_{ik}$ bildet einen Tensor, den *Polarisierbarkeitstensor* des Körpers. Er ist symmetrisch: $\alpha_{ik} = \alpha_{ki}$ (ein Beweis dafür wird in § 11 gegeben). Die Energie (2,12) läßt sich also in der Form

$$\mathcal{U} = -\tfrac{1}{2}\,V\alpha_{ik}\mathfrak{E}_i\mathfrak{E}_k \tag{2,14}$$

darstellen.

Aufgaben

1. Die gegenseitige Kapazität C eines aus zwei Leitern bestehenden Systems (mit den Ladungen $\pm e$) ist durch die Koeffizienten C_{ab} auszudrücken.

Lösung. Die gegenseitige Kapazität zweier Leiter ist als Koeffizient in der Gleichung $e = C(\varphi_2 - \varphi_1)$ definiert, während sich die Energie des Systems durch C gemäß $\mathcal{U} = e^2/2C$ ausdrücken läßt. Vergleichen wir mit (2,9), so erhalten wir

$$\frac{1}{C} = C_{11}^{-1} - 2C_{12}^{-1} + C_{22}^{-1} = \frac{C_{11} + 2C_{12} + C_{22}}{C_{11}C_{22} - C_{12}^2}.$$

2. Eine in O gelegene Punktladung e befinde sich in der Nähe eines Systems geerdeter Leiter und induziere Ladungen e_a auf ihnen. Wäre die Ladung e nicht vorhanden und besäße der a-te Leiter das Potential φ_a', während die restlichen geerdet sind, so würde das Potential in O φ_0' sein. Man drücke die Ladung e_a durch φ_a' und φ_0' aus.

Lösung. Rufen die Ladungen e_a auf den Leitern die Potentiale φ_a hervor sowie die Ladungen e_a' die Potentiale φ_a', so folgt aus (2,3)

$$\sum_a \varphi_a e_a' = \sum_{a,b} \varphi_a C_{ab}\varphi_b' = \sum_a \varphi_a' e_a\,.$$

Wir wenden diese Beziehung auf zwei Zustände des Systems an, das von allen Leitern und einer Punktladung e gebildet wird (wobei die letztere als Grenzfall eines Leiters für kleine Durchmesser angesehen werden kann). In dem einen Zustand sei die Ladung e vorhanden, Die Leiter mögen die Ladung e_a besitzen mit den Potentialen $\varphi_a = 0$. Im zweiten Fall sei die Ladung e gleich Null, jedoch ein Leiter besitze das Potential $\varphi_a' \neq 0$. Wir erhalten dann $e\varphi_0' + e_a\varphi_a' = 0$, woraus

$$e_a = -\,e\frac{\varphi_0'}{\varphi_a'}$$

folgt. Befindet sich zum Beispiel die Ladng e in einer Entfernung r vom Zentrum einer geerdeten leitenden Kugel mit dem Radius a $(r > a)$, so gilt $\varphi_0' = \varphi_a' a/r$, und die auf der

Kugel induzierte Ladung ist

$$e_a = -\frac{ea}{r}.$$

Als ein anderes Beispiel betrachten wir eine Ladung e, die sich zwischen zwei geerdeten konzentrischen Kugeln mit den Radien a und b in einer Entfernung r mit $a < r < b$ befindet. Ist die äußere Kugel geerdet und die innere bis zum Potential φ_a' geladen, so ist das Potential in der Entfernung r

$$\varphi_0' = \varphi_a' \frac{1/r - 1/b}{1/a - 1/b}.$$

Die auf der inneren Kugel induzierte Ladung ist

$$e_a = -e\frac{a(b-r)}{r(b-a)}.$$

Entsprechend ist die auf der äußeren Kugel induzierte Ladung

$$e_b = -e\frac{b(r-a)}{r(b-a)}.$$

3. Zwei Leiter mit den Kapazitäten C_1 und C_2 werden in eine Entfernung r voneinander gesetzt, die groß im Vergleich zu ihren Durchmessern ist. Die Koeffizienten C_{ab} sind zu bestimmen.

Lösung. Trägt der Leiter *1* die Ladung e_1 und ist der Leiter *2* ungeladen, so gilt in erster Näherung $\varphi_1 = e_1/C_1$, $\varphi_2 = e_1/r$; wir vernachlässigen dabei die Änderung des Feldes über den Leiter 2 und seine Polarisation. Es ist somit $C_{11}^{-1} = 1/C_1$, $C_{12}^{-1} = 1/r$ und entsprechend $C_{22}^{-1} = 1/C_2$. Wir erhalten daraus für die Koeffizienten C_{ab}[1])

$$C_{11} = C_1\left(1 + \frac{C_1C_2}{r^2}\right), \quad C_{12} = -\frac{C_1C_2}{r}, \quad C_{22} = C_2\left(1 + \frac{C_1C_2}{r^2}\right).$$

4. Man bestimme die Kapazität C eines Ringes (vom Radius b) aus dünnem leitfähigem Draht mit kreisförmigem Querschnitt (vom Radius a; $b \gg a$).

Lösung: Da der Leiter dünn ist, wird das Feld an seiner Oberfläche nahezu gleich dem Feld, das eine Ladungsverteilung auf der Zylinderachse erzeugen würde (für einen Zylinder wäre es exakt gleich). Das Potential des Ringes wird daher

$$\varphi_a = \frac{e}{2\pi b}\oint \frac{dl}{r},$$

wo r die Entfernung von einem Oberflächenpunkt des Ringes zum Längenelement dl auf der Achse ist, längs der sich die Integration erstreckt. Wir zerlegen das Integral in zwei Teile, entsprechend $r < \Delta$ und $r > \Delta$, wobei Δ eine Entfernung ist, für die $a \ll \Delta \ll b$ gilt. Im Gebiet $r < \Delta$ kann man das Leiterstück als gerade ansehen, so daß

$$\int\limits_{\Delta > r} \frac{dl}{r} = \int\limits_{-\Delta}^{\Delta} \frac{dl}{\sqrt{l^2 + a^2}} \approx 2 \ln \frac{2\Delta}{a}.$$

Im Gebiet $r > \Delta$ läßt sich die Dicke des Leiters vernachlässigen, d. h., r kann als Entfernung zwischen zwei Punkten der Achse betrachtet werden. Man hat dann

$$\int\limits_{r>\Delta} \frac{dl}{r} = 2\int\limits_{\chi_0}^{\pi} \frac{b\, d\chi}{2b \sin(\chi/2)} = -2 \ln \tan\frac{\chi_0}{4},$$

[1]) Die weiteren Entwicklungsglieder besitzen im allgemeinen eine Ordnung (bezüglich $1/r$), die um 1 höher ist als die angeschriebene. Wird jedoch r als Entfernung zwischen den „Ladungszentren" der beiden Körper benutzt (für Kugeln zwischen ihren Mittelpunkten), so ist die Ordnung der folgenden Terme um 2 höher.

wo χ der zur Sehne r gehörige Zentriwinkel ist und sich die untere Integrationsgrenze aus $\Delta = 2b \sin(\chi_0/2)$ bestimmt, woraus $\chi_0 \approx \Delta/b$ folgt. Bei der Zusammensetzung beider Integrale fällt die Größe Δ heraus, und wir erhalten als Kapazität des Ringes den Ausdruck

$$C = \frac{\pi b}{\ln(8b/a)}.$$

§ 3. Lösungsmethoden elektrostatischer Aufgaben

Die allgemeinen Methoden der Lösung der LAPLACE-Gleichung bei gegebenen Grenzbedingungen auf bestimmten Flächen werden in den entsprechenden Zweigen der mathematischen Physik behandelt; unser Ziel ist es nicht, eine ausführliche Darstellung zu geben. Wir begnügen uns hier mit dem Hinweis auf einige einfachere Beispiele und mit der Lösung einer Reihe typischer Aufgaben, die für sich selbst interessant sind.[1])

Spiegelungsmethode. Das einfachste Anwendungsbeispiel für diese Methode ist die Bestimmung eines Feldes, das von einer Punktladung außerhalb eines den Halbraum einnehmenden leitenden Mediums erzeugt wird. Das Prinzip der Methode besteht im Auffinden zusätzlicher fiktiver Punktladungen, die zusammen mit den vorgegebenen Ladungen ein solches Feld produzieren, daß die Leiteroberfläche eine Äquipotentialfläche ist. In unserem Fall wird dies durch Einführen einer fiktiven Ladung $e' = -e$ erreicht, die sich in dem Punkt befindet, der das Spiegelbild von e bezüglich der Leitergrenzfläche ist. Das Potential der Ladung e und ihres Spiegelbildes e' ist

$$\varphi = e\left(\frac{1}{r} - \frac{1}{r'}\right), \tag{3,1}$$

wo r und r' die Entfernungen des Beobachtungspunktes von den Ladungen e und e' sind. Auf der Grenzfläche gilt $r = r'$, und das Potential besitzt den konstanten Wert 0; die notwendige Grenzbedingung ist also erfüllt, und (3,1) stellt die Lösung der Aufgabe dar. Es mag erwähnt werden, daß die Ladung e vom Leiter mit einer Kraft $e^2/(2a)^2$ (der *Bildkraft*) angezogen wird; die Wechselwirkungsenergie beträgt $-e^2/4a$.

Die Flächendichte der durch die Punktladung e auf der Grenzfläche hervorgerufenen Oberflächenladungen wird durch

$$\sigma = -\frac{1}{4\pi}\frac{\partial\varphi}{\partial n}\bigg|_{r=r'} = -\frac{e}{2\pi}\frac{a}{r^3} \tag{3,2}$$

gegeben, wobei a die Entfernung von der Ladung zur Oberfläche ist. Man überzeugt sich leicht davon, daß die Gesamtladung der Fläche

$$\int \sigma \, \mathrm{d}f = -e$$

ist, wie es sein muß.

Die Gesamtladung, die auf einem ursprünglich ungeladenen isolierten Leiter durch andere Ladungen induziert wird, bleibt natürlich Null. Wenn daher, wie in unserem Fall, das leitende Medium (in Wirklichkeit ein sehr großer Leiter) isoliert ist, müssen wir annehmen, daß neben der Ladung $-e$ auch eine Ladung $+e$ induziert wird, die

[1]) Die Lösung einer beträchtlichen Zahl komplizierter Aufgaben ist in den folgenden Büchern zu finden: W. R. SMYTHE, Static and Dynamic Electricity, McGraw-Hill, New York 1950; G. A. GRINBERG, Ausgewählte Fragen der mathematischen Theorie elektrischer und magnetischer Erscheinungen, Verlag der Akad. d. Wiss. d. UdSSR, 1948.

jedoch auf der Oberfläche des großen Körpers verteilt ist und verschwindende Dichte besitzt.

Wir betrachten nun das etwas schwierigere Problem eines Feldes, das von einer Ladung e in der Nähe eines kugelförmigen Leiters hervorgerufen wird. Zur Lösung dieser Frage benutzen wir die folgenden Ergebnisse, die man leicht durch unmittelbares Nachrechnen prüfen kann. Das Potential zweier Punktladungen e und $-e'$,

$$\varphi = \frac{e}{r} - \frac{e'}{r'},$$

verschwindet auf einer Kugelfläche vom Radius R, deren Zentrum auf der e und e' verbindenden Geraden in den Entfernungen l und l' von den Punktladungen liegt; l, l', R hängen durch

$$\frac{l}{l'} = \left(\frac{e}{e'}\right)^2, \qquad R^2 = ll'$$

zusammen.

Wir nehmen zunächst an, daß der kugelförmige Leiter auf dem konstanten Potential $\varphi = 0$ gehalten wird (geerdet ist). Dann wird das Feld, das die in einer Entfernung l vom Kugelzentrum (im Punkt A von Abb. 1) befindliche Punktladung e außerhalb der Kugel erzeugt, mit dem Feld zusammenfallen, das das System zweier Ladungen hervorruft, nämlich die gegebene Ladung e und die fiktive Ladung $-e'$ (Punkt A') innerhalb der Kugel in einer Entfernung l' von ihrem Zentrum. Hierbei gilt

$$l' = \frac{R^2}{l}, \qquad e' = e\frac{R}{l}. \tag{3,3}$$

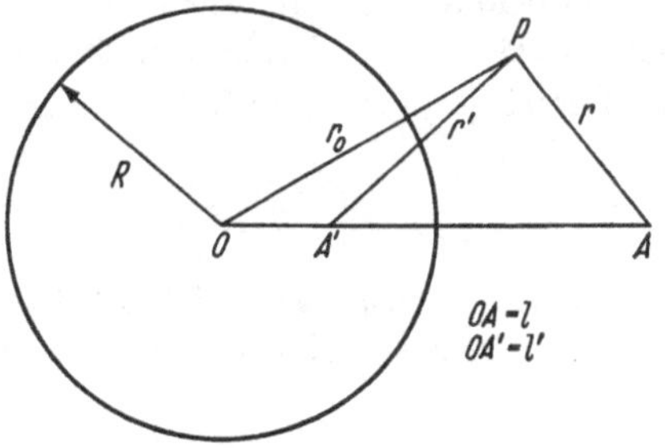

Abb. 1

Das Potential dieses Feldes ist

$$\varphi = \frac{e}{r} - \frac{eR}{lr'} \tag{3,4}$$

(r und r' sind in Abb. 1 eingezeichnet). Auf der Kugeloberfläche wird dabei eine von Null verschiedene Gesamtladung des Betrages $-e'$ induziert. Die Wechselwirkungsenergie von Ladung und Kugel ist

$$\mathcal{U} = -\frac{ee'}{2(l - l')} = -\frac{e^2 R}{2(l^2 - R^2)}, \tag{3,5}$$

die Ladung wird von der Kugel mit einer Kraft

$$F = -\frac{\partial \mathcal{U}}{\partial l} = -\frac{e^2 l R}{(l^2 - R^2)^2}$$

angezogen.

Verschwindet die Gesamtladung der Kugel (für eine isolierte ungeladene Kugel), so ist noch eine fiktive Ladung so einzuführen, daß die gesamte auf der Kugeloberfläche induzierte Ladung verschwindet, wobei die Bedingung der Konstanz des Potentials auf dieser Fläche nicht verletzt werden darf. Man erreicht dies, indem man eine Ladung $+e'$ in das Kugelzentrum setzt. Das Potential des gesuchten Feldes ist dann durch

$$\varphi = \frac{e}{r} - \frac{e'}{r'} + \frac{e'}{r_0} \tag{3,6}$$

gegeben. Die Wechselwirkungsenergie wird in diesem Fall

$$\mathcal{U} = \frac{ee'}{2}\left(\frac{1}{l} - \frac{1}{l - l'}\right) = -\frac{e^2 R^3}{2l^2(l^2 - R^2)}. \tag{3,7}$$

Befindet sich schließlich die Ladung e in einer kugelförmigen Aushöhlung eines leitenden Mediums (im Punkt A' von Abb. 1), so ist das Feld innerhalb der Hohlkugel gleich dem Feld einer Ladung e in A' und seines Bildes A außerhalb der Kugel, ohne Rücksicht darauf, ob der Leiter geerdet oder isoliert ist:

$$\varphi = \frac{e}{r'} - \frac{eR}{l'r}. \tag{3,8}$$

Inversionsmethode. Es gibt eine einfache Methode, die es in einer Reihe von Fällen gestattet, aus der bekannten Lösung eines elektrostatischen Problems die Lösung einer anderen Aufgabe zu finden. Dieser Methode liegt die Invarianz der LAPLACE-Gleichung gegenüber bestimmten Transformationen der Veränderlichen zugrunde.

In Kugelkoordinaten hat die LAPLACE-Gleichung die Gestalt

$$\frac{1}{r^2}\frac{\partial}{\partial r}\left(r^2 \frac{\partial \varphi}{\partial r}\right) + \frac{1}{r^2}\Delta_\Omega \varphi = 0\,,$$

wobei Δ_Ω der Winkelanteil des LAPLACE-Operators ist. Man sieht leicht ein, daß diese Gleichung ihre Form behält, wenn man statt der Variablen r eine andere Variable r' gemäß

$$r = \frac{R^2}{r'} \tag{3,9}$$

einführt (*Inversionstransformation*) und gleichzeitig die unbekannte Funktion φ durch

$$\varphi = \frac{r'}{R}\varphi' \tag{3,10}$$

ersetzt. Hier ist R eine Konstante mit der Dimension einer Länge (der *Inversionsradius*). Erfüllt also die Funktion $\varphi(\mathbf{r})$ die LAPLACE-Gleichung, so ist auch

$$\varphi'(\mathbf{r}') = \frac{R}{r'}\varphi\left(\frac{R^2}{r'^2}\mathbf{r}'\right) \tag{3,11}$$

eine Lösung dieser Gleichung.

Wir nehmen an, daß wir das elektrische Feld eines Systems von Leitern mit einheitlichem Potential φ_0 zusammen mit einem System von Punktladungen kennen. Das Potential $\varphi(\boldsymbol{r})$ wird gewöhnlich so festgelegt, daß es im Unendlichen verschwindet. Hier wählen wir die Funktion $\varphi(\boldsymbol{r})$ so, daß sie im Unendlichen gegen $-\varphi_0$ geht; dann gilt $\varphi = 0$ auf den Leitern.

Wir wollen nun klären, welches elektrostatische Problem von der transformierten Funktion (3,11) gelöst wird. Zunächst werden sich vor allem die Gestalt ausgedehnter Leiter und ihre gegenseitige Lage ändern. Die Randbedingung der Konstanz des Potentials auf den Leiterflächen bleibt automatisch erfüllt, da aus $\varphi = 0$ auch $\varphi' = 0$ folgt. Weiter ändern sich Verteilung und Stärke aller Punktladungen. Eine Ladung im Punkt $\boldsymbol{r}_0$ wandert in den Punkt $\boldsymbol{r}_0' = (R/r_0)^2\,\boldsymbol{r}_0$ und nimmt einen Wert e' an, der wie folgt bestimmt werden kann: Für $\boldsymbol{r} \to \boldsymbol{r}_0$ geht das Potential $\varphi(\boldsymbol{r})$ wie $\varphi = e/|\delta\boldsymbol{r}|$ mit $\delta\boldsymbol{r} = \boldsymbol{r} - \boldsymbol{r}_0$ gegen Unendlich. Differenzieren wir andererseits die Beziehung $\boldsymbol{r} = R^2\boldsymbol{r}'/r'^2$, so finden wir, daß die Beträge der infinitesimalen Differenzen $\delta\boldsymbol{r}$ und $\delta\boldsymbol{r}' = \boldsymbol{r}' - \boldsymbol{r}_0'$ miteinander gemäß

$$(\delta\boldsymbol{r})^2 = \frac{R^4}{r_0'^4}\,(\delta\boldsymbol{r}')^2$$

zusammenhängen. Für $\boldsymbol{r}' \to \boldsymbol{r}_0'$ geht daher die Funktion φ' gemäß

$$\varphi' = \frac{R}{r_0'}\,\frac{e}{|\delta\boldsymbol{r}|} = \frac{e r_0'}{R|\delta\boldsymbol{r}'|}$$

gegen Unendlich; dies entspricht einer Ladung

$$e' = \frac{e r_0'}{R} = \frac{eR}{r_0}. \tag{3.12}$$

Wir betrachten schließlich noch das Verhalten von $\varphi'(\boldsymbol{r}')$ in der Nähe des Koordinatenursprungs. Der Punkt $\boldsymbol{r}' = 0$ entspricht $\boldsymbol{r} \to \infty$. Für $\boldsymbol{r} \to \infty$ geht jedoch $\varphi(\boldsymbol{r})$ gegen $-\varphi_0$, so daß φ' für $\boldsymbol{r}' \to 0$ wie

$$\varphi' = -\,\frac{R\varphi_0}{r'}$$

divergiert. Dies bedeutet, daß im Punkt $r' = 0$ eine Ladung $e_0 = -\,R\varphi_0$ sitzt.

Wir geben noch an, wie sich bei einer Inversion einige geometrische Figuren ändern. Eine Kugelfläche vom Radius a und einem Zentrum im Punkt $\boldsymbol{r}_0$ wird durch die Gleichung

$$(\boldsymbol{r} - \boldsymbol{r}_0)^2 = a^2$$

gegeben. Nach Ausführung der Inversion erhalten wir die Gleichung

$$\left(\frac{R^2}{r'^2}\boldsymbol{r}' - \boldsymbol{r}_0\right)^2 = a^2\,,$$

die nach Multiplikation mit r'^2 und Umgruppierung der Glieder in die Form

$$(\boldsymbol{r}' - \boldsymbol{r}_0')^2 = a'^2$$

gebracht werden kann, wobei

$$\boldsymbol{r}_0' = -\,\frac{R^2\boldsymbol{r}_0}{a^2 - r_0^2}, \qquad a' = \frac{aR^2}{|a^2 - r_0^2|} \tag{3,13}$$

gilt. Wir erhalten also wieder eine Kugel mit einem anderen Radius a' und dem Zentrum im Punkt $\boldsymbol{r}_0'$. Verläuft die ursprüngliche Kugel durch den Koordinatenursprung ($a = r_0$), so ist $a' = \infty$; hier geht die Kugel in eine Ebene über, die senkrecht zur Richtung $\boldsymbol{r}_0$ ist und sich in der Entfernung

$$r_0' - a' = \frac{R^2}{a + r_0} = \frac{R^2}{2a}$$

vom Koordinatenursprung befindet.

Methode der konformen Abbildung. Ein Feld, das nur von zwei kartesischen Koordinaten x, y abhängt, wird *eben* genannt. Ein wirksames Hilfsmittel für die Lösung ebener elektrostatischer Aufgaben ist die Funktionentheorie einer komplexen Veränderlichen. Im folgenden werden die Grundlagen für die Anwendung dieser Theorie gegeben.

Das elektrostatische Feld im Vakuum erfüllt die beiden Bedingungen rot $\boldsymbol{E} = 0$ und div $\boldsymbol{E} = 0$. Die erste gestattet es, das Potential φ gemäß $\boldsymbol{E} = -\operatorname{grad} \varphi$ einzuführen. Die zweite Bedingung hingegen gestattet, daß man neben φ auch gemäß $\boldsymbol{E} = \operatorname{rot} \boldsymbol{A}$ das „Vektorpotential" $\boldsymbol{A}$ des Feldes einführen kann. Im Fall ebener Felder liegt der Vektor $\boldsymbol{E}$ in der x,y-Ebene und hängt nur von diesen beiden Koordinaten ab. Man kann daher den Vektor $\boldsymbol{A}$ senkrecht zu dieser Ebene wählen. Die Komponenten der Feldstärke drücken sich dann durch die Ableitungen von φ oder A gemäß

$$E_x = -\frac{\partial \varphi}{\partial x} = \frac{\partial A}{\partial y}, \qquad E_y = -\frac{\partial \varphi}{\partial y} = -\frac{\partial A}{\partial x} \tag{3,14}$$

aus. Die Beziehungen sind in mathematischer Hinsicht mit den gut bekannten Cauchy-Riemannschen Differentialgleichungen identisch und besagen, daß der komplexe Ausdruck

$$w = \varphi - iA \tag{3,15}$$

eine analytische Funktion des komplexen Arguments $z = x + iy$ ist. Dies bedeutet, daß die Funktion $w(z)$ in jedem Punkt eine wohlbestimmte Ableitung besitzt, unabhängig von der Richtung, in der sie genommen wird. Differenzieren wir etwa in der Richtung der x-Achse, so finden wir

$$\frac{\partial w}{\partial z} = \frac{\partial \varphi}{\partial x} - i\frac{\partial A}{\partial x}$$

oder

$$\frac{\partial w}{\partial z} = -E_x + iE_y. \tag{3,16}$$

$w(z)$ wird als *komplexes Potential* bezeichnet.

Die Kraftlinien des Feldes werden durch die Gleichung

$$\frac{\mathrm{d}x}{E_x} = \frac{\mathrm{d}y}{E_y}$$

bestimmt. Drücken wir E_x und E_y durch die Ableitungen von A aus, so läßt sich diese Beziehung

$$\mathrm{d}x\frac{\partial A}{\partial x} + \mathrm{d}y\frac{\partial A}{\partial y} = \mathrm{d}A = 0$$

schreiben, aus der man $A(x, y) = \text{const}$ erhält. Kraftlinien sind somit die Linien, für die der Imaginärteil von $w(z)$ konstant ist. Die Linien konstanten Realteils stellen Äquipotentiallinien dar. Die Orthogonalität beider Familien von Linien folgt bereits aus der Ausgangsbeziehung, nach der

$$\frac{\partial \varphi}{\partial x}\frac{\partial A}{\partial x} + \frac{\partial \varphi}{\partial y}\frac{\partial A}{\partial y} = 0$$

gilt.

Sowohl der Real- als auch der Imaginärteil der analytischen Funktion $w(z)$ erfüllen die LAPLACE-Gleichung. Man könnte daher auch $\operatorname{Im} w$ als Feldpotential benutzen. Die zugehörigen Feldlinien wären dann durch $\operatorname{Re} w = \text{const}$ gegeben. Statt (3,15) hätten wir dann $w = A + i\varphi$.

Der Fluß des elektrischen Feldes durch irgendeinen Abschnitt einer Äquipotentiallinie wird durch das Integral

$$\int E_{\mathrm{n}}\, \mathrm{d}l = -\int \frac{\partial \varphi}{\partial n}\, \mathrm{d}l$$

gegeben, wo $\mathrm{d}l$ das Element einer Äquipotentiallinie ist und $\boldsymbol{n}$ eine dazu normale Richtung darstellt. Nach (3,14) haben wir $\partial\varphi/\partial n = -\,\partial A/\partial l$, wobei die Wahl des Vorzeichens so getroffen wurde, daß beim Blick in Richtung $\boldsymbol{n}$ die positive Richtung von l links liegt. Es ist daher

$$\int E_{\mathrm{n}}\, \mathrm{d}l = \int \frac{\partial A}{\partial l}\, \mathrm{d}l = A_2 - A_1$$

mit A_2 und A_1 als den beiden Werten von A an den Endpunkten des Abschnittes. Insbesondere folgt, da der Fluß des elektrischen Feldes durch eine geschlossene Linie gleich $4\pi e$ ist, mit e als von der Linie eingeschlossener Gesamtladung, daß

$$e = \frac{1}{4\pi}\,\Delta A \tag{3,17}$$

gilt. ΔA ist die Änderung von A beim Durchlaufen der geschlossenen Äquipotentiallinie entgegen dem Uhrzeigersinn.

Das einfachste Beispiel für ein komplexes Potential ist das eines geraden geladenen Drahtes durch den Ursprung und senkrecht zur Ebene. Das Feld ist dabei durch

$$E_r = (2e/r)\,, \qquad E_\theta = 0$$

gegeben, wo r, θ Polarkoordinaten in der x,y-Ebene seien. e ist die Ladung pro Länge des Drahtes. Das zugehörige komplexe Potential lautet

$$w = -\,2e \ln z = -\,2e \ln r - 2ie\,\theta\,. \tag{3,18}$$

Verläuft der Draht durch den Punkt (x_0, y_0) statt durch den Ursprung, so gilt für das komplexe Potential

$$w = -\,2e \ln (z - z_0) \tag{3,19}$$

mit $z_0 = x_0 + iy_0$.

Mathematisch gesehen vermittelt die Funktion $w = w(z)$ eine *konforme Abbildung* der komplexen Zahlenebene z auf die Zahlenebene w. C möge die Randkurve des Schnittes eines Leiters mit der x,y-Ebene bedeuten, φ_0 sei das Potential dieses Leiters. Aus dem früher Gesagten geht hervor, daß das Problem, das Feld dieses Leiters zu finden, sich auf die Bestimmung einer Funktion $w(z)$ zurückführen läßt, die die Randkurve C der z-Ebene auf die Linie $w = \varphi_0$ parallel zur Ordinatenachse in der w-Ebene abbildet. Re w liefert dann das Potential des betrachteten Feldes (bildet $w(z)$ C auf eine zur Abszisse parallele Achse ab, so wird das Potential durch die Funktion Im w gegeben).

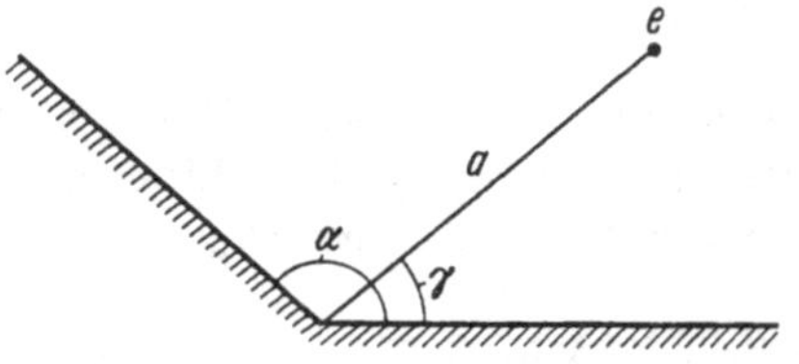

Abb. 2

Kantenproblem. Für Übersichtszwecke geben wir hier auch die Formel für das Feld einer Punktladung e an, die sich zwischen zwei schneidenden leitenden Halbebenen befindet. Die z-Achse eines Zylinderkoordinatensystems r, θ, z falle mit der Schnittlinie zusammen, der Winkel θ werde von einer der Schnittflächen aus gemessen. Die Ladung e befinde sich im Punkt a, γ, 0 (Abb. 2). Der Neigungswinkel α der beiden Ebenen kann sowohl $< \pi$ als auch $> \pi$ sein, im letzteren Fall haben wir das Problem einer sich außerhalb einer leitenden Kante befindlichen Ladung.

Das Potential wird durch die Formel

$$\varphi = \frac{e}{\alpha\sqrt{2ar}} \int_\eta^\infty \left\{ \frac{\sinh \frac{\pi\zeta}{\alpha}}{\cosh \frac{\pi\zeta}{\alpha} - \cos \frac{\pi(\theta - \gamma)}{\alpha}} - \frac{\sinh \frac{\pi\zeta}{\alpha}}{\cosh \frac{\pi\zeta}{\alpha} - \cos \frac{\pi(\theta + \gamma)}{\alpha}} \right\}$$

$$\times \frac{d\zeta}{\sqrt{\cosh \zeta - \cosh \eta}}, \qquad \cosh \eta = \frac{a^2 + r^2 + z^2}{2ar}, \qquad \eta > 0, \qquad (3,20)$$

gegeben (auf den Leiteroberflächen, d. h. für $\theta = 0, \alpha$, verschwindet φ (H. M. MAC DONALD, 1895)).[1])

Speziell für $\alpha = 2\pi$ erhalten wir eine geladene Halbebene im Feld einer Punktladung. In diesem Fall läßt sich das Integral (3,20) explizit zu

$$\varphi|_{\alpha=2\pi} = \frac{e}{\pi} \left\{ \frac{1}{R} \arccos \left(- \frac{\cos \frac{\theta - \gamma}{2}}{\cosh \frac{\eta}{2}} \right) - \frac{1}{R'} \arccos \left(- \frac{\cos \frac{\theta + \gamma}{2}}{\cosh \frac{\eta}{2}} \right) \right\}, \qquad (3,21)$$

$$R = \sqrt{a^2 + r^2 + z^2 - 2ar \cos (\gamma - \theta)},$$

$$R' = \sqrt{a^2 + r^2 + z^2 - 2ar \cos (\gamma + \theta)}$$

---

[1]) Die Herleitung dieser Formel kann man in folgenden Büchern finden: W. W. BATYGIN, I. N. TOPTYGIN, Aufgabensammlung zur Elektrodynamik, Aufgaben 205, 206, Nauka, Moskau 1970; H. M. MACDONALD, Electromagnetism, Bell, London 1934.

berechnen. Für den Grenzfall, daß der Aufpunkt des Feldes gegen den Punkt wandert, in dem sich die Ladung e befindet, nimmt das Potential (3,21) die Gestalt

$$\varphi = \frac{e}{R} + \varphi', \quad \varphi' = -\frac{e}{2\pi a}\left[1 + \frac{\pi - \gamma}{\sin\gamma}\right], \tag{3,22}$$

an. Der erste Term ist ein reines COULOMB-Potential, das für $R \to 0$ gegen ∞ geht, während φ' die Änderung des Potentials am Ort der Ladung unter dem Einfluß des Leiters beschreibt. Die Wechselwirkungsenergie der Ladung mit der leitenden Halbebene ist

$$\mathcal{U} = \frac{e\varphi'}{2} = -\frac{e^2}{4\pi a}\left[1 + \frac{\pi - \gamma}{\sin\gamma}\right]. \tag{3,23}$$

Aufgaben

1. Man bestimme das Feld um eine leitende ungeladene Kugel (Radius R), die sich in einem äußeren homogenen elektrischen Feld $\mathfrak{E}$ befindet.

Lösung. Wir schreiben das Potential in der Gestalt $\varphi = \varphi_0 + \varphi_1$, wo $\varphi_0 = -\mathfrak{E}\boldsymbol{r}$ das Potential des äußeren Feldes ist und φ_1 die gesuchte Potentialänderung, die durch die Kugel bewirkt wird. Infolge der Symmetrie der Kugel kann φ_1 nur vom konstanten Vektor $\mathfrak{E}$ abhängen. Die einzige derartige Lösung der LAPLACE-Gleichung, die im Unendlichen verschwindet, ist

$$\varphi_1 = -\text{const}\cdot\mathfrak{E}\nabla\frac{1}{r} = \text{const}\cdot\frac{\mathfrak{E}\boldsymbol{r}}{r^3}$$

(den Ursprung des Koordinatensystems legen wir in den Kugelmittelpunkt). Auf der Oberfläche der Kugel muß φ konstant sein, woraus wir const $= R^3$ finden, so daß

$$\varphi = -\mathfrak{E}\boldsymbol{r}\left(1 - \frac{R^3}{r^3}\right) = -\mathfrak{E}r\left(1 - \frac{R^3}{r^3}\right)\cos\theta$$

gilt (θ ist der Winkel zwischen $\mathfrak{E}$ und $\boldsymbol{r}$). Die Ladungsverteilung auf der Kugeloberfläche wird durch

$$\sigma = -\frac{1}{4\pi}\frac{\partial\varphi}{\partial r}\bigg|_{r=R} = \frac{3\mathfrak{E}}{4\pi}\cos\theta$$

gegeben, die Gesamtladung ist $e = 0$. Das Dipolmoment der Kugel läßt sich am leichtesten finden, wenn man φ_1 mit dem Potential ($\mathfrak{P}\boldsymbol{r}/r^3$) eines elektrischen Dipols vergleicht; wir finden

$$\mathfrak{P} = R^3\mathfrak{E}\,.$$

2. Die gleiche Aufgabe wie 1., aber für einen unendlichen Zylinder in einem homogenen transversalen Feld.

Lösung. Wir benutzen Polarkoordinaten in der Ebene senkrecht zur Zylinderachse. Die nur von einem konstanten Vektor abhängende Lösung der zweidimensionalen LAPLACE-Gleichung ist

$$\varphi_1 = \text{const}\cdot\mathfrak{E}\,\nabla\ln r = \text{const}\cdot\frac{\mathfrak{E}\boldsymbol{r}}{r^2}\,.$$

Fügen wir $\varphi_0 = -\boldsymbol{r}\mathfrak{E}$ hinzu und setzen wir const $= R^2$, so erhalten wir

$$\varphi = -\mathfrak{E}r\left(1 - \frac{R^2}{r^2}\right)\cos\theta\,.$$

Die Oberflächendichte der Ladung ist

$$\sigma = \frac{\mathfrak{E}}{2\pi}\cos\theta\,.$$

Das Dipolmoment pro Länge des Zylinders läßt sich durch Vergleich von φ mit dem Potential eines zweidimensionalen Dipolfeldes finden. Dieses hat die Gestalt

$$2\mathscr{P}\nabla \ln r = \frac{2\mathscr{P}\mathbf{r}}{r^2},$$

so daß $\mathscr{P} = \mathfrak{E}R^2/2$ ist.

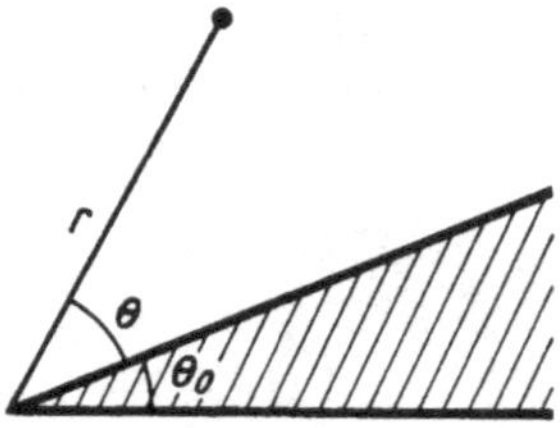

Abb. 3

3. Man bestimme das Feld in der Nähe des keilförmigen Endes eines Leiters.

Lösung. Wir wählen Polarkoordinaten r, θ in der zur Kante senkrechten Ebene mit dem Ursprung im Schnittpunkt der einen Winkel θ_0 miteinander bildenden Keilseiten (Abb. 3). Der Winkel θ werde von einer Seite des Keils aus gemessen; das Außengebiet des Leiters entspricht den Werten $0 \leqq \theta \leqq 2\pi - \theta_0$. In Kantennähe kann das Potential nach Potenzen von r entwickelt werden, wobei uns das erste (nichtkonstante) Glied dieser Entwicklung interessiert, das die niedrigste Potenz von r enthält. Die zu r^n proportionalen Lösungen der LAPLACE-Gleichungen sind $r^n \cos n\theta$ und $r^n \sin n\theta$. Die Lösung mit kleinstem n, die die Bedingung $\varphi = \text{const}$ für $\theta = 0$ und $\theta = 2\pi - \theta_0$ (auf der Leitoberfläche) erfüllt, lautet

$$\varphi = \text{const} \cdot r^n \sin n\theta, \qquad n = \pi/(2\pi - \theta_0).$$

Das Feld variiert wie r^{n-1}. Für $\theta_0 < \pi (n < 1)$ geht daher die Feldstärke in der Nähe der Kante gegen ∞. Für eine sehr scharfe (Kante $\theta_0 \ll 1$, $n \approx 1/2$) wächst E bei einer Verkleinerung von r wie $r^{-1/2}$. In der Nähe eines keilförmigen Einschnittes in die Leiteroberfläche ($\theta_0 \to \pi$, $n \to 1$) geht das Feld gegen 0.

Der Wert der Konstanten kann nur aus der Lösung für das gesamte Feld bestimmt werden. So liefert im Falle eines sehr dünnen Keils im Feld einer punktförmigen Ladung der Grenzübergang zu kleinen r in (3,21) eine Bestätigung des Gesetzes

$$\varphi = \text{const} \cdot \sqrt{r} \sin \frac{\theta}{2},$$

wobei die Konstante durch

$$\text{const} = \frac{4e\sqrt{a}}{\pi(a^2 + z^2)} \sin \frac{\gamma}{2}$$

gegeben ist.

Der Ausdruck „in der Nähe des keilförmigen Endes“ bedeutet in diesem Falle die Gültigkeit der Bedingung $r \ll a$, bei deren Erfüllung der Term $\partial^2\varphi/\partial z^2$ in der LAPLACE-Gleichung vernachlässigt werden kann.

4. Man bestimme das Feld in der Nähe eines spitzen konischen Punktes einer Leiteroberfläche.

Lösung. Wir verwenden Kugelkoordinaten mit dem Koordinatenursprung in der Kegelspitze und der Polarachse längs der Kegelachse. Der Öffnungswinkel des Kegels sei $2\theta_0 \ll 1$, so daß das Gebiet außerhalb des Leiters Polarwinkeln im Bereich $\theta_0 \leqq \theta \leqq \pi$ entspricht. Wir suchen eine Lösung für den veränderlichen Teil des Potentials, die bezüglich der Polarachse symmetrisch ist, analog zur vorigen Aufgabe in der Form

$$\varphi = r^n f(\theta) \tag{1}$$

mit kleinstmöglichem n. Die LAPLACE-Gleichung

$$\frac{1}{r^2}\frac{\partial}{\partial r}\left(r^2\frac{\partial\varphi}{\partial r}\right)+\frac{1}{r^2\sin\theta}\frac{\partial}{\partial\theta}\left(\sin\theta\frac{\partial\varphi}{\partial\theta}\right)=0$$

gibt nach Einsetzen dieses Ausdruckes

$$\frac{1}{\sin\theta}\frac{\mathrm{d}}{\mathrm{d}\theta}\left(\sin\theta\frac{\mathrm{d}f}{\mathrm{d}\theta}\right)+n(n+1)f=0\,. \tag{2}$$

Die Bedingung konstanten Potentials auf der Kegelfläche bedeutet $f(\theta_0)=0$.

Wir suchen eine Lösung für kleine θ_0 unter der Annahme $n \ll 1$ und einer Form $f = \text{const}\,[1+\psi(\theta)]$ für $f(\theta)$, wobei $\psi \ll 1$ (für $\theta_0 \to 0$, d. h. für einen „unendlich spitzen" Punkt, ist zu erwarten, daß φ fast überall in der Nähe des Kegels einem konstantem Wert zustrebt). Für ψ erhalten wir die Gleichung

$$\frac{1}{\sin\theta}\frac{\mathrm{d}}{\mathrm{d}\theta}\left(\sin\theta\frac{\mathrm{d}\psi}{\mathrm{d}\theta}\right)=-n\,. \tag{3}$$

Die Lösung, welche keine Singularität für ψ außerhalb des Kegels (insbesondere für $\theta = \pi$) besitzt, lautet

$$\psi(\theta)=2n\ln\sin\frac{\theta}{2}\,.$$

Für $\theta \approx \theta_0 \ll 1$ ist ψ nicht mehr klein. Dennoch bleibt der erhaltene Ausdruck anwendbar, weil wir in diesem Gebiet wegen der Kleinheit von θ das zweite Glied in (2) überhaupt vernachlässigen können. Zur Bestimmung der Konstanten n in erster Näherung ist zu fordern, daß $f = 1 + \psi$ für $\theta = \theta_0$ verschwindet. Auf diese Weise finden wir[1])

$$n=-\frac{1}{2\ln\theta_0}\,.$$

Die Feldstärke wächst bei Annäherung an die Kegelspitze unbeschränkt wie $r^{-(1-n)}$, d. h. im wesentlichen wie $1/r$.

5. Das gleiche Problem wie in 4., aber für eine spitze konische Einsenkung im Leiter.

Lösung. Das Gebiet außerhalb des Leiters entspricht hier den Werten $0 \leqq \theta \leqq \theta_0$. Wie auch in der vorangegangenen Aufgabe suchen wir φ in der Gestalt (1), wobei jedoch jetzt $n \gg 1$ ist. Da $\theta \ll 1$ für alle Punkte im Feld gilt, kann (2) in der Form

$$\frac{1}{\theta}\frac{\mathrm{d}}{\mathrm{d}\theta}\left(\theta\frac{\mathrm{d}f}{\mathrm{d}\theta}\right)+n^2f=0$$

geschrieben werden. Dies ist die BESSELsche Gleichung, und eine singularitätenfreie Lösung im Feldbereich stellt $J_0(n\theta)$ dar. Der Wert von n ist als kleinste Wurzel der Gleichung $J_0(n\theta_0) = 0$ bestimmt, woraus sich

$$n=\frac{2{,}4}{\theta_0}$$

ergibt.

6. Man bestimme die Energie der elektrostatischen Wechselwirkung zwischen einem elektrischen Dipol und einer ebenen Leiterfläche.

Lösung. Wir wählen die x-Achse senkrecht zur Oberfläche des Leiters und durch den Dipol verlaufend; der Vektor des Dipolmomentes $\mathcal{P}$ liege in der x,y-Ebene. Das „Bild" des Dipols befindet sich im Punkt $-x$ und besitzt das Dipolmoment $\mathcal{P}'_x = \mathcal{P}_x$, $\mathcal{P}'_y = -\mathcal{P}_y$. Die gesuchte Energie ist die halbe Wechselwirkungsenergie zwischen dem Dipol und

[1]) Die genauere Formel

$$n=\frac{1}{2\ln(2/\theta_0)}\,,$$

die einen Koeffizienten im (zahlenmäßig großen) Logarithmus enthält, kann nicht mit der angegebenen einfachen Methode erhalten werden. Eine genauere Rechnung zeigt jedoch, daß man zwangsläufig auf diese Formel geführt wird.

seinem „Bild“ und ist durch

$$\mathcal{U} = -\frac{2\mathcal{P}_x^2 + \mathcal{P}_y^2}{8x^3}$$

gegeben.

7. Man bestimme die gegenseitige Kapazität pro Länge zweier paralleler, unendlich ausgedehnter, zylindrischer Leiter (mit den Radien a und b und einer Achsenentfernung c).[1])

Lösung. Das von den beiden Zylindern erzeugte Feld ist das gleiche, das (außerhalb der Zylinder) auch durch zwei geladene Drähte erzeugt würde, die durch bestimmte Punkte A und A' (Abb. 4) verlaufen. Die Drähte besitzen die Ladungen $\pm e'$ pro Länge, welche gleich den Zylinderladungen sind, und die Punkte A und A' liegen so anf OO', daß die Zylinderflächen Äquipotentialflächen sind. Dazu müssen die Entfernungen OA und $O'A'$ die Bedingung

$$OA \cdot OA' = a^2\,, \qquad O'A' \cdot O'A = b^2$$

erfüllen, d. h.

$$d_1(c - d_2) = a^2\,, \qquad d_2(c - d_1) = b^2\,.$$

Dann ist für jeden Zylinder das Verhältnis r'/r der Entfernungen von A und A' konstant. Auf dem Zylinder 1 gilt

$$\frac{r}{r'} = \frac{a}{OA'} = \frac{a}{c - d_2} = \frac{d_1}{a}\,,$$

auf dem Zylinder 2: $r'/r = d_2/b$. Die Potentiale der Zylinder sind also

$$\varphi_1 = -\,2e \ln\frac{r}{r'} = -\,2e \ln\frac{d_1}{a}\,, \quad \varphi_2 = 2e \ln\frac{d_2}{b}\,, \quad \varphi_2 - \varphi_1 = 2e \ln\frac{d_1 d_2}{ab}\,.$$

Daraus finden wir für die gesuchte gegenseitige Kapazität $C = e/(\varphi_2 - \varphi_1)$:

$$\frac{1}{C} = 2 \ln\frac{d_1 d_2}{ab} = 2 \operatorname{arcosh} \frac{c^2 - a^2 - b^2}{2ab}\,.$$

Für einen Zylinder mit dem Radius a, der sich in einer Entfernung $h (h > a)$ von einer leitenden Ebene befindet, kann man hier insbesondere $c = b + h$ setzen und dann zur Grenze $b \to \infty$ übergehen; dies gibt

$$\frac{1}{C} = 2 \operatorname{arcosh} \frac{h}{a}\,.$$

Befinden sich zwei Zylinder ineinander ($c < b - a$), so gibt es kein Außenfeld, und das Feld zwischen den Zylindern ist gleich dem Feld, das von zwei durch die Punkte A und A' gehenden Drähten mit den entsprechenden Ladungen $+e$ und $-e$ erzeugt wird (Abb. 5). Mit der gleichen Methode erhalten wir das Ergebnis

$$\frac{1}{C} = 2 \operatorname{arcosh} \frac{a^2 + b^2 - c^2}{2ab}\,.$$

8. Die Begrenzung eines Leiters werde von einer unendlichen Ebene mit halbkugelförmigem Vorsprung gebildet. Man bestimme die Ladungsverteilung auf der Oberfläche.

Lösung. In dem in Aufgabe 1 gefundenen Feld mit dem Potential

$$\varphi = \text{const} \cdot z \left(1 - \frac{R^3}{r^3}\right)$$

---

[1]) Das entsprechende Problem für zwei Kugeln kann nicht in geschlossener Form gelöst werden. Der Unterschied liegt darin, daß im Feld zweier paralleler geladener (mit gleichen und entgegengesetzten Ladungen) Drähte alle Äquipotentialflächen Kreiszylinder sind, im Feld zweier Punktladungen $\pm e$ dagegen keine Kugeln.

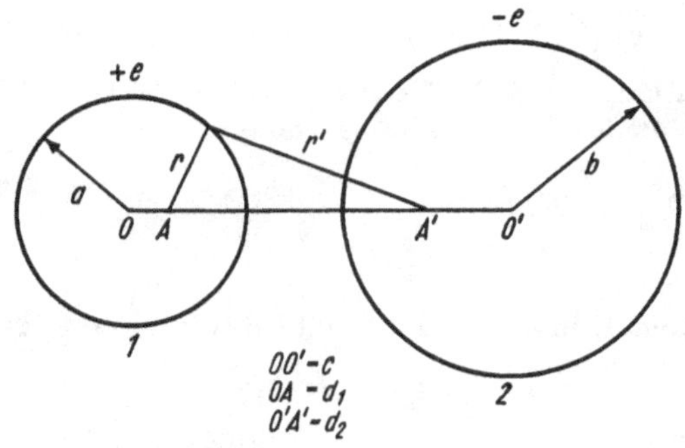

Abb. 4

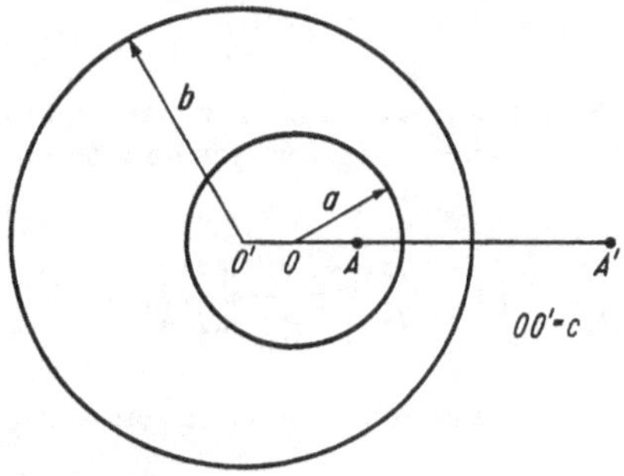

Abb. 5

ist die Ebene $z = 0$ mit dem Vorsprung $r = R$ eine Äquipotentialfläche (mit $\varphi = 0$). Sie kann daher auch Leiteroberfläche sein, und die angeschriebene Formel stellt das Feld außerhalb des Leiters dar. Die Ladungsverteilung auf dem ebenen Teil der Oberfläche wird durch

$$\sigma = -\frac{1}{4\pi}\frac{\partial \varphi}{\partial z}\bigg|_{z=0} = \sigma_0\left(1 - \frac{R^3}{r^3}\right)$$

gegeben; dabei ist const in φ gleich $-4\pi\sigma_0$, wo σ_0 die Ladungsdichte weit außerhalb des Vorsprungs ist. Auf der Oberfläche des Vorsprungs gilt dagegen

$$\sigma = -\frac{1}{4\pi}\frac{\partial \varphi}{\partial r}\bigg|_{r=R} = 3\sigma_0\frac{z}{R}.$$

9. Man bestimme das Dipolmoment eines dünnen zylindrischen Stabes der Länge $2l$ mit dem Radius a ($a \ll l$) in einem elektrischen Feld $\mathfrak{E}$ parallel zu seiner Achse.

Lösung. Es sei $\tau(z)$ die Liniendichte der auf der Oberfläche des Stabes induzierten Ladung, z die Koordinate längs der Stabachse, gemessen vom Mittelpunkt des Stabes. Die Bedingung für konstantes Potential auf der Leiteroberfläche ist

$$-\mathfrak{E}z + \frac{1}{2\pi}\int_0^{2\pi}\int_{-l}^{l}\frac{\tau(z')\,dz'\,d\chi}{R} = 0\,,$$

$$R = \sqrt{(z'-z)^2 + 4a^2\sin^2\frac{\chi}{2}}$$

(χ ist der Winkel zwischen den Ebenen, die durch die Zylinderachse und zwei Punkte auf der Oberfläche im Abstand R verlaufen). Wir zerlegen das Integral in zwei Teile, indem wir $\tau(z') = \tau(z) + [\tau(z') - \tau(z)]$ setzen. Wegen $l \gg a$ gilt für hinreichend weit von den Stabenden entfernte Punkte

$$\frac{\tau(z)}{2\pi}\iint\frac{dz'\,d\chi}{R} \approx \frac{\tau(z)}{2\pi}\int_0^{2\pi}\ln\frac{l^2 - z^2}{a^2\sin^2\frac{\chi}{2}}\,d\chi = \tau(z)\ln\frac{4(l^2 - z^2)}{a^2}$$

(bei Benutzung des bekannten Wertes $\int\limits_0^\pi \ln \sin \chi \, d\chi = -\pi \ln 2$). In dem die Differenz $\tau(z') - \tau(z)$ enthaltenden Integral kann man die Terme mit a^2 in R vernachlässigen, da sie keinen Einfluß auf die Divergenz des Integrals haben. So erhält man

$$\mathfrak{E}z = \tau(z) \ln \frac{4(l^2 - z^2)}{a^2} + \int\limits_{-l}^{l} \frac{\tau(z') - \tau(z)}{|z' - z|} dz' .$$

τ ist näherungsweise zu z proportional; in diesem Fall ergibt das Integral $-2\tau(z)$, und wir erhalten im Ergebnis

$$\tau(z) = \frac{\mathfrak{E}z}{\ln \frac{4(l^2 - z^2)}{a^2} - 2} .$$

Dieser Ausdruck gilt nicht mehr für die Endpunkte des Stabes, zur Berechnung des Dipolmomentes ist dieser Bereich der z-Werte unwesentlich. Mit der hier benutzten Genauigkeit haben wir

$$\mathscr{P} = \int\limits_{-l}^{l} \tau(z) \, z \, dz = \frac{\mathfrak{E}}{L} \int\limits_0^l \left\{ z^2 - \frac{z^2}{2L} \ln \left(1 - \frac{z^2}{l^2}\right) \right\} dz = \frac{\mathfrak{E} l^3}{3L} \left\{ 1 + \frac{1}{L} \left(\frac{4}{3} - \ln 2 \right) \right\}$$

(wo $L = \ln (2l/a) - 1$ eine große Zahl ist) oder mit gleicher Genauigkeit

$$\mathscr{P} = \frac{\mathfrak{E} l^3}{3 \left(\ln \frac{4l}{a} - \frac{7}{3} \right)} .$$

10. Man bestimme die Kapazität eines leitenden Hohlkugelsegmentes.

Lösung. Wir wählen als Koordinatenursprung O irgendeinen Randpunkt des Segmentes (Abb. 6) und führen eine Inversionstransformation $r = l^2/r'$ durch (l ist die Sehnenlänge eines Hauptschnittes des Segmentes). Dabei geht das Segment in eine Halbebene über (die punktierte Gerade in Abb. 6), die senkrecht auf dem Radius AO des Segmentes steht und durch seinen Randpunkt B geht. Für γ gilt $\gamma = \pi - \theta$, wo 2θ der Winkeldurchmesser des Segmentes im Kugelzentrum ist. Verschwindet das Potential des Segmentes (das die Ladung e trägt), so nimmt φ für $r \to \infty$ die Gestalt

$$\varphi \approx -\varphi_0 + \frac{e}{r}$$

an. Im transformierten Problem geht das Potential somit für $r' \to 0$ gegen

$$\varphi' = \frac{l\varphi}{r'} \approx -\frac{l\varphi_0}{r'} + \frac{e}{l}$$

(das erste Glied entspricht einer Ladung $e' = -l\varphi_0$ im Koordinatenursprung). Andererseits haben wir nach (3,23)

$$\varphi' = \frac{e'}{r'} - \frac{e'}{2\pi l} \left(1 + \frac{\theta}{\sin \theta} \right)$$

(das Potential in der Nähe einer Ladung e', die sich in einer Entfernung l vom Rand einer leitenden Halbebene auf dem Potential 0 befindet). Vergleichen wir beide Ausdrücke, so erhalten wir für die gesuchte Kapazität $C = e/\varphi_0$ die folgende Formel:

$$C = \frac{l}{2\pi} \left(1 + \frac{\theta}{\sin \theta} \right) = \frac{R}{\pi} (\sin \theta + \theta)$$

(R ist der Segmentradius).

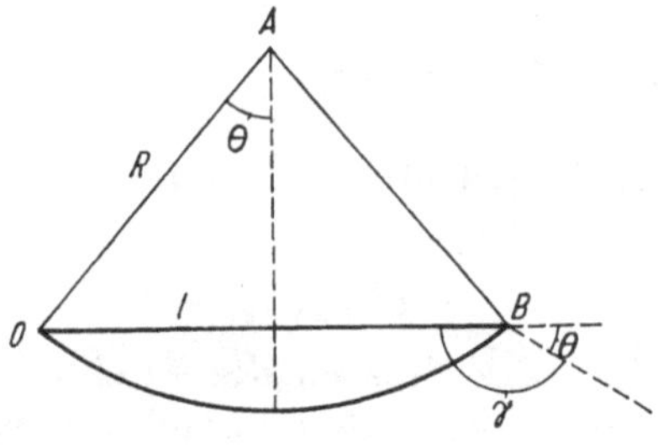

Abb. 6

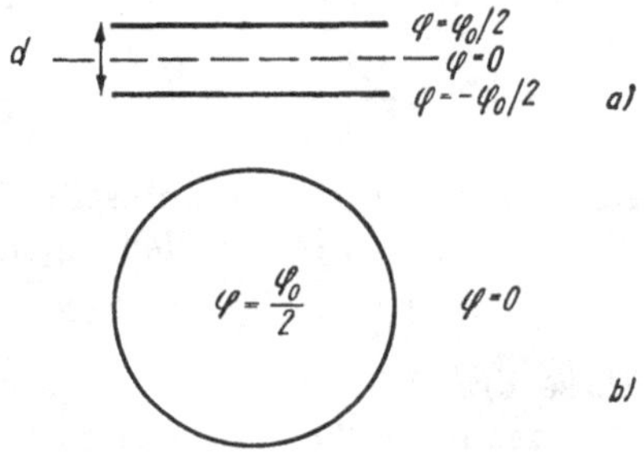

Abb. 7

11. Man bestimme die von Randpunkten herrührenden Korrekturen zum Wert $C = S/4\pi d$ der Kapazität eines ebenen Kondensators (S die Plattenfläche, d die Entfernung zwischen den Platten; $d \ll \sqrt{S}$).

Lösung. Da die Platten freie Ränder haben, besteht keine gleichförmige Ladungsverteilung mehr auf ihnen. Zur Bestimmung der gesuchten Korrekturen betrachten wir in erster Näherung solche Plattenpunkte, die vom Rand in einer $d \ll x \ll \sqrt{S}$ erfüllenden Entfernung x liegen, und benutzen die obere Platte (mit einem Potential $\varphi = \varphi_0/2$, Abb. 7a). Vernachlässigen wir ihre Entfernung $d/2$ zur Mittelebene (eine Äquipotentialfläche $\varphi = 0$), so haben wir das Problem eines Feldes in der Nähe der Grenze zweier Ebenenstücke mit verschiedenem Potential (Abb. 7b). Diese Aufgabe läßt sich elementar lösen,[1] und die Flächendichte der Überschußladung (im Vergleich zu σ entfernt vom Rand) ist durch

$$\Delta\sigma = \frac{E_n}{4\pi} = \frac{\varphi_0}{8\pi^2 x}$$

gegeben, so daß die gesamte Überschußladung

$$L \int \Delta\sigma \cdot dx = \frac{\varphi_0 L}{8\pi^2} \ln \frac{\sqrt{S}}{d}$$

beträgt (L ist die Länge des Plattenumfanges); bei der Berechnung des logarithmisch divergenten Integrals sind als obere und untere Integralgrenzen die Grenzen des Gebietes $d \ll x \ll \sqrt{S}$ einzusetzen. Daraus ergibt sich für die Kapazität

$$C = \frac{S}{4\pi d} + \frac{L}{8\pi^2} \ln \frac{\sqrt{S}}{d}.$$

Eine genauere Rechnung (Bestimmung der Koeffizienten im Argument des Logarithmus) erfordert die Anwendung beträchtlich komplizierterer Methoden, wobei das Ergebnis von der Plattenform abhängt. Für kreisförmige Platten (Radius R) erhält man

$$C = \frac{R^2}{4d} + \frac{R}{4\pi}\left(\ln \frac{16\pi R}{d} - 1\right)$$

(Formel von Kirchhoff).

§ 4. Leitendes Ellipsoid

Das Problem der Feldbestimmung eines geladenen leitenden Ellipsoids und das eines Ellipsoids in einem homogenen äußeren Feld läßt sich mit Hilfe von elliptischen

[1]) S.117, §23; in Gleichung (23,2) für das Potential ist in diesem Fall $\varphi_{ab} = \varphi_0/2$, $\alpha = \pi$ zu setzen.

Koordinaten lösen. Sie hängen mit kartesischen Koordinaten durch die Beziehung

$$\frac{x^2}{a^2+u}+\frac{y^2}{b^2+u}+\frac{z^2}{c^2+u}=1 \quad (a>b>c) \tag{4,1}$$

zusammen. Diese in u kubische Gleichung besitzt drei reelle Lösungen ($u = \xi, \eta, \zeta$), die in folgenden Intervallen liegen:

$$\xi \geqq -c^2, \qquad -c^2 \geqq \eta \geqq -b^2, \qquad -b^2 \geqq \zeta \geqq -a^2. \tag{4,2}$$

Diese drei Wurzeln stellen die elliptischen Koordinaten des Punktes x, y, z dar. Ihre geometrische Bedeutung ist daraus ersichtlich, daß die Flächen konstanter ξ, η, ζ-Werte Ellipsoide bzw. ein- oder zweischalige Hyperboloide sind, alle konfokal mit dem Ellipsoid

$$\frac{x^2}{a^2}+\frac{y^2}{b^2}+\frac{z^2}{c^2}=1. \tag{4,3}$$

Durch jeden Raumpunkt geht je eine Fläche dieser drei Familien, wobei alle drei Flächen zueinander orthogonal sind. Die Transformationsgleichungen von elliptischen zu kartesischen Koordinaten erhält man durch gemeinsame Lösung dreier Gleichungen vom Typ (4,1); sie lauten

$$\left.\begin{aligned} x &= \pm\left[\frac{(\xi+a^2)(\eta+a^2)(\zeta+a^2)}{(b^2-a^2)(c^2-a^2)}\right]^{1/2}, \\ y &= \pm\left[\frac{(\xi+b^2)(\eta+b^2)(\zeta+b^2)}{(c^2-b^2)(a^2-b^2)}\right]^{1/2}, \\ z &= \pm\left[\frac{(\xi+c^2)(\eta+c^2)(\zeta+c^2)}{(a^2-c^2)(b^2-c^2)}\right]^{1/2}. \end{aligned}\right\} \tag{4,4}$$

Das Längenelement in elliptischen Koordinaten hat die Gestalt

$$\left.\begin{aligned} &dl^2 = h_1^2\, d\xi^2 + h_2^2\, d\eta^2 + h_3^2\, d\zeta^2, \\ &h_1 = \frac{\sqrt{(\xi-\eta)(\xi-\zeta)}}{2R_\xi}, \qquad h_2 = \frac{\sqrt{(\eta-\zeta)(\eta-\xi)}}{2R_\eta}, \\ &h_3 = \frac{\sqrt{(\zeta-\xi)(\zeta-\eta)}}{2R_\zeta}, \end{aligned}\right\} \tag{4,5}$$

wo die Bezeichnung

$$R_u = \sqrt{(u+a^2)(u+b^2)(u+c^2)}, \qquad u = \xi, \eta, \zeta,$$

eingeführt wurde. Die LAPLACE-Gleichung lautet daher in diesen Koordinaten

$$\Delta\varphi = \frac{4}{(\xi-\eta)(\zeta-\xi)(\eta-\zeta)}\left[(\eta-\zeta)\, R_\xi \frac{\partial}{\partial\xi}\left(R_\xi \frac{\partial\varphi}{\partial\xi}\right)\right.$$

$$\left. + (\zeta-\xi)\, R_\eta \frac{\partial}{\partial\eta}\left(R_\eta \frac{\partial\varphi}{\partial\eta}\right) + (\xi-\eta)\, R_\xi \frac{\partial}{\partial\zeta}\left(R_\zeta \frac{\partial\varphi}{\partial\zeta}\right)\right] = 0. \tag{4,6}$$

Fallen zwei der Halbachsen a, b, c zusammen, so entartet das elliptische Koordinatensystem. Es sei $a = b > c$. Die kubische Gleichung (4,1) geht dann in eine quadratische über:

$$\frac{\varrho^2}{a^2 + u} + \frac{z^2}{c^2 + u} = 1\,, \qquad \varrho^2 = x^2 + y^2 \tag{4,7}$$

mit zwei Wurzeln in den Intervallen

$$\xi \geqq -c^2\,, \qquad -c^2 \geqq \eta \geqq -a^2\,.$$

Die Koordinatenflächen konstanter Werte von ξ und η werden entsprechend zu konfokalen abgeplatteten Rotationsellipsoiden und einschaligen Rotationshyperboloiden (Abb. 8). Als dritte Koordinate kann der Polarwinkel χ in der x,y-Ebene ($x = \varrho \cos\chi$, $y = \varrho \sin\chi$) eingeführt werden. Die elliptische Koordinate ζ entartet für $a = b$ in die Konstante $-a^2$. Ihre Beziehung zum Winkel χ ergibt sich aus einer Relation, nach der $\zeta \to -a^2$ für $b \to a$ gilt. Für $b \to a$ haben wir nämlich

$$\cos\chi = \sqrt{\frac{a^2 + \zeta}{a^2 - b^2}}\,, \tag{4,8}$$

wovon man sich leicht mittels (4,4) überzeugen kann oder was man unmittelbar aus (4,1) entnimmt. Die Beziehung zwischen z, ϱ und ξ, η wird nach (4,4) durch

$$z = \pm\left[\frac{(\xi + c^2)(\eta + c^2)}{c^2 - a^2}\right]^{1/2}, \qquad \varrho = \left[\frac{(\xi + a^2)(\eta + a^2)}{a^2 - c^2}\right]^{1/2} \tag{4,9}$$

gegeben. Die Koordinaten ξ, η, χ heißen *abgeplattete sphäroidale Koordinaten.*[1])

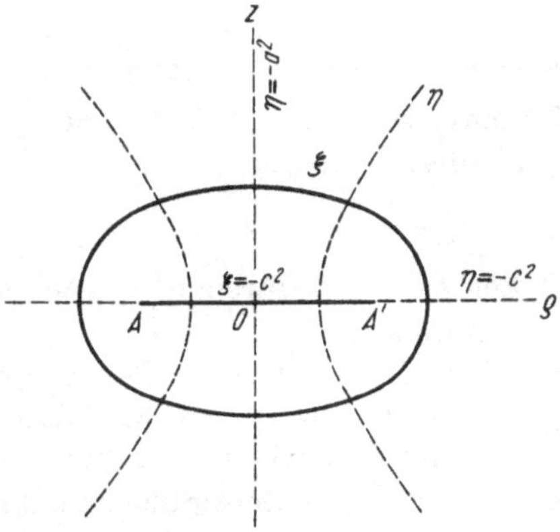

Abb. 8

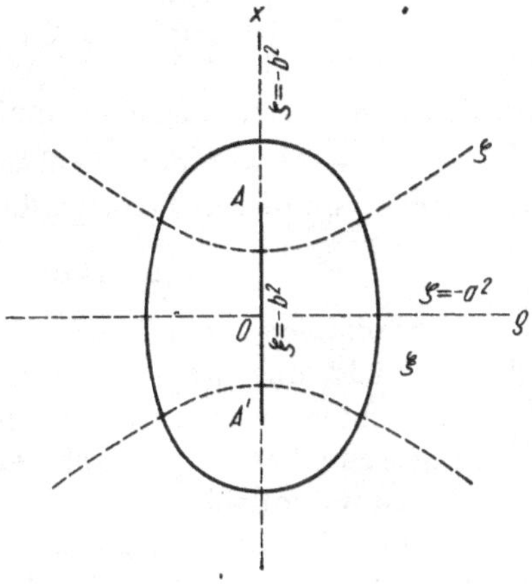

Abb. 9

In entsprechender Weise entarten für $a > b = c$ die elliptischen Koordinaten in die sogenannten *verlängerten sphäroidalen Koordinaten.* Die beiden Koordinaten ξ und ζ sind die Wurzeln der Gleichung

$$\frac{x^2}{a^2 + u} + \frac{\varrho^2}{b^2 + u} = 1\,, \qquad \varrho^2 = y^2 + z^2\,, \tag{4,10}$$

[1]) Wir verwenden hier eine Definition der sphäroidalen Koordinaten, bei der sich diese durch unmittelbaren Grenzübergang aus den Ellipsoidkoordinaten ergeben. In der Literatur werden auch andere Definitionen benutzt, sie lassen sich aber leicht zu unseren in Beziehung setzen.

wobei $\xi \geqq -b^2$, $-b^2 \geqq \zeta \geqq -a^2$. Die Flächen konstanter ξ und ζ sind verlängerte Ellipsoide bzw. zweischalige Rotationshyperboloide (Abb. 9). Die Koordinate η geht für $c \to b$ in die Konstante $-b^2$ nach der Formel

$$\cos \chi = \sqrt{\frac{b^2 + \eta}{b^2 - c^2}} \tag{4,11}$$

über; χ ist der Polarwinkel in der y,z-Ebene.

Die Beziehung der Koordinaten ξ, ζ zu x, ϱ wird durch

$$x = \pm \left[\frac{(\xi + a^2)(\zeta + a^2)}{a^2 - b^2}\right]^{1/2}, \qquad \varrho = \left[\frac{(\xi + b^2)(\zeta + b^2)}{b^2 - a^2}\right]^{1/2} \tag{4,12}$$

gegeben.

Im abgeplatteten sphäroidalen Koordinatensystem liegen die Fokalpunkte der Koordinatenflächen (der Ellipsoide und Hyperboloide) in der x,y-Ebene auf einem Kreis mit dem Radius $\sqrt{a^2 - c^2}$ (in Abb. 8 ist AA' ein Duchmesser dieses Kreises). Wir führen eine Ebene durch irgendeinen Punkt P und die z-Achse ein. Sie schneidet den Fokalkreis in zwei Punkten; es seien r_1 und r_2 die Entfernungen von diesen Punkten zum Punkt P. Sind ϱ, z die Koordinaten des Punktes P, so gilt

$$r_1^2 = (\varrho - \sqrt{a^2 - c^2})^2 + z^2, \qquad r_2^2 = (\varrho + \sqrt{a^2 - c^2})^2 + z^2.$$

Die sphäroidalen Koordinaten ξ, η lassen sich durch r_1, r_2 nach der Formel

$$\xi = \left(\frac{r_1 + r_2}{2}\right)^2 - a^2, \qquad \eta = \left(\frac{r_2 - r_1}{2}\right)^2 - a^2 \tag{4,13}$$

ausdrücken. Im verlängerten sphäroidalen System sind die Fokalpunkte zwei Punkte $x = \pm\sqrt{a^2 - b^2}$ auf der x-Achse (die Punkte A, A' in Abb. 9). Sind r_1, r_2 die Entfernungen von diesen Fokalpunkten zum Punkt P, so gilt

$$r_1^2 = \varrho^2 + (x - \sqrt{a^2 - b^2})^2, \qquad r_2^2 = \varrho^2 + (x + \sqrt{a^2 - b^2})^2.$$

Die sphäroidalen Koordinaten ξ, ζ drücken sich also durch r_1, r_2 nach der gleichen Formel (4,13) aus (wobei η durch ζ zu ersetzen ist).

Wir kommen nun zu der Aufgabe, das Feld eines geladenen Ellipsoids zu bestimmen, dessen Oberfläche durch (4,3) gegeben ist. In elliptischen Koordinaten ist diese die Koordinatenfläche $\xi = 0$. Setzen wir also das Potential nur als Funktion von ξ an, so ist klar, daß alle Ellipsoidflächen $\xi = \text{const}$ Äquipotentialflächen sind, darunter auch die Leiteroberfläche. Die LAPLACE-Gleichung (4,6) geht dann in

$$\frac{\mathrm{d}}{\mathrm{d}\xi}\left(R_\xi \frac{\mathrm{d}\varphi}{\mathrm{d}\xi}\right) = 0$$

über, woraus

$$\varphi(\xi) = A \int_\xi^\infty \frac{\mathrm{d}\xi}{R_\xi}$$

folgt. Die obere Integrationsgrenze ist dabei so gewählt, daß das Feld im Unendlichen verschwindet. Die Konstante A bestimmt sich einfach aus der Bedingung, daß das Feld in großen Entfernungen r gegen ein COULOMBsches gehen muß: $\varphi \approx e/r$, wo e

die Gesamtladung des Leiters ist. Dem Grenzübergang $r \to \infty$ entspricht $\xi \to \infty$; dabei ist $r^2 \approx \xi$, wie dies aus (4,1) mit $u = \xi$ folgt. Andererseits haben wir für große $\xi R_\xi \approx \xi^{3/2}$ und $\varphi \approx 2A/\sqrt{\xi} = 2A/r$. Daraus können wir auf $2A = e$ schließen, so daß endgültig

$$\varphi(\xi) = \frac{e}{2}\int_\xi^\infty \frac{d\xi}{R_\xi} \tag{4,14}$$

wird. Wir erhalten ein elliptisches Integral erster Art. Die Leiteroberfläche wird durch $\xi = 0$ gegeben, somit folgt für die Kapazität des Ellipsoids

$$\frac{1}{C} = \frac{1}{2}\int_\xi^\infty \frac{d\xi}{R_\xi}. \tag{4,15}$$

Die Verteilung der Ladungsdichte auf der Ellipsoidoberfläche ergibt sich aus der Normalenableitung des Potentials:

$$\sigma = -\frac{1}{4\pi}\frac{\partial\varphi}{\partial n}\bigg|_{\xi=0} = -\frac{1}{4\pi}\left(\frac{1}{h_1}\frac{d\varphi}{d\xi}\right)_{\xi=0} = \frac{e}{4\pi}\frac{1}{\sqrt{\eta\zeta}}.$$

Mit (4,4) überzeugt man sich leicht, daß für $\xi = 0$

$$\frac{x^2}{a^4} + \frac{y^2}{b^4} + \frac{z^2}{c^4} = \frac{\eta\zeta}{a^2b^2c^2}$$

gilt, d. h., wir haben

$$\sigma = \frac{e}{4\pi abc}\left(\frac{x^2}{a^4} + \frac{y^2}{b^4} + \frac{z^2}{c^4}\right)^{-1/2}. \tag{4,16}$$

Für ein zweiachsiges Ellipsoid lassen sich die Integrale (4,14) und (4,15) durch elementare Funktionen ausdrücken. Für ein verlängertes Ellipsoid ($a > b = c$) wird das Potential durch die Formel

$$\varphi = \frac{e}{\sqrt{a^2 - b^2}}\,\mathrm{artanh}\sqrt{\frac{a^2 - b^2}{\xi + a^2}} \tag{4,17}$$

gegeben; die Kapazität ist

$$C = \frac{\sqrt{a^2 - b^2}}{\mathrm{arcosh}\,\dfrac{a}{b}}. \tag{4,18}$$

Für ein abgeplattetes Ellipsoid ($a = b > c$) haben wir

$$\varphi = \frac{e}{\sqrt{a^2 - c^2}}\arctan\sqrt{\frac{a^2 - c^2}{\xi + c^2}}, \qquad C = \frac{\sqrt{a^2 - c^2}}{\arccos\dfrac{c}{a}}. \tag{4,19}$$

Speziell für eine Kreisscheibe ($a = b$, $c = 0$) gilt

$$C = \frac{2a}{\pi}. \tag{4,20}$$

Wir kommen nun zum Problem eines ungeladenen leitenden Ellipsoids, das sich in einem äußeren homogenen elektrischen Feld $\mathfrak{E}$ befindet. Ohne Einschränkung der Allgemeinheit reicht es aus, ein äußeres Feld $\mathfrak{E}$ mit der Richtung einer Ellipsoidachse zu betrachten. Im allgemeinen Fall kann man $\mathfrak{E}$ in drei Komponenten längs der Ellipsoidachsen zerlegen und das resultierende Feld als Superposition der zu den drei Komponenten gehörigen Felder erhalten.

Das Potential eines homogenen Feldes $\mathfrak{E}$, dessen Richtung die der x-Achse (der a-Achse des Ellipsoids) ist, hat in elliptischen Koordinaten die Gestalt

$$\varphi_0 = -\mathfrak{E}x = -\frac{\mathfrak{E}}{\sqrt{(b^2-a^2)(c^2-a^2)}}\sqrt{(\xi+a^2)(\eta+a^2)(\zeta+a)^2}\,. \qquad (4{,}21)$$

Wir setzen das Potential außerhalb des Ellipsoids in der Form $\varphi = \varphi_0 + \varphi'$ an, wo φ' die gesuchte Störung des äußeren Feldes durch das Ellipsoid sei, und suchen φ' in der Form

$$\varphi' = \varphi_0\,F(\xi)\,. \qquad (4{,}22)$$

In dieser Funktion fällt der von η und ζ abhängende Faktor mit dem von φ_0 zusammen; eine solche Gestalt der Funktion gestattet, die Randbedingung bei $\xi = 0$ und beliebigen η, ζ (d. h. auf der Ellipsoidoberfläche) zu erfüllen. Setzen wir (4,22) in die LAPLACE-Gleichung (4,6) ein, so erhalten wir für $F(\xi)$ die Gleichung

$$\frac{\mathrm{d}^2F}{\mathrm{d}\xi^2} + \frac{\mathrm{d}F}{\mathrm{d}\xi}\frac{\mathrm{d}}{\mathrm{d}\xi}\ln\left[R_\xi(\xi+a^2)\right] = 0\,.$$

Eine Lösung dieser Gleichung ist $F = \mathrm{const}$, eine andere

$$F(\xi) = A\int_\xi^\infty \frac{\mathrm{d}\xi}{(\xi+a^2)\,R_\xi}\,. \qquad (4{,}23)$$

Die obere Integrationsgrenze ist so gewählt, daß im Unendlichen ($\xi \to \infty$) das Potential φ' verschwindet. Es liegt ein elliptisches Integral zweiter Art vor.

Auf der Oberfläche des Ellipsoids hat $\varphi = \mathrm{const}$ zu gelten. Damit diese Bedingung für $\xi = 0$ und beliebige η, ζ erfüllt ist, muß const $= 0$ sein. Wählen wir den Koeffizienten A in $F(\xi)$ in entsprechender Weise (so daß $F(0) = -1$), so erhalten wir endgültig den folgenden Ausdruck für das Potential des Feldes in der Umgebung des Ellipsoids:

$$\varphi = \varphi_0\left\{1 - \int_\xi^\infty \frac{\mathrm{d}s}{(s+a^2)\,R_s}\Bigg/\int_0^\infty \frac{\mathrm{d}s}{(s+a^2)\,R_s}\right\}. \qquad (4{,}24)$$

Wir wollen noch die Gestalt des Potentials φ' in großen Entfernungen r vom Ellipsoid feststellen. Großen r entsprechen große Werte von ξ, wobei $r^2 \approx \xi$, was unmittelbar aus (4,1) folgt. Daher gilt

$$\int_\xi^\infty \frac{\mathrm{d}s}{(s+a^2)\,R_s} \approx \int_{r^2}^\infty \frac{\mathrm{d}s}{s^{5/2}} = \frac{2}{3r^3}\,,$$

und für das Potential φ' erhalten wir

$$\varphi' = \frac{\mathfrak{E}x}{r^3}\,\frac{V}{4\pi n^{(x)}},$$

wo $V = 4\pi abc/3$ das Volumen des Ellipsoids ist und sich $n^{(x)}$ sowie die entsprechenden Größen $n^{(y)}$, $n^{(z)}$ durch

$$\left.\begin{aligned} n^{(x)} &= \frac{abc}{2}\int_0^\infty \frac{ds}{(s+a^2)\,R_s}, \qquad n^{(y)} = \frac{abc}{2}\int_0^\infty \frac{ds}{(s+b^2)\,R_s}, \\ n^{(z)} &= \frac{abc}{2}\int_0^\infty \frac{ds}{(s+c^2)\,R_s} \end{aligned}\right\} \tag{4,25}$$

ausdrücken lassen. Der Ausdruck für φ' hat, wie zu erwarten, die Gestalt des Potentials eines elektrischen Dipols:

$$\varphi' = \frac{x\mathcal{P}_x}{r^3},$$

wobei das Dipolmoment des Ellipsoids durch

$$\mathcal{P}_x = \mathfrak{E}_x \frac{V}{4\pi n^{(x)}} \tag{4,26}$$

gegeben ist. Durch einen analogen Ausdruck ist das Dipolmoment für ein Feld $\mathfrak{E}$ bestimmt, das in Richtung der Achsen y oder z liegt.

Die positiven Konstanten $n^{(x)}$, $n^{(y)}$, $n^{(z)}$ hängen nur von der Form des Ellipsoids ab, nicht von seinem Volumen; sie werden *Depolarisationskoeffizienten* (oder auch *Entelektrisierungsfaktoren*) genannt.[1]) Fallen die Koordinatenachsen nicht mit den Achsen des Ellipsoids zusammen, so ist (4,26) in tensorieller Form

$$\frac{4\pi}{V} n_{ik}\mathcal{P}_k = \mathfrak{E}_i \tag{4,27}$$

zu schreiben. Die Größen $n^{(x)}$, $n^{(y)}$, $n^{(z)}$ sind die Hauptkomponenten eines symmetrischen Tensors zweiter Stufe n_{ik}. Ein Vergleich mit Definition (2,13) zeigt, daß $\alpha_{ik} = (n^{-1})_{ik}/4\pi$ der Polarisierbarkeitstensor des leitenden Ellipsoids ist.

Für den allgemeinen Fall willkürlicher Werte a, b, c folgend aus den Definitionen für $n^{(x)}$, $n^{(y)}$, $n^{(z)}$ die Ungleichungen

$$n^{(x)} < n^{(y)} < n^{(z)}, \qquad \text{wenn} \qquad a > b > c\,. \tag{4,28}$$

Addieren wir weiter die Integrale $n^{(x)}$, $n^{(y)}$, $n^{(z)}$ und benutzen als Integrationsvariable $u = R_s^2$, so finden wir

$$n^{(x)} + n^{(y)} + n^{(z)} = \frac{abc}{2}\int_{(abc)^2}^\infty \frac{du}{u^{3/2}},$$

[1]) Dieselben Koeffizienten treten in den Aufgaben von einem dielektrischen Ellipsoid im äußeren elektrischen Feld oder von einem magnetischen Ellipsoid im Magnetfeld auf (§ 8). Tabellen und graphische Darstellungen dieser Koeffizienten für Rotationsellipsoide sowie für dreiachsige Ellipsoide kann man in folgenden Artikeln finden: E. C. Stoner, Phil. Mag. **36**, 803 (1945); J. A. Osborn, Phys. Rev. **67**, 351 (1945).

woraus

$$n^{(x)} + n^{(y)} + n^{(z)} = 1 \tag{4,29}$$

folgt. Die Summe der drei Depolarisationskoeffizienten ist Eins (oder in Tensorschreibweise $n_{ii} = 1$). Da die Koeffizienten andererseits positiv sind, kann keiner von ihnen 1 übersteigen.

Für die Kugel ($a = b = c$) ist aus Symmetriegründen klar, daß $n^{(x)} = n^{(y)} = n^{(z)}$ und daher

$$n^{(x)} = n^{(y)} = n^{(z)} = \tfrac{1}{3} \tag{4,30}$$

gilt. Für einen Zylinder (mit der Achse als x-Achse, $a \to \infty$) haben wir[1])

$$n^{(x)} = 0\,, \qquad n^{(y)} = n^{(z)} = \tfrac{1}{2}\,. \tag{4,31}$$

Dem Grenzfall a, $b \to \infty$ (ebene Platte) entsprechen hingegen die offensichtlichen Werte

$$n^{(x)} = n^{(y)} = 0\,, \qquad n^{(z)} = 1\,.$$

Die elliptischen Integrale (4,25) lassen sich bei Rotationsellipsoiden durch elementare Funktionen ausdrücken. Für ein verlängertes Rotationsellipsoid ($a > b = c$) mit der Exzentrizität $e = \sqrt{1 - b^2/a^2}$ gilt

$$n^{(x)} = \frac{1 - e^2}{e^2}(\operatorname{artanh} e - e)\,, \qquad n^{(y)} = n^{(z)} = 1/2\,(1 - n^{(x)})\,. \tag{4,32}$$

Ist das Ellipsoid fast kugelförmig ($e \ll 1$), so gilt näherungsweise

$$n^{(x)} = \frac{1}{3} - \frac{2}{15}e^2\,, \qquad n^{(y)} = n^{(z)} = \frac{1}{3} + \frac{1}{15}e^2\,. \tag{4,33}$$

Für ein abgeplattetes Ellipsoid ($a = b > c$) haben wir

$$n^{(z)} = \frac{1 + e^2}{e^3}(e - \arctan e)\,, \qquad n^{(x)} = n^{(y)} = \frac{1}{2}(1 - n^{(z)})\,, \tag{4,34}$$

wo $e = \sqrt{(a/c)^2 - 1}$. Für $e \ll 1$ gilt

$$n^{(z)} = \frac{1}{3} + \frac{2e^2}{15}\,, \qquad n^{(x)} = n^{(y)} = \frac{1}{3} - \frac{e^2}{15}\,. \tag{4,35}$$

Aufgaben

1. Man bestimme das Feld einer geladenen, leitenden, kreisförmigen Scheibe vom Radius a, indem man es in Zylinderkoordinaten ausdrücke. Gesucht sei die Ladungsverteilung auf der Scheibe.

Lösung. Die Ladungsverteilung erhält man durch den Grenzübergang $c \to 0$, $z \to 0$ in Gleichung (4,16), mit $z/c = \sqrt{1 - r^2/a^2}$ ($r^2 = x^2 + y^2$), in Übereinstimmung mit (4,3). Dies gibt

$$\sigma = \frac{e}{4\pi a^2}\left(1 - \frac{r^2}{a^2}\right)^{-1/2}.$$

---

[1]) Diese Werte für Kugel und Zylinder stimmen natürlich mit den in den Aufgaben 1 und 2 von § 3 erhaltenen Ergebnissen überein.

Das Potential im ganzen Raum wird durch die Gleichung (4,19) gegeben, in der $c = 0$ zu setzen ist; ξ ist durch r und z mittels (4,1) mit $c = 0$, $u = \xi$, $a = b$ auszudrücken:

$$\varphi = \frac{e}{a} \arctan \left[\frac{2a^2}{r^2 + z^2 - a^2 + \sqrt{(r^2 + z^2 - a^2)^2 + 4a^2z^2}} \right]^{1/2}$$

In der Nähe des Scheibenrandes führen wir statt r und z die Koordinaten ϱ und θ gemäß $z = \varrho \sin \theta$, $r = a - \varrho \cos \theta$ ($\varrho \ll a$) (Abb. 10) ein und erhalten

$$\varphi \approx \frac{e}{a} \left(\frac{\pi}{2} - \sqrt{\frac{2\varrho}{a}} \sin \frac{\theta}{2} \right)$$

in Übereinstimmung mit dem allgemeinen Ergebnis der Aufgabe 3, § 3.

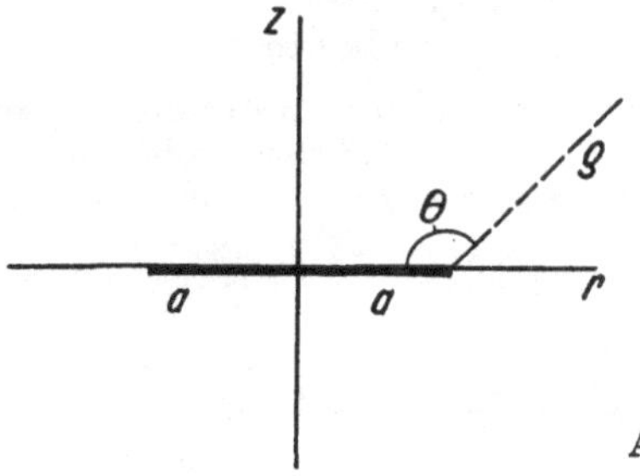

Abb. 10

2. Man bestimme das elektrische Quadrupolmoment eines geladenen Ellipsoides.

Lösung. Der Tensor des Quadrupolmomentes eines geladenen Leiters ist durch

$$D_{ik} = e(3\overline{x_i x_k} - \overline{r^2}\delta_{ik})$$

bestimmt, wo e die Gesamtladung ist und die Querstriche die Mittelbildung gemäß

$$\overline{x_i x_k} = \frac{1}{e} \oint x_i x_k \sigma \, df$$

bedeuten. Es ist klar, daß die Ellipsenachsen gleichzeitig Hauptachsen des Tensors D_{ik} sind. Benutzen wir für σ die Form (4,16) und für das Oberflächenelement des Ellipsoides den Ausdruck

$$df = \frac{dx \, dy}{\nu_z} = \frac{dx \, dy}{z/c^2} \sqrt{\frac{x^2}{a^4} + \frac{y^2}{b^4} + \frac{z^2}{c^4}}$$

(ν ist der Normaleneinheitsvektor der Ellipsoidoberfläche), so erhalten wir

$$\overline{z^2} = \frac{c}{4\pi ab} \int z \, dx \, dy = \frac{c^2}{3}$$

(die Integration über $dx\,dy$ erfolgt zweimal über die Schnittfläche des Ellipsoids mit der x,y-Ebene). Somit gilt

$$D_{xx} = (e/3)\,(2a^2 - b^2 - c^2),\; D_{yy} = (e/3)\,(2b^2 - a^2 - c^2),$$

$$D_{zz} = (e/3)\,(2c^2 - a^2 - b^2).$$

3. Die Ladungsverteilung auf der Oberfläche eines ungeladenen leitenden Ellipsoids in einem äußeren homogenen Feld sei zu bestimmen.

Lösung. Nach Formel (1,9) haben wir

$$\sigma = - \frac{1}{4\pi} \frac{\partial \varphi}{\partial n}\bigg|_{\xi=0} = - \left(\frac{1}{4\pi h_1} \frac{\partial \varphi}{\partial \xi} \right)_{\xi=0}$$

(das Längenelement in Richtung der Oberflächennormalen des Ellipsoids ist gemäß (4,5) $h_1\, d\xi$). Setzen wir (4,24) ein und berücksichtigen wir, daß

$$\nu_x = \frac{1}{h_1} \frac{\partial x}{\partial \xi}\bigg|_{\xi=0} = \frac{x}{2a^2 h_1}\bigg|_{\xi=0}$$

gilt, so erhalten wir

$$\sigma = \frac{\mathfrak{E}}{4\pi n^{(x)}} \nu_x \,.$$

Bei beliebiger Richtung des äußeren Feldes bezüglich der Ellipsoidachsen x, y, z gilt

$$\sigma = \frac{1}{4\pi} \nu_i n_{ik}^{-1} \mathfrak{E}_k = \frac{1}{4\pi} \left[\frac{\nu_x}{n^{(x)}} \mathfrak{E}_x + \frac{\nu_y}{n^{(x)}} \mathfrak{E}_y + \frac{\nu_z}{n^{(z)}} \mathfrak{E}_z \right].$$

4. Die gleiche Aufgabe für eine ungeladene, ebene kreisförmige Scheibe vom Radius a parallel zum Feld.[1]) Das Dipolmoment der Scheibe sei zu bestimmen.

Lösung. Wir betrachten die Scheibe als Grenzfall eines Rotationsellipsoids, bei dem die Halbachse c gegen 0 geht. Der Depolarisationskoeffizient strebt dabei längs dieser Achse (der z-Achse) gegen 1, längs der x- und y-Achse gegen 0, nach dem aus (4,34) folgenden Gesetz

$$n^{(z)} = 1 - \frac{\pi c}{2a}, \qquad n^{(x)} = n^{(y)} = \frac{\pi c}{4a}\,.$$

Die Komponente ν_x des Normaleneinheitsvektors der Ellipsoidfläche geht dabei wie

$$\nu_x = \frac{x}{a^2} \left(\frac{x^2 + y^2}{a^4} + \frac{z^2}{c^4} \right)^{-1/2} \to \frac{x}{a^2} \frac{c^2}{z} = \frac{xc}{a^2} \left(1 - \frac{x^2 + y^2}{a^2} \right)^{-1/2}$$

gegen 0. Die Flächenladungsdichte wird daher

$$\sigma = \frac{\mathfrak{E}}{4\pi} \frac{\nu_x}{n^{(x)}} = \frac{\mathfrak{E} \varrho \cos \varphi}{\pi^2 \sqrt{a^2 - \varrho^2}}\,,$$

wo ϱ, φ Polarkoordinaten in der Scheibenebene sind. Das Dipolmoment der Scheibe läßt sich aus (4,26) bestimmen und wird

$$\mathscr{P} = \frac{4a^3}{3\pi} \mathfrak{E}\,.$$

Es ist zu a^3 proportional, nicht zum „Scheibenvolumen" $a^2 c$.

5. Man bestimme das Potential außerhalb eines ungeladenen, leitenden Rotationsellipsoids, dessen Symmetrieachse parallel zu einem homogenen äußeren Feld ist.

Lösung. Für ein verlängertes Rotationsellipsoid ($a > b = c$, das Feld $\mathfrak{E}$ in Richtung der x-Achse) erhalten wir nach Berechnung des Integrals in (4,24)

$$\varphi = -\mathfrak{E} x \left\{ 1 - \frac{\operatorname{artanh} \sqrt{\dfrac{a^2 - b^2}{a^2 + \xi}} - \sqrt{\dfrac{a^2 - b^2}{a^2 + \xi}}}{\operatorname{artanh} \sqrt{1 - \dfrac{b^2}{a^2}} - \sqrt{1 - \dfrac{b^2}{a^2}}} \right\}.$$

Die Koordinate ξ hängt mit x und $\varrho = \sqrt{y^2 + z^2}$ über

$$\frac{\varrho^2}{b^2 + \xi} + \frac{x^2}{a^2 + \xi} = 1$$

zusammen, wobei für den außerhalb des Ellipsoids gelegenen Raumbereich $0 \leqq \xi \leqq \infty$ gilt.

---

[1]) Für eine Scheibe senkrecht zum Feld wäre die Aufgabe trivial; das Feld bleibt im ganzen Raum homogen, und auf den beiden Seiten der Scheibe werden die Ladungen $g = \pm\, \mathfrak{E}/4\pi$ induziert.

Bei einem abgeplatteten Ellipsoid ($a = b > c$) liegt das Feld $\mathfrak{E}$ in Richtung der z-Achse. Infolgedessen ist in den Integralen (4,24) $s + a^2$ durch $s + c^2$ zu ersetzen, weiter ist $\varphi_0 = - \mathfrak{E}z$. Als Ergebnis erhalten wir

$$\varphi = - \mathfrak{E}z \left\{ 1 - \frac{\sqrt{\frac{a^2 - c^2}{\xi + c^2}} - \arctan \sqrt{\frac{a^2 - c^2}{\xi + c^2}}}{\sqrt{\frac{a^2}{c^2} - 1} - \arctan \sqrt{\frac{a^2}{c^2} - 1}} \right\},$$

wobei die Koordinate ξ mit den Koordinaten z und $\varrho = \sqrt{x^2 + y^2}$ durch

$$\frac{\varrho^2}{a^2 + \xi} + \frac{z^2}{c^2 + \xi} = 1$$

zusammenhängt.

6. Das gleiche Problem, die Symmetrieachse des Ellipsoids jedoch senkrecht zum äußeren Feld.

Lösung. Für ein verlängertes Ellipsoid (das Feld in Richtung der z-Achse) gilt

$$\varphi = - \mathfrak{E}z \left\{ 1 - \frac{\frac{\sqrt{\xi + a^2}}{\xi + b^2} - \frac{1}{\sqrt{a^2 - b^2}} \operatorname{artanh} \sqrt{\frac{a^2 - b^2}{\xi + a^2}}}{\frac{a}{b^2} - \frac{1}{\sqrt{a^2 - b^2}} \operatorname{artanh} \sqrt{1 - \frac{b^2}{a^2}}} \right\}.$$

Bei einem abgeplatteten Ellipsoid (das Feld in Richtung der x-Achse) ist

$$\varphi = - \mathfrak{E}x \left\{ 1 - \frac{\frac{1}{\sqrt{a^2 - c^2}} \arctan \sqrt{\frac{a^2 - c^2}{\xi + c^2}} - \frac{\sqrt{\xi + c^2}}{a^2 + \xi}}{\frac{1}{\sqrt{a^2 - c^2}} \arctan \sqrt{\frac{a^2}{c^2} - 1} - \frac{c}{a^2}} \right\}.$$

7. Ein homogenes Feld $\mathfrak{E}$ längs der z-Achse (im Halbraum $z < 0$) wird durch eine geerdete leitende Ebene $z = 0$ mit kreisförmiger Öffnung abgegrenzt. Man bestimme Feld und Ladungsverteilung auf der Ebene.

Lösung. Die x,y-Ebene mit kreisförmiger Öffnung vom Radius a um den Koordinatenursprung kann als Grenzfall des einschaligen Rotationshyperboloids

$$\frac{\varrho^2}{a^2 - |\eta|} - \frac{z^2}{|\eta|} = 1, \quad \varrho^2 = x^2 + y^2,$$

für $|\eta| \to 0$ betrachtet werden. Diese Hyperboloide bilden eine Schar von Koordinatenflächen in einem System abgeplatteter sphäroidaler Koordinaten mit $c = 0$. Die kartesische Koordinate z drückt sich gemäß (4,9) durch ξ und η vermittels $z = \sqrt{\xi\, |\eta|}/a$ aus, wobei die Wurzel $\sqrt{\xi}$ mit positivem bzw. negativem Vorzeichen entsprechend dem oberen oder unteren Halbraum zu nehmen ist. Wir suchen eine Lösung der Form $\varphi = - \mathfrak{E}z\, F(\xi)$, für die Funktion $F(\xi)$ erhalten wir

$$F(\xi) = \text{const} \int \frac{d\xi}{\xi^{3/2}(\xi + a^2)} = \text{const} \left[\frac{a}{\sqrt{\xi}} - \arctan \frac{a}{\sqrt{\xi}} \right]$$

(die Integrationskonstante setzen wir Null in Übereinstimmung mit $\varphi = 0$ für $z \to + \infty$, d. h. $\sqrt{\xi} \to + \infty$). Hierbei ist unter dem arctan mit negativem Argument

$$\arctan \frac{a}{-\sqrt{\xi}} = \pi - \arctan \frac{a}{\sqrt{\xi}}$$

zu verstehen, nicht $- \arctan (a/\sqrt{\xi})$, da sonst das Potential in der Öffnungsebene ($\xi = 0$) unstetig wäre. Den konstanten Faktor wählen wir so, daß für $z \to - \infty$ (d. h. für $\sqrt{\xi} \to - \infty$,

$\arctan(a/\sqrt{\xi}) \to \pi$) $\varphi = -\mathfrak{E}z$ wird. Endgültig erhalten wir

$$\varphi = -\frac{\mathfrak{E}z}{\pi}\left[\arctan\frac{a}{\sqrt{\xi}} - \frac{a}{\sqrt{\xi}}\right] = -\frac{\mathfrak{E}}{\pi}\sqrt{|\eta|}\left[\frac{\sqrt{\xi}}{a}\arctan\frac{a}{\sqrt{\xi}} - 1\right].$$

Auf der leitenden Ebene ist $\eta = 0$, und das Potential verschwindet, wie zu fordern ist. In großen Entfernungen $r = \sqrt{z^2 + \varrho^2}$ von der Öffnung haben wir $\xi \approx r^2$, und das Potential im oberen Halbraum nimmt die Gestalt

$$\varphi \approx \frac{\mathfrak{E}a^3}{3\pi}\frac{\sqrt{-\eta}}{\xi} = \frac{\mathfrak{E}a^3 z}{3\pi r^3}$$

an, d. h., es ist ein Feld vom Dipoltyp mit einem Dipolmoment $\mathscr{P} = \mathfrak{E}a^3/3\pi$. Die Feldstärke fällt wie $1/r^3$, so daß der Feldfluß durch eine unendlich weite Oberfläche (im Halbraum $z > 0$) verschwindet. Dies bedeutet, daß alle Kraftlinien, die durch die Öffnung gehen, sich oberhalb der leitenden Ebene schließen.

Die Ladungsverteilung auf der leitenden Ebene berechnet sich auf folgende Weise:

$$\sigma = \mp\frac{1}{4\pi}\frac{\partial\varphi}{\partial z}\bigg|_{z=0} = \mp\frac{a}{4\pi\sqrt{\xi}}\frac{\partial\varphi}{\partial\sqrt{-\eta}} = \pm\frac{\mathfrak{E}}{4\pi^2}\left[\arctan\frac{a}{\sqrt{\xi}} - \frac{a}{\sqrt{\xi}}\right],$$

wo sich das obere und das untere Vorzeichen auf die obere bzw. untere Seite der Ebene beziehen. Nach der ξ mit ϱ und z verbindenden Formel

$$\frac{\varrho^2}{a^2 + \xi} + \frac{z^2}{\xi} = 1$$

haben wir auf der Ebene $z = 0$: $\sqrt{\xi} = \pm\sqrt{\varrho^2 - a^2}$. Die Verteilung der Ladungen auf der unteren Seite der leitenden Ebene wird also durch die Formel

$$\sigma = -\frac{\mathfrak{E}}{4\pi^2}\left(\pi - \arcsin\frac{a}{\varrho} + \frac{a}{\sqrt{\varrho^2 - a^2}}\right)$$

gegeben. Für $\varrho \to \infty$ haben wir $\sigma = -\mathfrak{E}/4\pi$, wie es sein muß. Auf der oberen Seite gilt

$$\sigma = -\frac{\mathfrak{E}}{4\pi^2}\left(\frac{a}{\sqrt{\varrho^2 - a^2}} - \arcsin\frac{a}{\varrho}\right).$$

Die auf der oberen Seite der Ebene induzierte Gesamtladung ist endlich und gleich

$$e' = \int_0^\infty \sigma \cdot 2\pi\varrho\,d\varrho = -\frac{a^2}{8}\mathfrak{E}.$$

8. Das gleiche Problem, aber mit einem geraden Spalt der Breite $2b$ als Öffnung in der leitenden Ebene.

Lösung. Die x,y-Ebene mit dem Spalt in x-Richtung läßt sich als Grenzfall des hyperbolischen Zylinders

$$\frac{y^2}{b^2 - |\eta|} - \frac{z^2}{|\eta|} = 1$$

für $|\eta| \to 0$ auffassen. Diese hyperbolischen Zylinder gehören zu einer Schar elliptischer Koordinatenflächen für $a \to \infty$, $c \to 0$. Die kartesische Koordinate z ist $z = \sqrt{\xi\,|\eta|}/b$.

Wie in Aufgabe 7 suchen wir die Lösung in der Form $\varphi = -\mathfrak{E}z\,F(\xi)$. Für die Funktion $F(\xi)$ erhalten wir

$$F = \text{const}\int\frac{d\xi}{\xi^{3/2}\sqrt{\xi + b^2}}.$$

Der Faktor sowie die Integrationskonstante sind hierbei durch die Bedingung $F = 0$ und $F = 1$ für respektive $z \to +\infty$ und $z \to -\infty$ (d. h. für $\sqrt{\xi} \to +\infty$ und $\sqrt{\xi} \to -\infty$) bestimmt; wir erhalten dann endgültig

$$\varphi = \frac{\mathfrak{E}}{2b} [\sqrt{(\xi + b^2)} \mp \sqrt{\xi}] \sqrt{|\eta|} ,$$

wobei wir die Wurzel $\sqrt{\xi}$ als positive Größe verstehen; das obere und das untere Vorzeichen entsprechen den Gebieten $z > 0$ und $z < 0$.

In großen Entfernungen vom Spalt haben wir im oberen Halbraum $\xi \approx y^2 + z^2 = r^2$ und als Potential

$$\varphi \approx \mathfrak{E} \frac{b}{4} \sqrt{\frac{|\eta|}{\xi}} = \mathfrak{E} \frac{b^2 z}{4r^2} ,$$

d. h. das Feld eines zweidimensionalen Dipols mit dem Dipolmoment $\mathfrak{E}b^2/8$ pro Länge des Spaltes (vgl. die Formel in Aufgabe 2, § 3).

Die Ladungsverteilung auf der leitenden Ebene wird durch

$$\sigma = -\mathfrak{E} \frac{1}{8\pi} \left(\frac{|y|}{\sqrt{y^2 - b^2}} \mp 1 \right)$$

gegeben. Die auf der Oberseite der Ebene induzierte Gesamtladung (bezogen auf die Länge des Spalts) ist

$$e' = 2 \int_b^\infty \sigma \, dy = -\mathfrak{E} \frac{b}{4\pi} .$$

In der Nähe des Spaltrandes kann man im Ausdruck für $\varphi(\xi, \eta)$ $\xi \to 0$ setzen und hat

$$\eta \approx -2b\varrho \sin^2 \frac{\theta}{2} ,$$

wobei ϱ und θ Polarkoordinaten in der x,y-Ebene sind, die vom Spaltrand aus gerechnet werden ($y = b + \varrho \cos \theta$, $z = \varrho \sin \theta$). Dann ist

$$\varphi \approx \mathfrak{E} \sqrt{\frac{b\varrho}{2}} \sin \frac{\theta}{2} ,$$

in Übereinstimmung mit dem Ergebnis von Aufgabe 3, § 3, für den Fall $\theta_0 \ll 1$.

§ 5. Kräfte, die auf einen Leiter wirken

Im elektrischen Feld übt das Feld auf die Oberfläche eines Leiters bestimmte Kräfte aus. Sie lassen sich auf folgende Weise leicht berechnen.

Die Dichte des Impulsstromes in einem elektrischen Fed im Vakuum wird durch den bekannten MAXWELL*schen Spannungstensor* bestimmt[1]):

$$-\sigma_{ik} = \frac{1}{4\pi} \left(\frac{E^2}{2} \delta_{ik} - E_i E_k \right) .$$

Die Kraft, die auf das Oberflächenelement $\mathrm{d}\boldsymbol{f}$ des Körpers wirkt, ist nichts anderes als der Strom des von außen „einströmenden" Impulses, d. h. gleich $\sigma_{ik} \, \mathrm{d}f_k = \sigma_{ik} n_k \, \mathrm{d}f$ (das Vorzeichen ist geändert, da der Normalenvektor $\boldsymbol{n}$ nach außen gerichtet ist,

[1]) S. II, § 33. Üblicherweise definiert man den Spannungstensor mit entgegengesetztem Vorzeichen zu demjenigen des Tensors der Impulsstromdichte. Eine derartige Definition wurde auch in den anderen Bänden dieses Lehrbuches verwendet; lediglich in II, § 33 wurde infolge mangelnder Aufmerksamkeit eine Bezeichnung von σ_{ik} mit anderem Vorzeichen benutzt.

nicht in den Körper). Die Größe $\sigma_{ik}n_k$ ist daher die auf die Oberfläche bezogene Oberflächenkraft $\boldsymbol{F}_{\text{Ob}}$. Beachten wir, daß auf einer Metalloberfläche die Feldstärke $\boldsymbol{E}$ nur eine Normalkomponente besitzt, so erhalten wir

$$\boldsymbol{F}_{\text{Ob}} = \boldsymbol{n}\,\frac{E^2}{8\pi} \tag{5,1}$$

oder, wenn wir die Oberflächendichte der Ladung σ einführen,

$$\boldsymbol{F}_{\text{Ob}} = 2\pi\sigma^2\boldsymbol{n} = \frac{\sigma\boldsymbol{E}}{2}\,.$$

Wir gelangen zu dem Schluß, daß auf eine Leiteroberfläche ein Zug wirkt, der die Richtung der nach außen weisenden Oberflächennormalen hat und dessen Betrag gleich der Energiedichte des Feldes ist. Die auf einen Leiter wirkende Gesamtkraft $\boldsymbol{F}$ erhält man durch Integration von (5,1) über die Leiteroberflächen[1]):

$$\boldsymbol{F} = \oint \frac{E^2}{8\pi}\,\mathrm{d}\boldsymbol{f}\,. \tag{5,2}$$

Gewöhnlich ist es jedoch bequemer, diese Größe nach allgemeinen Regeln der Mechanik durch Differentiation der Energie $\mathcal{U}$ zu berechnen. Die Kraft nämlich, die auf den Leiter längs der Koordinatenachse q wirkt, ist $-\dfrac{\partial\mathcal{U}}{\partial q}$, wobei die Ableitung als Änderung der Energie bei der Parallelverschiebung des Körpers in q-Richtung zu verstehen ist. Dabei muß die Energie durch die Ladungen des Leiters (die Quellen des Feldes) ausgedrückt werden und die Ableitung bei konstanten Ladungen durchgeführt werden. Um dies anzudeuten, schreiben wir mit einem Index e

$$F_q = -\left(\frac{\partial\mathcal{U}}{\partial q}\right)_e. \tag{5,3}$$

In entsprechender Weise ist die Projektion des gesamten auf den Leiter wirkenden Drehmoments auf eine beliebige Achse

$$K = -\left(\frac{\partial\mathcal{U}}{\partial\psi}\right)_e, \tag{5,4}$$

wo ψ der Winkel einer Drehung des Gesamtkörpers um die Achse ist.

Liegt jedoch die Energie als Funktion der Potentiale und nicht der Ladungen des Leiters vor, so erfordert die Kraftbestimmung mit Hilfe der Energie eine besondere Betrachtung. Es handelt sich darum, daß zur Aufrechterhaltung eines konstanten Leiterpotentials (bei einer Verschiebung) notwendig fremde Ladungen eingeführt werden müssen. Beispielsweise kann ein konstantes Potential durch Verbindung des Leiters mit anderen Leitern erhalten werden, die eine sehr große Kapazität besitzen („Ladungsreservoir"). Wird der Leiter mit der Ladung e_a aufgeladen, so erhält er sie aus diesem Reservoir, dessen Potential sich wegen der großen Kapazität nicht ändert. Es verringert sich jedoch die Energie des Reservoirs um den Betrag $e_a\varphi_a$. Werden die einzelnen Leiter eines Systems jeweils mit e_a aufgeladen, so ändert sich

[1]) In unserem Fall wenden wir diese Formel auf eine Oberfläche an, die nicht streng mit der Körperoberfläche zusammenfällt, sondern etwas entfernt gehalten wird, um den Einfluß der Struktur des Feldes in der Nähe der Oberfläche des Körpers auszuschließen (vgl. Seite 3).

die Reservoirenergie insgesamt um den Betrag $-\sum_a e_a\varphi_a$. In die Größe $\mathcal{U}$ geht dagegen nur die Energie der betrachteten Leiter ein, nicht die Energie des Reservoirs. In diesem Sinne läßt sich sagen, daß sich $\mathcal{U}$ auf die Energie eines energetisch nicht abgeschlossenen Systems bezieht. Für ein System von Leitern, deren Potentiale konstant gehalten werden, übernimmt nicht $\mathcal{U}$, sondern die Größe

$$\tilde{\mathcal{U}} = \mathcal{U} - \sum_a e_a\varphi_a \tag{5,5}$$

die Rolle der mechanischen Energie. Setzen wir hier (2,2) ein, so finden wir, daß $\mathcal{U}$ und $\tilde{\mathcal{U}}$ sich nur durch das Vorzeichen unterscheiden:

$$\mathcal{U} = -\tilde{\mathcal{U}}\,. \tag{5,6}$$

Die Kraft F_q wird durch Ableitung von $\tilde{\mathcal{U}}$ nach q bei konstanten Potentialen erhalten, d. h.

$$F_q = -\left(\frac{\partial\tilde{\mathcal{U}}}{\partial q}\right)_\varphi = \left(\frac{\partial\mathcal{U}}{\partial q}\right)_\varphi. \tag{5,7}$$

Man kann also die auf die Leiter wirkenden Kräfte sowohl durch die Ableitung von $\mathcal{U}$ bei konstanten Ladungen als auch bei konstanten Potentialen erhalten, mit dem Unterschied, daß im ersten Fall die Ableitung mit einem negativen Vorzeichen versehen ist.

Man kann dieses Ergebnis auch auf einem etwas formaleren Weg erhalten, indem man von der Identität

$$\mathrm{d}\mathcal{U} = \sum_a \varphi_a\,\mathrm{d}e_a - F_q\,\mathrm{d}q \tag{5,8}$$

ausgeht, in der $\mathcal{U}$ als Funktion der Ladungen der Leiter und der Koordinaten q betrachtet wird. Diese Identität drückt die Tatsache aus, daß $\partial\mathcal{U}/\partial e_a = \varphi_a$ und $\partial\mathcal{U}/\partial q = -F_q$ gilt. Gehen wir zu den Veränderlichen φ_a anstelle e_a über, so erhalten wir

$$\mathrm{d}\tilde{\mathcal{U}} = -\sum_a e_a\mathrm{d}\varphi_a - F_q\,\mathrm{d}q\,, \tag{5,9}$$

woraus sich ebenfalls (5,7) ergibt.

Am Ende von § 2 wurde die Energie der Leiter in einem äußeren homogenen elektrischen Feld betrachtet. Die Gesamtkraft, die auf einen ungeladenen Leiter in einem homogenen Feld wirkt, verschwindet natürlich. Jedoch kann der Energieausdruck (2,14) dazu benutzt werden, die auf einen Leiter in einem quasihomogenen Feld $\mathfrak{E}$ wirkenden Kräfte zu bestimmen, d. h. in einem Feld, das sich nur wenig im Bereich der Körper ändert. In einem solchen Feld kann in erster Näherung die Energie noch aus dem Ausdruck (2,14) berechnet werden; die Kraft $\boldsymbol{F}$ drückt sich als Gradient dieser Energie aus:

$$\boldsymbol{F} = -\operatorname{grad}\mathcal{U} = \tfrac{1}{2}\alpha_{ik}\,V\operatorname{grad}\mathfrak{E}_i\mathfrak{E}_k\,. \tag{5,10}$$

Das Gesamtdrehmoment $\boldsymbol{K}$ der Kräfte ist im allgemeinen schon in einem homogenen äußeren Feld von Null verschieden. Nach den allgemeinen Regeln der Mechanik bestimmt man $\boldsymbol{K}$ durch Betrachtung einer infinitesimalen virtuellen Drehung des Körpers. Die Energieänderung bei einer solchen Drehung hängt mit $\boldsymbol{K}$ vermöge $\delta\mathcal{U} = -\boldsymbol{K}\,\delta\boldsymbol{\psi}$ zusammen, wo $\delta\boldsymbol{\psi}$ der Drehwinkel ist. Die Drehung des Körpers um den Winkel $+\delta\boldsymbol{\psi}$ ist im homogenen Feld einer Drehung des Feldes relativ zum Körper um den Winkel $-\delta\boldsymbol{\psi}$ äquivalent. Die Feldänderung dabei ist $\delta\mathfrak{E} = -[\delta\boldsymbol{\psi}\,\mathfrak{E}]$, die der Energie

$$\delta\mathcal{U} = \frac{\partial\mathcal{U}}{\partial\mathfrak{E}}\,\delta\mathfrak{E} = -\,\delta\boldsymbol{\psi}\left[\mathfrak{E}\,\frac{\partial\mathcal{U}}{\partial\mathfrak{E}}\right].$$

Nun gilt $\partial\mathcal{U}/\partial\mathfrak{E} = -\mathscr{P}$, wie aus einem Vergleich der Formeln (2,13) und (2,14) ersichtlich ist. Daher ist $\delta\mathcal{U} = -[\mathscr{P}\mathfrak{E}]\,\delta\boldsymbol{\psi}$, woraus sich

$$\boldsymbol{K} = [\mathscr{P}\mathfrak{E}] \tag{5,11}$$

ergibt, in Übereinstimmung mit dem aus der Theorie der Vakuumfelder bekannten Ausdruck. Verschwinden die an einem Leiter angreifenden Gesamtkräfte und -drehmomente, so bleibt der Leiter unbeweglich, und Effekte, die mit der Deformation des Körpers zusammenhängen, werden wichtig (die sogenannte *Elektrostriktion*). Die auf die Oberfläche des Leiters wirkenden Kräfte (5,1) führen zu seiner Form- und Volumenänderung. Infolge des expansiven Charakters der Kraft vergrößert sich dabei das Volumen des Körpers. Eine vollständige Bestimmung der Deformation erfordert eine Lösung der Gleichungen der Elastizitätstheorie bei gegebener Kraftverteilung (5,1) auf der Körperoberfläche. Interessiert jedoch nur die Volumenänderung, so kann diese Aufgabe sehr einfach gelöst werden. Dabei ist zu beachten, daß bei schwacher Deformation (wie sie praktisch bei Elektrostriktion vorliegt) der Einfluß der Formänderung auf die Volumenänderung ein Effekt zweiter Ordnung ist. In erster Näherung kann daher die Volumenänderung als Ergebnis einer Deformation ohne Formänderung betrachtet werden, d. h. als eine allseitige Ausdehnung unter dem Einfluß eines effektiven Überschußdruckes ΔP, der auf der Oberfläche des Körpers gleichmäßig verteilt ist und die durch (5,1) gegebene exakte Verteilung ersetzt. Die relative Volumenänderung erhält man durch Multiplikation von ΔP mit dem Koeffizienten der gleichförmigen Expansion des Stoffes. Der Druck ΔP bestimmt sich nach einer gut bekannten Formel als Ableitung der elektrischen Energie $\mathcal{U}$ des Körpers nach seinem Volumen: $\Delta P = -\,\partial\mathcal{U}/\partial V$.[1])

Das deformierende Feld sei durch die geladenen Leiter selbst erzeugt. Dann ist die Energie $\mathcal{U} = e^2/2C$ und der Druck

$$\Delta P = -\,\frac{e^2}{2}\,\frac{\partial}{\partial V}\left(\frac{1}{C}\right).$$

Bei gegebener Form des Körpers ist seine Kapazität (als Größe mit der Dimension einer Länge) seinen linearen Abmessungen, d. h. $V^{1/3}$ proportional. Wir finden daher

$$\Delta P = \frac{e^2}{6CV} = \frac{e\varphi}{6V}. \tag{5,12}$$

Befindet sich jedoch ein ungeladener Leiter im homogenen äußeren Feld $\mathfrak{E}$, so wird seine Energie durch die Formel (2,14) gegeben. Daher lautet in diesem Fall der Zug

$$\Delta P = \tfrac{1}{2}\,\alpha_{ik}\mathfrak{E}_i\mathfrak{E}_k\,. \tag{5,13}$$

---

[1]) Die auf diese Weise bestimmte Größe ist der Zug, der auf die Oberfläche seitens des Körpers selbst ausgeübt wird; der auf ihn wirkende Druck wird durch Änderung des Vorzeichens erhalten.

Aufgaben

1. Ein kleiner Leiter mit der Kapazität c (von der Größenordnung seines Durchmessers) befinde sich in einer Entfernung r vom Zentrum eines kugelförmigen Leiters mit großem Radius a ($a \gg c$). Die Entfernung $r - a$ vom Leiter zur Oberfläche der Kugel sei nur im Verhältnis zu c groß, dagegen nicht im Verhältnis zu a. Beide Leiter seien durch einen dünnen Draht miteinander verbunden, so daß sie sich beide auf gleichem Potential φ befinden. Man bestimme die gegenseitigen Abstoßungskräfte.

Lösung. Infolge der Kleinheit des Leiters kann man annehmen, daß sich sein Potential additiv aus dem Potential $\varphi\, a/r$ der großen Kugel in der Entfernung r ihres Zentrums und dem Eigenpotential e/c der auf dem Leiter befindlichen Ladung e zusammensetzt. Daraus ergibt sich $\varphi = \varphi a/r + e/c$ oder $e = c\varphi(1 - a/r)$. Die gesuchte Wechselwirkungskraft F folgt als abstoßende COULOMB-Kraft zwischen der Ladung e des Leiters und der Ladung $a\varphi$ der Kugel:

$$F = \frac{ac\varphi^2}{r^2}\left(1 - \frac{a}{r}\right)$$

(dieser Ausdruck gilt bis auf Glieder höherer Ordnung in c). Diese Kraft erreicht bei $r = 3a/2$ ihr Maximum (wo sie den Wert $F_{\max} = 4c\varphi^2/27a$ annimmt) und fällt beiderseits dieses Punktes ab.

2. Eine geladene leitende Kugel sei in zwei Hälften zerschnitten. Man bestimme die Kraft, mit der sich die beiden Halbkugeln abstoßen.[1])

Lösung. Wir betrachten die Halbkugeln als voneinander durch einen unendlich kleinen Spalt getrennt und bestimmen die auf jede wirkende Kraft F durch Integration der Kräfte $(E^2/8\pi) \cdot \cos\Theta$ (der Projektion der Kräfte (5,1) auf eine zur Trennebene der Kugeln senkrechte Richtung) auf ihre Oberflächen. Im Spalt gilt $E = 0$, und auf den äußeren Oberflächen $E = e/a^2$, mit a als Radius der Kugel und der Gesamtladung e auf der Kugel. Das Ergebnis lautet

$$F = \frac{e^2}{8a^2}\,.$$

3. Die gleiche Aufgabe für eine ungeladene Kugel, die sich in einem senkrecht zur Trennebene gerichteten äußeren homogenen Feld $\mathfrak{E}$ befinde.

Lösung. Die Lösung verläuft ähnlich wie in der vorhergehenden Aufgabe, mit dem Unterschied, daß auf der Kugeloberfläche $E = 3\mathfrak{E}\cos\theta$ ist (gemäß Aufgabe 1, § 3). Die gesuchte Kraft lautet

$$F = \frac{9}{16}\,a^2\mathfrak{E}^2\,.$$

4. Man bestimme die Form- und Volumenänderung einer leitenden Kugel in einem äußeren homogenen elektrischen Feld.

Lösung. Die Volumenänderung ist $\Delta V/V = \Delta P/K$, wobei K der Modul der Volumenexpansion des Materials ist und sich ΔP aus Formel (5,13) bestimmt. Für eine Kugel gilt $\alpha_{ik} = \alpha\delta_{ik} = \frac{3}{4\pi}\,\delta_{ik}$ (α aus Aufgabe 1, § 3), so daß

$$\frac{\Delta V}{V} = \frac{3\mathfrak{E}^2}{8\pi K}\,.$$

Durch die Deformation geht die Kugel in ein verlängertes Ellipsoid über. Zur Bestimmung der Exzentrizität dieses Ellipsoids betrachten wir die Deformation als rein gleichförmige Scherung im Körpervolumen, ähnlich wie wir zur Bestimmung der Volumenänderung eine gleichförmige Volumenexpansion annehmen. Die Gleichgewichtsbedingung

[1]) In den Aufgaben 2 und 3 wird angenommen, daß sich beide Halbkugeln auf gleichem Potential befinden.

für den deformierten Körper kann als Minimumsbedingung für die Summe elektrostatischer und elastischer Energie formuliert werden. Die erste dieser Energien ist nach den Formeln (2,12), (4,26) gleich

$$\mathcal{U}_{\text{el}} = -\frac{V}{8\pi n}\mathfrak{E}^2 \approx -\frac{3V\mathfrak{E}^2}{8\pi} - \frac{3V}{10\pi}\frac{a-b}{R}\mathfrak{E}^2,$$

wo R der ursprüngliche Radius der Kugel, a und b die Ellipsenhalbachsen sowie

$$n \approx \frac{1}{3} - \frac{4}{15}\frac{a-b}{R}$$

der Depolarisationskoeffizient (vgl. (4,33)) sind.

Infolge der Axialsymmetrie der Deformation (um die Feldrichtung, die x-Achse) sind nur die Komponente nu_{xx} und $u_{yy} = u_{zz}$ des Deformationstensors von Null verschieden. Da wir das Gleichgewicht bezüglich der Gestaltänderung betrachten, können wir das Volumen als ungeändert annehmen, d. h., es ist $u_{ii} = 0$. Die elastische Energie kann daher in der Gestalt

$$\mathcal{U}_{\text{elast}} = V\frac{u_{ik}\sigma_{ik}}{2} = \frac{1}{3}(\sigma_{xx} - \sigma_{yy})(u_{xx} - u_{yy})V$$

geschrieben werden; σ_{ik} ist der elastische Spannungstensor (s. VII, § 4). Wir haben

$$(\sigma_{xx} - \sigma_{yy}) = 2\mu(u_{xx} - u_{yy}),$$

wo μ der Elastizitätsmodul ist sowie $u_{xx} - u_{yy} = (a - b)/R$. Daher gilt

$$\mathcal{U}_{\text{elast}} = \frac{2\mu}{3}\frac{(a-b)^2}{R^2}V.$$

Machen wir die Summe $\mathcal{U}_{\text{elast}} + \mathcal{U}_{\text{el}}$ bezüglich $a - b$ zu einem Minimum, so erhalten wir

$$\frac{a-b}{R} = \frac{9}{40\pi\mu}\mathfrak{E}^2.$$

5. Man finde die Beziehung zwischen der Frequenz und der Länge von Wellen, die sich auf der geladenen ebenen Oberfläche eines flüssigen Leiters im Gravitationsfeld ausbreiten (J. I. Frenkel, 1935).

L ö s u n g. Die Welle möge sich entlang der x-Achse ausbreiten, die z-Achse sei vertikal nach oben gerichtet. Die vertikale Verschiebung der Flüssigkeitsoberfläche ist $\zeta = a\, e^{i(kx-\omega t)}$. Bei einer nichtbewegten Oberfläche ist die Feldstärke auf ihr $E_z = E = 4\pi\sigma$, ihr Potential $\varphi = -4\pi\sigma z$, wo σ die Oberflächendichte der Ladung ist. Das Potential über der oszillierenden Oberfläche schreiben wir in der Form

$$\varphi = -4\pi\sigma z + \varphi_1, \qquad \varphi_1 = \text{const}\cdot e^{i(kx-\omega t)}\, e^{-kz},$$

wo φ_1 eine kleine Korrektur sei, die die Gleichung $\Delta\varphi_1 = 0$ erfülle und für $z \to \infty$ gegen 0 gehe. Auf der Oberfläche des Leiters muß das Potential einen konstanten Wert besitzen, den wir als Null annehmen. Daraus folgt

$$\varphi_1|_{z=0} = 4\pi\sigma\zeta.$$

Nach (5,1) wirkt auf die geladene Oberfläche der Flüssigkeit ein zusätzlicher Sog, der bis auf Terme zweiter Ordnung in φ_1 gleich

$$\frac{E^2}{8\pi} \approx \frac{E_z^2}{8\pi} \approx 2\pi\sigma^2 + k\sigma\varphi_1|_{z=0} = 2\pi\sigma^2 + 4\pi\sigma^2 k\zeta$$

ist. Das konstante Glied $2\pi\sigma^2$ ist unwesentlich (man kann es in den konstanten äußeren Druck einbeziehen).

Die Betrachtung der hydrodynamischen Bewegung in der Welle entspricht völlig der Theorie der Kapillarwellen (s. VI, § 61) und unterscheidet sich nur durch die Anwesenheit des erwähnten zusätzlichen Soges. Auf der Oberfläche der Flüssigkeit besteht die Grenzbedingung

$$\varrho g\zeta + \varrho \frac{\partial \Phi}{\partial t}\bigg|_{z=0} - \alpha \frac{\partial^2 \zeta}{\partial x^2} - 4\pi\sigma^2 k\zeta = 0\,,$$

wo α der Koeffizient der Oberflächenspannung ist, ϱ die Dichte der Flüssigkeit, Φ das Potential ihrer Geschwindigkeit. Φ und ζ hängen noch durch die Beziehung

$$\frac{\partial \zeta}{\partial t} = \frac{\partial \Phi}{\partial z}\bigg|_{z=0}$$

zusammen. Setzen wir in diese beiden Beziehungen

$$\zeta = a\, e^{i(kx - i\omega t)}\,, \qquad \Phi = A\, e^{(kx - i\omega t)}\, e^{-kz}$$

ein (Φ genügt der Gleichung $\Delta\Phi = 0$) und eliminieren wir a und A, so erhalten wir als gesuchte Beziehung zwischen k und ω

$$\omega^2 = \frac{k}{\varrho}(g\varrho - 4\pi\sigma^2 k + \alpha k^2)\,. \tag{1}$$

Damit die Oberfläche der Flüssigkeit stabil ist, muß die Frequenz ω für alle Werte von k reell sein (im umgekehrten Fall wäre ω komplex mit positivem Imaginärteil, und der Faktor $e^{-i\omega t}$ würde unbeschränkt anwachsen). Die Bedingung, daß die rechte Seite von (1) positiv ist, besagt $(4\pi\sigma^2)^2 - 4g\varrho\alpha < 0$, woraus

$$\sigma^4 < \frac{g\varrho\alpha}{4\pi^2}$$

folgt. Dies ist die Stabilitätsbedingung.

6. Man gebe die Stabilitätsbedingung für einen geladenen kugelförmigen Tropfen an (Rayleigh, 1882).

Lösung. Die Summe von elektrostatischer und Oberflächenenergie des Tropfens ist

$$\mathcal{U} = \frac{e^2}{2C} + \alpha S\,,$$

wo α der Koeffizient der Oberflächenspannung der Flüssigkeit, C die Kapazität des Tropfens, S seine Oberfläche seien. Eine Instabilität kann (bei wachsendem e) bezüglich der Deformation der Kugel in ein Ellipsoid auftreten und liegt dann vor, wenn $\mathcal{U}$ eine fallende Funktion der Exzentrizität wird (bei gegebenem Volumen des Tropfens). Eine Kugelgestalt entspricht immer einem Extremum von $\mathcal{U}$; die Stabilitätsbedingung lautet daher

$$\frac{\partial^2 \mathcal{U}}{\partial (a-b)^2}\bigg|_{a=b} > 0\,,$$

wo a, b die Halbachsen des Ellipsoids sind und die Ableitungen bei $ab^2 = \text{const}$ auszuführen sind. Benutzen wir die bekannte Formel für die Oberfläche eines Ellipsoids und Formel (4,18) für seine Kapazität, so finden wir nach längeren Rechnungen

$$e^2 < 16\pi a^3 \alpha\,.$$

Diese Bedingung gewährleistet die Stabilität des Tropfens bezüglich kleiner Deformationen. Sie erweist sich gegenüber der Stabilitätsbedingung bezüglich großer Deformationen, einer Teilung in zwei gleiche Teile (Tropfen mit den Ladungen $e/2$ und den Radien $a/2^{1/3}$)

$$e^2 < 16\pi a^3 \alpha \frac{2^{1/3} - 1}{2 - 2^{1/3}} = 0{,}35 \cdot 16\pi a^3 \alpha$$

als schwächer.

II ELEKTROSTATIK VON NICHTLEITERN

§ 6. Das elektrostatische Feld in Nichtleitern

Wir kommen nun zur Untersuchung des zeitunabhängigen elektrischen Feldes in einer anderen Art von Substanzen, den Nichtleitern oder Dielektrika.

Die Grundeigenschaft der Dielektrika besteht darin, daß in ihnen kein konstanter Strom fließen kann. Im Unterschied zu Leitern braucht daher das elektrostatische Feld in Dielektrika durchaus nicht Null zu sein; wir haben also die Gleichungen abzuleiten, durch die sich dieses Feld beschreiben läßt. Eine Gleichung erhält man durch Mittelung von (1,3), sie schreibt sich wie früher

$$\operatorname{rot} \boldsymbol{E} = 0 \,. \tag{6,1}$$

Die zweite erhält man durch Mittelung der Gleichung $\operatorname{div} \boldsymbol{e} = 4\pi\varrho$:

$$\operatorname{div} \boldsymbol{E} = 4\pi\bar{\varrho} \,. \tag{6,2}$$

Wir nehmen an, daß in das Dielektrikum von außen keine Ladungen gebracht werden; es ist dies der normale und wichtigste Fall. Dann bleibt die über das Volumen des Nichtleiters integrierte Gesamtladung gleich Null, und es gilt

$$\int \bar{\varrho} \, \mathrm{d}V = 0 \,,$$

wenn er in ein elektrisches Feld gebracht wird. Diese Integralrelation, die bei beliebiger Form des Körpers erfüllt sein muß, bedeutet, daß sich die mittlere Ladungsdichte als Divergenz eines Vektors schreiben läßt, den wir mit $-\boldsymbol{P}$ bezeichnen:

$$\bar{\varrho} = -\operatorname{div} \boldsymbol{P} \,, \tag{6,3}$$

wobei außerhalb des Körpers $\boldsymbol{P} = 0$ ist. Integrieren wir nämlich über ein Volumen, das von einer Oberfläche begrenzt wird, die den Körper umgibt, aber nicht in ihn eindringt, so erhalten wir

$$\int \bar{\varrho} \, \mathrm{d}V = -\int \operatorname{div} \boldsymbol{P} \, \mathrm{d}V = -\oint \boldsymbol{P} \, \mathrm{d}\boldsymbol{f} = 0 \,.$$

Der Vektor $\boldsymbol{P}$ wird als *dielektrische Polarisation* (kurz *Polarisationsvektor*) des Körpers bezeichnet: Nichtleiter, in denen $\boldsymbol{P}$ von Null verschieden ist, heißen *polarisierbar*. Neben der Volumendichte (6,3) bestimmt der Vektor $\boldsymbol{P}$ auch die Dichte σ der Ladungen auf der Oberfläche des polarisierten Nichtleiters. Integrieren wir (6,3) über ein Volumenelement, das von zwei benachbarten Einheitsflächenelementen gebildet wird, die auf den beiden Seiten der Oberfläche des Nichtleiters liegen, und berücksichtigen wir $\boldsymbol{P} = 0$ im äußeren Gebiet, so erhalten wir (vgl. die Ableitung von Formel (1,9))

$$\sigma = P_{\mathrm{n}} \,, \tag{6,4}$$

wobei P_n die Komponente von $\boldsymbol{P}$ in Richtung der äußeren Oberflächennormale ist.

Um die physikalische Bedeutung der Größe $\boldsymbol{P}$ selbst verstehen zu können, betrachten wir das Gesamtdipolmoment aller inneren Ladungen im Nichtleiter. Im Unterschied zur Gesamtladung braucht diese Größe nicht zu verschwinden. Nach der Definition des Dipolmomentes handelt es sich um das Integral

$$\int \boldsymbol{r}\bar{\varrho}\,\mathrm{d}V\,.$$

Setzen wir $\bar{\varrho}$ in der Form (6,3) ein und integrieren wir wieder über ein Volumen, das den ganzen Körper einschließt, so erhalten wir

$$\int \boldsymbol{r}\bar{\varrho}\,\mathrm{d}V = -\int \boldsymbol{r}\operatorname{div}\boldsymbol{P}\,\mathrm{d}V = -\oint \boldsymbol{r}(\mathrm{d}\boldsymbol{f}\,\boldsymbol{P}) + \int (\boldsymbol{P}\nabla)\,\boldsymbol{r}\,\mathrm{d}V\,.$$

Das Integral über die Oberfläche verschwindet, und im zweiten haben wir $(\boldsymbol{P}\nabla)\,\boldsymbol{r}=\boldsymbol{P}$, so daß

$$\int \boldsymbol{r}\bar{\varrho}\,\mathrm{d}V = \int \boldsymbol{P}\,\mathrm{d}V \tag{6,5}$$

folgt. Der Polarisationsvektor stellt also das auf das Volumen des Nichtleiters bezogene *Dipolmoment* (oder *elektrische Moment*) dar.[1]) Setzen wir (6,3) in (6,2) ein, so erhalten wir die zweite Gleichung für das elektrostatische Feld in der Form

$$\operatorname{div}\boldsymbol{D} = 0\,, \tag{6,6}$$

wo die durch

$$\boldsymbol{D} = \boldsymbol{E} + 4\pi\boldsymbol{P} \tag{6,7}$$

definierte neue Größe $\boldsymbol{D}$ eingeführt wurde, die als *elektrische Induktion* bezeichnet wird.[2]) Die Gleichung (6,6) wurde durch Mittelwertbildung über die Ladungsdichte des Nichtleiters erhalten. Sind jedoch in den Nichtleiter von außen nicht zu ihm gehörige Ladungen gebracht worden (wir bezeichnen sie als Extraladungen), so muß ihre Dichte zum rechten Teil der Gleichungen (6,6) hinzugefügt werden:

$$\operatorname{div}\boldsymbol{D} = 4\pi\varrho_{\mathrm{ex}}\,. \tag{6,8}$$

An der Grenzfläche zweier verschiedener Nichtleiter haben bestimmte Grenzbedingungen zu gelten: Eine dieser Bedingungen folgt aus den Gleichungen $\operatorname{rot}\boldsymbol{E} = 0$. Ist die Grenzfläche bezüglich ihrer physikalischen Eigenschaften gleichförmig,[3]) so fordert diese Bedingung die Stetigkeit der Tangentialkomponenten der Feldstärke:

$$\boldsymbol{E}_{\mathrm{t}1} = \boldsymbol{E}_{\mathrm{t}2} \tag{6,9}$$

(vgl. die Ableitung von (1,7)). Die zweite Bedingung folgt aus der Gleichung $\operatorname{div}\boldsymbol{D}=0$ und verlangt die Stetigkeit der zur Oberfläche normalen Komponenten der Induktion:

$$D_{\mathrm{n}1} = D_{\mathrm{n}2}\,. \tag{6,10}$$

In der Tat würde ein Sprung der Normalkomponente $D_n = D_z$ bedeuten, daß die Ableitung $\partial D_z/\partial z$ (und mit ihr auch $\operatorname{div}\boldsymbol{D}$) gegen Unendlich geht.

---

[1]) Es ist hinzuzufügen, daß die Beziehung (6,3) innerhalb des Nichtleiters und die Bedingung $\boldsymbol{P} = 0$ außen die Größe $\boldsymbol{P}$ noch nicht eindeutig bestimmen; im Innengebiet kann zu $\boldsymbol{P}$ ein beliebiger Vektor der Form $\operatorname{rot}\boldsymbol{f}$ addiert werden. $\boldsymbol{P}$ wird erst durch seine Beziehung zum Dipolmoment endgültig bestimmt.

[2]) Manchmal wird $\boldsymbol{D}$ im Anschluß an Maxwell auch *elektrische Verschiebung* genannt; die Bezeichnung ist aber nicht mehr gebräuchlich.

[3]) Dies bezieht sich auf die Zusammensetzung der benachbarten Körper, ihre Temperatur usw. Ist der Nichtleiter ein Kristall, so muß die Oberfläche eine Kristallfläche sein.

An der Grenze zwischen Nichtleiter und Leiter ist $\boldsymbol{E}_t = 0$, und die Bedingung für die Normalkomponente erhält man aus (6,8):

$$\boldsymbol{E}_t = 0\,, \qquad D_n = 4\pi\sigma_{ex}; \tag{6,11}$$

σ_{ex} ist die Ladungsdichte auf der Leiteroberfläche (vgl. (1,8—9)).

§ 7. Dielektrische Permeabilität

Damit (6,1) bis (6,6) ein vollständiges System von Gleichungen zur Bestimmung des elektrostatischen Feldes darstellen, müssen sie noch durch eine Beziehung ergänzt werden, die die Induktion $\boldsymbol{D}$ mit der Feldstärke $\boldsymbol{E}$ verknüpft. In der Mehrzahl der Fälle kann diese Beziehung als linear betrachtet werden. Sie entspricht dem ersten Term einer Entwicklung von $\boldsymbol{D}$ nach Potenzen von $\boldsymbol{E}$ und rührt von der Kleinheit des äußeren elektrischen Feldes im Vergleich zu den innermolekularen Feldern her. Die lineare Beziehung zwischen $\boldsymbol{D}$ und $\boldsymbol{E}$ wird besonders einfach für den wichtigsten Fall, den der isotropen Nichtleiter. Es ist klar, daß die Vektoren $\boldsymbol{D}$ und $\boldsymbol{E}$ im isotropen Nichtleiter dieselbe Richtung haben müssen. Lineare Abhängigkeit bedeutet hier also einfach Proportionalität:[1])

$$\boldsymbol{D} = \varepsilon \boldsymbol{E}\,. \tag{7,1}$$

Der Koeffizient ε heißt *dielektrische Permeabilität* des Mediums und hängt von seinem thermodynamischen Zustand ab.

Mit der Induktion ist auch die Polarisation der Feldstärke proportional:

$$\boldsymbol{P} \equiv \varkappa \boldsymbol{E} = \frac{\varepsilon - 1}{4\pi}\boldsymbol{E}\,. \tag{7,2}$$

$\varkappa$ heißt Koeffizient der Polarisierbarkeit des Materials oder seine *dielektrische Suszeptibilität.* Später (§ 14) wird gezeigt, daß die dielektrische Permeabilität stets größer als 1 ist, so daß die Polarisierbarkeit immer positiv ist. Die Polarisierbarkeit eines verdünnten Mediums (Gas) kann als seiner Dichte proportional angesehen werden.

Die Grenzbedingungen (6,9) und (6,10) auf der Trennfläche zweier isotroper Dielektrika nehmen die Form

$$\boldsymbol{E}_{t1} = \boldsymbol{E}_{t2}\,, \qquad \varepsilon_1 E_{n1} = \varepsilon_2 E_{n2} \tag{7,3}$$

an. Die Normalkomponente der Feldstärke ist somit unstetig und ändert sich umgekehrt proportional zur dielektrischen Permeabilität der beiden Medien.

Im homogenen Medium ist $\varepsilon = \text{const}$, und aus der Gleichung $\operatorname{div} \boldsymbol{D} = 0$ folgt auch $\operatorname{div} \boldsymbol{P} = 0$. Gemäß der Definition (6,3) bedeutet dies, daß die Volumendichte der Ladungen in einem solchen Körper verschwindet. (Die Oberflächendichte (6,4) ist dagegen im allgemeinen von Null verschieden.) Ist jedoch der Nichtleiter inhomogen,

---

[1]) Eine solche Relation, die annimmt, daß $\boldsymbol{D}$ mit $\boldsymbol{E}$ gegen Null geht, ist streng genommen nur in Nichtleitern möglich, die homogen bezüglich ihrer physikalischen Eigenschaften sind (bezüglich Zusammensetzung, Temperatur usw.). In inhomogenen Körpern kann $\boldsymbol{D}$ auch für $\boldsymbol{E} = 0$ von Null verschiedene Werte besitzen und ist hierbei durch die Gradienten der thermodynamischen Größen bestimmt, die im Körper variieren. Diese Terme sind jedoch sehr klein, und im folgenden werden wir daher auch in inhomogenen Körpern die Beziehung (7,1) benutzen.

so tritt eine nichtverschwindende Volumendichte der Ladung

$$\bar{\varrho} = -\operatorname{div} \boldsymbol{P} = -\operatorname{div} \frac{\varepsilon - 1}{4\pi\varepsilon} \boldsymbol{D} = -\frac{\boldsymbol{D}}{4\pi} \operatorname{grad} \frac{\varepsilon - 1}{\varepsilon}$$
$$= -\frac{\boldsymbol{E}}{4\pi\varepsilon} \nabla\varepsilon$$

auf. Führen wir durch $\boldsymbol{E} = -\operatorname{grad} \varphi$ das Potential des elektrischen Feldes ein, so ist (6,1) von selbst erfüllt, und die Gleichung $\operatorname{div} \boldsymbol{D} = \operatorname{div} (\varepsilon \boldsymbol{E}) = 0$ gibt

$$\operatorname{div} (\varepsilon \nabla\varphi) = 0 . \tag{7,4}$$

Diese Gleichung geht nur im homogenen dielektrischen Medium in eine LAPLACE-Gleichung über. Die Grenzbedingungen (7,3) kann man wie folgt als Bedingungen für das Potential umschreiben:

$$\varphi_1 = \varphi_2 ,$$
$$\varepsilon_1 \frac{\partial \varphi_1}{\partial n} = \varepsilon_2 \frac{\partial \varphi_2}{\partial n} \tag{7,5}$$

(die Forderung der Stetigkeit der Tangentialableitungen des Potentials ist der Stetigkeitsbedingung für φ selbst äquivalent).

In einem stückweise stetigen dielektrischen Medium führt die Gleichung (7,4) in jedem homogenen Teilgebiet auf die LAPLACE-Gleichung $\Delta\varphi = 0$, so daß die dielektrische Permeabilität in die Lösung der Aufgabe nur durch die Grenzbedingungen (7,5) eingeht. Nun enthalten diese Bedingungen nur den Quotienten der dielektrischen Permeabilität der beiden anstoßenden Schichten. Insbesondere ist die Lösung des elektrostatischen Problems für einen dielektrischen Körper der Permeabilität ε_1, der von einem Medium der Permeabilität ε_2 umgeben ist, dieselbe wie für einen Körper der Permeabilität $\varepsilon_1/\varepsilon_2$, der sich im Vakuum befindet.

Wir wollen nun die Frage betrachten, wie sich die im vorhergehenden Paragraphen erhaltenen Ergebnisse für das elektrostatische Feld von Leitern ändern, wenn sie sich nicht im Vakuum, sondern in einem homogenen und isotropen Nichtleiter befinden In beiden Fällen wird die Potentialverteilung durch die Gleichung $\Delta\varphi = 0$ beschrieben, mit der Grenzbedingung der Konstanz von φ auf der Oberfläche der Leiter. Der ganze Unterschied besteht nur darin, daß wir statt der Beziehung $E_n = -\partial\varphi/\partial n = 4\pi\sigma$ zur Oberflächendichte der Ladungen die Gleichung

$$D_n = -\varepsilon \frac{\partial \varphi}{\partial n} = 4\pi\sigma \tag{7,6}$$

haben. Man sieht daraus, daß die Lösung eines Problems für das Feld geladener Leiter im Vakuum in die Lösung desselben Problems in einem dielektrischen Medium durch eine formale Ersetzung von Potentialen und Ladungen übergeht; nämlich entweder durch $\varphi \to \varepsilon\varphi$, $e \to e$ oder durch $\varphi \to \varphi$, $e \to e/\varepsilon$. Bei vorgegebenen Ladungen auf den Leitern verringern sich Potential und Feldstärke um das ε-fache im Vergleich zu den Werten im Vakuum; die Abschwächung kann als Ergebnis einer teilweisen „Abschirmung" der Ladungen des Leiters durch die Oberflächenladungen des angrenzenden polarisierten Mediums gedeutet werden. Werden andererseits die Potentiale der Leiter beibehalten, so bleibt das Feld ungeändert, jedoch wachsen die Ladungen um einen Faktor ε an.[1])

Schließlich sei bemerkt, daß man in der Elektrostatik einen (ungeladenen) Leiter als Körper mit unendlich großer dielektrischer Permeabilität ansehen kann, in dem Sinne nämlich, daß seine Wirkung auf ein äußeres elektrisches Feld die eines Nichtleiters (derselben Form) mit $\varepsilon \to \infty$ ist. In der Tat muß die Induktion $\boldsymbol{D}$ als Folge der Endlichkeit der Grenzbedingung auch für $\varepsilon \to \infty$ innerhalb des Körpers endlich bleiben; dies bedeutet aber $\boldsymbol{E} = 0$, in Übereinstimmung mit den Leitereigenschaften.

Aufgaben

1. Man bestimme das von einer Punktladung e erzeugte Feld, e befinde sich in einer Entfernung h von der Grenzfläche zweier verschiedener dielektrischer Medien.

Lösung. O sei der Punkt, in dem sich die Ladung e im Medium *1* befindet, sein Spiegelbild bezüglich der Trennebene im Medium *2* sei O' (Abb. 11). Wir suchen das Feld im Medium *1* als ein von zwei Punktladungen erzeugtes Feld, nämlich der Ladung e und der scheinbaren Ladung e' im Punkt O' (vgl. die Spiegelungsmethode, § 3):

$$\varphi_1 = \frac{e}{\varepsilon_1 r} + \frac{e'}{\varepsilon_1 r'};$$

r, r' seien die Entfernungen des Beobachtungspunktes von O und O'. Das Feld im Medium *2* läßt sich als Feld darstellen, das durch eine fiktive Ladung e'' im Punkt O hervorgerufen wird:

$$\varphi_2 = \frac{e''}{\varepsilon_2 r}.$$

Auf der Grenzfläche ($r = r'$) müssen die Bedingungen (7,5) erfüllt sein, aus denen wir die Gleichungen

$$\frac{e + e'}{\varepsilon_1} = \frac{e''}{\varepsilon_2}, \qquad e - e' = e''$$

erhalten, woraus

$$e' = e\,\frac{\varepsilon_1 - \varepsilon_2}{\varepsilon_1 + \varepsilon_2}, \qquad e'' = e\,\frac{2\varepsilon_2}{\varepsilon_1 + \varepsilon_2} \tag{1}$$

folgt. Für $\varepsilon_2 \to \infty$ haben wir $e' = -e$, $\varphi_2 = 0$, d. h. das in § 3 erhaltene Ergebnis für das Feld einer Punktladung in der Nähe einer leitenden Ebene. Die Kraft, die auf die Ladung wirkt („Bildkraft"), lautet

$$F = \frac{ee'}{(2h)^2\,\varepsilon_1} = \left(\frac{e}{2h}\right)^2 \frac{\varepsilon_1 - \varepsilon_2}{\varepsilon_1(\varepsilon_1 + \varepsilon_2)};$$

$F > 0$ entspricht einer Abstoßung.

2. Die gleiche Aufgabe für einen unendlich langen geraden geladenen Draht parallel zu einer ebenen Grenzfläche in einer Entfernung h.

Lösung. Die Lösung entspricht vollständig der der vorhergehenden Aufgabe mit dem Unterschied, daß die Potentiale in den beiden Medien

$$\varphi_1 = -\frac{2e}{\varepsilon_1}\ln r - \frac{2e'}{\varepsilon_1}\ln r', \qquad \varphi_2 = -\frac{2e''}{\varepsilon_2}\ln r$$

sind, wo e, e', e'' Ladungen pro Länge des Drahtes und seiner „Bilder" darstellen sowie r, r' die Entfernungen in der zum Draht senkrechten Ebene. Für e, e', e'' erhält man den-

[1]) Hieraus folgt insbesondere, daß die Kapazität eines Kondensators auf das ε-fache anwächst, wenn man ihn mit einem Dielektrikum ausfüllt.

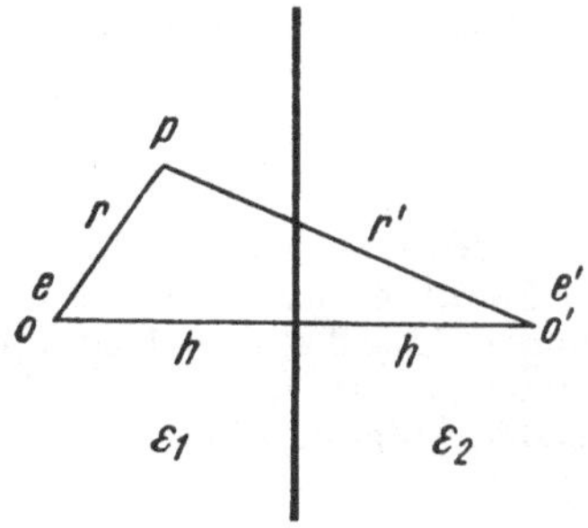

Abb. 11

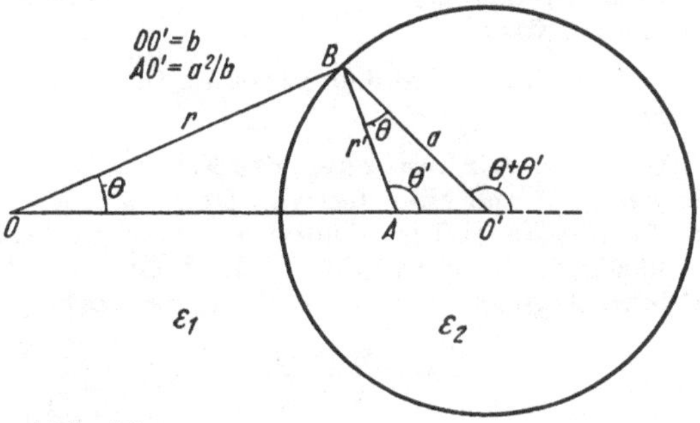

Abb. 12

selben Ausdruck (1), jedoch ist die pro Länge des Drahtes wirkende Kraft

$$F = \frac{2ee'}{2h\varepsilon_1} = \frac{e^2(\varepsilon_1 - \varepsilon_2)}{h\varepsilon_1(\varepsilon_1 + \varepsilon_2)}.$$

3. Man bestimme das Feld eines unendlich langen geraden geladenen Drahtes, der sich in einem Medium mit der Dielektrizitätskonstanten ε_1 parallel zu einem Zylinder (mit $\varepsilon = \varepsilon_2$) vom Radius a in der Entfernung b ($b > a$) von seiner Achse befindet.[1]

Lösung. Wir bestimmen das Feld im Medium 1 als Feld in einem homogenen Dielektrikum ε_1, das von einem realen geladenen Draht (der durch den Punkt O in Abb. 12 verläuft) mit der Ladung e pro Länge und zwei fiktiven Drähten mit den Ladungen e' und $-e'$ erzeugt wird, die durch die entsprechenden Punkte A und O' gehen. Der Punkt A liegt in der Entfernung $AO' = a^2/b$ vom Kreiszentrum der Abb. 12; für alle Punkte des Kreisumfanges besitzen die Entfernungen r und r' von O und A ein konstantes Verhältnis $r'/r = a/b$, so daß es möglich ist, die Grenzbedingungen auf dem Kreis zu erfüllen. Das Feld im Medium 2 bestimmen wir als Feld mit einer fiktiven Ladung e'' auf einem durch O verlaufenden Draht in einem homogenen Medium mit der dielektrischen Permeabilität ε_2. Die Grenzbedingungen auf der Trennfläche lassen sich bequem mit dem Potential $\varphi(\boldsymbol{E} = -\operatorname{grad}\varphi)$ und dem Vektorpotential $\boldsymbol{A}$ formulieren (vgl. § 3), das aus $\boldsymbol{D} = \operatorname{rot} \boldsymbol{A}$ bestimmbar ist (in Übereinstimmung mit der Gleichung $\operatorname{div} \boldsymbol{D} = 0$); in einem ebenen Problem liegt $\boldsymbol{A}$ in z-Richtung (senkrecht zur Zeichenebene). Die Bedingungen der Stetigkeit der Tangentialkomponente $\boldsymbol{E}$ und der Normalkomponente $\boldsymbol{D}$ sind äquivalent zu

$$\varphi_1 = \varphi_2, \qquad A_1 = A_2.$$

Für das Feld eines geladenen Drahtes haben wir in Polarkoordinaten r, θ

$$\varphi = -(2e/\varepsilon)\ln r + \text{const}, \quad A = 2e\theta + \text{const}$$

(vgl. (3,18)). Die Grenzbedingungen sind daher

$$\frac{2}{\varepsilon_1}(-e\ln r - e'\ln r' + e'\ln a) = -\frac{2e''}{\varepsilon_2}\ln r + \text{const},$$

$$2[e\theta + e'\theta' - e'(\theta + \theta')] = 2e''\theta$$

(die Winkelbezeichnung ist in Abb. 12 erläutert; benutzt wurde, daß die Dreiecke $OO'B$ und $BO'A$ ähnlich sind). Hieraus ergibt sich $\varepsilon_2(e + e') = \varepsilon_1 e''$, $e - e' = e''$; für e', e'' erhält man wieder die Ausdrücke (1) aus Aufgabe 1. Die Kraft, die pro Länge des geladenen Drahtes wirkt, ist parallel zu OO' und gleich

$$F = eE = \frac{2ee'}{\varepsilon_1}\left(\frac{1}{OA} - \frac{1}{OO'}\right) = \frac{2e^2(\varepsilon_1 - \varepsilon_2)\,a^2}{\varepsilon_1(\varepsilon_1 + \varepsilon_2)\,b(b^2 - a^2)}$$

($F > 0$ entspricht einer Abstoßung).

---

[1]) Die entsprechende Aufgabe für eine Punktladung in der Nähe einer dielektrischen Kugel läßt sich nicht in geschlossener Form lösen.

Beim Grenzübergang $a, b \to \infty$, $b - a \to h$ geht dieser Ausdruck in das Ergebnis von Aufgabe 1 über.

4. Das gleiche Problem für einen Draht innerhalb des Zylinders mit einer dielektrischen Permeabilität $\varepsilon_2 (b < a)$.

Lösung. Wir bestimmen das Feld im Medium 2 als Feld eines realen Drahtes (Punkt O in Abb. 13) und eines fiktiven Drahtes, der durch Punkt A außerhalb des Zylinders verläuft, mit den Liniendichten e bzw. e' der Ladungen. Das Feld im Medium 1 wird als Feld von Drähten mit den Liniendichten der Ladungen e'' und $e - e''$ gesucht, die durch O bzw. O' gehen. Mit der Methode der vorhergehenden Aufgabe erhalten wir

$$e' = -e \frac{\varepsilon_1 - \varepsilon_2}{\varepsilon_1 + \varepsilon_2}, \qquad e'' = e \frac{2\varepsilon_1}{\varepsilon_1 + \varepsilon_2}.$$

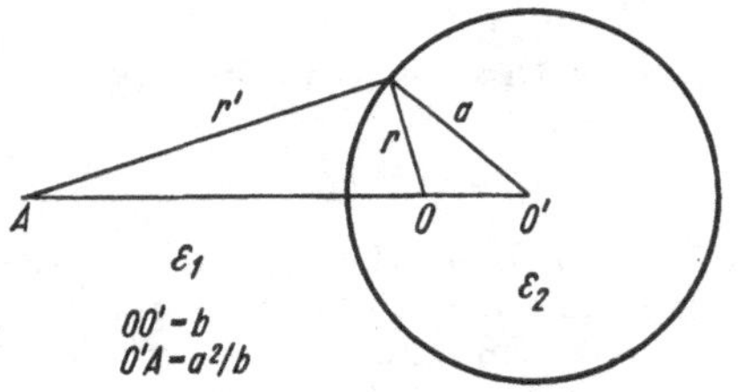

Abb. 13

Der Draht wird mit der Kraft

$$F = \frac{2ee'}{\varepsilon_2} \frac{1}{OA} = \frac{2e^2(\varepsilon_2 - \varepsilon_1)\, b}{\varepsilon_2(\varepsilon_1 + \varepsilon_2)\,(a^2 - b^2)}$$

vom Zylinder abgestoßen (für $\varepsilon_2 > \varepsilon_1$).

5. Man zeige, daß das Potential $\varphi_A(\boldsymbol{r}_B)$ in irgendeinem inhomogenen dielektrischen Medium, das von der Punktladung e in $\boldsymbol{r}_A$ erzeugt wird, gleich dem Potential $\varphi_B(\boldsymbol{r}_A)$ im Punkt $\boldsymbol{r}_A$ ist, das von der gleichen im Punkt $\boldsymbol{r}_B$ befindlichen Ladung hervorgerufen wird.

Lösung. Die Potentiale $\varphi_A(\boldsymbol{r})$ und $\varphi_B(\boldsymbol{r})$ erfüllen die Gleichungen

$$\operatorname{div}(\varepsilon \nabla \varphi_A) = -4\pi e \delta(\boldsymbol{r} - \boldsymbol{r}_A),$$
$$\operatorname{div}(\varepsilon \nabla \varphi_B) = -4\pi e \delta(\boldsymbol{r} - \boldsymbol{r}_B).$$

Multiplizieren wir die erste mit φ_B, die zweite mit φ_A und subtrahieren wir, so finden wir $\operatorname{div}(\varphi_B \varepsilon \nabla \varphi_A) - \operatorname{div}(\varphi_A \varepsilon \nabla \varphi_B) = -4\pi e \delta(\boldsymbol{r} - \boldsymbol{r}_A)\, \varphi_B(\boldsymbol{r}) + 4\pi e \delta(\boldsymbol{r} - \boldsymbol{r}_B)\, \varphi_A(\boldsymbol{r})$. Die Integration dieser Gleichung über den ganzen Raum gibt die gesuchte Beziehung $\varphi_A(\boldsymbol{r}_B) = \varphi_B(\boldsymbol{r}_A)$.

§ 8. Dielektrisches Ellipsoid

Die Polarisation eines dielektrischen Ellipsoids in einem äußeren homogenen elektrischen Feld besitzt einige Eigentümlichkeiten, die diesen Fall besonders interessant erscheinen lassen.

Wir betrachten zunächst einen einfachen Spezialfall: eine dielektrische Kugel in einem äußeren Feld $\mathfrak{E}$. Ihre dielektrische Permeabilität[1]) sei $\varepsilon^{(i)}$, die dielektrische Permeabilität des äußeren Mediums, in das sie eingebettet ist, werde mit $\varepsilon^{(e)}$ be-

[1]) In der neueren deutschsprachigen Literatur wird die Bezeichnung dielektrische Permeabilität nur noch selten verwendet. Meistens spricht man von der Dielektrizitätskonstanten bzw. von der dielektrischen Funktion. — Anmerkung d. Übers.

zeichnet. Den Ursprung eines Kugelkoordinatensystems legen wir in den Mittelpunkt der Kugel (der Polarwinkel Θ werde von der Richtung $\mathfrak{E}$ aus gezählt) und setzen das Potential außerhalb der Kugel in der Form

$$\varphi^{(e)} = -\mathfrak{E}\boldsymbol{r} + A\mathfrak{E}\frac{\boldsymbol{r}}{r^3}$$

an. Das erste Glied hierin ist das Potential des überlagerten äußeren Feldes; das zweite, im Unendlichen gegen Null gehende Glied gibt die gesuchte, von der Kugel hervorgerufene Potentialänderung (vgl. die Lösung der Aufgabe 1 in §3). Das Potential innerhalb der Kugel suchen wir in der Form

$$\varphi^{(i)} = -B\mathfrak{E}\boldsymbol{r};$$

es ist dies die einzige Funktion, die die LAPLACE-Gleichung erfüllt, im Mittelpunkt der Kugel endlich bleibt und nur von einem konstanten Vektor $\mathfrak{E}$ abhängt, dem einzigen Parameter, der in die gestellte Aufgabe eingeht. Die Konstanten A und B lassen sich aus den Grenzbedingungen auf der Oberfläche der Kugel bestimmen. Unmittelbar kann man sehen, daß das Feld $\boldsymbol{E}^{(i)} = B\mathfrak{E}$ innerhalb der Kugel homogen ist und sich vom überlagerten Feld $\mathfrak{E}$ nur durch seinen absoluten Betrag unterscheidet.

Die Grenzbedingung der Stetigkeit des Potentials ergibt

$$E^{(i)} = \mathfrak{E}\left(1 - \frac{A}{R^3}\right)$$

(R ist der Radius der Kugel), die Bedingung der Stetigkeit der Normalkomponente der Induktion führt auf

$$D^{(i)} = \varepsilon^{(e)}\,\mathfrak{E}\left(1 + \frac{2A}{R^3}\right).$$

Eliminieren wir aus beiden Gleichungen A, so erhalten wir

$$\tfrac{1}{3}\,(\boldsymbol{D}^{(i)} + 2\varepsilon^{(e)}\boldsymbol{E}^{(i)}) = \varepsilon^{(e)}\mathfrak{E} \tag{8,1}$$

oder, wenn wir $\boldsymbol{D}^{(i)} = \varepsilon^{(i)}\boldsymbol{E}^{(i)}$ setzen,

$$\boldsymbol{E}^{(i)} = \frac{3\varepsilon^{(e)}}{2\varepsilon^{(e)} + \varepsilon^{(i)}}\,\mathfrak{E}\,. \tag{8,2}$$

Mit einer analogen Methode löst man das Problem eines unendlich langen dielektrischen Zylinders in einem zur Achse senkrechten äußeren Feld (vgl. Aufgabe 2, § 3). Das Feld im Innern des Zylinders ist homogen, wie das im Innern der Kugel bei der letzten Aufgabe. Es erfüllt die Relationen

$$\tfrac{1}{2}\,(\boldsymbol{D}^{(i)} + \varepsilon^{(e)}\boldsymbol{E}^{(i)}) = \varepsilon^{(e)}\,\mathfrak{E} \tag{8,3}$$

oder

$$\boldsymbol{E}^{(i)} = \frac{2\varepsilon^{(e)}}{\varepsilon^{(i)} + \varepsilon^{(e)}}\,\mathfrak{E}\,. \tag{8,4}$$

Die Beziehungen (8,1) und (8,3), in die die Dielektrizitätskonstante $\varepsilon^{(i)}$ der Kugel oder des Zylinders nicht explizit eingeht, sind vor allem deshalb wichtig, weil ihre Gültigkeit nicht von einer linearen Abhängigkeit zwischen $\boldsymbol{E}$ und $\boldsymbol{D}$ im Innern des Körpers abhängt; sie gelten vielmehr bei beliebiger Form dieser Abhängigkeit (auch für anisotrope Körper). Den gleichen Charakter besitzen die analogen Beziehungen

$$\boldsymbol{E}^{(i)} = \mathfrak{E} \tag{8,5}$$

für einen Zylinder in einem longitudinalen Feld und

$$\boldsymbol{D}^{(i)} = \varepsilon^{(e)}\,\mathfrak{E} \tag{8,6}$$

für eine planparallele Platte in einem zu ihr senkrechten Feld; diese Relationen folgen unmittelbar aus den Grenzbedingungen.

Die Eigenschaft, im Innern ein homogenes Feld zu besitzen, wenn der Körper in ein äußeres homogenes Feld gebracht wird, kommt, wie sich zeigt, jedem Ellipsoid mit willkürlichen Hauptachsenverhältnissen zu. Das Problem der Polarisation eines dielektrischen Ellipsoids läßt sich mit Hilfe elliptischer Koordinaten lösen, ähnlich wie in § 4 die entsprechende Aufgabe für ein leitendes Ellipsoid behandelt wurde.

Das Potential außerhalb des Ellipsoids setzen wir wieder in der Form (4,22) $\varphi_e' = \varphi_0 F(\xi)$ mit der Funktion $F(\xi)$ aus (4,23) an. Im Potential φ_i für das Innere des Ellipsoids kann eine Funktion dieser Art nicht auftreten, da sie die Bedingung der Endlichkeit des Feldes im Innenbereich des Ellipsoids nicht erfüllt. Betrachten wir nämlich die Fläche $\xi = -c^2$, die in der xy-Ebene eine innerhalb des Ellipsoidvolumens gelegene Ellipse darstellt. Für $\xi \to -c^2$ verhält sich das Integral (4,23) wie $\sqrt{\xi + c^2}$. Die Feldstärke, d. h. der Gradient des Potentials, geht also wie $(\xi + c^2)^{-1/2}$ und divergiert für $\xi = -c^2$. Für das Feld im Innern des Ellipsoides bleibt also nur die Lösung $F(\xi) = \text{const}$ übrig, d. h., φ_i ist in der Form

$$\varphi_i = B\varphi_0$$

zu suchen. Wir sehen, daß sich das Potential φ_i vom Potential eines homogenen Feldes φ_0 nur durch einen konstanten Faktor unterscheidet, oder anders gesagt, das Feld im Innern des Ellipsoids wird homogen.

Wir werden hier die Formeln für das Feld außerhalb des Ellipsoids nicht aufschreiben. Das homogene Feld innerhalb des Ellipsoids läßt sich jedoch finden, ohne Grenzbedingungen zu verwenden, wenn man statt dessen einige uns schon bekannte Ergebnisse benutzt.

Wir nehmen zunächst an, daß sich das Ellipsoid im Vakuum befinde ($\varepsilon^{(e)} = 1$). Dann muß zwischen den Vektoren $\boldsymbol{E}^{(i)}$, $\boldsymbol{D}^{(i)}$, $\mathfrak{E}$ (die alle gleiche Richtung, nämlich die der x-Achse, besitzen) eine lineare Beziehung der Gestalt

$$aE_x^{(i)} + b\,D_x^{(i)} = \mathfrak{E}_x$$

bestehen, wo die Koeffizienten a, b nur von der Form des Ellipsoids, nicht aber von seiner dielektrischen Permeabilität $\varepsilon^{(i)}$ abhängen. Das Bestehen einer solchen Beziehung folgt aus der Gestalt der Grenzbedingungen, wie wir schon in den obigen Beispielen der Kugel und des Zylinders sahen.

Zur Bestimmung von a und b bemerken wir, daß im Trivialfall $\varepsilon^{(i)} = 1$ einfach $\boldsymbol{E} = \boldsymbol{D} = \mathfrak{E}$ gelten muß; somit ist $a + b = 1$. Ein anderer uns schon bekannter Sonderfall ist das leitende Ellipsoid. Im Leiter gilt $\boldsymbol{E}^{(i)} = 0$; die dielektrische Erregung $\boldsymbol{D}^{(i)}$ hat keinen unmittelbaren physikalischen Sinn, kann aber als formale Größe angesehen werden, die mit dem Gesamtdipolmoment des Ellipsoids durch die Beziehung

$$\boldsymbol{D}^{(i)} = 4\pi\boldsymbol{P} = 4\pi\frac{\mathscr{P}}{V}$$

verbunden ist. Gemäß (4,26) ist dabei

$$D_x^{(i)} = \mathfrak{E}_x \frac{1}{n^{(x)}},$$

so daß für den Koeffizienten b gilt $b = n^{(x)}$ und daher $a = 1 - n^{(x)}$. Wir kommen somit zu der folgenden Beziehung:

$$(1 - n^{(x)}) E_x^{(i)} + n^{(x)} D_x^{(i)} = \mathfrak{E}_x . \tag{8,7}$$

oder

$$E_x^{(i)} = \mathfrak{E}_x - 4\pi n^{(x)} P_x . \tag{8,8}$$

Die Größe $4\pi n^{(x)} P_x$ wird als *Depolarisationsfeld* bezeichnet.[1])

Die gleichen Relationen, nur mit anderen Koeffizienten, gelten für das Feld längs der y- und z-Achse. Ebenso wie die Formeln (8,1), (8,3) gelten sie bei beliebiger Form der Abhängigkeit zwischen $\boldsymbol{E}$ und $\boldsymbol{D}$ innerhalb des Ellipsoids. Für die Feldstärke im Ellipsoidinnern erhalten wir aus (8,7), wenn wir $D_x^{(i)} = \varepsilon^{(i)} E_x^{(i)}$ setzen,

$$E_x^{(i)} = \frac{\mathfrak{E}_x}{1 + (\varepsilon^{(i)} - 1)\, n^{(x)}} . \tag{8,9}$$

Das Gesamtdipolmoment des Ellipsoids wird

$$\mathscr{P}_x = V P_x = \frac{(\varepsilon^{(i)} - 1)}{4\pi} V E_x^{(i)} = \frac{abc}{3} \frac{\varepsilon^{(i)} - 1}{1 + (\varepsilon^{(i)} - 1)\, n^{(x)}} \mathfrak{E}_x . \tag{8,10}$$

Hat das Feld $\mathfrak{E}$ Komponenten in Richtung aller drei Achsen, so ist das Feld im Innern des Ellipsoids weiterhin homogen, jedoch im allgemeinen nicht parallel zu $\mathfrak{E}$. Legen wir das Koordinatensystem nicht von vornherein fest, so kann die Beziehung (8,7) im allgemeinen Fall in der Form

$$E_i^{(i)} + n_{ik}(D_k^{(i)} - E_k^{(i)}) = \mathfrak{E}_i \tag{8,11}$$

geschrieben werden. Der Übergang zu einer von 1 verschiedenen dielektrischen Permeabilität wird durch den Ersatz von $\varepsilon^{(i)}$ durch $\varepsilon^{(i)}/\varepsilon^{(e)}$ vollzogen. Dabei nimmt die Formel (8,7) die Gestalt

$$(1 - n^{(x)})\, \varepsilon^{(e)} E_x^{(i)} + n^{(x)} D_x^{(i)} = \varepsilon^{(e)} \mathfrak{E}_x \tag{8,12}$$

an. Diese Formel kann insbesondere auf das Feld in einem ellipsoidförmigen Hohlraum in einem unendlich ausgedehnten dielektrischen Medium angewandt werden; dabei ist $\varepsilon^{(i)} = 1$ zu setzen.

Aufgaben[2])

1. Man bestimme das Drehmoment eines Rotationsellipsoids in einem homogenen elektrischen Feld.

Lösung. Nach der allgemeinen Formel (16,13) ist das auf das Ellipsoid wirkende Drehmoment gleich $\boldsymbol{K} = [\mathscr{P}\mathfrak{E}]$, wobei $\mathscr{P}$ das Dipolmoment des Ellipsoids ist. Beim Rotationsellipsoid liegt der Vektor $\mathscr{P}$ in der Ebene, die durch die Symmetrieachse und

[1]) Analoge Formeln gelten für ein magnetisiertes Ellipsoid in einem äußeren homogenen Magnetfeld (s. § 29). In diesem Zusammenhang werden die Größen $n^{(x)}$, $n^{(y)}$, $n^{(z)}$ als *Entmagnetisierungsfaktoren* bezeichnet.

[2]) In den Aufgaben dieses Paragraphen wird angenommen, daß sich das Ellipsoid im Vakuum befindet.

die Richtung $\mathfrak{E}$ geht. Das Drehmoment steht senkrecht auf dieser Ebene, und die Berechnung seines Betrages mit Formel (8,10) führt zu dem Ergebnis

$$K = \frac{(\varepsilon - 1)^2 \, |1 - 3n| \, \mathfrak{E}^2 V \sin 2\alpha}{8\pi[n\varepsilon + 1 - n]\,[(1 - n)\,\varepsilon + 1 + n]},$$

wo α der Winkel zwischen der Richtung von $\mathfrak{E}$ und der Symmetrieachse des Ellipsoids ist und n der Depolarisationskoeffizient in Richtung dieser Achse (der entsprechende Koeffizient in den Richtungen senkrecht zu dieser Achse ist dann $(1 - n)/2$). Das Drehmoment ist so gerichtet, daß es bestrebt ist, die Symmetrieachse eines verlängerten ($n < 1/3$) oder abgeplatteten ($n > 1/3$) Ellipsoids parallel bzw. senkrecht zum Feld zu drehen. Für ein leitendes Ellipsoid haben wir

$$K = \frac{|1 - 3n|}{8\pi n(1 - n)} V \mathfrak{E}^2 \sin 2\alpha \, .$$

2. Eine dielektrische Hohlkugel (mit der Dielektrizitätskonstanten ε, innerem und äußerem Radius b und a) befinde sich in einem äußeren homogenen elektrischen Feld $\mathfrak{E}$. Man bestimme das Feld im Innern der Hohlkugel.

Lösung. Wie bei der Behandlung der Vollkugel suchen wir das Potential im Vakuum außerhalb der Kugel (Gebiet *1*) und im Inneren der Hohlkugel (Gebiet *3*) in der Form

$$\varphi_1 = -\mathfrak{E} \cos\theta \left(r - \frac{A}{r^2}\right), \qquad \varphi_3 = -B\mathfrak{E} r \cos\theta$$

sowie das Potential in der dielektrischen Schicht (Gebiet *2*) in der Gestalt

$$\varphi_2 = -\, C\mathfrak{E} \cos\theta \left(r - \frac{D}{r^2}\right),$$

wo A, B, C, D Konstanten sind, die aus der Forderung der Stetigkeit von φ und $\varepsilon(\partial\varphi/\partial r)$ an den Grenzen *1*–*2* und *2*–*3* zu bestimmen sind. Das Feld $\boldsymbol{E}_3 = B\mathfrak{E}$ innerhalb der Hohlkugel erweist sich dabei als homogen (das Feld $\boldsymbol{E}_2$ in der Kugelschicht ist dagegen inhomogen). Die Berechnung der Konstanten führt zum Ergebnis

$$\boldsymbol{E}_3 = \mathfrak{E} \frac{9\varepsilon}{(\varepsilon + 2)\,(2\varepsilon + 1) - 2(\varepsilon - 1)^2\,(b/a)^3} \, .$$

3. Das gleiche Problem für einen Hohlzylinder in einem gleichförmigen transversalen Feld.[1])

Die Lösung ist analog zu der der vorhergehenden Aufgabe und lautet

$$\boldsymbol{E}_3 = \mathfrak{E} \frac{4\varepsilon}{(\varepsilon + 1)^2 - (\varepsilon - 1)^2\,(b/a)^2} \, .$$

§ 9. Dielektrische Permeabilität einer Mischung

Wenn ein Material aus einer dispersen Mischung besteht (einer Emulsion, Pulvermischung usw.), so kann man das elektrische Feld betrachten, das über Gebiete gemittelt ist, die groß im Vergleich zur Ausdehnung der Inhomogenitäten sind. Bezüglich eines solchen mittleren Feldes ist die Mischung ein homogenes isotropes Medium und kann als solches durch einen bestimmten Wert ε_{Mi} der dielektrischen Permeabilität charakterisiert werden. Sind $\overline{\boldsymbol{E}}$ und $\overline{\boldsymbol{D}}$ die auf diese Weise gemittelten Werte der Feldstärke und elektrischen Induktion, so gilt nach der Definition von ε_{Mi}

$$\overline{\boldsymbol{D}} = \varepsilon_{\text{Mi}} \overline{\boldsymbol{E}} \, . \tag{9,1}$$

[1]) In einem longitudinalen Feld ist die Lösung offensichtlich $\boldsymbol{E}_3 = \mathfrak{E}$.

Sind alle Teilchen isotrop und die Differenzen ihrer Permeabilitäten klein im Vergleich zu ε selbst, so läßt sich $\varepsilon_{\mathrm{Mi}}$ allgemein bis auf Glieder zweiter Ordnung in diesen Differenzen berechnen.

Die lokalen Feldwerte stellen wir in der Form $E = \overline{E} + \delta E$ dar, für den Mittelwert der dielektrischen Permeabilität schreiben wir $\bar{\varepsilon} + \delta\varepsilon$, wo

$$\bar{\varepsilon} = \frac{1}{V}\int \varepsilon \,\mathrm{d}V \tag{9,2}$$

durch Mittelung über das Volumen erhalten wird. Dann ist der Mittelwert der Induktion

$$\overline{\boldsymbol{D}} = \overline{(\bar{\varepsilon} + \delta\varepsilon)(\overline{\boldsymbol{E}} + \delta\boldsymbol{E})} = \bar{\varepsilon}\overline{\boldsymbol{E}} + \overline{\delta\varepsilon\,\delta\boldsymbol{E}} \tag{9,3}$$

(da nach der Definition von $\delta\varepsilon$ und $\delta\boldsymbol{E}$ ihre Mittelwerte verschwinden). In nullter Näherung ist $\varepsilon_{\mathrm{Mi}} = \bar{\varepsilon}$. Das erste von Null verschiedene Glied der Entwicklung ist, wie aus (9,3) zu ersehen ist, von zweiter Ordnung hinsichtlich $\delta\varepsilon$.

Aus der nichtgemittelten Gleichung $\operatorname{div}\boldsymbol{D} = 0$ haben wir bis zu Termen erster Ordnung

$$\operatorname{div}(\bar{\varepsilon} + \delta\varepsilon)(\overline{\boldsymbol{E}} + \delta\boldsymbol{E}) = \bar{\varepsilon}\operatorname{div}\delta\boldsymbol{E} + \overline{\boldsymbol{E}}\nabla\,\delta\varepsilon = 0\,. \tag{9,4}$$

Die Mittelwertbildung für das Produkt $\delta\varepsilon\,\delta\boldsymbol{E}$ in (9,3) führen wir in zwei Schritten aus. Zuerst mitteln wir über das Volumen von Teilchen gleicher Sorte, d. h. mit gegebenem Wert von $\delta\varepsilon$. Den auf diese Weise gemittelten Wert von $\delta\boldsymbol{E}$ erhält man leicht aus (9,4). Infolge der Isotropie der Mischung als Ganzes haben wir

$$\frac{\partial}{\partial x}\overline{\delta E_x} = \frac{\partial}{\partial y}\overline{\delta E_y} = \frac{\partial}{\partial z}\overline{\delta E_z} = \frac{1}{3}\operatorname{div}\overline{\delta\boldsymbol{E}}\,.$$

Nehmen wir an, der Vektor $\boldsymbol{E}$ sei längs der x-Achse gerichtet, dann haben wir aus (9,4)

$$3\bar{\varepsilon}\frac{\partial}{\partial x}\overline{\delta E_x} = -\overline{E_x}\frac{\partial\delta\varepsilon}{\partial x}\,,$$

woraus

$$\overline{\delta E_x} = -\frac{\overline{E_x}}{3\bar{\varepsilon}}\delta\varepsilon$$

folgt. Wegen der willkürlichen Richtungsauswahl der x-Achse kann man diese Gleichung in Vektorform schreiben:

$$\overline{\delta\boldsymbol{E}} = -\frac{\overline{\boldsymbol{E}}}{3\bar{\varepsilon}}\delta\varepsilon\,.$$

Multiplizieren wir mit $\delta\varepsilon$ und führen wir die endgültige Mittelwertbildung über alle Komponenten der Mischung durch, so erhalten wir

$$\overline{\delta\varepsilon\,\delta\boldsymbol{E}} = -\frac{\overline{\boldsymbol{E}}}{3\bar{\varepsilon}}\overline{(\delta\varepsilon)^2}\,.$$

Setzen wir schließlich diesen Ausdruck in (9,3) ein und vergleichen wir mit (9,1), so erhalten wir das gesuchte Ergebnis

$$\varepsilon_{\mathrm{Mi}} = \bar{\varepsilon} - \frac{\overline{(\delta\varepsilon)^2}}{3\bar{\varepsilon}}\,. \tag{9,5}$$

Diese Formel kann auch in anderer Weise dargestellt werden, wenn man bemerkt, daß bis zu Gliedern zweiter Ordnung

$$\overline{\varepsilon^{1/3}} = \overline{(\bar{\varepsilon} + \delta\varepsilon)^{1/3}} = \bar{\varepsilon}^{1/3}\left(1 - \frac{\overline{(\delta\varepsilon)^2}}{9\bar{\varepsilon}^2}\right)$$

gilt. Daher ist

$$\varepsilon_{\mathrm{Mi}}^{1/3} = \overline{\varepsilon^{1/3}}. \tag{9,6}$$

Es läßt sich somit sagen, daß in der betrachteten Näherung die dritte Wurzel aus ε additiv ist.

Die Bestimmung der dielektrischen Permeabilität einer Emulsion mit einem beliebigen Unterschied in der dielektrischen Permeabilität des Mediums (ε_1) und der dispersen Phase (ε_2), aber bei geringer Konzentration der letzteren, ist ein anderer streng lösbarer Grenzfall. Die Teilchen der dispersen Phase nehmen wir als kugelförmig an.

Im Integral

$$\frac{1}{V}\int (\boldsymbol{D} - \varepsilon_1 \boldsymbol{E})\,\mathrm{d}V \equiv \overline{\boldsymbol{D}} - \varepsilon_1 \overline{\boldsymbol{E}}$$

ist der Integrand nur innerhalb der Emulsionsteilchen von Null verschieden. Er ist daher der Volumenkonzentration c der Emulsion proportional, und bei seiner Berechnung kann man annehmen, daß die Emulsionsteilchen sich in einem äußeren Feld befinden, das gleich dem mittleren Feld $\overline{\boldsymbol{E}}$ ist. Für die kugelförmigen Teilchen benutzen wir die Formel (8,2) und erhalten für den Proportionalitätsfaktor zwischen $\boldsymbol{D}$ und $\boldsymbol{E}$

$$\varepsilon_{\mathrm{Mi}} = \varepsilon_1 + c\,\frac{3(\varepsilon_2 - \varepsilon_1)\,\varepsilon_1}{\varepsilon_2 + 2\varepsilon_1}. \tag{9,7}$$

Diese Formel ist bis zu Termen erster Ordnung in c gültig. Für benachbarte Werte von ε_1 und ε_2 stimmt sie (bis zu Termen erster Ordnung in c und zweiter in $(\varepsilon_2 - \varepsilon_1)$) mit dem Ergebnis von Formel (9,5) für kleine c überein.

§ 10. Thermodynamische Beziehungen für Dielektrika im elektrischen Feld

Die Frage einer Abänderung der thermodynamischen Eigenschaften als Folge der Existenz eines elektrischen Feldes tritt für Leiter nicht auf. Da innerhalb eines Leiters kein elektrisches Feld besteht, so bedeutet eine Änderung seiner thermodynamischen Zustandsgrößen einfach eine Addition der Energie des von ihm im umgebenden Raum erzeugten Feldes zu seiner Gesamtenergie.[1]) Diese Größe ist vollkommen unabhängig vom thermodynamischen Zustand (insbesondere von der Temperatur) des Körpers und hat daher beispielsweise auch keinen Einfluß auf dessen Entropie. Umgekehrt dringt das elektrische Feld in ein Dielektrikum ein und übt darum bedeutenden Einfluß auf die thermodynamischen Eigenschaften des Körpers aus. Um diese zu studieren, bestimmen wir zunächst die Arbeit, die an einem thermisch isolierten

[1]) Wir vernachlässigen hier die Bindungsenergie der Ladung mit der Leitermaterie; diese Energie wird in § 23 betrachtet.

Dielektrikum zu leisten ist, wenn das Feld im Innern eine infinitesimale Änderung erleidet.

Das elektrische Feld, in dem sich das Dielektrikum befindet, muß also von äußeren geladenen Leitern erzeugt gedacht werden, und eine Feldänderung kann dann als Ergebnis einer Ladungsänderung der Leiter angesehen werden.[1]) Der Einfachheit halber wollen wir annehmen, daß nur ein Leiter mit der Ladung e und dem Potential φ vorhanden ist. Die Arbeit, die für eine Vergrößerung der Ladung um die infinitesimale Größe δe zu leisten ist, beträgt

$$\delta R = \varphi\, \delta e\ ; \tag{10,1}$$

es ist dies die mechanische Arbeit, die das Feld an einer Ladung δe leistet, die aus dem Unendlichen (wo das Potential verschwindet) zur Leiteroberfläche gebracht wird, d. h. durch eine Potentialdifferenz φ. Wir führen δR in eine Form über, in der diese Größe durch das Feld im mit Dielektrikum gefüllten Raum um den Leiter ausgedrückt erscheint.

Ist D_n die Projektion der elektrischen Induktion auf die Normalenrichtung der Leiteroberfläche (*aus* dem Dielektrikum und *in* den Leiter führend), so ist die Oberflächendichte der Ladungen auf dem Leiter gleich $-D_n/4\pi$, so daß

$$e = -\frac{1}{4\pi}\oint D_n\, \mathrm{d}f = -\frac{1}{4\pi}\oint \boldsymbol{D}\, \mathrm{d}\boldsymbol{f}$$

gilt. Beachten wir, daß das Potential φ auf der gesamten Leiteroberfläche konstant ist, so können wir

$$\delta R = \varphi\, \delta e = -\frac{1}{4\pi}\oint \varphi \delta \boldsymbol{D}\cdot \mathrm{d}\boldsymbol{f} = -\frac{1}{4\pi}\int \operatorname{div}(\varphi\, \delta\boldsymbol{D})\, \mathrm{d}V$$

schreiben. Das letzte Integral rechts ist über das gesamte Gebiet außerhalb des Leiters zu erstrecken. Da das variierte Feld, ebenso wie das ursprüngliche, die Feldgleichungen erfüllt, ist $\operatorname{div}\boldsymbol{D} = 0$, und daher

$$\operatorname{div}(\varphi\, \delta\boldsymbol{D}) = \varphi \operatorname{div} \delta\boldsymbol{D} + \delta\boldsymbol{D} \operatorname{grad}\varphi = -\boldsymbol{E}\, \delta\boldsymbol{D}\,.$$

Somit erhalten wir endgültig folgende wichtige Formel:

$$\delta R = \int \frac{\boldsymbol{E}\, \delta\boldsymbol{D}}{4\pi}\, \mathrm{d}V\,. \tag{10,2}$$

Es sollte betont werden, daß die Integration hierin sich auf das gesamte Feld erstreckt, auch über das Vakuum, falls das Dielektrikum nicht den ganzen Raum außerhalb des Leiters ausfüllt.

Die Arbeit, die an einem thermisch isolierten Körper zu leisten ist, ist gerade die Energieänderung des Körpers bei konstanter Entropie. Der Ausdruck (10,2) muß daher in der thermodynamischen Relation, die die infinitesimale Änderung der Gesamtenergie des Körpers bestimmt, hinzugefügt werden; die Gesamtenergie enthält auch die Energie des elektrischen Feldes. Bezeichnen wir sie mit $\mathcal{U}$, so haben wir

---

[1]) Die Endausdrücke, die wir erhalten, enthalten nur die Feldwerte im Innern des Nichtleiters und hängen daher nicht vom Ursprung dieses Feldes ab. Aus diesem Grunde braucht der Fall nicht besonders diskutiert zu werden, wo das Feld nicht von geladenen Leitern erzeugt wird, sondern etwa von äußeren Ladungen im Dielektrikum selbst oder durch dessen pyroelektrische Polarisation (§ 13).

daher

$$\delta\mathcal{U} = T\,\delta\mathcal{S} + \frac{1}{4\pi}\int \boldsymbol{E}\,\delta\boldsymbol{D}\,\mathrm{d}V \tag{10,3}$$

(T die Temperatur, $\mathcal{S}$ die Entropie des Körpers).[1] Für die gesamte freie Energie $\mathcal{F} = \mathcal{U} - T\mathcal{S}$[2]) gilt ferner

$$\delta\mathcal{F} = -\,\mathcal{S}\,\delta T + \frac{1}{4\pi}\int \boldsymbol{E}\,\delta\boldsymbol{D}\,\mathrm{d}V\,. \tag{10,4}$$

Entsprechende thermodynamische Beziehungen können auch für die Dichten der thermodynamischen Größen angegeben werden. Es seien U, S und ϱ die Dichte der inneren Energie, die Entropie- und die Massendichte des Körpers. Bekanntermaßen lautet die gewöhnliche thermodynamische Beziehung (bei fehlendem Feld) für die Dichte der inneren Energie im gegebenen Volumen

$$\mathrm{d}U = T\,\mathrm{d}S + \zeta\,\mathrm{d}\varrho\,,$$

wo ζ das chemische Potential des Stoffes sei.[3]) Bei Vorhandensein eines Feldes im Dielektrikum muß ein Term hinzugefügt werden, der aus dem Integranden in (10,3) besteht:

$$\mathrm{d}U = T\,\mathrm{d}S + \zeta\,\mathrm{d}\varrho + \frac{1}{4\pi}\boldsymbol{E}\,\mathrm{d}\boldsymbol{D}\,. \tag{10,5}$$

Für die Dichte der freien Energie $F = U - TS$ des Dielektrikums haben wir demgemäß

$$\mathrm{d}F = -\,S\,\mathrm{d}T + \zeta\,\mathrm{d}\varrho + \frac{1}{4\pi}\boldsymbol{E}\,\mathrm{d}\boldsymbol{D}\,. \tag{10,6}$$

Die erhaltenen Beziehungen stellen die Grundlage für die Thermodynamik von Dielektrika dar.

Wir sehen, daß die Größen U und F thermodynamische Potentiale hinsichtlich der Variablen S, ϱ, $\boldsymbol{D}$ und T, ϱ, $\boldsymbol{D}$ darstellen. Insbesondere kann die Feldstärke durch Ableitung dieser Potentiale nach den Komponenten des Vektors $\boldsymbol{D}$ gewonnen werden:

$$\boldsymbol{E} = 4\pi\left(\frac{\partial U}{\partial \boldsymbol{D}}\right)_{S,\varrho} = 4\pi\left(\frac{\partial F}{\partial \boldsymbol{D}}\right)_{T,\varrho}. \tag{10,7}$$

Die freie Energie ist in dieser Relation bequemer zu benutzen, da ihre Ableitung bei konstanter Temperatur durchzuführen ist, während die innere Energie durch die unbequeme Größe Entropie auszudrücken ist.

---

[1]) Das Körpervolumen wird in (10,3 und 4) als konstant angenommen. Es muß aber beachtet werden, daß der Körper im elektrischen Feld inhomogen wird und daher das Volumen seinen Zustand nicht charakterisiert.

[2]) Es hat nur bei einer über den Körper konstanten Temperatur Sinn, diese Größe zu betrachten.

[3]) S. V, § 24. Statt der Massendichte wurde dort die Teilchendichte N verwendet: $\varrho = Nm$, wo m die Molekülmasse ist. Das spezifische chemische Potential ζ (bezogen auf die Masse) unterscheidet sich durch einen Faktor vom chemischen Potential μ, das auf ein Teilchen bezogen ist: $\zeta = \mu/m$.

Die Bezeichnung der Massendichte ebenso wie der Ladungsdichte mit demselben Buchstaben ϱ kann nicht zu einem Mißverständnis führen, da diese beiden Größen nirgends gleichzeitig auftreten.

Neben U und F lassen sich zweckmäßig thermodynamische Potentiale einführen, in denen die Komponenten des Vektors $\boldsymbol{E}$, nicht $\boldsymbol{D}$, die Rolle der unabhängigen Variablen spielen. Solche sind die Größen

$$\tilde{U} = U - \frac{\boldsymbol{E}\boldsymbol{D}}{4\pi}; \quad \tilde{F} = F - \frac{\boldsymbol{E}\boldsymbol{D}}{4\pi}, \tag{10,8}$$

für deren Differentiale wir

$$\left.\begin{aligned} \mathrm{d}\tilde{U} &= T\,\mathrm{d}S + \zeta\,\mathrm{d}\varrho - \frac{1}{4\pi}\boldsymbol{D}\,\mathrm{d}\boldsymbol{E}, \\ \mathrm{d}\tilde{F} &= -S\,\mathrm{d}T + \zeta\,\mathrm{d}\varrho - \frac{1}{4\pi}\boldsymbol{D}\,\mathrm{d}\boldsymbol{E} \end{aligned}\right\} \tag{10,9}$$

haben. Insbesondere folgt hieraus

$$\boldsymbol{D} = -4\pi\left(\frac{\partial\tilde{U}}{\partial\boldsymbol{E}}\right)_{S,\varrho} = -4\pi\left(\frac{\partial\tilde{F}}{\partial\boldsymbol{E}}\right)_{T,\varrho}. \tag{10,10}$$

Wir weisen hier auf die Beziehung zwischen den thermodynamischen Größen hin, die wir mit und ohne Tilde bezeichnen; diese Bezeichnungsweise entspricht derjenigen, die schon in § 5 für die Energie des elektrostatischen Feldes von Leitern im Vakuum eingeführt wurde. In der Tat läßt sich das Integral $\int \boldsymbol{E}\boldsymbol{D}\,\mathrm{d}V$ in Strenge umformen, ähnlich wie es in § 2 getan wurde, unter Benutzung der Gleichung $\operatorname{div}\boldsymbol{D} = 0$ im Gebiet des Dielektrikums und der Grenzbedingung $D_n = 4\pi\sigma$ auf den Leiteroberflächen:

$$\frac{1}{4\pi}\int \boldsymbol{E}\boldsymbol{D}\,\mathrm{d}V = -\frac{1}{4\pi}\int \operatorname{grad}\varphi\cdot\boldsymbol{D}\,\mathrm{d}V = \frac{1}{4\pi}\sum_a \int \varphi_a D_n\,\mathrm{d}f = \sum_a \varphi_a e_a. \tag{10,11}$$

Für die innere Energie gilt daher

$$\tilde{\mathcal{U}} = \mathcal{U} - \int \frac{\boldsymbol{E}\boldsymbol{D}}{4\pi}\,\mathrm{d}V = \mathcal{U} - \sum_a \varphi_a e_a \tag{10,12}$$

in Übereinstimmung mit der Definition (5,5).

Es ist nützlich, auch die Formeln für die infinitesimalen Änderungen dieser Größen gegenüberzustellen, ausgedrückt durch die Ladungen und die Potentiale der Leiter (der Feldquellen). Für die Variation der freien Energie (bei gegebener Temperatur) haben wir so

$$(\delta\mathcal{F})_T = \delta R = \sum_a \varphi_a\,\delta e_a. \tag{10,13}$$

Für die Variation von $\tilde{\mathcal{F}}$ erhalten wir dagegen

$$(\delta\tilde{\mathcal{F}})_T = (\delta\mathcal{F})_T - \delta\sum_a \varphi_a e_a = -\sum_a e_a\,\delta\varphi_a. \tag{10,14}$$

Wir können sagen, daß Größen ohne Tilde thermodynamische Potentiale bezüglich der Ladungen der Leiter sind, Größen mit Tilde solche in bezug auf die Potentiale der Leiter.

Wie aus der Thermodynamik bekannt ist, haben die thermodynamischen Potentiale die Eigenschaft, im Zustand des thermodynamischen Gleichgewichts ein Minimum hinsichtlich verschiedener Zustandsänderungen des Körpers zu besitzen. Bei der Formulierung dieser Gleichgewichtsbedingungen im elektrischen Feld muß angegeben werden, ob die Zustandsänderung bei ungeänderten Ladungen oder Potentialen der Leiter (der Feldquellen) betrachtet wird. So haben $\mathcal{F}$ oder $\tilde{\mathcal{F}}$ im Gleichgewicht ein Minimum bezüglich der Zustandsänderungen, die bei konstanter Temperatur und bei konstanten Ladungen oder Leiterpotentialen auftreten (dasselbe gilt für $\mathcal{U}$ und $\tilde{\mathcal{U}}$ bei konstanter Entropie des Körpers).

Wenn im Körper irgendwelche Prozesse auftreten können, die keine direkte Beziehung zum elektrischen Feld besitzen (wie etwa chemische Reaktionen), so wird die Gleichgewichtsbedingung durch das Minimum von F bei gegebener Dichte und Temperatur des Körpers und seiner Erregung $\boldsymbol{D}$ gegeben oder durch das Minimum von $\tilde{F}$ bei konstanten Werten der Dichte, Temperatur und Feldstärke $\boldsymbol{E}$.

Bis jetzt machten wir keine Annahme über die Abhängigkeit der Größe $\boldsymbol{D}$ von $\boldsymbol{E}$, so daß alle erhaltenen thermodynamischen Beziehungen bei beliebigem Charakter dieser Abhängigkeit gültig sind. Wir wenden sie hier auf ein isotropes Dielektrikum mit linearer Abhängigkeit $\boldsymbol{D} = \varepsilon \boldsymbol{E}$ an. In diesem Fall gibt die Integration der Beziehungen (10,5) und (10,6)

$$\left.\begin{aligned} U &= U_0(S, \varrho) + \frac{D^2}{8\pi\varepsilon}, \\ F &= F_0(T, \varrho) + \frac{D^2}{8\pi\varepsilon}, \end{aligned}\right\} \tag{10,15}$$

wo U_0 und F_0 sich auf das Dielektrikum bei fehlendem Feld beziehen. In diesem Fall stellt somit die Größe

$$\frac{D^2}{8\pi\varepsilon} = \frac{\varepsilon E^2}{8\pi} = \frac{ED}{8\pi} \tag{10,16}$$

die mit dem Vorhandensein eines Feldes verbundene Änderung der inneren Energie (bei gegebenen Werten von Entropie und Dichte) oder der freien Energie (bei gegebener Temperatur und Dichte) dar, bezogen auf das Volumen des dielektrischen Mediums.

Entsprechend sind die Ausdrücke für die Potentiale $\tilde{U}$ und $\tilde{F}$

$$\begin{aligned} \tilde{U} &= U_0(S, \varrho) - \frac{\varepsilon E^2}{8\pi}, \\ \tilde{F} &= F_0(T, \varrho) - \frac{\varepsilon E^2}{8\pi}. \end{aligned} \tag{10,17}$$

Wir sehen, daß sich die Differenzen $U - U_0$ und $\tilde{U} - U_0$ in diesem Fall nur durch das Vorzeichen unterscheiden, wie beim elektrischen Feld im Vakuum (§ 5). Im Dielektrikum besteht jedoch eine solche einfache Beziehung nur für den Fall einer linearen Verknüpfung zwischen $\boldsymbol{D}$ und $\boldsymbol{E}$.

Wir geben für weitere Zwecke auch die Formeln für die Entropiedichte S und das chemische Potential ζ des Stoffes an, wie sie aus (10,15) folgen:

$$S = -\left(\frac{\partial F}{\partial T}\right)_{\varrho, D} = S_0(T, \varrho) + \frac{D^2}{8\pi\varepsilon^2}\left(\frac{\partial \varepsilon}{\partial T}\right)_\varrho = S_0(T, \varrho) + \frac{E^2}{8\pi}\left(\frac{\partial \varepsilon}{\partial T}\right)_\varrho, \tag{10,18}$$

$$\zeta = \left(\frac{\partial F}{\partial \varrho}\right)_{T, \boldsymbol{D}} = \zeta_0(T, \varrho) - \frac{E^2}{8\pi}\left(\frac{\partial \varepsilon}{\partial \varrho}\right)_T. \tag{10,19}$$

Beide Größen sind verständlicherweise nur innerhalb des Nichtleiters von Null verschieden.

Die gesamte freie Energie erhält man durch Integration von (10,15) über den gesamten Raum. Wegen (10,11) haben wir

$$\mathcal{F} - \mathcal{F}_0 = \int \frac{\boldsymbol{E}\boldsymbol{D}}{8\pi} \, \mathrm{d}V = \frac{1}{2} \sum_a e_a \varphi_a \,. \tag{10,20}$$

Der letzte Ausdruck fällt formal mit der Formel für die Energie eines elektrostatischen Feldes von Leitern im Vakuum zusammen. Zu diesem Ergebnis kann man auch unmittelbar gelangen, wenn man von der Variation $\delta\mathcal{F}$ (10,13) bei unendlich kleiner Änderung der Ladungen der Leiter ausgeht. Im vorliegenden Fall eines linearen Zusammenhangs zwischen $\boldsymbol{D}$ und $\boldsymbol{E}$ sind alle Feldgleichungen mit ihren Grenzbedingungen ebenfalls linear. Die Potentiale der Leiter müssen also (und dies gilt auch für die Felder im Vakuum) lineare Funktionen ihrer Ladungen sein. Die Integration der Gleichung (10,13) führt dann zu (10,20).

Es sollte betont werden, daß in diesen Überlegungen durchaus nicht angenommen wird, daß der gesamte Raum außerhalb der Leiter vom Dielektrikum erfüllt ist. Ist dies jedoch der Fall, so können wir weitergehen und unter Benutzung der Ergebnisse am Ende von § 7 noch folgendes behaupten: Bei gegebenen Ladungen auf den Leitern verringert das Vorhandensein eines dielektrischen Mediums sowohl die Leiterpotentiale als auch die Energie des Feldes um den Faktor ε im Vergleich zu den Werten dieser Größen für ein Feld im Vakuum. Hält man andererseits die Potentiale der Leiter konstant, so wachsen Feldenergie und Ladungen der Leiter um den Faktor ε an.

Aufgabe

Man bestimme die Höhe h, die eine Flüssigkeit in einem vertikalen ebenen Kondensator erreichen kann.

Lösung. Bei gegebenen Potentialen der Kondensatorplatten muß $\tilde{\mathcal{F}}$ ein Minimum sein, wobei $\tilde{\mathcal{F}}$ auch die Energie $\varrho g h^2/2$ der Flüssigkeitssäule im Gravitationsfeld enthalten muß. Aus dieser Bedingung erhält man leicht

$$h = \frac{\varepsilon - 1}{8\pi\varrho g} E^2 \,.$$

§ 11. Freie Energie des dielektrischen Körpers

Die gesamte freie Energie $\mathcal{F}$ (oder die gesamte innere Energie $\mathcal{U}$), wie sie im letzten Paragraphen definiert wurde, schließt auch die Energie des den Nichtleiter polarisierenden äußeren elektrischen Feldes ein. Dieses Feld kann man sich als von einer bestimmten Gesamtheit von Leitern mit gegebenen Gesamtladungen auf ihnen erzeugt denken. Außer dieser Größe $\mathcal{F}$ ist es sinnvoll, die gesamte freie Energie zu betrachten, von der die Energie desjenigen Feldes subtrahiert ist, das im ganzen Raum ohne den Körper bestehen würde. Die Stärke dieses Feldes werde im folgenden mit $\mathfrak{E}$ bezeichnet. Dann ist die im genannten Sinne „gesamte" freie Energie gleich dem Integral

$$\int \left(F - \frac{\mathfrak{E}^2}{8\pi} \right) \mathrm{d}V \,, \tag{11,1}$$

wo F die Dichte der freien Energie ist. Wir bezeichnen hier diese Größe mit demselben Buchstaben $\mathcal{F}$ wie auch in § 10 das Integral $\int F\,\mathrm{d}V$. Es ist zu betonen, daß die Differenz beider Definitionen von $\mathcal{F}$ zu einer Größe führt, die vom thermodynamischen Zustand und den Eigenschaften des Nichtleiters unabhängig ist und daher auch keinen Einfluß auf die grundlegenden differentiellen thermodynamischen Beziehungen besitzt, die für diese Größen gelten.[1])

Wir berechnen die Änderung von $\mathcal{F}$ bei einer infinitesimalen Feldänderung mit konstanter Temperatur und ohne Verletzung des thermodynamischen Gleichgewichts des Mediums. Da $\delta F = (1/4\pi)\,\boldsymbol{E}\,\delta\boldsymbol{D}$ gilt, haben wir

$$\delta\mathcal{F} = \frac{1}{4\pi}\int(\boldsymbol{E}\,\delta\boldsymbol{D} - \mathfrak{E}\,\delta\mathfrak{E})\,\mathrm{d}V\,.$$

Dieser Ausdruck läßt sich identisch wie folgt umformen:

$$\delta\mathcal{F} = \frac{1}{4\pi}\int(\boldsymbol{D} - \mathfrak{E})\,\delta\mathfrak{E}\,\mathrm{d}V + \frac{1}{4\pi}\int\boldsymbol{E}(\delta\boldsymbol{D} - \delta\mathfrak{E})\,\mathrm{d}V - \frac{1}{4\pi}\int(\boldsymbol{D} - \boldsymbol{E})\,\delta\mathfrak{E}\,\mathrm{d}V\,. \tag{11,2}$$

Im ersten Integral schreiben wir $\delta\mathfrak{E} = -\operatorname{grad}\delta\varphi_0$ (φ_0 das Potential des Feldes $\mathfrak{E}$) und integrieren partiell:

$$\int\operatorname{grad}\delta\varphi_0(\boldsymbol{D} - \mathfrak{E})\,\mathrm{d}V = \oint\delta\varphi_0(\boldsymbol{D} - \mathfrak{E})\,\mathrm{d}\boldsymbol{f} - \int\delta\varphi_0\operatorname{div}(\boldsymbol{D} - \mathfrak{E})\,\mathrm{d}V\,.$$

Man sieht leicht, daß beide Integrale der rechten Seite verschwinden. Für das Volumenintegral folgt dies unmittelbar aus den Gleichungen $\operatorname{div}\boldsymbol{D} = 0$ und $\operatorname{div}\mathfrak{E} = 0$, die vom Feld im Nichtleiter beziehungsweise vom Feld im Vakuum erfüllt werden. Das erste Integral erstreckt sich über die Leiterflächen, die das Feld erzeugen, und über eine unendlich ferne Fläche. Das letzte dieser Integrale ist wie immer Null, und da auf jedem Leiter $\delta\varphi_0 = \text{const}$ gilt, folgt

$$\oint\delta\varphi_0(\boldsymbol{D} - \mathfrak{E})\,\mathrm{d}\boldsymbol{f} = \delta\varphi_0\oint(\boldsymbol{D} - \mathfrak{E})\,\mathrm{d}\boldsymbol{f}\,.$$

Nun wird aber das Feld $\mathfrak{E}$ nach seiner Einführung von denselben Quellen erzeugt wie auch das Feld $\boldsymbol{E}$ und die Induktion $\boldsymbol{D}$ (d. h. von denselben Leitern mit der gegebenen Gesamtladung e). Beide Integrale $\oint D_n\,\mathrm{d}f$ und $\oint\mathfrak{E}_n\,\mathrm{d}f$ stellen daher dieselbe Größe $4\pi e$ dar, und ihre Differenz verschwindet.

Entsprechend sieht man, daß auch das zweite Glied in (11,2) verschwindet. (Man hat dazu $\boldsymbol{E} = -\operatorname{grad}\varphi$ einzusetzen und dieselbe Transformation durchzuführen.) Endgültig erhalten wir

$$\delta\mathcal{F} = -\frac{1}{4\pi}\int(\boldsymbol{D} - \boldsymbol{E})\,\delta\mathfrak{E}\,\mathrm{d}V = -\int\boldsymbol{P}\,\delta\mathfrak{E}\,\mathrm{d}V\,. \tag{11,3}$$

Es ist bemerkenswert, daß sich in diesem Ausdruck das Integral nur über Bereiche erstreckt, die vom dielektrischen Medium eingenommen werden, da außerhalb der Körper $\boldsymbol{P} = 0$ gilt.

Es muß jedoch darauf hingewiesen werden, daß der Integrand $\boldsymbol{P}\,\delta\mathfrak{E}$ nicht als Variation der freien Energiedichte gedeutet werden kann, so wie es in Zusammenhang

[1]) Wir bemerken, daß eine Subtraktion von $E^2/8\pi$ in F nicht sinnvoll ist, da $\boldsymbol{E}$ das schon von der Existenz des Nichtleiters beeinflußte Feld ist und die Differenz $F - E^2/8\pi$ keinesfalls als Dichte der freien Energie des Nichtleiters selbst betrachtet werden kann.

mit den Gleichungen (10,3), (10,4) geschah. Zunächst ist klar, daß diese Dichte auch außerhalb des Körpers existieren muß, da sie das Feld auch im umgebenden Raum beeinflußt. Ferner kann die Energiedichte in jedem Punkt des Körpers nur vom real dort vorhandenen Feld abhängen, nicht von jenem Feld, das bei Fehlen des Körpers auftreten würde.

Ist das äußere Feld homogen, so gilt

$$\delta\mathcal{F} = -\delta\mathfrak{E}\int \boldsymbol{P}\,\mathrm{d}V = -\mathcal{P}\,\delta\mathfrak{E}\,, \tag{11,4}$$

wo $\mathcal{P}$ das gesamte elektrische Dipolmoment des Körpers ist. Die thermodynamische Identität für die freie Energie kann daher in diesem Fall

$$\delta\mathcal{F} = -\mathcal{S}\,\delta T - \mathcal{P}\,\delta\mathfrak{E} \tag{11,5}$$

geschrieben werden. Das elektrische Dipolmoment des Körpers kann also durch Ableitung der gesamten freien Energie erhalten werden:

$$\mathcal{P} = -\left(\frac{\partial\mathcal{F}}{\partial\mathfrak{E}}\right)_T. \tag{11,6}$$

Diese Gleichung ist auch unmittelbar aus der allgemeinen statistischen Formel

$$\overline{\frac{\partial\hat{\mathcal{H}}}{\partial\lambda}} = \left(\frac{\partial\mathcal{F}}{\partial\lambda}\right)_T$$

erhältlich, wo $\hat{\mathcal{H}}$ der Hamilton-Operator des Körpers als System der ihn konstituierenden Teilchen ist und λ ein Parameter, der die äußeren Bedingungen charakterisiert, in denen sich der Körper befindet (s. V, (11,4), (15,11)). Für Körper in einem äußeren homogenen Feld $\mathfrak{E}$ enthält der Hamilton-Operator das Glied $-\mathfrak{E}\hat{\mathcal{P}}$, mit $\hat{\mathcal{P}}$ als Operator des Dipolmomentes; wählen wir $\mathfrak{E}$ als Parameter λ, so erhalten wir die gesuchte Formel.

Hängen $\boldsymbol{D}$ und $\boldsymbol{E}$ über die lineare Beziehung $\boldsymbol{D} = \varepsilon\boldsymbol{E}$ zusammen, so kann man auf analogem Wege nicht nur die Variation $\delta\mathcal{F}$, sondern $\mathcal{F}$ selbst berechnen. Wir haben

$$\mathcal{F} - \mathcal{F}_0 = \int \frac{\boldsymbol{E}\boldsymbol{D} - \mathfrak{E}^2}{8\pi}\,\mathrm{d}V\,.$$

Dieser Ausdruck kann identisch in

$$\mathcal{F} - \mathcal{F}_0 = \frac{1}{8\pi}\int(\boldsymbol{E} + \mathfrak{E})(\boldsymbol{D} - \mathfrak{E})\,\mathrm{d}V - \frac{1}{8\pi}\int\mathfrak{E}(\boldsymbol{D} - \boldsymbol{E})\,\mathrm{d}V$$

umgeformt werden. Das erste Glied der rechten Seite verschwindet, wie wir sehen, wenn wir $\boldsymbol{E} + \mathfrak{E} = -\operatorname{grad}(\varphi + \varphi_0)$ setzen und wieder dieselbe Transformation benutzen. Wir erhalten also

$$\mathcal{F} - \mathcal{F}_0(V, T) = -\int\frac{\mathfrak{E}\boldsymbol{P}}{2}\,\mathrm{d}V\,. \tag{11,7}$$

In einem homogenen äußeren Feld gilt insbesondere

$$\mathcal{F} - \mathcal{F}_0(V, T) = -\tfrac{1}{2}\mathfrak{E}\mathcal{P}\,. \tag{11,8}$$

Die letzte Beziehung hätte man auch durch unmittelbare Integration der Relationen (11,3) erhalten können, wenn man beachtet, daß infolge der Linearität aller Feldgleichungen (für $\boldsymbol{D} = \varepsilon \boldsymbol{E}$) das elektrische Moment $\mathfrak{P}$ eine lineare Funktion von $\mathfrak{E}$ sein muß.

Die lineare Abhängigkeit zwischen den Komponenten $\mathfrak{P}$ und $\mathfrak{E}$ kann in der Form

$$\mathcal{P}_i = V \alpha_{ik} \mathfrak{E}_k \tag{11,9}$$

geschrieben werden, ähnlich derjenigen für Leiter (§ 2). Im Unterschied zu Leitern hängt jedoch die „Polarisierbarkeit" des dielektrischen Körpers nicht nur von seiner Form ab, sondern auch von seinen dielektrischen Konstanten. Die Symmetrie des Tensors α_{ik} (schon in § 2 erwähnt) folgt unmittelbar aus der Beziehung (11,6); es genügt dazu die Bemerkung, daß die zweiten Ableitungen

$$\frac{\partial^2 \mathcal{F}}{\partial \mathfrak{E}_k \, \partial \mathfrak{E}_i} = - \frac{\partial \mathcal{P}_i}{\partial \mathfrak{E}_k} = - V \alpha_{ik}$$

nicht von der Reihenfolge der Differentiation abhängen.

Die Formel (11,7) vereinfacht sich nochmals in dem wichtigen Fall, in dem ε nahe an 1 ist, d. h. die dielektrische Suszeptibilität $\varkappa = (\varepsilon - 1)/4\pi$ klein ist. In diesem Fall kann bei der Berechnung der Energie die durch die Anwesenheit des Körpers verursachte Abänderung des Feldes vernachlässigt werden, d. h., wir können

$$\boldsymbol{P} = \varkappa \boldsymbol{E} \approx \varkappa \mathfrak{E}$$

setzen. Dann gilt

$$\mathcal{F} - \mathcal{F}_0 = - \frac{\varkappa}{2} \int \mathfrak{E}^2 \, \mathrm{d}V , \tag{11,10}$$

wo das Integral über den Körper zu erstrecken ist. Im homogenen Feld ist das Dipolmoment $\mathfrak{P} = V \varkappa \mathfrak{E}$ und die freie Energie

$$\mathcal{F} - \mathcal{F}_0 = - \frac{\varkappa V}{2} \mathfrak{E}^2 . \tag{11,11}$$

Im allgemeinen Fall einer willkürlichen Abhängigkeit der Größe $\boldsymbol{D}$ von $\boldsymbol{E}$ gelten die einfachen Formeln (11,7) und (11,8) nicht mehr. Zur Berechnung von $\mathcal{F}$ kann man hier die nützliche Formel

$$\mathcal{F} = \int \left(F - \frac{\mathfrak{E}^2}{8\pi} \right) \mathrm{d}V = \int \left[F - \frac{\boldsymbol{E}\boldsymbol{D}}{8\pi} - \frac{1}{2} \boldsymbol{P} \mathfrak{E} \right] \mathrm{d}V \tag{11,12}$$

benutzen, deren Ableitungen nach den oben durchgeführten Überlegungen offensichtlich ist. Die Integranden in den beiden Integralen unterscheiden sich nämlich um die Größe

$$-\frac{\boldsymbol{E}\boldsymbol{D}}{8\pi} - \frac{\boldsymbol{E}\boldsymbol{P}}{2} + \frac{\mathfrak{E}^2}{8\pi} - = \frac{1}{8\pi} (\boldsymbol{D} - \mathfrak{E}) (\boldsymbol{E} + \mathfrak{E}) ;$$

nach der Substitution $\boldsymbol{E} = -\nabla \varphi$, $\mathfrak{E} = - \nabla \varphi_0$ und der Integration über den gesamten Raum verschwindet dieser Ausdruck. Wir bemerken, daß der Integrand in (11,12) (im zweiten Integral; wie auch in (11,7)) außerhalb des Körpers (wo $\boldsymbol{P} = 0$, $F = E^2/8\pi$ gelten) verschwindet, so daß sich die Integration nur über sein Volumen erstreckt.

Aufgabe

Man leite eine (11,7) ersetzende Formel für einen Körper ab, der sich nicht im Vakuum, sondern in einem Medium mit der dielektrischen Permeabilität $\varepsilon^{(e)}$ befindet.

Lösung. Die Anwendung der im Text durchgeführten Transformation auf den vorliegenden Fall ergibt

$$\mathcal{F} - \mathcal{F}_0 = -\frac{1}{8\pi}\int \mathfrak{E}(\boldsymbol{D} - \varepsilon^{(e)}\boldsymbol{E})\,\mathrm{d}V\,.$$

§ 12. Elektrostriktion isotroper Dielektrika

Für einen dielektrischen Festkörper im elektrischen Feld kann der Begriff des Druckes nicht so eingeführt werden wie bei einem isotropen Körper ohne Feld, da die auf den Körper wirkenden Kräfte (zu ihrer Bestimmung s. §§ 15, 16) über den Körper variieren und auch dann anisotrop sind, wenn der Körper selbst isotrop ist. Eine genaue Bestimmung der Deformation eines solchen Körpers (der *Elektrostriktion*) erfordert die Lösung eines komplizierten Problems der Elastizitätstheorie.

Es wird jedoch viel einfacher, wenn uns nur die Änderung des Gesamtvolumens des Körpers interessiert. Wie schon in § 5 gesagt wurde, kann dabei die Form des Körpers als unverändert angesehen werden, d. h., man betrachtet die Deformation als eine gleichförmige allseitige Kontraktion oder Expansion.

Wir vernachlässigen die dielektrischen Eigenschaften des äußeren Mediums (etwa der Atmosphäre), in dem sich der Körper befindet, d. h. nehmen $\varepsilon = 1$ an. Ein äußeres Medium führt lediglich zum Auftreten eines gleichförmigen, auf die Körperoberfläche wirkenden Druckes, den wir mit P bezeichnen. Ist $\mathcal{F}$ die gesamte freie Energie des Körpers, so gilt nach der bekannten thermodynamischen Beziehung

$$P = -\left(\frac{\partial \mathcal{F}}{\partial V}\right)_T ;$$

in dem Ausdruck für das Differential $\mathrm{d}\mathcal{F}$ ist dementsprechend ein Glied $-P\,\mathrm{d}V$ hinzuzufügen. In einem homogenen äußeren Feld haben wir somit statt (11,5)

$$\mathrm{d}\mathcal{F} = -\mathcal{S}\,\mathrm{d}T - P\,\mathrm{d}V - \mathcal{P}\,\mathrm{d}\mathfrak{E}\,.$$

Wir führen das integrale thermodynamische Potential des Körpers nach der gewöhnlichen thermodynamischen Definition

$$\Phi = \mathcal{F} + PV \qquad (12,1)$$

ein. Für die Differentiale dieser Größen gilt (in einem homogenen äußeren Feld) die Beziehung

$$\mathrm{d}\Phi = -\mathcal{S}\,\mathrm{d}T + V\,\mathrm{d}P - \mathcal{P}\,\mathrm{d}\mathfrak{E}\,. \qquad (12,2)$$

Die Änderung thermodynamischer Größen in einem äußeren elektrischen Feld stellt gewöhnlich eine relativ kleine Größe dar. Nach dem Theorem über kleine Zusatzterme (s. V, (15,12)) sind kleine Änderungen in der freien Energie (bei festen T und V) und im thermodynamischen Potential (bei festen T und P) einander gleich. Wie in (11,8) kann daher auch eine entsprechende Beziehung

$$\Phi = \Phi_0 - \tfrac{1}{2}\mathfrak{E}\mathcal{P} \qquad (12,3)$$

für das thermodynamische Potential eines Körpers im äußeren homogenen Feld angegeben werden. Hier bezieht sich Φ_0 auf den Körper bei fehlendem Feld und vorgegebenen Werten P, T (ebenso wie $\mathcal{F}_0$ in (11,8) die freie Energie des Körpers bei fehlendem Feld und festen Werten V und T ist).

Drücken wir die Abhängigkeit des Dipolmomentes von V und $\mathfrak{E}$ gemäß (11,9) explizit aus, so können wir (12,3) in der Gestalt

$$\Phi = \Phi_0(P, T) - \frac{1}{2} V a_{ik} \mathfrak{E}_i \mathfrak{E}_k \tag{12,4}$$

schreiben, wobei das Korrekturglied als Funktion von Temperatur und Druck entsprechend der Zustandsgleichung des Körpers bei Abwesenheit des Feldes ausgedrückt werden muß. Im Spezialfall kleiner dielektrischer Permeabilität vereinfacht sich diese Formel:

$$\Phi = \Phi_0(P, T) - \frac{\varkappa V}{2} \mathfrak{E}^2 \tag{12,5}$$

(vgl. (11,11)).

Die gesuchte Änderung des Volumens $V - V_0$ im äußeren Feld kann man hier unmittelbar durch Ableitung von Φ nach dem Druck erhalten (bei konstanten T und $\mathfrak{E}$). So finden wir aus (12,5)

$$V - V_0 = -\frac{\mathfrak{E}^2}{2}\left(\frac{\partial(\varkappa V)}{\partial P}\right)_T . \tag{12,6}$$

Diese Größe kann sowohl positiv als auch negativ sein (im Unterschied zur Elektrostriktion von Leitern, deren Volumen im Feld immer wächst).

In entsprechender Weise läßt sich auch die Wärmemenge Q berechnen, die im Dielektrikum bei isothermem Einschluß des äußeren elektrischen Feldes absorbiert wird, wobei der äußere Druck konstant gehalten wird.[1]

Die Ableitung von $\Phi - \Phi_0$ nach der Temperatur gibt die Entropie des Körpers, die Multiplikation mit T liefert die gesuchte Wärmemenge. So erhalten wir aus (12,5)

$$Q = \frac{\mathfrak{E}^2 T}{2}\left(\frac{\partial(\varkappa V)}{\partial T}\right)_P . \tag{12,7}$$

Ein positiver Wert von Q entspricht einer Absorption von Wärme.

Aufgaben

1. Man bestimme die Volumenänderung und den elektrokalorischen Effekt für ein dielektrisches Ellipsoid im homogenen elektrischen Feld, das zu einer Achse parallel ist.

Lösung. Nach den Formeln (12,3) und (8,9) haben wir

$$\Phi = \Phi_0 - \frac{V}{8\pi} \frac{\varepsilon - 1}{n\varepsilon + 1 - n} \mathfrak{E}^2 .$$

Für die Volumenänderung finden wir[2]

$$\frac{V - V_0}{V} = \frac{\mathfrak{E}^2}{8\pi}\left[\frac{\varepsilon - 1}{n\varepsilon + 1 - n}\frac{1}{K} - \frac{1}{(n\varepsilon + 1 - n)^2}\left(\frac{\partial\varepsilon}{\partial P}\right)_T\right]$$

[1]) Ist der Körper dagegen wärmeisoliert, so führt das Einschalten des Feldes zu einer Temperaturänderung $\Delta T = -Q/\mathscr{C}_P$ mit $\mathscr{C}_P$ als spezifischer Wärme des Körpers bei konstantem Druck.

[2]) Lassen wir $\varepsilon \to \infty$ streben, so erhalten wir für die Volumenänderung des leitenden Ellipsoids $(V - V_0)/V = \mathfrak{E}^2/8\pi K n$. Für eine Kugel ist $n = 1/3$, und wir kommen zum Ergebnis von Aufgabe 4, § 5, zurück.

und für den elektrokalorischen Effekt

$$Q = \frac{TV\mathfrak{E}^2}{8\pi}\left[\frac{\varepsilon - 1}{n\varepsilon + 1 - n}\alpha + \frac{1}{(n\varepsilon + 1 - n)^2}\left(\frac{\partial\varepsilon}{\partial T}\right)_P\right],$$

wo $\frac{1}{K} = -\frac{1}{V}\left(\frac{\partial V}{\partial P}\right)_T$ die Kompressibilität des Körpers ist sowie $\alpha = \frac{1}{V}\left(\frac{\partial V}{\partial T}\right)_P$ der Koeffizient der Wärmeausdehnung. Insbesondere gilt für ebene parallele Platten im dazu senkrechten Feld $n = 1$, so daß

$$\frac{V - V_0}{V} = \frac{\mathfrak{E}^2}{8\pi}\left[\frac{\varepsilon - 1}{\varepsilon}\frac{1}{K} - \frac{1}{\varepsilon^2}\left(\frac{\partial\varepsilon}{\partial P}\right)_T\right], \qquad Q = \frac{TV\mathfrak{E}^2}{8\pi}\left[\frac{\varepsilon - 1}{\varepsilon}\alpha + \frac{1}{\varepsilon^2}\left(\frac{\partial\varepsilon}{\partial T}\right)_P\right].$$

Für eine solche Platte (oder einen beliebigen zylindrischen Körper) im longitudinalen Feld gilt $n = 0$ und

$$\frac{V - V_0}{V} = \frac{\mathfrak{E}^2}{8\pi}\left[\frac{(\varepsilon - 1)}{K} - \left(\frac{\partial\varepsilon}{\partial P}\right)_T\right], \qquad Q = \frac{TV\mathfrak{E}^2}{8\pi}\left[(\varepsilon - 1)\alpha + \left(\frac{\partial\varepsilon}{\partial T}\right)_P\right].$$

2. Man bestimme die Differenz der Wärmekapazität $\mathscr{C}_\varphi$ einer planparallelen Platte in einem zu ihr senkrechten Feld bei konstanter Potentialdifferenz ihrer Seiten und der Wärmekapazität $\mathscr{C}_D$ bei konstanter Induktion; in beiden Fällen werde ein äußerer Druck konstant aufrechterhalten.[1])

Lösung. Nach den Ergebnissen der Aufgabe 1 ist die Entropie der Platte

$$\mathscr{S} = -\left(\frac{\partial\Phi}{\partial T}\right)_{P,\mathfrak{E}} = \mathscr{S}_0(P, T) + \frac{V\mathfrak{E}^2}{8\pi}\left[\frac{\varepsilon - 1}{\varepsilon}\alpha + \frac{1}{\varepsilon^2}\left(\frac{\partial\varepsilon}{\partial T}\right)_P\right].$$

Die Induktion innerhalb der Platte fällt mit dem äußeren Feld zusammen: $D = \mathfrak{E}$. Zur Berechnung der Wärmekapazität $\mathscr{C}_D$ hat man daher $\mathscr{S}$ bei konstantem $\mathfrak{E}$ zu differenzieren. Die Potentialdifferenz zwischen den Seiten der Platte ist $\varphi = El = \mathfrak{E}l/\varepsilon$, wo l die Plattendicke ist. Bei gleichmäßiger Kontraktion oder Ausdehnung des Körpers ändert sich l proportional zu $V^{1/3}$. Zur Berechnung der Wärmekapazität $\mathscr{C}_\varphi$ ist daher $\mathscr{S}$ bei konstantem Produkt $\mathfrak{E}V^{1/3}/\varepsilon$ zu differenzieren. Als Ergebnis finden wir für die gesuchte Differenz

$$\mathscr{C}_\varphi - \mathscr{C}_D = \frac{TV\mathfrak{E}^2}{4\pi\varepsilon}\left[(\varepsilon - 1)\alpha + \frac{1}{\varepsilon}\left(\frac{\partial\varepsilon}{\partial T}\right)_P\right]\left[\frac{1}{\varepsilon}\left(\frac{\partial\varepsilon}{\partial T}\right)_P - \frac{\alpha}{3}\right].$$

3. Man bestimme den elektrokalorischen Effekt im homogenen Dielektrikum, dessen Gesamtvolumen konstant gehalten werde.

Lösung. Streng genommen ändert sich die Dichte des Körpers beim Anlegen eines äußeren Feldes (der Körper wird inhomogen) auch dann, wenn sein Gesamtvolumen konstant gehalten wird. Bei der Berechnung der Gesamtentropie kann jedoch dieser Umstand vernachlässigt und die Dichte ϱ als konstant für jeden Körperpunkt angesehen werden.[2]) Nach (10,18) ist die Gesamtentropie des Körpers

$$\mathscr{S} = \mathscr{S}_0(\varrho, T) + \frac{1}{8\pi}\left(\frac{\partial\varepsilon}{\partial T}\right)_\varrho \int E^2\,\mathrm{d}V,$$

wo sich die Integration über den Bereich des Körpers erstreckt. Die absorbierte Wärmemenge lautet

$$Q = \frac{T}{8\pi}\left(\frac{\partial\varepsilon}{\partial T}\right)_\varrho \int E^2\,\mathrm{d}V.$$

---

[1]) $\mathscr{C}_\varphi$ ist die Wärmekapazität einer Platte zwischen den Belegungen eines ebenen Kondensators, der an einen Kreis konstanter EMK angeschlossen ist. In einem nichtangeschlossenen Kondensator mit konstanten Ladungen auf den Platten besteht die Wärmekapazität $\mathscr{C}_D$.

[2]) Die Dichteänderung $\delta\varrho$ ist eine Größe zweiter Ordnung hinsichtlich des Feldes ($\sim E^2$), die Entropieänderung hängt mit dem Feld in vierter Ordnung zusammen. In der Tat, ist die lineare Änderung der Gesamtentropie $\frac{\partial S_0}{\partial\varrho}\int\delta\varrho\,\mathrm{d}V$, so gilt $\int\delta\varrho\,\mathrm{d}V = 0$ wegen der Konstanz der Gesamtmasse des Körpers.

4. Man bestimme die Differenz $\mathscr{C}_\varphi - \mathscr{C}_D$ (siehe Aufgabe 2) bei konstantem Gesamtvolumen der Platte.

Lösung. Bei unverändertem Volumen (und ungeänderter Dicke) der Platte ist die Ableitung bei konstanter Potentialdifferenz der Ableitung bei konstantem Feld äquivalent. Mit Hilfe der in Aufgabe 3 erhaltenen Formeln für die Entropie bekommen wir

$$\mathscr{C}_E - \mathscr{C}_D = \frac{TVE^2}{4\pi\varepsilon}\left(\frac{\partial\varepsilon}{\partial T}\right)_\varrho^2 = \frac{TV\mathfrak{E}^2}{4\pi\varepsilon^2}\left(\frac{\partial\varepsilon}{\partial T}\right)_\varrho^2 .$$

5. Ein Kondensator bestehe aus zwei leitenden Flächen mit einer Entfernung h voneinander, die klein im Vergleich zu ihren Durchmessern sei. Der Raum zwischen ihnen sei mit Materie der Dielektrizitätskonstanten ε_1 erfüllt. In den Kondensator werde eine Kugel vom Radius $a \ll h$ mit der Dielektrizitätskonstanten ε_2 eingeführt. Man bestimme die Kapazitätsänderung des Kondensators.

Lösung. Man führe eine Kugel in den Kondensator so ein, daß die Potentialdifferenz φ zwischen den Platten ungeändert bleibt. $\tilde{\mathscr{F}}$ spielt hierbei die Rolle der freien Energie bei konstanten Leiterpotentialen. Ohne Kugel haben wir $\tilde{\mathscr{F}} = -C_0\varphi^2/2$, wobei C_0 die ursprüngliche Kapazität des Kondensators ist. Wegen des kleinen Kugeldurchmessers kann man annehmen, daß die Kugel in ein homogenes Feld $\mathfrak{E} = \varphi/h$ gebracht sei, und daß die Änderung von $\tilde{\mathscr{F}}$ klein sei. Eine kleine Änderung von $\tilde{\mathscr{F}}$ bei konstanten Potentialen entspricht einer kleinen Änderung von $\mathscr{F}$ bei konstanten Ladungen der Feldquellen. Mit Hilfe der im § 11 erhaltenen Formeln und der Formel (8,2) erhalten wir

$$\tilde{\mathscr{F}} = -\frac{C_0\varphi^2}{2} - \frac{a^3}{2}\frac{\varphi^2}{h^2}\frac{\varepsilon_1(\varepsilon_2 - \varepsilon_1)}{2\varepsilon_1 + \varepsilon_2},$$

woraus sich die gesuchte Kapazität ergibt:

$$C = C_0 + \frac{a^3}{h^2}\frac{\varepsilon_1(\varepsilon_2 - \varepsilon_1)}{2\varepsilon_1 + \varepsilon_2}.$$

§ 13. Dielektrische Eigenschaften von Kristallen

In einem anisotropen dielektrischen Medium (Einkristall) hat der lineare Zusammenhang zwischen elektrischer Induktion und elektrischer Feldstärke eine komplizierte Gestalt, die sich nicht durch einfache Proportionalität darstellen läßt.

Die allgemeinste Form einer solchen Abhängigkeit wird durch einen Ausdruck der Gestalt

$$D_i = D_{0i} + \varepsilon_{ik} E_k \tag{13,1}$$

gegeben, wo $\boldsymbol{D}_0$ ein konstanter Vektor ist und die Gesamtheit der Größen ε_{ik} einen Tensor zweiten Ranges darstellt, den Tensor der *dielektrischen Permeabilität* (oder kurz *dielektrischer Tensor*). Das freie Glied $\boldsymbol{D}_0$ in der Relation (13,1) existiert jedoch nicht in jedem Kristall. Bei der Mehrzahl der kristallographischen Symmetrietypen gibt es keinen konstanten Vektor (vgl. unten), und wir haben dann einfach

$$D_i = \varepsilon_{ik}E_k . \tag{13,2}$$

ε_{ik} ist symmetrisch:

$$\varepsilon_{ik} = \varepsilon_{ki} . \tag{13,3}$$

Zum Beweis benutzen wir die thermodynamische Bedingung (10,10) und beachten, daß die zweiten Ableitungen

$$-4\pi\frac{\partial^2\tilde{F}}{\partial E_k\,\partial E_i} = \frac{\partial D_i}{\partial E_k} = \varepsilon_{ik}$$

nicht von der Ableitungsordnung abhängen.

Für die Größe $\widetilde{F}$ selbst haben wir (bei Gültigkeit von (13,2)) den Ausdruck

$$\widetilde{F} = F_0 - \frac{\varepsilon_{ik} E_i E_k}{8\pi}. \tag{13,4}$$

Die freie Energie F lautet

$$F = \widetilde{F} + \frac{E_i D_i}{4\pi} = F_0 + \frac{\varepsilon_{ik}^{-1} D_i D_k}{8\pi}. \tag{13,5}$$

Wie jeder symmetrische Tensor zweiten Ranges kann ε_{ik} durch Wahl der Koordinatenachsen auf Diagonalform gebracht werden. Im allgemeinen ist also ε_{ik} durch drei unabhängige Größen, die drei Hauptkomponenten $\varepsilon^{(1)}$, $\varepsilon^{(2)}$, $\varepsilon^{(3)}$ des Tensors, bestimmt. Alle drei Größen sind stets größer als 1, ebenso wie $\varepsilon > 1$ für einen isotropen Körper gilt (s. § 14).

Je nach der Symmetrie des Kristalls kann die Zahl der unabhängigen Hauptkomponenten des Tensors ε_{ik} auch weniger als 3 betragen.

In Kristallen des triklinen, monoklinen und rhombischen Systems sind alle drei Hauptkomponenten voneinander verschieden; diese Kristalle heißen *zweiachsig.*[1]) In Kristallen des triklinen Systems hängen die Richtungen der Hauptachsen des Tensors ε_{ik} nicht eindeutig mit den kristallographischen Richtungen zusammen. Für Kristalle des monoklinen Systems muß eine der Hauptachsen mit einer Symmetrieachse zweiter Ordnung zusammenfallen oder senkrecht auf der Symmetrieebene des Kristalls stehen. In Kristallen des rhombischen Systems schließlich sind alle drei Hauptachsen von ε_{ik} kristallographisch bestimmt.

Weiterhin fallen in Kristallen des tetragonalen, rhomboedrischen und hexagonalen Systems zwei der drei Hauptkomponenten zusammen, so daß es nur zwei unabhängige Größen gibt; solche Kristalle heißen *einachsig.* Eine der Hauptachsen fällt dabei mit der kristallographischen Symmetrieachse vierter, dritter oder sechster Ordnung zusammen, während die Richtung der beiden anderen Hauptachsen willkürlich gewählt werden kann.

In Kristallen des kubischen Systems schließlich sind alle drei Hauptkomponenten des Tensors ε_{ik} gleich und die Hauptachsenrichtungen völlig willkürlich. Dies bedeutet, daß der Tensor die Gestalt $\varepsilon\delta_{ik}$ hat, d. h. durch einen Skalar ε bestimmt wird. Anders gesagt, hinsichtlich ihrer dielektrischen Eigenschaften unterscheiden sich Kristalle mit kubischer Symmetrie nicht von isotropen Körpern.

Alle diese ziemlich offensichtlichen Symmetrieeigenschaften des Tensors ε_{ik} werden besonders anschaulich, wenn man den aus der Tensoralgebra bekannten Begriff des *Tensorellipsoides* benutzt. Dessen Hauptachsenlängen sind den Hauptkomponenten eines symmetrischen Tensors zweiter Stufe proportional. Die Symmetrie des Ellipsoids muß dabei der Kristallsymmetrie entsprechen. So entartet das Tensorellipsoid in einem einachsigen Kristall in ein Rotationsellipsoid, das relativ zur Längsachse vollständig symmetrisch ist. Wir betonen, daß bezüglich der physikalischen Eigenschaften des Kristalls, die durch einen symmetrischen Tensor zweiter Stufe bestimmt werden, die Existenz schon einer drei- oder höherzähligen Symmetrieachse der voll-

---

[1]) Diese Bezeichnung hängt mit optischen Eigenschaften von Kristallen zusammen, siehe §§ 98, 99.

ständigen Symmetrie in der Ebene senkrecht zu dieser Achse äquivalent ist. In Kristallen mit kubischer Symmetrie entartet das Tensorellipsoid in eine Kugel.

Wir gehen nun auf die Besonderheiten der dielektrischen Eigenschaften von Kristallen ein, für die ein konstantes Glied $\boldsymbol{D}_0$ in (13,1) erscheint. Das Vorhandensein eines derartigen Gliedes bedeutet, daß das Dielektrikum auch ohne äußeres Feldes spontan polarisiert ist. Solche Körper werden *pyroelektrisch* genannt. Die Größe dieser spontanen Polarisation ist jedoch praktisch stets außerordentlich klein (im Vergleich mit molekularen Feldern). Dies hängt damit zusammen, daß große Werte von $\boldsymbol{D}_0$ zur Existenz starker Felder innerhalb des Körpers führen würden, was aus energetischen Gründen sehr unvorteilhaft ist und daher keinem thermodynamischen Gleichgewicht entsprechen würde. Die Kleinheit von $\boldsymbol{D}_0$ sichert auch die Berechtigung einer Entwicklung von $\boldsymbol{D}$ nach Potenzen von $\boldsymbol{E}$, deren erste zwei Glieder im Ausdruck (13,1) erscheinen.

Die thermodynamischen Größen eines pyroelektrischen Körpers finden wir, wenn wir die Beziehung

$$-4\pi\frac{\partial \tilde{F}}{\partial E_i} = D_i = D_{0i} + \varepsilon_{ik}E_k$$

integrieren, aus der sich

$$\tilde{F} = F_0 - \frac{\varepsilon_{ik}E_iE_k}{8\pi} - \frac{1}{4\pi}E_iD_{0i} \tag{13,6}$$

ergibt. Die freie Energie ist

$$F = \tilde{F} + \frac{E_iD_i}{4\pi} = F_0 + \frac{\varepsilon_{ik}E_iE_k}{8\pi} = F_0 + \frac{1}{8\pi}\varepsilon_{ik}^{-1}(D_i - D_{0i})(D_k - D_{0k})\,. \tag{13,7}$$

Wir bemerken, daß aus F das in $\tilde{F}$ enthaltene, in E_i lineare Glied herausgefallen ist.[1])

Die gesamte freie Energie eines pyroelektrischen Körpers kann man nach Formel (11,12) berechnen, wenn man in sie (13,7) und (13,1) einsetzt. Bei Fehlen eines äußeren Feldes, $\mathfrak{E} = 0$, erhält man das einfache Ergebnis

$$\mathcal{F} = \int\left(F_0 - \frac{\boldsymbol{E}\boldsymbol{D}_0}{8\pi}\right)\mathrm{d}V\,. \tag{13,8}$$

Es ist bemerkenswert, daß die freie Energie eines pyroelektrischen Körpers bei Fehlen eines äußeren Feldes nicht nur vom Volumen des Körpers, sondern auch von dessen Form abhängt.

Wie schon bemerkt wurde, ist die Erscheinung der Pyroelektrizität nicht bei jeder Kristallsymmetrie möglich. Da bei einer beliebigen Symmetrietransformation alle Eigenschaften des Kristalls unverändert bleiben müssen, ist es klar, daß nur solche pyroelektrisch sein können, in denen eine Richtung existiert, die bei einer beliebigen Symmetrietransformation unverändert bleibt (und sich auch nicht umkehrt); in dieser Richtung liegt der konstante Vektor $\boldsymbol{D}_0$.

---

[1]) Es sollte ferner bemerkt werden, daß wir in diesen Formeln den piezoelektrischen Effekt vernachlässigen (d. h. den Einfluß der inneren Spannungen auf die elektrischen Eigenschaften des Körpers, siehe § 17). Sie sind daher streng genommen nur anwendbar, wenn die Felder im Körper gleichförmig sind und keine inneren Spannungen entstehen.

Diese Bedingung ist nur bei solchen Symmetriegruppen erfüllt, die aus einer Symmetrieachse und durch sie verlaufenden Symmetrieebenen bestehen. Insbesondere können sicher nicht solche Kristalle pyroelektrisch sein, die ein Symmetriezentrum besitzen. Wir geben diejenigen der 32 Kristallklassen an, in denen Pyroelektrizität existiert:

triklines System: C_1,
monoklines System: C_s, C_2,
rhombisches System: C_{2v},
tetragonales System: C_4, C_{4v},
rhomboedrisches System: C_3, C_{3v},
hexagonales System: C_6, C_{6v}.

Es gibt natürlich keine pyroelektrischen kubischen Kristalle. In Kristallen der Klasse C_1 hängt die Richtung des pyroelektrischen Vektors $\boldsymbol{D}_0$ nicht mit irgendeiner kristallographisch fixierten Richtung zusammen, und in einem Kristall der Klasse C_s muß er in der Symmetrieebene liegen. In allen restlichen Klassen, die oben zusammengestellt sind, ist die Richtung von $\boldsymbol{D}_0$ eine der Symmetrieachsen [1]).

Es sollte bemerkt werden, daß unter gewöhnlichen Bedingungen pyroelektrische Kristalle ein verschwindendes Gesamtdipolmoment besitzen, obgleich ihre Polarisation nicht verschwindet. Der Grund dafür ist, daß innerhalb eines spontan polarisierten Dielektrikums ein nicht verschwindendes Feld $\boldsymbol{E}$ besteht. Da ein Körper gewöhnlich eine kleine, aber nicht verschwindende Leitfähigkeit besitzt, ruft die Anwesenheit eines Feldes einen Strom hervor, der solange fließt, bis die an der Oberfläche des Körpers gebildeten freien Ladungen das Feld im Innern kompensieren. Der gleiche Effekt wird durch Ionen produziert, die aus der Luft an die Oberfläche gelangen. Experimentell werden pyroelektrische Eigenschaften beim Erhitzen eines Körpers beobachtet, wenn sich seine spontane Polarisation ändert und diese Änderung fixiert wird.

Aufgaben

1. Man bestimme das Feld einer pyroelektrischen Kugel im Vakuum.

Lösung. Innerhalb einer Kugel besteht ein homogenes Feld, in dem Feldstärke und Induktion durch die Beziehung $2\boldsymbol{E} = -\boldsymbol{D}$ zusammenhängen (die aus (8,1) für $\mathfrak{E} = 0$ folgt, d. h. bei Fehlen eines äußeren Feldes). Setzen wir in (13,1) ein, so erhalten wir die Gleichung

$$2E_i + \varepsilon_{ik}E_k = -D_{0i}\,.$$

[1]) Wenn wir von Symmetriebedingungen sprechen, dann betrachten wir das kristalline Medium als unbegrenzt. Das Gesamtdipolmoment eines endlichen Kristalls (Ionenkristalls) kann davon abhängen, welche kristallographischen Ebenen seine Grenzflächen bilden, ob diese Ebenen Ionen gleichen Vorzeichens beinhalten oder ob sie elektrisch neutral sind. Im Rahmen einer makroskopischen Elektrodynamik, die eine Mitteilung über physikalisch unendlich kleine Volumenelemente voraussetzt, hat man aber natürlicherweise die relative Lage der Grenzflächen zum Kristallgitter ebenfalls als gemittelt aufzufassen. Im Ergebnis einer solchen Mittelung verschwindet der Wert von $\boldsymbol{D}_0$ in einem nichtpyroelektrischen endlichen Kristall; in einem pyroelektrischen hängt er nicht von der Grenzflächenlage ab.

Wir wählen die Koordinatenachsen in Richtung der Hauptachsen des Tensors ε_{ik}. Dann erhalten wir aus dieser Gleichung

$$E_i = -\frac{D_{0i}}{2 + \varepsilon^{(i)}}.$$

Die Polarisation einer Kugel ist

$$P_i = \frac{D_i - E_i}{4\pi} = \frac{3D_{0i}}{4\pi(2 + \varepsilon^{(i)})}.$$

Das Feld außerhalb der Kugel ist das Feld eines elektrischen Dipols mit dem Moment $\mathscr{P} = \boldsymbol{P}V$.

2. Man bestimme das Feld einer Punktladung in einem homogenen anisotropen Medium.[1])

Lösung. Das Feld einer Punktladung wird durch die Gleichung $\operatorname{div} \boldsymbol{D} = 4\pi e\delta(\boldsymbol{r})$ beschrieben (die Ladung befinde sich im Koordinatenursprung). In einem anisotropen Medium ist $D_i = \varepsilon_{ik}E_k = -\varepsilon_{ik}\frac{\partial\varphi}{\partial x_k}$; wählen wir die x,y,z-Achsen in Richtung der Hauptachsen des Tensors ε_{ik}, so erhalten wir für das Potential die Gleichung

$$\varepsilon^{(x)}\frac{\partial^2\varphi}{\partial x^2} + \varepsilon^{(y)}\frac{\partial^2\varphi}{\partial y^2} + \varepsilon^{(z)}\frac{\partial^2\varphi}{\partial z^2} = -4\pi e\,\delta(x)\,\delta(y)\,\delta(z).$$

Durch Einführung neuer Veränderlicher gemäß

$$x = x'\sqrt{\varepsilon^{(x)}}, \qquad y = y'\sqrt{\varepsilon^{(y)}}, \qquad z = z'\sqrt{\varepsilon^{(z)}} \tag{1}$$

wird sie in die Gestalt

$$\frac{\partial^2\varphi}{\partial x'^2} + \frac{\partial^2\varphi}{\partial y'^2} + \frac{\partial^2\varphi}{\partial z'^2} = -\frac{4\pi e}{\sqrt{\varepsilon^{(x)}\,\varepsilon^{(y)}\,\varepsilon^{(z)}}}\,\delta(\boldsymbol{r}')$$

überführt, die sich formal von der Feldgleichung im Vakuum durch den Ersatz von e durch $e/\sqrt{\varepsilon^{(x)}\,\varepsilon^{(y)}\,\varepsilon^{(z)}}$ unterscheidet. Daher gilt

$$\varphi = \frac{e'}{r'} = \frac{e}{\sqrt{\varepsilon^{(x)}\,\varepsilon^{(y)}\,\varepsilon^{(z)}}}\left[\frac{x^2}{\varepsilon^{(x)}} + \frac{y^2}{\varepsilon^{(y)}} + \frac{z^2}{\varepsilon^{(z)}}\right]^{-1/2}.$$

In Tensorschreibweise haben wir, unabhängig von der früheren Wahl des Koordinatensystems,

$$\varphi = \frac{e}{\sqrt{|\varepsilon|\;\varepsilon^{-1}_{ik}x_i x_k}},$$

wo $|\varepsilon|$ die Determinante des Tensors ε_{ik} ist.

3. Man bestimme die Kapazität einer leitenden Kugel (vom Radius a) in einem anisotropen dielektrischen Medium.

Lösung. Mit der Transformation (1) führt die Bestimmung des Feldes einer Kugel der Ladung e in einem anisotropen Medium zur Bestimmung eines Vakuumfeldes, das durch eine Ladung e' erzeugt wird, die auf der Ellipsoidoberfläche

$$\varepsilon_{ik}x'_i x'_k = \varepsilon^{(x)}x'^2 + \varepsilon^{(y)}y'^2 + \varepsilon^{(z)}z'^2 = a^2$$

verteilt ist.

Benutzen wir Formel (4,14) für das Potential eines Ellipsoids, so erhalten wir für die gesuchte Kapazität

$$\frac{1}{C} = \frac{1}{2\sqrt{\varepsilon^{(x)}\varepsilon^{(y)}\varepsilon^{(z)}}}\int\limits_0^\infty \left[\left(\xi + \frac{a^2}{\varepsilon^{(x)}}\right)\left(\xi + \frac{a^2}{\varepsilon^{(y)}}\right)\left(\xi + \frac{a^2}{\varepsilon^{(z)}}\right)\right]^{-1/2} d\xi.$$

[1]) In den Aufgaben 2 bis 5 wird das dielektrische anisotrope Medium als nichtpyroelektrisch angenommen.

4. Man bestimme das Feld in einer planparallelen anisotropen Platte, die sich in einem äußeren homogenen Feld $\mathfrak{E}$ befindet.

Lösung. Aus der Bedingung der Stetigkeit der Tangentialkomponenten folgt, daß

$$\boldsymbol{E} = \mathfrak{E} + A\,\boldsymbol{n}$$

gilt, wo $\boldsymbol{E}$ das homogene Feld innerhalb der Platte sei, $\boldsymbol{n}$ der Normaleneinheitsvektor ihrer Oberfläche und A eine Konstante. Letztere bestimmt sich aus der Stetigkeitsforderung für die Normalkomponenten der Induktion $\boldsymbol{nD} = \boldsymbol{n}\mathfrak{E}$ oder

$$n_i\varepsilon_{ik}E_k = n_i\varepsilon_{ik}\mathfrak{E}_k + A\varepsilon_{ik}n_in_k = \mathfrak{E}_in_i\,.$$

Hieraus folgt

$$A = -\frac{(\varepsilon_{ik} - \delta_{ik})\,n_i\mathfrak{E}_k}{\varepsilon_{lm}n_ln_m}\,.$$

Ist das äußere Feld insbesondere senkrecht zur Platte (längs der z-Achse) gerichtet, so gilt

$$A = \mathfrak{E}(1 - \varepsilon_{zz})/\varepsilon_{zz}\,.$$

Wenn das Feld parallel zur Platte entlang der x-Achse gerichtet ist, dann ist

$$A = -\mathfrak{E}\varepsilon_{zx}/\varepsilon_{zz}\,.$$

5. Man bestimme das Drehmoment, das auf eine im homogenen Vakuumfeld $\mathfrak{E}$ befindliche anisotrope dielektrische Kugel wirkt.

Lösung. Nach (8,2) haben wir für die Feldrichtung innerhalb der Kugel

$$E_x = \frac{3}{\varepsilon^{(x)} + 2}\,\mathfrak{E}_x$$

(und entsprechend für E_y, E_z), wobei die Achsen x, y, z längs der Hauptachsen des Tensors ε_{ik} gewählt sind. Daraus ergibt sich für die Komponenten des Dipolmomentes der Kugel (vom Radius a)

$$\mathscr{P}_x = \frac{4\pi}{3}\,a^3P_x = \frac{\varepsilon^{(x)} - 1}{\varepsilon^{(x)} + 2}\,a^3\mathfrak{E}_x\,.$$

Die Komponente des auf die Kugel wirkenden Drehmomentes ist

$$K_z = [\mathscr{P}\mathfrak{E}]_z = 3a^3\mathfrak{E}_x\mathfrak{E}_y\,\frac{\varepsilon^{(x)} - \varepsilon^{(y)}}{(\varepsilon^{(x)} + 2)\,(\varepsilon^{(y)} + 2)}\,,$$

entsprechendes gilt für K_x, K_y.

6. In einem unbegrenzten anisotropen Medium befinde sich eine kugelförmige Aushöhlung. Man drücke das Feld in der Hohlkugel durch das homogene Feld $E^{(e)}$ weit außerhalb der Öffnung aus.

Lösung. Die Transformation (1) von Aufgabe 2 überführt die Gleichung für das Potential im Medium in die Laplace-Gleichung für ein Vakuumfeld. Die Gleichung für das Potential in der Höhlung läßt sich umgekehrt in eine Gleichung für ein Potential in einem Medium mit den Dielektrizitätskonstanten $1/\varepsilon^{(x)}$, $1/\varepsilon^{(y)}$, $1/\varepsilon^{(z)}$ überführen. Außerdem geht eine Kugel (vom Radius a) in ein Ellipsoid mit den Halbachsen $a/\sqrt{\varepsilon^{(x)}}$, $a/\sqrt{\varepsilon^{(y)}}$, $a/\sqrt{\varepsilon^{(z)}}$ über. Es mögen $n^{(x)}$, $n^{(y)}$, $n^{(z)}$ die Depolarisationskoeffizienten dieses Ellipsoids sein (bestimmt nach Formel (4,25)). Wenden wir auf das Feld dieses Ellipsoids die Formel (8,7) an, so erhalten wir die Beziehung

$$(1 - n^{(x)})\,\frac{\partial\varphi^{(i)}}{\partial x'} + \frac{n^{(x)}}{\varepsilon^{(x)}}\,\frac{\partial\varphi^{(i)}}{\partial x'} = \frac{\partial\varphi^{(e)}}{\partial x'}$$

(und analog für die y'- und z'-Achse). Kehren wir zu früheren Koordinaten zurück, so haben wir

$$\frac{\partial\varphi}{\partial x'} = \frac{\partial\varphi}{\partial x}\sqrt{\varepsilon^{(x)}} = \sqrt{E_x}\,\sqrt{\varepsilon^{(x)}}\,,$$

so daß wir für das Feld in der Hohlkugel endgültig

$$E_x^{)()} = \frac{\varepsilon^{(x)}}{\varepsilon^{(x)} - n^{(x)}\,(\varepsilon^{(x)} - 1)}\, E_x^{(e)}$$

erhalten.

§ 14. Das Vorzeichen der dielektrischen Suszeptibilität

Um die Art der Abhängigkeit thermodynamischer Größen eines Dielektrikums in einem Feld von seiner dielektrischen Permeabilität festzustellen, betrachten wir die formale Aufgabe der Änderung des elektrischen Anteils der gesamten freien Energie des Körpers bei einer infinitesimalen Änderung von ε.

Für ein isotropes (nicht unbedingt homogenes) Dielektrikum haben wir nach (10,20)

$$\mathcal{F} - \mathcal{F}_0 = \int \frac{D^2}{8\pi\varepsilon}\,\mathrm{d}V\,.$$

Bei einer Änderung von ε wird auch die elektrische Induktion verändert. Die betrachtete Variation der freien Energie ist daher

$$\delta\mathcal{F} = \int \frac{\boldsymbol{D}\,\delta\boldsymbol{D}}{8\pi\varepsilon}\,\mathrm{d}V - \int \frac{D^2}{8\pi\varepsilon^2}\,\delta\varepsilon\,\mathrm{d}V\,.$$

Das erste Glied im rechten Teil der Gleichung fällt mit dem Ausdruck (10,2) für die Arbeit zusammen, die bei einer unendlich kleinen Änderung der Feldquellen (der Ladungen der Leiter) geleistet wird. Im vorliegenden Fall betrachten wir jedoch eine Änderung des Feldes bei unveränderten Feldquellen; das Glied verschwindet daher, und wir erhalten

$$\delta\mathcal{F} = -\int \frac{\delta\varepsilon}{\varepsilon^2}\frac{D^2}{8\pi}\,\mathrm{d}V = -\int \delta\varepsilon\,\frac{E^2}{8\pi}\,\mathrm{d}V\,. \tag{14,1}$$

Aus dieser Formel folgt, daß jede Vergrößerung der Dielektrizitätskonstanten des Mediums, auch wenn sie nur in einem Teilgebiet (bei unveränderten Feldquellen) vorgenommen wird, zu einer Verkleinerung seiner freien Energie führt. Insbesondere kann man sagen, daß die freie Energie bei der Einführung ungeladener Leiter in das dielektrische Medium stets verringert wird, da diese (in der Elektrostatik) als Körper mit unendlich großem ε angesehen werden können. Dieser Schluß verallgemeinert den in § 2 angegebenen Satz von der Verringerung der Energie eines elektrostatischen Vakuumfeldes bei Einführung ungeladener Leiter in das Feld.

Die gesamte freie Energie verringert sich auch dann, wenn an den dielektrischen Körper eine Ladung aus dem Unendlichen herangeführt wird (was man als eine Vergrößerung von ε in einem bestimmten Feldgebiet in der Umgebung der Ladung auffassen kann). Um hieraus schließen zu können, daß jede Ladung von einem Dielektrikum angezogen wird, hätte man streng genommen noch zu beweisen, daß $\mathcal{F}$ für einen endlichen Abstand zwischen der Ladung und dem Körper kein Minimum erreichen kann. Wir werden hier auf den Beweis dieser Behauptung nicht weiter eingehen, da das Auftreten von anziehenden Kräften zwischen der Ladung und dem Dielektrikum als die ziemlich offensichtliche Folge der Wechselwirkung dieser Ladung mit dem Dipolmoment des von ihr polarisierten Dielektrikums betrachtet werden kann.

Unmittelbar kann aus Formel (14,1) auf die Bewegungsrichtung eines dielektrischen Körpers im quasihomogenen elektrischen Feld geschlossen werden, d. h. in einem Feld, das über die Ausdehnung des Körpers hinweg als konstant angesehen werden kann. In diesem Fall läßt sich E^2 aus dem Integral ziehen, und die Differenz $\mathcal{F} - \mathcal{F}_0$ ist eine zu E^2 proportionale negative Größe. Um eine Lage einzunehmen, in der seine freie Energie minimal ist, wird sich der Körper daher in Richtung einer Vergrößerung von E bewegen. Unabhängig von Formel (14,1) läßt sich zeigen, daß die Gesamtänderung der freien Energie eines dielektrischen Körpers negativ ist, wenn er in ein elektrisches Feld gebracht wird.[1]) Dazu betrachten wir unter Verwendung der thermodynamischen Störungstheorie die Änderung der freien Energie des Körpers als Ergebnis einer Störung seiner (quantenmechanischen) Energieniveaus durch das äußere elektrische Feld. Nach dieser Theorie haben wir

$$\mathcal{F} - \mathcal{F}_0 = \overline{V_{nn}} - \frac{1}{2} \sum_n \sum_m{}' \frac{|V_{mn}|^2 (w_m - w_n)}{E_n^{(0)} - E_m^{(0)}} - \frac{1}{2T} \overline{(V_{nn} - \overline{V_{nn}})^2} \qquad (14,2)$$

(s. V, (32,6)). Hier sind $E_n^{(0)}$ die ungestörten Niveaus, V_{mn} die Matrixelemente der Störungsenergie, und der Querstrich bezeichnet die statistische Mittelung mit Hilfe der GIBBSschen Verteilung

$$w_n = \exp\left\{\frac{\mathcal{F}_0 - E_n^{(0)}}{T}\right\}.$$

Der im Feld lineare Term V_{mn} in Formel (14,2) ist nur in pyroelektrischen Körpern von Null verschieden. Die uns interessierende, im Feld quadratische Änderung der freien Energie wird durch die weiteren Terme dieser Formel gegeben. Offensichtlich sind diese Terme negativ.

Andererseits ist aus der Ableitung von Formel (14,2) klar, daß man die dort eingehende gesamte freie Energie $\mathcal{F}$ in dem in § 11 angegebenen Sinne zu verstehen hat: Von ihr wird die bei Abwesenheit des Körpers vorliegende Feldenergie subtrahiert. Die Differenz $\mathcal{F} - \mathcal{F}_0$ wird deshalb durch die thermodynamische Formel (11,7) gegeben. Betrachten wir einen langen zylinderförmigen Körper, der sich in einem zur Zylinderachse parallelen äußeren homogenen Feld $\mathfrak{E}$ befindet. Dann stimmt das Feld im Zylinderinneren mit $\mathfrak{E}$ überein, und seine Polarisation ist $\boldsymbol{P} = (\varepsilon - 1)\mathfrak{E}/4\pi$, so daß

$$\mathcal{F} - \mathcal{F}_0 = -\frac{\varepsilon - 1}{8\pi} V \mathfrak{E}^2$$

gilt. Hieraus folgt, daß die Differenz nur für $\varepsilon > 1$ negativ wird, und wir gelangen zu der schon in § 7 erwähnten und früher benutzten Behauptung, daß die dielektrische Permeabilität jedes Körpers größer als 1 ist, d. h., seine dielektrische Suszeptibilität ist positiv.

Auf gleiche Weise wird die Ungleichung $\varepsilon^{(i)} > 1$ für die Hauptkomponenten des Tensors ε_{ik} eines anisotropen, dielektrischen Mediums bewiesen. Dazu reicht es aus, die Energie der Felder, die längs jeder der drei Hauptachsen gerichtet sind, zu betrachten.

---

[1]) Gemeint ist eine dem Quadrat des Feldes proportionale Änderung. Wir erinnern daran, daß in pyroelektrischen Körpern die Änderung der freien Energie auch ein im Feld lineares Glied enthält, das uns hier nicht interessiert.

§ 15. Elektrische Kräfte in einer dielektrischen Flüssigkeit

Das Problem der Berechnung derjenigen (*ponderomotorisch* genannten) Kräfte, die auf ein Dielektrikum in einem willkürlichen inhomogenen elektrischen Feld wirken, ist ziemlich kompliziert und erfordert getrennte Betrachtungen für Flüssigkeiten (oder Gase) und feste Körper. Wir beginnen mit dem einfacheren Fall eines flüssigen Dielektrikums.

Mit $\boldsymbol{f}\,\mathrm{d}V$ bezeichnen wir die Kraft, die auf das Volumenelement des Mediums wirkt; der Vektor $\boldsymbol{f}$ sei die Volumendichte der Kraft.

Bekanntlich können Kräfte, die auf irgendein endliches Volumen des Körpers wirken, auf Kräfte zurückgeführt werden, die an der Oberfläche dieses Volumens angreifen (s. VII, § 2). Dies ist eine Folge des Impulserhaltungssatzes. Die Kraft, die auf den Körper im Bereich dV wirkt, ist die zeitliche Änderung seines Impulses. Diese Änderung muß gleich dem Impulsbetrag sein, der pro Zeit durch die Oberfläche von dV geht. Bezeichnen wir den Tensor des Impulsstromes mit $-\sigma_{ik}$, so erhalten wir

$$\int f_i\,\mathrm{d}V = \oint \sigma_{ik}\,\mathrm{d}f_k\,, \tag{15,1}$$

wo die Integration auf der rechten Seite der Gleichung über die Oberfläche des Volumens V zu erstrecken ist. Der Tensor σ_{ik} wird *Spannungstensor* genannt. Es ist klar, daß

$$\sigma_{ik}\,\mathrm{d}f_k = \sigma_{ik} n_k\,\mathrm{d}f$$

die i-te Komponente der Kraft ist, die auf das Oberflächenelement df wirkt ($\boldsymbol{n}$ ist der Einheitsvektor der äußeren Normale der Oberfläche des Volumens).

Auf entsprechende Weise läßt sich auch das gesamte Drehmoment, das auf ein bestimmtes Volumenelement wirkt, in ein Integral über die Oberfläche überführen, als Folge des Erhaltungssatzes für den Drehimpuls. Bekanntlich hängt die Möglichkeit einer derartigen Reduktion mit der Symmetrie des Spannungstensors zusammen ($\sigma_{ik} = \sigma_{ki}$); diese ist daher ein Ausdruck für die Drehimpulserhaltung.

Transformieren wir das Oberflächenintegral in (15,1) in ein Volumenintegral, so erhalten wir

$$\int f_i\,\mathrm{d}V = \int \frac{\partial \sigma_{ik}}{\partial x_k}\,\mathrm{d}V$$

und daraus als Folge der Willkür des Integrationsbereiches

$$f_i = \frac{\partial \sigma_{ik}}{\partial x_k}\,. \tag{15,2}$$

Dies ist eine bekannte Formel, die die Volumenkräfte durch den Spannungstensor ausdrückt.

Wir kommen nun zur Berechnung des Spannungstensors. Jeder kleine Oberflächenbereich kann als eben betrachtet werden, und die Eigenschaften des Körpers und des elektrischen Feldes in seiner Nähe als homogen. Zur Vereinfachung der Ableitung können wir daher ohne Einschränkung der Allgemeinheit eine planparallele, homogene (bezüglich Zusammensetzung, Dichte und Temperatur) Schicht der Dicke

h betrachten, die sich in einem homogenen elektrischen Feld befindet.[1]) Dieses Feld kann man sich als von leitenden Ebenen (Kondensatorplatten) erzeugt vorstellen.

Wir folgen der allgemeinen Methode der Kraftbestimmung und unterwerfen eine der Platten (etwa die „obere") einer virtuellen Parallelverschiebung um die unendlich kleine Größe ξ; die Richtung von ξ sei willkürlich und falle nicht unbedingt mit der Normalenrichtung $\boldsymbol{n}$ zusammen. Wir nehmen an, daß das Potential des Leiters in jedem Punkt bei Verschiebung ungeändert bleibe und daß die durch diese Verschiebung hervorgerufene homogene Deformation der dielektrischen Schicht isotherm sei.

Pro Oberflächenelement wirkt seitens des Körpers (der Schicht) die Kraft $-\sigma_{ik}n_k$. Bei einer virtuellen Verschiebung leistet diese Kraft die Arbeit $-\sigma_{ik}n_k\xi_i$. Andererseits ist die Arbeit, die bei einer isothermen Deformation bei konstanten Potentialen geleistet wird, gleich der Verkleinerung von $\int \tilde{F}\,\mathrm{d}V$ oder $h\tilde{F}$ pro Oberflächenelement. Somit gilt

$$\sigma_{ik}\xi_i n_k = \delta(h\tilde{F}) = h\,\delta\tilde{F} + \tilde{F}\,\delta h\,. \tag{15,3}$$

Die thermodynamischen Größen für die Flüssigkeit hängen (bei gegebener Temperatur und gegebenem Feld) nur von deren Dichte ab. Deformationen, die die Dichte nicht ändern (Scherungen), beeinflussen nicht den thermodynamischen Zustand. Für eine isotherme Variation $\delta\tilde{F}$ in der Flüssigkeit können wir daher

$$\delta\tilde{F} = \left(\frac{\partial\tilde{F}}{\partial\boldsymbol{E}}\right)_{T,\varrho}\delta\boldsymbol{E} + \left(\frac{\partial\tilde{F}}{\partial\varrho}\right)_{\boldsymbol{E},T}\delta\varrho = -\frac{\boldsymbol{D}\,\delta\boldsymbol{E}}{4\pi} + \left(\frac{\partial\tilde{F}}{\partial\varrho}\right)_{\boldsymbol{E},T}\delta\varrho \tag{15,4}$$

schreiben.

Die Änderung der Schichtdichte hängt mit der Änderung ihrer Dicke gemäß $\delta\varrho = -\varrho(\delta h/h)$ zusammen. Die Variation des Feldes läßt sich wie folgt berechnen.

In einem gegebenen Raumpunkt mit dem Radiusvektor $\boldsymbol{r}$ befindet sich nach der Verschiebung der Massenpunkt, der sich vor der Verschiebung bei $\boldsymbol{r} - \boldsymbol{u}$ befand. Dabei ist $\boldsymbol{u}$ der Verschiebungsvektor der Teilchen in der Schicht. Da unter den betrachteten Bedingungen (homogene Deformation und Konstanz des Potentials auf den Platten) jedes Teilchen seinen Potentialwert mit sich führt, wird die Potentialänderung in einem gegebenen Raumpunkt

$$\delta\varphi = \varphi(\boldsymbol{r} - \boldsymbol{u}) - \varphi(\boldsymbol{r}) = -\boldsymbol{u}\nabla\varphi = \boldsymbol{u}\boldsymbol{E}\,,$$

wo $\boldsymbol{E}$ das homogene Feld in der nichtdeformierten Schicht sei. Nun haben wir als Folge der Homogenität der Deformation

$$\boldsymbol{u} = \frac{z}{h}\xi \tag{15,5}$$

mit z als Entfernung von der unteren Oberfläche. Die Feldänderung ist daher

$$\delta\boldsymbol{E} = -\frac{1}{h}\boldsymbol{n}(\boldsymbol{E}\xi)\,. \tag{15,6}$$

Setzen wir alle erhaltenen Ausdrücke in (15,4) ein und berücksichtigen wir auch,

[1]) Wir vernachlässigen somit im Spannungstensor Glieder, die vom Gradienten der Temperatur, des Feldes usw. abhängen könnten. Diese Glieder sind jedoch verschwindend klein im Vergleich zu jenen, die keine Ableitung enthalten, im gleichen Sinne klein wie Ableitungsterme, die in der Beziehung zwischen $\boldsymbol{D}$ und $\boldsymbol{E}$ auftreten können.

daß $\delta h = \xi_z = \boldsymbol{\xi n}$ gilt, so erhalten wir

$$\sigma_{ik}\xi_i n_k = \frac{1}{4\pi}(\boldsymbol{nD})(\boldsymbol{\xi E}) - (\boldsymbol{\xi n})\varrho\frac{\partial \tilde{F}}{\partial \varrho} + (\boldsymbol{\xi n})\tilde{F}$$

$$= \left\{\frac{E_i D_k}{4\pi} - \varrho\frac{\partial \tilde{F}}{\partial \varrho}\delta_{ik} + \tilde{F}\delta_{ik}\right\}\xi_i n_k\,.$$

Hieraus finden wir endgültig folgenden Ausdruck für den Spannungstensor:

$$\sigma_{ik} = \left[\tilde{F} - \varrho\left(\frac{\partial \tilde{F}}{\partial \varrho}\right)_{E,T}\right]\delta_{ik} + \frac{E_i D_k}{4\pi}. \tag{15,7}$$

In isotropen Medien, die hier auch betrachtet werden, fallen die Richtungen von $\boldsymbol{E}$ und $\boldsymbol{D}$ zusammen. Daher gilt $E_i D_k = E_k D_i$, und der Tensor (15,7) ist, wie es sein muß, symmetrisch.[1])

Bei einem linearen Zusammenhang $\boldsymbol{D} = \varepsilon \boldsymbol{E}$ haben wir

$$\tilde{F} = F_0(\varrho, T) - \frac{\varepsilon E^2}{8\pi} \tag{15,8}$$

(siehe (10,17)). F_0 ist die Dichte der freien Energie bei fehlendem Feld. Nach der bekannten thermodynamischen Beziehung wird der Druck durch die Ableitung der spezifischen freien Energiedichte nach dem spezifischen Volumen gegeben:

$$\left(\frac{\partial}{\partial \varrho^{-1}}\frac{F_0}{\varrho}\right)_T = F_0 - \varrho\left(\frac{\partial F_0}{\partial \varrho}\right)_T = -P_0;$$

$P_0 = P_0(\varrho, T)$ sei jener Druck, der in der Schicht bei fehlendem Feld für gegebene Werte von ϱ und T herrschen würde. Nach dem Einsetzen von (15,8) in (15,7) erhalten wir daher

$$\sigma_{ik} = -P_0(\varrho, T)\,\delta_{ik} - \frac{E^2}{8\pi}\left[\varepsilon - \varrho\left(\frac{\partial \varepsilon}{\partial \varrho}\right)_T\right]\delta_{ik} + \frac{\varepsilon E_i E_k}{4\pi}. \tag{15,9}$$

Im Vakuum geht dieser Ausdruck in den wohlbekannten MAXWELLschen Spannungstensor des elektrischen Feldes über.[2])

Die Kräfte, die an der Trennfläche zweier benachbarter Medien wirken, müssen gleich und entgegengesetzt sein: $\sigma_{ik}n_k = -\sigma'_{ik}n'_k$, wobei sich die Größen mit und ohne Strich auf die beiden Schichten beziehen. Die Normalenvektoren $\boldsymbol{n}$ und $\boldsymbol{n}'$ zeigen in entgegengesetzte Richtungen, so daß man

$$\sigma_{ik}n_k = \sigma'_{ik}n_k \tag{15,10}$$

schreiben kann. An der Grenze zweier isotroper Medien ist die Bedingung der Gleichheit der Tangentialkräfte identisch erfüllt. Setzen wir nämlich (15,7) in (15,10) ein und nehmen wir die Tangentialkomponente, so erhalten wir

$$\boldsymbol{E}_t D_n = \boldsymbol{E}'_t D'_n\,.$$

[1]) Die Tatsache, daß in der dargelegten Ableitung die Richtung von $\boldsymbol{E}$ mit der von $\boldsymbol{n}$ übereinstimmt, ist unwesentlich, da von vornherein klar ist, daß σ_{ik} nur von der Richtung von $\boldsymbol{E}$, aber nicht von $\boldsymbol{n}$ abhängen kann.

[2]) S. Fußnote auf S. 35.

Diese Gleichung ist schon als Folge der Stetigkeitsbedingungen für $\boldsymbol{E}_t$ und D_n an der Grenze erfüllt. Die Bedingung der Gleichheit der Normalenkomponenten der Kräfte liefert jedoch eine triviale Beziehung für die Druckdifferenz zwischen den beiden Medien.

Wir betrachten als Beispiel die Grenze zwischen einer Flüssigkeit und der Atmosphäre (für letztere kann man $\varepsilon = 1$ setzen). Mit einem Strich seien Größen gekennzeichnet, die sich auf die Atmosphäre beziehen. Benutzen wir für σ_{ik} die Formel (15,9), so erhalten wir

$$-P_0(\varrho, T) + \frac{E^2}{8\pi}\varrho\left(\frac{\partial\varepsilon}{\partial\varrho}\right)_T + \frac{\varepsilon}{8\pi}(E_n^2 - E_t^2) = -P_{atm} + \frac{1}{8\pi}(E_n'^2 - E_t'^2).$$

Unter Berücksichtigung der Grenzbedingungen $E_t = E_t'$, $D_n = \varepsilon E_n = D_n' = E_n'$ schreiben wir diese Gleichungen in

$$P_0(\varrho, T) - P_{atm} = \frac{\varrho E^2}{8\pi}\left(\frac{\partial\varepsilon}{\partial\varrho}\right)_T - \frac{\varepsilon - 1}{8\pi}(\varepsilon E_n^2 + E_t^2) \tag{15,11}$$

um. Diese Relation ist als Gleichung zu verstehen, die die Dichte ϱ der Flüssigkeit in Oberflächennähe durch das dortige elektrische Feld zu bestimmen gestattet.

Wir berechnen nun die auf eine dielektrische Schicht wirkenden Volumenkräfte. Differenzieren wir gemäß (15,2) den Ausdruck (15,9), so erhalten wir

$$f_i = \frac{\partial}{\partial x_i}\left[-P_0 + \frac{E^2}{8\pi}\varrho\left(\frac{\partial\varepsilon}{\partial\varrho}\right)_T\right] - \frac{E^2}{8\pi}\frac{\partial\varepsilon}{\partial x_i} + \frac{1}{4\pi}\left[-\frac{\varepsilon}{2}\frac{\partial}{\partial x_i}E^2 + \frac{\partial}{\partial x_k}(E_i D_k)\right].$$

Bei Berücksichtigung der Gleichung $\operatorname{div}\boldsymbol{D} \equiv \partial D_k/\partial x_k = 0$ läßt sich der Klammerausdruck in die Summe

$$-\varepsilon E_k\frac{\partial E_k}{\partial x_i} + D_k\frac{\partial E_i}{\partial x_k} = -D_k\left(\frac{\partial E_k}{\partial x_i} - \frac{\partial E_i}{\partial x_k}\right)$$

überführen, die als Folge von $\operatorname{rot}\boldsymbol{E} = 0$ verschwindet. Somit ergibt sich

$$\boldsymbol{f} = -\operatorname{grad} P_0(\varrho, T) + \frac{1}{8\pi}\operatorname{grad}\left[E^2\varrho\left(\frac{\partial\varepsilon}{\partial\varrho}\right)_T\right] - \frac{E^2}{8\pi}\operatorname{grad}\varepsilon \tag{15,12}$$

(H. Helmholtz, 1881). Treten im Dielektrikum Zusatzladungen der Dichte ϱ_{zus} auf, so ist zur Kraft $\boldsymbol{f}$ noch das Glied $\boldsymbol{E}\operatorname{div}\boldsymbol{D}/4\pi$ hinzuzufügen; wegen $\operatorname{div}\boldsymbol{D} = 4\pi\varrho_{zus}$ ist dies gleich

$$\varrho_{zus}\boldsymbol{E}; \tag{15,13}$$

dieses Ergebnis ist jedoch nicht evident (siehe Aufgabe 3, § 16).

In einem Gas darf man annehmen, worauf schon in § 7 hingewiesen wurde, daß die Differenz $\varepsilon - 1$ seiner Dichte proportional sei. Dann gilt $\varrho\,\partial\varepsilon/\partial\varrho = \varepsilon - 1$, und die Formel (15,12) nimmt die einfachere Gestalt

$$\boldsymbol{f} = -\nabla P_0 + \frac{\varepsilon - 1}{8\pi}\operatorname{grad} E^2 \tag{15,14}$$

an.

Formel (15,12) gilt sowohl für hinsichtlich ihrer Zusammensetzung homogene als auch für inhomogene Medien. In einem inhomogenen Medium hängt ε nicht nur von ϱ und T, sondern auch von der sich innerhalb des Mediums ändernden Konzentration der Mischung ab. In einem hinsichtlich seiner Zusammensetzung homogenen Körper ist dagegen ε lediglich Funktion von ϱ und T, und grad ε kann durch

$$\nabla\varepsilon = \left(\frac{\partial\varepsilon}{\partial T}\right)_\varrho \nabla T + \left(\frac{\partial\varepsilon}{\partial\varrho}\right)_T \nabla\varrho$$

ausgedrückt werden. (15,12) nimmt dann die Gestalt

$$\boldsymbol{f} = -\nabla P_0(\varrho, T) + \frac{\varrho}{8\pi}\nabla\left[E^2\left(\frac{\partial\varepsilon}{\partial\varrho}\right)_T\right] - \frac{E^2}{8\pi}\left(\frac{\partial\varepsilon}{\partial T}\right)_\varrho \nabla T \tag{15,15}$$

an. Ist auch die Temperatur im Körper konstant, so verschwindet das dritte Glied, und im ersten läßt sich ∇P_0 durch $\varrho\nabla\zeta_0$ ersetzen (nach der bekannten thermodynamischen Identität für das chemische Potential bei fehlendem Feld $\varrho\, d\zeta_0 = dP_0 - S_0\, dT$), und es folgt

$$\boldsymbol{f} = -\varrho\nabla\left[\zeta_0 - \frac{E^2}{8\pi}\left(\frac{\partial\varepsilon}{\partial\varrho}\right)_T\right] = -\varrho\,\nabla\zeta\,, \tag{15,16}$$

wobei ζ das chemische Potential des Stoffes im elektrischen Feld ist (s. (10,19)).

Insbesondere lautet die Bedingung des mechanischen Gleichgewichtes $\boldsymbol{f} = 0$ bei konstanter Temperatur

$$\zeta = \zeta_0 - \frac{E^2}{8\pi}\left(\frac{\partial\varepsilon}{\partial\varrho}\right)_T = \text{const}\,, \tag{15,17}$$

in Übereinstimmung mit der allgemeinen thermodynamischen Gleichgewichtsbedingung. Gewöhnlich kann diese Bedingung in noch einfacherer Form geschrieben werden. Die Dichteänderung des Mediums unter dem Einfluß des Feldes ist zu E^2 proportional. Ist daher bei fehlendem Feld das Medium in seiner Dichte homogen, so muß auch bei vorhandenem Feld in den beiden letzten Gliedern in (15,15) ϱ = const gesetzt werden; die Berücksichtigung der Änderung von ϱ geht über die Genauigkeit der Formeln hinaus, die eine lineare Relation $\boldsymbol{D} = \varepsilon\boldsymbol{E}$ annehmen. Setzen wir dann $\boldsymbol{f}$ in Gleichung (15,15) gleich Null, so erhalten wir die Gleichgewichtsbedingung bei konstanter Temperatur in der Form

$$P_0(\varrho, T) - \frac{\varrho E^2}{8\pi}\left(\frac{\partial\varepsilon}{\partial\varrho}\right)_T = \text{const}\,, \tag{15,18}$$

die sich von (15,17) dadurch unterscheidet, daß ζ_0 durch P_0/ϱ ersetzt ist.

Zum Schluß dieses Paragraphen zeigen wir noch, wie man den Ausdruck für die Kraft (15,12) aus Formel (14,1) unmittelbar ableiten kann, ohne dabei den Spannungstensor zu berechnen.

Betrachten wir ein unbegrenztes, inhomogenes dielektrisches Medium, das einer kleinen isothermen, im Unendlichen verschwindenden Deformation ausgesetzt sei. Die Variation $\delta\varepsilon$ besteht aus zwei Anteilen: 1. aus der Änderung

$$\varepsilon(\boldsymbol{r} - \boldsymbol{u}) - \varepsilon(\boldsymbol{r}) = -\boldsymbol{u}\,\nabla\varepsilon\,,$$

die damit zusammenhängt, daß im Ergebnis der Deformation ein Stoffteilchen vom Punkt $\boldsymbol{r} - \boldsymbol{u}$ in den gegebenen Punkt $\boldsymbol{r}$ kommt, und 2. aus der Änderung

$$-\left(\frac{\partial\varepsilon}{\partial\varrho}\right)_T \varrho\,\operatorname{div}\boldsymbol{u}\,,$$

die mit der Änderung der Stoffdichte im Punkt $\boldsymbol{r}$ zusammenhängt: Bekanntlich

(s. VII, § 1) stellt div $\boldsymbol{u}$ die relative Änderung des Volumenelementes dar, und die Dichteänderung ist daher gleich $\delta\varrho = -\varrho \operatorname{div} \boldsymbol{u}$. Die Variation der freien Energie lautet somit

$$\delta\mathcal{F} = \delta\mathcal{F}_0 - \int \delta\varepsilon \frac{E^2}{8\pi} \mathrm{d}V = -\int P_0 \operatorname{div} \boldsymbol{u} \,\mathrm{d}V + \int \frac{E^2}{8\pi}\left[\boldsymbol{u}\,\nabla\varepsilon + \left(\frac{\partial\varepsilon}{\partial\varrho}\right)_T \varrho \operatorname{div} \boldsymbol{u}\right]\mathrm{d}V \qquad (15{,}19)$$

(der erste Term ist die Variation der freien Energie bei Abwesenheit des Feldes). Nach partieller Integration der div $\boldsymbol{u}$ enthaltenden Terme in (15,19) vergleichen wir das Ergebnis mit dem Variationsausdruck $\delta\mathcal{F} = -\int \boldsymbol{u}\boldsymbol{f}\,\mathrm{d}V$ der freien Energie über die Arbeit der Kräfte $\boldsymbol{f}$ und erhalten (15,12).

§ 16. Elektrische Kräfte in Festkörpern

Die dielektrischen Eigenschaften eines Festkörpers ändern sich nicht nur bei Dichteänderungen (wie bei Flüssigkeiten), sondern auch bei Deformationen, die die Dichte nicht beeinflussen (Scherungen). Wir betrachten zunächst Körper, die bei fehlendem Feld isotrop sind. Im allgemeinen verletzt eine Deformation die Isotropie des Körpers; dabei werden auch seine dielektrischen Eigenschaften anisotrop, und die skalare dielektrische Permeabilität ε ist durch den dielektrischen Tensor ε_{ik} zu ersetzen.

Der Zustand eines schwach deformierten Körpers wird bekanntlich durch den Deformationstensor

$$u_{ik} = \frac{1}{2}\left(\frac{\partial u_i}{\partial x_k} + \frac{\partial u_k}{\partial x_i}\right)$$

beschrieben, in dem $\boldsymbol{u}(x, y, z)$ der Verschiebungsvektor der Körperpunkte ist. Wegen der Kleinheit dieser Größen kann man sich bei der Änderung der Komponenten ε_{ik} auf Terme erster Ordnung hinsichtlich u_{ik} beschränken. Dementsprechend stellen wir den dielektrischen Tensor des deformierten Körpers in der Form

$$\varepsilon_{ik} = \varepsilon_0\delta_{ik} + a_1 u_{ik} + a_2 u_{ll}\delta_{ik} \qquad (16{,}1)$$

dar. Hier sei ε_0 die dielektrische Permeabilität des nichtdeformierten Körpers, und die beiden letzten Glieder (mit den beiden skalaren Konstanten a_1, a_2) stellen die allgemeinste Form eines Tensors zweiter Stufe dar, den man linear aus den Komponenten von u_{ik} kombinieren kann.

Wir wollen nun sehen, in welchen Punkten die Ableitung im letzten Paragraphen hier modifiziert werden muß. Da in einem Festkörper $\tilde{F}$ von allen Komponenten des Spannungstensors abhängt, müssen wir statt (15,4)

$$\delta\tilde{F} = -\frac{1}{4\pi}\boldsymbol{D}\,\delta\boldsymbol{E} + \frac{\partial\tilde{F}}{\partial u_{ik}}\,\delta u_{ik}$$

schreiben. Bei der betrachteten virtuellen Verschiebung wird der Vektor $\boldsymbol{u}$ durch (15,5) gegeben, so daß der Deformationstensor

$$u_{ik} = \frac{1}{2h}(\xi_i n_k + \xi_k n_i)$$

lautet. Setzen wir dies in $\delta\tilde{F}$ ein und berücksichtigen wir die Symmetrie des Tensors (und daher auch die der Ableitungen $\partial\tilde{F}/\partial u_{ik}$), so erhalten wir

$$\delta\tilde{F} = -\frac{1}{4\pi}\boldsymbol{D}\,\delta\boldsymbol{E} + \frac{\xi_i n_k}{h}\frac{\partial\tilde{F}}{\partial u_{ik}}. \tag{16,2}$$

Es ist jetzt klar, daß wir für den Spannungstensor statt (15,7) den Ausdruck

$$\sigma_{ik} = \tilde{F}\delta_{ik} + \left(\frac{\partial\tilde{F}}{\partial u_{ik}}\right)_{T,\boldsymbol{E}} + \frac{E_i D_k}{4\pi} \tag{16,3}$$

erhalten.[1])

Die Formel (16,3) ist bei beliebiger Abhängigkeit des $\boldsymbol{D}$ von $\boldsymbol{E}$ anwendbar. Für nichtpyro- (und nichtpiezo-) elektrische Körper, in denen $D_i = \varepsilon_{ik}E_k$ gilt, wird $\tilde{F}$ durch die Formel (13,4) gegeben, und die benötigten Ableitungen lauten

$$\frac{\partial\tilde{F}}{\partial u_{ik}} = \frac{\partial F_0}{\partial u_{ik}} - \frac{1}{8\pi}(a_1 E_i E_k + a_2 E^2\,\delta_{ik}).$$

Wir können dann in (16,3) stets $\varepsilon_{ik} = \varepsilon_0\delta_{ik}$ setzen und finden folgende Formel für den Spannungstensor:

$$\sigma_{ik} = \sigma_{ik}^{(0)} + \frac{2\varepsilon_0 - a_1}{8\pi}E_i E_k - \frac{\varepsilon_0 + a_2}{8\pi}E^2\,\delta_{ik}. \tag{16,4}$$

$\sigma_{ik}^{(0)}$ sei der Spannungstensor bei fehlendem elektrischen Feld, bestimmt durch Elastizitäts- und Kompressionsmodul nach der gewöhnlichen Formel der Elastizitätstheorie.

Wir kommen nun zu den entsprechenden Rechnungen für anisotrope Festkörper.[2]) Die Änderungen, die die obige Ableitung hier erfahren muß, bestehen in folgendem. Bei einer virtuellen Deformation der Schicht unterliegen ihre kristallographischen Achsen einer Drehung. Folglich ändert sich auch ihre Orientierung zum elektrischen Feld. Wegen der anisotropen dielektrischen Eigenschaften des Kristalls führt dieser Umstand zu einer zusätzlichen Änderung von $\tilde{F}$, die in (16,2) nicht enthalten ist. Bei Berechnung dieser Änderung können wir ebensogut annehmen, daß die Kristallachsen relativ zum Feld $\boldsymbol{E}$ um den Winkel $\delta\boldsymbol{\varphi}$ verdreht sind oder daß das Feld um den Winkel $-\delta\boldsymbol{\varphi}$ relativ zu den Achsen verdreht ist; der zweite Standpunkt ist der bequemere.

---

[1]) Die Größe $\tilde{F}$ in dieser Formel wie auch in allen vorhergehenden ist die auf das Volumen des Körpers bezogene freie Energie. In der Elastizitätstheorie wird jedoch gewöhnlich eine andere Definition benutzt: Die thermodynamischen Größen beziehen sich auf die Massendichte des nichtdeformierten Körpers, wobei das Volumen nach der Deformation in irgendein anderes Gebiet übergeht. Der Übergang von der einen zur anderen Definition ist leicht ausführbar, wenn man die relative Volumenänderung bei der Deformation durch den Tensor u_{ik} ausdrückt (als Folge des Auftretens von Ableitungen nach u_{ik} in (16,3) hat dies mit einer Genauigkeit bis zu Termen zweiter Ordnung zu geschehen). Im Ergebnis lassen sich die beiden Glieder in (16,3) zu einem einzigen Glied der Gestalt $\partial\tilde{F}/\partial u_{ik}$ zusammenfassen, in Übereinstimmung mit der gewöhnlichen Formel der Elastizitätstheorie.

[2]) Wir werden in § 17 sehen, daß die Erscheinung der Elektrostriktion in Kristallen bei verschiedenen Symmetrietypen sehr verschieden von der Elektrostriktion isotroper Körper sein kann. Derartige Kristalle heißen *piezoelektrisch*. Hier handelt es sich jedoch um Elektrostriktion in nichtpiezoelektrischen Kristallen.

Zur Variation des Feldes (15,6), wie sie früher betrachtet wurde, ist daher noch die Änderung von $\boldsymbol{E}$ bei einer Drehung um den Winkel $-\delta\boldsymbol{\varphi}$ hinzuzufügen:

$$\delta\boldsymbol{E} = \frac{1}{h}\boldsymbol{n}(\boldsymbol{E}\xi) - [\delta\boldsymbol{\varphi}\,\boldsymbol{E}\,].$$

Der Winkel $\delta\boldsymbol{\varphi}$ hängt mit dem Verschiebungsvektor $\boldsymbol{u}$ bei einer Deformation mittels $\delta\boldsymbol{\varphi} = 1/2 \operatorname{rot} \boldsymbol{u}$ zusammen (man erhält diese Gleichung leicht, wenn man beachtet, daß bei einer Drehung des Körpers um den Winkel $\delta\boldsymbol{\varphi}$ seine Punkte um $\boldsymbol{u} = [\delta\boldsymbol{\varphi}\,\boldsymbol{r}]$ verschoben werden). Setzen wir $\boldsymbol{u}$ aus (15,5) ein, so erhalten wir

$$\delta\boldsymbol{\varphi} = \frac{1}{2h}[\nabla z\xi] = \frac{1}{2h}[\boldsymbol{n}\xi]$$

und damit

$$\delta\boldsymbol{E} = -\frac{1}{h}\boldsymbol{n}(\boldsymbol{E}\xi) + \frac{1}{2h}[\boldsymbol{E}[\boldsymbol{n}\xi]] = -\frac{1}{2h}\{\boldsymbol{n}(\boldsymbol{E}\xi) + \xi(\boldsymbol{n}\boldsymbol{E})\}\,.$$

Das erste Glied in (16,2) nimmt die Gestalt

$$-\frac{1}{4\pi}\boldsymbol{D}\,\delta\boldsymbol{E} = \frac{1}{8\pi h}\{(\boldsymbol{n}\boldsymbol{D})\,(\xi\boldsymbol{E}) + (\xi\boldsymbol{D})\,(\boldsymbol{n}\boldsymbol{E})\} = \frac{1}{4\pi h}\,\xi_i n_k\left(\frac{E_i D_k + E_k D_i}{2}\right)$$

an. Man sieht hieraus, daß in (16,3) das Produkt $E_i D_k$ durch die halbe Summe des in Klammern stehenden Ausdrucks ersetzt werden muß:

$$\sigma_{ik} = \widetilde{F}\,\delta_{ik} + \frac{\partial \widetilde{F}}{\partial u_{ik}} + \frac{1}{8\pi}(E_i D_k + E_k D_i)\,. \qquad (16,5)$$

Wie es sein muß, ist der erhaltene Ausdruck bezüglich der Indizes i und k automatisch symmetrisch.

Statt des Ausdrucks (16,1) für den dielektrischen Tensor des deformierten Kristalls mit zwei skalaren Konstanten haben wir im allgemeinen Fall

$$\varepsilon_{ik} = \varepsilon_{ik}^{(0)} + a_{iklm}\,u_{lm} \qquad (16,6)$$

zu schreiben, wo a_{iklm} ein konstanter Tensor vierter Stufe ist, der bezüglich der Indexpaare i, k und l, m symmetrisch ist (jedoch nicht symmetrisch in bezug auf die Vertauschung des Paares i, k mit dem Paar l, m). Die Zahl der von Null verschiedenen unabhängigen Komponenten dieses Tensors hängt von der Symmetrie des Kristalls, d. h. von seiner Kristallklasse ab.

Wir halten uns hier nicht damit auf, die unter Benutzung von (16,6) zu erhaltenden Formeln für den Spannungstensor (entsprechend (16,4)) aufzuschreiben.

Die erhaltenen Formeln bestimmen die Spannungen im Innern eines festen Dielektrikums. Sie sind jedoch nicht notwendig, wenn wir die Gesamtkraft $\boldsymbol{F}$ oder das gesamte Drehmoment $\boldsymbol{K}$, die durch ein äußeres Feld auf den Körper wirken, bestimmen wollen. Wir betrachten einen in eine Flüssigkeit oder ein Gas getauchten Körper und halten ihn dort fest. Die auf ihn wirkende Gesamtkraft ist gleich dem über seine Oberfläche erstreckten Integral $\oint \sigma_{ik} n_k\,\mathrm{d}f$. Infolge der Stetigkeit der Kraft $\sigma_{ik} n_k$ ist es gleichgültig, ob dieses Integral mit den Werten von σ_{ik} aus (16,4) oder aus der Formel (15,9) berechnet wird, welche sich auf das den Körper umgebende Medium bezieht. Wir nehmen an, daß sich dieses Medium im mechanischen und im Wärmegleichgewicht befindet. Dann wird die Integration weiter vereinfacht, wenn die Gleichgewichtsbedingung (15,18) berücksichtigt wird. Als Folge dieser Bedingung ist ein Teil des Spannungstensors (15,9) innerhalb des Körpers konstant und erweist sich als ein gleichförmig komprimierender oder expandierender Druck, der keinen Beitrag zur Gesamtkraft $\boldsymbol{F}$ und zum Gesamtdrehmoment $\boldsymbol{K}$ gibt, die auf den Körper wirken. Zur Berechnung dieser beiden Größen kann man daher σ_{ik} einfach in der Form

$$\sigma_{ik} = \frac{\varepsilon}{4\pi}\left(E_i E_k - \frac{E^2}{2}\delta_{ik}\right) \tag{16,7}$$

schreiben, wo $\boldsymbol{E}$ das Feld in der Flüssigkeit ist; ε ist ihre dielektrische Permeabilität. Dieser Ausdruck unterscheidet sich vom MAXWELLschen Spannungstensor eines elektrischen Vakuumfeldes nur durch den Faktor ε. Wir haben somit

$$\boldsymbol{F} = \frac{\varepsilon}{4\pi}\oint\left\{\boldsymbol{E}(\boldsymbol{n}\boldsymbol{E}) - \frac{1}{2}E^2\boldsymbol{n}\right\}\mathrm{d}f, \tag{16,8}$$

$$\boldsymbol{K} = \frac{\varepsilon}{4\pi}\oint\left\{[\boldsymbol{r}\boldsymbol{E}](\boldsymbol{n}\boldsymbol{E}) - \frac{1}{2}E^2[\boldsymbol{r}\boldsymbol{n}]\right\}\mathrm{d}f. \tag{16,9}$$

Es sei auch bemerkt, daß wegen der Gleichgewichtslage der Flüssigkeit in diesen Formeln die Integration über eine beliebige geschlossene Oberfläche erstreckt werden kann, die den betrachteten Körper umgibt (jedoch keine Feldquellen darstellenden geladenen Körper in sich enthält).

Die Frage der Bestimmung der Gesamtkraft, die auf ein Dielektrikum in einem elektrischen Vakuumfeld wirkt, kann auch von einem anderen Standpunkt aus dadurch behandelt werden, daß wir sie nicht durch das tatsächlich existierende Feld ausdrücken, sondern durch das Feld $\mathfrak{E}$, das die vorgegebenen Quellen bei nichtvorhandenem Dielektrikum erzeugen würden; es ist dies das „äußere Feld", in das der Körper gesetzt wird. Wir nehmen dabei an, daß sich die felderzeugende Ladungsverteilung nicht ändert, wenn der Körper ins Feld gebracht wird. Diese Bedingung braucht in Wirklichkeit nicht erfüllt zu sein, beispielsweise dann nicht, wenn die Ladungen auf der Oberfläche eines ausgedehnten Leiters verteilt sind und das Dielektrikum in einen endlichen Abstand zum Leiter gebracht wird.

Bei virtueller Parallelverschiebung des Körpers als Ganzes um eine unendlich kleine Entfernung $\boldsymbol{u}$ ändert sich die gesamte freie Energie des Körpers gemäß (11,3) um

$$\delta\mathcal{F} = -\int \boldsymbol{P}\,\delta\mathfrak{E}\,\mathrm{d}V,$$

wo

$$\delta\mathfrak{E} = \mathfrak{E}(\boldsymbol{r}+\boldsymbol{u}) - \mathfrak{E}(\boldsymbol{r}) = (\boldsymbol{u}\nabla)\mathfrak{E}$$

die Änderung des Feldes $\mathfrak{E}$ in bezug auf den gegebenen Körperpunkt ist. Wegen $\boldsymbol{u} = \mathrm{const}$ und $\mathrm{rot}\,\mathfrak{E} = 0$ haben wir

$$\boldsymbol{P}(\boldsymbol{u}\nabla)\mathfrak{E} = (\boldsymbol{P}\nabla)(\boldsymbol{u}\mathfrak{E}) = \boldsymbol{u}(\boldsymbol{P}\nabla)\mathfrak{E},$$

so daß

$$\delta\mathcal{F} = -\boldsymbol{u}\int(\boldsymbol{P}\nabla)\mathfrak{E}\,\mathrm{d}V$$

gilt. Andererseits ist $\delta\mathcal{F} = -\boldsymbol{u}\boldsymbol{F}$, und wir gelangen zu folgender Formel für die gesuchte Kraft[1]):

$$\boldsymbol{F} = \int (\boldsymbol{P}\nabla)\,\mathfrak{E}\,\mathrm{d}V\,. \tag{16,10}$$

Auf analoge Weise läßt sich das Gesamtdrehmoment der auf den Körper wirkenden Kräfte bestimmen. Wir führen die Rechnungen nicht durch, sondern geben nur das Resultat an:

$$\boldsymbol{K} = \int [\boldsymbol{P}\mathfrak{E}]\,\mathrm{d}V + \int [\boldsymbol{r}(\boldsymbol{P}\nabla)\,\mathfrak{E})\,\mathrm{d}V\,. \tag{16,11}$$

In einem quasihomogenen Feld, das über den Bereich des Körpers als konstant angesehen werden kann, gibt Formel (16,10) in erster Näherung

$$\boldsymbol{F} = \left(\int \boldsymbol{P}\,\mathrm{d}V\,\nabla\right)\mathfrak{E} = (\mathscr{P}\nabla)\,\mathfrak{E}\,, \tag{16,12}$$

wo $\mathscr{P}$ das Gesamtdipolmoment des polarisierten Dielektrikums ist, das natürlich auch durch direkte Ableitung von $\mathscr{F}$ aus (11,8) erhalten werden kann. In Formel (16,11) vernachlässigen wir den zweiten Term gegenüber dem ersten und gelangen zu dem plausiblen Ergebnis

$$\boldsymbol{K} = [\mathscr{P}\mathfrak{E}]\,. \tag{16,13}$$

Aufgaben

1. Eine dielektrische Kugel (vom Radius a), die sich in einem äußeren homogenen Feld $\mathfrak{E}$ befindet, werde durch eine zur Feldrichtung senkrechte Ebene in zwei Hälften getrennt. Man bestimme die Anziehungskraft zwischen den Halbkugeln.

Lösung. Wir stellen uns die Halbkugeln als durch einen unendlich engen Schlitz getrennt vor und bestimmen die Kraft nach Formel (16,8) (mit $\varepsilon = 1$), in der die Integration sich über die Oberfläche einer Halbkugel erstreckt. Dabei ist $\boldsymbol{E}$ die Vakuumfeldstärke in der Nähe der Oberfläche. Nach (8,2) ist das Feld im Innern der Kugel homogen und gleich $\boldsymbol{E}^{(i)} = 3\mathfrak{E}/(2+\varepsilon)$ (ε sei die Dielektrizitätskonstante der Kugel). Das Feld im Spalt steht senkrecht zur Oberfläche und ist

$$\boldsymbol{E} = \boldsymbol{D}^{(i)} = \frac{3\varepsilon}{2+\varepsilon}\,\mathfrak{E}\,.$$

Auf der äußeren Oberfläche der Kugel haben wir dagegen

$$E_r = D_r^{(i)} = \frac{3\varepsilon}{2+\varepsilon}\,\mathfrak{E}\cos\theta, \qquad E_\theta = E_\theta^{(i)} = -\frac{3}{\varepsilon+2}\,\mathfrak{E}\sin\theta$$

mit θ als Winkel zwischen dem Radiusvektor und der Richtung $\mathfrak{E}$.

Die Berechnung des Integrals führt zu einer Anziehungskraft vom Betrag[2])

$$F = \frac{9(\varepsilon-1)^2}{16(\varepsilon+2)^2}\,a^2\mathfrak{E}^2\,.$$

2. Man bestimme die Formänderung einer dielektrischen Kugel in einem äußeren homogenen elektrischen Feld.

---

[1]) Es sollte jedoch betont werden, daß der Integrand dieses Integrals nicht als Volumendichte der Kraft interpretiert werden kann. Der Grund ist, daß die lokalen Kräfte im Dielektrikum nicht nur mit dem Feld $\mathfrak{E}$ zusammenhängen, sondern auch von denjenigen Feldern herrühren, die nach dem Impulserhaltungssatz keinen Beitrag zur Gesamtkraft geben, jedoch die Kräfteverteilung über den Bereich des Körpers beeinflussen.

[2]) Die Übereinstimmung des Grenzwertes dieses Ausdrucks für $\varepsilon \to \infty$ mit dem Ergebnis der Aufgabe 3 von § 5 für eine leitende Kugel ist zufällig (in Wirklichkeit sind bereits die Vorzeichen beider Kräfte verschieden). Die physikalische Nichtäquivalenz beider Fälle ist daraus ersichtlich, daß sich im Spalt zwischen den beiden leitenden Halbkugeln (die sich auf gleichem Potential befinden) kein Feld befindet, während in der vorliegenden Aufgabe ein solches auftritt.

Lösung. Die Lösung entspricht vollständig derjenigen zu Aufgabe 4, § 5. Bei der Bestimmung der Formänderung nehmen wir das Kugelvolumen als unverändert an.[1]) Für den elastischen Anteil der freien Energie haben wir den Ausdruck in Aufgabe 4, § 5. Der elektrische Anteil wird durch

$$-\frac{\mathfrak{P}\mathfrak{E}}{2} = -\frac{V}{8\pi}\frac{\varepsilon^{(x)}-1}{1+n(\varepsilon^{(x)}-1)}\mathfrak{E}^2$$

gegeben (s. (8,9)), wobei die dielektrische Permeabilität längs der x-Achse gemäß (16,1)

$$\varepsilon^{(x)} = \varepsilon_0 + a_1 u_{xx} = \varepsilon_0 + \frac{2}{3}a_1(u_{xx} - u_{yy}) = \varepsilon_0 + \frac{2}{3}a_1\frac{a-b}{R}$$

beträgt. Aus der Forderung des Minimums der gesamten freien Energie finden wir (unter Berücksichtigung, daß die gesuchte Größe klein ist)

$$\frac{a-b}{R} = \frac{9\mathfrak{E}^2}{40\pi\mu}\frac{(\varepsilon_0-1)^2+5a_1/2}{(\varepsilon_0+2)^2}.$$

Für $\varepsilon_0 \to \infty$ geht dieser Ausdruck in das Ergebnis für die leitende Kugel über.

3. Man bestimme in einem isotropen festen Dielektrikum die Volumenkräfte bei Vorhandensein von Ladungen im Innern; der Körper werde als homogen angenommen.

Lösung. Wir setzen ε_0, a_1, a_2 als konstant voraus und benutzen die Gleichungen rot $\boldsymbol{E} = 0$, div $\boldsymbol{D} \approx \varepsilon_0$ div $\boldsymbol{E} = 4\pi\varrho_{zus}$. Aus (16,4) erhalten wir

$$f_i = \frac{\partial\sigma_{ik}}{\partial x_k} = \frac{\partial\sigma_{ik}^{(0)}}{\partial x_k} - \frac{1}{8\pi}\left(\frac{a_1}{2}+a_2\right)\frac{\partial}{\partial x_i}E^2 + \left(1-\frac{a_1}{2\varepsilon_0}\right)\varrho_{zus}E_i\,.$$

§ 17. Piezoelektrika

Die inneren Spannungen, die in einem isotropen Dielektrikum im elektrischen Feld entstehen, stellen einen im Feld quadratischen Effekt dar. Der gleiche Effekt tritt auch in Kristallen einiger kristallographischer Klassen auf. Bei bestimmten Symmetrietypen haben die elektrostriktiven Eigenschaften von Kristallen jedoch einen wesentlich anderen Charakter. Die in einem elektrischen Feld entstehenden inneren Spannungen sind in diesen Körpern (den sog. *Piezoelektrika*) der ersten Potenz des Feldes proportional. Dementsprechend gibt es auch den umgekehrten Effekt: Die Deformation eines piezoelektrischen Körpers wird vom Auftreten eines Feldes begleitet. das der Größe der Deformation proportional ist.

Da in einem piezoelektrischen Körper nur der Hauptanteil, der lineare Effekt, interessiert, können wir in der allgemeinen Formel (16,5) die im Feld quadratischen Terme vernachlässigen. Dann gilt

$$\sigma_{ik} = \tilde{F}\delta_{ik} + \left(\frac{\partial\tilde{F}}{\partial u_{ik}}\right)_{T,E}.$$

Weiter benutzen wir in diesem Paragraphen thermodynamische Größen, die sich auf die Massendichte des nichtdeformierten Körpers beziehen (vgl. die Bemerkung auf Seite 80). Verstehen wir $\tilde{F}$ in diesem Sinn, so haben wir einfach

$$\sigma_{ik} = \left(\frac{\partial\tilde{F}}{\partial u_{ik}}\right)_{T,E}. \tag{17,1}$$

[1]) Die Volumenänderung wird in Aufgabe 1, § 12, bestimmt.

Die entsprechende thermodynamische Beziehung für das Differential $d\tilde{F}$ wird

$$d\tilde{F} = -S\,dT + \sigma_{ik}\,du_{ik} - \frac{1}{4\pi}\boldsymbol{D}\,d\boldsymbol{E}\,. \tag{17,2}$$

Bezüglich des letzten Termes ist folgende Bemerkung zu machen: In der angegebenen Form bezieht sich dieser Term (der von (10,9) herrührt) streng genommen auf das Volumen des deformierten Körpers. Berücksichtigen wir dieses nicht, so lassen wir Fehler zu, die jedoch im vorliegenden Falle der Piezoelektrika gegenüber den verbleibenden Termen in (17,2) klein von höherer Ordnung sind.

In (17,2) spielen die Komponenten des Tensors u_{ik} die Rolle von unabhängigen Veränderlichen. Zuweilen ist es zweckmäßig, dafür die Komponenten σ_{ik} einzuführen Dazu ist das durch

$$\tilde{\Phi} = \tilde{F} - u_{ik}\sigma_{ik} \tag{17,3}$$

bestimmte thermodynamische Potential einzuführen. Für das Differential dieser Größen haben wir

$$d\tilde{\Phi} = -S\,dT - u_{ik}\,d\sigma_{ik} - \frac{1}{4\pi}\boldsymbol{D}\,d\boldsymbol{E}\,. \tag{17,4}$$

Es muß betont werden, daß die Einführung des thermodynamischen Potentials $\tilde{\Phi}$ nach den Formeln (17,3) und (17,4) in die Elektrodynamik mit der Gültigkeit der Beziehung (17,1) zusammenhängt und daher nur für piezoelektrische Körper möglich ist.

Nachdem wir so die von uns benötigten thermodynamischen Größen bestimmt haben, kommen wir nun zur Beschreibung von piezoelektrischen Eigenschaften der Kristalle. Wählen wir die Größen σ_{ik} und E_k als unabhängige Veränderliche, so muß die elektrische Induktion $\boldsymbol{D}$ als Funktion von ihnen angesehen werden, und in der Entwicklung dieser Funktion müssen die Terme erster Ordnung beibehalten werden. Die linearen Terme in der Entwicklung eines Vektors nach Potenzen der Komponenten eines Tensors zweiten Ranges können im allgemeinsten Fall in der Gestalt $4\pi\gamma_{i,kl}\cdot\sigma_{kl}$ geschrieben werden, wo die Gesamtheit der Konstanten $\gamma_{i,kl}$ einen Tensor dritten Ranges bildet (der Faktor 4π ist aus Konventionsgründen eingeführt). Da der Tensor σ_{lk} in seinen Indizes symmetrisch ist, so ist klar, daß auch der Tensor $\gamma_{i,kl}$ in bezug auf zwei Indizes als symmetrisch angesehen werden kann:

$$\gamma_{i,kl} = \gamma_{i,lk}\,; \tag{17,5}$$

der Klarheit halber trennen wir das symmetrische Indexpaar k, l vom dritten Index durch ein Komma. $\gamma_{i,kl}$ wird *piezoelektrischer Tensor* genannt. Seine Komponenten bestimmen die piezoelektrischen Eigenschaften von Kristallen vollständig.

Addieren wir die piezoelektrischen Terme zum Ausdruck (13,1) für die elektrische Induktion in Kristallen, so können wir

$$D_i = D_{i0} + \varepsilon_{ik}E_k + 4\pi\gamma_{i,kl}\sigma_{kl} \tag{17,6}$$

schreiben. Entsprechende Zusatzterme erscheinen auch in den thermodynamischen Größen. Für nichtpiezoelektrische Kristalle ist das thermodynamische Potential im feldfreien Bereich

$$\tilde{\Phi} = \Phi = \Phi_0 - \tfrac{1}{2}\,\mu_{iklm}\sigma_{ik}\sigma_{lm}\,,$$

wo sich Φ_0 auf den nichtdeformierten Körper bezieht und der zweite Term die gewöhnliche elastische Energie darstellt, die durch den Tensor μ_{iklm} der elastischen Konstanten bestimmt wird.[1]) Für piezoelektrische Körper haben wir

$$\tilde{\Phi} = \Phi_0 - \frac{1}{2}\mu_{iklm}\sigma_{ik}\sigma_{lm} - \frac{1}{8\pi}\varepsilon_{ik}E_iE_k - \frac{1}{4\pi}E_iD_{i0} - \gamma_{i,kl}E_i\sigma_{kl}\,. \tag{17,7}$$

Die Gestalt der letzten drei Glieder ist dadurch bestimmt, daß die Ableitung von $\tilde{\Phi}$ nach E_i (bei gegebenen inneren Spannungen und gegebener Temperatur) gemäß Formel

$$D_i = -\,4\pi\,\frac{\partial\tilde{\Phi}}{\partial E_i}$$

den Ausdruck (17,6) ergeben muß.

Kennen wir $\tilde{\Phi}$, so können wir nach (17,4) eine Formel erhalten, die den Deformationstensor durch die Spannungen σ_{ik} und das Feld $\boldsymbol{E}$ ausdrückt:

$$u_{ik} = -\left(\frac{\partial\tilde{\Phi}}{\partial\sigma_{ik}}\right)_{T,\,\boldsymbol{E}} = \mu_{iklm}\sigma_{lm} + \gamma_{l,ik}E_l\,. \tag{17,8}$$

Es sollte bemerkt werden, daß die Bedeutung der Größen μ_{iklm} und ε_{ik} als elastische Konstanten und dielektrische Permeabilität in piezoelektrischen Körpern bis zu einem bestimmten Grade konventionell ist. Mit den hier benutzten Definitionen geben sie die Abhängigkeit der Deformation von den elastischen Spannungen bei gegebener Feldstärke bzw. die Induktion als Funktion des Feldes bei gegebenen Spannungen. Wenn jedoch die Deformation bei einer gegebenen Induktion auftritt oder wir die Induktion als Funktion des Feldes bei gegebener Deformation auffassen, werden die elastischen Spannungen und die dielektrische Permeabilität durch andere Größen dargestellt, die jedoch in ziemlich komplizierter Weise durch die Komponenten der Tensoren μ, ε und γ ausgedrückt werden können.

Die Bestimmung des Feldes in einem piezoelektrischen Körper muß gleichzeitig mit der Bestimmung seiner Deformation durchgeführt werden und ist ein gemeinsames Problem von Elektrostatik und Elastizitätstheorie. Man hat eine gemeinsame Lösung der elektrostatischen Gleichungen

$$\operatorname{div}\boldsymbol{D} = 0\,, \qquad \operatorname{rot}\boldsymbol{E} = 0 \tag{17,9}$$

---

[1]) Der Tensor μ_{iklm} wird als Verknüpfung zwischen Spannung und Deformation gemäß

$$u_{ik} = -\,\frac{\partial\Phi}{\partial\sigma_{ik}} = \mu_{iklm}\,\sigma_{lm}$$

definiert. In VII, § 10 schrieben wir **als** reziproke Abhängigkeit

$$\sigma_{ik} = \lambda_{iklm}u_{lm}\,.$$

Es ist klar, daß alle Symmetrieeigenschaften von μ_{iklm} mit denen des Tensors λ_{iklm} zusammenfallen. In die freie Energie F geht die elastische Energie mit positivem Vorzeichen ein:

$$F_{\text{elast}} = \tfrac{1}{2}\,\lambda_{iklm}u_{ik}u_{lm}\,.$$

Das thermodynamische Potential wird aus F durch die Subtraktion von $\sigma_{ik}\,u_{ik}$ erhalten, es gilt daher

$$\Phi_{\text{elast}} = F_{\text{elast}} - \sigma_{ik}\,u_{ik} = -\,\tfrac{1}{2}\,\lambda_{iklm}\,u_{ik}\,u_{lm} = -\,\tfrac{1}{2}\mu_{iklm}\,\sigma_{ik}\,\sigma_{lm}\,.$$

mit $\boldsymbol{D}$ aus (17,6) und der Gleichung

$$\frac{\partial \sigma_{ik}}{\partial x_k} = 0 \tag{17,10}$$

für das elastische Gleichgewicht zu finden, mit entsprechenden Grenzbedingungen auf der Oberfläche des Körpers und unter Berücksichtigung der Beziehung zwischen σ_{ik} und der Deformation, wie sie durch die Formel (17,8) gegeben wird. Im allgemeinen Fall ist die so gestellte Aufgabe außerordentlich schwierig.

Das Problem vereinfacht sich für Körper von Ellipsoidgestalt mit freier Oberfläche (d. h. auf die keinerlei äußere mechanische Kräfte wirken). In diesem Fall ist (§ 8) das Feld im Innern des Körpers und daher auch seine Deformation homogen, und alle elastischen Spannungen $\sigma_{ik} = 0$ verschwinden.

Zum Schluß wollen wir die Frage stellen, welche Typen kristalliner Symmetrie die Existenz von Piezoelektrizität erlauben. Anders gesagt: es sind die Einschränkungen zu betrachten, die die Symmetrieforderungen den Komponenten des Tensors $\gamma_{i,kl}$ auferlegen. Im allgemeinen besitzt dieser (in k und l symmetrische) Tensor 18 von Null verschiedene unabhängige Komponenten, gewöhnlich ist ihre Zahl jedoch bedeutend geringer.

Bei allen Symmetrietransformationen eines gegebenen Kristalles müssen sämtliche Komponenten des Tensors $\gamma_{i,kl}$ dem Wert nach unverändert bleiben. Daraus folgt sofort, daß kein piezoelektrischer Körper ein Symmetriezentrum besitzen und insbesondere auch nicht isotrop sein kann. Bei einer Reflexion am Zentrum (Änderung des Vorzeichens aller drei Koordinaten) ändert sich nämlich das Vorzeichen aller Komponenten eines Tensors dritten Ranges.

Von den 32 Kristallklassen erlauben 20 die Piezoelektrizität. Hierzu gehören vor allem die 10 in § 13 aufgezählten Klassen, die Pyroelektrizität gestatten (pyroelektrische Körper sind gleichzeitig auch piezoelektrisch). Außerdem sind die Kristalle der folgenden 10 Klassen piezoelektrisch:

rhombisches System: $\mathbf{D}_2$,
tetragonales System: $\mathbf{D}_4$, $\mathbf{D}_{2d}$, $\mathbf{S}_4$,
rhomboedrisches System: $\mathbf{D}_3$,
hexagonales System: $\mathbf{D}_6$, $\mathbf{C}_{3h}$, $\mathbf{D}_{3h}$,
kubisches System: $\mathbf{T}$, $\mathbf{T}_d$.

Die nichtverschwindenden Komponenten des piezoelektrischen Tensors werden für alle Klassen in den Aufgaben zu diesem Paragraphen gegeben.

Wir erwähnen hier noch eine der Piezoelektrizität verwandte Erscheinung, die bei „Deformation" eines Flüssigkristalls auftritt; wir denken hierbei an nematische Kristalle. Es sei daran erinnert (s. V, § 140), daß für diese flüssigen Medien die Existenz einer ausgezeichneten Vorzugsorientierung der Moleküle kennzeichnend ist. Diese Richtung wird in jedem Punkt des Mediums durch einen Einheitsvektor $\boldsymbol{d}$, den Direktor des Kristalls, gegeben. Im undeformierten Flüssigkristall ist die Richtung von $\boldsymbol{d}$ über das gesamte Körpervolumen konstant; im deformierten jedoch eine Funktion der Koordinaten. Der Entwicklung (17,6) entspricht in einem Flüssigkristall der Induktionsausdruck

$$D_i = \varepsilon_{ik} E_k + 4\pi e_1 d_i \operatorname{div} \boldsymbol{d} + 4\pi e_2 [\operatorname{rot} \boldsymbol{d} \cdot \boldsymbol{d}]_i\,, \tag{17,11}$$

wobei e_1 und e_2 skalare Koeffizienten sind (R. B. MEYER, 1969).[1]) Die beiden letzten Terme beschreiben den zu betrachtenden Effekt. Sie stellen den allgemeinsten polaren Vektor dar, der sich aus dem Vektor $\boldsymbol{d}$ und seinen ersten Koordinatenableitungen zusammenstellen läßt. Wir bemerken, daß der Ausdruck (17,11) automatisch invariant bezüglich eines Vorzeichenwechsels von $\boldsymbol{d}$ ist.

Der dielektrische Tensor eines Flüssigkristalls stimmt hinsichtlich seiner Symmetrie mit jenem für einachsige Kristalle überein, wobei die örtliche Orientierung des Direktors (in jedem Mediumpunkt) die Rolle einer Symmetrieachse spielt. Der Tensor ε_{ik} kann in der Gestalt

$$\varepsilon_{ik} = \varepsilon_0 \delta_{ik} + \varepsilon_a d_i d_k \tag{17,12}$$

mit den beiden unabhängigen Konstanten ε_0 und ε_a dargestellt werden.

Aufgaben

1. Man bestimme die von Null verschiedenen Komponenten des Tensors $\gamma_{i,kl}$ für diejenigen nichtpyroelektrischen Kristallklassen, die Piezoelektrizität gestatten.

Lösung. Die Klasse $\mathbf{D}_2$ enthält drei aufeinander senkrechte Symmetrieachsen zweiter Ordnung, die wir als x,y,z-Achsen wählen. Drehungen um 180° um diese Achsen ändern die Vorzeichen von zwei der drei Koordinaten. Da sich die Komponenten $\gamma_{i,kl}$ wie die Produkte $x_i x_k x_l$ transformieren, können nur diejenigen von Null verschieden sein, die drei verschiedene Indizes besitzen:

$$\gamma_{x,yz},\ \gamma_{z,xy},\ \gamma_{y,zx};$$

die anderen von Null verschiedenen Komponenten sind als Folge der Eigenschaft $\gamma_{i,kl} = \gamma_{i,lk}$ gleich diesen. Somit ist der piezoelektrische Anteil des thermodynamischen Potentials[2]

$$\tilde{\Phi}_{\text{piezo}} = -2(\gamma_{x,yz} E_x \sigma_{yz} + \gamma_{y,xz} E_y \sigma_{xz} + \gamma_{z,xy} E_z \sigma_{xy})\,. \tag{1}$$

Die Klasse $\mathbf{D}_{2d}$ wird erhalten, wenn zu den Achsen der Klasse $\mathbf{D}_2$ noch zwei Symmetrieebenen hinzugefügt werden, die durch eine der Achsen (etwa die z-Achse) gehen und den Winkel zwischen den Achsen x und y halbieren. Reflexion in einer dieser Ebenen gibt die Transformation $x \to y$, $y \to x$, $z \to z$. Komponenten von $\gamma_{i,kl}$, die sich nur durch eine Vertauschung der Indizes x und y unterscheiden, müssen daher gleich sein, so daß von den drei Koeffizienten in (1) nur zwei unabhängig bleiben:

$$\gamma_{z,xy},\ \gamma_{x,yz} = \gamma_{y,xz}\,.$$

Die Klasse $\mathbf{T}$ erhält man aus $\mathbf{D}_2$ durch Hinzufügen von vier diagonalen Symmetrieachsen dritter Ordnung. Rotationen um diese Achsen bedeuten zyklische Permutationen der Achsen x, y, z, etwa $x \to z$, $y \to x$, $z \to y$. Daher werden alle drei Koeffizienten in (1) gleich:

$$\gamma_{x,yz} = \gamma_{z,xy} = \gamma_{y,zx}\,.$$

Dasselbe Ergebnis erhält man für die kubische Klasse $\mathbf{T}_d$.

---

[1]) Die Pyroelektrizität ist in nematischen Kristallen bisher nicht beobachtet worden. Wir setzen daher $\boldsymbol{D}_0 = 0$.

[2]) Zur Vermeidung von Mißverständnissen sei bemerkt, daß bei einer Berechnung der Komponenten des Deformationstensors u_{ik} durch unmittelbare Ableitung des konkreten Ausdrucks für $\tilde{\Phi}$ nach σ_{ik} die Ableitungen nach den Komponenten σ_{ik} mit $i \neq k$ verdoppelte Werte für die entsprechenden Komponenten von u_{ik} liefern. Das hängt damit zusammen, daß die Ausdrücke $u_{ik} = -\partial \tilde{\Phi}/\partial \sigma_{ik}$ eigentlich nur die Gültigkeit von $d\tilde{\Phi} = -u_{ik} d\sigma_{ik}$ beinhalten. In die Summe $u_{ik}\, d\sigma_{ik}$ gehen die Terme mit Differentialen nichtdiagonaler Komponenten des symmetrischen Tensors σ_{ik} jedoch doppelt ein.

Die Klasse $\mathbf{D}_4$ enthält eine Symmetrieachse vierter Ordnung (die z-Achse) und vier Achsen zweiter Ordnung, die in der x,y-Ebene liegen. Zu den Symmetrieelementen der Klasse $\mathbf{D}_2$ kommt hier noch eine Drehung um 90° um die z-Achse hinzu, d. h. eine Transformation $x \to y$, $y \to -x$, $z \to z$. Als Folge dieser Transformation verschwindet einer der Koeffizienten in (1) ($\gamma_{z,xy} = -\gamma_{z,yx} = -\gamma_{z,xy}$, woraus $\gamma_{z,xy} = 0$ folgt), während zwei andere sich nur durch das Vorzeichen unterscheiden:

$$\gamma_{x,yz} = -\gamma_{y,xz}\,.$$

Dasselbe Ergebnis erhält man auch für die Klasse $\mathbf{D}_6$.

Die Klasse $\mathbf{S}_4$ enthält die Transformationen $x \to y$, $y \to -x$, $z \to -z$ und $x \to -x$, $y \to -y$, $z \to z$. Die von Null verschiedenen Komponenten sind

$$\gamma_{z,xy}, \quad \gamma_{x,yz} = \gamma_{y,xz}, \quad \gamma_{z,xx} = -\gamma_{z,yy}, \quad \gamma_{x,zx} = -\gamma_{y,zy}\,.$$

Entsprechend der Wahl der Achsen x, y kann eine dieser Größen zum Verschwinden gebracht werden.

Die Klasse $\mathbf{D}_3$ enthält eine Symmetrieachse dritter Ordnung (die z-Achse) und drei Symmetrieachsen zweiter Ordnung in der x,y-Ebene, von denen eine die Richtung der x-Achse sein mag. Um die Einschränkungen zu verstehen, die durch das Vorhandensein einer Symmetrieachse dritter Ordnung entstehen, ist es bequem, komplexe „Koordinaten"

$$\xi = x + iy, \qquad \eta = x - iy$$

einzuführen; die Koordinate z bleibt ungeändert. Auf diese neuen Koordinaten transformieren wir auch den Tensor $\gamma_{i,kl}$, dessen Indizes dann mit den Buchstaben ξ, η, z bezeichnet werden. Bei einer Drehung um 120° um die z-Achse unterliegen diese Koordinaten den Transformationen

$$\xi \to \xi\, e^{2\pi i/3}, \qquad \eta \to \eta\, e^{-2\pi i/3}, \qquad z \to z\,.$$

Dabei bleiben nun die folgenden Komponenten von $\gamma_{i,kl}$ unverändert und daher auch von Null verschieden: $\gamma_{z,\eta\xi}$, $\gamma_{\eta,z\xi}$, $\gamma_{\xi,z\eta}$, $\gamma_{\xi,\xi\xi}$, $\gamma_{\eta,\eta\eta}$, $\gamma_{z,zz}$. Eine Drehung um die x-Achse und 180° ist eine Transformation $x \to x$, $y \to -y$, $z \to -z$, oder in den Koordinaten ξ, η, z: $\xi \to \eta$, $\eta \to \xi$, $z \to -z$. Dabei ändern $\gamma_{z,\eta\xi}$ und $\gamma_{z,zz}$ das Vorzeichen und müssen daher verschwinden, während die restlichen der oben aufgezählten Komponenten paarweise ineinander übergehen und so zu den Gleichungen $\gamma_{\eta,z\xi} = -\gamma_{\xi,z\eta}$, $\gamma_{\xi,\xi\xi} = \gamma_{\eta,\eta\eta}$ führen. Um den Ausdruck für $\tilde{\Phi}_{\text{piezo}}$ hinschreiben zu können, ist die Summe $-\gamma_{i,kl}E_i\sigma_{kl}$ zu bilden, in der die Indizes die Werte ξ, η, z annehmen können:

$$\tilde{\Phi}_{\text{piezo}} = -2\gamma_{\eta,z\xi}(E_\eta\sigma_{z\xi} - E_\xi\sigma_{z\eta}) - \gamma_{\xi,\xi\xi}(E_\xi\sigma_{\xi\xi} + E_\eta\sigma_{\eta\eta})\,.$$

Man hat hier noch die Komponenten E_i und σ_{ik} in den Koordinaten ξ, η, z durch die Komponenten in den Ausgangskoordinaten auszudrücken. Das ist leicht getan, wenn man benutzt, daß die Tensorkomponenten sich wie Produkte der entsprechenden Koordinaten transformieren. Daher folgt beispielsweise aus

$$\xi\xi = xx - yy + 2ixy$$

$$\sigma_{\xi\xi} = \sigma_{xx} - \sigma_{yy} + 2i\sigma_{xy}\,.$$

Als Ergebnis erhalten wir

$$\tilde{\Phi}_{\text{piezo}} = 2a(E_y\sigma_{zx} - E_x\sigma_{zy}) + b[2E_y\sigma_{xy} - E_x(\sigma_{xx} - \sigma_{yy})]\,, \tag{2}$$

wo $a = 2i\gamma_{\eta,z\xi}$, $b = 2\gamma_{\xi,\xi\xi}$ relle Konstanten sind. Die Beziehungen zwischen den Komponenten $\gamma_{i,kl}$ lauten in den Koordinaten x, y, z, wie aus (2)[1]) ersichtlich ist,

$$\gamma_{y,zx} = -\gamma_{x,zy} = -a\,, \qquad \gamma_{y,xy} = -\gamma_{x,xx} = \gamma_{x,yy} \equiv -b\,.$$

---

[1]) In nichtorthogonalen Koordinaten, wie sie ζ, η, u darstellen, hat man bekanntlich zwischen ko- und kontravarianten Tensorkomponenten zu unterscheiden. Dieser Umstand hätte auch beim Übergang zu den Ausgangskoordinaten x, y, z berücksichtigt werden müssen: Wenn sich Ei und σ/i wie kontravariante Komponenten transformieren, dann müssen sich die Tensorkomponenten γi// wie kovariante Komponenten transformieren. Wir umgehen diese Frage aber dadurch, daß die gesuchte Beziehung zwischen den verschiedenen Komponenten γ/// im x-, y-, z-System unmittelbar aus der Form der skalaren Kombination (2) bestimmt wird.

Die Klasse $\mathbf{D}_{3h}$ erhält man aus Klasse $\mathbf{D}_3$ durch Hinzufügen einer Symmetrieebene (der xy-Ebene). Eine Reflexion in dieser Ebene gibt eine Änderung des Vorzeichens von z, so daß $\gamma_{\eta,z\xi} = 0$ gilt und in (2) nur der Term mit dem Koeffizienten b übrigbleibt.

Die Klasse $\mathbf{C}_{3h}$ enthält außer einer dreizähligen Achse eine zu ihr senkrechte Symmetrieebene. Reflexion in dieser Ebene ändert das Vorzeichen von z, so daß alle Komponenten $\gamma_{i,kl}$ verschwinden, in denen der z-Index in ungerader Anzahl auftritt. Berücksichtigen wir die schon früher betrachteten Einschränkungen durch die dreizählige Symmetrieachse, so finden wir, daß nur die beiden Komponenten $\gamma_{\eta,\eta\eta}$ und $\gamma_{\xi,\xi\xi}$ von Null verschieden sind. Diese Größen müssen komplex-konjugiert sein, damit $\tilde{\Phi}$ reell wird. Mit den Bezeichnungen $2\gamma_{\eta,\eta\eta} = a - ib$, $2\gamma_{\xi,\xi\xi} = a + ib$ erhalten wir

$$\tilde{\Phi}_{\text{piezo}} = a[2E_y\sigma_{xy} - E_x(\sigma_{xx} - \sigma_{yy})] + b[2E_x\sigma_{xy} + E_y(\sigma_{xx} - \sigma_{yy})] \,. \tag{3}$$

Durch entsprechende Wahl der Achsenrichtungen x, y läßt sich a oder b zum Verschwinden bringen.

2. Das gleiche für Kristallklassen mit Pyroelektrizität.

Lösung. Es sei z die Symmetrieachse zweiter, dritter, vierter oder sechster Ordnung und in der Klasse $\mathbf{C}_s$ die Normale zur Symmetrieebene. In den Klassen $\mathbf{C}_{nv}$ fällt die xz-Ebene mit einer der Symmetrieebenen zusammen.

Wir geben im folgenden für jede Klasse alle von Null verschiedenen Komponenten von $\gamma_{i,kl}$ an:

Klasse $\mathbf{C}_1$: alle $\gamma_{i,kl}$;
Klasse $\mathbf{C}_s$: alle Komponenten, die den Index z entweder nicht oder zweimal enthalten;
Klasse $\mathbf{C}_{2v}$: $\gamma_{z,xx}$, $\gamma_{z,yy}$, $\gamma_{z,zz}$, $\gamma_{x,xz}$, $\gamma_{y,yz}$;
Klasse $\mathbf{C}_2$: neben den Komponenten in $\mathbf{C}_{2v}$ auch $\gamma_{x,yz}$, $\gamma_{y,xz}$, $\gamma_{z,xy}$;
Klasse $\mathbf{C}_{4v}$: $\gamma_{z,xx} = \gamma_{z,yy}$, $\gamma_{z,zz}$, $\gamma_{x,xz} = \gamma_{y,yz}$;
Klasse $\mathbf{C}_4$: neben den Komponenten in $\mathbf{C}_{4v}$ auch $\gamma_{x,yz} = -\gamma_{y,xz}$;
Klasse $\mathbf{C}_{3v}$: $\gamma_{z,zz}$, $\gamma_{x,xz} = \gamma_{y,yz}$, $\gamma_{x,xx} = -\gamma_{x,yy} = -\gamma_{y,xy}$, $\gamma_{z,xx} = \gamma_{z,yy}$;
Klasse $\mathbf{C}_3$: neben den Komponenten in $\mathbf{C}_{3v}$ auch $\gamma_{x,yz} = -\gamma_{y,xz}$, $\gamma_{y,xx} = -\gamma_{y,yy} = \gamma_{x,xy}$;
Klasse $\mathbf{C}_{6v}$: $\gamma_{z,zz}$, $\gamma_{x,xz} = \gamma_{y,yz}$, $\gamma_{z,xx} = \gamma_{z,yy}$;
Klasse $\mathbf{C}_6$: neben den Komponenten in $\mathbf{C}_{6v}$ auch $\gamma_{x,yz} = -\gamma_{y,xz}$.

Durch geeignete Richtungswahl der x-, y-, z-Achsen kann man in der Klasse $\mathbf{C}_1$ noch drei Komponenten zum Verschwinden bringen. In den Klassen $\mathbf{C}_s$, $\mathbf{C}_2$, $\mathbf{C}_3$ gelingt dies durch Wahl der x- und y-Achse für eine Komponente. (In den Klassen $\mathbf{C}_4$ und $\mathbf{C}_6$ ist dagegen der Ausdruck $\gamma_{i,kl}E_i\sigma_{kl}$ invariant bezüglich Drehungen um einen beliebigen Winkel um die z-Achse; daher ist eine weitere Verringerung der von Null verschiedenen Komponenten von $\gamma_{i,kl}$ nicht möglich.)

3. Man bestimme den Youngschen Modul (Proportionalitätsfaktor zwischen der Spannung und der relativen Dehnung) für eine planparallele Scheibe aus nichtpyroelektrischem, aber piezoelektrischem Material in den folgenden Fällen: a) die Scheibe werde durch die Platten eines kurzgeschlossenen Kondensators gedehnt; b) die Scheibe werde durch die Platten eines ungeladenen Kondensators gedehnt; c) die Scheibe werde parallel zu ihrer Ebene gedehnt, wobei kein äußeres Feld vorhanden sei.

Lösung. a) In diesem Fall ist innerhalb der Scheibe die Feldstärke $\boldsymbol{E} = 0$. Die einzige nichtverschwindende Komponente des Tensors σ_{ik} ist die (expandierend wirkende) Spannung σ_{zz} (die z-Achse stehe senkrecht auf der Scheibenebene[1])). Aus (17,8) haben wir $u_{zz} = \mu_{zzzz}\sigma_{zz}$, woraus sich für den Youngschen Modul E

$$\frac{1}{E} = \mu_{zzzz}$$

ergibt.

b) In diesem Fall ist in der Platte $E_x = E_y = 0$, $D_z = 0$. Aus (17,6) und (17,8) folgt

$$D_z = \varepsilon_{zz}E_z + 4\pi\gamma_{z,zz}\sigma_{zz} = 0 \,,$$

$$u_{zz} = \mu_{zzzz}\,\sigma_{zz} + \gamma_{z,zz}E_z \,.$$

[1]) Es wird nicht angenommen, daß sie mit einer bestimmten kristallographischen Richtung zusammenfällt.

Eliminieren wir aus diesen Gleichungen E_z, so finden wir

$$\frac{1}{E} = \mu_{zzzz} - \frac{4\pi\gamma^2_{z,zz}}{\varepsilon_{zz}}.$$

c) Für diesen Fall ist ebenfalls $E_x = E_y = 0$, $D_z = 0$, die Ausdehnung möge längs der x-Achse erfolgen. Wir haben

$$D_z = \varepsilon_{zz}E_z + 4\pi\gamma_{z,xx}\sigma_{xx} = 0\,,$$

$$u_{xx} = \mu_{xxxx}\sigma_{xx} + \gamma_{z,zz}E_z\,.$$

Eliminieren wir E_z, so erhalten wir

$$\frac{1}{E} = \mu_{xxxx} - \frac{4\pi\gamma^2_{z,xx}}{\varepsilon_{zz}}.$$

4. Man gebe eine Gleichung für die Schallgeschwindigkeit in einem piezoelektrischen Medium an.

Lösung. In dieser Aufgabe ist es bequem, als unabhängige Veränderliche die Größen u_{ik} statt σ_{ik} zu benutzen. Wir schreiben $\widetilde{F}$ in der Gestalt

$$\widetilde{F} = F_0 + \frac{1}{2}\lambda_{iklm}u_{ik}u_{lm} - \frac{1}{8\pi}\varepsilon_{ik}E_iE_k - \frac{1}{4\pi}E_iD_{i0} + \beta_{i,kl}E_iu_{kl}\,,$$

woraus

$$\sigma_{ik} = \frac{\partial\widetilde{F}}{\partial u_{ik}} = \lambda_{iklm}u_{lm} + \beta_{l,ik}E_l$$

folgt. Die Bewegungsgleichungen der Elastizitätstheorie lauten

$$\varrho\ddot{u}_{ik} = \frac{\partial\sigma_{ik}}{\partial x_k} = \lambda_{iklm}\frac{\partial u_{lm}}{\partial x_k} + \beta_{l,ik}\frac{\partial E_l}{\partial x_k}, \tag{4}$$

wo $\boldsymbol{u}$ der Verschiebungsvektor ist, der mit u_{ik} mittels

$$u_{ik} = \frac{1}{2}\left(\frac{\partial u_i}{\partial x_k} + \frac{\partial u_k}{\partial x_i}\right)$$

zusammenhängt. Die Gleichung div $\boldsymbol{D} = 0$ liefert

$$\varepsilon_{ik}\frac{\partial E_k}{\partial x_i} - 4\pi\beta_{i,kl}\frac{\partial u_{kl}}{\partial x_i} = 0\,, \tag{5}$$

und die Feldstärke drücken wir mit Hilfe des Potentials durch

$$E_i = -\frac{\partial\varphi}{\partial x_i}$$

aus, wodurch die Gleichung rot $\boldsymbol{E} = 0$ sofort erfüllt ist.

In einer ebenen Schallwelle sind $\boldsymbol{u}$ und φ zu $e^{i(\boldsymbol{kr}-\omega t)}$ proportional, und aus den angeschriebenen Gleichungen erhalten wir

$$\varrho\omega^2u_i = \lambda_{iklm}k_kk_lu_m - \beta_{l,ik}k_kk_l\varphi\,,$$

$$\varepsilon_{ik}k_ik_k\varphi + 4\pi\beta_{i,kl}k_ik_ku_l = 0\,.$$

Eliminieren wir hieraus φ, so kann die Kompatibilitätsbedingung der sich ergebenden Gleichungen für u_i

$$\left|\varrho\omega^2\,\delta_{ik} - \lambda_{ilkm}k_lk_m - 4\pi\frac{(\beta_{l,mi}k_lk_m)\,(\beta_{p,qk}k_pk_q)}{\varepsilon_{rs}k_rk_s}\right| = 0$$

geschrieben werden. Für jede vorgegebene Richtung des Wellenvektors $\boldsymbol{k}$ bestimmt diese Gleichung im allgemeinen verschiedene Phasengeschwindigkeiten des Schalls ω/k. Eine typische Eigenschaft eines piezoelektrischen Mediums ist die komplizierte Abhängigkeit der Geschwindigkeit von der Wellenrichtung.

5. Ein zur Klasse C_{6v} gehöriger piezoelektrischer Kristall sei durch eine ebene Oberfläche (x,z-Ebene) begrenzt, die durch eine Symmetrieachse (z-Achse) verlaufe. Man bestimme die Geschwindigkeiten der Oberflächenwellen, die sich senkrecht zur Symmetrie; achse ausbreiten (längs der x-Achse); in der Welle sind die Verschiebung u_z und das Potential des elektrischen Feldes φ Schwingungen unterworfen (J. L. BLEUSTEIN, 1968; J. W. GULJAJEW, 1969).

Lösung: Aus dem System der Gleichungen (4) und (5) kann man zwei nur u_z und φ enthaltende Gleichungen abtrennen. Diese Größen hängen von den Koordinaten x, y (sowie von der Zeit t), aber nicht von z ab. Die von Null verschiedenen Komponenten des Spannungstensors und des Induktionsvektors lauten

$$\sigma_{zx} = \beta E_x + 2\lambda u_{zx}, \qquad \sigma_{zy} = \beta E_y + 2\lambda u_{zy} ,$$

$$D_x = -8\pi\beta u_{zx} + \varepsilon E_x , \qquad D_y = -8\pi\beta u_{zy} + \varepsilon E_y ,$$

wobei

$$u_{zx} = \frac{1}{2}\frac{\partial u_z}{\partial x}, \qquad u_{zy} = \frac{1}{2}\frac{\partial u_z}{\partial y}, \qquad E_x = -\frac{\partial\varphi}{\partial x}, \qquad E_y = -\frac{\partial\varphi}{\partial y}$$

gilt, der Kürze wegen wurden die Bezeichnungen

$$\beta_{x,xz} = \beta_{y,yz} \equiv \beta , \qquad \lambda_{xzxz} = \lambda_{yzyz} \equiv \lambda , \qquad \varepsilon_{xx} = \varepsilon_{yy} \equiv \varepsilon$$

verwendet. Die konstante pyroelektrische Induktion $D_z = D_0$ geht in die Gleichungen und Grenzbedingungen nicht ein.

Für den vom piezoelektrischen Medium eingenommenen Bereich (den Halbraum $y > 0$) liefern Gleichung (5) und die z-Komponente von Gleichung (4)

$$4\pi\beta\, \Delta u_z + \varepsilon \Delta\varphi^{(i)} = 0 , \qquad \varrho\ddot{u}_z = -\beta\Delta\varphi^{(i)} + \lambda\Delta u_z ,$$

wobei $\Delta = \partial^2/\partial x^2 + \partial^2/\partial y^2$ ist; wir schreiben diese Gleichungen in der Gestalt

$$\varrho\ddot{u}_z = \bar{\lambda}\Delta u_z , \qquad \Delta\psi = 0 , \tag{6}$$

wobei

$$\bar{\lambda} = \lambda + \frac{4\pi\beta^2}{\varepsilon}, \qquad \psi = \frac{4\pi\beta}{\varepsilon} u_z + \varphi^{(i)}$$

ist. Im Vakuum (dem Halbraum $y < 0$) genügt das Potential hingegen der Gleichung

$$\Delta\varphi^{(e)} = 0 . \tag{7}$$

Diese Gleichungen müssen unter den Grenzbedingungen an der Mediumoberfläche

$$\varphi^{(i)} = \varphi^{(e)} , \qquad \sigma_{zy} = 0 , \qquad D_y^{(i)} = -\frac{\partial\varphi^{(e)}}{\partial y} \quad \text{bei} \quad y = 0, \tag{8}$$

sowie unter den Bedingungen

$$u_z \to 0 \quad \text{für} \quad y \to \infty ; \qquad \varphi \to 0 \quad \text{für} \quad y \to \pm\infty$$

weit von der Oberfläche entfernt gelöst werden. Wir suchen die Lösung in der Form

$$u_z = A\, e^{-\varkappa y}\, e^{i(kx-\omega t)} , \qquad \psi = B\, e^{-ky}\, e^{i(kx-\omega t)} , \qquad \varphi^{(e)} = C\, e^{ky}\, e^{i(kx-\omega t)} ,$$

wobei

$$\varrho\omega^2 = \bar{\lambda}(k^2 - \varkappa^2) \tag{9}$$

ist. Die Gleichungen (6), (7) sowie die Bedingungen im Unendlichen sind damit bereits erfüllt. Die Bedingungen (8) liefern drei homogene lineare Gleichungen für A, B und C, deren Lösbarkeitsbedingung zu der Beziehung

$$\varkappa = k\, \frac{4\pi\beta^2}{\bar{\lambda}\varepsilon(1 + \varepsilon)} \equiv \Lambda k$$

führt. Schließlich finden wir durch Einsetzen in (9) die Phasengeschwindigkeit der Wellen zu

$$\frac{\omega}{k} = \left[\frac{\bar{\lambda}}{\varrho}\,(1 - \Lambda^2)\right]^{1/2} .$$

Die Ausbreitung dieser Wellen an der Oberfläche ist spezifisch für ein piezoelektrisches Medium. Für $\beta \to 0$ strebt die Eindringtiefe $1/\varkappa \to \infty$, d. h., die Welle wird zu einer Volumenwelle.

§ 18. Thermodynamische Ungleichungen

Nach den Formeln von § 10 läßt sich die gesamte freie Energie in Form eines Integrals

$$\mathcal{F} = \int F(T, \varrho, \boldsymbol{D}) \, \mathrm{d}V \tag{18,1}$$

darstellen, das über den ganzen Raum zu erstrecken ist. Wir nehmen an, daß die in den Integranden eingehende Funktion $\boldsymbol{D}(x, y, z)$ lediglich die Gleichung

$$\operatorname{div} \boldsymbol{D} = 0 \tag{18,2}$$

innerhalb eines Dielektrikums erfüllt sowie die Bedingung

$$\oint \boldsymbol{D} \, \mathrm{d}\boldsymbol{f} = 4\pi e \tag{18,3}$$

auf Leiterflächen, die eine gegebene Ladung tragen. Durch diese Gleichungen ist die Beziehung zwischen Feld und seinen Quellen hergestellt. Sonst betrachten wir $\boldsymbol{D}(x, y, z)$ als willkürlich, insbesondere fordern wir nicht, daß sie die zweite Feldgleichung $\operatorname{rot} \boldsymbol{E} = 0$ (mit $\boldsymbol{E} = 4\pi \, \partial F/\partial \boldsymbol{D}$) erfüllt oder die Grenzbedingung $\varphi = \mathrm{const}$ auf den Leiterflächen. Wir werden zeigen, daß diese fehlenden Bedingungen aus der Forderung erhalten werden können, daß das Integral (18,1) ein Minimum in bezug auf Änderungen der Funktion $\boldsymbol{D}(x, y, z)$ ist, die die Gleichungen (18,2) und (18,3) erfüllen. Wir betonen, daß die Möglichkeit einer solchen Ableitung a priori nicht evident ist, da die zur Konkurrenz zugelassenen Feldverteilungen bei der Bestimmung des Minimums von (18,1) keinen physikalisch möglichen Zuständen entsprechen (da für sie nicht alle Feldgleichungen erfüllt sind), während in der thermodynamischen Bedingung des Minimums der freien Energie nur verschiedene physikalisch mögliche Zustände miteinander verglichen werden.

Das Problem, für das Integral (18,1) unter den Zusatzbedingungen (18,2) und (18,3) ein Minimum zu finden, wird mit der Methode der Lagrangeschen Multiplikatoren gelöst. Nach diesem Verfahren multiplizieren wir die Variation der Bedingung (18,2) mit irgendeiner noch unbestimmten Funktion der Koordinaten (wir bezeichnen sie im folgenden mit $-\varphi/4\pi$), die Variation von (18,3) mit einem unbestimmten konstanten Faktor (als $\varphi_0/4\pi$ bezeichnet) und setzen die Summe der Variationen Null:

$$\int \delta F \, \mathrm{d}V - \frac{1}{4\pi} \int \varphi \operatorname{div} \delta \boldsymbol{D} \, \mathrm{d}V + \frac{\varphi_0}{4\pi} \oint \delta \boldsymbol{D} \, \mathrm{d}\boldsymbol{f} = 0 .$$

Im ersten Glied schreiben wir[1])

$$\delta F = \left(\frac{\partial F}{\partial \boldsymbol{D}}\right)_{T, \varrho} \cdot \delta \boldsymbol{D} = \frac{1}{4\pi} \boldsymbol{E} \, \delta \boldsymbol{D} ,$$

[1]) Die freie Energie besitzt ein Minimum bei gegebener Temperatur. Die Variation muß bezüglich der zwei unabhängigen Größen $\boldsymbol{D}$ und ϱ durchgeführt werden. Uns interessiert hier das Ergebnis der Variation nach $\boldsymbol{D}$. Die Variation von (18,1) nach der Dichte dagegen (unter der zusätzlichen Bedingung der Konstanz der Gesamtmasse des Körpers) liefert eine der gewöhnlichen Bedingungen für thermisches Gleichgewicht, nämlich die Konstanz des chemischen Potentials ζ.

im zweiten führen wir eine partielle Integration durch:

$$\int \varphi \operatorname{div} \delta \boldsymbol{D} \, \mathrm{d}V = \oint \varphi \, \delta \boldsymbol{D} \, \mathrm{d}\boldsymbol{f} - \int \delta \boldsymbol{D} \operatorname{grad} \varphi \, \mathrm{d}V .$$

Als Ergebnis erhalten wir

$$\int (\boldsymbol{E} + \operatorname{grad} \varphi) \, \delta \boldsymbol{D} \, \mathrm{d}V + \oint (\varphi_0 - \varphi) \, \delta \boldsymbol{D} \, \mathrm{d}\boldsymbol{f} = 0 .$$

Hieraus läßt sich schließen, daß im gesamten Bereich $\boldsymbol{E} = -\operatorname{grad} \varphi$ (und daher $\operatorname{rot} \boldsymbol{E} = 0$) gelten muß sowie $\varphi = \varphi_0 = \text{const}$ auf den Leiteroberflächen. Dies sind die korrekten Gleichungen für das Feld, wobei der LAGRANGEsche Multiplikator φ sich als dessen Potential erweist.

Auf entsprechende Weise kann man zeigen, daß sich Gleichungen für die elektrische Induktion aus der Maximalbedingung für das Integral

$$\tilde{\mathcal{F}} = \int \tilde{F}(T, \varrho, \boldsymbol{E}) \, \mathrm{d}V$$

ergeben, in dem die Funktion $\boldsymbol{E}(x, y, z)$ unter den Zusatzbedingungen $\boldsymbol{E} = -\operatorname{grad} \varphi$ und $\varphi = \text{const}$ auf den Leiterflächen variiert wird.[1]) Wir haben nämlich

$$\delta \tilde{\mathcal{F}} = \int \frac{\partial \tilde{F}}{\partial \boldsymbol{E}} \delta \boldsymbol{E} \, \mathrm{d}V = \frac{1}{4\pi} \int \boldsymbol{D} \nabla \delta\varphi \, \mathrm{d}V =$$

$$= \frac{1}{4\pi} \oint \delta\varphi \, \boldsymbol{D} \, \mathrm{d}\boldsymbol{f} - \frac{1}{4\pi} \int \delta\varphi \operatorname{div} \boldsymbol{D} \, \mathrm{d}V = 0 .$$

Das erste Integral verschwindet, da $\delta\varphi = 0$ auf der Oberfläche gilt, und aus dem zweiten finden wir als Folge der Willkür von $\delta\varphi$ im Innern des Gebietes die gesuchte Gleichung $\operatorname{div} \boldsymbol{D} = 0$.

Befindet sich der Körper nicht in einem äußeren elektrischen Feld (sind insbesondere keine geladenen Leiter vorhanden), so kann es möglich sein, die Bedingung für thermodynamisches Gleichgewicht als Bedingung eines absoluten (nicht durch Bedingungen eingeschränkten) Minimums der gesamten freien Energie (18,1) zu formulieren. Diese Bedingung führt zur Forderung, daß die Dichte der freien Energie F als Funktion der unabhängigen Veränderlichen $\boldsymbol{D}$ ein Minimum besitzt:

$$\frac{\partial F}{\partial \boldsymbol{D}} = \frac{\boldsymbol{E}}{4\pi} = 0 ,$$

---

[1]) Der Umstand, daß das thermodynamische Potential $\tilde{\mathcal{F}}$ bezüglich der Variablen $\boldsymbol{E}$ (oder $\boldsymbol{D}$) eben ein Maximum und kein Minimum wie $\mathcal{F}$ hat, ist eine allgemeine Eigenschaft, die sich durch folgende Überlegungen erklären läßt. Nehmen wir an, der Gleichgewichtswert einer gewissen Variablen x (dieser Wert sei $x = 0$) werde durch die thermodynamische Gleichgewichtsbedingung bestimmt. Dann besitzt die freie Energie bei gegebenen T und V bei $x = 0$ ein Minimum. Mit anderen Worten, im Punkte $x = 0$ haben wir $X \equiv (\partial \mathcal{F}/\partial x)_{V,T} = 0$, und in der Umgebung dieses Punktes gilt

$$X = \alpha x, \quad \mathcal{F} = \mathcal{F}_0 + \frac{\alpha}{2} x^2 , \qquad \alpha > 0 .$$

Führt man nun das thermodynamische Potential $\tilde{\mathcal{F}} = \mathcal{F} - xX$ ein, so gilt

$$\tilde{\mathcal{F}} = \mathcal{F}_0 - \frac{\alpha}{2} x^2 = \mathcal{F}_0 - \frac{1}{2\alpha} X^2 ,$$

d. h., $\tilde{\mathcal{F}}$ hat im Gleichgewicht bezüglich x oder X ein Maximum. Hinsichtlich irgendwelcher anderer, x-unabhängiger Variabler y haben jedoch sowohl $\mathcal{F}$ als auch $\tilde{\mathcal{F}}$ ein Minimum.

d. h., die Feldstärke muß im ganzen Raum verschwinden. Wenn dabei eine Induktionsverteilung derart gefunden werden kann, daß sie die Gleichung $\operatorname{div} \boldsymbol{D} = 0$ erfüllt, so entspricht der gefundene Zustand thermodynamischem Gleichgewicht.[1])

Das Verschwinden der ersten Variation der freien Energie stellt nur eine notwendige, nicht aber eine hinreichende Bedingung für ihr Minimum dar. Eine Bestimmung der hinreichenden Bedingungen erfordert eine Untersuchung der zweiten Variation. Diese Bedingungen haben die Gestalt bestimmter Ungleichungen (es sind dies die sog. *thermodynamischen Ungleichungen*) und stellen Bedingungen für die Stabilität eines Zustands im Körper dar (s. V, § 21).

Bei linearem Zusammenhang zwischen $\boldsymbol{D}$ und $\boldsymbol{E}$ vereinfachen sich alle Beziehungen sehr, und die uns interessierende thermodynamische Ungleichung (die mit den dielektrischen Eigenschaften des Körpers zusammenhängt) wird evident. Die gesamte freie Energie ist

$$\mathcal{F}_0 + \int \frac{\boldsymbol{D}^2}{8\pi\varepsilon}\, \mathrm{d}V\,.$$

Es ist klar, daß sie nur für $\varepsilon > 0$ ein Minimum besitzen kann; im entgegengesetzten Fall könnte man das Integral unbeschränkt verkleinern, indem der dielektrischen Erregung hinreichend große Werte gegeben werden. In diesem Fall erfahren wir somit im wesentlichen nichts Neues, da wir bereits wissen, daß die dielektrische Permeabilität in Wirklichkeit nicht nur positiv, sondern sogar größer als 1 sein muß (siehe § 14).

Im allgemeinen Fall einer beliebigen Verknüpfung zwischen $\boldsymbol{D}$ und $\boldsymbol{E}$ ist es notwendig, die zweite Variation des Integrals (18,1) zu betrachten, wobei $\boldsymbol{D}$ und ϱ zugleich zu variieren sind (nur die Temperatur bleibt konstant). Im isotropen Körper hängt $F(T, \varrho, \boldsymbol{D})$ nur vom Betrag des Vektors $\boldsymbol{D}$ ab, seine drei Komponenten werden aber unabhängig variiert. Wir wählen die Richtung des nichtvariierten Vektors $\boldsymbol{D}$ als z-Achse. Dann drückt sich die Betragsänderung von $\boldsymbol{D}$ durch die Änderung seiner Komponenten bis zu Gliedern zweiter Ordnung vermittels

$$\delta D = \delta D_z + \frac{1}{2D}(\delta D_x)^2 + \frac{1}{2D}(\delta D_y)^2$$

aus. Die erste und zweite Variation des Integrals (18,1) sind zusammen im Ausdruck

$$\int \left\{\frac{\partial F}{\partial D}\delta D + \frac{\partial F}{\delta \varrho}\partial\varrho + \frac{1}{2}\frac{\partial^2 F}{\partial D^2}(\delta D)^2 + \frac{\partial^2 F}{\partial D\,\partial\varrho}\delta D\,\delta\varrho + \frac{1}{2}\frac{\partial^2 F}{\partial\varrho^2}(\delta\varrho)^2\right\}\mathrm{d}V$$

enthalten. Setzen wir hier δD ein und sammeln wir die Glieder zweiter Ordnung, so finden wir als zweite Variation

$$\int \frac{1}{2D}\frac{\partial F}{\partial D}\left((\delta D_x)^2 + (\delta D_y)^2\right)\mathrm{d}V$$

$$+ \int \left\{\frac{1}{2}\frac{\partial^2 F}{\partial D^2}(\delta D_z)^2 + \frac{\partial^2 F}{\partial D\,\partial\varrho}\delta D_z\,\delta\varrho + \frac{1}{2}\frac{\partial^2 F}{\partial\varrho^2}(\delta\varrho)^2\right\}\mathrm{d}V\,. \qquad (18,4)$$

---

[1]) Hier betrachten wir Körper, für die $\boldsymbol{D} \neq 0$ für $\boldsymbol{E} = 0$ sein kann (s. den folgenden Paragraphen), sonst hätten wir einfach das triviale Ergebnis $\boldsymbol{E} = \boldsymbol{D} = 0$ im ganzen Raum.

Beide hier aufgeschriebenen Glieder sind voneinander unabhängig. Das erste ist positiv, wenn $\frac{1}{D}\frac{\partial F}{\partial D} > 0$ gilt. Nun ist $\partial F/\partial \boldsymbol{D} = \boldsymbol{E}/4\pi$, so daß die Ableitung $\partial F/\partial D$ positiv oder negativ ist, je nachdem ob $\boldsymbol{D}$ in die Richtung von $\boldsymbol{E}$ oder in die dazu entgegengesetzte Richtung fällt. Beide Vektoren müssen also gleichgerichtet sein.

Die Bedingungen dafür, daß der zweite Term in (18,4) positiv wird, sind

$$\frac{\partial^2 F}{\partial \varrho^2} > 0\,, \tag{18,5}$$

$$\frac{\partial^2 F}{\partial \varrho^2}\frac{\partial^2 F}{\partial D^2} - \left(\frac{\partial^2 F}{\partial \varrho\, \partial D}\right)^2 > 0\,. \tag{18,6}$$

Wegen $\partial F/\partial \varrho = \zeta$, $\partial F/\partial D = E/4\pi$ gibt die erste

$$\left(\frac{\partial \zeta}{\partial \varrho}\right)_{D,T} > 0\,, \tag{18,7}$$

während die zweite als JACOBIsche Determinante geschrieben werden kann:

$$\frac{\partial\left(\frac{\partial F}{\partial D}, \frac{\partial F}{\partial \varrho}\right)}{\partial(D, \varrho)} = \frac{1}{4\pi}\frac{\partial(E, \zeta)}{\partial(D, \varrho)} > 0\,.$$

Gehen wir von Veränderlichen D, ϱ zu Veränderlichen D, ζ über, so gilt

$$\frac{\partial(E, \zeta)}{\partial(D, \varrho)} = \frac{\partial(E, \zeta)}{\partial(D, \zeta)}\frac{\partial(D, \zeta)}{\partial(D, \varrho)} = \left(\frac{\partial E}{\partial D}\right)_\zeta \left(\frac{\partial \zeta}{\partial \varrho}\right)_D > 0\,.$$

Infolge (18,7) ist diese Ungleichung der Bedingung

$$\left(\frac{\partial E}{\partial D}\right)_{\zeta, T} > 0 \tag{18,8}$$

gleichwertig. Die gesuchten thermodynamischen Ungleichungen sind damit abgeleitet. Bei verschwindendem Feld geht die Ungleichung (18,7) in die gewöhnliche Bedingung über, daß für die isotherme Kompressibilität $(\partial P/\partial \varrho)_T > 0$ gilt.[1] Die Ungleichung (18,8) gibt dagegen $\varepsilon > 0$, so daß im Fall $E \to 0$ für die Erregung $D \to \varepsilon E$ gilt.

Von den beiden Ungleichungen (18,5), (18,6) ist die zweite die stärkere: Sie kann eher verletzt sein als die erste, während das Umgekehrte nicht möglich ist. Die Gleichung

$$\frac{\partial^2 F}{\partial \varrho^2}\frac{\partial^2 F}{\partial D^2} - \left(\frac{\partial^2 F}{\partial \varrho\, \partial D}\right)^2 = \frac{1}{4\pi}\frac{\partial(E, \zeta)}{\partial(D, \varrho)} = 0$$

entspricht dem *kritischen Zustand* (s. V, § 83). Diese Bedingung läßt sich bequemer in einer anderen Form schreiben, wenn wir sie mit dem von Null verschiedenen Faktor $\partial(D, \varrho)/\partial(E, \varrho)$ multiplizieren:

$$\frac{\partial(E, \zeta)}{\partial(E, \varrho)} = \left(\frac{\partial \zeta}{\partial \varrho}\right)_{E,T} = 0\,. \tag{18,9}$$

[1]) Wir erinnern, daß bei Abwesenheit eines Feldes ζ das thermodynamische Potential pro Masse des Stoffes ist und sein Differential nach der gewöhnlichen thermodynamischen Beziehung $\mathrm{d}\zeta = \frac{1}{\varrho}\mathrm{d}P - \frac{S}{\varrho}\mathrm{d}T$, so daß $\left(\frac{\partial \zeta}{\partial \varrho}\right)_T = \frac{1}{\varrho}\left(\frac{\partial P}{\partial \varrho}\right)_T$. In der obigen Ableitung wurde die zweite der gewöhnlichen thermodynamischen Ungleichungen, die Bedingung, daß die spezifische Wärme positiv ist, unbeachtet gelassen.

In der E, T-Ebene füllen die kritischen Zustände eine bestimmte Linie. Diese Linie stellt für die thermodynamischen Funktionen des Körpers eine Singularität dar, ähnlich wie der kritische Punkt bei Abwesenheit eines Feldes.

§ 19. Ferroelektrika

Unter den verschiedenen Kristallmodifikationen einer bestimmten Substanz können sowohl pyroelektrische als auch nichtpyroelektrische auftreten.

Wenn der Übergang zwischen zwei Modifikationen sich durch einen Phasenübergang zweiter Art vollzieht, so besitzt die Substanz in der Nähe des Übergangspunktes eine Reihe besonderer Eigenschaften, die sie von gewöhnlichen pyroelektrischen Stoffen unterscheidet. Diese Körper werden als Ferroelektrika (oder SEIGNETTE-Elektrika) bezeichnet.

In einem gewöhnlichen pyroelektrischen Kristall ist eine Richtungsänderung der spontanen Polarisation mit einer wesentlichen Umgruppierung des Kristallgitters verbunden. Auch dann, wenn das endgültige Ergebnis dieser Umgruppierung energetisch günstiger ist, kann sie möglicherweise nicht realisiert werden, weil sie die Überwindung einer sehr hohen „Energiebarriere" erfordern würde.

In einem ferroelektrischen Körper ändert sich die Lage wesentlich dadurch, daß sich in der Nähe eines Phasenübergangspunktes zweiter Art die Atomanordnung im Kristallgitter der pyroelektrischen Phase nur wenig von der Anordnung in einem nichtpyroelektrischen Gitter unterscheidet (und daher die spontane Polarisation auch klein ist). Aus diesem Grund erfordert eine Richtungsänderung der spontanen Polarisation hier nur eine geringfügige Umstrukturierung des Gitters, und sie kann daher leicht auftreten.

Der tatsächliche Charakter der ferroelektrischen Eigenschaften eines Körpers hängt wesentlich von seiner Kristallsymmetrie ab. Die Richtung der spontanen Polarisation der pyroelektrischen Phase (die wir ferroelektrische Achse nennen) ist bereits durch die Struktur der nichtpyroelektrischen Phase auf der anderen Seite des Übergangspunktes festgelegt. In einigen Fällen ist diese Festlegung in dem Sinne eindeutig, daß die ferroelektrische Achse nur in einer kristallographisch vollständig bestimmten Richtung entsteht; die Richtung der spontanen Polarisation ist in diesem Falle bis auf das Vorzeichen bestimmt, da in der nichtpyroelektrischen Phase die beiden entgegengesetzten, zur ferroelektrischen Achse parallelen Richtungen äquivalent sind (sonst würde auch diese Form kristalliner Modifikation pyroelektrisch sein). In anderen Fällen kann die Symmetrie der nichtpyroelektrischen Phase so sein, daß sie spontane Polarisation in mehreren kristallographisch äquivalenten Richtungen erlaubt.[1])

---

[1]) Ein Beispiel des ersten Typs ist SEIGNETTE-Salz, dessen nichtpyroelektrische Phase rhombische Symmetrie besitzt. Die ferroelektrische Achse erscheint in ihm (im CURIE-Punkt) in einer genau festgelegten Kristallachsenrichtung (eine der zweizähligen Achsen), das Gitter wird dabei monoklin.

Ein Beispiel der zweiten Art stellt das Bariumtitanat dar. Seine nichtpyroelektrische Modifikation besitzt ein kubisches Gitter, und eine beliebige seiner drei kubischen Achsen kann ferroelektrisch werden. Nach der Entstehung einer spontanen Polarisation im Übergangspunkt sind diese drei Richtungen selbstverständlich nicht mehr äquivalent. Nur die ferroelektrische Achse behält ihre vierzählige Symmetrie, das Gitter wird tetragonal.

Das Auftreten einer Polarisation ist immer mit einer Verringerung der Kristallsymmetrie verbunden. Daher kann man (in Übereinstimmung mit der in V, § 142 eingeführten Terminologie) die nichtpyroelektrische Phase als die symmetrische und die pyroelektrische als die nichtsymmetrische Phase bezeichnen.

Wir werden zeigen, wie eine auf der LANDAUschen allgemeinen Theorie der Phasenübergänge zweiter Art basierende Ferroelektrizitätstheorie entwickelt wird (eine solche Theorie wurde erstmals von W. L. GINSBURG 1945 aufgestellt)[1]).

Als Ordnungsparameter wählen wir den Vektor der dielektrischen Polarisation des Stoffes $\boldsymbol{P}$, dessen Größe ein Maß für die Abweichung der Kristallgitterstruktur der nichtsymmetrischen von der der symmetrischen Phase darstellt. Das bedeutet, daß $\boldsymbol{P}$ als unabhängige thermodynamische Variable betrachtet wird. Ihr faktischer Wert (als Funktion der Temperatur, des Feldes u. a.) wird danach durch die thermodynamische Gleichgewichtsbedingung, d. h., daß das thermodynamische Potential ein Minimum hat, bestimmt.

Betrachten wir zunächst den Fall, daß die ferroelektrische Achse, die wir als z-Achse wählen, eindeutig bestimmt ist. Die dielektrischen Eigenschaften des Kristalls in Richtung der x- und y-Achsen weisen dabei keinerlei Anomalien auf; für die Untersuchung der Eigenschaften längs der z-Achse reicht es aus, im thermodynamischen Potential nur P_z enthaltende Terme zu betrachten. In der Umgebung des Übergangspunktes ist der Ordnungsparameter P_z klein, und das thermodynamische Potential kann nach dessen Potenzen entwickelt werden. Wegen der Äquivalenz beider Richtungen der z-Achse kann die Entwicklung nicht vom Vorzeichen von P_z abhängen, d. h., sie enthält nur dessen gerade Potenzen. Bis zu Termen vierter Ordnung erhält man

$$\Phi = \Phi_0 + AP_z^2 + BP_z^4 . \tag{19,1}$$

In der symmetrischen Phase ist $A > 0$, und dem Minimum des thermoydnamischen Potentials entspricht $P_z = 0$. Damit eine spontane Polarisation auftreten kann, muß der Koeffizient A negativ werden; folglich muß er im Phasenübergangspunkt verschwinden. In der LANDAU-Theorie wird angenommen, die Funktion $A(T)$ sei nach ganzen Potenzen $T - T_c$ entwickelbar, wobei T_c die Temperatur des Übergangspunktes ist. In der Nähe dieses Punktes setzen wir $A = \alpha(T - T_c)$ an, wobei α eine (temperaturunabhängige) Konstante ist. Der Bestimmtheit wegen sei $\alpha > 0$, so daß der nichtsymmetrischen Phase Temperaturen $T < T_c$ entsprechen. Die Stabilitätsbedingung für den Zustand im Punkt T_c selbst erfordert die Positivität des Koeffizienten B in diesem Punkt und daher auch überall in seiner Umgebung. Im weiteren werden wir unter B dessen Wert $B(T_c)$ verstehen.

Wenn das elektrische Feld im Körper von Null verschieden ist, dann treten im thermodynamischen Potential zusätzliche Terme auf. Zu ihrer Bestimmung gehen wir von der Beziehung

$$4\pi \frac{\partial \tilde{\Phi}}{\partial \boldsymbol{E}} = -\boldsymbol{D} = -\boldsymbol{E} - 4\pi \boldsymbol{P} \tag{19,2}$$

---

[1]) Die LANDAU-Theorie verliert offensichtlich in hinreichender Nähe zum Übergangspunkt ihre Gültigkeit. Die Fragestellung, wann dies im Falle der Ferroelektrika eintritt, erfordert eine konkrete Analyse der experimentellen Daten und überschreitet den Rahmen dieses Buches. Wir bemerken, daß faktisch viele ferroelektrische Übergänge keine Übergänge zweiter Art, sondern erster Art sind, die denen der zweiten Art sehr nahe kommen. Dies hängt offenbar mit den am Ende von V, § 146 erwähnten Fluktuationseffekten zusammen.

aus. Nach ihrer Integration bei gegebenem Wert der unabhängigen Variablen $\boldsymbol{P}$ (und unter Berücksichtigung, daß bei $\boldsymbol{E} = 0$ die Potentiale $\tilde{\Phi}$ und Φ zusammenfallen) finden wir

$$\tilde{\Phi}(\boldsymbol{P}, \boldsymbol{E}) = \Phi(\boldsymbol{P}, 0) - \boldsymbol{E}\boldsymbol{P} - \frac{E^2}{8\pi}.$$

Wir betrachten ein elektrisches Feld, das längs der z-Achse gerichtet ist, nehmen $\Phi(\boldsymbol{P}, 0)$ aus (19,1) und erhalten

$$\tilde{\Phi} = \Phi_0 + a(T - T_c)\,P_z^2 + BP_z^4 - E_z P_z - \frac{E_z^2}{8\pi}. \tag{19,3}$$

Das Vorhandensein des Gliedes $E_z P_z$ führt dazu, daß schon in einem beliebig kleinen Feld E_z der Ordnungsparameter P_z im gesamten Temperaturbereich von Null verschieden sein wird. Das Feld polarisiert die nichtpyroelektrische Phase und verringert damit ihre Symmetrie. Somit verschwindet der qualitative Unterschied zwischen beiden Phasen; entsprechend verschwindet auch der diskrete Phasenübergangspunkt — der Übergang wird „ausgewaschen“.[1])

Das thermodynamische Potential $\tilde{\Phi}$ muß im Gleichgewicht bei gegebenem Wert der Feldstärke $\boldsymbol{E}$ ein Minimum besitzen. Nach Differentiation von (19,3) bei konstantem E_z finden wir

$$2P_z\,a(T - T_c) + 4BP_z^3 = E_z. \tag{19,4}$$

Dies ist die grundlegende Beziehung, die Feldstärke und Polarisation eines Ferroelektrikums verbindet.[2])

Bei $T \to T_c$ (in der nichtpyroelektrischen Phase) verschwindet P_z zusammen mit E_z. Mit wachsendem E_z wächst die Polarisation zunächst nach dem linearen Gesetz $P_z = \varkappa E_z$ mit der Suszeptibilität

$$\varkappa = 1/2a(T - T_c)\,, \qquad T > T_c\,, \tag{19,5}$$

die für $T \to T_c$ unbegrenzt anwächst. Zusammen mit P_z wächst auch die Induktion $D_z = \varepsilon E_z = (1 + 4\pi\varkappa)\,E_z$ linear an. In der Nähe des Übergangspunktes ist $\varkappa$ groß, und wir haben mit der gleichen Genauigkeit

$$\varepsilon \approx 4\pi\varkappa = \frac{2\pi}{a(T - T_c)}. \tag{19,6}$$

In hinreichend starken Feldern wächst hingegen die Polarisation nach dem Gesetz $P_z = (E_z/4B)^{1/3}$ an.

Bei $T < T_c$ (pyroelektrische Phase) kann der Wert $P_z = 0$ überhaupt nicht einem stabilen Zustand entsprechen. Bei $E_z = 0$ finden wir aus (19,4) die spontane Polarisation der pyroelektrischen Phase

$$P_{z0} = \pm\sqrt{\frac{a(T_c - T)}{2B}}. \tag{19,7}$$

[1]) Vgl. V, § 144. Die nachfolgende Darlegung wiederholt in starkem Maße das dort Gesagte.

[2]) Bestimmt man $\boldsymbol{P}(\boldsymbol{E})$ aus (19,4) und setzt es in (19,3) ein, so erhält man $\tilde{\Phi}(\boldsymbol{E})$ als Funktion nur von $\boldsymbol{E}$. Wir bemerken, daß wegen der Bedingung $\partial\tilde{\Phi}(\boldsymbol{P}, \boldsymbol{E})/\partial\boldsymbol{P} = 0$ die Gleichung $\boldsymbol{D} = -4\pi\;\partial\tilde{\Phi}/\partial\boldsymbol{E}$ sowohl für die Funktion $\tilde{\Phi}(\boldsymbol{E})$ als auch für die Funktion $\tilde{\Phi}(\boldsymbol{P}, \boldsymbol{E})$ (bei konstantem $\boldsymbol{P}$ differenziert) Gültigkeit hat.

Die dielektrische Suszeptibilität dieser Phase kann man als den Wert der Ableitung $\mathrm{d}P_z/\mathrm{d}E_z$ bei $E_z \to 0$ definieren. (Aus (19,4) haben wir

$$[-2(T_c - T)\,a + 12BP_z^2]\frac{\mathrm{d}P_z}{\mathrm{d}E_z} = 1\,, \tag{19,8}$$

und nach Einsetzen von (19,7) hierin erhalten wir

$$\varkappa = \left.\frac{\mathrm{d}P_z}{\mathrm{d}E_z}\right|_{E_z=0} = \frac{1}{4a(T_c - T)}\,, \qquad T < T_c\,. \tag{19,9}$$

Wir weisen darauf hin, daß diese Größe zweimal kleiner ist als die Suszeptibilität der nichtpyroelektrischen Phase (bei gleichem Wert von $|T - T_c|$). In hinreichend schwachen Feldern sind die Polarisation $P_z = P_{z0} + \varkappa E_z$ und die Induktion $D_z = D_{z0} + \varepsilon E_z$, wobei $D_{z0} = 4\pi P_{z0}$ ist und für die dielektrische Permeabilität

$$\varepsilon \approx 4\pi\varkappa = \frac{\pi}{a(T_c - T)} \tag{19,10}$$

gilt.

In Abb. 14 ist das Bild der Funktion $P_z(E_z)$, die durch die Gleichung (19,4) (bei $T < T_c$) bestimmt wird, dargestellt. Wir sehen zunächst, daß der Kurvenabschnitt cc'

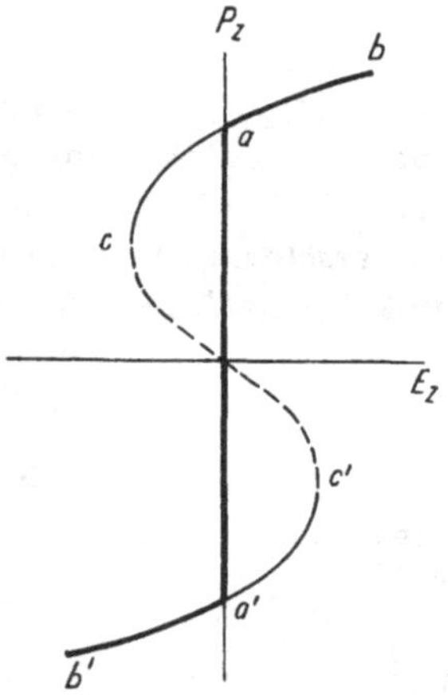

Abb. 14

(in Abb. 14 gestrichelt dargestellt) keinen stabilen Zuständen entspricht. In der Tat ist aus Gleichung (19,8), die in der Gestalt

$$\frac{\mathrm{d}P_z}{\mathrm{d}E_z}\left(\frac{\partial^2\tilde{\Phi}}{\partial P_z^2}\right)_{E_z} = 1$$

geschrieben wurde, ersichtlich, daß bei $\mathrm{d}P_z/\mathrm{d}E_z < 0$ auch $\partial^2\tilde{\Phi}/\partial P_z^2 < 0$ sein wird, d. h., das thermodynamische Potential $\tilde{\Phi}$ hat ein Maximum und kein Minimum. Die Ordinaten der Punkte c und c' werden aus der Gleichung $\mathrm{d}E_z/\mathrm{d}P_z = 0$ bestimmt, und wir kommen zu dem Schluß, daß die möglichen Werte von P_z in der pyroelektrischen Phase durch die Bedingung

$$P_z^2 > \frac{(T_c - T)\,a}{6B} \tag{19,11}$$

nach unten eingeschränkt sind.

Betrachtet man die Zustände des Ferroelektrikums bei gegebenen Werten von E_z, so bleibt trotzdem im Gebiet zwischen den Abszissen der Punkte c und c' eine Doppeldeutigkeit der möglichen Werte von P_z bestehen, und es entsteht die Frage nach dem physikalischen Sinn dieser beiden Möglichkeiten. Wir werden uns dabei den ferroelektrischen Körper als homogene ebene Scheibe (mit einer ferroelektrischen Achse normal zur Scheibenebene) vorstellen, die sich zwischen den Platten eines Kondensators befindet. Die Platten werden auf konstanten Potentialen gehalten, d. h., sie erzeugen ein homogenes Feld mit einer gegebenen Feldstärke $E = E_z$.

Bei gegebenen Leiterpotentialen fordert die Stabilitätsbedingung ein Minimum für das thermodynamische Potential $\tilde{\Phi}$. Für $\boldsymbol{E} = 0$ gibt es insbesondere zwei Zustände, die sich durch das Vorzeichen von P_z unterscheiden (die Punkte a und a' auf der Kurve), die aber den gleichen Wert von $\tilde{\Phi}(= \Phi)$ besitzen. Diese beiden Zustände sind folglich gleichermaßen stabil, d. h. sie stellen zwei Phasen dar, die gleichzeitig nebeneinander existieren können.

Bereits hieraus ist klar, daß die Abschnitte ac und $a'c'$ auf der Kurve nicht absolut stabilen, sondern nur metastabilen Zuständen entsprechen. Man überzeugt sich mühelos davon, daß $\tilde{\Phi}$ für denselben Wert von E_z auf den Abschnitten ac und $a'c'$ tatsächlich größer als auf $a'b'$ und ab ist. Die Ordinaten der Punkte a und a' sind durch die Formel (19,7) gegeben. Der Metastabilitätsbereich liegt somit im Intervall

$$\frac{(T_c - T)\,a}{6B} < P_z^2 < \frac{(T_c - T)\,a}{2B}. \qquad (19,12)$$

Die Existenz zweier Phasen mit $\boldsymbol{E} = 0$ ist sehr wichtig, da sie die Aufteilung der ferroelektrischen Körpers in eine Anzahl getrennter Gebiete (oder Domänen) ermöglicht, die sich durch verschiedene Polarisationsrichtungen unterscheiden. Auf den Trennflächen dieser Gebiete müssen die Stetigkeitsbedingungen für die Normalkomponente von $\boldsymbol{D}$ und die Tangentialkomponente von $\boldsymbol{E}$ erfüllt sein. Die zweite von ihnen ist identisch erfüllt (da allgemein $\boldsymbol{E} = 0$ gilt). Aus der ersten folgt jedoch, daß die Domänengrenzen zur z-Achse parallel sein müssen. Die konkreten Formen und Abmessungen der Domänen werden durch die Bedingung bestimmt, daß das gesamte thermodynamische Pontential des Körpers ein absolutes Minimum besitzt.[1])

Wenn man sich nicht für Details dieser Struktur interessiert und Teile des Körpers betrachtet, die im Vergleich zu den Domänenabmessungen groß sind, dann kann man eine über den Bereich der Gebiete gemittelte Polarisation $\overline{\boldsymbol{P}}$ einführen. Ihre Komponente $\overline{P}_z$ kann offensichtlich Werte im Intervall zwischen den Ordinaten der Punkte

[1]) Es sei betont, daß es sich dabei um ein vollständiges thermodynamisches Gleichgewicht handelt. Es kann in Ferroelektrika realisiert werden, jedoch faktisch nicht in gewöhnlichen Pyroelektrika, wegen der früher erwähnten Schwierigkeiten bei der Umorientierung (und daher auch der Domänenbildung) in ihnen. Die Frage nach der Form und den Abmessungen der Domänen wird in § 44 für den (in vieler Hinsicht analogen) Fall von Ferromagneten betrachtet. Auf die spezifischen Besonderheiten der Domänenstruktur von Ferroelektrika werden wir nicht eingehen. Diese Besonderheiten werden vor allem durch die starre Verbindung der Polarisationsrichtung des Ferroelektrikums mit bestimmten kristallographischen Achsen, die große dielektrische Suszeptibilität (im Vergleich zur magnetischen Suszeptibilität eines Ferromagnetikums) und die größere Rolle von Striktionserscheinungen verursacht.

a und a' annehmen, d. h.

$$-\sqrt{\frac{(T_c - T)\,a}{2B}} < \bar{P}_z < \sqrt{\frac{(T_c - T)\,a}{2B}}. \tag{19,13}$$

Anders ausgedrückt, wenn man in Abb. 14 unter P_z den im angegebenen Sinn gemittelten Wert der Polarisation versteht, dann entspricht der vertikale Abschnitt aa' dem Bereich der Domänenstruktur, während sich die ausgezogene Kurve $baa'b'$ auf alle vom Körper durchlaufenen stabilen Zustände bezieht.

Wir betrachten nun Ferroelektrika, die (in der nichtpyroelektrischen Phase) zum kubischen System gehören.[1]) Die kubische Symmetrie erlaubt zwei unabhängige Invarianten vierter Ordnung, die mit Hilfe der Komponenten von $\boldsymbol{P}$ gebildet werden, wir können etwa $(P_x^2 + P_y^2 + P_z^2)^2$ und $(P_x^2 P_y^2 + P_x^2 P_z^2 + P_y^2 P_z^2)$ wählen. Die Entwicklung des thermodynamischen Potentials hat dann in der Nähe des Übergangspunktes (bei $\boldsymbol{E} = 0$) die Gestalt

$$\begin{aligned}\Phi = \Phi_0 &+ a(T - T_c)^2\,(P_x^2 + P_y^2 + P_z^2) \\ &+ B(P_x^2 + P_y^2 + P_z^2)^2 + C(P_x^2 P_y^2 + P_x^2 P_z^2 + P_y^2 P_z^2)\,,\end{aligned} \tag{19,14}$$

wo a, B, C Konstanten sind, und die x-, y-,z-Achsen längs der drei Symmetrierichtungen vierter Ordnung gerichtet sind.

Die Gesamtheit der Terme vierter Ordnung in (19,14) muß einen positiv definierten Ausdruck darstellen. Dazu muß

$$B > 0\,, \quad 3B + C > 0 \tag{19,15}$$

gelten.

Die spontane Polarisation eines Ferroelektrikums (bei $\boldsymbol{E} = 0$) ergibt sich aus der Bedingung des absoluten Minimums von $\tilde{\Phi}$ als Funktion von $\boldsymbol{P}$. Da das Glied zweiter Ordnung und der erste Term der Glieder vierter Ordnung nicht von der Richtung von $\boldsymbol{P}$ abhängen, wird die Richtung der spontanen Polarisation durch die Bedingung bestimmt, daß der letzte Term in (19,14) bei gegebenem Betrag von $\boldsymbol{P}$ ein Minimum hat. Hierbei sind zwei Fälle möglich. Ist $C > 0$, so entsprechen die Richtungen von $\boldsymbol{P}$ längs der x-, y- und z-Achse dem kleinsten Wert dieses Gliedes, d. h. längs irgendeiner der drei Würfelkanten. Gilt hingegen $C < 0$, dann entsprechen die Richtungen längs der räumlichen Würfeldiagonalen dem kleinsten Wert, d. h., wenn $P_x^2 = P_y^2 = P_z^2 = P^2/3$ gilt. Im ersten Fall besitzt die pyroelektrische Phase des Ferroelektrikums tetragonale, im zweiten Falle rhombische Symmetrie.

Betrachten wir z. B. den ersten Fall ($C > 0$) etwas ausführlicher und nehmen die Richtung der spontanen Polarisation als z-Achse. Die Größe der spontanen Polarisation P_0 wird (bei $\boldsymbol{E} = 0$) aus dem Minimum des Ausdrucks

$$-a(T_c - T)\,P^2 + BP^4$$

---

[1]) Dabei sind die Kristallklassen $\mathbf{T}_h$ und $\mathbf{O}_h$ gemeint. Die kubischen Klassen $\mathbf{T}$ und $\mathbf{T}_d$ erlauben auch die Invarianten dritter Ordnung $P_x P_y P_z$. In diesen Fällen könnte ein Zustand mit $\boldsymbol{P} = 0$ offensichtlich die Stabilitätsbedingung (Minimum von $\tilde{\Phi}$) nicht erfüllen, so daß ein Phasenübergang zweiter Art unmöglich ist. Die Symmetrie der Klasse $\mathbf{O}$ (und auch der Klasse $\mathbf{T}$) erlaubt eine in den Ableitungen lineare Invariante $\boldsymbol{P}$ rot $\boldsymbol{P}$; dies führt zum Auftreten einer inkommensurablen Struktur (vgl. § 52).

bestimmt, woraus

$$P_0^2 = \frac{a(T_c - T)}{2B} \tag{19,16}$$

folgt. Zur Bestimmung des Zusammenhanges zwischen der Polarisation und dem Feld $\boldsymbol{E}$ muß man noch das Glied $-\boldsymbol{PE}$ zu (19,14) hinzufügen (damit geht man zum Potential $\tilde{\Phi}$ über) und $\partial\tilde{\Phi}/\partial\boldsymbol{P}$ Null setzen.

Für schwache Felder $\boldsymbol{E}$ sind auch P_x, P_y und $P_z - P_0$ klein. Vernachlässigt man die Glieder zweiter und höherer Ordnung in den Gleichungen und setzt in sie $P_{0z} = P_0$ aus (19,16) ein, so erhält man für die longitudinale Polarisation

$$P_z - P_0 = \frac{1}{4a(T_c - T)} E_z \tag{19,17}$$

und für die transversale

$$P_x = \frac{B}{aC(T_c - T)} E_x \tag{19,18}$$

(und analog für P_y). Oberhalb des Übergangspunktes, in der nichtpyroelektrischen Phase, ist die dielektrische Suszeptibilität eines Ferroelektrikums in allen Richtungen gleich:

$$\boldsymbol{P} = \frac{1}{2a(T - T_c)} \boldsymbol{E}. \tag{19,19}$$

Gehen wir noch kurz auf die elastischen Eigenschaften der Ferroelektrika ein. In Abhängigkeit von ihrer kristallographischen Klasse kann die nichtpyroelektrische Phase piezoelektrische Eigenschaften aufweisen oder auch nicht.[1]) Betrachten wir zunächst den ersten Fall und nehmen dabei an, die Symmetrie erlaube eine piezoelektrische (lineare) Beziehung zwischen den Deformationen und der Polarisation längs der ferroelektrischen Achse (z-Achse). Hierzu gehören die Kristallklassen $\mathbf{D}_2$, $\mathbf{D}_{2d}$, $\mathbf{S}_4$; in allen diesen drei Fällen geht die Polarisation P_z in den piezoelektrischen Teil des thermodynamischen Potentials in Form des Terms

$$-\gamma_{z,xy} P_z \sigma_{xy}$$

ein. In die elastische Energie der Kristalle mit der angegebenen Symmetrie gehen die Komponenten des Spannungstensors σ_{yx} in Form des Terms

$$-\mu_{xy\,xy}\sigma_{xy}^2$$

ein. Somit haben wir für das thermodynamische Potential in der Nähe des Übergangspunktes (zur Abkürzung setzen wir $\gamma_{z,xy} = \gamma$, $\mu_{xyxy} = \mu$)[2])

$$\tilde{\Phi} = \Phi_0 + a(T - T_c)\, P_z^2 + BP_z^4 - \gamma P_z \sigma_{xy} - \mu\sigma_{xy}^2 - E_z P_z - \frac{E_z^2}{8\pi}. \tag{19,20}$$

[1]) Die nichtpyroelektrische Phase eines Ferroelektrikums kann piezoelektrische Eigenschaften besitzen, wenn sie zu einer der folgenden acht der auf S. 87 aufgezählten zehn Klassen gehört: $\mathbf{D}_2$, $\mathbf{D}_4$, $\mathbf{D}_{2d}$, $\mathbf{S}_4$, $\mathbf{D}_3$, $\mathbf{D}_6$, $\mathbf{C}_{3h}$, $\mathbf{D}_{3h}$.

[2]) Durch die andersartige Entwicklung fallen die Definitionen der Tensoren $\gamma_{i,kl}$ und μ_{iklm} hier nicht mit den in § 17 eingeführten und mit denselben Buchstaben bezeichneten Tensoren zusammen. Ihre Symmetrieeigenschaften sind jedoch natürlich dieselben.

Terme mit den übrigen Komponenten von $\boldsymbol{P}$ und σ_{ik} interessieren uns hier nicht, da sie nicht zu Anomalien der piezoelektrischen Eigenschaften in der Nähe des Übergangspunktes führen.

Nach Nullsetzen der Ableitung $\partial\tilde{\Phi}/\partial P_z$ bei $E_z = \text{const}$ erhalten wir die Gleichung

$$E_z = 2a(T - T_c)\, P_z + 4BP_z^3 - \gamma\sigma_{xy}\,. \tag{19,21}$$

Die Komponenten des Deformationstensors erhält man durch Differentiation des thermodynamischen Potentials (19,20) nach den entsprechenden Komponenten von σ_{ik} (s. (17,4))[1]:

$$u_{xy} = {}^1/_2\gamma P_z + \mu\sigma_{xy}\,. \tag{19,22}$$

In der nichtpyroelektrischen Phase kann man bei schwachem Feld $\boldsymbol{E}$ in (19,21) das Glied mit P_z^3 vernachlässigen:

$$E_z = 2a(T - T_c)\, P_z - \gamma\sigma_{xy}\,.$$

Setzen wir hieraus P_z in (19,22) ein, so erhalten wir

$$u_{xy} = \frac{\gamma}{4a(T - T_c)} E_z + \left[\mu + \frac{\gamma^2}{4a(T - T_c)}\right]\sigma_{xy}\,.$$

Der Koeffizient bei σ_{xy} spielt die Rolle des Elastizitätsmoduls für die Deformationen, bei denen die Feldstärkekomponente E_z konstant gehalten wird, während μ in Formel (19,22) der Elastizitätsmodul für die Deformation bei konstanter Polarisation P_z ist. Daher kann man

$$\mu^{(E)} = \mu^{(P)} + \frac{\gamma^2}{4a(T - T_c)} \tag{19,23}$$

schreiben, wo die oberen Indizes den Charakter der Deformation anzeigen. Wir sehen, daß diese beiden Koeffizienten sich unterschiedlich verhalten: Während $\mu^{(P)}$ eine endliche Konstante ist, wächst der Modul $\mu^{(E)}$ bei Annäherung an den Übergangspunkt unbegrenzt an.[2]

In der pyroelektrischen Phase zeigt die Formel (19,22), daß eine spontane Polarisation zu einer bestimmten Deformation des Körpers führt. Bei Fehlen innerer Spannungen und bei $\boldsymbol{E} = 0$ ist die Deformation u_{xy} proportional zu P_{z0}, d. h., sie verändert sich mit der Temperatur wie $\sqrt{T_c - T}$.

Wenn die Symmetrie (z. B. kubische) der nichtpyroelektrischen Phase keinen linearen Piezoeffekt zuläßt, dann sind die ersten nichtverschwindenden Terme einer Entwicklung des thermodynamischen Potentials nach Potenzen von σ_{ik} und $\boldsymbol{P}$ quadratisch in den Komponenten von $\boldsymbol{P}$, d. h. von der Form

$$-\gamma_{iklm} P_i P_k \sigma_{lm}\,, \tag{19,24}$$

wobei γ_{iklm} ein Tensor vierter Stufe ist, der bezüglich der Indexpaare ik und lm symmetrisch ist. In diesen Fällen stellt die Deformation, die in der pyroelektrischen Phase unter dem Einfluß der spontanen Polarisation entsteht, einen (in $\boldsymbol{P}_0$) quadratischen Effekt dar, demgemäß verändert sie sich mit der Temperatur wie $T_c - T$.

---

[1]) Über die Differentiation nach den Komponenten des Tensors s. die Bemerkung auf S. 88.

[2]) Eine konstante Größe ist auch der Modul $\mu^{(D)} = \mu + \gamma^2/8\pi$, der die Deformation bei konstanter Induktion D_z bestimmt.

Es können Zweifel entstehen, ob die Verwendung des Ausdrucks (19,24) im thermodynamischen Potential gerechtfertigt ist, da in § 17 gezeigt wurde, daß dieses Potential nur bei Vernachlässigung quadratischer Effekte benutzt werden kann. Ferroelektrika bilden jedoch in diesem Sinne eine Ausnahme, da (in der Nähe des Übergangspunktes) das Feld $\boldsymbol{E}$, verglichen mit der Polarisation $\boldsymbol{P}$ (oder der Induktion $\boldsymbol{D}$), infolge des unbegrenzten Anwachsens der dielektrischen Suszeptibilität klein ist. Die Einführung des thermodynamischen Potentials hing mit der Vernachlässigung von Größen der Ordnung EDu_{ik} (oder — was dasselbe ist — $ED\sigma_{ik}$) zusammen; der Ausdruck (19,24) dagegen ist von der Größenordnung $D^2\sigma_{ik}$.

§ 20. Uneigentliche Ferroelektrika

Die im vorhergehenden Paragraphen dargestellte Theorie der Ferroelektrizität beruht auf der Identifizierung des Polarisationsvektors des Kristalls mit dem Ordnungsparameter, der die Symmetrieänderung des Kristalls beim Phasenübergang bestimmt. Diese Annahme ist aber nicht immer zulässig. Es kann sich erweisen, daß die Tatsache der Entstehung einer spontanen Polarisation an und für sich den Charakter der Kristallstrukturveränderung nicht vollständig bestimmt.

Wir erinnern (s. V, § 145), daß der Ordnungsparameter bei einem Phasenübergang zweiter Art eine Größe oder Gesamtheit von Größen ist, die sich nach einer der irreduziblen (Nicht-Eins-) Darstellungen der Ausgangssymmetriegruppe (der „symmetrischen") Phase transformieren. Gerade die Transformationseigenschaften des Ordnungsparameters bestimmen den Charakter der Symmetrieänderung (Verringerung) beim Phasenübergang. Sein konkreter physikalischer Sinn hingegen ist dabei unwesentlich. Als Ordnungsparameter kann man verschiedene physikalische Größen auswählen, wenn sie nur untereinander durch lineare Beziehungen verknüpft sind und daher die gleichen Transformationseigenschaften haben.

Die Auswahl des Vektors $\boldsymbol{P}$ als Ordnungsparameter kommt der Annahme gleich, daß sich letzterer nach derselben Darstellung transformiert wie die Komponenten eines (polaren) Vektors. Vollzieht sich der Phasenübergang ohne Änderung der Elementarzelle des Gitters (genauer: nur mit ihrer Deformation), so handelt es sich um die irreduziblen Darstellungen von Punktsymmetriegruppen, d. h. die Kristallklassen. In den Kristallklassen, die zur Kategorie der zweiachsigen gehören (§ 13), transformiert sich jede Vektorkomponente nach einer der eindimensionalen Darstellungen. Dasselbe gilt auch für eine Vektorkomponente längt der Hauptsymmetrieachse (dritter, vierter oder sechster Ordnung) von einachsigen Kristallen. Für alle diese Darstellungen kann die entsprechende Komponente des Vektors $\boldsymbol{P}$ als Ordnungsparameter dienen. Darauf bezieht sich auch die auf dem thermodynamischen Potential (19,1) basierende Theorie. Die Komponenten von $\boldsymbol{P}$ in der Ebene, die normal zur Hauptsymmetrieachse eines einachsigen Kristalls liegen, transformieren sich nach der zweidimensionalen irreduziblen Darstellung, und dafür können die Darstellungen als Ordnungsparameter dienen. In Kristallen mit kubischer Symmetrie transformieren sich alle drei Vektorkomponenten nach einer dreidimensionalen Darstellung. Auf diesen Fall bezieht sich die auf dem thermodynamischen Potential (19,14) basierende Theorie.

Es gibt aber auch andere ferroelektrische Übergänge, bei denen transformiert sich der Ordnungsparameter nach einer irreduziblen Darstellung der „symmetrischen" Phase, die nicht den Vektorkomponenten entspricht. In diesen Fällen dient als Ordnungsparameter nicht die Polarisation, sondern eine Größe anderer physikalischer Natur. Die spontane Polarisation entsteht im bekannten Sinne als sekundärer Effekt (es wird natürlich angenommen, daß die Symmetrie der „nichtsymmetrischen" Phase Pyroelektrizität zuläßt). Derartige Ferroelektrika werden als *uneigentliche Ferroelektrika* bezeichnet. Sie unterscheiden sich wesentlich im Charakter der dielektrischen Anomalien von gewöhnlichen Ferroelektrika.[1]) Hierher gehören alle ferroelektrischen Übergänge mit Änderung der Elementarzelle, mit Änderungen der Translationssymmetrie des Gitters (die entsprechenden irreduziblen Darstellungen können offensichtlich nicht durch vektorielle Größen realisiert werden, die invariant bezüglich Translationen sind.[2]) Aber das können auch Übergänge ohne Änderung der Translationssymmetrie sein (der Ordnungsparameter transformiert sich nach einer irreduziblen Darstellung einer Punktgruppe, die nicht Vektorkomponenten entspricht).

Bei einem gewöhnlichen ferroelektrischen Übergang, wenn die Symmetrieänderung vollständig durch den Polarisationsvektor bestimmt wird, findet ein Übergang in eine höhere (eine derjenigen, die Pyroelektrizität erlaubt) Untergruppe der Raumgruppe der ursprünglichen (nichtpyroelektrischen) Phase statt. Bei einem uneigentlichen ferroelektrischen Übergang hingegen gehört die pyroelektrische Phase zu einer Untergruppe mit geringerer Symmetrie.

Die konkreten thermodynamischen Eigenschaften der uneigentlichen Ferroelektrika können vielgestaltig sein, entsprechend der Vielgestaltigkeit der Transformationseigenschaften jener Größen, die sich nach den verschiedenen irreduziblen Darstellungen der Raumgruppen transformieren. Wir betrachten hier (erneut im Rahmen der LANDAU-Theorie der Phasenübergänge) lediglich ein formales Beispiel, um einige wesentliche prinzipielle Momente zu illustrieren.

Betrachten wir einen Übergang (ohne Änderung der Elementarzelle) von einem nichtpyroelektrischen Kristall der Klasse $\mathbf{C}_{3h}$ in die Klasse $\mathbf{C}_1$, die spontane Polarisation erlaubt, wobei der Ordnungsparameter zweikomponentig (η_1, η_2) ist und sich nach der irreduziblen Darstellung E_u der Gruppe $\mathbf{C}_{3h}$ transformiert. Die Komponenten P_x, P_y des Polarisationsvektors (in der Ebene normal zur Achse C_3) hingegen transformieren sich nach der Darstellung E_g.

Das thermodynamische Potential in der Nähe des Übergangspunktes muß nach Potenzen des Ordnungsparameters η_1, η_2 und der Polarisation P_x, P_y entwickelt werden. Hierbei ist für das Auftreten von Ferroelektrizität die Existenz von gemischten Invarianten, die aus diesen und jenen Größen gebildet werden (dabei linear bezüglich des Vektors $\boldsymbol{P}$), erforderlich. Im vorliegenden Fall gibt es zwei solcher Invarianten: Real- und Imaginärteil des Produktes $(\eta_1 + i\eta_2)^2\,(P_x + iP_y)$. Im Ergebnis gelangen wir zu einer Entwicklung der Form

$$\begin{aligned}\tilde{\Phi} = \Phi_0 + a(T - T_c)\,\eta^2 + B\eta^4 + \varkappa \boldsymbol{P}^2 + C_1\eta^2[P_x(\gamma_1^2 - \gamma_2^2) - 2P_y\gamma_1\gamma_2] \\ + C_2\eta^2[P_y(\gamma_1^2 - \gamma_2^2) + 2P_x\gamma_1\gamma_2] - \boldsymbol{EP} - \frac{\boldsymbol{E}^2}{8\pi}\end{aligned} \tag{20,1}$$

---

[1]) Die Möglichkeit der Existenz solcher Ferroelektrika wurde von W. L. INDENBOM (1960) gezeigt.

[2]) Von dieser Art sind faktisch alle bekannten uneigentlichen Ferroelektrika.

($\eta^2 = \eta_1^2 + \eta_2^2$, $\gamma_i = \eta_i/\eta$; die Vektoren $\boldsymbol{E}$, $\boldsymbol{P}$ liegen in der x,y-Ebene).

Der Ordnungsparameter und die Polarisation werden durch die Minimalitätsbedingung von $\tilde{\Phi}$ (bei $\boldsymbol{E} = \text{const}$) bestimmt. Wir führen hier nur charakteristische Ergebnisse an, die auch ohne Ausführung der entsprechenden Rechnungen evident sind. Der Ordnungsparameter in der nicht symmetrischen Phase erweist sich, wie auch bei jedem Phasenübergang zweiter Art (nach der Theorie von Landau), als proportional zu $(T_c - T)^{1/2}$. Die Polarisation dagegen entsteht als Effekt zweiter Ordnung in η und ist zu $T_c - T$ proportional. Die dielektrische Suszeptibilität strebt für $T \to T_c$ nicht gegen Unendlich (wie bei gewöhnlichen Ferroelektrika), da sie nun nicht durch einen gegen Null strebenden Koeffizienten bei η^2 bestimmt wird. Allerdings erleidet sie im Übergangspunkt einen endlichen Sprung. Das hängt damit zusammen, daß in der symmetrischen Phase der Ordnungsparameter $\eta \equiv 0$ ist und sich bei Einwirkung des Feldes $\boldsymbol{E}$ nicht ändert; in der nichtsymmetrischen Phase hingegen ändert er sich, was auch einen zusätzlichen Beitrag zur Suszeptibilität liefert (A. P. Lewanjuk, D. G. Sannikow (1968)).

Wir bemerken, daß ein uneigentlicher ferroelektrischer Übergang nur für einen mehrkomponentigen Ordnungsparameter möglich ist. In der Tat könnte bei einem einkomponentigen Ordnungsparameter η nur ηP_z (wo P_z eine der Komponenten des Vektors $\boldsymbol{P}$ ist) eine gemischte Invariante (linear in $\boldsymbol{P}$) sein (da für eine eindimensionale Darstellung das Quadrat η^2 selbst schon eine Invariante ist). Aber das würde bedeuten, daß η und P_z bezüglich ihrer Transformationseigenschaften zusammenfallen würden, so daß P_z selbst auch als Ordnungsparameter gewählt werden könnte.

III KONSTANTE STRÖME

§ 21. Stromdichte und Leitfähigkeit

Nach dem Studium der durch unbewegte elektrische Ladungen erzeugten elektrischen Felder kommen wir nun zur Betrachtung der stationären Bewegung von Ladungen in Leitern (konstanter elektrischer Strom).

Wir werden die mittlere Dichte des Ladungsstromes, sie wird *elektrische Stromdichte* genannt, durch $\boldsymbol{j}$ bezeichnen.[1]) In einem konstanten Strom hängt die räumliche Verteilung $\boldsymbol{j}$ nicht von der Zeit ab und unterliegt der Gleichung

$$\operatorname{div} \boldsymbol{j} = 0\,, \tag{21,1}$$

die die Konstanz der mittleren Gesamtladung ausdrückt, die in einem beliebigen Volumen des Leiters eingeschlossen ist.

Das elektrische Feld innerhalb eines Leiters, in dem ein konstanter Strom fließt, ist ebenfalls konstant und erfüllt die Gleichung

$$\operatorname{rot} \boldsymbol{E} = 0\,, \tag{21,2}$$

d. h. besitzt ein Potential.

Den Gleichungen (21,1) und (21,2) muß noch eine Bedingung hinzugefügt werden, die die Größen $\boldsymbol{j}$ und $\boldsymbol{E}$ miteinander verbindet. Diese Verknüpfung hängt von den speziellen Eigenschaften des Leiters ab. In der großen Mehrzahl aller Fälle kann sie als linear angesehen werden (Ohm*sches Gesetz*).

Ist der Leiter homogen und isotrop, so ergibt die lineare Abhängigkeit einfache Proportionalität:

$$\boldsymbol{j} = \sigma \boldsymbol{E}\,. \tag{21,3}$$

Der Koeffizient σ hängt von der Art und dem Zustand des Leiters ab; er wird *elektrische Leitfähigkeit* genannt oder kurz *Leitfähigkeit* des Körpers.

In einem homogenen Leiter ist $\sigma = \text{const}$, und das Einsetzen von (21,3) in (21,1) gibt $\operatorname{div} \boldsymbol{E} = 0$. Das Potential des elektrischen Feldes erfüllt in diesem Fall die Laplace-Gleichung $\Delta\varphi = 0$.

An der Grenze zweier leitender Medien muß die Normalkomponente der elektrischen Stromdichte offenbar stetig sein. Außerdem muß als Folge der allgemeinen Bedingung der Stetigkeit der Tangentialkomponente der Feldstärke (die aus $\operatorname{rot} \boldsymbol{E} = 0$ folgt, siehe (1,7) und (6,9)) auch das Verhältnis $\boldsymbol{j}/\sigma$ stetig sein. Die Grenzbedingungen für die

---

[1]) In diesem Kapitel wird das vom Strom erzeugte Magnetfeld nicht betrachtet, und daher auch nicht der Einfluß dieses Feldes auf den Strom. Eine Berücksichtigung dieser Effekte erfordert eine genauere Definition der Stromdichte, die in § 30 gegeben wird.

Stromdichte lauten also

$$j_{n1} = j_{n2}\,, \quad \frac{j_{t1}}{\sigma_1} = \frac{j_{t2}}{\sigma_2}\,, \tag{21,4}$$

und für die Feldstärke

$$\sigma_1 E_{n1} = \sigma_2 E_{n2}\,, \quad \boldsymbol{E}_{t1} = \boldsymbol{E}_{t2}\,. \tag{21,5}$$

An der Grenze von Leiter und Nichtleiter haben wir einfach $j_n = 0$ oder $E_n = 0$.[1])

Ein elektrisches Feld, das einen Strom aufrecht erhält, leistet an den im Leiter verschobenen Teilchen (den Stromträgern) mechanische Arbeit. Die pro Zeit- und Volumeneinheit im Leiter geleistete Arbeit ist offensichtlich gleich dem Produkt $\boldsymbol{jE}$. Diese Arbeit verteilt sich im Leiter und geht in Wärme über. Die Wärmeleistungsdichte eines homogenen Leiters ist

$$\boldsymbol{jE} = \sigma E^2 = \frac{j^2}{\sigma} \tag{21,6}$$

(JOULE-LENZ*sches Gesetz*).

Die Entwicklung von Wärme erhöht die Entropie des Körpers. Entsteht in der Zeit dt die Wärmemenge $dQ = \boldsymbol{jE}\, dV\, dt$, so vergrößert sich die Entropie dieses Volumenelementes um dQ/T. Die Änderungsgeschwindigkeit der Entropie des Körpers ist also

$$\frac{d\mathcal{S}}{dt} = \int \frac{\boldsymbol{jE}}{T}\, dV\,. \tag{21,7}$$

Nach dem Gesetz des Anwachsens der Entropie hat diese Ableitung positiv zu sein. Setzen wir $\boldsymbol{j} = \sigma \boldsymbol{E}$ ein, so sehen wir, daß wir aus dieser Forderung schließen können, daß die Leitfähigkeit σ positiv sein muß.

In einem anisotropen Körper (Monokristall) fallen die Richtungen der Vektoren $\boldsymbol{j}$ und $\boldsymbol{E}$ im allgemeinen nicht zusammen, und der lineare Zusammenhang zwischen ihnen drückt sich durch Formeln der Gestalt

$$j_i = \sigma_{ik} E_k \tag{21,8}$$

aus, wo die Größen σ_{ik} einen symmetrischen (siehe dazu unten) Tensor zweiten Ranges bilden (den *Leitfähigkeitstensor*).

Hier ist folgende Bemerkung zu machen. Die Symmetrie des Kristalls würde auch ein freies Glied in der linearen Beziehung zwischen $\boldsymbol{j}$ und $\boldsymbol{E}$ erlauben, d. h. eine Formel der Gestalt

$$j_i = \sigma_{ik} E_k + j_i^{(0)}$$

mit konstantem Vektor $\boldsymbol{j}^{(0)}$. Die Existenz eines solchen Terms würde „Pyroelektrizität" des Leiters bedeuten, bei Abwesenheit des Stromes ($\boldsymbol{j} = 0$) würde in ihm ein

---

[1]) Wir weisen darauf hin, daß die Gleichungen $\operatorname{rot} \boldsymbol{E} = 0$, $\operatorname{div}(\sigma \boldsymbol{E}) = 0$ und die Grenzbedingungen (21,5) eine formale Analogie zu den Gleichungen des elektrostatischen Feldes in Dielektrika besitzen und sich von ihnen nur durch Ersatz von ε durch σ unterscheiden. Dieser Umstand gestattet es, Lösungen von Stromverteilungsaufgaben in einem unbegrenzten leitenden Medium unmittelbar aus den Lösungen der entsprechenden elektrostatischen Probleme zu finden. Ist eine Grenze zwischen Leiter und Nichtleiter vorhanden, so führt diese Analogie nicht zum Ziel, da es in der Elektrostatik kein Medium mit $\varepsilon = 0$ gibt.

von Null verschiedenes Feld existieren. In Wirklichkeit ist dies jedoch als Folge des Anwachsens der Entropie nicht möglich: Ein Glied $\boldsymbol{j}^{(0)}\boldsymbol{E}$ im Integranden von (21,7) könnte jedes Vorzeichen annehmen, und $\mathcal{S}$ wäre nicht notwendig eine positive Größe.

Ähnlich wie in einem isotropen Medium die Bedingung $\mathcal{S} > 0$ zu positiven Werten von σ führte, ergibt sich im anisotropen Körper hieraus das positive Vorzeichen für die Hauptkomponenten des Tensors σ_{ik}.

Die Abhängigkeit der Zahl der unabhängigen Komponenten dieses Tensors von der Symmetrie des Kristalls ist dieselbe wie für jeden symmetrischen Tensor zweiten Ranges (s. § 13): In zweiachsigen Kristallen sind alle drei Hauptkomponenten verschieden, in einachsigen zwei von ihnen gleich und in kubischen Kristallen alle drei gleich, d. h., der kubische Kristall verhält sich hinsichtlich seiner Leitfähigkeitseigenschaften wie ein isotroper Körper.

Die Symmetrie des Leitfähigkeitstensors

$$\sigma_{ik} = \sigma_{ki} \tag{21,9}$$

ist eine Folge des *Symmetrieprinzips der kinetischen Koeffizienten.* Eine Formulierung dieses allgemeinen, auf L. ONSAGER zurückgehenden Prinzips, die für Anwendungen hier und später (in den §§ 26 bis 28) nützlich ist besteht in folgendem (vgl. V, § 120):

Es mögen $x_1, x_2, \ldots$ irgendwelche Größen sein, die den Zustand des Körpers in jedem seiner Punkte charakterisieren. Neben ihnen führen wir die Größen

$$X_a = -\frac{\partial S}{\partial x_a} \tag{21,10}$$

ein, wo S die Entropiedichte des Körpers ist und die Ableitungen bei konstanter Energie dieses Volumens durchgeführt werden. In einem Zustand in der Nähe des Gleichgewichts sind die Größen x_a nahe ihren Gleichgewichtswerten und die X_a klein. Dabei gehen im Körper Prozesse vor, die bestrebt sind, ihn ins Gleichgewicht zu bringen. Über die Änderungsgeschwindigkeit der Größen x_a bei diesen Prozessen läßt sich gewöhnlich aussagen, daß sie in jedem Körperpunkt nur von den Werten der x_a (oder X_a) in diesem Punkt selbst abhängen. Entwickeln wir diese Funktion in eine Potenzreihe nach X_a und beschränken wir uns auf lineare Glieder dieser Entwicklung, so erhalten wir eine Beziehung der Form

$$\frac{\partial x_a}{\partial t} = -\sum_b \gamma_{ab} X_b\,. \tag{21,11}$$

Man kann dann behaupten, daß die Koeffizienten γ_{ab} (die *kinetischen Koeffizienten*) hinsichtlich der beiden Indizes a und b symmetrisch sind[1]):

$$\gamma_{ab} = \gamma_{ba}\,. \tag{21,12}$$

Für eine praktische Anwendung dieses Prinzips ist es nötig, die Größen x_a (oder ihre Ableitungen $\dot{x}_a$) auf irgendeine Weise zu wählen und dann die Größen X_a zu bestimmen. Gewöhnlich läßt sich diese Aufgabe sehr einfach mit Hilfe einer Formel

---

[1]) Selbstverständlich müssen sich die Größen x_a und x_b bei Änderung des Zeitvorzeichens gleichartig verhalten.

für die Änderungsgeschwindigkeit der Gesamtentropie des Körpers lösen:

$$\frac{d\mathcal{S}}{dt} = -\int \sum_a X_a \frac{\partial x_a}{\partial t} dV, \tag{21,13}$$

wo sich die Integration über das gesamte Volumen des Körpers erstreckt.

In unserem Fall, wo ein Strom durch den Leiter fließt, haben wir für diese Geschwindigkeit die Formel (21,7). Vergleichen wir mit (21,13), so sehen wir, daß bei einer Wahl von x_a als Komponenten der Stromdichte $\boldsymbol{j}$ die entsprechenden Komponenten X_a diejenigen des Vektors $-\boldsymbol{E}/T$ bilden. Ein Vergleich der Formeln (21,8) und (21,11) zeigt jedoch, daß die kinetischen Koeffizienten dann die mit T multiplizierten Komponenten des Leitfähigkeitstensors darstellen, dessen Symmetrie auf diese Weise unmittelbar aus den allgemeinen Relationen (21,12) folgt.

Aufgaben

1. In einem leitenden Medium sei ein System von Elektroden eingebettet und auf konstanten Potentialen φ_a gehalten. Aus jeder Elektrode fließe ein Strom J_a. Man bestimme den Gesamtbetrag der Leistung der Jouleschen Wärme.

Lösung. Die gesuchte Leistung Q wird durch das über das Volumen der Schicht erstreckte Integral

$$Q = \int \boldsymbol{j}\boldsymbol{E}\, dV = -\int \boldsymbol{j}\nabla\varphi\, dV = -\int \operatorname{div}(\varphi\boldsymbol{j})\, dV$$

gegeben. Wir überführen es in ein Oberflächenintegral und berücksichtigen dabei, daß an der äußeren Grenze des Mediums $j_n = 0$ gilt und an den Oberflächen der Elektroden $\varphi = \text{const} \equiv \varphi_a$. Als Ergebnis erhalten wir

$$Q = \sum_a \varphi_a J_a .$$

2. Es sei die Potentialverteilung in einer leitenden Kugel zu bestimmen, in die ein Strom J durch einen Pol eintritt und durch den entgegengesetzten Pol austritt.

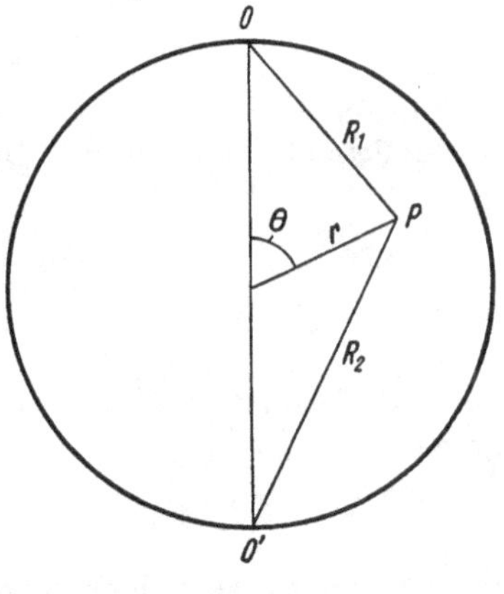

Abb. 15

Lösung. In der Nähe der Pole O und O' (Abb. 15) muß das Potential jeweils die Form

$$\varphi = \frac{J}{2\pi\sigma}\frac{1}{R_1} \quad \text{und} \quad \varphi = -\frac{J}{2\pi\sigma}\frac{1}{R_2}$$

haben, wo R_1, R_2 die Entfernungen bis zu den Polen sind. Diese Funktionen erfüllen die Laplace-Gleichung, und die Integrale $-\sigma\int \nabla\varphi \cdot d\boldsymbol{f}$ über unendlich kleine Halbkugeln um die Punkte O und O' sind gleich $\pm J$. Wir suchen das Potential in einem beliebigen Punkt P der Kugel in der Gestalt

$$\varphi = \frac{J}{2\pi\sigma}\left\{\frac{1}{R_1} - \frac{1}{R_2} + \psi\right\},$$

wo ψ eine Lösung der LAPLACE-Gleichung ist, die keine Pole, weder innerhalb der Kugel noch auf ihrer Oberfläche, besitzt. Aus Symmetriegründen ist klar, daß ψ (ebenso wie φ) nur von den Kugelkoordinaten r und θ abhängt.

Auf der Oberfläche der Kugel ($r = a$) muß $\partial\varphi/\partial r = 0$ gelten. Leiten wir ab, so finden wir hieraus für ψ folgende Grenzbedingungen:

$$\frac{\partial\psi}{\partial r} = \frac{1}{2a}\left(\frac{1}{R_1} - \frac{1}{R_2}\right) \quad \text{für} \quad r = a\,.$$

Ist $f(r, \theta)$ irgendeine Lösung der LAPLACE-Gleichung, so stellen die Funktionen $\int_0^r f(r, \theta)(\mathrm{d}r/r)$ ebenfalls eine Lösung dar.[1]) Ein Vergleich mit der angegebenen Grenzbedingung zeigt, daß sie von der Lösung

$$\psi = \frac{1}{2}\int_0^r \left(\frac{1}{R_1} - \frac{1}{R_2}\right)\frac{\mathrm{d}r}{r}$$

erfüllt wird. Substituieren wir $R_{1,2} = \sqrt{a^2 + r^2 \mp 2ar\cos\theta}$ und führen wir die Integration aus, so erhalten wir endgültig

$$\varphi = \frac{J}{2\pi\sigma}\left\{\frac{1}{R_1} - \frac{1}{R_2} + \frac{1}{2a}\left(\operatorname{arsinh}\frac{a + r\cos\theta}{r\sin\theta} - \operatorname{arsinh}\frac{a - r\cos\theta}{r\sin\theta}\right)\right\}$$

(φ wird auf den Wert $\varphi = 0$ bei $r = 0$ bezogen).

3. Man zeige, daß die Stromverteilung eines Leiters stets einem Minimum der dissipierten Energie entspricht.

Lösung. Es handelt sich um ein Minimum für das Integral $\int \boldsymbol{jE}\,\mathrm{d}V = \int \boldsymbol{j}^2\,\mathrm{d}V/\sigma$ unter der Zusatzbedingung $\operatorname{div}\boldsymbol{j} = 0$, die die Ladungserhaltung ausdrückt. Variieren wir das Integral

$$\int\left(\frac{\boldsymbol{j}^2}{\sigma} - 2\varphi\operatorname{div}\boldsymbol{j}\right)\mathrm{d}V$$

nach $\boldsymbol{j}$ (2φ ist ein unbestimmter LAGRANGEscher Multiplikator) und setzen wir die Variation Null, so erhalten wir die Gleichung $\boldsymbol{j} = -\sigma\nabla\varphi$ oder $\operatorname{rot}\boldsymbol{j}/\sigma = 0$, die mit den Gleichungen (21,2) und (21,3) zusammenfällt.

§ 22. HALL-Effekt

Befindet sich ein Leiter in einem äußeren Magnetfeld $\boldsymbol{H}$, so ist die Beziehung zwischen Stromdichte und elektrischem Feld wieder durch

$$j_i = \sigma_{ik}E_k$$

gegeben, die Komponenten des Leitfähigkeitstensors σ_{ik} sind hier jedoch Funktionen von $\boldsymbol{H}$ und, was besonders wesentlich ist, nicht mehr bezüglich der Indizes i, k

[1]) Man überzeugt sich davon leicht entweder durch unmittelbare Nachprüfung oder durch die Feststellung, daß jede Lösung $f(r, \theta)$ der LAPLACE-Gleichung, die nur von den Variablen r, θ abhängt, in der Form $f = \sum_n c_n r^n P_n(\cos\theta)$ dargestellt werden kann, wo c_n Konstanten sind und P_n LEGENDREsche Polynome.

symmetrisch. Die Symmetrie dieses Tensors wurde in § 21 unter Benutzung des Prinzips der Symmetrie der kinetischen Koeffizienten bewiesen. Im Magnetfeld ändert sich jedoch bekanntermaßen die Formulierung dieses Prinzips etwas: Bei einer Vertauschung der Indizes muß auch die Richtung des Magnetfeldes umgekehrt werden (s. V, § 120). Für die Komponenten des Tensors $\sigma_{ik}(\boldsymbol{H})$ haben wir daher hier die Beziehungen

$$\sigma_{ik}(\boldsymbol{H}) = \sigma_{ki}(-\boldsymbol{H}) . \tag{22,1}$$

Die Größen $\sigma_{ik}(\boldsymbol{H})$ und $\sigma_{ki}(\boldsymbol{H})$ sind somit durchaus nicht gleich.

Wie jeder Tensor zweiten Ranges kann σ_{ik} in seinen symmetrischen und antisymmetrischen Teil zerlegt werden, die wir im folgenden mit s_{ik} und a_{ik} bezeichnen:

$$\sigma_{ik} = s_{ik} + a_{ik} . \tag{22,2}$$

Definitionsgemäß ist

$$s_{ik}(\boldsymbol{H}) = s_{ki}(\boldsymbol{H}) , \qquad a_{ik}(\boldsymbol{H}) = -a_{ki}(\boldsymbol{H}) , \tag{22,3}$$

und aus (22,1) folgt

$$\left.\begin{aligned} s_{ik}(\boldsymbol{H}) &= s_{ki}(-\boldsymbol{H}) = s_{ik}(-\boldsymbol{H}) , \\ a_{ik}(\boldsymbol{H}) &= a_{ki}(-\boldsymbol{H}) = -a_{ik}(-\boldsymbol{H}) . \end{aligned}\right\} \tag{22,4}$$

Die Komponenten von s_{ik} sind somit gerade, die des Tensors a_{ik} ungerade Funktionen des Magnetfeldes.

Es ist bekanntlich ein jeder antisymmetrische Tensor zweiten Ranges a_{ik} dual einem axialen Vektor äquivalent, dessen Komponenten mit a_{ik} durch

$$a_{xy} = a_z , \qquad a_{xz} = -a_y , \qquad a_{yz} = a_x \tag{22,5}$$

zusammenhängen. Mit Hilfe dieses Vektors können die Komponenten des Produktes $a_{ik}E_k$ als Komponenten des Vektorproduktes $[\boldsymbol{Ea}]$ geschrieben werden:

$$j_i = \sigma_{ik}E_k = s_{ik}E_k + [\boldsymbol{Ea}]_i . \tag{22,6}$$

Die beim Fließen des Stromes erzeugte JOULEsche Wärme wird durch das Produkt $\boldsymbol{jE}$ bestimmt. Infolge der Orthogonalität der Vektoren $[\boldsymbol{Ea}]$ und $\boldsymbol{E}$ verschwindet ihr Produkt identisch, so daß

$$\boldsymbol{jE} = s_{ik}E_iE_k \tag{22,7}$$

bleibt, d. h., die JOULEsche Wärme ist bei gegebener Feldstärke $\boldsymbol{E}$ nur durch den symmetrischen Teil des Leitfähigkeitstensors bestimmt.

Ist das Magnetfeld hinreichend schwach, so kann man die Komponenten des Leitfähigkeitstensors nach dessen Potenzen entwickeln. Da die Funktionen $\boldsymbol{a}(\boldsymbol{H})$ ungerade sind, gehen in die Entwicklung dieses Vektors nur Glieder ungerader Potenz ein. Die ersten Glieder der Entwicklung sind linear im Feld, d. h. haben die Gestalt

$$a_i = \alpha_{ik}H_k . \tag{22,8}$$

Die Vektoren $\boldsymbol{a}$ und $\boldsymbol{H}$ sind beide axial; daher bilden die Konstanten α_{ik} einen gewöhnlichen (polaren) Tensor. In die Entwicklung der geraden Funktionen $s_{ik}(\boldsymbol{H})$ dagegen gehen nur die Terme mit geraden Potenzen ein. Das erste Entwicklungsglied ist die Leitfähigkeit $\sigma_{ik}^{(0)}$ bei fehlendem Feld, und der erste Korrekturterm ist quadratisch im Feld:

$$s_{ik} = \sigma_{ik}^{(0)} + \beta_{iklm}H_lH_m . \tag{22,9}$$

Der Tensor β_{iklm} ist symmetrisch sowohl bezüglich i, k als auch bezüglich l, m.

Somit ist der wesentliche Effekt in erster Ordnung des Magnetfeldes im Term $[\boldsymbol{E}\boldsymbol{a}]$ enthalten (HALL-*Effekt*). Wie wir sehen, besteht er darin, daß ein Strom senkrecht zum elektrischen Feld auftritt, dessen Größe proportional zur magnetischen Feldstärke ist. Man hat jedoch im Auge zu behalten, daß im allgemeinen Fall eines beliebigen anisotropen Mediums der HALL-Strom nicht der einzige zu $\boldsymbol{E}$ senkrechte Strom ist; derartige Komponenten kann auch der nicht-HALLsche Stromanteil $s_{ik}E_k$ besitzen.

Der HALL-Effekt kann auch von einer anderen Seite aus betrachtet werden, wie aus der Umkehrformel hervorgeht, die das Feld $\boldsymbol{E}$ durch die Stromdichte ausdrückt:

$$E_i = \sigma_{ik}^{-1} j_k\,.$$

Der reziproke Tensor σ_{ik}^{-1} kann ebenso wie der ursprüngliche in einen symmetrischen Teil (ϱ_{ik}) und den antisymmetrischen Teil zerlegt werden, wobei letzterer wieder einem axialen Vektor $\boldsymbol{b}$ äquivalent ist:

$$E_i = \varrho_{ik} j_k + [\boldsymbol{j}\boldsymbol{b}]_i\,. \tag{22,10}$$

Der Tensor ϱ_{ik} und der Vektor $\boldsymbol{b}$ besitzen dieselben Eigenschaften wie auch s_{ik} und $\boldsymbol{a}$. Insbesondere ist in schwachen Feldern der Vektor $\boldsymbol{b}$ linear im Magnetfeld. In den Formeln (22,10) wird der HALL-Effekt durch das Glied $[\boldsymbol{j}\boldsymbol{b}]$ dargestellt, d. h. durch ein elektrisches Feld senkrecht zum Strom und proportional dem Magnetfeld und dem Strom $\boldsymbol{j}$.

Alle angeschriebenen Beziehungen vereinfachen sich sehr, wenn der Leiter isotrop ist. In diesem Fall ist aus Symmetriegründen offensichtlich, daß der Vektor $\boldsymbol{b}$ (oder $\boldsymbol{a}$) nur die Richtung des Magnetfeldes besitzen kann. Die einzigen von Null verschiedenen Komponenten des Tensors ϱ_{ik} sind $\varrho_{xx} = \varrho_{yy}$ und ϱ_{zz}, wo die z-Achse in Richtung des Feldes gewählt wurde. Bezeichnen wir diese beiden Größen mit $\varrho_{\perp}$ und $\varrho_{||}$, und wählen wir die x,z-Ebene durch die Stromrichtung, so werden wir

$$E_x = \varrho_{\perp} j_x\,, \qquad E_y = -b j_x\,, \qquad E_z = \varrho_{||} j_z \tag{22,11}$$

haben. Es ist hieraus ersichtlich, daß im isotropen Leiter das HALL-Feld das einzige elektrische Feld ist, das zugleich auf dem Strom und dem Magnetfeld senkrecht steht.

In schwachen Magnetfeldern wird die Beziehung zwischen den Vektoren $\boldsymbol{b}$ und $\boldsymbol{H}$ in einem isotropen Körper einfach durch die Relation

$$\boldsymbol{b} = -R\boldsymbol{H} \tag{22,12}$$

gegeben. Die Konstante R (HALL-*Konstante*) kann sowohl positiv als auch negativ sein. Die Form der in H quadratischen Terme in der Beziehung zwischen $\boldsymbol{E}$ und $\boldsymbol{j}$ (die durch den Tensor ϱ_{ik} eingehen) ergibt sich daraus, daß die einzigen Vektoren, die aus $\boldsymbol{j}$ und $\boldsymbol{H}$ gebildet werden können (dabei linear in $\boldsymbol{j}$, quadratisch in $\boldsymbol{H}$), $\boldsymbol{H}(\boldsymbol{j}\boldsymbol{H})$ und $\boldsymbol{j}H^2$ sind. Die allgemeine Form der Abhängigkeit zwischen $\boldsymbol{E}$ und $\boldsymbol{j}$ wird daher in einem isotropen Körper unter Berücksichtigung der in $\boldsymbol{H}$ quadratischen Terme durch

$$\boldsymbol{E} = \varrho^{(0)}\boldsymbol{j} + R[\boldsymbol{H}\boldsymbol{j}] + \beta_1 \boldsymbol{j}H^2 + \beta_2 \boldsymbol{H}(\boldsymbol{H}\boldsymbol{j}) \tag{22,13}$$

gegeben.

Aufgabe

Man drücke die Komponenten des reziproken Tensors σ_{ik}^{-1} durch die Komponenten s_{ik} und $\boldsymbol{a}$ aus.

Lösung. Die Rechnungen sind am leichtesten auszuführen, wenn ein Koordinatensystem x, y, z gewählt wird, in dem der Tensor s_{ik} auf Hauptachsenform gebracht ist:

das Ergebnis in einem allgemeinen Koordinatensystem kann dann leicht aus der speziellen Form erhalten werden. Die Determinante des Tensors ist

$$|\sigma| = \begin{vmatrix} s_{xx} & a_z & -a_y \\ -a_z & s_{yy} & a_x \\ a_y & -a_x & s_{zz} \end{vmatrix} = s_{xx}s_{yy}s_{zz} + s_{xx}a_x^2 + s_{yy}a_y^2 + s_{zz}a_z^2 .$$

Es ist offensichtlich, daß im allgemeinen Fall

$$|\sigma| = |s| + s_{ik}a_i a_k$$

gilt. Von den Minoren dieser Determinante finden wir leicht die Komponenten des reziproken Tensors

$$\sigma_{xx}^{-1} = \varrho_{xx} = \frac{s_{yy}s_{zz} + a_x^2}{|\sigma|}, \qquad \sigma_{xy}^{-1} = \varrho_{xy} + b_z = \frac{a_x a_y - a_z s_{zz}}{|\sigma|}, \ldots .$$

Die allgemeinen Ausdrücke, die diese für das spezielle Koordinatensystem liefern, sind

$$\varrho_{ik} = \frac{1}{|\sigma|}\{s_{ik}^{-1}\,|s| + a_i a_k\}, \qquad b_i = -\frac{1}{|\sigma|}\, s_{ik}a_k ,$$

sie stellen die Lösung dar.

§ 23. Kontaktpotentiale

Um ein geladenes Teilchen aus einem Leiter durch seine Oberfläche zu entfernen, muß an ihm eine bestimmte Arbeit geleistet werden. *Austrittsarbeit* heißt die Arbeit, die für das Teilchen aufgewendet werden muß, damit seine Ablösung auf thermodynamisch umkehrbare Weise erfolgen kann. Diese Größe ist immer positiv, was unmittelbar daraus folgt, daß eine Punktladung von jedem neutralen Körper angezogen wird, d. h. auch von jedem Leiter (s. § 14). Wir bezeichnen diese Arbeit mit $e \cdot W$, wo e die Teilchenladung ist; das Vorzeichen des auf diese Weise bestimmten *Austrittspotentials* stimmt mit dem Vorzeichen der Ladung des abgelösten Teilchens überein.

Die Austrittsarbeit hängt sowohl von der Natur des Leiters (und seinem thermodynamischen Zustand, der Temperatur, der Dichte) als auch von der Art des geladenen Teilchens ab. Zum Beispiel ist für das gleiche Metall die Austrittsarbeit für die Entfernung eines Leitungselektrons verschieden von derjenigen für die Entfernung eines Ions von der Oberfläche. Es ist ferner zu betonen, daß die Austrittsarbeit eine Größe ist, die die Oberfläche des Leiters charakterisiert. Sie hängt daher auch von der Behandlung und dem „Verunreinigungsgrad" der Oberfläche ab. Ist der Leiter ein Einkristall, so ist die Austrittsarbeit für die einzelnen Flächen verschieden.

Um die physikalische Natur der Abhängigkeit der Austrittsarbeit von den Oberflächeneigenschaften zu verstehen, wollen wir ihre Beziehung zur elektrischen Struktur der Oberflächenschicht des Stoffes feststellen. Verstehen wir unter $\varrho(x)$ die Ladungsdichte, die nicht über ein physikalisch unendlich kleines Längenelement längs der x-Achse (senkrecht zur Schichtebene) gemittelt wurde, so können wir die Poisson-Gleichung in der Oberflächenschicht

$$\frac{d^2\varphi}{dx^2} = -4\pi\varrho$$

schreiben. Der Bereich des Leiters entspricht Werten $x < 0$. Integrieren wir einmal, so erhalten wir

$$\frac{d\varphi}{dx} = -4\pi \int_{-\infty}^{x} \varrho \, dx ,$$

danach führen wir die folgende partielle Integration durch:

$$\varphi - \varphi_{-\infty} = -4\pi x \int_{-\infty}^{x} \varrho \, dx + 4\pi \int_{-\infty}^{x} x\varrho \, dx .$$

Für $x \to \infty$ strebt das Integral $\int_{-\infty}^{x} \varrho \, dx$ sehr schnell gegen Null (wegen der elektrischen Neutralität der Oberfläche eines ungeladenen Leiters). Daher gilt

$$\varphi(+\infty) - \varphi(-\infty) = 4\pi \int_{-\infty}^{+\infty} x\varrho \, dx .$$

Das Integral auf der rechten Seite dieser Gleichung ist das Dipolmoment der in der Nähe der Oberfläche verteilten Ladungen. Diese Verteilung besitzt den Charakter einer *Doppelschicht*, in der Ladungen entgegengesetzten Vorzeichens so getrennt sind, daß das Dipolmoment des Systems von Null verschieden ist. Die Struktur der Doppelschicht hängt natürlich von den Eigenschaften der Oberfläche (ihren kristallographischen Richtungen, den Verunreinigungen usw.) ab. Die Differenz der Austrittspotentiale für verschiedene Oberflächen eines Leiters ist durch die Differenz ihrer Dipolmomente bestimmt.

Gelangen zwei Leiter zu einer gegenseitigen Berührung, so kann zwischen ihnen ein Austausch geladener Teilchen erfolgen. Dabei gehen so lange Ladungen vom Körper mit kleinerer zum Körper mit größerer Austrittsarbeit über, bis sich zwischen den Leitern eine Potentialdifferenz herausbildet, die den Ladungsübergang hindert, die sog. Kontaktpotentialdifferenz (kurz *Kontaktpotential*[1])).

In Abb. 16 ist ein Querschnitt durch zwei sich berührende Leiter a und b dargestellt, die die freien Oberflächen AO und OB besitzen. Die Potentiale dieser Flächen bezeichnen wir mit φ_a und φ_b. Das Kontaktpotential ist die Differenz $\varphi_{ab} = \varphi_b - \varphi_a$. Der quantitative Zusammenhang zwischen diesem Potential und den Austrittsarbeiten wird durch die Bedingung thermodynamischen Gleichgewichts gegeben. Wir betrachten die Arbeit, die für ein Teilchen der Ladung e aufzuwenden ist, damit es aus dem Leiter a durch die Oberfläche AO entfernt und über die Oberfläche OB in den Leiter b gebracht wird. Im Zustand thermodynamischen Gleichgewichts muß diese Arbeit verschwinden.[2]) Die auf den drei Wegabschnitten geleistete Arbeit ist eW_a, $e(\varphi_b - \varphi_a)$ und $-eW_b$. Setzen wir ihre Summe gleich Null, so finden wir als gesuchte Beziehung

$$\varphi_{ab} = W_b - W_a . \tag{23,1}$$

[1]) Anmerkung des Übersetzers.

[2]) In Wirklichkeit kann natürlich ein Teilchen von einem Leiter zum anderen nur durch die gemeinsame Kontaktfläche gehen, nicht durch den umgebenden Raum. Wir benutzen jedoch, daß die Arbeit für diesen Übergang nicht vom Weg abhängt.

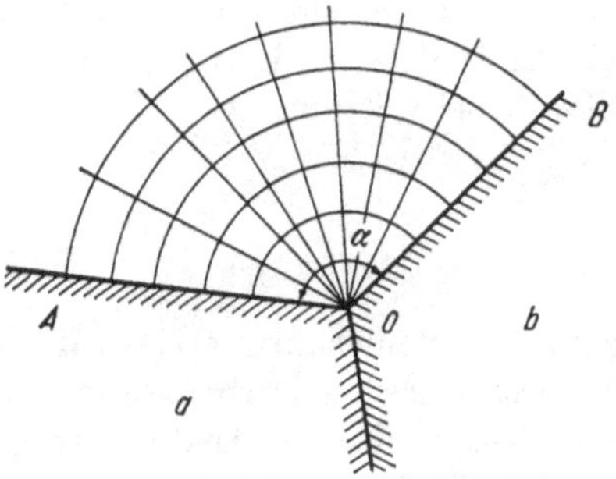

Abb. 16

Das Kontaktpotential zwischen benachbarten freien Oberflächen zweier Leiter, die sich berühren, ist gleich der Differenz ihrer Austrittspotentiale.

Das Vorhandensein einer Kontaktpotentialdifferenz führt dazu, daß im Raum außerhalb der Leiter ein elektrisches Feld auftritt. Es macht keine Mühe, dieses Feld in der Nähe der Kontaktpunkte zu bestimmen. In einem kleinen Gebiet in der Nähe der Kontaktlinie (Punkt O in Abb. 16) können die Leiterflächen als eben betrachtet werden. Das Potential außerhalb der Leiter erfüllt die Gleichung

$$\Delta\varphi = \frac{1}{r}\frac{\partial}{\partial r}\left(r\frac{\partial\varphi}{\partial r}\right) + \frac{1}{r^2}\frac{\partial^2\varphi}{\partial\theta^2} = 0$$

(r, θ sind Polarkoordinaten mit dem Anfangspunkt in O), auf den Seiten AO und OB müssen die vorgegebenen konstanten Werte angenommen werden. Dabei interessiert uns die Lösung, die die niedrigste Potenz von r enthält: Sie stellt das Hauptglied einer Entwicklung des Potentials nach Potenzen des kleinen Abstandes r dar. Sie wird durch $\varphi = \text{const} \cdot \theta$ gegeben. Zählen wir den Winkel θ von AO aus und setzen wir das Potential auf AO willkürlich gleich Null, so erhalten wir

$$\varphi = \frac{\varphi_{ab}}{\alpha}\theta, \tag{23,2}$$

wo α der Winkel AOB ist. Äquipotentiallinien in der Zeichenebene sind also die vom Punkt O ausgehenden Geraden. Die zugehörigen Kraftlinien werden von Kreisbögen mit dem Zentrum im Punkt O dargestellt. Die Feldstärke ist

$$E = -\frac{1}{r}\frac{\partial\varphi}{\partial\theta} = -\frac{\varphi_{ab}}{\alpha}\frac{1}{r}, \tag{23,3}$$

d. h., sie fällt umgekehrt proportional zur Entfernung vom Punkt O.

Wie schon gesagt wurde, besteht ein Kontaktpotential auch zwischen den verschiedenen Seitenflächen eines metallischen Einkristalls. In der Umgebung von Kristallkanten muß daher ein elektrisches Feld vom oben beschriebenen Typ auftreten.[1])

Für eine Reihe verbundener Leiter (bei gleicher Temperatur) ist die Potentialdifferenz der äußeren Leiter, wie auf der Grundlage von (23,1) leicht zu schließen ist, einfach gleich der Differenz ihrer Austrittspotentiale, ähnlich wie für Leiter im direkten Kontakt. Haben wir insbesondere an den beiden Enden einer solchen Kette gleiche Metalle, so verschwindet die Potentialdifferenz zwischen ihnen. Dies ist im

[1]) Unter realen Bedingungen werden alle diese Felder gewöhnlich vom Feld atmosphärischer Ionen kompensiert, die sich an der Oberfläche festsetzen.

übrigen unmittelbar evident: Würde nämlich eine Potentialdifferenz zwischen zwei gleichen Leitern existieren, so ergäbe sich im Widerspruch zum zweiten Hauptsatz der Thermodynamik beim Schließen des Kreises ein Strom.

§ 24. Galvanische Elemente

Die am Schluß des letzten Paragraphen gemachte Bemerkung verliert ihre Gültigkeit, wenn der Stromkreis Leiter mit Stromträgern verschiedener Natur enthält (etwa Metalle und Elektrolytlösungen). Infolge der verschiedenen Austrittsarbeiten bei ein und demselben Leiter für verschiedene geladene Teilchen (Elektronen und Ionen) ist hier die Summe aller Kontaktpotentiale im Stromkreis sogar bei gleichen Leitern an den Enden von Null verschieden. Die Summe dieser Potentiale wird *elektromotorische Kraft* (*EMK*) im Kreis genannt; sie stellt nichts anderes dar als die Potentialdifferenz zwischen zwei gleichen Leitern an den Enden eines geöffneten Stromkreises. Beim Schließen eines solchen Kreises entsteht in ihm ein Strom; darauf beruht die Arbeitsweise der *galvanischen Elemente*. Die Energiequelle zur Aufrechterhaltung eines Stromes im Kreis stellen im Element vor sich gehende chemische Umwandlungen dar.

Bei einem vollständigen Umlauf um eine beliebige geschlossene Kurve innerhalb des geschlossenen Kreises muß das Potential des Feldes natürlich wieder seinen Ausgangswert annehmen, d. h., die aufsummierten Änderungen müssen verschwinden. Wir betrachten etwa einen Linienzug, der an der Oberfläche des Leiters verläuft. Beim Übergang von einem Leiter zu einem andern erleidet das Potential einen Sprung φ_{ab}. Der Potentialabfall längs eines jeden Leiters bei Vorhandensein eines Stromes J (Gesamtstrom über den Querschnitt) ist RJ, wo R der Widerstand des Leiters sei. Die aufsummierte Potentialänderung längs der ganzen Kette ist somit

$$\sum \varphi_{ab} - \sum JR .$$

Wir finden, wenn wir diesen Ausdruck Null setzen und beachten, daß der Strom J längs des ganzen Kreises konstant ist und die Summe $\sum \varphi_{ab}$ die elektromotorische Kraft $\mathscr{E}$ darstellt,

$$J \sum R = \mathscr{E} , \tag{24,1}$$

so daß der Strom, der in einem Kreis mit galvanischem Element entsteht, gleich der durch die Summe aller Leiterwiderstände geteilten EMK des Kreises ist (dazu gehört natürlich auch der innere Widerstand des Elementes selbst).

Obgleich die EMK eines galvanischen Elementes auch als Summe von Kontaktpotentialen ausgedrückt werden kann, ist es dennoch sehr wichtig zu betonen, daß diese in Wirklichkeit eine thermodynamische Größe ist, die ausschließlich durch den inneren Zustand der Leiter bestimmt ist und keinesfalls von den Eigenschaften ihrer Trennfläche abhängt. Dies ist schon daraus ersichtlich, daß $\mathscr{E}$ gerade die auf die Ladungsmenge bezogene Arbeit ist, die an einem geladenen Teilchen zu leisten ist, wenn es in reversibler Weise durch den ganzen geschlossenen Stromkreis geführt wird.

Zur Illustration dieses Umstandes betrachten wir ein galvanisches Element, das aus zwei metallischen Elektroden bestehe (aus den Metallen A und B), die sich in den Elektrolytlösungen AX und BX befinden sollen (X^- sei irgendein Anion). ζ_A und ζ_B mögen die chemischen Potentiale der Metalle A und B sein, ζ_{AX}, ζ_{BX} die chemischen

Potentiale der Elektrolyte in der Lösung.[1]) Der Durchgang einer Elementarladung e längs eines geschlossenen Weges bedeutet, daß ein Ion A^+ aus der Elektrode A in die Lösung eintritt, daß ferner ein Ion B^+ aus der Lösung auf die Elektrode gelangt, wobei die Ladungsänderung der Elektroden durch den Übergang eines Elektrons von der Elektrode A zur Elektrode B im äußeren Teil des Stromkreises kompensiert wird. Das Ergebnis dieser Prozesse besteht darin, daß die Elektrode A ein neutrales Atom verliert, während B eins gewinnt und in der Elektrolytlösung ein Molekül aus BX durch ein Molekül aus AX ersetzt wird. Da die Arbeit in einem reversiblen Prozeß (bei konstanter Temperatur und konstantem Druck) gleich der Änderung des thermodynamischen Potentials des Systems ist, so finden wir die Beziehung

$$e\mathscr{E}_{AB} = (\zeta_B - \zeta_{BX}) - (\zeta_A - \zeta_{AX}), \tag{24,2}$$

die die EMK des Elementes durch die inneren Eigenschaften der Elektroden und der Elektrolytlösung ausdrückt.

Die Form der Gleichung (24,2) erlaubt auch folgenden Schluß. Befinden sich in der Lösung drei Elektrolyte (AX, BX, CX) und die metallischen Elektroden A, B, C, so hängen die EMK zwischen je zwei von ihnen durch die Beziehung

$$\mathscr{E}_{AB} + \mathscr{E}_{BC} = \mathscr{E}_{AC} \tag{24,3}$$

zusammen.

Mit Hilfe allgemeiner thermodynamischer Betrachtungen läßt sich die EMK eines galvanischen Elementes mit der Wärmeentwicklung in Beziehung setzen, die beim Stromfluß durch den Kreis entsteht und die natürlich unter realen Bedingungen irreversibel vor sich geht. Es sei Q die Wärmemenge, die beim Durchlauf der Einheitsladung im Element selbst und in den äußeren Teilen des Kreises entsteht; dieses Q ist nichts anderes als chemische Reaktionswärme, die im Element beim Stromdurchfluß auftritt. Nach einer bekannten thermodynamischen Formel (s. V, § 91) hängt sie mit der Arbeit $\mathscr{E}$ gemäß folgender Beziehung zusammen:

$$Q = -T^2 \frac{\partial}{\partial T}\left(\frac{\mathscr{E}}{T}\right). \tag{24,4}$$

Die Ausführung der hier stehenden partiellen Ableitung nach der Temperatur hängt davon ab, unter welchen Bedingungen der Prozeß vor sich geht. Fließt der Strom, wie es gewöhnlich der Fall ist, bei konstantem Druck, so ist auch die Ableitung bei konstantem Druck auszuführen.

§ 25. Elektrokapillarität

Das Vorhandensein von Ladungen an der Grenze zweier leitender Medien beeinflußt die Oberflächenspannung auf ihnen; diese Eigenschaft heißt *Elektrokapillarität* Praktisch handelt es sich dabei meist um zwei flüssige Medien, gewöhnlich um die Grenze zwischen einem flüssigen Metall (Quecksilber) und der Elektrolytlösung.

[1]) In diesem Paragraphen wird die gewöhnliche, auf ein Teilchen bezogene Definition des chemischen Potentials benutzt.

Wir bezeichnen mit φ_1 und φ_2 die Potentiale der beiden Leiter und mit e_1 und e_2 die Ladungen, die auf ihren Berührungsflächen verteilt sind. Sie besitzen umgekehrtes Vorzeichen und sind der Größe nach gleich, so daß sie auf der Fläche eine sogenannte *Doppelschicht* bilden.

Für das Differential des Potentials $\tilde{\Phi}$ eines Systems zweier Leiter haben wir bei Berücksichtigung ihrer Trennfläche und bei gegebenen Werten von Druck und Temperatur

$$d\tilde{\Phi} = \alpha\, dS - e_1\, d\varphi_1 - e_2\, d\varphi_2\,. \tag{25,1}$$

Das Glied $\alpha\, dS$ ist die Arbeit bei einer reversiblen Änderung der Trennfläche, α der Koeffizient der Oberflächenspannungen (s. V, § 154).

Anstelle des thermodynamischen Potentials $\tilde{\Phi}$ in (25,1) läßt sich sein Oberflächenanteil $\tilde{\Phi}_s$ verwenden, da der Volumenanteil bei gegebenen Werten von Temperatur und Druck konstant ist und hier nicht interessiert. Setzen wir $e_1 = -e_2 \equiv e$ und führen wir die Potentialdifferenz $\varphi = \varphi_1 - \varphi_2$ ein, so können wir (25,1) in die Gestalt

$$d\tilde{\Phi}_s = \alpha\, dS - e\, d\varphi \tag{25,2}$$

bringen. Hieraus folgt

$$\left(\frac{\partial \tilde{\Phi}_s}{\partial S}\right)_\varphi = \alpha\,, \tag{25,3}$$

wobei α als Funktion von φ ausgedrückt erscheint. Integrieren wir diese Beziehung, so finden wir $\tilde{\Phi}_s = \alpha S$. Setzen wir dies wieder in (25,2) ein, so erhalten wir $d(\alpha S) = \alpha\, dS - e\, d\varphi$ oder $S\, d\alpha = -\, e\, d\varphi$, woraus

$$\sigma = -\left(\frac{\partial \alpha}{\partial \varphi}\right)_{P,T} \tag{25,4}$$

folgt; $\sigma = e/S$ ist die Ladungsdichte der Oberfläche. Die Beziehung (25,4) (G. Lippmann, J. W. Gibbs) ist die Grundformel für die Theorie elektrokapillarer Erscheinungen.

Im Zustand des Gleichgewichts muß das thermodynamische Potential $\tilde{\Phi}$ bei gegebenen Leiterpotentialen minimal sein. Betrachten wir es als Funktion der Oberflächenladungen e, so können wir die notwendige Minimalbedingung

$$\frac{\partial \tilde{\Phi}_s}{\partial e} = 0\,, \qquad \frac{\partial^2 \tilde{\Phi}_s}{\partial e^2} > 0 \tag{25,5}$$

schreiben, wobei die Ableitungen bei fester Fläche S gemeint sind. Zur Berechnung der Ableitungen drücken wir $\tilde{\Phi}_s$ durch das thermodynamische Potential $\Phi_s = \Phi_s(e)$ gemäß

$$\tilde{\Phi}_s = \Phi_s(e) - e_1\varphi_1 - e_2\varphi_2 = \Phi_s(e) - e\varphi \tag{25,6}$$

aus. Das Verschwinden der ersten Ableitung gibt

$$\frac{\partial \tilde{\Phi}_s}{\partial e} = \frac{\partial \Phi_s}{\partial e} - \varphi = 0\,,$$

so daß die Bedingung des positiven Vorzeichens der zweiten Ableitung die Form

$$\frac{\partial^2 \tilde{\Phi}_s}{\partial e^2} = \frac{\partial^2 \Phi_s}{\partial e^2} = \frac{\partial \varphi}{\partial e} = \frac{1}{S} \frac{\partial \varphi}{\partial \sigma} > 0$$

oder

$$\frac{\partial \sigma}{\partial \varphi} > 0 \tag{25,7}$$

annimmt. Diese Bedingung war natürlich zu erwarten, wenn die Doppelschicht auf der Oberfläche als „Kondensator" mit der Kapazität $\partial e/\partial \varphi$ betrachtet wird.

Differenzieren wir die Gleichung (25,4) nach φ und benutzen wir (25,7), so finden wir

$$\frac{\partial^2 \alpha}{\partial \varphi^2} < 0\,. \tag{25,8}$$

Dies bedeutet, daß in einem Punkt mit $\partial \alpha/\partial \varphi = -\sigma = 0$ α als Funktion von φ ein Maximum besitzt.

§ 26. Thermoelektrische Erscheinungen

Die Bedingung dafür, daß in einem Metall kein Strom fließt, ist thermodynamisches Gleichgewicht bezüglich der Leitungselektronen. Bekanntlich erfordert dies neben einer über den Körper konstanten Temperatur auch die Konstanz der Summe $e\varphi + \zeta_0$, wo ζ_0 das chemische Potential der Leitungselektronen des Metalls (für $\varphi = 0$)[1]) ist. Wenn wir es mit einem Metall zu tun haben, das in seiner Zusammensetzung nicht homogen ist, so ändert sich ζ_0 über den Körper trotz konstanter Temperatur. Die Konstanz des elektrischen Potentials φ bedeutet daher in diesem Fall durchaus nicht zugleich auch ein Verschwinden des Stromes im Metall, obgleich die Feldstärke $\boldsymbol{E} = -\operatorname{grad} \varphi$ verschwindet. Wollen wir auch inhomogene Leiter in unsere Betrachtungen mit einschließen, so macht dieser Umstand die gewöhnliche Definition von φ (als Ergebnis einer Mittelung über das wahre Potential) unbequem.

Es erscheint natürlich, dann ein Potential neu durch die Summe $\varphi + \zeta_0/e$ zu definieren, die wir fortan einfach als φ bezeichnen.[2]) In einem homogenen Metall führt eine solche Änderung zum Auftreten einer unwesentlichen Konstanten im Potential. Die „Feldstärke" $\boldsymbol{E} = -\operatorname{grad} \varphi$ (die wir ebenfalls benutzen werden) fällt daher mit der wahren mittleren Feldstärke nur in einem homogenen Metall zusammen, während sie sich im allgemeinen Fall von ihr durch den Gradienten einer Zustandsfunktion unterscheidet[3]).

---

[1]) S. V, § 25; wir verstehen hier unter ζ das in üblicher Weise auf ein Teilchen (Elektron) bezogene chemische Potential.

[2]) Diese Definition kann auch anders formuliert werden: Der neue Wert $e\varphi$ ist die Änderung der freien Energie, wenn in das Metall ein Elektron isotherm eingeführt wird. Anders ausgedrückt gilt $\varphi = \partial F/\partial \varrho$, wo F die freie Energie des Metalles und ϱ die Ladungsdichte der Leitungselektronen ist.

[3]) Wir betonen, daß dabei das Produkt $e\boldsymbol{E}$ schon nicht mehr die auf eine Ladung wirkende Kraft ist. Dieser Umstand kann eine solche Definition von $\boldsymbol{E}$ (die in einer phänomenologischen Theorie zweckmäßig ist) in einer mikroskopischen Theorie bei der Berechnung der kinetischen Koeffizienten als unzweckmäßig erscheinen lassen (vgl. X, § 44).

Bei einer solchen Definition verschwindet im thermodynamischen Gleichgewicht (bezüglich der Leitungselektronen) der Strom zusammen mit der Feldstärke, und die Beziehung zwischen beiden Größen wird durch die Beziehung $\boldsymbol{j} = \sigma \boldsymbol{E}$ (oder $j_i = \sigma_{ik} E_k$) auch in einem hinsichtlich seiner Zusammensetzung nicht homogenen Metall gegeben.

Wir betrachten hier ein ungleichmäßig erhitztes Metall, in dem in keinem Fall thermodynamisches Gleichgewicht (bezüglich der Elektronen) existiert. Die Feldstärke $\boldsymbol{E}$ ist dann auch bei fehlendem Strom von Null verschieden. Im allgemeinen Fall, wo sowohl der Temperaturgradient als auch die Stromdichte von Null verschieden sind, kann die Beziehung zwischen ihnen und der Feldstärke in der Form

$$\boldsymbol{E} = \frac{1}{\sigma} \boldsymbol{j} + \alpha \nabla T \tag{26,1}$$

geschrieben werden. Hier ist σ die gewöhnliche Leitfähigkeit und α eine Größe, die die elektrischen Eigenschaften des Metalls charakterisiert. Wir setzen hier der Einfachheit halber voraus, daß die Substanz isotrop sei (oder kubische Symmetrie besitze), so daß wir die Proportionalitätskoeffizienten als skalare Größen schreiben können. Eine lineare Abhängigkeit der Größe $\boldsymbol{E}$ von ∇T bedeutet dabei natürlich nur das erste Glied einer Entwicklung, dessen Berücksichtigung wegen der Kleinheit des Temperaturgradienten (die praktisch immer vorliegt) ausreichend ist.

Dieselbe Formel (26,1), in der Gestalt

$$\boldsymbol{j} = \sigma(\boldsymbol{E} - \alpha \nabla T), \tag{26,2}$$

zeigt, daß in einem ungleichmäßig erhitzten Metall ein Strom auch bei verschwindender Feldstärke $\boldsymbol{E}$ fließen kann.

Neben der Dichte des elektrischen Stromes $\boldsymbol{j}$ betrachten wir auch die Dichte des Energiestromes, die wir mit $\boldsymbol{q}$ bezeichnen. Aus diesem Strom ist zunächst die Größe $\varphi \boldsymbol{j}$ abzusondern, die davon herrührt, daß jedes geladene Teilchen (Elektron) die Energie $e\varphi$ mit sich führt. Die Differenz $\boldsymbol{q} - \varphi \boldsymbol{j}$ hängt nicht mehr vom Potential ab und kann im allgemeinen Fall als lineare Funktion des Gradienten $\nabla \varphi = -\boldsymbol{E}$ und ∇T dargestellt werden, ähnlich wie in der Formel (26,2) für die Stromdichte. Wir schreiben somit

$$\boldsymbol{q} - \varphi \boldsymbol{j} = \beta \boldsymbol{E} - \gamma \nabla T .$$

Das Symmetrieprinzip für die kinetischen Koeffizienten erlaubt, den Koeffizienten β mit der Größe α in (26,2) in Beziehung zu setzen.

Dazu berechnen wir die Änderungsgeschwindigkeit der Gesamtentropie des Leiters. Die entwickelte Wärmeleistungsdichte ist $-\operatorname{div} \boldsymbol{q}$. Man kann daher

$$\frac{\mathrm{d}\mathscr{S}}{\mathrm{d}t} = -\int \frac{\operatorname{div} \boldsymbol{q}}{T} \mathrm{d}V$$

schreiben. Weiter schreiben wir unter Benutzung von $\operatorname{div} \boldsymbol{j} = 0$

$$\frac{1}{T} \operatorname{div} \boldsymbol{q} = \frac{1}{T} \{\operatorname{div} (\boldsymbol{q} - \varphi \boldsymbol{j}) + \operatorname{div} \varphi \boldsymbol{j}\} = \frac{1}{T} \operatorname{div} (\boldsymbol{q} - \varphi \boldsymbol{j}) - \frac{\boldsymbol{E}\boldsymbol{j}}{T}.$$

Das Integral über das erste Glied können wir partiell integrieren und erhalten dann

$$\frac{\mathrm{d}\mathscr{S}}{\mathrm{d}t} = \int \frac{\boldsymbol{E}\boldsymbol{j}}{T} \mathrm{d}V - \int \frac{(\boldsymbol{q} - \varphi \boldsymbol{j}) \nabla T}{T^2} \mathrm{d}V . \tag{26,3}$$

Diese Formel zeigt, daß bei einer Wahl der Größen $\partial x_a/\partial t$ (s. § 21) als Komponenten der Vektoren $\boldsymbol{j}$ und $\boldsymbol{q} - \varphi \boldsymbol{j}$ die entsprechenden Größen X_a die Vektorkomponenten $-\boldsymbol{E}/T$ und $\nabla T/T^2$ darstellen. Aus diesem Grund müssen in den Relationen

$$\boldsymbol{j} = \sigma T \frac{\boldsymbol{E}}{T} - \sigma\alpha T^2 \frac{\nabla T}{T^2},$$

$$\boldsymbol{q} - \varphi\boldsymbol{j} = \beta T \frac{\boldsymbol{E}}{T} - \gamma T^2 \frac{\nabla T}{T^2}$$

die Koeffizienten $\sigma\alpha T^2$ und βT einander gleich sein.

Es ist daher $\beta = \sigma\alpha T$, und wir haben

$$\boldsymbol{q} - \varphi\boldsymbol{j} = \sigma\alpha T\boldsymbol{E} - \gamma \nabla T .$$

Schließlich erhalten wir, wenn wir hier $\boldsymbol{E}$ durch $\boldsymbol{j}$ und ∇T nach (26,1) ausdrücken, den folgenden endgültigen Ausdruck:

$$\boldsymbol{q} = (\varphi + \alpha T)\boldsymbol{j} - \varkappa \nabla T , \tag{26,4}$$

wo die Bezeichnung $\varkappa = \gamma - T\alpha^2\sigma$ eingeführt wurde. $\varkappa$ ist nichts anderes als die gewöhnliche thermische Leitfähigkeit, die den Wärmestrom bei Abwesenheit eines elektrischen Stromes bestimmt.

Es ist zu bemerken, daß die Bedingung $\mathrm{d}\mathcal{S}/\mathrm{d}t > 0$ die thermoelektrischen Koeffizienten keinen neuen Einschränkungen unterwirft. Setzen wir (26,1) und (26,4) in (26,3) ein, so erhalten wir

$$\frac{\mathrm{d}\mathcal{S}}{\mathrm{d}t} = \int \left(\frac{j^2}{\sigma T} + \frac{\varkappa(\nabla T)^2}{T^2} \right) \mathrm{d}V > 0 , \tag{26,5}$$

woraus nur folgt, daß die Koeffizienten der elektrischen und thermischen Leitfähigkeit positiv sein müssen.

In den oben aufgeschriebenen Formeln wurde stillschweigend angenommen, daß eine Inhomogenität des Druckes (oder der Dichte) bei konstanter Temperatur nicht zum Auftreten eines Feldes (oder Stromes) im Leiter führen kann; aus diesem Grund wurden in (26,2) und (26,4) keine zu ∇p proportionalen Terme hinzugefügt. Tatsächlich würde das Vorhandensein derartiger Glieder dem Gesetz des Entropiewachstums widersprechen: Im Integranden in (26,5) würden Ableitungsterme $\boldsymbol{j}\nabla p$ und $\nabla T \nabla p$ mit veränderlichem Vorzeichen erscheinen, so daß das Integral nicht notwendig positiv wäre.

Die Beziehungen (26,1) und (26,4) enthalten thermoelektrische Effekte verschiedener Art. Wir betrachten die im Leiter entstehende Wärmeleistungsdichte $-\operatorname{div}\boldsymbol{q}$. Differenzieren wir den Ausdruck (26,4), so finden wir

$$Q = -\operatorname{div}\boldsymbol{q} = \operatorname{div}(\varkappa \nabla T) + \boldsymbol{E}\boldsymbol{j} - \boldsymbol{j}\nabla(\alpha T)$$

oder, wenn wir hier (26,1) einsetzen,

$$Q = \operatorname{div}(\varkappa \nabla T) + \frac{j^2}{\sigma} - T\boldsymbol{j}\nabla\alpha . \tag{26,6}$$

Das erste Glied in dieser Gleichung hängt mit reiner Wärmeleitung zusammen, das zweite, das dem Stromquadrat proportional ist, kann als Anteil der Jouleschen Wärme bezeichnet werden. Uns interessiert hier der dritte Term, der die spezifischen thermoelektrischen Effekte enthält.

Wir nehmen an, daß der Leiter bezüglich seiner Zusammensetzung homogen sei. Dann hängt die Änderung von α nur mit dem Temperaturgradienten zusammen und kann $\nabla\alpha = (\mathrm{d}\alpha/\mathrm{d}T)\,\nabla T$ geschrieben werden; ist der Druck über den Körper konstant, was gewöhnlich der Fall zu sein pflegt, so ist unter $\mathrm{d}\alpha/\mathrm{d}T$ die Ableitung $(\partial\alpha/\partial T)_P$ zu verstehen. Die uns hier interessierende Wärmeentwicklung (THOMSON-*Effekt*) ist somit gleich

$$\varrho \boldsymbol{j}\,\nabla T\,, \quad \text{wo} \quad \varrho = -T\frac{\mathrm{d}\alpha}{\mathrm{d}T}. \tag{26,7}$$

Die Größe ϱ heißt THOMSON-*Koeffizient.* Man beachte, daß dieser Effekt der ersten Potenz des Stromes proportional ist, nicht wie die JOULEsche Wärme seiner zweiten. Er ändert daher sein Vorzeichen bei einer Richtungsänderung des Stromes. Der Koeffizient ϱ kann sowohl positiv als auch negativ sein. Ist $\varrho > 0$, so ist die THOMSONsche Wärme positiv (es wird Wärme erzeugt), wenn der Stromfluß in der Richtung wachsender Temperatur erfolgt; fließt der Strom in umgekehrter Richtung, so wird Wärme absorbiert. Für $\varrho < 0$ sind die Verhältnisse umgekehrt.

Ein anderer Effekt (PELTIER-*Effekt*) entsteht beim Durchgang des Stromes durch Kontakt-(Löt-) Stellen zweier verschiedener Metalle. Auf der Kontaktfläche sind die folgenden Größen stetig: Temperatur, Potential, die Normalkomponenten der Stromdichte und des Energiestromes. Bezeichnen wir die sich auf die beiden Metalle beziehenden Größen jeweils mit 1 und 2 und setzen wir die Normalkomponenten von $\boldsymbol{q}$ einander gleich, so erhalten wir aus (26,4) wegen der Stetigkeit von φ, T, j_x

$$\left(-\varkappa\frac{\mathrm{d}T}{\mathrm{d}x}\right)\Bigg|_1^2 = -j_x T(\alpha_2 - \alpha_1);$$

die x-Achse ist die Normale zur Kontaktfläche. Wählen wir als positive Richtung der x-Achse diejenige vom Metall 1 zum Metall 2, so ist der Ausdruck, der auf der linken Seite dieser Gleichung steht, die über die Kontaktfläche durch Wärmeleitung abgeführte Wärmestromdichte. Dieser Wärmeverlust wird durch die Entwicklung eines Wärmebetrages an den Kontaktstellen ausgeglichen, der durch die rechte Seite der Gleichung gegeben wird. Pro Fläche des Kontaktes und pro Zeit entsteht daher die Wärme

$$\Pi_{12} j\,, \qquad \text{wo} \qquad \Pi_{12} = -T(\alpha_2 - \alpha_1)\,. \tag{26,8}$$

Die Größe Π_{12} wird PELTIER-*Koeffizient* genannt. Wie der THOMSON-Effekt ist auch dieser Effekt der ersten Potenz des Stromes proportional und ändert sein Vorzeichen bei einer Richtungsumkehr des Stromes. Es sei bemerkt, daß die PELTIER-Koeffizienten die Eigenschaft der Additivität besitzen, die sich durch die Gleichung $\Pi_{13} = \Pi_{12} + \Pi_{23}$ ausdrückt, wobei sich die Indizes 1, 2, 3 auf drei verschiedene Metalle beziehen.

Der Vergleich der Formeln (26,7) und (26,8) zeigt, daß die Koeffizienten von THOMSON und PELTIER durch die Beziehung

$$\varrho_2 - \varrho_1 = T\frac{\mathrm{d}}{\mathrm{d}T}\frac{\Pi_{12}}{T} \tag{26,9}$$

zusammenhängen.

Wir betrachten nun einen offenen Kreis mit zwei Kontaktstellen, wobei die beiden Leiter an den Rändern aus gleichen Metallen bestehen mögen (dem Metall 1 in Abb. 17). Die Verbindungsstellen (die Punkte b und c) mögen sich auf verschiedenen Temperaturen T_1 und T_2 befinden, die Temperatur der beiden Enden (Punkte a und d) sei gleich. Dann besteht zwischen diesen beiden Enden eine Thermo-EMK genannte Potentialdifferenz; wir bezeichnen sie mit $\mathscr{E}_T$. Zur Berechnung dieser Kraft setzen wir in (26,1) $\boldsymbol{j} = 0$ und integrieren die Feldstärke $\boldsymbol{E} = \alpha \nabla T$ längs der Ausdehnung des Kreises (d. h. der x-Achse):

$$\mathscr{E}_T = \int_a^d \alpha \frac{\mathrm{d}T}{\mathrm{d}x} \mathrm{d}x = \int_a^d \alpha \, \mathrm{d}T .$$

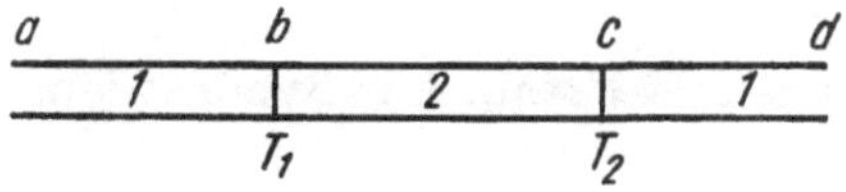

Abb. 17

Die Integration von c nach d und von a nach b bedeutet eine Integration über die Temperatur von T_2 bis T_1 im ersten Metall, während die Integration von b nach c eine Integration über $\mathrm{d}T$ von T_1 nach T_2 im zweiten Metall darstellt. Wir finden daher

$$\mathscr{E}_T = \int_{T_1}^{T_2} (\alpha_2 - \alpha_1) \, \mathrm{d}T . \tag{26,10}$$

Vergleichen wir mit (26,8), so sehen wir, daß die Thermo-EMK mit dem Peltier-Koeffizienten durch die Beziehung

$$\mathscr{E}_T = - \int_{T_1}^{T_2} \frac{\Pi_{12}}{T} \mathrm{d}T \tag{26,11}$$

zusammenhängt. Die Formeln (26,9) und (26,11) werden Thomson*sche Relationen* (W. Thomson, 1854) genannt.

Zum Schluß dieses Paragraphen schreiben wir noch die Formeln für den Strom und den Wärmestrom im anisotropen Leiter auf. Diese Formeln lassen sich mit Hilfe der Symmetriebedingung für die kinetischen Koeffizienten vollständig analog zu den Gleichungen (26,1), (26,4) ableiten und lauten:

$$\left.\begin{aligned} E_i &= \sigma_{ik}^{-1} j_k + \alpha_{ik} \frac{\partial T}{\partial x_k}, \\ q_i - \varphi j_i &= T \alpha_{ki} j_k - \varkappa_{ik} \frac{\partial T}{\partial x_k}. \end{aligned}\right\} \tag{26,12}$$

Hier ist σ_{ik}^{-1} der zum Leitfähigkeitstensor σ_{ik} reziproke Tensor; die Tensoren σ_{ik} und $\varkappa_{ik}$ sind symmetrisch. Der thermoelektrische Tensor α_{ik} ist dagegen im allgemeinen Fall nichtsymmetrisch.

§ 27. Thermogalvanomagnetische Erscheinungen

Noch vielfältiger sind die bei Stromdurchfluß entstehenden Erscheinungen, wenn gleichzeitig ein elektrisches Feld, ein Magnetfeld sowie ein Temperaturgradient vorliegen.

Die Untersuchung dieser Erscheinungen erfolgt völlig analog zu den im vorigen Paragraphen behandelten thermoelektrischen Erscheinungen. Wir werden sie sofort in tensorieller Form durchführen, die zugleich auch für anisotrope Leiter gültig ist. Die elektrische Stromdichte $\boldsymbol{j}$ und die Wärmestromdichte $\boldsymbol{q}$ schreiben wir in der Gestalt

$$\left.\begin{aligned} j_i &= a_{ik}\frac{E_k}{T} + b_{ik}\frac{\partial}{\partial x_k}\frac{1}{T}, \\ q_i - \varphi j_i &= c_{ik}\frac{E_k}{T} + d_{ik}\frac{\partial}{\partial x_k}\frac{1}{T}, \end{aligned}\right\} \tag{27,1}$$

wo alle Koeffizienten Funktionen des Magnetfeldes sind. Das Symmetrieprinzip der kinetischen Koeffizienten liefert

$$a_{ik}(\boldsymbol{H}) = a_{ki}(-\boldsymbol{H}), \quad d_{ik}(\boldsymbol{H}) = d_{ki}(-\boldsymbol{H}), \quad b_{ik}(\boldsymbol{H}) = c_{ki}(-\boldsymbol{H}). \tag{27,2}$$

Drücken wir $\boldsymbol{E}$ und $\boldsymbol{q} - \varphi\boldsymbol{j}$ aus (27,1) durch $\boldsymbol{j}$ und ∇T aus, so erhalten wir

$$\left.\begin{aligned} E_i &= \sigma_{ik}^{-1} j_k + \alpha_{ik}\frac{\partial T}{\partial x_k}, \\ q_i - \varphi j_i &= \beta_{ik} j_k - \varkappa_{ik}\frac{\partial T}{\partial x_k}, \end{aligned}\right\} \tag{27,3}$$

wobei die Tensoren σ^{-1}, α, β, $\varkappa$ sich eindeutig durch die Tensoren a, b, c, d darstellen lassen und die folgenden sich aus (27,2) ergebenden Symmetrieeigenschaften haben:

$$\left.\begin{aligned} &\sigma_{ik}^{-1}(\boldsymbol{H}) = \sigma_{ki}^{-1}(-\boldsymbol{H}), \qquad \varkappa_{ik}(\boldsymbol{H}) = \varkappa_{ki}(-\boldsymbol{H}), \\ &\beta_{ik}(\boldsymbol{H}) = T\alpha_{ki}(-\boldsymbol{H}). \end{aligned}\right\} \tag{27,4}$$

Dies sind bereits die gesuchten Beziehungen in der allgemeinsten Form. Sie verallgemeinern die Zusammenhänge, die in § 26 bei fehlendem Magnetfeld und in § 22 bei fehlendem Temperaturgradienten gefunden wurden. Es sei betont, daß die Tensoren α_{ik} und β_{ik} in einem anisotropen Leiter im allgemeinen auch bei fehlendem Magnetfeld nicht symmetrisch sind.

Die Tensoren σ^{-1}, $\varkappa$, $\beta + T\alpha$ kann man in einen symmetrischen und in einen antisymmetrischen Anteil aufspalten, die ihrerseits gerade bzw. ungerade Funktionen von $\boldsymbol{H}$ sind (ähnlich wie in § 22 verfahren wurde). Im schwachen Magnetfeld kann man die symmetrischen Anteile als konstante, von $\boldsymbol{H}$ unabhängige Größen und die antisymmetrischen Anteile als von $\boldsymbol{H}$ linear abhängig betrachten. Für einen isotropen Leiter im schwachen Magnetfeld erhalten wir bei dieser Genauigkeit die folgenden Ausdrücke:

$$\boldsymbol{E} = \frac{\boldsymbol{j}}{\sigma} + \alpha\nabla T + R[\boldsymbol{Hj}] + N[\boldsymbol{H}\nabla T], \tag{27,5}$$

$$\boldsymbol{q} - \varphi\boldsymbol{j} = \alpha T\boldsymbol{j} - \varkappa\nabla T + NT[\boldsymbol{Hj}] + L[\boldsymbol{H}\nabla T]. \tag{27,6}$$

Hier sind σ, $\varkappa$ die gewöhnlichen Koeffizienten der elektrischen und thermischen Leitfähigkeit, α der in (26,1) auftretende thermoelektrische Koeffizient, R der HALL-Koeffizient, N und L neue Koeffizienten. Den Term $N[\boldsymbol{H}\nabla T]$ kann man als Einfluß des Magnetfeldes auf die Thermo-EMK betrachten (NERNST-*Effekt*), den Term $L[\boldsymbol{H}\nabla T]$ als Einfluß des Magnetfeldes auf die Wärmeleitfähigkeit (LEDUC-RIGHI-*Effekt*).

An der Grenze zweier Medien sind die Normalkomponenten der Vektoren $\boldsymbol{j}$ und $\boldsymbol{q}$ stetig, und daher auch der Vektor

$$-\varkappa\nabla T + \alpha T\boldsymbol{j} + NT[\boldsymbol{H}\boldsymbol{j}] + L[\boldsymbol{H}\nabla T]\,.$$

Das Glied $NT[\boldsymbol{H}\boldsymbol{j}]$ stellt hierbei den Einfluß des Magnetfeldes auf den PELTIER-Effekt dar (ETTINGSHAUSEN-*Effekt*).

Die Wärmeleistungsdichte im Leiter ist $Q = -\operatorname{div}\boldsymbol{q}$. Hierin ist der Ausdruck $\boldsymbol{q}$ aus (27,6) einzusetzen, ferner ist $-\nabla\varphi = \boldsymbol{E}$ durch den Ausdruck aus (27,5) zu ersetzen. Ist der Leiter seiner Zusammensetzung nach homogen, so sind die Größen α, N, L, ... nur Funktionen der Temperatur, so daß ihre Gradienten zu ∇T proportional sind. Bei der Rechnung vernachlässigen wir alle Glieder zweiter Ordnung bezüglich $\boldsymbol{H}$; in dieser Näherung kann man annehmen, daß $\operatorname{rot}(\boldsymbol{j}/\sigma) \approx \operatorname{rot}\boldsymbol{E} = 0$ ist. Außerdem haben wir für ein äußeres Feld $\boldsymbol{H}$ (dessen Quellen sich außerhalb des betrachteten Leiters befinden) $\operatorname{rot}\boldsymbol{H} = 0$.[1]) Schließlich gilt $\operatorname{div}\boldsymbol{j} = 0$, wie für jeden konstanten Strom. Benutzen wir dies alles, so haben wir nach der Rechnung

$$Q = \frac{j^2}{\sigma} + \operatorname{div}(\varkappa\nabla T) - T\boldsymbol{j}\nabla\alpha + \frac{1}{\sigma T}\frac{\mathrm{d}}{\mathrm{d}T}(\sigma N T^2)\,[\boldsymbol{j}\boldsymbol{H}]\,\nabla T\,.$$

Das letzte Glied stellt die Änderung des THOMSON-Effektes als Folge der Existenz eines Magnetfeldes dar.

§ 28. Elektrische Diffusionserscheinungen

Die Diffusion führt in Elektrolytlösungen zu typischen Effekten, die in festen Leitern nicht auftreten.

Zur Vereinfachung nehmen wir an, daß die Temperatur über die ganze Lösung konstant sei. Weiter beschränken wir die Betrachtung auf reine elektrische Diffusionserscheinungen, ohne Komplikation durch thermoelektrische Effekte.

Statt des Druckes P und der Konzentration c der Lösungen lassen sich bequemer Druck und chemisches Potential ζ als unabhängige Veränderliche einführen. Das chemische Potential wird hier als Ableitung des thermodynamischen Potentials pro Masse der Lösung nach der Konzentration c (bei konstanten Werten von P und T) definiert; unter Konzentration verstehen wir das Verhältnis der Masse des Elektrolyten zur Gesamtmasse der Flüssigkeit in einem vorgegebenen Volumen-

---

[1]) Damit vernachlässigen wir den Einfluß des Eigenmagnetfeldes der betrachteten Ströme auf die Wärmeentwicklung als schwachen Effekt.

element.[1]) Wir erinnern daran, daß die Konstanz des chemischen Potentials (neben der Konstanz von Druck und Temperatur) eine der Bedingungen für thermodynamisches Gleichgewicht ist.

Die in § 26 gegebene Definition des Potentials des elektrischen Feldes muß im vorliegenden Fall etwas geändert werden, da die Stromträger hier nicht die Leitungselektronen, sondern die Ionen des aufgelösten Elektrolyten sind. Eine vernünftige Definition (vgl. Fußnote 2 auf Seite 121) wird durch die Formel $\varphi = (\partial\Phi/\partial\varrho)_c$ gegeben, wo Φ das thermodynamische Potential und ϱ die Summe der Ionenladungen in der Volumeneinheit der Lösung bedeuten (nach der Ableitung ist natürlich $\varrho = 0$ zu setzen wegen der elektrischen Neutralität der Lösung). Die Ableitung ist bei konstanter Massenkonzentration durchzuführen, d. h. bei gegebener Massensumme der Ionen beider Vorzeichen pro Volumen.[2])

Besteht ein Gradient des chemischen Potentials, so tritt im Ausdruck für die Stromdichte ein zu ihm proportionaler zusätzlicher Term wie in (26,2) auf:

$$\boldsymbol{j} = \sigma(\boldsymbol{E} - \beta\,\nabla\zeta)\,. \tag{28,1}$$

Weiter unten werden wir sehen, daß bei gegebenem Gradienten des chemischen Potentials (und der Temperatur) $\boldsymbol{j}$ nicht vom Druckgradienten abhängen kann und daß daher in (28,1) auch kein Term mit ∇P auftritt.[3])

Neben dem elektrischen Strom ist auch der gleichzeitig auftretende Übergang von Elektrolytmasse zu betrachten. Man hat dabei zu beachten, daß ein Stromfluß durch die Lösung von einer makroskopischen Bewegung der Flüssigkeit begleitet sein kann. Die Massenstromdichte der durch diese Bewegung zusammen mit der Flüssigkeit transportierten Elektrolytmenge ist $\varrho c\boldsymbol{v}$ ($\boldsymbol{v}$ sei die Geschwindigkeit, ϱ die Dichte der Lösung). Außerdem erfolgt ein Elektrolyttransport durch molekulare Diffusion. Die Dichte dieses Diffusionsstromes bezeichnen wir mit $\boldsymbol{i}$, so daß die gesamte Stromdichte $\varrho c\boldsymbol{v} + \boldsymbol{i}$ wird. Die irreversiblen Diffusionsprozesse führen

---

[1]) Die gewöhnlichen chemischen Potentiale sind durch $\zeta_1 = \partial\Phi/\partial n_1$, $\zeta_2 = \partial\Phi/\partial n_2$ definiert, wo Φ das spezifische thermodynamische Potential der Lösung ist und n_1, n_2 die Teilchenzahlen des Lösungsmittels bzw. des in ihm aufgelösten Stoffes. Die Zahlen n_1 und n_2 hängen durch die Beziehung $n_1 m_1 + n_2 m_2 = 1$ zusammen (m_1, m_2 sind die Teilchenmassen beider Arten), die Konzentration ist $c = n_1 m_1$. Wir haben daher für das hier eingeführte chemische Potential

$$\zeta = \frac{\partial\Phi}{\partial c} = \frac{\partial\Phi}{\partial n_1}\frac{\partial n_1}{\partial c} + \frac{\partial\Phi}{\partial n_2}\frac{\partial n_2}{\partial c} = \frac{\zeta_1}{m_1} - \frac{\zeta_2}{m_2}\,.$$

[2]) In einem starken Elektrolyten ist der gelöste Stoff vollständig dissoziiert, so daß die Massenkonzentrationen in der Form $c = m_+ n_+ + m_- n_-$ dargestellt werden können, wo m_+, m_- die Kationen- bzw. Anionenmassen und n_+, n_- ihre Teilchenzahldichten sind. Bei der angegebenen Potentialdefinition entspricht die Gleichung $\varphi = 0$ der Beziehung $\zeta_+/m_+ = \zeta_-/m_-$ zwischen den chemischen Potentialen der Kationen und der Anionen. Die Potentiale ζ_+ und ζ_- sind mit ζ_1 durch die Gleichung $\zeta_+ + \zeta_- = \zeta_1$ verknüpft.

[3]) Wir betonen jedoch, daß $\boldsymbol{j}$ bei gegebenen Konzentrationsgradienten vom Druckgradienten abhängt:

$$\nabla\zeta = \left(\frac{\partial\zeta}{\partial c}\right)_{P,\,T} \nabla c + \left(\frac{\partial\zeta}{\partial P}\right)_{c,\,T} \nabla P\,.$$

ebenfalls zu einem Anwachsen der Entropie; die Änderungsgeschwindigkeit der Gesamtentropie wird durch die Formel

$$\frac{d\mathcal{S}}{dt} = \int \frac{\boldsymbol{Ej}}{T} dV - \int \frac{\boldsymbol{i}\nabla\zeta}{T} dT \tag{28,2}$$

gegeben.[1])

Wie auch die elektrische Stromdichte kann der Diffusionsstrom als eine Linearkombination von $\boldsymbol{E}$ und $\nabla\zeta$ geschrieben werden oder ebensogut als solche von $\boldsymbol{j}$ und $\nabla\zeta$. Als Folge der Symmetrie der kinetischen Koeffizienten kann einer der Koeffizienten in diesem Ausdruck mit der Größe β in Formel (28,1) in Beziehung gebracht werden, ganz entsprechend, wie es im §26 für $\boldsymbol{j}$ und $\boldsymbol{q} - \varphi\boldsymbol{j}$ geschah. Als Ergebnis erhält man

$$\boldsymbol{i} = -\frac{\varrho D}{\left(\frac{\partial\zeta}{\partial c}\right)_{P,T}} \nabla\zeta + \beta\boldsymbol{j}\,. \tag{28,3}$$

Der Faktor vor $\nabla\zeta$ ist hier durch den gewöhnlichen Diffusionskoeffizienten ausgedrückt (ϱ ist hier die Dichte der Substanz). Für $\boldsymbol{j} = 0$ bei konstantem Druck (und konstanter Temperatur) haben wir den gewöhnlichen Diffusionsstrom $\boldsymbol{i} = -\varrho D\,\nabla c$.

Daß in den Ausdrücken (28,1) und (28,3) dem Druckgradienten proportionale Terme nicht möglich sind, folgt wieder (wie im vorhergehenden Paragraphen) aus dem Entropievermehrungsgesetz: Derartige Terme würden die Ableitung der Gesamtentropie (28,2) zu einer nicht notwendig positiven Größe machen.

Die Formeln (28,1) und (28,3) enthalten in sich alle Diffusionserscheinungen in Elektrolyten, wir halten uns aber hier nicht mit einer näheren Betrachtung auf.

Aufgabe

Zwei parallele ebene Scheiben (aus gleichem Metall A) befinden sich in einer Elektrolytlösung AX. Man bestimme die Abhängigkeit der Stromdichte von der an den Platten angelegten Potentialdifferenz.

Lösung. Bei Stromdurchgang wird Metall von einer Elektrode abgelöst und zur anderen transportiert. Dabei ruht das Lösungsmittel (Wasser), und durch die Lösung geht ein Massenstrom des Metalls mit der Dichte $\varrho\boldsymbol{v} = \boldsymbol{j}m/e$ (j sei die Dichte des elektrischen Stromes, m und e Masse und Ladung des Ions A^+).[2]) Andererseits wird dieser Strom auch durch den Ausdruck $i + \varrho v c$ mit i aus (28,3) gegeben; setzen wir den Druck als konstant über die Flüssigkeit hinweg voraus,[3]) so erhalten wir die Gleichung

$$\varrho D \frac{dc}{dx} = \left[\beta - \frac{m}{e}(1 - c)\right] j \tag{1}$$

---

[1]) Für die Herleitung des zweiten Terms in dieser Formel siehe VI, § 57.

[2]) Wir erinnern daran, daß die Definition der hydrodynamischen Geschwindigkeit in der Lösung so erfolgt, daß $\varrho\boldsymbol{v}$ der Impuls der Volumeneinheit der Flüssigkeit ist (s. VI, § 57). Die Tatsache, daß sich in unserem Fall nur das gelöste Metall (relativ zu den Elektroden) bewegt, ist daher bei der Berechnung von $\varrho\boldsymbol{v}$ unwesentlich.

[3]) Eine Berücksichtigung der Druckänderung als Folge der Flüssigkeitsbewegung liefert nur Größen, die klein von höherer Ordnung sind.

(x sei die Koordinate normal zu den Elektrodenflächen). Wegen $j = \text{const}$ über die Lösung haben wir hieraus

$$jl = \int_{c_1}^{c_2} \frac{\varrho D \, \mathrm{d}c}{\beta - \frac{m}{e}(1 - c)}, \tag{2}$$

wo c_1, c_2 die Konzentrationen an den Plattenoberflächen sind und l die Entfernung zwischen ihnen darstellt.

Die Potentialdifferenz zwischen den Platten kann sehr einfach mit Hilfe der gesamten pro Zeit und Plattenoberfläche dissipierten Energie bestimmt werden, die gleich dem Ausdruck $j\mathscr{E}$ sein muß. Nach (28,1), (28,2) haben wir

$$Q = T \frac{\mathrm{d}\mathscr{S}}{\mathrm{d}t} = \int \left\{ \frac{j^2}{\sigma} + \varrho D \frac{\partial \zeta}{\partial c} \left(\frac{\mathrm{d}c}{\mathrm{d}x} \right)^2 \right\} \mathrm{d}x = j\mathscr{E}$$

und, falls wir (1) benutzen,

$$\mathscr{E} = \int_{c_1}^{c_2} \frac{\varrho D \, \mathrm{d}c}{\sigma \left[\beta - \frac{m}{e}(1 - c) \right]} + \int_{c_1}^{c_2} \frac{\partial \zeta}{\partial c} \left[\beta - \frac{m}{e}(1 - c) \right] \mathrm{d}c \,. \tag{3}$$

Die Formeln (2) und (3) lösen in impliziter Form die gestellte Aufgabe.

Ist der Strom j klein, so ist es auch die Konzentrationsdifferenz $c_2 - c_1$. Ersetzen wir die Integrale durch die mit $c_2 - c_1$ multiplizierten Integranden, so erhalten wir für den effektiven spezifischen Widerstand der Lösung

$$\frac{\mathscr{E}}{lj} = \frac{1}{\sigma} + \frac{1}{\varrho D} \frac{\partial \zeta}{\partial c} \left[\beta - \frac{m}{e}(1 - c) \right]^2 .$$

Der erste Term in (3) gibt den Potentialabfall $\int j \, \mathrm{d}x/\sigma$, der mit dem Stromdurchgang in Zusammenhang steht. Der zweite Term ist die EMK, die durch den Konzentrationsgradienten der Lösung bedingt ist (in bestimmtem Sinne der Thermo-EMK analog). Dieser letzte Ausdruck ist unabhängig von den speziellen Bedingungen des vorliegenden eindimensionalen Problems und ist der allgemeine Ausdruck für die EMK eines „konzentrierten Elementes“.

IV ZEITUNABHÄNGIGE MAGNETFELDER

§ 29. Das zeitunabhängige Magnetfeld

Das zeitunabhängige Magnetfeld in Medien wird durch die beiden MAXWELLschen Gleichungen beschrieben, die man durch Mittelung aus den mikroskopischen Gleichungen

$$\operatorname{div} \boldsymbol{h} = 0\,, \qquad \operatorname{rot} \boldsymbol{h} = \frac{1}{c}\frac{\partial \boldsymbol{e}}{\partial t} + \frac{4\pi}{c}\varrho\boldsymbol{v} \tag{29,1}$$

erhält. Die mittlere magnetische Feldstärke wird magnetische Induktion genannt und mit

$$\overline{\boldsymbol{h}} = \boldsymbol{B} \tag{29,2}$$

bezeichnet. Das Ergebnis der Mittelung der ersten der Gleichungen (29,1) kann also

$$\operatorname{div} \boldsymbol{B} = 0 \tag{29,3}$$

geschrieben werden. In der zweiten Gleichung verschwindet die Zeitableitung bei der Mittelung, so daß wir

$$\operatorname{rot} \boldsymbol{B} = \frac{4\pi}{c}\overline{\varrho\boldsymbol{v}} \tag{29,4}$$

haben.

Der Mittelwert der mikroskopischen Stromdichte ist im allgemeinen sowohl in Leitern als auch in Nichtleitern von Null verschieden. Der Unterschied zwischen diesen beiden Arten von Körpern liegt nur darin, daß für Dielektrika stets

$$\int \overline{\varrho\boldsymbol{v}}\, \mathrm{d}\boldsymbol{f} = 0 \tag{29,5}$$

gilt, wo das Integral über das Gebiet irgendeines Körperquerschnitts zu nehmen ist; in Leitern kann dieses Integral hingegen von Null verschieden sein. Wir setzen zunächst voraus, daß im Körper ein Gesamtstrom nicht vorhanden ist, falls er Leiter ist, d.h., daß die Beziehung (29,5) gilt.

Das Verschwinden des Integrals (29,5) über einen beliebigen Körperquerschnitt bedeutet, daß der Vektor $\varrho\boldsymbol{v}$ als Rotation eines anderen Vektors geschrieben werden kann, der gewöhnlich mit $c\boldsymbol{M}$ bezeichnet wird:

$$\overline{\varrho\boldsymbol{v}} = c \operatorname{rot} \boldsymbol{M}\,, \tag{29,6}$$

die Größe $\boldsymbol{M}$ ist hierbei nur innerhalb des Körpers von Null verschieden (vgl. die analoge Diskussion in § 6). Integrieren wir nämlich über eine Fläche, die von einer Kurve begrenzt wird, die den Körper umschließt und nirgends in ihn eindringt, so erhalten wir

$$\int \overline{\varrho\boldsymbol{v}}\, \mathrm{d}\boldsymbol{f} = c \int \operatorname{rot} \boldsymbol{M}\, \mathrm{d}\boldsymbol{f} = c \oint \boldsymbol{M}\, \mathrm{d}\boldsymbol{l} = 0\,.$$

Der Vektor $\boldsymbol{M}$ wird *Magnetisierung* des Körpers genannt. Führen wir ihn in die Gleichung (29,4) ein, so erhalten wir

$$\operatorname{rot} \boldsymbol{H} = 0\,, \tag{29,7}$$

wo der Vektor $\boldsymbol{H}$ mit der magnetischen Induktion $\boldsymbol{B}$ über die Beziehung

$$\boldsymbol{B} = \boldsymbol{H} + 4\pi\boldsymbol{M} \tag{29,8}$$

zusammenhängt, die analog der Beziehung zwischen dielektrischer Erregung $\boldsymbol{D}$ und Feldstärke $\boldsymbol{E}$ ist. Obgleich der Vektor $\boldsymbol{H}$ in Analogie zu $\boldsymbol{E}$ gewöhnlich *magnetische Feldstärke* genannt wird, hat man sich daran zu erinnern, daß in Wirklichkeit $\boldsymbol{B}$, nicht $\boldsymbol{H}$ der wahre mittlere Wert der Feldstärke ist.

Um die physikalische Bedeutung der Größe $\boldsymbol{M}$ zu klären, betrachten wir das von allen sich innerhalb des Körpers bewegenden Teilchen erzeugte gesamte *magnetische Moment*. Nach der Definition des magnetischen Momentes (s. II, § 44) ist es das Integral[1])

$$\frac{1}{2c}\int [\boldsymbol{r}\overline{\varrho\boldsymbol{v}}]\,\mathrm{d}V = \frac{1}{2}\int [\boldsymbol{r}\operatorname{rot}\boldsymbol{M}]\,\mathrm{d}V\,.$$

Da außerhalb des Körpers $\overline{\varrho\boldsymbol{v}} = 0$ gilt, kann das Integral über ein beliebiges Volumen erstreckt werden, das den Körper enthält. Wir formen das Integral wie folgt um:

$$\int [\boldsymbol{r}[\nabla\boldsymbol{M}]]\,\mathrm{d}V = \oint [\boldsymbol{r}[\mathrm{d}\boldsymbol{f}\boldsymbol{M}]] - \int [[\boldsymbol{M}\nabla]\,\boldsymbol{r}]\,\mathrm{d}V\,.$$

Das erste Integral rechts wird Null, wenn es über den genzen Körper erstreckt wird. Im zweiten Integral rechts kann man schreiben

$$[[\boldsymbol{M}\nabla]\,\boldsymbol{r}] = -\boldsymbol{M}\operatorname{div}\boldsymbol{r} + \boldsymbol{M} = -2\boldsymbol{M}\,.$$

Auf diese Weise erhalten wir als Ergebnis

$$\frac{1}{2c}\int [\boldsymbol{r}\overline{\varrho\boldsymbol{v}}]\,\mathrm{d}V = \int \boldsymbol{M}\,\mathrm{d}V\,. \tag{29,9}$$

Wir sehen, daß der Magnetisierungsvektor die Dichte des magnetischen Moments darstellt.[2])

Den Gleichungen (29,3) und (29,7) muß eine Beziehung hinzugefügt werden, die $\boldsymbol{H}$ und $\boldsymbol{B}$ verknüpft; erst dann ist das Gleichungssystem vollständig. So sind etwa in nichtferromagnetischen Körpern, bei nicht zu starken Magnetfeldern, $\boldsymbol{H}$ und $\boldsymbol{B}$ durch eine lineare Beziehung verbunden. Für einen isotropen Körper bedeutet linearer Zusammenhang einfache Proportionalität:

$$\boldsymbol{B} = \mu\boldsymbol{H}\,. \tag{29,10}$$

---

[1]) Zum besseren Verständnis betonen wir, daß $\boldsymbol{r}$ in dieser Formel eine laufende Koordinate (Integrationsvariable) und nicht die eines einzelnen mikroskopischen Teilchens ist. Deshalb steht sie auch nicht unter dem Mittelungszeichen.

[2]) Erst nach Aufstellung dieser Relation ist $\boldsymbol{M}$ vollständig bestimmt. Die Beziehungen (29,6) im Innern und $\boldsymbol{M} = 0$ außerhalb des Körpers legen $\boldsymbol{M}$ noch nicht eindeutig fest: Im Innengebiet des Körpers könnte man zu $\boldsymbol{M}$ einen beliebigen Vektor grad f hinzufügen, der die Gleichung (29,6) nicht verletzt (man vergleiche die entsprechende Bemerkung bezüglich der elektrischen Polarisation auf Seite 43).

Der Koeffizient μ heißt *magnetische Permeabilität*, der Proportionalitätsfaktor χ in der Beziehung $\boldsymbol{M} = \chi \boldsymbol{H}$,

$$\chi = \frac{\mu - 1}{4\pi}, \tag{29,11}$$

magnetische Suszeptibilität.

Im Unterschied zur Dielektrizitätskonstanten ε, die bei allen Körpern 1 übersteigt, kann die magnetische Permeabilität sowohl größer als auch kleiner als 1 sein. Es läßt sich lediglich feststellen. daß stets $\mu > 0$ ist (über den Grund dieser Verschiedenheit zwischen μ und ε siehe § 32; ein Beweis für die Ungleichung $\mu > 0$ wird in § 31 gegeben). Dementsprechend kann die magnetische Suszeptibilität χ sowohl positiv als auch negativ sein.

Ein anderer quantitativer Unterschied besteht darin, daß die magnetische Suszeptibilität der überwiegenden Mehrzahl aller Körper sehr klein im Vergleich zu ihrer dielektrischen Suszeptibilität ist. Dieser Unterschied hängt damit zusammen, daß die Magnetisierbarkeit eines Stoffes (wenn wir von ferromagnetischen absehen) ein relativistischer Effekt zweiter Ordnung in v/c ist (v sei die Elektronengeschwindigkeit in den Atomen).[1])

In anisotropen Körpern (Kristallen) wird die einfache Proportionalität (29,10) durch die lineare Relation

$$B_i = \mu_{ik} H_k \tag{29,12}$$

ersetzt. Der Tensor der magnetischen Permeabilität μ_{ik} ist symmetrisch. Dies folgt aus den thermodynamischen Beziehungen, die wir in § 31 ableiten werden, ganz genau so wie in § 13 beim Beweis der Symmetrie des Tensors ε_{ik}.

Aus den Gleichungen div $\boldsymbol{B} = 0$, rot $\boldsymbol{H} = 0$ folgt (s. § 6), daß an der Grenze zweier verschiedener Schichten die Bedingungen

$$B_{1n} = B_{2n}, \qquad \boldsymbol{H}_{1t} = \boldsymbol{H}_{2t} \tag{29,13}$$

erfüllt sein müssen. Dieses System von Gleichungen und Grenzbedingungen fällt formal mit dem Gleichungssystem zusammen, das das elektrostatische Feld in Dielektrika bei Abwesenheit freier Ladungen bestimmt. Hierbei sind nur $\boldsymbol{E}$ und $\boldsymbol{D}$ durch $\boldsymbol{H}$ und $\boldsymbol{B}$ zu ersetzen. Wegen rot $\boldsymbol{H} = 0$ kann man $\boldsymbol{H}$ in der Form $\boldsymbol{H} = -\operatorname{grad} \psi$ ansetzen. Für das Potential ψ erhält man dieselbe Gleichung wie für das elektrostatische Potential.

Die Lösung einer Reihe von Aufgaben, wie sie in Kapitel II für das elektrostatische Feld betrachtet wurden, ist somit unmittelbar auf das zeitunabhängige Magnetfeld übertragbar. Insbesondere gilt die in § 8 erhaltene Formel für ein dielektrisches Ellipsoid im homogenen elektrischen Feld bei entsprechender Abänderung der Bezeichnungen auch für ein magnetisches Ellipsoid im inhomogenen Magnetfeld. So sind die Feldstärke $\boldsymbol{H}^{(i)}$ und die Induktion $\boldsymbol{B}^{(i)}$ des Magnetfeldes innerhalb eines Ellipsoids mit

[1]) Einmal geht das Verhältnis v/c mit $\boldsymbol{H}$ in die HAMILTON-Funktion ein, die die Wechselwirkung des Körpers mit dem Magnetfeld beschreibt, zum andern durch die elementaren atomaren und molekularen magnetischen Momente.

der Feldstärke $\mathfrak{H}$ des äußeren Feldes durch die Beziehung

$$H_i^{(i)} + n_{ik}(B_k^{(i)} - H_k^{(i)}) = \mathfrak{H}_i \tag{29,14}$$

verknüpft, wobei n_{ik} der Tensor der Entmagnetisierungsfaktoren ist. Wir erinnern daran, daß diese Beziehung für einen beliebigen Zusammenhang zwischen $\boldsymbol{B}$ und $\boldsymbol{H}$ gültig ist.

Die Tangentialkomponenten der magnetischen Induktion erleiden im Unterschied zu den Normalenkomponenten einen Sprung an der Grenzfläche zweier Schichten. Die Größe dieses Sprunges kann mit der Dichte des Stromes in Verbindung gebracht werden, der durch die Oberfläche fließt. Wir integrieren dazu beide Seiten der Gleichung (29,4) über einen kleinen Abschnitt Δl, der die Grenzfläche in Normalenrichtung schneidet. Δl gehe sodann gegen Null; das Integral $\int \overline{\varrho \boldsymbol{v}}\, dl$ kann dabei gegen einen endlichen Grenzwert streben. Die auf diese Weise bestimmte Größe

$$\boldsymbol{g} = \int \overline{\varrho \boldsymbol{v}}\, dl \tag{29,15}$$

kann als Oberflächendichte des Stromes bezeichnet werden; sie bestimmt die Ladung, die pro Zeit durch die Länge einer Linie auf der Oberfläche fließt. Wir wählen die Richtung $\boldsymbol{g}$ in einem Oberflächenpunkt als y-Achse, die Normalenrichtung als x-Achse mit der Richtung von der Schicht 1 zur Schicht 2. Dann gibt die Integration der Gleichungen (29,4)

$$\int \left(\frac{\partial B_x}{\partial z} - \frac{\partial B_z}{\partial x}\right) dx = \frac{4\pi}{c} g_y = \frac{4\pi}{c} g\,.$$

Infolge der Stetigkeit von B_x ist die Ableitung $\partial B_x/\partial z$ beschränkt, das Integral hierüber strebt also gegen Null, wenn der Abschnitt Δl gegen Null geht. Das Integral über $\partial B_z/\partial x$ gibt die Differenz der Werte B_z auf beiden Seiten der Oberfläche. Somit gilt

$$B_{2z} - B_{1z} = -\frac{4\pi}{c} g\,.$$

Vektoriell schreibt sich diese Gleichung

$$\frac{4\pi}{c}\boldsymbol{g} = [\boldsymbol{n}(\boldsymbol{B}_2 - \boldsymbol{B}_1)] = 4\pi[\boldsymbol{n}(\boldsymbol{M}_2 - \boldsymbol{M}_1)]; \tag{29,16}$$

$\boldsymbol{n}$ sei der ins Innere der Schicht gerichtete Normaleneinheitsvektor. In der letzten Umformung wurde die Stetigkeit der Tangentialkomponenten von $\boldsymbol{H}$ benutzt.

§ 30. Das Magnetfeld von konstanten Strömen

Fließt in einem Leiter ein von Null verschiedener Gesamtstrom, so kann die mittlere Stromdichte in ihm als Summe

$$\overline{\varrho \boldsymbol{v}} = c \operatorname{rot} \boldsymbol{M} + \boldsymbol{j}$$

geschrieben werden. Das erste mit der Magnetisierung zusammenhängende Glied gibt keinen Beitrag zum Gesamtstrom, so daß der gesamte Ladungsdurchtritt durch einen Körperquerschnitt durch das Integral $\int \boldsymbol{j}\, d\boldsymbol{f}$ nur über das zweite Glied gegeben wird.

Die Größe $\boldsymbol{j}$ heißt *Dichte des Leitungsstromes.*[1]) Auf sie beziehen sich alle Aussagen in § 21; insbesondere ist die pro Zeit und Volumen dissipierte Energie gleich $\boldsymbol{Ej}$.

Die Stromverteilung im Leitervolumen wird durch die in § 21 angegebenen Gleichungen bestimmt, in die jedoch nicht das von den Strömen erzeugte Magnetfeld eingeht, wenn wir den Einfluß des Feldes auf die Leitfähigkeitseigenschaften des Metalles vernachlässigen. Das Problem der Magnetfeldbestimmung von Strömen ist also für eine gegebene Stromverteilung zu lösen. Die Gleichungen dieses Feldes unterscheiden sich von den in § 29 erhaltenen durch das Glied $4\pi\boldsymbol{j}/c$ statt Null auf der rechten Seite von (29,7):

$$\operatorname{div} \boldsymbol{B} = 0\,, \tag{30,1}$$

$$\operatorname{rot} \boldsymbol{H} = \frac{4\pi}{c}\boldsymbol{j}\,. \tag{30,2}$$

Die Dichte des Leitungsstromes $\boldsymbol{j}$, die zur elektrischen Feldstärke proportional ist, stellt eine beschränkte Größe dar, die nirgends unendlich wird, insbesondere auch nicht an der Grenzfläche zweier Medien. Das Vorhandensein einer rechten Seite in der Gleichung (30,2) hat daher keinen Einfluß auf die Stetigkeit der Tangentialkomponente von $\boldsymbol{H}$ an der Grenze.

Zur Lösung der Gleichungen (30,1—2) ist es zweckmäßig, das *Vektorpotential* $\boldsymbol{A}$ durch

$$\boldsymbol{B} = \operatorname{rot} \boldsymbol{A} \tag{30,3}$$

einzuführen, wodurch die Gleichung (30,1) identisch erfüllt wird. Durch die Gleichung (30,3) ist das Vektorpotential noch nicht eindeutig bestimmt. Man kann zu ihm einen beliebigen Vektor der Gestalt grad f hinzufügen, ohne (30,3) zu verletzen. Diese Unbestimmtheit erlaubt es, $\boldsymbol{A}$ noch eine Zusatzbedingung aufzuerlegen, als die wir

$$\operatorname{div} \boldsymbol{A} = 0 \tag{30,4}$$

wählen. Eine Gleichung für $\boldsymbol{A}$ erhält man, wenn man (30,3) in (30,2) einsetzt. Bei linearem Zusammenhang $\boldsymbol{B} = \mu\boldsymbol{H}$ haben wir

$$\operatorname{rot}\left(\frac{1}{\mu}\operatorname{rot} \boldsymbol{A}\right) = \frac{4\pi}{c}\boldsymbol{j}\,. \tag{30,5}$$

In dieser Form ist die Gleichung für beliebige inhomogene Medien gültig.

In einem homogenen Medium ist immer $\mu = \text{const}$ und daher $\operatorname{rot}\operatorname{rot}\boldsymbol{A} = \operatorname{grad}\operatorname{div}\boldsymbol{A} - \Delta\boldsymbol{A} = -\Delta\boldsymbol{A}$, deshalb läßt sich (30,5) in die Gestalt

$$\Delta\boldsymbol{A} = -\frac{4\pi}{c}\mu\boldsymbol{j} \tag{30,6}$$

überführen.

Haben wir es mit zwei oder mehr sich berührenden Medien zu tun, von denen jedes die magnetische Permeabilität μ besitzt, so führt die allgemeine Gleichung (30,5) zu einer Gleichung vom Typ (30,6) innerhalb eines jeden der homogenen Körper, und an den Grenzen müssen die Tangentialkomponenten des Vektors $(1/\mu)$ rot $\boldsymbol{A}$ stetig sein.

---

[1]) Die Größe c rot $\boldsymbol{M}$ wird manchmal *Molekularstromdichte* genannt. Diese Bezeichnung entspricht jedoch nicht vollständig dem wahren physikalischen Bild der Ladungsbewegung im Leiter. Im Metall z. B. geben nicht nur die zum Atom gehörenden Elektronen einen Beitrag zur Magnetisierung $\boldsymbol{M}$, sondern auch die Leitungselektronen.

Weiterhin haben auch die Tangentialkomponenten von $\boldsymbol{A}$ selbst stetig zu sein, da eine Unstetigkeit einen unendlich großen Wert der Induktion $\boldsymbol{B}$ an der Grenze verursachen würde.

Die Feldgleichungen vereinfachen sich für das ebene Problem der Magnetfeldbestimmung in einem unbegrenzten und in einer Richtung homogenen Medium. Wir legen die z-Achse in diese Richtung; dann haben die das Feld erzeugenden Ströme ebenfalls diese Richtung, und ihre Dichte $j_z = j$ hängt nur von x, y ab. Ferner machen wir die (durch das Ergebnis gerechtfertigte) Voraussetzung, daß das Vektorpotential gleichfalls in diese Richtung falle, $A_z = A(x, y)$ (dabei ist (30,4) automatisch erfüllt), und das Magnetfeld dementsprechend immer parallel der x,y-Ebene sei. Bezeichnen wir mit $\boldsymbol{k}$ den Einheitsvektor längs der z-Achse, so haben wir

$$\operatorname{rot} \boldsymbol{A} = \operatorname{rot} A\boldsymbol{k} = [\operatorname{grad} A\boldsymbol{k}],$$

$$\operatorname{rot}\left(\frac{1}{\mu}\operatorname{rot}\boldsymbol{A}\right) = \left[\nabla\left[\frac{\nabla A}{\mu}\boldsymbol{k}\right]\right] = -\boldsymbol{k}\operatorname{div}\frac{\nabla A}{\mu}.$$

Die Gleichung (30,5) wird dann in

$$\operatorname{div}\frac{\operatorname{grad} A}{\mu} = -\frac{4\pi}{c} j(x, y) \tag{30,7}$$

überführt, d. h., wir erhalten eine skalare Gleichung für eine skalare Funktion $A(x, y)$. Für ein stückweise stetiges Medium geht (30,7) in

$$\Delta A = -\frac{4\pi}{c}\mu j(x, y) \tag{30,8}$$

über mit Stetigkeitsbedingungen für A und $\frac{1}{\mu}\frac{\partial A}{\partial n}$ an den Grenzflächen.[1])

Das Magnetfeld läßt sich sehr einfach bestimmen, wenn die Stromverteilung um die z-Achse symmetrisch ist: $j_z = j(r)$ (r ist die Entfernung zur z-Achse). In diesem Fall sind die magnetischen Kraftlinien offensichtlich die Kreise $r = \text{const}$. Der Absolutbetrag des Feldes läßt sich unmittelbar aus der Gleichung

$$\oint \boldsymbol{H}\, d\boldsymbol{l} = \frac{4\pi}{c}\int \boldsymbol{j}\, d\boldsymbol{f} \tag{30,9}$$

bestimmen, die die Integralform von (30,2) darstellt. Wir haben

$$H(r) = \frac{2J(r)}{cr}, \tag{30,10}$$

wo $J(r)$ der Gesamtstrom innerhalb $r = \text{const}$ ist.

---

[1]) Wir weisen darauf hin, daß das ebene Problem mit konstantem Magnetfeld einem zweidimensionalen elektrostatischen Problem äquivalent ist, bei dem das von äußeren Ladungen der Dichte $\varrho_{ex}(x, y)$ in einem dielektrischen Medium erzeugte elektrische Feld zu bestimmen ist. Diese Aufgabe erfordert die Lösung der Gleichung

$$\operatorname{div}(\varepsilon \operatorname{grad} \varphi) = -4\pi\varrho_{ex}$$

(φ das Potential des Feldes), die sich von (30,7) nur durch den Ersatz von A, j/c, μ entsprechend durch φ, ϱ_{ex}, $1/\varepsilon$ unterscheidet; die Grenzbedingungen für A und φ fallen auch zusammen. Ein Unterschied besteht jedoch bei der Bestimmung von $\boldsymbol{E}$ oder $\boldsymbol{B}$ aus φ bzw. A. Die Vektoren $\boldsymbol{E} = -\operatorname{grad}\varphi$ und $\boldsymbol{B} = \operatorname{rot}\boldsymbol{A}$ sind zwar in jedem Punkt dem Betrag nach gleich, stehen aber aufeinander senkrecht.

Die Überführung der Vektorgleichung (30,5) in eine skalare Gleichung ist auch bei einer axialsymmetrischen Verteilung von Kreisströmen möglich, d. h. bei einer Verteilung, die in Zylinderkoordinaten r, φ, z die Gestalt

$$j_r = j_z = 0\,, \qquad j_\varphi = j(r, z)$$

besitzt. Das Vektorpotential suchen wir mit dem Ansatz $A_r = A_z = 0$, $A_\varphi = A(r, z)$. Damit werden die Komponenten der magnetischen Induktion $\boldsymbol{B} = \operatorname{rot} \boldsymbol{A}$

$$B_r = -\frac{\partial A}{\partial z}\,, \qquad B_z = \frac{1}{r}\frac{\partial}{\partial r}(rA)\,, \qquad B_\varphi = 0\,,$$

und die φ-te Komponente der Gleichungen (30,2) gibt

$$\frac{\partial}{\partial z}\left(\frac{1}{\mu}\frac{\partial A}{\partial z}\right) + \frac{\partial}{\partial r}\left(\frac{1}{\mu r}\frac{\partial}{\partial r} rA\right) = -\frac{4\pi}{c} j(r, z)\,. \tag{30,11}$$

Die Gleichungen für das Magnetfeld von Strömen können in allgemeiner Form für den wichtigen Fall gelöst werden, daß die magnetischen Eigenschaften des Mediums vernachlässigt werden können, d. h. immer $\mu = 1$ gesetzt werden kann. Für das Vektorpotential gilt dann im ganzen Raum die Gleichung

$$\Delta \boldsymbol{A} = -\frac{4\pi}{c}\boldsymbol{j}$$

ohne Bedingungen an den Grenzflächen der verschiedenen Medien (darunter auch die Leitergrenze, auf der der Strom fließt). Die im Unendlichen verschwindende Lösung dieser Gleichung ist bekanntlich

$$\boldsymbol{A} = \frac{1}{c}\int \frac{\boldsymbol{j}}{R}\,\mathrm{d}V\,, \tag{30,12}$$

wo R die Entfernung vom Aufpunkt, in dem wir $\boldsymbol{A}$ suchen, zum Volumenelement $\mathrm{d}V$ sei (s. II, § 43). Bei der Anwendung der Operation rot auf diesen Ausdruck hat man zu beachten, daß bei einer Ableitung des Integranden nach den Aufpunktkoordinaten $\boldsymbol{j}$ konstant ist, so daß

$$\operatorname{rot}\frac{\boldsymbol{j}}{R} = \left[\operatorname{grad}\frac{1}{R}\boldsymbol{j}\right] = -\frac{1}{R^3}[\boldsymbol{R}\boldsymbol{j}]$$

gilt, wo der Radiusvektor $\boldsymbol{R}$ von $\mathrm{d}V$ zum Beobachtungspunkt gerichtet ist. Wir erhalten somit

$$\boldsymbol{B} = \boldsymbol{H} = \frac{1}{c}\int \frac{[\boldsymbol{j}\boldsymbol{R}]}{R^3}\,\mathrm{d}V\,. \tag{30,13}$$

Ist der Leiter, durch den der Strom fließt, hinreichend dünn (etwa ein dünner Draht) und interessieren wir uns nur für das Feld im umgebenden Raum, so kann die Leiterdicke vernachlässigt werden. Im folgenden werden wir oft solche „linearen" Ströme zu betrachten haben. Die Integration über das Leitervolumen läßt sich in diesem Fall durch eine Integration über seine Länge ersetzen. Die Formeln für Linienströme erhält man aus den entsprechenden Gleichungen für Volumenströme, wenn man in ihnen die Ersetzung

$$\boldsymbol{j}\,\mathrm{d}V \to J\,\mathrm{d}\boldsymbol{l}$$

vornimmt; J ist der durch den Leiter fließende Gesamtstrom. So erhalten wir aus den Formeln (30,12), (30,13)

$$\boldsymbol{A} = \frac{J}{c}\int \frac{\mathrm{d}\boldsymbol{l}}{R}, \qquad \boldsymbol{H} = \frac{J}{c}\int \frac{[\mathrm{d}\boldsymbol{l}\,\boldsymbol{R}]}{R^3}. \tag{30,14}$$

Die zweite dieser Formeln drückt das BIOT-SAVART*sche Gesetz* aus.

Diese einfache Formel für das Magnetfeld eines linienförmigen Leiters hängt nicht mit der Bedingung $\mu = 1$ zusammen. Da wir den Leiterdurchmesser vernachlässigen, sind keinerlei Grenzbedingungen für seine Oberfläche anzuschreiben, und die magnetischen Eigenschaften der Leitersubstanz sind unwesentlich (die Leitersubstanz mag sogar ferromagnetisch sein). Die Lösung der Gleichungen (30,6) für das Feld in einem den Leiter umgebenden Medium wird daher

$$\boldsymbol{A} = \frac{\mu J}{c}\int \frac{\mathrm{d}\boldsymbol{l}}{R}, \qquad \boldsymbol{B} = \frac{\mu J}{c}\int \frac{[\mathrm{d}\boldsymbol{l}\,\boldsymbol{R}]}{R^3} \tag{30,15}$$

für einen beliebigen Wert der magnetischen Permeabilität des Mediums. Das Vorhandensein eines Mediums führt daher nur zu einer Änderung der magnetischen Induktion um den Faktor μ; die Feldstärke $\boldsymbol{H} = \boldsymbol{B}/\mu$ wird dabei nicht geändert.

Das Problem der Magnetfeldbestimmung für lineare Leiter kann auch als Aufgabe der Potentialtheorie gelöst werden. Da wir keine ausgedehnten Leiter haben, handelt es sich praktisch um die Bestimmung eines Feldes in einem Raum, in dem bis auf singuläre Stromlinien keine Ströme vorhanden sind. Nun besitzt bei fehlenden Strömen ein konstantes Magnetfeld ein skalares Potential, das in einem homogenen Medium die LAPLACE-Gleichung erfüllt. Zwischen einem Potential des Magnetfeldes und einem elektrostatischen Potential besteht jedoch ein wesentlicher Unterschied. Das Potential des elektrischen Feldes stellt stets eine eindeutige Funktion dar. Dies folgt daraus, daß die Gleichung $\operatorname{rot} \boldsymbol{E} = 0$ im ganzen Raum gilt (darunter auch dort, wo es Ladungen gibt) und daher die Potentialänderung beim Umlauf um eine beliebige geschlossene Linie (die Zirkulation von $\boldsymbol{E}$ bezüglich dieser Linie) verschwindet. Die Zirkulation des Magnetfeldes um eine die Stromlinien enthaltende geschlossene Kurve ist jedoch von Null verschieden und beträgt $4\pi J/c$. Bei jedem Umlauf um die Stromlinien ändert sich daher der Wert des Potentials um diese Größe, d. h., das Potential des Magnetfeldes ist eine mehrdeutige Funktion.

Sind die Ströme auf einen endlichen Raumbereich konzentriert (und gilt $\mu = 1$ sowohl in Leitern als auch im Medium), so hat in weiten Entfernungen das Vektorpotential des Magnetfeldes die Gestalt

$$\boldsymbol{A} = \frac{[\mathcal{M}\boldsymbol{R}]}{R^3}, \tag{30,16}$$

wo

$$\mathcal{M} = \frac{1}{2c}\int [\boldsymbol{r}\boldsymbol{j}]\,\mathrm{d}V \tag{30,17}$$

das gesamte magnetische Moment des Systems ist.[1])

---

[1]) Siehe II, § 44. In der dort gegebenen Ableitung wurde explizit eine Darstellung der Ströme als Ergebnis der Bewegung einzelner geladener Teilchen gegeben. Eine solche Ableitung ist natürlich vollständig allgemein, Formel (30,16) kann jedoch auch auf rein makroskopischem Wege erhalten werden (s. Aufgabe 4 zu diesem Paragraphen).

Für eine linienförmige Stromverteilung nimmt dieser Ausdruck die Gestalt

$$\mathcal{M} = \frac{J}{2c} \oint [\boldsymbol{r}\, \mathrm{d}\boldsymbol{l}]$$

an und kann in ein Integral über eine Fläche transformiert werden, die durch den Stromfaden begrenzt wird. Das Produkt $\mathrm{d}\boldsymbol{f} = 1/2\, [\boldsymbol{r}\, \mathrm{d}\boldsymbol{l}]$ ist dem Betrag nach gleich dem von den Vektoren $\boldsymbol{r}$ und $\mathrm{d}\boldsymbol{l}$ aufgespannten Oberflächenelement. Das vektorielle Integral $\int \mathrm{d}\boldsymbol{f}$ hängt nicht davon ab, über welche der durch die Linie begrenzten Oberflächen es erstreckt wird. Das magnetische Moment einer geschlossenen Stromlinie ist somit gleich

$$\mathcal{M} = \frac{J}{c} \int \mathrm{d}\boldsymbol{f}. \tag{30,18}$$

Insbesondere gilt für das magnetische Moment einer ebenen geschlossenen Stromlinie einfach JS/c, wo S das durch den Strom eingeschlossene Gebiet der Ebene ist.

Zum Abschluß dieses Paragraphen gehen wir noch kurz auf die Frage des Energiestromes in einem Leiter ein. Die im Leiter als Jouleѕche Wärme dissipierte Energie wird aus der Energie des elektromagnetischen Feldes bezogen. Im stationären Zustand hat die Kontinuitätsgleichung, die den Energieerhaltungssatz ausdrückt, die Gestalt

$$-\mathrm{div}\, \boldsymbol{S} = \boldsymbol{j}\boldsymbol{E}\,, \tag{30,19}$$

wo $\boldsymbol{S}$ die Energiestromdichte ist. Sie wird innerhalb des Leiters durch den Ausdruck

$$\boldsymbol{S} = \frac{c}{4\pi} [\boldsymbol{E}\boldsymbol{H}] \tag{30,20}$$

gegeben, der formal mit dem Ausdruck für den Poynting-Vektor für ein Vakuumfeld zusammenfällt. Man kann sich davon leicht durch direkte Nachrechnung überzeugen: Die Berechnung von div $\boldsymbol{S}$ unter Benutzung von rot $\boldsymbol{E} = 0$ führt von (30,2) auf (30,19).

Unabhängig von dieser Überlegung folgt Gleichung (30,20) aus der Bedingung der Stetigkeit der Normalkomponenten von $\boldsymbol{S}$ auf der Körperoberfläche, wenn die Stetigkeit von $\boldsymbol{E}_t$ und $\boldsymbol{H}_t$ berücksichtigt wird sowie die Tatsache, daß (30,20) im Vakuum außerhalb des Körpers gültig ist.

Aufgaben[1])

1. Man bestimme das skalare Potential des Magnetfeldes für eine geschlossene linienförmige Stromverteilung.

Lösung. Wir transformieren das Linienintegral in ein Integral über eine Oberfläche und erhalten

$$\boldsymbol{A} = \frac{J}{c} \oint \frac{\mathrm{d}\boldsymbol{l}}{R} = \frac{J}{c} \int \left[\mathrm{d}\boldsymbol{f}\, \nabla \frac{1}{R}\right],$$

$$\boldsymbol{B} = \mathrm{rot}\, \boldsymbol{A} = \frac{J}{c} \int (\mathrm{d}\boldsymbol{f}\, \nabla)\, \nabla \frac{1}{R}$$

(dabei ist $\Delta(1/R) = 0$ zu berücksichtigen). Vergleichen wir mit $\boldsymbol{B} = -\mathrm{grad}\, \psi$, so finden wir für das skalare Potential

$$\psi = \frac{J}{c} \int \mathrm{d}\boldsymbol{f}\, \nabla \frac{1}{R} = -\frac{J}{c} \int \frac{\mathrm{d}\boldsymbol{f}\, \boldsymbol{R}}{R^3}.$$

---

[1]) In den Aufgaben 1 bis 4 setzen wir stets $\mu = 1$.

Geometrisch stellt das hier stehende Integral den Raumwinkel dar, unter dem die Kontur vom Beobachtungspunkt aus gesehen wird. Die oben erwähnte Mehrdeutigkeit des Potentials erscheint hier so, daß bei einem geschlossenen Weg des Beobachtungspunktes um den Leiter der Winkel Ω plötzlich von 2π auf -2π springt.

2. Man bestimme das Magnetfeld eines linienförmigen Kreisstromes (vom Radius a).

Lösung. Wir wählen den Ursprung eines zylindrischen Koordinatensystems r, φ, z im Zentrum des Kreises und zählen den Winkel φ von der Ebene, die durch die z-Achse und den Beobachtungspunkt geht. Das Vektorpotential hat nur die Komponente $A_\varphi = A(r, z)$, und gemäß Formel (30,14) schreiben wir

$$A_\varphi = \frac{J}{c}\oint \frac{\cos\varphi\, dl}{R} = \frac{2J}{c}\int\limits_0^\pi \frac{a\cos\varphi\, d\varphi}{(a^2 + r^2 + z^2 - 2ar\cos\varphi)^{1/2}}.$$

Führen wir eine neue Veränderliche θ durch $\varphi = \pi + 2\theta$ ein, so kann man diesen Ausdruck in

$$A_\varphi = \frac{4J}{ck}\sqrt{\frac{a}{r}}\left[\left(1 - \frac{k^2}{2}\right)K - E\right]$$

überführen, wo

$$k^2 = \frac{4ar}{(a + r)^2 + z^2}$$

ist und K und E vollständige elliptische Integrale erster und zweiter Ordnung sind:

$$K = \int\limits_0^{\pi/2} \frac{d\theta}{\sqrt{1 - k^2\sin^2\theta}}, \qquad E = \int\limits_0^{\pi/2} \sqrt{1 - k^2\sin^2\theta}\, d\theta.$$

Für die Komponenten der Induktion finden wir

$$B_\varphi = 0, \qquad B_r = -\frac{\partial A_\varphi}{\partial z} = \frac{J}{c}\frac{2z}{r\sqrt{(a + r)^2 + z^2}}\left[-K + \frac{a^2 + r^2 + z^2}{(a - r)^2 + z^2}E\right],$$

$$B_z = \frac{1}{r}\frac{\partial}{\partial r}(rA_\varphi) = \frac{J}{c}\frac{2}{\sqrt{(a + r)^2 + z^2}}\left[K + \frac{a^2 - r^2 - z^2}{(a - r)^2 + z^2}E\right].$$

Dabei wurden die leicht verifizierbaren Formeln

$$\frac{\partial K}{\partial k} = \frac{E}{k(1 - k^2)} - \frac{K}{k}, \qquad \frac{\partial E}{\partial k} = \frac{E - K}{k}$$

benutzt. Auf der Achse ($r = 0$) gilt

$$B_r = 0, \qquad B_z = \frac{2\pi a^2 J}{c(a^2 + z^2)^{3/2}},$$

was auch unmittelbar durch elementare Rechnung erhalten werden kann.

3. Man bestimme das Magnetfeld in einer zylindrischen Ausbohrung in einem unendlich langen zylindrischen Leiter, in dem ein gleichmäßig über den Querschnitt verteilter Strom fließe (Abb. 18).

Lösung. Ohne Höhlung hätte man für das Magnetfeld im Innern des Zylinders $H'_x = -2\pi jy/c$, $H'_y = 2\pi jx/c$ (die Bezeichnungen für die Radien und Koordinatenachsen sind aus der Abbildung zu entnehmen).

Würde im inneren Zylinder ein Strom mit der Dichte $-j$ fließen, so würde er im gleichen Beobachtungspunkt ein Feld $H''_x = 2\pi jy'/c$, $H''_y = -2\pi jx'/c$ erzeugen.

Das gesuchte Feld im Hohlraum erhält man durch Überlagerung dieser beiden Felder. Beachten wir $x - x' = OO' = h$, $y = y'$, so finden wir

$$H_x = 0,$$

$$H_y = 2\pi jh/c = \frac{2hJ}{(b^2 - a^2)\,c},$$

d. h. ein homogenes Feld in der Richtung der y-Achse.

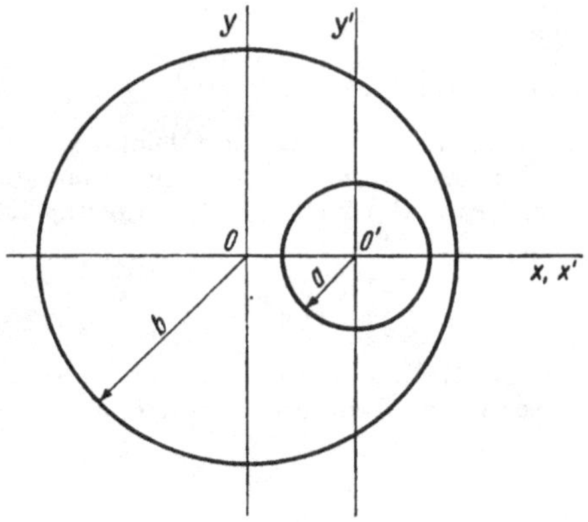

Abb. 18

4. Man leite aus (30,12) die Formel (30,16) für das Vektorpotential in weiten Entfernungen von den Strömen ab.

Lösung. Wir schreiben $\boldsymbol{R} = \boldsymbol{R}_0 - \boldsymbol{r}$, wo $\boldsymbol{R}_0$ und $\boldsymbol{r}$ die Radiusvektoren vom im Bereich der Ströme gelegenen Koordinatenursprung zum Beobachtungspunkt bzw. Volumenelement $\mathrm{d}V$ sind. Entwickeln wir den Integranden nach Potenzen von $\boldsymbol{r}$ und berücksichtigen wir $\int \boldsymbol{j}\,\mathrm{d}V = 0$, so erhalten wir

$$A_i \approx \frac{R_k}{cR^3}\int x_k j_i\,\mathrm{d}V$$

(wir lassen den Index 0 bei R fort). Integrieren wir die Identität

$$\int x_i x_k \operatorname{div} \boldsymbol{j}\,\mathrm{d}V = 0$$

partiell, so folgt

$$\int (j_i x_k + j_k x_i)\,\mathrm{d}V = 0\,.$$

Man kann daher A_i in der Gestalt

$$A_i = \frac{R_k}{2cR^3}\int (x_k j_i - x_i j_k)\,\mathrm{d}V$$

schreiben, was mit (30,16) zusammenfällt.

5. Man bestimme das von einer linienförmigen Stromverteilung in einem magnetisch anisotropen Medium erzeugte Magnetfeld (A. S. WIGLIN, 1954).

Lösung. In einem anisotropen Medium, das den Leiter umgibt, gilt

$$\operatorname{div} \boldsymbol{B} = \mu_{ik}\frac{\partial H_k}{\partial x_i} = 0\,, \tag{1}$$

wo μ_{ik} der Tensor der magnetischen Permeabilität des Mediums ist. Statt das Vektorpotential gemäß $\boldsymbol{B} = \operatorname{rot} \boldsymbol{A}$ einzuführen, definieren wir hier einen anderen Vektor $\boldsymbol{C}$ durch die Gleichung

$$H_i = e_{ikl}\mu_{km}\frac{\partial C_l}{\partial x_m} \tag{2}$$

(e_{ikl} sei der antisymmetrische Einheitstensor); der Ausdruck (2) erfüllt Gleichung (1) ebenfalls identisch. Dem so bestimmten Vektor $\boldsymbol{C}$ läßt sich noch die Zusatzbedingung

$$\operatorname{div} \boldsymbol{C} = \frac{\partial C_l}{\partial x_l} = 0 \tag{3}$$

auferlegen. Setzen wir (2) in die Gleichung $\operatorname{rot} \boldsymbol{H} = \frac{4\pi}{c}\boldsymbol{j}$ ein, so erhalten wir

$$e_{ikl}\frac{\partial H_l}{\partial x_k} = -\mu_{kp}\frac{\beta^2 C_i}{\partial x_k \partial x_p} = \frac{4\pi j_i}{c}$$

(bei der Umformung wurden die Gleichung

$$e_{ikl}e_{lmn} = \delta_{im}\delta_{kn} - \delta_{in}\delta_{km}$$

und die Bedingung (3) benutzt). Die auf diese Weise erhaltene Gleichung für $\boldsymbol{C}$ fällt der Form nach mit der Gleichung für ein elektrisches Potential zusammen, das von Ladungen in einem anisotropen Medium erzeugt wird (Aufgabe 2, § 13). Ihre Lösung hat die Form

$$\boldsymbol{C} = \frac{1}{c}\int \frac{\boldsymbol{j}\,\mathrm{d}V}{\sqrt{|\mu|\;\mu_{ik}^{-1}R_iR_k}}$$

($|\mu|$ ist die Determinante des Tensors μ_{ik}, $\boldsymbol{R}$ der Radiusvektor zwischen dem Beobachtungspunkt und $\mathrm{d}V$). Für eine linienförmigen Stromverteilung erhalten wir schließlich

$$\boldsymbol{C} = \frac{J}{c\sqrt{|\mu|}}\oint \frac{\mathrm{d}\boldsymbol{l}}{\sqrt{\mu_{ik}^{-1}R_iR_k}}\,.$$

§ 31. Thermodynamische Beziehungen im Magnetfeld

Die thermodynamischen Beziehungen für eine magnetische Substanz im Magnetfeld sind, wie wir sehen werden, in ihrer endgültigen Form den entsprechenden Beziehungen für Dielektrika im elektrischen Feld sehr ähnlich. Ihre Ableitung ist jedoch wesentlich von der in § 10 gegebenen verschieden. Dies läßt sich letztlich darauf zurückführen, daß das Magnetfeld im Unterschied zum elektrischen Feld keine Arbeit an Ladungen leistet, die sich im Feld bewegen (da die auf die Ladung wirkende Kraft senkrecht zur Geschwindigkeit ist). Um daher die Energieänderung eines Mediums bei Anlegen eines Magnetfeldes zu berechnen, hat man das durch die Änderung des Magnetfeldes induzierte elektrische Feld zu bestimmen, um daraus die Arbeit zu gewinnen, die dieses Feld an den Strömen leistet.

Man hat daher diejenigen Gleichungen heranzuziehen, die die Beziehung zwischen dem elektrischen Feld und der Änderung des Magnetfeldes liefern; es ist dies

$$\operatorname{rot}\boldsymbol{E} = -\frac{1}{c}\frac{\partial \boldsymbol{B}}{\partial t}\,. \tag{31,1}$$

Man erhält sie unmittelbar aus einer Mittelung der mikroskopischen Gleichung (1,3).

Im Zeitintervall δt leistet das Feld $\boldsymbol{E}$ an den Strömen $\boldsymbol{j}$ die Arbeit

$$\delta t\int \boldsymbol{jE}\,\mathrm{d}V\,.$$

Mit umgekehrtem Vorzeichen versehen, ist dies die Arbeit δR, die durch die den Stromfluß aufrechterhaltenden äußeren EMK geleistet wird. Setzen wir $\boldsymbol{j} = \frac{c}{4\pi}\operatorname{rot}\boldsymbol{H}$ ein, so erhalten wir

$$\delta R = -\delta t\,\frac{c}{4\pi}\int \boldsymbol{E}\operatorname{rot}\boldsymbol{H}\,\mathrm{d}V = \delta t\,\frac{c}{4\pi}\int \operatorname{div}[\boldsymbol{EH}]\,\mathrm{d}V$$
$$-\delta t\,\frac{c}{4\pi}\int \boldsymbol{H}\operatorname{rot}\boldsymbol{E}\,\mathrm{d}V\,.$$

Das erste Integral verschwindet (es läßt sich in ein Integral über eine unendlich weit entfernte Oberfläche überführen). In das zweite setzen wir $\operatorname{rot}\boldsymbol{E}$ aus (31,1) ein und erhalten endgültig, wenn noch die Änderung $\delta\boldsymbol{B} = \delta t\,\partial\boldsymbol{B}/\partial t$ der magnetischen Induktion eingeführt wird,

$$\delta R = \frac{1}{4\pi}\int \boldsymbol{H}\,\delta\boldsymbol{B}\,\mathrm{d}V\,. \tag{31,2}$$

Der Form nach entspricht diese Formel vollständig dem Ausdruck (10,2) für die Arbeit bei einer infinitesimalen Änderung des elektrischen Feldes. Wir weisen jedoch darauf hin, daß die physikalische Analogie zwischen diesen beiden Formeln in Wirklichkeit nicht so tief ist, da $\boldsymbol{H}$ im Gegensatz zu $\boldsymbol{E}$ nicht der Mittelwert der echten mikroskopischen Feldstärke ist.

Nachdem Formel (31,2) erhalten wurde, lassen sich alle thermodynamischen Beziehungen für magnetische Körper im Magnetfeld ähnlich wie die Beziehungen für Dielektrika im elektrischen Feld in § 10 schreiben; es genügt, in ihnen $\boldsymbol{E}$ und $\boldsymbol{D}$ durch $\boldsymbol{H}$ bzw. $\boldsymbol{B}$ zu ersetzen. Für spätere Zitate schreiben wir einige dieser Formeln auf. Für die Differentiale der gesamten freien und inneren Energie haben wir

$$\delta\mathcal{F} = -\mathcal{S}\,\delta T + \frac{1}{4\pi}\int \boldsymbol{H}\,\delta\boldsymbol{B}\,\mathrm{d}V\,, \qquad \delta\mathcal{U} = T\,\delta\mathcal{S} + \frac{1}{4\pi}\int \boldsymbol{H}\,\delta\boldsymbol{B}\,\mathrm{d}V \tag{31,3}$$

und für die entsprechenden Dichten

$$\mathrm{d}F = -S\,\mathrm{d}T + \zeta\,\mathrm{d}\varrho + \frac{1}{4\pi}\boldsymbol{H}\,\mathrm{d}\boldsymbol{B}\,, \qquad \mathrm{d}U = T\,\mathrm{d}S + \zeta\,\mathrm{d}\varrho + \frac{1}{4\pi}\boldsymbol{H}\,\mathrm{d}\boldsymbol{B}\,. \tag{31,4}$$

Neben F und U benötigen wir auch die thermodynamischen Potentiale

$$\tilde{U} = U - \frac{\boldsymbol{HB}}{4\pi}, \qquad \tilde{F} = F - \frac{\boldsymbol{HB}}{4\pi}. \tag{31,5}$$

Für sie gilt

$$\mathrm{d}\tilde{F} = -S\,\mathrm{d}T + \zeta\,\mathrm{d}\varrho - \frac{1}{4\pi}\boldsymbol{B}\,\mathrm{d}\boldsymbol{H}\,, \qquad \mathrm{d}\tilde{U} = T\mathrm{d}S + \zeta\,\mathrm{d}\varrho - \frac{1}{4\pi}\boldsymbol{B}\,\mathrm{d}\boldsymbol{H}\,. \tag{31,6}$$

Bei linearem Zusammenhang $\boldsymbol{B} = \mu\boldsymbol{H}$ kann man die Ausdrücke für alle diese Größen endgültig in der folgenden Form schreiben:

$$\left.\begin{aligned} U &= U_0(S,\varrho) + \frac{B^2}{8\pi\mu}, & F &= F_0(T,\varrho) + \frac{B^2}{8\pi\mu},\\ \tilde{U} &= U_0(S,\varrho) - \frac{\mu H^2}{8\pi}, & \tilde{F} &= F_0(T,\varrho) - \frac{\mu H^2}{8\pi}. \end{aligned}\right\} \tag{31,7}$$

Die Arbeit δR (oder, was dasselbe bedeutet, die Änderung δF bei konstanter Temperatur) kann auch anders ausgedrückt werden, nämlich durch die Stromdichte und das Vektorpotential des magnetischen Feldes. Dazu nehmen wir $\delta\boldsymbol{B} = \operatorname{rot}\delta\boldsymbol{A}$ an und schreiben

$$(\delta\mathcal{F})_T = \frac{1}{4\pi}\int \boldsymbol{H}\operatorname{rot}\delta\boldsymbol{A}\,\mathrm{d}V = -\frac{1}{4\pi}\int \operatorname{div}\,[\boldsymbol{H}\,\delta\boldsymbol{A}]\,\mathrm{d}V + \frac{1}{4\pi}\int \delta\boldsymbol{A}\operatorname{rot}\boldsymbol{H}\,\mathrm{d}V\,.$$

Das erste Integral verschwindet wieder, und das zweite gibt

$$(\delta \mathcal{F})_T = \frac{1}{c} \int \boldsymbol{j}\, \delta \boldsymbol{A}\, \mathrm{d}V \,. \tag{31,8}$$

Durch eine analoge Umwandlung kann man

$$(\delta \tilde{\mathcal{F}})_T = -\frac{1}{c} \int \boldsymbol{A} \delta \boldsymbol{j}\, \mathrm{d}V \tag{31,9}$$

erhalten.

Folgende Bemerkung ist von Nutzen: Im mathematischen Formalismus der makroskopischen Elektrodynamik spielen die Ströme — die Quellen des Magnetfeldes — eine analoge Rolle wie die Potentiale (nicht wie die Ladungen) des elektrischen Feldes. Diese Regel wird besonders deutlich bei einem Vergleich der Formeln (31,8) und (31,9) mit den entsprechenden Formeln im elektrischen Feld

$$(\delta \tilde{\mathcal{F}})_T = \int \varphi\, \delta\varrho\, \mathrm{d}V \,, \qquad (\delta \tilde{\mathcal{F}})_T = -\int \varrho\, \delta\varphi\, \mathrm{d}V \tag{31,10}$$

(vgl. (10,13), (10,14)). Wir sehen, daß Ladungen und Potentiale in diesen Formeln in umgekehrter Reihenfolge erscheinen, wenn wir sie mit den Strömen und Potentialen in den Formeln (31,8), (31,9) vergleichen.[1])

Als Folge der vollständigen formalen Übereinstimmung der (durch Feldstärke und Induktion ausgedrückten) thermodynamischen Beziehungen in elektrischen Feldern und Magnetfeldern lassen sich alle in § 18 erhaltenen thermodynamischen Ungleichungen auch auf das Magnetfeld übertragen. Wir sehen insbesondere, daß aus ihnen die Ungleichung $\varepsilon > 0$ folgt. Im elektrischen Fall war sie uninteressant, da sie schwächer ist als die Bedingung $\varepsilon > 1$, die aus anderen Überlegungen folgte. Im Magnetfeld jedoch ist die entsprechende Ungleichung

$$\mu > 0$$

sehr wesentlich, da sie die einzige Einschränkung darstellt, die für die magnetische Permeabilität besteht.

§ 32. Die gesamte freie Energie magnetischer Substanzen

In § 11 wurden Ausdrücke für die Gesamtwerte der freien Energie $\mathcal{F}$ eines Dielektrikums im elektrischen Feld erhalten. Eine der thermodynamischen Eigenschaften dieser Größe besteht darin, daß ihre Änderung die Arbeit bestimmt, die ein elektrisches Feld am Körper leistet, wenn die Feldquellen (Ladungen), die dieses Feld erzeugen, unverändert bleiben. Im Magnetfeld spielt die freie Energie $\tilde{\mathcal{F}}$ eine analoge Rolle, da bei gegebenen Quellen (Strömen) ihre Änderung $\delta\tilde{\mathcal{F}}$ die am Körper geleistete Arbeit liefert.

Die im folgenden gegebene Ableitung entspricht derjenigen in § 11. Die „Gesamtgröße" $\tilde{\mathcal{F}}$ definieren wir durch

$$\tilde{\mathcal{F}} = \int \left(\tilde{F} + \frac{\mathfrak{H}^2}{8\pi} \right) \mathrm{d}V \,, \tag{32,1}$$

[1]) Ausführlicheres über den Sinn dieses Unterschiedes siehe in Anmerkung auf S. 151.

wo $\mathfrak{H}$ das Magnetfeld ist, das die gegebenen Ströme bei Fehlen des magnetisierbaren Mediums erzeugen würden. Das positive Vorzeichen in der Klammer (gegenüber „—" in (11,1)) hängt damit zusammen, daß der Wert von $\tilde{\mathcal{F}}$ für ein magnetisches Feld im Vakuum $-\int \frac{\mathfrak{H}^2}{8\pi}\,\mathrm{d}V$ ist (s. (31,7)). Die Integration in (32,1) ist über den ganzen Raum auszuführen, darunter über den Bereich der Leiter, in denen die felderzeugenden Ströme fließen.[1])

Wir berechnen die Änderung von $\tilde{\mathcal{F}}$ (bei gegebener Temperatur und ohne Verletzung des thermodynamischen Gleichgewichts des Mediums) bei einer infinitesimalen Feldänderung. Wegen $\delta\tilde{F} = -\frac{1}{4\pi}\boldsymbol{B}\,\delta\boldsymbol{H}$ haben wir

$$\delta\tilde{\mathcal{F}} = -\frac{1}{4\pi}\int (\boldsymbol{B}\,\delta\boldsymbol{H} - \mathfrak{H}\,\delta\mathfrak{H})\,\mathrm{d}V = -\frac{1}{4\pi}\int (\boldsymbol{H} - \mathfrak{H})\,\delta\mathfrak{H}\,\mathrm{d}V$$
$$-\frac{1}{4\pi}\int \boldsymbol{B}\,(\delta\boldsymbol{H} - \delta\mathfrak{H})\,\mathrm{d}V - \frac{1}{4\pi}\int (\boldsymbol{B} - \boldsymbol{H})\,\delta\mathfrak{H}\,\mathrm{d}V\,. \tag{32,2}$$

Führen wir das Vektorpotential $\mathfrak{A}$ von $\mathfrak{H}$ ein, so können wir im ersten Glied schreiben

$$(\boldsymbol{H} - \mathfrak{H})\,\delta\mathfrak{H} = (\boldsymbol{H} - \mathfrak{H})\,\mathrm{rot}\,\delta\mathfrak{A} = \mathrm{div}\,[\delta\mathfrak{A}(\boldsymbol{H} - \mathfrak{H})] + \delta\mathfrak{A}\,\mathrm{rot}\,(\boldsymbol{H} - \mathfrak{H})\,.$$

Nun werden definitionsgemäß die Felder $\boldsymbol{H}$ und $\mathfrak{H}$ von denselben Strömen $\boldsymbol{j}$ erzeugt, deren Verteilung über das Gebiet der Leiter von den hervorgerufenen Feldern unabhängig ist (s. § 30), d. h. nicht vom Vorhandensein magnetischer Körper im umgebenden Raum abhängt. $\boldsymbol{H}$ und $\mathfrak{H}$ erfüllen daher dieselben Gleichungen $\mathrm{rot}\,\boldsymbol{H} = \frac{4\pi}{c}\boldsymbol{j}$, $\mathrm{rot}\,\mathfrak{H} = \frac{4\pi}{c}\boldsymbol{j}$; so daß $\mathrm{rot}\,(\boldsymbol{H} - \mathfrak{H}) = 0$ ist. Das Integral über $\mathrm{div}\,[\delta\mathfrak{A}(\boldsymbol{H} - \mathfrak{H})]$ läßt sich in ein Integral über eine unendlich weit entfernte Oberfläche umwandeln und verschwindet.

Auf entsprechende Weise kann man sich auch davon überzeugen, daß der zweite Term in (32,2) ebenfalls verschwinden muß, so daß

$$\delta\tilde{\mathcal{F}} = -\frac{1}{4\pi}\int (\boldsymbol{B} - \boldsymbol{H})\,\delta\mathfrak{H}\,\mathrm{d}V = -\int \boldsymbol{M}\,\delta\mathfrak{H}\,\mathrm{d}V \tag{32,3}$$

gilt. Damit haben wir für $\delta\tilde{\mathcal{F}}$ einen Ausdruck, der der Formel (11,3) für $\delta\mathcal{F}$ im elektrischen Falle vollständig analog ist. Insbesondere haben wir in einem homogenen äußeren Magnetfeld $\mathfrak{H}$ für $\delta\tilde{\mathcal{F}}$ einen (11,5) entsprechenden Ausdruck

$$\delta\tilde{\mathcal{F}} = -\mathcal{S}\,\delta T - \mathcal{M}\,\delta\mathfrak{H}\,, \tag{32,4}$$

wo $\mathcal{M}$ das gesamte magnetische Moment des Körpers ist.

[1]) In § 11 wurde die Integration in (11,1) über den ganzen Raum mit Ausschluß des Bereichs felderzeugender geladener Leiter erstreckt. Dies war dort möglich, weil innerhalb eines geladenen Leiters kein elektrisches Feld existiert. Innerhalb eines stromführenden Leiters besteht jedoch ein Magnetfeld, das bei der Berechnung der gesamten freien Energie zu berücksichtigen ist.

Die weiteren Rechnungen wiederholen wir nicht, sondern entnehmen die folgenden Formeln den entsprechenden in § 11. Bei einem linearen Zusammenhang $\boldsymbol{B} = \mu \boldsymbol{H}$ haben wir

$$\tilde{\mathcal{F}} - \mathcal{F}_0(V, T) = - \int \tfrac{1}{2} \mathfrak{H} \boldsymbol{M} \, \mathrm{d}V \,. \tag{32,5}$$

Insbesondere gilt in einem homogenen äußeren Feld

$$\tilde{\mathcal{F}} - \mathcal{F}_0(V, T) = - \tfrac{1}{2} \mathfrak{H} \mathcal{M} \,. \tag{32,6}$$

Im allgemeinen Fall einer willkürlichen Abhängigkeit $\boldsymbol{B}$ von $\boldsymbol{H}$ kann man zur Berechnung von $\tilde{\mathcal{F}}$ die Formel

$$\tilde{\mathcal{F}} = \int \left(\tilde{F} + \frac{\boldsymbol{HB}}{8\pi} - \frac{1}{2} \boldsymbol{M} \mathfrak{H} \right) \mathrm{d}V = \int \left(F - \frac{\boldsymbol{HB}}{8\pi} - \frac{1}{2} \boldsymbol{M} \mathfrak{H} \right) \mathrm{d}V \tag{32,7}$$

benutzen, die analog zu Formel (11,12) für Nichtleiter ist.

In § 11 wurden auch die vereinfachten Formeln bei kleiner dielektrischer Suszeptibilität angegeben. Der entsprechende Fall für ein Magnetfeld ist besonders wichtig wegen der schon erwähnten Kleinheit der magnetischen Suszeptibilität für die meisten Körper. Wir haben dabei

$$\tilde{\mathcal{F}} - \mathcal{F}_0 = - \frac{\chi}{2} \int \mathfrak{H}^2 \, \mathrm{d}V \,. \tag{32,8}$$

Auch zu Ergebnissen von § 14 analoge Resultate lassen sich für das Magnetfeld angeben. Es handelt sich dabei um die Änderung der thermodynamischen Größen eines magnetischen Körpers bei einer infinitesimalen Änderung seiner magnetischen Permeabilität μ; die Feldquellen werden als ungeändert angenommen. Aus dem bisher Gesagten ist klar, daß man statt der Änderung von $\mathcal{F}$ wie in § 14 hier die Änderung von $\tilde{\mathcal{F}}$ zu betrachten hat. Wir wiederholen hier nicht die zur Ableitung von (14,1) analogen Schlüsse. Sie führen zum Ergebnis

$$\delta \tilde{\mathcal{F}} = - \int \delta \mu \, \frac{H^2}{8\pi} \, \mathrm{d}V \,. \tag{32,9}$$

In § 14 wurde auf der Grundlage von Formel (11,7), die analog zu Formel (32,5) ist, auf das positive Vorzeichen der elektrischen Suszeptibilität geschlossen. Im magnetischen Fall läßt sich dies nicht tun, die magnetische Suszeptibilität kann beide Vorzeichen haben. Der Grund für diesen wesentlichen Unterschied liegt darin, daß die Hamilton-Funktion eines Systems bewegter Ladungen im Magnetfeld nicht nur im Feld lineare Terme enthält (wie im elektrischen Fall), sondern auch quadratische. Bei der Bestimmung der Änderung der freien Energie eines Körpers im Magnetfeld mit Hilfe der Störungstheorie gemäß Formel (14,2) geben neben den Termen zweiter auch die erste Störungsordnung einen Beitrag. Dabei ist kein allgemeiner Schluß auf das Vorzeichen der Änderung möglich; bei einem paramagnetischen Körper ist es positiv, bei einem diamagnetischen Körper negativ.

In § 14 wurde auf die Bewegungsrichtung von Körpern im elektrischen Feld geschlossen. Analoge Schlüsse folgen auch aus (32,9). Da μ sowohl größer als auch kleiner als 1 sein kann, ist die Bewegungsrichtung der Körper im Magnetfeld nicht universell. So wandern in einem quasihomogenen Feld paramagnetische Körper ($\mu > 1$) in die Richtung einer Vergrößerung, diamagnetische Körper ($\mu < 1$) in die Richtung einer Verkleinerung von H.

§ 33. Energie eines Systems von Strömen

Wir betrachten Ströme, die in einem System von Leitern fließen und nehmen dabei an, daß weder die Leiter noch die Medien, in denen sie sich befinden, ferromagnetisch sind, so daß immer $\boldsymbol{B} = \mu \boldsymbol{H}$ gilt. Nach § 31 drückt sich die gesamte freie Energie des Systems durch das von den Strömen erzeugte Magnetfeld mittels

$$\mathcal{F} = \frac{1}{8\pi} \int \boldsymbol{H}\boldsymbol{B} \, \mathrm{d}V \tag{33,1}$$

aus. Hierbei wurde die bei gegebener Temperatur des Körpers konstante Größe $\tilde{\mathcal{F}}_0$ fortgelassen, da sie keine Beziehung zu den Strömen hat. Die Integration in (33,1) erstreckt sich über den ganzen Raum, innerhalb und außerhalb der Leiter.

Man kann diese Energie auch direkt durch die Ströme mit dem Integral

$$\mathcal{F} = \frac{1}{2c} \int \boldsymbol{A}\boldsymbol{j} \, \mathrm{d}V \tag{33,2}$$

ausdrücken (vgl. den Übergang von (31,2) zu (31,8)). Die Integration erstreckt sich hier nur über das Leitervolumen, weil außerhalb $\boldsymbol{j} = 0$ gilt.

Infolge der Linearität der Feldgleichungen kann das Magnetfeld als eine Summe von Feldern dargestellt werden, die von jedem Einzelstrom bei Fehlen der restlichen Stromleiter erzeugt werden: $\boldsymbol{H} = \sum \boldsymbol{H}_a$. Dann nimmt die gesamte freie Energie (33,1) die Gestalt

$$\mathcal{F} = \sum_a \mathcal{F}_{aa} + \sum_{a>b} \mathcal{F}_{ab} \tag{33,3}$$

an, wo die Abkürzungen

$$\mathcal{F}_{aa} = \frac{1}{8\pi} \int \boldsymbol{H}_a \boldsymbol{B}_a \, \mathrm{d}V , \qquad \mathcal{F}_{ab} = \frac{1}{4\pi} \int \boldsymbol{H}_a \boldsymbol{B}_b \, \mathrm{d}V \tag{33,4}$$

verwendet sind (es gilt $\mathcal{F}_{ab} = \mathcal{F}_{ba}$ wegen $\boldsymbol{H}_a \boldsymbol{B}_b = \mu \boldsymbol{H}_a \boldsymbol{H}_b = \boldsymbol{H}_b \boldsymbol{B}_a$, wo μ die magnetische Permeabilität in einem Punkt sei). $\mathcal{F}_{aa}$ läßt sich als freie Selbstenergie der Ströme des a-ten Leiters bezeichnen, $\mathcal{F}_{ab}$ als Wechselwirkungsenergie der Leiter a und b. Man sollte jedoch beachten, daß diese Bezeichnung nur dann wörtlich genommen werden kann, wenn die magnetischen Eigenschaften sowohl der Leiter als auch des Mediums vernachlässigt werden. Sonst hängt das Feld (und daher auch die Energie) jedes Stromes auch von der Lage und der magnetischen Permeabilität der anderen Leiter ab.

Die Größen (33,4) kann man auch durch die Ströme $\boldsymbol{j}_a$ in jedem Leiter ausdrücken, in Übereinstimmung mit der Formel (33,2):

$$\mathcal{F}_{aa} = \frac{1}{2c} \int \boldsymbol{j}_a \boldsymbol{A}_a \, \mathrm{d}V_a , \quad \mathcal{F}_{ab} = \frac{1}{c} \int \boldsymbol{j}_a \boldsymbol{A}_b \, \mathrm{d}V_b = \frac{1}{c} \int \boldsymbol{j}_b \boldsymbol{A}_a \, \mathrm{d}V_b . \tag{31,5}$$

Die Integration in $\mathcal{F}_{aa}$ erstreckt sich nur über das Volumen des a-ten Leiters, während sich $\mathcal{F}_{ab}$ durch zwei Ausdrücke darstellen läßt, in denen die Integration entweder über das Volumen des Leiters a oder b erfolgt.

Bei gegebener Stromdichteverteilung über das Leitervolumen hängt der Wert von $\mathcal{F}_{aa}$ nur vom Gesamtstrom J_a durch einen Leiterquerschnitt ab. Dabei werden Stromdichte $\boldsymbol{j}$ und das vom Strom erzeugte Feld zu J_a proportional, das ganze Integral also proportional zu J_a^2. Man schreibt es in der Form

$$\mathcal{F}_{aa} = \frac{1}{2c^2} L_{aa} J_a^2 , \tag{33,6}$$

wo L_{aa} *Selbstinduktionskoeffizient* des Leiters genannt wird. Ähnlich ist die Wechselwirkungsenergie zweier Ströme zum Produkt $J_a J_b$ proportional:

$$\mathcal{F}_{ab} = \frac{1}{c^2} L_{ab} J_a J_b . \tag{33,7}$$

Die Größen L_{ab} heißen *Koeffizienten der gegenseitigen Induktion* der Leiter. Die gesamte freie Energie eines Systems von Strömen läßt sich also als

$$\mathcal{F} = \frac{1}{2c^2} \sum_a L_{aa} J_a^2 + \frac{1}{c^2} \sum_{a>b} L_{ab} J_a J_b = \frac{1}{2c^2} \sum_a \sum_b L_{ab} J_a J_b . \tag{33,8}$$

schreiben.

Die Bedingung, daß diese quadratische Form positiv definit sein muß, erlegt den Koeffizienten eine Reihe von Einschränkungen auf. Insbesondere gilt $L_{aa} > 0$ und

$$L_{aa} L_{bb} > L_{ab}^2 .$$

Die Berechnung der Energie von Strömen im Fall beliebig ausgedehnter Leiter erfordert die volle Lösung der Feldgleichungen und stellt ein kompliziertes Problem dar. Es vereinfacht sich, wenn die magnetische Permeabilität sowohl der Leiter als auch des Mediums gleich 1 gesetzt werden kann. Wir bemerken, daß dabei die Energie nicht mehr vom thermodynamischen Zustand (insbesondere der Temperatur) der Körper abhängt und daß man daher in allen bisher benützten Formeln mit gleichem Recht sowohl von der freien Energie als auch von der Energie schlechthin sprechen kann.

Für $\mu = 1$ wird das von den Strömen $\boldsymbol{j}$ erzeugte Vektorpotential durch die Formel (30,12) gegeben. Für die Selbstenergie eines Leiters erhalten wir daher

$$\mathcal{F}_{aa} = \frac{1}{2c^2} \int\int \frac{\boldsymbol{j}\boldsymbol{j}'}{R} \mathrm{d}V \, \mathrm{d}V' , \tag{33,9}$$

wo die beiden Integrationen sich über das Volumen dieses Leiters erstrecken und R die Entfernung zwischen $\mathrm{d}V$ und $\mathrm{d}V'$ ist. Entsprechend wird die Wechselwirkungsenergie zweier Leiter

$$\mathcal{F}_{ab} = \frac{1}{c^2} \int\int \frac{\boldsymbol{j}_a \boldsymbol{j}_b}{R} \mathrm{d}V_a \, \mathrm{d}V_b , \tag{33,10}$$

wo $\mathrm{d}V_a$ und $\mathrm{d}V_b$ ihre jeweiligen Volumenelemente sind.

Besonders einfach ist die Wechselwirkungsenergie zweier linienförmiger Stromverteilungen zu berechnen. Um von ausgedehnten Strömen zu linienförmigen überzugehen, ist in (33,10) $\boldsymbol{j}_a \, \mathrm{d}V_a$ und $\boldsymbol{j}_b \, \mathrm{d}V_b$ entsprechend durch $J_a \, \mathrm{d}\boldsymbol{l}_a$ und $J_b \, \mathrm{d}\boldsymbol{l}_b$ zu ersetzen. Wir finden dann den Koeffizienten der gegenseitigen Induktion zu

$$L_{ab} = \oint\oint \frac{\mathrm{d}\boldsymbol{l}_a \, \mathrm{d}\boldsymbol{l}_b}{R} .$$

In dieser Näherung hängt daher L_{ab} nur von der Form und der gegenseitigen Lage der beiden Leiter ab, nicht dagegen von der Stromverteilung über den Leiterquerschnitt. Wir betonen, daß es nicht notwendig war, überall $\mu = 1$ zu setzen, um eine derartige einfache Formel für linienförmige Leiter zu erhalten. In der Näherung, in der wir die Durchmesser der Leiter vernachlässigen, beeinflussen auch die magnetischen Eigenschaften ihrer Materialien nicht mehr das von den Leitern erzeugte Feld und haben daher auch keinen Einfluß auf die Energie. Ein von 1 verschiedener Wert der magnetischen Permeabilität μ des den Leiter umgebenden Mediums vergrößert nach (30,15) lediglich das Vektorpotential und damit auch die Induktion des Magnetfeldes um das μ-fache. Um diesen Faktor vergrößert sich folglich auch der Koeffizient der gegenseitigen Induktion:

$$L_{ab} = \mu \oint\oint \frac{d\boldsymbol{l}_a\, d\boldsymbol{l}_b}{R}. \tag{33,11}$$

Die Berechnung der Selbstinduktion linienförmiger Leiter stellt dagegen ein wesentlich komplizierteres Problem dar, das im folgenden Paragraphen betrachtet werden wird.

Die Gesamtenergie eines Systems linienförmiger Leiter läßt sich noch in anderer Form schreiben. Wir kommen dazu auf das Integral (33,2) zurück, das für linienförmige Ströme die Gestalt

$$\mathcal{F} = \frac{1}{2c} \sum_a J_a \oint \boldsymbol{A}\, d\boldsymbol{l}_a \tag{33,12}$$

annimmt, worin $\boldsymbol{A}$ das Vektorpotential des Gesamtfeldes im Punkt $d\boldsymbol{l}_a$ des a-ten Leiters ist. Ein grundlegender Fehler, den wir beim Übergang von (33,2) zu (33,12) zulassen, besteht in der Vernachlässigung der Feldänderung (darunter auch der des Eigenfeldes des Stromes) längs des Leiterquerschnittes. Jedes der in (33,12) auftretenden Linienintegrale läßt sich in ein Oberflächenintegral umwandeln:

$$\oint \boldsymbol{A}\, d\boldsymbol{l}_a = \int \operatorname{rot} \boldsymbol{A}\, d\boldsymbol{f}_a = \int \boldsymbol{B}\, d\boldsymbol{f}_a ,$$

d. h. läßt sich als Fluß der magnetischen Induktion (oder, wie man sagt, als *magnetischer Fluß*) durch die a-te Stromlinie darstellen. Wir bezeichnen diesen Fluß mit Φ_a. Somit ist

$$\mathcal{F} = \frac{1}{2c} \sum_a J_a \Phi_a. \tag{33,13}$$

In entsprechender Weise läßt sich auch die freie Energie $\mathcal{F}$ eines linearen Stromes im äußeren Magnetfeld durch den magnetischen Fluß ausdrücken, d. h. die Energie, die nicht den Beitrag der Selbstenergie der Quellen des Feldes enthält. Es ist klar, daß

$$\mathcal{F} = \frac{1}{c} J\Phi \tag{33,14}$$

gilt, wo Φ der Fluß des äußeren Feldes durch den Stromfaden J ist. Bei homogenem äußerem Feld (und $\mu = 1$ im Medium) gilt $\Phi = \mathfrak{H} \int d\boldsymbol{f}$. Führen wir nach (30,18) das magnetische Moment des Stromes ein, so erhalten wir $\mathcal{F} = \mathcal{M}\mathfrak{H}$.

Kennen wir die Energie von Strömen als Funktion ihrer Gestalt und gegenseitigen Lage, so lassen sich die auf den Leiter wirkenden Kräfte einfach als Ableitung nach der entsprechenden Koordinate bestimmen. Es entsteht dabei jedoch die Frage, welche charakteristischen Größen der Ströme bei der Ableitung konstant zu halten sind. Am einfachsten läßt sich die Rechnung bei konstanten Strömen durchführen. In diesem Fall spielt $\tilde{\mathcal{F}}$ die Rolle der freien Energie. Die verallgemeinerte Kraft F_q, die „in Richtung" der verallgemeinerten Koordinate q wirkt, ist daher

$$F_q = -\left(\frac{\partial \tilde{\mathcal{F}}}{\partial q}\right)_{J,T}.$$

Die Indizes bei der Ableitung zeigen an, daß sie bei konstantem Strom und konstanter Temperatur auszuführen ist. Da wir in der freien Energie den konstanten, stromunabhängigen Term vernachlässigen, unterscheiden sich $\mathcal{F}$ und $\tilde{\mathcal{F}}$ nur durch das Vorzeichen, so daß

$$F_q = -\left(\frac{\partial \tilde{\mathcal{F}}}{\partial q}\right)_J = \left(\frac{\partial \mathcal{F}}{\partial q}\right)_J = \frac{1}{2c^2}\sum_{ab} J_a J_b \frac{\partial L_{ab}}{\partial q} \tag{33,15}$$

gilt (den Index T bei der Ableitung lassen wir ab hier der Einfachheit halber fort).

Insbesondere ergeben sich die Kräfte, die durch das eigene Magnetfeld auf den Leiter wirken, aus der Formel

$$F_q = \frac{1}{2c^2} J^2 \frac{\partial L}{\partial q}, \tag{33,16}$$

wo L die Selbstinduktion des Leiters ist. Wie diese Kräfte wirken, ersehen wir aus der folgenden Überlegung. Bei gegebenen Werten von Strom und Temperatur strebt $\tilde{\mathcal{F}}$ einem Minimum zu. Da in unserem Fall $\tilde{\mathcal{F}} = -LJ^2/2c^2$ gilt, so bedeutet dies, daß die auf den Leiter wirkenden Kräfte danach streben, seinen Selbstinduktionskoeffizienten zu vergrößern. Nun ist dieser als Größe mit der Dimension einer Länge den Leiterdimensionen proportional. Unter dem Einfluß eines Magnetfeldes vergrößert sich daher das Leitervolumen.

Für einen Strom in einem äußeren Magnetfeld haben wir[1])

$$\tilde{\mathcal{F}} = -\mathcal{F} = -\mathcal{M}\mathfrak{H}. \tag{33,17}$$

In allen aufgeschriebenen Energieformeln wird ein linearer Zusammenhang zwischen Induktion und Feldstärke des Magnetfeldes vorausgesetzt. Im allgemeinen Fall einer beliebigen Beziehung zwischen ihnen kann man entsprechende differentielle Relationen angeben. Die Änderung der freien Energie bei einer infinitesimalen Feldänderung ist nach (31,8) bei konstanter Temperatur

$$\delta\mathcal{F} = \frac{1}{c}\int \boldsymbol{j}\,\delta\boldsymbol{A}\,\mathrm{d}V$$

oder

$$\delta\mathcal{F} = \frac{1}{c}\sum_a J_a \oint \delta\boldsymbol{A}\,\mathrm{d}\boldsymbol{l}_a$$

---

[1]) Das Fehlen des Faktors 1/2 (gegenüber (32,6)) hängt damit zusammen, daß das magnetische Moment des Stromes in (33,17) eine konstante Größe ist, unabhängig vom Feld, während das magnetische Moment in (32,6) vom Feld hervorgerufen wird.

für ein System von Linienströmen. Verfahren wir auch hier so wie beim Übergang von (33,12) zu (33,13), so erhalten wir[1])

$$\delta\mathcal{F} = \frac{1}{c}\sum_a J_a\,\delta\Phi_a\,. \tag{32,18}$$

Entsprechend finden wir aus (31,9)

$$\delta\tilde{\mathcal{F}} = -\frac{1}{c}\sum_a \Phi_a\,\delta J_a\,. \tag{33,19}$$

Wir können also sagen, daß für ein System von Linienströmen $\mathcal{F}$ das thermodynamische Potential in bezug auf den magnetischen Fluß ist, während $\tilde{\mathcal{F}}$ das Potential bezüglich der Ströme darstellt. Beide Potentiale hängen durch

$$\tilde{\mathcal{F}} = \mathcal{F} - \frac{1}{c}\sum_a J_a\,\Phi_a \tag{33,20}$$

zusammen. Bei beliebigen magnetischen Eigenschaften der Substanz gelten somit die beiden thermodynamischen Relationen

$$\frac{1}{c}J_a = \frac{\partial\mathcal{F}}{\partial\Phi_a}\,,\qquad \frac{1}{c}\Phi_a = -\frac{\partial\tilde{\mathcal{F}}}{\partial J_a}\,. \tag{33,21}$$

Wenden wir diese Formeln auf den Fall des linearen Zusammenhanges an, wo $\mathcal{F}$ durch (33,8) gegeben wird, so erhalten wir

$$\Phi_a = \frac{1}{c}\sum_b L_{ab}J_b\,. \tag{33,22}$$

Die Induktionskoeffizienten stellen also die Proportionalitätsfaktoren zwischen den magnetischen Flüssen und den felderzeugenden Strömen dar. Das Produkt $L_{ab}J_b/c$ ist der magnetische Fluß, der vom Strom $J_b (b \neq a)$ durch die Stromlinie von J_a erzeugt wird, $L_{aa}J_a/c$ ist der von J_a selbst herrührende Fluß durch die Stromlinie von J_a.

§ 34. Selbstinduktion linienförmiger Leiter

Bei der Berechnung der Selbstinduktion linienförmiger Leiter kann ihre Ausdehnung nicht völlig vernachlässigt werden, wie dies bei Berechnung der gegenseitigen Induktion zweier Leiter möglich war. Würden wir dies tun, so erhielten wir aus (33,9) die Selbstinduktion in der Form

$$L = \oint\oint \frac{d\mathbf{l}\,d\mathbf{l}'}{R}\,,$$

[1]) Wir bemerken die offensichtliche Analogie zwischen den Formeln (33,18) im magnetischen und (10,13) im elektrischen Fall. Dabei spielen im Magnetfeld die Induktionsflüsse die Rolle der Ladungen. Diese Analogie besitzt eine anschauliche physikalische Deutung. Ähnlich wie ein elektrisches Feld ohne äußere Energiezufuhr durch auf isolierten Leitern befindliche Ladungen aufrechterhalten werden kann, so läßt sich auch ein Magnetfeld ohne äußere Energiezufuhr mit Hilfe von supraleitenden Spulen, durch deren Querschnit konstante magnetische Flüsse verlaufen, aufrechterhalten. Es ist daher natürlich, daß die Änderungen der freien Energie $\mathcal{F}$ im elektrischen oder magnetischen Feld durch Änderungen der Ladungen bzw. der Induktionsflüsse bestimmt wird.

wo beide Integrationen über dieselbe Linie zu erstrecken sind; dieses Integral divergiert für $R \to 0$ logarithmisch.

Der genaue Wert der Selbstinduktion eines Leiters hängt von der Stromverteilung in seinem Innern ab, die je nach der Art der Stromerzeugung oder der Anbringung elektromotorischer Kräfte verschieden sein kann. Für einen linienförmigen Leiter ist jedoch die Selbstinduktion mit hinreichender Genauigkeit vom Verteilungsgesetz des Stromes über seinen Querschnitt[1]) unabhängig.

Wir stellen die Selbstinduktion als Summe $L = L_e + L_i$ dar, wo L_e und L_i mit den Energien des Magnetfeldes außerhalb und innerhalb des Leiters zusammenhängen. Bei linienförmigen Leitern gibt der äußere Anteil L_e den Hauptbeitrag zur Selbstinduktion. Dies hängt damit zusammen, daß der Hauptanteil der magnetischen Energie eines geschlossenen Linienzuges im Felde außerhalb des Leiters (und zwar in großen Entfernungen im Vergleich zu seinem Durchmesser) enthalten ist. Die Energie pro Länge eines unendlich ausgedehnten geraden Leiters wird durch das Integral

$$\frac{\mu_e}{8\pi}\int H^2 \cdot 2\pi r\,\mathrm{d}r = \frac{\mu_e}{8\pi}\int\left(\frac{2J}{cr}\right)^2 \cdot 2\pi r\,\mathrm{d}r = \frac{\mu_e J^2}{c^2}\int\frac{\mathrm{d}r}{r}$$

gegeben (r sei die Entfernung von der Leiterachse, μ_e die magnetische Permeabilität des äußeren Mediums). Dieses Integral divergiert für große r logarithmisch. Bei einem geschlossenen Linienzug tritt diese Divergenz nicht auf, das Integral wird in Entfernungen von der Größenordnung des Konturdurchmessers „abgeschnitten“. Wir erhalten einen Näherungswert für die Energie, wenn wir das angeschriebene Integral mit der Gesamtlänge l des Drahtes multiplizieren und als obere Integrationsgrenze l nehmen; die untere Grenze ist der Drahtradius a:

$$\frac{\mu_e J^2}{c^2}\, l \ln\frac{l}{a}\,.$$

Für die Selbstinduktion folgt hieraus

$$L = 2\mu_e l \ln\frac{l}{a}\,. \tag{34,1}$$

Dieser Ausdruck ist, wie man sagt, logarithmisch streng gültig; sein relativer Fehler ist von der Größenordnung $1/\ln(l/a)$, wobei das Verhältnis l/a so groß angenommen wird, daß auch der Logarithmus dieses Ausdrucks groß ist.[2])

Ein Sonderfall linienförmiger Leiter ist die Spule (*Solenoid*), die aus spiralförmig gewundenem Draht mit eng beieinander liegenden Wicklungen besteht. Vernachlässigen wir die Drahtdicke und die Entfernungen zwischen den Windungen, so er-

---

[1]) Genauer gesagt, unabhängig von Verteilungen, bei denen sich die Stromdichte nur über Entfernungen ändert, die von der Größenordnung der Drahtdicke a sind. Variiert jedoch die Stromdichte bereits auf Entfernungen, die klein im Vergleich zu a sind (wie das in speziellen Fällen wie beim sog. Skineffekt oder bei der Supraleitung der Fall ist), so hängt die Selbstinduktion des Drahtes von der Verteilung ab.

[2]) Die oben gemachte Behauptung über die Unabhängigkeit der Selbstinduktion von der Stromverteilung bezieht sich tatsächlich nicht nur auf den Ausdruck (34,1), sondern auch auf die folgende Näherung, in der Terme berücksichtigt werden, die keinen großen Logarithmus enthalten (dies ist einer Berücksichtigung eines Faktors bei l/a im Argument des Logarithmus äquivalent; siehe die Aufgaben zu diesem Paragraphen).

halten wir eine einfache leitende zylindrische Oberfläche, in der ein flächenhafter Leitungsstrom fließt. Die Gleichung rot $\boldsymbol{H} = \frac{4\pi}{c}\boldsymbol{j}$ läßt sich bei dieser Betrachtung innerhalb des Leiters durch die Grenzbedingung

$$[\boldsymbol{n}(\boldsymbol{H}_2 - \boldsymbol{H}_1)] = \frac{4\pi}{c}\boldsymbol{g} \tag{34,2}$$

ersetzen, wo $\boldsymbol{g}$ die Oberflächendichte des Stromes, $\boldsymbol{H}_1$ und $\boldsymbol{H}_2$ die Feldstärkewerte auf den beiden Seiten der Spulenoberfläche und die Normale $\boldsymbol{n}$ ins Medium 2 gerichtet seien (s. die Ableitung von (29,16)).

Ist die Spule ein unendlich langer Zylinder, so ist das erzeugte Magnetfeld besonders einfach zu berechnen. Die Oberflächenströme fließen in Kreisen, ihre Dichte ist $g = nJ$, wo J der Strom im Draht ist und n die Zahl der Windungen pro Längeneinheit der Spule bezeichnet. Das Feld außerhalb des Zylinders verschwindet, im Innern besteht ein homogenes Feld in Richtung der Zylinderachse vom Betrag

$$H = \frac{4\pi}{c} nJ .$$

Offensichtlich erfüllt ein solches Feld die Gleichungen $\operatorname{div} \boldsymbol{H} = 0$, $\operatorname{rot} \boldsymbol{H} = 0$ im ganzen Raumgbiet außerhalb der leitenden Oberfläche sowie die Grenzbedingungen (34,2) auf ihr.

Die auf die Länge des Zylinders bezogene Feldenergie ist daher

$$\frac{\mu_e H^2}{8\pi} \pi b^2 = \frac{2\pi^2 n^2 b^2 \mu_e}{c^2} J^2$$

(b sei der Zylinderradius, μ_e beziehe sich auf das Medium, in das die Spule eingebettet ist). Bei Vernachlässigung von Randeffekten kann diese Formel auch für das Feld einer endlichen Spule mit im Vergleich zu b großer Länge h angewandt werden. Wir erhalten dann für die Selbstinduktion

$$L = 4\pi^2 n^2 b^2 h \mu_e = 2\pi \mu_e n b l , \tag{34,3}$$

wo $l = 2\pi b n h$ die Gesamtlänge des Drahtes in der Spule ist. Die Vergrößerung der Selbstinduktion der Spule im Vergleich zu der eines ungewundenen Leiters gleicher Länge (vgl. (34,3) mit (34,1)) ist eine natürliche Folge der gegenseitigen Induktion der eng benachbarten Windungen.

Aufgaben[1])

1. Man bestimme die Selbstinduktion eines geschlossenen dünnen Drahtes mit kreisförmigem Querschnitt.

Lösung. Für das Magnetfeld innerhalb des Drahtes läßt sich derselbe Ausdruck wie für das Feld im Innern eines unendlich langen geraden Zylinders verwenden:

$$H = \frac{2Jr}{ca^2}$$

[1]) In den Aufgaben 1 bis 6 nehmen wir die magnetische Permeabilität der Medien mit $\mu_e = 1$ an.

(r ist die Entfernung von der Leiterachse, a sein Radius). Hieraus finden wir für den inneren Teil der Selbstinduktion

$$L_i = \frac{2c^2}{J^2}\frac{\mu_i}{8\pi}\int H^2\,\mathrm{d}V = \frac{l\mu_i}{2}, \tag{1}$$

wo l die Länge des Leiters sei.

Zur Berechnung von L_e bemerken wir, daß das Feld außerhalb des dünnen Leiters nicht von der Stromverteilung über seinen Querschnitt abhängt. Die Energie $\mathcal{F}_e$ des äußeren Feldes ändert sich insbesondere dann nicht, wenn man abnimmt, daß der Strom nur auf der Leiteroberfläche fließe. Innerhalb des Leiters wird dann $\boldsymbol{H} = 0$, und die Energie $\mathcal{F}_e$ läßt sich als Gesamtenergie nach Formel (33,2) berechnen.

Wegen der angenommenen Oberflächenverteilung des Stromes läßt sich das Integral in dieser Formel praktisch in ein Linienintegral über die Achse des Drahtes überführen, so daß der äußere Teil der Selbstinduktion

$$L_e = \frac{2c^2}{J^2}\frac{J}{2c}\oint \boldsymbol{A}\Big|_{r=a}\mathrm{d}\boldsymbol{l}$$

ist, wo $\boldsymbol{A}$ im Integranden an der Drahtoberfläche zu nehmen ist. Um diese Formel zu erhalten, ist ferner angenommen worden, daß das Feld auf der Drahtoberfläche konstant sei.

Nachdem das Problem auf die Berechnung von $\boldsymbol{A}|_{r=a}$ reduziert wurde, machen wir eine neue Annahme über die Stromverteilung: Der gesamte Strom J laufe durch die Drahtachse. Der Feldwert an der Drahtoberfläche ändert sich bei dieser Annahme nicht (er würde sich auch nicht bei einem geraden Leiter mit kreisförmigem Querschnitt ändern). Dann haben wir nach Formel (30,14)

$$\boldsymbol{A}|_{r=a} = \frac{J}{c}\oint\frac{\mathrm{d}\boldsymbol{l}}{R}\Big|_{r=a};$$

R ist die Entfernung vom Element $\mathrm{d}\boldsymbol{l}$ der Leiterachse zum betrachteten Oberflächenpunkt. Wir zerlegen das Integral in zwei Teile, entsprechend $R > \Delta$ und $R < \Delta$, wo Δ eine Länge ist, die groß im Vergleich zum Leiterradius ist, dagegen klein im Vergleich zu den Gesamtabmessungen des Drahtes.[1]) Im Integral über das Gebiet $R > \Delta$ kann man a vernachlässigen und R einfach als Entfernung zwischen zwei Punkten der Drahtachse verstehen. Das Integral über das Gebiet $R < \Delta$ läßt sich berechnen, wenn man es als tangential zur Drahtachse im betrachteten Punkt annimmt, Bezeichnen wir den Einheitsvektor in dieser Richtung mit $\boldsymbol{t}$, so können wir schreiben

$$\int\limits_{R<\Delta}\frac{\mathrm{d}\boldsymbol{l}}{R}\Big|_{r=a} \approx \boldsymbol{t}\int\limits_{-\Delta}^{\Delta}\frac{\mathrm{d}l}{\sqrt{a^2+l^2}} = 2\boldsymbol{t}\,\operatorname{arsinh}\frac{\Delta}{a} \approx 2\boldsymbol{t}\ln\frac{2\Delta}{a}.$$

Dieser Ausdruck läßt sich nochmals in ein Integral überführen:

$$2\boldsymbol{t}\ln\frac{2\Delta}{a} \approx \int\limits_{\Delta>R>a/2}\frac{\mathrm{d}\boldsymbol{l}}{R};$$

R sei wieder die Entfernung zwischen den Punkten der Drahtachse. Addieren wir es zum Integral über $R > \Delta$, so erhalten wir den Ausdruck

$$\boldsymbol{A}|_{r=a} = \frac{J}{c}\int\limits_{R>a/2}\frac{\mathrm{d}\boldsymbol{l}}{R},$$

aus dem der willkürliche Parameter Δ, wie zu erwarten war, herausgefallen ist.

Endgültig erhalten wir also

$$L_e = \iint\limits_{R>a/2}\frac{\mathrm{d}\boldsymbol{l}\,\mathrm{d}\boldsymbol{l}'}{R}. \tag{2}$$

---

[1]) Eine analoge Methode wurde in Aufgabe 4, § 2, zur Berechnung der Kapazität eines dünnen Ringes benutzt.

Die Integration erstreckt sich hier über alle Punktepaare der Drahtachse, deren Abstand größer als $a/2$ ist.

2. Man bestimme die Selbstinduktion eines dünnen Ringes (vom Radius b) aus Draht (vom Radius a).

Lösung. Der Integrand in Formel (2) von Aufgabe 1 hängt nur vom Zentralwinkel φ ab, der zur Sehne R gehört, wobei $R = 2b \sin(\varphi/2)$ und $d\boldsymbol{l}\, d\boldsymbol{l}' = dl\, dl' \cos\varphi$. Daher haben wir

$$L_e = 2\int_{\varphi_0}^{\pi} \frac{\cos\varphi \cdot 2\pi b \cdot b\, d\varphi}{2b \sin\dfrac{\varphi}{2}} = 4\pi b\left[-\ln\tan\frac{\varphi_0}{4} - 2\cos\frac{\varphi_0}{2}\right].$$

Die untere Integrationsgrenze bestimmt sich aus $2b \sin\varphi_0/2 = a/2$, woraus $\varphi_0 \approx a/2b$ folgt. Setzen wir diesen Ausdruck ein und addieren wir $L_i = \pi b \mu_i$, so erhalten wir mit der erforderlichen Genauigkeit

$$L = 4\pi b\left(\ln\frac{8b}{a} - 2 + \frac{\mu_i}{4}\right).$$

Insbesondere gilt für $\mu_i = 1$

$$L = 4\pi b\left(\ln\frac{8b}{a} - \frac{7}{4}\right).$$

3. Man bestimme die Ausdehnung eines Drahtringes (mit $\mu_i = 1$) unter dem Einfluß des Magnetfeldes, welches von einem im Draht fließenden Strom erzeugt werde.

Lösung. Die inneren Spannungen, die in Achsenrichtung des Drahtes und dazu senkrecht wirken, bestimmen sich nach (33,16) durch die Formeln

$$\pi a^2 \sigma_{||} = \frac{J^2}{2c^2}\frac{\partial L}{\partial(2\pi b)}, \qquad 2\pi a b \sigma_{\perp} = \frac{J^2}{2c^2}\frac{\partial L}{\partial a}.$$

Setzen wir L aus der vorhergehenden Aufgabe ein, so erhalten wir

$$\sigma_{||} = \frac{J^2}{\pi a^2 c^2}\left(\ln\frac{8b}{a} - \frac{3}{4}\right), \qquad \sigma_{\perp} = -\frac{J^2}{a^2 c^2}.$$

Die gesuchte relative Vergrößerung des Ringes ist

$$\frac{\Delta b}{a} = \frac{1}{E}(\sigma_{||} - 2\sigma\sigma_{\perp}) = \frac{J^2}{\pi a^2 c^2 E}\left(\ln\frac{8b}{a} - \frac{3}{4} + 2\pi\sigma\right)$$

(E ist der Youngsche Modul, σ der Poissonsche Koeffizient des Drahtmaterials, s. VII, § 5).

4. Man bestimme die Selbstinduktion pro Länge eines Systems zweier paralleler gerader Drähte (mit $\mu_i = 1$), die kreisförmige Querschnitte mit den Radien a und b besitzen mögen, mit einer Achsenentfernung h voneinander und entgegengesetzt gerichteten Strömen J (Abb. 19).

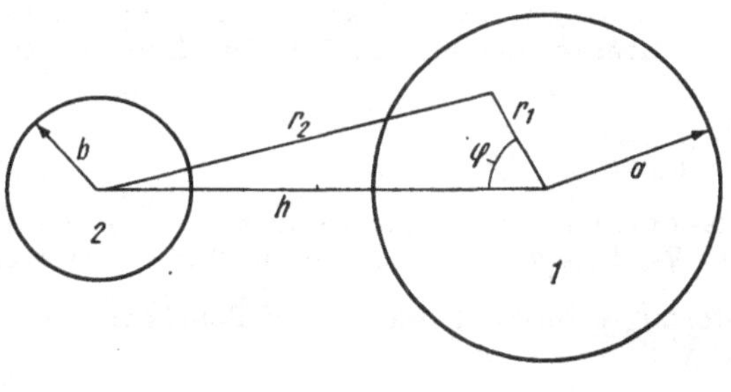

Abb. 19

Lösung. Das Vektorpotential des von jedem Strom erzeugten Magnetfeldes ist parallel zu den Drahtachsen, man erhält das Gesamtpotential daher durch einfache algebraische Addition. Für das Magnetfeld des Leiters 1 mit gleichmäßig verteiltem Strom J haben wir in Zylinderkoordinaten

$$A_z = \frac{J}{c}\left(C - \frac{r^2}{a^2}\right) \quad \text{für} \quad r < a\,, \qquad A_z = \frac{J}{c}\left(C - 1 - 2\ln\frac{r}{a}\right) \quad \text{für} \quad r > a\,,$$

wo C eine willkürliche Konstante ist; an der Drahtoberfläche ist A_z stetig. Entsprechende Formeln für das Feld des Drahtes 2 erhalten wir durch die Ersetzung von a durch b und durch Vorzeichenänderung von J. Die Integration über eine Querschnittsfläche des Drahtes 1 in Formel (33,2) ergibt

$$\frac{J^2}{2c^2\pi a^2}\int\left\{\left(C - \frac{r_1^2}{a^2}\right) - \left(C - 1 - 2\ln\frac{r_2}{b}\right)\right\}\mathrm{d}f_1$$

$$= \frac{J^2}{2c^2\pi a^2}\int_0^a\int_0^{2\pi}\left\{1 - \frac{r_1^2}{a^2} + \ln\frac{h^2 + r_1^2 - 2hr_1\cos\varphi}{b^2}\right\}r_1\,\mathrm{d}\varphi\,\mathrm{d}r_1 = \frac{J_2}{2c^2}\left(\frac{1}{2} + 2\ln\frac{h}{b}\right).$$

Den gleichen Ausdruck liefert die Integration über den Leiter 2, mit a statt b. Die gesuchte Selbstinduktion pro Länge der beiden Leiter ist daher

$$L = 1 + 2\ln\frac{h^2}{ab}\,.$$

5. Man bestimme die Selbstinduktion eines toroidalen Solenoids.

Lösung. Wir betrachten die Spule als torusförmige leitende Fläche, in der Oberflächenströme mit der Dichte

$$g = \frac{NJ}{2\pi r}$$

zirkulieren (N sei die Gesamtzahl der Leiterwindungen, J der Strom in ihnen; Koordinaten und Maße enthält Abb. 20).

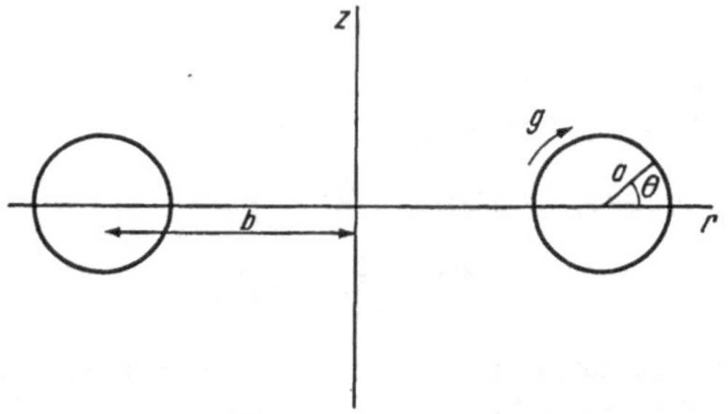

Abb. 20

Das Magnetfeld außerhalb des Solenoids ist $\boldsymbol{H}_e = 0$, und innerhalb gilt

$$H_{ir} = H_{iz} = 0\,, \qquad H_{i\varphi} = \frac{2NJ}{cr}$$

(r, z, φ sind Zylinderkoordinaten). In der Tat erfüllt diese Lösung die Feldgleichungen div $\boldsymbol{A} = 0$, rot $\boldsymbol{H} = 0$ und die Grenzbedingung (34,2).[1] Die Energie des Magnetfeldes innerhalb des Solenoids lautet

$$\int\frac{H_i^2}{8\pi}\,\mathrm{d}V = \frac{N^2J^2}{c^2}\oint\frac{z\,\mathrm{d}r}{r}\,;$$

die Integration ist über die Kontur eines Torusquerschnitts auszuführen und ergibt sich leicht durch Einführung des Winkels θ gemäß $z = a\sin\theta$, $r = b + a\cos\theta$. Das Er-

[1]) Sie gilt auch für ein ringförmiges Solenoid mit einer willkürlichen nichtkreisförmigen Querschnittsform.

gebnis für die Selbstinduktion lautet

$$L = 4\pi N^2(b - \sqrt{b^2 - a^2})\,.$$

6. Man bestimme die Korrektur erster Ordnung in l/h zum Ausdruck (34,3) (mit $\mu_e = 1$) für die Selbstinduktion eines zylindrischen Solenoids als Folge der Randverzerrung des Feldes.

Lösung. Die Selbstinduktion des Solenoids läßt sich als Doppelintegral über seine Oberfläche berechnen:

$$L = \frac{1}{J^2}\iint \frac{\boldsymbol{g}_1\boldsymbol{g}_2}{R}\,\mathrm{d}f_1\,\mathrm{d}f_2\,,$$

wo $\boldsymbol{g}$ die Oberflächendichte des Stromes sei ($g = nJ$). In zylindrischen Koordinaten gilt

$$L = 2\pi b^2 n^2 \int_0^h\int_0^h\int_0^{2\pi} \frac{\cos\varphi\,\mathrm{d}\varphi\,\mathrm{d}z_1\,\mathrm{d}z_2}{\sqrt{(z_2 - z_1)^2 + 4b^2\sin^2\frac{\varphi}{2}}}$$

$$= 8\pi b^2 n^2 \int_0^h\int_0^{\pi} \frac{(h-\zeta)\cos\varphi\,\mathrm{d}\varphi\,\mathrm{d}\zeta}{\sqrt{\zeta^2 + 4b^2\sin^2\frac{\varphi}{2}}}\,;$$

φ sei der Winkel zwischen den durch $\mathrm{d}f_1$ und $\mathrm{d}f_2$ verlaufenden Ebenen. Integrieren wir über $\mathrm{d}\zeta$, so erhalten wir für $h \gg b$

$$L \approx 8\pi b^2 n^2 \int_0^{\pi}\left[h\ln\frac{h}{b\sin\frac{\varphi}{2}} - h + 2b\sin\frac{\varphi}{2}\right]\cos\varphi\,\mathrm{d}\varphi$$

und endgültig

$$L = 4\pi^2 b^2 n^2\left[h - \frac{8}{3\pi}b\right].$$

7. Man stelle fest, um welchen Faktor sich die Selbstinduktion eines ebenen Linienzuges ändert, wenn man ihn auf die ebene Oberfläche eines halbunendlichen Mediums mit der magnetischen Permeabilität μ_e bringt. Der innere Teil der Selbstinduktion des Leiters werde vernachlässigt.

Lösung. Aus Symmetriegründen ist klar, daß bei fehlendem Medium das Magnetfeld des Stromes in bezug auf die Konturebene symmetrisch ist und die magnetischen Kraftlinien diese Ebene normal schneiden; wir nennen das Feld $\boldsymbol{H}_0$. Wir erfüllen die Feldgleichungen und Grenzbedingungen an der Oberfläche der sich zur Hälfte ins Unendliche erstreckenden Schicht, wenn wir im leeren Raum $\boldsymbol{H} = 2\mu_e(\mu_e + 1)^{-1}\,\boldsymbol{H}_0$ setzen und im Medium $\boldsymbol{B} = \mu_e\boldsymbol{H} = 2\mu_e(\mu_e + 1)^{-1}\,\boldsymbol{H}_0$. In der Tat ist dadurch die Stetigkeit von B_n und $\boldsymbol{H}_t$ an der Grenzebene gesichert, und die Zirkulation von $\boldsymbol{H}$ längs einer beliebigen Kraftlinie wird gleich der Zirkulation von $\boldsymbol{H}_0$ über diesen Weg. Man schließt daraus leicht, daß bei einer Einführung des Mediums die Gesamtenergie des Feldes und daher auch die Selbstinduktion der Linie sich mit dem Faktor $2\mu_e(\mu_e + 1)^{-1}$ multipliziert.

§ 35. Kräfte im Magnetfeld

Zur Bestimmung der auf die Substanz im Magnetfeld einwirkenden Kräfte werden wir dank der vollständigen Analogie zum elektrischen Fall kaum neue Berechnungen benötigen. Die Analogie hängt vor allem damit zusammen, daß die Ausdrücke für thermodynamische Größen im Magnetfeld sich von entsprechenden Ausdrücken im elektrischen Feld nur durch die Ersetzung der Buchstaben $\boldsymbol{E}$ und $\boldsymbol{D}$ durch $\boldsymbol{H}$ und $\boldsymbol{B}$ unterscheiden. Bei der Berechnung des Spannungstensors in § 15 wurde benutzt, daß das elektrische Feld als Folge von rot $\boldsymbol{E} = 0$ ein Potential besitzt. Das Magnetfeld erfüllt jedoch die Gleichung

$$\operatorname{rot} \boldsymbol{H} = \frac{4\pi}{c} \boldsymbol{j}, \tag{35,1}$$

die sich nur bei fehlenden Leitungsströmen auf rot $\boldsymbol{H} = 0$ reduziert. Bei der Berechnung des Spannungstensors ist jedoch stets $\boldsymbol{j} = 0$ zu setzen. Da $\boldsymbol{j}$ mit Ableitungen des Magnetfeldes verknüpft ist, würde die Berücksichtigung von Strömen bei Berechnung der Spannungen bedeuten, daß in den Spannungstensor σ_{ik} die verschwindend kleinen Korrekturen als Folge der Feldinhomogenitäten einzuführen wären (s. die Fußnote auf S. 75).

Alle in den §§ 15 und 16 erhaltenen Formeln für den Spannungstensor lassen sich daher unmittelbar auf das Magnetfeld übertragen. So haben wir bei linearem Zusammenhang $\boldsymbol{B} = \mu \boldsymbol{H}$ in einer Flüssigkeit

$$\sigma_{ik} = -P_0(\varrho, T)\,\delta_{ik} - \frac{H^2}{8\pi}\left[\mu - \varrho\left(\frac{\partial \mu}{\partial \varrho}\right)_T\right]\delta_{ik} + \frac{\mu H_i H_k}{4\pi}. \tag{35,2}$$

Die Volumenkräfte berechnen sich hieraus gemäß $f_i = \partial \sigma_{ik}/\partial x_k$. Ist das Medium ein Leiter und fließt in ihm ein Strom, so unterscheidet sich die Rechnung von der in § 15 durchgeführten dadurch, daß (35,1) anstelle rot $\boldsymbol{H} = 0$ gilt.

Differenzieren wir (35,2) und berücksichtigen wir dabei div $\boldsymbol{B}$ = div $(\mu \boldsymbol{H}) = 0$, so finden wir

$$\boldsymbol{f} = -\nabla P_0 + \frac{1}{8\pi}\nabla\left[H^2 \varrho\left(\frac{\partial \mu}{\partial \varrho}\right)_T\right] - \frac{H^2}{8\pi}\nabla\mu - \frac{\mu}{8\pi}\nabla H^2 + \frac{\mu}{4\pi}(\boldsymbol{H}\nabla)\,\boldsymbol{H}.$$

Nun gilt nach einer bekannten Formel der Vektoranalysis

$$(\boldsymbol{H}\nabla)\,\boldsymbol{H} = \frac{1}{2}\operatorname{grad} H^2 - [\boldsymbol{H} \operatorname{rot} \boldsymbol{H}] = \frac{1}{2}\operatorname{grad} H^2 + \frac{4\pi}{c}[\boldsymbol{j}\boldsymbol{H}]$$

und endgültig daher

$$\boldsymbol{f} = -\nabla P_0 + \frac{1}{8\pi}\operatorname{grad}\left[H^2 \varrho\left(\frac{\partial \mu}{\partial \varrho}\right)_T\right] - \frac{H^2}{8\pi}\nabla\mu + \frac{\mu}{c}[\boldsymbol{j}\boldsymbol{H}]. \tag{35,3}$$

Beim Vergleich mit der entsprechenden Formel (15,12) sieht man, daß hier ein zusätzliches Glied (das letzte) erscheint. Man darf jedoch nicht denken, daß das Auftreten dieses Terms eine physikalische Möglichkeit gäbe, von $\boldsymbol{f}$ Kräfte abzutrennen, die mit dem Leitungsstrom zusammenhängen. Der Grund dafür ist, daß wegen (35,1) der Strom $\boldsymbol{j}$ notwendig mit Feldinhomogenitäten verknüpft ist und Ableitungen des Feldes nach den Koordinaten auch in die anderen Terme in (35,3) eingehen. Bei merklich von 1 verschiedener magnetischer Permeabilität der Materie werden alle Glieder in (35,3) im allgemeinen von gleicher Größenordnung sein.

Ist jedoch μ nahe an Eins, wie es gewöhnlich der Fall ist, so gibt bei Anwesenheit eines Leitungsstromes das letzte Glied in (35,3) einen grundlegenden Beitrag zur Kraft, während die anderen Terme nur eine kleine Korrektur darstellen. Für die Berechnung der Kraft kann man daher $\mu = 1$ setzen, und wir erhalten einfach

$$\boldsymbol{f} = \frac{1}{c}[\boldsymbol{jH}] \tag{35,4}$$

(der Term $-\nabla P_0$ interessiert uns weder hier noch später; wir lassen ihn fort). Für $\mu = 1$ haben die Eigenschaften der Substanz keinen Einfluß auf die magnetischen Erscheinungen, und der Ausdruck (35,4) für die Kraft gilt gleichermaßen für flüssige und feste Leiter. Die Gesamtkraft, die im Magnetfeld auf einen Leiter mit Strom wirkt, wird durch das Integral

$$\boldsymbol{F} = \frac{1}{c}\int [\boldsymbol{jH}]\,\mathrm{d}V \tag{35,5}$$

gegeben.

Die Formel (35,4) kann man natürlich auch sehr einfach unmittelbar aus dem bekannten Ausdruck für die Lorentz-Kraft erhalten. Die makroskopische Kraft, die im Magnetfeld auf einen unbewegten Körper wirkt, ist nichts anderes als der Mittelwert der Lorentz-Kraft, die auf die geladenen Teilchen im Körper durch das mikroskopische Feld $\boldsymbol{h}$ wirkt:

$$\boldsymbol{f} = \frac{1}{c}\overline{[\varrho\boldsymbol{vh}]}\,.$$

Nun fällt für $\mu = 1$ das Feld $\boldsymbol{h}$ mit dem mittleren Feld $\boldsymbol{H}$ zusammen, und der Mittelwert von $\varrho\boldsymbol{v}$ gibt die Leitungsstromdichte.

Bei der Bewegung des Leiters leisten die Kräfte (35,4) an ihm eine mechanische Arbeit. Auf den ersten Blick scheint hier ein Widerspruch vorzuliegen, da die Lorentz-Kräfte an bewegten Ladungen keinerlei Arbeit leisten. In Wirklichkeit besteht jedoch kein Widerspruch, da bei einem bewegten Leiter in die Arbeit der Lorentz-Kräfte nicht nur die mechanische Arbeit eingeht, sondern auch die der elektromotorischen Kräfte, die im Leiter bei dessen Bewegung induziert werden. Diese beiden Arbeiten sind betragsmäßig gleich, haben aber umgekehrtes Vorzeichen (s. die Bemerkung 2 auf Seite 271).

Im Ausdruck (35,4) ist $\boldsymbol{H}$ der wahre Wert des Magnetfeldes, der sowohl von äußeren Quellen als auch von den Strömen selbst herrührt, auf die diese Kraft wirkt. Bei Berechnung der Gesamtkraft gemäß (35,5) hingegen kann unter $\boldsymbol{H}$ nur das äußere Feld $\mathfrak{H}$ verstanden werden, in das der Leiter gesetzt wird. Das vom Leiter erzeugte Eigenfeld jedoch kann wegen des Impulserhaltungssatzes keinen Beitrag zu der auf ihn selbst wirkenden Gesamtkraft liefern.

Die Kraftbestimmung wird für linienförmige Leiter besonders einfach. Die magnetischen Eigenschaften seiner Substanz sind unwesentlich; gilt im Medium noch $\mu = 1$, so wird die gesamte auf ihn wirkende Kraft gleich dem Linienintegral

$$\boldsymbol{F} = \frac{J}{c}\oint [\mathrm{d}\boldsymbol{l}\,\mathfrak{H}]\,. \tag{35,6}$$

Dieser Ausdruck kann auch als Integral über eine den Stromfaden berandende Fläche dargestellt werden. Ersetzen wir nach dem Stokesschen Satz $\mathrm{d}\boldsymbol{l}$ durch den Operator $[\mathrm{d}\boldsymbol{f}\,\nabla]$, so erhalten wir

$$\oint [\mathrm{d}\boldsymbol{l}\,\mathfrak{H}] = \int [[\mathrm{d}\boldsymbol{f}\,\nabla]\,\mathfrak{H}]\,.$$

Weiter schreiben wir

$$[[\mathrm{d}\boldsymbol{f}\nabla]\mathfrak{H}] = -\mathrm{d}\boldsymbol{f}\operatorname{div}\mathfrak{H} + \nabla(\mathrm{d}\boldsymbol{f}\mathfrak{H})$$
$$= -\mathrm{d}\boldsymbol{f}\operatorname{div}\mathfrak{H} + [\mathrm{d}\boldsymbol{f}\operatorname{rot}\mathfrak{H}] + (\mathrm{d}\boldsymbol{f}\nabla)\mathfrak{H}.$$

Nun gilt $\operatorname{div}\mathfrak{H} = 0$ und außerhalb der Ströme auch $\operatorname{rot}\mathfrak{H} = 0$. Daher ist

$$\boldsymbol{F} = \frac{J}{c}\int(\mathrm{d}\boldsymbol{f}\nabla)\mathfrak{H}. \tag{35,7}$$

Speziell im quasihomogenen äußeren Feld kann man $\mathfrak{H}$ zusammen mit dem Operator ∇ aus dem Integral herausziehen. Führen wir auch das magnetische Moment des Stromes nach (30,18) ein, so haben wir das offensichtliche Ergebnis

$$\boldsymbol{F} = (\mathcal{M}\nabla)\mathfrak{H}. \tag{35,8}$$

Da hierin $\mathcal{M}$ eine konstante Größe ist, kann man $\boldsymbol{F}$ auch in der Gestalt

$$\boldsymbol{F} = \operatorname{grad}(\mathcal{M}\mathfrak{H}) \tag{35,9}$$

schreiben, in Übereinstimmung mit dem Ausdruck (33,17) für die Energie eines Stromes. Das Drehmoment, das auf einen Strom im quasihomogenen Feld wirkt, ist gleich dem gewöhnlichen Ausdruck

$$\boldsymbol{K} = [\mathcal{M}\mathfrak{H}], \tag{35,10}$$

wie man sich leicht überzeugt.

Aufgabe

Man bestimme die Kraft, die auf einen geraden, von dem Strom J durchflossenen Draht wirkt; der Draht sei parallel zu einem unendlich ausgedehnten Kreiszylinder mit der magnetischen Permeabilität μ, dem Radius a und der Entfernung b von der Drahtachse.

Lösung. Nach der auf S. 136 festgestellten Übereinstimmung zwischen ebenen Problemen der Elektro- und Magnetostatik erhält man das Feld des Stromes durch Bezeichnungsänderung aus der Lösung der Aufgabe 3, § 7. Das Feld im Raum um den Zylinder ist identisch mit dem Feld, das im Vakuum der Strom J und die durch die Punkte A und O' (s. Abb. 12) verlaufenden Ströme J' und $-J'$ erzeugen würden, wobei

$$J' = J\frac{\mu - 1}{\mu + 1}$$

gilt. Das Feld innerhalb des Zylinders ergibt sich als durch den Strom

$$J'' = J\frac{2}{\mu + 1}$$

durch den Punkt O erzeugtes Feld. Die Kraft pro Länge des Leiters wird dann

$$F = \frac{1}{c}JB = \frac{2JJ'}{c^2}\left(\frac{1}{OA} - \frac{1}{OO'}\right) = \frac{2J^2a^2(\mu - 1)}{b(b^2 - a^2)(\mu + 1)c^2}.$$

Auf entsprechende Weise finden wir (s. Aufgabe 4, § 7), daß ein linienförmiger Leiter, der durch eine zylindrische Höhlung in einem magnetischen Medium verläuft, von der nächsten Fläche der Höhlung mit der Kraft

$$F = \frac{2J^2b(\mu - 1)}{(a^2 - b^2)(\mu + 1)c^2}$$

angezogen wird.

§ 36. Gyromagnetische Erscheinungen

Eine gleichförmige Rotation eines Körpers (der keine magnetische Struktur aufweist) führt zum Auftreten einer Magnetisierung, die linear von der Winkelgeschwindigkeit $\boldsymbol{\Omega}$ abhängt (BARNETT-Effekt). Vom phänomenologischen Standpunkt aus ist eine lineare Beziehung zwischen den Vektoren $\mathcal{M}$ und $\boldsymbol{\Omega}$ möglich, weil beide bei Zeitumkehr das Vorzeichen wechseln. Da jedoch beide axiale Vektoren sind, ist eine solche Abhängigkeit auch in einem isotropen Körper möglich, wo sie sich auf eine einfache Proportionalität reduziert.

Zugleich mit diesem Effekt muß auch der inverse Effekt existieren: Ein frei beweglicher Körper beginnt sich bei einer Magnetisierung zu drehen (EINSTEIN-DE-HAAS-Effekt). Zwischen beiden Effekten besteht eine einfache thermodynamische Beziehung, die man auf folgende Weise erhalten kann.

Bekanntlich (s. V, § 26) ist das thermodynamische Potential in bezug auf die Winkelgeschwindigkeit (bei gegebener Temperatur und gegebenem Körpervolumen) die freie Energie $\tilde{\mathcal{F}}'$ des Körpers in einem mit dem Körper rotierenden Koordinatensystem. Der Drehimpuls L des Körpers ist dann gleich

$$\mathrm{L} = -\frac{\partial\tilde{\mathcal{F}}'}{\partial\boldsymbol{\Omega}}. \tag{36,1}$$

Gyromagnetische Erscheinungen lassen sich durch Einführung eines Zusatzausdruckes in die freie Energie beschreiben, der das erste Glied ihrer Entwicklung nach Potenzen von $\boldsymbol{\Omega}$ und der Magnetisierbarkeit $\boldsymbol{M}$ in einem Körperpunkt darstellt und gleichzeitig sowohl $\boldsymbol{\Omega}$ als auch $\boldsymbol{M}$ enthält. Er ist linear in $\boldsymbol{\Omega}$ und $\boldsymbol{M}$, d. h. hat die Gestalt

$$\tilde{\mathcal{F}}'_{\mathrm{gm}} = -\int \lambda_{ik}\, \Omega_i M_k \,\mathrm{d}V = -\lambda_{ik}\Omega_i\mathcal{M}_k\,, \tag{36,2}$$

wo λ_{ik} ein konstanter Tensor sei, der im allgemeinen nicht symmetrisch ist.

Nach (36,1) und (36,2) ist der Drehimpuls, den der Körper als Ergebnis einer Magnetisierung erhält, mit seinem magnetischen Moment durch

$$(L_{\mathrm{gm}})_i = \lambda_{ik}\mathcal{M}_k$$

verknüpft. Gewöhnlich wird statt λ_{ik} der durch

$$g_{ik} = \frac{2mc}{e}\lambda_{ik}^{-1}$$

bestimmte reziproke Tensor benutzt (e und m sind Ladung und Masse des Elektrons); die dimensionslosen Größen g_{ik} sind die gyromagnetischen Koeffizienten. Mit ihnen gilt

$$\mathcal{M}_i = \frac{e}{2mc}\, g_{ik}(L_{\mathrm{gm}})_k\,. \tag{36,3}$$

Der Ausdruck (36,2) zeigt andererseits, daß in bezug auf die Beeinflussung magnetischer Erscheinungen die Rotation des Körpers der Wirkung eines äußeren Feldes der Stärke $\mathfrak{H}_i = \lambda_{ki}/\Omega_k$ oder

$$\mathfrak{H}_i = \frac{2mc}{e}\, g_{ki}^{-1}\, \Omega_k \tag{36,4}$$

äquivalent ist. Wir haben so im Prinzip die Möglichkeit, die durch die Rotation bewirkte Magnetisierung zu berechnen. Ist etwa die magnetische Suszeptibilität des Körpers χ_{ik} klein, so hängt das von ihm erhaltene magnetische Moment nicht von seiner Form ab und ist gleich

$$\mathcal{M}_k = \chi_{ik}\mathfrak{H}_k = \frac{2mc}{e}\chi_{ik}g_{lk}^{-1}\Omega_l\,.$$

Die Formeln (36,3) und (36,4) stellen jeweils den EINSTEIN-DE-HAAS- bzw. BARNETT-Effekt dar. Wir sehen, daß beide Effekte durch ein und denselben Tensor g_{ik} bestimmt werden.

V FERROMAGNETISMUS UND ANTIFERROMAGNETISMUS

§ 37. Magnetische Symmetrie von Kristallen

Zwischen elektrischen und magnetischen Eigenschaften von Metallen bestehen wesentliche Unterschiede, die mit dem verschiedenen Verhalten von Ladungen und Strömen gegenüber einer Änderung des Vorzeichens der Zeit zusammenhängen.

Bekanntlich muß wegen der Invarianz der Bewegungsgleichungen gegenüber einer Vorzeichenänderung der Zeit die formale Transformation $t \to -t$ (die Zeitumkehr), angewandt auf einen thermodynamischen Gleichgewichtszustand des Körpers, wieder zu einem möglichen Gleichgewichtszustand führen. Dabei sind zwei Möglichkeiten vorhanden: Der Zustand nach der Zeitumkehr ist entweder mit dem Ausgangszustand identisch oder nicht.

Wir bezeichnen in diesem Paragraphen mit $\varrho(x, y, z)$ und $\boldsymbol{j}(x, y, z)$ die wahre (mikroskopische) Ladungs- und Stromdichte in jedem Kristallpunkt, die nur über die Zeit gemittelt wurde (nicht wie in der makroskopischen Theorie über ein „physikalisch unendlich kleines" Gebiet). Es sind dies diejenigen Funktionen, die die elektrische bzw. magnetische Struktur des Kristalls bestimmen.

Die Zeitumkehr ändert das Vorzeichen von $\boldsymbol{j}$. Ändert sich bei dieser Transformation der Zustand des Körpers nicht, ist $\boldsymbol{j} = -\boldsymbol{j}$, d. h. $\boldsymbol{j} = 0$. Es gibt also einen Grund, aus dem Körper mit identisch verschwindender Funktion $\boldsymbol{j}(x, y, z)$ existieren können. Zusammen mit der Stromdichte verschwinden in diesen Körpern auch die zeitlichen Mittelwerte des Magnetfeldes und des magnetischen Momentes in Strenge (es ist klar, daß hier nur von Zuständen des Körpers bei fehlendem äußerem Magnetfeld gesprochen wird). Solche Körper besitzen keinerlei *magnetische Struktur*. Praktisch gehören fast alle Körper zu dieser Gruppe.

Die Ladungsdichte ϱ dagegen ändert sich bei Zeitumkehr nicht. Es liegt also kein Grund dafür vor, daß diese Funktion identisch verschwinden muß. Anders gesagt, es existieren keine Kristalle, die keine „elektrische Struktur" besitzen. Darin besteht der oben erwähnte wesentliche Unterschied zwischen den elektrischen und magnetischen Eigenschaften der Kristalle.

Wir betrachten nun Kristalle, bei denen die Zeitumkehr den Zustand ändert und für die daher $\boldsymbol{j} \neq 0$ gilt; wir bezeichnen sie als Körper mit magnetischer Struktur.

Zunächst sei bemerkt, daß trotz $\boldsymbol{j} \neq 0$ im Gleichgewichtszustand kein Gesamtstrom existieren kann, d. h., das über eine Elementarzelle erstreckte Integral $\int \boldsymbol{j}\, dV$ muß immer verschwinden.[1]) Sonst würde dieser Strom ein makroskopisches Magnetfeld er-

---

[1]) Wir betonen, daß es sich hierbei um die wahre, die magnetische Struktur des Kristalls berücksichtigende Elementarzelle handelt. Diese „magnetische Zelle" kann von der kristallographischen Zelle, die nur die Ladungsverteilungssymmetrie im Gitter berücksichtigt, verschieden sein (s. unten, § 38).

zeugen, und der Kristall besäße eine magnetische Energie pro Volumen, die sich mit den Dimensionen des Körpers rasch vergrößern würde. Da ein solcher Zustand energetisch unvorteilhaft wäre, ist offensichtlich, daß er keinem thermodynamischen Gleichgewicht entsprechen kann.

Gleichzeitig können die Ströme $\boldsymbol{j}$ jedoch ein von Null verschiedenes makroskopisches magnetisches Moment erzeugen, d. h., das (wieder über eine Elementarzelle erstreckte) Integral $\int [\boldsymbol{rj}]\,\mathrm{d}V$ kann von Null verschieden sein. Man kann daher für Körper mit $\boldsymbol{j} \neq 0$ zwei Typen unterscheiden: Körper mit von Null verschiedenem makroskopischem magnetischem Moment und solche, bei denen ein solches Moment fehlt. Die ersteren werden als *ferromagnetisch*, die zweiten als *antiferromagnetisch* bezeichnet.

Dabei tritt die Frage nach den möglichen Symmetrietypen (Gruppen) der Stromverteilungen $\boldsymbol{j}(x, y, z)$ auf. Diese Symmetrien setzen sich vor allem aus den gewöhnlichen Elementen zusammen, nämlich Drehungen, Spiegelungen und Translationen. Unter den möglichen Symmetriegruppen von $\boldsymbol{j}$ sind also in jedem Fall die gewöhnlichen 230 kristallographischen Raumgruppen enthalten. Damit ist aber die Liste der gesuchten Gruppen bei weitem noch nicht erschöpft. Wie bereits gesagt wurde, ändert eine Substitution von t durch $-t$ das Vorzeichen des Vektors $\boldsymbol{j}$. Damit entsteht ein neues Symmetrieelement, nämlich Symmetrie bezüglich solcher Transformationen, die in der Richtungsumkehr aller Ströme bestehen. Wir bezeichnen eine solche Transformation mit R. Besitzt eine Stromverteilung das Symmetrieelement R, so bedeutet dies, daß $\boldsymbol{j} = -\boldsymbol{j}$ oder $\boldsymbol{j} = 0$ gilt und der Körper keine magnetische Struktur besitzt. Eine von Null verschiedene Funktion $\boldsymbol{j}(x, y, z)$ kann jedoch Symmetrien in bezug auf verschiedene Kombinationen von R mit anderen Symmetrieelementen wie Drehungen, Spiegelungen und Translationen haben. Das Problem der Bestimmung aller möglichen Symmetrietypen von Stromverteilungen (das Problem der *magnetischen Raumgruppen*) besteht also darin, alle möglichen Transformationsgruppen zu konstruieren, die sowohl die gewöhnlichen Raumgruppen als auch Kombinationen dieser Gruppen mit R enthalten.

Ist die Symmetrie der Stromverteilung gegeben, so ist die kristallographische Symmetrie der Teilchenanordnung im Kristall als Symmetrie der Funktion $\varrho(x, y, z)$ ebenfalls bestimmt. Sie läßt sich als diejenige Raumgruppe aus der Symmetriegruppe von $\boldsymbol{j}$ erhalten, für die R formal als identische Transformation betrachtet wird (wie sie es auch in bezug auf die Funktion ϱ ist).

Eine Kenntnis der vollen Symmetriegruppe der Funktionen $\boldsymbol{j}(x, y, z)$ ist jedoch nicht erforderlich, wenn wir uns nur für makroskopische Eigenschaften des Körpers interessieren. Diese Eigenschaften hängen nur von Richtungen im Kristall ab, die Translationssymmetrie des Kristallgitters beeinflußt sie nicht. Vom rein strukturellen kristallographischen Standpunkt aus wird die „Symmetrie der Richtungen" in bekannter Weise durch die 32 Kristallklassen (vgl. V, § 131) gegeben. Es sind dies Symmetriegruppen, die nur aus reinen Drehungen und Spiegelungen bestehen. Man erhält sie aus den Raumgruppen, wenn man in diesen alle Translationen als identische Transformationen und die Schraubenachsen und Gleitebenen als einfache Symmetrieachsen und -ebenen ansieht. Vom Standpunkt magnetischer Eigenschaften ist die makroskopische Symmetrie jedoch durch Gruppen zu klassifizieren, die aus Drehungen, Spiegelungen und ihren Kombinationen mit der Transformation R bestehen. Man kann diese Gruppen als *magnetische Kristallklassen* bezeichnen. Sie stehen in gleicher

Beziehung zu den magnetischen Raumgruppen wie die gewöhnlichen Kristallklassen zu den gewöhnlichen Raumgruppen.

Zu den magnetischen Kristallklassen zählen zunächst die 32 gewöhnlichen Kristallklassen sowie 32 durch das Element R ergänzte Klassen. Letztere sind insbesondere die makroskopischen Symmetriegruppen aller Körper ohne magnetische Struktur. Zu diesen Klassen können aber auch Körper mit magnetischer Struktur gehören. Dazu ist es notwendig, daß in die magnetische Raumgruppe eines solchen Körpers das Element R nicht allein, sondern nur in Kombination mit Translationen eingeht.

Weiterhin gibt es 58 Klassen, die das Element R nur in Kombination mit Drehungen oder Spiegelungen enthalten. Ersetzt man in ihnen die Operation R durch die Identität, so erhält man eine der gewöhnlichen Kristallklassen.

Es sei bemerkt, daß das Auftreten einer magnetischen Struktur (ferromagnetisch oder antiferromagnetisch) immer mit relativ schwachen Wechselwirkungen zusammenhängt.[1]) Die Kristallstruktur eines magnetischen Körpers wird daher nur schwach gegenüber der Struktur der nichtmagnetischen Phase abgeändert, aus der die magnetische Phase gewöhnlich bei abnehmender Temperatur entsteht. In dieser Beziehung unterscheiden sich Ferromagnetika von gewöhnlichen pyroelektrischen Körpern, sind aber den Ferroelektrika ähnlich.

Die Vorgabe seiner magnetischen Kristallklasse bestimmt den Charakter aller makroskopischen magnetischen Eigenschaften eines Körpers. Die wichtigste davon ist das Auftreten oder Fehlen eines makroskopischen magnetischen Momentes, d. h. die spontane Magnetisierung (ohne äußeres Feld). Die Magnetisierung $\boldsymbol{M}$ verhält sich bei Drehungen und Spiegelungen wie ein axialer Vektor (das Vektorprodukt zweier polarer Vektoren) und ändert bei Anwendung der Operation R das Vorzeichen. Der Kristall besitzt eine spontane Magnetisierung, wenn eine oder mehrere Richtungen existieren, so daß ein Vektor $\boldsymbol{M}$ in dieser Richtung mit den obigen Eigenschaften invariant gegenüber allen Transformationen der magnetischen Kristallklasse ist.

Wir weisen nochmals auf den Unterschied zu elektrischen Eigenschaften hin (hier handelt es sich um makroskopische). Der Charakter elektrischer Eigenschaften wird vollständig durch die gewöhnlichen Kristallklassen bestimmt. Damit etwa ein Körper pyroelektrisch ist, reicht es aus, daß seine Kristallklasse einen polaren Vektor $\boldsymbol{P}$ gestattet (das elektrische Moment). Es ist jedoch nicht möglich, auf die Existenz oder Nichtexistenz eines makroskopischen magnetischen Momentes zu schließen, wenn man vom Verhalten des axialen Vektors $\boldsymbol{M}$ gegenüber Transformationen der rein strukturellen Kristallklassen des Körpers ausgeht.

Statt von der Symmetrie der Funktion $\boldsymbol{j}(x, y, z)$ kann man von der Symmetrie der mikroskopischen Verteilung der magnetischen Momentendichte $\boldsymbol{M}(x, y, z) = [\boldsymbol{r}\boldsymbol{j}(x,y,z)]$ sprechen. Letztere kann man ihrerseits gewöhnlich als Symmetrie der Anordnung und Orientierung der (zeitlich) gemittelten Werte der magnetischen Momente der Atome (Ionen) $\boldsymbol{\mu}$ im Kristallgitter ansehen. In einem Körper ohne magnetische Symmetrie sind diese Mittelwerte gleich Null.

---

[1]) Gewöhnlich führt die Austauschwechselwirkung zwischen den magnetischen Momenten der Atome zur Sättigung der Valenzbindungen und zur Bildung nichtmagnetischer Strukturen. Eine magnetische Struktur ergibt nur die relativ schwache Austauschwechselwirkung der d- und f-Elektronen der Atome von Elementen der Übergangsgruppe im MENDELEJEWschen System.

Die Gesamtheit der Atome im Kristallgitter, die gleiche Werte von μ besitzen, wird als *magnetisches Untergitter* bezeichnet. Offensichtlich enthält ein Antiferromagnetikum mindestens zwei Untergitter mit wechselseitig antiparallelen und dem Betrag nach gleichen Werten von μ. Sind die Richtungen der Momente μ aller Untergitter parallel oder antiparallel, so wird das Antiferromagnetikum als *kollinear* bezeichnet, andernfalls spricht man von einem *nichtkollinearen* Antiferromagnetikum.

Ein Ferromagnetikum kann ebenfalls mehrere Untergitter enthalten. Im engeren Sinne versteht man unter Ferromagnetika Körper, in denen alle mittleren magnetischen Atommomente parallel sind. Enthält der Kristall hingegen zwei oder mehrere Untergitter mit der Richtung (oder der Größe) nach nicht übereinstimmenden Atommomenten, so bezeichnet man ihn als *Ferrimagneten.* Im Unterschied zu Antiferromagnetika ist die vektorielle Summe $\boldsymbol{M}$ der magnetischen Momente der Untergitter in diesen Körpern von Null verschieden. Ein Ferrimagnetikum kann sowohl kollinear (wenn die magnetischen Momente aller Untergitter in ihm parallel oder antiparallel sind) als auch nichtkollinear sein.

§ 38. Magnetische Klassen und Raumgruppen

Wir werden zeigen, wie die magnetischen Symmetriegruppen zusammengesetzt sind und beginnen mit den magnetischen Klassen.

Wie schon im vorigen Paragraphen erwähnt wurde, kann man die magnetischen Klassen in drei Typen aufteilen. Zu Typ I zählen die 32 gewöhnlichen Kristallklassen, die das Element R überhaupt nicht enthalten. Zu Typ II gehören alle diese 32 Klassen, die durch das Element R ergänzt wurden. Jede solche Klasse enthält alle Elemente der gewöhnlichen Klasse (der Punktgruppe $\boldsymbol{G}$) und weiterhin alle diese mit R multiplizierten Elemente. Bezeichnen wir die magnetische Klasse mit dem Symbol $\boldsymbol{M}$, so kann man schreiben

$$\boldsymbol{M} = \boldsymbol{G} + R\boldsymbol{G} \tag{38,1}$$

(die Transformation R ist natürlich mit allen räumlichen Drehungen und Spiegelungen kommutativ. Daher ist $RG = GR$, wo G ein Element der Gruppe $\boldsymbol{G}$ ist).

Diese beiden Typen von Klassen sind im bekannten Sinne trivial. Zum nichttrivialen Typ III gehören 58 magnetische Klassen, in die das Element R nur in Kombinationen mit Drehungen oder Spiegelungen eingeht. Ersetzt man in ihnen die Operation R durch die identische Transformation, so geht jede von ihnen in eine der gewöhnlichen Kristallklassen von $\boldsymbol{G}$ über. Die Konstruktion aller Klassen dieses Typs geschieht auf der Grundlage folgender Überlegungen.

Wir bezeichnen mit dem Symbol $\boldsymbol{H}$ alle Elemente der Gruppe $\boldsymbol{G}$, die (bei der Aufstellung der magnetischen Klasse $\boldsymbol{M}$) übrigbleiben, ohne mit R multipliziert zu werden. Schon allein nach der Definition dieser Gesamtheit enthält sie das Einselement E (andernfalls enthielte sie das Element R als solches, d. h. sie würde zum Typ II gehören), und das Produkt eines ihrer beliebigen Elementenpaare ergibt Elemente eben dieser Gesamtheit. Anders ausgedrückt, $\boldsymbol{H}$ ist eine Untergruppe der Gruppe $\boldsymbol{G}$. Alle restlichen Elemente der Gruppe $\boldsymbol{G}$ gehen, multipliziert mit R, in $\boldsymbol{M}$ ein. Da $R^2 = E$ gilt, sind alle paarweisen Produkte dieser Gruppenelemente Elemente der

Gruppe $\boldsymbol{H}$. Hieraus folgt, daß $\boldsymbol{H}$ eine Untergruppe der Gruppe $\boldsymbol{G}$ (und damit auch der Gruppe $\boldsymbol{M}$) vom Index 2 ist.[1])

Mit anderen Worten, die Struktur der magnetischen Klasse $\boldsymbol{M}$ vom Typ III kann in der Form

$$\boldsymbol{M} = \boldsymbol{H} + RG_1\boldsymbol{H} \tag{38,2}$$

dargestellt werden, wo G_1 irgendein Element der Gruppe $\boldsymbol{G}$ ist, das nicht in $\boldsymbol{H}$ eingeht. Es ist evident, daß die Gruppe $\boldsymbol{M}$ und die Gruppe $\boldsymbol{G} = \boldsymbol{H} + G_1\boldsymbol{H}$ isomorph sind.

Somit reduziert sich die Aufgabe der Aufstellung aller magnetischen Klassen auf das Auffinden der Untergruppen vom Index 2 aller Kristallklassen. Die letztere Aufgabe ihrerseits löst man leicht mit Hilfe einer Tabelle der Charaktere der irreduziblen Darstellungen der Raumgruppen. Jede eindimensionale von Eins verschiedene Darstellung der Gruppe enthält die gleiche Zahl Charaktere $+1$ und -1. Die Elemente mit den Charakteren $+1$ bilden eine Untergruppe vom Index 2. Beim Übergang zur magnetischen Klasse bleiben diese Elemente unverändert, und alle übrigen werden mit R multipliziert.

Wir illustrieren diese Prozedur am Beispiel der Punktgruppe $\mathbf{C}_{4v}$. Die Tabelle der Charaktere ihrer irreduziblen Darstellungen ist (s. III, § 95):

	E	C_2	$2C_4$	$2\sigma_v$	$2\sigma_v'$
A_1	1	1	1	1	1
A_2	1	1	1	-1	-1
B_1	1	1	-1	1	-1
B_2	1	1	-1	-1	1
E	2	-2	0	0	0

A_2, B_1, B_2 sind eindimensionale von Eins verschiedene Darstellungen. In der Darstellung A_2 bilden die Elemente mit den Charakteren $+1$ die Untergruppe $\mathbf{C}_4$. Die entsprechende magnetische Klasse, die wir mit dem Symbol $\mathbf{C}_{4v}(\mathbf{C}_4)$ bezeichnen, wird aus den Elementen

$$E,\ C_2,\ 2C_4,\ 2R\sigma_v,\ 2R\sigma_v'$$

gebildet. In den Darstellungen B_1, B_2 bilden die Elemente mit den Charakteren $+1$ die Untergruppen $\mathbf{C}_{2v}$, die sich nur durch die Lage der Ebenen σ_v bezüglich eines fixierten Koordinatensystems unterscheiden. Diese Untergruppen sind kristallographisch ununterscheidbar, und ihnen entspricht ein und dieselbe magnetische Klasse $\mathbf{C}_{4v}(\mathbf{C}_{2v})$ mit den Elementen

$$E,\ C_2,\ 2RC_4,\ 2\sigma_v,\ 2R\sigma_v' .$$

Somit erhalten wir bei einer Untersuchung (im obigen Sinne) aller 32 Kristallklassen die 58 magnetischen Klassen vom Typ III, die in Tab. 1 aufgeführt sind. Jede Klasse $\boldsymbol{G}(\boldsymbol{H})$ wird durch die Ausgangspunktgruppe (in der ersten Spalte der Tabelle aufgeführt) und ihre Untergruppe $\boldsymbol{H}$ (eine der in den Klammern nach dem Gruppensymbol $\boldsymbol{G}$ aufgeführten) bestimmt. Die Kristallklassen $\mathbf{C}_1$, $\mathbf{C}_3$, $\mathbf{T}$ haben keine Unter-

[1]) Das bedeutet, daß die Untergruppe $\boldsymbol{H}$ halbsoviele Elemente enthält wie die Gruppe $\boldsymbol{G}$. Die angeführte Behauptung ist die Folgerung eines einleuchtenden Theorems: Eine Untergruppe $\boldsymbol{H}$ in der Gruppe $\boldsymbol{G}$ hat nur dann den Index 2, wenn das Produkt zweier beliebiger Elemente der Gruppe $\boldsymbol{G}$, die nicht in $\boldsymbol{H}$ eingehen, ein Element aus $\boldsymbol{H}$ ist.

Tabelle 1. Magnetische Klassen

$\mathbf{C}_i(\mathbf{C}_1)$	$\mathbf{C}_{3v}(\mathbf{C}_3)$
$\mathbf{C}_s(\mathbf{C}_1)$	$\mathbf{D}_3(\mathbf{C}_3)$
$\mathbf{C}_2(\mathbf{C}_1)$	$\mathbf{D}_{3d}(\mathbf{D}_3, \mathbf{S}_6, \mathbf{C}_{3v})$
$\mathbf{C}_{2h}(\mathbf{C}_i, \mathbf{C}_2, \mathbf{C}_s)$	$\mathbf{C}_{3h}(\mathbf{C}_3)$
$\mathbf{C}_{2v}(\mathbf{C}_s, \mathbf{C}_2)$	$\mathbf{C}_6(\mathbf{C}_3)$
$\mathbf{D}_2(\mathbf{C}_2)$	$\mathbf{D}_{3h}(\mathbf{C}_{3h}, \mathbf{C}_{3v}, \mathbf{D}_3)$
$\mathbf{D}_{2h}(\mathbf{D}_2, \mathbf{C}_{2h}, \mathbf{C}_{2v})$	$\mathbf{C}_{6h}(\mathbf{C}_6, \mathbf{S}_6, \mathbf{C}_{3h})$
$\mathbf{C}_4(\mathbf{C}_2)$	$\mathbf{C}_{6v}(\mathbf{C}_6, \mathbf{C}_{3v})$
$\mathbf{S}_4(\mathbf{C}_2)$	$\mathbf{D}_6(\mathbf{C}_6, \mathbf{D}_3)$
$\mathbf{D}_{2d}(\mathbf{S}_4, \mathbf{D}_2, \mathbf{C}_{2v})$	$\mathbf{D}_{6h}(\mathbf{D}_6, \mathbf{C}_{6h}, \mathbf{C}_{6v}, \mathbf{D}_{3d}, \mathbf{D}_{3h})$
$\mathbf{D}_4(\mathbf{C}_4, \mathbf{D}_2)$	$\mathbf{T}_h(\mathbf{T})$
$\mathbf{C}_{4v}(\mathbf{C}_4, \mathbf{C}_{2v})$	$\mathbf{O}(\mathbf{T})$
$\mathbf{C}_{4h}(\mathbf{C}_4, \mathbf{C}_{2h}, \mathbf{S}_4)$	$\mathbf{T}_d(\mathbf{T})$
$\mathbf{D}_{4h}(\mathbf{D}_4, \mathbf{C}_{4h}, \mathbf{D}_{2h}, \mathbf{C}_{4v}, \mathbf{D}_{2d})$	$\mathbf{O}_h(\mathbf{O}, \mathbf{T}_h, \mathbf{T}_d)$
$\mathbf{S}_6(\mathbf{C}_3)$	

gruppen vom Index 2 und daher auch keine auf ihrer Grundlage konstruierten magnetischen Klassen. Wir bemerken weiterhin, daß die Drehung C_3 niemals in eine magnetische (nichttriviale) Klasse mit dem Faktor R multipliziert eingeht; eine Drehung C_3R würde nach dreimaliger Wiederholung zur Transformation R führen, die in den Klassen dieses Typs fehlt.[1])

Im vorigen Paragraphen wurde bereits angemerkt, daß man über die Möglichkeit der Existenz von Ferromagnetismus nicht nach den kristallographischen Klassen urteilen kann. Zur Illustration betrachten wir ein tetragonales Gitter von gleichartigen Atomen mit magnetischen Momenten, die längs der tetragonalen Achse gerichtet sind.[2]) Ihre magnetische Kristallklasse ist: $\mathbf{D}_{4h}(\mathbf{D}_4)$, die die Transformationen

$$E,\ C_2,\ 2C_4,\ 2U_2R,\ 2U_2'R$$
$$I,\ \sigma_h,\ 2S_4,\ 2\sigma_vR,\ 2\sigma_v'R$$

enthält.[3])

Alle diese Transformationen lassen einen axialen Vektor $\boldsymbol{M}$, der längs einer 4zähligen Achse gerichtet ist, invariant. Währenddessen würde die Kristallklasse $\mathbf{D}_{4h}$ als solche die Existenz eines axialen Vektors nicht erlauben: Alle seine Komponenten M_x, M_y,

[1]) In der abstrakten Theorie der Symmetrie spricht man von der magnetischen Symmetrie als von der Antisymmetrie. Die Idee von der Antisymmetrie wurde unabhängig von H. Heesh (1929) und A. W. Schubnikow (1945) formuliert. Die Antisymmetrieklassen wurden von Schubnikow (1951) als Symmetriegruppen geometrischer Figuren (Polyeder) mit zweifarbigen Rändern gefunden; dem Element R entspricht dabei die Operation der Farbänderung der Ränder. Als Gruppen der magnetischen Symmetrie wurden diese Klassen von B. A. Tawger und M. W. Saizew (1956) erhalten. Die hier dargelegte Form ihrer Ableitung geht auf W. L. Indenbom zurück.

[2]) Derartig ist z. B. das Gitter der ferromagnetischen Phase von Eisen. In kristallographischer Hinsicht stellt es ein schwach verzerrtes (längs einer der Achsen vierter Ordnung) kubisches Gitter dar. Die Verzerrung ist das Ergebnis der Magnetostriktion, die aufgrund des Vorhandenseins der magnetischen Struktur selbst entsteht.

[3]) Die Bezeichnung der Symmetrieelemente erfolgt überall nach III, §§ 93, 94. Insbesondere sind U_2, U_2' 180°-Drehungen um horizontale Achsen, die normal zu einer vierzähligen Achse sind, σ_h Spiegelungen an der horizontalen Ebene, σ_v, σ_v' Spiegelungen an vertikalen Ebenen, die durch die Achsen C_4 und U_2, U_2' gehen. Die Symbole U_2R, σR usw. bezeichnen Symmetrieachsen und -ebenen, die in die vorliegende Klasse in Kombination mit der Transformation R eingehen.

M_z würden z. B. bei einer Drehung um die eine oder andere Achse zweiter Ordnung das Vorzeichen wechseln.

Wir gehen nun zu den magnetischen Raumgruppen über. Sie haben dieselbe Beziehung zu den gewöhnlichen Raumgruppen wie die magnetischen Klassen zu den Kristallklassen: die ersten reduzieren sich auf die letzteren, wenn man die Transformation R durch die identische Transformation ersetzt. Insgesamt gibt es 1651 magnetische Raumgruppen, die ebenfalls wie die magnetischen Klassen in drei Typen aufgeteilt werden können.

Zu Typ I zählen 230 Gruppen, die mit den kristallographischen übereinstimmen und die Transformation R ganz und gar nicht enthalten, und zu Typ II gehören dieselben 230 Gruppen, die durch das Element R ergänzt wurden.

Zum nichttrivialen Typ III gehören 1191 Gruppen, die die Transformation R nur in Kombination mit Drehungen, Spiegelungen oder Translationen enthalten. Sie haben die Struktur (38,2), wo $\boldsymbol{H}$ eine Untergruppe vom Index 2 in der Kristallraumgruppe $\boldsymbol{G}$ ist und G_1 ein Element aus $\boldsymbol{G}$ darstellt, das nicht in $\boldsymbol{H}$ enthalten ist. Es ist evident, daß die Untergruppe $\boldsymbol{H}$ mit der Ausgangsraumgruppe $\boldsymbol{G}$ übereinstimmen muß, entweder der Translationssymmetrie oder ihrer Klasse nach. Im ersten Fall besitzt sie halb soviele „Drehelemente" (Drehungen und Spiegelungen) wie die Gruppe $\boldsymbol{G}$ und im zweiten halb soviele Translationen. Dementsprechend kann man den Typ III noch in zwei Untertypen aufteilen.

Zu Typ IIIa zählen die magnetischen Raumgruppen, für die G_1 in (38,2) eine der „Drehtransformationen" der Kristallgruppe $\boldsymbol{G} = \boldsymbol{H} + G_1\boldsymbol{H}$ ist, die nicht in $\boldsymbol{H}$ eingeht. Die Translationssymmetrie (Bravais-Gitter) der Raumgruppe $\boldsymbol{M}$ dieses Typs fällt mit der Translationssymmetrie der Gruppe $\boldsymbol{G}$ zusammen; mit anderen Worten, die Elementarzelle der magnetischen Struktur fällt mit der rein kristallographischen Elementarzelle zusammen. Diese magnetischen Raumgruppen (insgesamt sind es 674) gehören zu den magnetischen Klassen vom Typ III.

Zu Untertyp IIIb zählen wir die magnetischen Raumgruppen, für die als G_1 in (38,2) eine reine Translation um eine der Grundperioden der Gruppe $\boldsymbol{G}$ ausgewählt werden kann. Die Elementarzelle der magnetischen Struktur ist volumenmäßig doppelt so groß wie die kristallographische Elementarzelle. Die Gesamtheit der reinen Translationen und der mit R multiplizierten Translationen bilden das *magnetische* Bravais-*Gitter*. Insgesamt gibt es 22 verschiedene Gitter. Die magnetischen Raumgruppen vom Typ IIIb (insgesamt gibt es 517) gehören zu den magnetischen Klassen vom Typ II.[1])

Aufgabe

Man zähle die magnetischen Klassen auf, die Ferromagnetismus erlauben.

Lösung. Die Klassen vom Typ II lassen keinen Ferromagnetismus zu. Wir betonen, daß damit alle Raumgruppen vom Typ II und III b, die eine mit R multiplizierte Trans-

---

[1]) Die Konstruktion aller magnetischen Raumgruppen (als Antisymmetriegruppen) wurde von A. M. Samorsajew (1953) und N. B. Below, N. N. Neronowa und T. S. Smirnow (1955) angegeben. Bezüglich der von den letzteren Autoren zusammengestellten Tabellen dieser Gruppen s. die Arbeiten d. Inst. f. Kristallographie **11** (1955) 33. (Die englische Übersetzung findet man im Buch von A. V. Shubnikov, N. V. Belov, Coloured symmetry, Pergamon Press, 1964.) Die vollständigsten Tabellen der magnetischen Raumgruppen und ihre Eigenschaften sind im Buch von W. A. Kopzik, Schubnikowsche Gruppen, Verlag der Moskauer Staatl. Univers., 1966, angegeben.

lation enthalten (diese Transformationen ändern offensichtlich das Vorzeichen von $\boldsymbol{M}$) keinen Ferromagnetismus zulassen. Anders ausgedrückt, für die Existenz von Ferromagnetismus ist in jedem Falle notwendig, daß die magnetische Elementarzelle mit der kristallographischen zusammenfällt.[1])

Von den Klassen des Typs I (die mit den gewöhnlichen Kristallklassen zusammenfallen) wird die Existenz eines axialen Vektors $\boldsymbol{M}$ von den Klassen

$\mathbf{C}_1$, $\mathbf{C}_i$ — $\boldsymbol{M}$ in beliebiger Richtung
$\mathbf{C}_s$ — $\boldsymbol{M}$ in der Symmetrieebene
$\mathbf{C}_2$, $\mathbf{C}_{2h}$, $\mathbf{C}_4$, $\mathbf{S}_4$, $\mathbf{C}_{4h}$, $\mathbf{C}_3$, $\mathbf{C}_6$, $\mathbf{S}_6$, $\mathbf{C}_{3h}$, $\mathbf{C}_{6h}$ — $\boldsymbol{M}$ längs einer Symmetrieachse

zugelassen.

Für die Existenz von Ferromagnetismus in den Klassen vom Typ III ist in jedem Falle notwendig, daß sie kein Element IR enthalten, das das Vorzeichen des Vektors $\boldsymbol{M}$ bei dessen beliebiger Richtung ändert. Von diesen Klassen lassen die folgenden Ferromagnetismus zu:

$\mathbf{C}_2(\mathbf{C}_1)$, $\mathbf{C}_{2h}(\mathbf{C}_i)$ — $\boldsymbol{M}$ normal zur Achse C_2R,
$\mathbf{C}_s(\mathbf{C}_1)$ — $\boldsymbol{M}$ in der Ebene σR,
$\mathbf{C}_{2v}(\mathbf{C}_s)$ — $\boldsymbol{M}$ in der Ebene $\sigma_v R$ normal zur Achse C_2R,
$\mathbf{D}_2(\mathbf{C}_2)$, $\mathbf{C}_{2v}(\mathbf{C}_2)$, $\mathbf{D}_{2h}(\mathbf{C}_{2h})$ — $\boldsymbol{M}$ längs der Achse C_2,
$\mathbf{D}_4(\mathbf{C}_4)$, $\mathbf{C}_{4v}(\mathbf{C}_4)$, $\mathbf{D}_{2d}(\mathbf{S}_4)$, $\mathbf{D}_{4h}(\mathbf{C}_{4h})$, $\mathbf{D}_3(\mathbf{C}_3)$, $\mathbf{C}_{3v}(\mathbf{C}_3)$, $\mathbf{D}_{3d}(\mathbf{S}_6)$, $\mathbf{D}_{3h}(\mathbf{C}_{3h})$, $\mathbf{D}_6(\mathbf{C}_6)$, $\mathbf{C}_{6v}(\mathbf{C}_6)$, $\mathbf{D}_{6h}(\mathbf{C}_{6h})$ — $\boldsymbol{M}$ längs der Achse C_4, C_3 oder C_6.

§ 39. Ferromagnetika in der Nähe des Curie-Punktes

Zwischen den magnetischen Eigenschaften von Ferromagnetika und den elektrischen Eigenschaften von Ferroelektrika besteht eine weitgehende Analogie. Beide zeigen in markoskopischen Gebieten eine spontane Polarisation, entweder eine magnetische oder eineelektrische. In beiden Fällen verschwindet diese Polarisation bei einer Temperaturänderung durch einen Phasenübergang zweiter Art (der Übergangspunkt zwischen der ferromagnetischen und der paramagnetischen Phase wird als Curie-*Punkt* bezeichnet).

Gleichzeitig bestehen zwischen ferromagnetischen und ferroelektrischen Eigenschaften jedoch auch wesentliche Unterschiede, die vom unterschiedlichen Charakter der mikroskopischen Wechselwirkungskräfte herrühren, die zur spontanen Polarisation führen. Bei einem Ferroelektrikum ist die Wechselwirkung der Moleküle im Kristallgitter wesentlich anisotrop, so daß der Vektor der spontanen Polarisation ziemlich eng mit bestimmten Kristallrichtungen verknüpft ist.

Die Entstehung der magnetischen Struktur dagegen, insbesondere auch der ferromagnetischen, hängt mit den Austauschkräften der Atome zusammen, die völlig unabhängig von der Richtung des gesamten magnetischen Momentes relativ zum Gitter sind.[2]) Es ist zwar richtig, daß neben der Austauschwechselwirkung auch eine un-

[1]) Wir erinnern erneut daran (vgl. Anmerkung 2 auf S. 168), daß es sich hier um die Symmetrie des Gitters handelt, das schon durch die Existenz der magnetischen Phase selbst verzerrt ist.

[2]) Die Austauschwechselwirkung ist bekanntlich ein typischer Quanteneffekt, der von der Symmetrie der Wellenfunktionen eines Teilchensystems in bezug auf die Vertauschung von Teilchen herrührt. Die Vertauschungssymmetrie der Wellenfunktion und mit ihr die Austauschwechselwirkung hängt nur vom Gesamtspin des Systems ab, nicht von der Richtung des Spins (s. III, § 60). Auf die Rolle der Austauschwechselwirkung in Ferromagnetika machten zuerst J. I. Frenkel, J. G. Dorfman und W. Heisenberg (1928) aufmerksam.

mittelbare magnetische Wechselwirkung zwischen den atomaren magnetischen Momenten besteht. Diese Wechselwirkung stellt jedoch einen Effekt von der Ordnung $\sim v^2/c^2$ (v sind die atomaren Geschwindigkeiten) dar, da das magnetische Moment der Atome selbst einen Faktor $1/c$ enthält. Zu dieser Art zählt auch die Wechselwirkung der magnetischen Momente der Atome mit dem elektrischen Feld des Kristallgitters. Alle diese Wechselwirkungen, die wir wegen des Faktors $1/c^2$ als *relativistisch* bezeichnen können, sind gegenüber der Austauschwechselwirkung schwach und können nur zu einer relativ schwachen Abhängigkeit der Kristallenergie von der Magnetisierungsrichtung führen. Ein derartiges Verhältnis zwischen den Austausch- und den relativistischen Effekten wird im weiteren in diesem Kapitel vorausgesetzt.[1])

Die Magnetisierung eines Ferromagnetikums ist daher eine Größe, die schon in der ersten Näherung, d. h. bezüglich der hauptsächlich wirkenden (Austausch-) Wechselwirkung, entsteht. Dadurch erhält die weiter unten dargelegte thermodynamische Theorie einen tieferen physikalischen Sinn, in der die Magnetisierung $\boldsymbol{M}$ als unabhängige Veränderliche betrachtet wird, deren Wert als Funktion der Temperatur, des Feldes usw. durch die entsprechenden Bedingungen des thermodynamischen Gleichgewichtes bestimmt wird.[2])

Wir bezeichnen mit $\Phi(\boldsymbol{M}, \boldsymbol{H})$ das thermodynamische Potential pro Volumen der Substanz, betrachtet als Funktion der unabhängigen Veränderlichen $\boldsymbol{M}$ (neben anderen thermodynamischen Variablen). Vorläufig vernachlässigen wir die relativistischen Wechselwirkungen, d. h. behalten nur die Austauscheffekte bei. $\Phi(\boldsymbol{M}, 0)$ kann als nur vom Betrag, nicht von der Richtung von $\boldsymbol{M}$ abhängende Funktion angesehen werden.

Um die thermodynamischen Größen bei nichtverschwindendem $\boldsymbol{H}$ zu finden, verfahren wir genauso wie bei der Ableitung von (19,3): Wir gehen von der Beziehung $\partial\tilde{\Phi}/\partial\boldsymbol{H} = -\boldsymbol{B}/4\pi$ aus und finden

$$\tilde{\Phi}(\boldsymbol{M}, \boldsymbol{H}) = \Phi(\boldsymbol{M}, 0) - \boldsymbol{M}\boldsymbol{H} - \frac{H^2}{8\pi}. \qquad (39,1)$$

---

1) Größenordnungsmäßig wird das Verhältnis der relativistischen Wechselwirkungen zur Austauschwechselwirkung durch

$$\frac{U_{\mathrm{an}}}{NT_c}$$

charakterisiert, wo U_{an} die sogenannte Energie der magnetischen Anisotropie pro Volumen der Substanz ist (s. den folgenden Paragraphen); N ist die Teilchendichte der Atome, T_c die Temperatur des CURIE-Punktes. Für Ferromagnetika beträgt dieses Verhältnis gewöhnlich 10^{-2} bis 10^{-5}. Für eine Reihe von Ferromagnetika (Seltenerdmetalle und ihre Verbindungen) dagegen kann dieses Verhältnis wesentlich größer sein und sogar die Größenordnung von Eins erreichen sowohl durch die „anomal" große Anisotropieenergie als auch durch die relative Kleinheit der Austauschwechselwirkungen. Die Möglichkeiten einer makroskopischen Theorie bei der Anwendung auf diese Magnetika sind natürlich begrenzter. Eine detaillierte Diskussion der mikroskopischen Mechanismen für die verschiedenen Wechselwirkungen in den konkreten Magnetika übersteigt den Rahmen dieses Buches.

2) Hinsichtlich ihrer makroskopischen magnetischen Symmetrie und ihres Verhaltens in nicht zu starken Magnetfeldern sind die kollinearen Ferrimagnetika von den Ferromagnetika im engeren Sinne dieses Wortes nicht zu unterscheiden (s. Ende von § 37). Die unten dargelegte Theorie bezieht sich auf beide Kategorien dieser Magnetika.

Für das Potential Φ erhalten wir hieraus

$$\Phi = \tilde{\Phi} + \frac{\boldsymbol{HB}}{4\pi} = \Phi(M,0) + \frac{H^2}{8\pi} = \Phi(M, 0) + \frac{1}{8\pi}(\boldsymbol{B} - 4\pi\boldsymbol{M})^2 . \tag{39,2}$$

Bei Vernachlässigung der magnetischen Anisotropie eines Ferromagnetikums fallen die Richtungen der Vektoren $\boldsymbol{M}$ und $\boldsymbol{H}$ natürlich zusammen; in den Formeln (39,1) und (39,2) kann man daher statt der Vektoren ihre Beträge setzen.

In der Nähe des CURIE-Punktes ist die Magnetisierung $\boldsymbol{M}$ klein. Wir betrachten die Eigenschaften eines Ferromagnetikums in diesem Gebiet im Rahmen der LANDAUschen allgemeinen Theorie der Phasenübergänge zweiter Art.[1]) Wir folgen dieser Theorie und entwickeln $\Phi(M, 0)$ in eine Reihe nach Potenzen des Vektors $\boldsymbol{M}$, der als kleiren Parameter auftritt. Die Entwicklung einer isotropen Funktion nach den Potenzen einer vektoriellen Größe kann nur Terme gerader Potenz enthalten:

$$\tilde{\Phi} = \Phi_0 + AM^2 + BM^4 - MH - \frac{H^2}{8\pi}, \tag{39,3}$$

wo Φ_0, A, B nur von Temperatur und Druck abhängen.[2])

Der CURIE -Punkt $T = T_c(P)$ wird durch das Verschwinden des Koeffizienten A bestimmt, wo $A > 0$ für $T > T_c$ und $A < 0$ für $T < T_c$ gelten. (Eine derartige Temperaturabhängigkeit tritt in allen bekannten Ferromagneten auf, obgleich sie thermodynamisch nicht notwendig ist.) In der Nähe des CURIE-Punktes haben wir

$$A = a(T - T_c) , \tag{39,4}$$

wo $a > 0$ eine temperaturunabhängige Konstante ist. Die Ausdrücke (39,3 und 4) unterscheiden sich von (19,3) nur durch den Sinn der Größen: M anstatt P_z und H anstatt E_z. Daher führen wir die aus (39,3 und 4) folgenden Ableitungen an, ohne alle in § 19 dargelegten Überlegungen zu wiederholen.

Die spontane Magnetisierung in der ferromagnetischen Phase hängt von der Temperatur nach dem Gesetz

$$M = \sqrt{\frac{a}{2B}(T_c - T)} \tag{39,5}$$

ab. Oberhalb des CURIE-Punktes liegt keine spontane Magnetisierung vor, und die magnetische Suszeptibilität ist gleich

$$\chi = \frac{1}{2a(T - T_c)}, \tag{39,6}$$

d. h., es tritt Paramagnetismus auf mit einer zu $T - T_c$ reziprok proportionalen Suszeptibilität (CURIE-WEISSsches Gesetz). Unterhalb des CURIE-Punktes haben wir

$$\chi = \left(\frac{\partial M}{\partial H}\right)_{H\to 0} = \frac{1}{4a(T_c - T)}. \tag{39,7}$$

---

[1]) Die Eigenschaften der Ferromagnetika im Fluktuationsgebiet in der Nähe des CURIE-Punktes werden in § 47 behandelt.

[2]) Die Tatsache, daß die Entwicklung nur Terme gerader Potenz der Komponenten des Vektors $\boldsymbol{M}$ aufweist, hat auch eine andere tiefere Ursache, die nicht mit der Austauschnäherung zusammenhängt: Die Größe $\boldsymbol{M}$ ist ungerade bezüglich Zeitumkehr, währenddessen das thermodynamische Potential natürlich invariant bezüglich dieser Transformation sein muß.

Es ist jedoch zu beachten, daß diese Größe hier nicht die Suszeptibilität im gewöhnlichen Sinn (d. h. den Proportionalitätskoeffizienten zwischen M und H) darstellt, weil $M \neq 0$ auch für $H = 0$ gilt.

Tatsächlich kann die Suszeptibilität (39,7) einen Wert von der Größenordnung Eins nur in der unmittelbaren Nachbarschaft des CURIE-Punktes erreichen. Wenn wir von diesem Gebiet absehen, ändert sich die Magnetisierung M nur sehr schwach mit dem Magnetfeld und kann bei gegebener Temperatur als konstante Größe betrachtet werden, was auch in den folgenden Paragraphen angenommen wird.

Auch in dieser Beziehung besteht ein Unterschied zwischen Ferromagnetika und Ferroelektrika, da bei letzteren $\partial P/\partial E$ im allgemeinen sogar weit vom CURIE-Punkt entfernt nicht klein ist. Die Ursache liegt wieder in der Kleinheit der atomaren magnetischen Momente im Vergleich zu den elektrischen Dipolmomenten der Moleküle.

In § 19 wurde bemerkt, daß das Anlegen eines elektrischen Feldes den diskreten Punkt des Phasenüberganges zweiter Art in Ferroelektrika verschmiert. Dasselbe gilt natürlich auch für Ferromagnetika im Magnetfeld. Da in der Austauschnäherung die Richtungen von $\boldsymbol{M}$ und $\boldsymbol{H}$ übereinstimmen, so liegt bei einer beliebigen kristallographischen Richtung von $\boldsymbol{H}$ eine Verschmierung des Phasenüberganges vor.

§ 40. Energie bei magnetischer Anisotropie

Wie bereits erwähnt, hängen die anisotropen magnetischen Eigenschaften der Ferromagnetika mit relativ schwachen relativistischen Wechselwirkungen ihrer Atome zusammen. In der makroskopischen Theorie wird diese Anisotropie dadurch beschrieben, daß in das thermodynamische Potential als zusätzliches Glied die *Energie der magnetischen Anisotropie* eingeführt wird, die von der Magnetisierungsrichtung abhängt.

Gehen wir von der mikroskopischen Theorie aus, so würde eine Berechnung der Anisotropieenergie die Anwendung der quantenmechanischen Störungstheorie erfordern, in der als Störenergie die relativistischen Wechselwirkungsterme des HAMILTON-Operators des Kristalls auftreten. Die allgemeine Form der gesuchten Ausdrücke kann auch ohne solche Rechnungen abgeleitet werden, indem man sich auf einfache Symmetrieüberlegungen stützt.

Der HAMILTON-Operator der relativistischen Wechselwirkungen enthält Terme erster und zweiter Potenz im Vektoroperator des Elektronenspins (Spin-Bahn und Spin-Spin-Wechselwirkung). Die Kleinheit dieser Terme wird durch das Verhältnis v^2/c^2 bestimmt, wo v von der Größenordnung der Geschwindigkeit der atomaren Elektronen und c die Lichtgeschwindigkeit ist. Die störungstheoretische Reihe für die Anisotropieenergie stellt eine Entwicklung nach dieser kleinen Größe dar. Aufgrund der angeführten Abhängigkeit des Störoperators von den Spinoperatoren erhält man die Anisotropieenergie automatisch als Entwicklung der Richtungskosinus des Magnetisierungsvektors, d. h. der Komponenten des Einheitsvektors $\boldsymbol{m}$ in der Richtung von $\boldsymbol{M}$. Andererseits ist die Anisotropieenergie U_{an} wie auch das Potential Φ (vgl. die Anmerkung 2 auf S. 172) selbst invariant gegenüber Zeitumkehr, während die Magnetisierung $\boldsymbol{M}$ bei dieser Transformation das Vorzeichen ändert. Es folgt daher, daß die Anisotropieenergie eine gerade Funktion der Komponenten von $\boldsymbol{m}$ ist.

In ein- und zweiachsigen Kristallen beginnt die Entwicklung der Anisotropieenergie mit Termen zweiter Ordnung in den Komponenten von $\boldsymbol{m}$. Wir stellen diese Terme in der Gestalt

$$U_{\text{an}} = K_{ik} m_i m_k \,, \tag{40,1}$$

dar, wo K_{ik} ein symmetrischer Tensor zweiter Stufe ist, dessen Komponenten (wie auch U_{an} selbst) die Dimension der Energiedichte haben.

In ein- und zweiachsigen Kristallen besitzt ein solcher Tensor zwei bzw. drei unabhängige Komponenten. In unserem Fall ist jedoch noch zu beachten, daß eine quadratische Kombination, nämlich $m_x^2 + m_y^2 + m_z^2 = 1$, von der Richtung des Vektors $\boldsymbol{m}$ unabhängig ist und daher aus der Anisotropieenergie eliminiert werden kann. Der Ausdruck (40,1) enthält folglich für ein- und zweiachsige Kristalle nur einen bzw. zwei unabhängige Koeffizienten.

Für einachsige Kristalle kann daher die Anisotropieenergie als

$$U_{\text{an}} = K(m_x^2 + m_y^2) = K \sin^2 \theta \tag{40,2}$$

oder in äquivalenter Gestalt[1]) als

$$U_{\text{an}} = -K m_z^2 = -K \cos^2 \theta$$

geschrieben werden, wo θ den Winkel zwischen $\boldsymbol{m}$ und der z-Achse als Hauptsymmetrieachse des Kristalls bezeichnet. Ist der Koeffizient (temperaturabhängig) $K > 0$, so ist die Anisotropieenergie bei einer Magnetisierung in Richtung der z-Achse minimal; es ist dies die *Richtung der leichten Magnetisierbarkeit*, und ein solches Ferromagnetikum rechnet man zum Typ der „*leichten Achse*". Gilt dagegen $K < 0$, so liegt die Richtung der leichten Magnetisierung in der x,y-Ebene (Basisebene des Kristalls); ein solches Ferromagnetikum rechnet man zum Typ der „*leichten Ebene*".[2]) Der Ausdruck (40,2) ist in der x,y-Ebene isotrop. Diese Isotropie wird aber durch die Glieder höherer Ordnung in der Entwicklung von U_{an} verletzt, und sie bestimmen (bei $K < 0$) die Richtung der leichten Magnetisierung in der x,y-Ebene. Die Form dieser Terme hängt vom konkreten Kristallsystem, zu dem der Kristall gehört, ab.

Für tetragonale Kristalle enthalten die Terme vierter Ordnung die zwei unabhängigen Invarianten $(m_x^2 + m_y^2)^2$ und $m_x^2 \cdot m_y^2$ (die x- und die y-Achse wurden längs der beiden Achsen zweiter Ordnung in der Basisebene ausgewählt). Zur Anisotropie in der Basisebene führt der zweite Term.

Für einen hexagonalen Kristall enthält die Anisotropieenergie in der vierten Ordnung nur ein Glied, das proportional zu $(m_x^2 + m_y^2)^2$ ist. In dieser Näherung schreiben wir für die Anisotropieenergie

$$U_{\text{an}} = K_1 \sin^2 \theta + K_2 \sin^4 \theta \tag{40,3}$$

(der Koeffizient K aus (40,2) wurde hier mit K_1 bezeichnet). Die Anisotropie in der Basisebene tritt aber erst in den Gliedern sechster Ordnung auf; die anisotrope In-

[1]) Diese beiden Ausdrücke unterscheiden sich um die richtungsunabhängige Größe K. Der Übergang von einem Ausdruck zum anderen beinhaltet die Berücksichtigung dieser Größe im isotropen Anteil von Φ, insbesondere ändert sich der Koeffizient A in der Entwicklung (39,3).

[2]) Hexagonales Kobalt ist ein Beispiel für ein einachsiges Ferromagnetikum. Bei Kobalt ändert K bei einer Temperatur von ≈ 530 K das Vorzeichen, wobei $K > 0$ und $K < 0$ oberhalb bzw. unterhalb dieser Temperatur gilt. Der auf 0 K extrapolierte Wert von K beträgt $\approx 0{,}8 \cdot 10^6$ J/m³ und der Wert von $NT_c \approx 2 \cdot 10^9$ J/m³.

variante dieser Ordnung ist

$$\tfrac{1}{2}[(m_x + im_y)^6 + (m_x - im_y)^6] = \sin^4 \theta \cos 6\varphi \tag{40,4}$$

(die x-Achse wurde längs einer der Achsen zweiter Ordnung in der Basisebene ausgewählt; von ihr aus wird auch der azimutale Winkel φ gezählt).

Schließlich läßt die rhomboedrische Symmetrie zwei Terme vierter Ordnung mit den Invarianten

$$(m_x^2 + m_y^2)^2 = \sin^4 \theta\,, \tag{40,5}$$

$$\tfrac{1}{2} m_z[(m_x + im_y)^3 + (m_x - im_y)^3] = \cos \theta \sin^3 \theta \cos 3\varphi \tag{40,6}$$

zu (die y-Achse ist längs einer der Achsen zweiter Ordnung gerichtet, der Winkel φ wird von der x-Achse aus gezählt). Das Vorhandensein eines Faktors m_z in der zweiten Invarianten führt zu einer Auslenkung der Richtung der leichten Magnetisierung aus der Basisebene um einen kleinen Winkel. Wegen der Kleinheit von m_z würde die Bestimmung der Richtung der leichten Magnetisierung gleichzeitig die Berücksichtigung sowohl der Terme vierter als auch sechster Ordnung (dazu zählt auch die Invariante (40,4)) erforderlich machen.

Wir gehen nun zu ferromagnetischen Kristallen des kubischen Systems über. Ihre Eigenschaften unterscheiden sich wesentlich von den Eigenschaften ein- und zweiachsiger Kristalle. Der Grund ist, daß die einzige mögliche Kombination zweiter Ordnung aus den Komponenten des Vektors $\boldsymbol{m}$, die gegenüber den kubischen Symmetrietransformationen invariant bleibt, das Quadrat $m^2 = 1$ ist. Das erste nichtverschwindende Glied in der Entwicklung der Anisotropieenergie bei kubischen Kristallen ist daher nicht von zweiter, sondern von vierter Ordnung. Aus diesem Grund sind im allgemeinen die magnetischen Anisotropieeffekte in kubischen Kristallen kleiner als in ein- und zweiachsigen Kristallen.

Die kubische Symmetrie läßt nur eine unabhängige Invariante vierter Ordnung zu, die von der Richtung von $\boldsymbol{m}$ abhängt. Die Anisotropieenergie eines kubischen Ferromagnetikums kann in der Form

$$U_{\text{an}} = K(m_x^2 m_y^2 + m_x^2 m_z^2 + m_y^2 m_z^2) \tag{40,7}$$

oder

$$U_{\text{an}} = -\tfrac{1}{2} K(m_x^4 + m_y^4 + m_z^4)$$

geschrieben werden; die Äquivalenz beider Ausdrücke ist evident, da ihre Differenz die richtungsunabhängige Größe $K/2$ ist.

Für $K > 0$ (z. B. bei Eisen) besitzt die Anisotropieenergie gleiche Minimalwerte für drei Lagen des Vektors $\boldsymbol{m}$, nämlich parallel zu den Würfelkanten (die x-, y- und z-Achse oder die kristallographischen Richtungen [100], [010], [001]). In diesem Fall besitzt der Kristall also drei äquivalente Achsen der leichten Magnetisierbarkeit.

Gilt hingegen $K < 0$ (z. B. bei Nickel), so wird die Anisotropieenergie bei $m_x^2 = m_y^2 = m_z^2 = \frac{1}{3}$ minimal, d. h., wenn der Vektor $\boldsymbol{m}$ in die Richtung einer der vier räumlichen Würfeldiagonalen (die kristallographischen Richtungen [111], [$\bar{1}$11] usw.) zeigt. Sie sind in diesem Fall die Richtungen der leichten Magnetisierbarkeit.[1])

---

[1]) Als Beispiel führen wir an, daß für Eisen und Nickel der Wert von $K/3$ (die Differenz von U_{an} für die Richtungen der leichten und der schweren Magnetisierbarkeit) extrapoliert auf 0 K ungefähr $2 \cdot 10^4$ J/m³ beträgt.

Die auf (40,7) folgende Näherung für die Anisotropieenergie eines kubischen Kristalls entspricht Termen sechster Ordnung. Bei der Zählung der unabhängigen Invarianten ist die richtungsunabhängige Größe $(\boldsymbol{m}^2)^3$ auszuschließen, desgleichen Ausdrücke, die sich von einer Invarianten von (40,7) nur durch den Faktor $\boldsymbol{m}^2$ unterscheiden. Insgesamt bleibt nur eine Invariante übrig, als die man $m_x^2 m_y^2 m_z^2$ wählen kann. Dann gilt

$$U_{\text{an}} = K_1(m_x^2 m_y^2 + m_x^2 m_z^2 + m_y^2 m_z^2) + K_2 m_x^2 m_y^2 m_z^2 . \tag{40,8}$$

Es ist zu bemerken, daß ein ferromagnetischer kubischer Kristall, der längs einer seiner leichten Achsen spontan magnetisiert ist, genau genommen seine kubische Symmetrie verliert (dabei tritt auch eine entsprechende Verschiebung der Atome auf, d. h. eine Verzerrung des Kristallgitters). Ein Kristall, der in Richtung einer Würfelkante magnetisiert ist, wird schwach tetragonal und bei Magnetisierung in Richtung einer Raumdiagonalen rhomboedrisch. In dieser Beziehung unterscheiden sich kubische Kristalle von einachsigen Kristallen mit der Richtung der leichten Magnetisierbarkeit längs der Hauptsymmetrieachse; es ist klar, daß die Magnetisierung in dieser Richtung die Kristallsymmetrie nicht ändert.

Wir betonen nochmals, daß die in diesem Paragraphen behandelte Entwicklung der Anisotropieenergie eines Ferromagnetikums nach Komponenten des Einheitsvektors $\boldsymbol{m}$ keine Entwicklung nach der Magnetisierung $\boldsymbol{M}$ selbst darstellt (die weit vom Curie-Punkt entfernt keineswegs klein ist). Die Konvergenz der Reihe hängt nur mit der Schwäche der relativistischen Wechselwirkungen zusammen. Aber in der Nähe des Curie-Punktes, wo die Größe $\boldsymbol{M}$ klein ist, wird sie eine Entwicklung nach $\boldsymbol{M}$. Im Rahmen der Landau-Theorie folgte daraus, daß in einem einachsigen Kristall die Größe K/M^2 (mit K aus (40,2)) für $T \to T_c$ gegen einen von Null verschiedenen Wert streben muß. Zur Bestätigung dieser Behauptung betrachteten wir z. B. den Übergang von der paramagnetischen Phase in die ferromagnetische vom Typ der leichten Achse. Entsprechend (39,3) und (40,2) haben die quadratischen Glieder der Entwicklung des thermodynamischen Potentials nach Potenzen der Komponenten $\boldsymbol{M}$ die Form

$$AM_z^2 + (A + K/M^2)\,(M_x^2 + M_y^2)\,.$$

Der Übergangspunkt wird durch das Verschwinden des Koeffizienten von M_z^2 bestimmt; der Koeffizient von $M_x^2 + M_y^2$ bleibt dabei endlich.

Auf analoge Weise muß in kubischen Ferromagnetika mit K aus (40,7) das Verhältnis K/M^3 gegen einen endlichen Wert streben.

Im Fluktuationsgebiet wird jedoch das besprochene Verhalten der Anisotropiekoeffizienten im allgemeinen verletzt.

§ 41. Magnetisierungskurve eines Ferromagnetikums

Wir betrachten nun den Zusammenhang zwischen der Magnetisierung eines einachsigen Ferromagnetikums und dem Magnetfeld in ihm. Wir wollen annehmen, das Ferromagnetikum gehöre zum Typ „leichte Achse". Zweckmäßigerweise schreiben wir die Anisotropieenergie in der Gestalt

$$U_{\text{an}} = \frac{\beta M^2}{2} \sin^2 \theta \tag{41,1}$$

auf; dabei wurde der dimensionslose Koeffizient $\beta > 0$ (gemäß $K = \beta M^2/2$) eingeführt. [1])

Wir erinnern daran, daß wir den Betrag von $\boldsymbol{M}$ als von $\boldsymbol{H}$ unabhängig annehmen, so daß es sich hier nur um Drehungen dieses Vektors handelt.[2]) Aus Symmetrieüberlegungen ist klar, daß $\boldsymbol{M}$ in einer durch die z-Achse und $\boldsymbol{H}$ verlaufenden Ebene liegen wird (wenn Terme höherer Ordnung in U_{an} nicht berücksichtigt werden, die in der x,y-Ebene anisotrop sind); diese Ebene wählen wir als x,z-Ebene. Das thermodynamische Potential ist bei Berücksichtigung der Energie der Anisotropie[3])

$$\tilde{\Phi} = \Phi_0(M) + \frac{\beta}{2} M_x^2 - \boldsymbol{HM} - \frac{H^2}{8\pi}$$

$$= \Phi_0(M) + \frac{\beta M^2}{2} \sin^2\theta - M(H_x \sin\theta + H_z \cos\theta) - \frac{H^2}{8\pi}. \tag{41,2}$$

Die Abhängigkeit des $\boldsymbol{M}$ von $\boldsymbol{H}$ wird durch die Gleichgewichtsbedingung $\partial\tilde{\Phi}/\partial\theta = 0$ bestimmt, aus der

$$\beta M \sin\theta \cos\theta = H_x \cos\theta - H_z \sin\theta \tag{41,3}$$

folgt. Hinsichtlich der Unbekannten $\xi = \sin\theta$ ist dies die algebraische Gleichung vierten Grades

$$(\beta M\xi - H_x)^2 (1 - \xi^2) = H_z^2\xi^2,$$

wo bei ungeraden Potenzen von ξ von Null verschiedene Koeffizienten auftreten. Diese Gleichung hat entweder zwei oder vier reelle Wurzeln (alle < 1). Da alle diese Wurzeln Extrema von $\tilde{\Phi}(\Theta)$ entsprechen, ist klar, daß im ersten Fall diese Funktion je ein Minimum und Maximum besitzt, im zweiten zwei Minima und zwei Maxima. Anders gesagt, entspricht einem gegebenen Wert des Feldes $\boldsymbol{H}$ im ersten Fall eine Magnetisierungsrichtung, während im zweiten Fall zwei verschiedene Richtungen $\boldsymbol{M}$ möglich sind. Von ihnen ist eine (die zum kleineren Minimum von $\tilde{\Phi}$ gehörende) thermodynamisch völlig stabil, die andere (dem größeren der beiden Minima entprechende) metastabil.

Je nach den beiden Werten von H_x und H_z tritt einer dieser beiden Fälle auf. Ändern sich diese Parameter auf stetige Weise, so geht der eine Fall in den anderen in dem Augenblick über, wenn ein Maximum mit einem Minimum zusammenfällt. Die Funktion $\tilde{\Phi}(\theta)$ hat dabei einen Wendepunkt statt eines Extremums, d. h., mit $\partial\tilde{\Phi}/\partial\theta$ verschwindet auch die zweite Ableitung $\partial^2\tilde{\Phi}/\partial\theta^2$. Schreiben wir die Gleichung (41,3)

[1]) In den weiter unten durchgeführten Untersuchungen benutzen wir für die Energie der Anisotropie den Ausdruck (41,1). Dazu ist jedoch zu bemerken, daß die Entwicklung, deren erstes Glied dieser Ausdruck darstellt, unter realen Bedingungen gewöhnlich ziemlich schlecht konvergiert. Zu einer befriedigenden quantitativen Beschreibung der Erscheinungen ist daher noch ein Term der folgenden Ordnung (der vierten) hinzuzufügen.

[2]) Außer dem hier behandelten Prozeß der Drehung des Vektors $\boldsymbol{M}$ ist in Ferriten in sehr hohen Magnetfeldern auch ein anderer Prozeß möglich: Die antiparallelen Momente klappen um und werden parallel. Dieser Prozeß findet aber erst bei „Austauschfeldern" $H \approx T_c/\mu$ statt, so sind für den Ferrit $FeO \cdot Fe_2O_3$ ($T_c \approx 580$ K, $\mu \approx \mu_B$) diese Felder $H \approx 10^9$ A/m.

[3]) Wenn wir das thermodynamische Potential $\tilde{\Phi}$ derart wählen, daß es U_{an} enthält, so setzen wir selbstverständlich voraus, daß die Anisotropiekonstanten bei gegebenen elastischen Spannungen bestimmt werden.

in der Gestalt

$$\frac{H_x}{\sin\theta} - \frac{H_z}{\cos\theta} = \beta M$$

und differenzieren wir sie nochmals nach θ, so erhalten wir

$$\frac{H_x}{\sin^3\theta} = -\frac{H_z}{\cos^3\theta}.$$

Eliminieren wir θ aus diesen zwei Gleichungen, so erhalten wir

$$H_x^{2/3} + H_z^{2/3} = (\beta M)^{2/3}. \tag{41,4}$$

Im H_x, H_z-Diagramm stellt Gleichung (41,4) die in Abb. 21 gezeigte geschlossene Kurve (Astroide) dar; sie teilt die H_x, H_z-Ebene in zwei Teile, wobei in einem metastabile Zustände auftreten können, im andern nicht. Ohne weitere Untersuchungen ist es bereits klar, daß im Gebiet außerhalb der Kurve keine metastabilen Zustände auftreten können. Dies ergibt sich daraus, daß für $H \to \infty$ nur eine Richtung $\boldsymbol{M}$ stabil sein kann, die des Feldes $\boldsymbol{H}$ nämlich.

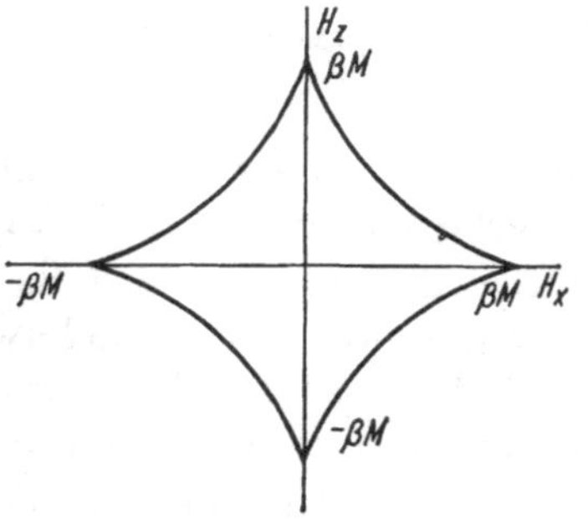

Abb. 21

Die Existenz metastabiler Zustände führt dazu, daß sog. *Hystereseerscheinungen* auftreten können, d. h., beim Durchlaufen dieser Zustände finden irreversible Magnetisierungsänderungen des ferromagnetischen Körpers bei Änderung des äußeren Magnetfeldes statt. Die in Abb. 21 dargestellte Kurve ist dann die „absolute Grenze“ für das Auftreten von Hystereseerscheinungen: Für Feldwerte außerhalb dieser Kurve sind sie nicht möglich.[1])

Besondere Betrachtung erfordern Zustände, in denen die Feldstärke $\boldsymbol{H}$ senkrecht zur Achse der leichten Magnetisierbarkeit ist ($H_x = H, H_z = 0$). Das thermodynamische Potential lautet hierbei

$$\tilde{\Phi} = \Phi_0 - \frac{H^2}{8\pi} + \frac{\beta M^2}{2}\sin^2\theta - HM\sin\theta. \tag{41,5}$$

---

[1]) In allen Ausführungen dieses Kapitels beschränken wir die Betrachtung auf thermodynamische Gleichgewichtszustände eines Ferromagnetikums und der entsprechenden reversiblen Prozesse in ihnen. Insbesondere lassen wir den Mechanismus der Hystereseerscheinungen völlig außer acht, die mit Kristallfehlern, inneren Spannungen, Polykristallinität und anderen Effekten zusammenhängen können.

Gilt $H > \beta M$, so besitzt $\tilde{\Phi}$ nur ein Minimum bei $\theta = \pi/2$, d. h., die Magnetisierung ist parallel zum Feld gerichtet. Gilt dagegen $H < \beta M$, so hat $\tilde{\Phi}$ ein Minimum bei

$$M_x = M \sin\theta = H/\beta\,, \tag{41,6}$$

dem zwei mögliche Lagen des Vektors $\boldsymbol{M}$ (unter den Winkeln θ und $\pi - \theta$) entsprechen, die zur x-Achse symmetrisch sind. In diesem Fall gibt es somit zwei Gleichgewichtszustände, die gleiche Werte $\tilde{\Phi}$ besitzen und daher in gleichem Maße stabil sind.

Dieser Umstand ist sehr wesentlich, da dann zwei sich berührende Phasen möglich sind, in denen die Feldstärke $\boldsymbol{H}$ dieselbe ist, die Magnetisierung $\boldsymbol{M}$ (und daher auch die Induktion $\boldsymbol{B}$) dagegen verschieden. Es ergibt sich dabei eine neue Möglichkeit für die Verringerung des gesamten thermodynamischen Potentials des Körpers: Sein Volumen kann in eine Reihe Gebiete aufgeteilt werden, in denen die Magnetisierung jeweils eine ihrer beiden möglichen Richtungen besitzt. Diese Gebiete werden als *Bereiche spontaner Magnetisierung* (*Domänen*) bezeichnet. Die tatsächliche Bestimmung der Gleichgewichtsstrukturen eines Ferromagnetikums erfordert eine Betrachtung des Körpers als Ganzes, unter Berücksichtigung seiner Form und Größe. Wir kommen auf diese Frage in § 44 zurück.

Wir betrachten nun einen Teil des Körpers, der im Vergleich zu seinem Gesamtvolumen klein ist, groß dagegen in bezug auf die Durchmesser der Domänen. Die Feldstärke H_x kann in diesem ganzen Bereich als konstant angenommen werden. Mit $\bar{\boldsymbol{M}}$ und $\bar{\boldsymbol{B}}$ bezeichnen wir die Mittelwerte von $\boldsymbol{M}$ und $\boldsymbol{B}$ über sein Volumen. Mit H_x ist auch die transversale Komponente $M_x = H_x/\beta$ der Magnetisierung konstant. Die longitudinale Komponente M_z unterscheidet sich jedoch in den verschiedenen Domänen durch das Vorzeichen, so daß ihr Mittelwert in keinem Fall $|M_z|$ übersteigt. Berücksichtigen wir ferner, daß stets $H_z = 0$ gilt, so haben wir für die mittlere Induktion

$$\bar{B}_x = H_x\left(1 + \frac{4\pi}{\beta}\right), \qquad \bar{B}_z < 4\pi\sqrt{M^2 - \frac{H_x^2}{\beta^2}}\,. \tag{41,7}$$

Diese Formeln liefern den Wertebereich der mittleren Induktion für die Domänenstruktur eines einachsigen ferromagnetischen Körpers.

Die Untersuchung der Abhängigkeit von $\boldsymbol{M}$ von $\boldsymbol{H}$ für einen kubischen Kristall kann im Prinzip analog zum oben behandelten einachsigen Kristall durchgeführt werden. Allerdings kann man hier aufgrund der größeren Kompliziertheit der Gleichungen keine analytischen Formeln ableiten, und wir werden uns nicht länger bei dieser Frage aufhalten.

Aufgaben

1. Ein einachsiger ferromagnetischer Kristall besitze die Form eines Rotationsellipsoids (wobei die Achse der leichten Magnetisierbarkeit mit der Rotationsachse zusammenfällt) und befinde sich in einem äußeren Magnetfeld $\mathfrak{H}$. Man bestimme den Wertebereich von $\mathfrak{H}$, in dem der Körper eine Domänenstruktur besitzt.

Lösung. Nach allgemeinen Eigenschaften von Ellipsoiden in einem äußeren homogenen Feld (§ 8) hängen die über die Domänenstruktur gemittelten Werte der Induktion $\bar{\boldsymbol{B}}$ und Feldstärke $\bar{\boldsymbol{H}} = \boldsymbol{H}$ mit $\mathfrak{H}$ durch die Beziehungen

$$n\bar{B}_z + (1 - n)\,H_z = \mathfrak{H}_z\,, \qquad \frac{1-n}{2}\,\bar{B}_x + \frac{1+n}{2}\,H_x = \mathfrak{H}_x$$

zusammen, wo n der Entmagnetisierungsfaktor längs der Hauptachse des Ellipsoids (der z-Achse) sei. Setzen wir $H_z = 0$ und benutzen wir Formel (41,7), so erhalten wir

$$H_x = \frac{\mathfrak{H}_x}{1 + 2\pi(1 - n)/\beta}, \qquad \overline{B}_z = \frac{\mathfrak{H}_z}{n} < 4\pi \sqrt{M^2 - \frac{H_x^2}{\beta^2}}.$$

Nach Eliminierung von H_x finden wir die gesuchte Ungleichung

$$\frac{\mathfrak{H}_z^2}{(4\pi n)^2} + \frac{\mathfrak{H}_x^2}{[\beta + 2\pi(1 - n)]^2} < M^2,$$

die das Gebiet definiert, in dem eine Domänenstruktur auftritt.

2. Für einen Polykristall in einem starken Magnetfeld $H \gg 4\pi M$ sei die über die Kristallite (mit einachsiger Symmetrie) gemittelte Magnetisierung zu bestimmen.

Lösung. Innerhalb eines Kristallits seien θ und ψ die Winkel zwischen den Richtungen der leichten Magnetisierbarkeit und den Vektoren $\boldsymbol{M}$ bzw. $\boldsymbol{H}$. Von vornherein ist klar, daß in einem starken Feld die beiden Richtungen $\boldsymbol{M}$ und $\boldsymbol{H}$ benachbart sein werden, der Winkel $\vartheta = \theta - \psi$ also klein ist. Schreiben wir in (41,2) $\boldsymbol{MH} = MH \cos(\theta - \psi)$ und setzen wir die Ableitung $\partial\tilde{\Phi}/\partial\theta$ gleich Null, so erhalten wir

$$\vartheta \approx \sin\vartheta = -\frac{\beta M}{H} \sin\theta \cos\theta.$$

Die mittlere Magnetisierung hat offensichtlich die Richtung von $\boldsymbol{H}$ und beträgt

$$\overline{M} = M\,\overline{\cos\vartheta} = M\left[1 - \frac{1}{2}\overline{\vartheta^2}\right] = M\left[1 - \frac{\beta^2 M^2}{2H^2}\overline{\sin^2\theta\cos^2\theta}\right],$$

der Querstrich bedeutet Mittelung über die Kristallite. Setzen wir voraus, daß alle Achsenrichtungen der leichten Magnetisierung bei den Kristalliten gleichwahrscheinlich sind, so erhalten wir

$$\overline{M} = M\left(1 - \frac{\beta^2 M^2}{15H^2}\right).$$

Die mittlere Magnetisierung nähert sich somit nach dem Gesetz $\overline{M} - M \propto 1/H^2$ einer Sättigung.

3. Das gleiche bei kubischer Symmetrie der Kristallite.

Lösung. Die Forderung, daß der Ausdruck

$$-\frac{\beta}{2}(M_x^4 + M_y^4 + M_z^4) - (H_x M_x + H_y M_y + H_z M_z)$$

(in (40,7) wurde $K = \beta M^4/2$ gesetzt) unter der Zusatzbedingung $M_x^2 + M_y^2 + M_z^2 = \text{const}$ ein Minimum besitzt, lautet

$$2\beta M_x^3 + H_x = \lambda M_x, \qquad 2\beta M_y^3 + H_y = \lambda M_y, \qquad 2\beta M_z^3 + H_z = \lambda M_z,$$

wo λ ein Lagrange-Multiplikator ist. Für große H ergibt sich hieraus

$$M_x \approx \frac{1}{\lambda} H_x + \frac{2\beta}{\lambda^4} H_x^3 + \ldots$$

Addieren wir die Quadrate dieser Gleichungen, so finden wir $M^2 \approx H^2/\lambda^2$, d. h. $\lambda \approx H/M$. Der Winkel ϑ zwischen $\boldsymbol{M}$ und $\boldsymbol{H}$ wird durch

$$\vartheta^2 \approx \sin^2\vartheta = \frac{[\boldsymbol{MH}]^2}{M^2 H^2} = \frac{4\beta^2 M^6}{H^{10}} \sum H_x^2 H_y^2 (H_x^2 - H_y^2)^2$$

gegeben, wo die Summation über zyklisch vertauschte Indizes x, y, z auszuführen ist. Die Mittelung dieses Ausdrucks über die Orientierungen der Kristallite ist einer Mittelung über die Richtung des Vektors $\boldsymbol{H}$ äquivalent. Letztere läßt sich durch Integration über die die Richtung von $\boldsymbol{H}$ bestimmenden Winkel ausführen; als Ergebnis erhält man

$$\overline{M} = M\left(1 - \frac{\overline{\vartheta^2}}{2}\right) = M\left(1 - \frac{8\beta^2 M^6}{105 H^2}\right).$$

§ 42. Magnetostriktion eines Ferromagnetikums

Eine Änderung der Magnetisierung von Ferromagnetika führt zu ihrer Deformation (*Magnetostriktion*). Diese Erscheinung kann sowohl mit Austauscheffekten als auch mit relativistischen Wechselwirkungen im Körper zusammenhängen. Da die Austauschenergie nur vom Betrag M der Magnetisierung abhängt, so kann eine Änderung ihres Wertes nur erfolgen, wenn sich M im Magnetfeld ändert. Obgleich dieses im allgemeinen sehr klein ist, ist andererseits die Austauschenergie selbst im Vergleich zur Energie der Anisotropie groß. Effekte der Magnetostriktion, die von beiden Arten der Wechselwirkung herrühren, können daher von vergleichbarer Größenordnung sein.

Eine solche Situation besteht in einachsigen Kristallen. Merkliche Deformationen, die von der Änderung der Richtung $\boldsymbol{M}$ herrühren, treten in Feldern $H \sim \beta M$ auf; eine Änderung der Größe M wird bei Feldern $H \sim 4\pi M$ wesentlich. Diese beiden Gebiete fallen praktisch zusammen, und bei der Betrachtung der Magnetostriktion einachsiger Ferromagnetika ist es daher im allgemeinen notwendig, beide Effekte gleichzeitig zu betrachten. Wir halten uns hier nicht damit auf, die ziemlich komplizierten Formeln abzuleiten.

In kubischen Kristallen ist die Lage wegen der relativ kleinen Anisotropieenergie (Größe vierter Ordnung) anders. Eine merkliche Magnetostriktion, die mit einer Änderung der Richtung $\boldsymbol{M}$ zusammenhängt, besteht schon in ziemlich schwachen Feldern, in denen man eine Änderung von M noch vollständig vernachlässigen kann. Wir wollen diese Effekte betrachten.

Die Änderung der Energie relativistischer Wechselwirkungen in einem deformierten Körper wird durch die Einführung zusätzlicher *magnetoelastischer* Terme in das thermodynamische Potential $\tilde{\Phi}$ beschrieben, die vom elastischen Spannungstensor σ_{ik} und den Richtungen des Vektors $\boldsymbol{M}$ abhängen (N. S. Akulow, 1928). Die ersten nicht verschwindenden Terme dieser Art sind linear in σ_{ik} und quadratisch in den Richtungskosinus des Vektors $\boldsymbol{M}$ (wieder wegen Symmetrie gegenüber Zeitumkehr). Im allgemeinen Fall haben wir daher für den magnetoelastischn Anteil des thermodynamischen Potentials einen Ausdruck der Gestalt

$$U_{\text{me}} = - a_{iklm}\sigma_{ik}m_l m_m \,, \tag{42,1}$$

wo a_{iklm} ein dimensionsloser Tensor vierter Stufe ist, symmetrisch in den Indexpaaren i, k und l, m (aber nicht symmetrisch gegenüber einer Vertauschung des Paares i, k mit dem Paar l, m). In der Nähe des Curie-Punktes, wo die Entwicklung nach Potenzen der Richtungskosinus des Vektors $\boldsymbol{M}$ der Entwicklung seiner Komponenten äquivalent ist, streben die Größen a_{iklm}/M^2 konstanten Grenzwerten zu.

Bei der Ableitung der Zahl der unabhängigen Komponenten von a_{iklm} ist im Auge zu behalten, daß die Terme in (42,1), welche die Komponenten $\boldsymbol{m}$ in der Kombination $m_x^2 + m_y^2 + m_z^2$ enthalten, nicht von der Richtung von $\boldsymbol{m}$ abhängen und daher in der magnetoelastischen Energie eliminiert werden können.[1]) Unter Berücksichtigung dessen finden wir, daß bei einem kubischen Kristall die magnetoelastische Energie zwei

[1]) Die in Verbindung hiermit entstehende gewisse Willkür in der Wahl von a_{iklm} drückt einfach die Konvention der Richtungsauswahl von $\boldsymbol{m}$ aus, bei der wir den Kristall als nicht deformiert betrachten (bei Abwesenheit von außen angreifender mechanischer Kräfte).

unabhängige Koeffizienten enthält; wir schreiben sie in der Gestalt

$$U_{me} = -a_1(\sigma_{xx}m_x^2 + \sigma_{yy}m_y^2 + \sigma_{zz}m_z^2) - 2a_2(\sigma_{xy}m_xm_y + \sigma_{xz}m_xm_z + \sigma_{yz}m_ym_z) . \quad (42,2)$$

Der Deformationstensor wird durch Ableitung von $\tilde{\Phi}$ nach den entsprechenden Komponenten σ_{ik} gewonnen:

$$u_{ik} = -\partial\tilde{\Phi}/\partial\sigma_{ik} ,$$

wobei in $\tilde{\Phi}$ auch die gewöhnliche elastische Energie U_{el} (mit umgekehrtem Vorzeichen, vgl. die Bemerkung auf S. 86) hinzuzufügen ist. Bei einem kubischen Kristall enthält U_{el} drei unabhängige elastische Koeffizienten und besitzt beispielsweise die Gestalt

$$U_{el} = \frac{\mu_1}{2}(\sigma_{xx}^2 + \sigma_{yy}^2 + \sigma_{zz}^2) + \frac{\mu_2}{2}(\sigma_{xx} + \sigma_{yy} + \sigma_{zz})^2 + \mu_3(\sigma_{xy}^2 + \sigma_{xz}^2 + \sigma_{yz}^2) , \quad (42,3)$$

wo μ_1, μ_2 und μ_3 positive Größen sind. Für den Deformationstensor erhalten wir[1])

$$u_{xx} = (\mu_1 + \mu_2)\,\sigma_{xx} + \mu_2(\sigma_{yy} + \sigma_{zz}) + a_1m_x^2 ,$$
$$u_{xy} = \mu_3\sigma_{xy} + a_2m_xm_y \quad (42,4)$$

und analog die restlichen Komponenten.

Diese Formeln enthalten alle magnetostriktiven Effekte (im betrachteten Feldbereich), insbesondere bestimmen die Formeln

$$u_{xx} = a_1m_x^2 , \qquad u_{xy} = a_2m_xm_y , \ \ldots \quad (42,5)$$

bei Abwesenheit innerer Spannungen den Deformationstensor bei einer Änderung der Magnetisierungsrichtung. Wir erinnern daran, daß die absolute Größe der Deformation bis zu einem gewissen Grade willkürlich ist, da die Richtung von $\boldsymbol{m}$, die als deformationslos gerechnet wird, willkürlich ist.

Der bei der Lösung einer konkreten Aufgabe (z. B. für einen eingespannten Kristall) bestimmte Spannungstensor hat die Größenordnung $\sigma \approx a/\mu$, wo a und μ von der Größenordnung der Koeffizienten a_{iklm} bzw. der elastischen Koeffizienten sind. In diesem Sinne ist die magnetoelastische Energie (wie immer die Energiedichte) von der Größenordnung a^2/μ. Die Koeffizienten a sind Größen erster Ordnung in der relativistischen Spin-Spin-Wechselwirkung, so daß die magnetoelastische Energie eine Größe zweiter Ordnung in ihr ist. In einachsigen Kristallen ist die Anisotropieenergie von erster Ordnung in der relativistischen Wechselwirkung und daher in der Regel groß im Vergleich zur magnetoelastischen Energie. In kubischen Kristallen dagegen ist die Anisotropieenergie von zweiter Ordnung in der relativistischen Wechselwirkung und in diesem Sinne im allgemeinen mit der magnetoelastischen Energie vergleichbar.[2]) Im Zusammenhang damit kann die gleichzeitige Berücksichtigung beider Energieformen (beispielsweise bei der Untersuchung der Magnetisierungskurve) notwendig werden, was die Aufgabe wesentlich komplizierter werden läßt.

---

[1]) Bei der Ableitung von $\tilde{\Phi}$ ist die auf Seite 88 gemachte Bemerkung im Auge zu behalten.

[2]) Aber auch in kubischen Kristallen kann die magnetoelastische Energie klein im Vergleich zur Anisotropieenergie sein. So beträgt für Eisen (bei Zimmertemperatur) ihr Verhältnis $\sim 10^{-2}$.

Wir betrachten nun die Magnetostriktion eines magnetischen Körpers für so starke Felder ($H \gg 4\pi M$), daß die Energie der Anisotropie unwesentlich und eine Domänenstruktur nicht mehr vorhanden ist, so daß die Richtung von $\boldsymbol{M}$ als mit $\boldsymbol{H}$ zusammenfallend angesehen werden kann.

Wegen der Vernachlässigung der Anisotropieenergie wird die konkrete Symmetrie des Kristalls unwesentlich, so daß die unten folgenden Formeln auf einen beliebigen ferromagnetischen Körper anwendbar sind.

Der Körper möge sich in einem homogenen äußeren Magnetfeld befinden. Sein thermodynamisches Potential $\tilde{\Phi}$ [1]) wird durch die Formel

$$\tilde{\Phi} = -\mathcal{M}\mathfrak{H} = -MV\mathfrak{H} \tag{42,6}$$

gegeben, wo $\mathcal{M} = MV$ das integrale magnetische Moment des in der Feldrichtung gleichförmig magnetisierten Körpers ist; das nicht zum Magnetfeld korrelierte Glied wurde fortgelassen. Der über das Volumen des Körpers gemittelte Deformationstensor wird durch die Formel

$$\bar{u}_{ik} = -\frac{1}{V}\frac{\partial\tilde{\Phi}}{\partial\sigma_{ik}}$$

bestimmt, aus der

$$\bar{u}_{ik} = \frac{\mathfrak{H}}{V}\frac{\partial(VM)}{\partial\sigma_{ik}} \tag{42,7}$$

folgt. Die Deformation ist somit durch die Abhängigkeit der Magnetisierung von den inneren Spannungen bestimmt.

Bei kubischer Kristallsymmetrie läßt sich jeder diese Symmetrie charakterisierende symmetrische Tensor zweiten Ranges auf einen Skalar zurückführen, aus dem er durch Multiplikation mit δ_{ik} erhalten wird. Dies bezieht sich auch auf den Tensor $\partial(VM)/\partial\sigma_{ik}$, so daß die magnetostriktive Deformation in diesem Fall eine gleichförmige Zusammenziehung oder Ausdehnung ergibt.

Wenn uns nur die Änderung δV des Gesamtvolumens des Körpers interessiert, so läßt sich diese Größe einfach durch Ableitung von Φ nach dem Druck erhalten:

$$\delta V = \frac{\partial\tilde{\Phi}}{\partial P} = -\mathfrak{H}\frac{\partial(MV)}{\partial P}, \tag{42,8}$$

wobei P als ein allseitig gleichmäßig auf den Körper wirkender Druck zu verstehen ist.

Aufgaben

1. Man bestimme die Dehnung (relative Längenänderung) eines ferromagnetischen kubischen Kristalls in Abhängigkeit von der Magnetisierungsrichtung $\boldsymbol{m}$ und der Meßrichtung $\boldsymbol{n}$.

Lösung. Die relative Längenänderung in Richtung des Einheitsvektors $\boldsymbol{n}$ wird mit dem Deformationstensor über die Formel

$$\delta l/l = u_{ik}n_i n_k$$

[1]) Es ist hier die in § 12 angegebene Definition von $\tilde{\Phi}$ gemeint. Sie ist nur bei einer wesentlichen Deformation des Körpers nicht anwendbar.

ausgedrückt. Durch Einsetzen von u_{ik} (beim Fehlen äußerer Spannungen) aus (42,5) erhalten wir

$$\delta l/l = a_1(m_x^2 n_x^2 + m_y^2 n_y^2 + n_z^2 m_z^2) + a_2(m_x m_y n_x n_y + m_x m_z n_x n_z + m_y m_z n_y n_z) \,.$$

Wir erinnern daran, daß nicht diese Größe, sondern ihre Differenzwerte für verschiedene Richtungen $\boldsymbol{m}$ und $\boldsymbol{n}$ einen unmittelbaren Sinn besitzen. Ist $\boldsymbol{m}$ längs der x-Achse gerichtet, dann beträgt die Differenz der Werte $\delta l/l$ längs der x- und der y-Achse a_1. Ist $\boldsymbol{m}$ längs einer der Raumdiagonalen gerichtet, so beträgt die Differenz der Werte $\delta l/l$ in derselben Richtung und einer der drei anderen Raumdiagonalen $8a_2/9$.

2. Man bestimme die Volumenänderung bei Magnetostriktion eines als kubisch angenommenen ferromagnetischen Ellipsoids im äußeren Feld $\mathfrak{H} \approx 4\pi M$, parallel zu einer Ellipsoidachse.[1])

Lösung. Bei Vernachlässigung der Energie der Anisotropie wird der Wertebereich, in dem eine Domänenstruktur existiert, durch die Ungleichung $\overline{B} < 4\pi M$ für $\overline{H} = 0$ gegeben (der Querstrich bedeutet Mittelung über das Körpervolumen, vgl. § 41). Im Ellipsoid gilt $n\overline{B} + (1 - n)\,\overline{H} = \mathfrak{H}$, und wir finden, wenn wir $\overline{H} = 0$ setzen, daß eine Domänenstruktur für

$$\mathfrak{H} < 4\pi n M$$

vorhanden ist. Es bleibt dabei $n\overline{B} = 4\pi n\overline{M} = \mathfrak{H}$, d. h. die mittlere Magnetisierung

$$\overline{M} = \frac{\mathfrak{H}}{4\pi n}\,.$$

Hieraus folgt für das thermodynamische Potential

$$\tilde{\varphi} = -V\int_0^{\mathfrak{H}} \overline{M}\,\mathrm{d}\mathfrak{H} = -\frac{\mathfrak{H}^2}{8\pi n}\,V\,. \tag{1}$$

Gilt dagegen $\mathfrak{H} > 4\pi n M$, so ist das Ellipsoid vollständig in der Feldrichtung magnetisiert: $\overline{M} = M$; dabei ist

$$\tilde{\varphi} = -M\mathfrak{H}V + 2\pi M^2 V n \tag{2}$$

(für $\mathfrak{H} = 4\pi M n$ fallen die Ausdrücke (1) und (2) zusammen).

Die gesuchte Änderung des Volumens wird durch Ableitung von $\tilde{\varphi}$ nach dem Druck erhalten:

$$\delta V = -\frac{\mathfrak{H}^2}{8\pi n}\frac{\partial V}{\partial P} \qquad \text{für} \qquad \mathfrak{H} < 4\,\pi n M\,,$$

$$\delta V = -\,\mathfrak{H}\,\frac{\partial(MV)}{\partial P} + 2\pi n\,\frac{\partial(M^2V)}{\partial P} \qquad \text{für} \qquad \mathfrak{H} > 4\,\pi n M\,.$$

Für $\mathfrak{H} \gg 4\pi n M$ erhalten wir (42,8).

§ 43. Oberflächenspannung einer Domänenwand

Wie in § 41 bereits erwähnt wurde, existiert ein breiter Bereich von Zuständen, in denen ein Ferromagnetikum eine Domänenstruktur aufweisen muß, d. h., es zerfällt in Bereiche mit unterschiedlich gerichteter Magnetisierung. Das bezieht sich insbesondere auf einen ferromagnetischen Körper, der sich in einem äußeren Magnetfeld befindet.

---

[1]) In einem einachsigen Ferromagnetikum mit $\mathfrak{H} \approx 4\pi M$ wäre auch die Anisotropieenergie zu berücksichtigen; im kubischen Kristall ist dies nicht nötig.

In thermodynamischer Hinsicht sind sich berührende Domänen verschiedene Phasen eines Ferromagnetikums, die sich durch die Richtung ihrer spontanen Magnetisierung unterscheiden. Wir betrachten zunächst die Eigenschaften der Grenzen zwischen beiden Phasen (sie werden auch als Domänenwände[1]) bezeichnet) und bestimmen ihre Oberflächenspannung (L. D. LANDAU, E. M. LIFSCHITZ, 1935).

Die Grenzen zwischen den Phasen stellen in Wirklichkeit sehr schmale Übergangsschichten dar, in denen sich die Richtung der Magnetisierung von der einen zur anderen Domäne stetig ändert. Die Breite einer derartigen Schicht und die Art der Änderung von $\boldsymbol{M}$ in ihr werden durch die Bedingungen des thermodynamischen Gleichgewichts bestimmt. Dabei muß die Zusatzenergie berücksichtigt werden, die von der Inhomogenität der Magnetisierung herrührt. Den größten Beitrag zu dieser *Inhomogenitätsenergie* gibt die Austauschwechselwirkung. Makroskopisch gesehen läßt sie sich durch die Ableitungen von $\boldsymbol{M}$ nach den Koordinaten ausdrücken. Dies kann in allgemeiner Form geschehen, wenn der Gradient der Richtung $\boldsymbol{M}$ als hinreichend klein angenommen wird; diese Bedingung bedeutet, daß eine wesentliche Änderung der Richtung der magnetischen Momente nur auf Entfernungen eintritt, die groß gegenüber den Atomabständen sind. Ihre Gültigkeit für den vorliegenden Fall ist offenkundig, da ein wesentlicher Unterschied in den Richtungen der benachbarten atomaren magnetischen Momente zu einer sehr großen Erhöhung der Austauschenergie führen und daher thermodynamisch unvorteilhaft sein würde.

Wir bezeichnen die Inhomogenitätsenergie mit U_{inhom}. Lineare Terme in den ersten Ableitungen der Gestalt $a_{ik}(M)\, \partial M_i/\partial x_k$ kann es in ihrer Entwicklung schon aus Gründen der Symmetrie bezüglich Zeitumkehr nicht geben (diese Operation ändert das Vorzeichen des Vektors $\boldsymbol{M}$, die Energie dagegen muß invariant bleiben). Die Kristallsymmetrie könnte die Existenz von Termen zulassen, die ein Produkt der Ableitungen $\partial M_i/\partial x_k$ und der Komponenten des Vektors $\boldsymbol{M}$ sind. Uns interessiert hier der Austauschanteil in der Inhomogenitätsenergie; die entsprechenden Terme in U_{inhom} müssen invariant bezüglich einer gleichzeitigen, einheitlichen Drehung der Vektoren $\boldsymbol{M}$ im ganzen Raum (bei unveränderlichem Koordinatensystem) sein.[2]) Dann können die angeführten Produkte nur die Gestalt

$$a_i(M)\, M_l \frac{\partial M_l}{\partial x_i} = \frac{1}{2}\, \boldsymbol{a}(M)\, \nabla M^2$$

haben. Derartige Terme können aber nicht real zur Inhomogenitätsenergie beitragen sogar wenn man nicht nur eine richtungsmäßige, sondern auch eine betragsmäßige Änderung des Vektors $\boldsymbol{M}$ längs des Kristalls zuläßt. Dies folgt daraus, daß einen realen thermodynamischen Sinn nicht die Größe U_{inhom} selbst, sondern lediglich ihr Integral über das Körpervolumen hat; aber bei einer solchen Integration reduzieren sich die oben aufgeschriebenen Terme auf Ausdrücke, die nur von den Magnetisierungswerten an der Körperoberfläche, nicht dagegen vom Verlauf ihrer Änderung im Volumen abhängen.[3])

---

[1]) In der deutschen Literatur spricht man auch von BLOCH-Wand (Anm. d. Red.).

[2]) Das bedeutet, daß der skalare Ausdruck U_{inhom} so zusammengesetzt ist, daß sich „magnetische" und „Koordinatenvektorindizes" nur untereinander, aber nicht gegeneinander verjüngen.

[3]) Die Kristallsymmetrie läßt allerdings die Existenz von Termen der Gestalt $a_{ikl} M_i\, \partial M_k/\partial x_l$ zu, die keinen Austauschcharakter haben. Dies würde zu einer Änderung der Natur der ferromagnetischen Ordnung im Kristall führen (s. § 52).

Aus demselben Grund kann man in U_{inhom} von den Termen der nächsten Ordnung diejenigen weglassen, die linear in der zweiten Ableitung von $\boldsymbol{M}$ nach den Koordinaten sind. Bei Integration über das Volumen werden sie in Ausdrücke umgeformt, die quadratisch in den ersten Ableitungen sind. Gerade die quadratischen Ausdrücke stellen die nichtverschwindenden Hauptterme in der Entwicklung des Austauschanteils der Inhomogenitätsenergie dar.

Die allgemeinste Gestalt dieser Glieder ist

$$U_{\text{inhom}} = \frac{1}{2} \alpha_{ik} \frac{\partial M_l}{\partial x_i} \frac{\partial M_l}{\partial x_k}, \tag{43,1}$$

wo α_{ik} ein symmetrischer Tensor ist. Für die Stabilität der ferromagnetischen Ordnung muß dieser Ausdruck positiv definit, d. h., die Hauptwerte des Tensors α_{ik} müssen positiv sein. In kubischen Kristallen reduziert sich der Tensor α_{ik} auf einen Skalar ($\alpha_{ik} = \alpha \delta_{ik}, \alpha > 0$), so daß

$$U_{\text{inhom}} = \frac{\alpha}{2} \frac{\partial \boldsymbol{M}}{\partial x_i} \frac{\partial \boldsymbol{M}}{\partial x_i} \tag{43,2}$$

gilt.[1]) In einem einachsigen Kristall hat der Tensor α_{ik} zwei unabhängige Komponenten, und die Inhomogenitätsenergie besitzt die Form

$$U_{\text{inhom}} = \frac{\alpha_1}{2} \left[\left(\frac{\partial \boldsymbol{M}}{\partial x} \right)^2 + \left(\frac{\partial \boldsymbol{M}}{\partial y} \right)^2 \right] + \frac{\alpha_2}{2} \left(\frac{\partial \boldsymbol{M}}{\partial z} \right)^2. \tag{43,3}$$

Wir betonen, daß weit vom Curie-Punkt entfernt die Ausdrücke (43,1 bis 3) als erste Entwicklungsterme in den Potenzen der Ableitungen des Einheitsvektors $\boldsymbol{m} = \boldsymbol{M}/M$, und nicht der Magnetisierung sebst, zu betrachten sind. Dementsprechend müßten die Koeffizienten α_{ik} in diesen Ausdrücken im Rahmen der Landau-Theorie für $T \to T_c$ zu von Null verschiedenen endlichen Werten streben (über die Rolle der Fluktuationen in dieser Frage s. § 47).

Als Beispiel betrachten wir die Grenzfläche zweier Domänen im einachsigen Kristall, wobei wir voraussetzen, daß der Vektor $\boldsymbol{M}$ parallel (oder antiparallel) zur Achse der leichten Magnetisierung (der z-Achse) ist.

Die Struktur der Übergangsschicht wird durch die Bedingung bestimmt, daß ihre freie Energie minimal ist.[2]) Dabei wirkt die Austauschenergie im Sinne einer Vergrößerung der Schichtdicke (d. h. eine gleichmäßigere Änderung der Richtung $\boldsymbol{M}$ in ihnen). Die umgekehrte Tendenz zeigt die Anisotropieenergie, da jede Abweichung von $\boldsymbol{M}$ von der leichten Richtung sie vergrößert.

---

[1]) Der Größenordnung nach (beispielsweise für Eisen) ist $\alpha \sim 10^{-12}$ cm^2.

[2]) Bei Vernachlässigung der Magnetostriktion besteht keine Notwendigkeit, zwischen der freien Energie $\tilde{\mathfrak{F}}$ und dem thermodynamischen Potential $\tilde{\varphi}$ zu unterscheiden. Hat man jedoch die Berücksichtigung der elastischen wie auch der magnetoelastischen Energie der inhomogenen Deformation im Auge (was sich in bestimmten Fällen als notwendig erweisen kann — s. Aufgabe 2), so hat man von der gesamten freien Energie zu sprechen. Im Zusammenhang damit erinnern wir daran, daß die Gleichungen für das Gleichgewicht des Mediums durch Variation eben der gesamten freien Energie nach den Komponenten des Deformationsvektors $\boldsymbol{u}$ gewonnen werden (vgl. die am Ende von § 15 gegebene Herleitung für eine Flüssigkeit; die Gleichung für das Gleichgewicht $\boldsymbol{f} = 0$ gewinnt man durch Nullsetzen der Variation $\delta\tilde{\mathfrak{F}}$).

Wir wählen die x-Achse in einer Richtung, die senkrecht zur Schichtebene sei; $\boldsymbol{M}$ daher hängt nur von dieser Koordinate ab. Die Drehung des Vektors $\boldsymbol{M}$ über die Schichtbreite erfolgt in der y,z-Ebene, d. h., es gilt immer $M_x = 0$. Das wird aus folgenden einfachen Überlegungen ersichtlich. Die Inhomogenitäts- und Anisotropieenergie hängt nicht davon ab, in welcher Ebene sich die Magnetisierungsrichtung dreht. Eine von Null verschiedene Komponente M_x würde unvermeidlich zur Entstehung eines Magnetfeldes führen, was wegen der mit ihm verbundenen magnetischen Energie thermodynamisch unvorteilhaft wäre. Zum Beweis betrachten wir die Gleichung

$$\operatorname{div} \boldsymbol{B} = \mathrm{d}B_x/\mathrm{d}x = 0\,,$$

woraus folgt, daß längs der Übergangsschicht $B_x = \text{const}$ gilt; da aber im Domäneninnern $M_x = 0, H_x = 0$ sind, so gilt überall $B_x = 0$. Daher müßte zusammen mit einer Komponente $M_x \neq 0$ auch das Feld $H_x = -4\pi M_x$ auftreten. In der freien Energie träte jedoch der Term[1])

$$-M_x H_x - \frac{H_x^2}{8\pi} = \frac{H_x^2}{8\pi} > 0$$

auf.

Es sei θ der Winkel zwischen $\boldsymbol{M}$ und der z-Achse. Die Komponenten von $\boldsymbol{M}$ sind dann

$$M_x = 0\,, \qquad M_y = M\sin\theta\,, \qquad M_z = M\cos\theta\,.$$

Die Summe von Inhomogenitäts- (43,3) und Anisotropieenergie (41,1) wird durch das Integral

$$\int_{-\infty}^{\infty}\left[\frac{\alpha_1}{2}(M_y'^2 + M_z'^2) + \frac{\beta}{2}M_y^2\right]\mathrm{d}x = \frac{M^2}{2}\int_{-\infty}^{\infty}(\alpha_1\theta'^2 + \beta\sin^2\theta)\,\mathrm{d}x \tag{43,4}$$

gegeben (ein Strich bezeichnet die Ableitung nach x). Die restlichen Terme in der freien Energie hängen nicht von der Struktur der Schicht ab und können daher hier fortgelassen werden. Zur Bestimmung der Funktion $\theta(x)$, die dieses Integral zu einem Minimum macht, schreiben wir die entsprechende Eulersche Gleichung auf:

$$\alpha_1\theta'' - \beta\sin\theta\cos\theta = 0\,.$$

Setzen wir die Dicke der Übergangsschicht als klein gegenüber der Breite der Domänen selbst an, so können wir die dieser Gleichung entsprechenden Grenzbedingungen in der Form

$$\theta(+\infty) = 0\,, \qquad \theta(-\infty) = \pi\,, \qquad \theta'(\pm\infty) = 0 \tag{43,5}$$

schreiben. Sie drücken die Tatsache aus, daß benachbarte Domänen in entgegengesetzten Richtungen magnetisiert sind. Das erste Integral der Eulerschen Gleichung,

---

[1]) Genauer gesagt muß man im vorliegenden Fall das thermodynamische Potential $\mathfrak{F}'$ betrachten (s. das Ende von § 44). Bei gegebenem Wert $B_n = B_x$ muß dieses Potential ein Minimum bezüglich M_x oder H_x haben. Aber bei $B_x = 0$ fallen die Potentiale $\tilde{F}$ und F' zusammen.

das diesen Bedingungen genügt, lautet[1]):

$$\theta'^2 - \frac{\beta}{\alpha_1}\sin^2\theta = 0\,. \tag{43,6}$$

Nach nochmaligem Integrieren finden wir

$$\cos\theta = \tanh\left(\sqrt{\beta/\alpha_1}\,x\right), \tag{43,7}$$

was den Verlauf der Änderung der Magnetisierungsrichtung in der Übergangsschicht bestimmt. Ihre Breite ist $\delta \approx \sqrt{\alpha_1/\beta}$.

Unter Berücksichtigung von Gleichung (43,6) wird das Integral (43,4) gleich

$$M^2\alpha_1 \int_{-\infty}^{\infty} \theta'^2\, dx = M^2\sqrt{\alpha_1\beta}\int_0^{\pi}\sin\theta\, d\theta = 2M^2\sqrt{\alpha_1\beta}\,.$$

Betrachten wir die Grenzfläche zwischen den Domänen als geometrische Oberfläche, so ist diese Größe eine Oberflächenspannung, die dieser Oberfläche zugeschrieben werden muß, um die Energie zu berücksichtigen, die zu ihrer Bildung erforderlich ist. Wir bezeichnen die Oberflächenspannung der Domänenwand mit $M^2\Delta$, wo Δ die Dimension einer Länge besitzt. Dann gilt

$$\Delta = 2\sqrt{\alpha_1\beta}\,. \tag{43,8}$$

Aufgaben

1. Es ist die Oberflächenspannung einer Domänenwand in einem kubischen Ferromagnetikum mit den Achsen der leichten Magnetisierung längs der Würfelkanten (der x-, y- und z-Achse) zu bestimmen. Die Domänen seien parallel oder antiparallel zur z-Achse magnetisiert und die Domänenwand liege a) parallel zur Ebene (100); b) parallel zur Ebene (110) (E. M. Lifschitz, 1944; L. Néel, 1944).

Lösung. a) Die Domänenwand liegt parallel zur y,z-Ebene; alle Größen in ihr hängen nur von der x-Koordinate ab, und die Drehung des Vektors $\boldsymbol{M}$ vollzieht sich in der y,z-Ebene (zur im Text dieses Paragraphen angeführten Argumentation für einachsige Kristalle sei noch hinzugefügt, daß eine Abweichung von $\boldsymbol{M}$ aus der y,z-Ebene heraus im vorliegenden Fall zu einer Erhöhung der Anisotropieenergie führen würde). Wir vernachlässigen die Energie der Magnetostriktion und verwenden für die Inhomogenitätsenergie und die Anisotropieenergie Formel (43,2) bzw. (40,7) (unter Verwendung der Bezeichnung $K = \beta M^2/2$ in ihr) und finden die freie Energie der Wand in der Gestalt

$$\frac{M^2}{2}\int_{-\infty}^{\infty}(\alpha\theta'^2 + \beta\sin^2\theta\cos^2\theta)\, dx$$

(wo θ der Winkel zwischen $\boldsymbol{M}$ und der z-Achse ist). Das erste Integral der Eulerschen Gleichung für das Extremwertproblem dieses Funktionals, das den Grenzbedingungen (43,5) genügt, lautet

$$\alpha\theta'^2 - \beta\sin^2\theta\cos^2\theta = 0$$

oder

$$\theta' = \sqrt{\beta/\alpha}\,\sin\theta\,|\cos\theta|$$

---

[1]) Diesen Ausdruck hätte man natürlich auch sofort (ohne Anschreiben der Eulerschen Gleichung) aufschreiben können, wenn man bemerkt, daß das Integral in (43,4) die Form eines Wirkungsintegrals für die eindimensionale Bewegung eines Teilchens im Feld mit der potentiellen Energie $-\beta\sin^2\theta$ besitzt (wobei θ die Rolle der Koordinate und x die Rolle der Zeit spielen). Dann drückt (43,6) einfach die „Erhaltung der Teilchenenergie" aus.

(durch Schreiben von $|\cos\theta|$ sichern wir die monotone Variation des Winkels θ in der Übergangsschicht). Diese Gleichung hat keine Lösungen, die die Struktur einer Übergangssschicht endlicher Dicke beschreiben könnten (dafür ist die Berücksichtigung der Magnetostriktionsenergie erforderlich (s. Aufgabe 2)); sie ist aber ausreichend für die Berechnung der Oberflächenspannung, die sich schon bei den getroffenen Vereinfachungen als endlich erweist:

$$\Delta_{(100)} = \sqrt{\alpha\beta}\cdot 2\int_0^{\pi/2} \sin\theta\cos\theta\, d\theta = \sqrt{\alpha\beta}\,.$$

b) Die Domänenwand enthält die z-Achse und bildet mit den x- und y-Achsen einen Winkel von 45°. Die Notwendigkeit, das Auftreten eines merklichen Magnetfeldes zu verhindern, führt wie auch früher zu dem Bestreben, den Vektor $\boldsymbol{M}$ in der Wandebene zu halten. Die magnetische Anisotropie führt jedoch $\boldsymbol{M}$ etwas aus der angegebenen Ebene heraus. Trotzdem ist infolge der angenommenen Kleinheit der Anisotropieenergie für einen kubischen Kristall diese Auslenkung klein und mit hinreichender Genauigkeit vernachlässigbar. Dann haben wir

$$M_x = M_y = \frac{M}{\sqrt{2}}\sin\theta\,, \qquad M_z = M\cos\theta$$

(θ sei erneut der Winkel zwischen $\boldsymbol{M}$ und der z-Achse), und die Anisotropieenergie beträgt

$$U_{\text{an}} = \frac{\beta M^2}{8}\sin^2\theta\,(3\cos^2\theta + 1)\,.$$

Wir schreiben sofort das erste Integral der EULERschen Gleichung für die Variationsaufgabe hin:

$$\theta'^2 = A\sin^2\theta\,(\cos^2\theta + B)\,, \tag{1}$$

wo $A = 3\beta/4\alpha$, $B = {}^1/_3$ und der Strich die Ableitung nach der Koordinate senkrecht zur Wandebene (wir bezeichnen sie mit ξ) bedeutet. Hieraus finden wir wieder unter Berücksichtigung von (43,5) die Gleichung für die Wandstruktur

$$\sinh\xi\sqrt{A(1+B)} = \sqrt{\frac{1+B}{B}}\cot\theta. \tag{2}$$

d. h.

$$\sinh\sqrt{\beta/\alpha}\,\xi = 2\cot\theta\,.$$

Die Oberflächenspannung finden wir als

$$\Delta = \alpha\sqrt{A}\left(\sqrt{1+B} + B\,\text{arsinh}\frac{1}{\sqrt{B}}\right), \tag{3}$$

d. h., für die angegebenen Werte A und B hat man

$$\Delta_{(110)} = 1{,}38\sqrt{\alpha\beta}\,.$$

2. Man bestimme die Struktur einer Domänenwand in der (100)-Ebene, deren Oberflächenspannung in Aufgabe 1a) berechnet wurde (E. M. LIFSCHITZ, 1944).

Lösung. Wie bereits erwähnt, erhält man nur unter Berücksichtigung der Magnetostriktionsenergie einen endlichen Wert für die Breite der gegebenen Wand. Die Struktur der Wand wird durch die Minimalbedingung der freien Energie $\tilde{\mathfrak{F}}$ bestimmt, deren Dichte $\tilde{F}$ durch u_{ik} ausgedrückt werden muß (vgl. die Anmerkung 2 auf S. 186). Die entsprechenden Ausdrücke für die magnetoelastische und die elastische Energie haben eine zu (42,2 und 3) analoge Gestalt (mit anderen Koeffizienten):

$$U_{\text{me}} = b_1(u_{yy}m_y^2 + u_{zz}m_z^2) + 2b_2u_{yz}m_ym_z\,,$$

$$U_{\text{el}} = \frac{\lambda_1}{2}(u_{xx}^2 + u_{yy}^2 + u_{zz}^2) + \frac{\lambda_2}{2}(u_{xx} + u_{yy} + u_{zz})^2 + \lambda_3(u_{xy}^2 + u_{xz}^2 + u_{yz}^2)$$

(hier wurde bereits $m_x = 0$ gesetzt).

Genau wie die Magnetisierungsverteilung kann auch die Deformation in der Übergangsschicht nur von x abhängen. Hieraus folgt, daß die y- und die z-Komponenten des Verschiebungsvektors $\boldsymbol{u}$ die Gestalt $u_y = \text{const} \cdot y$, $u_z = \text{const} \cdot z$ haben müssen, stünden jedoch anstelle der Konstanten Funktionen von x, dann wären u_{xy} und u_{xz} von y und z abhängig; somit sind u_{yy}, u_{zz} und u_{yz} Konstanten. Aus den allgemeinen Gleichungen für das Gleichgewicht $\partial\sigma_{ik}/\partial x_k = 0$ folgt weiterhin, daß $\sigma'_{ik} = 0$ gilt; da für $x = \pm\infty$ keine Deformation vorhanden ist, muß $\sigma_{ik} = 0$ sein, so daß überall $\sigma_{xx} = \sigma_{xy} = \sigma_{xz} = 0$ gilt. Wir berechnen diese Komponenten des Spannungstensors als die Ableitungen $\sigma_{ik} = \partial\widetilde{F}/\partial u_{ik}$ und finden, daß $u_{xy} = u_{xz} = 0$, $u_{xx} = \text{const}$ gilt. Somit sind tatsächlich alle u_{ik} Konstanten. Daher reicht es aus, ihre Werte im Unendlichen zu berechnen, wo für alle $\sigma_{ik} = 0$ und $m_y = 0$, $m_z = \pm 1$ gilt. Aus den Gleichungen $\sigma_{yz} = 0$, $\sigma_{zz} - \sigma_{yy} = 0$ finden wir

$$u_{yz} = 0\,, \qquad u_{yy} - u_{zz} = b_1/\lambda_1\,.$$

Wir lassen in U_{me} und U_{el} die konstanten Terme weg und finden, daß man zur Summe $U_{\text{inhom}} + U_{\text{an}}$ noch den Term

$$U_{\text{me}} = \frac{b_1^2}{\lambda_1} \sin^2\theta$$

hinzuzufügen hat. Damit reduziert sich die Bestimmung der Abhängigkeit $\theta(x)$ auf die Lösung einer Gleichung vom Typ (1), in der jetzt

$$A = \frac{\beta}{\alpha}\,, \qquad B = \frac{2b_1^2}{\lambda_1\beta M^2}$$

gilt. Die Konstante B wird durch das Verhältnis der Magnetostriktionsenergie zur Anisotropieenergie gekennzeichnet und ist daher klein.[1]) Setzt man in (3) $B = 0$ ein, so erhält man den schon aus Aufgabe 1a) bekannten Wert $\Delta_{(100)}$. Aus (2) finden wir die Magnetisierungsverteilung in der Wand zu

$$\sinh \sqrt{\frac{\beta}{\alpha}}\, x = \sqrt{\frac{\lambda_1\beta M^2}{2b_1^2}} \cot\theta\,.$$

Die Breite dieser Verteilung

$$\delta \approx \sqrt{\frac{\alpha}{\beta}} \ln \frac{\lambda_1\beta M^2}{b_1^2}$$

hängt wesentlich von der Magnetostriktionskonstanten ab.[2])

3. Man bestimme im gleichen Kristall die Oberflächenspannung einer Domänenwand, die in den Richtungen [001] und [010] (z- und y-Achse) magnetisierte Domänen trennt, für die Fälle: a) die Wand sei parallel zur Ebene (100), b) die Wand sei parallel zur Ebene (011) (S. W. Wonsowski, 1944; L. Néel, 1944).[3])

Lösung. In beiden Fällen kann man die magnetoelastische Energie vernachlässigen.

a) In diesem Fall dreht sich der Vektor $\boldsymbol{M}$ in der Wandebene (y,z-Ebene). Der Unterschied zu Aufgabe 1a) besteht lediglich in den Grenzbedingungen:

$$\theta(-\infty) = 0\,, \qquad \theta(+\infty) = \frac{\pi}{2}\,, \qquad \theta'(\pm\infty) = 0\,.$$

Die Struktur der Wand wird durch die Gleichung

$$\tan\theta = \exp\left(\sqrt{\frac{\beta}{\alpha}}\, x\right)$$

---

[1]) So beträgt sie für Eisen bei Zimmertemperatur $B \approx 2 \cdot 10^{-3}$.

[2]) Für $b_1 \to 0$ zerfällt die betrachtete 180-Grad-Wand (nach dem Drehwinkel des Vektors $\boldsymbol{M}$ in ihr) quasi in zwei 90-Grad-Wände, die durch den gegen Unendlich strebenden Bereich mit $\theta = \pi/2$ getrennt sind.

[3]) In einem kubischen Kristall (im Unterschied zu einachsigen Kristallen; s. die Anmerkung unten auf S. 194) stellt eine 90-Grad-Wand eine echte Zwischenphasengrenze dar, da beide Domänen stabile Phasen sind, von denen jede in eine der leichten Richtungen magnetisiert ist.

beschrieben. Die Oberflächenspannung beträgt

$$\Delta^{90°}_{(100)} = \tfrac{1}{2}\sqrt{\alpha\beta}\,,$$

d. h. die Hälfte des Wertes einer 180-Grad-Wand.

b) Wir führen neben den kristallographischen Achsen x, y, z noch die Achsen x, η, ζ ein, wie das in Abb. 22 dargestellt ist (die x-Achse ist senkrecht zur Abbildungsebene gerichtet; die Pfeile geben die Richtung von $\boldsymbol{M}$ in den durch die Ebene $\eta = 0$ getrennten Domänen an). Der Vektor $\boldsymbol{M}$ dreht sich in der Übergangsschicht unter Beschreibung eines halben

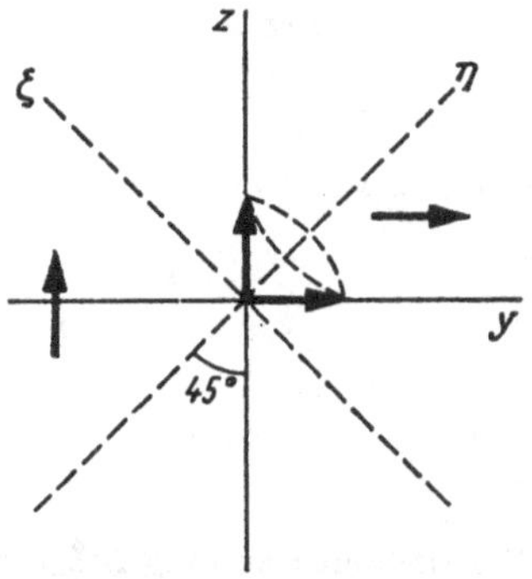

Abb. 22

Kreiskegels mit der Achse längs der η-Achse; dabei ist $M_\eta = \text{const} = 1/\sqrt{2}$ so, daß, wie es auch sein muß, div $\boldsymbol{M} = M'_\eta = 0$ gilt (der Strich bedeutet die Ableitung nach η). Wir bezeichnen mit φ den Winkel zwischen der Projektion von $\boldsymbol{M}$ auf die x,ζ-Ebene und der ζ-Achse (φ durchläuft die Werte von 0 bis π). Dann erhalten wir

$$m_\eta = \frac{1}{\sqrt{2}}\,, \qquad m_\zeta = \frac{\cos\varphi}{\sqrt{2}}\,, \qquad m_x = \frac{\sin\varphi}{\sqrt{2}}\,,$$

$$m_y = \frac{1-\cos\varphi}{2}\,, \qquad m_z = \frac{1+\cos\varphi}{2}\,.$$

Inhomogenitäts- und Anisotropieenergie betragen

$$U_{\text{inhom}} = \frac{\alpha M^2}{4}\varphi'^2\,, \qquad U_{\text{an}} = \frac{\beta M^2}{4}\left(\sin^2\varphi - \frac{3}{8}\sin^4\varphi\right).$$

Für die Oberflächenspannung finden wir

$$\Delta^{90°}_{(110)} = \frac{\sqrt{\alpha\beta}}{4}\,2\int_0^\pi \sin\theta\left[1 - \frac{3}{8}\sin^2\theta\right]^{1/2} d\theta$$

$$= \frac{\sqrt{\alpha\beta}}{2}\left[1 + \frac{5}{2\sqrt{6}}\,\text{arsinh}\sqrt{\frac{3}{5}}\right] = 1{,}73\frac{\sqrt{\alpha\beta}}{2}\,.$$

4. Man bestimme die Oberflächenspannung einer Domänenwand in einem einachsigen Kristall, wenn der Übergang zwischen den Domänen durch Änderung der Größe des Vektors ohne seine Drehung realisiert wird, d. h., die Richtung von $\boldsymbol{M}$ wechselt in die Gegenrichtung durch einen Nulldurchgang von $\boldsymbol{M}$. Die Abhängigkeit der freien Energie von $\boldsymbol{M}$ (bei $\boldsymbol{H} = 0$) wird in der Form der Entwicklung (39,3) genommen, was Curie-Punkt-Nähe bedeutet (W. A. Shirnow, 1958).

Lösung. In der gesamten Übergangsschicht ist M_z gleich M und variiert längs der x-Achse, die senkrecht zur Wandebene ist. Unter Berücksichtigung der Inhomogenitätsenergie ist die Dichte der freien Energie

$$F = F_0 - |A|\,M^2 + BM^4 + \frac{\alpha_1}{2}M'^2\,. \tag{1}$$

Wir bezeichnen hier den Gleichgewichtswert der Magnetisierung im Domäneninnern mit M_0; $M_0^2 = |A|/2B$ (s. (39,5)). Nach Einführung des Vektors $\boldsymbol{m} = \boldsymbol{M}/M_0$ ($m \neq 1$) schreiben wir die freie Energie der Wand in der Form

$$\frac{1}{2}|A|\, M_0^2 \int_{-\infty}^{\infty} \left[(1 - m^2)^2 + \frac{\alpha_1}{|A|} m'^2\right] dx$$

(die additive Konstante in F wurde so gewählt, daß F im Domäneninnern verschwindet). Die Minimierung dieses Integrals muß bei den Grenzbedingungen

$$m(+\infty) = 1\,, \qquad m(-\infty) = -1\,, \qquad m'(\pm\infty) = 0$$

erfolgen. Das erste Integral der EULERschen Gleichung dieser Variationsaufgabe lautet

$$\frac{\alpha_1}{|A|} m'^2 = (1 - m^2)^2\,.$$

Hieraus finden wir

$$m(x) = \tanh \sqrt{\frac{|A|}{\alpha_1}}\, x\,,$$

und die Berechnung des Integrals liefert für die Oberflächenspannung $M_0^2 \Delta$ den Wert

$$\Delta = \tfrac{4}{3} \sqrt{\alpha_1 |A|}\,. \tag{2}$$

Die betrachtete Wandstruktur kann im Prinzip in hinreichender Nähe zum CURIE-Punkt vorliegen (wenn der Quotient $\beta/|A|$ für $T \to T_c$ gegen Unendlich strebt), wo eine betragsmäßige Änderung des Vektors $\boldsymbol{M}$ energetisch günstiger als seine Abweichung von der leichten Magnetisierungsrichtung wird.

§ 44. Domänenstruktur eines Ferromagnetikums

Wir wenden uns nun der Untersuchung der realen Form der Domänen sowie ihrer Abmessungen zu.[1])

Einige Schlüsse über die Form der Grenzfläche zwischen den Domänen kann man unmittelbar aus den Grenzbedingungen für das Magnetfeld erhalten. Da die Feldstärke $\boldsymbol{H}$ in benachbarten Gebieten gleich ist, führt die Stetigkeitsforderung für die Normalkomponenten der Induktion B_n zur Stetigkeit von M_n. In einachsigen Kristallen unterscheidet sich die Magnetisierung der verschiedenen Domänen durch das Vorzeichen von M_z bei denselben Werten M_x und M_y. Unter diesen Bedingungen bedeutet die Stetigkeit von M_n, daß die Trennfläche zur z-Achse, d. h. zur Achse der leichten Magnetisierbarkeit parallel sein muß.

Form und Abmessungen von Domänen im thermodynamischen Gleichgewicht werden durch die Minimalbedingung für die gesamte freie Energie bestimmt. Sie hängen wesentlich von der Form und den Abmessungen des Körpers ab. Im einfachsten Falle eines Ferromagnetikums in der Gestalt einer ebenen parallelen Platte

---

[1]) Das Konzept der Domänen wurde erstmalig von P. WEISS 1907 eingeführt. Die thermodynamische Theorie der Domänen wurde von L. D. LANDAU und E. M. LIFSCHITZ 1935 gegeben. — In der älteren deutschsprachigen Literatur spricht man auch von WEISSschen Bezirken oder Bereichen (Anm. d. Übers.).

können die Domänen im Prinzip die Form von parallelen Schichten haben, die von einer Oberfläche zur anderen verlaufen. Unten werden wir über eine solche Struktur sprechen.

Die Bildung jeder neuen Grenze zwischen den Gebieten führt zu einer Vergrößerung der Energie der Oberflächenspannungen. Diesr Faktor bewirkt somit eine Verkleinerung der Zahl der Bezirke, d. h. ein Anwachsen ihres Durchmessers.

In entgegengesetzter Richtung wirkt die Überschußenergie in der Nähe der äußeren Oberfläche des Körpers. Innerhalb des Körpers ist das Magnetfeld $\boldsymbol{H} = 0$; es verschwindet auch die Anisotropieenergie, da der Vektor $\boldsymbol{M}$ in den Richtungen der leichten Magnetisierung liegt. In der Nähe der Oberfläche ändert sich jedoch die Lage.

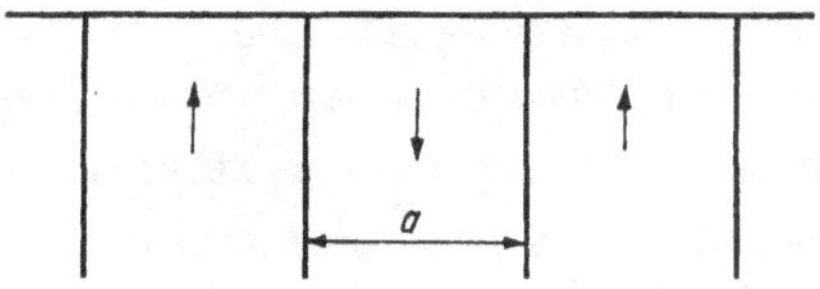

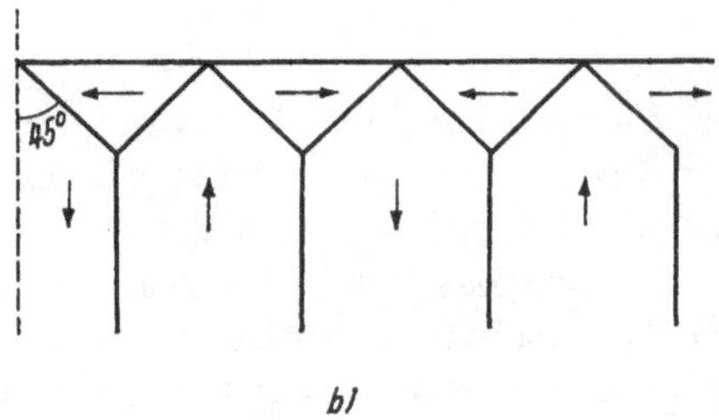

Abb. 23

Die Art des Domänenaustritts an der Körperoberfläche ist für die Grenzfälle großer oder kleiner magnetischer Anisotropie unterschiedlich. Dabei ist im vorliegenden Fall nicht der Koeffizient β in (41,1) selbst, sondern $\beta/4\pi$ ein natürliches Maß für diese Größe. Das ist bereits aus dem Ausdruck für die transversale magnetische Permeabilität eines einachsigen Ferromagnetikums $\mu_{xx} = 1 + 4\pi/\beta$ (s. (41,7)) ersichtlich.

Bei großer magnetischer Anisotropie müssen die Schichten aus der Körperoberfläche mit unveränderter Richtung $\boldsymbol{M}$ heraustreten (Abb. 23a); wir werden der Einfachheit halber annehmen, daß die Plattenoberfläche senkrecht zur Richtung der leichten Magnetisierung sei). Dabei entsteht jedoch in Oberflächennähe ein Magnetfeld, das in den umgebenden Raum und in die Tiefe des Körpers auf Entfernungen von der Größenordnung der Schichtdicke a eindringt.

Im umgekehrten Fall schwacher Anisotropie ist eine solche Verteilung vorteilhafter, bei der kein Magnetfeld entsteht und dafür $\boldsymbol{M}$ von der Richtung der leichten Magnetisierung abweicht. Für $\boldsymbol{H} = 0$ muß überall $\operatorname{div} \boldsymbol{B} = 4\pi \operatorname{div} \boldsymbol{M} = 0$ gelten, und an allen Domänengrenzen sowie an der freien Oberfläche hat M_n stetig zu sein. Dies wird durch das Auftreten von Abschlußdomänen mit dreieckigem Querschnitt erreicht (Abb. 23b), in denen die Magnetisierung parallel zur Körperoberfläche ist. Das Gesamtvolumen dieser Gebiete und damit auch die Anisotropie-Energie in ihnen ist der Schichtdicke a proportional.[1])

In jedem Fall ist somit der Domänenaustritt zur Oberfläche des Körpers mit der Entstehung von Überschußenergie verbunden, die um so größer ist, je größer die Domänen sind. Dieser Effekt wirkt dadurch in Richtung einer Verringerung der Domänendicke.

Die sich tatsächlich einstellende Domänenbreite wird durch das Zusammenwirken dieser beiden entgegengesetzten Tendenzen der Oberflächenenergie der Domänenwände und der *Austrittsenergie* der Domänen (zur Körperoberfläche) bestimmt.

Die Zahl der Domänen (der planparallen Schichten) in der Platte ist proportional zu $1/a$, und die Oberflächenspannungsenergie ist proportional zur gesamten Grenzfläche, d. h. proportional zu l/a (wo l die Plattendicke ist). Die Austrittsenergie hingegen ist proportional zu a. Die Summe dieser beiden Energien als Funktion von a wird bei einem bestimmten Wert a minimal, der proportional zu $\sqrt{l}$ ist.

So ist im Falle schwacher Anisotropie (Abb. 23b)) die Austrittsenergie (pro Fläche beider Plattenseiten) $\approx a\beta M^2$; die Oberflächenenergie hingegen ist gleich $M^2 \Delta l/a$ (die Plattendicke wird natürlich als groß im Vergleich zur Domänenbreite angenommen). Hieraus hat man

$$a \sim \sqrt{l\Delta/\beta} \sim \sqrt{l\delta}\,. \tag{44,1}$$

Somit wächst die Domänendicke bei Vergrößerung der Abmessungen des Körpers. Aber das quantitative Gesetz $a \propto l^{1/2}$ dieses Wachstums kann offensichtlich nicht für beliebige l gültig sein. Es handelt sich darum, daß die Dicke der Domänen bei ihrem Austritt an die Oberfläche des Körpers einen bestimmten kritischen Grenzwert a_k nicht überschreiten kann, der von den Eigenschaften des Ferromagnetikums selbst, aber nicht von seiner Form und den globalen Abmessungen des Körpers abhängt. Er wird durch den Moment bestimmt, bei dem mit wachsendem a eine Aufspaltung der Domänen in der Nähe der Oberfläche des Körpers in einem Gebiet der Tiefe $\sim a$ thermodynamisch günstig wird. Dieser Moment tritt zwangsläufig ein, da die Austrittsenergie für eine Domäne wie a^2 und die überschüssige Energie der beim Aufspalten einer Domäne entstehenden Oberflächenspannung dagegen lediglich wie a wächst.

Wir schließen, daß mit wachsenden Abmessungen des Körpers und damit auch der Domänendicken eine fortschreitende Verzweigung der Domänen bei ihrer

---

[1]) Es muß betont werden, daß die Grenze zwischen den Grund- und den Abschlußdomänen, die Bereiche mit um 90° gedrehten Richtungen von $\boldsymbol{M}$ trennt, im vorliegenden Fall (d. h. für einachsige Kristalle) keine Zwischenphasengrenze im strengen Sinne ist. Dies ist schon daraus ersichtlich, daß ein Zustand der Magnetisierung senkrecht zur leichten Achse (bei $\boldsymbol{H} = 0$) an und für sich instabil ist und keine mögliche Stoffphase darstellen kann. Strenggenommen bezieht sich die in Abb. 23b) dargestellte Magnetisierungsverteilung lediglich auf den Grenzfall $\beta \to 0$. Bereits in der ersten Näherung in dieser kleinen Größe $\beta/4\pi$ treten Abweichungen von diesem Bild auf. Der Übergang zwischen Grund- und Abschlußdomänen vollzieht sich auf Abständen, die nur im Maß der Kleinheit von $\beta/4\pi$ klein im Vergleich zur Domänenbreite a sind; dabei treten Felder $\approx \beta M$ auf (was allerdings die Abschätzung der Energie für einen Austritt der Domänen zur Oberfläche des Körpers nicht beeinflußt).

Annäherung an die Oberfläche des Körpers einsetzen muß (E. M. LIFSCHITZ, 1944)[1]).

Im Prinzip setzt sich bei hinreichender Vergrößerung der Abmessungen l die Verzweigung bis zu dem Moment fort, wo die Dicken der sich unmittelbar an der Oberfläche des Körpers bildenden Verzweigungen vergleichbar mit der Dicke einer Domänenwand werden.

Wir bestimmen die Abhängigkeit $a(l)$ für diesen Grenzfall. Bei der Abschätzung wollen wir schwache Anisotropie annehmen.

In Abb. 24 ist die Verzweigung der Domänen schematisch dargestellt. Die Austrittsenergie der Domänen setzt sich nun aus der zusätzlichen Oberflächenenergie der „keilförmigen" Domänen und aus der Anisotropieenergie zusammen, die mit der Abweichung des Vektors $\boldsymbol{M}$ von der z-Achse im Ergebnis der Verzweigung verbunden ist; dreieckige Abschlußdomänen dagegen fehlen nun. Bei Annahme einer schnellen Konvergenz der Summe über die aufeinanderfolgenden Verzweigungen ist es ausreichend, den ersten Keil zu betrachten; wir bezeichnen seine Länge mit h.

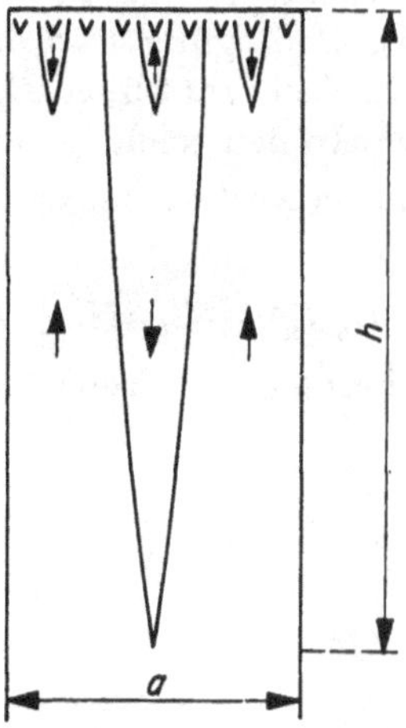

Abb. 24

Aus energetischen Überlegungen ist leicht ersichtlich, daß die Keillänge h groß im Vergleich zu seiner Dicke (oder der Größenordnung nach ebenfalls im Vergleich zu a) sein muß, d. h., für den Neigungswinkel seiner Grenzen zur z-Achse gilt $\vartheta \sim a/h \ll 1$. Tatsächlich ist die Oberflächenenergie des Keils $\sim hM^2\Delta$ und die mit ihm verbundene Anisotropieenergie $\sim ha\beta M^2\vartheta^2 \sim a^3\beta M^2/h$; die Summe beider Energien (die Austrittsenergie) wird für $h^2 \sim a^3\beta/\Delta$ minimal, d. h.,

$$a/h \sim \sqrt{\Delta/a\beta} \sim \sqrt{\delta/a} \ll 1 \tag{44,2}$$

(es wird natürlich angenommen, daß $a \gg \delta$ gilt). Die Austrittsarbeit (pro Plattenfläche) beträgt dabei $\sim a^{3/2}M^2\sqrt{\beta\Delta}/a$. Die Oberflächenenergie der Grunddomänenwände ist $M^2\Delta l/a$. Durch Minimierung dieser beiden Ausdrücke finden wir die ge-

[1]) Der kritische Wert der Länge l, bei dem die Verzweigung beginnt, hängt sehr stark vom Charakter der magnetischen Anisotropie und der Lage der Probenoberfläche relativ zu den kristallographischen Achsen ab. Zu den Untersuchungen der Anfangsstadien der Domänenverzweigung s. in E. M. LIFSCHITZ, Ž. eksper. teoret. fiz. **15**, 97 (1945), J. of Physics USSR **8**, 337 (1944).

suchte Abhängigkeit

$$a \sim l^{2/3}(\Delta/\beta)^{1/3} \sim (l^2\delta)^{1/3} \tag{44,3}$$

(I. A. Priworozki, 1970)[1]).

Zum Abschluß dieses Paragraphen betrachten wir die Bedingungen für das Phasengleichgewicht eines Ferromagnetikums von etwas allgemeinerer Warte aus, als es oben erforderlich war: Wir werden nun nicht die Gleichheit aller Komponenten des Vektors $\boldsymbol{H}$ in beiden Phasen voraussetzen (eine derartige Problemstellung kann beispielsweise bei der Betrachtung von gekrümmten Domänengrenzen entstehen).

Vor allem müssen die allgemeinen magnetostatischen Bedingungen (29,13) erfüllt sein:

$$B_{n1} = B_{n2}, \qquad \boldsymbol{H}_{t1} = \boldsymbol{H}_{t2}, \tag{44,4}$$

die bereits aus den Maxwellschen Gleichungen selbst (div $\boldsymbol{B} = 0$, rot $\boldsymbol{H} = 0$) folgen. Aber außer diesen Gleichungen muß auch noch die thermodynamische Bedingung erfüllt sein, die das Gleichgewicht bezüglich einer Verschiebung der Phasengrenzfläche (in der zur Grenzfläche senkrechten Richtung) ausdrückt, d. h. relativ zu einem Übergang des Stoffes aus einer Phase in die andere. Diese Bedingung wird dadurch ausgedrückt, daß die thermodynamischen Potentiale in den Variablen B_n und $\boldsymbol{H}_t$ in beiden Phasen gleich sind.[2]) Zur Bestimmung dieser Größen reicht es aus, im Ausdruck für das Differential $\mathrm{d}\tilde{F}$ (31,6) (die Magnetostriktion wird wieder vernachlässigt), das Produkt $-\boldsymbol{B}\,\mathrm{d}\boldsymbol{H}$ in die Gestalt

$$-\boldsymbol{B}\,\mathrm{d}\boldsymbol{H} = -\boldsymbol{B}_t\,\mathrm{d}\boldsymbol{H}_t - B_n\,\mathrm{d}H_n = -\mathrm{d}(B_nH_n) - \boldsymbol{B}_t\,\mathrm{d}\boldsymbol{H}_t + H_n\,\mathrm{d}B_n$$

umzuschreiben. Hieraus ist klar, daß das gesuchte thermodynamische Potential (wir bezeichnen es mit F')

$$F' = \tilde{F} + \frac{1}{4\pi} B_nH_n \tag{44,5}$$

ist. Die gesuchte Grenzbedingung lautet damit

$$F_1' = F_2' \tag{44,6}$$

(I. A. Priworozki, M. J. Asbel, 1969).

Aufgabe

Man bestimme die Energie des Magnetfeldes an der Oberfläche eines Ferromagnetikums, aus dem planparallele Domänen ohne Änderung ihrer Magnetisierungsrichtung senkrecht austreten mögen (Abb. 23a).

Lösung. Die Aufgabe der Magnetfeldbestimmung in der Nähe einer solchen Oberfläche entspricht der elektrostatischen Aufgabe für ein Feld, das von Ebenen erzeugt wird, durch die abwechselnd positiv und negativ mit der Oberflächendichte $\sigma = \pm M$ geladene Streifen hindurchgehen.

---

[1]) Die Idee von der Verzweigung der Domänen und ihrem Grenzgesetz $a \sim l^{2/3}$ wurde in Anwendung auf den Zwischenzustand von Supraleitern (§ 57) erstmals von L. D. Landau entwickelt.

[2]) Die Begründung dieser Behauptung erfolgt analog zur Herleitung der Bedingungen für das gewöhnliche Phasengleichgewicht- die Gleichheit der chemischen Potentiale beider Phasen, in denen die unabhängigen Variablen Temperatur und Druck in beiden Phasen gleich sind (s. V, § 81).

Die Oberfläche des Körpers liege in der Ebene $z = 0$, die x-Achse sei senkrecht zur Domänenebene gewählt. Die „Oberflächendichte der Ladungen" $\sigma(x)$ ist eine periodische Funktion mit der Periode $2a$ (a ist die Domänenbreite); σ ist gleich einer der Perioden

$$\sigma = -M \quad \text{für} \quad -a < x < 0\,, \qquad \sigma = +M \quad \text{für} \quad 0 < x < a\,.$$

Ihre Entwicklung in eine Fourier-Reihe lautet

$$\sigma(x) = \sum_{n=0}^{\infty} c_n \sin \frac{(2n+1)\,\pi x}{a}\,, \qquad c_n = \frac{4M}{\pi(2n+1)}\,.$$

Das Potential erfüllt die Laplace-Gleichung

$$\frac{\partial^2 \varphi}{\partial x^2} + \frac{\partial^2 \varphi}{\partial z^2} = 0\,,$$

wir schreiben es in Gestalt einer Reihe

$$\varphi(x, z) = \sum_{n=0}^{\infty} b_n \sin \frac{(2n+1)\,\pi x}{a}\, e^{\mp(2n+1)\,\pi z/a}$$

(die beiden Vorzeichen im Exponenten entsprechen den Halbräumen $z > 0$ und $z < 0$). Die Koeffizienten b_n werden durch die Grenzbedingung

$$-\left.\frac{\partial \varphi}{\partial z}\right|_{z=+0} + \left.\frac{\partial \varphi}{\partial z}\right|_{z=-0} = 4\pi\sigma$$

bestimmt, aus der

$$b_n = \frac{2a}{2n+1}\, c_n$$

folgt. Die gesuchte Feldenergie kann als Integral $\frac{1}{2}\int \sigma\varphi\, df$ über die „geladene Oberfläche" geschrieben werden. Beziehen wir die Energie auf die Fläche, so haben wir

$$\frac{1}{2}\cdot\frac{1}{2a}\int_{-a}^{a} (\sigma\varphi)\Big|_{z=0}\, dx = \frac{1}{4}\sum_{n=0}^{\infty} c_n b_n = \frac{8aM^2}{\pi^2}\sum_{n=0}^{\infty}(2n+1)^{-3} = \frac{7aM^2}{\pi^2}\,\zeta(3)\,.$$

Mit dem Wert der ζ-Funktion $\zeta(3) = 1{,}202$ erhalten wir

$$0{,}852\; M^2 a\,.$$

Die Domänenbreite in der Platte erhält man nach Minimierung der Summe

$$1{,}7 M^2 a + M^2\, \Delta l/a\,,$$

wo der erste Term die Energie des Austritts der Domänen zu beiden Plattenseiten hin und der zweite die Oberflächenenergie ist. Hieraus hat man $a = 0{,}8\sqrt{\Delta l}$ (Ch. Kittel, 1946).

§ 45. Eindomänenteilchen

Mit der Verkleinerung der Körperdurchmesser wird die Bildung der Domänen schließlich im allgemeinen thermodynamisch unvorteilhaft, so daß hinreichend kleine ferromagnetische Teilchen aus einer Domäne bestehende homogen magnetisierte Gebilde darstellen. Das entsprechende Kriterium für ihre Durchmesser l erhält man durch Vergleich der magnetischen Energie eines homogen magnetisierten Teilchens mit der Inhomogenitätsenergie, die entstehen würde, gäbe es eine wesentliche Inhomogenität in der Verteilung der Magnetisierung über sein Volumen. Die erste ist von der Größenordnung $M^2 V$, die zweite $\sim \alpha M^2 V/l^2$. Die Abmessungen eines Eindomänenteilchens sind daher[1])

$$l \lesssim \sqrt{\alpha}\,. \tag{45,1}$$

Zur Untersuchung des Verhaltens eines homogen magnetisierten Teilchens hat man dessen gesamte freie Energie zu betrachten. Durch Einsetzen der Summe der Ausdrücke (39,1) und der Anisotropieenergie[2]) in die Formel (32,7) für $\widetilde{F}$ erhält man

$$\widetilde{\mathcal{F}} = V U_{\mathrm{an}} - \frac{M}{2} \int (\boldsymbol{H} + \boldsymbol{\mathfrak{H}})\, \mathrm{d}V\,, \tag{45,2}$$

wobei die Integration nur über das Körpervolumen ausgeführt wird; die unwesentliche Konstante VF_0 wurde weggelassen. Das Teilchen habe die Gestalt eines Ellipsoids. Dann wird das Feld $\boldsymbol{H}$ in ihm durch die Gleichung (29,14) oder

$$H_i = \mathfrak{H}_i - 4\pi n_{ik} M_k \tag{45,3}$$

bestimmt; der zweite Term ist hier das durch den Körper erzeugte „Entmagnetisierungsfeld". Somit finden wir

$$\widetilde{\mathcal{F}} = 2\pi n_{ik} M_i M_k V - V\boldsymbol{M}\boldsymbol{\mathfrak{H}} + V U_{\mathrm{an}}\,. \tag{45,4}$$

Der erste Term wird als *magnetostatische Selbstenergie* des magnetisierten Teilchens bezeichnet, der zweite Term stellt dessen Energie im äußeren Feld dar.

Die Magnetisierungsrichtung der Teilchen in einem äußeren Feld $\boldsymbol{\mathfrak{H}}$ wird durch die Minimalbedingung von $\widetilde{\mathcal{F}}$ als Funktion der Richtung von $\boldsymbol{M}$ bestimmt. Für einen kubischen Kristall kann man in (45,4) die Anisotropieenergie vernachlässigen. Für einachsige Kristalle haben wir nach Aufschreiben der Anisotropieenergie in der Gestalt $\beta_{ik} M_i M_k/2$

$$\widetilde{\mathcal{F}} = \frac{V}{2} (4\pi n_{ik} + \beta_{ik})\, M_i M_k - V\boldsymbol{\mathfrak{H}}\boldsymbol{M}\,. \tag{45,5}$$

Das auf diese Weise gestellte Problem fällt in mathematischer Hinsicht mit der in §41 behandelten Aufgabe über die Abhängigkeit des lokalen Vektors $\boldsymbol{M}$ vom lokalen Feld $\boldsymbol{H}$ zusammen; es unterscheidet sich nur durch die Substitution von $\boldsymbol{H}$ durch $\boldsymbol{\mathfrak{H}}$ sowie von β_{ik} durch $4\pi n_{ik}$ oder $4\pi n_{ik} + \beta_{ik}$.

Schließlich leiten wir noch die Gleichung ab, der die Magnetisierungsverteilung in einer Eindomänenprobe genügt, wenn man diese Verteilung noch nicht als homogen ansehen kann. Dazu hat man zu fordern, daß die gesamte freie Energie, die wir in der Gestalt des Integrals über den gesamten Raum

$$\widetilde{\mathcal{F}} = \int \widetilde{F}\, \mathrm{d}V = \int \left\{ F_0(M) + U_{\mathrm{inhom}} + U_{\mathrm{an}} - \boldsymbol{M}\boldsymbol{H} - \frac{H^2}{8\pi} \right\} \mathrm{d}V \tag{45,6}$$

schreiben, minimal wird. Die Variation wird bei in jedem Punkt gegebenem $\boldsymbol{H}$-Wert nach $\boldsymbol{M}$ (das nun eine Funktion der Koordinaten ist) ausgeführt; der Absolutbetrag M wird als gegeben angenommen, so daß nur die Richtung von $\boldsymbol{M}$ variiert wird. Nach

---

[1]) Die Eigenschaften eines Ensembles derartiger Teilchen werden manchmal als *Mikromagnetismus* bezeichnet.

[2]) Indem wir die Magnetostriktion vernachlässigen, machen wir keinen Unterschied zwischen dem thermodynamischen Potential und der freien Energie, die bei gegebenem V betrachtet wird.

Weglassen der nur von M und $\boldsymbol{H}$ abhängigen Terme im Integranden variieren wir das Integral

$$\int \left\{ \frac{1}{2} \alpha_{ik} M^2 \frac{\partial \boldsymbol{m}}{\partial x_i} \frac{\partial \boldsymbol{m}}{\partial x_k} + U_{\text{an}} - M\boldsymbol{m}\boldsymbol{H} \right\} \mathrm{d}V ,$$

das nun nur über das Körpervolumen (wo $M \neq 0$ ist) genommen wird. Durch partielle Integration des ersten Terms (nach erfolgter Variation) finden wir

$$\delta\tilde{\mathcal{F}} = - \int \left\{ \alpha_{ik} M^2 \frac{\partial^2 \boldsymbol{m}}{\partial x_i \partial x_k} - \frac{\partial U_{\text{an}}}{\partial \boldsymbol{m}} + M\boldsymbol{H} \right\} \delta\boldsymbol{m} \, \mathrm{d}V + \oint \alpha_{ik} M^2 \frac{\partial \boldsymbol{m}}{\partial x_k} \delta\boldsymbol{m} \cdot \mathrm{d}f_i ; \tag{45,7}$$

das zweite Integral wird über die Körperoberfläche genommen. Da $\boldsymbol{m}^2 = 1$ gilt, so ist $\boldsymbol{m}\,\delta\boldsymbol{m} = 0$, d. h., die Variation hat die Gestalt $\delta\boldsymbol{m} = [\delta\boldsymbol{\omega}\boldsymbol{m}]$, wo $\delta\boldsymbol{\omega}$ eine beliebige (kleine) Vektorfunktion der Koordinaten ist. Aus der Bedingung $\delta\tilde{\mathcal{F}} = 0$ finden wir durch Nullsetzen des Faktors bei $\delta\boldsymbol{\omega}$ im Integranden des Volumenintegrals die gesuchte Gleichung[1])

$$\left[\boldsymbol{m} \left(\alpha_{ik} M^2 \frac{\partial^2 \boldsymbol{m}}{\partial x_i \partial x_k} - \frac{\partial U_{\text{an}}}{\partial \boldsymbol{m}} + M\boldsymbol{H} \right) \right] = 0 . \tag{45,8}$$

Aus dem Verschwinden des Oberflächenintegrals finden wir die Grenzbedingung zu dieser Gleichung, so daß für $\alpha_{ik} = \alpha\delta_{ik}$ diese Bedingung die Gestalt

$$\left[\boldsymbol{m} \frac{\partial \boldsymbol{m}}{\partial n} \right] = 0 \tag{45,9}$$

hat, wo $\boldsymbol{n}$ die Normalenrichtung zur Körperfläche ist.

Neben der Gleichung (45,8) müssen selbstverständlich auch die MAXWELLschen Gleichungen

$$\operatorname{div} (\boldsymbol{H} + 4\pi M\boldsymbol{m}) = 0 , \qquad \operatorname{rot} \boldsymbol{H} = 0 \tag{45,10}$$

im gesamten Raum mit den gewöhnlichen Grenzbedingungen auf der Körperfläche und der Bedingung $\boldsymbol{H} \to \mathfrak{H}$ im Unendlichen erfüllt werden[2]).

Für einen homogen magnetisierten Körper (Ellipsoid) verschwindet der erste Term in den runden Klammern in (45,8). Die verbleibende Gleichung (mit $\boldsymbol{H}$ aus (45,3)) stimmt mit der Minimalbedingung für die freie Energie (45,5) überein.

§ 46. Orientierungsübergänge

Die Anisotropiekonstante ist eine Funktion der Temperatur und kann in einem bestimmten Punkt ihr Vorzeichen wechseln. Dabei ändert sich die Richtung der spontanen Magnetisierung und damit auch die Symmetrie der magnetischen

---

[1]) Sie stimmt natürlich mit der Bewegungsgleichung (Präzessionsgleichung) eines magnetischen Moments in einem Ferromagnetikum überein, wenn man in ihr die Geschwindigkeit $\partial \boldsymbol{M}/\partial t$ gleich Null setzt (S. IX, §69).

[2]) Möglicherweise entsteht die Frage nach der Rechtmäßigkeit der Variation des Integrals (45,6) nach $\boldsymbol{m}$ bei konstantem $\boldsymbol{H}$ ungeachtet dessen, daß sie durch die erste der Gleichungen (45,10) verknüpft sind. Der Grund dafür ist: Setzt man $\boldsymbol{H} = \nabla\varphi$ (wegen der zweiten Gleichung) und berechnet die Variation des Integrals nach φ, so verschwindet sie kraft der ersten Gleichung, so daß eine Variation nach $\boldsymbol{H}$ keinen Beitrag zu $\delta\tilde{\mathfrak{F}}$ liefert.

Struktur. Die auf diese Weise entstehenden Übergänge zwischen unterschiedlichen Phasen eines Magnetikums werden als Orientierungsübergänge bezeichnet. Wir werden genau verfolgen, wie sich derartige Übergänge in einem einachsigen hexagonalen Ferromagnetikum vollziehen (H. HORNER, C. M. VARMA, 1968).

Da wir die Betrachtung der Umgebung des Punktes, bei dem die Anisotropiekonstante K_1 verschwindet, im Auge haben, so ist in der Entwicklung der Anisotropieenergie auch die Berücksichtigung des nächsten Terms notwendig; für ein hexagonales Ferromagnetikum wird dieser Ausdruck für U_{an} durch Formel (40,3) gegeben.

Nehmen wir zunächst $K_2 > 0$ an. Dann entsprechen in Abhängigkeit von den Werten K_1 und K_2 die folgenden Phasen einem Minimum von U_{an}:

$$\left.\begin{array}{ll} \mathrm{I}\ \theta = 0, \pi & \text{für } K_1 > 0 \\ \mathrm{II}\ \sin\theta = \pm\sqrt{-K_1/2K_2} & \text{für } -2K_2 < K_1 < 0 \\ \mathrm{III}\ \theta = \pi/2 & \text{für } K_1 < -2K_2 \,. \end{array}\right\} \tag{46,1}$$

Die Phasen I und III sind vom Typ „leichte Achse" bzw. „leichte Ebene". In der Phase II hat der Magnetisierungsvektor keine fixierte Orientierung (wie in den Phasen I und III), sondern variiert bei Temperaturänderung seine Richtung stetig zwischen den Winkelwerten $\theta = 0$ (oder $\theta = \pi$) und $\theta = \pi/2$; die Symmetrie dieser Phase (sie wird manchmal als *Winkelsymmetrie* bezeichnet) ist niedriger als die der Phasen I und III. Die Übergänge zwischen den Phasen I und II sowie auch zwischen den Phasen II und III finden als Phasenübergänge zweiter Art bei den Temperaturen T_1 und T_2 statt, die durch die Bedingungen

$$K_1(T_1) = 0, \quad K_1(T_2) + 2K_2(T_2) = 0 \tag{46,2}$$

bestimmt werden. Unten werden wir annehmen, es gelte$K_1 > 0$ für $T > T_1$. Dann ist $T_2 < T_1$ (falls $K_2 > 0$ gilt).

Bei Vorhandensein eines Magnetfeldes ist das thermodynamische Potential

$$\tilde{\Phi} = K_1 \sin^2\theta + K_2 \sin^4\theta - \boldsymbol{HM}; \tag{46,3}$$

hier wurden nur die von der Richtung von $\boldsymbol{M}$ abhängigen Terme aufgeschrieben. In der Nähe des Überganges zwischen den Phasen I und II spielt die kleine Größe $\sin\theta \approx \theta \equiv \eta$ die Rolle des Ordnungsparameters. In diesem Gebiet ist das thermodynamische Potential in einem schwachen Magnetfeld $H = H_x$

$$\tilde{\Phi} = K_1\eta^2 + K_2\eta^4 - MH_x\eta\,,$$

wobei $K_1 = \mathrm{const}\cdot(T - T_1)$ gilt. Auf die übliche Weise (vgl. § 39) finden wir hieraus, daß im Übergangspunkt die transversale Suszeptibilität

$$\chi_\perp = \left(\frac{\partial M_x}{\partial H_x}\right)_{H_x\to 0} \approx M\left(\frac{\partial\theta}{\partial H_x}\right)_{H_x\to 0}$$

(nach dem zu (39,6 und 7) analogen Gesetz) unendlich wird. Auf analoge Weise spielt in der Nähe des Übergangs zwischen den Phasen II und III der kleine Winkel $\theta = \pi/2 - \theta$ die Rolle des Ordnungsparameters. Im longitudinalen Feld $H = H_z$ enthält das thermodynamische Potential den Term $-MH_z\eta$, und im Übergangspunkt wird die longitudinale Suszeptibilität $\chi_{||}$ unendlich.

Die dargelegten Überlegungen liegen im Rahmen der LANDAU-Theorie der Phasenübergänge. Wir bemerken, daß für Orientierungsübergänge diese Theorie praktisch ohne Einschränkungen anwendbar ist. Die für die LANDAU-Theorie zulässige Nähe zum Phasenübergangspunkt wird durch ein Kriterium (s. unten, (47,1)) bestimmt, in dessen Nenner die dritte Potenz des Koeffizienten α im Term (43,1) des thermodynamischen Potentials, das mit der inhomogenen Verteilung des Ordnungsparameters verknüpft ist, eingeht. Im vorliegenden Fall hängt dieser Term mit den Austauschwechselwirkungen im Ferromagnetikum zusammen, währenddessen die Terme der Entwicklung nach dem Parameter selbst mit den relativistischen Wechselwirkungen verbunden sind. Eben dieser Umstand führt zu einer außerordentlichen Schmalheit des Temperaturintervalls in der Umgebung des Übergangspunktes, in dem die LANDAU-Theorie nicht anwendbar ist.

Es sei nun $K_2 < 0$. Dann ist die Winkelphase überhaupt instabil (U_{an} hat ein Maximum und kein Minimum), so daß die Phase I mit der leichten Achse unmittelbar in die Phase III mit der leichten Ebene übergehen muß. A priori ist klar, daß dies kein Phasenübergang zweiter Art sein kann, keine der Symmetriegruppen der Phasen I oder III ist eine Untergruppe der Symmetriegruppe der anderen Phase. Der Übergang vollerster Art im Punkt T_0, der durch die Gleichheitsbedingung der thermodynamischen zieht sichals Übergang Potentiale beider Phasen (die sich auf die Gleichheit der U_{an}-Werte reduziert) bestimmt wird:

$$K_1(T_0) + K_2(T_0) = 0\,. \tag{46,4}$$

Der Punkt T_0 liegt zwischen den durch die Gleichungen (46,2) bestimmten Punkten T_1 und T_2 (wobei nun $T_2 > T_1$ gilt). In diesem Fall bestimmen die Temperaturen T_1 und T_2 die Metastabilitätsgrenzen der Phasen I bzw. II (jenseits dieser Grenzen hat U_{an} für $\theta = 0$ oder $\theta = \pi/2$ ein Maximum und kein Minimum).

Orientierungsübergänge finden nicht nur bei Temperaturänderungen (in derartigen Fällen spricht man von spontanen Übergängen), sondern auch bei Änderung des an den Körper angelegten Magnetfeldes (vom Feld. induzierte Übergänge) statt. Die Punkte für diese Übergänge bilden Linien in den Phasendiagrammen mit den Koordinaten H, T (bei gegebener kristallographischer Orientierung des Vektors $\boldsymbol{H}$). Als ein Beispiel betrachten wir die Phasendiagramme des gleichen einachsigen Ferromagnetikums im zur hexagonalen Achse parallelen Feld H_z.

Ein longitudinales Feld ändert die Symmetrie der Phase mit der leichten Achse (LAP in Abb. 25) nicht. Die Phase mit der leichten Ebene dagegen wird zur Winkelphase (WP in Abb. 25), da das Feld den Vektor $\boldsymbol{M}$ aus der Basisebene herausführt.

Wir betrachten zunächst den Fall mit $K_2 > 0$. Die Existenzgebiete beider Phasen sind durch Linien von Phasenübergängen zweiter Art getrennt, die im Punkt T_1 auf der Abszissenachse beginnen (gestrichelte Linien in Abb. 25a)). Die oberen und unteren Teile des Phasendiagramms entsprechen zwei einander entgegengesetzten Richtungen des transversalen Feldes und damit zwei verschiedenen Vorzeichen der longitudinalen Komponenten von M_z. In der Nähe der Linie AT_1 ist der Winkel θ klein (in der Nähe der Linie $A'T_1$ ist der Winkel $\pi - \theta$ klein). Mit einer Genauigkeit bis zu Termen vierter Ordnung in θ haben wir aus (46,3)

$$\tilde{\Phi} = (K_1 + \tfrac{1}{2} MH_z)\,\theta^2 + (K_2 - \tfrac{1}{3} K_1 - \tfrac{1}{24} MH_z)\,\theta^4\,. \tag{46,5}$$

Die Gleichung für die Linie AT_1 wird durch das Verschwinden des Koeffizienten bei θ^2 bestimmt:

$$K_1(T) + \tfrac{1}{2} MH_z = 0 \tag{46,6}$$

(wir erinnern daran, daß für $T < T_1$ gilt: $K_1 < 0$); die Linie $A'T_1$ wird offensichtlich durch die gleiche Gleichung mit entgegengesetztem Vorzeichen im zweiten Term bestimmt und ist symmetrisch zur Linie AT_1.

Der Abschnitt T_2T_c auf der Abszissenachse ist eine Linie für Phasenübergänge erster Art; auf ihr befinden sich zwei Phasen mit unterschiedlichem Vorzeichen im Gleichgewicht miteinander. Der bei Abwesenheit des Feldes im Punkt T_2 stattfindende Phasenübergang zweiter Art verschwindet beim Anlegen eines Feldes; der Punkt T_2 dagegen ist im Phasendiagramm H, T ein kritischer Punkt, d. h. Endpunkt einer Linie für Übergänge erster Art. Der andere Endpunkt dieser Linie erweist sich als Curie-Punkt (in dem für $H_z = 0$ die Magnetisierung verschwindet).

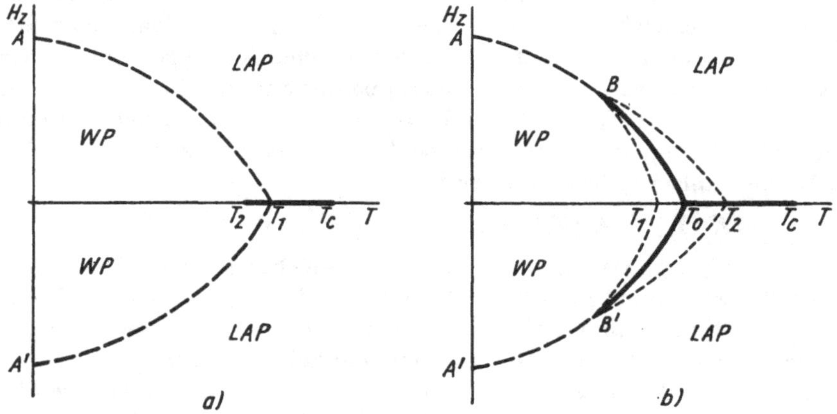

Abb. 25

Im Falle $K_2 < 0$ (Abb. 25b)) ist der Anfangsteil der Grenze ABT_0 (analog auch für die Grenze $A'B'T_0$), der die beiden Phasengebiete im H,T-Diagramm trennt, eine Linie für Phasenübergänge erster Art (ausgezogene Linie BT_0); beiderseits von ihr liegen die durch die punktierten Linien BT_1 und BT_2[1]) begrenzten Metastabilitätsgebiete beider Phasen. Im Punkt B (dem trikritischen Punkt) geht die Linie für Phasenübergänge erster Art in eine Linie für Phasenübergänge zweiter Art über (gestrichelte Linie BA; ihre Gleichung ist (46,6)). Die Koordinaten dieses Punktes werden durch das gleichzeitige Verschwinden der Koeffizienten bei θ^2 und θ^4 im thermodynamischen Potential (46,5), d. h. durch die Gleichungen[2])

$$MH_z = 2\,|K_1(T)|, \qquad K_1(T) = 4K_2(T) \tag{46,7}$$

bestimmt. Schließlich ist die Strecke T_0T_c eine Linie für Phasenübergänge erster Art zwischen Phasen mit entgegengesetzt gerichteter Magnetisierung $M_z = \pm M$.

---

[1]) Selbstverständlich muß die Grenzfläche zwischen beiden koexistierenden Phasen parallel zum Magnetfeld sein, so daß H_z an dieser Grenze stetig ist.

[2]) Auf den trikritischen Punkt im H, T-Phasendiagramm bezieht sich alles das, was in V, § 150 (im Rahmen der Landau-Theorie) für den trikritischen Punkt in der P, T-Ebene abgeleitet wurde.

§ 47. Fluktuationen in einem Ferromagnetikum

Die LANDAU-Theorie der Phasenübergänge, auf der die Darlegung in § 39 begründet ist, berücksichtigt nicht die Fluktuationen des Ordnungsparameters und verliert deshalb in hinreichender Nähe des CURIE-Punktes ihre Gültigkeit. Der Gültigkeitsbereich dieser Theorie wird durch das Kriterium

$$\frac{|t|}{T_c} \gg \frac{T_c B^2}{a\alpha^3} \tag{47,1}$$

bestimmt, wo $t = T - T_c$, a und B Entwicklungskoeffizienten in (39,3 und 4) sind und α von der Größenordnung der Tensorkomponenten α_{ik} in (43,1) ist. Gleichzeitig muß natürlich als Bedingung für die CURIE-Punkt-Nähe $|t| \ll T_c$ sein.[1])

Bei entgegengesetztem Ungleichheitszeichen in (47,1), d. h. im sogenannten Fluktuationsbereich, spielen die Fluktuationen des Ordnungsparameters eine wesentliche Rolle. Eine strenge statistische Theorie für den CURIE-Punkt eines Ferromagnetikums in diesem Bereich müßte auf der effektiven HAMILTON-Funktion

$$H_{\text{eff}} = \int \left\{ at\boldsymbol{M}^2 + B(\boldsymbol{M}^2)^2 + \frac{\bar{\alpha}}{2} \frac{\partial \boldsymbol{M}}{\partial x_i} \frac{\partial \boldsymbol{M}}{\partial x_i} - \boldsymbol{HM} \right\} \mathrm{d}V \tag{47,2}$$

beruhen. Die Funktion $\boldsymbol{M}(\boldsymbol{r})$ wird dabei als langsam variierend in dem Sinne angenommen, daß in ihre FOURIER-Koeffizienten lediglich Wellenvektoren eingehen, die klein gegenüber typischen reziproken atomaren Abständen sind. Die Koeffizienten a, B, $\bar{\alpha}$ stimmen mit den Entwicklungskoeffizienten der LANDAU-Theorie überein, d. h., sie sind temperaturunabhängige Konstanten (der Ableitungsterm wurde der Einfachheit wegen in Annahme einer kubischen Kristallsymmetrie aufgeschrieben, der Koeffizient bei ihm wurde hier im Unterschied zum wahren Koeffizienten α (s. unten) mit $\bar{\alpha}$ bezeichnet). Die effektive HAMILTON-Funktion (47,2) entspricht der Austauschnäherung, d. h., in ihr wurde die Anisotropieenergie vernachlässigt; in derselben Näherung hat man die Fluktuationen des Magnetfeldes, die als Resultat der Magnetisierungsfluktuationen (d. h. durch die magnetostatische Energie der Fluktuationen — vgl. IX, § 70) entstehen, zu vernachlässigen. Für die Austauschnäherung ist die „Entartung" der Aufgabe typisch: Der Ordnungsparameter $\boldsymbol{M}$ besitzt drei Komponenten, die effektive HAMILTON-Funktion aber ist invariant gegenüber Drehungen dieses Vektors um einen konstanten Winkel im gesamten Raum.

Zur Beschreibung des Verhaltens der thermodynamischen Größen in der Nähe eines Phasenübergangspunktes zweiter Art führt man *kritische Indizes* (oder *kritische Exponenten*) gemäß Definitionen ein, die wir hier in Anwendung auf den CURIE-Punkt eines Ferromagnetikums wiederholen. Der Index α bestimmt die Temperaturabhängigkeit der spezifischen Wärme C_p beiderseits des CURIE-Punktes bei Abwesenheit eines äußeren Magnetfeldes[2]):

$$C_p \sim |t|^{-\alpha} \quad \text{für } \boldsymbol{H} = 0\,. \tag{47,3}$$

---

[1]) Hier und weiter unten in diesem Paragraphen werden in V, §§ 146 bis 149 dargelegte Resultate verwendet. Sie werden als für den Leser bekannt vorausgesetzt und nur teilweise des besseren Zusammenhanges und Aufbaus der Darlegung wegen erwähnt. Wir werden nicht jedesmal die entsprechenden Anmerkungen machen.

[2]) Dabei ist der „besondere" Anteil der spezifischen Wärme gemeint. Das bedeutet, daß sich für $\alpha < 0$ die spezifische Wärme wie $C_p = C_{p0} + \text{const} \cdot |t|^{|\alpha|}$ verhält. Man verwechsele nicht den Index α mit dem Koeffizienten α in (47, 1), (47,2) und weiter unten!

Der Index β bestimmt die Temperaturabhängigkeit der spontanen Magnetisierung unterhalb des CURIE-Punktes:

$$M \sim (-t)^{\beta} \quad \text{für} \quad t < 0, \quad \boldsymbol{H} = 0 . \tag{47,4}$$

Der Index γ bestimmt die t-Abhängigkeit der magnetischen Suszeptibilität der paramagnetischen Phase:

$$\chi \sim t^{-\gamma} \quad \text{für} \quad t > 0, \quad \boldsymbol{H} = 0 \tag{47,5}$$

(über ihr Verhalten für $t < 0$ s. unten). Die Abhängigkeit der Magnetisierung vom Feld im CURIE-Punkt selbst wird in der Gestalt

$$M \sim H^{1/\delta}, \quad t = 0 \tag{47,6}$$

geschrieben.

Die Temperaturabhängigkeit des Korrelationsradius der Magnetisierungsfluktuationen wird durch den Index ν bestimmt:

$$r_c \sim |t|^{-\nu} \quad \text{für} \quad \boldsymbol{H} = 0 . \tag{47,7}$$

Im CURIE-Punkt selbst fällt die Korrelationsfunktion nach einem Potenzgesetz mit dem Abstand ab[1]):

$$G_{ik}(r) = \langle \delta M_i(0)\, \delta M_k(\boldsymbol{r}) \rangle \sim r^{-(1+\zeta)} \text{ für } t = 0, \quad \boldsymbol{H} = 0 . \tag{47,8}$$

Die kritischen Indizes sind untereinander durch bestimmte Relationen verknüpft, von denen einige Folgen der *Maßstabsinvarianzhypothese*[2]) sind. Diese Relationen haben universalen Charakter und hängen insbesondere nicht von der Komponentenzahl des Ordnungsparameters ab; sie gestatten es, alle aufgeführten Indizes durch zwei von ihnen auszudrücken.

In Tab. 2 sind die Zahlenwerte der kritischen Indizes für einen ferromagnetischen Übergang aufgeführt. Zum Vergleich sind auch die Werte für andere Entartungsgrade n angegeben (d. h., n ist die Komponentenzahl des Ordnungsparameters $\boldsymbol{M}$ in der effektiven HAMILTON-Funktion der Gestalt (47,2); einem dreidimensionalen Ferromagnetikum entspricht in der Austauschnäherung $n = 3$.[3])

In der paramagnetischen Phase fällt die Korrelationsfunktion bei Abständen $r \gg r_c$ nach einem Exponentialgesetz ab. In der ferromagnetsichen Phase hat man zwischen

Tabelle 2

n	α	β	γ	ν	δ	ζ
1	0,110	0,325	1,240	0,630	0,48	0,031
2	−0,007	0,346	1,315	0,669	0,48	0,033
3	−0,115	0,364	1,387	0,705	0,48	0,033

[1]) Wir betrachten hier nur gewöhnliche dreidimensionale Körper.

[2]) In der deutschsprachigen Literatur wird oft der Begriff *Skalenhypothese* (v. engl. Ausdruck scaling hypothesis) verwendet (Anm. d. Übers.)

[3]) Die Zahlenwerte der kleinen Indizes α und ζ wurden numerischen Rechnungen (J. C. LE GUILOU, J. ZIN-JUSTIN, Phys. Rev. B **21**, 3976 (1980)) entnommen. Die restlichen wurden danach aus diesen beiden berechnet.

Fluktuationen mit und ohne Änderung des Absolutbetrages von M zu unterscheiden. Eben hier zeigt sich die Entartung des Problems in der Austauschnäherung.

Dieser Unterschied fehlt, wenn die Variation des Vektors $\boldsymbol{M}$, darunter auch seiner Richtung, auf kleinen Abständen $r \ll r_c$ stattfindet; die Korrelationsfunktion aller Fluktuationen folgt hier ein und demselben Gesetz (47,8). Auf Abständen $r \gg r_c$ (Wellenvektoren $kr_c \ll 1$) dagegen wachsen die Richtungsfluktuationen von $\boldsymbol{M}$ wegen der Verringerung der Energieaufwendungen bei einer solchen Abweichung vom Gleichgewicht „anomal" an (für eine über den ganzen Kristall homogene Drehung der Magnetisierung, $k \to 0$, sind energetische Aufwendungen überhaupt nicht erforderlich). Die Korrelationsfunktion der Richtungsfluktuationen von $\boldsymbol{M}$ bei diesen Abständen kann man auf thermodynamischem Wege finden.

Die langsame Variation von $\boldsymbol{M}$ gestattet es dann, im thermodynamischen Potential die mit diesen Änderungen verbundenen Termedurch

$$\varPhi = \varPhi_0(T, M) + \frac{\alpha}{2} \int \frac{\partial \boldsymbol{M}}{\partial x_i} \frac{\partial \boldsymbol{M}}{\partial x_i} \mathrm{d}V \tag{47,9}$$

abzutrennen; $\varPhi_0$ bezieht sich hier auf den homogen magnetisierten Körper.[1])

Wir betonen, daß wir hier das wahre thermodynamische Potential meinen; dabei stimmt der Koeffizient α (eine Funktion der Temperatur) nicht mit dem Koeffizienten $\bar{\alpha}$ in der effektiven Hamilton-Funktion überein.

Bei einer kleinen Drehung des Vektors $\boldsymbol{M}$ (ohne Änderung seines Betrages) ändert sich der Term $\varPhi_0(T, M)$ nicht. Wählt man eine bestimmte gegebene Richtung von $\boldsymbol{M}$ als z-Achse, so kann man eine kleine Abweichung von dieser Richtung durch einen kleinen zweidimensionalen Vektor $\delta \boldsymbol{M}_\perp \equiv \boldsymbol{M}_\perp$ in der x,y-Ebene beschreiben. Die entsprechende Änderung im thermodynamischen Potential ist[2])

$$\delta \varPhi = \frac{\alpha}{2} \int \frac{\partial\, \delta \boldsymbol{M}_\perp}{\partial x_i} \frac{\partial\, \delta \boldsymbol{M}_\perp}{\partial x_i} \mathrm{d}V . \tag{47,10}$$

Wir entwickeln $\delta \boldsymbol{M}_\perp$ in eine Fourier -Reihe

$$\delta \boldsymbol{M}_\perp = \sum_{\boldsymbol{k}} \delta \boldsymbol{M}_{\perp \boldsymbol{k}}\, \mathrm{e}^{i\boldsymbol{k}\boldsymbol{r}} , \qquad \delta \boldsymbol{M}_{\perp \boldsymbol{k}} = \delta \boldsymbol{M}^*_{\perp, -\boldsymbol{k}}$$

und erhalten

$$\delta \varPhi = \tfrac{1}{2} V \alpha \sum_{\boldsymbol{k}} k^2\, |\delta \boldsymbol{M}_{\perp \boldsymbol{k}}|^2$$

und weiter für das mittlere Quadrat der Fluktuationen

$$\langle \delta M_{\alpha \boldsymbol{k}}\, \delta M_{\beta \boldsymbol{k}} \rangle = \frac{T}{V \alpha k^2} \delta_{\alpha\beta} , \tag{47,11}$$

---

1) Streng genommen hätte man hier nicht von $\varPhi$, sondern vom thermodynamischen Potential Ω (vgl. V, § 146) zu sprechen, aber wegen des Theorems von den kleinen Zusätzen hat der uns interessierende Ableitungsterm in beiden Potentialen dieselbe Gestalt; wir werden daher das Potential $\varPhi$ schreiben.

2) Die nachfolgenden Rechnungen sind zu den in V, § 146 durchgeführten vollkommen analog.

wo α, β die Vektorindizes in der x,y-Ebene sind. Die entsprechende Koordinatenkorrelationsfunktion ist dann[1])

$$G_{\alpha\beta}(r) = \frac{T}{4\pi\alpha r}\,\delta_{\alpha\beta}\,. \tag{47,12}$$

Somit fällt die Korrelationsfunktion der Richtungsfluktuationen von $\boldsymbol{M}$ in der ferromagnetischen Phase bei Abständen $r \gg r_c$ nach einem langsamen Potenzgesetz ab (während die Korrelationsfunktion der Betragsfluktuationen von M schneller abfällt).

Unter Verwendung der Skalenhypothese kann man nun die Temperaturabhängigkeit der Größe α bestimmen, indem man diese Abhängigkeit durch die bereits eingeführten kritischen Indizes ausdrückt. Wie bereits vermerkt wurde, genügen für $r \ll r_c$ die Korrelationsfunktionen aller Magnetisierungsfluktuationen, darunter auch der ihrer Richtungsfluktuationen, ein und demselben Gesetz (47,8). Einer der Aspekte der Maßstabsinvarianz besteht gerade darin, daß der beide Grenzgesetze trennende typische Abstand eben mit r_c übereinstimmt. Anders ausgedrückt, für $r \approx r_c$ müssen beide Gesetze die gleiche Größenordnung für die Funktion G liefern. Für $r \approx r_c$ ist ihre gemäß (47,7 und 8) bestimmte Temperaturabhängigkeit

$$G \sim r_c^{-(1+\zeta)} \sim (-t)^{\nu(1+\zeta)}\,.$$

Nach (47,12) haben wir jedoch

$$G \sim (\alpha r_c)^{-1} \sim \alpha^{-1}\,(-t)^{\nu}\,.$$

Nach Vergleich beider Ausdrücke finden wir

$$\alpha \sim (t)^{-\nu\zeta} \tag{47,13}$$

(P. C. Hohenberg, P. C. Martin, 1965). Somit strebt für $T \to T_c$ die Größe α langsam (wegen der Kleinheit des Indexes ζ) gegen Unendlich. Wir erinnern daran, daß in der Landau-Theorie α gegen einen von Null verschiedenen endlichen Wert strebt.[2])

Für $\boldsymbol{H} \neq 0$ hat man zum thermodynamischen Potential (47,9) den Term $-\int HM_z\,dV$ hinzuzufügen (bei Vorhandensein eines Feldes stimmt die mittlere Richtung von $\boldsymbol{M}$, die z-Achse, natürlich mit der Richtung von $\boldsymbol{H}$ überein). Bei Richtungsfluktuationen von $\boldsymbol{M}$ erhalten wir aus der Bedingung $\boldsymbol{M}^2 = \text{const}$

$$2M\,\delta M_z + (\delta \boldsymbol{M}_\perp)^2 = 0\,.$$

---

[1]) Die Formel (47,12) kann auch im Rahmen der mikroskopischen Spinwellentheorie abgeleitet werden. Sie ist unabhängig von der Nähe zum Curie-Punkt, wobei weit von ihm entfernt lediglich gefordert wird, daß r groß im Vergleich zu atomaren Abständen sei (s. IX, § 71, Aufgabe 4; in den letzten beiden Formeln dieser Aufgabe unterlief ein Druckfehler: Die Ausdrücke φ_{ik} sind mit dem Faktor 2 zu multiplizieren), währenddessen die Vernachlässigung der magnetischen Anisotropieenergie den Gültigkeitsbereich der Formel (47,12) nach oben hin einschränkt. So hat für einen einachsigen Kristall mit der Anisotropieenergie (41,1) $r \ll \sqrt{\beta/\alpha}$ zu gelten.

[2]) Wir betonen, daß die Möglichkeit, die Abhängigkeit $\alpha(t)$ zu bestimmen, eben mit der Entartung der Aufgabe zusammenhängt. Aus dem gleichen Grund ist die Bestimmung der Temperaturabhängigkeit der suprafluiden Dichte ϱ_s des flüssigen Heliums in der Nähe seines λ-Punktes möglich; in diesem Fall besitzt die Aufgabe den Entartungsgrad $n = 2$ (s. IX, § 28). Eine analoge Rolle spielen in diesen Fällen entsprechend αM^2 und ϱ_s.

Deshalb wird zum Ausdruck (47,10) für die Änderung von φ bei Fluktuationen der Term

$$-\int H\,\delta M_z\,\mathrm{d}V = \frac{H}{2M}\int(\delta \boldsymbol{M}_{\perp})^2\,\mathrm{d}V$$

hinzugefügt. Offensichtlich führt das zu einer Substitution von αk^2 durch $\alpha k^2 + H/M$ in (47,11), so daß

$$\langle \delta M_{\alpha k}\,\delta M_{\beta k}\rangle = -\frac{T}{V(\alpha k^2 + H/M)}\delta_{\alpha\beta} \tag{47,14}$$

gilt.

Diese Formeln gestatten, die Suszeptibilität der ferromagnetischen Phase, d. h. die Ableitung

$$\chi = \frac{\partial}{\partial H}\langle \delta M_z\rangle = -\frac{1}{2M}\frac{\partial}{\partial H}\langle(\delta \boldsymbol{M}_{\perp})^2\rangle \tag{47,15}$$

zu bestimmen. Setzt man hier $\langle(\delta \boldsymbol{M}_{\perp})^2\rangle$ aus (47,14) ein und geht von der $\boldsymbol{k}$-Summation zur Integration über, so findet man

$$\chi = \frac{T}{VM^2}\int\frac{1}{(\alpha k^2 + H/M)^2}\frac{V\,\mathrm{d}^3k}{(2\pi)^3}$$

und nach Berechnung des Integrals schließlich[1])

$$\chi = \frac{T}{8\pi(\alpha M)^{3/2}H^{1/2}}\,. \tag{47,16}$$

Wir sehen, daß in der Austauschnäherung durch die Richtungsfluktuationen von $\boldsymbol{M}$ die Suszeptibilität in der ferromagnetischen Phase ihren eigentlichen Sinn verliert, d. h., sie wächst für $H \to 0$ unbegrenzt an. Die Formel (47,16) ist nicht nur in der Nähe des Curie-Punktes gültig.[2])

Unter M im Nenner von (47,16) hat man dessen Wert für $H = 0$ zu verstehen. Im Fluktuationsbereich (in der Nähe des Curie-Punktes) nehmen wir die Temperaturabhängigkeiten von M und α aus (47,4) und (47,13) und finden, daß in der ferromagnetischen Phase

$$\chi \propto (-t)^{-3(\beta-\nu\zeta)/2}H^{-1/2}\,, \quad t < 0\,, \tag{47,17}$$

gilt.

Im Gültigkeitsbereich der Landau-Theorie (bezüglich der Temperatur) hingegen gibt es einen Wertebereich von H, wo der gewöhnliche Term in der Suszeptibilität (39,7) überwiegt. Zum Beweis setzen wir in (47,16) $M \sim (-at/B)^{1/2}$ ein und erhalten die Bedingung für das Überwiegen des gewöhnlichen Terms in der Gestalt

$$\sqrt{H} \gg T_c B^{3/4}\,(a\,|t|)^{1/4}\,\alpha^{-3/2}\,.$$

---

[1]) Das Integral wird durch den Wertebereich $k^2 \sim H/M\alpha$ bestimmt, was für hinreichend kleine H mit der Gültigkeitsbedingung von Formel (47,14), $kr_c \ll 1$, vereinbar ist.

[2]) Sie kann auch aus der Spinwellentheorie gewonnen werden (s. IX, § 71, Aufgabe 2). Die Vernachlässigung der magnetischen Anisotropien und der magnetostatischen Energie der Fluktuationen schränkt allerdings ihre Gültigkeit durch die Bedingung (für einachsige Kristalle) $H \gg \beta M$ oder $H \gg 4\pi M$ ein.

Andererseits kann man in der LANDAU-Theorie das Feld H als schwach ansehen, wenn $MH \ll AM^2$ gilt, d. h.

$$H \ll (\alpha\,|t|)^{3/2}\,B^{-1/2}$$

ist. Die Kompatibilitätsbedingung beider angegebener Ungleichungen stimmt mit der Gültigkeitsbedingung der LANDAU-Theorie (47,1) überein.

Die Austauschnäherung verliert in hinreichender Nähe zum CURIE-Punkt, wo (wegen der Abnahme der Austauschenergie) die Anisotropieenergie wichtig wird, ihre Gültigkeit. Dabei ändert sich die Komponentenzahl des Ordnungsparameters; so wird er in einem einachsigen Ferromagnetikum vom Typ leichte Achse einkomponentig (M_z anstelle von $\boldsymbol{M}$, vgl. § 40). Im Rahmen der LANDAU-Theorie spiegelt sich dieser Umstand nicht in den Gesetzen der Temperaturabhängigkeit der spontanen Magnetisierung und der magnetischen Suszeptibilität wider. Im Fluktuationsbereich hingegen wird er wesentlich: Unbegrenzt wachsen nur die Fluktuationen der M_z-Komponente, die Fluktuationen von M_x und M_y dagegen bleiben endlich. Das führt zu einer Änderung der Werte der kritischen Indizes sowie auch zum Entstehen einer Temperaturabhängigkeit der Anisotropiekoeffizienten. Die Aufgabe kann auch dadurch kompliziert werden, daß die Berücksichtigung der magnetostatischen Energie der Magnetfeldfluktuationen erforderlich werden kann; auf die Behandlung dieser komplizierten Situation werden wir hier nicht eingehen.

§ 48. Antiferromagnetika in der Nähe des CURIE-Punktes

Wie der Ferromagnetismus, so kommt auch eine antiferromagnetische Struktur im allgemeinen durch die isotrope Austauschwechselwirkung der Elektronen zustande; die schwächeren relativistischen Wechselwirkungen dagegen sind für die kristallographische Orientierung der Magnetisierung der Untergitter verantwortlich.[1]) Die zum gegenwärtigen Zeitpunkt schon bekannten Antiferromagnetika sind hinsichtlich ihrer Struktur und daher auch in ihren konkreten magnetischen Eigenschaften außerordentlich vielfältig.

Zur Illustration beschränken wir uns auf den einfachen (und gleichzeitig auch wichtigen) typischen Fall eines einachsigen Antiferromagnetikums mit zwei antiparallelen magnetischen Untergittern. Die Atome dieser Untergitter nehmen äquivalente Kristallgitterplätze ein (d. h., unter den Symmetrieelementen der magnetischen Raumgruppe existieren Drehungen und Spiegelungen, die Atome der verschiedenen Untergitter ineinander überführen); anderenfalls würde die Symmetrie nicht die strenge Gleichheit der Absolutbeträge der magnetischen Momente der Untergitter fordern, und der Kristall wäre ferromagnetisch.

---

[1]) Die Idee, daß die Austauschwechselwirkung zu einem Zustand der Untergitter mit antiparallelen magnetischen Momenten führen kann, wurde erstmals durch L. NÉEL (1932) formuliert. Unabhängig von ihm wurde dieselbe Idee von L. D. LANDAU (1933) entwickelt; dabei wurde von ihm die Vorstellung vom antiferromagnetischen Zustand als einer thermodynamischen Phase formuliert, die sich von der paramagnetischen Phase unterscheidet, sowie die Notwendigkeit der Existenz eines Phasenübergangspunktes zwischen ihnen konstatiert. Wir werden diesen Punkt als antiferromagnetischen CURIE-Punkt bezeichnen (in der deutschen Literatur auch NÉEL-Punkt; Anm. des Hrsgs.).

Wir bezeichnen mit $\boldsymbol{M}_1$ und $\boldsymbol{M}_2$ die auf das Volumen bezogenen magnetischen Momente beider Untergitter. Als Ordnungsparameter, der gleich Null in der paramagnetischen Phase und in der antiferromagnetischen Phase von Null verschieden ist, wählen wir die Differenz

$$\boldsymbol{L} = \boldsymbol{M}_1 - \boldsymbol{M}_2\,, \tag{48,1}$$

den sogenannten antiferromagnetischen Vektor. Die Magnetisierung jedoch ist bei Abwesenheit eines Magnetfeldes gleich Null und wird durch die Summe $\boldsymbol{M} = \boldsymbol{M}_1 + \boldsymbol{M}_2$ gegeben.

Bezüglich des Vektors $\boldsymbol{L}$ zerfallen alle Symmetrietransformationen in zwei Kategorien: die einen vertauschen nur die Atome innerhalb „ihres" Untergitters und die anderen vertauschen nur Atome verschiedener Untergitter. Im ersten Fall transformiert sich $\boldsymbol{L}$ wie ein axialer Vektor, und im zweiten Falle wechselt er noch zusätzlich das Vorzeichen.

In der Nähe des CURIE-Punktes ist $\boldsymbol{L}$ klein. Im Rahmen der LANDAU-Theorie kann man in diesem Bereich das thermodynamische Potential $\tilde{\Phi}$ nach Potenzen von $\boldsymbol{L}$ und $\boldsymbol{M}$ entwickeln (eine solche Entwicklung wurde erstmals von LANDAU (1933) betrachtet). Da allerdings die Magnetisierung erst bei Vorhandensein eines Feldes $\boldsymbol{H}$ auftritt, so ist es richtiger, die Entwicklung sofort nach $\boldsymbol{L}$ und $\boldsymbol{H}$ durchzuführen. Für einen einachsigen Kristall hat sie die Gestalt

$$\begin{aligned}\tilde{\Phi} = {} & \Phi_0 + AL^2 + BL^4 + D(\boldsymbol{HL})^2 + D'H^2L^2 \\ & - \frac{1}{2}\chi_p H^2 + \frac{1}{2}\beta(L_x^2 + L_y^2) - \frac{1}{2}\gamma(H_x^2 + H_y^2) - \frac{H^2}{8\pi}\,.\end{aligned} \tag{48,2}$$

Die ersten fünf Terme (nach Φ_0) hängen nicht von der kristallographischen Orientierung der Vektoren $\boldsymbol{H}$ und $\boldsymbol{L}$ ab; die Existenz dieser Terme geht auf die Austauschwechselwirkung zurück. Die nächsten beiden Terme sind mit den relativistischen Wechselwirkungen verbunden, die z-Achse wurde wie gewöhnlich längs der Hauptsymmetrieachse des Kristalls gewählt. Ein in $\boldsymbol{H}$ linearer Term der Gestalt $\boldsymbol{HL}$ wird durch die Forderung nach Invarianz bezüglich der das Vorzeichen von $\boldsymbol{L}$ ändernden Transformationen verboten.

Ist $\beta > 0$, so ist der antiferromagnetische Vektor $\boldsymbol{L}$ längs der z-Achse gerichtet (Antiferromagnetikum vom Typ leichte Achse). Ist dagegen $\beta < 0$, so liegt $\boldsymbol{L}$ in der Basisebene (Antiferromagnetikum vom Typ leichte Ebene). Im ersten Fall ist das Auftreten von Antiferromagnetismus mit dem Verschwinden der Funktion $A(T)$, des Koeffizienten bei L_z^2, und im zweiten Fall mit dem Verschwinden der Summe $A + \beta/2$, des Koeffizienten bei $L_x^2 + L_y^2$, verbunden.

Weiter unten werden wir ein Antiferromagnetikum vom Typ leichte Achse betrachten ($\beta > 0$). In der Nähe des CURIE-Punktes setzen wir in der üblichen Weise $A = a(T - T_c)$, und für den Koeffizienten B setzen wir dessen Wert für $T = T_c$ ein; dabei ist $B > 0$ die Bedingung für das Gleichgewicht des Zustandes mit $L = 0$ für $T = T_c$. In der paramagnetischen Phase sind $A > 0$ und $L = 0$. In der antiferromagnetischen Phase ist $A < 0$, und die Minimierung des Potentials $\tilde{\Phi}$ für $H = 0$ liefert die für die LANDAU-Theorie übliche Abhängigkeit von L von der Temperatur

$$L = \sqrt{\frac{a}{2B}(T_c - T)}\,. \tag{48,3}$$

Differenziert man das Potential (48,2) unter Berücksichtigung der Formel

$$\frac{\partial \tilde{\Phi}}{\partial \boldsymbol{H}} = -\frac{\boldsymbol{B}}{4\pi} = -\frac{\boldsymbol{H}}{4\pi} - \boldsymbol{M},$$

so findet man für $L = 0$, d. h. in der paramagnetischen Phase[1]),

$$M_x = (\chi_p + \gamma) H_x, \qquad M_y = (\chi_p + \gamma) H_y, \qquad M_z = \chi_p H_z. \tag{48,4}$$

Die Konstante γ führt zu einer Anisotropie der magnetischen Suszeptibilität in dieser Phase. Wegen ihrer relativistischen Herkunft ist $|\gamma| \ll \chi_p$. Unten werden wir diese Konstante vernachlässigen, so daß die Suszeptibilität χ_p für $T > T_c$ isotrop sein wird.[2])

In der antiferromagnetischen Phase dagegen haben wir für $H \to 0$ (d. h. unter Vernachlässigung der Feldabhängigkeit des Gleichgewichtswertes von $\boldsymbol{L}$)

$$\boldsymbol{M} = \chi_p \boldsymbol{H} - 2D\boldsymbol{L}(\boldsymbol{L}\boldsymbol{H}) - 2D'L^2\boldsymbol{H}. \tag{48,5}$$

Ist das Feld senkrecht zu $\boldsymbol{L}$ gerichtet, dann gilt

$$\boldsymbol{M} = \chi_\perp \boldsymbol{H}, \qquad \chi_\perp = \chi_p - 2D'L^2 = \chi_p - \frac{D'a}{B}(T_c - T). \tag{48,6}$$

Im longitudinalen Feld hingegen erhalten wir

$$\boldsymbol{M} = \chi_{||}\boldsymbol{H}, \qquad \chi_{||} = \chi_\perp - 2DL^2 = \chi_p - \frac{(D + D')a}{B}(T_c - T). \tag{48,7}$$

Wir weisen auf die sogar bei Vernachlässigung der relativistischen Wechselwirkungen verbleibende Anisotropie der Suszeptibilität, d. h. ihren Austauschursprung, hin.

Wir betonen weiterhin, daß die Suszeptibilität im Curie-Punkt selbst endlich und stetig bleibt, die ersten Ableitungen dagegen sprunghaft werden. Hierin besteht ein wesentlicher Unterschied zu Ferromagnetika, wo die Suszeptibilität im Übergangspunkt unendlich wird. Es besteht ein enger Zusammenhang zwischen dem Unterschied im ferro- und antiferromagnetischen Curie-Punkt und dem Unterschied im Charakter ihres Verhaltens unter dem Einfluß eines Magnetfeldes. In einem Ferromagnetikum verschmiert schon ein beliebig schwaches Feld den Übergang, da es durch die Magnetisierung der paramagnetischen Phase den Unterschied in der Symmetrie beider Phasen beseitigt. Die antiferromagnetische Ordnung dagegen kann nicht durch ein Magnetfeld erzeugt werden; der Unterschied in der Symmetrie zwischen beiden Phasen bleibt auch bei Anwesenheit eines Feldes erhalten, und der Übergang bleibt scharf.

Mit der durch die Entwicklung (48,2) zulässigen Genauigkeit hat man die Koeffizienten D und D' in (48,6 und 7) mit ihren Werten im Übergangspunkt $T = T_c$

---

[1]) Der Term $-H^2/8\pi$ im Ausdruck (48,2) wurde abgesondert, damit die Ableitung der restlichen Terme nach $\boldsymbol{H}$ direkt $\boldsymbol{M}$ liefert.

[2]) Praktisch in allen bekannten Fällen werden die Stoffe im antiferromagnetischen Curie-Punkt paramagnetisch, d. h. $\chi_p > 0$. Das Vorzeichen von χ_p kann allerdings nicht ausschließlich durch thermodynamische Überlegungen begründet werden.

gleichzusetzen. Daher sind die Sprünge der Suszeptibilitätsableitungen[1])

$$\frac{\partial \chi_p}{\partial T} - \frac{\partial \chi_\perp}{\partial T} = -\frac{aD'}{B}, \qquad \frac{\partial \chi_p}{\partial T} - \frac{\partial \chi_\parallel}{\partial T} = -\frac{a(D+D')}{B}. \tag{48,8}$$

Wir kehren nun zum Ausdruck (48,2) für $\tilde{\Phi}$ zurück. Von der Richtung von $\boldsymbol{L}$ hängen nur die Terme mit den Koeffizienten D und β ab. Wir nehmen $D > 0$ (d. h. $\chi_\perp > \chi_\parallel$) und wie früher $\beta > 0$ (Antiferromagnetikum vom Typ leichte Achse) an. Ist das Magnetfeld senkrecht zur z-Achse gerichtet, so ist von der Gestalt dieser Terme her klar, daß einem Minimum von $\tilde{\Phi}$ die Werte $L_x = L_y = 0$ entsprechen, d. h., der Vektor $\boldsymbol{L}$ ist immer längs der z-Achse gerichtet. Ist dagegen das Feld längs der z-Achse gerichtet, so sieht man, daß — falls die magnetische Energie im Feld (der erste von den erwähnten Termen) größenmäßig vergleichbar mit der Anisotropieenergie ist — eine Richtungsänderung von $\boldsymbol{L}$ erfolgen muß, d. h., er muß in die Basisebene gedreht werden. Diese Drehung (das *Umklappen*[2]) der Untergitter) vollzieht sich bei einem bestimmten Feldwert $H = H_f$ sprungartig (L. NÉEL, 1936).

Die erwähnten Terme in (48,2) kann man nämlich in der Gestalt

$$H_z^2 D L^2 + L^2 \left(-DH_z^2 + \frac{\beta}{2}\right) \sin^2\theta$$

schreiben, wo θ der Winkel zwischen $\boldsymbol{L}$ und der z-Achse ist. Der Wert $\theta = 0$ entspricht, falls $H_z < H_f$ gilt, einem Minimum von $\tilde{\Phi}$, wobei

$$H_f^2 = \frac{\beta}{2D} = \frac{\beta L^2}{\chi_\perp - \chi_\parallel} \tag{48,9}$$

ist. Wenn jedoch $H_z > H_f$ gilt, dann entspricht der Wert $\theta = \pi/2$ einem Gleichgewicht, d. h., der Vektor $\boldsymbol{L}$ steht senkrecht auf der z-Achse. Die gleiche Situation bleibt auch weitab vom CURIE-Punkt erhalten. Das Umklappfeld ist temperaturabhängig, und die obigen Überlegungen zeigen, daß die Linie $H = H_f(T)$ in der T,H-Ebene eine Linie für Phasenübergänge erster Art ist.[3])

In hinreichend starken Magnetfeldern kann die antiferromagnetische Struktur selbstverständlich nicht thermodynamisch stabil sein, die parallele Orientierung der magnetischen Momente beider Untergitter wird energetisch günstig. Die Zerstörung der antiferromagnetischen Struktur ist mit einer Symmetrieänderung verbunden und vollzieht sich daher als Phasenübergang zweiter Art. Somit wird das Existenzgebiet der antiferromagnetischen Phase in der H,T-Ebene durch eine bestimmte Kurve $H = H_c(T)$ begrenzt. Die Zerstörung des Antiferromagnetismus muß eintreten,

---

[1]) Auf der Grundlage von rein thermodynamischen Überlegungen lassen sich keine allgemeinen Schlüsse über die Vorzeichen von D und D' ziehen. Erfahrungsgemäß ist der Sprung der Ableitung $\partial\chi_\parallel/\partial T$ immer negativ, was $D + D' > 0$ bedeutet. Gewöhnlich ist auch der Sprung von $\partial\chi_\perp/\partial T$ negativ, wobei in der Nähe des CURIE-Punktes $\chi_\perp > \chi_\parallel$ gilt, was $D > 0$, $D' > 0$ bedeutet.

[2]) Nach der englischen Terminologie spin flop (auch spin-flip, Anmerkung d. Übers.)

[3]) Wie bereits mehrfach betont wurde, behalten die anisotropen Terme in Ausdrücken der Form (48,2) unabhängig von der Kleinheit von L als Entwicklungsterme der relativistischen Wechselwirkungen nach den Komponenten des Einheitsvektors $\boldsymbol{l} = \boldsymbol{L}/L$ auch weitab vom CURIE-Punkt ihren Sinn. Die Formel (48,9) bleibt daher auch weitab vom Übergangspunkt gültig, wenn man in ihr βL^2 eben als Koeffizienten des Terms $(l_x^2 + l_y^2)/2$ im thermodynamischen Potential versteht.

wenn die magnetische Energie im Feld vergleichbar mit der Austauschenergie wird. Weitab vom CURIE-Punkt wird die Größenordnung des kritischen Feldes durch die Abschätzung $\mu H_c \approx T_c$ (μ ist das atomare magnetische Moment) gegeben. Bei Annäherung an den CURIE-Punkt fällt H_c ab und verschwindet genau in diesem Punkt. Die Abhängigkeit $H_c(T)$ in diesem Bereich ist mit Hilfe des Ausdrucks (48,2) für das thermodynamische Potential leicht zu bestimmen.

Oben wurde gezeigt, daß für ein Feld $\boldsymbol{H}$ senkrecht zur z-Achse der Vektor $\boldsymbol{L}$ immer parallel zu dieser Achse ist. Die von L abhängigen Terme des thermodynamischen Potentials sind

$$AL^2 + BL^4 + D'H^2L^2 . \tag{48,10}$$

Hieraus ist ersichtlich, daß die Anwesenheit des Magnetfeldes zu einer Substitution des Koeffizienten A durch die Summe $A + D'H^2$ führt, deren Verschwinden dann auch den neuen Übergangspunkt bestimmt. Aus dieser Bedingung finden wir das kritische Feld

$$H_c^2 = -\frac{A}{D'} = \frac{a}{D'}(T_c - T) . \tag{48,11}$$

Ist das Feld $\boldsymbol{H}$ parallel zur z-Achse, dann ist für $H < H_f$ der Vektor $\boldsymbol{L}$ wie früher längs der z-Achse gerichtet; aber die L-abhängigen Terme in (48,2) unterscheiden sich von (48,2) durch die Substitution von D' durch $D + D'$. Somit hat man in diesem Fall

$$H_c^2 = \frac{a}{D + D'}(T_c - T) . \tag{48,12}$$

Ist schließlich $H > H_f$, dann ist der Vektor $\boldsymbol{L}$ senkrecht zur z-Achse; auf analoge Weise erhalten wir in diesem Fall für das kritische Feld den Ausdruck[1])

$$H_c^2 = \frac{a}{D'}\left(T_c - T - \frac{\beta}{2a}\right). \tag{48,13}$$

In Abb. 26 ist das Phasendiagramm in den Koordinaten T, H^2 eines Antiferromagnetikums in der Nähe des CURIE-Punktes für beide betrachteten Feldrichtungen dargestellt. Die gestrichelten Linien stellen Übergänge erster Art dar. P ist die paramagnetische Phase; $AF_{\parallel}$ und $AF_{\perp}$ sind die antiferromagnetischen Phasen mit dem Vektor $\boldsymbol{L}$ parallel bzw. senkrecht zur z-Achse. Im Rahmen der LANDAU-Theorie (in

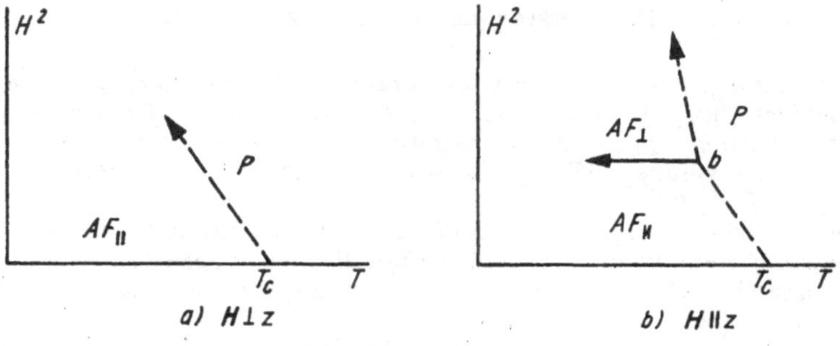

Abb. 26

---

1) Die Ableitung der Formeln (48,11 bis 13) im Rahmen der LANDAU-Theorie wurde von A. S. BOROWIK-ROMANOW (1959) gegeben.

der die Betrachtung durchgeführt wurde) sind alle Linien in den Diagrammen Geraden. Im Fall eines longitudinalen Feldes existiert im Diagramm ein bikritischer Punkt (b in Abb. 26b)), in dem eine Linie für Phasenübergänge erster Art an einer Linie für Phasenübergänge zweiter Art endet. Dieser Punkt ist dem bikritischen Punkt in der P, T-Ebene (dargestellt in Abb. 67 in V, § 150) analog. Die Koordinaten dieses Punktes lauten:

$$T_b = T_c - \frac{\beta}{2a}\frac{D + D'}{D}, \qquad H_b^2 = \frac{\beta}{2D} \tag{48,14}$$

(wobei β, D, D' die Werte der Koeffizienten bei $T = T_b$ sind).

§ 49. Bikritischer Punkt eines Antiferromagnetikums

Die im vorigen Paragraphen verwendete LANDAU-Theorie verliert wie gewöhnlich in hinreichender Nähe von den Linien für Phasenübergänge zweiter Art, d. h. im Fluktuationsbereich, ihre Gültigkeit. Wir betrachten diesen Bereich in der Nähe des bikritischen Punktes auf dem Phasendiagramm eines einachsigen Antiferromagnetikums (vom Typ leichte Achse) im longitudinalen Magnetfeld.

Die effektive HAMILTON-Funktion dieser Aufgabe hat die Gestalt

$$\mathcal{H}_{\text{eff}} = \int \Big\{ aL^2\Big[T - T_b - \frac{D + D'}{a}(H_f^2 - H_z^2)\Big] + BL^4 + DL^2(H_f^2 - H_z^2)\sin^2\theta + \frac{\alpha}{2}\frac{\partial \boldsymbol{L}}{\partial x_i}\frac{\partial \boldsymbol{L}}{\partial x_i}\Big\} \mathrm{d}V\,. \tag{49,1}$$

Der Integrand dieses Ausdrucks besteht aus den L-abhängigen Termen der Entwicklung (48,2), in denen $A = (T - T_c) \cdot a$ gesetzt, die Bezeichnungen T_b und H_f aus (48,9) und (48,14) eingeführt sowie ein Gradiententerm hinzugefügt wurde. Diese HAMILTON Funktion stimmt der Form nach mit der effektiven HAMILTON-Funktion für ein einachsiges (nicht im Magnetfeld befindliches!) Ferromagnetikum überein und unterscheidet sich von ihm nur durch die Bezeichnungen: $\boldsymbol{L}$ anstelle von $\boldsymbol{M}$, der Ausdruck in den eckigen Klammern anstelle von $T - T_c$ sowie die Größe

$$u = 2D(H_f^2 - H_z^2) \tag{49,2}$$

anstelle der Anisotropiekonstanten β des Ferromagnetikums. Für $H_z = H_f$ verschwindet diese Konstante, und (49,1) reduziert sich auf das Integral

$$\mathcal{H}_{\text{eff}} = \int \Big\{ aL^2(T - T_b) + BL^4 + \frac{\alpha}{2}\frac{\partial \boldsymbol{L}}{\partial x_i}\frac{\partial \boldsymbol{L}}{\partial x_i}\Big\} \mathrm{d}V\,, \tag{49,3}$$

das formal mit der effektiven HAMILTON-Funktion für ein Ferromagnetikum in der Austauschnäherung (47,2) übereinstimmt. Diese Analogie gestattet es, eine Reihe von Eigenschaften eines Antiferromagnetikums in der Nähe des bikritischen Punktes durch Verwendung der für ein Ferromagnetikum bekannten Resultate zu klären (M. E. FISHER, D. R. NELSON, 1974).

Die Gleichheit $H_z = H_f$ entspricht einer Linie für Phasenübergänge erster Art (Umklappen der Untergitter). Die erwähnte Analogie läßt den Schluß zu, daß die thermodynamischen Eigenschaften eines Antiferromagnetikums auf dieser Linie in der Nähe des bikritischen Punktes mit den Eigenschaften eines reinen Austauschferromagnetikums in der Nähe seines CURIE-Punktes übereinstimmen (bei entsprechender Bedeutungsänderung der Größen). Insbesondere strebt bei Annäherung an den bikritischen Punkt entlang dieser Linie der Betrag des antiferromagnetischen Vektors nach dem Gesetz

$$L \sim (T_b - T)^\beta \tag{49,4}$$

gegen Null, wobei β mit dem Exponenten β in (47,4) übereinstimmt.[1])

In der Umgebung des bikritischen Punktes, aber nicht auf der Linie für Phasenübergänge erster Art, ist der Parameter u klein, aber von Null verschieden. Wie klein dieser Parameter auch immer sei, bei Annäherung an die Linie für Phasenübergänge zweiter Art nimmt seine Bedeutung zu (vgl. die Bemerkung am Ende von § 47); der Ordnungsparameter wird einkomponentig (L_z in der $AF_{\|}$-Phase) oder zweikomponentig (L_x, L_y in der $AF_{\perp}$-Phase). Je geringer der Wert von u ist, desto kleiner ist die Umgebung, in der seine Rolle wesentlich ist. Der Übergang von dem Verhalten mit $n = 3$ zum Verhalten mit $n = 1$ oder $n = 2$ vollzieht sich über ein bestimmtes Zwischengebiet. Die Annahme einer Maßstabsinvarianz in diesem Gebiet erscheint glaubwürdig: Bei Annäherung an den bikritischen Punkt ändert sich nur der Maßstab für die Größe von u. Im Zusammenhang damit tritt ein neuer kritischer *Zwischenexponent*[2]) φ auf: Bei einer Maßstabsänderung der Variablen $t = T - T_b$ ändert sich der Maßstab der Variablen u wie $|t|^\varphi$. Der Exponent φ muß positiv sein, da bereits ein beliebig kleiner Wert von u den Charakter des Überganges ändert.

Akzeptiert man diese Hypothese, so muß man annehmen, daß die Phasenübergangslinien in der Nähe des bikritischen Punktes durch konstante Werte der Quotienten $x = u/|t|^\varphi$ bestimmt werden. Den Linien für Phasenübergänge erster Art entspricht der Wert $x = 0$, den Linien für Phasenübergänge zweiter Art zwischen den Phasen P und $AF_{\|}$ ein bestimmter Wert $x_1 > 0$ und den Übergangslinien zwischen den Phasen P und $AF_{\perp}$ ein gewisser Wert $x_2 < 0$. Unter H_f in der Definition (49,2) hat man nun natürlich die wahre Funktion $H_f(T)$ zu verstehen, die von der strengen Lösung des statistischen Problems mit der effektiven HAMILTON-Funktion (49,1) geliefert werden würde. Durch ihre Entwicklung nach Potenzen von t und Weglassen des konstanten Faktors $2H_b$ in u bestimmen wir die Variable u in der Umgebung des bikritischen Punktes zu

$$u = H_b - H_z + c(T - T_b)\,, \tag{49,5}$$

wobei c eine Konstante ist. Die Gleichung der Linie für Übergänge erster Art lautet

$$H_z - H_b = c(T - T_b)\,,$$

und für die Linien der Phasenübergänge zweiter Art ergibt sich

$$H_z - H_b = c(T - T_b) \pm c_{1,2}(T - T_b)^\varphi\,, \tag{49,6}$$

---

[1]) Der Index γ dagegen hat im vorliegenden Fall keinen direkten physikalischen Sinn, da er mit dem Feld $\boldsymbol{h}$ verbunden ist, das in der effektiven HAMILTON-Funktion in der Gestalt $-\boldsymbol{hL}$ eingehen würde, welches aber für ein Antiferromagnetikum real nicht existiert.

[2]) Crossover nach der englischen Terminologie (wird in der deutschsprachigen Literatur auch häufig verwendet, Anm. d. Übers.).

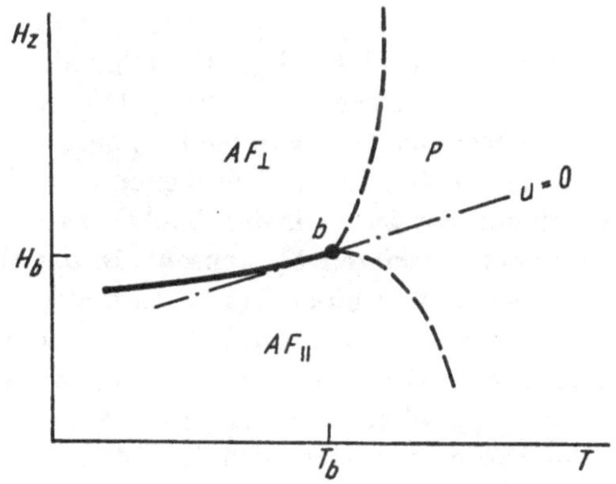

Abb. 27

wobei c_1 und c_2 positive Konstanten sind. Für $\varphi > 1$ (numerische Abschätzungen liefern den Wert $\varphi \approx 1{,}25$) ist das Aussehen dieser Linien im Fluktuationsbereich in Abb. 27 dargestellt; im Punkt b besitzen sie eine gemeinsame Tangente.

Die Hypothese von der Maßstabsinvarianz in der Umgebung des bikritischen Punktes läßt auch eine Reihe von Schlüssen hinsichtlich der Änderungsgesetze für den Betrag des antiferromagnetischen Vektors $\boldsymbol{L}$ bei Annäherung aus verschiedenen Richtungen an diesen Punkt in der T,H_z-Ebene zu; hierauf werden wir nicht weiter eingehen.[1])

§ 50. Schwacher Ferromagnetismus

Es gibt Kristalle, in denen die Austauschwechselwirkung eine antiferromagnetische Struktur bedingt, die verhältnismäßig schwachen relativistischen Wechselwirkungen jedoch zu einer kleinen Verzerrung dieser Struktur führen, so daß im Endergebnis eine Magnetisierung $\boldsymbol{M}$ auftritt, die entsprechend dem Quotienten aus der relativistischen Wechselwirkung zur Austauschwechselwirkung „anomal" klein ist. Dieses Phänomen wird als *schwacher Ferromagnetismus*[2]) bezeichnet.

Die Austauschwechselwirkung selbst läßt eine beliebige Orientierung des antiferromagnetischen Vektors $\boldsymbol{L}$ im Kristall zu. Seine bestimmte kristallographische Orientierung wird erst durch die relativistischen Wechselwirkungen, die durch in $\boldsymbol{L}$ anisotrope Terme der Entwicklung des thermodynamischen Potentials beschrieben werden, eingestellt. Es kann sich erweisen, daß die Symmetrie der auf diese Art entstandenen Struktur die Existenz eines ferromagnetischen Moments $\boldsymbol{M}$ zuläßt.[3]) In solchen Fällen entsteht ein schwacher Ferromagnetismus: Unter den relativistischen Entwicklungstermen des thermodynamischen Potentials befinden sich auch solche, die zu der erforderlichen Deformation der antiferromagnetischen Struktur führen.[4]) Wir werden dies an einem typischen Beispiel demonstrieren.

---

[1]) Siehe M. E. Fisher, D. R. Nelson, Phys. Rev. Lett. **32**, 1350 (1974).

[2]) Hält man sich an die in § 37 erwähnte Terminologie, so hätte man besser von einem schwachen Ferrimagnetismus zu sprechen.

[3]) Wir erinnern daran, daß dafür in jedem Fall die Übereinstimmung der magnetischen mit der kristallographischen Elementarzelle notwendig ist, s. S. 169.

[4]) Die Theorie des schwachen Ferromagnetismus wurde von I. J. Dsjaloschinski (1957) entwickelt.

Wir betrachten rhomboedrische, zur Raumgruppe $\mathbf{D}_{3d}^6$ gehörige Kristalle. Wir erinnern daran (s. III, § 93), daß die Kristallklasse $\mathbf{D}_{3d}$ die folgenden Symmetrieelemente enthält: eine dreizählige Symmetrieachse C_3 (trigonale Achse), drei zu ihr senkrechte zweizählige Achsen (die wir mit den Symbolen U_2 bezeichnen) und ein Inversionszentrum I; infolgedessen treten drei Symmetrieebenen σ_d auf, von denen jede durch eine C_3-Achse geht und senkrecht zu einer der U_2-Achsen ist (damit halbieren sie den Winkel zwischen den beiden anderen U_2-Achsen). In der Raumgruppe $\mathbf{D}_{3d}^6$ werden die σ_d-Ebenen zu Gleitebenen mit einer Translation von einer halben Periode längs der trigonalen Achse. Dies führt zu der in Abb. 28 dargestellten Lage der Achsen und des Inversionszentrums in jeder Elementarzelle. Die abgebildete vertikale Strecke stellt eine Periode längs der trigonalen Achse dar (die Raumdiagonale der romboedrischen Zelle); nach der üblichen Konvention wird ihre Länge als 1 angenommen. Die zweizähligen Achsen verlaufen durch die Punkte $^1/_4$ und $^3/_4$. Das Inversionszentrum hingegen befindet sich in den Punkten 0 und $^1/_2$ (Kreuze in der Abbildung). Die vertikalen Ebenen σ_d sind in der Abbildung nicht dargestellt.

In den Antiferromagnetika $FeCO_3$ und $MnCO_3$ enthält jede Elementarzelle je zwei magnetische Ionen (Fe^{++} oder Mn^{++}), die die äquivalenten Plätze 0 und $^1/_2$ auf der trigonalen Achse einnehmen. Die Austauschwechselwirkung bedingt eine magnetische Struktur, in der die Momente dieser beiden Ionen antiparallel sind. Dabei sind in $FeCO_3$ die Momente der Fe^{++}-Ionen längs der trigonalen Achse gerichtet (Abb. 29).

Es ist leicht zu sehen, daß eine solche Struktur invariant bezüglich aller Transformationen der Klasse $\mathbf{D}_{3d}$ ist und daher keinen Ferromagnetismus zuläßt. (Die Existenz eines Vektors $\boldsymbol{M}$ längs der trigonalen Achse wird durch das Vorhandensein der U_2-Achsen und die eines Vektors $\boldsymbol{M}$ in der Basisebene durch das Vorhandensein der C_3-Achse ausgeschlossen.)

In dem Antiferromagnetikum $MnCO_3$ hingegen liegen die magnetischen Momente, wie das in Abb. 30 dargestellt ist, in der Basisebene (x,y-Ebene) senkrecht zur trigonalen Achse (z-Achse). Liegen dabei die Momente in einer der σ_d-Ebenen (die wir dann als x,z-Ebene wählen), so hat die magnetische Struktur die Symmetrieelemente (außer dem Einselement)

$$U_2^{(y)},\ \boldsymbol{I},\ \sigma_d^{(xz)},$$

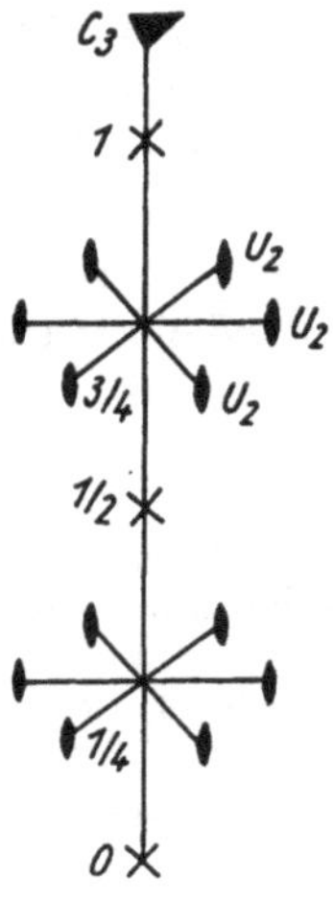

Abb. 28

Abb. 29

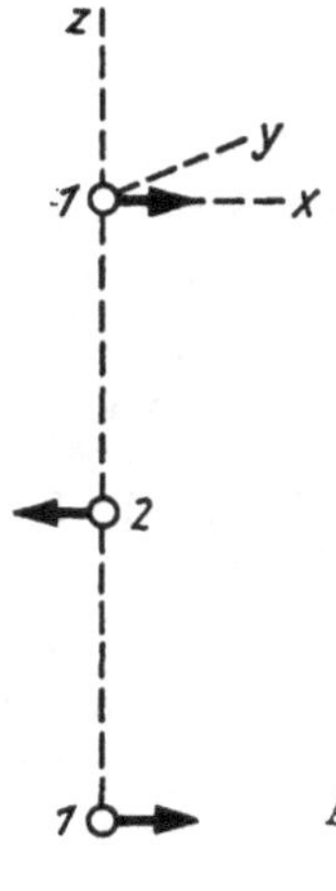

Abb. 30

d. h., sie gehört zu einer magnetischen Klasse, die mit der gewöhnlichen Klasse $\mathbf{C}_{2h}$ zusammenfällt; sie läßt die Existenz eines Vektors $\boldsymbol{M}$ in der Richtung der y-Achse zu. Sind dagegen die Momente längs einer der U_2-Achsen gerichtet (die wir dann als x-Achse wählen, so hat die magnetische Struktur die Symmetrieelemente

$$U_2^{(x)}R\,,\ I,\ \sigma_d^{(xz)}R\,,$$

d. h., sie gehört zur magnetischen Klasse $\mathbf{C}_{2h}(\mathbf{C}_i)$; sie läßt ebenfalls die Existenz eines Vektors $\boldsymbol{M}$ in Richtung der y-Achse zu. In beiden Fällen entsteht der Vektor $\boldsymbol{M}$, wie das in Abb. 31 dargestellt ist, durch Drehung der Momente der beiden Ionen in jeder Elementarzelle in der x,y-Ebene aufeinander zu.

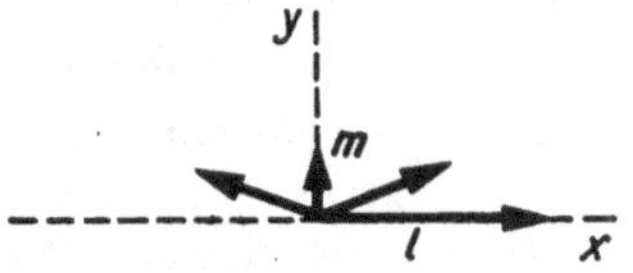

Abb. 31

Wir gehen nun zur quantitativen Theorie über und führen erneut die Vektoren $\boldsymbol{M} = \boldsymbol{M}_1 + \boldsymbol{M}_2$ und $\boldsymbol{L} = \boldsymbol{M}_1 - \boldsymbol{M}_2$ ein, wobei sich die Indizes 1 und 2 auf die beiden magnetischen Untergitter beziehen. Den Einheitsvektor in der Richtung von $\boldsymbol{L}$ bezeichnen wir mit $\boldsymbol{l}$.

Wir betrachten die Entwicklung des thermodynamischen Potentials Φ (für $\boldsymbol{H} = 0$) nach Potenzen von $\boldsymbol{M}$ und $\boldsymbol{L}$. Die Entwicklung nach $\boldsymbol{M}$ ist bereits durch die Kleinheit dieser Größe in einem schwachen Ferromagnetikum möglich. Die Entwicklung der Anisotropieenergie nach Potenzen von $\boldsymbol{l}$ beruht wie immer auf der verhältnismäßigen Kleinheit der relativistischen Wechselwirkungen. Somit wird hier keineswegs die Nähe zum Punkt des Phasenüberganges zweiter Art (Kleinheit von L) vorausgesetzt. Die zu behandelnde Theorie unterliegt daher nicht den der LANDAU-Theorie eigenen Einschränkungen.

Die Entwicklungsterme müssen invariant bezüglich aller Transformationen der Gruppe $\mathbf{D}_{3d}^6$ sein. Die ersten Terme dieser Entwicklung lauten

$$\Phi = \Phi_0(L) + BM^2 + D(\boldsymbol{lM})^2 - \frac{\beta}{2}M_z^2 - \frac{\gamma L^2}{2}l_z^2 + \zeta L(M_x l_y - M_y l_x)\,, \tag{50,1}$$

wobei $\Phi_0(L)$ eine in $\boldsymbol{L}$ isotrope Funktion ist. Die ersten beiden (nach Φ_0) Terme entstehen durch Austauschwechselwirkung; dabei gilt $B > 0$ (anderenfalls würde eine mit dem Antiferromagnetismus nicht in Zusammenhang stehende spontane Magnetisierung auftreten, d. h., der Körper wäre einfach ein gewöhnliches Ferromagnetikum. Die folgenden drei Entwicklungsterme sind von erster Ordnung ($\sim v^2/c^2$) in den relativistischen Wechselwirkungen.[1]) Der letzte von ihnen kann in der Gestalt L ($\boldsymbol{\zeta}[\boldsymbol{Ml}]$) dargestellt werden, wo $\boldsymbol{\zeta}$ ein längs der z-Achse gerichteter Vektor ist.[2])

---

[1]) Die Faktoren L^2 und L in den Definitionen der letzten beiden Terme wurden lediglich dazu eingeführt, daß alle Koeffizienten in (50,1) dimensionslos werden. Das bedeutet keineswegs eine Entwicklung nach Potenzen der Größe L.

[2]) Die mikroskopische Herkunft des Terms dieser Gestalt hängt mit den bezüglich des Spins antisymmetrischen Wechselwirkungen zusammen, die als Effekt zweiter Störungsordnung durch gemischte Terme, die bilinear in der Austauschwechselwirkung und in der relativistischen Spin-Bahn-Wechselwirkung sind, entstehen. Siehe T. MORIYA (Ed. G. T. RADO and H. SUHL), Magnetism, Vol. I, N. Y. Academic Press, 1963.

Die Invarianz aller Terme in (50,1) ist — außer für den letzten — offensichtlich. Was die Invarianz des letzten Terms betrifft, so ist es ausreichend, sie für die C_3-Achse, eine der U_2-Achsen sowie das Inversionszentrum I zu prüfen. Die Invarianz bezüglich von Drehungen um die trigonale Achse (z-Achse) wird beim Aufschreiben der z-Komponenten des Vektors $[\boldsymbol{Ml}]$ offensichtlich (dabei ist wesentlich, daß die Drehungen Atome aus verschiedenen Untergittern miteinander nicht vertauschen und daher $\boldsymbol{M}$ und $\boldsymbol{l}$ gleichartig transformiert werden). Die Invarianz bezüglich der Inversion folgt aus der Invarianz jedes der Vektoren $\boldsymbol{M}$ und $\boldsymbol{l}$: Für $\boldsymbol{M}$ folgt dies bereits aus dem axialen Charakter des Vektors selbst, und für $\boldsymbol{l}$ muß man weiterhin berücksichtigen, daß in der betrachteten Struktur die Inversion nur Atome innerhalb jedes Untergitters miteinander vertauscht. Die Transformation $U_2^{(x)}$ schließlich vertauscht Atome mit gegeneinander gerichteten Momenten; daher gilt bei einer derartigen Drehung $M_x, M_y \to M_x, -M_y$ und $l_x, l_y \to -l_x, l_y$, woraus offensichtlich die Invarianz der Differenz $M_x l_y - M_y l_x$ folgt.

Wir werden annehmen, daß die Konstante $\gamma < 0$ ist, dann liegt der Vektor $\boldsymbol{l}$ in der Basisebene ($l_z = 0$). Als x-Ebene wählen wir die Ebene, durch die der Vektor $\boldsymbol{l}$ verläuft, und bestimmen das Minimum von Φ bezüglich $\boldsymbol{M}$ bei gegebenem $\boldsymbol{L}$. Für das ferromagnetische Moment finden wir

$$M_x = 0\,, \qquad M_y = \frac{\zeta}{2B} L_x, \qquad M_z = 0\,. \tag{50,2}$$

Da $|\zeta| \ll B$ gilt, ist M tatsächlich klein. Wir sehen, daß der schwache Ferromagnetismus im Zusammenhang mit dem letzten Term in (50,1), der bilinear in $\boldsymbol{M}$ und $\boldsymbol{l}$ ist, entsteht. Der enge Zusammenhang zwischen der Richtung von $\boldsymbol{M}$ und der antiferromagnetischen Struktur ist charakteristisch für den schwachen Ferromagnetismus; im vorliegenden Fall liegt $\boldsymbol{M}$ in derselben Basisebene und ist orthogonal zum Vektor $\boldsymbol{L}$.[1])

Bei Vorhandensein eines Feldes gewinnt man die Abhängigkeit der Magnetisierung von $\boldsymbol{H}$ aus der Minimalbedingung für das thermodynamische Potential $\tilde{\Phi} = \Phi - \boldsymbol{MH} - H^2/8\pi$. Die Minimierung muß nach der Strukturorientierung in der Basisebene und in bezug auf die Komponenten des Vektors $\boldsymbol{M}$ erfolgen. Bei Vernachlässigung der magnetischen Anisotropie in der Basisebene dreht sich die Magnetisierung offensichtlich so, daß ihre Komponente in dieser Ebene $\boldsymbol{M}_\perp$ längs des Feldes $\boldsymbol{H}_\perp$ zu liegen kommt und der Vektor $\boldsymbol{L}$ entsprechend orthogonal zu $\boldsymbol{H}_\perp$ wird.[2]) Danach liefert die Minimierung von Φ nach $\boldsymbol{M}_\perp$ und M_z das Resultat

$$M_z = \chi_{\|} H_z\,, \qquad M_\perp = \chi_\perp (H_D + H_\perp)\,, \tag{50,3}$$

---

[1]) In der dem thermodynamischen Potential (50,1) entsprechenden Näherung liegt in der Basisebene keine magnetische Anisotropie vor, und die Richtung von $\boldsymbol{L}$ in ihr bleibt beliebig. Die Anisotropie (und mit ihr auch die bestimmte Orientierung von $\boldsymbol{L}$) tritt erst bei Berücksichtigung von Termen höherer (bis zur sechsten) Ordnung auf. Dabei entstehen auch in den z- und x,y-Komponenten der Vektoren gemischte Terme, infolgedessen weichen die magnetischen Momente um einen kleinen Winkel von der Basisebene ab.

[2]) Es wird angenommen, daß $D > 0$ gelte; für $D < 0$ kann die Existenz des Terms $-|D|\,(\boldsymbol{lM})^2$ mit einem großen Koeffizienten $|D|$ die gegenseitige Orthogonalität von $\boldsymbol{l}$ und $\boldsymbol{H}_\perp$ verletzen. Die Vernachlässigung der Anisotropie in der Basisebene bedeutet für die Größe der zu betrachtenden Felder bestimmte Einschränkungen nach unten.

wobei die Suszeptibilitäten

$$\chi_{\parallel} = \frac{1}{2B - \beta}, \quad \chi_{\perp} = \frac{1}{2B} \tag{50,4}$$

und die Bezeichnung

$$H_{\mathrm{D}} = |\zeta|\, L \tag{50,5}$$

für das „effektive Feld", das die spontane Magnetisierung eines schwachen Ferromagnetikums bestimmt (man bezeichnet es als DSJALOSCHINSKI-*Feld*), eingeführt wurden. Da $|\beta| \ll B$ gilt, ist $\chi_{\parallel} \approx \chi_{\perp}$.

Wir erwähnen noch eine Eigenschaft der betrachteten Stoffklasse, die bei angelegtem Feld $\boldsymbol{H}$ in der Nähe des Übergangspunktes zur paramagnetischen Phase auftritt. Im Rahmen der LANDAU-Theorie entwickeln wir die Funktion $\Phi_0(L)$ in diesem Bereich in eine Potenzreihe nach L:

$$\Phi_0(L) = \Phi_0(0) + AL^2 + CL^4 .$$

Der Vektor $\boldsymbol{L}$ zeige in die Richtung der x-Achse Der Bestimmtheit halber nehmen wir $\zeta > 0$ an;[1]) dann zeigt der Vektor $\boldsymbol{M}$ in Richtung der positiven y-Achse; für das Feld $\boldsymbol{H}$ nehmen wir dieselbe Richtung an. Das thermodynamische Potential ist

$$\tilde{\Phi} = \Phi_0(0) + AL^2 + CL^4 + BM^2 - \zeta LM - HM - \frac{H^2}{8\pi}\,; \tag{50,6}$$

in der Nähe des CURIE-Punktes wird die Entwicklung der Anisotropieenergie nach Potenzen des Einheitsvektors $\boldsymbol{l}$ zu einer Entwicklung nach dem Vektor $\boldsymbol{L}$ selbst. Bei fehlendem Feld ist $M = \zeta L/2B$, und die Entwicklung (50,6) nimmt die Gestalt

$$\Phi = \Phi_0 + \left(A - \frac{\zeta^2}{4B}\right) L^2 + CL^4$$

an. Der CURIE-Punkt wird durch das Verschwinden des Koeffizienten bei L^2 bestimmt, so daß in dessen Nähe

$$A - \frac{\zeta^2}{AB} = a(T - T_c)$$

$(a > 0)$ ist; die übrigen Koeffizienten nehmen wir mit ihren Werten für $T = T_c$ (dabei ist $C > 0$).

Bei Vorhandensein eines Feldes liefern die Gleichungen $\partial\tilde{\Phi}/\partial L = 0$, $\partial\tilde{\Phi}/\partial M = 0$ nach Eliminieren von M die folgende Bestimmungsgleichung für L:

$$2CL^3 + a(T - T_c)\, L - \frac{\zeta H}{4B} = 0\,. \tag{50,7}$$

---

[1]) Wir bemerken, daß das Vorzeichen des Koeffizienten in dem Sinne nicht eindeutig ist, daß es von der Definition des Vektors $\boldsymbol{L} = \boldsymbol{M}_1 - \boldsymbol{M}_2$ abhängt; und zwar davon, welche magnetischen Atome im Kristall man den Untergittern 1 und 2 zuordnet. Wenn aber diese Wahl für einen gegebenen Kristall getroffen wurde, so bekommt das Vorzeichen von ζ einen bestimmten Sinn; von ihm hängt die Richtung von $\boldsymbol{M}$ in bezug auf die Richtung von $\boldsymbol{L}$ und auf die kristallographischen Achsen ab.

Bereits hieraus ist ersichtlich, daß in einem schwachen Ferromagnetikum (wie auch in einem gewöhnlichen) ein Magnetfeld den Phasenübergang verschmiert.[1]) Dabei erweist sich auch der antiferromagnetische Vektor beiderseits des Punktes $T = T_c$ als von Null verschieden; das Magnetfeld ruft in der paramagnetischen Phase eine antiferromagnetische Ordnung hervor und beseitigt damit den Unterschied in den Symmetrieeigenschaften beider Phasen (A. S. Borowik-Romanow, W. I. Oshogin, 1960). Für $T > T_c$ fällt, beginnend bei einem bestimmten Abstand zu diesem Punkt, L nach dem Gesetz

$$L = \frac{\zeta H}{4aB(T - T_c)}$$

ab.

§ 51. Piezomagnetismus und magnetoelektrischer Effekt

Der *Piezomagnetismus* und der *magnetoelektrische* Effekt in Antiferromagnetika stehen in einem engen Zusammenhang zur magnetischen Symmetrie. Der zuerst genannte Effekt äußert sich im Auftreten einer Magnetisierung beim Anlegen von elastischen Spannungen an den Kristall in Analogie zur Piezoelektrizität. Er wird durch einen sowohl im Feld als auch im elastischen Spannungstensor linearen Term im thermodynamischen Potential des Kristalls beschrieben:

$$\tilde{\Phi}_{\text{pm}} = -\lambda_{i,kl} H_i \sigma_{kl}\,, \tag{51,1}$$

wobei $\lambda_{i,kl}$ ein in den Indizes kl symmetrischer Tensor ist (vgl. (17,7)). Dieser Term führt zum Auftreten eines Zusatzterms $4\pi\lambda_{i,kl}\sigma_{kl}$ in der Induktion $B_i = -4\pi\, \partial\tilde{\Phi}/\partial H_i$. Anders ausgedrückt: Bei $\boldsymbol{H} = 0$ entsteht eine in der Deformation lineare Magnetisierung

$$M_i = \lambda_{i,kl}\sigma_{kl}\,. \tag{51,2}$$

Eine andere Erscheinungsform dieser Eigenschaft ist die *lineare Magnetostriktion*, die Entstehung einer linearen Deformation im Kristall bei angelegtem Feld:

$$u_{kl} = -\frac{\partial\tilde{\Phi}_{\text{pm}}}{\partial\sigma_{kl}} = \lambda_{i,kl} H_i\,. \tag{51,3}$$

Die Operation der Zeitumkehr ändert das Vorzeichen des Feldes $\boldsymbol{H}$ (und der Magnetisierung $\boldsymbol{M}$) und läßt den Tensor σ_{kl} unverändert; selbstverständlich muß auch das thermodynamische Potential unverändert bleiben. Der piezomagnetische Tensor ändert deshalb bei Zeitumkehr das Vorzeichen. Hieraus folgt seinerseits, daß Piezomagnetismus nur in Körpern mit magnetischer Struktur möglich ist; anderenfalls sind die Eigenschaften des Körpers invariant bezüglich der Transformation R, und man hätte $\lambda_{i,kl} = -\lambda_{i,kl} = 0$. Piezomagnetismus ist in Antiferromagnetika möglich, die zu bestimmten magnetischen Symmetrieklassen gehören, die die Transformation R nur in Kombination mit Drehungen oder Spiegelungen oder überhaupt nicht enthalten (B. A. Tawger, W. M. Saizew, 1956).

[1]) Die Gleichung (50,7) hat die gleiche Gestalt wie die Gleichung (19,4) für Ferroelektrika im elektrischen Feld oder die analoge Gleichung für gewöhnliche Ferromagnetika im Magnetfeld.

Der magnetoelektrische Effekt besteht in einem linearen Zusammenhang zwischen magnetischem und elektrischem Feld im Stoff; er führt beispielsweise zu einer dem elektrischen Feld proportionalen Magnetisierung (L. D. LANDAU, E. M. LIFSCHITZ, 1956). Dieser Effekt wird durch einen Term im thermodynamischen Potential beschrieben, der linear sowohl im elektrischen als auch im magnetischen Feld ist:

$$\tilde{\Phi}_{\mathrm{me}} = -\alpha_{ik} E_i H_k \tag{51,4}$$

mit α_{ik} als einem unsymmetrischen Tensor. Für $\boldsymbol{H} = 0$ erzeugt ein elektrisches Feld in der Substanz die Magnetisierung

$$M_k = \alpha_{ik} E_i , \tag{51,5}$$

und bei $\boldsymbol{E} = 0$ erzeugt ein Magnetfeld die elektrische Polarisation

$$P_i = \alpha_{ik} H_k . \tag{51,6}$$

Der magnetoelektrische Effekt wird wie auch der Piezomagnetismus nur von bestimmten Klassen der magnetischen Symmetrie zugelassen; der magnetoelektrische Tensor α_{ik} ist ungerade bezüglich Zeitumkehr und verschwindet in Körpern ohne magnetische Struktur. Da $\boldsymbol{E}$ ein polarer und $\boldsymbol{H}$ ein axialer Vektor ist, verschwindet der Tensor α_{ik} in jedem Fall, wenn die Kristallsymmetrie die Inversion I enthält; für das Auftreten des magnetoelektrischen Effekts ist die Inversion nur in der Kombination IR zulässig.

Aufgaben[1])

1. Man bestimme die von Null verschiedenen Komponenten des piezomagnetischen Tensors in dem Antiferromagnetikum $FeCO_3$ (die Struktur ist in Abb. 29 dargestellt).

Lösung. Wie bereits in § 50 erwähnt wurde, fällt die magnetische Klasse der vorliegenden Struktur mit der kristallographischen Klasse $\mathbf{D}_{3d}$ zusammen und enthält das Element R überhaupt nicht. Die Transformationen dieser Klassen lassen den Ausdruck

$$\tilde{\Phi}_{\mathrm{pm}} = -\lambda_1[(\sigma_{xx} - \sigma_{yy}) H_x - 2\sigma_{xy} H_y] - \lambda_2(\sigma_{xz} H_y - \sigma_{yz} H_x)$$

invariant, wobei die z-Achse längs der dreizähligen Symmetrieachse und die x-Achse längs einer der horizontalen zweizähligen Achsen gerichtet ist (ein solcher Ausdruck für die Klasse $\mathbf{D}_3$ wurde im piezoelektrischen Fall in Aufgabe 1, § 17, gefunden; im piezomagnetischen Falle behält er auch für die Klasse $\mathbf{D}_{3d} = \mathbf{D}_3 \times \mathbf{C}_i$ seine Gültigkeit, da die räumliche Inversion I sowohl den Tensor zweiter Stufe σ_{ik} als auch den axialen Vektor $\boldsymbol{H}$ unverändert läßt. Hieraus haben wir für die Magnetisierung

$$M_x = \lambda_1(\sigma_{xx} - \sigma_{yy}) - \lambda_2\sigma_{yz} , \qquad M_y = -2\lambda_1\sigma_{xy} + \lambda_2\sigma_{xz} .$$

2. Dasselbe für einen zur magnetischen Klasse $\mathbf{D}_{4h}(\mathbf{D}_{2h})$ gehörenden Kristall.[2])

Lösung. Die erwähnte Klasse enthält (außer dem Einselement) die Elemente

$$C_2,\ 2C_4R,\ 2U_2,\ 2U_2'R,\ I,\ \sigma_h,\ 2\sigma_v,\ 2\sigma_v'R$$

(die Bezeichnung der Symmetrieelemente erfolgt überall gemäß III, § 95). Diese Transformationen lassen den Ausdruck

$$\tilde{\Phi}_{\mathrm{pm}} = -\lambda_1(\sigma_{xz} H_y + \sigma_{yz} H_x) - \lambda_2\sigma_{xy} H_z$$

invariant (die z-Achse ist längs der vierzähligen Symmetrieachse, und die x,y-Achsen sind längs der beiden horizontalen zweizähligen Achsen gerichtet). Hieraus erhält man für die

---

[1]) Die hier angeführten Übungsaufgaben stammen von I. J. DSJALOSCHINSKI (1957, 1959).
[2]) Von dieser Art sind die Antiferromagnetika MnF_2 und CoF_2.

Magnetisierung

$$M_x = \lambda_1 \sigma_{yz}, \qquad M_y = \lambda_1 \sigma_{xz}, \qquad M_z = \lambda_2 \sigma_{xy} .$$

3. Man bestimme die von Null verschiedenen Komponenten des magnetoelektrischen Tensors für das Antiferromagnetikum Cr_2O_3. Dieser Kristall gehört zur kristallographischen Raumgruppe $\mathbf{D}_{3d}$ (s. § 50) und enthält in jeder Elementarzelle vier Cr-Atome, die die äquivalenten Punkte u, $^1/_2 - u$, $^1/_2 + u$, $1 - u$ ($u < {}^1/_4$) auf der trigonalen Achse einnehmen; ihre magnetischen Momente liegen, wie das in Abb. 32 dargestellt ist, auch längs dieser Achse.

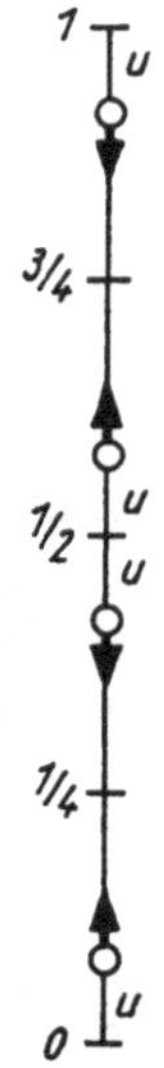

Abb. 32

Lösung. Das vorliegende Antiferromagnetikum gehört zur magnetischen Klasse $\mathbf{D}_{3d}(\mathbf{D}_3)$, das die Elemente

$$2C_3, \; 3U_2, \; IR, \; 2S_6R, \; 3\sigma_d R$$

enthält. Diese Transformationen lassen den Ausdruck

$$\Phi_{\mathrm{me}} = -\alpha_{\parallel} E_z H_z - \alpha_{\perp}(E_x H_x + E_y H_y)$$

invariant (die z-Achse ist längs der trigonalen Achse gerichtet), d. h., die Komponenten $\alpha_{xx} = \alpha_{yy} = \alpha_{\perp}$ und $\alpha_{zz} = \alpha_{\parallel}$ sind von Null verschieden.

§ 52. Helikoidale magnetische Struktur

Eine besondere Kategorie bilden magnetische Strukturen, in denen die Perioden des „magnetischen Gitters" inkommensurabel mit den Perioden des kristallographischen Grundgitters sind. Für die Entstehung solcher Strukturen sind verschiedene Mechanismen möglich. Wir werden hier einen von ihnen (angegeben von I. J. Dsjaloschinski, 1964) behandeln, der eine einfache Formulierung in makroskopischen Termini zuläßt. Dies werden wir an einem konkreten Beispiel tun: Wir betrachten einen zur kubischen Klasse **T** gehörenden Kristall, wobei die Austauschwechselwirkung an und für sich zur Herstellung einer rein ferromagnetischen Ordnung der magnetischen Momente im Kristall führen würde (P. Bak, M. H. Jensen, 1980).[1])

[1]) Von dieser Art sind MnSi- und FeGe-Kristalle mit magnetischen Mn- und Fe-Ionen, die zur Raumgruppe $\mathbf{T}_4$ mit primitiv kubischem Bravais-Gitter gehören.

Damit die Struktur tatsächlich existieren kann, muß sie stabil gegenüber kleinen Störungen sein, die die makroskopische räumliche Homogenität des Kristalls verletzen. Oben wurde stillschweigend diese Bedingung als selbstverständlich erfüllt angenommen. Die zusätzliche, bei der Störung entstehende „Inhomogenitätsenergie" wurde durch den Ausdruck (43,1) gegeben, dessen wesentliche Positivität eben die geforderte Stabilität bedeutet.

Der Ausdruck (43,2) wurde in § 43 als erster nichtverschwindender Term der Entwicklung der Inhomogenitätsenergie in einem kubischen Kristall nach Potenzen der Ableitungen der Magnetisierung $\boldsymbol{M}$ bestimmt. Dabei interessieren wir uns allerdings nur für die Energie mit Austauschcharakter. Dort wurde auch angemerkt, daß die Kristallsymmetrie auch die Existenz von Nichtaustauschtermen (relativistischer Natur) zulassen kann, die Produkte aus den Ableitungen $\partial M_i/\partial x_k$ und den Komponenten M_l enthalten. Hierfür darf jedoch die Symmetrie in keinem Fall das Inversionszentrum enthalten. Eben von dieser Art ist die Kristallklasse **T**; sie läßt die Existenz eines Terms der Form $\boldsymbol{M}$ rot $\boldsymbol{M}$ zu, der invariant bezüglich ihrer Symmetrieoperationen ist. Somit nimmt die Inhomogenitätsenergie die Form

$$U_{\text{inhom}} = \gamma \boldsymbol{M} \operatorname{rot} \boldsymbol{M} + \frac{\alpha}{2}\left[(\nabla \boldsymbol{M}_x)^2 + (\nabla \boldsymbol{M}_y)^2 + (\nabla \boldsymbol{M}_z)^2\right] \tag{52,1}$$

an. Die Bedingung $\alpha > 0$ gewährleistet nun nicht mehr die Stabilität des homogenen Zustandes.

Wir berücksichtigen, daß der Term erster Ordnung in den Ableitungen in (52,1) im Vergleich zum zweiten einen zusätzlichen Faktor ($\sim v^2/c^2$) im Zusammenhang mit seiner relativistischen Herkunft enthält,[1]) was bedeutet, daß für den Koeffizienten $\gamma \ll \alpha/a$ (wo a die Gitterkonstante ist) gilt. Dieser Umstand gestattet es, einen neuen Gleichgewichtszustand zu finden und dabei innerhalb der Gültigkeitsgrenzen der Entwicklung (52,1) zu verbleiben — die einfache ferromagnetische Struktur wird auf inhomogene Weise verzerrt, aber nur auf Abständen, die groß gegenüber a sind, so daß die Ableitungen klein bleiben.

Die Größe von M wird durch die grundlegenden Austauschwechselwirkungen (die nicht mit der Inhomogenität zusammenhängen) festgelegt. Die Struktur im großen Maßstab dagegen wird durch die Minimierung der Energie (52,1) bestimmt. Bei gegebenem M besteht diese Struktur in einer langsamen Richtungsänderung des Vektors $\boldsymbol{M}$.[2])

Wir suchen $\boldsymbol{M}(\boldsymbol{r})$ in der Form einer periodischen Funktion

$$\boldsymbol{M}(\boldsymbol{r}) = \frac{M}{\sqrt{2}}\left(\boldsymbol{m} e^{i\boldsymbol{k}\boldsymbol{r}} + \boldsymbol{m}^* e^{-i\boldsymbol{k}\boldsymbol{r}}\right), \tag{52,2}$$

---

[1]) Der erste Term in (52,1) ist nicht invariant bezüglich einer gleichzeitigen und einheitlichen Drehung der Vektoren $\boldsymbol{M}$ in allen Raumpunkten — er erfüllt die in der Anmerkung 3 auf S. 185 formulierte Forderung nicht.

Relativistische Terme können auch unter den quadratischen Gliedern auftreten, so läßt die kubische Symmetrie einen Term der Form

$$\frac{\alpha'}{2}\left[\left(\frac{\partial M_x}{\partial x}\right)^2 + \left(\frac{\partial M_y}{\partial y}\right)^2 + \left(\frac{\partial M_z}{\partial z}\right)^2\right]$$

zu.

[2]) S. Fußnote 1 auf S. 224.

wobei zur Konstanz des Quadrates von $\boldsymbol{M}^2 = M^2$ das Quadrat des komplexen Einheitsvektors ($\boldsymbol{m}\boldsymbol{m}^* = 1$) $\boldsymbol{m}$ gleich Null sein muß: $\boldsymbol{m}^2 = 0$. Einen derartigen Vektor kann man in der Form $\boldsymbol{m} = (\boldsymbol{m}_1 + i\boldsymbol{m}_2)/\sqrt{2}$ darstellen, wo $\boldsymbol{m}_1$, $\boldsymbol{m}_2$ zwei zueinander orthogonale reelle Einheitsvektoren sind. Dann ist

$$\boldsymbol{M}(\boldsymbol{r}) = M(\boldsymbol{m}_1 \cos \boldsymbol{k}\boldsymbol{r} - \boldsymbol{m}_2 \sin \boldsymbol{k}\boldsymbol{r}) . \tag{52,3}$$

Setzt man (52,2) in (52,1) ein, so erhält man[1])

$$U_{\text{inhom}} = iM^2\gamma\boldsymbol{k}[\boldsymbol{m}\boldsymbol{m}^*] + \tfrac{1}{2}\alpha M^2k^2 = M^2\gamma\boldsymbol{k}[\boldsymbol{m}_1\boldsymbol{m}_2] + \tfrac{1}{2}\alpha M^2k^2 .$$

Als Funktion von $\boldsymbol{k}$ wird dieser Ausdruck minimal, wenn die Vektoren $\boldsymbol{k}$ und $[\boldsymbol{m}_1\boldsymbol{m}_2]$ kollinear sind (parallel bei $\gamma < 0$ und antiparallel bei $\gamma > 0$) und für den Betrag

$$k = \gamma/\alpha \ll 1/a \tag{52,4}$$

gilt.

Somit führt die Existenz eines kleinen, in den Ableitungen linearen Terms in U_{inhom} zur Entstehung einer helikoidalen magnetischen Überstruktur, die der ferromagnetischen Grundstruktur überlagert ist: Die magnetischen Momente der Atome liegen in Ebenen senkrecht zu $\boldsymbol{k}$, wobei sich die Richtungen der Momente in aufeinander folgenden atomaren Schichten langsam relativ zueinander drehen. Die Endpunkte der auf einer Geraden parallel zu $\boldsymbol{k}$ liegenden Vektoren (magnetische atomare Momente) beschreiben eine Schraubenlinie. Die Periodizitätslänge der Schraubung beträgt $2\pi/k$. Die Überstrukturperiode ist groß im Vergleich zu den kristallographischen Perioden und im allgemeinen inkommensurabel mit ihnen.[2]) Phasen mit einer derartigen Überstruktur werden allgemein als inkommensurabel bezeichnet.[3])

Im Rahmen der behandelten Näherung verbleibt die Richtung von $\boldsymbol{k}$ bezüglich der kristallographischen Achsen unbestimmt. Sie wird durch das Minimum der Summe der Anisotropieenergie (40,7) und des relativistischen Anteils der Inhomogenitätsenergie bestimmt. Wir gehen darauf aber nicht weiter ein.

---

[1]) Zur Vermeidung von nichtprinzipiellen Komplikationen nehmen wir an, U_{inhom} sei klein im Vergleich zur Energie U_{Aus} (so daß die Größe von M nur durch die letztere bestimmt wird), aber gleichzeitig groß im Vergleich zur relativistischen Energie der Anisotropie U_{an} (so daß letztere bei der Bestimmung des Verlaufes der Richtungsänderung von $\boldsymbol{M}$ vernachlässigt werden kann). Diese Bedingungen können in der Nähe des Curie-Punktes erfüllt sein — nicht zu nahe an ihm (um die erste Ungleichung erfüllen zu können), aber auch nicht zu weit entfernt von ihm (für die Gültigkeit der zweiten Ungleichung). Wir werden die expliziten Kriterien zur Bestimmung dieser Umgebung hier nicht geben.

[2]) Die Behandlung dieser Situation ist völlig analog zu der bei cholesterischen Flüssigkristallen (s. V, § 140). Bei letzteren führt die Existenz eines Terms der Form $\boldsymbol{n}$ rot $\boldsymbol{n}$ in der Energie ($\boldsymbol{n}$ ist der Einheitsvektor des „Direktors" des Kristalls) ebenfalls zur Entstehung einer helikoidalen Struktur.

[3]) In der englischen Terminologie als incommensurate bezeichnet.

VI SUPRALEITFÄHIGKEIT

§ 53. Magnetische Eigenschaften von Supraleitern

Viele Metalle gehen bei Temperaturen in der Nähe des absoluten Nullpunktes in einen besonderen Zustand über, dessen auffälligste Eigenschaft die von KAMERLINGH-ONNES (H. KAMERLINGH-ONNES, 1911) entdeckte *Supraleitfähigkeit* ist, das völlige Fehlen eines elektrischen Widerstandes für einen Gleichstrom. Der Übergang in den supraleitendeu Zustand erfolgt für jeden Supraleiter bei einer bestimmten Temperatur, dem sogenannten Punkt des *supraleitenden Übergangs*, der ein Phasenübergang zweiter Art ist.

Die Änderung der magnetischen Eigenschaften ist jedoch vom Standpunkt der phänomenologischen Theorie aus gesehen fundamentaler als die Änderung der elektrischen Eigenschaften beim Übergang in den supraleitenden Zustand. Die elektrischen Eigenschaften eines Supraleiters sind, wie wir sehen werden, eine unmittelbare Folge seiner magnetischen Eigenschaften.

Die magnetischen Eigenschaften eines supraleitenden Metalles kann man auf folgende Weise beschreiben. Das Magnetfeld dringt nirgends in den Supraleiter ein; da die mittlere magnetische Feldstärke im Medium definitionsgemäß die magnetische Induktion $\boldsymbol{B}$ ist, kann man auch sagen, daß innerhalb des Supraleiters stets

$$\boldsymbol{B} = 0 \tag{53,1}$$

gilt (W. MEISSNER und R. OCHSENFELD, 1933). Diese Eigenschaft ist unabhängig von den Bedingungen, unter denen der Übergang zum supraleitenden Zustand stattfand. Erfolgt etwa die Abkühlung der Probe in einem Magnetfeld, so werden im Augenblick des Übergangs die magnetischen Kraftlinien aus dem Körper „hinausgedrückt".

Zu betonen ist jedoch, daß die Gleichung $\boldsymbol{B} = 0$ sich nicht auf eine dünne Oberflächenschicht des Körpers bezieht. Das Experiment zeigt, daß das Magnetfeld in den Supraleiter bis zu einer gewissen Tiefe eindringt, die im Vergleich zu den inneratomaren Abständen groß ist (gewöhnlich von der Ordnung 10^{-5} cm), und von der Art des Metalles sowie von der Temperatur abhängt. Aus dem gleichen Grund gilt die Gleichung $\boldsymbol{B} = 0$ auch nicht in dünnen Filmen oder kolloidalen Teilchen, deren Stärke oder Ausmaße von der Größenordnung der Eindringtiefe sind.

Weiter unten betrachten wir lediglich massive Supraleiter mit hinreichend großen Ausmaßen, so daß wir vom Eindringen des Magnetfeldes in eine dünne Oberflächenschicht vollständig absehen können.[1])

Wie wir wissen, muß die Normalkomponente der Induktion an der Grenze zwischen zwei Medien stetig sein (diese Bedingung folgt aus der stest gültigen Gleichung div $\boldsymbol{B} = 0$). Da innerhalb des Supraleiters $\boldsymbol{B} = 0$ gilt, verschwindet an seiner Ober-

---

[1]) s. Fußnote auf S. 226.

fläche die Normalkomponente des äußeren Feldes ebenfalls, d. h., das Feld außerhalb des Supraleiters muß stets tangential zu seiner Oberfläche sein: Die magnetischen Kraftlinien umhüllen den Supraleiter.

Berücksichtigen wir diesen Umstand, so sind die auf einen Supraleiter im Magnetfeld wirkenden Kräfte leicht zu finden. Ähnlich wie in § 5 für einen gewöhnlichen Leiter im elektrischen Feld läßt sich die auf die Oberfläche bezogene Kraft als $\sigma_{ki} n_k$ berechnen, wo

$$\sigma_{ik} = \frac{1}{4\pi}\left(H_i H_k - \frac{H^2}{2}\delta_{ik}\right)$$

der MAXWELLsche Spannungstensor für ein Magnetfeld im Vakuum sei. Da in unserem Fall $\boldsymbol{n}\boldsymbol{H}_e = 0$ gilt ($\boldsymbol{H}_e$ sei das Feld außerhalb des Körpers an seiner Oberfläche), erhalten wir

$$\boldsymbol{F}_{\mathrm{Obfl}} = -\boldsymbol{n}\frac{H_e^2}{8\pi}, \tag{53,2}$$

d. h., an der Körperoberfläche wirkt ein komprimierender Druck von der Größe der Energiedichte des Feldes.

Gemäß (29,4) ist

$$\operatorname{rot} \boldsymbol{B} = \frac{4\pi}{c}\overline{\varrho \boldsymbol{v}}. \tag{53,3}$$

Aus der Gleichung $\boldsymbol{B} = 0$ folgt, daß innerhalb des Supraleiters auch die mittlere Stromdichte stets verschwindet, oder anders gesagt, im Supraleiter bestehen keine makroskopischen Volumenströme. In diesem Zusammenhang betonen wir, daß es im Supraleiter keinen Sinn hat, aus $\overline{\varrho \boldsymbol{v}}$ wie in gewöhnlichen Leitern einen Leitungsstrom abzutrennen. Aus demselben Grund hat es auch keinen physikalischen Sinn, in die Theorie die Magnetisierung $\boldsymbol{M}$ und damit $\boldsymbol{H}$ einzuführen.

Jeder elektrische Strom, der im Supraleiter fließt, ist daher ein Oberflächenstrom. Die Oberflächenstromdichte $\boldsymbol{g}$ läßt sich nach (29,16) durch den Sprung der Tangentialkomponente der Induktion an der Grenze des Körpers bestimmen. Da innerhalb des Supraleiters $\boldsymbol{B} = 0$ gilt und außen $\boldsymbol{B}$ und $\boldsymbol{H}$ zusammenfallen, gilt

$$\boldsymbol{g} = \frac{c}{4\pi}[\boldsymbol{n}\boldsymbol{H}_e]. \tag{53,4}$$

Das Auftreten von Oberflächenströmen ist keine charakteristische Eigenschaft von Supraleitern. Ähnliche Ströme können auch in einem beliebigen gewöhnlichen magne-

---

[1]) Wir behandeln hier keine Theorie von Effekten, die mit der Eindringtiefe des Magnetfeldes in den Supraleiter zusammenhängen (die Theorie von F. und H. LONDON sowie die GINSBURG-LANDAU-Theorie). Wenngleich diese Theorien auch makroskopischen Charakter tragen, so wird doch der Sinn der in sie eingehenden Größen erst auf der Grundlage einer mikroskopischen Theorie klar. Diese Theorien werden in einem anderen Band dieses Lehrbuches (Bd. IX) behandelt. Wir betonen weiterhin, daß im vorliegenden Kapitel die sogenannten Supraleiter erster Art, zu denen reine metallische Elemente und Verbindungen mit stöchiometrischer Zusammensetzung gehören, behandelt werden. In Supraleitern zweiter Art (zu ihnen gehören die supraleitenden Legierungen) ist der MEISSNER-Effekt nur in hinreichend schwachen Feldern vollständig ausgeprägt. Ein hinreichend starkes Feld dringt in einen Supraleiter zweiter Art ein, ohne seine supraleitenden Eigenschaften vollständig zu vernichten (s. IX, § 5).

tisierten Körper auftreten, wo ihre Dichte

$$g = \frac{c}{4\pi}[n(H_e - B)]$$

beträgt. Da an der Oberfläche eines normalen (nichtsupraleitenden) Körpers die Tangentialkomponenten des Vektors $H = B/\mu$ stetig sind, haben wir $[nH_e] = (1/\mu)[nB]$, so daß man den Ausdruck für g in der Form

$$g = \frac{c}{4\pi}[nB]\frac{1-\mu}{\mu} \tag{53,5}$$

schreiben kann.

Ein prinzipieller Unterschied tritt jedoch auf, wenn der durch einen Körperquerschnitt fließende Gesamtstrom betrachtet wird. In einem nichtsupraleitenden Körper kompensieren sich die Oberflächenströme stets gegenseitig, so daß kein Gesamtstrom entstehen kann. Diese Kompensation wird durch die Bedingung (53,5) gesichert, die die Stromdichte g mit der magnetischen Induktion innerhalb des Körpers in Zusammenhang bringt und dadurch auch die Ströme g in den verschiedenen Oberflächenpunkten. In Supraleitern verliert die Bedingung (53,5) ihren Sinn. In der Tat bedeutet der Übergang von einem normalen Körper mit der magnetischen Permeabilität μ zu einem Supraleiter in formaler Hinsicht, daß gleichzeitig $B \to 0$ und $\mu \to 0$ zu setzen ist. Dabei wird jedoch die rechte Seite der Gleichung (53,5) unbestimmt, so daß keine Bedingung die möglichen Werte des Stromes einschränkt.

Wir gelangen somit zu dem wichtigen Ergebnis, daß die an der Oberfläche eines Supraleiters fließenden Ströme zu einem nichtverschwindenden Gesamtstrom führen können. Es ist klar, daß dies nur in einem mehrfach zusammenhängenden Körper (z.B. in einem Ring) möglich ist, oder auch in einem einfach zusammenhängenden Supraleiter, der einen Teil eines geschlossenen Stromkreises mit elektromotorischen Kräften bildet; die EMK sind zur Aufrechterhaltung eines Stromes in den nicht supraleitenden Teilen des Gesamtkreises notwendig.

Es ist sehr wesentlich, daß im Supraleiter ein stationärer Gesamtstrom ohne elektrisches Feld fließen kann. Dies bedeutet, daß er nicht von Energiedissipation begleitet ist, zu deren Ergänzung eine Arbeitsleistung des äußeren Feldes erforderlich wäre. Diese Eigenschaft des Supraleiters kann auch als Fehlen eines elektrischen Widerstandes aufgefaßt werden, sie ist somit eine notwendige Folge seiner magnetischen Eigenschaften.

§ 54. Supraleitender Strom

Wir betrachten einige Eigenschaften von Supraleitern, die von ihrer Gestalt abhängen, etwas eingehender. Bildet der Leiter einen einfach zusammenhängenden Körper, so ist es bei Fehlen eines äußeren Magnetfeldes im allgemeinen nicht möglich, daß irgendwelche stationär fließenden Oberflächenströme auftreten können. Man kann sich davon durch folgende Überlegungen überzeugen. Die Oberflächenströme würden im umgebenden Raum ein zeitunabhängiges, im Unendlichen verschwindendes Magnetfeld erzeugen. Wie jedes zeitunabhängige Magnetfeld im Vakuum wäre es ein Potentialfeld, wobei wegen der Grenzbedingungen am Supraleiter die Normalableitung

$\partial\varphi/\partial n$ an der Oberfläche verschwinden muß. Aus der Potentialtheorie ist jedoch bekannt, daß aus $\partial\varphi/\partial n = 0$ auf der Oberfläche eines einfach zusammenhängenden Körpers und im Unendlichen $\varphi = 0$ im ganzen Raum (außerhalb des Körpers) folgt. Ein solches Magnetfeld mitsamt den Oberflächenströmen kann daher nicht existieren.

Ein äußeres Magnetfeld hingegen induziert auf der Oberfläche eines einfach zusammenhängenden Supraleiters einen Strom, den man durch das Auftreten eines bestimmten magnetischen Momentes des Gesamtkörpers feststellen kann. Diese „Magnetisierung" kann für einen ellipsoidförmigen Supraleiter leicht berechnet werden.[1]) Es sei $\boldsymbol{\mathfrak{H}}$ ein äußeres Feld parallel zu einer der Hauptachsen des Ellipsoids. Für das Magnetfeld im Innern des nicht supraleitenden Ellipsoids gilt die Beziehung

$$(1 - n)\, H + nB = \mathfrak{H}\,,$$

wo n der Entmagnetisierungskoeffizient längs der gegebenen Achse sei (s. (29,14)). Im Supraleiter hat ein „Feld" $\boldsymbol{H}$, wie schon gesagt wurde, keinen physikalischen Sinn. Damit hat auch die Magnetisierung

$$M = \frac{B - H}{4\pi}$$

nicht ihre gewöhnliche Bedeutung. Es ist dennoch bequem, H und M als rein formale Hilfsgrößen einzuführen, die zur Berechnung des gesamten magnetischen Momentes $\mathcal{M} = \boldsymbol{M} V$ dienen (V sei das Ellipsoidvolumen), das auch hier seine gewöhnliche physikalische Bedeutung besitzt. Setzen wir für das supraleitende Ellipsoid $\boldsymbol{B} = 0$, so finden wir

$$H = \frac{\mathfrak{H}}{1 - n} \tag{54,1}$$

und daher

$$\mathcal{M} = -\frac{VH}{4\pi} = -\frac{V\mathfrak{H}}{4\pi(1 - n)}\,. \tag{54,2}$$

Für einen langen Zylinder in einem longitudinalen Feld ist $n = 0$, so daß $H = \mathfrak{H}$ und $\mathcal{M} = -V\mathfrak{H}/4\pi$ gilt.[2]) Dieser Wert von $\boldsymbol{\mathcal{M}}$ ergäbe sich auch für einen Körper mit einer diamagnetischen Volumensuszeptibilität $-1/4\pi$.

Das Magnetfeld $\boldsymbol{H}_e$ außerhalb des Ellipsoids ist an dessen Oberfläche stets tangential gerichtet; seine Größe läßt sich daher unmittelbar durch die Bedingung der Stetigkeit der Tangentialkomponenten von $\boldsymbol{H}$ bestimmen. Innerhalb des Ellipsoids ist $\boldsymbol{H} = \boldsymbol{\mathfrak{H}}/(1 - n)$; projizieren wir diesen Vektor auf die Tangentialrichtung, so erhalten wir

$$H_e = \frac{\mathfrak{H}}{1 - n} \sin\theta\,, \tag{54,3}$$

wo θ der Winkel zwischen der Richtung des äußeren Feldes $\boldsymbol{\mathfrak{H}}$ und der Normalen im betrachteten Punkt der Ellipsoidoberfläche ist. Der größte Wert von $H_e = \mathfrak{H}/(1 - n)$ tritt am Äquator des Ellipsoids auf.

[1]) In diesem Paragraphen wird immer angenommen, daß das Magnetfeld unter dem Wert für eine Aufhebung des supraleitenden Zustands bleibt (s. § 55).

[2]) Diese Beziehungen für einen Zylinder sind eine unmittelbare Folge aus der Bedingung der Stetigkeit von $\boldsymbol{H}$ und daher für Zylinder beliebiger (nicht notwendig kreisförmiger) Querschnittsform gültig.

Wir betonen nochmals, daß zwischen den Strömen, die für die „Magnetisierung" des Supraleiters und den in ihm erzeugten Gesamtstrom verantwortlich sind, kein grundlegender Unterschied besteht: Sie besitzen die gleiche physikalische Natur. Dieser wichtige Umstand erlaubt es insbesondere, unmittelbar die gyromagnetischen Koeffizienten für einen beliebigen Supraleiter zu bestimmen.

In der Tat unterscheidet sich die Dichte der Teilchenimpulse (von Elektronen), die die „magnetisierenden Ströme" erzeugen, von der Dichte dieser Ströme nur durch den Faktor m/e (e und m sind Ladung und Masse eines Elektrons). Nach der Definition der gyromagnetischen Koeffizienten (s. (36,3)) folgt hieraus sofort, daß für einen Supraleiter immer $g_{ik} = \delta_{ik}$ gilt.

Wir kommen nun zu den mehrfach zusammenhängenden Supraleitern. Ihre Eigenschaften unterscheiden sich sehr wesentlich von denen einfach zusammenhängender Körper, vor allem dadurch, daß in ihnen ein Schluß auf eine stationäre Verteilung der Oberflächenströme bei fehlendem äußeren Magnetfeld nicht möglich ist. Weiter müssen sich die Oberflächenströme hier nicht gegenseitig kompensieren und können auch bei Fehlen einer von außen angelegten elektromotorischen Kraft einen nichtverschwindenden Suprastrom auf dem Körper erzeugen.

Wir betrachten nun einen zweifach zusammenhängenden Körper (etwa einen Ring) ohne äußeres Magnetfeld und zeigen, daß sein Zustand durch Angabe des gesamten in ihm fließenden Stromes J völlig bestimmt ist. Das Problem der Bestimmung des vom Ring erzeugten Feldes kann auch als Aufgabe der Potentialtheorie gelöst werden, nur wird hier das Potential zu einer mehrdeutigen Funktion, die sich um $4\pi J/c$ beim Umlauf um einen beliebigen geschlossenen Weg ändert, der durch die Ringöffnung verläuft (s. § 30). Um die Aufgabe mathematisch streng zu stellen, ist ein Schnitt längs irgendeiner Fläche zu führen, die die Ringöffnung abschließt. Das Problem besteht dann in der Lösung der LAPLACE-Gleichung mit der Grenzbedingung $\partial\varphi/\partial n = 0$ auf der Ringoberfläche, $\varphi = 0$ im Unendlichen und mit der Bedingung $\varphi_2 - \varphi_1 = 4\pi J/c$ an der gewählten Schnittfläche, wo φ_1 und φ_2 die Potentialwerte an ihren beiden Seiten sind. Wie aus der Potentialtheorie bekannt ist, hat eine solche Aufgabe eine eindeutige, von der Form der gewählten Trennfläche unabhängige Lösung. Durch die Feldverteilung in der Nähe der Ringoberfläche wird auch die Verteilung ihrer Oberflächenströme bestimmt. In dieser Beziehung besteht ein wesentlicher Unterschied zwischen gewöhnlichen Leitern, in denen die Stromverteilung und damit auch der strenge Wert der Selbstinduktion von der Art der Stromerregung abhängt (§ 34).[1])

In § 33 wurde der Begriff des magnetischen Flusses durch einen ringförmigen, linienhaften Leiter eingeführt und gezeigt, daß $\Phi = LJ/c$ ist, wo L die Selbstinduktion des Leiters darstellt. Für einen supraleitenden Ring hingegen hat der Begriff des magnetischen Flusses auch bei beliebiger, nicht notwendig kleiner Ringbreite einen Sinn. Da das Magnetfeld tangential verläuft, verschwindet der magnetische Fluß

---

[1]) Die Selbstinduktion eines dünnen supraleitenden Ringes (Radius b), bestehend aus Draht kreisförmigen Querschnitts (Radius a), fällt mit dem äußeren Teil der Selbstinduktion des nichtsupraleitenden Ringes zusammen und wird durch die Formel

$$L = 4\pi b \left(\ln \frac{8b}{a} - 2\right)$$

gegeben (s. Aufgabe 2, § 34). Die strenge Lösung des Problems des supraleitenden Ringes wurde von V. A. FOCK (Phys. Zeitschr. SU 1, 215 (1932)) gegeben.

durch jeden Teil der Ringfläche; der magnetische Fluß durch jede die Ringöffnung schließende Fläche hängt daher nicht von der Wahl dieser Fläche ab.

Es bleibt ferner auch die Formel

$$\Phi = \frac{1}{c} L J \tag{54,4}$$

gültig, in der die Selbstinduktion L nach wie vor durch die Gesamtenergie des Magnetfeldes des Stromes bestimmt ist. Die Gesamtenergie des Magnetfeldes eines Supraleiters wird durch das Integral $\int (H^2/8\pi)\,\mathrm{d}V$ gegeben, das über den ganzen Raum außerhalb des Körpers zu erstrecken ist. Führen wir, wie gesagt, einen Raumschnitt über irgendeine Fläche C aus, so können wir nach Einführung des Potentials

$$\int \frac{H^2}{8\pi}\,\mathrm{d}V = -\int \frac{\boldsymbol{H}\,\nabla\varphi}{8\pi}\,\mathrm{d}V = \int \frac{\varphi\,\mathrm{div}\,\boldsymbol{H}}{8\pi}\,\mathrm{d}V - \int \frac{H_{\mathrm{n}}\varphi}{8\pi}\,\mathrm{d}f$$

schreiben. Das erste Integral verschwindet, weil $\mathrm{div}\,\boldsymbol{H} = 0$ gilt. Das zweite ist über eine unendlich weit entfernte Oberfläche zu erstrecken, ferner über die Ringoberfläche und über die beiden Seiten der Trennfläche. Die beiden ersten Anteile ergeben Null, so daß

$$\int \frac{H^2}{8\pi}\,\mathrm{d}V = \frac{1}{8\pi}\int_C H_{\mathrm{n}}(\varphi_2 - \varphi_1)\,\mathrm{d}f = \frac{J}{2c}\int_C H_{\mathrm{n}}\,\mathrm{d}f = \frac{J\Phi}{2c}$$

bleibt, wo Φ der magnetische Fluß durch die Oberfläche C ist. Vergleichen wir diesen Ausdruck mit $LJ^2/2c^2$ (nach Definition der Selbstinduktion), so erhalten wir die gesuchte Gleichung (54,4).

Befindet sich der Ring in einem äußeren Magnetfeld, so setzt sich der gesamte magnetische Fluß Φ aus dem Eigenfluß LJ/c und dem Fluß Φ_{e} des äußeren Feldes zusammen. Eine sehr wichtige Eigenschaft des supraleitenden Ringes besteht darin, daß bei beliebiger Änderung des äußeren Feldes und Stromes der gesamte magnetische Fluß durch den Ring konstant bleibt:

$$\frac{1}{c} L J + \Phi_{\mathrm{e}} = \mathrm{const} \equiv \Phi_0\,. \tag{54,5}$$

Dies folgt unmittelbar aus der Integralform der MAXWELLschen Gleichungen im Raum außerhalb des Körpers:

$$\frac{1}{c}\frac{\partial}{\partial t}\int_C \boldsymbol{H}\,\mathrm{d}\boldsymbol{f} = -\oint \boldsymbol{E}\,\mathrm{d}\boldsymbol{l}\,.$$

Erstreckt sich die Integration über eine Oberfläche C, die die Öffnung des Ringes schließt, so wird der Integrationsweg auf der rechten Seite der Gleichung eine Linie, die durch die Oberfläche des Ringes geht. Nun ist auf der Oberfläche des Supraleiters die Tangentialkomponente $\boldsymbol{E}$ gleich Null (da $\boldsymbol{E} = 0$ im Innern gilt und $\boldsymbol{E}_{\mathrm{t}}$ an der Oberfläche stetig ist). Die rechte Seite der Gleichung verschwindet daher, und wir finden $\mathrm{d}\Phi/\mathrm{d}t = 0$.

Die Beziehung (54,5) liefert die Änderung des Stromes im Ring bei Änderung des äußeren Feldes. Überführt man etwa den Ring in einem äußeren Feld mit dem Fluß Φ_0 in einen supraleitenden Zustand und schaltet darauf dieses Feld aus, so wird im Ring ein stationärer Strom der Stärke $J = c\Phi_0/L$ induziert.

Die Konstanz des magnetischen Flusses durch einen supraleitenden Ring besteht nicht nur bei Änderung des äußeren Feldes, sondern auch bei beliebiger Formänderung des Ringes oder seiner Verschiebung im Raum.[1]) Anschaulich läßt sich sagen, daß die Kraftlinien die Fläche des Supraleiters nirgends schneiden und somit aus der Ringöffnung nicht hinausgelangen können.

Die obigen Ergebnisse können unmittelbar auf den Fall supraleitender Körper, die vielfach zusammenhängen, verallgemeinert werden, darunter Gesamtheiten von Ringen beliebiger Zahl. Der Zustand des n-fach zusammenhängenden Systems wird bei fehlendem äußeren Feld vollständig durch Vorgabe von $n - 1$ Werten der Gesamtströme J_a bestimmt. Die Beziehung (54,5) dagegen läßt sich auf das Gleichungssystem

$$\sum_b L_{ab} J_b + \Phi_a^{(e)} = \Phi_{a0} \tag{54,6}$$

verallgemeinern. Diese Gleichungen sind nicht nur bei beliebiger Änderung des äußeren Feldes gültig, sondern auch bei Form- oder Lageänderung der Körper.

Aufgabe

Man bestimme das magnetische Moment einer supraleitenden Scheibe in einem zu ihr senkrechten äußeren Magnetfeld.[2])

Lösung. Das Problem des Supraleiters im zeitunabhängigen Magnetfeld fällt formal mit der elektrostatischen Aufgabe für ein Dielektrikum mit der dielektrischen Permeabilität $\varepsilon = 0$ zusammen. Betrachten wir die Scheibe als Grenzfall eines Rotationsellipsoides für $c \to 0$ (s. Aufgabe 4, § 4) und benutzen wir Formel (8,10) mit entsprechender Bezeichnungsänderung (das Feld $\mathfrak{H}$ längs der z-Achse), so erhalten wir

$$\mathcal{M} = -\frac{2a^3}{3\pi}\mathfrak{H}.$$

§ 55. Kritisches Feld

Ein zylindrischer Supraleiter in einem longitudinalen Magnetfeld besitzt eine zusätzliche magnetische Energie

$$-\frac{\mathfrak{H}\mathcal{M}}{2} = \frac{H^2 V}{8\pi}.$$

Im normalen (nicht supraleitenden Zustand) dagegen würde sich die Gesamtenergie des Zylinders bei Einbeziehung des äußeren Feldes praktisch nicht ändern (wir vernachlässigen den schwachen Diamagnetismus oder Paramagnetismus eines nichtsupraleitenden Metalls, d. h. nehmen $\mu = 1$ an). Es ist somit klar, daß in hinreichend starken Magnetfeldern der supraleitende Zustand thermodynamisch weniger vorteilhaft ist als der Normalzustand; die Supraleitfähigkeit muß daher aufgehoben werden.

---

[1]) Der Beweis für diese Behauptung folgt unmittelbar aus der Beziehung zwischen der induzierten EMK und der Änderung des magnetischen Flusses bei Bewegung des Leiters (§ 63).

[2]) Wir betrachten hier diese Aufgabe hauptsächlich, um die Ergebnisse an anderer Stelle anwenden zu können (s. Aufgabe 2, § 95). Bei einer supraleitenden Scheibe müssen die Magnetfelder in Wirklichkeit sehr schwach sein, da unter diesen Bedingungen die Supraleitfähigkeit leicht aufgehoben werden kann (s. § 55).

Der Wert der Feldstärke des longitudinalen Magnetfeldes, bei dem die Supraleitung in einem zylindrischen Körper zerstört wird, hängt von der Art des Metalls ab, ferner von seiner Temperatur (und dem Druck). Dieser Wert wird *kritische Feldstärke* genannt (H_c); er ist eines der wichtigsten Kennzeichen eines Supraleiters.[1])

Die Supraleitfähigkeit eines Zylinders verschwindet bei Erreichen des kritischen Feldwertes im gesamten Volumen als Folge der Homogenität des Feldes auf der gesamten Oberfläche dieses Körpers. In Körpern anderer Form hingegen ist die Zerstörung der Supraleitfähigkeit ein komplizierterer Prozeß, bei dem das vom Körper im Normalzustand eingenommene Volumen graduell im ganzen Wertebereich von $\mathfrak{H}$ wächst (davon wird im nächsten Paragraphen ausführlicher die Rede sein).

Auf diese Weise kann das Metall bei jeder Temperatur (unterhalb des Sprungpunktes) sowohl im supraleitenden Zustand (s) als auch im Normalzustand (n) existieren. Wir bezeichnen mit $\mathcal{F}_{s0}(V, T)$ und $\mathcal{F}_n(V, T)$ die Gesamtwerte der freien Energie des supraleitenden und normalen Körpers bei Fortfall des äußeren Magnetfeldes. Diese Größen, die das Material im ganzen charakterisieren, hängen natürlich nur vom Volumen ab, nicht von der Form des Körpers. Die freie Energie im n-Zustand ändert sich bei Einschalten des äußeren Feldes nicht (wir lassen daher den Index 0 bei $\mathcal{F}_n$ fort)[2]). Im s-Zustand dagegen beeinflußt das Magnetfeld die freie Energie in merklicher Weise. Für einen supraleitenden Zylinder ist bei gegebenen Werten von T und V die freie Energie im longitudinalen äußeren Feld $\mathfrak{H}$

$$\mathcal{F}_s = \mathcal{F}_{s0}(V, T) + \frac{\mathfrak{H}^2}{8\pi} V . \qquad (55,1)$$

Hieraus lassen sich alle anderen thermodynamischen Größen finden. Differenzieren wir (55,1) nach dem Volumen, so finden wir als auf den Körper wirkenden Druck

$$P = P_0(V, T) - \frac{\mathfrak{H}^2}{8\pi}, \qquad (55,2)$$

wo $P_0(V, T)$ der Druck (für gegebene Werte von V und T) bei Fortfall des Feldes ist. Die Gleichung (55,2) bestimmt die Abhängigkeit zwischen P, V und T, d. h. stellt die Zustandsgleichung eines supraleitenden Zylinders im äußeren Magnetfeld dar. Wir sehen, daß das Volumen $V(P, T)$ bei Anwesenheit des Magnetfeldes den gleichen Wert hat wie ohne Magnetfeld, jedoch mit einem Druck $P + \mathfrak{H}^2/8\pi$. Dieses Ergebnis befindet sich natürlich in Übereinstimmung mit der Formel (53,2) für Kräfte, die auf die Oberfläche des Supraleiters im Magnetfeld wirken.

Das thermodynamische Potential[3]) eines supraleitenden Zylinders ist

$$\Phi_s = \mathcal{F}_s + PV = \mathcal{F}_{s0}(V, T) + P_0 V ,$$

---

[1]) Ein scharfer Übergang aus dem supraleitenden in den Normalzustand tritt nur bei Supraleitern erster Art (s. Fußnote auf S. 226) auf, und nur diese behandeln wir hier auch. Bei Supraleitern zweiter Art hingegen vollziehen sich die Zerstörung der Supraleitfähigkeit und das Eindringen des Magnetfeldes in einem verhältnismäßig weiten Feldbereich, so daß ein kritisches Feld in dem im Text genannten Sinne nicht existiert.

[2]) Wir erinnern daran, daß definitionsgemäß aus den „Gesamtgrößen" $\mathcal{F}$ und Φ die Energie des Magnetfeldes, das bei Abwesenheit des Körpers vorliegen würde, eliminiert wurde.

[3]) Φ ist hier wie in § 12 definiert.

wobei das Volumen V hier durch P und T gemäß (55,2) ausgedrückt werden muß. Man kann daher $\Phi_s(P, T)$ in folgender Weise schreiben:

$$\Phi_s(P, T) = \Phi_{s0}\left(P + \frac{\mathfrak{H}^2}{8\pi}, T\right), \tag{55,3}$$

wo $\Phi_{s0}(P, T)$ das thermodynamische Potential bei Fortfall des Feldes ist. Differenzieren wir diese Gleichung nach T und nach P, so erhalten wir analoge Beziehungen für die Entropie und das Volumen:

$$\mathcal{S}_s(P, T) = \mathcal{S}_{s0}\left(P + \frac{\mathfrak{H}^2}{8\pi}, T\right), \qquad V_s(P, T) = V_{s0}\left(P + \frac{\mathfrak{H}^2}{8\pi}, T\right). \qquad (55,4), \ (55,5)$$

Es ist jetzt möglich, die das kritische Feld bestimmende Bedingung anzugeben. Der Übergang des Zylinders aus dem s- in den n-Zustand tritt dann auf, wenn (bei gegebenen P und T) Φ_n kleiner als Φ_s wird. Im Augenblick des Übergangs muß $\Phi_s = \Phi_n$ gelten, d. h.

$$\Phi_{s0}\left(P + \frac{H_c^2}{8\pi}, T\right) = \Phi_n(P, T). \tag{55,6}$$

Dies ist eine strenge thermodynamische Beziehung.[1]) Gewöhnlich stellt die Änderung des thermodynamischen Potentials im Magnetfeld eine kleine Korrektur zu $\Phi_{s0}(P, T)$ dar. Dann kann die linke Seite der Gleichung (55,6) in eine Reihe entwickelt werden. Die ersten Entwicklungsterme sind

$$\Phi_{s0}(P, T) + \frac{H_c^2}{8\pi} V_{s0}(P, T) = \Phi_n(P, T), \tag{55,7}$$

wo $V_{s0}(P, T) = \partial\Phi_{s0}(P, T)/\partial P$ das Volumen des supraleitenden Zylinders bei fehlendem Feld darstellt. In dieser Näherung kann man daher sagen, daß das thermodynamische Potential des Stoffes (bezogen auf das Volumen) im Normalzustand um $H_c^2/8\pi$ größer ist als im Supraleiter.

Wir bezeichnen mit $T_c = T_c(P)$ die Übergangstemperatur bei Verschwinden des Magnetfeldes. Der Übergang in diesem Punkte ist ein Phasenübergang zweiter Art. Insbesondere muß daher das Verschwinden von H_c (T) für $T = T_c$ auf stetige Weise vor sich gehen. Aus der allgemeinen Theorie der Phasenübergänge zweiter Art ist bekannt,[2]) daß die Änderung des thermodynamischen Potentials in der Nähe des Übergangspunktes dem Quadrat der Temperaturdifferenz $T - T_c$ proportional ist. Aus (55,7) kann daher geschlossen werden, daß sich in der Nähe von T_c das kritische Feld mit der Temperatur nach dem linearen Gesetz

$$H_c = \text{const} \cdot (T_c - T) \tag{55,8}$$

ändert.

---

[1]) Wir führen hier die Rechnungen mit größerer Genauigkeit aus, als es gewöhnlich erforderlich ist, um die Beziehungen zwischen den verschiedenen thermodynamischen Größen klarer zum Ausdruck zu bringen.

[2]) In Bezug auf einen supraleitenden Übergang kann man die Landau-Theorie faktisch ohne jedwede Einschränkungen bis hin zum Übergangspunkt selbst anwenden (s. IX, § 45).

Für die kürzlich (1986/87) entdeckten Hochtemperatursupraleiter ($T_c \gtrsim 100$ K) ist die Aussage noch umstritten. Möglicherweise können in unmittelbarer Nähe des Phasenübergangs für diese Systeme erstmalig Abweichungen von der Landau-Theorie experimentell nachgewiesen werden (Anm. d. dt. Herausgebers).

Wir differenzieren beide Seiten der Gleichung (55,6) nach der Temperatur und beachten dabei, daß bei gegebenem Druck H_c von T abhängt. Berücksichtigen wir noch die Formeln (55,4 und 5), so erhalten wir

$$\mathcal{S}_n - \mathcal{S}_s = -V_s \frac{\partial}{\partial T}\left(\frac{H_c^2}{8\pi}\right), \tag{55,9}$$

wo sich alle Größen $\mathcal{S}_n$, $\mathcal{S}_s$, V_s auf den Übergangspunkt zwischen beiden Zuständen des Körpers beziehen (d. h. auf das Feld $H = H_c$). Die Übergangswärme erhalten wir durch Multiplikation dieser Differenz mit T:

$$Q = T(\mathcal{S}_n - \mathcal{S}_s) = -\frac{V_s H_c T}{4\pi}\left(\frac{\partial H_c}{\partial T}\right)_P \tag{55,10}$$

(H. W. Keesom, 1924). Beim Übergang in den Punkt $T = T_c$ (bei Verschwinden des Magnetfeldes) geht diese Größe zusammen mit H_c gegen Null, in Übereinstimmung damit, daß hier ein Phasenübergang zweiter Art vorliegt. Ein Übergang bei $T < T_c$ (in einem Magnetfeld) ist mit Aufnahme oder Abgabe von Wärme verbunden, d. h. ist ein Phasenübergang erster Art. Faktisch wächst H_c monoton mit dem Absinken der Temperatur über das ganze Intervall von T_c bis 0. Die Ableitung dH_c/dT ist daher immer negativ, und aus (55,10) ist ersichtlich, daß $Q > 0$ ist, d. h., beim Übergang aus dem supraleitenden in den Normalzustand wird Wärme absorbiert.

Für $T \to 0$ muß nach dem Nernstschen Satz die Entropie eines jeden Körpers gegen Null gehen. Aus (55,9) ist daher ersichtlich, daß für $T = 0$ $\partial H_c/\partial T = 0$ gilt, d. h., die Kurve $H_c = H_c(T)$ schneidet die H-Achse unter einem rechten Winkel.

Wir differenzieren die Differenz $\mathcal{S}_n - \mathcal{S}_s$ in (55,9) nochmals nach der Temperatur und benutzen wieder die Gleichungen (55,4 und 5). Berücksichtigen wir auch, daß $\left(\frac{\partial S}{\partial P}\right)_T = -\left(\frac{\partial V}{\partial T}\right)_P$ gilt, so erhalten wir als Ergebnis

$$\left(\frac{\partial \mathcal{S}_n}{\partial T}\right)_P - \left(\frac{\partial \mathcal{S}_s}{\partial T}\right)_P = -V_s \frac{\partial^2}{\partial T^2}\left(\frac{H_c^2}{8\pi}\right) - 2\frac{\partial V_s}{\partial T}\frac{\partial}{\partial T}\left(\frac{H_c^2}{8\pi}\right) - \frac{\partial V_s}{\partial P}\left(\frac{\partial}{\partial T}\left(\frac{H_c^2}{8\pi}\right)\right)^2. \tag{55,11}$$

Durch Multiplikation beider Seiten dieser Gleichung mit T erhalten wir die Differenz der spezifischen Wärmen (bei konstantem Druck) beider Phasen. Die Terme, die die Koeffizienten der Wärmeausdehnung und Kompressibilität des Stoffes enthalten, sind gewöhnlich sehr klein im Vergleich zu den anderen Termen. Wenn wir sie vernachlässigen, erhalten wir

$$\mathcal{C}_s - \mathcal{C}_n = \frac{V_s T}{4\pi} H_c \frac{\partial^2 H_c}{\partial T^2} + \frac{V_s T}{4\pi}\left(\frac{\partial H_c}{\partial T}\right)^2. \tag{55,12}$$

Man kann diese Formel auch durch unmittelbare Ableitung des Näherungsausdrucks (55,7) erhalten. In dieser Näherung ist die Differenz zwischen V_s und V_{s0} unwesentlich; man kann auch gleiche Werte für $\mathcal{C}_s$ und $\mathcal{C}_{s0}$ wählen.

Für $T = T_c$ verschwindet das erste Glied in (55,12), und wir erhalten die folgende Formel, die den Sprung der spezifischen Wärme bei einem Phasenübergang zweiter Art ohne äußeres Magnetfeld mit der Temperaturabhängigkeit von H_c verbindet:

$$\mathcal{C}_s - \mathcal{C}_n = \frac{V_s T}{4\pi}\left(\frac{\partial H_c}{\partial T}\right)^2 \tag{55,13}$$

(A. J. Rutgers, 1933). Hieraus ist insbesondere ersichtlich, daß in diesem Fall $\mathscr{C}_s > \mathscr{C}_n$ gilt. Bei Erniedrigung der Temperatur (d. h., wenn die Supraleitfähigkeit durch das Magnetfeld zerstört ist) ändert die Differenz $\mathscr{C}_s - \mathscr{C}_n$ ihr Vorzeichen in Übereinstimmung damit, daß $\mathscr{S}_n - \mathscr{S}_s$ für $T = 0$ und $T = T_c$ gegen Null geht und in diesem Intervall ein Maximum besitzt.

Auf entsprechende Weise kann man auch Effekte betrachten, die mit der Volumenänderung beim Übergang zusammenhängen. Dazu differenzieren wir die Gleichung (55,6) (bei gegebener Temperatur) längs der Kurve $H_c(P)$ nach dem Druck. Dies ergibt

$$V_n = V_s \frac{\partial}{\partial P}\left(P + \frac{H_c^2}{8\pi}\right)$$

oder

$$V_n - V_s = \frac{V_s H_c}{4\pi} \frac{\partial H_c}{\partial P}, \qquad (55,14)$$

wodurch die Volumenänderung im Augenblick des Übergangs bestimmt ist.[1] Im Punkt $T = T_c$ geht diese Differenz wie auch die Differenz der Entropie gegen Null. Der Übergang für Temperaturen $T < T_c$ ist dagegen von einer Volumenänderung begleitet, die je nach dem Vorzeichen der Ableitung $(\partial H_c/\partial P)_T$ beide Vorzeichen besitzen kann. Für $T = T_c$ tritt keine Volumenänderung auf, jedoch besteht eine Unstetigkeit im Kompressibilitätskoeffizienten, die sich leicht durch Differentiation der Gleichung (55,14) bestimmen läßt.

Es sei erwähnt, daß wir bei Einsetzen des Ausdruckes

$$\left(\frac{\partial H_c}{\partial P}\right)_T = -\left(\frac{\partial H_c}{\partial T}\right)_P \left(\frac{\partial T}{\partial P}\right)_{H_c}$$

(der durch Ableitung der Gleichung $H_c(P, T) = \text{const}$ erhalten wird) in (55,14) die Clausius-Clapeyronsche Gleichung

$$\left(\frac{\partial P}{\partial T}\right)_{H_c} = \frac{Q}{T(V_n - V_s)} \qquad (55,15)$$

erhalten, wo die Ableitung $(\partial P/\partial T)_{H_c}$ die Druckänderung liefert, die zur Aufrechterhaltung eines kritischen äußeren Feldes bei Temperaturänderung nötig ist.

Das kritische Feld H_c hat einen bedeutend tieferen physikalischen Sinn, als aus seiner Definition durch das Verhalten eines supraleitenden Zylinders hervorgeht. Die Gleichung $H = H_c$ stellt die Gleichgewichtsbedingung dar, die in jedem Punkt der Grenzfläche zwischen der normalen (n) und supraleitenden (s) Phase des Stoffes im gleichen Körper erfüllt sein muß. Dies ist schon aus folgenden einfachen Überlegungen ersichtlich. Befindet sich der Zylinder in einem longitudinalen Magnetfeld H_c, so sind sowohl die Grenzbedingungen für das Magnetfeld als auch die Bedingung der thermodynamischen Stabilität gleicherweise für alle Zustände erfüllt, in denen sich ein

[1] Diese Differenz ist natürlich von der Volumenänderung (Magnetostriktion) des Supraleiters bei einer Änderung des Feldes von Null bis H_c zu unterscheiden. Diese kann man aus (55,5) finden:

$$V_s(P, T) - V_{s0}(P, T) \approx \frac{H_c^2}{8\pi}\left(\frac{\partial V_s}{\partial P}\right)_T.$$

beliebiger innerer zylindrischer Teil des Volumens im supraleitenden Zustand und der äußere im Normalzustand befindet. An ihrer Grenze besteht das Feld $H = H_c$. Die Trennfläche, auf der $H = H_c$ ist, befindet sich daher im indifferenten Gleichgewicht hinsichtlich ihrer Lage. Dies ist eine charakteristische Eigenschaft des Phasengleichgewichts.

Im veränderlichen Magnetfeld verschiebt sich die Grenze zwischen der supraleitenden und normalen Phase. Die Kinetik dieses Prozesses ist sehr komplex, und seine Diskussion erfordert eine gleichzeitige Lösung der Gleichungen der Elektrodynamik und Wärmeleitung, unter Einbeziehung der beim Phasenübergang entwickelten Wärme. Wir halten uns hier nicht mit dieser Untersuchung auf,[1]) sondern geben nur die Grenzbedingungen an der bewegten Phasengrenze an.

Zu ihrer Ableitung betrachten wir ein Koordinatensystem K', das sich mit der Geschwindigkeit $\boldsymbol{v}$, der Änderungsgeschwindigkeit der Phasengrenze, bewegt. Nach der bekannten Transformationsformel für Felder drückt sich das elektrische Feld $\boldsymbol{E}'$ im System K' durch die Felder $\boldsymbol{E}$ und $\boldsymbol{B}$ im unbewegten System K durch

$$\boldsymbol{E}' = \boldsymbol{E} + \frac{1}{c}[\boldsymbol{vB}]$$

aus (s. (63,1)). Da im System K' die Grenzfläche ruht, gilt die gewöhnliche Stetigkeitsbedingung für die Tangentialkomponenten von $\boldsymbol{E}'$, d. h. für die Größen

$$[\boldsymbol{nE}'] = [\boldsymbol{nE}] - \frac{v}{c}\boldsymbol{B}$$

($\boldsymbol{n}$ sei der Einheitsvektor normal zur Fläche in Richtung der Geschwindigkeit $\boldsymbol{v}$). In der supraleitenden Phase ist $\boldsymbol{E} = 0, \boldsymbol{B} = 0$, in der normalen (an der Grenze) $B = H_c$. Wir finden folglich, daß auf der bewegten Trennfläche Tangentialkomponenten des elektrischen Feldes auftreten, die senkrecht zum Magnetfeld stehen und der Größe nach gleich

$$E = \frac{v}{c} H_c \tag{55,16}$$

sind.

§ 56. Zwischenzustand

Befindet sich ein supraleitender Körper beliebiger Form in einem äußeren Magnetfeld dessen Stärke $\mathfrak{H}$ sich allmählich vergrößert, so tritt einmal ein Punkt auf, in dem an irgendeiner Stelle der Körperoberfläche ein kritischer Wert H_c erreicht wird, $\mathfrak{H}$ selbst aber noch kleiner als H_c ist. Auf der Ellipsoidoberfläche (im Feld $\mathfrak{H}$, das zu einer der Ellipsoidachsen parallel ist) besitzt das Feld seinen größten Wert auf dem Äquator (s. (54,3)). Es erreicht den Wert H_c schon für $\mathfrak{H} = H_c(1 - n)$.

Bei einer weiteren Vergrößerung von $\mathfrak{H}$ kann der Körper bereits nicht mehr vollständig im supraleitenden Zustand sein. Er kann auch nicht vollständig in den Normalzustand übergehen, da das Feld dann überall gleich $\mathfrak{H}$ wäre. Somit muß eine teilweise Vernichtung der Supraleitfähigkeit auftreten.

---

[1]) Siehe I. M. Lifschitz (Ž. eksper. teoret. fiz. **20**, 834 (1950); Doklady Akademii Nauk SSSR **90**, 363 (1953)).

Auf den ersten Blick könnte man sich diese Aufhebung wie folgt vorstellen. Mit einer Vergrößerung von $\mathfrak{H}$ hört die Supraleitfähigkeit in einem ständig sich vergrößernden Bereich des Körpers auf, während der entsprechende ständig abnehmende Teil supraleitend bleibt. Der ganze Körper geht bei $\mathfrak{H} = H_c$ in den Normalzustand über. Man sieht jedoch leicht, daß ein solcher Zustand des Körpers thermodynamisch instabil wäre. Wir erinnern dazu daran, daß auf der Trennfläche zwischen der supraleitenden und der normalen Phase das Magnetfeld tangential zur Oberfläche ist (und dem Betrag nach gleich H_c). Anders gesagt, die Kraftlinien des Feldes liegen auf dieser Oberfläche. Ist die Grenze konvex zur Normalphase, so divergieren die zu den Kraftlinien normalen Äquipotentiallinien des Feldes ins Innere des normalen Gebietes wie in Abb. 33a) durch die punktierten Linien gezeigt). Das Feld nimmt jedoch in der

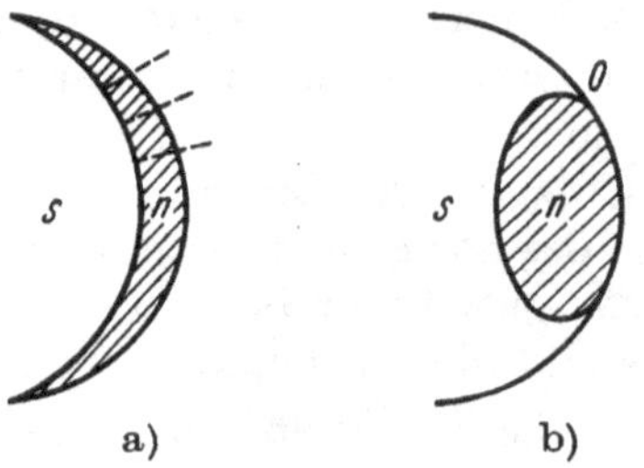

Abb. 33

Richtung ab, in der die Äquipotentialflächen divergieren, so daß wir $H_c < H$ im gestrichelten Bereich haben würden, im Widerspruch zur Annahme, daß hier die normale Phase besteht. Ist jedoch die Phasengrenze der Supraleitfähigkeit konkav, so besitzen die auf ihr liegenden Kraftlinien auf der freien Oberfläche des supraleitenden Gebietes (in der das Feld ebenfalls tangential verläuft) einen Knick im Punkt O (in Abb. 33b). In diesem Punkt geht jedoch das Feld gegen Unendlich, was wieder den Grenzbedingungen auf der Oberfläche des Supraleiters widerspricht.

Im wesentlichen wird durch diese Überlegungen auf andere Weise jene Situation dargestellt, die zur Entstehung einer Domänenstruktur in Ferroelektrika und Ferromagnetika führt. Auch hier ergibt die Bedingung thermodynamischer Stabilität, daß die Oberflächenschicht des Körpers in zahlreiche dünne parallele Schichten mit abwechselnd normalen und supraleitenden Eigenschaften zerteilt wird, wenn das Magnetfeld den Wert H_c auch nur an einer Stelle der Körperoberfläche erreicht (L. D. Landau, 1937). Dieser eigentümliche Zustand eine Supraleiters wird als *Zwischenzustand* bezeichnet. Mit der Vergrößerung von $\mathfrak{H}$ wächst der Anteil der normalen Schichten, bis für $\mathfrak{H} = H_c$ der Körper ganz in den normalen Zustand übergeht.

Es ist hervorzuheben, daß im allgemeinen Fall eines Körpers beliebiger Form der Zwischenzustand nicht im gesamten Bereich des Körpers gleichzeitig vorhanden sein muß. Es können Bereiche im rein supraleitenden und solche im rein normalen Zustand auftreten, die durch Gebiete im Zwischenzustand getrennt sind. In dieser Hinsicht einfacher ist der oben erwähnte Fall eines ellipsoidförmigen Körpers. In einem Feld parallel zu einer Achse tritt der Zwischenzustand im Intervall

$$H_c(1 - n) < \mathfrak{H} < H_c \qquad (56,1)$$

auf, wobei sich der gesamte Ellipsoidbereich in diesem Zustand befindet.

Für eine Kugel ist $n = 1/3$, und der Zwischenzustand existiert im Intervall $2/3\, H_c < \mathfrak{H} < H_c$. Für einen Zylinder im transversalen Feld ist $n = 1/2$, der Zwischenzustand besteht im Intervall $1/2\, H_c < \mathfrak{H} < H_c$. Im longitudinalen Feld gilt für einen Zylinder $n = 0$, der Zwischenzustand fehlt, und die Supraleitfähigkeit hört für $\mathfrak{H} = H_c$ ganz auf. Für eine ebene Platte schließlich im transversalen Feld ist $n = 1$; sie befindet sich in einem beliebigen Feld $\mathfrak{H} < H_c$ im Zwischenzustand.

Der Zwischenzustand kann auch statistisch beschrieben werden, wenn uns Bereiche des Körpers interessieren, die groß gegenüber der Schichtdicke sind (R. E. Peierls, F. London, 1936). In dieser Beschreibung wird angenommen, daß innerhalb des Körpers ein Magnetfeld mit einer Induktion $\overline{\boldsymbol{B}}$ besteht, die Werte von 0 (im rein supraleitenden Zustand) bis H_c (im rein normalen Zustand) annehmen kann. Schreiben wir dem Medium im Zwischenzustand eine von 0 verschiedene Induktion zu, so läßt sich ihm auch ein bestimmter Wert der magnetischen Feldstärke $\overline{\boldsymbol{H}}$ zuordnen. Um die Beziehung zwischen diesen beiden Größen festzustellen, hat man zur tatsächlichen Struktur des Zwischenzustandes zurückzukehren.

Das Magnetfeld in einer normalen Schicht ist an der Grenze zur supraleitenden gleich H_c; wegen der angenommenen Dünne der Schicht läßt sich sagen, daß dieser Feldwert für den ganzen Bereich der Schicht gilt. In supraleitenden Schichten ist dagegen $\boldsymbol{B} = 0$. Mitteln wir also das Magnetfeld über Volumina, die gegenüber den Schichtdicken groß sind, so finden wir für die gemittelte Induktion $\overline{B} = x_n H_c$, wo x_n der relative Anteil des Volumens ist, der sich im Normalzustand befindet. Ferner bestimmen wir das thermodynamische Potential pro Volumen des Körpers und normieren es auf den Wert Null im rein supraleitenden Zustand. Bei fehlendem Magnetfeld besitzt das Einheitsvolumen der Normalphase ein thermodynamisches Überschußpotential $H_c^2/8\pi$.[1]) Besteht noch ein Magnetfeld, so ist hierzu nochmals $H_c^2/8\pi$ hinzuzufügen, so daß wir zusammen $H_c^2/4\pi$ erhalten. Die Dichte des mittleren thermodynamischen Potentials im Zwischenzustand ist folglich

$$\Phi = \frac{H_c^2}{4\pi} x_n = \frac{H_c \overline{B}}{4\pi}. \tag{56,2}$$

Nach der allgemeinen Regel wird die Beziehung zwischen $\overline{\boldsymbol{B}}$ und $\overline{\boldsymbol{H}}$ aus der thermodynamischen Beziehung

$$\boldsymbol{H} = 4\pi \frac{\partial \Phi}{\partial \boldsymbol{B}}$$

erhalten.

Im vorliegenden Fall finden wir, daß der Vektor $\overline{\boldsymbol{H}}$ zu $\overline{\boldsymbol{B}}$ parallel ist, sein Betrag ist

$$\overline{H} = H_c, \tag{56,3}$$

d. h., er besitzt einen konstanten Wert, der von der Induktion unabhängig ist.

Stellt man die Abhängigkeit $\overline{B}$ von $\overline{H}$ graphisch dar (Abb. 34), so entspricht der supraleitende Zustand dem Abschnitt OA der Abszisse, der Normalzustand der

---

[1]) Wir vernachlässigen hier alle Striktionseffekte. Statt von der Änderung des thermodynamischen Potentials kann man dann von der (mit dieser zusammenfallenden) Änderung der freien Energie reden.

Geraden $BC(\overline{B} = \overline{H})$. Der vertikale Abschnitt $AB(\overline{H} = (H_c))$ bezieht sich auf den Zwischenzustand.

Es sei $\boldsymbol{n}$ der Einheitsvektor in Richtung der Feldlinien des mittleren Magnetfeldes. Schreiben wir $\overline{\boldsymbol{H}} = H_c \boldsymbol{n}$ und setzen wir dies in die Gleichung rot $\overline{\boldsymbol{H}} = 0$ ein (die bei fehlendem Volumenstrom gültig ist), so finden wir rot $\boldsymbol{n} = 0$. Andererseits ist wegen $\boldsymbol{n}^2 = 1$

$$\operatorname{grad} \boldsymbol{n}^2 = 2(\boldsymbol{n}\nabla)\,\boldsymbol{n} + 2[\boldsymbol{n} \operatorname{rot} \boldsymbol{n}] = 0\,,$$

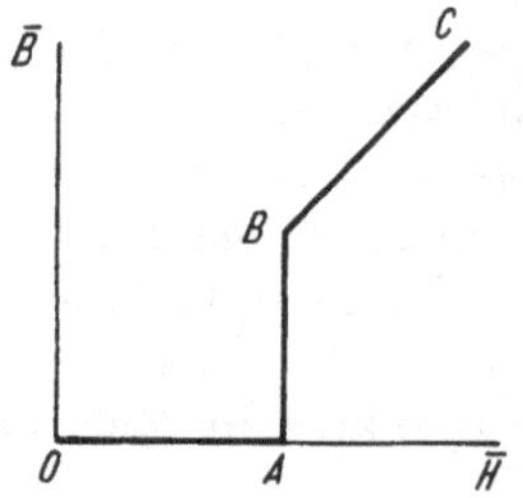

Abb. 34

woraus wir schließen, daß auch $(\boldsymbol{n}\nabla)\,\boldsymbol{n} = 0$ gilt. Dies bedeutet, daß die Richtung des Vektors $\boldsymbol{n}$ konstant ist. Die Feldlinien des mittleren Magnetfeldes sind also geradlinig.

Wir wenden die erhaltenen Ergebnisse auf ein Ellipsoid an, das sich im Zwischenzustand befindet. Zur Bestimmung des Feldes innerhalb des Ellipsoids dient die Beziehung

$$(1 - n)\,\overline{H} + n\overline{B} = \mathfrak{H}\,,$$

die bei beliebiger Abhängigkeit von $\overline{B}$ von $\overline{H}$ gültig ist. Setzen wir $\overline{H} = H_c$, so erhalten wir

$$\overline{B} = \frac{\mathfrak{H}}{n} - \frac{1 - n}{n} H_c\,. \tag{56,4}$$

Die mittlere Induktion in einem Ellipsoid ändert sich mit der Stärke des äußeren Feldes nach einem linearen Gesetz von Null für $\mathfrak{H} = (1 - n)\,H_c$ bis zu H_c, bei $\mathfrak{H} = H_c$.

Wir geben auch den Ausdruck für das integrale thermodynamische Potential $\widetilde{\Phi}$ des Ellipsoids im Zwischenzustand an. Dazu gehen wir von der allgemeinen Formel

$$\widetilde{\Phi} = \int \left[\Phi - \frac{\boldsymbol{HB}}{8\pi} - \frac{(\boldsymbol{B} - \boldsymbol{H})\,\boldsymbol{\mathfrak{H}}}{8\pi}\right] \mathrm{d}V$$

aus (vgl. (32,7)), die bei beliebiger Abhängigkeit von $\boldsymbol{B}$ von $\boldsymbol{H}$ gültig ist. Setzen wir hier die Werte Φ, $\overline{H}$, $\overline{B}$ aus (56,2 bis 4) ein, so erhalten wir

$$\widetilde{\Phi}_{\mathrm{zw}} = \frac{V}{8\pi}\left[H_c^2 - \frac{1}{n}(H_c - \mathfrak{H})^2\right] \tag{56,5}$$

(V sei das Ellipsoidvolumen); $\widetilde{\Phi}_{\mathrm{zw}}$ verschwindet für eine rein supraleitende Phase ohne Magnetfeld. Für ein supraleitendes Ellipsoid im äußeren Feld $\boldsymbol{\mathfrak{H}}$ haben wir

$$\widetilde{\Phi}_{\mathrm{s}} = -\frac{\mathcal{M}\mathfrak{H}}{2} = \frac{V\mathfrak{H}^2}{8\pi(1 - n)} \tag{56,6}$$

(gemäß (32,6) und (54,2)). Bei $\mathfrak{H} = H_c(1 - n)$ sind das thermodynamische Potential und seine erste Ableitung nach der Temperatur stetig; in diesem Sinne ist der Übergang vom supraleitenden zum Normalzustand analog einem Phasenübergang zweiter Art.[1])

Wir betonen, daß die Genauigkeit dieser „gemittelten" Beschreibung des Zwischenzustandes wegen der verhältnismäßig großen Schichtdicke nicht sehr groß ist. Aus der gleichen Ursache liefert diese Beschreibung auch einige Erscheinungen nicht, die mit Besonderheiten der Schichtstruktur verbunden sind. Hierher gehört jene Tatsache, daß der Übergang aus der supraleitenden Phase zum Zwischenzustand bei einer Vergrößerung des äußeren Feldes in Wirklichkeit nicht genau bei $\mathfrak{H} = (1 - n)H_c$ stattfindet, sondern etwas später. Der Grund für diese „Verspätung" ist der folgende: Ein Übergang zum Zwischenzustand erfolgt dann, wenn dieser Zustand thermodynamisch stabil wird, d. h., wenn $\tilde{\Phi}_{zw} < \tilde{\Phi}_s$ gilt. Die Schichtstruktur besitzt jedoch nicht nur die Volumenenergie (56,5), die in der gemittelten Beschreibung hinzuzufügen ist, sondern auch eine zusätzliche Energie, die von der Existenz von Grenzschichten und ihrer Gestaltsänderung in der Nähe der Körperfläche herrührt. Dies führt zu einer gewissen Verschiebung des Sprungpunktes in Richtung größerer Felder.

Wie in der Fußnote auf S. 226 angemerkt wurde, ist in diesem Kapitel von Supraleitern erster Art die Rede. Trotzdem machen wir hier eine kleine Anmerkung zur Thermodynamik der „Magnetisierungskurve" eines zylindrischen Supraleiters zweiter Art. Für diese Supraleiter ist ein allmähliches Eindringen des Magnetfeldes in sie typisch. So beginnt für einen langen zylindrischen Supraleiter in einem longitudinalen Magnetfeld $\mathfrak{H}$ der Eindringprozeß, wenn das Feld einen bestimmten Wert $H_{c1}(T)$ erreicht hat, und erst im Feld $H_{c2} > \mathfrak{H} > H_{c1}$ geht der Supraleiter stetig in den Normalzustand über.[2])

Wir gehen von der Relation $\partial\tilde{\Phi}/\partial H = -\mathcal{M}$ (vgl. (32,4)) aus. Nach der Integration beider Seiten der Gleichung über H in den Grenzen von 0 bis H_{c2} erhalten wir

$$-\int_0^{H_{c2}} \mathcal{M}\, d\mathfrak{H} = \Phi_n - \Phi_{s0}\,,$$

wobei sich Φ_{s0} auf einen Supraleiter ohne Feld bezieht und Φ_n vom äußeren Feld überhaupt nicht abhängt (daher kann man das Zeichen $\sim$ über beiden Buchstaben weglassen). Im Feldbereich $0 \leqq H \leqq H_{c1}$ hingegen dringt das Feld nicht in den Zylinder ein; für sein magnetisches Moment gilt daher $\mathcal{M} = -V\mathfrak{H}/4\pi$. Nach Abtrennung dieses Integralanteils erhalten wir

$$\int_{H_{c1}}^{H_{c2}} \mathcal{M}\, d\mathfrak{H} = -(\Phi_n - \Phi_{s0}) + \frac{VH_{c1}^2}{8\pi}\,.$$

[1]) Im Zusammenhang damit ist es nicht verwunderlich, daß $\Phi_{zw}(\mathfrak{H}) < \Phi_s(\mathfrak{H})$ beiderseits des Punktes $\mathfrak{H} = H_c(1 - n)$ gilt. Wir erinnern daran, daß bei einem Phasenübergang zweiter Art jede der beiden Phasen jenseits des Übergangspunktes überhaupt nicht existiert; daher ist es sinnlos, die thermodynamischen Potentiale beider Phasen zu vergleichen.

[2]) S. IX, §§ 47, 48. Der Zustand eines Supraleiters im Feldbereich zwischen H_{c1} und H_{c2} wird als *gemischter Zustand* bezeichnet. Wir betonen, daß er keineswegs mit dem Zwischenzustand von Supraleitern erster Art übereinstimmt. Im gemischten Zustand dringt das Magnetfeld in die Probe in Form von sogenannten Flußschläuchen (Flußfäden) ein.

Führt man formalerweise die Größe H_c für Supraleiter zweiter Art gemäß der früheren Definition als

$$\Phi_n - \Phi_{s0} = V \frac{H_c^2}{8\pi}$$

ein[1]), so kann man die erhaltene Relation in der Form

$$\int_{H_{c1}}^{H_{c2}} \mathcal{M} \, d\mathfrak{H} = -\frac{V}{8\pi}(H_c^2 - H_{c1}^2) \tag{56,7}$$

schreiben.

Aufgabe

Man bestimme die spezifische Wärme eines Ellipsoids im Zwischenzustand.

Lösung. Die Entropie und damit die spezifische Wärme finden wir durch Ableitung des thermodynamischen Potentials (56,5) nach der Temperatur. Vernachlässigen wir Terme, die den Wärmeausdehnungskoeffizienten des Körpers enthalten, so erhalten wir

$$\mathscr{C}_{zw} - \mathscr{C}_s = \frac{VT}{4\pi n}[(1-n)(H_c'^2 + H_c H_c'') - \mathfrak{H} H_c'']$$

der Strich bedeutet Ableitung nach T); $\mathscr{C}_s$ ist die spezifische Wärme des Körpers im supraleitenden Zustand (ihre schwache Abhängigkeit von $\mathfrak{H}$ vernachlässigen wir hier). Es ist hieraus ersichtlich, daß sich bei Änderung von $\mathfrak{H}$ (bei konstanter Temperatur) (die spezifische Wärme am Punkte $\mathfrak{H} = (1-n) H_c$ von $\mathscr{C}_s$ auf

$$\mathscr{C}_s + \frac{VT(1-n)}{4\pi n} H_c'^2$$

unstetig ändert; dann variiert sie linear mit $\mathfrak{H}$ bis zum Wert (für $\mathfrak{H} = H_c$)

$$\mathscr{C}_s - \frac{VT}{4\pi}(H_c'^2 + H_c'' H_c) + \frac{VT}{4\pi n} H_c'^2 = \mathscr{C}_n + \frac{VT}{4\pi n} H_c'^2 ,$$

von wo aus sie unstetig auf $\mathscr{C}_n$ fällt.

§ 57. Struktur des Zwischenzustands

Form und Ausmaße der n- und s-Schichten im Zwischenzustand werden durch die Bedingung thermodynamischen Gleichgewichts des Körpers insgesamt bestimmt, ähnlich wie die Domänenform bei Ferromagnetika (§ 44). Wie dort ist die sich ergebende Schichtdicke das Resultat zweier entgegengesetzter Tendenzen. Die „Oberflächenspannung" an den Grenzen der n- und s-Phase strebt danach, die Zahl der Schichten zu verkleinern, d. h. ihre Dicke zu vergrößern. In umgekehrter Richtung wirkt die „Austrittsenergie" der Schichten zur freien Oberfläche des Körpers. Die Schichtdicke wächst mit einer Vergrößerung der Körperdimensionen, so daß sie sich schließlich aus der gleichen Ursache wie bei den ferromagnetischen Domänen zur Oberfläche hin teilen müssen.[2])

[1]) Der Wert von H_c liegt zwischen H_{c1} und H_{c2}. An und für sich ist er für einen Supraleiter zweiter Art durch nichts ausgezeichnet.

[2]) Unter bestimmten Bedingungen (äußeres Feld nahe Null oder nahe H_c) kann sich eine filamentartige Struktur als thermodynamisch günstiger erweisen als eine geschichtete; s. E. R. Andrew, Proc. Roy. Soc. **194A**, 98 (1948).

Form und Ausmaße von unverzweigten Schichten im Zwischenzustand einer planparallelen Platte lassen sich exakt bestimmen. Wir tun dies, wobei wir annehmen, daß das äußere Feld senkrecht zur Platte gerichtet sei (L. D. Landau, 1937).

Die Bereiche der n- und s-Phase sind zum Feld parallele Schichten, die nur in der Nähe der Plattenoberfläche von der Planparallelität abweichen.

Die Kraftlinien des Magnetfeldes (die gestrichelten Linien in Abb. 35 verlaufen nur durch die n-Schichten, wobei die Grenzen der s-Schicht ebenfalls Kraftlinien darstellen (wegen der Bedingung $B_n = 0$ auf ihnen). Berücksichtigen wir auch, daß an der Grenze der n- und s-Phase $H = H_c$ gelten muß, so sind die Bedingungen an den Grenzen der s-Schicht:

$$\text{auf dem Abschnitt } BC\colon\; H_x = 0\,,$$

$$\text{auf } BA \text{ und } CD\colon\; H_x^2 + H_y^2 = H_c^2 \qquad (57,1)$$

(die Koordinatenachsen sind in der in Abb. 35 angegebenen Weise gewählt). Weit entfernt von der Platte muß das Feld $\boldsymbol{H}$ mit dem äußeren Feld $\mathfrak{H}$ zusammenfallen, d. h.

$$\text{für } x \to -\infty \quad H_x = \mathfrak{H}\,, \qquad H_y = 0\,. \qquad (57,2)$$

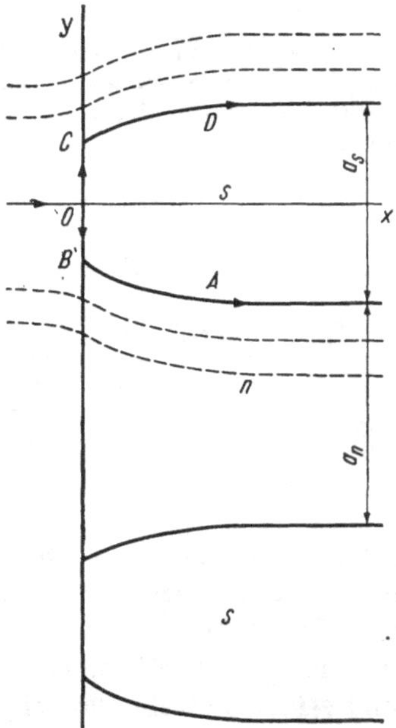

Abb. 35

Skalares und Vektorpotential werden durch

$$H_x = -\frac{\partial \varphi}{\partial x} = \frac{\partial A}{\partial y}\,, \qquad H_y = -\frac{\partial \varphi}{\partial y} = -\frac{\partial A}{\partial x}$$

eingeführt, das komplexe Potential ist $w = \varphi - iA$ (vgl. § 3).

Längs jeder Kraftlinie ist $A = \text{const}$. Wir setzen $A = 0$ für die Kraftlinie, die den Punkt 0 erreicht und sich dann in die Linien OCD und OBA verzweigt und dabei die Grenze einer s-Schicht bildet. Die Differenz der A-Werte an den Grenzen zweier aufeinanderfolgender s-Schichten ist gleich dem Strom des Magnetfeldes durch den Abschnitt $a = a_s + a_n$, d. h. gleich $\mathfrak{H}a$. Der Wert A an den Grenzen der s-Schicht ist daher ein ganzes Vielfaches von $\mathfrak{H}a$. Benutzen wir das komplexe Feld

$$\eta = H_x - iH_y = -\frac{\mathrm{d}w}{\mathrm{d}z}, \qquad z = x + iy,$$

so können wir Bedingung (57,1) in der Gestalt

$$\text{auf } BC\text{: } \operatorname{Re}\eta = 0, \quad \text{auf } BA \text{ und } CD\text{: } |\eta| = H_c \tag{57,3}$$

schreiben. Mit der neuen Größe

$$\zeta = \mathrm{e}^{-2\pi w/\mathfrak{H}a} - 1 \tag{57,4}$$

läßt sich η als Funktion von ζ ansehen. ζ ist von allen Grenzkraftlinien (und ihren Fortsetzungen außerhalb der Platte) reell: $\zeta = \mathrm{e}^{-2\pi\varphi/\mathfrak{H}a} - 1$.

Da φ bis auf eine Konstante bestimmt ist, kann der Wert von φ in einem Punkt willkürlich gewählt werden. Es sei $\varphi = 0$ in O. Dann gilt in diesem Punkt auch $\zeta = 0$. Auf der betrachteten Grenzkraftlinie haben wir weit entfernt von der Platte $\zeta = -1$ (so daß für $x \to -\infty$ gilt $\varphi \to -\mathfrak{H}x \to +\infty$). Der Wert ζ im Punkt B (oder C), wo die Kraftlinie in die Platte eindringt, sei ζ_0. Auf CD und BA ändert sich ζ von ζ_0 bis ∞. Dann lassen sich die Bedingungen (57,1) und (57,3) in der Gestalt

$$\text{für } \zeta = -1 \qquad \eta = \mathfrak{H}, \tag{57,5}$$

$$\text{für } 0 < \zeta < \zeta_0 \qquad \operatorname{Re}\eta = 0,$$

$$\text{für } \zeta_0 < \zeta \qquad |\eta| = H_c \tag{57,6}$$

schreiben. Außerdem muß die Funktion $\eta(\zeta)$ stets endlich sein.

Die Bedingung (57,6) wird durch die Funktion

$$\eta = H_c\left[\sqrt{1 - \frac{\zeta_0}{\zeta}} - \sqrt{-\frac{\zeta_0}{\zeta}}\right] \tag{57,7}$$

erfüllt. Für reelle negative ζ sind die beiden Wurzeln reell und mit den angegebenen Vorzeichen genommen. Für $0 < \zeta < \zeta_0$ sind beide Wurzeln imaginär; wir nehmen

$$\eta = \mp H_c i\left[\sqrt{\frac{\zeta_0}{\zeta}} - \sqrt{\frac{\zeta_0}{\zeta} - 1}\right]$$

mit $-$ bzw. $+$ auf den Abschnitten OC bzw. OB. Für $\zeta > \zeta_0$ hat man

$$\eta = H_c\left[\sqrt{1 - \frac{\zeta_0}{\zeta}} \mp i\sqrt{\frac{\zeta_0}{\zeta}}\right]$$

zu schreiben, mit dem Vorzeichen $-$ und $+$ entsprechend auf CD und BA. Der Wert ζ_0 läßt sich aus der Bedingung (57,5) bestimmen und ist

$$\zeta_0 = \frac{1}{4}\left(\frac{1}{h} - h\right)^2, \tag{57,8}$$

wo die Bezeichnung $h = \mathfrak{H}/H_c$ eingeführt wurde.

Die Form der Schicht, d. h. die Gleichung der Grenzkraftlinien, erhält man durch Integration der Beziehung $\mathrm{d}z = -\mathrm{d}w/\eta$ über reelle ζ:

$$z = -\int \frac{\mathrm{d}w}{\eta} = \frac{ah}{2\pi}\int \frac{\mathrm{d}\zeta}{\eta(\zeta + 1)}.$$

Setzen wir hier $\eta(\zeta)$ ein, spalten wir in Real- und Imaginärteil auf und wählen wir in entsprechender Weise die Integrationskonstanten, so erhalten wir die folgenden Parametergleichungen für die Linie CD:

$$\left.\begin{aligned} x &= \frac{ha}{2\pi}\int\limits_{\zeta_0}^{\zeta}\sqrt{1-\frac{\zeta_0}{\zeta}}\,\frac{\mathrm{d}\zeta}{\zeta+1} = \frac{ha}{\pi}\left\{\operatorname{arcosh}\sqrt{\frac{\zeta}{\zeta_0}}\right. \\ &\quad \left. - \sqrt{\zeta_0+1}\operatorname{arcosh}\sqrt{\frac{\zeta(\zeta_0+1)}{\zeta_0(\zeta+1)}}\right\}, \\ y &= Y - \frac{ha}{2\pi}\int\limits_{\zeta}^{\infty}\sqrt{\frac{\zeta_0}{\zeta}}\,\frac{\mathrm{d}\zeta}{\zeta+1} = Y - \frac{ha}{\pi}\sqrt{\zeta_0}\left(\frac{\pi}{2} - \arctan\sqrt{\zeta}\right) \end{aligned}\right\} \tag{57,9}$$

($Y = a_s/2$ ist der Wert der Koordinate y für $x \to \infty$; s. Abb. 35).

Die Periode a der Schichtstruktur hängt mit den Schichtdicken a_s und a_n der s- und n-Phase durch die Gleichungen $a = a_s + a_n$, $a\mathfrak{H} = a_n H_c$ zusammen. Die zweite von ihnen ist eine Folge der Stetigkeit des magnetischen Flusses, der ganz in den n-Schichten verläuft. Es folgt $a_s = a(1-h)$, $a_n = ha$.

Die Periode a bestimmt sich aus der Minimumsbedingung für das gesamte thermodynamische Potential der Platte. Das Vorhandensein einer „Oberflächenspannung" an der Grenze der n- und s-Phase führt zum Term

$$\Phi_1 = \frac{2l}{a}\frac{H_c^2}{8\pi}\Delta \tag{57,10}$$

im thermodynamischen Potential (bezogen auf die Plattenoberfläche). Hierin ist l die Plattenbreite, der Koeffizient der Oberflächenspannung wurde $H_c^2\Delta/8\pi$ geschrieben; Δ hat die Dimension einer Länge. Bei Berechnung dieses Teils der Energie können wir die Krümmung der Schichten in der Nähe der Plattenoberfläche vernachlässigen.

Die „Austrittsarbeit" der Schichten an der Oberfläche der Platte kann als Summe zweier Teile dargestellt werden. Erstens gibt eine Vergrößerung des Volumens der n-Schichten gegenüber dem Volumen bei Aufrechterhaltung der Planparallelität auf ihrer ganzen Ausdehnung eine zusätzliche Energie

$$\Phi_2 = \frac{4}{a}\int\limits_0^{\infty}(Y-y)\,\mathrm{d}x\,\frac{H_c^2}{8\pi}; \tag{57,11}$$

der Faktor 4 berücksichtigt die vier Winkel, wie B und C in Abb. 35, auf den beiden Seiten einer jeden der $1/a$ s-Schichten. Zweitens ändert der Austritt der Schichten zur Plattenoberfläche die Energie des Systems im äußeren Feld, d. h. die Energie $-1/2\mathcal{M}\mathfrak{H}$. Das magnetische Moment der Platte rührt von den Strömen auf den Oberflächen der s-Schicht her. Bei einem Sprung der Tangentialkomponenten der Induktion von H auf 0 ist die Oberflächendichte der Ströme $g = \pm cH/4\pi$. Das magnetische Moment pro Länge der z-Achse beträgt daher auf jeder Grenzfläche einer s-Schicht

$$-\int\limits_{OCD}\frac{H}{4\pi}y\,\mathrm{d}s\,, \qquad (\mathrm{d}s = \sqrt{\mathrm{d}x^2+\mathrm{d}y^2}).$$

Würde die Schicht nicht zur Oberfläche steigen, gäbe es keinen Abschnitt OC, und auf CD müßte stets $y = Y$ gelten. Das magnetische Überschußmoment für jeden der vier Winkel ist daher

$$-\int\limits_{OCD} \frac{H}{4\pi} y \, ds + \int\limits_0^\infty \frac{H_c}{4\pi} Y \, dx .$$

Die Überschußenergie ist dementsprechend

$$\begin{aligned} \Phi_3 &= -\frac{\mathfrak{H}}{2} \frac{4}{a} \left[\int\limits_0^\infty \frac{H_c}{4\pi} Y \, dx - \int\limits_{OCD} \frac{H}{4\pi} y \, ds \right] \\ &= \frac{\mathfrak{H}}{2a\pi} \left[H_c \int\limits_{CD} (-Y \, dx + y \, ds) + \int\limits_{OC} H_y \, dy \right] . \end{aligned} \tag{57,12}$$

Die Koordinaten x und y sind, wenn sie durch ζ ausgedrückt werden, zu a proportional. Daher sind auch alle Integrale in $\Phi_1 + \Phi_2$ zu a^2 proportional, so daß dieser Teil des thermodynamischen Potentials proportional zu a ist. Die Summe $\Phi_1 + \Phi_2 + \Phi_3$ hat dann die Form

$$\Phi = \frac{H_c^2}{4\pi} \left[\frac{l\Delta}{a} + a f(h) \right] . \tag{57,13}$$

Die Bedingung des Minimums gibt

$$a = \sqrt{\frac{l\Delta}{f(h)}} . \tag{57,14}$$

Die Integrale in (57,11 und 12) lassen sich vollständig auswerten,[1]) und für die Funktion $f(h)$ erhält man den folgenden Ausdruck:

$$\begin{aligned} f(h) = \frac{1}{4\pi} \{ &(1 + h)^4 \ln (1 + h) + (1 - h)^4 \ln (1 - h) \\ &- (1 + h^2)^2 \ln (1 + h^2) - 4h^2 \ln 8h \} . \end{aligned} \tag{57,15}$$

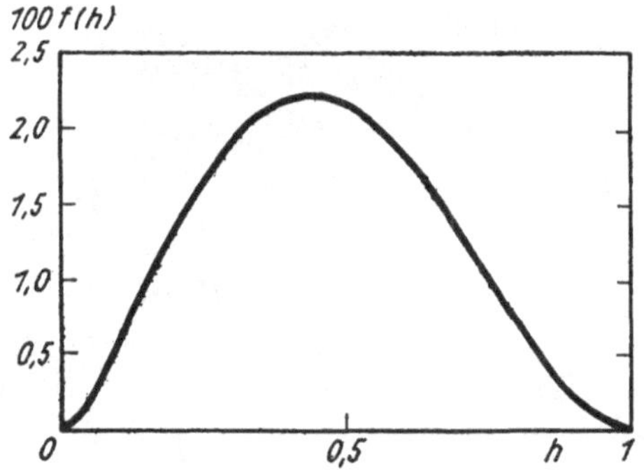

Abb. 36

[1]) Siehe A. Fortini, E. Paumier, Phys. Rev. **B 5**, 1850 (1972).

Die Ausdrücke dieser Funktion im Grenzfall lauten

$$\left.\begin{aligned} f(h) &= \frac{h^2}{\pi}\ln\frac{0{,}56}{h} \quad \text{für} \quad h \ll 1; \\ f(h) &= \frac{\ln 2}{\pi}(1-h)^2 \quad \text{für} \quad 1-h \ll 1. \end{aligned}\right\} \tag{57,16}$$

In Abb. 36 ist die Funktion $f(h)$ graphisch dargestellt.

Es sollte bemerkt werden, daß in n-Schichten in der Nähe der Oberfläche der Platte das Magnetfeld wesentlich geringer als H_c sein kann, d. h., daß hier eine Lage vorhanden ist, die der in Abb. 33a) dargestellten entspricht.[1]) Daß der Zustand thermodynamisch unvorteilhaft ist, wird hier durch die Energie der Oberflächenspannung kompensiert, die eine weitere Verkleinerung der Schichtdicke verhindert.

Wie bereits erwähnt, muß bei wachsender Schichtdicke eine Verzweigung der Schichten auftreten. Das führt seinerseits zu einer Änderung der Abhängigkeit der Periode der Struktur a von l; im Grenzfall einer mehrfachen Verzweigung gilt $a \sim l^{2/3}$. Die numerischen Relationen zeigen allerdings, daß eine Verzweigung relativ spät eintritt.[2])

---

[1]) So beträgt das Feld für $h = 1/2$ an der Oberfläche an einem mittleren Punkt der n-Schicht nur 0,73 H_c, und für $h \to 0$ strebt es gegen 0,65 H_c.

[2]) Die Rechnung für ein Modell mit mehrfacher Verzweigung der Schichten findet man in: L. D. Landau, Shurn. eksper. teoret. fis. **13** (1943) 377 (Ges. Werke, Artikel 47, Verlag Nauka, Moskau 1969).

VII DAS QUASISTIONÄRE ELEKTROMAGNETISCHE FELD

§ 58. Die Gleichungen des quasistationären Feldes

Bisher betrachteten wir zeitunabhängige elektrische Felder und Magnetfelder, und die MAXWELLsche Gleichung

$$\operatorname{rot} \boldsymbol{E} = -\frac{1}{c}\frac{\partial \boldsymbol{B}}{\partial t} \tag{58,1}$$

wurde (in § 31) nur als Hilfe für die Ableitung des Energieausdruckes im Magnetfeld benutzt.

Der Charakter veränderlicher elektrischer Felder in Substanzen hängt von der Art dieser Medien und von der Größenordnung der Feldfrequenzen ab. In diesem Paragraphen betrachten wir Erscheinungen, die in ausgedehnten Leitern und einem veränderlichen äußeren Magnetfeld auftreten. Wir setzen dabei voraus, daß die Änderungsgeschwindigkeit des Feldes nicht groß ist und eine Reihe später formulierter Bedingungen erfüllt. Elektromagnetische Felder und Ströme, die diese Bedingungen erfüllen, heißen *quasistationär*.

Wir werden zunächst annehmen, daß die Wellenlänge $\lambda \sim c/\omega$ die (im Vakuum oder in einem dielektrischen Medium, das den Leiter umgibt) einer Feldfrequenz ω entspricht, im Vergleich zu den Körperdimensionen l groß ist:

$$\omega \ll \frac{c}{l}.$$

Die Verteilung des Magnetfeldes außerhalb des Leiters kann dann zu jedem Zeitpunkt durch die Gleichung eines statischen Feldes

$$\operatorname{div} \boldsymbol{B} = 0\,, \qquad \operatorname{rot} \boldsymbol{H} = 0 \tag{58,2}$$

beschrieben werden, wobei alle Effekte vernachlässigt sind, die mit der endlichen Ausbreitungsgeschwindigkeit elektromagnetischer Störungen zusammenhängen. Eine solche Vernachlässigung ist natürlich nur in nicht zu großen (im Vergleich zu λ kleinen) Entfernungen vom Körper möglich; in jedem Fall reicht dies jedoch zur Feldbestimmung im Körper aus.

Das vollständige System der Feldgleichungen innerhalb des Leiters besteht aus (58,1) mit den Gleichungen

$$\operatorname{div} \boldsymbol{B} = 0\,, \tag{58,3}$$

$$\operatorname{rot} \boldsymbol{H} = \frac{4\pi}{c}\boldsymbol{j}\,, \qquad \boldsymbol{j} = \sigma \boldsymbol{E}\,. \tag{58,4}$$

In einem elektrisch anisotropen (nichtkubischen) Kristall hat man $j_i = \sigma_{ik} E_k$ zu schreiben.) Die zweite dieser Gleichungen wurde genau genommen nur für zeitunabhängige Ströme und Magnetfelder abgeleitet. Es ist daher nötig, die Bedingungen anzugeben, unter denen es erlaubt ist, die Gleichung mit hinreichender Genauigkeit auch für veränderliche Felder zu benutzen. In der Gleichung (58,4) ist wesentlich, daß die Verknüpfung des Stromes mit der elektrischen Feldstärke durch die Beziehung $\boldsymbol{j} = \sigma \boldsymbol{E}$ mit einer Konstanten σ gegeben wird, die sich auf den stationären Fall bezieht. Dies gilt, wenn die Periode der Feldänderungen groß gegenüber den Zeiten ist, die für den mikroskopischen Leitungsmechanismus verantwortlich sind. Mit anderen Worten, es muß die Frequenz des Feldes im Vergleich zur reziproken mittleren freien Stoßzeit der Elektronen im Leiter klein sein. Für typische Metalle (bei Zimmertemperatur) liegen die durch diese Bedingung gegebenen Grenzfrequenzen in der infraroten Region des Spektrums.[1])

Außerdem besteht noch eine andere Bedingung, die im vorliegenden Fall die Anwendbarkeit der Gleichungen einschränkt. Die Gleichung (58,4) setzt selbstverständlich voraus, daß zwischen Strom und Feld eine *lokale* Beziehung besteht, d. h., die Stromdichte in einem bestimmten Punkt wird nur durch den Feldwert in diesem Punkt bestimmt. Das setzt seinerseits voraus, daß die mittlere freie Weglänge der Elektronen klein gegenüber den Entfernungen ist, auf denen eine merkliche Änderung des Feldes eintritt. Zu dieser Bedingung kommen wir im § 59 zurück.

In den Gleichungen (58,1) und (58,4) ist $\boldsymbol{E}$ die induzierte elektrische Feldstärke, die durch die Änderung des Magnetfeldes entsteht. Bei bekanntem $\boldsymbol{H}$ bestimmt sich das Feld $\boldsymbol{E}$ unmittelbar aus der Gleichung (58,4). Die Gleichung für $\boldsymbol{H}$ dagegen wird durch Elimination von $\boldsymbol{E}$ aus (58,1) und (58,4) erhalten:

$$\frac{4\pi}{c^2}\frac{\partial \boldsymbol{B}}{\partial t} = -\operatorname{rot}\frac{\operatorname{rot}\boldsymbol{H}}{\sigma}. \tag{58,5}$$

In einer homogenen Schicht mit konstanter Leitfähigkeit σ und der magnetischen Permeabilität μ kann der Faktor $1/\sigma$ aus dem rot-Zeichen vorgezogen werden, und nach (58,3) haben wir $\operatorname{div}\boldsymbol{B} = \mu \operatorname{div}\boldsymbol{H} = 0$. Es ist daher $\operatorname{rot}\operatorname{rot}\boldsymbol{H} = -\Delta\boldsymbol{H}$, und wir erhalten die Gleichung

$$\Delta\boldsymbol{H} = \frac{4\pi\mu\sigma}{c^2}\frac{\partial \boldsymbol{H}}{\partial t}. \tag{58,6}$$

Zusammen mit $\operatorname{div}\boldsymbol{H} = 0$ stellt sie ein vollständiges Gleichungssystem zur Bestimmung des Magnetfeldes dar. Es sei bemerkt, daß (58,6) die Gestalt der Wärmeleitungsgleichung hat, wobei $c^2/4\pi\sigma\mu$ die Rolle des Wärmeleitungskoeffizienten χ spielt.

[1]) Bei schlechten Leitern (etwa Halbleitern) fordert die Anwendung der Gleichung (58,4) die Erfüllung noch einer weiteren Bedingung, die sogar stärker sein kann. Bei solchen Körpern ist es sinnvoll, gleichzeitig Leitfähigkeit und dielektrische Konstante einzuführen. Dann ist auf der rechten Seite der Gleichung (58,4) ein Term $-(\varepsilon/c)\,\partial\boldsymbol{E}/\partial t$ hinzuzufügen; die Bedingung, daß er gegenüber $(4\pi/c)\,\sigma\boldsymbol{E}$ klein ist, lautet $\sigma/\omega \gg \varepsilon$. Bei guten Leitern wie Metallen gilt praktisch $\sigma/\omega \gg 1$ im ganzen Frequenzgebiet, in dem man noch von konstanter Leitfähigkeit sprechen kann (s. auch die Fußnote auf Seite 251).

Die Grenzbedingungen des Magnetfeldes an der Leiteroberfläche sind aus der Form der Gleichungen ersichtlich und lauten wie früher

$$B_{n1} = B_{n2}\,, \qquad \boldsymbol{H}_{t1} = \boldsymbol{H}_{t2}\,. \tag{58,7}$$

Die zweite dieser Bedingungen wird nicht vom Ausdruck auf der rechten Seite der Gleichung (58,4) beeinflußt, da er beschränkt ist. Bei $\mu = 1$ kann einfach[1])

$$\boldsymbol{H}_1 = \boldsymbol{H}_2 \tag{58,8}$$

geschrieben werden.

Infolge von Gleichung (58,4) haben wir $\operatorname{div} \boldsymbol{j} = 0$; die Randbedingung zu dieser Gleichung lautet $j_n = 0$ auf der Leiteroberfläche. Für einen elektrisch isotropen Leiter folgt hieraus (infolge von $\boldsymbol{j} = \sigma \boldsymbol{E}$), daß an der Grenze auch $E_n^{(i)} = 0$ ist, wobei durch den Index (i) das Feld im Inneren des Leiters bezeichnet wurde. (Im allgemeinen Fall eines anisotropen Leiters hingegen ist die normale Feldkomponente an seiner Grenze im allgemeinen von Null verschieden.)

Die Grenzbedingung (58,8) reicht zur vollständigen Aufgabenstellung nicht aus, wenn der Leiter ein zusammengesetzter Körper ist und aus Teilen mit verschiedener Leitfähigkeit besteht. An den Grenzflächen ist neben der Stetigkeit von $\boldsymbol{H}$ auch diejenige für $\boldsymbol{E}_t$ zu fordern; für das Magnetfeld bedeutet diese Bedingung, daß

$$\frac{(\operatorname{rot} \boldsymbol{H})_{t1}}{\sigma_1} = \frac{(\operatorname{rot} \boldsymbol{H})_{t2}}{\sigma_2} \tag{58,9}$$

erfüllt sein muß.

Nachdem wir die Grundgleichungen aufgestellt haben, kommen wir nun zur Untersuchung der Eigenschaften der durch sie beschriebenen veränderlichen Felder.

Wir nehmen an, daß sich der Leiter in einem Magnetfeld befindet, dessen Quellen zu einem bestimmten Zeitpunkt abgeschaltet werden. Das Feld im und um den Leiter verschwindet nicht plötzlich, sein zeitlicher Abfall wird durch die Gleichung (58,6) bestimmt. Nach allgemeinen Methoden der mathematischen Physik können wir zur Lösung eines Problems dieser Art wie folgt vorgehen. Wir suchen eine Lösung der Gleichung (58,6) in der Form

$$\boldsymbol{H} = \boldsymbol{H}_m(x, y, z)\, \mathrm{e}^{-\gamma_m t}$$

mit konstantem γ_m. Für die Funktionen $\boldsymbol{H}_m(x, y, z)$ erhalten wir die Gleichungen

$$\frac{c^2}{4\pi\sigma} \Delta \boldsymbol{H}_m = -\gamma_m \boldsymbol{H}_m\,. \tag{58,10}$$

Bei vorgegebener Form des Leiters besitzen diese Gleichungen eine von Null verschiedene Lösung, die auch die notwendigen Grenzbedingungen erfüllt, nur für be-

---

[1]) In gewöhnlichen dia- und paramagnetischen Körpern ist μ sehr nahe an 1 und eine Berücksichtigung von μ in den folgenden Formeln würde keine Verbesserung der Genauigkeit bedeuten. Merklich von 1 verschiedene Werte von μ können bei ferromagnetischen Metallen auftreten, deren magnetische Eigenschaften (in hinreichend schwachen Feldern) durch eine große konstante Permeabilität beschrieben werden können. Bei diesen Stoffen beginnt jedoch schon ziemlich früh eine Dispersion von μ (d. h. eine Abhängigkeit von der Frequenz ω) aufzutreten, die von einem Abfall praktisch bis auf 1 begleitet ist. Aus diesem Grunde werden wir weiter in diesem Kapitel $\mu = 1$ setzen.

stimmte Werte von γ_m. Alle diese „Eigenwerte" sind reell und positiv[1]), und die zugehörigen Funktionen bilden ein vollständiges System orthogonaler Vektorfunktionen. Die Feldverteilung zum Anfangszeitpunkt sei durch die Funktion $\boldsymbol{H}_0(x, y, z)$ gegeben. Entwickeln wir sie nach dem Funktionensystem $\boldsymbol{H}_m$,

$$\boldsymbol{H}_0(x, y, z) = \sum_m c_m \boldsymbol{H}_m(x, y, z) ,$$

so erhalten wir die Lösung des gestellten Problems in der Gestalt

$$\boldsymbol{H}(x, y, z, t) = \sum_m c_m \, \mathrm{e}^{-\gamma_m t} \boldsymbol{H}_m(x, y, z) . \tag{58,11}$$

Die Abklinggeschwindigkeit des Feldes wird hauptsächlich durch jenes Glied dieser Summe bestimmt, das dem kleinsten Wert von γ_m entspricht; dieser sei γ_1. Die Abklingzeit des Feldes kann dann durch $\tau = 1/\gamma_1$ definiert werden. Die Größenordnung dieser Zeit kann ebenfalls aus (58,10) bestimmt werden. Wegen $\Delta \boldsymbol{H} \sim \boldsymbol{H}/l^2$ (wo l der Leiterdurchmesser ist) haben wir

$$\tau \sim \frac{4\pi\sigma l^2}{c^2} . \tag{58,12}$$

§ 59. Eindringtiefe des Magnetfeldes in einen Leiter

Wir betrachten einen Leiter in einem veränderlichen äußeren Magnetfeld mit einer gegebenen Frequenz ω. Das Magnetfeld induziert, indem es in den Leiter eindringt, in diesem ein veränderliches elektrisches Feld, das seinerseits zum Auftreten von Strömen führt, den sog. Foucault*schen Strömen*. Ein allgemeiner Überblick darüber, wie das Feld in den Leiter eindringt, kann bereits erhalten werden, wenn man von der erwähnten Analogie zwischen (58,6) und der Wärmeleitungsgleichung ausgeht. Aus der Theorie der Wärmeleitung ist bekannt, daß eine diese Gleichung erfüllende Größe sich im Zeitintervall t im Raum auf eine Entfernung $\sqrt{\chi t}$ ausbreitet. Wir können daher sofort schließen, daß das Magnetfeld in den Leiter um eine Strecke δ von der Größenordnung

$$\delta \approx \sqrt{\frac{c^2}{\sigma\omega}}$$

eindringt. Gleiches gilt natürlich auch für das induzierte elektrische Feld und die Ströme.

---

[1]) Man überzeugt sich davon leicht auf folgende Weise. Um die Notwendigkeit zu vermeiden, Grenzbedingungen an der Oberfläche des Körpers zu berücksichtigen, gehen wir von Gleichung (58,5) aus, in der man außerhalb des Körpers das Verschwinden von σ (in stetiger Weise) annehmen kann. Multiplizieren wir die Gleichung

$$-\frac{4\pi}{c^2}\gamma_m \boldsymbol{H}_m = -\mathrm{rot}\,\frac{\mathrm{rot}\,\boldsymbol{H}_m}{\sigma}$$

auf beiden Seiten mit $\boldsymbol{H}_m^*$ und integrieren wir über den ganzen Raum, so erhalten wir

$$\frac{4\pi}{c^2}\gamma_m \int |\boldsymbol{H}_m|^2 \,\mathrm{d}V = \int \boldsymbol{H}_m^* \,\mathrm{rot}\,\frac{\mathrm{rot}\,\boldsymbol{H}_m}{\sigma}\,\mathrm{d}V = \int \frac{1}{\sigma}|\mathrm{rot}\,\boldsymbol{H}_m|^2 \,\mathrm{d}V ,$$

woraus ersichtlich ist, daß γ_m reell und positiv ist.

In einem veränderlichen Feld der Frequenz ω wird die Zeitabhängigkeit aller Größen durch einen Faktor $e^{-i\omega t}$ gegeben. Die Gleichung (58,6) nimmt dabei die Gestalt

$$\Delta \boldsymbol{H} = -\frac{4\pi i \sigma \omega}{c^2}\boldsymbol{H} \tag{59,1}$$

an.

Wir betrachten zwei Grenzfälle. Ist die *Eindringtiefe* δ groß gegenüber den Dimensionen des Körpers (kleine Frequenzen), so kann man in erster Näherung den rechten Teil von Gleichung (59,1) Null setzen. Die Verteilung des Magnetfeldes in jedem Zeitpunkt wäre dann diejenige des stationären Falles mit gegebenem Wert des äußeren Feldes in großer Entfernung vom Körper. Wir bezeichnen diese Lösung mit $\boldsymbol{H}_{st}$; sie hängt nicht von der Frequenz ab (genauer, sie enthält sie nur durch den Zeitfaktor $e^{-i\omega t}$). Das induzierte elektrische Feld erscheint erst in der folgenden Näherung nach ω, da es im stationären Fall gänzlich fehlt. Dem entspricht es, daß wir bei einer Berechnung von $\boldsymbol{E}$ durch $\boldsymbol{H}_{st}$ nach (58,4) Null erhalten, weil $\operatorname{rot} \boldsymbol{H}_{st} = 0$ gilt. Zur Berechnung von $\boldsymbol{E}$ hat man somit zur Gleichung (58,1) zurückzukehren, nach der

$$\operatorname{rot} \boldsymbol{E} = i\frac{\omega}{c}\boldsymbol{H}_{st} \tag{59,2}$$

gilt. Diese Gleichung bestimmt zusammen mit $\operatorname{div} \boldsymbol{E} = 0$ (die aus (58,4) mit einem über den Körper konstanten σ folgt) die Verteilung des elektrischen Feldes vollständig. Man sieht, daß es zur Frequenz ω proportional ist.

Wir kommen nun zum entgegengesetzten Grenzfall $\delta \ll l$ (große Frequenzen). Damit die makroskopischen Feldgleichungen anwendbar sind, muß, wie in § 58 erwähnt, δ immer noch groß gegenüber der mittleren freien Weglänge der Leitungselektronen sein.[1])

Für $\delta \ll l$ dringt das Magnetfeld nur in eine dünne Oberflächenschicht des Leiters ein. Zur Berechnung des Feldes außerhalb des Leiters kann die Dicke dieser Schicht vernachlässigt werden, d. h. angenommen werden, daß das Magnetfeld nicht ins Innere des Körpers eindringt. In diesem Sinne verhält sich ein Leiter in einem Magnetfeld hoher Frequenz wie ein Supraleiter in einem konstanten Feld, und zur Berechnung des Feldes außerhalb des Leiters ist das entsprechende stationäre Problem für einen Supraleiter gleicher Form zu lösen.

Die Untersuchung der tatsächlichen Feldverteilung in der Oberflächenschicht des Leiters kann in allgemeiner Form durchgeführt werden, wenn man kleine Oberflächenteile als eben ansieht. Es handelt sich dann um eine Lösung der Gleichung (59,1) für ein leitendes Medium, das von einer ebenen Fläche begrenzt wird, außerhalb der das Feld einen vorgegebenen Wert hat, den wir als $\boldsymbol{H}_0 e^{-i\omega t}$ darstellen. Dieser Vektor wird in erwähnter Weise als Lösung des äußeren Problems bei paralleler Leiteroberfläche erhalten. Als Folge der Grenzbedingung (58,8) hat das Magnetfeld im Leiter an der Oberfläche den gleichen Wert $\boldsymbol{H}_0 e^{-i\omega t}$.

Wir wählen die Leiteroberfläche als x,y-Ebene, wobei das leitende Medium den Halbraum $z > 0$ einnimmt. Da die Bedingungen für das Problem von x und y unabhängig sind, hängt das gesuchte Feld $\boldsymbol{H}$ nur von der z-Koordinate und der Zeit ab.

[1]) In Metallen ist praktisch gerade diese Bedingung bei Vergrößerung der Frequenz zuerst verletzt. Die Bedingung $\omega \ll 1/\tau$, wo τ die mittlere freie Flugzeit ist, erweist sich hingegen für Halbleiter mit kleiner Leitfähigkeit als schärfer.

Wir haben so div $\boldsymbol{H} = \partial H_z/\partial z = 0$, und da an der Grenze $H_z = 0$ gilt, ist auch überall $H_z = 0$. Nach (59,1) besteht für $\boldsymbol{H}$ die Gleichung

$$\frac{\partial^2 \boldsymbol{H}}{\partial z^2} + k^2 \boldsymbol{H} = 0$$

mit

$$k = \sqrt{\frac{4\pi\sigma\omega}{c^2} i} = \frac{\sqrt{2\pi\sigma\omega}}{c}(1 + i).$$

Die Lösung dieser Gleichung, die weit entfernt von der Oberfläche ($z \to \infty$) verschwindet, ist zu e^{ikz} proportional.

Berücksichtigen wir auch die Grenzbedingungen bei $z = 0$, so erhalten wir

$$\boldsymbol{H} = \boldsymbol{H}_0 \, e^{-\frac{z}{\delta}} \, e^{i\left(\frac{z}{\delta} - \omega t\right)}, \tag{59,3}$$

wo die Eindringtiefe δ durch

$$\delta = \frac{c}{\sqrt{2\pi\sigma\omega}}, \qquad k = \frac{1+i}{\delta} \tag{59,4}$$

bestimmt wird.

Das elektrische Feld kann man aus Gleichung (58,4) gewinnen. Führen wir den Einheitsvektor $\boldsymbol{n}$ in Richtung der z-Achse ein, so erhalten wir

$$\boldsymbol{E} = \sqrt{\frac{\omega}{8\pi\sigma}}(1 - i)\,[\boldsymbol{H}\boldsymbol{n}]. \tag{59,5}$$

Es gilt somit $E \sim (\delta/\lambda)\, H$.

Ist das Feld $\boldsymbol{H}_0 \, e^{-i\omega t}$ linear polarisiert, so kann $\boldsymbol{H}_0$ durch geeignete Wahl des Anfangspunktes der Zeit reell gemacht werden. Die Richtung dieses Vektors sei dann die der y-Achse. Nehmen wir in (59,4) und (59,5) den Realteil, so erhalten wir

$$\left.\begin{aligned} H_y &= H = H_0 \, e^{-z/\delta} \cos\left(\frac{z}{\delta} - \omega t\right), \\ E_x &= E = H_0 \sqrt{\frac{\omega}{4\pi\sigma}} \, e^{-z/\delta} \cos\left(\frac{z}{\delta} - \omega t - \frac{\pi}{4}\right). \end{aligned}\right\} \tag{59,6}$$

Nach dem gleichen Gesetz ist auch die Dichte der FOUCAULTschen Ströme $\boldsymbol{j} = \sigma \boldsymbol{E}$ verteilt.

Die Relation (59,5) ist im vorliegenden Fall im gesamten Halbraum $z > 0$ gültig. In allgemeineren Fällen gilt eine Beziehung der Form

$$\boldsymbol{E}_t = \zeta[\boldsymbol{H}_t \boldsymbol{n}] \tag{59,7}$$

nur an der Leiteroberfläche für die zu ihr tangentialen Feldkomponenten (da diese Komponenten an der Oberfläche stetig sind, so bezieht sich die Relation (59,7) auf das Feld beiderseits der Oberfläche). Der Koeffizient ζ wird als *Oberflächenimpedanz* des

Leiters bezeichnet (auf allgemeinere Aspekte dieses Begriffes werden wir in § 87 zurückkommen).[1]) Im vorliegenden Falle gilt

$$\zeta = \sqrt{\frac{\omega}{8\pi\sigma}}(1 - i) . \tag{59,8}$$

Das Entstehen der FOUCAULTschen Ströme ist von einer Energiedissipation des Feldes begleitet, die in Form JOULEscher Wärme auftritt. Das (zeitliche) Mittel der dissipierten Leistung ist

$$Q = \int \overline{\boldsymbol{jE}}\, \mathrm{d}V = \int \sigma \overline{E^2}\, \mathrm{d}V .$$

Sie kann auch als mittlere Feldenergie berechnet werden, die pro Zeit von außen in den Leiter eindringt, d. h. als Integral

$$Q = \oint \overline{\boldsymbol{S}}\, \mathrm{d}\boldsymbol{f} = \frac{c}{4\pi} \int \overline{[\boldsymbol{EH}]}\, \mathrm{d}\boldsymbol{f} , \tag{59,9}$$

erstreckt über die Oberfläche des Leiters.[2])

Wir sahen oben, daß im Grenzfall $\delta \gg l$ die Amplitude des Magnetfeldes innerhalb des Leiters von der Frequenz unabhängig ist, während die Amplitude des elektrischen Feldes zu ω proportional ist. Die dissipierte Energie ist daher für kleine Frequenzen zu ω^2 proportional.

Im Fall $\delta \ll l$ werden das Magnetfeld und das elektrische Feld auf der Oberfläche des Leiters durch die Formeln (59,3) und (59,5) mit $z = 0$ gegeben. Der POYNTING-Vektor ist normal zur Oberfläche, sein Mittelwert durch

$$S = \frac{c}{16\pi} \sqrt{\frac{\omega}{2\pi\sigma}}\, |\boldsymbol{H}_0|^2$$

---

[1]) In elektrisch anisotropen Medien ist die Oberflächenimpedanz ein zweidimensionaler Tensor

$$E_{t\alpha} = \zeta_{\alpha\beta}[\boldsymbol{H}_t \boldsymbol{n}]_\beta \tag{59,7 a}$$

(wobei α,β die Tensorindizes in der zu $\boldsymbol{n}$ normalen Ebene sind). Wir bemerken, daß dieser Tensor durch die beim thermoelektrischen Effekt entstehenden Wärmeströme beeinflußt werden kann (s. Aufgabe 5).

[2]) Werden zwei Größen $a(t)$ und $b(t)$ in komplexer Form geschrieben (proportional zu $e^{-i\omega t}$), so ist bei der Bildung ihres Produktes natürlich zuerst der Realteil abzutrennen. Interessiert uns aber lediglich das zeitliche Mittel dieses Produktes, so kann es aus

$$\frac{1}{2} \mathrm{Re}\, \{ab^*\}$$

berechnet werden. In der Tat verschwinden die Terme, die den Faktor $e^{\pm 2i\omega t}$ enthalten, bei einer Mittelung, so daß

$$\frac{1}{4} \overline{(a + a^*)(b + b^*)} = \frac{1}{4}(ab^* + a^*b)$$

gilt. Insbesondere kann $\overline{\boldsymbol{S}}$ als Realteil des „komplexen POYNTING-Vektors" gemäß

$$\overline{\boldsymbol{S}} = \mathrm{Re} \left\{ \frac{c}{4\pi} \frac{1}{2} [\boldsymbol{EH}^*] \right\} \tag{59,9 a}$$

berechnet werden.

gegeben, wobei die Änderung von $\boldsymbol{H}_0$ längs der Oberfläche, wie oben gesagt, aus der Lösung des entsprechenden Problems für einen Supraleiter gleicher Form zu entnehmen ist. Die dissipierte Leistung wird

$$Q = \frac{c}{16\pi}\sqrt{\frac{\omega}{2\pi\sigma}}\oint |\boldsymbol{H}_0|^2 \,\mathrm{d}f\,. \tag{59,10}$$

Für große Frequenzen wird sie porportional $\sqrt{\omega}$.

Die Energiedissipation kann auch durch das integrale magnetische Moment ausgedrückt werden, das der Leiter im Magnetfeld besitzt. In einem periodischen Feld ist das magnetische Moment ebenfalls eine periodische Funktion der Zeit mit derselben Frequenz. Nach Formel (32,4) wird die zeitliche Änderung der freien Energie des Körpers durch die Ableitung

$$-\mathcal{M}\frac{\mathrm{d}\mathfrak{H}}{\mathrm{d}t}$$

gegeben, wo $\mathfrak{H}$ das äußere homogene Feld ist, in dem sich der Leiter befindet.

Dieser Ausdruck gibt noch nicht unmittelbar die gesuchte Dissipation, weil eine Energieänderung des Körpers nicht nur durch Wärmeentstehung, sondern auch durch den periodischen Energiefluß zwischen Körper und umgebendem Feld erfolgt. Mitteln wir jedoch über die Zeit, so fällt der letzte Teil fort, und wir erhalten als mittlere Dissipationsleistung

$$Q = -\overline{\mathcal{M}\frac{\mathrm{d}\mathfrak{H}}{\mathrm{d}t}}\,. \tag{59,11}$$

Werden $\mathcal{M}$ und $\mathfrak{H}$ in komplexer Form gewählt, so ist $\dot{\mathfrak{H}} = -i\omega\mathfrak{H}$, und die Leistung kann als

$$Q = -\frac{1}{2}\,\mathrm{Re}\,\{i\omega\mathcal{M}\mathfrak{H}^*\} = \frac{\omega}{2}\,\mathrm{Im}\,\{\mathcal{M}\mathfrak{H}^*\} \tag{59,12}$$

berechnet werden.

Die Komponenten des magnetischen Momentes $\mathcal{M}$ sind lineare Funktionen des äußeren Feldes:

$$\mathcal{M}_i = V\alpha_{ik}\mathfrak{H}_k\,, \tag{59,13}$$

wo die dimensionslosen Koeffizienten $\alpha_{ik}(\omega)$ von der Form des Körpers und seiner Orientierung im äußeren Feld abhängen (nicht von seinem Volumen V); $\mathcal{M}$ und $\mathfrak{H}$ werden in dieser Formel als in komplexer Form geschrieben angenommen, so daß die Größen α_{ik} im allgemeinen komplex sind. Der Tensor $V\alpha_{ik}$ kann als magnetische Polarisierbarkeit für den Körper als Ganzes bezeichnet werden. Dieser Tensor gehört zu jener Kategorie von Größen, die als verallgemeinerte Suszeptibilitäten bekannt sind, und besitzt daher alle ihre Eigenschaften. Insbesondere ist er symmetrisch (s. V, § 125):

$$\alpha_{ik} = \alpha_{ki}\,. \tag{59,14}$$

Benutzen wir diese Eigenschaft, so können wir

$$\mathcal{M}\mathfrak{H}^* = V\alpha_{ik}\mathfrak{H}_i^*\mathfrak{H}_k = \frac{V}{2}\,\alpha_{ik}(\mathfrak{H}_i^*\mathfrak{H}_k + \mathfrak{H}_i\mathfrak{H}_k^*) = V\alpha_{ik}\,\mathrm{Re}\,\{\mathfrak{H}_i\mathfrak{H}_k^*\}$$

schreiben. Schreiben wir außerdem noch die komplexen Größen α_{ik} in der Form

$$\alpha_{ik} = \alpha'_{ik} + i\alpha''_{ik} ,$$

so erhalten wir für die Dissipationsleistung (59,12)

$$Q = \frac{V}{2}\,\omega\alpha''_{ik}\,\mathrm{Re}\,\{\mathfrak{H}_i\mathfrak{H}_k^*\}\,. \tag{59,15}$$

Die dissipierte Leistung wird also durch den Imaginärteil der magnetischen Polarisierbarkeit des Körpers bestimmt. Wir sahen oben, daß bei kleinen Frequenzen Q zu ω^2 proportional ist, bei großen zu $\sqrt{\omega}$. Es läßt sich also schließen, daß in diesen zwei Grenzfällen die Größen α''_{ik} jeweils zu ω bzw. $\omega^{-1/2}$ proportional sind. Da sie sowohl für $\omega \to 0$ als für $\omega \to \infty$ abfallen, müssen sie im Zwischengebiet durch ein Maximum gehen.

Das magnetische Moment eines Leiters im veränderlichen Magnetfeld wird hauptsächlich durch die im Körper entstehenden Leitungsströme erzeugt; es ist bereits für $\mu = 1$ von Null verschieden, wenn das statische Moment verschwindet. Letzteres muß sich aus $\mathcal{M}(\omega)$ im Grenzfall $\omega \to 0$ ergeben. Es folgt hieraus, daß der reelle Teil der magnetischen Polarisierbrakeit α'_{ik} für $\omega \to 0$ einem konstanten Wert (Null für $\mu = 1$) zustrebt, der einer Magnetisierung in einem konstanten Feld entspricht. Im Grenzfall $\omega \to \infty$ jedoch, wo das Magnetfeld nicht in den Körper eindringt, gehen die Größen α'_{ik} gegen eine andere konstante Größe, die der statischen Magnetisierung eines Supraleiters gleicher Form entspricht.

Aufgaben

1. Man bestimme die magnetische Polarisierbarkeit einer isotropen geladenen Kugel vom Radius a in einem homogenen periodischen äußeren Feld.

Lösung. Das Feld $\boldsymbol{H}^{(i)}$ innerhalb einer Kugel erfüllt die Gleichungen

$$\Delta \boldsymbol{H}^{(i)} + k^2\boldsymbol{H}^{(i)} = 0\,, \qquad \mathrm{div}\,\boldsymbol{H}^{(i)} = 0\,, \qquad k = (1+i)/\delta\,.$$

Wir setzen es in der Gestalt $\boldsymbol{H}^{(i)} = \mathrm{rot}\,\boldsymbol{A}$ an, wo $\boldsymbol{A}$ die Gleichung $\Delta\boldsymbol{A} + k^2\boldsymbol{A} = 0$ erfüllt; da $\boldsymbol{H}$ ein axialer Vektor ist, muß $\boldsymbol{A}$ ein polarer Vektor sein. Infolge der Kugelsymmetrie ist die äußere Feldstärke $\mathfrak{H}$ der einzige konstante Vektor, von dem die gesuchte Lösung abhängen kann. Wir bezeichnen mit f die kugelsymmetrische Lösung

$$f = \frac{\sin kr}{r}$$

der skalaren Gleichung $\Delta f + k^2 f = 0$. Der die Vektorgleichung $\Delta\boldsymbol{A} + k^2\boldsymbol{A} = 0$ erfüllende und linear vom konstanten axialen Vektor $\mathfrak{H}$ abhängende polare Vektor $\boldsymbol{A}$ kann dann in der Form

$$\boldsymbol{A} = \beta\,\mathrm{rot}\,(f\mathfrak{H})$$

geschrieben werden (β eine Konstante). $\boldsymbol{H}^{(i)}$ nimmt also die Gestalt

$$\boldsymbol{H}^{(i)} = \beta\,\mathrm{rot}\,\mathrm{rot}\,(f\mathfrak{H}) = \beta\left(\frac{f'}{r} + k^2 f\right)\mathfrak{H} - \beta\left(\frac{3f'}{r} + k^2 f\right)\boldsymbol{n}(\boldsymbol{n}\mathfrak{H})$$

an, wobei $\boldsymbol{n}$ ein Einheitsvektor in der Richtung $\boldsymbol{r}$ ist (die zweite Ableitung wurde mit Hilfe der Gleichung $\Delta f + k^2 f = 0$ eliminiert).

Das Feld $\boldsymbol{H}^{(e)}$ außerhalb der Kugel erfüllt die Gleichungen $\mathrm{rot}\,\boldsymbol{H}^{(e)} = 0$, $\mathrm{div}\,\boldsymbol{H}^{(e)} = 0$. Wir stellen es durch $\boldsymbol{H}^{(e)} = -\mathrm{grad}\,\varphi + \mathfrak{H}$ dar, wobei φ die Gleichung $\Delta\varphi = 0$ erfüllt und im Unendlichen gegen Null geht. Eine derartige Funktion, die linear vom konstanten

Vektor $\mathfrak{H}$ abhängt, hat die Form

$$\varphi = -\alpha V \mathfrak{H} \nabla \frac{1}{r}$$

($V = 4\pi a^3/3$). $\boldsymbol{H}^{(e)}$ ergibt sich also zu

$$\boldsymbol{H}^{(e)} = V\alpha \operatorname{grad}\left(\mathfrak{H}\nabla \frac{1}{r}\right) + \mathfrak{H} = \frac{V\alpha}{r^3}[3\boldsymbol{n}(\boldsymbol{n}\mathfrak{H}) - \mathfrak{H}] + \mathfrak{H}\,.$$

Offensichtlich ist $\alpha V \mathfrak{H}$ das magnetische Moment der Kugel, so daß $V\alpha$ ihre magnetische Polarisierbarkeit darstellt (die Kugelsymmetrie bedeutet für den Tensor α_{ik} Reduktion auf einen Skalar: $\alpha_{ik} = \alpha\delta_{ik}$).

Auf der Kugeloberfläche ($r = a$) sind alle Komponenten von $\boldsymbol{H}$ stetig. Setzen wir die zu $\boldsymbol{n}$ parallelen und senkrechten Komponenten jeweils einander gleich, so erhalten wir zwei Gleichungen zur Bestimmung von α und β. Für die uns interessierende Polarisierbarkeit (bezogen auf das Volumen) erhalten wir

$$\alpha = \alpha' + i\alpha'' = -\frac{3}{8\pi}\left[1 - \frac{3}{a^2k^2} + \frac{3}{ak}\cot ak\right],$$

$$\alpha' = -\frac{3}{8\pi}\left[1 - \frac{3}{2}\frac{\delta}{a}\frac{\sinh(2a/\delta) - \sin(2a/\delta)}{\cosh(2a/\delta) - \cos(2a/\delta)}\right],$$

$$\alpha'' = -\frac{9\delta^2}{16\pi a^2}\left[1 - \frac{a}{\delta}\frac{\sinh(2a/\delta) + \sin(2a/\delta)}{\cosh(2a/\delta) - \cos(2a/\delta)}\right].$$

Im Grenzfall kleiner Frequenzen ($\delta \gg a$) gilt

$$\alpha' = -\frac{1}{105\pi}\left(\frac{a}{\delta}\right)^4 = -\frac{4\pi}{105}\frac{a^4\sigma^2\omega^2}{c^4}, \qquad \alpha'' = \frac{1}{20\pi}\left(\frac{a}{\delta}\right)^2 = \frac{a^2\sigma\omega}{10c^2}.$$

Für große Frequenzen ist dagegen ($\delta \ll a$)

$$\alpha' = -\frac{3}{8\pi}\left[1 - \frac{3\delta}{2a}\right] = -\frac{3}{8\pi}\left[1 - \frac{3c}{2a\sqrt{2\pi\sigma\omega}}\right], \qquad \alpha'' = \frac{9}{16\pi}\frac{\delta}{a} = \frac{9c}{16\pi a\sqrt{2\pi\sigma\omega}}.$$

Der Grenzwert $V\alpha' = -a^3/2$ entspricht dem magnetischen Moment einer supraleitenden Kugel, der entsprechende Wert α'' kann aus (59,10) gefunden werden, wenn wir Formel (54,3) für das Feld an der Oberfläche einer supraleitenden Kugel benutzen.

Wir erinnern daran, daß das Feld in komplexer Form $\mathfrak{H} = \mathfrak{H}_0 e^{-i\omega t}$ (mit einem beliebigen konstanten komplexen Vektor $\mathfrak{H}_0$) geschrieben vorausgesetzt wurde. Mit dieser Betrachtungsweise sind sowohl ein „linear poliarisiertes" veränderliches Feld konstanter Richtung als auch ein elliptisch oder zirkular polarisiertes, in einer bestimmten Ebene rotierendes Feld erfaßt.

2. Die gleiche Aufgabe wie 1. für einen leitenden Zylinder (Radius a) in einem homogenen periodischen Magnetfeld senkrecht zur Zylinderachse.

Lösung. Die Aufgabe stellt ein „zweidimensionales Analogon" zu Aufgabe 1 dar; alle im folgenden benutzten Vektoroperationen sind zweidimensionale Operationen in einer zur Zylinderachse senkrechten Ebene, $\boldsymbol{r}$ sei der Radiusvektor in dieser Ebene. Das Feld innerhalb des Zylinders stellen wir in der Form

$$\boldsymbol{H}^{(i)} = \beta \operatorname{rot}\operatorname{rot}(f\mathfrak{H}) = \beta\left(\frac{f'}{r} + k^2 f\right)\mathfrak{H} - \beta\left(\frac{2f'}{r} + k^2 f\right)\boldsymbol{n}(\boldsymbol{n}\mathfrak{H})$$

dar, wo $f = J_0(kr)$ eine für $r = 0$ endliche symmetrische Lösung der zweidimensionalen Gleichung $\Delta f + k^2 f = 0$ ist. Für das Feld außerhalb des Zylinders haben wir

$$\boldsymbol{H}^{(e)} = -2\alpha V \operatorname{grad}(\mathfrak{H}\nabla \ln r) + \mathfrak{H} = \frac{2\alpha V}{r^2}[2\boldsymbol{n}(\boldsymbol{n}\mathfrak{H}) - \mathfrak{H}] + \mathfrak{H}$$

($V = \pi a^2$). Das magnetische Moment pro Länge des Zylinders ist $V\alpha\mathfrak{H}$ (s. Aufgabe 2, § 3). Aus der Bedingung $\boldsymbol{H}^{(i)} = \boldsymbol{H}^{(e)}$ für $r = a$ erhalten wir wie in Aufgabe 1

$$\alpha = -\frac{1}{2\pi}\left[1 - \frac{2}{ak}\frac{J_1(ka)}{J_0(ka)}\right]$$

(benutzt wurde die Beziehung $J_0'(kr) = -kJ_1(kr)$).

Für $\delta \gg a$ erhalten wir, wenn wir die BESSEL-Funktionen nach Potenzen von ka entwickeln,

$$\alpha' = -\frac{1}{24\pi}\left(\frac{a}{\delta}\right)^4 = -\frac{\pi a^4\sigma^2\omega^2}{6c^4}, \qquad \alpha'' = \frac{1}{8\pi}\left(\frac{a}{\varrho}\right)^2 = \frac{a^2\sigma\omega}{4c^2}.$$

Für $\delta \ll a$ benutzen wir den asymptotischen Ausdruck für BESSEL-Funktionen und finden

$$\alpha' = -\frac{1}{2\pi}\left(1 - \frac{\delta}{a}\right) = -\frac{1}{2\pi}\left(1 - \frac{c}{a\sqrt{2\pi\sigma\omega}}\right), \qquad \alpha'' = \frac{1}{2\pi}\frac{\delta}{a} = \frac{c}{2\pi a\sqrt{2\pi\sigma\omega}}.$$

3. Die gleiche Aufgabe für einen Zylinder in einem zur Achse parallelen Magnetfeld.

Lösung. Das Magnetfeld ist im ganzen Raum zur Zylinderachse parallel. Außerhalb des Zylinders gilt $\boldsymbol{H}^{(e)} = \mathfrak{H}$, innerhalb haben wir $\boldsymbol{H}^{(i)} = f\mathfrak{H}$, wo f die für $r = a$ gegen 1 gehende Lösung der zweidimensionalen Gleichung $\Delta f + k^2 f = 0$ ist:

$$\boldsymbol{H}^{(i)} = \mathfrak{H}\frac{J_0(kr)}{J_0(ka)}.$$

Die FOUCAULTschen Ströme verlaufen zirkular im Zylinder (d. h., j hat lediglich die Komponente $j_\varphi = j$ bei Benutzung von Zylinderkoordinaten) und lassen sich durch das Feld $H_z = H$ gemäß

$$\frac{4\pi j}{c} = -\frac{\partial H}{\partial r}$$

ausdrücken. Das von den Leitungsströmen erzeugte magnetische Moment pro Länge des Zylinders beträgt

$$\mathcal{M} = \frac{1}{2c}\int jr\,\mathrm{d}V = -\frac{1}{4}\int \frac{\partial H}{\partial r} r^2\,\mathrm{d}r,$$

es ist parallel zur Achse. Die Berechnung des Integrals ergibt

$$\alpha = -\frac{1}{4\pi}\left[1 - \frac{2}{ka}\frac{J_1(ka)}{J_0(ka)}\right].$$

Die longitudinale Polarisierbarkeit des Zylinders ist also zweimal kleiner als die in Aufgabe 2 gefundene transversale Polarisierbarkeit.

4. Man bestimme den kleinsten Abklingkoeffizienten des Magnetfeldes in einer leitenden Kugel.

Lösung. Unter den Lösungen der Gleichungen (58,10) für die Kugel gibt es Funktionen verschiedener Symmetrie. Die höchste Symmetrie besitzt eine Lösung, die durch einen beliebigen konstanten Skalar bestimmt wird. Sie ist jedoch aus folgendem Grund nicht möglich. Eine solche Lösung hätte kugelsymmetrisch zu sein: $H = H_r(r)$, und wegen $\operatorname{div}\boldsymbol{H} = (1/r)\,\partial/\partial r(rH) = 0$ (diese Gleichung gilt sowohl außerhalb als innerhalb der Kugel) wäre $H = \text{const}/r$. Diese Funktion ist jedoch im Kugelzentrum nicht endlich.

Dem kleinsten Wert von γ entspricht eine Lösung, die durch Vorgabe eines willkürlichen konstanten Vektors bestimmt wird. Die Form derartiger Lösungen fällt offenbar mit der in Aufgabe 1 gefundenen zusammen, mit dem Unterschied, daß das konstante Glied in $\boldsymbol{H}^{(e)}$ fortzulassen ist, weil im Unendlichen $\boldsymbol{H} = 0$ gelten muß. k ist dabei hier eine reelle Größe ($k^2 = 4\pi\sigma\gamma/c^2$) und $\mathfrak{H}$ ein beliebiger konstanter Vektor. Aus der Grenzbedingung $\boldsymbol{H}^{(i)} = \boldsymbol{H}^{(e)}$ für $r = a$ erhalten wir zwei Gleichungen, aus denen wir, wenn wir α und β eliminieren, $\sin(ka) = 0$ finden. Die kleinste von Null verschiedene Wurzel dieser Gleichung ist $ka = \pi$, so daß wir für den kleinsten Wert von γ

$$\gamma_1 = \frac{\pi c^2}{4\sigma a^2}$$

erhalten.

5. Die ebene Oberfläche eines einachsigen metallischen Kristalls sei so herausgeschnitten, daß ihre Normale den Winkel θ mit der Hauptsymmetrieachse bildet. Man bestimme die Oberflächenimpedanz unter Berücksichtigung des thermoelektrischen Effekts (M. I. Kaganow, W. M. Zukernik, 1958).

Lösung. Wir wählen die Kristalloberfläche als x,y-Ebene und die innere Normale zur Oberfläche als z-Achse; die Hauptsymmetrieachse liege in der x,z-Ebene mit einem Winkel θ zur z-Achse. Das Magnetfeld sei an der Kristalloberfläche längs der y-Achse gerichtet: $H_y = H_0\,e^{-i\omega t}$, dann ist es auch überall im Metallinneren ebenso gerichtet. Unter Berücksichtigung, daß alle Größen nur von der z-Koordinate (und von der Zeit wie $e^{-i\omega t}$) abhängen, finden wir, daß die Maxwell-Gleichungen (58,1 und 4) die Form

$$-H_y' = \frac{4\pi}{c} j_x, \qquad j_y = j_z = 0\,, \qquad E_x' = \frac{i\omega}{c} H_y \tag{1}$$

annehmen; weiterhin gilt $E_y' = 0$, woraus $E_y = 0$ folgt (der Strich bezeichnet eine Differentiation nach z). Zur Berücksichtigung des thermoelektrischen Effekts hat man noch die Wärmeleitungsgleichung $C\,\partial T/\partial t + \operatorname{div} \boldsymbol{q} = 0$ oder

$$-i\omega C\tau + q_z' = 0 \tag{2}$$

hinzuzufügen, wobei τ der veränderliche Anteil, bezogen auf die mittlere Temperatur ($T = \overline{T} + \tau$), C die spezifische Wärme pro Volumen des Metalls und $\boldsymbol{q}$ die Wärmestromdichte sind; $\boldsymbol{j}$ und $\boldsymbol{q}$ sind mit dem Feld $\boldsymbol{E}$ und dem Temperaturgradienten über die Relation (26,12) verknüpft.

Die Tensoren $\varrho_{ik} = \sigma_{ik}^{-1}$ und $\varkappa_{ik}$ sind symmetrisch. Wir nehmen an, die Kristallsymmetrie sei derart, daß auch der Tensor α_{ik} symmetrisch sei. Bei getroffener Achsenwahl x, y, z haben wir

$$\varrho_{xx} = \varrho_{\|} \sin^2\theta + \varrho_{\perp}\cos^2\theta\,, \qquad \varrho_{yy} = \varrho_{\perp}\,, \qquad \varrho_{zz} = \varrho_{\|}\cos^2\theta + \varrho_{\perp}\sin^2\theta\,,$$

$$\varrho_{xy} = \varrho_{yz} = 0\,, \qquad \varrho_{xz} = (\varrho_{\|} - \varrho_{\perp})\sin\theta\cos\theta\,,$$

wobei $\varrho_{\|}$, $\varrho_{\perp}$ die Hauptwerte des Tensors ϱ_{ik} entlang der Kristallachse und in der Ebene senkrecht zu ihr sind. Analoge Formeln gelten für die Tensoren $\varkappa_{ik}$ und α_{ik}. Mit diesen Tensoren haben wir aus (26,12)

$$E_x = \varrho_{xx} j_x + \alpha_{xz}\tau'\,, \quad q_z = T\alpha_{zx} j_x - \varkappa_{zz}\tau'\,, \tag{3}$$

$$E_z = \varrho_{zx} j_x + \alpha_{zz}\tau'\,. \tag{4}$$

Nach Elimination von H_y aus den Gleichungen (1 bis 3) erhalten wir

$$E_x'' + k^2 (E_x + E_T) = 0\,,$$

$$(1 + a)\,E_T'' + k^2[(b - a)\,E_T - aE_x] = 0\,,$$

wo die Bezeichnung $E_T = -\alpha_{xz}\tau'$ und die Parameter

$$k^2 = \frac{4\pi i\omega}{c^2\varrho_{xx}}\,, \qquad a = \frac{T\alpha_{xz}^2}{\varrho_{xx}\varkappa_{zz}}\,, \qquad b = \frac{c^2 C\varrho_{xx}}{4\pi\varkappa_{zz}}$$

eingeführt wurden. Die Lösung dieses Systems zweier Gleichungen für den vom Metall eingenommenen Halbraum ($z > 0$) lautet

$$E_x = A\,e^{ik_1 z} + B\,e^{ik_2 z}\,,$$

$$E_T = -\left(1 - \frac{k_1^2}{k^2}\right) A\,e^{ik_1 z} - \left(1 - \frac{k_2^2}{k^2}\right) B\,e^{ik_2 z}\,,$$

wo

$$k_{1,2} = k\left[\frac{1 + b \pm \sqrt{(1 - b)^2 - 4ab}}{2(1 + a)}\right]^{1/2}$$

ist, die Imaginärteile von k_1 und k_2 müssen dabei positiv sein.

Die Relation zwischen den Koeffizienten A und B wird über die Grenzbedingung für die Temperatur hergestellt. Die Formel (4) bestimmt das Feld E_z im Metall (wir erinnern daran, daß die Stetigkeit der normalen Feldkomponente $\boldsymbol{E}$ an der Leiteroberfläche nicht erforderlich ist). Für die Oberflächenimpedanz haben wir definitionsgemäß (59,7a)

$$\zeta_{xx} = \left.\frac{E_x}{H_y}\right|_{z=0} = \frac{\omega}{c}\,\frac{A+B}{k_1 A + k_2 B}, \qquad \zeta_{yx} = 0\,.$$

Wir führen die endgültigen Ausdrücke für die Impedanz unter der Annahme $a \ll 1$ (wie das auch faktisch für gewöhnliche Metalle der Fall ist) für zwei Fälle an: Für die Grenzbedingung $\tau = 0$ (isothermische Grenze)

$$\zeta_{xx}^{\mathrm{isot}} = \zeta_0 \left[1 + \frac{a}{2(1+\sqrt{b})^2}\right]$$

und für die Grenzbedingung $q_z = 0$ (adiabatische Grenze)

$$\zeta_{xx}^{\mathrm{ad}} = \zeta_0 \left[1 + \frac{a(1+2\sqrt{b})}{2(1+\sqrt{b})^2}\right],$$

wobei $\zeta_0 = (\omega\varrho_{yy}/8\pi)^{1/2}\,(1-i)$ die Impedanz ohne Berücksichtigung des thermoelektrischen Effektes ist. Der Parameter a und mit ihm auch die Korrektur zur Impedanz verschwinden für $\theta = \pi/2$ und $\theta = 0$, d. h., wenn die Hauptachse des Kristalls in der Ebene seiner Oberfläche oder senkrecht zu ihr liegt.

Ist das Feld $\boldsymbol{H}$ längs der x-Achse gerichtet, dann gilt $E_x = 0$, $j_x = j_z = 0$, und ein Temperaturgradient entsteht nicht. Es ist daher $\zeta_{yy} = \zeta_0$.

§ 60. Skineffekt

Wir betrachten die Verteilung der Stromdichte über den Querschnitt eines Leiters, in dem ein von Null verschiedener veränderlicher Gesamtstrom fließt. Die im vorhergegangenen Paragraphen erhaltenen Ergebnisse lassen erwarten, daß sich bei Vergrößerung der Frequenz der Strom hauptsächlich auf die Gebiete in der Nähe der Leiteroberfläche konzentrieren wird. Diese Erscheinung wird als *Skineffekt* bezeichnet.[1])

Die strenge Lösung des Skineffektproblems hängt im allgemeinen nicht nur von der Form des Leiters ab, sondern auch davon, wie im Leiter ein Strom angeregt wird, d. h. von der Art des äußeren veränderlichen Magnetfeldes, das den Strom induziert. Ein wichtiger Spezialfall ist dabei jener, wo die Stromverteilung als unabhängig von der Art der Anregung angesehen werden kann. Dies ist für den Strom in einem dünnen Leiter der Fall, dessen Durchmesser klein gegenüber seiner Länge ist.

Bei der Berechnung der Stromverteilung über den Querschnitt eines dünnen Drahtes kann der Draht als geradlinig angesehen werden. Das elektrische Feld ist dabei parallel zur Drahtachse, der magnetische Vektor $\boldsymbol{H}$ liegt in einer zur Achse senkrechten Ebene.

Wir betrachten einen Draht mit kreisförmigem Querschnitt. Dieser Fall ist deshalb besonders einfach, weil die Gestalt des Feldes außerhalb des Leiters von vornherein klar ist. Aus Symmetriegründen ist nämlich an der Oberfläche des Drahtes $\boldsymbol{E} = \mathrm{const}$ (zu jedem Zeitpunkt). Bei einer solchen Grenzbedingung besitzen die Gleichungen

---

[1]) Von einem Skineffekt in einem allgemeineren Sinne spricht man in allen Situationen, wenn ein veränderliches elektromagnetisches Feld (und mit ihm auch die durch dieses hervorgerufenen Ströme) nur auf eine relativ geringe Tiefe in den Leiter eindringt.

$\operatorname{div} \boldsymbol{E} = 0$, $\operatorname{rot} \boldsymbol{E} = 0$ im Raum außerhalb des Drahtes nur die Lösung $\boldsymbol{E} = \text{const}$ im ganzen Raum. Aus analogen Gründen ist auch das Magnetfeld um den Leiter dasselbe wie für einen Draht mit einem konstantem Strom, der gleich dem augenblicklichen Wert des veränderlichen Stromes ist.

Im Innern des Drahtes erfüllt das elektrische Feld die Beziehung

$$\Delta \boldsymbol{E} = \frac{4\pi\sigma}{c^2} \frac{\partial \boldsymbol{E}}{\partial t},$$

die mit der Gleichung (58,6) für $\boldsymbol{H}$ zusammenfällt (man erhält sie durch Elimination von $\boldsymbol{H}$ aus (58,1) und (58,4) ebenso, wie (58,6) durch Elimination von $\boldsymbol{E}$ gewonnen wurde). In einem Zylinderkoordinatensystem mit der z-Achse längs der Drahtachse besitzt $\boldsymbol{E}$ nur eine z-Komponente und hängt nur von der Koordinate r ab; für ein periodisches Feld mit der Frequenz ω erhalten wir die Gleichung

$$\frac{1}{r} \frac{\partial}{\partial r}\left(r \frac{\partial E}{\partial r}\right) + k^2 E = 0\,, \qquad k = \frac{\sqrt{2i}}{\delta} = \frac{1+i}{\delta}, \tag{60,1}$$

wo δ die im letzten Paragraphen eingeführte Eindringtiefe (59,4) ist. Die für $r = 0$ endliche Lösung dieser Gleichung lautet

$$E = E_z = \text{const} \cdot J_0(kr)\, \mathrm{e}^{-i\omega t} \tag{60,2}$$

(J_0 sei eine BESSEL-Funktion). Nach dem gleichen Gesetz ist auch die Stromdichte $j = \sigma E$ verteilt.

Das Magnetfeld finden wir aus dem elektrischen nach Gleichung (58,1):

$$\frac{i\omega}{c} H_\varphi = (\operatorname{rot} \boldsymbol{E})_\varphi = -\frac{\partial E_z}{\partial r}. \tag{60,3}$$

Beachten wir $J_0'(u) = -J_1(u)$, so erhalten wir

$$H = H_\varphi = -i \cdot \text{const} \cdot \sqrt{\frac{4\pi\sigma i}{\omega}}\, J_1(kr)\, \mathrm{e}^{-i\omega t} \tag{60,4}$$

mit der gleichen Konstanten wie auch in (60,2). Diese Konstante läßt sich leicht aus der Bedingung bestimmen, daß auf der Drahtoberfläche $H = 2I/ca$ gelten muß, wo a sein Radius und I der durch den Draht fließende Gesamtstrom ist.

Im Grenzfall kleiner Frequenzen ($a/\delta \ll 1$) kann man sich über den ganzen Drahtquerschnitt mit den ersten Termen einer Entwicklung der BESSEL-Funktionen begnügen:

$$\left.\begin{aligned} E_z &= \text{const} \cdot \left[1 - \frac{i}{2}\left(\frac{r}{\delta}\right)^2 - \frac{1}{16}\left(\frac{r}{\delta}\right)^4\right] \mathrm{e}^{-i\omega t}, \\ H_\varphi &= \text{const} \cdot \frac{2\pi\sigma}{c} r \left[1 - \frac{i}{4}\left(\frac{r}{\delta}\right)^2 - \frac{1}{48}\left(\frac{r}{\delta}\right)^4\right] \mathrm{e}^{-i\omega t}. \end{aligned}\right\} \tag{60,5}$$

Die Amplitude E und mit ihr die Amplitude der Stromdichte wächst mit der Entfernung von der Achse wie $[1 + (r/2\delta)^4]$.

Im entgegengesetzten Grenzfall großer Frequenzen ($a/\delta \gg 1$) kann für den größten Teil des Drahtquerschnittes die bekannte asymptotische Formel

$$J_0(u\sqrt{2i}) \sim \frac{1}{\sqrt{u}}\, \mathrm{e}^{(1-i)u} \tag{60,6}$$

benutzt werden, die für große Werte des Arguments der BESSEL-Funktion anwendbar ist. Behalten wir nur den sich schnell ändernden Exponentialfaktor, so erhalten wir

$$\left.\begin{aligned} E_z &= \text{const} \cdot e^{-\frac{a-r}{\delta}} e^{i\left(\frac{a-r}{\delta}-\omega t\right)}, \\ H_\varphi &= \text{const} \cdot (1+i) \sqrt{\frac{2\pi\sigma}{\omega}}\, e^{-\frac{a-r}{\delta}} e^{i\left(\frac{a-r}{\delta}-\omega t\right)}. \end{aligned}\right\} \tag{60,7}$$

Diese Formeln sind natürlich dieselben wie (59,3 bis 5), die bei starkem Skineffekt in der Nähe einer Leiteroberfläche beliebiger Form anwendbar sind.

Im allgemeineren Fall eines Drahtes mit nichtkreisförmigem Querschnitt stellt eine strenge Berechnung des Skineffektes ein bedeutend komplizierteres Problem dar, da sie eine gleichzeitige Bestimmung des Feldes innerhalb und außerhalb des Drahtes erfordert. Nur im Grenzfall eines starken Skineffektes vereinfacht sich die Aufgabe wiederum, da hier das Feld außerhalb des Drahtes sofort als statisches Feld um einen Supraleiter gleicher Form bestimmt werden kann.

§ 61. Komplexer Widerstand

Ist die Frequenz eines veränderlichen Stromes hinreichend klein, so bestimmt der momentane Wert des Stromes $J(t)$ in einem linienförmigen Leiter die elektromotorische Kraft $\mathcal{E}(t)$ zum gleichen Zeitpunkt gemäß

$$\mathcal{E}(t) = RJ(t)\,, \tag{61,1}$$

wo R der Drahtwiderstand bei konstantem Strom ist.

Bei beliebigen Frequenzen hingegen besteht kein Grund zu der Erwartung, daß eine direkte Beziehung zwischen den Werten von $\mathcal{E}$ und J zum gleichen Zeitpunkt besteht. Wir können lediglich sagen, daß $J(t)$ linear von den Werten $\mathcal{E}(t)$ zu allen vorausgegangenen Zeitpunkten abhängen muß. Wir schreiben diese Beziehung symbolisch in der Gestalt $J = \hat{Z}^{-1}\mathcal{E}$ oder, als Umkehrung,

$$\mathcal{E} = \hat{Z}J\,, \tag{61,2}$$

wo Z ein linearer Operator ist.[1]) Werden die Funktionen $\mathcal{E}(t)$ und $J(t)$ in FOURIER-Integrale entwickelt, so ergibt die Anwendung des Operators $\hat{Z}$ auf jede ihrer monochromatischen Komponenten (die gemäß $e^{-i\omega t}$ von der Zeit abhängen) wegen der Linearität des Operators einen frequenzabhängigen Faktor Z:

$$\mathcal{E} = Z(\omega)\, J\,. \tag{61,3}$$

Die Funktionen $Z(\omega)$ sind im allgemeinen komplex und werden als *komplexer Widerstand* oder *Impedanz* des Leiters bezeichnet.

Aus einem Vergleich von (61,3) mit (61,1) ist klar, daß der gewöhnliche Widerstand das nullte Glied einer Entwicklung der Funktionen $Z(\omega)$ nach Potenzen von ω

[1]) Wir halten uns hier nicht damit auf, die allgemeinen Eigenschaften des Operators $\hat{Z}$ zu studieren, da sie dieselben wie die des Operators $\hat{\varepsilon}$ sind, die ausführlich in den §§ 77 und 82 untersucht werden.

darstellt. Zur Bestimmung des folgenden Gliedes ist neben R auch die Selbstinduktion L des Leiters zu berücksichtigen.[1])

Wir betrachten einen linienförmigen Leiter, in dem eine veränderliche elektromotorische Kraft $\mathcal{E}(t)$ wirkt. Nach deren Definition wird die Arbeit, die das elektrische Feld pro Zeit an den sich im Draht bewegenden Ladungen leistet, durch das Produkt $\mathcal{E}J$ gegeben. Diese Arbeit geht teilweise in JOULEsche Wärme über, teilweise ändert sie die Energie des Magnetfeldes. Nach der Definition von R und L ist die JOULEsche Wärme, die im Draht pro Sekunde entwickelt wird, gleich RJ^2, die magnetische Energie des Stromes $LJ^2/2c^2$. Der Energieerhaltungssatz drückt sich somit durch die Gleichung

$$\mathcal{E}J = RJ^2 + \frac{\mathrm{d}}{\mathrm{d}t}\frac{LJ^2}{2c^2} = RJ^2 + \frac{1}{c^2}LJ\frac{\mathrm{d}J}{\mathrm{d}t}$$

oder

$$\mathcal{E} = RJ + \frac{1}{c^2}L\frac{\mathrm{d}J}{\mathrm{d}t} \tag{61,4}$$

aus.

Um die quadratischen Ausdrücke $\mathcal{E}J$, J^2 benutzen zu können, sind die Größen $\mathcal{E}$ und J als reelle Funktionen zu schreiben. Nachdem wir jedoch die lineare Gleichung (61,4) erhalten haben, kann man zu monochromatischen Komponenten in komplexer Darstellung übergehen: $\mathcal{E} = \mathcal{E}_0\,\mathrm{e}^{-i\omega t}$, $J = J_0\,\mathrm{e}^{-i\omega t}$. Die Gleichung (61,4) ergibt dann die algebraische Beziehung

$$\mathcal{E} = ZJ\,, \qquad Z = R - \frac{i}{c^2}\omega L\,. \tag{61,5}$$

Trennen wir in $J = \mathcal{E}/Z$ den reellen Teil ab, so erhalten wir

$$J(t) = \frac{\mathcal{E}_0}{\sqrt{R^2 + \omega^2L^2/c^4}}\cos(\omega t - \varphi)\,, \qquad \tan\varphi = \omega L/c^2R\,, \tag{61,6}$$

wodurch die Stromamplitude und die Phasenverschiebung zwischen Strom und EMK bestimmt werden.

Der Realteil des Ausdrucks (61,5) fällt mit dem Widerstand R zusammen, der die Energiedissipation bestimmt. Man sieht leicht, daß auch im allgemeinen Fall einer beliebigen Abhängigkeit $Z(\omega)$ eine analoge Beziehung zwischen Re Z und der Energiedissipation (bei gegebenem Strom) besteht.

Bilden wir das zeitliche Mittel des Produktes $\mathcal{E}J$, das im Stromkreis verbraucht wird, um einen periodischen Strom aufrechtzuerhalten, so finden wir den Anteil, der systematisch zur Deckung des Dissipationsverlustes aufgewandt werden muß. Die dissipierte Leistung im Kreis beträgt daher

$$Q = \frac{1}{2}\,\mathrm{Re}\,\{\mathcal{E}J^*\}\,,$$

---

[1]) Hier und später verstehen wir unter R und L Größen, die sich auf einen Gleichstrom beziehen.

wo $\mathscr{E}$ und J in komplexer Form ausgedrückt sind (vgl. die Bemerkung 2 auf Seite 253). Setzen wir hierin $\mathscr{E} = ZJ$, und bezeichnen wir Real- und Imaginärteil von Z entsprechend mit Z' und Z'',[1])

$$Z = Z' + iZ'' , \tag{61,7}$$

so erhalten wir für die dissipierte Leistung

$$Q = \frac{1}{2} Z' |J|^2$$

oder mit einer reellen Funktion $J(t)$

$$Q = Z'(\omega)\, \overline{J^2} ; \tag{61,8}$$

dies ist die gesuchte Beziehung.

Da Q positiv ist, muß auch Z' stets positiv sein:

$$Z' > 0 . \tag{61,9}$$

Wir berechnen $Z(\omega)$ für einen Draht mit kreisförmigem Querschnitt bei beliebigen Frequenzen (wobei jedoch natürlich die Quasistationaritätsbedingung erfüllt sein muß), d. h. unter Berücksichtigung des Skineffektes. Dazu benutzen wir wieder den Energieerhaltungssatz, jedoch in anderer Form dargestellt.

Wir zerlegen die Leistung $\mathscr{E}J$ ($\mathscr{E}$ und J sind hier reelle Ausdrücke) in zwei Glieder, von denen das erste hier die Änderung der Energie des Magnetfeldes außerhalb des Leiters darstellt, das zweite die innerhalb des Leiters dissipierte Leistung (sowohl zur Änderung der Feldenergie als auch zur Entwicklung von Wärme). Den zweiten Teil kann man als Energiestrom berechnen, der pro Zeit aus dem Leiter durch seine Oberfläche fließt. Auf diese Weise erhalten wir

$$J\mathscr{E} = \frac{\mathrm{d}}{\mathrm{d}t}\left(\frac{L_e J^2}{2c^2}\right) + \frac{cEH}{4\pi} 2\pi a l = \frac{L_e}{c^2} J \frac{\mathrm{d}J}{\mathrm{d}t} + \frac{1}{2} cEHal ,$$

wo L_e der äußere Teil der Selbstinduktion des Leiters ist, E und H die elektrischen und magnetischen Feldstärken an der Oberfläche, a der Radius des Leiters, l die Länge. Das Feld H hängt mit dem Strom J durch $H = 2J/ca$ zusammen. Dividieren wir die gefundene Gleichung durch J, so erhalten wir

$$\mathscr{E} = \frac{1}{c^2} L_e \frac{\mathrm{d}J}{\mathrm{d}t} + El .$$

Diese Gleichung ist linear, so daß man zu einer komplexen Darstellung der Größen übergehen kann. Dann gilt

$$\mathscr{E} = ZJ = -\frac{i\omega L_e}{c^2} J + El ,$$

woraus

$$Z = -\frac{i\omega}{c^2} L_e + \frac{lE}{J} = -\frac{i\omega}{c^2} L_e + \frac{2El}{caH} \tag{61,10}$$

[1]) Sie werden auch als *Resistanz* und *Reaktanz* bezeichnet.

folgt. Für beliebige Frequenzen sind hierin E und H aus (60,2) und (60,4) einzusetzen:

$$Z = -\frac{i\omega}{c^2} L_e + R \frac{ak}{2} \frac{J_0(ak)}{J_1(ak)} \tag{61,11}$$

($R = l/\pi a^2 \sigma$). Bei schwachem Skineffekt benutzen wir die Entwicklungen (60,5); führen wir die Rechnungen bis zu Gliedern der Ordnung $(a/\delta)^4$ durch und spalten wir den Realteil ab, so erhalten wir

$$Z' = R\left[1 + \frac{1}{48}\left(\frac{a}{\delta}\right)^4\right] = R\left[1 + \frac{1}{12}\left(\frac{\pi\sigma\omega a^2}{c^2}\right)^2\right]. \tag{61,11a}$$

Im umgekehrten Fall starken Skineffektes erhalten wir mit dem Ausdruck (60,7)

$$\left.\begin{aligned} Z' &= R\frac{a}{2\delta} = \frac{1}{ca}\sqrt{\frac{\omega}{2\pi\sigma}}, \\ Z'' &= -\frac{\omega}{c^2}\left[L_e + L_i \frac{2\delta}{a}\right] = -\frac{\omega}{c^2}\left[L_e + \frac{lc}{a\sqrt{2\pi\sigma\omega}}\right]. \end{aligned}\right\} \tag{61,12}$$

Aus (61,11a) ist ersichtlich, daß $Z' = R$ für

$$\left(\frac{\pi\sigma\omega a^2}{c^2}\right)^2 \ll 12$$

gesetzt werden kann. Gleichzeitig gilt

$$\frac{Z''}{Z'} = \frac{\omega L}{c^2 R} = \left(\frac{\pi\sigma\omega a^2}{c^2}\right) 2 \ln \frac{l}{a}$$

(L stammt aus (34,1)). Beim Vergleich mit der vorhergehenden Ungleichung sehen wir, daß das Frequenzgebiet, in dem der Ausdruck (61,5) ohne Vernachlässigung der Selbstinduktion benutzt werden muß, vom Verhältnis l/a abhängt und relativ schmal ist.

Bei dem in der Praxis wichtigsten Fall rührt jedoch die Selbstinduktion hauptsächlich von Spulen her, die in den Kreis geschaltet sind und gegenüber dem langgestreckten Draht erhöhte Selbstinduktion besitzen (s. § 34). In solchen Kreisen ist der Frequenzbereich, in dem Formel (61,5) (d. h. Gleichung (61,4) mit konstanten R und L) anwendbar bleibt, ziemlich groß.

Wir betrachten einen Kreis, der sich in einem veränderlichen äußeren Magnetfeld $\boldsymbol{H}_e$ beliebigen Ursprungs befindet. Mit $\boldsymbol{E}_e$ bezeichnen wir das elektrische Feld, das durch das veränderliche Feld $\boldsymbol{H}_e$ bei fehlendem Leiter induziert werden würde. Sowohl $\boldsymbol{H}_e$ als auch $\boldsymbol{E}_e$ ändern sich sehr wenig auf einer Strecke von der Größenordnung des Drahtdurchmessers (im Unterschied zum Eigenfeld der durch den Leiter fließenden Ströme). Man kann daher die Zirkulation von $\boldsymbol{E}_e$ um den Stromkreis betrachten, ohne die genaue Lage des Integrationsweges im Draht zu kennen. Diese Zirkulation ist die EMK, die im Stromkreis durch das veränderliche Magnetfeld induziert wird. Nach einer Maxwellschen Gleichung in Integralform haben wir

$$\mathscr{E} = \oint \boldsymbol{E}_e \, \mathrm{d}\boldsymbol{l} = -\frac{1}{c}\frac{\partial}{\partial t}\int \boldsymbol{H}_e \, \mathrm{d}\boldsymbol{f} = -\frac{1}{c}\frac{\mathrm{d}\Phi_e}{\mathrm{d}t}, \tag{61,13}$$

wo Φ_e der Fluß des äußeren Feldes durch den Stromkreis sei. Setzen wir diesen Ausdruck in die Gleichung (61,4) ein, so erhalten wir

$$RJ + \frac{1}{c^2} L \frac{dJ}{dt} = -\frac{1}{c} \frac{d\Phi_e}{dt}.$$

Bringen wir das Selbstinduktionsglied auf die rechte Seite, so kann diese Gleichung in der Form

$$RJ = -\frac{1}{c} \frac{d\Phi_e}{dt} - \frac{L}{c^2} \frac{dJ}{dt} = -\frac{1}{c} \frac{d\Phi}{dt} \tag{61,14}$$

geschrieben werden, wo $\Phi = \Phi_e + (1/c)\, LJ$ der gesamte magnetische Fluß ist, sowohl der des äußeren Magnetfeldes als auch der des Eigenfeldes des Stromes. In dieser Form drückt die Gleichung das OHMsche Gesetz für den gesamten Stromkreis aus, d. h. besagt die Gleichheit von RJ und der gesamten EMK des Kreises.

Die Formulierung der Gleichung (61,14) als Ausdruck für das OHMsche Gesetz gestattet eine Verallgemeinerung auf den Fall, wo sich im Laufe der Zeit auch die Form des leitenden Drahtes ändert. Dabei wird die Selbstinduktion L eine Funktion der Zeit, und statt (61,14) ist

$$RJ = -\frac{1}{c^2} \frac{d}{dt}(LJ) - \frac{1}{c} \frac{d\Phi_e}{dt} \tag{61,15}$$

zu schreiben. Bei der Ableitung dieser Gleichung aus dem Energieerhaltungssatz wäre noch die Arbeit zu berücksichtigen, die zur Deformation des Leiters aufgewandt wird.

Gibt es mehrere Stromkreise nahe beieinander mit den Strömen J_a, so spielt für jeden von ihnen die Summe der magnetischen Flüsse der anderen Leiter (und der äußeren Felder, falls solche existieren) die Rolle der Größe Φ_e in der Gleichung (61,14). Der magnetische Fluß, den der Strom J_b im Stromkreis a erzeugt, ist $L_{ab} J_b / c$, wo L_{ab} der Koeffizient der gegenseitigen Induktion beider Ströme ist. Wir erhalten somit folgendes System von Gleichungen für den veränderlichen Strom in den Leitern:

$$R_a J_a + \frac{1}{c} \sum_b L_{ab} \frac{dJ_b}{dt} = \mathcal{E}_a . \tag{61,16}$$

In der Summe über b ist auch das Selbstinduktionsglied ($b = a$) enthalten; $\mathcal{E}_a$ ist die EMK, die im Stromkreis a durch alle Quellen hervorgerufen wird, die als äußere bezüglich des betrachteten Systems zu bezeichnen sind.

Für periodische (monochromatische) Ströme führt das System von Differentialgleichungen (61,16) zu einem algebraischen Gleichungssystem:

$$\sum_b Z_{ab} J_b = \mathcal{E}_a , \tag{61,17}$$

wo die Größen

$$Z_{ab} = \delta_{ab} R_a - \frac{i\omega}{c^2} L_{ab} \tag{61,18}$$

die *Impedanzmatrix* bilden. Wie in (61,5) stellen die Ausdrücke (61,18) die ersten Glieder einer Entwicklung der Funktion $Z_{ab}(\omega)$ nach Potenzen der Frequenz dar.

Wir bemerken, daß in dieser Näherung kein gegenseitiger Einfluß der Stromkreise auf den Realteil der Impedanz auftritt. Ein solcher Einfluß rührt davon her, daß das Magnetfeld eines veränderlichen Stromes in einem Leiter FOUCAULTsche Ströme (und damit auch eine zusätzliche Energiedissipation) in einem anderen Leiter hervorruft. Für linienförmige Leiter ist dieser Effekt vernachlässigbar. Er kann jedoch merklich werden, wenn ausgedehnte Leiter benachbart sind.

Zum Schluß gehen wir auf die Frage ein, wie die in diesem Paragraphen erhaltenen Gleichungen für veränderliche Ströme in linienförmigen Leitern mit den allgemeinen Gleichungen für ein veränderliches Magnetfeld zusammenhängen. Wir wollen diese Beziehung am einfachsten Beispiel eines Stromes verfolgen, der in einem linienförmigen Leiter entsteht, wenn zum Zeitpunkt $t = 0$ eine konstante EMK abgeschaltet wird. Aus Gleichung (61,4) haben wir:[1])

$$\left.\begin{aligned} J &= \frac{\mathcal{E}_0}{R} && \text{für} \quad t < 0\,, \\ J &= \frac{\mathcal{E}_0}{R}\, e^{-\frac{c^2 R}{L} t} && \text{für} \quad t > 0\,. \end{aligned}\right\} \tag{61,19}$$

Wir sehen, daß nach Abschalten der EMK der Strom exponentiell mit einer Konstanten

$$\gamma = \frac{c^2 R}{L} \tag{61,20}$$

abfällt. Von einer strengen Formulierung des Problems her gesehen ist dieses γ der kleinste Wert der Größen γ_m, die sich aus einer Lösung der strengen Gleichungen (58,10) für den Leiter ergeben. Unter den Werten γ_m für einen linienförmigen Leiter befindet sich einer (der kleinste unter ihnen), der der Größenordnung nach um darin (l/a)-fache kleiner als die anderen ist; es ist dies der Wert (61,20).

§ 62. Die Kapazität in einem quasistationären Stromkreis

Im Unterschied zu einem konstanten Strom kann ein veränderlicher Strom nicht nur in einem geschlossenen, sondern auch in einem offenen Stromkreis fließen. Wir betrachten einen linienförmigen Leiter, dessen Enden an die Platten eines Kondensators angeschlossen sind, wobei die Platten sich in geringer Entfernung voneinander befinden mögen. Bei Ausbreitung eines veränderlichen Stromes längs des Leiters werden die Kondensatorplatten abwechselnd aufgeladen und entladen und spielen somit die Rolle von „Quellen“ und „Senken“ des Stromes des offenen Kreises.

Wegen der kleinen Entfernung zwischen den Kondensatorplatten kann die magnetische Energie des Stromes wie früher gleich $LJ^2/2c^2$ gesetzt werden, wo L die Selbstinduktion des geschlossenen Stromkreises ist, die man aus der vorhandenen durch

---

[1]) Genau genommen sind diese Formeln für sehr kleine Werte von t ungültig, weil in der Spektraldarstellung der Funktionen Komponenten mit großen Frequenzen wesentlich werden und Gleichung (61,4) daher nicht anwendbar ist. In diesem kleinen Zeitintervall ändert sich der Strom jedoch nicht wesentlich, so daß Formel (61,19) die Größe des Stromes für spätere Zeitpunkte hinreichend genau bestimmt.

eine Überbrückung der Kondensatorplatten durch ein kurzes Drahtstück erhält.[1]) Als einzige Änderung in Gleichung (61,4) hat man dann zum Spannungsabfall am Widerstand RJ die Potentialdifferenz zwischen den Kondensatorplatten hinzuzufügen: e/C, wobei C die Kapazität des Kondensators ist, während $\pm e(t)$ die Ladungen darstellen, die sich auf seinen Platten befinden. Somit hat man

$$\mathscr{E} = RJ + \frac{e}{C} + \frac{L}{c^2}\frac{\mathrm{d}J}{\mathrm{d}t}.$$

Nun ist der Strom gleich der Abnahme der Ladung der einen Platte bzw. der Zunahme bei der anderen:

$$J = \frac{\mathrm{d}e}{\mathrm{d}t}.$$

Drücken wir J durch e aus, so erhalten wir

$$\frac{1}{c^2} L \frac{\mathrm{d}^2 e}{\mathrm{d}t^2} + R\frac{\mathrm{d}e}{\mathrm{d}t} + \frac{e}{C} = \mathscr{E}. \tag{62,1}$$

Dies ist die gesuchte Gleichung für den veränderlichen Strom in einem Stromkreis mit Kapazität.

Ist $\mathscr{E}$ eine periodische Funktion der Zeit mit der Frequenz ω, so liefert (62,1) eine algebraische Beziehung zwischen $\mathscr{E}$ und der Ladung e oder zwischen $\mathscr{E}$ und dem Strom $J = -i\omega e$. Wir haben nämlich $JZ = \mathscr{E}$, wo die Impedanz Z gemäß

$$Z = R - i\left(\frac{\omega L}{c^2} - \frac{1}{\omega C}\right) \tag{62,2}$$

bestimmt wird. Trennen wir in $J = \mathscr{E}/Z$ den Realteil ab, so erhalten wir

$$J(t) = \frac{\mathscr{E}_0 \cos(\omega t - \varphi)}{\sqrt{R^2 + \left(\frac{\omega L}{c^2} - \frac{1}{\omega C}\right)^2}}, \qquad \tan\varphi = \left(\frac{\omega L}{c^2} - \frac{1}{\omega C}\right)\frac{1}{R}, \tag{62,3}$$

wodurch der Strom im Kreis beim Wirken einer äußeren EMK $\mathscr{E} = \mathscr{E}_0 \cos \omega t$ bestimmt ist.

Gilt $\mathscr{E} = 0$, so stellt der Strom im Leiter eine „freie" elektrische Schwingung dar. Die (komplexe) Frequenz dieser Schwingungen wird durch die Bedingung $Z = 0$ bestimmt, woraus

$$\omega = -i\frac{Rc^2}{2L} \pm \sqrt{\frac{c^2}{LC} - \left(\frac{Rc^2}{2L}\right)^2} \tag{62,4}$$

folgt. Je nach dem Vorzeichen des unter der Wurzel stehenden Ausdrucks haben wir (mit dem Dekrement $Rc^2/2L$) gedämpfte Schwingungen oder eine aperiodisch gedämpfte Entladung. Im Grenzfall $R \to 0$ treten ungedämpfte Schwingungen mit einer Frequenz auf, die sich durch die bekannte THOMSONsche Formel

$$\omega = \frac{c}{\sqrt{LC}} \tag{62,5}$$

(W. THOMSON, 1853) ausdrücken läßt.

[1]) In diesem Paragraphen vernachlässigen wir den Skineffekt.

Gleichung (62,1) läßt sich unmittelbar auf ein System induktiv gekoppelter Stromkreise mit Kondensatoren übertragen. Der Strom J_a des a-ten Leiters hängt mit den Ladungen $\pm e_a$ auf den Platten des entsprechenden Kondensators vermittels

$$J_a = \frac{\mathrm{d}e_a}{\mathrm{d}t}$$

zusammen, und statt (48,1) haben wir das Gleichungssystem

$$\sum_b \frac{1}{c^2} L_{ab} \frac{\mathrm{d}^2 e_b}{\mathrm{d}t^2} + R_a \frac{\mathrm{d}e_a}{\mathrm{d}t} + \frac{e_a}{C_a} = \mathscr{E}_a . \tag{62,6}$$

Für periodische (monochromatische) Ströme führen diese Gleichungen zu dem algebraischen System

$$\sum_b Z_{ab} J_b = \mathscr{E}_a , \tag{62,7}$$

wobei die Matrixelemente Z_{ab} durch die Formeln

$$Z_{ab} = \delta_{ab}\left(R_a + \frac{i}{\omega C_a}\right) - \frac{i\omega}{c^2} L_{ab} \tag{62,8}$$

gegeben werden. Die Eigenfrequenzen des Stromsystems lassen sich durch die Lösungsbedingung für das System (62,7) bei $\mathscr{E}_a = 0$ bestimmen, d. h. aus der Bedingung des Verschwindens der Determinante

$$|Z_{ab}| = 0 . \tag{62,9}$$

Ist der Widerstand von Null verschieden, so besitzen alle Frequenzen einen Imaginärteil, d. h., die elektrischen Schwingungen werden gedämpft.

Wir weisen darauf hin, daß die Gleichungen (62,6) formal mit den mechanischen Bewegungsgleichungen eines Systems mehrerer Freiheitsgrade zusammenfallen, wobei das System kleine gedämpfte Schwingungen ausführt. Die verallgemeinerten Koordinaten stellen hierbei die Ladungen e_a dar, die verallgemeinerten Geschwindigkeiten sind die Ströme $J_a = \dot{e}_a$. Die LAGRANGE-*Funktion* des Systems lautet

$$\mathscr{L} = \sum_{a,b} \frac{1}{2c^2} L_{ab} \dot{e}_a \dot{e}_b - \sum_a \frac{e_a^2}{2C} + \sum_a e_a \mathscr{E}_a . \tag{62,10}$$

Die Rolle der kinetischen und potentiellen Energie des mechanischen Systems wird hier entsprechend von der magnetischen und elektrischen Energie des Stromsystems übernommen, während die Größen $\mathscr{E}_a$ den von außen angelegten Kräften entsprechen, die die erzwungenen Schwingungen des Systems hervorrufen. Die Größen R_a gehen in die *Dissipationsfunktion* ein:

$$\mathscr{R} = \sum_a \frac{R_a \dot{e}_a^2}{2}. \tag{62,11}$$

Die Gleichungen (62,5) fallen mit den LAGRANGEschen Gleichungen

$$\frac{\mathrm{d}}{\mathrm{d}t} \frac{\partial \mathscr{L}}{\partial \dot{e}_a} - \frac{\partial \mathscr{L}}{\partial e_a} = - \frac{\partial \mathscr{R}}{\partial \dot{e}_a} \tag{62,12}$$

zusammen.

Aufgaben

1. Man bestimme die Eigenfrequenzen der elektrischen Schwingungen in zwei induktiv gekoppelten Stromkreisen mit den Selbstinduktionen L_1 und L_2 und den Kapazitäten C_1 und C_2; die Widerstände R_1 und R_2 vernachlässige man.

Lösung. Die gesuchten Frequenzen lassen sich aus der Bedingung

$$|Z_{ab}| = Z_{11}Z_{22} - Z_{12}^2 = 0$$

bestimmen mit

$$Z_{11} = -i\left(\frac{\omega}{c^2}L_1 - \frac{1}{\omega C_1}\right), \qquad Z_{22} = -i\left(\frac{\omega}{c^2}L_2 - \frac{1}{\omega C_2}\right), \qquad Z_{12} = -\frac{i\omega}{c^2}L_{12}\,.$$

Die Rechnung ergibt

$$\omega_{1,2}^2 = c_2\,\frac{L_1C_1 + L_2C_2 \mp [(L_1C_1 - L_2C_2)^2 + 4C_1C_2L_{12}^2]^{1/2}}{2C_1C_2(L_1L_2 - L_{12}^2)}\,.$$

Beide Frequenzen sind wegen der Vernachlässigung von R_1 und R_2 reell. Für $L_{12} \to 0$ streben die Frequenzen ω_1 und ω_2 den Werten $c/\sqrt{L_1C_1}$ und $c/\sqrt{L_2C_2}$ zu, die getrennten Schwingungen in jedem Leiter entsprechen.

2. Die gleiche Aufgabe wie 1. für einen Stromkreis mit Parallelschaltung eines Widerstandes R, einer Kapazität C und einer Selbstinduktion L.

Lösung. Die Impedanzen der drei Verzweigungen des Stromkreises sind

$$Z_1 = R\,, \qquad Z_2 = \frac{i}{\omega C}\,, \qquad Z_3 = -\frac{i\omega}{c^2}L\,,$$

die Ströme in ihnen hängen durch die Beziehungen

$$J_1 + J_2 + J_3 = 0\,, \qquad Z_1J_1 = Z_2J_2 = Z_3J_3$$

zusammen. Wir finden hieraus die Gleichungen

$$\frac{1}{Z_1} + \frac{1}{Z_2} + \frac{1}{Z_3} = 0\,,$$

deren Lösung

$$\omega = -\frac{i}{2RC} \pm \sqrt{\frac{c^2}{LC} - \frac{1}{4R^2C^2}}$$

ergibt.

3. Man betrachte die Ausbreitung elektrischer Schwingungen in einem Stromkreis, der aus einer unendlichen Folge einheitlicher Zellen mit den Impedanzen

$$Z_1 = -i\left(\frac{\omega}{c^2}L_1 - \frac{1}{\omega C_1}\right), \qquad Z_2 = -i\left(\frac{\omega}{c^2}L_2 - \frac{1}{\omega C_2}\right)$$

besteht, wie in Abb. 37 dargestellt. Man bestimme den Frequenzbereich der Schwingungen, die sich über den ganzen Stromkreis ohne Dämpfung ausbreiten können.[1])

Lösung. Mit i_α seien die Ströme in jeder Masche des Stromkreises bezeichnet (Abb. 37). Die Kirchhoffsche Gleichung für den α-ten Leiter lautet

$$Z_1i_\alpha + Z_2(2i_\alpha - i_{\alpha-1} - i_{\alpha+1}) = 0\,.$$

---

[1]) Die Anwendbarkeitsbedingung der quasistationären Theorie auf einen derartigen periodischen Stromkreis besteht in der Kleinheit seiner „Maschendurchmesser“ gegenüber der Wellenlänge c/ω.

Sie ist eine lineare Differenzengleichung (für die ganzzahlige Veränderliche α) mit konstanten Koeffizienten. Wir stellen ihre Lösung in der Form

$$i_\alpha = \text{const} \cdot q^\alpha$$

dar und erhalten für den Parameter q die charakteristische Gleichung

$$q^2 - \left(2 + \frac{Z_1}{Z_2}\right) q + 1 = 0 \,. \tag{1}$$

Es sei $-4 \leqq Z_1/Z_2 \leqq 0$, dem entsprechen Werte ω^2, die zwischen dem kleineren und größeren der Ausdrücke

$$\frac{c^2}{L_1 C_1} \quad \text{und} \quad c^2 \frac{4/C_2 + 1/C_1}{4L_2 + L_1}$$

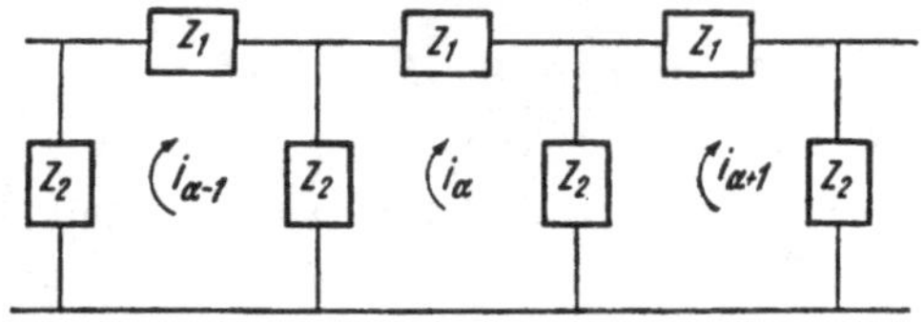

Abb. 37

liegen. Gleichung (1) besitzt dann zwei konjugiert komplexe Wurzeln vom Betrage $|q| = 1$. Dies bedeutet, daß beim Übergang von einer Masche zur folgenden die Stromamplitude nicht absinkt, d. h., daß sich die elektrischen Schwingungen längs des Stromkreises ohne Dämpfung ausbreiten. Setzen wir in diesem Fall $q = e^{ikl}$ (mit l als Länge einer Masche), so spielt k die Rolle des „Wellenvektors" der sich längs des Kreises ausbreitenden Schwingungen. Die Ausbreitungsgeschwindigkeit kann nach allgemeinen Regeln als Ableitung $u = \mathrm{d}\omega/\mathrm{d}k$ berechnet werden.

Liegt dagegen ω außerhalb der angegebenen Grenzen, so besitzt Gleichung (1) zwei reelle Wurzeln q_1 und q_2; da $q_1 q_2 = 1$ gilt, so ist eine von ihnen (etwa q_2) dem Betrag nach kleiner, die andere (q_1) größer als 1. Man sieht leicht, daß dann eine ungedämpfte Ausbreitung der Schwingungen längs der „Kette" nicht möglich ist. Um die Ursache zu erklären, betrachten wir die Kette als von großer, aber endlicher Länge. Am Anfang der Kette wird ein Schwingungsimpuls eingegeben, das Ende der Kette ist auf irgendeine Weise geschlossen. Mathematisch wird dieser Abschluß des Kettenendes durch eine bestimmte Grenzbedingung beschrieben, mit deren Hilfe in der allgemeinen Lösung

$$i_\alpha = c_1 q_1{}^{-(\alpha_k - \alpha)} + c_2 q_2{}^{-(\alpha_k - \alpha)}$$

(α_k sei die „Koordinate" des Kettenendes) das Verhältnis der Koeffizienten c_1/c_2 bestimmt wird, das bei der gegebenen Form der Lösung von der Ordnung 1 ist. Mit einer Vergrößerung von $\alpha_k - \alpha$ wird das zweite Glied (in dem $|q_2| > 1$ gilt) sehr schnell klein gegenüber dem ersten. Fast auf der gesamten Länge der Kette, mit Ausschluß nur eines kleinen Abschnittes am Ende, hat daher die Lösung die Form $i_\alpha = c_1 q_1{}^{-(\alpha_k - \alpha)}$, wobei $|i_\alpha|$ vom Anfang der Kette zum Ende abfällt.

Es sei betont, daß diese Dämpfung nicht den Charakter einer dissipativen Absorption besitzt, für die wegen des fehlenden Widerstandes der Kette kein Grund besteht; sie läßt sich dagegen anschaulich als eine Reflexion des Schwingungsimpulses an jeder Masche der Kette beschreiben.

§ 63. Bewegung eines Leiters im Magnetfeld

In allen bisherigen Darlegungen wurde stillschweigend angenommen, daß die Leiter im elektromagnetischen Feld ruhen (bezüglich eines Bezugssystems K, in dem alle Größen $\boldsymbol{E}$, $\boldsymbol{H}$ usw. definiert sind). Insbesondere ist die Beziehung $\boldsymbol{j} = \sigma \boldsymbol{E}$ zwischen Strom und Feld nur für unbewegte Leiter gültig.

Um die Beziehung zwischen Strom und Feld im bewegten Leiter zu finden, gehen wir vom Bezugssystem K zu einem anderen System K' über, in dem der Leiter (oder ein Teil des Leiters) zum gegebenen Zeitpunkt ruht. In diesem System gilt $\boldsymbol{j} = \sigma \boldsymbol{E}'$, wo $\boldsymbol{E}'$ die elektrische Feldstärke in K' sei. Nach der bekannten Transformationsformel drückt sich $\boldsymbol{E}'$ durch das Feld im System K durch[1])

$$\boldsymbol{E}' = \boldsymbol{E} + \frac{1}{c}[\boldsymbol{v}\boldsymbol{B}] \tag{63,1}$$

aus, wo $\boldsymbol{v}$ die Relativgeschwindigkeit von K' gegenüber K darstellt, d. h. im vorliegenden Fall die Geschwindigkeit des Leiters (wir setzen sie natürlich als klein im Vergleich zur Lichtgeschwindigkeit voraus). Auf diese Weise finden wir

$$\boldsymbol{j} = \sigma\left(\boldsymbol{E} + \frac{1}{c}[\boldsymbol{v}\boldsymbol{B}]\right). \tag{63,2}$$

Diese Formel liefert die Beziehung zwischen Strom und Feld in bewegten Leitern. Bezüglich ihrer Ableitung ist noch folgende Bemerkung zu machen. Beim Übergang zum anderen Bezugssystem transformierten wir zwar das Feld, ließen aber die Größe $\boldsymbol{j}$ unverändert. Eine Transformation der Stromdichte würde für $v \ll c$ zum Auftreten von zusätzlichen Gliedern führen, die klein von höherer Ordnung sind. In der Formel (63,2) hingegen ist das zweite Glied, das sich aus der Transformation des Feldes ergibt, im allgemeinen nicht klein gegenüber dem ersten, obwohl es den Faktor v/c enthält. Wird also ein elektrisches Feld durch ein veränderliches Magnetfeld induziert, so enthält es größenordnungsmäßig nur den Faktor $1/c$ gegenüber dem Magnetfeld.

Die Dissipation von Energie im Leiter bei Durchfluß eines Stromes kann natürlich nicht von der Bewegung des Leiters abhängen. Die Dichte der pro Zeit entwickelten JOULEsche Wärme drückt sich daher im bewegten Leiter durch die Stromdichte mit derselben Formel j^2/σ wie auch im unbewegten aus. Statt des Produktes $\boldsymbol{j}\boldsymbol{E}$ haben wir jedoch[2])

$$\frac{j^2}{\sigma} = \boldsymbol{j}\left(\boldsymbol{E} + \frac{1}{c}[\boldsymbol{v}\boldsymbol{B}]\right).$$

Im bewegten Leiter stellt daher die Summe $\boldsymbol{E} + \frac{1}{c}[\boldsymbol{v}\boldsymbol{B}]$ eine Art „effektiver elektrischer Feldstärke" dar, die den Leitungsstrom erzeugt. Die in einem linienförmigen geschlossenen Stromkreis C wirkende elektromotorische Kraft wird daher

[1]) S. II, § 24. Die mikroskopischen Werte der elektrischen und magnetischen Feldstärke sind durch die jeweiligen Mittelwerte $\bar{\boldsymbol{e}} = \boldsymbol{E}$, $\bar{\boldsymbol{h}} = \boldsymbol{B}$ ersetzt.

[2]) Aus dieser Formel ist ersichtlich, daß die zusätzliche Wärme, die sich (im Zeitintervall δt) im Leiter bei seiner Bewegung im Magnetfeld entwickelt,

$$\delta t \cdot \frac{1}{c}\int \boldsymbol{j}[\boldsymbol{v}\boldsymbol{B}]\,\mathrm{d}V = -\frac{1}{c}\int \delta\boldsymbol{u}[\boldsymbol{j}\boldsymbol{B}]\,\mathrm{d}V$$

beträgt, wo $\delta\boldsymbol{u} = \boldsymbol{v}\,\delta t$ die Verschiebung in der Zeit δt ist. Diese Größe ist mit umgekehrtem Vorzeichen gleich der Arbeit, die in dieser Zeit am Leiter durch die Volumenkräfte $\boldsymbol{f} = \frac{1}{c}[\boldsymbol{j}\boldsymbol{B}]$ geleistet wurde; dies erklärt den auf Seite 159 erwähnten scheinbaren Widerspruch.

durch das Integral

$$\mathcal{E} = \oint_C \left(\boldsymbol{E} + \frac{1}{c}[\boldsymbol{v}\boldsymbol{B}]\right) \mathrm{d}\boldsymbol{l} \tag{63,3}$$

gegeben. Wir formen es wie folgt um. Nach der MAXWELLschen Gleichung $\operatorname{rot} \boldsymbol{E} = -\frac{1}{c}\frac{\partial \boldsymbol{B}}{\partial t}$ haben wir

$$\oint_C \boldsymbol{E}\, \mathrm{d}\boldsymbol{l} = \int_S \operatorname{rot} \boldsymbol{E}\, \mathrm{d}\boldsymbol{f} = -\frac{1}{c}\frac{\partial}{\partial t}\int_S \boldsymbol{B}\, \mathrm{d}\boldsymbol{f}$$

oder, wenn wir mit Φ den magnetischen Fluß durch eine durch C verlaufende Fläche S bezeichnen,

$$\oint_C \boldsymbol{E}\, \mathrm{d}\boldsymbol{l} = -\frac{1}{c}\left(\frac{\partial \Phi}{\partial t}\right)_{\boldsymbol{v}=0}.$$

Die zeitliche Ableitung mit dem Index $\boldsymbol{v} = 0$ bezeichnet die Änderung des magnetischen Flusses, die durch die zeitliche Änderung des Magnetfeldes selbst hervorgerufen wird, jedoch nicht durch eine Lageänderung von C.

Im zweiten Term schreiben wir $\boldsymbol{v} = \frac{\mathrm{d}\boldsymbol{u}}{\mathrm{d}t}$, wo $\mathrm{d}\boldsymbol{u}$ eine infinitesimale Verschiebung des Stromfadenelements ist. Dann gilt

$$\oint_C [\boldsymbol{v}\boldsymbol{B}]\, \mathrm{d}\boldsymbol{l} = \int \frac{[\mathrm{d}\boldsymbol{u}\,\boldsymbol{B}]\, \mathrm{d}\boldsymbol{l}}{\mathrm{d}t} = -\frac{\int_s \boldsymbol{B}\, \mathrm{d}\boldsymbol{f}}{\mathrm{d}t}$$

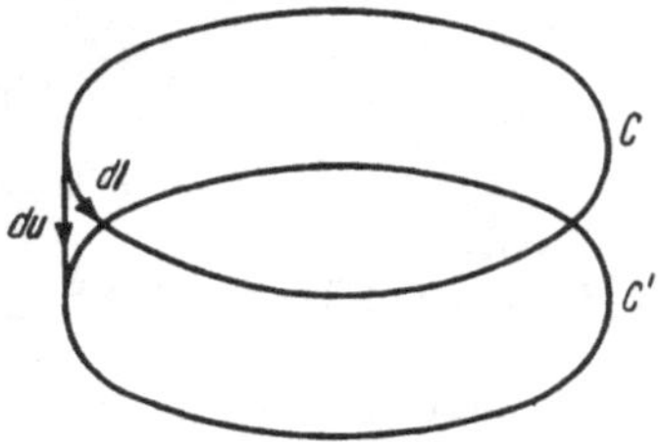

Abb. 38

mit $\mathrm{d}\boldsymbol{f} = [\mathrm{d}\boldsymbol{u}\, \mathrm{d}\boldsymbol{l}]$ als Flächenelement der „Mantelfläche“ s zwischen zwei infinitesimal benachbarten Lagen C und C' des Stromfadens, die er zu den Zeiten t und $t + \mathrm{d}t$ einnimmt (Abb. 38). Da der gesamte magnetische Fluß durch jede geschlossene Oberfläche verschwindet, muß der Fluß durch die Mantelfläche gleich der Differenz der Flüsse durch die durch C und C' gehenden Oberflächen sein. Wir haben daher

$$\oint_C [\boldsymbol{v}\boldsymbol{B}]\, \mathrm{d}\boldsymbol{l} = -\left(\frac{\partial \Phi}{\partial t}\right)_{\boldsymbol{B}=\mathrm{const}},$$

worin die Zeitableitung die Änderung des magnetischen Flusses bezeichnet, die von der Verschiebung des Leiters bei unveränderlichem Feld herrührt.

Addieren wir beide Terme, so erhalten wir schließlich

$$\mathcal{E} = -\frac{1}{c}\frac{\mathrm{d}\Phi}{\mathrm{d}t}, \tag{63,4}$$

wobei nunmehr die Zeitableitung die vollständige Änderung des magnetischen Flusses durch den bewegten Leiter bezeichnet. Das durch Formel (63,4) ausgedrückte FARADAY*sche Gesetz* gilt bei einer beliebigen Änderung des magnetischen Flusses, und zwar sowohl für die Änderung des Feldes selbst (dazu s. § 61, Formel (61,13)) als auch bei Bewegung des Leiters.

In einem zeitunabhängigen Magnetfeld kann eine Flußänderung nur von einer Bewegung des Leiters herrühren. Erfolgt seine Bewegung so, daß alle seine Punkte sich auf den Kraftlinien des Feldes bewegen, so ändert sich der Fluß nicht. Dies ist eine offensichtliche Folge dessen, daß der magnetische Fluß durch jede geschlossene Oberfläche verschwindet und der Fluß durch die von der Bewegung des Leiters beschriebene Mantelfläche in diesem Fall identisch Null ist (weil auf ihr $B_n = 0$ gilt). Wir können daher sagen, daß zur Induktion elektromotorischer Kräfte der Leiter in jedem Fall bei seiner Bewegung magnetische Kraftlinien schneiden muß.

Das elektromagnetische Feld in bewegten Leitern wird durch das Gleichungssystem

$$\operatorname{rot} \boldsymbol{E} = -\frac{1}{c}\frac{\partial \boldsymbol{B}}{\partial t}, \qquad \operatorname{rot} \boldsymbol{H} = \frac{4\pi}{c}\boldsymbol{j} = \frac{4\pi}{c}\sigma\left(\boldsymbol{E} + \frac{1}{c}[\boldsymbol{v}\boldsymbol{B}]\right), \qquad \operatorname{div} \boldsymbol{B} = 0 \tag{63,5}$$

bestimmt. Drücken wir aus der zweiten Gleichung $\boldsymbol{E}$ durch $\boldsymbol{H}$ aus und setzen wir es in die erste ein, so erhalten wir

$$\frac{\partial \boldsymbol{B}}{\partial t} - \operatorname{rot}\,[\boldsymbol{v}\boldsymbol{B}] = -\frac{c^2}{4\pi}\operatorname{rot}\left(\frac{\operatorname{rot} \boldsymbol{H}}{\sigma}\right). \tag{63,6}$$

In einem homogenen Leiter mit konstanter Leitfähigkeit σ und der magnetischen Permeabilität μ gilt

$$\frac{\partial \boldsymbol{H}}{\partial t} - \operatorname{rot}\,[\boldsymbol{v}\boldsymbol{H}] = \frac{c^2}{4\pi\sigma\mu}\Delta \boldsymbol{H}, \qquad \operatorname{div} \boldsymbol{H} = 0\,. \tag{63,7}$$

Diese Gleichungen verallgemeinern die in § 58 erhaltenen.

Es muß jedoch gesagt werden, daß sich bei einem einzigen Leiter, der sich als Ganzes (nicht deformiert) im äußeren Magnetfeld bewegt, die Lösung der Aufgabe bedeutend vereinfacht, wenn wir ein starr mit dem Körper verbundenes Koordinatensystem benutzen. In diesem System ist der Leiter unbeweglich, während sich das äußere Feld nach einem vorgegebenen Gesetz ändert, so daß wir zu der in § 59 betrachteten Aufgabenstellung FOUCAULTscher Ströme zurückkehren. Die Möglichkeit eines solchen Übergangs ist nicht im GALILEIschen (oder EINSTEINschen) Relativitätsprinzip zu suchen, da das neue System im allgemeinen ein Nichtinertialsystem ist. Die Äquivalenz beider Aufgaben ist vielmehr eine Folge der schon früher erwähnten Unabhängigkeit der elektromagnetischen Induktion von der die Änderung des magnetischen Flusses hervorrufenden Ursache. Man kann sich davon auf rein mathematischem Wege überzeugen. Dazu entwickeln wir rot $[\boldsymbol{v}\boldsymbol{B}]$ und berücksichtigen div $\boldsymbol{B} = 0$, weiter ist bei Bewegung des Körpers als Ganzes auch div $\boldsymbol{v} = 0$ (diese

Gleichung drückt die Inkompressibilität des Körpers aus). Der linke Teil der Gleichung (63,6) nimmt dann die Gestalt

$$\frac{\partial \boldsymbol{B}}{\partial t} + (\boldsymbol{v}\nabla)\,\boldsymbol{B} - (\nabla\boldsymbol{B})\,\boldsymbol{v} \tag{63,8}$$

an.

Diese Summe ist gerade die Zeitableitung von $\boldsymbol{B}$ in bezug auf den rotierenden Körper. In der Tat geben die beiden ersten Glieder die „substantielle" Ableitung nach der Zeit $d\boldsymbol{B}/dt$, die die Änderung von $\boldsymbol{B}$ in einem mit der Geschwindigkeit $\boldsymbol{v}$ bewegten Punkt darstellt. Das dritte Glied berücksichtigt die Richtungsänderung von $\boldsymbol{B}$ relativ zum Körper; es verschwindet daher bei rein translatorischer Bewegung ($\boldsymbol{v}$ = const) und ist $-[\boldsymbol{\Omega B}]$ bei Rotation des Körpers ($\boldsymbol{v} = [\boldsymbol{\Omega r}]$, wo $\boldsymbol{\Omega}$ die Winkelgeschwindigkeit ist).

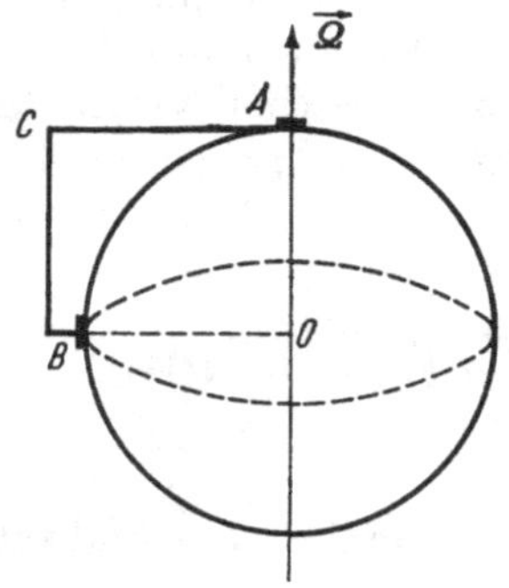

Abb. 39

Zum Schluß dieses Paragraphen betrachten wir ein eigentümliches Phänomen (die *unipolare Induktion*), das bei Rotation eines magnetisierten Leiters auftritt. Wird ein unbewegter Draht mit einem rotierenden Magneten durch zwei Schleifkontakte (A und B in Abb. 39) verbunden, so fließt im Draht ein Strom. Es ist leicht, die durch diesen Strom erzeugte elektromotorische Kraft zu berechnen. Wir gehen dazu am einfachsten zu einem Koordinatensystem über, das mit dem Magneten rotiert. Bezeichnet $\boldsymbol{\Omega}$ die Winkelgeschwindigkeit seiner Rotation, so rotiert im neuen System der Draht mit der Winkelgeschwindigkeit $-\boldsymbol{\Omega}$, während der Magnet ruht. Wir haben es also hier mit einem Leiter zu tun, der sich in einem gegebenen zeitunabhängigen Magnetfeld $\boldsymbol{B}$ bewegt, die Störung des Feldes durch den Leiter selbst vernachlässigen wir. Nach Formel (63,3) ist die EMK zwischen den Drahtenden durch das Integral

$$\mathscr{E} = \frac{1}{c}\int\limits_{ACB} [\boldsymbol{vB}]\,d\boldsymbol{l} = \frac{1}{c}\int\limits_{ACB} [\boldsymbol{B}[\boldsymbol{r\Omega}]\,d\boldsymbol{l}] \tag{63,9}$$

gegeben, das über die Drahtlänge zu erstrecken ist. Die Aufgabe ist damit gelöst.

Aufgaben

1. Man bestimme das magnetische Moment einer leitenden Kugel, die in einem homogenen konstanten Magnetfeld gleichmäßig rotiert; es ist ferner das auf die Kugel wirkende Drehmoment zu bestimmen.

Lösung. In einem unbewegten Koordinatensystem (mit der z-Achse in Richtung der Winkelgeschwindigkeit $\boldsymbol{\Omega}$) hat das äußere Feld die Komponenten $\mathfrak{H}_x$, 0, $\mathfrak{H}_z$. Im mit der Kugel rotierenden Koordinatensystem ξ, η, z sind die Feldkomponenten

$$\mathfrak{H}_\xi = \mathfrak{H}_x \cos \Omega t\,, \qquad \mathfrak{H}_\eta = -\mathfrak{H}_x \sin \Omega t\,, \qquad \mathfrak{H}_z$$

oder in komplexer Form

$$\mathfrak{H}_\xi = \mathfrak{H}_x\, \mathrm{e}^{-i\Omega t}\,, \qquad \mathfrak{H}_\eta = -i\mathfrak{H}_x\, \mathrm{e}^{-i\Omega t}\,, \qquad \mathfrak{H}_z\,.$$

Längs der Achsen ξ und η wirkt also ein veränderliches Feld mit der Frequenz Ω und induziert ein magnetisches Moment

$$\mathcal{M}_\xi = V \operatorname{Re}\{\alpha\mathfrak{H}_\xi\} = V\mathfrak{H}_x(\alpha' \cos \Omega t + \alpha'' \sin \Omega t)\,,$$

$$\mathcal{M}_\eta = V \operatorname{Re}\{\alpha\mathfrak{H}_\eta\} = V\mathfrak{H}_x(-\alpha' \sin \Omega t + \alpha'' \cos \Omega t)\,,$$

wo $V\alpha$ die in Aufgabe 1, § 59, definierte komplexe magnetische Polarisierbarkeit der Kugel ist. Längs der z-Achse ist hingegen das Magnetfeld konstant und erzeugt (für $\mu = 1$) kein magnetisches Moment. Die Komponenten des magnetischen Moments in bezug auf das unbewegte Koordinatensystem sind

$$\mathcal{M}_x = V\alpha'\mathfrak{H}_x\,, \qquad \mathcal{M}_y = V\alpha''\mathfrak{H}_x\,, \qquad \mathcal{M}_z = 0\,.$$

In dieser Aufgabe bestimmen also α' und α'' die Komponenten des magnetischen Moments der Kugel in der Ebene der Vektoren $\boldsymbol{\Omega}$ und $\boldsymbol{\mathfrak{H}}$ und senkrecht zu ihnen.

Das auf die Kugel wirkende Drehmoment ist $\boldsymbol{K} = [\boldsymbol{\mathcal{M}}\boldsymbol{\mathfrak{H}}]$. Seine Komponenten bezüglich der unbewegten Achsen sind

$$K_x = V\alpha''\mathfrak{H}_x\mathfrak{H}_z\,, \qquad K_y = -V\alpha'\mathfrak{H}_x\mathfrak{H}_z\,, \qquad K_z = -V\alpha''\mathfrak{H}_x^2\,.$$

Die hier verwendete Rückführung der Aufgabe von einer im Feld rotierenden Kugel auf die Aufgabe von einer ruhenden Kugel im veränderlichen Feld erscheint im Sinne der am Ende der Lösung von Aufgabe 1, § 59, gemachten Bemerkung als ganz natürlich. Wir weisen auf einen interessanten Aspekt dieser Analogie hin: Mit wachsender Frequenz ω des veränderlichen Magnetfeldes wird es aus der Kugel „herausgedrückt", und im Grenzfall $\omega \to \infty$ „umfließen" alle Kraftlinien die Kugel, ohne in sie einzudringen. Auf die gleiche Art und Weise wird ein senkrecht zur Rotationsachse gerichtetes Magnetfeld aus einer schnell rotierenden Kugel herausgedrückt.

2. Man bestimme die elektromotorische Kraft durch unipolare Induktion zwischen dem Pol und dem Äquator (Abb. 39) einer homogen magnetisierten, gleichmäßig um eine Achse rotierenden Kugel; die Achse sei die der Magnetisierungsrichtung.

Lösung. Bei der Rotation der Kugel um ihre Magnetisierungsrichtung ist das von ihr erzeugte Feld konstant. Unter Berücksichtigung, daß innerhalb der Kugel keine Ströme fließen, finden wir aus (63,6) rot $[\boldsymbol{vB}] = 0$. Daher verschwindet das Integral über $[\boldsymbol{vB}]$ längs der geschlossenen Kontur OACBO (Abb. 39). Folglich kann man das Integral längs des Weges ACB in der Formel (63,9) durch das Integral längs des Weges AOB, der innerhalb der Kugel verläuft, ersetzen. Das Integral längs des Abschnitts AO verschwindet wegen der Parallelität von $\boldsymbol{\Omega}$ und $\boldsymbol{r}$. Die Integration längs des Radius OB liefert (unter Berücksichtigung der Parallelität von $\boldsymbol{B}$ und $\boldsymbol{\Omega}$ innerhalb der Kugel)

$$\mathcal{E} = \frac{1}{c}\int_0^a B_0 \Omega r\,\mathrm{d}r = \frac{B_0 \Omega a^2}{2c}$$

(a ist der Kugelradius, B_0 die magnetische Induktion in ihr). In einer homogenen magnetisierten Kugel (bei fehlendem äußeren Feld) wird die Beziehung zwischen Induktion und Magnetisierung durch die Gleichungen $B_0 + 2H = 0$ (vgl. (8,1)) und $B_0 - H = 4\pi M$ gegeben, woraus $B_0 = 8\pi M/3$ folgt. Führen wir das gesamte magnetische Moment der Kugel $\mathcal{M}$ ein, so erhalten wir schließlich

$$\mathcal{E} = \frac{\Omega \mathcal{M}}{ca}\,.$$

3. Man bestimme die Gesamtladung, die in einem geschlossenen linienförmigen Leiter fließt, wenn sich der magnetische Fluß durch den Stromfaden aus irgendeinem Grund vom konstanten Wert Φ_1 auf einen anderen Wert Φ_2 ändert.

Lösung. Die gesuchte Gesamtladung ist das Integral $\int_{-\infty}^{+\infty} J\, dt$, wo $J(t)$ der im Leiter induzierte Strom ist. Mathematisch gesehen ist dieses Integral die FOURIER-Komponente der Funktion $J(t)$ bei der Frequenz $\omega = 0$. Es ist daher mit der entsprechenden Komponente der elektromotorischen Kraft durch die Beziehung

$$\int_{-\infty}^{+\infty} \mathscr{E}\, dt = Z(0) \int_{-\infty}^{+\infty} J\, dt$$

verbunden (s. (61,3)). Setzen wir $Z(0) = R$ (R ist der Widerstand des Leiters bei konstantem Strom) und $\mathscr{E} = -(1/c)\, d\Phi/dt$, so erhalten wir

$$\int_{-\infty}^{+\infty} J\, dt = \frac{1}{cR}(\Phi_1 - \Phi_2)\,.$$

§ 64. Stromerregung durch Beschleunigung

Bei der Betrachtung der Bewegung des Leiters vernachlässigten wir im letzten Paragraphen einen möglichen Einfluß der Beschleunigung (falls es ihn gibt). Die beschleunigte Bewegung eines Metalls ist jedoch dem Auftreten zusätzlicher, auf die Leitungselektronen wirkender Inertialkräfte äquivalent. Wenn $\boldsymbol{v}$ die Geschwindigkeit des Leiters ist und m die Masse eines Elektrons, so ist diese Kraft gleich $-m\dot{\boldsymbol{v}}$. Sie wirkt auf ein Elektron in gleicher Weise wie ein elektrisches Feld $m\dot{\boldsymbol{v}}/e$ (e ist die Elektronenladung). Das „effektive“ elektrische Feld, das auf die Leitungselektronen im beschleunigt bewegten Metall wirkt, ist also

$$\boldsymbol{E}' = \boldsymbol{E} + \frac{m}{e}\dot{\boldsymbol{v}}\,. \tag{64,1}$$

Für die Stromdichte haben wir dementsprechend

$$\boldsymbol{j} = \sigma\boldsymbol{E}' = \sigma\left(\boldsymbol{E} + \frac{m}{e}\dot{\boldsymbol{v}}\right). \tag{64,2}$$

Wir drücken mit (64,1) $\boldsymbol{E}$ durch $\boldsymbol{E}'$ aus und substituieren in die Gleichung

$$\operatorname{rot}\boldsymbol{E} = -\frac{1}{c}\frac{\partial\boldsymbol{H}}{\partial t}$$

(überall sei $\mu = 1$ gesetzt). Dann gilt

$$\operatorname{rot}\boldsymbol{E}' = -\frac{1}{c}\frac{\partial\boldsymbol{H}}{\partial t} + \frac{m}{e}\operatorname{rot}\dot{\boldsymbol{v}}\,. \tag{64,3}$$

$\boldsymbol{v}$ schreiben wir in Form einer Summe

$$\boldsymbol{v} = \boldsymbol{u} + [\boldsymbol{\Omega}\boldsymbol{r}]\,,$$

wo $\boldsymbol{u}$ die Translationsgeschwindigkeit sei, $\boldsymbol{\Omega}$ die Winkelgeschwindigkeit der Rotation des Körpers. Die Beschleunigung ergibt sich durch Ableitung nach der Zeit:

$$\dot{\boldsymbol{v}} = \dot{\boldsymbol{u}} + [\boldsymbol{\Omega}\boldsymbol{v}] + [\dot{\boldsymbol{\Omega}}\boldsymbol{r}] = \dot{\boldsymbol{u}} + [\boldsymbol{\Omega}\boldsymbol{u}] + [\boldsymbol{\Omega}[\boldsymbol{\Omega}\boldsymbol{r}]] + [\dot{\boldsymbol{\Omega}}\boldsymbol{r}]\,.$$

Die beiden ersten Glieder sind von $\boldsymbol{r}$ unabhängig und geben Null bei einer Ableitung nach den Koordinaten. Das dritte Glied kann in der Gestalt

$$[\boldsymbol{\Omega}[\boldsymbol{\Omega}\boldsymbol{r}]] = -\operatorname{grad} \frac{[\boldsymbol{\Omega}\boldsymbol{r}]^2}{2}$$

geschrieben werden, so daß seine Rotation ebenfalls verschwindet. Schließlich ist $\operatorname{rot}[\dot{\boldsymbol{\Omega}}\boldsymbol{r}] = 2\dot{\boldsymbol{\Omega}}$. Setzen wir daher $\dot{\boldsymbol{v}}$ in (64,3) ein, so erhalten wir

$$\operatorname{rot} \boldsymbol{E}' = -\frac{1}{c}\frac{\partial \boldsymbol{H}}{\partial t} + \frac{2m}{e}\dot{\boldsymbol{\Omega}}$$

oder

$$\operatorname{rot} \boldsymbol{E}' = -\frac{1}{c}\frac{\partial \boldsymbol{H}'}{\partial t}, \tag{64,4}$$

wo die Bezeichnung

$$\boldsymbol{H}' = \boldsymbol{H} - \frac{2mc}{e}\boldsymbol{\Omega} \tag{64,5}$$

eingeführt wurde. Da $\boldsymbol{\Omega}$ koordinatenunabhängig ist, behält die Gleichung

$$\operatorname{rot} \boldsymbol{H} = \frac{4\pi}{c}\boldsymbol{j}$$

ihre Gestalt bei, wenn in ihr $\boldsymbol{H}$ durch $\boldsymbol{H}'$ ersetzt wird:

$$\operatorname{rot} \boldsymbol{H}' = \frac{4\pi}{c}\sigma\boldsymbol{E}'\,. \tag{64,6}$$

Eliminieren wir $\boldsymbol{E}'$ aus den Gleichungen (64,4) und (64,6), so erhalten wir für $\boldsymbol{H}'$ die Gleichung

$$\Delta \boldsymbol{H}' = \frac{4\pi\sigma}{c^2}\frac{\partial \boldsymbol{H}'}{\partial t}, \tag{64,7}$$

die mit der Gleichung identisch ist, der $\boldsymbol{H}$ in einem unbewegten Leiter genügt.

Außerhalb des Körpers ist $\Delta\boldsymbol{H} = 0$ erfüllt (die Wellenlänge wird als groß gegenüber den Dimensionen des Körpers angesehen); eine derartige Gleichung erfüllt auch $\boldsymbol{H}'$.

An der Oberfläche des Leiters ist schließlich mit $\boldsymbol{H}$ auch $\boldsymbol{H}'$ stetig. Verschieden sind nur die Bedingungen im Unendlichen: $\boldsymbol{H}$ geht gegen Null, $\boldsymbol{H}'$ gegen die endliche Grenze $-2mc\boldsymbol{\Omega}/e$.

Die Aufgabe, das variable Magnetfeld $\boldsymbol{H}$ um einen ungleichförmig rotierenden Körper zu bestimmen, ist also der anderen Aufgabe äquivalent, das Feld $\boldsymbol{H}'$ um einen unbewegten Körper im homogenen äußeren Magnetfeld mit der Stärke

$$\mathfrak{H} = -\frac{2mc}{e}\boldsymbol{\Omega} \tag{64,8}$$

zu finden. Aus einer Lösung $\boldsymbol{H}'$ dieses Problems erhält man das gesuchte Feld $\boldsymbol{H}^{(e)}$ außerhalb des Leiters durch Subtraktion von $\mathfrak{H}$.

Das auf diese Weise entstandene Magnetfeld induziert wie jedes variable Feld elektrische Ströme im Leiter selbst. In einem einfach zusammenhängenden Körper erscheinen diese Ströme in der Form eines vom Körper angenommenen magnetischen Momentes. In einem ungleichförmig rotierenden Ring tritt der Effekt als EMK in Erscheinung (sog. Stewart-Tolman-*Effekt*).

Die Tatsache, daß in die Formel (64,8) nur die Winkelgeschwindigkeit selbst, nicht aber ihre Zeitableitung eingeht, kann Anlaß zu Mißverständnissen sein. Wir erinnern daher daran, daß sich die ganze Betrachtung und damit auch der oben angeführte Sinn der Größe (64,8) lediglich auf die ungleichmäßige Rotation beziehen. Tatsächlich wird bei konstantem $\boldsymbol{\Omega}$ die Gleichung (64,7) mit der erforderlichen Bedingung im Unendlichen durch den Wert $\boldsymbol{H}' = \boldsymbol{\mathfrak{H}}$ identisch erfüllt; nach Definition (64,5) haben wir dann $\boldsymbol{H} = 0$. Was das bei der gleichförmigen Rotation dank dem gyromagnetischen Effekt (§ 36) entstehende Magnetfeld anbelangt, so ist es eine kleine Größe und wird hier von uns nicht berücksichtigt.

Wir bemerken weiterhin, daß wir bei der Herleitung von der bei der ungleichförmigen Rotation entstehenden Deformation des Körpers abgesehen haben. Offensichtlich würde die Berücksichtigung dieser Deformation den Effekt nicht beeinflussen, wenn die charakteristische Änderungszeit der Winkelgeschwindigkeit groß im Vergleich zur Relaxationszeit der Leitungselektronen bei der Deformation ist (was auch angenommen wird). Tatsächlich wird in einem Leiter ein elektrischer Strom durch einen Gradienten der Summe $\varphi + \zeta_0/e$ hervorgerufen, wobei φ das Potential des Feldes und ζ_0 das chemische Potential der Leitfähigkeitselektronen (s. § 26) ist. Eine inhomogene Deformation erzeugt einen Gradienten von ζ_0, der jedoch durch das elektrische Feld, das durch die Bedingung für das thermodynamische Gleichgewicht $e\varphi + \zeta_0 = \text{const}$ entsteht, kompensiert wird.

Aufgaben

1. Man bestimme das magnetische Moment einer ungleichförmig rotierenden Kugel (Radius a). Die Rotationsgeschwindigkeit werde als so klein angenommen, daß die Eindringtiefe $\delta \gg a$ ist.

Lösung. Das magnetische Moment der Kugel im Feld $\mathfrak{H}(t)$ (64,8) ist

$$\mathcal{M} = V\hat{a}\mathfrak{H},$$

wo $\hat{a}$ ein Operator ist, dessen Wirkungsweise auf die Fourier-Komponenten der Funktion $\mathfrak{H}(t)$ durch die in Aufgabe 1, § 59, erhaltenen Formeln bestimmt wird. Für die Komponenten mit solchen Frequenzen, daß $\delta \gg a$ gilt, haben wir

$$\mathcal{M} = V\alpha(\omega)\,\mathfrak{H} \approx -i\omega\,\frac{4\pi m}{15}\,\frac{a^5\sigma}{ce}\,\Omega\,.$$

Diese, in die Form

$$\mathcal{M} = \frac{4\pi m a^5\sigma}{15ce}\,\frac{\mathrm{d}\Omega}{\mathrm{d}t}$$

umgeschriebene Formel enthält ω nicht explizit und ist daher auch für die nicht nach Fourier entwickelten Funktionen $\Omega(t)$ und $\mathcal{M}(t)$ gültig (vorausgesetzt, daß in ihre Entwicklung hauptsächlich Frequenzen eingehen, die die obige Bedingung erfüllen).

2. Man bestimme die Gesamtladung, die in einem dünnen kreisförmigen Ring fließt, wenn seine um eine zu seiner Ebene senkrechte Achse erfolgende gleichförmige Rotation gestoppt wird.

Lösung. In der in Aufgabe 3, § 63, erhaltenen Formel ist unter $\boldsymbol{\Phi}$ der Fluß des Feldes $\boldsymbol{\mathfrak{H}}$ zu verstehen (64,8). Die bei einer Änderung der Winkelgeschwindigkeit von Ω auf 0 fließende Gesamtladung ist

$$\int\limits_{-\infty}^{+\infty} J\,\mathrm{d}t = \frac{2mc}{eRc}\,\Omega\pi b^2 = \frac{m\sigma V}{2\pi e}\,\Omega;$$

b sei der Ringradius, V sein Volumen.

3. Man bestimme den Strom, der in einem kreisförmigen supraleitenden Ring entsteht, wenn seine gleichförmige Rotation gestoppt wird.

Lösung. Aus der Bedingung, daß der gesamte magnetische Fluß durch den Ring konstant ist (s. (54,5)), haben wir

$$J = \frac{2mc^2}{eL}\,\Omega\pi b^2 = \frac{mc^2 b\,\Omega}{2e\left[\ln\frac{8b}{a} - 2\right]}\,.$$

Zum Werte von L siehe die Bemerkung auf Seite 229.

VIII MAGNETOHYDRODYNAMIK

§ 65. Die Bewegungsgleichungen für eine Flüssigkeit im Magnetfeld

Wenn sich ein leitendes flüssiges (oder gasförmiges) Medium in einem Magnetfeld befindet, so werden bei seinen hydrodynamischen Bewegungen in ihm elektrische Felder induziert, und es entstehen elektrische Ströme. Im Magnetfeld wirken auf Ströme aber Kräfte, die auf die Flüssigkeitsbewegung einen starken Einfluß ausüben können. Andererseits verändern diese Ströme das Magnetfeld. Es bestehen also komplizierte Wechselwirkungen zwischen den magnetischen und den hydrodynamischen Erscheinungen, die auf der Grundlage des kombinierten Systems der Feldgleichungen und der Bewegungsgleichungen der Flüssigkeit untersucht werden müssen.

Im Anwendungsbereich der Magnetohydrodynamik liegen sehr verschiedenartige physikalische Objekte, von flüssigen Metallen bis zum kosmischen Plasma. Wir werden hier die spezifischen Anwendbarkeitsbedingungen für die Magnetohydrodynamik auf die verschiedenen Objekte nicht erörtern. Wir weisen lediglich darauf hin, daß für eine Anwendbarkeit der Magnetohydrodynamik im ursprünglichen Sinne selbstverständlich erforderlich ist, daß die für die zu betrachtende Bewegung charakteristischen Längen und Zeitintervalle groß sein müssen im Vergleich zur freien Weglänge bzw. Flugzeit der Ladungsträger (Elektronen, Ionen). In einigen Fällen allerdings kann auch die Bewegung eines Mediums mit großer freier Weglänge durch Gleichungen beschrieben werden, die formal mit den Gleichungen der Magnetohydrodynamik für eine ideale Flüssigkeit übereinstimmen. Eine derartige Situation liegt z. B. im Nichtgleichgewichtsplasma mit einer Elektronentemperatur, die viel größer als die Ionentemperatur ist, vor (vgl. X, § 38).

Die magnetische Permeabilität der Medien, mit denen wir es in der Magnetohydrodynamik zu tun haben, unterscheidet sich wenig von 1. Dieser Unterschied ist für die hier betrachteten Erscheinungen unwesentlich. Deshalb werden wir in diesem Kapitel $\mu = 1$ annehmen.[1]

Stellen wir zunächst das System der magnetohydrodynamischen Gleichungen für eine ideale Flüssigkeit, d. h. unter der Bedingung, daß alle dissipativen Prozesse vernachlässigbar sind, auf. Das bedeutet, daß weder Viskositäts- und Wärmeleitungsprozesse noch die Endlichkeit der elektrischen Leitfähigkeit des Mediums σ berücksichtigt werden, die letztere wird als beliebig groß betrachtet.

---

[1]) In der Literatur zur Magnetohydrodynamik bezeichnet man unter diesen Bedingungen das Magnetfeld oft mit $\boldsymbol{B}$, womit betont wird, daß es sich eben um die gemittelte mikroskopische Feldstärke $\overline{\boldsymbol{h}} = \boldsymbol{B}$ handelt. Wir werden hier aber in Übereinstimmung mit den anderen Kapiteln dieses Buches, wo nichtmagnetische Medien behandelt werden, die Bezeichnung $\boldsymbol{H}$ verwenden.

Wir setzen in den Gleichungen (63,7) $\sigma \to \infty$ und schreiben

$$\operatorname{div} \boldsymbol{H} = 0\,, \tag{65,1}$$

$$\frac{\partial \boldsymbol{H}}{\partial t} = \operatorname{rot}\,[\boldsymbol{v}\boldsymbol{H}]\,. \tag{65,2}$$

Die hydrodynamischen Gleichungen enthalten die Kontinuitätsgleichung

$$\frac{\partial \varrho}{\partial t} + \operatorname{div} \varrho \boldsymbol{v} = 0 \tag{65,3}$$

(ϱ sei die Flüssigkeitsdichte) und die EULERsche Gleichung

$$\frac{\partial \boldsymbol{v}}{\partial t} + (\boldsymbol{v}\nabla)\,\boldsymbol{v} = -\frac{1}{\varrho}\nabla P + \frac{\boldsymbol{f}}{\varrho},$$

wo $\boldsymbol{f}$ die Volumendichte der äußeren (in diesem Fall der elektromagnetischen) Kräfte ist. Nach (35,4) haben wir

$$\boldsymbol{f} = \frac{1}{c}\,[\boldsymbol{j}\boldsymbol{H}] = \frac{1}{4\pi}\,[\operatorname{rot}\boldsymbol{H}\cdot\boldsymbol{H}]\,.$$

Somit bekommt die Bewegungsgleichung der Flüssigkeit die Gestalt

$$\frac{\partial \boldsymbol{v}}{\partial t} + (\boldsymbol{v}\nabla)\,\boldsymbol{v} = -\frac{1}{\varrho}\nabla P - \frac{1}{4\pi\varrho}\,[\boldsymbol{H}\operatorname{rot}\boldsymbol{H}]\,. \tag{65,4}$$

Zu diesen Gleichungen muß man noch die Zustandsgleichung

$$P = P(\varrho, T)\,, \tag{65,5}$$

die Druck, Dichte und Temperatur der Flüssigkeit miteinander verbindet, und die Entropieerhaltungsgleichung, die ausdrückt, daß die Bewegung bei fehlender Dissipation adiabatisch verläuft, hinzufügen:

$$\frac{\mathrm{d}s}{\mathrm{d}t} = \frac{\partial s}{\partial t} + \boldsymbol{v}\nabla s = 0\,. \tag{65,6}$$

Hier ist s die Entropie pro Masse der Flüssigkeit, und das Symbol

$$\frac{\mathrm{d}}{\mathrm{d}t} = \frac{\partial}{\partial t} + \boldsymbol{v}\nabla$$

bezeichnet die „substantielle“ Ableitung, die die Änderung einer Größe bei einer Verschiebung zusammen mit dem bewegten Flüssigkeitsteilchen bestimmt. Die Gleichungen (65,1 bis 6) bilden das vollständige magnetohydrodynamische Gleichungssystem für eine ideale Flüssigkeit.

Bekanntlich kann die EULERsche Gleichung (unter Verwendung der Kontinuitätsgleichung) in eine Form gebracht werden, die den Impulserhaltungssatz ausdrückt:

$$\frac{\partial \varrho v_i}{\partial t} = -\frac{\partial \Pi_{ik}}{\partial x_k}, \tag{65,7}$$

wobei Π_{ik} den Tensor der Impulsstromdichte (s. VI, § 7) bezeichnet. Bei Abwesenheit von äußeren Kräften ist

$$\Pi_{ik} = \varrho v_i v_k + P\delta_{ik}\,.$$

Durch Umformung des letzten Terms in der Gleichung (65,4) mit Hilfe der Gleichung

$$[\boldsymbol{H} \operatorname{rot} \boldsymbol{H}] = \tfrac{1}{2} \nabla H^2 - (\boldsymbol{H}\nabla) \boldsymbol{H}$$

und mit Berücksichtigung von $\operatorname{div} \boldsymbol{H} = \partial H_k/\partial x_k = 0$ finden wir, daß in der Magnetohydrodynamik

$$\Pi_{ik} = \varrho v_i v_k + P\delta_{ik} - \frac{1}{4\pi}\left(H_i H_k - \frac{1}{2} H^2 \delta_{ik}\right) \tag{65,8}$$

gilt. Erwartungsgemäß wird zum Tensor Π_{ik} der MAXWELLsche Spannungstensor hinzugefügt.

Der Energieerhaltungssatz wird in der gewöhnlichen Hydrodynamik durch die Gleichung

$$\frac{\partial}{\partial t}\left(\frac{\varrho v^2}{2} + \varrho \varepsilon\right) = -\operatorname{div} \boldsymbol{q}\,, \qquad \boldsymbol{q} = \varrho \boldsymbol{v}\left(\frac{v^2}{2} + \omega\right),$$

ausgedrückt, wobei ε und $w = \varepsilon + P/\varrho$ die innere Energie bzw. die Wärmefunktion pro Masse der Flüssigkeit sind. Er folgt unmittelbar aus der Bewegungsgleichung (s. VI, § 6). Besteht in einem leitenden Medium ein Magnetfeld, so werden zur Energiedichte die magnetische Energie $H^2/8\pi$ und zur Energiestromdichte der POYNTING-Vektor $\boldsymbol{S} = c[\boldsymbol{E}\boldsymbol{H}]/4\pi$ hinzugefügt. Im letzteren muß dabei $\boldsymbol{E}$ durch $\boldsymbol{H}$ gemäß der Formel

$$\boldsymbol{E} = -\frac{1}{c}[\boldsymbol{v}\boldsymbol{H}] \tag{65,9}$$

ausgedrückt werden, die man aus (63,2) für $\sigma \to \infty$ (und endliches $\boldsymbol{j}$) erhält.[1]) Somit wird in der Magnetohydrodynamik der Energieerhaltungssatz durch die Gleichung

$$\frac{\partial}{\partial t}\left(\frac{\varrho v^2}{2} + \varrho \varepsilon + \frac{H^2}{8\pi}\right) = -\operatorname{div} \boldsymbol{q} \tag{65,10}$$

ausgedrückt, wobei die Energiestromdichte

$$\boldsymbol{q} = \varrho \boldsymbol{v}\left(\frac{v^2}{2} + w\right) + \frac{1}{4\pi}[\boldsymbol{H}[\boldsymbol{v}\boldsymbol{H}]] \tag{65,11}$$

ist. Es ist nicht schwierig, diese Gleichung auch durch unmittelbare Rechnung zu überprüfen.

In dem angegebenen magnetohydrodynamischen Gleichungssystem wird der Verschiebungsstrom in den MAXWELLschen Gleichungen vernachlässigt. Das bedeutet, daß man

$$\frac{1}{c}\left|\frac{\partial \boldsymbol{E}}{\partial t}\right| \ll |\operatorname{rot} \boldsymbol{H}| \tag{65,12}$$

annimmt. Drücken wir $\boldsymbol{E}$ durch $\boldsymbol{H}$ gemäß (65,9) aus, so erhalten wir hieraus die Bedingung

$$vl/c^2\tau \ll 1\,, \tag{65,13}$$

---

[1]) Dieser Ausdruck entspricht einem Feld $\boldsymbol{E}'$ (63,1) gleich Null in einem Koordinatensystem, das sich gemeinsam mit dem gegebenen Volumenelement der Flüssigkeit bewegt: denn in einem ideal leitenden Medium wird das elektrische Feld vollständig abgeschirmt.

wobei l und τ für die gegebene Bewegung charakteristische Längen- und Zeitparameter sind. Aus (65,2) erhalten wir die Abschätzung $l/\tau \approx v$, und damit finden wir aus (65,13) die Bedingung $v \ll c$, d. h., die Bewegung muß nichtrelativistisch sein (was wir auch von vornherein angenommen hatten). Aus der Gleichung (65,4) erhalten wir die Abschätzung $\varrho v/\tau \sim H^2/l$. Zusammen mit (65,13) liefert das die Bedingung für die Größe des Magnetfeldes

$$H^2 \ll \varrho c^2 . \tag{65,14}$$

Wir weisen darauf hin, daß in der linken Seite der Gleichung (65,10) die elektrische Energie $E^2/8\pi$ und in der linken Seite der Gleichung (65,7) der Impuls des elektrischen Feldes $\boldsymbol{S}/c^2$ nicht auftreten. Das ist die automatische Folge der Vernachlässigung des Verschiebungsstromes. Der Kleinheit der elektrischen Energie im Vergleich zur magnetischen entspricht die Ungleichung $E \approx vH/c \ll H$ und der Kleinheit von $S/c^4 \approx EH/c \approx vH^2/c$ im Vergleich zu ϱv die Ungleichung (65,14).

Kommen wir zur Gleichung (65,2) zurück; ihr kann eine wichtige anschauliche Interpretation (H. Alfvén, 1942) gegeben werden. Nach Umformung des Operators rot in der rechten Seite dieser Gleichung und der Berücksichtigung von $\operatorname{div} \boldsymbol{H} = 0$ erhalten wir

$$\frac{\partial \boldsymbol{H}}{\partial t} = (\boldsymbol{H}\nabla)\,\boldsymbol{v} - (\boldsymbol{v}\nabla)\,\boldsymbol{H} - \boldsymbol{H} \operatorname{div} \boldsymbol{v} .$$

Setzt man hier nach der Kontinuitätsgleichung (65,3)

$$\operatorname{div} \boldsymbol{v} = -\frac{1}{\varrho}\frac{\partial \varrho}{\partial t} - \frac{\boldsymbol{v}}{\varrho}\nabla\varrho$$

ein, so erhält man nach einer einfachen Umordnung der Terme

$$\left(\frac{\partial}{\partial t} + \boldsymbol{v}\nabla\right)\frac{\boldsymbol{H}}{\varrho} \equiv \frac{\mathrm{d}}{\mathrm{d}t}\frac{\boldsymbol{H}}{\varrho} = \left(\frac{\boldsymbol{H}}{\varrho}\nabla\right)\boldsymbol{v} . \tag{65,15}$$

Betrachten wir nun irgendeine „Flüssigkeitslinie", d. h. eine Linie, die sich zusammen mit den Flüssigkeitsteilchen bewegt, aus denen sie besteht.[1]) $\delta\boldsymbol{l}$ sei das Längenelement dieser Linie; wir werden seine zeitliche Änderung bestimmen. Ist $\boldsymbol{v}$ die Flüssigkeitsgeschwindigkeit an einem Ende des Elementes $\delta\boldsymbol{l}$, so ist ihre Geschwindigkeit am anderen Ende $\boldsymbol{v} + (\delta\boldsymbol{l}\nabla)\,\boldsymbol{v}$. Daher ändert sich das Element $\delta\boldsymbol{l}$ im Laufe der Zeit $\mathrm{d}t$ um $\mathrm{d}t(\delta\boldsymbol{l}\nabla)\,\boldsymbol{v}$, d. h.

$$\frac{\mathrm{d}}{\mathrm{d}t}\delta\boldsymbol{l} = (\delta\boldsymbol{l}\nabla)\,\boldsymbol{v} .$$

Wir sehen, daß die zeitliche Änderung der Vektoren $\delta\boldsymbol{l}$ und $\boldsymbol{H}/\varrho$ durch ein und dieselbe Gleichung bestimmt wird. Daraus folgt, daß anfangs parallele Vektoren weiterhin parallel bleiben und daß ihre Beträge sich so ändern, daß ihr Verhältnis konstant bleibt. Mit anderen Worten, wenn sich zwei infinitesimal benachbarte Flüssigkeitsteilchen zu irgendeinem Zeitpunkt auf derselben Kraftlinie befinden, so werden sie sich immer auf ihr befinden, und die Größe H/ϱ ändert sich proportional zur Entfernung der Teilchen.

---

[1]) Aus diesem Grunde wird sie auch als substantielle Linie bezeichnet (Anm. d. dt. Herausgebers).

Gehen wir nun von infinitesimal benachbarten Punkten zu Punkten über, die sich in beliebiger endlicher Entfernung voneinander befinden, so gelangen wir zu dem Schluß, daß sich jede Kraftlinie zusammen mit den auf ihr befindlichen Flüssigkeitsteilchen bewegt. Anschaulich kann man sagen, daß (für $\sigma \to \infty$) die magnetischen Kraftlinien in der Flüssigkeit eingefroren sind und sich zusammen mit ihr bewegen. Die Größe H/ϱ ändert sich in jedem Punkt proportional zur Ausdehnung der entsprechenden „Flüssigkeitslinie". Nimmt man an, daß die bewegte Flüssigkeit inkompressibel sei, so ist $\varrho = \text{const}$, und die Feldstärke H ändert sich proportional zur Ausdehdehnung der Kraftlinien.

Diese Resultate haben noch einen anderen anschaulichen Aspekt. Aus ihnen folgt, daß bei einer Verschiebung irgendeiner geschlossenen Flüssigkeitskontur diese die Kraftlinien nicht schneiden wird. Das bedeutet (vgl. § 63), daß sich der Fluß des Magnetfeldes durch irgendeine von der Flüssigkeitskontur aufgespannte Fläche zeitlich nicht ändert.

§ 66. Dissipative Prozesse in der Magnetohydrodynamik

In der gewöhnlichen Hydrodynamik werden dissipative Prozesse durch drei Größen, die beiden Viskositäten und die Wärmeleitfähigkeit bestimmt. In der Magnetohydrodynamik steigt diese Zahl wesentlich an, sowohl wegen des Auftretens neuer Größen elektrischer Natur als auch infolge der Existenz einer ausgezeichneten Richtung in jedem Punkt, nämlich der Richtung von $\boldsymbol{H}$. Wir beschränken uns aber auf den einfachsten Fall, wenn man alle kinetischen Koeffizienten im gesamten Medium als Konstanten, insbesondere als unabhängig von Richtung und Größe des Magnetfeldes annehmen kann. Dann kommt zu den gewöhnlichen Viskositäten η, ζ und der Wärmeleitfähigkeit $\varkappa$ nur noch eine Größe, die elektrische Leitfähigkeit σ, hinzu.[1])

Die Annahme, daß die kinetischen Koeffizienten nicht vom Magnetfeld abhängen, setzt die Erfüllung bestimmter Bedingungen voraus, die das Anwendungsgebiet der Gleichungen im Vergleich zu den Gleichungen der Magnetohydrodynamik für eine ideale Flüssigkeit wesentlich einengen. So muß die freie Weglänge der Ladungsträger klein sein im Vergleich zum Krümmungsradius ihrer Trajektorien im Magnetfeld; mit anderen Worten, die Stoßfrequenz muß groß im Vergleich zur LARMOR-Frequenz der Ladungsträger sein. Diese Bedingung kann in einem zu stark verdünnten Medium oder bei einem zu starken Magnetfeld verletzt werden.[2])

Bei Berücksichtigung der Viskosität und der elektrischen Leitfähigkeit wird die Gleichung (65,2) durch die vollständige Gleichung (63,7) ersetzt,

$$\frac{\partial \boldsymbol{H}}{\partial t} = \operatorname{rot}\,[\boldsymbol{v}\boldsymbol{H}] + \frac{c^2}{4\pi\sigma}\Delta\boldsymbol{H}\,, \tag{66,1}$$

[1]) Die Beziehung zwischen Strom und elektrischem Feld in einem thermodynamisch inhomogenen, aber in jedem Punkt isotropen Medium enthält auch noch den thermoelektrischen Koeffizienten α (§ 26). Wenn dieser Koeffizient jedoch konstant ist, dann geht er nicht in die Bewegungsgleichungen ein.

[2]) Die Frage nach den Gleichungen der Magnetohydrodynamik für ein Plasma bei Verletzung dieser Bedingungen wird in einem anderen Band dieser Lehrbuchreihe (s. X, §§ 58, 59) behandelt.

und die magnetohydrodynamische EULERsche Gleichung (65,4) wird durch die NAVIER-STOKESsche Gleichung ersetzt:

$$\frac{\partial \boldsymbol{v}}{\partial t} + (\boldsymbol{v}\nabla)\,\boldsymbol{v} = -\frac{1}{\varrho}\nabla P + \frac{\eta}{\varrho}\,\Delta\boldsymbol{v} + \frac{1}{\varrho}\left(\zeta + \frac{\eta}{3}\right)\nabla\,\mathrm{div}\,\boldsymbol{v} - \frac{1}{4\pi\varrho}\,[\boldsymbol{H}\,\mathrm{rot}\,\boldsymbol{H}]\,. \tag{66,2}$$

Wir bemerken, daß die Gleichung (66,1) die Viskosität nicht enthält, daher bleibt die Eigenschaft des „Einfrierens" der Kraftlinien bei $\sigma \to \infty$ auch für die viskose ideal leitende Flüssigkeit erhalten.

Die Adiabatizitätsgleichung (65,6) wird durch die Wärmetransportgleichung ersetzt. In der gewöhnlichen Hydrodynamik lautet sie

$$\varrho T\left(\frac{\partial s}{\partial t} + \boldsymbol{v}\nabla s\right) = \sigma'_{ik}\frac{\partial v_i}{\partial x_k} + \mathrm{div}\,(\varkappa\nabla T)$$

(s. VI, § 49). Der Ausdruck auf der linken Gleichungsseite stellt die in einem bewegten Flüssigkeitselement erzeugte Wärmeleistungsdichte dar. Die rechte Seite ist die dissipierte Leistungsdichte. Der erste Term in ihr ist mit der Viskosität verbunden; σ'_{ik} ist der viskose Spannungstensor

$$\sigma'_{ik} = \eta\left(\frac{\partial v_i}{\partial x_k} + \frac{\partial v_k}{\partial x_i} - \frac{2}{3}\delta_{ik}\,\mathrm{div}\,\boldsymbol{v}\right) + \zeta\delta_{ik}\,\mathrm{div}\,\boldsymbol{v}\,.$$

Der zweite Term stellt die mit der Wärmeleitfähigkeit verbundene Dissipation dar. In einer leitenden Flüssigkeit muß noch ein Term für die JOULEsche Wärme hinzugefügt werden. Bezogen auf das Volumen ist er gleich

$$\frac{\boldsymbol{j}^2}{\sigma} = \frac{c^2}{16\pi^2\sigma}\,(\mathrm{rot}\,\boldsymbol{H})^2\,.$$

Daher lautet die Wärmetransportgleichung in der Magnetohydrodynamik

$$\varrho T\left(\frac{\partial s}{\partial t} + \boldsymbol{v}\,\nabla s\right) = \sigma'_{ik}\frac{\partial v_i}{\partial x_k} + \varkappa\,\Delta T + \frac{c^2}{16\pi^2\sigma}\,(\mathrm{rot}\,\boldsymbol{H})^2\,. \tag{66,3}$$

Zum Impulsstromdichtetensor wird der viskose Spannungstensor hinzugefügt:

$$\Pi_{ik} = \varrho v_i v_k + P\delta_{ik} - \sigma'_{ik} - \frac{1}{4\pi}\left(H_i H_k - \frac{1}{2}H^2\delta_{ik}\right). \tag{66,4}$$

Die Wärmestromdichte wird nun durch den Ausdruck

$$\boldsymbol{q} = \varrho\boldsymbol{v}\left(\frac{v^2}{2} + w\right) - (\boldsymbol{v}\sigma') - \varkappa\nabla T + \frac{1}{4\pi}[\boldsymbol{H}[\boldsymbol{v}\boldsymbol{H}]] - \frac{c^2}{16\pi^2\sigma}[\boldsymbol{H}\,\mathrm{rot}\,\boldsymbol{H}] \tag{66,5}$$

gegeben. Hier wurden sowohl Terme, die mit der Viskosität und der Wärmeleitfähigkeit verbunden sind, als auch Terme, die mit der elektrischen Leitfähigkeit zusammenhängen (der letzte Term in (66,5)) hinzugefügt. Dieses Glied erhält man bei einem von Null verschiedenen $1/\sigma$ durch Einsetzen der Feldstärke $\boldsymbol{E}$ aus (63,2)

$$\boldsymbol{E} = \frac{\boldsymbol{j}}{\sigma} - \frac{1}{c}[\boldsymbol{v}\boldsymbol{H}] = \frac{c}{4\pi\sigma}\,\mathrm{rot}\,\boldsymbol{H} - \frac{1}{c}[\boldsymbol{v}\boldsymbol{H}] \tag{66,6}$$

in den POYNTING-Vektor.

Die Gleichungen vereinfachen sich etwas, wenn man annimmt, die Flüssigkeit sei inkompressibel. Die Kontinuitätsgleichung reduziert sich dann auf $\operatorname{div} \boldsymbol{v} = 0$, und in der Gleichung (66,2) verschwindet der vorletzte Term. Wir schreiben das entsprechende Gleichungssystem noch einmal auf (es ist zweckmäßig, in den Gleichungen (66,1) und (66,2) die Terme rot $[\boldsymbol{vH}]$ und $[\boldsymbol{H} \operatorname{rot} \boldsymbol{H}]$ mit Hilfe der bekannten Formeln der Vektoranalysis umzuformen):

$$\operatorname{div} \boldsymbol{H} = 0\,, \qquad \operatorname{div} \boldsymbol{v} = 0\,, \tag{66,7}$$

$$\frac{\partial \boldsymbol{H}}{\partial t} + (\boldsymbol{v}\nabla)\,\boldsymbol{H} = (\boldsymbol{H}\nabla)\,\boldsymbol{v} + \frac{c^2}{4\pi\sigma}\,\Delta \boldsymbol{H}\,, \tag{66,8}$$

$$\frac{\partial \boldsymbol{v}}{\partial t} + (\boldsymbol{v}\nabla)\,\boldsymbol{v} = -\frac{1}{\varrho}\nabla\left(P + \frac{H^2}{8\pi}\right) + \frac{1}{4\pi\varrho}(\boldsymbol{H}\nabla)\,\boldsymbol{H} + \nu\Delta\boldsymbol{v} \tag{66,9}$$

$\nu = \eta/\varrho$ ist die kinematische Viskosität). Bezüglich der Gleichung (66,3) sei betont, daß sie zur Berechnung der Bewegung der inkompressiblen Flüssigkeit nicht gebraucht wird, falls man sich nicht speziell für die Temperaturverteilung in ihr und deren Einfluß auf die Bewegung interessiert.

In der gewöhnlichen Hydrodynamik wird bekanntlich die REYNOLDSsche Zahl eingeführt, die die Rolle der viskosen Glieder in den Bewegungsgleichungen im Vergleich zu den Konvektionstermen charakterisiert: $R = ul/\nu$, wobei l und $u \approx l/\tau$ für die gegebene Bewegung charakteristische Längen- und Geschwindigkeitsparameter sind. Neben dieser Zahl kann man in der Magnetohydrodynamik eine *magnetische* REYNOLDS*sche Zahl*

$$R_{\mathrm{m}} = \frac{ul}{\nu_{\mathrm{m}}}, \qquad \nu_{\mathrm{m}} = \frac{c^2}{4\pi\sigma}, \tag{66,10}$$

einführen, die die Rolle des Leitfähigkeitsterms in der Gleichung (66,1) charakterisiert. Dieser Term ist dem Glied $\nu\,\Delta\boldsymbol{v}$ in der NAVIER-STOKESschen Gleichung analog; die Größe spielt die Rolle des „Diffusionskoeffizienten" des Magnetfeldes. Die Vernachlässigung dieses Terms ist im allgemeinen für $R_{\mathrm{m}} \gg 1$ gerechtfertigt.

Im umgekehrten Grenzfall einer sehr schlecht leitenden Flüssigkeit ($R_{\mathrm{m}} \ll 1$) kann man das magnetohydrodynamische Gleichungssystem wesentlich vereinfachen (S. I. BRAGINSKI, 1959).

In diesem Fall ist die Störung des Magnetfeldes durch die Bewegung der Flüssigkeit gering. Ist das ungestörte Feld $\mathfrak{H}$ zeitunabhängig (was auch im folgenden angenommen wird), so kann man seine Änderung $\boldsymbol{H}'$ in der bewegten Flüssigkeit aus dem Vergleich der beiden Terme in der rechten Seite der Gleichung (66,1) abschätzen:

$$\operatorname{rot}\,[\boldsymbol{v}\mathfrak{H}] \sim \nu_{\mathrm{m}}\,\Delta\boldsymbol{H}'\,,$$

woraus $H' \approx R_{\mathrm{m}}\mathfrak{H}$ folgt, und bei $R_{\mathrm{m}} \ll 1$ gilt in der Tat $H' \ll \mathfrak{H}$. Vernachlässigt man diese Änderung, so kann man das Magnetfeld $\boldsymbol{H}$ als mit dem Feld $\mathfrak{H}$ zusammenfallend auffassen, das durch äußere Quellen im Vakuum erzeugt werden würde. Dabei haben wir durch die Konstanz von $\mathfrak{H}$ die Beziehung $\operatorname{rot} \boldsymbol{E} = -c^{-1}\,\partial\mathfrak{H}/\partial t \equiv 0$, d. h., das elektrische Feld ist ein Potentialfeld: $\boldsymbol{E} = -\nabla\varphi$. Die Gleichung für das Potential φ kann man aus der Gleichung $\operatorname{div} \boldsymbol{j} = 0$ erhalten, die bei Vernachlässigung des Verschiebungsstromes (d. h. wegen der Gleichung $\operatorname{rot} \boldsymbol{H} = 4\pi\boldsymbol{j}/c$) identisch erfüllt wird.

Setzt man hierin die Stromdichte in der Form

$$\boldsymbol{j} = \sigma\left(-\nabla\varphi + \frac{1}{c}[\boldsymbol{v}\mathfrak{H}]\right)$$

ein und nutzt, daß für das ungestörte Feld rot $\mathfrak{H} = 0$ gilt, so erhält man (bei $\sigma = \text{const}$) die Gleichung

$$\Delta\varphi = \frac{1}{c}\mathfrak{H}\,\text{rot}\,\boldsymbol{v}\,. \tag{66,11}$$

Die zweite Gleichung ist die NAVIER-STOKESsche Gleichung

$$\frac{\partial \boldsymbol{v}}{\partial t} + (\boldsymbol{v}\nabla)\,\boldsymbol{v} = -\frac{1}{\varrho}\nabla P + \nu\,\Delta\boldsymbol{v} + \boldsymbol{f} \tag{66,12}$$

(wir geben sie für die inkompressible Flüssigkeit), in der die Volumendichte der äußeren Kräfte

$$\boldsymbol{f} = \frac{1}{c}[\boldsymbol{j}\mathfrak{H}] = \frac{\sigma}{c}\left\{[\mathfrak{H}\,\nabla\varphi] + \frac{1}{c}[\mathfrak{H}[\mathfrak{H}\boldsymbol{v}]]\right\} \tag{66,13}$$

ist. Die Gleichungen (66,11 bis 13) bilden das gesuchte System.

§ 67. Magnetohydrodynamische Strömung zwischen parallelen Ebenen

Ein lehrreiches Beispiel für die magnetohydrodynamische Bewegung einer viskosen leitenden Flüssigkeit stellt die stationäre Strömung im Raum zwischen zwei parallelen festen Ebenen dar, wobei in der zu den Ebenen normalen Richtung ein homogenes Magnetfeld $\mathfrak{H}$ angelegt wird (J. HARTMANN, 1939). Diese Bewegung ist das einfachste Analogon für die POISEUILLEsche Strömung in der gewöhnlichen Hydrodynamik.

Es ist natürlich anzunehmen, daß die Flüssigkeitsgeschwindigkeit überall dieselbe Richtung hat (wir wählen diese Richtung als x-Achse); sie hängt nur von der senkrecht zu den Ebenen gerichteten z-Koordinate ab. Dasselbe gilt auch für das durch die Flüssigkeitsbewegung entstehende longitudinale Feld H_x. Der Druck P hängt jedoch auch von x ab, weil er in der Bewegungsrichtung einen Gradienten haben muß, der die stationäre Strömung aufrecht erhält. Die Gleichung div $\boldsymbol{v} = 0$ wird identisch erfüllt, während aus der Gleichung div $\boldsymbol{H} = 0$ folgt, daß $H_z = \text{const} = \mathfrak{H}$ ist. Aus der z-Komponente der Gleichung (66,9) folgt, daß die Summe

$$P + \frac{H_x^2}{8\pi}$$

nur von x abhängt. Da gleichzeitig H_x von x nicht abhängt, so könnte der Druckgradient $\mathrm{d}P/\mathrm{d}x$ nur von x abhängen, aber faktisch (wegen der Homogenität längs der x-Achse) ist er eine konstante Größe $-\Delta P/l$ (ΔP ist der Druckabfall auf der Länge l).

Die x-Komponenten der Gleichungen (66,8 und 9) ergeben

$$\mathfrak{H}\frac{\mathrm{d}v}{\mathrm{d}z} + \frac{c^2}{4\pi\sigma}\frac{\mathrm{d}^2 H_x}{\mathrm{d}z^2} = 0\,, \tag{67,1}$$

$$\eta\frac{\mathrm{d}^2 v}{\mathrm{d}z^2} + \frac{\mathfrak{H}}{4\pi}\frac{\mathrm{d}H_x}{\mathrm{d}z} = \text{const} \equiv -\frac{\Delta P}{l}. \tag{67,2}$$

Die Grenzbedingungen an den festen Oberflächen erfordern das Verschwinden der Geschwindigkeit der viskosen Flüssigkeit und die Stetigkeit der tangentialen Komponente der magnetischen Feldstärke:

$$v = 0, \quad H_x = 0 \quad \text{bei} \quad z = \pm a,$$

wo $2a$ der Abstand zwischen den beiden festen Ebenen ist, und die Ebene $z = 0$ in der Mitte zwischen beiden liegt. Die diese Bedingungen erfüllende Lösung der Gleichungen (67,1 und 2) ist

$$\begin{aligned} v &= v_0 \frac{\cosh(a/\delta) - \cosh(z/\delta)}{\cosh(a/\delta) - 1}, \qquad \delta = \frac{c}{\mathfrak{H}}\sqrt{\frac{\eta}{\sigma}}, \\ H_x &= -v_0 \frac{4\pi}{c}\sqrt{\sigma\eta}\,\frac{(z/a)\sinh(a/\delta) - \sinh(z/\delta)}{\cosh(a/\delta) - 1}. \end{aligned} \tag{67,3}$$

Die Konstante v_0 ist die Geschwindigkeit der Flüssigkeit in der mittleren Ebene $z = 0$. Ihre Beziehung zum Druckgradienten kann durch Einsetzen von (67,3) in (67,2) erhalten werden. Die über den Querschnitt gemittelte Geschwindigkeit der Flüssigkeit ist

$$\bar{v} = \frac{1}{2a}\int_{-a}^{a} v \, dz = \frac{\Delta P}{l}\frac{a\delta}{\eta}\left(\coth\frac{a}{\delta} - \frac{\delta}{a}\right). \tag{67,4}$$

Als Kriterium für den Einfluß des Magnetfeldes auf die Strömung der Flüssigkeit im Vergleich zum Einfluß der Viskosität erweist sich die Größe

$$G = \frac{a}{\delta} = \frac{a\mathfrak{H}}{c}\sqrt{\frac{\sigma}{\eta}} \tag{67,5}$$

(sie wird als HARTMANNsche Zahl bezeichnet). Für $G \ll 1$ erhält man

$$v = v_0\left(1 - \frac{z^2}{a^2}\right), \qquad \bar{v} = \frac{\Delta P}{l}\frac{a^2}{3\eta}, \tag{67,6}$$

d. h. die gewöhnliche POISEUILLEsche Strömung. Gilt dagegen $G \gg 1$, so ist

$$v = v_0\left[1 - \exp\left(-\frac{a - |z|}{\delta}\right)\right], \qquad \bar{v} = \frac{\Delta P}{l}\frac{ac}{\mathfrak{H}\sqrt{\sigma\eta}}. \tag{67,7}$$

Eine Erhöhung des Magnetfeldes glättet das Geschwindigkeitsprofil über den größten Teil des Querschnitts und verringert die mittlere Geschwindigkeit (für einen gegebenen Druckgradienten); der Hauptabfall der Geschwindigkeit findet in den wandnahen Schichten mit der Dicke $\approx \delta$ statt.

Die Bewegung der Flüssigkeit führt zum Auftreten eines elektrischen Feldes in Richtung der y-Achse. Wegen der Stationarität der Bewegung ist $\operatorname{rot} \boldsymbol{E} = 0$, woraus $E_y = \text{const}$ folgt. In der Flüssigkeit fließen Ströme mit der Dichte

$$j_y = \sigma\left(E_y - \frac{v}{c}\mathfrak{H}\right).$$

Aber der Gesamtstrom der Flüssigkeit durch den Querschnitt muß verschwinden. Da nämlich gleichzeitig $j_y = (c/4\pi)\,(\mathrm{rot}\,\boldsymbol{H})_y$ gilt, ist

$$\int_{-a}^{a} j_y\,\mathrm{d}z = \frac{c}{4\pi}\int_{-a}^{a}\frac{\partial H_x}{\partial z}\,\mathrm{d}z = \frac{c}{4\pi}\left[H_x(a) - H_x(-a)\right] = 0\,.$$

Daher haben wir

$$\int_{-a}^{a} j_y\,\mathrm{d}z = 2a\sigma E_y - \frac{\sigma}{c}\,\mathfrak{H}\int_{-a}^{a} v\,\mathrm{d}z = 0\,,$$

woraus

$$E_y = \frac{\bar{v}}{c}\,\mathfrak{H} \tag{67,8}$$

folgt.

§ 68. Gleichgewichtskonfigurationen

Das Gleichgewicht einer ideal leitenden Flüssigkeit (der Bestimmtheit wegen werden wir hier von einem Plasma sprechen), die in einem konstanten Magnetfeld ruht, wird durch die Gleichungen

$$\nabla P = \frac{1}{c}\,[\boldsymbol{j}\boldsymbol{H}]\,, \tag{68,1}$$

$$\boldsymbol{j} = \frac{c}{4\pi}\,\mathrm{rot}\,\boldsymbol{H}\,, \tag{68,2}$$

$$\mathrm{div}\,\boldsymbol{H} = 0 \tag{68,3}$$

beschrieben. Die erste von ihnen ist die Gleichung (65,4), in der $\boldsymbol{v} = 0$ gesetzt und der Anschaulichkeit wegen die mit dem Magnetfeld der MAXWELLschen Gleichung (68,2) verbundene elektrische Stromdichte eingeführt wurde. Wir behandeln in diesem Paragraphen einige allgemeine Eigenschaften der Gleichgewichtskonfigurationen, die aus diesen Gleichungen folgen, ohne dabei auf die schwierigen und vielgestaltigen Stabilitätsfragen einzugehen.[1])

Multiplizieren wir Gleichung (68,1) skalar mit $\boldsymbol{H}$ bzw. $\boldsymbol{j}$, dann finden wir, daß

$$(\boldsymbol{H}\nabla)\,P = 0\,, \qquad (\boldsymbol{j}\nabla)\,P = 0 \tag{68,4}$$

gilt, d. h. die Druckableitungen entlang den magnetischen Feldlinien und Stromlinien verschwinden. Mit anderen Worten, beide Vektoren liegen auf Flächen

$$P(x, y, z) = \mathrm{const}\,, \tag{68,5}$$

---

[1]) Grundlegende diesbezügliche Ergebnisse (im Rahmen der Magnetohydrodynamik) kann man in dem Artikel von B. B. KADOMZEW „Hydrodynamische Stabilität des Plasmas“ in dem Sammelband „Fragen der Plasmatheorie“, Teil 2, Moskau 1963, finden.

die als *magnetische Flächen* bezeichnet werden. Im Prinzip könnte jede magnetische Fläche eine Konfigurationsgrenzfläche sein.[1])

Die Gleichungen für das Gleichgewicht (68,1 und 2) kann man auch in der Form

$$\frac{\partial \Pi_{ik}}{\partial x_k} = 0\,, \qquad \Pi_{ik} = P\delta_{ik} - \frac{1}{4\pi}\left(H_i H_k - \frac{1}{2} H^2 \delta_{ik}\right), \tag{68,6}$$

darstellen, wenn man von den Bewegungsgleichungen ausgeht, die in der Form der Impulserhaltungsgleichung (65,7 und 8) geschrieben wurden. Nach der Multiplikation dieser Gleichung mit x_i integrieren wir sie über ein von einer geschlossenen Fläche begrenztes Volumen. Durch partielle Integration und Berücksichtigung von $\partial x_k/\partial x_i = \delta_{ik}$ erhält man[2])

$$\int \Pi_{ii}\, \mathrm{d}V = \oint \Pi_{ik}\, x_i\, \mathrm{d}f_k\,. \tag{68,7}$$

Nach Einsetzen des Ausdruckes Π_{ik} aus (68,6) nimmt diese Gleichung die Gestalt

$$\int \left(3P + \frac{H^2}{8\pi}\right) \mathrm{d}V = \oint \left\{\left(P + \frac{H^2}{8\pi}\right)\boldsymbol{r} - \frac{(\boldsymbol{H}\boldsymbol{r})\,\boldsymbol{H}}{4\pi}\right\} \mathrm{d}\boldsymbol{f} \tag{68,8}$$

(S. Chandrasekhar, E. Fermi, 1953) an.

Das Plasma nehme ein bestimmtes Volumen ein, außerhalb dessen gelte für den Druck $P = 0$. Außerhalb von ihm seien auch keine vorgegebenen Feldquellen (starre Stromleiter) vorhanden. Dann fällt das Feld weit vom Plasma entfernt wie $1/r^3$ ab. Dehnt man die Integration über den gesamten Raum aus, so verschwindet das Integral über die Oberfläche. Aber das Integral über die offenkundig positive Größe $3P + H^2/8\pi$ kann nicht verschwinden. Hieraus folgt, daß eine räumlich begrenzte Gleichgewichtskonfiguration, die nicht durch ein von äußeren Quellen erzeugtes Magnetfeld gestützt wird, unmöglich existieren kann. Sind dagegen solche Quellen vorhanden, so reduziert sich die rechte Seite der Gleichung (68,8) auf ein Integral über ihre Oberfläche, und die Bedingung kann im Prinzip erfüllt werden (W. D. Schafranow, 1957).

Wir betrachten die einfachste unbegrenzte Konfiguration, einen unendlich langen zylindrischen *Plasmafaden* (oder auch *Pinch*)[3]), der entlang seiner Linie homogen sei. In einem Zylinderkoordinatensystem r, φ, z mit der z-Achse in Fadenrichtung hängen alle Größen nur von der radialen Koordinate r ab. Die radiale Komponente H_r muß verschwinden, anderenfalls würde sie wegen der Gleichung

$$\operatorname{div} \boldsymbol{H} = \frac{1}{r}\frac{\mathrm{d}}{\mathrm{d}r}(rH_r) = 0\,, \qquad H_r = \frac{\text{const}}{r},$$

für $r \to 0$ unendlich werden. Dasselbe gilt auch für j_r wegen der Gleichung $\operatorname{div} \boldsymbol{j} = 0$, die automatisch aus (68,2) folgt.

Die Gleichung (68,2), in Komponenten geschrieben, liefert

$$j_\varphi = -\frac{c}{4\pi}\frac{\mathrm{d}H_z}{\mathrm{d}r}, \qquad j_z = \frac{c}{4\pi r}\frac{\mathrm{d}}{\mathrm{d}r}(rH_\varphi)\,.$$

---

[1]) Der Druck P wird durch die Gleichungen (68,1 und 2) nur bis auf eine beliebige additive Konstante bestimmt. Eine beliebige magnetische Fläche kann daher als Fläche mit $P = 0$ gewählt werden.

[2]) Diese Ableitung ähnelt der bekannten Ableitung des Virialtheorems (s. II, § 34).

[3]) von dem englischen Wort to pinch — komprimieren.

Aus der zweiten Formel erhalten wir

$$H_\varphi = \frac{2J(r)}{cr}, \qquad J(r) = \int_0^r j_z \cdot 2\pi r \,\mathrm{d}r\,. \tag{68,9}$$

Danach nimmt die Gleichung (68,1) die Gestalt

$$-\frac{\mathrm{d}P}{\mathrm{d}r} = \frac{1}{2\pi c^2 r^2}\frac{\mathrm{d}J^2(r)}{\mathrm{d}r} + \frac{1}{8\pi}\frac{\mathrm{d}H_z^2}{\mathrm{d}r} \tag{68,10}$$

an.

Hier sind zwei wesentlich unterschiedliche Fälle möglich. In einem von ihnen (er wird als z-Pinch bezeichnet) sind $H_z = 0$, $j_\varphi = 0$. Multipliziert man die Gleichung (68,10) mit r^2 und integriert sie über r von 0 bis zum Fadenradius a (mit der Grenzbedingung $P(a) = 0$), so erhält man die Gleichgewichtsbedingung in der Form

$$\int_0^a P(r) \cdot 2\pi r \,\mathrm{d}r = \frac{J^2(a)}{2c^2}, \tag{68,11}$$

wobei $J(a)$ der Gesamtstrom längs des Fadens ist (W. Bennett, 1934). Die Fixierung der Gleichgewichtskonfiguration wird in diesem Fall durch den longitudinalen Strom bewirkt.

Im anderen Fall (Theta-Pinch[1]) sind $H_\varphi = 0$, $j_z = 0$. Aus (68,10) haben wir in diesem Fall

$$P + \frac{H_z^2}{8\pi} = \frac{\mathfrak{H}^2}{8\pi}, \tag{68,12}$$

wo $\mathfrak{H}$ das longitudinale Magnetfeld außerhalb des Fadens ist. Die Halterung[2] des Plasmas wird hier durch das äußere longitudinale Feld bewirkt.

In einer beliebigen, räumlich begrenzten, axialsymmetrischen Konfiguration können die radialen Komponenten H und j von Null verschieden sein (die z-Achse kann überhaupt außerhalb des Plasmas liegen, etwa in einer toroidalen Konfiguration). Außerdem können jetzt alle Größen nicht nur von r, sondern auch von z abhängen.

Die Gleichungen (68,1 bis 3), in Komponenten geschrieben, nehmen die Form

$$j_\varphi H_z - j_z H_\varphi = c\frac{\partial P}{\partial r}, \qquad j_r H_\varphi - j_\varphi H_r = c\frac{\partial P}{\partial z}, \qquad j_z H_r = j_r H_z\,, \tag{68,13}$$

$$j_r = -\frac{c}{4\pi}\frac{\partial H_\varphi}{\partial z}, \qquad j_z = \frac{c}{4\pi r}\frac{\partial}{\partial r}(rH_\varphi)\,, \qquad j_\varphi = \frac{c}{4\pi}\left(\frac{\partial H_r}{\partial z} - \frac{\partial H_z}{\partial r}\right), \tag{68,14}$$

$$\frac{1}{r}\frac{\partial}{\partial r}(rH_r) + \frac{\partial H_z}{\partial z} = 0 \tag{68,15}$$

an.

---

[1]) Die Bezeichnung rührt von dem Winkel in den Zylinderkoordinaten her, der oft mit dem Buchstaben θ benannt wird.

[2]) In der deutschsprachigen Literatur wird auch häufig der englische Begriff confinement verwendet (Anm. d. Übersetzers).

Eine offensichtliche (schon aus der Vektorschreibweise von (68,1)) Folge dieser Gleichungen lautet: Ist die Stromdichte *azimutal* verteilt ($j_r = j_z = 0$, $j_\varphi \neq 0$), so ist das Magnetfeld *meridional* ($H_\varphi = 0$). Ist dagegen das Magnetfeld azimutal, dann kann man eine stärkere Behauptung aufstellen: Die Stromdichte ist dann nicht nur meridional, sondern die ganze Gleichgewichtskonfiguration kann nur ein z-Pinch sein ($j_r = 0$, H_φ und j_z hängen nicht von z ab). Davon kann man sich leicht überzeugen, indem man P aus den ersten beiden Gleichungen (68,13) eliminiert und danach die verbleibenden Gleichungen benützt.

Das Gleichungssystem (68,13 bis 15) kann auf eine Gleichung reduziert werden (W. D. Schafranow, 1957; H. Grad, 1958).

Dazu führen wir die Größen

$$\psi(r, z) = \int_0^r H_z \cdot 2\pi r \, dr \,, \qquad J(r, z) = \int_0^r j_z \cdot 2\pi r \, dr \tag{68,16}$$

ein, die entsprechend den Magnetfluß und den Gesamtstrom durch einen Kreis mit dem Radius $\boldsymbol{r}$ normal zur z-Achse darstellen. Aus diesen Definitionen und den Gleichungen $\operatorname{div} \boldsymbol{H} = 0$ (68,15) und $\operatorname{div} \boldsymbol{j} = 0$ finden wir die meridionalen Komponenten des Feldes und der Stromdichte zu

$$\begin{aligned} H_r &= -\frac{1}{2\pi r}\frac{\partial \psi}{\partial z}, \qquad & H_z &= \frac{1}{2\pi r}\frac{\partial \psi}{\partial r}, \\ j_r &= -\frac{1}{2\pi r}\frac{\partial J}{\partial z}, \qquad & j_z &= \frac{1}{2\pi r}\frac{\partial J}{\partial r}. \end{aligned} \tag{68,17}$$

Diese Ausdrücke zeigen, daß die Gradienten von ψ und J orthogonal entsprechend zu den magnetischen Kraftlinien und den Stromlinien sind. Wir erinnern an die Ausführungen zu den Flächen (68,5) zu Beginn des Paragraphen und schließen daraus, daß die Größen ψ und J auf den magnetischen Flächen konstant sind. Damit können zwei der Größen ψ, J, P als Funktionen nur einer dritten ausgedrückt werden. Insbesondere ist

$$P = P(\psi)\,, \qquad J = J(\psi)\,. \tag{68,18}$$

Die azimutalen Feld- und Stromkomponenten werden mit Hilfe der Gleichung (68,14) über ψ und J ausgedrückt:

$$H_\varphi = \frac{2J}{cr}, \qquad j_\varphi = -\frac{c}{8\pi^2 r}\left(\frac{\partial^2 \psi}{\partial r^2} - \frac{1}{r}\frac{\partial \psi}{\partial r} + \frac{\partial^2 \psi}{\partial z^2}\right). \tag{68,19}$$

Schließlich finden wir nach Einsetzen der erhaltenen Ausdrücke in die erste der Gleichungen (68,13) die gesuchte Gleichung zu

$$\frac{\partial^2 \psi}{\partial r^2} - \frac{1}{r}\frac{\partial \psi}{\partial r} + \frac{\partial^2 \psi}{\partial z^2} = -16\pi^3 r^2 \frac{dP}{d\psi} - \frac{8\pi^2}{c^2}\frac{dJ^2}{d\psi}. \tag{68,20}$$

Gibt man sich konkrete (beliebig ausgewählte) Abhängigkeiten $P(\psi)$ und $J(\psi)$ vor und löst diese Gleichung, so erhält man im Prinzip eine bestimmte Gleichgewichtskonfiguration. Die Feld- und Stromverteilung in ihr werden durch die Formeln (68,17) und (68,19) bestimmt. Die magnetischen Flächen werden durch die Gleichung $\psi(r, z) = \text{const}$ gegeben.

Zur Illustration führen wir den Ausdruck

$$\frac{\psi}{\psi_0} = \frac{1}{2}(bR^2 + r^2)\,z^2 + \frac{a-1}{8}(r^2 - R^2)^2 \tag{68,21}$$

an, der eine Lösung der Gleichung (68,20) bei $\mathrm{d}P/\mathrm{d}\psi = \text{const}$ und $\mathrm{d}J^2/\mathrm{d}\psi = \text{const}$ darstellt; ψ_0, a, b, R sind Konstanten, wobei

$$16\pi^3 \frac{\mathrm{d}P}{\mathrm{d}\psi} = -a\psi_0\,, \qquad \frac{8\pi^2}{c^2}\frac{\mathrm{d}J^2}{\mathrm{d}\psi} = -bR^2\,\psi_0$$

gilt. Diese Lösung beschreibt eine toroidale Konfiguration, die aus ineinander gelegten toroidalen magnetischen Flächen $\psi = \text{const}$ besteht. Eine beliebige von ihnen kann als Plasmagrenze $P = 0$ genommen werden. Die innerste Fläche entartet in eine Linie, einen Kreis $r = R$, $z = 0$; diese Linie wird als magnetische Achse bezeichnet. In der Nähe der magnetischen Achse ist

$$\frac{\psi}{\psi_0} \approx \frac{1}{2}R^2(b+1)\,z^2 + \frac{1}{2}R^2(a-1)\,(r-R)^2\,.$$

So sind für $b + 1 > 0$, $a > 1$ die Schnitte der magnetischen Flächen in Achsennähe Ellipsen. Bei Entfernung von der Achse wächst ψ an, und der Druck fällt. Außerhalb der Flächen mit $P = 0$ (Plasmagrenze) wird das zur Stützung des Gleichgewichts erforderliche Magnetfeld durch die Gleichung (68,20) ohne rechten Teil, mit den Grenzbedingungen für die Stetigkeit von ψ und ihrer normalen Ableitung bestimmt.

§ 69. Magnetohydrodynamische Wellen

Betrachten wir die Ausbreitung kleiner Störungen in einem homogenen leitenden Medium, das sich in einem homogenen, konstanten Magnetfeld $\boldsymbol{H}_0$ befindet. Wir werden dabei die Flüssigkeit als ideal betrachten, d. h., wir vernachlässigen alle Dissipationsprozesse in ihr.[1])

Wir gehen von dem System der magnetohydrodynamischen Gleichungen (65,1 bis 4) aus. Die Adiabatizitätsgleichung (65,5) bedeutet lediglich, daß für ein homogenes ungestörtes System auch im gestörten System $s = \text{const}$ gilt, d. h., die Bewegung verläuft isentropisch.

Wir setzen

$$\boldsymbol{H} = \boldsymbol{H}_0 + \boldsymbol{h}, \qquad \varrho = \varrho_0 + \varrho', \qquad P = P_0 + P'\,,$$

wobei durch den Index 0 die konstanten Gleichgewichtswerte bezeichnet werden; $\boldsymbol{h}$, ϱ' und P' seien die kleinen Änderungen dieser Werte in der Welle. Die Geschwindigkeit $\boldsymbol{v}$, welche im Gleichgewicht Null wird, ist eine kleine Größe von derselben Ordnung. Da die Bewegung isentropisch ist, sind die Druck- und Dichteänderungen durch folgende Beziehung miteinander verbunden:

$$P' = u_0^2\varrho'\,,$$

---

[1]) Diese Vernachlässigung ist gerechtfertigt, wenn der Dämpfungskoeffizient der Wellen klein ist. Dieser wird in der Aufgabe zu diesem Paragraphen berechnet.

wobei $u_0^2 = (\partial P/\partial \varrho)_s$ das Quadrat der gewöhnlichen Schallgeschwindigkeit im gegebenen Medium ist. Vernachlässigen wir in den Gleichungen (65,1 bis 4) Terme von höherer als der ersten Ordnung, so erhalten wir das folgende System linearer Gleichungen:

$$\left.\begin{aligned} &\operatorname{div} \boldsymbol{h} = 0\,, \quad \frac{\mathrm{d}\boldsymbol{h}}{\partial t} = \operatorname{rot}\,[\boldsymbol{v}\boldsymbol{h}]\,, \quad \frac{\partial \varrho'}{\partial t} + \varrho \operatorname{div} \boldsymbol{v} = 0\,, \\ &\frac{\partial \boldsymbol{v}}{\partial t} = -\frac{u_0^2}{\varrho}\nabla\varrho' - \frac{1}{4\pi\varrho}[\boldsymbol{H} \operatorname{rot} \boldsymbol{h}]\,. \end{aligned}\right\} \qquad (69{,}1)$$

Hier und im folgenden lassen wir den Index 0, der die Gleichgewichtswerte charakterisiert, zur Abkürzung weg.

Wir suchen die Lösung dieser Gleichungen in der Gestalt einer ebenen Welle $\propto \mathrm{e}^{i(\boldsymbol{k}\boldsymbol{r}-\omega t)}$. Das System (69,1) reduziert sich dann auf ein System algebraischer Gleichungen

$$\left.\begin{aligned} &-\omega\boldsymbol{h} = [\boldsymbol{k}[\boldsymbol{v}\boldsymbol{H}]]\,, \quad \omega\varrho' = \varrho\boldsymbol{k}\boldsymbol{v}\,, \\ &-\omega\boldsymbol{v} + \frac{u_0^2}{\varrho}\varrho'\boldsymbol{k} = -\frac{1}{4\pi\varrho}[\boldsymbol{H}[\boldsymbol{k}\boldsymbol{h}]] \end{aligned}\right\} \qquad (69{,}2)$$

die aus $\operatorname{div} \boldsymbol{h} = 0$ folgende Gleichung $\boldsymbol{k}\boldsymbol{h} = 0$ wird automatisch erfüllt und braucht nicht getrennt betrachtet zu werden).

Die erste Gleichung von (69,2) zeigt, daß der Vektor $\boldsymbol{h}$ senkrecht zur Richtung des Wellenvektors ist. Die Richtung des Wellenvektors wählen wir als x-Achse. Die Ebene, die durch $\boldsymbol{k}$ und $\boldsymbol{H}$ verläuft, wählen wir als x,y-Ebene. Außerdem führen wir die Phasengeschwindigkeit $u = \omega/k$ der Welle ein. Eliminieren wir ϱ' mit Hilfe der zweiten Gleichung aus der dritten Gleichung und benutzen die Komponentenschreibweise, so erhalten wir das folgende System:

$$u h_z = -v_z H_x\,, \qquad u v_z = -\frac{H_x}{4\pi\varrho} h_z\,, \qquad (69{,}3)$$

$$\left.\begin{aligned} &u h_y = v_x H_y - v_y H_x\,, \qquad u v_y = -\frac{H_x}{4\pi\varrho} h_y\,, \\ &\left(u - \frac{u_0^2}{u}\right) v_x = \frac{H_y}{4\pi\varrho} h_y\,. \end{aligned}\right\} \qquad (69{,}4)$$

Wir haben die Gleichungen hier in zwei Gruppen zerlegt, von denen die erste nur die Variablen h_z und v_z und die zweite nur h_y, v_x und v_y enthält. Hieraus folgt, daß sich die Störungen dieser zwei Gruppen von Variablen unabhängig voneinander ausbreiten. Die Störungen der Dichte (und daher auch die des Druckes) breiten sich zusammen mit den Störungen h_y, v_x und v_y aus, da ϱ folgendermaßen mit v_x verknüpft ist:

$$\varrho' = \frac{\varrho}{u} v_x\,. \qquad (69{,}5)$$

Die Kompatibilitätsbedingung für die beiden Gleichungen (69,3) lautet

$$u = \frac{|H_x|}{\sqrt{4\pi\varrho}} \equiv u_{\mathrm{A}}\,. \qquad (69{,}6)$$

(Weiter unten werden wir zeigen, daß $H_x > 0$ gilt, und die Betragsstriche wieder weglassen.)

Bei diesen Wellen oszilliert die Komponente h_z des Magnetfeldes, die senkrecht zur Ausbreitungsrichtung der Welle und zur Richtung des konstanten Feldes $\boldsymbol{H}$ ist. Zusammen mit h_z oszilliert die Geschwindigkeit v_z, die mit h_z durch folgende Beziehung verbunden ist:

$$v_z = -\frac{h_z}{\sqrt{4\pi\varrho}}. \tag{69,7}$$

Die Beziehung zwischen ω und $\boldsymbol{k}$ (*Dispersionsgesetz*), die durch die Formel (69,6) gegeben ist, hängt von der Richtung des Wellenvektors ab:

$$\omega = \frac{1}{\sqrt{4\pi\varrho}} \boldsymbol{H}\boldsymbol{k}\,. \tag{69,8}$$

Die physikalische Ausbreitungsgeschwindigkeit der Wellen ist jedoch die *Gruppengeschwindigkeit*, die durch die Ableitung $\partial\omega/\partial\boldsymbol{k}$ gegeben wird. Im vorliegenden Fall beträgt sie

$$\frac{\partial\omega}{\partial\boldsymbol{k}} = \frac{\boldsymbol{H}}{\sqrt{4\pi\varrho}} \tag{69,9}$$

und hängt nicht von der Richtung von $\boldsymbol{k}$ ab. Die als Richtung ihrer Gruppengeschwindigkeit verstandene Ausbreitungsrichtung der Welle stimmt mit der von $\boldsymbol{H}$ überein. Diese Wellen bezeichnet man als ALFVÉN-Wellen und die Geschwindigkeit (69,8) als ALFVÉN-*Geschwindigkeit* (H. ALFVÉN, 1942).

Wir wenden uns nun den durch die Gleichungen (69,4) beschriebenen Welle zu, die als *Magnetoschallwellen* bezeichnet werden. Bestimmen wir die Determinante dieser Gleichungen und setzen sie gleich Null, so erhalten wir eine in u^2 quadratische Gleichung, deren Wurzeln

$$u_{s,1}^2 = \frac{1}{2}\left\{\frac{H^2}{4\pi\varrho} + u_0^2 \pm \left[\left(\frac{H^2}{4\pi\varrho} + u_0^2\right)^2 - \frac{H_x^2}{\pi\varrho}u_0^2\right]^{1/2}\right\} \tag{69,10}$$

sind. Somit erhalten wir noch zwei Wellentypen. Entsprechend dem Plus- und Minuszeichen in Formel (69,10) werden sie als *schnelle* bzw. *langsame Magnetoschallwellen* bezeichnet.

Im Grenzfall, wo $H^2 \ll 4\pi\varrho u_0^2$ gilt, haben wir $u_s \approx u_0$. Aus den Gleichungen (69,4) folgt, daß $v_y \ll v_x$ ist. Mit anderen Worten: Die schnellen Magnetoschallwellen gehen in unserem Grenzfall in gewöhnliche Schallwellen über, die sich mit der Geschwindigkeit u_0 ausbreiten. Das schwache transversale Feld der Welle ist mit v_x folgendermaßen verbunden:

$$h_y \approx v_x H_y/u_0\,.$$

In diesem Grenzfall stimmen die Geschwindigkeiten der langsamen Magnetoschallwelle und der ALFVÉN-Welle u_A überein. Dabei gilt

$$v_x \approx 0\,, \qquad v_y \approx -h_y/\sqrt{4\pi\varrho}\,,$$

wie bei der Welle des ersten Typs, nur mit anderer Polarisation: Die Vektoren $\boldsymbol{v}$ und $\boldsymbol{h}$ sind hier nicht senkrecht, sondern parallel zur Ebene von $\boldsymbol{k}$ und $\boldsymbol{H}$.

In einer inkompressiblen Flüssigkeit (die formal dem Grenzübergang $u_0 \to \infty$ entspricht) bleibt nur ein Wellentyp übrig, eine ALFVÉN-Welle mit zwei unabhängigen Polarisationsrichtungen. Das Dispersionsgesetz dieser Wellen wird durch die Formel (69,8) gegeben, und die Vektoren $\boldsymbol{v}$ und $\boldsymbol{h}$ sind normal zum Wellenvektor. Sie sind durch die Beziehung

$$\boldsymbol{v} = -\frac{\boldsymbol{h}}{\sqrt{4\pi\varrho}} \tag{69,11}$$

verknüpft.

Für die Tatsache, daß sich bei Anwesenheit eines longitudinalen Magnetfeldes transversale Verschiebungen der Flüssigkeit wellenförmig ausbreiten, gibt es eine einfache anschauliche Erklärung. Aufgrund des „Eingefrorenseins" der Kraftlinien führt eine transversale Verschiebung der Flüssigkeitsteilchen zu einer Krümmung dieser Linien und somit zu ihrer stellenweisen Dehnung bzw. Kompression. Die im Magnetfeld wirkenden Kräfte (die durch den MAXWELLschen Spannungstensor ausgedrückt werden) sind aber so beschaffen, als würden die magnetischen Kraftlinien danach streben, sich zu verkürzen und gleichzeitig gegenseitig abzustoßen.[1] Daher entstehen bei ihrer Krümmung quasielastische Kräfte, die bestrebt sind, sie wieder geradezubiegen, was schließlich zum Auftreten der Schwingungen führt.

Wir kehren nun wieder zu den Formeln (69,4) und (69,10) zurück und betrachten den entgegengesetzten Grenzfall, wo $H^2 \gg 4\pi\varrho u_0^2$ ist. Für u_s haben wir dann in erster Näherung

$$u_s = \frac{H}{\sqrt{4\pi\varrho}}.$$

Da dieser Ausdruck nicht von $\boldsymbol{k}$ abhängt, so hat die Gruppengeschwindigkeit den gleichen Betrag wie u_s und dieselbe Richtung wie $\boldsymbol{k}$. In dieser Welle liegt der Vektor $\boldsymbol{v}$ senkrecht zu $\boldsymbol{H}$ (Abb. 40), und sein Betrag ist mit $h = |h_y|$ folgendermaßen verbunden:

$$v = \frac{h}{\sqrt{4\pi\varrho}}.$$

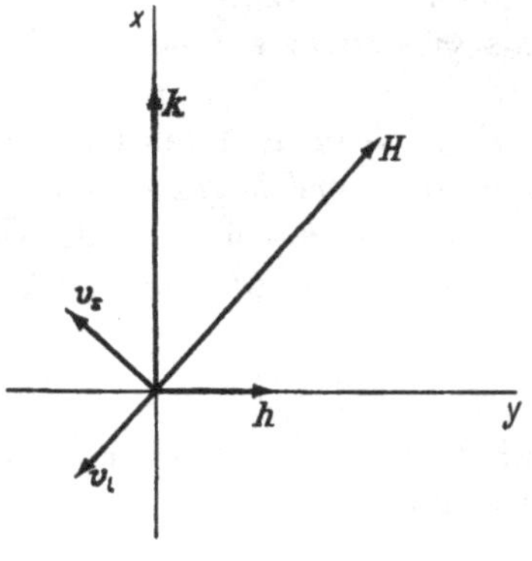

Abb. 40

[1]) Zum Beweis nehmen wir an, die Kraftlinie falle mit der z-Achse zusammen. Dann enthalten die longitudinale Spannung Π_{zz} (65,8) den negativen Term $-H^2/8\pi$ und die transversalen Spannungen Π_{xx}, Π_{yy} den positiven Term $H^2/8\pi$.

Für u_l haben wir in diesem Fall

$$u_l = u_0 \frac{H_x}{H}.$$

Dabei ist die Gruppengeschwindigkeit

$$\frac{\partial \omega}{\partial \boldsymbol{k}} = u_0 \frac{\boldsymbol{H}}{H}.$$

Der Vektor $\boldsymbol{v}$ ist in dieser Welle antiparallel zu $\boldsymbol{H}$, und sein Betrag ist mit h durch die Beziehung

$$v = h \frac{H^2}{4\pi\varrho u_0 H_y}$$

verbunden.

Bei beliebiger Beziehung zwischen H^2 und ϱu_0^2 hängt sowohl u_s als auch u_l von der Richtung des Wellenvektors ab. Bei Vergrößerung des Winkels zwischen $\boldsymbol{k}$ und $\boldsymbol{H}$ wächst u_s monoton, und u_l fällt monoton. Es ist leicht zu sehen, daß die Ungleichungen

$$u_l \leqq u_A \leqq u_s\,, \qquad u_s \geqq u_0\,, \qquad u_l \leqq u_0 \tag{69,12}$$

immer gelten. Wenn $\boldsymbol{k} \parallel \boldsymbol{H}$, so sind u_s und u_l gleich dem größeren bzw. kleineren der Werte u_0 und $u_A = H/\sqrt{4\pi\varrho}$. Wenn $\boldsymbol{k} \perp \boldsymbol{H}$, so haben wir

$$u_s = \sqrt{u_0^2 + H^2/4\pi\varrho}\,, \tag{69,13}$$

und u_l und u_A sind Null, d. h., es bleiben nur die schnellen Magnetoschallwellen übrig.

Zum Schluß betrachten wir noch zwei strenge Lösungen der Gleichungen der Magnetohydrodynamik in Gestalt einer ebenen Welle beliebiger (nicht unbedingt kleiner) Amplitude.

Eine der beiden Lösungen stellt eine sich mit der Geschwindigkeit u_A ausbreitende ebene Alfvén-Welle dar, d. h., sie hängt als Funktion von x und t nur von der Kombination $x - u_A t$ ab. Zum Beweis wenden wir uns den exakten Gleichungen (65,1 bis 4) zu. Die Kontinuitätsgleichung (65,3) reduziert sich für eine inkompressible Flüssigkeit auf div $\boldsymbol{v} = 0$, woraus $v_x =$ const folgt. Ohne Einschränkung der Allgemeinheit kann man $v_x = 0$ setzen, was durch die Wahl eines geeigneten Koordinatensystems erreicht wird. Aus der Gleichung div $\boldsymbol{H} = 0$ folgt, daß $H_x =$ const ist. Bezeichnen wir die transversalen Komponenten von $\boldsymbol{H}$ mit $\boldsymbol{h}$, so erhalten wir aus den Gleichungen (65,2) und (65,4)

$$\frac{\partial \boldsymbol{h}}{\partial t} = H_x \frac{\partial \boldsymbol{v}}{\partial t}, \qquad \frac{\partial \boldsymbol{v}}{\partial t} = \frac{H_x}{\sqrt{4\pi\varrho}} \frac{\partial \boldsymbol{h}}{\partial x},$$

d. h., die exakten Gleichungen führen automatisch zu linearen Gleichungen, die ebene Wellen mit der Phasengeschwindigkeit (69,6) beschreiben. Dabei sind $\boldsymbol{v}$ und $\boldsymbol{h}$ durch die Beziehung (69,11) verknüpft; das Wellenprofil, d. h. die Abhängigkeit $\boldsymbol{h}(x - u_A t)$, ist beliebig. Die x-Komponente von Gleichung (65,4) liefert

$$\frac{1}{\varrho} \frac{\partial P}{\partial x} + \frac{1}{4\pi\varrho} \boldsymbol{h} \frac{\partial \boldsymbol{h}}{\partial x} = 0\,,$$

woraus

$$P + \frac{h^2}{8\pi} = \text{const} \tag{69,14}$$

folgt; dadurch ist der Druckverlauf in der Welle bestimmt.

Der andere Fall stellt eine einfache Welle dar, die sich senkrecht zum Magnetfeld ausbreitet (S. A. KAPLAN, K. P. STANJUKOWITSCH, 1954). Das Feld sei längs der y-Achse gerichtet; die x-Achse sei wie früher die Ausbreitungsrichtung der Welle. Dann sind $H_x = 0$ und $H_y = H$, und die Gleichung $\operatorname{div} \boldsymbol{H} = 0$ wird automatisch erfüllt. Die Gleichungen (65,2 bis 4) liefern

$$\frac{\partial H}{\partial t} + \frac{\partial(v_x H)}{\partial x} = 0\,, \tag{69,15}$$

$$\frac{\partial \varrho}{\partial t} + \frac{\partial(v_x \varrho)}{\partial x} = 0\,, \tag{69,16}$$

$$\frac{\partial v_x}{\partial t} + v_x \frac{\partial v_x}{\partial x} + \frac{1}{8\pi\varrho} \frac{\partial H^2}{\partial x} = -\frac{1}{\varrho} \frac{\partial P}{\partial x}. \tag{69,17}$$

Wie man leicht sieht, folgt aus den ersten beiden Gleichungen, daß das Verhältnis $H/\varrho = b$ die Gleichung

$$\frac{\partial b}{\partial t} + v_x \frac{\partial b}{\partial x} = 0$$

oder $\mathrm{d}b/\mathrm{d}t = 0$ befriedigt, wobei die vollständige Ableitung die Änderung einer Größe bei der Verschiebung eines gegebenen Flüssigkeitselementes angibt. Daraus folgt: Wenn die Flüssigkeit in einem Anfangsmoment homogen ist (d. h., b sei konstant), so wird auch zu allen späteren Zeiten $b = \text{const}$ gelten. Setzen wir $H = \varrho b$ in die dritte Gleichung ein, so erhalten wir

$$\frac{\partial v_x}{\partial t} + v_x \frac{\partial v_x}{\partial x} = -\frac{1}{\varrho} \frac{\partial}{\partial x}\left(P + \frac{b^2}{8\pi}\varrho^2\right). \tag{69,18}$$

Dadurch wird das Magnetfeld aus den Gleichungen eliminiert, und das Problem reduziert sich auf die Lösung der Gleichungen (69,16) und (69,18). Diese Gleichungen unterscheiden sich aber von denen für die eindimensionale Bewegung in der gewöhnlichen Hydrodynamik nur durch eine Änderung in der Zustandsgleichung des Gases: An die Stelle der Gleichung $P = P(\varrho)$ (für gegebene Entropie s) tritt

$$P^*(\varrho) = P(\varrho) + \frac{b^2}{8\pi}\varrho^2\,.$$

Diese Tatsache erlaubt es uns, alle Resultate der gewöhnlichen Hydrodynamik auf den Fall der magnetohydrodynamischen Bewegung zu übertragen. Insbesondere lassen sich die Formeln der exakten Lösung für eindimensionale laufende Wellen (RIEMANNsche Lösung — einfache Wellen, s. VI, § 94) übertragen, wobei

$$u^* = \left(\frac{\partial P^*}{\partial \varrho}\right)_s^{1/2} = \sqrt{u_0^2 + \frac{b^2}{4\pi}\varrho} = \sqrt{u_0^2 + \frac{H^2}{4\pi\varrho}}$$

in Übereinstimmung mit der Formel (69,13) in ihnen die Rolle der Schallgeschwindigkeit übernimmt.

Aufgabe

Man bestimme den Absorptionskoeffizienten (man nehme an, daß er klein sei) für eine ALFVÉN-Welle in einer inkompressiblen Flüssigkeit.

Lösung. Der Absorptionskoeffizient für eine Welle wird durch

$$\gamma = \overline{Q}/2\overline{q}$$

definiert, wo $\overline{Q}$ der mittlere Wert (über die Zeit gemittelt) der dissipierten Leistungsdichte ist; $\overline{q}$ sei die mittlere Energiestromdichte in der Welle. Die Wellenamplitude nimmt bei der Ausbreitung wie $e^{-\gamma x}$ ab. Q ist durch die rechte Seite der Gleichung (66,3) gegeben; in einer inkompressiblen Flüssigkeit haben wir für eine Welle, die sich in x-Richtung ausbreitet (dem entspricht $v_x = 0$),

$$Q = \eta \left(\frac{\partial v}{\partial x}\right)^2 + \frac{c^2}{16\pi^2\sigma}\left(\frac{\partial \boldsymbol{h}}{\partial x}\right)^2.$$

In der Energiestromdichte (66,5) können wir dissipative Glieder weglassen und erhalten

$$q_x = -\frac{1}{4\pi} H_x \boldsymbol{hv}\,.$$

Benutzen wir die Formeln (69,6) und (69,11), so erhalten wir das Ergebnis

$$\gamma = \frac{\omega^2}{2u_A^3}\left(\frac{\eta}{\varrho} + \frac{c^2}{4\pi\sigma}\right).$$

§ 70. Bedingungen an Unstetigkeiten

Die Bewegungsgleichungen für ein ideales magnetohydrodynamisches Medium lassen, wie auch in der gewöhnlichen Hydrodynamik, unstetige Strömungen zu.

Um die Bedingungen zu finden, die auf der Sprungfläche erfüllt werden müssen, betrachten wir irgendein Element dieser Fläche und benutzen ein Koordinatensystem, das sich zusammen mit dem Flächenelement bewegt.[1]

Vor allem muß der Massenstrom auf der Sprungfläche stetig sein: Die Gasmenge, die in einer Richtung durch die Fläche hindurchtritt, muß gleich der Gasmenge sein, die in der entgegengesetzten Richtung hindurchtritt. Das bedeutet, daß $\varrho_1 v_{1n} = \varrho_2 v_{2n}$ ist, wobei sich die Indizes 1 und 2 auf die zwei Seiten der Sprungfläche beziehen. Der Index n bezeichnet die zur Fläche normale Komponente der Vektoren. Im folgenden werden wir die Differenz zwischen den Werten einer Größe auf den zwei Seiten der Sprungfläche durch geschweifte Klammern bezeichnen. Es gilt also

$$\{\varrho v_n\} = 0\,.$$

Weiterhin muß der Energiestrom stetig sein. Benutzen wir den Ausdruck (65,11) und lassen in ihm dissipative Terme weg, so erhalten wir

$$\{q_n\} = \left\{\varrho v_n \left(\frac{v^2}{2} + w\right) + \frac{1}{4\pi}\,[v_n H^2 - H_n(\boldsymbol{vH})]\right\} = 0\,.$$

Der Impulsstrom muß ebenfalls stetig sein. Diese Bedingung bedeutet, daß $\{\Pi_{ik} n_k\} = 0$, wo Π_{ik} der Tensor der Impulsstromdichte und $\boldsymbol{n}$ der zur Fläche normale Ein-

[1] Durch diese Bedingung wird das Koordinatensystem nur in bezug auf seine Geschwindigkeit in der zur Fläche normalen Richtung festgelegt. Zur Tangentialgeschwindigkeit kann noch ein beliebiger konstanter Vektor addiert werden.

heitsvektor ist. Benutzen wir (65,8), so erhalten wir

$$\left\{P + \varrho v_n^2 + \frac{1}{8\pi}(\boldsymbol{H}_t^2 - H_n^2)\right\} = 0\,, \qquad \left\{\varrho v_n \boldsymbol{v}_t - \frac{1}{4\pi} H_n \boldsymbol{H}_t\right\} = 0\,,$$

wo der Index *t* die zur Fläche tangentiale Komponente der Vektoren bezeichnet.

Schließlich müssen noch die Normalkomponente des magnetischen Feldes und die Tangentialkomponente des elektrischen Feldes stetig sein. Wenn die Leitfähigkeit des Mediums unendlich ist, so ist das induzierte elektrische Feld gegeben durch

$$\boldsymbol{E} = -\frac{1}{c}[\boldsymbol{v}\boldsymbol{H}]\,.$$

Daher liefert die Bedingung $\{\boldsymbol{E}_t\} = 0$

$$\{H_n \boldsymbol{v}_t - \boldsymbol{H}_t v_n\} = 0\,.$$

Im folgenden ist es bequemer, anstelle der Dichte des Gases sein spezifisches Volumen $V = 1/\varrho$ zu benutzen. Die Dichte des Massenstromes durch die Sprungfläche bezeichnen wir mit j:

$$j = \varrho v_n = \frac{v_n}{V}. \tag{70,1}$$

Berücksichtigen wir die Stetigkeit von j und H_n, so können wir die übrigen Grenzbedingungen in der folgenden Form schreiben:

$$j\left\{w + \frac{j^2 V^2}{2} + \frac{\boldsymbol{v}_t^2}{2} + \frac{V\boldsymbol{H}_t^2}{4\pi}\right\} = \frac{H_n}{4\pi}\{\boldsymbol{H}_t \boldsymbol{v}_t\}\,, \tag{70,2}$$

$$\{P\} + j^2\{V\} + \frac{1}{8\pi}\{\boldsymbol{H}_t^2\} = 0\,. \tag{70,3}$$

$$j\{\boldsymbol{v}_t\} = \frac{H_n}{4\pi}\{\boldsymbol{H}_t\}\,, \tag{70,4}$$

$$H_n\{\boldsymbol{v}_t\} = j\{V\boldsymbol{H}_t\}\,. \tag{70,5}$$

Das ist das fundamentale System der Grenzbedingungen in der Magnetohydrodynamik.

§ 71. Tangentiale und Rotationsunstetigkeiten

In der gewöhnlichen Hydrodynamik sind bekanntlich zwei grundsätzlich verschiedene Typen von Unstetigkeiten möglich: Stoßwellen und tangentiale Unstetigkeiten. Mathematisch ist die Entstehung zweier Typen von Unstetigkeiten damit verbunden, daß einige der Randbedingungen als verschwindendes Produkt zweier Faktoren geschrieben werden können; setzen wir jeden dieser Faktoren einzeln Null, so erhalten wir zwei voneinander vollständig unabhängige Lösungen.

In der Magnetohydrodynamik haben die Gleichungen (70,2 bis 5) keine solche Form, und man könnte daher annehmen, daß es nur einen einzigen Typ von Unstetigkeiten gibt. Tatsächlich zeigt sich jedoch, daß auch hier verschiedene Typen von Unstetigkeiten existieren (F. DE HOFFMANN und E. TELLER, 1950).

Wir betrachten zuerst solche Unstetigkeiten, bei denen $j = 0$ gilt. Das bedeutet, daß $v_{1n} = v_{2n} = 0$, d. h., die Flüssigkeit bewegt sich parallel zur Unstetigkeitsfläche. Wenn dabei $H_n \neq 0$ gilt, so sehen wir aus den Gleichungen (70,2 bis 5), daß die Geschwindigkeit, der Druck und das Magnetfeld stetig sein müssen. Die Dichte (ebenso die Entropie, Temperatur usw.) kann irgendeinen Sprung besitzen. Eine solche Unstetigkeit, die man *Kontaktunstetigkeit* nennen kann, ist einfach die Grenze zwischen zwei unbewgten Meedien mit unterschiedlicher Dichte und Temperatur.

Wenn $j = 0$ und $H_n = 0$ gelten, so sind von den vier Gleichungen (70,2 bis 5) drei identisch befriedigt. Schon daraus ist ersichtlich, daß es sich dabei um einen Spezialfall handelt. So finden wir einen Typ von Unstetigkeiten, den wir wie in der gewöhnlichen Hydrodynamik als *tangentiale Unsettigkeit* bezeichnen können. An solch einer Unstetigkeit sind die Geschwindigkeit und das Magnetfeld tangential zur Unstetigkeitsfläche und können eine beliebige Unstetigkeit in Betrag und Richtung besitzen:

$$j = 0\,, \qquad H_n = 0\,, \qquad \{\boldsymbol{v}_t\} \neq 0\,, \qquad \{\boldsymbol{H}_t\} \neq 0\,. \tag{71,1}$$

Die Dichte kann ebenfalls einen beliebigen Sprung besitzen. Die Unstetigkeit des Druckes ist aber mit der Unstetigkeit von $\boldsymbol{H}_t$ durch die Gleichung (70,3) verbunden:

$$\{V\} \neq 0\,, \qquad \left\{P + \frac{\boldsymbol{H}_t^2}{8\pi}\right\} = 0\,. \tag{71,2}$$

Die Sprünge der anderen thermodynamischen Größen (Entropie, Temperatur usw.) werden durch die Sprünge von V und P mit Hilfe der Zustandsgleichung des Gases bestimmt.

Ein anderer Typ von Unstetigkeiten ist der, bei welchem die Dichte des Gases stetig ist. Wegen der Stetigkeit des Stromes $j = v_n/V$ folgt aus dem Fehlen eines Sprunges der Dichte sofort, daß auch die Normalkomponente der Geschwindigkeit stetig ist:

$$j \neq 0\,, \qquad \{V\} = 0\,, \qquad \{v_n\} = 0\,. \tag{71,3}$$

Auf der rechten Seite der Gleichung (70,5) können wir V aus der geschweiften Klammer herausziehen. Dividieren wir schließlich die Gleichung (70,5) durch die Beziehung (70,4), so erhalten wir

$$j = \frac{H_n}{\sqrt{4\pi V}}\,. \tag{71,4}$$

Danach ergeben die Relationen (70,4) oder (70,5)

$$\{\boldsymbol{v}_t\} = \sqrt{\frac{V}{4\pi}}\,\{\boldsymbol{H}_t\}\,. \tag{71,5}$$

In der Gleichung (70,2) setzen wir $w = \varepsilon + PV$; berücksichtigen wir die Stetigkeit von V und ersetzen H_n nach (71,4), so können wir nach einer Umgruppierung der Terme die Gleichung folgendermaßen schreiben:

$$j\{\varepsilon\} + jV\left\{P + \frac{1}{8\pi}\boldsymbol{H}_t^2\right\} + \frac{j}{2}\left\{\left(\boldsymbol{v}_t - \sqrt{\frac{V}{4\pi}}\boldsymbol{H}_t\right)^2\right\} = 0\,.$$

Der zweite Term ist auf Grund der Beziehung (70,3) Null, und der dritte Term ist wegen (71,5) Null, so daß wir $\{\varepsilon\} = 0$ haben, d. h., neben der Dichte ist auch noch die

Dichte der inneren Energie stetig. Jede andere thermodynamische Größe wird eindeutig durch den Wert der beiden Größen ε und V bestimmt. Deshalb sind auch alle übrigen thermodynamischen Größen, einschließlich des Druckes, stetig. Aus der Gleichung (70,3) folgt dann, daß auch das Quadrat $\boldsymbol{H}_t^2$, d. h. der absolute Betrag des Vektors $\boldsymbol{H}_t$ stetig ist:

$$\{P\} = 0\,, \qquad \{H_t\} = 0\,. \tag{71,6}$$

Die gleichzeitige Stetigkeit von H_t und H_n bedeutet, daß die Größe des Vektors $\boldsymbol{H}$ und sein Winkel zur Flächennormalen stetig sind.

Die Formeln (71,3 bis 6) bestimmen alle Eigenschaften der betrachteten Unstetigkeiten. Die thermodynamischen Größen des Gases sind stetig, während sich das Magnetfeld um die Normalenrichtung dreht, wobei sein Betrag unverändert bleibt. Zusammen mit dem Vektor $\boldsymbol{H}_t$ besitzt die Tangentialkomponente der Geschwindigkeit (nach (71,5)) eine Unstetigkeit, während die Normalkomponente der Geschwindigkeit $v_n = jV$ stetig ist; sie beträgt

$$v_n = H_n \sqrt{\frac{V}{4\pi}} = \frac{H_n}{\sqrt{4\pi\varrho}}\,. \tag{71,7}$$

Wir werden die Unstetigkeiten dieses Typs *Rotations-* oder ALFVÉN-*Unstetigkeiten* nennen.

Es sei bemerkt, daß wir es durch eine geeignete Wahl des Koordinatensystems immer erreichen können, daß die Gasgeschwindigkeit auf beiden Seiten der Rotationsunstetigkeit parallel zum Feld ist. Dazu braucht man nur zu einem neuen Koordinatensystem überzugehen (s. die Fußnote auf S. 229), das sich bezüglich des Ausgangssystems mit folgender Geschwindigkeit bewegt:

$$\boldsymbol{v}_{1t} - \boldsymbol{H}_{1t}\sqrt{\frac{V}{4\pi}} = \boldsymbol{v}_{2t} - \boldsymbol{H}_{2t}\sqrt{\frac{V}{4\pi}}\,.$$

In dem neuen Koordinatensystem ist das Verhältnis aller drei Komponenten von $\boldsymbol{v}$ zu den entsprechenden Komponenten von $\boldsymbol{H}$ auf beiden Seiten der Unstetigkeit gleich:

$$\boldsymbol{v}_1 = \boldsymbol{H}_1\sqrt{\frac{V}{4\pi}}\,, \qquad \boldsymbol{v}_2 = \boldsymbol{H}_2\sqrt{\frac{V}{4\pi}}\,. \tag{71,8}$$

Daher dreht sich in diesem Koordinatensystem der Geschwindigkeitsvektor zusammen mit dem Magnetfeld, wobei ihr Betrag und ihr Winkel zur Normalen unverändert bleiben.

Die mit umgekehrtem Vorzeichen genommene Geschwindigkeit v_n ist gleichzeitig die Ausbreitungsgeschwindigkeit der Unstetigkeit bezüglich der Flüssigkeit. Sie stimmt mit der Phasengeschwindigkeit u_A der ALFVÉN-Wellen überein. Diese Übereinstimmung für beliebige Rotationsunstetigkeiten ist in einem gewissen Maße zufällig. Bei kleinen Unstetigkeiten der Größen ist diese Übereinstimmung aber erforderlich. Eine solche Unstetigkeit stellt eine schwache Störung dar, bei der die Geschwindigkeit $\boldsymbol{v}$ und das Magnetfeld $\boldsymbol{H}$ einen kleinen Zuwachs erfahren, der senkrecht zu der von $\boldsymbol{H}$ und $\boldsymbol{n}$ aufgespannten Ebene gerichtet ist. Diese Störung ist von dem Typ, dessen Phasengeschwindigkeit u_A ist. Die physikalische Ausbreitungsgeschwindigkeit der Front einer kleinen Störung ist die Projektion der Gruppengeschwindigkeit auf die Normale dieser Front, d. h. auf den Wellenvektor $\boldsymbol{k}$. Weil die Beziehung zwischen ω und $\boldsymbol{k}$ linear ist, erhalten wir

$$\frac{\partial \omega}{\partial \boldsymbol{k}} \boldsymbol{k} = \omega .$$

Die genannte Projektion fällt also mit der Phasengeschwindigkeit $\omega/k = u_A$ zusammen.

Obwohl die Tangential- und Rotationsunstetigkeiten von unterschiedlichem Typ sind, existieren Unstetigkeiten, die gleichzeitig Eigenschaften beider Typen besitzen. Das sind Unstetigkeiten, bei denen $\boldsymbol{v}$ und $\boldsymbol{H}$ tangential sind und sich nur drehen, während ihr Betrag unverändert bleibt.

In der gewöhnlichen Hydrodynamik sind die Unstetigkeiten bekanntlich immer instabil bezüglich infinitesimaler Störungen, was zu ihrer schnellen Auflösung in turbulente Gebiete führt. Das magnetische Feld hat aber einen stabilisierenden Einfluß auf die Bewegung einer leitenden Flüssigkeit. Die tangentialen Unstetigkeiten können deshalb stabil sein. Dieses Ergebnis ist eine natürliche Folge der Tatsache, daß (bezüglich des Feldes) transversale Änderungen der Flüssigkeit bei Störungen mit einer Dehnung der in der Flüssigkeit „eingefrorenen" magnetischen Kraftlinien verbunden sind. Sie führen daher zur Entstehung von Kräften, die bestrebt sind, die ungestörte Bewegung wieder herzustellen.

Wir untersuchen nun die Stabilitätsbedingungen für tangentiale Unstetigkeiten in einer inkompressiblen Flüssigkeit (S. I. Syrowatski, 1953).

Wir schreiben

$$\boldsymbol{v} = \boldsymbol{v}_{1,2} + \boldsymbol{v}' , \quad P = P_{1,2} + P' , \quad \boldsymbol{H} = \boldsymbol{H}_{1,2} + \boldsymbol{H}' ,$$

wobei $\boldsymbol{v}_{1,2}$, $P_{1,2}$ und $\boldsymbol{H}_{1,2}$ die konstanten ungestörten Werte (beiderseits der Unstetigkeit) sowie $\boldsymbol{v}'$, P' und $\boldsymbol{H}'$ ihre kleinen Störungen seien. Setzen wir sie in die Gleichungen (66,7 bis 9) ein, so erhalten wir für die ideale Flüssigkeit

$$\operatorname{div} \boldsymbol{u}' = 0 , \quad \operatorname{div} \boldsymbol{v}' = 0 , \tag{71,9}$$

$$\frac{\partial \boldsymbol{u}'}{\partial t} = (\boldsymbol{u}\nabla)\, \boldsymbol{v}' - (\boldsymbol{v}\nabla)\, \boldsymbol{u}' , \tag{71,10}$$

$$\begin{aligned} \frac{\partial \boldsymbol{v}'}{\partial t} + (\boldsymbol{v}\nabla)\, \boldsymbol{v}' &= -\frac{1}{\varrho} \nabla P' - [\boldsymbol{u} \operatorname{rot} \boldsymbol{u}'] \\ &= -\frac{1}{\varrho} \nabla (P' + \varrho \boldsymbol{u}\boldsymbol{u}') + (\boldsymbol{u}\nabla)\, \boldsymbol{u}' . \end{aligned} \tag{71,11}$$

Zur Abkürzung lassen wir den Index 0 weg und führen die Bezeichnung $\boldsymbol{u} = \boldsymbol{H}/\sqrt{4\pi\varrho}$ ein. Nehmen wir die Divergenz der Gleichung (71,11) und berücksichtigen (71,9), so erhalten wir

$$\Delta (P' + \varrho \boldsymbol{u}\boldsymbol{u}') = 0 . \tag{71,12}$$

Die Unstetigkeitsfläche sei $x = 0$; die Vektoren $\boldsymbol{v}$ und $\boldsymbol{u}$ sind zu ihr parallel. Wir setzen voraus, daß in jedem der Halbräume $x > 0$ und $x < 0$ alle Größen $\boldsymbol{v}'$, $\boldsymbol{u}'$ und P' zu $e^{i(\boldsymbol{k}\boldsymbol{r} - \omega t)}\, e^{\varkappa x}$ proportional sind; dabei ist $\boldsymbol{k}$ ein zweidimensionaler Vektor in der y, z-Ebene. Aus der Gleichung (71,12) finden wir, daß $k^2 - \varkappa^2 = 0$, so daß wir $\varkappa = +k$ auf der Seite $x < 0$ und $\varkappa = -k$ auf der Seite $x > 0$ setzen müssen. Wir eliminieren dann v'_x aus den x-Komponenten der Gleichungen (71,10 und 11) und erhalten

$$P' + \varrho \boldsymbol{u}\boldsymbol{u}' = -u'_\varkappa \frac{i\varrho}{\varkappa(\boldsymbol{k}\boldsymbol{u})}[(\omega - \boldsymbol{k}\boldsymbol{v})^2 - (\boldsymbol{k}\boldsymbol{u})^2] \tag{71,13}$$

(der Fall, in dem der Ausdruck in den eckigen Klammern verschwindet, interessiert uns nicht, da ω dann reell ist, während die Instabilität nur mit komplexen Werten von ω zusammenhängen kann).

Die Verschiebung auf der Unstetigkeitsfläche in x-Richtung infolge der Störung sei $\zeta = \zeta(x, y, z)$. Auf der verschobenen Fläche müssen die Bedingungen (71,1 und 2) erfüllt sein:

$$\{P + P' + \varrho(\boldsymbol{u} + \boldsymbol{u}')^2\} \approx \{P' + \varrho \boldsymbol{u}\boldsymbol{u}'\} = 0\,,$$
$$u_{1\mathrm{n}} + u'_{1\mathrm{n}} \approx u'_{1x} - (\boldsymbol{u}_1\nabla)\,\zeta = 0\,,$$
$$u_{2\mathrm{n}} + u'_{2\mathrm{n}} \approx u'_{2x} - (\boldsymbol{u}_2\nabla)\,\zeta = 0$$

(die Bedingung, daß kein Flüssigkeitsstrom durch die Unstetigkeitsfläche vorliegt, ist hier automatisch erfüllt).

Setzen wir $\zeta = \mathrm{const}\; e^{i(\boldsymbol{k}\boldsymbol{r} - \omega t)}$ und eliminieren ζ, u_{1x}, u_{2x} aus den drei angegebenen Gleichungen, so erhalten wir eine Gleichung, die die möglichen Werte von ω bestimmt:

$$(\omega - \boldsymbol{k}\boldsymbol{v}_1)^2 + (\omega - \boldsymbol{k}\boldsymbol{v}_2)^2 = (\boldsymbol{k}\boldsymbol{u}_1)^2 + (\boldsymbol{k}\boldsymbol{u}_2)^2\,.$$

Diese quadratische Gleichung hat keine komplexen Wurzeln, wenn

$$(2\boldsymbol{k}\boldsymbol{u}_1)^2 + 2(\boldsymbol{k}\boldsymbol{u}_2)^2 - (\boldsymbol{k}\boldsymbol{v})^2 > 0$$

oder

$$[2u_{1i}u_{1k} + 2u_{2i}u_{2k} - v_i v_k]\, k_i k_k > 0$$

gilt, wobei $\boldsymbol{v} = \boldsymbol{v}_2 - \boldsymbol{v}_1$ der Geschwindigkeitssprung an der Unstetigkeit ist.

Diese quadratische Form ist positiv definit, wenn die Spur und die Determinante des in eckigen Klammern stehenden Tensors zweiter Stufe positiv sind; hieraus erhalten wir die gesuchten Stabilitätsbedingungen[1]):

$$H_1^2 + H_2^2 > 2\pi\varrho v^2, \qquad [\boldsymbol{H}_1\boldsymbol{H}_2]^2 \geqq 2\pi\varrho\,([\boldsymbol{H}_1\boldsymbol{v}]^2 + [\boldsymbol{H}_2\boldsymbol{v}]^2)\,. \tag{71,14}$$

In Wirklichkeit wird es jedoch wegen des Vorhandenseins einer kleinen, aber endlichen Viskosität und eines kleinen, aber endlichen elektrischen Widerstandes in der Flüssigkeit keine tangentiale Unstetigkeit für eine unbegrenzt lange Zeit geben, auch wenn die Bedingungen (71,14) erfüllt sind. Obwohl keine Turbulenz entsteht, erhält man anstelle der scharfen Unstetigkeit ein allmählich sich erweiterndes Übergangsgebiet, in dem sich die Geschwindigkeit und das Magnetfeld stetig von einem Wert zu einem anderen ändern.

Das ist aus den Bewegungsgleichungen (68,8 und 9) leicht zu ersehen, wenn die dissipativen Terme berücksichtigt werden. Wir legen die x-Achse in die Richtung der Normalen der Unstetigkeit. Wenn wir annehmen, daß alle Größen nur von x (und möglicherweise von der Zeit) abhängen, so können wir die transversalen Komponenten

---

[1]) Wenn die Dichte der inkompressiblen Medien auf den beiden Seiten der Unstetigkeit verschieden ist, so wird ϱ in diesen Bedingungen durch $2\varrho_1\varrho_2/(\varrho_1 + \varrho_2)$ ersetzt.

dieser Gleichungen folgendermaßen schreiben:

$$\frac{\partial \boldsymbol{H}_t}{\partial t} = \frac{c^2}{4\pi\sigma} \frac{\partial^2 \boldsymbol{H}_t}{\partial x^2}, \qquad \frac{\partial \boldsymbol{v}_t}{\partial t} = \nu \frac{\partial^2 \boldsymbol{v}_t}{\partial x^2} \tag{71,15}$$

(wir setzen voraus, daß die Flüssigkeit inkompressibel sei). Ist die Bewegung stationär, so sind die linken Seiten der Gleichungen Null. Die einzige Lösung, die für $x \to \pm \infty$ endlich bleibt, ist dann $\boldsymbol{H}_t = \text{const}$, $\boldsymbol{v}_t = \text{const}$, was der Voraussetzung widerspricht, daß die Größen sich an der Unstetigkeit ändern. Deshalb kann eine tangentiale Unstetigkeit keine konstante Breite haben (wie sie zum Beispiel eine schwache Stoßwelle hat). Die Gleichungen (71,15) haben die Form der Wärmeleitungsgleichung. Wie aus der Theorie der Wärmeleitfähigkeit bekannt ist, fließt die Unstetigkeit einer Größe, die durch diese Gleichungen beschrieben wird, im Laufe der Zeit in einem Übergangsgebiet auseinander, dessen Breite proportional zur Quadratwurzel der Zeit wächst. Da die Koeffizienten in den zwei Gleichungen (71,15) verschieden sind, sind die Breiten δ_v und δ_H der Übergangsgebiete für die Geschwindigkeit und das Feld ebenfalls verschieden voneinander:

$$\delta_v \sim (\nu t)^{1/2} \qquad \delta_H \sim (c^2 t/\sigma)^{1/2} . \tag{71,16}$$

Die Rotationsunstetigkeiten in einer inkompressiblen Flüssigkeit sind bezüglich infinitesimaler Störungen bei beliebigen Werten des Magnetfeldes stabil (S. J. Syrowatski, 1953). Sie können jedoch ebenso wie die tangentialen Unstetigkeiten keine konstante Breite haben und fließen infolge der Viskosität und des elektrischen Widerstandes allmählich auseinander (s. Aufgabe).

Aufgabe

Man bestimme das Gesetz, nach dem sich die Rotationsunstetigkeit im Laufe der Zeit verbreitert.

Lösung. Setzen wir voraus, daß alle Größen nur von der x-Koordinate (und von der Zeit) abhängen, so finden wir aus den Gleichungen $\operatorname{div} \boldsymbol{v} = 0$ und $\operatorname{div} \boldsymbol{H} = 0$, daß $v_x = \text{const}$ und $H_x = \text{const}$. Das Koordinatensystem sei so gewählt, daß die Werte $\boldsymbol{v}$ und $\boldsymbol{H}$ auf jeder Seite der Unstetigkeit (d. h. außerhalb der Übergangsschicht) durch die Relation (71,8) verknüpft sind; dann wird $v_x = u_x$ ($\boldsymbol{u}$ hat dieselbe Bedeutung wie in den Gleichungen (71,9 bis 11)). Für die transversalen Komponenten $\boldsymbol{u}_t$ und $\boldsymbol{v}_t$ erhalten wir aus (66,8 und 9) die Gleichungen

$$\begin{aligned} \frac{\partial \boldsymbol{u}_t}{\partial t} + u_x \frac{\partial \boldsymbol{u}_t}{\partial x} &= u_x \frac{\partial \boldsymbol{v}_t}{\partial x} + \frac{c^2}{4\pi\sigma} \frac{\partial^2 \boldsymbol{u}_t}{\partial x^2}, \\ \frac{\partial \boldsymbol{v}_t}{\partial t} + u_x \frac{\partial \boldsymbol{v}_t}{\partial x} &= u_x \frac{\partial \boldsymbol{u}_t}{\partial x} + \nu \frac{\partial^2 \boldsymbol{v}_t}{\partial x^2}. \end{aligned} \tag{1}$$

Da die Differenz $\boldsymbol{v}_t - \boldsymbol{u}_t$ für $x \to \pm \infty$ gegen Null strebt (wegen der Relation (71,8)), ist sie in der Übergangsschicht im Vergleich zur Summe $\boldsymbol{v}_t + \boldsymbol{u}_t$ klein. Addieren wir die Gleichungen (1), so können wir daher einen Term mit $\boldsymbol{v}_t - \boldsymbol{u}_t$ vernachlässigen und erhalten

$$\frac{\partial}{\partial t} (\boldsymbol{v}_t + \boldsymbol{u}_t) = \frac{1}{2} \left(\frac{c^2}{4\pi\sigma} + \nu \right) \frac{\partial^2}{\partial x^2} (\boldsymbol{v}_t + \boldsymbol{u}_t) .$$

Daraus ersehen wir, daß sich die Beite der Unstetigkeit nach folgendem Gesetz verändert:

$$\delta \sim \left[\left(\frac{c^2}{4\pi\sigma} + \nu \right) t \right]^{1/2} .$$

§ 72. Stoßwellen

Wir wenden uns nun dem Typ von Unstetigkeiten zu, bei dem

$$j \neq 0\,, \qquad \{V\} \neq 0 \tag{72,1}$$

gilt. Diese Unstetigkeiten nennt man *Stoßwellen*, ebenso wie in der gewöhnlichen Hydrodynamik. Sie werden dadurch charakterisiert, daß eine Unstetigkeit der Dichte existiert und daß das Medium sich durch die Unstetigkeit hindurch bewegt (v_{n1} und v_{n2} sind von Null verschieden). Die Normalkomponente des Magnetfeldes ist im allgemeinen von Null verschieden; sie kann in einem speziellen Fall aber auch Null sein.

Vergleichen wir die Gleichungen (70,4 und 5), so sehen wir, daß (für $H_n \neq 0$) die Vektoren $\boldsymbol{H}_{t2} - \boldsymbol{H}_{t1}$ und $V_2\boldsymbol{H}_{t2} - V_1\boldsymbol{H}_{t1}$ zu demselben Vektor $\boldsymbol{v}_{t2} - \boldsymbol{v}_{t1}$ parallel sind; sie sind also auch zueinander parallel. Hieraus folgt, daß $\boldsymbol{H}_{t1}$ und $\boldsymbol{H}_{t2}$ parallel sind, d. h., die Vektoren $\boldsymbol{H}_1$, $\boldsymbol{H}_2$ und die Flächennormale liegen in einer Ebene. (Bei der tangentialen und der Rotationsunstetigkeit dagegen fallen die Ebenen $\boldsymbol{H}_1$, $\boldsymbol{n}$ und $\boldsymbol{H}_2$, $\boldsymbol{n}$ im allgemeinen nicht zusammen). Dieses Resultat gilt auch im Fall $H_n = 0$, sofern aus (70,5) $V_1\boldsymbol{H}_{t1} = V_2\boldsymbol{H}_{t2}$ folgt (dieser Fall wird später ausführlich untersucht werden).

Die Unstetigkeit der Geschwindigkeit $\boldsymbol{v}_{t1} - \boldsymbol{v}_{t2}$ liegt in derselben Ebene wie $\boldsymbol{H}_1$ und $\boldsymbol{H}_2$. Wir können offensichtlich ohne Einschränkung der Allgemeinheit annehmen, daß die Vektoren $\boldsymbol{v}_1$ und $\boldsymbol{v}_2$ in derselben Ebene liegen, so daß de Bewegung der Stoßwellen zweidimensional ist. Es ist weiterhin leicht zu sehen, daß man es durch eine geeignete Koordinatentransformation (für den Fall $H_n \neq 0$) immer erreichen kann, daß die Vektoren $\boldsymbol{v}$ und $\boldsymbol{H}$ auf beiden Seiten der Unstetigkeit parallel zueinander sind. Um das zu erreichen, muß man zu einem neuen Koordinatensystem übergehen, das sich gegenüber dem ersten mit folgender Geschwindigkeit bewegt:

$$\boldsymbol{v}_t - \frac{v_n}{H_n}\boldsymbol{H}_t = \boldsymbol{v}_t - \frac{jV}{H_n}\boldsymbol{H}_t$$

(dieser Ausdruck hat wegen (70,5) auf beiden Seiten denselben Wert). In den folgenden Formeln werden wir jedoch diese spezielle Wahl des Koordinatensystems nicht voraussetzen.

Leiten wir nun die Beziehung für die Stoßwellen in der Magnetohydrodynamik her, die der Hugoniot-Kurve der gewöhnlichen Hydrodynamik entspricht. Eliminieren wir $\{\boldsymbol{v}_t\}$ aus den beiden Gleichungen (70,4 und 5), so erhalten wir die Beziehung

$$j^2\{VH_t\} = \frac{H_n^2}{4\pi}H_t\,; \tag{72,2}$$

wir schreiben hier H_t anstelle von $\boldsymbol{H}_t$, da $\boldsymbol{H}_{1t}$ und $\boldsymbol{H}_{t2}$ parallel sind.[1]) Um $\boldsymbol{v}_t$ aus der Gleichung (70,2) zu eliminieren, schreiben wir diese Gleichung folgendermaßen um:

$$\{w\} + \frac{j^2}{2}\{V^2\} + \frac{1}{2}\left\{\left(\boldsymbol{v}_t - \frac{H_n}{4\pi j}\boldsymbol{H}_t\right)^2\right\} + \frac{1}{4\pi}\{VH_t^2\} - \frac{1}{32\pi^2 j^2}H_n\{H_t^2\} = 0.$$

Der dritte Term ist wegen (70,4) gleich Null, und $\boldsymbol{v}_t$ tritt deshalb in der Gleichung nicht auf.

[1]) Die Vektoren $\boldsymbol{H}_{t1}$ und $\boldsymbol{H}_{t2}$ könnten hierbei sowohl parallel als auch antiparallel sein, in diesem Sinne könnten $\boldsymbol{H}_{t1}$ und $\boldsymbol{H}_{t2}$ sowohl gleiche als auch entgegengesetzte Vorzeichen haben. Erst im weiteren (§ 73) werden wir aus anderen Überlegungen ersehen, daß diese Vorzeichen in Wirklichkeit übereinstimmen.

Wir setzen für j^2 im letzten Term (72,2) und im zweiten (70,3), d. h.

$$j^2 = \frac{P_2 - P_1 + (H_{t2}^2 - H_{t1}^2)/8\pi}{V_1 - V_2}, \tag{72,3}$$

ein. Nach einfachen Rechnungen erhalten wir schließlich

$$(\varepsilon_2 - \varepsilon_1) + \frac{1}{2}(P_2 + P_1)(V_2 - V_1) + \frac{1}{16\pi}(V_2 - V_1)(H_{t2} - H_{t1})^2 = 0. \tag{72,4}$$

Das ist die gesuchte Gleichung der *Stoßadiabaten* in der Magnetohydrodynamik. Sie unterscheidet sich von der gewöhnlichen Gleichung durch den dritten Term.

Schreiben wir die Gleichung (70,4), welche die Unstetigkeit von $\boldsymbol{v}_t$ durch die von $\boldsymbol{H}_t$ ausdrückt, hier noch einmal auf:

$$\boldsymbol{v}_{t2} - \boldsymbol{v}_{t1} = \frac{H_n}{4\pi j}(\boldsymbol{H}_{t2} - \boldsymbol{H}_{t1}). \tag{72,5}$$

Die Gleichungen (72,2 bis 5) bilden ein vollständiges Gleichungssystem zur Beschreibung der Stoßwellen. Wir vereinbaren, daß im folgenden der Index 1 jenem Medium zugeschrieben wird, auf dessen Seite sich die Welle ausbreitet; anders ausgedrückt: Das Gas selbst geht von der Seite 1 vor der Stoßwelle auf die Seite 2 hinter ihr über. Wir erinnern weiterhin daran, daß vereinbarungsgemäß ein Koordinatensystem verwendet wird, in dem das Flächenelement der Unstetigkeitsfläche, durch das das Gas hindurchströmt, im gegebenen Moment ruht.

In der gewöhnlichen Hydrodynamik gilt das Theorem von Zemplén (s. VI, § 84), gemäß dem Druck und Dichte in einer Stoßwelle anwachsen:

$$P_2 > P_1, \qquad \varrho_2 > \varrho_1; \tag{72,6}$$

d. h. die Stoßwelle stellt eine Verdichtungswelle dar. Dabei wird angenommen, daß

$$\left(\frac{\partial^2 V}{\partial P^2}\right)_s > 0 \tag{72,7}$$

gilt; obwohl dies keine thermodynamische Ungleichung ist, wird sie praktisch immer erfüllt. Das Theorem von Zemplén ist eine Folge des Gesetzes vom Anwachsen der Entropie.

Es ist leicht einzusehen, daß das Zemplén-Theorem auch in der Magnetohydrodynamik für Stoßwellen geringer Intensität unter einer einzigen Bedingung, der Erfüllung von (72,7), gültig bleibt. In einer schwachen Stoßwelle sind alle Unstetigkeiten klein. Entwickeln wir die Gleichung (72,4) nach Potenzen der Druck- und Entropieunstetigkeit, so erhalten wir

$$T(s_2 - s_1) = \frac{1}{2}\left(\frac{\partial^2 V}{\partial P^2}\right)_s (P_2 - P_1)^3 - \frac{1}{16\pi}\left(\frac{\partial V}{\partial P}\right)_s (P_2 - P_1)(H_{t2} - H_{t1})^2; \tag{72,8}$$

der erste Term entspricht der gewöhnlichen Hydrodynamik (s. VI, § 83). Da gemäß einer der thermodynamischen Ungleichungen $-(\partial V/\partial P)_s > 0$ ist, so folgen nach der Forderung $s_2 - s_1 > 0$ aus (72,8) die Ungleichungen $P_2 > P_1$ und $V_2 < V_1$.

Wenn außer (72,7) auch noch der Wärmeausdehnungskoeffizient positiv, d. h. $(\partial V/\partial T)_P > 0$ ist, dann kann das Zemplén-Theorem in der Magnetohydrodynamik durch Rückführung auf den Beweis der gewöhnlichen Hydrodynamik, ohne die Unstetigkeiten aller Größen als klein anzunehmen, bewiesen werden (P. W. Polowin, G. J. Ljubarski, 1958; S. W. Jordanski, 1958).

Es seien P_1 und V_1 der gegebene Anfangszustand des Gases sowie $s_2^{(0)}$ die Entropie im Endzustand des Gases bei gegebenem Wert von V_2 und fehlendem Magnetfeld. Die Entropie im Endzustand des Gases bei denselben Werten P_1, V_1 und V_2 bei vorliegendem Magnetfeld bezeichnen wir mit $s_2^{(H)}$. In der gewöhnlichen Hydrodynamik folgt aus $V_2 > V_1$, daß $s_2^{(0)} < s_1$, was die Unmöglichkeit von Verdünnungswellen bedeutet. Wir zeigen, daß (unter den oben genanntenBedingungen)$s_2^{(H)} < s_2^{(0)}$ gilt, so daß erstrecht $s_2^{(H)} < s_1$ sein muß. Damit ist bewiesen, daß Verdünnungswellen auch in der Magnetohydrodynamik nicht möglich sind.

Wir differenzieren die Gleichung (72,4) nach E_2 bei konstantem V_2. Unter Verwendung der Gleichung $(\partial \varepsilon/\partial P)_V = T(\partial s/\partial P)_V$ erhalten wir

$$T_2\left(\frac{\partial s_2^{(H)}}{\partial P_2}\right)_{V_2} + \frac{1}{2}(V_2 - V_1) + \left(\frac{\partial Q}{\partial P_2}\right)_{V_2} = 0\,, \tag{72,9}$$

wobei die Bezeichnung

$$Q = \frac{1}{16\pi}(V_2 - V_1)(H_{t2} - H_{t1})^2$$

eingeführt wurde. Aufgrund der thermodynamischen Relationen

$$\left(\frac{\partial P}{\partial s}\right)_V = \frac{T}{c_v}\left(\frac{\partial P}{\partial T}\right)_V, \quad \left(\frac{\partial P}{\partial T}\right)_V = -\left(\frac{\partial P}{\partial V}\right)_T\left(\frac{\partial V}{\partial T}\right)_P$$

stimmt das Vorzeichen des ersten Terms in (72,9) mit dem Vorzeichen von $(\partial V/\partial T)_P$ überein und ist nach Voraussetzung positiv. Für $V_2 > V_1$ ist daher $(\partial Q/\partial P_2)_{V_2} < 0$. Die Anwesenheit eines äußeren Magnetfeldes bedingt eine Vergrößerung von Q (ohne Feld ist $Q = 0$ und mit Feld $Q > 0$) und folglich eine Verringerung von P_2 (bei gegebenem V_2). Da nach Voraussetzung $(\partial s/\partial P)_V > 0$ gilt, so folgt seinerseits $s_2^{(H)} < s_2^{(0)}$, was zu beweisen war.

Zum Schluß betrachten wir noch den am Anfang des Paragraphen erwähnten Fall, wenn das Magnetfeld beiderseits der Unstetigkeitsfläche in der zu ihr tangentialen Ebene $H_n = 0$ liegt (*senkrechte Stoßwelle*). Aus (72,5) erhalten wir in diesem Fall $\boldsymbol{v}_{t2} = \boldsymbol{v}_{t1}$, d. h., die Tangentialkomponente der Geschwindigkeit bleibt stetig. Durch eine geeignete Wahl des Koordinatensystems könnten wir daher immer erreichen, daß auf beiden Seiten der Unstetigkeit $\boldsymbol{v}_t = 0$ gilt, d. h., das Gas würde sich senkrecht zur Unstetigkeit bewegen; das werden wir im folgenden voraussetzen. Aus der Gleichung (72,2) erhalten wir

$$V_2 H_2 = V_1 H_1\,.$$

Wir können uns leicht davon überzeugen, daß wegen dieser Beziehung die Gleichungen (72,3 und 4) folgendermaßen geschrieben werden können:

$$j^2 = \frac{P_2^* - P_1^*}{V_1 - V_2}\,,$$

$$\varepsilon_2^* - \varepsilon_1^* + \tfrac{1}{2}(P_2^* + P_1^*)(V_2 - V_1) = 0\,.$$

Diese Relationen unterscheiden sich von den gewöhnlichen Gleichungen für Stoßwellen beim Fehlen eines Magnetfeldes nur durch eine Änderung in der Zustandsgleichung: Anstelle der echten Zustandsgleichung $P = P(V, s)$ muß die Gleichung $P^* = P^*(V, s)$ benutzt werden, wobei

$$P^* = P + \frac{b^2}{8\pi V^2}$$

gilt. b bezeichnet das konstante Produkt HV; ε^* muß so bestimmt werden, daß die thermodynamische Beziehung $(\partial\varepsilon^*/\partial V)_s = -P^*$ erfüllt wird, woraus folgt:

$$\varepsilon^* = \varepsilon + \frac{b^2}{8\pi V}.$$

§ 73. Die Evolutionsbedingungen für Stoßwellen

Damit eine hydrodynamische Unstetigkeit real existieren kann, muß sie stabil bezüglich einer Aufspaltung in zwei oder mehrere Unstetigkeiten sein. Diese Bedingung kann man auch anders als Forderung formulieren, daß eine beliebige, unendlich kleine Störung des Anfangszustandes auch nur zu unendlich kleinen Änderungen der Unstetigkeit führt. Die diese Anforderung erfüllenden Unstetigkeiten werden als *evolutionäre Unstetigkeiten* bezeichnet. Es sei betont, daß die Evolutionseigenschaft keineswegs mit der Stabilität im üblichen Sinne (dieses Wortes) übereinstimmt. Die gewöhnliche Instabilität bedeutet allmähliches Anwachsen einer kleinen Störung, was schließlich zur Zerstörung des gegebenen Bewegungsregimes führt; aber sogar bei einem exponentiellen Anwachsen (wie $e^{\gamma t}$, $\gamma > 0$) bleibt die Störung während eines hinreichend langen Zeitintervalls ($t \lesssim 1/\gamma$) klein. In der nichtevolutionären Unstetigkeit wird dagegen die Störung sofort groß (wenngleich sie bei kleinem t ein noch kleines Raumgebiet einnimmt). Dies wird durch die Abb. 41 illustriert, in der die Aufspaltung einer Unstetigkeit der Dichte $\varrho(x)$ in zwei aufeinanderfolgende Unstetigkeiten dargestellt ist. Die Störung $\delta\varrho$ ist nicht klein, obwohl sie für kleine t (wenn beide Unstetigkeiten noch nicht auf einen spürbaren Abstand auseinandergelaufen sind) nur ein kleines Intervall δx einnimmt.

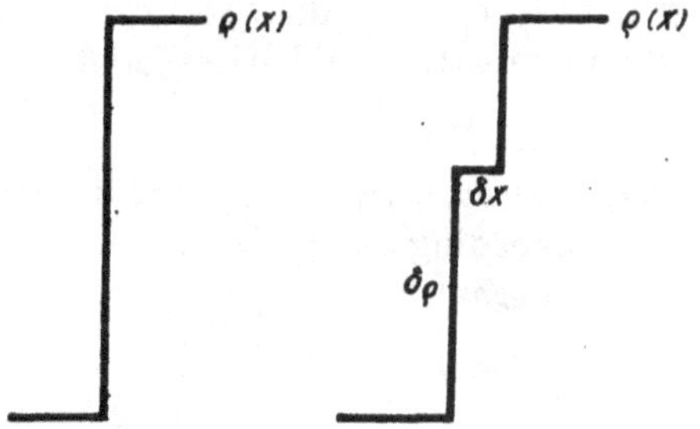

Abb. 41

Das Evolutionskriterium kann man durch Abzählen der Zahl der unabhängigen Parameter, die eine beliebige kleine Anfangsstörung der Unstetigkeit bestimmen, und der Zahl der Gleichungen (linearisierte Grenzbedingungen an der Unstetigkeit), die sie erfüllen müssen, ermitteln. Die Unstetigkeit ist evolutionär, wenn beide Zahlen gleich groß sind. Dann bestimmen die Grenzbedingungen eindeutig die weitere Entwicklung der Störung, die für kleine $t > 0$ klein bleibt.[1]) Ist dagegen die Zahl der Gleichungen größer oder kleiner als die Zahl der unbekannten Parameter, dann hat das Problem einer kleinen Störung der Unstetigkeit entweder überhaupt keine Lösung oder eine unendliche Menge von Lösungen. Weder das eine noch das andere ist möglich, und eine derartige Situation spiegelt die Unrechtmäßigkeit der Ausgangsannahme (daß die Störung bei kleinem t klein sei) wider, die Unstetigkeit ist nichtevolutionär.

In der gewöhnlichen Hydrodynamik führt die Forderung, daß die Stoßwellen evolutionär seien, nicht zu irgendwelchen zusätzlichen Einschränkungen im Vergleich zur Bedingung für das Anwachsen der Entropie: Die vom Zemplén-Theorem zugelassenen Stoßwellen sind automatisch evolutionär (s. VI, § 84). In der magnetischen Hydrodynamik ist dies nicht der Fall, und die Evolutionsbedingung erlegt der Art der Änderung der Stoßwellengrößen neue wesentliche Einschränkungen auf (A. I. Achieser, G. J. Ljubarski, R. W. Polowin, 1958).[2])

Wir gehen nun zur konkreten Untersuchung der Evolutionsbedingungen der magnetohydrodynamischen Stoßwellen über und ermitteln zunächst die Zahl der Gleichungen, die eine beliebige kleine Störung auf der Unstetigkeitsfläche erfüllen muß.

Die Stoßwelle werden wir uns als ebene Welle vorstellen und ihre Ebene als y,z-Ebene. Als positive Richtung der x-Achse wählen wir die Richtung, in der sich das Gas durch die Unstetigkeitsfläche bewegt. Die ungestörten Felder $\boldsymbol{H}_1$ und $\boldsymbol{H}_2$ sowie die Gasgeschwindigkeiten $\boldsymbol{v}_1$ und $\boldsymbol{v}_2$ beiderseits der Unstetigkeit mögen in der x,y-Ebene liegen.

Auf jeder Seite der Unstetigkeitsfläche werden sieben Größen gestört: die drei Komponenten der Flüssigkeitsgeschwindigkeit (v_x, v_y, v_z), die beiden Komponenten des Magnetfeldes (H_y, H_z), die Dichte $\varrho = 1/V$ und die Entropie s. Die Störung der übrigen thermodynamischen Größen P und w wird durch die Störungen von ϱ und s bestimmt. Aufgrund der Gleichung $\operatorname{div} \boldsymbol{H} = \partial H_x/\partial x = 0$ ist die longitudinale Feldkomponente H_x entlang der x-Achse konstant und wird von der Störung nicht erfaßt. Darüber hinaus wird auch die Ausbreitungsgeschwindigkeit der Stoßwelle selbst gestört, d. h., sie erhält eine kleine Geschwindigkeit (wir bezeichnen sie mit δU) relativ zum ausgewählten Koordinatensystem (in dem die ungestörte Unstetigkeit ruht). Diese Geschwindigkeit kann aber sofort mit Hilfe der Stetigkeitsbedingung für den Massedichtestrom $\boldsymbol{j}$ durch die Unstetigkeitsfläche über die Störungen von ϱ und v_x ausgedrückt werden. Die Gasgeschwindigkeit relativ zur Unstetigkeit ist nämlich

$$v_{x0} + \delta v_x - \delta U\,,$$

wobei v_{x0} die ungestörte Geschwindigkeit und δv_x ihre Störung sind; wir schreiben ebenfalls $\varrho = \varrho_0 + \delta\varrho$, linearisieren die Grenzbedingung $\{j\} = 0$, lassen danach den Index 0 bei den ungestörten Größen weg und erhalten

$$\{\delta j\} = \{\varrho\, \delta v_x\} + \{v_x\, \delta\varrho\} - \delta U\{\varrho\} = 0\,,$$

woraus δU ermittelt wird.

---

[1]) Dabei kann die Welle sowohl instabil (wenn die Gleichungen komplexe Eigenfrequenzen mit positivem Imaginärteil aufweisen) als auch stabil sein (wenn solche Frequenzen im Eigenwertspektrum nicht vorliegen).

[2]) Bezüglich anderer magnetohydrodynamischer Unstetigkeiten (Kontakt-, tangentiale und Alfvén-Unstetigkeiten) sei erwähnt, daß diese sich immer als evolutionär erweisen.

Die Linearisierung der Grenzbedingungen für die Stetigkeit der Komponente des Impulsstromes Π_{zx} und der des elektrischen Feldes (d. h. der z-Komponenten der Gleichungen (70,4 und 5)) liefert die beiden Gleichungen

$$\left\{\varrho v_x\, \delta v_z - \frac{1}{4\pi} H_x\, \delta H_z\right\} = 0\,, \qquad \{H_x\, \delta v_z - v_x\, \delta H_z\} = 0$$

(wir erinnern daran, daß für die ungestörten Werte $v_z = 0$ und $H_z = 0$ gelten). Diese Gleichungen enthalten die Störungen nur in den beiden Größen

$$\delta v_z, \quad \delta H_z\,. \tag{73,1}$$

Die Grenzbedingungen für die Stetigkeit des Energiestromes q_x, der Komponenten Π_{xx}, Π_{yx} des Impulsstromes und der Komponente E_z des elektrischen Feldes (d. h. die Gleichungen (70,2 und 3) und die y-Komponenten der Gleichungen (70,4 und 5) liefern vier lineare Gleichungen, die die Störungen

$$\delta v_x, \; \delta v_y, \; \delta H_y, \; \delta \varrho, \; \delta s \tag{73,2}$$

enthalten (wir geben diese Gleichungen hier nicht an).

Ermitteln wir nun die Zahl der Parameter, die die Störung der Stoßwelle bestimmen. Störungen, die von der Zeit wie $e^{-i\omega t}$ abhängen, breiten sich beiderseits der Unstetigkeit in der Form von magnetohydrodynamischen Wellen dreierlei Typs (Alfvén-, schnelle und langsame Magnetoschallwellen) und in der Form einer Entropiewelle aus. Die zuletzt genannte stellt eine kleine Störung der Entropie dar, die (aufgrund der adiabatischen Gasströmung) zusammen mit dem Gas selbst, mit seiner Geschwindigkeit, transportiert wird. Hierbei müssen natürlich alle Wellen auslaufende Wellen sein, d. h. sich nach links oder rechts bezüglich der Unstetigkeitsfläche ausbreiten. In jeder Welle sind die Änderungen aller Größen untereinander durch bestimmte Relationen verknüpft (wie dies in § 69 gezeigt wurde); jede Welle wird daher nur durch einen Parameter, die Amplitude einer dieser Größen, bestimmt.

Die Magnetoschall- und die Entropiewellen übertragen die Störungen (73,2) und die Alfvén-Wellen die Störungen (73,1). Da die Gleichungen diese beiden Gruppen von Störungen separieren, so müssen die Evolutionsbedingungen für jede von ihnen getrennt erfüllt werden (S. I. Syrowatzki, 1958), dieser Umstand bedingt noch eine Verschärfung der entstehenden Einschränkungen.

Betrachten wir zunächst die Evolutionsbedingung für Alfvén-Störungen. Diese erfordert, daß die Zahl der auslaufenden Wellen nach der Zahl der Gleichungen gleich zwei sein muß. Die Phasengeschwindigkeiten der Alfvén-Wellen relativ zur Unstetigkeitsfläche können

$$v_{x1} \pm u_{A1}\,, \qquad v_{x2} \pm u_{A2}$$

sein, wobei u_A die Phasengeschwindigkeit (69,6) der Welle relativ zum Gas ist. Nach der vereinbarten Richtungswahl der x-Achse sind die Gasgeschwindigkeiten v_{x1} und $v_{x2} > 0$. Im Gebiet 1 vor der Unstetigkeit stellt die Welle eine auslaufende Welle dar, wenn ihre Phasengeschwindigkeit (relativ zur Unstetigkeit) negativ ist, und im Gebiet 2 hinter der Unstetigkeit, wenn sie positiv ist. Eine Welle mit der Geschwindigkeit $v_{x1} + u_{A1}$ erfüllt niemals diese Bedingung (sie ist immer eine einlaufende Welle). Eine Welle mit der Geschwindigkeit $v_{x1} - u_{A1}$ ist für $v_{x1} - u_{A1} < 0$ eine auslaufende Welle. Analog dazu ist eine Welle mit der Geschwindigkeit $v_{x2} + u_{A2}$ immer eine auslaufende Welle und mit der Geschwindigkeit $v_{x2} - u_{A2}$ für $v_{x2} > u_{A2}$ eine auslaufende

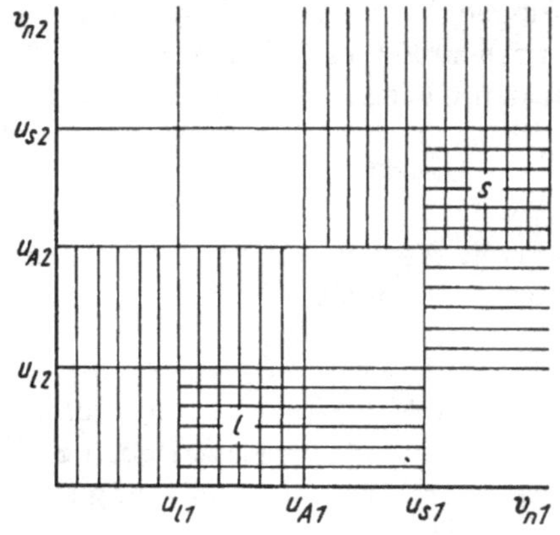

Abb. 42

Welle. Es gibt daher zwei Evolutionsgebiete für die ALFVÉN-Wellen:

$$1.\ v_{x1} > u_{A1}\,,\qquad v_{x2} > u_{A2}\,,$$

$$2.\ v_{x1} < u_{A1}\,,\qquad v_{x2} < u_{A2}\,.$$

Diese Bereiche sind in Abb. 42 mit senkrechter Schraffur dargestellt; die Abbildung wurde unter Berücksichtigung der Ungleichung

$$u_l < u_A < u_s \tag{73,3}$$

angefertigt.

Die Evolutionsbedingung bezüglich Magnetoschall- und Entropiestörungen erfordert, daß die Zahl der auslaufenden Wellen gleich vier sein muß. Eine auslaufende Entropiewelle, die sich zusammen mit dem Gas bewegt, existiert aber immer nur auf der Seite 2. Die Anzahl der auslaufenden Magnetoschallwellen muß daher gleich drei sein. Ähnliche Überlegungen wie oben für ALFVÉN-Wellen führen zu zwei Evolutionsgebieten für die betrachtete Gruppe von Störungen, sie sind in Abb. 42 waagerecht schraffiert.[1])

Der Schnitt beider Schraffierungen bestimmt zwei Evolutionsgebiete, bezogen auf alle Störungen: 1. *schnelle Stoßwellen*, für die

$$v_{n1} > u_{s1}\,,\qquad u_{s2} > v_{n2} > u_{A2} \tag{73,4}$$

gilt, und 2. *langsame Stoßwellen*, für die

$$u_{A1} > v_{n1} > u_{l1}\,,\qquad u_{l2} > v_{n2} \tag{73,5}$$

gilt (wir verwenden hier wieder die Bezeichnungen v_n anstelle von v_x für die Normalkomponente der Gasgeschwindigkeit). Im Grenzfall einer schwachen Intensität der Welle (kleine Unstetigkeiten für alle Größen) breiten sich die schnellen und langsamen Stoßwellen mit der Geschwindigkeit $u_{s2} \approx u_{s1}$ bzw. $u_{l2} \approx u_{l1}$ aus.

---

[1]) Es sei bemerkt, daß es unter den Nichtevolutionsgebieten solche Fälle gibt, wo die Zahl der Parameter sowohl größer als auch kleiner als die Zahl der Gleichungen ist (bezogen auf jede der beiden Gruppen von Störungen).

Wir wenden nun die gewonnenen Evolutionsbedingungen zur Untersuchung der Frage an, wie sich das Magnetfeld in der Stoßwelle ändert. Wir gehen von der Gleichung (72,2) aus:

$$\frac{H_n^2}{4\pi j^2}\{\boldsymbol{H}_t\} = \left\{\frac{\boldsymbol{H}_t}{\varrho}\right\} = \frac{1}{j}\{v_n\boldsymbol{H}_t\}$$

oder

$$\left(\frac{H_n^2}{4\pi j} - v_{n_1}\right)\boldsymbol{H}_{t1} = \left(\frac{H_n^2}{4\pi j} - v_{n2}\right)\boldsymbol{H}_{t2}\,. \tag{73,6}$$

Wenn man bemerkt, daß $H_n^2/4\pi\varrho = u_A^2$ ist, so kann man diese Gleichung in die Form

$$\frac{u_{A1}^2 - v_{n1}^2}{v_{n1}}\boldsymbol{H}_{t1} = \frac{u_{A2}^2 - v_{n2}^2}{v_{n2}}\boldsymbol{H}_{t2} \tag{73,7}$$

umschreiben. Unter Berücksichtigung der Ungleichungen (73,4 und 5) ist aus (73,7) ersichtlich, daß die tangentialen Felder beiderseits der Stoßwelle nicht nur kollinear, sondern auch noch gleichgerichtet sind.

Für langsame Stoßwellen beiderseits der Unstetigkeit gilt

$$v_n < \frac{H_n^2}{4\pi j} = \frac{v_A^2}{v_n}\,.$$

Wir bemerken weiterhin, daß aus der Stetigkeit des Massenstromes $\varrho_1 v_{n1} = \varrho_2 v_{n2}$ und aus der Ungleichung $\varrho_1 < \varrho_2$

$$v_{n1} > v_{n2} \tag{73,8}$$

folgt, und wir schließen aus (73,6), daß $H_{t2} < H_{t1}$ gilt, d. h., in einer langsamen Stoßwelle wird das tangentiale Magnetfeld abgeschwächt. In einer schnellen Welle dagegen gilt $v_n > H_n^2/4\pi j$, und aus (73,6) folgt, daß $H_{t2} > H_{t1}$ ist, d. h., das tangentiale Magnetfeld wird verstärkt.

Wir führen noch den Spezialfall an, wo für die Stoßwellen das Magnetfeld beiderseits der Unstetigkeitsfläche parallel zu ihrer Normalen ist. Wie am Anfang von § 72 erwähnt wurde, kann man immer ein Koordinatensystem so wählen, daß die Vektoren $\boldsymbol{v}$ und $\boldsymbol{H}$ beiderseits der Unstetigkeit parallel sind. Dann hat man im betrachteten Fall

$$\boldsymbol{H}_{t1} = \boldsymbol{H}_{t2} = 0\,, \qquad \boldsymbol{v}_{t1} = \boldsymbol{v}_{t2} = 0$$

(*parallele Stoßwelle*). Für eine solche Welle enthalten die Grenzbedingungen da- Magnetfeld überhaupt nicht, d. h. sie fallen mit den Grenzbedingungen für eine Stoßs welle in der gewöhnlichen Hydrodynamik zusammen. Das Vorhandensein eines Magnetfeldes führt aber dazu, daß in einem bestimmten Intervall der Parameterwerte die Evolutionsbedingungen verletzt werden und solche Wellen nicht mehr möglich sind (s. Aufgabe 1).

Was die am Schluß des vorangegangenen Paragraphen behandelten senkrechten Stoßwellen anbelangt, so sind alle diese Verdichtungswellen evolutionär und dabei noch schnelle Wellen. Das letztgenannte ist schon daraus evident, daß für $H_n = 0$ die Geschwindigkeiten $u_A = u_l = 0$ sind.

Nachdem wir die verschiedenen Unstetigkeitstypen in der Magnetohydrodynamik behandelt haben, gehen wir nun noch auf die Frage der Existenzmöglichkeit von

Übergangsfällen zwischen diesen Typen, d. h. auf die Unstetigkeiten, die gleichzeitig die Eigenschaften beider Typen aufweisen, ein. Diesbezügliche Möglichkeiten werden durch Bedingungen, die aus den Evolutionsbedingungen folgen, sehr stark eingeschränkt.

Zunächst sei bemerkt, daß eine ALFVÉN-Unstetigkeit nicht stetig in eine Stoßwelle übergehen kann. In einer Stoßwelle liegen nämlich die Normale der Unstetigkeitsfläche und das Magnetfeld beiderseits von ihr in einer Ebene. Eine solche Stoßwelle kann mit einer ALFVÉN-Unstetigkeit nur dann zusammenfallen, wenn sich in ihr der Vektor $\boldsymbol{H}$ um 180° dreht. Dann aber wechselt die tangentiale Komponente des Feldes ihr Vorzeichen, währenddessen sie in einer evolutionären Stoßwelle ihr Vorzeichen nicht ändert.

Zwischen einer schnellen und einer langsamen Stoßwelle wäre ein stetiger Übergang nur bei $\boldsymbol{H}_{t1} = \boldsymbol{H}_{t2} = 0$ möglich, da in einer schnellen Welle das Feld $\boldsymbol{H}_t$ (wenn dieses von Null verschieden ist) verstärkt und in einer langsamen Welle abgeschwächt wird. Anders ausgedrückt: Ein stetiger Übergang wäre nur zwischen parallelen schnellen und langsamen Wellen möglich. Die Evolutionsgebiete dieser Wellen berühren sich aber nur für $u_{A1} = u_{01}$, wo die langsame Welle verschwindet (s. Aufgabe 1). Somit ist ein stetiger Übergang zwischen schnellen und langsamen Stoßwellen unmöglich.

Eine schnelle Welle kann aufgrund der Ungleichung (73,4) nicht stetig in eine tangentiale Unstetigkeit übergehen.

Somit sind stetige Übergänge nur zwischen tangentialen Unstetigkeiten einerseits und Kontaktunstetigkeiten, ALFVÉN-Unstetigkeiten oder langsamen Stoßwellen andererseits möglich.

Aufgaben

1. Man bestimme den Wertebereich von v_1, in dem die Evolutionsbedingung für eine parallele Stoßwelle in einem idealen (im thermodynamischen Sinne) einatomigen Gas (mit einem Verhältnis der spezifischen Wärmen $C_P/C_V = 5/3$) verletzt wird.

Lösung. Für das erwähnte Gas beträgt die Wärmefunktion $w = 5P/2\varrho$, und das System der Grenzbedingungen (70,1 bis 3) nimmt die Gestalt

$$\varrho_1 v_1 = \varrho_2 v_2\,, \qquad P_1 + \varrho_1 v_1^2 = P_2 + \varrho_2 v_2^2\,,$$

$$v_1^2 + 5\frac{P_1}{\varrho_1} = v_2^2 + 5\frac{P_2}{\varrho_2}$$

an. Hieraus finden wir

$$v_2 = \frac{v_1^2 + 3u_{01}^2}{4v_1}$$

(wobei $u_0 = (5P/3\varrho)^{1/2}$ die gewöhnliche Schallgeschwindigkeit ist) und weiterhin

$$u_{A2} = \sqrt{\frac{\varrho_1}{\varrho_2}}\,u_{A1} = \frac{\sqrt{v_1^2 + 3u_{01}^2}}{2v_1}\,u_{A1}\,,$$

$$u_{02} = \frac{\sqrt{(5v_1^2 - u_{01}^2)(v_1^2 + 3u_{01}^2)}}{4v_1}\,,$$

$$u_{s1} = \max(u_{01}, u_{A1})\,, \qquad u_{l1} = \min(u_{01}, u_{A1})\,,$$

$$u_{s2} = \max(u_{02}, u_{A2})\,, \qquad u_{l2} = \min(u_{02}, u_{A2})\,.$$

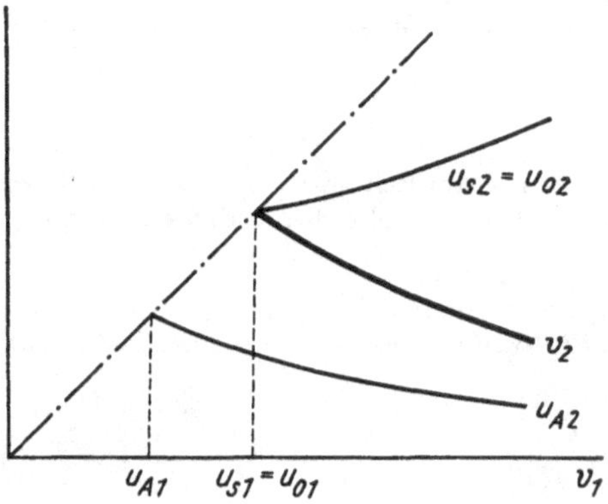

Abb. 43

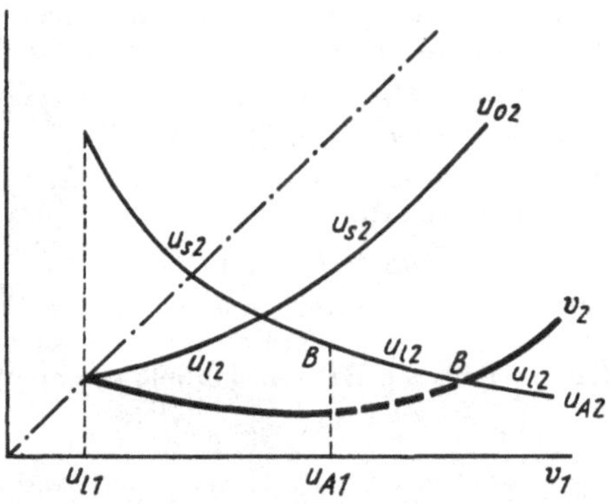

Abb. 44

Für $u_{A1} < u_{01}$ werden die Evolutionsbedingungen immer erfüllt, wobei die Stoßwelle eine schnelle Stoßwelle ist. In Abb. 43 Abhängigkeiten $v_2(v_1)$ (fette Linie) und $u_{A2}(v_1)$, $u_{s2}(v_1) = u_{02}(v_1)$ schematisch dargestellt; in vorliegendem Fall ist die strichpunktierte Linie die Winkelhalbierende des rechten Winkels.

In Abb. 44 ist das analoge Diagramm für den Fall $u_{A1} > u_{01}$ dargestellt. Die dünnen Linien sind wieder die Abhängigkeiten $u_{A2}(v_1)$ und $u_{02}(v_1)$; auf den verschiedenen Abschnitten dieser Linien ist angegbeen, welche der Geschwindigkeiten u_{s2} oder u_{l2} mit ihnen zusammenfällt. Die fette ausgezogene Linie ist die Abhängigkeit $v_2(v_1)$ in den Evolutionsgebieten, wobei ihr linker Anteil einer langsamen und der rechte einer schnellen Stoßwelle entspricht. Die fette gestrichelte Linie ist der nichtevolutionäre Abschnitt, der das Intervall

$$u_{A1} < v_1 < \sqrt{4u_{A1}^2 - 3u_{01}^2}$$

einnimmt, das von rechts durch den Punkt $v_2 = u_{A2}$ begrenzt wird.[1])

2. Vor einer Stoßwelle sei das tangentiale Magnetfeld $\boldsymbol{H}_{t1} = 0$, und hinter ihr sei $\boldsymbol{H}_{t2} \neq 0$ (eine derartige Welle bezeichnet man als ***Einschaltwelle***). Man bestimme das Geschwindigkeitsintervall v_{n1}, das eine derartige Welle in einem Gas mit denselben thermodynamischen Eigenschaften wie in Aufgabe 1 aufweisen kann.

L ö s u n g. Aus (72,2) folgt, daß für $\boldsymbol{H}_{t1} = 0$ die Geschwindigkeit der Welle relativ zum Gas hinter ihr

$$v_{n2} = H_n/\sqrt{4\pi\varrho_2} = u_{A2}$$

und vor ihr

$$v_{n1} = \frac{\varrho_2}{\varrho_1} v_{n2} = u_{A1}\sqrt{\frac{\varrho_1}{\varrho_2}} > u_{A1}$$

ist. Diese Welle ist eine schnelle Welle; v_{n1} und v_{n2} sind miteinander durch die Relation $v_{n1}v_{n2} = u_{A1}^2$ verknüpft.[2])

---

[1]) Bezüglich des Abschnitts BB s. Aufgabe 2.

[2]) Als ***Ausschaltwelle*** wird eine Stoßwelle bezeichnet, in der $\boldsymbol{H}_{t1} \neq 0$ und $\boldsymbol{H}_{t2} = 0$ ist. Sie gehört zu den langsamen Wellen; ihre Geschwindigkeiten betragen

$$v_{n1} = u_{A1}, \qquad v_{n2} = \sqrt{\frac{\varrho_1}{\varrho_2}}u_{A2} < u_{A2}, \qquad v_{n1}v_{n2} = u_{A2}^2.$$

Möglicherweise wird angezweifelt, daß die Ein- und Ausschaltwellen evolutionär sind, da in der Einschaltwelle $v_{n1} > u_{A1}$ gilt und daher scheinbar nur eine Alfvén-Störungswelle mit der Geschwindigkeit $v_{n2} + u_{A2} = 2u_{A2}$ nach hinten weglaufen kann. Man darf aber nicht vergessen, daß bei Anlegen einer Störung das tangentiale Magnetfeld von Null verschieden wird.

Für die Einschaltwelle in einem Gas mit den angegebenen thermodynamischen Eigenschaften kann man aus den Grenzbedingungen

$$\frac{H_{t2}^2}{8\pi} = \frac{\varrho_1}{3u_{A1}^2}(v_{n1}^2 - u_{A1}^2)(4u_{A1}^2 - 3u_{01}^2 - v_{n1}^2)$$

erhalten. Da die rechte Seite der Gleichung positiv und weiter $v_{n1} > u_{A1}$ sein muß, so sehen wir, daß die möglichen Werte von v_{n1} in einer Einschaltwelle durch das Intervall

$$u_{A1} \leqq v_{n1} \leqq \sqrt{4u_{A1}^2 - 3u_{01}^2}$$

eingeschränkt werden. Wie aus diesen Ungleichungen ersichtlich ist, sind Einschaltwellen nur für $u_{A1} > u_{01}$ möglich. In Abb. 44 entspricht der dünne, ausgezogene Abschnitt (mit den Buchstaben BB bezeichnet) diesen Wellen.

§ 74. Turbulenter Dynamo

Die turbulente Bewegung einer leitenden Flüssigkeit hat eine bemerkenswerte Eigenschaft: Sie führt zur spontanen Entstehung verhältnismäßig großer Magnetfelder. Diese Erscheinung wird als *turbulenter Dynamo* bezeichnet. In einer Flüssigkeit gibt es immer kleine Störungen, die durch äußere Faktoren (bezüglich der Flüssigkeitsbewegung) hervorgerufen und durch sehr schwache elektrische und magnetische Felder begleitet werden (zum Beispiel magnetomechanische Effekte in der rotierenden Flüssigkeit oder sogar thermische Fluktuationen). Das Problem besteht darin, ob diese Störungen im Mittel durch die turbulente Bewegung im Laufe der Zeit verstärkt oder gedämpft werden.

Der zeitliche Verlauf einmal entstandener Störungen des Magnetfeldes wird durch das Zusammenspiel zweier verschiedener physikalischer Faktoren bestimmt. In Richtung einer Feldverstärkung wirkt der spezifisch magnetohydrodynamische Dehnungseffekt der Kraftlinien. In § 65 wurde gezeigt, daß sich die magnetischen Kraftlinien bei der Bewegung der Flüssigkeit (mit hinreichend großer Leitfähigkeit) wie in ihr „eingefroren" ebenfalls mitbewegen, wobei sich die magnetische Feldstärke in einem Punkt proportional zur Dehnung der Kraftlinien im selben Punkt ändert. Bei einer turbulenten Bewegung laufen im Mittel zwei beliebig benachbarte Flüssigkeitssteilchen im Laufe der Zeit auseinander. Die Kraftlinien dehnen sich dann, und das Magnetfeld wird verstärkt.

In entgegengesetzter Richtung wirkt die Dissipation der magnetischen Energie, die in Form von Jouleｓcher Wärme der induzierten Ströme abgegeben wird. Da die Energiedissipation proportional zu (rot $\boldsymbol{H}$)^2, d. h. quadratisch in den Feldableitungen ist, so ist klar, daß für Bewegungen mit hinreichend großem räumlichen Maßstab für die Feldänderungen die Energiedissipation klein sein wird. Das bedeutet aber keineswegs, daß das Feld auf Entfernungen dieses Maßstabs verstärkt wird, da die erwähnte Dehnung der Kraftlinien von ihrer „Verwicklung" begleitet wird, was zu einer Verkleinerung des räumlichen Maßstabs führt. Daher ist eine Situation möglich, wo anstelle einer Feldverstärkung bei gegebenem Maßstab lediglich ein Energiefluß von turbulenten Pulsationen größeren Maßstabs zu solchen kleineren Maßstabs bis hin zu hinreichend kleinen Pulsationen, wo die Energie dissipiert, entsteht.

Gerade eine solche Situation würde im Falle einer „zweidimensionalen Turbulenz" vorliegen, wo die Geschwindigkeit der Flüssigkeit $\boldsymbol{v}$ überall ein und derselben x,y-Ebene parallel ist (J. B. Seldowitsch, 1956). Wir betonen, daß das erzeugte Feld dabei nicht als zweidimensional angenommen wird. Wir werden dies nun zeigen.

Betrachten wir zunächst die Evolution der zu der Bewegung der Flüssigkeiten senkrechten Komponente des Feldes $\boldsymbol{H}$. Unter Berücksichtigung der Gleichungen $\operatorname{div} \boldsymbol{H} = 0$ und $\operatorname{div} \boldsymbol{v} = 0$ (in diesem Paragraphen nehmen wir die Flüssigkeit als inkompressibel an!) nimmt die z-Komponente der Gleichung (66,1) die Gestalt

$$\frac{\partial H_z}{\partial t} = -(\boldsymbol{v}\nabla)\, H_z + \nu_{\mathrm{m}}\, \Delta H_z \tag{74,1}$$

an, worin nur H_z eingeht. Der erste Term beschreibt einfach den Transport des gegebenen H_z-Wertes zusammen mit dem Flüssigkeitselement, auf das er sich bezieht. Der zweite Term hingegen beschreibt den „Diffusionsausgleich“ der Werte von H_z in verschiedenen Punkten der Flüssigkeit. Offensichtlich können weder der eine noch der andere Effekt zu einem Anwachsen von H_z führen. Wenn die Anfangsstörung ein endliches Raumgebiet einnimmt, dann wird dieses im Verlauf der Zeit infolge der „Diffusion“ abklingen.

Beim Beweis des Abklingens der Feldkomponenten H_x und H_y kann man $H_z = 0$ setzen, da wir speziell die Möglichkeit auszuschließen haben, daß diese Komponenten nach dem Abklingen von H_z übrigbleiben.[1]) Weiterhin nehmen wir als zusätzliche Einschränkung an, daß alle Größen ($\boldsymbol{v}$ und $\boldsymbol{H}$) nicht von der z-Koordinate abhängen.[2]) Dann ist der Vektor $\operatorname{rot} \boldsymbol{H}$ entlang der z-Achse gerichtet; dasselbe trifft auch für den Vektor $[\boldsymbol{v}\boldsymbol{H}]$ zu, und daher ist auch das elektrische Feld entlang der z-Achse gerichtet (dies ist aus dem Ausdruck (66,6) ersichtlich). In einem solchen Fall kann man das elektromagnetische Feld mit Hilfe des Vektorpotentials $\boldsymbol{A}$ beschreiben, das entlang der z-Achse gerichtet ist und nicht von der z-Koordinate abhängt:

$$H_x = \frac{\partial A_z}{\partial y}\,, \qquad H_y = -\frac{\partial A_z}{\partial x}\,, \qquad E_z = -\frac{1}{c}\frac{\partial A_z}{\partial t}\,, \qquad \operatorname{div} \boldsymbol{A} = \frac{\partial A_z}{\partial z} = 0\,.$$

Setzen wir diese Ausdrücke in (66,6) ein, so erhalten wir nach einer einfachen Umformung die folgende Gleichung für A_z:

$$\frac{\partial A_z}{\partial t} = -(\boldsymbol{v}\nabla)\, A_z + \nu_{\mathrm{m}}\, \Delta A_z\,, \tag{74,2}$$

die der Form nach genau mit Gleichung (74,1) übereinstimmt. Hieraus folgt erneut, daß im Verlauf der Zeit die Störungen A_z und damit auch H_x und H_y abklingen.

Somit stellt der turbulente Dynamo eine wesentlich dreidimensionale Erscheinung dar. Zur Illustration dieses Umstandes sei auf das folgende Beispiel für eine Bewegung hingewiesen, die zu einer Verstärkung des Feldes führt, ohne seinen räumlichen Maßstab zu ändern (S. I. Wainschtejn, J. B. Seldowitsch, 1972). Betrachten wir eine Gesamtheit von geschlossenen magnetischen Kraftlinien, die innerhalb eines bestimmten Torus in die Flüssigkeit eingefroren sind (Abb. 45a)). Nehmen wir an, daß sich dieser Torus bei der Bewegung der Flüssigkeit beispielsweise auf das Doppelte ausdehnt (s. Abb. 45b)), genausoviel verringert sich seine Querschnittsfläche und wächst der Betrag des Magnetfeldes an. Weiterhin möge sich der Torus bei der Bewegung „ver-

---

[1]) Die nachfolgenden Überlegungen schließen die Möglichkeit eines Anwachsens des Feldes im Anfangsstadium des Prozesses nicht aus.

[2]) Diese Annahme wird hier nur zur Vereinfachung gemacht und ist nicht von prinzipieller Natur. Mit etwas komplizierteren Überlegungen kann man dasselbe Ergebnis auch ohne diese Einschränkung beweisen.

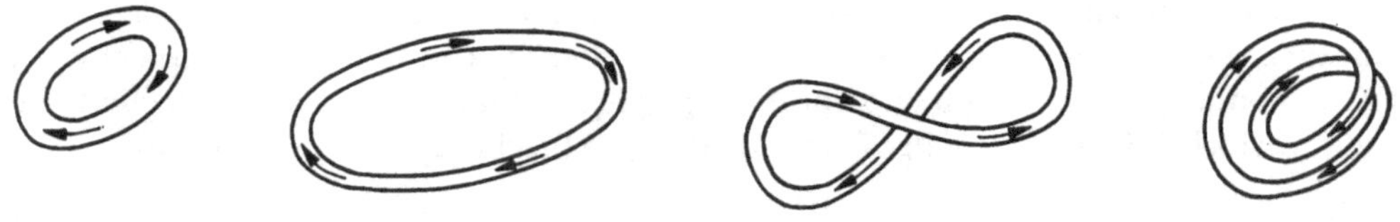

a) b) c) d)

Abb. 45

drehen“ (Abb. 45 c)), und danach mögen sich die Schleifen einander überlagern (Abb. 45d)). Im Endergebnis entsteht eine Konfiguration mit den gleichen Abmessungen wie anfangs, aber mit einem verdoppelten Feldwert im Torus. Eine mehrfache Wiederholung dieses Zyklus führt zu einem unbegrenzten exponentiellen Anwachsen des Feldes. Eine derartige Bewegung ist offensichtlich prinzipiell dreidimensional.

Diese Illustration ist natürlich kein Beweis für die reale Existenz eines turbulenten Dynamos, es gibt auch noch Bewegungen, die den Maßstab des Feldes teilen. Zur Klärung dieser Frage ist eine unmittelbare Untersuchung der Stabilität der Bewegung einer leitfähigen Flüssigkeit bezüglich kleiner Anfangsstörungen des Magnetfeldes erforderlich. Auf diesem Wege wurden gewichtige Hinweise dafür erhalten, daß bei hinreichend großen Werten der magnetischen REYNOLDS-Zahl eine Erzeugung von Magnetfeldern tatsächlich erfolgt.[1]) Wir werden diese hinreichend komplizierten Fragen hiernicht darlegen und gehen nur auf die allgemeine Beschreibung des sich einstellenden Bildes der magnetohydrodynamischen Turbulenz unter der Annahme der Existenz eines turbulenten Dynamos ein.

Bekanntlich kann die turbulente Bewegung als Gesamtheit „turbulenter Pulsationen“ verschiedenen Ausmaßes angesehen werden, vom größten l („äußerer Maßstab“ der Turbulenz) bis zum kleinsten λ_0 („innerer Maßstab“). Die erste Größe stimmt mit den charakteristischen Längen überein, die die Größe des Gebietes, in dem sich die turbulente Bewegung vollzieht, bestimmen. Die zweite bestimmt die Größenordnungen der Abstände, auf denen die Energiedissipation wesentlich wird (s. VI, §§ 31, 32). Wenn wir von der stationären Turbulenz sprechen, meinen wir die Konstanz ihrer mittleren Charakteristika, die über Zeitabstände der Größenordnung von entsprechenden Pulsationsperioden gemittelt sind. Diese Zeitabstände müssen natürlich klein gegenüber allen Beobachtungszeiten sein. Wir werden mit dem Index λ die mittleren Charakteristika der Pulsationen vom Maßstab λ bezeichnen; so sind v_λ und H_λ die mittleren Änderungen von Geschwindigkeit und Feld auf Abständen $\sim \lambda$.

Die Behauptung, daß ein turbulenter Dynamo existiert, bedeutet, daß auf Entfernungen vom Hauptmaßstab l ein Magnetfeld H_l vorliegt, dessen Energiedichte $H_l^2/8\pi$ mit der Dichte der kinetischen Energie der Flüssigkeit $\varrho v_l^2/2$ vergleichbar ist. Mit anderen Worten: Die ALFVÉN-Geschwindigkeit im Feld H_l

$$u_A \sim \frac{H_l}{\sqrt{4\pi\varrho}} \qquad (74{,}3)$$

---

[1]) s. S. I. WAINSCHTEJN, Ž. eksper. teoret. fiz. **79**, 2175 (1980); **83**, 161 (1982).

ist mit dem Hauptmaßstab der hydrodynamischen Geschwindigkeiten $v_l \equiv u$ (der Änderung der mittleren Geschwindigkeit auf Abständen $\sim l$) vergleichbar. Für Maßstäbe $\lambda \ll l$ hingegen sind die Felder $H_\lambda \ll H_l$.[1])

Wir betonen gleich den Hauptunterschied der magnetohydrodynamischen Turbulenz von der gewöhnlichen. In der zuletzt genannten beeinflußt die Bewegung großen Maßstabs nur unwesentlich die Eigenschaften der Pulsationen kleinen Maßstabs, sie führt lediglich zu einem „Konvektionsabbau" der letzteren. Im magnetohydrodynamischen Fall hingegen beeinflußt das Feld H_l vom Hauptmaßstab alle Bewegung kleineren Maßstabs.

Da man für alle Maßstäbe $\lambda \ll l$ das Feld H_l als lokal homogen betrachten kann und da $H_\lambda \ll H_l$ gilt, stellt die Bewegung kleinen Maßstabs in diesem Fall nichts anderes als eine Gesamtheit magnetohydrodynamischer Wellen kleiner Amplitude mit den Wellenvektoren $k \approx 1/\lambda$ und den Geschwindigkeiten $\sim u_A$ dar. Nach (69,11) sind in diesen Wellen die kinetische Energie der Flüssigkeit und die magnetische Energie gleich groß. Anders ausgedrückt: Für Pulsationen kleinen Maßstabs wird mit großer Genauigkeit die Gleichverteilung zwischen magnetischer und kinetischer Energie erfüllt:

$$\varrho v_\lambda^2 \approx H_\lambda^2/4\pi\,. \tag{74,4}$$

Der Größenordnung nach kann man diese Beziehung auf den Hauptmaßstab extrapolieren, wo sie in Übereinstimmung mit der obigen Annahme $u \sim u_A$ liefert.

Betrachten wir den Maßstabswertebereich im Intervall

$$l \gg \lambda \gg \lambda_0\,. \tag{74,5}$$

Wir müssen beachten, daß die viskose Dissipation und die JOULEsche Dissipation im allgemeinen bei unterschiedlichen Werten von λ wesentlich werden. In diesem Sinne können in der Magnetohydrodynamik zwei innere Maßstäbe auftreten; unter λ_0 in (74,5) verstehen wir den größeren von beiden, so daß im Bereich (74,5) (er wird als *Inertialbereich* bezeichnet) keinerlei Dissipation vorliegt.

Wir führen hier wie in der gewöhnlichen Turbulenztheorie, die mittlere pro Zeit und Masse in der Flüssigkeit dissipierte Energie ein (wir bezeichnen sie mit ε). Diese Energie wird aus der Bewegung großen Maßstabs gespeist, von wo aus sie stufenweise in alle kleineren Bereiche (Maßstäbe) übergeben wird, solange sie nicht in Pulsationen vom Maßstab $\lambda \lesssim \lambda_0$ dissipiert wird. Es ist evident, daß die Größe ε im Inertialbereich, wo keine Dissipation vorliegt, gleichzeitig den konstanten (λ-unabhängigen) Energiestrom in Richtung immer kleiner werdender Maßstäbe darstellt. Im Fall der gewöhnlichen rein hydrodynamischen Turbulenz könnte man behaupten, daß die lokalen (d. h. auf Abständen $\lambda \ll l$) Turbulenzeigenschaften nur durch die Größen ϱ

---

[1]) Wir interessieren uns hier für die Erzeugung eines turbulenten Magnetfeldes mit charakteristischen Abmessungen der räumlichen Änderung $\lesssim l$. Die Erzeugung von Feldern „großen Ausmaßes" mit charakteristischen Längen $\gg l$ erweist sich nur dann als möglich, wenn die gemittelten Charakteristika der turbulenten Bewegung nicht invariant bezüglich der räumlichen Inversion sind (dieser Fall wird hier nicht betrachtet). Die Darlegung der entsprechenden Theorie findet man in den Büchern „Der turbulente Dynamo in der Astrophysik" von S. I. WAINSCHTEJN, J. B. SELDOWITSCH und A. A. RUSMAIKIN, Nauka, Moskau 1980, und H. K. MOFFAT „Magnetic field generation in electrically conducting fluids" Cambridge University Press, 1978 (russ. Übers. Mir, Moskau 1980).

und ε sowie natürlich durch die Abstände λ selbst und nicht durch die Maßstäbe von l und u, die Ausmaße und die Geschwindigkeit im ganzen, bestimmt werden. Das wäre für die Bestimmung der Abhängigkeit v_λ von λ aus Dimensionsüberlegungen heraus bereits ausreichend. In der magnetohydrodynamischen Turbulenz dagegen können die lokalen Eigenschaften auch vom Feld H_l (oder, was dem äquivalent ist, von der Geschwindigkeit u_A) abhängen. Zur Bestimmung von v_λ sind nun Dimensionierungsüberlegungen allein nicht mehr ausreichend, und man hat Überlegungen bezüglich des tatsächlich vorliegenden Mechanismus für das Zustandekommen des Energiestromes einzubeziehen.

Dieser Mechanismus ist die gegenseitige Wechselwirkung von magnetohydrodynamischen Wellen geringer Amplitude, die durch nichtlineare Terme in den Bewegungsgleichungen beschrieben wird. Man hat daher den Energiestrom nach Potenzen der kleinen Amplituden v_λ zu entwickeln, wobei diese Entwicklung mit Termen höherer als der zweiten Ordnung beginnen muß (quadratische Terme entsprächen der hier fehlenden gewöhnlichen Dissipation). Die Terme dritter Ordnung würden von den Phasen der wechselwirkenden Wellen abhängen und entfallen daher bei der Mittelung über diese zufälligen Phasen. Es gilt daher $\varepsilon \propto v_\lambda^4$. Den Proportionalitätsfaktor kann man nun schon durch Dimensionsüberlegungen bestimmen (ε hat die Dimension $\mathrm{J/(kg\ s)} = \mathrm{m^2/s^3}$):

$$\varepsilon \sim v_\lambda^4/u_A\lambda \tag{74,6}$$

oder

$$v_A \sim (u_A\varepsilon\lambda)^{1/4} \tag{74,7}$$

(R. H. Kraichnan, 1965). Dieser Ausdruck ersetzt das Kolmogorow-Obuchow-Gesetz $\left(v_\lambda \sim (\varepsilon\lambda)^{1/3}\right)$ in der gewöhnlichen hydrodynamischen Turbulenz. Durch Extrapolation von (74,6) auf den Hauptmaßstab erhalten wir für ε die Abschätzung

$$\varepsilon \sim u^4/u_A l \sim u^3/l\,,$$

die mit der der gewöhnlichen Hydrodynamik übereinstimmt.

Den inneren Turbulenzmaßstab λ_0 kann man, ausgehend von der Vorstellung der Pulsationen kleinen Maßstabs, als hydrodynamische Wellen vor dem Hintergrund des Feldes H_l mit großem Maßstab abschätzen. Viskosität und Leitfähigkeit des Mediums führen zur Absorption dieser Wellen, der entsprechende Absorptionskoeffizient γ wurde in der Aufgabe zu § 69 bestimmt. Die Dissipation wird wesentlich, wenn die Absorptionslänge $1/\gamma$ vergleichbar mit der Wellenlänge, d. h. mit der Größenordnung von λ wird. Da sich die magnetohydrodynamischen Wellen mit der Geschwindigkeit u_A ausbreiten (die nicht von der Wellenlänge abhängt), so ist die Frequenz $\omega \sim u_A/\lambda$. Für den Absorptionskoeffizienten haben wir die Abschätzung

$$\gamma \sim (\nu + \nu_m)/\lambda^2 u_A\,.$$

Aus der Bedingung $\gamma \sim 1/\lambda$ erhalten wir für $\lambda \sim \lambda_0$ den inneren Maßstab

$$\lambda_0 \sim \frac{\nu + \nu_m}{u_A} \sim \frac{\nu + \nu_m}{u}\,. \tag{74,8}$$

Wenn $\nu \gg \nu_m$ ist, dann gilt $\lambda_0 \sim \nu/u \sim l/R$, wobei $R \sim ul/\nu$ die Reynolds-Zahl der Hauptbewegung ist. Für $\nu_m \gg \nu$ haben wir analog $\lambda_0 \sim l/R_m$.

Zum Schluß sei noch eine interessante Eigenschaft der turbulenten Bewegung eines Mediums mit hoher Leitfähigkeit erwähnt: Das Magnetfeld wird aus dem Turbulenzbereich herausgedrängt. Zum Beweis betrachten wir ein endliches, von der Turbulenz eingenommenes Gebiet, außerhalb dessen ein Magnetfeld vorliegt. Die Kraftlinien dieses Feldes werden beim Eindringen in das Turbulenzgebiet aufgrund ihres „Eingefrorenseins" verwickelt. Das Magnetfeld wird in bezug auf die Richtungen chaotisch. Das bedeutet dann auch das Verschwinden der zeitlich gemittelten Feldstärke $\boldsymbol{H}$, mit um so größerer Genauigkeit, je höher die Leitfähigkeit des Mediums ist (eine endliche Leitfähigkeit führt zu einem teilweisen Eindringen der Kraftlinien, so daß die Chaotisierung des Feldes nur unvollständig wird). Anders ausgedrückt: Bei Anlegen eines äußeren, nicht zu starken Magnetfeldes an die sich (in einem endlichen Raumgebiet) turbulent bewegende Flüssigkeit verhält diese sich wie ein diamagnetisches Medium mit der kleinen magnetischen Permeabilität ($\mu \ll 1$), die um so kleiner ist, je größer die magnetische REYNOLDS-Zahl R_m ist.

Ein hinreichend starkes Magnetfeld dagegen dringt in die Flüssigkeit ein. Das bedeutet aber nicht, daß ein starkes Feld die Turbulenz vollständig unterdrückt. In einem beliebig starkem homogenen Magnetfeld (das entlang der z-Achse gerichtet sei) ist eine zweidimensionale Turbulenz möglich, in der die Geschwindigkeit der Flüssigkeit überall parallel zur x,y-Ebene gerichtet ist und nicht von der z-Koordinate abhängt. In diesem Fall gilt nämlich

$$\operatorname{rot}[\boldsymbol{v}\boldsymbol{H}] = (\boldsymbol{H}\nabla)\,\boldsymbol{v} = 0\,,$$

und aus (65,2) folgt, daß die Flüssigkeitsbewegung das äußere Feld nicht stört, so daß dieses homogen bleibt. Es entstehen daher auch keine Ströme, und die LORENTZ-Kraft ist gleich Null. Man kann anschaulich gesprochen sagen, daß eine zweidimensionale Bewegung ein homogenes Feld überhaupt nicht „spürt". In solch eine zweidimensionale Turbulenz entartet die Turbulenz im starken äußeren Feld.

IX ELEKTROMAGNETISCHE WELLENGLEICHUNGEN

§ 75. Die Feldgleichungen in einem Dielektrikum ohne Dispersion

In § 48 gaben wir die Feldgleichungen eines veränderlichen elektromagnetischen Feldes in Metallen an:

$$\operatorname{rot} \boldsymbol{H} = \frac{4\pi}{c} \sigma \boldsymbol{E}\,, \qquad \operatorname{rot} \boldsymbol{E} = -\frac{1}{c}\frac{\partial \boldsymbol{B}}{\partial t}\,. \tag{75,1}$$

Sie gelten für ein sich genügend langsam änderndes Feld: Die Frequenzen des Feldes müssen so sein, daß die Abhängigkeit zwischen $\boldsymbol{j}$ und $\boldsymbol{E}$ und $\boldsymbol{B}$ und $\boldsymbol{H}$ (wenn letztere überhaupt existiert) dieselbe wie im stationären Fall ist.[1])

Jetzt werden wir das analoge Problem für ein veränderliches elektromagnetisches Feld im Dielektrikum untersuchen und Gleichungen formulieren, die für Frequenzen gelten, bei denen die Beziehungen zwischen $\boldsymbol{D}$ und $\boldsymbol{E}$ und zwischen $\boldsymbol{B}$ und $\boldsymbol{H}$ dieselben sind wie für konstante Felder. Gewöhnlich sind diese Beziehungen einfache Proportionalitäten, so daß wir schreiben können

$$\boldsymbol{D} = \varepsilon \boldsymbol{E}\,, \qquad \boldsymbol{B} = \mu \boldsymbol{H}; \tag{75,2}$$

ε und μ sind statische Werte.

Diese Beziehungen sind nicht gültig (oder man sagt auch: ε und μ zeigen Dispersion) für Frequenzen, die mit den Eigenfrequenzen jener Molekül- und Elektronenschwingungen vergleichbar sind, die zur elektrischen oder magnetischen Polarisation des Stoffes führen. Die Größenordnung dieser Frequenzen hängt von der Art des Stoffes ab und kann Werte innerhalb eines sehr großen Bereiches annehmen. Sie kann auch für elektrische und magnetische Erscheinungen völlig verschieden sein.[2])

Die Gleichungen

$$\operatorname{div} \boldsymbol{B} = 0\,, \tag{75,3}$$

$$\operatorname{rot} \boldsymbol{E} = -\frac{1}{c}\frac{\partial \boldsymbol{B}}{\partial t} \tag{75,4}$$

---

[1]) Die Bedingung $l \ll \lambda$ steht zur Gültigkeit der Gleichungen (75,1) in keiner Beziehung. Die Rolle dieser Bedingung besteht für die in Kap. VII betrachteten Fragen darin, daß sie die Vernachlässigung der Retardierungseffekte im Feld außerhalb des Leiters erlaubt.

[2]) Im Diamant ist die elektrische Polarisation z. B. auf die Elektronen zurückzuführen, und die Dispersion von ε beginnt erst im ultravioletten Spektralgebiet. In einer polaren Flüssigkeit wie dem Wasser wird die Polarisation durch die Moleküle mit permanentem Dipolmoment hervorgerufen, und die Dispersion von ε tritt für Frequenzen $\omega \sim 10^{11}\ \mathrm{s}^{-1}$ auf (d. h. im Zentimeterwellenbereich). Noch früher kann die Dispersion von μ in Ferromagnetika beginnen.

erhält man, wenn man $\boldsymbol{e}$ und $\boldsymbol{h}$ in den exakten mikroskopischen MAXWELLschen Gleichungen durch die Durchschnittswerte $\boldsymbol{E}$ und $\boldsymbol{B}$ ersetzt. Diese Gleichungen sind daher immer gültig. Die Gleichung

$$\operatorname{div} \boldsymbol{D} = 0 \tag{75,5}$$

erhält man durch Mittelung der exakten mikroskopischen Gleichung $\operatorname{div} \boldsymbol{e} = 4\pi\varrho$, wobei nur die Tatsache benutzt wird, daß die Gesamtladung des Körpers gleich Null ist. Dieses Resultat ist offensichtlich nicht von der in § 6 gemachten Voraussetzung abhängig, daß das Feld stationär sei. Deshalb ist die Gleichung (75,5) auch für veränderliche Felder gültig.

Eine weitere Gleichung erhält man noch durch Mittelung der exakten Gleichung

$$\operatorname{rot} \boldsymbol{h} = \frac{1}{c}\frac{\partial \boldsymbol{e}}{\partial t} + \frac{4\pi}{c}\varrho \boldsymbol{v}\,. \tag{75,6}$$

Die direkte Mittelung liefert

$$\operatorname{rot} \boldsymbol{B} = \frac{1}{c}\frac{\partial \boldsymbol{E}}{\partial t} + \frac{4\pi}{c}\overline{\varrho \boldsymbol{v}}\,. \tag{75,7}$$

Wenn das makroskopische Feld zeitabhängig ist, so ist die Aufstellung der Beziehung zwischen dem Mittelwert $\overline{\varrho \boldsymbol{v}}$ und den früher eingeführten Größen sehr schwierig. Es ist einfacher, die erforderliche Mittelung nicht unmittelbar, sondern auf folgendem mehr formalen Wege durchzuführen.

Nehmen wir für einen Augenblick an, es seien äußere Ladungen mit der Volumendichte ϱ_a in das Dielektrikum eingeführt worden. Diese Ladungen verursachen bei ihrer Bewegung einen „äußeren" Strom $\boldsymbol{j}_a$. Die Erhaltung dieser Ladung wird durch die Kontinuitätsgleichung ausgedrückt:

$$\frac{\partial \varrho_a}{\partial t} + \operatorname{div} \boldsymbol{j}_a = 0\,.$$

Anstelle der Gleichung (75,5) haben wir

$$\operatorname{div} \boldsymbol{D} = 4\pi\varrho_a$$

(s. (6,8)). Differenzieren wir diese Gleichung nach der Zeit und benutzen die Kontinuitätsgleichung, so erhalten wir

$$\frac{\partial}{\partial t}\operatorname{div} \boldsymbol{D} = 4\pi\frac{\partial \varrho_a}{\partial t} = -\,4\pi \operatorname{div} \boldsymbol{j}_a$$

oder

$$\operatorname{div}\left(\frac{\partial \boldsymbol{D}}{\partial t} + 4\pi \boldsymbol{j}_a\right) = 0\,.$$

Daraus folgt, daß der Vektor, der unter der Divergenz steht, als Rotation eines anderen Vektors dargestellt werden kann, den wir mit $c\boldsymbol{H}$ bezeichnen; deshalb gilt

$$\operatorname{rot} \boldsymbol{H} = \frac{4\pi}{c}\boldsymbol{j}_a + \frac{1}{c}\frac{\partial \boldsymbol{D}}{\partial t}\,. \tag{75,8}$$

Außerhalb des Körpers muß diese Gleichung mit der exakten MAXWELLschen Gleichung für das Feld im Vakuum zusammenfallen. Deshalb ist $\boldsymbol{H}$ die Stärke des

Magnetfeldes. Innerhalb des Körpers ist der Strom $\boldsymbol{j}_a$ im statischen Fall durch die Gleichung

$$\operatorname{rot} \boldsymbol{H} = \frac{4\pi}{c} \boldsymbol{j}_a$$

mit dem Magnetfeld verbunden, wo $\boldsymbol{H}$ die in § 29 eingeführte Größe sei, die in bestimmter Weise mit der mittleren Feldstärke $\boldsymbol{B}$ verbunden ist. Daraus folgt, daß der Vektor $\boldsymbol{H}$ in der Gleichung (75,8) mit der statischen Größe $\boldsymbol{H}(\boldsymbol{B})$ zusammenfällt, wenn die Frequenz gegen Null strebt, und daß unsere Voraussetzung einer langsamen Änderung des Feldes bedeutet, daß auch für diese veränderlichen Felder dieselbe Beziehung $\boldsymbol{H}(\boldsymbol{B})$ gilt. Deshalb ist $\boldsymbol{H}$ eine völlig bestimmte Größe, und wir gelangen, wenn wir die Hilfsgröße $\boldsymbol{j}_a$ weglassen, schließlich zu der Gleichung

$$\operatorname{rot} \boldsymbol{H} = \frac{1}{c} \frac{\partial \boldsymbol{D}}{\partial t} . \tag{75,9}$$

Die Größe $\dot{\boldsymbol{D}}/4\pi$ wird als *Verschiebungsstrom* bezeichnet.

Diese Gleichung ersetzt für Dielektrika die erste der Gleichungen (75,1) für das Feld in Metallen. Man könnte vermuten, daß man auch für Metalle das Glied mit der Ableitung $\partial \boldsymbol{E}/\partial t$ in den Gleichungen für ein veränderliches Feld berücksichtigen, d. h., daß man

$$\operatorname{rot} \boldsymbol{H} = \frac{4\pi}{c} \sigma \boldsymbol{E} + \frac{\varepsilon}{c} \frac{\partial \boldsymbol{E}}{\partial t} \tag{75,10}$$

schreiben muß.

Für gute Leiter (echte Metalle) wäre die Einführung eines solchen Gliedes jedoch sinnlos. Die zwei Glieder auf der rechten Seite der Gleichung (75,10) stellen im wesentlichen die ersten zwei Glieder in der Entwicklung nach Potenzen der Feldfrequenz dar. Da die Frequenz als genügend klein angenommen wird, würde die Hinzunahme des zweiten Gliedes bestenfalls eine kleine Korrektur bedeuten. Tatsächlich wird in Metallen die auf der Wirkung der räumlichen Inhomogenität des Feldes beruhende Korrektur bedeutender sein als die Frequenzkorrektur (s. Fußnote auf S. 251).

Es gibt jedoch Stoffe (schlechte Leiter), für die die Gleichung (75,10) Sinn hat. Aus besonderen Gründen (kleine Zahl der Leitungselektronen in Halbleitern, kleine Beweglichkeit der Ionen in elektrolytischen Lösungen) ist die Leitfähigkeit dieser Stoffe anomal klein, und das zweite Glied auf der rechten Seite der Gleichung (75,10) wird daher mit dem ersten vergleichbar, oder es kann dieses sogar für Frequenzen überschreiten, für die σ und ε noch als konstant angenommen werden. In einem monochromatischen Feld ist das Verhältnis des zweiten Gliedes zum ersten

$$\frac{\varepsilon \omega}{4\pi\sigma} .$$

Wenn dieses Verhältnis klein ist, verhält sich der Körper wie ein gewöhnlicher Leiter mit der Leitfähigkeit σ. Bei Frequenzen $\omega \gg 4\pi\sigma/\varepsilon$ verhält er sich wie ein Dielektrikum mit der Dielektrizitätskonstanten ε.

In einem homogenen Medium mit den Konstanten ε und μ nehmen die Gleichungen (75,3 bis 5) und (75,9) die folgende Gestalt an:

$$\operatorname{div} \boldsymbol{E} = 0 , \qquad \operatorname{div} \boldsymbol{H} = 0 , \tag{75,11}$$

$$\operatorname{rot} \boldsymbol{E} = -\frac{\mu}{c} \frac{\partial \boldsymbol{H}}{\partial t} , \qquad \operatorname{rot} \boldsymbol{H} = \frac{\varepsilon}{c} \frac{\partial \boldsymbol{E}}{\partial t} . \tag{75,12}$$

Eliminiert man aus diesen Gleichungen in der üblichen Weise $\boldsymbol{E}$ (oder $\boldsymbol{H}$), so erhält man

$$\operatorname{rot}\operatorname{rot}\boldsymbol{H} = \frac{\varepsilon}{c}\frac{\partial}{\partial t}\operatorname{rot}\boldsymbol{E} = -\frac{\mu\varepsilon}{c^2}\frac{\partial^2\boldsymbol{H}}{\partial t^2}.$$

Da $\operatorname{rot}\operatorname{rot}\boldsymbol{H} = \operatorname{grad}\operatorname{div}\boldsymbol{H} - \Delta\boldsymbol{H} = -\Delta\boldsymbol{H}$, gelangen wir zu der Wellengleichung

$$\Delta\boldsymbol{H} - \frac{\varepsilon\mu}{c^2}\frac{\partial^2\boldsymbol{H}}{\partial t^2} = 0.$$

Daraus ist ersichtlich, daß die Ausbreitungsgeschwindigkeit der elektromagnetischen Wellen in einem homogenen Dielektrikum

$$\frac{c}{\sqrt{\varepsilon\mu}} \tag{75,13}$$

beträgt.

Die Energiestromdichte besteht aus dem Energiestrom des elektromagnetischen Feldes und dem Energiestrom, der durch die unmittelbare Bewegung des Stoffes selbst bedingt ist. In einem unbeweglichen Medium (das wir auch betrachten) fehlt der letztgenannte Anteil, und die Energiestromdichte in einem dielektrischen Medium wird durch dieselbe Formel (30,20)

$$\boldsymbol{S} = \frac{c}{4\pi}[\boldsymbol{E}\boldsymbol{H}] \tag{75,14}$$

wie auch in Metallen gegeben. Man kann sich leicht davon überzeugen, indem man $\operatorname{div}\boldsymbol{S}$ berechnet. Benutzen wir die Gleichungen (75,4) und (75,9), so erhalten wir

$$\operatorname{div}\boldsymbol{S} = \frac{c}{4\pi}(\boldsymbol{H}\operatorname{rot}\boldsymbol{E} - \boldsymbol{E}\operatorname{rot}\boldsymbol{H}) = -\frac{1}{4\pi}\left(\boldsymbol{E}\frac{\partial\boldsymbol{D}}{\partial t} + \boldsymbol{H}\frac{\partial\boldsymbol{B}}{\partial t}\right) = -\frac{\partial U}{\partial t}, \tag{75,15}$$

in Übereinstimmung mit dem Ausdruck

$$\mathrm{d}U = \frac{1}{4\pi}(\boldsymbol{E}\,\mathrm{d}\boldsymbol{D} + \boldsymbol{H}\,\mathrm{d}\boldsymbol{B})$$

für das Differential der Dichte der inneren Energie des Dielektrikums bei gegebener Dichte und Entropiedichte.

Die allgemeinen Forderungen der relativistischen Invarianz führen dazu, daß die Energiestromdichte bis auf den Faktor c^2 mit der räumlichen Impulsdichte des Feldes zusammenfällt (s. II, §§ 32, 94). Die Impulsdichte ist daher gleich

$$\frac{1}{4\pi c}[\boldsymbol{E}\boldsymbol{H}]. \tag{75,16}$$

Dieser Umstand muß im besonderen bei der Bestimmung der Kräfte benutzt werden, die auf ein Dielektrikum im veränderlichen elektromagnetischen Feld wirken. Die Kraftdichte $\boldsymbol{f}$ kann aus dem Spannungstensor σ_{ik} berechnet werden:

$$f_i = \frac{\partial\sigma_{ik}}{\partial x_k}.$$

Dabei muß man jedoch berücksichtigen, daß σ_{ik} sowohl die Impulsstromdichte des Stoffes als auch die des elektromagnetischen Feldes enthält. Verstehen wir unter $\boldsymbol{f}$

die Kraftdichte, die nur auf das Medium wirkt, so muß man vom obigen Ausdruck die Änderung der Feldimpulsdichte subtrahieren:

$$f_i = \frac{\partial \sigma_{ik}}{\partial x_k} - \frac{\partial}{\partial t} \frac{1}{4\pi c} [\boldsymbol{EH}]_i \,. \tag{75,17}$$

In einem konstanten Feld ist das letzte Glied gleich Null; daher trat diese Frage früher nicht auf.

Da das Feld sich langsam ändert, kann als Spannungstensor der Ausdruck benutzt werden, den wir für ein konstantes Feld erhalten haben. So ist für ein flüssiges Dielektrikum σ_{ik} durch die Summe des elektrischen (15,9) und des magnetischen (35,2) Teils gegeben.

Beim Differenzieren dieser Ausdrücke nach den Koordinaten müssen wir aber berücksichtigen, daß die Gleichungen rot $\boldsymbol{E} = 0$ und rot $\boldsymbol{H} = 0$ für ein konstantes Feld (in Abwesenheit von Strömen) jetzt durch die Gleichungen (75,12) ersetzt werden müssen. Dies führt zum Auftreten der neuen Terme

$$-\frac{\varepsilon}{4\pi} [\boldsymbol{E} \operatorname{rot} \boldsymbol{E}] - \frac{\mu}{4\pi} [\boldsymbol{H} \operatorname{rot} \boldsymbol{H}] \,,$$

die nun ungleich Null sind, sowie von

$$\frac{\varepsilon\mu}{4\pi c} [\boldsymbol{E}\dot{\boldsymbol{H}}] - \frac{\varepsilon\mu}{4\pi c} [\boldsymbol{H}\dot{\boldsymbol{E}}] = \frac{\varepsilon\mu}{4\pi c} \frac{\partial}{\partial t} [\boldsymbol{EH}] \,.$$

Somit beträgt die gesuchte Kraft

$$\boldsymbol{f} = -\nabla P_0(\varrho, T) - \frac{E^2}{8\pi} \nabla \varepsilon + \nabla \left[\varrho \left(\frac{\partial \varepsilon}{\partial \varrho} \right)_T \frac{E^2}{8\pi} \right] - \frac{H^2}{8\pi} \nabla \mu$$
$$+ \nabla \left[\varrho \left(\frac{\partial \mu}{\partial \varrho} \right)_T \frac{H^2}{8\pi} \right] + \frac{\varepsilon\mu - 1}{4\pi c} \frac{\partial}{\partial t} [\boldsymbol{EH}] \,. \tag{75,18}$$

Der letzte Term in diesem Ausdruck wird als ABRAHAM-*Kraft* (M. ABRAHAM, 1909) bezeichnet.

§ 76. Elektrodynamik sich bewegender Dielektrika

Die Bewegung eines Mediums führt zu einer Wechselwirkung zwischen den elektrischen und magnetischen Feldern. Für Leiter wurde diese Erscheinung in § 63 betrachtet. Jetzt werden wir uns der Untersuchung dieser Frage an Dielektrika zuwenden. Faktisch geht es dabei um Erscheinungen, die in bewegten Körpern entstehen, wenn ein äußeres elektrisches oder magnetisches Feld vorhanden ist. Es muß betont werden, daß diese Erscheinungen nichts mit der Entstehung von Feldern infolge der Bewegung von Körpern zu tun haben (das letztere wurde in den §§ 36 und 64 betrachtet).

In § 63 gingen wir von den Transformationsformeln des Feldes für den Übergang zu einem anderen Bezugssystem aus. Dabei genügte uns die Kenntnis der gewöhnlichen Transformationsformeln der elektrischen und magnetischen Feldstärke im Vakuum, deren Mittelwert unmittelbar die Transformationsformeln von $\boldsymbol{E}$ und $\boldsymbol{B}$

liefert. Für Dielektrika ist die Frage bedeutend komplizierter, da das elektromagnetische Feld durch eine größere Zahl von Größen beschrieben wird.

Bei der Bewegung makroskopischer Körper handelt es sich praktisch nur um Geschwindigkeiten, die im Vergleich zur Lichtgeschwindigkeit klein sind. Die entsprechenden angenäherten Transformationsformeln sind am einfachsten aus den exakten relativistischen Formeln zu erhalten, die für beliebige Geschwindigkeiten gelten.

In der Elektrodynamik des Vakuumfeldes sind die Komponenten der elektrischen und magnetischen Feldvektoren $\boldsymbol{e}$ und $\boldsymbol{h}$ in Wirklichkeit bekanntlich Komponenten eines antisymmetrischen vierdimensionalen Tensors (Vierertensor) zweiter Stufe (s. II, § 23). Da $\boldsymbol{E}$ und $\boldsymbol{B}$ die Mittelwerte von $\boldsymbol{e}$ und $\boldsymbol{h}$ sind, gilt für sie dasselbe. Es gibt also einen Vierertensor $F_{\mu\nu}$ mit folgenden Komponenten[1]):

$$F_{\mu\nu} = \begin{pmatrix} 0 & E_x & E_y & E_z \\ -E_x & 0 & -B_z & B_y \\ -E_y & B_z & 0 & -B_x \\ -E_z & -B_y & B_x & 0 \end{pmatrix}, \quad F^{\mu\nu} = \begin{pmatrix} 0 & -E_x & -E_y & -E_z \\ E_x & 0 & -B_z & B_y \\ E_y & B_z & 0 & -B_x \\ E_z & -B_y & B_x & 0 \end{pmatrix} \tag{76,1}$$

Mit Hilfe dieses Tensors kann das erste Paar der MAXWELLschen Gleichungen,

$$\operatorname{div} \boldsymbol{B} = 0\,, \qquad \operatorname{rot} \boldsymbol{E} = -\frac{1}{c}\frac{\partial \boldsymbol{B}}{\partial t}, \tag{76,2}$$

in vierdimensionaler Form geschrieben werden:

$$\frac{\partial F_{\lambda\mu}}{\partial x^\nu} + \frac{\partial F_{\mu\nu}}{\partial x^\lambda} + \frac{\partial F_{\lambda\nu}}{\partial x^\mu} = 0\,. \tag{76,3}$$

Das zeigt die relativistische Invarianz dieser Gleichungen. Die Anwendbarkeit der Gleichungen (76,2) auf bewegte Körper ist offensichtlich, da diese Gleichungen unmittelbar aus den exakten mikroskopischen MAXWELLschen Gleichungen durch Ersetzen von $\boldsymbol{e}$ und $\boldsymbol{h}$ durch ihre Mittelwerte $\boldsymbol{E}$ und $\boldsymbol{B}$ erhalten werden.

Das zweite Paar der MAXWELLschen Gleichungen,

$$\operatorname{div} \boldsymbol{D} = 0\,, \qquad \operatorname{rot} \boldsymbol{H} = \frac{1}{c}\frac{\partial \boldsymbol{D}}{\partial t}, \tag{76,4}$$

behält seine Form in bewegten Medien ebenfalls bei. Dies ist aus den im vorigen Paragraphen angegebenen Argumenten ersichtlich. Es wurden dort nur solche allgemeinen Eigenschaften der Körper benutzt (z. B., daß die Gesamtladung gleich Null ist), die sowohl bewegte als auch unbewegte Körper besitzen. Dabei müssen die Beziehungen zwischen den Größen $\boldsymbol{D}$, $\boldsymbol{B}$ und $\boldsymbol{E}$, $\boldsymbol{H}$ durchaus nicht mit denen in unbewegten Medien zusammenfallen.

Da die Gleichungen (76,4) sowohl für unbewegte als auch bewegte Körper richtig sind, müssen sie gegenüber LORENTZ-Transformationen forminvariant sein. Für ein Feld im Vakuum fallen die Vektoren $\boldsymbol{D}$ und $\boldsymbol{H}$ mit den Vektoren $\boldsymbol{E}$ und $\boldsymbol{B}$ zusammen, und die relativistische Invarianz des zweiten Paares der MAXWELLschen Gleichungen zeigt sich darin, daß sie ebenfalls mit Hilfe desselben Tensors $F_{\lambda\mu}$ vierdimensional ge-

---

[1]) In diesem Paragraphen werden die vierdimensionalen Tensorindizes, die die Werte 0, 1, 2, 3 durchlaufen, mit den griechischen Buchstaben λ, μ, τ bezeichnet.

schrieben werden können: $\partial F_{\lambda\mu}/\partial x^{\mu} = 0$. (s. II, § 30) Es ist daher klar, daß es zur Sicherung der relativistischen Invarianz der Gleichungen (76,4) notwendig ist, daß sich die Komponenten der Vektoren $\boldsymbol{D}$ und $\boldsymbol{H}$ in Wirklichkeit als Komponenten eines Vierertensors transformieren, der genauso wie der Tensor $E_{\mu\nu}$ gebildet wird; wir nennen diesen Tensor $H_{\mu\nu}$:

$$H_{\mu\nu} = \begin{pmatrix} 0 & D_x & D_y & D_z \\ -D_x & 0 & -H_z & H_y \\ -D_y & H_z & 0 & -H_x \\ -D_z & -H_y & H_x & 0 \end{pmatrix}, \quad H^{\mu\nu} = \begin{pmatrix} 0 & -D_x & -D_y & -D_z \\ D_x & 0 & -H_z & H_y \\ D_y & H_z & 0 & -H_x \\ D_z & -H_y & H_x & 0 \end{pmatrix} \tag{76,5}$$

Mit seiner Hilfe können wir die Gleichungen (76,4) in folgender Form schreiben:,

$$\frac{\partial H^{\lambda\mu}}{\partial x^{\mu}} = 0 \,. \tag{76,6}$$

Da uns der vierdimensionale Tensorcharakter der Größen $\boldsymbol{E}$, $\boldsymbol{D}$, $\boldsymbol{H}$ und $\boldsymbol{B}$ bekannt ist, kennen wir damit ihr Transformationsgesetz beim Übergang zu einem neuen Koordinatensystem. Uns interessiert jedoch hier nicht nur dieses Transformationsgesetz, sondern auch die Beziehungen zwischen diesen Größen im bewegten Medium, welche die in ruhenden Körpern geltenden Beziehungen $\boldsymbol{D} = \varepsilon \boldsymbol{E}$ und $\boldsymbol{B} = \mu \boldsymbol{H}$ verallgemeinern.

Wir bezeichnen mit u^{μ} den Vierervektor der Geschwindigkeit des Mediums; seine Komponenten sind mit der dreidimensionalen Geschwindigkeit $\boldsymbol{v}$ durch

$$u^{\mu} = \left(\frac{1}{\sqrt{1 - v^2/c^2}}, \quad \frac{\boldsymbol{v}}{c\sqrt{1 - v^2/c^2}}\right)$$

verbunden. Wir bilden aus diesem Vierervektor und den Vierertensoren $F^{\mu\nu}$ und $H^{\mu\nu}$ solche Kombinationen, die in einem ruhenden Medium in $\boldsymbol{E}$ und $\boldsymbol{D}$ übergehen. Diese Kombinationen sind die Vierervektoren $F^{\lambda\mu}u_{\mu}$, $H^{\lambda\mu}u_{\mu}$; für $\boldsymbol{v} = 0$ sind ihre Zeitkomponenten Null und ihre Raumkomponenten $\boldsymbol{E}$ und $\boldsymbol{D}$. Daraus ist ersichtlich, daß die vierdimensionale Verallgemeiernung der Gleichung $\boldsymbol{D} = \varepsilon \boldsymbol{E}$ folgendermaßen lautet[1]):

$$H^{\lambda\mu}u_{\mu} = \varepsilon F^{\lambda\mu}\, u_{\mu} \,. \tag{76,7}$$

Ähnlich sehen wir, daß die Verallgemeinerung der Beziehung $\boldsymbol{B} = \mu \boldsymbol{H}$ durch die folgende vierdimensionale Gleichung gegeben ist:

$$F_{\lambda\mu}u_{\nu} + F_{\mu\nu}u_{\lambda} + F_{\nu\lambda}u_{\mu} = \mu(H_{\lambda\mu}u_{\nu} + H_{\mu\nu}u_{\lambda} + H_{\nu\lambda}u_{\mu}) \,. \tag{76,8}$$

Gehen wir von der vierdimensionalen zur dreidimensionalen Schreibweise über, so erhalten wir aus diesen zwei Gleichungen die Vektorbeziehungen[2])

$$\boldsymbol{D} + \frac{1}{c}[\boldsymbol{v}\boldsymbol{H}] = \varepsilon\left(\boldsymbol{E} + \frac{1}{c}[\boldsymbol{v}\boldsymbol{B}]\right), \quad \boldsymbol{B} + \frac{1}{c}[\boldsymbol{E}\boldsymbol{v}] = \mu\left(\boldsymbol{H} + \frac{1}{c}[\boldsymbol{D}\boldsymbol{v}]\right). \tag{76,9}$$

---

[1]) Es muß bemerkt werden, daß wir schwache Effekte vernachlässigen, die mit der möglichen Existenz eines Geschwindigkeitsgradienten verbunden sind (z. B. gyromagnetische Effekte; s. § 36).

[2]) Wenn eine der Beziehungen $\boldsymbol{D} = \varepsilon \boldsymbol{E}$ oder $\boldsymbol{B} = \mu \boldsymbol{H}$ in einem ruhenden Medium nicht gilt, so wird auch die entsprechende Relation (76,9) durch eine andere Funktionalbeziehung zwischen den beiden Vektorsummen, die auf den beiden Seiten der Gleichungen stehen, ersetzt.

Diese Formeln, die zuerst von H. MINKOWSKI abgeleitet wurden (1908), sind in dem Sinne exakt, daß noch keine Annahmen über die Größe der Geschwindigkeit gemacht wurden. Nehmen wir an, daß das Verhältnis v/c klein sei und lösen diese Gleichungen bezüglich $\boldsymbol{D}$ und $\boldsymbol{B}$ bis zu Termen erster Ordnung, so erhalten wir

$$\boldsymbol{D} = \varepsilon \boldsymbol{E} + \frac{\varepsilon\mu - 1}{c} [\boldsymbol{vH}] , \tag{76,10}$$

$$\boldsymbol{B} = \mu \boldsymbol{H} + \frac{\varepsilon\mu - 1}{c} [\boldsymbol{Ev}] . \tag{76,11}$$

Diese Formeln bilden zusammen mit dem MAXWELLschen Gleichungen (76,2) und (76,4) die Grundlage der Elektrodynamik bewegter Dielektrika.

Die Randbedingungen der MAXWELLschen Gleichungen werden auch etwas modifiziert. Aus den Gleichungen $\operatorname{div} \boldsymbol{D} = 0$ und $\operatorname{div} \boldsymbol{B} = 0$ folgen wie früher die Stetigkeitsbedingungen der Normalkomponenten der elektrischen und magnetischen Induktion:

$$D_{n1} = D_{n2} , \qquad B_{n1} = B_{n2} . \tag{76,12}$$

Die Bedingungen für die Tangentialkomponenten des Feldes können wir am einfachsten durch den Übergang von einem ruhenden Bezugssystem K zu einem neuen System K' erhalten, das sich zusammen mit dem betrachteten Oberflächenelement des Körpers bewegt; die Geschwindigkeit des letzteren (sie zeigt in die Normalenrichtung $\boldsymbol{n}$) bezeichnen wir mit v_n. Im System K' gelten die üblichen Stetigkeitsbedingungen für $\boldsymbol{E}_t'$ und $\boldsymbol{H}_t'$. Nach den relativistischen Transformationsformeln (s. II, § 24) sind diese Forderungen äquivalent mit der Stetigkeitsbedingung der Tangentialkomponenten der Vektoren

$$\boldsymbol{E} + \frac{1}{c} [\boldsymbol{vB}] \quad \text{und} \quad \boldsymbol{H} - \frac{1}{c} [\boldsymbol{vD}] .$$

Projizieren wir sie auf die zu $\boldsymbol{n}$ senkrechte Fläche und berücksichtigen die Gleichungen (76,12), so erhalten wir die gesuchten Randbedingungen

$$\left.\begin{aligned} [\boldsymbol{n}(\boldsymbol{E}_2 - \boldsymbol{E}_1)] &= \frac{v_n}{c} (\boldsymbol{B}_2 - \boldsymbol{B}_1) , \\ [\boldsymbol{n}(\boldsymbol{H}_2 - \boldsymbol{H}_1)] &= - \frac{v_n}{c} (\boldsymbol{D}_2 - \boldsymbol{D}_1). \end{aligned}\right\} \tag{76,13}$$

Setzen wir die Ausdrücke (76,10 und 11) in (76,13) ein und vernachlässigen Terme von höherer Ordnung als v/c, so erhalten wir

$$\left.\begin{aligned} [\boldsymbol{n}(\boldsymbol{E}_2 - \boldsymbol{E}_1)] &= \frac{v_n}{c} (\mu_2 - \mu_1) \boldsymbol{H}_t , \\ [\boldsymbol{n}(\boldsymbol{H}_2 - \boldsymbol{H}_1)] &= - \frac{v_n}{c} (\varepsilon_2 - \varepsilon_1) \boldsymbol{E}_t . \end{aligned}\right\} \tag{76,14}$$

In dieser Näherung können die Werte von $\boldsymbol{H}$ und $\boldsymbol{E}$ auf den beiden Seiten der Oberfläche auf der rechten Seite der Gleichungen (76,14) nicht unterschieden werden. Bewegt sich der Körper so, daß seine Oberfläche sich tangential zu sich selbst verschiebt (z. B. bei der Drehung eines Rotationskörpers um seine Achse), so gilt $v_n = 0$. Nur in diesem Fall führen die Bedingungen (76,13) oder (76,14) zu den gewöhnlichen Stetigkeitsbedingungen von $\boldsymbol{E}_t$ und $\boldsymbol{H}_t$.

Aufgaben

1. Eine dielektrische Kugel drehe sich gleichförmig (im Vakuum) in einem homogenen konstanten Magnetfeld $\mathfrak{H}$. Man bestimme das entstehende elektrische Feld in der Nähe der Kugel.

Lösung. Bei der Berechnung des entstehenden elektrischen Feldes kann man annehmen, daß das magnetische Feld dasselbe wie für eine ruhende Kugel ist, weil eine Berücksichtigung der Rückwirkung der Änderung des magnetischen Feldes zu Korrekturen von höherer Ordnung führen würde. Innerhalb der Kugel ist das Magnetfeld homogen und beträgt

$$\boldsymbol{H}^{(\mathrm{i})} = \frac{3}{2+\mu}\,\mathfrak{H}$$

(vgl. (8,2)).

Da die Rotation stationär ist, wird das entstehende elektrische Feld konstant und besitzt wie jedes konstante Feld ein Potential: $\boldsymbol{E} = -\operatorname{grad}\varphi$. Außerhalb der Kugel genügt das Potential der Gleichung $\Delta\varphi^{(\mathrm{e})} = 0$, innerhalb der Kugel genügt es der Gleichung

$$\Delta\varphi^{(\mathrm{i})} = 2\,\frac{\varepsilon\mu - 1}{c\varepsilon}\,\boldsymbol{\Omega}\boldsymbol{H}^{(\mathrm{i})}, \tag{1}$$

wo $\boldsymbol{\Omega}$ die Winkelgeschwindigkeit sei (diese Gleichung erhält man aus $\operatorname{div}\boldsymbol{D} = 0$, wenn man für $\boldsymbol{D}$ den Ausdruck (76,10) mit $\boldsymbol{v} = [\boldsymbol{\Omega}\boldsymbol{r}]$ einsetzt). Die Stetigkeitsbedingung für die Normalkomponente $\boldsymbol{D}$ auf der Kugeloberfläche lautet

$$-\,\varepsilon\,\frac{\partial\varphi^{(\mathrm{i})}}{\partial r}\bigg|_{r=a} + \frac{\varepsilon\mu - 1}{c}\,a\{\boldsymbol{\Omega}\boldsymbol{H}^{(\mathrm{i})} - (\boldsymbol{\Omega}\boldsymbol{n})\,(\boldsymbol{H}^{(\mathrm{i})}\boldsymbol{n})\} = -\,\frac{\partial\varphi^{(\mathrm{e})}}{\partial r}\bigg|_{r=a} \tag{2}$$

(a sei der Radius der Kugel, $\boldsymbol{n}$ der radiale Einheitsvektor).

Wegen der Kugelsymmetrie wird das gesuchte elektrische Feld durch nur zwei konstante Vektoren bestimmt: $\boldsymbol{\Omega}$ und $\mathfrak{H}$. Aus den Komponenten dieser beiden Vektoren können wir einen bilinearen Skalar $\mathfrak{H}\boldsymbol{\Omega}$ und einen bilinearen Tensor

$$\mathfrak{H}_i\Omega_k + \mathfrak{H}_k\Omega_i - \tfrac{2}{3}\,\delta_{ik}\mathfrak{H}\boldsymbol{\Omega}$$

bilden, dessen Summe der Diagonalterme gleich Null ist. Außerhalb der Kugel suchen wir dementsprechend nach einem Potential des Feldes von der Form

$$\varphi^{(\mathrm{e})} = \frac{1}{6}\,D_{ik}\,\frac{\partial^2}{\partial x_i\,\partial x_k}\left(\frac{1}{r}\right) = \frac{D_{ik}}{2}\,\frac{n_i n_k}{r^3}, \tag{3}$$

wo D_{ik} ein konstanter Tensor sei ($D_{ii} = 0$); es ist der Tensor des elektrisehen Quadrupolmomentes der Kugel (s. II, § 41). Ein Term von der Form const/r kann in $\varphi^{(\mathrm{e})}$ nicht auftreten, weil er einen von Null verschiedenen Gesamtstrom des elektrischen Feldes durch die Oberfläche der Kugel liefern würde (während die Kugel ungeladen ist). Innerhalb der Kugel suchen wir ein Potential von der Form

$$\varphi^{(\mathrm{i})} = \frac{r^2}{2a^5}\,D_{ik}n_i n_k + \frac{\varepsilon\mu - 1}{3c\varepsilon}\,\boldsymbol{\Omega}\boldsymbol{H}^{(\mathrm{i})}(r^2 - a^2)\,. \tag{4}$$

Das erste Glied ist die Lösung der homogenen Gleichung $\Delta\varphi = 0$, und der Koeffizient in ihm wird so gewählt, daß die Stetigkeit des Potentials (und damit auch die von $\boldsymbol{E}_t$) auf der Kugeloberfläche gesichert ist. Setzen wir (3) und (4) in (2) ein, so finden wir

$$D_{ik} = -\,\frac{a^5}{c}\,\frac{3(\varepsilon\mu - 1)}{(3 + 2\varepsilon)\,(2 + \mu)}\left(\mathfrak{H}_i\Omega_k + \mathfrak{H}_k\Omega_i - \frac{2}{3}\,\delta_{ik}\mathfrak{H}\boldsymbol{\Omega}\right). \tag{5}$$

Somit entsteht in der Nähe der rotierenden Kugel ein elektrisches Quadrupolfeld, wobei das Quadrupolmoment der Kugel durch die Formel (5) gegen wird. Wenn $\mathfrak{H}$ und $\boldsymbol{\Omega}$ beide in z-Richtung zeigen, hat D_{ik} nur Diagonalkomponenten

$$D_{zz} = -\,\frac{a^5}{c}\,\frac{4(\varepsilon\mu - 1)}{(3 + 2\varepsilon)\,(2 + \mu)}\,\mathfrak{H}\boldsymbol{\Omega}\,, \qquad D_{xx} = D_{yy} = -\,\frac{1}{2}\,D_{zz}\,,$$

Dazu analog entsteht in der Nähe einer Kugel, die in einem homogenen elektrischen Feld rotiert, ein magnetisches Quadrupolfeld. Das magnetische Quadropolmoment ist dabei durch die Formel gegeben, die man aus (5) durch Änderung des Vorzeichens und durch Ersetzen von ε, μ, $\mathfrak{H}$ durch μ, ε, $\mathfrak{E}$ erhält.

2. Eine magnetisierte Kugel rotiere (im Vakuum) gleichförmig um ihre Achse, die der Magnetisierungsrichtung parallel sei. Man bestimme das entstehende elektrische Feld in der Nähe der Kugel.[1])

Lösung. Das Magnetfeld innerhalb der Kugel sei gleichförmig und wird durch die konstante Magnetisierung $\boldsymbol{M}$ mit Hilfe der Gleichungen $\boldsymbol{B}^{(i)} + 2\boldsymbol{H}^{(i)} = 0$ (s. (8,1)) und $\boldsymbol{B}^{(i)} - \boldsymbol{H}^{(i)} = 4\pi\boldsymbol{M}$ ausgedrückt, woraus

$$\boldsymbol{B}^{(i)} = \frac{8\pi\boldsymbol{M}}{3}, \qquad \boldsymbol{H}^{(i)} = -\frac{4\pi\boldsymbol{M}}{3}$$

folgt. Die zweite der Formeln (76,9) gilt in diesem Fall nicht (weil die Formel $\boldsymbol{B} = \mu\boldsymbol{H}$ für ruhende Ferromagnetika nicht gilt); aus der ersten erhalten wir innerhalb der Kugel

$$\boldsymbol{D} = \varepsilon\boldsymbol{E} + \frac{\varepsilon}{c}[\boldsymbol{vB}] - \frac{1}{c}[\boldsymbol{vH}] = \varepsilon\boldsymbol{E} + \frac{4\pi(2\varepsilon+1)}{3c}[\boldsymbol{vM}]\,.$$

Das Potential des entstehenden Feldes befriedigt außerhalb der Kugel die Gleichung $\Delta\varphi^{(e)} = 0$ und innerhalb der Kugel

$$\Delta\varphi^{(i)} = \frac{8\pi(2\varepsilon+1)}{3c\varepsilon}M\Omega\,.$$

Die Randbedingung, daß D_n auf der Kugeloberfläche stetig sei, liefert

$$-\varepsilon\left.\frac{\partial\varphi^{(i)}}{\partial r}\right|_{r=a} + \frac{4\pi(2\varepsilon+1)}{3c}a\Omega M\sin^2\theta = -\left.\frac{\partial\varphi^{(e)}}{\partial r}\right|_{r=a},$$

wo θ der Winkel zwischen der Normalen $\boldsymbol{n}$ und der Richtung von $\boldsymbol{\Omega}$ und $\boldsymbol{M}$ (z-Achse) ist. Wir suchen Potentiale $\varphi^{(e)}$ und $\varphi^{(i)}$ von der Form

$$\varphi^{(e)} = \frac{D_{ik}n_in_k}{2r^3} = \frac{D_{zz}}{4r^3}(3\cos^2\theta - 1)\,,$$

$$\varphi^{(i)} = \frac{r^2}{4a}D_{zz}(3\cos^2\theta - 1) + \frac{4\pi(2\varepsilon+1)}{9c\varepsilon}M\Omega(r^2 - a^2)\,.$$

Aus der Randbedingung erhalten wir den folgenden Ausdruck für das elektrische Quadrupolmoment der rotierenden Kugel:

$$D_{zz} = -\frac{4(2\varepsilon+1)}{3c(2\varepsilon+3)}a^2\Omega\mathcal{M}\,, \qquad D_{xx} = D_{yy} = -\frac{1}{2}D_{zz}$$

($\mathcal{M}$ ist das gesamte magnetische Moment der Kugel). Für eine Metallkugel muß man $\varepsilon \to \infty$ setzen und erhält dann

$$D_{zz} = -\frac{4}{3c}\Omega\mathcal{M}a^2\,.$$

§ 77. Dispersion der dielektrischen Funktion

Wir gehen jetzt zur Untersuchung der wichtigen Frage der schnell veränderlichen elektromagnetischen Felder über. Die Frequenzen dieser Felder sind nicht durch die

[1]) Wenn die Richtung der Magnetisierung nicht mit der Rotationsachse zusammenfällt, so ändert sich die Problemstellung wesentlich, da die Kugel dann elektromagnetische Wellen emittiert.

Bedingung eingeschränkt, daß sie im Vergleich zu Frequenzen, die für das Auftreten der elektrischen und magnetischen Polarisation der Substanz charakteristisch sind, klein sein müssen.

Ein sich zeitlich änderndes elektromagnetisches Feld muß auch notwendig räumlich veränderlich sein. Für eine Frequenz ω wird die räumliche Periodizität durch eine Wellenlänge λ von der Größenordnung $\approx c/\omega$ bestimmt. Bei weiterem Anwachsen der Frequenz wird λ schließlich mit der Atomdimension a vergleichbar. Unter solchen Bedingungen kann das Feld nicht mehr makroskopisch beschrieben werden.

In diesem Zusammenhang ergibt sich die Frage, ob ein Frequenzbereich existiert, in dem einerseits schon Dispersionserscheinungen wesentlich sind, während andererseits noch die makroskopische Beschreibung zulässig ist. Man sieht leicht, daß ein solches Gebiet bestimmt existieren muß. Bei der Einstellung der elektrischen oder magnetischen Polarisation ist der elektronische Mechanismus der schnellere. Seine Relaxationszeit ist von der Größenordnung der „Atomzeit“ a/v, wo v die Elektronengeschwindigkeit im Atom ist. Da aber $v \ll c$ gilt, so ist selbst die solchen Zeiten entsprechende Wellenlänge $\lambda \approx ac/v$ immer noch groß im Vergleich zu a. Im folgenden werden wir annehmen, daß die Bedingung $\lambda \gg a$ erfüllt wird.[1]) Man muß jedoch daran denken, daß es Fälle geben kann, in denen diese Bedingung nicht hinreichend ist: Bei Metallen existiert bei niederen Temperaturen ein Frequenzbereich, in dem die makroskopische Theorie unbrauchbar ist, obwohl die Ungleichung $c/\omega \gg a$ erfüllt wird (s. § 87).

Die unten entwickelte formale Theorie ist sowohl auf Metalle als auch auf Dielektrika anwendbar. Bei Frequenzen, die der Bewegung des Elektrons im Atom entsprechen (optische Frequenzen), und bei höheren Frequenzen gibt es praktisch sogar keinen quantitativen Unterschied in den Eigenschaften von Metallen und Dielektrika.

Schon aus den in § 75 durchgeführten Überlegungen ist es klar, daß die MAXWELLschen Gleichungen

$$\operatorname{div} \boldsymbol{D} = 0 , \qquad \operatorname{div} \boldsymbol{B} = 0 , \tag{77,1}$$

$$\operatorname{rot} \boldsymbol{E} = -\frac{1}{c}\frac{\partial \boldsymbol{B}}{\partial t}, \qquad \operatorname{rot} \boldsymbol{H} = \frac{1}{c}\frac{\partial \boldsymbol{D}}{\partial t} \tag{77,2}$$

in willkürlich veränderlichen elektromagnetischen Feldern formal dieselben bleiben. Diese Gleichungen sind aber in einem gewissen Maße solange bedeutungslos, wie die Beziehungen zwischen den Größen $\boldsymbol{D}$, $\boldsymbol{B}$ und $\boldsymbol{E}$, $\boldsymbol{H}$, die in die Gleichungen eingehen, nicht aufgestellt sind. Diese Beziehung hat bei den von uns jetzt betrachteten großen Frequenzen keine Ähnlichkeit mit der, die im statischen Fall gültig ist, und der, die wir für veränderliche Felder bei fehlender Dispersion benutzt haben.

Vor allem wird auch die früher erhaltene grundlegende Eigenschaft dieser Beziehung verletzt, daß $\boldsymbol{D}$ und $\boldsymbol{B}$ von den Größen $\boldsymbol{E}$ und $\boldsymbol{H}$ im betrachteten Zeitpunkt eindeutig abhängen. Im allgemeinen Fall eines willkürlichen veränderlichen Feldes werden die Größen $\boldsymbol{D}$ und $\boldsymbol{B}$ in irgendeinem Zeitpunkt nicht nur durch die Größen $\boldsymbol{E}$ und $\boldsymbol{H}$ im selben Zeitpunkt bestimmt. Die Größen $\boldsymbol{D}$ und $\boldsymbol{B}$ hängen in einem gegebenen Zeitpunkt im allgemeinen von den Funktionswerten von $\boldsymbol{E}(t)$ und $\boldsymbol{H}(t)$ in jedem vorherigen Zeitpunkt ab. Das ist Ausdruck der Tatsache, daß die Einstellung

---

[1]) Die Effekte, die mit den Termen der folgenden Ordnung (bezüglich a/λ) verbunden sind, werden in den §§ 104 bis 106 betrachtet.

der elektrischen oder magnetischen Polarisation des Stoffes mit der Änderung des elektromagnetischen Feldes „nicht Schritt hält". (Die Frequenzen, bei denen Dispersionserscheinungen auftreten, können für die elektrischen und magnetischen Eigenschaften des Stoffes völlig verschieden sein.)

In diesem Paragraphen werden wir über die Abhängigkeit der Größe $\boldsymbol{D}$ von $\boldsymbol{E}$ sprechen; die spezifischen Besonderheiten der Dispersion der magnetischen Eigenschaften des Stoffes werden in § 79 diskutiert.

Der Polarisationsvektor $\boldsymbol{P}$ wurde in § 6 durch die Definition $\bar{\varrho} = -\operatorname{div}\boldsymbol{P}$ eingeführt, wobei ϱ die wahre (mikroskopische) Ladungsdichte des Stoffes sei. Diese Gleichung drückte die elektrische Neutralität des Körpers aus und zeigte (zusammen mit der Bedingung $\boldsymbol{P} = 0$ außerhalb des Körpers), daß das elektrische Gesamtmoment des Körpers gleich dem Integral $\int \boldsymbol{P}\,\mathrm{d}V$ ist. Es ist offensichtlich, daß diese Herleitung für veränderliche Felder genauso gültig ist wie für konstante Felder. Deshalb behält der Vektor $\boldsymbol{P} = 1/4\pi(\boldsymbol{D} - \boldsymbol{E})$ in einem beliebigen veränderlichen Feld auch beim Vorhandensein von Dispersion die physikalische Bedeutung des elektrischen Momentes pro Volumen des Stoffes.

In schnell veränderlichen Feldern hat man es praktisch immer mit verhältnismäßig kleinen Feldstärken zu tun. Deshalb kann man immer annehmen, daß die Beziehung zwischen $\boldsymbol{D}$ und $\boldsymbol{E}$ linear ist.[1] Die allgemeinste lineare Beziehung zwischen $\boldsymbol{D}(t)$ und den Werten der Funktion $\boldsymbol{E}(t)$ zu allen vorhergehenden Zeitpunkten kann in der folgenden integralen Form geschrieben werden:

$$\boldsymbol{D}(t) = \boldsymbol{E}(t) + \int_0^\infty f(\tau)\,\boldsymbol{E}(t-\tau)\,\mathrm{d}\tau \tag{77,3}$$

(die Abtrennung des Terms $\boldsymbol{E}(t)$ ist aus Gründen bequem, die im folgenden klar werden). $f(\tau)$ ist hier eine Funktion der Zeit und der Eigenschaften des Mediums. Wir werden die Beziehung (77,3) in Analogie zur elektrostatischen Formel $\boldsymbol{D} = \varepsilon\boldsymbol{E}$ in der symbolischen Form

$$\boldsymbol{D} = \hat{\varepsilon}\boldsymbol{E}$$

schreiben, wobei $\hat{\ }$ ein linearer Integraloperator ist, dessen Wirkung durch (77,3) bestimmt wird.

Jedes veränderliche Feld kann durch eine Fourier-Entwicklung als Summe monochromatischer Komponenten dargestellt werden, in denen die Zeitabhängigkeit aller Größen durch den Faktor $\mathrm{e}^{-i\omega t}$ gegeben ist. Für solche Felder hat die Beziehung (77,3) zwischen $\boldsymbol{D}$ und $\boldsymbol{E}$ die Form

$$\boldsymbol{D} = \varepsilon(\omega)\,\boldsymbol{E}\,, \tag{77,4}$$

wobei die Funktion $\varepsilon(\omega)$ durch

$$\varepsilon(\omega) = 1 + \int_0^\infty f(\tau)\,\mathrm{e}^{i\omega\tau}\,\mathrm{d}\tau \tag{77,5}$$

[1]) Wir nehmen hier an, daß $\boldsymbol{D}$ nur von $\boldsymbol{E}$ und nicht von $\boldsymbol{H}$ linear abhängt. In einem konstanten Feld wird eine lineare Abhängigkeit von $\boldsymbol{D}$ von $\boldsymbol{H}$ durch die Forderung der Invarianz bezüglich einer Vorzeichenänderung der Zeit ausgeschlossen. In einem veränderlichen Feld ist diese Bedingung nicht mehr anwendbar, und eine lineare Beziehung zwischen $\boldsymbol{D}$ und $\boldsymbol{H}$ ist möglich, wenn die Substanz gewisse Symmetrien besitzt. Sie liefert jedoch einen kleinen Effekt von der Ordnung a/λ. Das ist derselbe Effekt, der in der Fußnote auf der vorigen Seite angeführt wurde.

bestimmt wird. Deshalb kann die dielektrische Permeabilität für periodische Felder als Proportionalitätsfaktor zwischen $\boldsymbol{D}$ und $\boldsymbol{E}$ angesehen werden, wobei jedoch dieser Faktor nicht nur von den Eigenschaften des Mediums, sondern auch von den Frequenzen des Feldes abhängt. Die Abhängigkeit der Größe ε von der Frequenz wird *Dispersionsgesetz* genannt.

Die Funktion $\varepsilon(\omega)$ ist im allgemeinen komplex. Wir werden ihren Real- und Imaginärteil mit ε' und ε'' bezeichnen:

$$\varepsilon(\omega) = \varepsilon'(\omega) + i\varepsilon''(\omega)\,. \tag{77,6}$$

Aus der Definition (77,5) sehen wir sofort, daß

$$\varepsilon(-\omega) = \varepsilon^*(\omega) \tag{77,7}$$

gilt. Trennen wir in dieser Beziehung Real- und Imaginärteil voneinander, so erhalten wir

$$\varepsilon'(-\omega) = \varepsilon'(\omega)\,, \qquad \varepsilon''(-\omega) = -\varepsilon''(\omega)\,. \tag{77,8}$$

Deshalb ist ε' eine gerade Funktion und ε'' eine ungerade Funktion der Frequenz.

Für Frequenzen, welche klein sind im Vergleich zu denen, für die Dispersion auftritt, kann die Funktion $\varepsilon(\omega)$ nach Potenzen von ω entwickelt werden. Die Entwicklung der geraden Funktion $\varepsilon'(\omega)$ enthält nur gerade Potenzen, und die der ungeraden Funktion $\varepsilon''(\omega)$ enthält nur ungerade Potenzen. Im Grenzfall $\omega \to 0$ strebt die Funktion $\varepsilon(\omega)$ in Dielektrika natürlich gegen die elektrostatische Dielektrizitätskonstante, die wir hier mit ε_0 bezeichnen. In Dielektrika beginnt die Entwicklung von $\varepsilon'(\omega)$ daher mit ε_0; die Entwicklung von $\varepsilon''(\omega)$ beginnt im allgemeinen mit einem Term, der ω proportional ist.

Die Funktion $\varepsilon(\omega)$ kann bei kleinen Frequenzen auch für Metalle diskutiert werden, falls sie so definiert wird, daß im Grenzfall $\omega \to 0$ die Gleichung

$$\operatorname{rot} \boldsymbol{H} = \frac{1}{c}\frac{\partial \boldsymbol{D}}{\partial t}$$

in

$$\operatorname{rot} \boldsymbol{H} = \frac{4\pi}{c}\sigma \boldsymbol{E}$$

für ein konstantes Feld in einem Leiter übergeht. Vergleichen wir diese zwei Gleichungen, so sehen wir, daß die Ableitung $\partial \boldsymbol{D}/\partial t$ für $\omega \to 0$ in $4\pi\sigma\boldsymbol{E}$ übergehen muß. In einem periodischen Feld wird aber $\partial \boldsymbol{D}/\partial t = -i\omega\varepsilon\boldsymbol{E}$, und wir kommen zu folgendem Grenzausdruck für $\varepsilon(\omega)$ bei kleinen Frequenzen:

$$\varepsilon(\omega) = i\frac{4\pi\sigma}{\omega}\,. \tag{77,9}$$

Deshalb beginnt die Funktion $\varepsilon(\omega)$ in Leitern mit einem imaginären Term in $1/\omega$, der durch die gewöhnliche Leitfähigkeit σ für konstante Ströme ausgedrückt wird.[1]) Der nächste Term in der Entwicklung von $\varepsilon(\omega)$ ist konstant. Diese Konstante hat

---

[1]) Der Imaginärteil der Funktion $\varepsilon(\omega)$ wird manchmal für alle Frequenzen in der Form (77,9) dargestellt, was zur Einführung der neuen Funktion $\sigma(\omega)$ führt; diese Funktion hat bis auf die durch ihre Beziehung zu $\varepsilon''(\omega)$ gegebene keinerlei weitere physikalische Bedeutung.

jedoch bei Metallen nicht dieselbe elektrostatische Bedeutung wie bei Dielektrika.[1]) Darüber hinaus kann dieser Term der Entwicklung sinnlos werden, wenn die Effekte der räumlichen Inhomogenität des Feldes der elektromagnetischen Wellen früher auftreten als die Effekte seiner zeitlichen Periodizität.

§ 78. Die dielektrische Funktion bei sehr großen Frequenzen

Im Grenzfall $\omega \to \infty$ strebt die Funktion $\varepsilon(\omega)$ gegen Eins. Das ist schon aus einfachen physikalischen Betrachtungen zu ersehen: Bei genügend schneller Änderung des Feldes können die Polarisationsprozesse, die für den Unterschied zwischen $\boldsymbol{E}$ und $\boldsymbol{D}$ verantwortlich sind, diesen Änderungen im allgemeinen nicht folgen.

Es ist möglich, die Grenzform der Funktion $\varepsilon(\omega)$ bei hohen Frequenzen für beliebige Körper (ganz gleich, ob Metalle oder Dielektrika) aufzustellen. Die Feldfrequenz muß groß sein im Vergleich zu den „Eigenfrequenzen" der Bewegungen aller (oder wenigstens der meisten) Elektronen in den Atomen des betrachteten Stoffes. Wenn diese Bedingung erfüllt ist, können wir bei der Berechnung der Polarisation des Stoffes die Elektronen als frei ansehen und ihre Wechselwirkung miteinander und mit den Atomkernen vernachlässigen.

Die Geschwindigkeit v der Elektronenbewegung in den Atomen ist im Vergleich zur Lichtgeschwindigkeit klein. Deshalb sind die Entfernungen v/ω, die von den Elektronen im Laufe einer Wellenperiode zurückgelegt werden, klein im Vergleich zur Wellenlänge c/ω. Aus diesem Grunde können wir bei der Bestimmung der Geschwindigkeit, die ein Elektron im Feld der elektromagnetischen Welle erlangt, annehmen, daß das Feld homogen sei. Die Bewegungsgleichung lautet:

$$m \frac{\mathrm{d}\boldsymbol{v}'}{\mathrm{d}t} = e\boldsymbol{E} = e\boldsymbol{E}_0 \, \mathrm{e}^{-i\omega t}$$

(e und m sind Ladung und Masse des Elektrons sowie $\boldsymbol{v}'$ die vom Elektron im Feld der Welle zusätzlich erworbene Geschwindigkeit); hieraus folgt $\boldsymbol{v}' = ie\boldsymbol{E}/m\,\omega$. Die Verschiebung $\boldsymbol{r}$ des Elektrons unter dem Einfluß des Feldes ist mit $\boldsymbol{v}'$ durch $\dot{\boldsymbol{r}} = \boldsymbol{v}'$ verbunden; daher gilt $\boldsymbol{r} = -e\boldsymbol{E}/m\,\omega^2$. Die Polarisation $\boldsymbol{P}$ des Stoffes ist die Dichte der Dipolmomente. Summieren wir über alle Elektronen, so finden wir

$$\boldsymbol{P} = \sum e\boldsymbol{r} = -\frac{e^2}{m\omega^2} N\boldsymbol{E},$$

wo N die Elektronendichte des Stoffes ist. Andererseits haben wir durch die Definition der elektrischen Induktion $\boldsymbol{D} = \varepsilon\boldsymbol{E} = \boldsymbol{E} + 4\pi\boldsymbol{P}$. Daher erhalten wir schließlich die folgende Formel:

$$\varepsilon(\omega) = 1 - \frac{4\pi N e^2}{m\omega^2}. \tag{78,1}$$

---

[1]) Zur Vermeidung von Mißverständnissen weisen wir auf eine Änderung in der Bezeichnung im Vergleich zu § 75 hin. In Gleichung (75,10) ist $\varepsilon(\omega)$ für schlechte Leiter die Summe

$$\frac{4\pi i\sigma}{\omega} + \varepsilon.$$

Der praktische Anwendungsbereich dieser Formel beginnt für leichte Elemente beim fernen Ultraviolett und für schwere Elemente bei den Röntgenfrequenzen. Damit die Größe $\varepsilon(\omega)$ den Sinn behält, den sie in den MAXWELLschen Gleichungen hat, muß die Frequenz noch die Bedingung $\omega \ll c/a$ erfüllen. Wir werden jedoch im folgenden sehen (§ 124), daß dem Ausdruck (78,1) auch bei höheren Frequenzen eine bestimmte physikalische Bedeutung zugeschrieben werden kann.

§ 79. Dispersion der magnetischen Permeabilität

Die magnetische Permeabilität $\mu(\omega)$ verliert im Unterschied zu $\varepsilon(\omega)$ bei Vergrößerung der Frequenz verhältnismäßig früh ihren physikalischen Sinn; eine Berücksichtigung der Abweichungen von $\mu(\omega) = 1$ wäre bei diesen Frequenzen eine ungerechtfertigte Genauigkeitsüberschreitung. Um dies zu zeigen, untersuchen wir, inwieweit in einem veränderlichen Feld die physikalische Bedeutung der Größe $\boldsymbol{M} = (\boldsymbol{B} - \boldsymbol{H})/4\pi$ als Dichte der magnetischen Momente erhalten bleibt. Das magnetische Moment eines Körpers ist nach Definition das Integral

$$\frac{1}{2c}\int [\boldsymbol{r}\overline{\varrho\boldsymbol{v}}]\,\mathrm{d}V\,. \tag{79,1}$$

Der Mittelwert der mikroskopischen Stromdichte ist mit dem mittleren Feld durch die Gleichung (75,7) verbunden:

$$\operatorname{rot}\boldsymbol{B} = \frac{4\pi}{c}\overline{\varrho\boldsymbol{v}} + \frac{1}{c}\frac{\partial\boldsymbol{E}}{\partial t}\,. \tag{79,2}$$

Subtrahieren wir die Beziehung

$$\operatorname{rot}\boldsymbol{H} = \frac{1}{c}\frac{\partial\boldsymbol{D}}{\partial t}\,,$$

so erhalten wir

$$\overline{\varrho\boldsymbol{v}} = c\operatorname{rot}\boldsymbol{M} + \frac{\partial\boldsymbol{P}}{\partial t}\,. \tag{79,3}$$

Das Integral (79,1) kann, wie in § 29 gezeigt wurde, nur dann in die Form $\int\boldsymbol{M}\,\mathrm{d}V$ gebracht werden, wenn $\overline{\varrho\boldsymbol{v}} = c\operatorname{rot}\boldsymbol{M}$ (und $\boldsymbol{M} = 0$ außerhalb des Körpers) gilt.

Deshalb hängt die physikalische Bedeutung der Größe $\boldsymbol{M}$ (und daher auch die der magnetischen Suszeptibilität) von der Möglichkeit der Vernachlässigung des Termes $\partial\boldsymbol{P}/\partial t$ in Formel (79,3) ab. Wir wollen sehen, inwieweit die Bedingungen erfüllt werden können, die eine solche Vernachlässigung gestatten.

Für eine gegebene Frequenz sind die günstigsten Bedingungen für eine Messung der Suszeptibilität die, daß der Körper so klein wie möglich ist (um die räumlichen Ableitungen in rot $\boldsymbol{M}$ zu vergrößern) und daß das elektrische Feld so schwach wie möglich sei (um $\boldsymbol{P}$ zu verkleinern). Das Feld der elektromagnetischen Welle erfüllt die letzte Bedingung nicht, weil $E \sim H$ ist. Wir werden daher ein veränderliches Magnetfeld z. B. in einem Solenoid betrachten, wobei der betrachtete Körper auf dessen Achse angebracht wird. Das elektrische Feld entsteht nur als Folge der Induktion des veränderlichen Magnetfeldes. Die Größenordnung von E im Innern des Körpers kann man durch Abschätzung der beiden Seiten der Gleichung

$$\operatorname{rot} \boldsymbol{E} = -\frac{1}{c}\frac{\partial \boldsymbol{B}}{\partial t}$$

erhalten, woraus $E/l \sim \omega H/c$ oder $E \sim (\omega\, l/c)\, H$ folgt; l sei die Ausdehnung des Körpers. Setzen wir $\varepsilon - 1 \sim 1$, so erhalten wir

$$\frac{\partial P}{\partial t} \sim \omega E \sim \frac{\omega^2 l}{c} H \,.$$

Für die räumlichen Ableitungen des magnetischen Moments $\boldsymbol{M} = \chi \boldsymbol{H}$ haben wir

$$c \operatorname{rot} \boldsymbol{M} \sim \frac{c}{l} \chi \boldsymbol{H} \,.$$

Vergleichen wir die beiden Ausdrücke, so finden wir, daß der erste im Vergleich zum zweiten klein ist, wenn

$$l^2 \ll \chi \frac{c^2}{\omega^2} \tag{79,4}$$

gilt. Es ist klar, daß der Begriff der magnetischen Suszeptibilität nur dann einen Sinn haben kann, wenn diese Ungleichung wenigstens noch makroskopische Ausdehnungen des Körpers zuläßt, d. h., wenn sie mit der Ungleichung $l \gg a$ verträglich ist, wo a der Atomradius sei. Diese Bedingung wird offenbar schon im Gebiet der optischen Frequenz verletzt. Die magnetische Suszeptibilität ist nämlich bei solchen Frequenzen $\sim v^2/c^2$ [1]) (v sei die Elektronengeschwindigkeit im Atom); die optischen Frequenzen selbst sind $\omega \sim v/a$, und daher wird die rechte Seite der Ungleichung (79,4) $\sim a^2$.

Es hat daher offensichtlich keinen Sinn, die magnetische Suszeptibilität schon vom optischen Gebiet der Frequenzen an zu benutzen, und bei der Untersuchung entsprechender Erscheinungen müssen wir $\mu = 1$ setzen. Es wäre eine Spitzfindigkeit, in diesem Gebiet zwischen $\boldsymbol{B}$ und $\boldsymbol{H}$ zu unterscheiden. Praktisch gilt das schon für die meisten Erscheinungen bei Frequenzen, die viel kleiner als die optischen sind.[2])

Das Vorhandensein einer wesentlichen Dispersion der magnetischen Permeabilität ermöglicht die Existenz von quasistationären Schwingungen der Magnetisierung in Ferromagnetika. Um einen möglichen Einfluß der Leitfähigkeit des Stoffes auszuschließen, werden wir unten nichtmetallische Ferromagnetika, d. h. Ferrite im Auge haben.

Quasistationärität bedeutet wie immer (§ 58), daß angenommen wird, die Frequenz erfülle die Bedingung $\omega \ll c/l$, wobei l die Körperausmaße (oder die „Wellenlänge" der Schwingungen) charakterisiert. Außerdem werden wir die Austauschenergie, die mit den Inhomogenitäten der Magnetisierungsverteilung verbunden ist, die infolge der

---

[1]) Diese Abschätzung entspricht der diamagnetischen Suszeptibilität. Die Relaxationszeit irgendwelcher para- oder ferromagnetischer Prozesse ist im Vergleich zu den optischen Perioden bestimmt groß. Es sei betont, daß die für einen isotropen Körper durchgeführten Abschätzungen auf Ferromagnetika jedoch mit Vorsicht anzuwenden sind. Insbesondere können langsam abklingende (wie $1/\omega$) gyrotrope Terme im Tensor μ_{ik} auch bei hinreichend hohen Frequenzen wesentlich sein (s. Aufgabe 1).

[2]) Von einem etwas anderen Standpunkt aus wird dieser Umstand in § 103 diskutiert, s. die Fußnote auf S. 447.

Schwingungen entstehen, vernachlässigen (anders ausgedrückt, die räumliche Dispersion der magnetischen Permeabilität wird als unwesentlich vorausgesetzt, s. § 103). Hierfür müssen die Abmessungen l groß im Vergleich zu einer für die Inhomogenitätsenergie typischen Länge sein:

$$l \gg \sqrt{\alpha}\,,$$

wobei α von der Größenordnung der Koeffizienten im Ausdruck (43,1) ist.

Wir stellen $\boldsymbol{H}$ und $\boldsymbol{B}$ in der Gestalt $\boldsymbol{H} = \boldsymbol{H}_0 + \boldsymbol{H}'$ und $\boldsymbol{B} = \boldsymbol{B}_0 + \boldsymbol{B}'$ dar, wobei $\boldsymbol{H}_0$ und $\boldsymbol{B}_0$ die Feldstärke und die Induktion in einem statisch magnetisierten Körper sowie $\boldsymbol{H}'$ und $\boldsymbol{B}'$ die veränderlichen Anteile von Feldstärke und Induktion bei den Schwingungen sind. Bei Vernachlässigung des Verschiebungsstromes genügen die letztgenannten den Gleichungen

$$\operatorname{rot} \boldsymbol{H}' = 0\,, \qquad \operatorname{div} \boldsymbol{B}' = 0\,, \tag{79,5}$$

die sich von den Gleichungen der Magnetostatik nur dadurch unterscheiden, daß die magnetische Permeabilität nun (für ein monochromatisches Feld $\propto e^{-i\omega t}$) eine Funktion der Frequenz und keine Konstante ist.[1]) Ein ferromagnetisches Medium ist magnetisch anisotrop, und seine Permeabilität ist daher ein Tensor $\mu_{ik}(\omega)$, der die lineare Relation zwischen den veränderlichen Anteilen von Induktion und Feldstärke bestimmt.

Aufgrund der ersten Gleichung aus (79,5) ist das Magnetfeld ein Potentialfeld: $\boldsymbol{H}' = -\nabla\psi$. Setzt man danach

$$B_i' = \mu_{ik} H_k' = -\mu_{ik} \frac{\partial \psi}{\partial x_k}$$

in die zweite Gleichung ein, so erhält man die Gleichung für das Potential im Inneren des Körpers

$$\mu_{ik}(\omega) \frac{\partial^2 \psi}{\partial x_i \partial x_k} = 0\,. \tag{79,6}$$

Außerhalb des Körpers genügt das Potential der LAPLACE-Gleichung $\Delta\psi = 0$. An den Grenzflächen des Körpers müssen in üblicher Weise $\boldsymbol{H}_\mathrm{t}'$ und B_n' stetig sein. Die erste Bedingung reduziert sich auf die Stetigkeit des Potentials ψ selbst, und die zweite bedeutet die Stetigkeit des Ausdruckes

$$\mu_{ik} n_i \frac{\partial \psi}{\partial x_k}\,,$$

wobei $\boldsymbol{n}$ der Normaleneinheitsvektor zur Oberfläche des Körpers ist. Weit vom Körper entfernt muß $\psi \to 0$ gelten.

Die somit formulierte Aufgabe hat nur bei bestimmten Werten der Größen μ_{ik}, die als Parameter betrachtet werden, nichttriviale Lösungen. Durch Gleichsetzen der Funktionen $\mu_{ik}(\omega)$ mit diesen Werten bestimmen wir die Eigenfrequenzen der Magnetisierungsschwingungen des Körpers. Sie werden als Frequenzen der *inhomogenen ferromagnetischen Resonanz* bezeichnet.

[1]) Die hier behandelten Schwingungen bezeichnet man daher als *magnetostatische Schwingungen*. Die Theorie der homogenen (s. unten) magnetischen Schwingungen stammt von CH. KITTEL (1949), die der inhomogenen von L. WALKER (1957).

Die einfachste Form von magnetostatischen Schwingungen eines homogen magnetisierten Ellipsoids sind Schwingungen ohne Verletzung der Homogenität; die Magnetisierung des Ellipsoids schwingt als Ganzes. Die Bestimmung ihrer Frequenzen erfordert keine neue Lösung der Feldgleichungen und kann daher unmittelbar mit Hilfe der Relationen (29,14) erfolgen:

$$H_i + n_{ik}(B_k - H_k) = \mathfrak{H}_i\,, \tag{79,7}$$

wobei n_{ik} der Tensor der Entmagnetisierungsfaktoren des Ellipsoids ist; $\boldsymbol{H}$ und $\boldsymbol{B}$ beziehen sich auf das Feld im Inneren des Ellipsoids. $\boldsymbol{\mathfrak{H}}$ ist das äußere Magnetfeld. Letzteres wird als homogen angenommen. In $\boldsymbol{H}$ und $\boldsymbol{B}$ spalten wir wieder die Schwingungsanteile $\boldsymbol{H}'$ und $\boldsymbol{B}'$ ab, die nun homogen über das Körpervolumen sind. Für sie erhalten wir die Beziehung

$$H_i' + n_{ik}(B_k' - H_k') = 0$$

oder

$$(\delta_{ik} + 4\pi n_{il}\chi_{lk})\, H_k = 0\,,$$

wobei der Tensor der magnetischen Suszeptibilität $\chi_{ik}(\omega)$ gemäß der Definition $\mu_{ik} = \delta_{ik} + 4\pi\chi_{ik}$ eingeführt wurde. Durch Nullsetzen der Determinante dieses Systems homogener linearer Gleichungen erhalten wir die Gleichung

$$\det|\delta_{ik} + 4\pi n_{il}\chi_{ik}(\omega)| = 0\,, \tag{79,8}$$

deren Wurzeln die Eigenschwingungsfrequenzen bestimmen. Sie werden als Frequenzen der *homogenen ferromagnetischen Resonanz* bezeichnet.

Aufgaben

1. Man bestimme den Tensor der magnetischen Permeabilität für ein homogen magnetisiertes Ferromagnetikum vom Typ leichte Achse im Rahmen der makroskopischen Bewegungsgleichung für das magnetische Moment (LANDAU-LIFSCHITZ-Gleichung, s. IX, (69,9)) bei fehlender Dissipation (L. D. LANDAU, E. M. LIFSCHITZ, 1935).

Lösung. Die Bewegungsgleichung der Magnetisierung in dem Ferromagnetikum lautet

$$\dot{\boldsymbol{M}} = \gamma[(\boldsymbol{H} + \beta M_z \boldsymbol{\nu})\, \boldsymbol{M}]\,,$$

wobei $\gamma = g|e|/2mc$ (g ist der gyromagnetische Faktor), $\beta > 0$ der Anisotropiekoeffizient und $\boldsymbol{\nu}$ der Richtungseinheitsvektor der leichten Magnetisierungsachse (z-Achse) sind. Wir stellen das Feld $\boldsymbol{H}$ in der Gestalt $\boldsymbol{H} = \boldsymbol{H}_0 + \boldsymbol{H}'$ dar, wobei $\boldsymbol{H}'$ ein kleines, beliebig gerichtetes, veränderliches Feld und $\boldsymbol{H}_0$ ein konstantes Feld seien, das wir als längs der z-Achse gerichtet annehmen.[1]) Zusammen mit dem Feld $\boldsymbol{H}'$ ist auch die von ihm erzeugte transversale Magnetisierung M_x, M_y klein und $M_z \approx M = \text{const}$. Bei Vernachlässigung von kleinen Größen zweiter Ordnung erhalten wir die Gleichungen

$$-i\omega M_x = -\gamma(H_0 + \beta M)\, M_y + \gamma M H_y'\,,$$

$$-i\omega M_y = \gamma(H_0 + \beta M)\, M_x - \gamma M H_x'\,.$$

Bestimmt man hieraus M_x und M_y, so findet man die Suszeptibilität (als Koeffizienten in den Relationen $M_i' = \chi_{ik}H_k'$) und durch sie die Permeabilität:

$$\left.\begin{aligned} \mu_{xx} = \mu_{yy} &= 1 - \frac{4\pi}{\beta}\,\frac{\omega_M(\omega_M + \omega_H)}{\omega^2 - (\omega_M + \omega_H)^2} \equiv \mu\,, \qquad \mu_{zz} = 1\,, \\ \mu_{xy} = -\mu_{yx} &= i\,\frac{4\pi}{\beta}\,\frac{\omega\omega_M}{\omega^2 - (\omega_M + \omega_H)^2} \qquad\qquad \mu_{xz} = \mu_{yz} = 0\,, \end{aligned}\right\} \tag{1}$$

[1]) Dieses Feld führen wir hier im Hinblick auf die Anwendung der Ergebnisse in den folgenden Aufgaben ein.

mit $\omega_M = \gamma\beta M$ und $\omega_H = \gamma H_0$. Wir richten das Augenmerk auf die Gyrotropie des ferromagnetischen Mediums (die Definition dieses Begriffs s. in § 101).

2. Man bestimme die Frequenzen der homogenen ferromagnetischen Resonanz eines Ellipsoids, für das eine seiner Hauptachsen mit der leichten Magnetisierungsachse übereinstimmt. In derselben Richtung sei auch das äußere Feld angelegt (Ch. Kittel, 1947). [1]

Lösung. Im Inneren des Ellipsoids liegt längs der z-Achse (leichte Magnetisierungsachse) das Feld

$$H_0 = \mathfrak{H} - 4\pi n^{(z)} M$$

vor ($n^{(x)}$, $n^{(y)}$ und $n^{(z)}$ sind die Entmagnetisierungsfaktoren längs der Ellipsoidhauptachsen). Die einfache Ausrechnung der Determinante (79,8) führt auf die Gleichung

$$\frac{\omega^{(x)}\omega^{(y)} - \omega^2}{(\omega_M + \omega_H)^2 - \omega^2} = 0$$

mit

$$\omega^{(x)} = \gamma[M\beta + \mathfrak{H} + 4\pi M(n^{(x)} - n^{(z)})]\,,$$

$$\omega^{(y)} = \gamma[M\beta + \mathfrak{H} + 4\pi M(n^{(y)} - n^{(z)})]\,.$$

Hieraus hat man für die Frequenzen der homogenen Resonanz

$$\omega = (\omega^{(x)}\omega^{(y)})^{1/2}\,.$$

So haben wir für eine Kugel $n^{(x)} = n^{(y)} = n^{(z)} = 1/3$, und die Resonanzfrequenz ist

$$\omega = \gamma(M\beta + \mathfrak{H})\,.$$

Für eine planparallele Platte mit zur leichten Magnetisierungsrichtung senkrechter Oberfläche haben wir $n^{(x)} = n^{(y)} = 0$, $n^{(z)} = 1$, und die Resonanzfrequenz ist

$$\omega = \gamma(M\beta + \mathfrak{H} - 4\pi M)$$

(die Platte ist magnetisiert, falls $M\beta + \mathfrak{H} > 4\pi M$ gilt).

3. Man bestimme das Dispersionsgesetz der magnetostatischen Schwingungen in einem unbegrenzten Medium.

Lösung. Mit dem Tensor μ_{ik} aus (1) nimmt die Gleichung (79,6) die Gestalt

$$\mu\left(\frac{\partial^2\psi}{\partial x^2} + \frac{\partial^2\psi}{\partial y^2}\right) + \frac{\partial^2\psi}{\partial z^2} = 0 \tag{2}$$

an. Mit $\psi \propto e^{i\boldsymbol{kr}}$ finden wir

$$\mu(\omega) = -\cot^2\theta\,,$$

wobei θ der Winkel zwischen $\boldsymbol{k}$ und der leichten Magnetisierungsachse (z-Achse) ist. Mit $\mu(\omega)$ aus (1) ($\mathfrak{H} = 0$) erhalten wir die Schwingungsfrequenz

$$\omega = \gamma M(\beta + 4\pi \sin^2\theta)^{1/2}\,.$$

Sie hängt nur von der Richtung, aber nicht vom Betrag des Wellenvektors ab. Dieses Ergebnis stimmt, wie es auch sein muß, mit dem Grenzfall (für $k \to 0$) des Spinwellendispersionsgesetzes in einem Ferromagnetikum überein (s. IX, § 70).

4. Man bestimme die Frequenzen der inhomogenen Resonanz in einer unbegrenzten planparallelen Platte, deren Oberfläche senkrecht zur leichten Magnetisierungsachse ist, das äußere Feld $\mathfrak{H}$ soll ebenfalls längs dieser Achse gerichtet sein.

Lösung. Man hat die Lösung der Gleichung (2) für das Potential $\psi^{(i)}$ im Platteninneren und die Gleichung $\Delta\psi^{(e)} = 0$ für das Potential außerhalb der Platte mit den Grenzbedin-

---

[1]) In den Aufgaben 2 bis 4 wird angenommen, die magnetische Permeabilität des Stoffes sei durch die Formeln (1) gegeben.

gungen

$$\psi^{(i)} = \psi^{(e)}, \quad \frac{\partial \psi^{(i)}}{\partial z} = \frac{\partial \psi^{(e)}}{\partial z} \qquad \text{für} \quad z = \pm L/2 ,$$

$$\psi^{(e)} \to 0 \qquad \text{für} \quad |z| \to \infty$$

zu suchen (die z-Achse sei senkrecht zur Plattenoberfläche; die Ebene $z = 0$ verlaufe durch die Plattenmitte; $2L$ ist die Plattendicke). Eine derartige Lösung kann gerade oder ungerade in z sein. Im ersten Fall hat man

$$\psi^{(i)} = A \cos k_z z \cdot e^{ik_x x}, \qquad \psi^{(e)} = B\, e^{-k_x |z|}\, e^{ik_x x},$$

wobei $\mu k_x^2 = -k_z^2$ ist (der Wellenvektor liegt in der x,z-Ebene). Die Grenzbedingung führt zu der Beziehung

$$\tan k_z L = k_x / k_z . \tag{3}$$

Im zweiten Fall hat man

$$\psi^{(i)} = A \sin k_z z \cdot e^{ik_x x}, \qquad \psi^{(e)} = \pm B\, e^{-k_x |z|}\, e^{ik_x x},$$

und aus den Grenzbedingungen erhalten wir

$$\tan k_z L = -k_z / k_x . \tag{4}$$

Der Entmagnetisierungsfaktor der Platte ist $n^{(z)} = 1$, so daß das Entmagnetisierungsfeld $-4\pi M$ beträgt. Mit dem Ausdruck $\mu(\omega)$ aus (1) finden wir die Schwingungsfrequenz zu

$$\omega^2 = \gamma^2 (M\beta + \mathfrak{H} - 4\pi M)\,(M\beta + \mathfrak{H} - 4\pi M \cos^2 \theta), \tag{5}$$

wobei θ der Winkel zwischen $\boldsymbol{k}$ und der z-Achse ist. Für jeden beliebigen Wert von k_x existiert eine unendliche Menge diskreter Werte von k_z, die durch die Bedingungen (3) und (4) bestimmt werden. Die entsprechenden Frequenzen werden durch den Ausdruck (5) geliefert, sie hängen nur von dem Verhältnis k_x/k_z ab. Alle möglichen Frequenzwerte liegen in dem Intervall

$$\gamma (M\beta + \mathfrak{H} - 4\pi M) \leqq \omega \leqq \gamma [(M\beta + \mathfrak{H} - 4\pi M)\,(M\beta + \mathfrak{H})]^{1/2}.$$

Für $k_z \to 0$ sind nur symmetrische Schwingungen möglich, und aus (3) ist ersichtlich, daß $k_x L \approx (k_z L)^2$ gilt, d. h. eine kleine Größe zweiter Ordnung darstellt. Setzt man dementsprechend in (5) $\theta = 0$ ein, so findet man, daß die Frequenz, wie es auch sein muß, mit der Frequenz der homogenen Resonanz übereinstimmt.

§ 80. Feldenergie in Medien mit Dispersion

Die Formel

$$\boldsymbol{S} = \frac{c}{4\pi} [\boldsymbol{E}\boldsymbol{H}] \tag{80,1}$$

für die Energiestromdichte bleibt für beliebig veränderliche elektromagnetische Felder gültig, auch dann, wenn Dispersion vorhanden ist. Das ist aus den schon am Schluß von § 30 gegebenen Argumenten ersichtlich: Wegen der Stetigkeit der Tangentialkomponenten von $\boldsymbol{E}$ und $\boldsymbol{H}$ folgt die Formel (80,1) aus der Bedingung, daß die Normalkomponente von $\boldsymbol{S}$ auf dem Rand des Körpers stetig ist, und daraus, daß eine ähnliche Formel im Vakuum außerhalb des Körpers gilt.

Die zeitliche Änderung der Energiedichte des Körpers ist div $\boldsymbol{S}$. Mit Hilfe der MAXWELLschen Gleichungen kann dieser Ausdruck folgendermaßen geschrieben werden:

$$-\operatorname{div} \boldsymbol{S} = \frac{1}{4\pi} \left(\boldsymbol{E} \frac{\partial \boldsymbol{D}}{\partial t} + \boldsymbol{H} \frac{\partial \boldsymbol{B}}{\partial t} \right) \tag{80,2}$$

(s. (75,15)). In einem dielektrischen Medium ohne Dispersion, wo ε und μ echte Konstanten sind, kann diese Größe als Änderung der elektromagnetischen Energiedichte

$$U = \frac{1}{8\pi}(\varepsilon \boldsymbol{E}^2 + \mu \boldsymbol{H}^2) \tag{80,3}$$

angesehen werden, welche eine exakte thermodynamische Bedeutung hat: Sie ist die Differenz zwischen der Dichte der inneren Energie des Stoffes bei Anwesenheit und beim Fehlen eines Feldes; die Dichte und die Entropie haben in beiden Fällen dieselben Werte.

Beim Vorhandensein von Dispersion ist eine solche einfache Interpretation nicht mehr möglich. Darüber hinaus kann die elektromagnetische Energie im allgemeinen Fall beliebiger Dispersion nicht vernünftig als thermodynamische Größe definiert werden. Das ist dadurch bedingt, daß das Vorhandensein der Dispersion im allgemeinen mit dem gleichzeitigen Auftreten einer Dissipation der Energie verbunden ist, d. h., ein Medium mit Dispersion ist gleichzeitig ein absorbierendes Medium.

Zur Bestimmung dieser Dissipation betrachten wir ein monochromatisches elektromagnetisches Feld. Durch zeitliche Mittelung der Größe (80,2) finden wir damit den systematischen Energiezufluß (pro Zeit und Volumen des Mediums) von den äußeren das Feld unterhaltenden Quellen. Da die Amplitude des monochromatischen Feldes als konstant angenommen wird, wird diese gesamte Energie zur Deckung der Dissipation verbraucht. Damit liefert die unter den betrachteten Bedingungen zeitlich gemittelte Größe (80,2) eben die mittlere Wärmeleistungsdichte Q des Mediums.

Da der Ausdruck (80,2) im Feld quadratisch ist, müssen bei seiner Berechnung alle Größen in reller Form geschrieben werden. Für ein monochromatisches Feld ist es bequem, $\boldsymbol{E}$ und $\boldsymbol{H}$ komplex darzustellen. Machen wir das hier, so müssen wir in (80,2) für $\boldsymbol{E}$ und $\partial \boldsymbol{D}/\partial t$ die Größen $1/2\,(\boldsymbol{E} + \boldsymbol{E}^*)$ bzw. $1/2\,(-\,i\omega\varepsilon \boldsymbol{E} + i\omega\varepsilon^* \boldsymbol{E}^*)$ substituieren, das Analoge gilt für $\boldsymbol{H}$ und $\partial \boldsymbol{B}/\partial t$. Bei der zeitlichen Mittelung werden die Produkte $\boldsymbol{EE}$ und $\boldsymbol{E}^*\boldsymbol{E}^*$, welche die Faktoren $\mathrm{e}^{\mp 2i\omega t}$ enthalten, Null; es bleibt

$$Q = \frac{i\omega}{16\pi}\{(\varepsilon^* - \varepsilon)\,\boldsymbol{EE}^* + (\mu^* - \mu)\,\boldsymbol{HH}^*\} = \frac{\omega}{8\pi}(\varepsilon''|\boldsymbol{E}|^2 + \mu''|\boldsymbol{H}|^2). \tag{80,4}$$

Dieser Ausdruck kann auch in folgender Form geschrieben werden:

$$Q = \frac{\omega}{4\pi}(\varepsilon''\overline{\boldsymbol{E}^2} + \mu''\overline{\boldsymbol{H}^2}), \tag{80,5}$$

wo $\boldsymbol{E}$ und $\boldsymbol{H}$ die reellen Feldstärken **sind** und der Strich die zeitliche Mittelung bezeichnet (vgl. die Fußnote 2 auf S. 253).

Weiterhin erhält man unschwer eine Formel zur Bestimmung der Energiedissipation in einem nichtmonochromatischen Feld, das für $t \to \pm\infty$ hinreichend schnell verschwindet. In diesem Fall ist es sinnvoll, nicht die Dissipation pro Zeit zu betrachten, sondern sie auf die gesamte Zeit der Existenz des Feldes zu beziehen.

Wir entwickeln das Feld $\boldsymbol{E}(t)$ in ein Fourier-Integral und schreiben

$$\boldsymbol{E}(t) = \int_{-\infty}^{\infty} \boldsymbol{E}_\omega\,\mathrm{e}^{-i\omega t}\,\frac{\mathrm{d}\omega}{2\pi}, \qquad \frac{\partial \boldsymbol{D}(t)}{\partial t} = -\,i\int_{-\infty}^{\infty} \omega\varepsilon(\omega)\,\boldsymbol{E}_\omega\,\mathrm{e}^{-i\omega t}\,\frac{\mathrm{d}\omega}{2\pi},$$

wobei $\boldsymbol{E}_{-\omega} = \boldsymbol{E}_{\omega}^*$ gilt. Nach Aufschreiben des Produktes dieser Größen in der Form eines Doppelintegrals und nachfolgender zeitlicher Integration haben wir

$$\frac{1}{4\pi}\int_{-\infty}^{\infty} \boldsymbol{E}\frac{\partial \boldsymbol{D}}{\partial t}\,\mathrm{d}t = -\frac{i}{4\pi}\int_{-\infty}^{\infty} \omega\varepsilon(\omega)\,\boldsymbol{E}_{\omega}\boldsymbol{E}_{\omega'}\,\mathrm{e}^{-i(\omega+\omega')t}\,\frac{\mathrm{d}\omega\,\mathrm{d}\omega'}{(2\pi)^2}\,\mathrm{d}t\,.$$

Die Integration über t läßt sich mit der Formel

$$\int_{-\infty}^{\infty} \mathrm{e}^{-i(\omega+\omega')t}\,\mathrm{d}t = 2\pi\,\delta(\omega+\omega')$$

ausführen; die δ-Funktion wird daraufhin durch die Integration über ω' beseitigt. Als Ergebnis erhalten wir

$$-\frac{i}{4\pi}\int_{-\infty}^{\infty} \omega\varepsilon(\omega)\,|\boldsymbol{E}_{\omega}|^2\,\frac{\mathrm{d}\omega}{2\pi}\,.$$

Nach Einsetzen von $\varepsilon = \varepsilon' + i\varepsilon''$ verschwindet der $\varepsilon'(\omega)$ enthaltende Term bei der Integration, da der Integrand eine ungerade Funktion von ω ist. Zusammen mit dem analogen Ausdruck für das Magnetfeld finden wir schließlich

$$\int_{-\infty}^{\infty} Q\,\mathrm{d}t = \frac{1}{4\pi}\int_{-\infty}^{\infty} \omega[\varepsilon''(\omega)\,|\boldsymbol{E}_{\omega}|^2 + \mu''(\omega)\,|\boldsymbol{H}_{\omega}|^2]\,\frac{\mathrm{d}\omega}{2\pi} \tag{80,6}$$

(das Integral von $-\infty$ bis $+\infty$ kann mit einem Faktor 2 von 0 bis $+\infty$ geschrieben werden).

Die erhaltenen Formeln zeigen, daß die Absorption (Dissipation) der Energie durch die Imaginärteile von ε und μ bestimmt wird; die beiden Terme in (80,5) werden als elektrische bzw. als magnetische Verluste bezeichnet. Wegen des Gesetzes vom Anwachsen der Entropie haben diese Verluste ein genau festgelegtes Vorzeichen: Die Dissipation der Energie wird von einer Wärmeentwicklung begleitet, d. h., es gilt immer $Q > 0$. Hieraus folgt daher, daß die Imaginärteile von ε und μ immer positiv sind:

$$\varepsilon'' > 0, \quad \mu'' > 0; \tag{80,7}$$

dies gilt für alle Stoffe und für alle (positiven) Frequenzen.[1]) Das Vorzeichen der Realteile von ε und μ (für $\omega \neq 0$) wird durch keinerlei physikalische Bedingungen eingeschränkt, so daß ε' und μ' sowohl positiv als auch negativ sein können.

Jeder nichtstationäre Prozeß in einem realen Körper ist in irgendeinem Teil thermodynamisch irreversibel. Daher treten in einem veränderlichen elektromagnetischen

---

[1]) Streng genommen bezieht sich diese Behauptung auf Körper, die sich (bei Abwesenheit eines veränderlichen Feldes) im thermodynamischen Gleichgewicht befinden; diese Voraussetzung werden wir überall machen. Wenn der Körper sich nicht im Wärmegleichgewicht befindet, könnte die Leistungsdichte im Prinzip auch negativ sein. Der zweite Hauptsatz der Thermodynamik erfordert nur ein summarisches Anwachsen der Entropie, sowohl unter dem Einfluß eines veränderlichen elektromagnetischen Feldes als auch als Folge des Fehlens eines thermodynamischen Gleichgewichtes; das letztere ist vom Vorhandensein eines Feldes unabhängig. Ein prinzipiell mögliches Beispiel eines solchen Körpers ist ein Stoff, in dem alle Atome künstlich (d. h. nicht durch den Einfluß spontaner thermischer Anregung, sondern durch ein äußeres „Pumpfeld") angeregt worden sind.

Feld immer (wenn auch kleine) elektrische und magnetische Verluste auf. Mit anderen Worten, die Funktionen $\varepsilon''(\omega)$ und $\mu''(\omega)$ werden bei keinem von Null verschiedenen Frequenzwert streng Null. Wir werden im folgenden Paragraphen sehen, daß diese Feststellung von prinzipieller Bedeutung ist, obwohl sie keinesfalls die Möglichkeit ausschließt, daß Frequenzgebiete existieren, in denen nur sehr kleine Verluste auftreten.

Die Frequenzgebiete, in denen ε'' und μ'' sehr klein sind (im Vergleich zu ε' und μ') nennt man *Transparenzgebiete* des Stoffes. Vernachlässigen wir die Absorption, so können wir in diesen Gebieten den Begriff der inneren Energie des Körpers im elektromagnetischen Feld einführen; er hat diesselbe Bedeutung wie im konstanten Feld.

Um diese Größe zu bestimmen, reicht es nicht aus, ein rein monochromatisches Feld zu betrachten, da wegen seiner strengen Periodizität in ihm keine elektromagnetische Energie systematisch akkumuliert wird. Wir werden daher ein Feld betrachten, das aus monochromatischen Komponenten besteht, deren Frequenzen in einem schmalen Intervall in der Umgebung des mittleren Wertes ω_0 liegen. Die Feldstärken eines solchen Feldes können in der Form

$$\boldsymbol{E} = \boldsymbol{E}_0(t)\, \mathrm{e}^{-i\omega_0 t}\,, \qquad \boldsymbol{H} = \boldsymbol{H}_0(t)\, \mathrm{e}^{-i\omega_0 t} \tag{80,8}$$

geschrieben werden, wo $\boldsymbol{E}_0(t)$ und $\boldsymbol{H}_0(t)$ Funktionen der Zeit sind, die sich im Vergleich zum Faktor $\mathrm{e}^{-i\omega_0 t}$ nur langsam ändern. Die Realteile dieser Ausdrücke müssen auf der rechten Seite der Gleichung (80,2) eingesetzt werden. Danach mitteln wir zeitlich über die Periode $2\pi/\omega_0$, die klein ist im Vergleich zur zeitlichen Änderung der Faktoren $\boldsymbol{E}_0$ und $\boldsymbol{H}_0$.

Der erste Term in (80,2) nimmt folgende Form an, wenn man $\boldsymbol{E}$ komplex darstellt:

$$\frac{1}{4\pi}\,\frac{\boldsymbol{E} + \boldsymbol{E}^*}{2}\,\frac{\dot{\boldsymbol{D}} + \dot{\boldsymbol{D}}^*}{2}$$

(und analog für den zweiten Term). Die Produkte $\boldsymbol{E}\dot{\boldsymbol{D}}$ und $\boldsymbol{E}^*\dot{\boldsymbol{D}}^*$ verschwinden bei der genannten zeitlichen Mittelung. Sie brauchen daher überhaupt nicht betrachtet zu werden. Deshalb bleibt nur

$$\frac{1}{16\pi}\left(\boldsymbol{E}\,\frac{\partial \boldsymbol{D}^*}{\partial t} + \boldsymbol{E}^*\,\frac{\partial \boldsymbol{D}}{\partial t}\right). \tag{80,9}$$

Wir werden die Ableitung $\partial\boldsymbol{D}/\partial t$ in der Form $\hat{f}\boldsymbol{E}$ schreiben, wo $\hat{f}$ den Operator $f = \partial\hat{\varepsilon}/\partial t$ bezeichnet. Wir werden die Wirkung dieses Operators auf eine Funktion der Form (80,8) untersuchen. Wäre $\boldsymbol{E}_0$ konstant, so würden wir einfach erhalten:

$$\hat{f}\boldsymbol{E} = f(\omega)\,\boldsymbol{E}\,,$$

wo

$$f(\omega) = -i\omega\,\varepsilon(\omega)\,.$$

In unserem Fall entwickeln wir die Funktion $\boldsymbol{E}_0(t)$ in eine Fourier-Reihe, wobei wir die einzelnen Komponenten mit $\boldsymbol{E}_{0\alpha}\,\mathrm{e}^{-i\alpha t}$ bezeichnen (die $\boldsymbol{E}_{0\alpha}$ sind konstant). Da $\boldsymbol{E}_0(t)$ sich nur langsam ändert, treten in dieser Reihe nur Komponenten mit $\alpha \ll \omega_0$ auf. Wir können daher schreiben:

$$\hat{f}\boldsymbol{E}_{0\alpha}\,\mathrm{e}^{-i(\omega_0+\alpha)t} = f(\alpha + \omega_0)\,\boldsymbol{E}_{0\alpha}\,\mathrm{e}^{-i(\omega_0+\alpha)t}$$
$$\approx f(\omega_0)\,\boldsymbol{E}_{0\alpha}\,\mathrm{e}^{-i(\omega_0+\alpha)t} + \alpha\,\frac{\mathrm{d}f(\omega_0)}{\mathrm{d}\omega_0}\,\boldsymbol{E}_{0\alpha}\,\mathrm{e}^{-i(\omega_0+\alpha)t}\,.$$

Addieren wir nun die FOURIER-Komponenten, so erhalten wir

$$\hat{f}\,\boldsymbol{E}_0(t)\,\mathrm{e}^{-i\omega_0 t} = f(\omega_0)\,\boldsymbol{E}_0\,\mathrm{e}^{-i\omega_0 t} + i\,\frac{\mathrm{d}f(\omega_0)}{\mathrm{d}\omega_0}\,\frac{\partial \boldsymbol{E}}{\partial t}\,\mathrm{e}^{-i\omega_0 t}\,.$$

Lassen wir den Index 0 an ω_0 weg, so haben wir daher

$$\frac{\partial \boldsymbol{D}}{\partial t} = -\,i\omega\,\varepsilon(\omega)\,\boldsymbol{E} + \frac{\mathrm{d}(\omega\varepsilon)}{\mathrm{d}\omega}\,\frac{\partial \boldsymbol{E}_0}{\partial t}\,\mathrm{e}^{-i\omega t}\,. \tag{80,10}$$

Setzen wir diesen Ausdruck in (80,9) ein und vernachlässigen den Imaginärteil von $\varepsilon(\omega)$, so erhalten wir

$$\frac{1}{16\pi}\,\frac{\mathrm{d}(\omega\varepsilon)}{\mathrm{d}\omega}\left(\boldsymbol{E}_0^*\,\frac{\partial \boldsymbol{E}_0}{\partial t} + \boldsymbol{E}_0\,\frac{\partial \boldsymbol{E}_0^*}{\partial t}\right) = \frac{1}{16\pi}\,\frac{\mathrm{d}(\omega\varepsilon)}{\mathrm{d}\omega}\,\frac{\partial}{\partial t}(\boldsymbol{E}\boldsymbol{E}^*)$$

(das Produkt $\boldsymbol{E}_0\boldsymbol{E}_0$ fällt mit $\boldsymbol{E}\boldsymbol{E}^*$ zusammen). Addieren wir einen analogen Ausdruck für das Magnetfeld, so gelangen wir zu dem Schluß, daß die zeitliche Änderung der Energiedichte durch die Ableitung $\mathrm{d}\overline{U}/\mathrm{d}t$ gegeben ist mit

$$\overline{U} = \frac{1}{16\pi}\left[\frac{\mathrm{d}(\omega\varepsilon)}{\mathrm{d}\omega}\,\boldsymbol{E}\boldsymbol{E}^* + \frac{\mathrm{d}(\omega\mu)}{\mathrm{d}\omega}\,\boldsymbol{H}\boldsymbol{H}^*\right]. \tag{80,11}$$

Mit Hilfe der reellen Felder $\boldsymbol{E}$ und $\boldsymbol{H}$ kann dieser Ausdruck folgendermaßen geschrieben werden:

$$\overline{U} = \frac{1}{8\pi}\left[\frac{\mathrm{d}(\omega\varepsilon)}{\mathrm{d}\omega}\,\overline{\boldsymbol{E}^2} + \frac{\mathrm{d}(\omega\mu)}{\mathrm{d}\omega}\,\overline{\boldsymbol{H}^2}\right] \tag{80,12}$$

(L. BRILLOUIN, 1921).

Das ist auch das gesuchte Resultat: $\overline{U}$ ist der Mittelwert des elektromagnetischen Teils der Dichte der inneren Energie des transparenden Mediums. Wenn keine Dispersion vorhanden ist, sind ε und μ konstant, und (80,12) geht, wie zu erwarten war, in den Mittelwert des Ausdruckes (80,3) über.

Wenn der Zustrom der elektromagnetischen Energie von außen aufhört, so wandelt die Absorption, die praktisch immer vorhanden ist (wenn sie auch sehr klein ist), schließlich die gesamte Energiedichte $\overline{U}$ in Wärme um. Da diese Wärme nach dem Gesetz vom Anwachsen der Entropie entwickelt und nicht verbraucht wird, muß $\overline{U} > 0$ gelten. Aus der Formel (80,11) folgt dann, daß die Ungleichungen

$$\frac{\mathrm{d}(\omega\varepsilon)}{\mathrm{d}\omega} > 0\,, \qquad \frac{\mathrm{d}(\omega\mu)}{\mathrm{d}\omega} > 0 \tag{80,13}$$

erfüllt werden müssen. Tatsächlich werden diese Bedingungen infolge noch stärkerer Ungleichungen automatisch erfüllt. Diese stärkeren Ungleichungen werden von den Funktionen $\varepsilon(\omega)$ und $\mu(\omega)$ in Transparenzgebieten immer befriedigt (s. die Fußnote auf S. 359).

Wir betonen nochmals, daß der Ausdruck (80,12) in erster Näherung bezüglich der Änderungsfrequenzen α der Amplitude von $\boldsymbol{E}_0(t)$ gewonnen wurde. Er ist daher auch nur für Felder, deren Amplitude sich zeitlich langsam ändert, gültig (diese Anmerkung bezieht sich auch auf die Berechnung des Spannungstensors im folgenden Paragraphen).

§ 81. Der Spannungstensor in Medien mit Dispersion

Von großem Interesse ist auch die Fragestellung nach dem (zeitlich) mittleren Spannungstensor, durch den die auf einen Stoff im veränderlichen elektromagnetischen Feld wirkenden Kräfte bestimmt werden. Wir werden zeigen, daß auch bei vorliegender Dispersion (aber wie auch zuvor ohne Absorption) der Ausdruck für diesen Tensor im Unterschied zu Ausdruck (80,12) für die Energie keine Frequenzableitungen enthält. Insbesondere erhält man den Mittelwert $\overline{\sigma_{ik}}$ für eine transparente dispersive isotrope Flüssigkeit in einem monochromatischen elektrischen Feld aus (15,9) einfach durch Substitution von ε durch $\varepsilon(\omega)$ sowie der Produkte $E_i E_k$, $\boldsymbol{E}^2$ durch ihre Mittelwerte $\overline{E_i E_k}$, $\overline{\boldsymbol{E}^2}$ (L. P. Pitajewski, 1960).

Zum Beweis dieser Behauptung kehren wir zu der in § 15 dargelegten Ableitung (mit einigen Umformulierungen) zurück. Wir hatten dort einen ebenen, mit einem Dielektrikum ausgefüllten Kondensator betrachtet und den Spannungstensor aus der Gleichheit der Arbeit der ponderomotorischen Kräfte bei einer Verschiebung der Platten und der Änderung des entsprechenden thermodynamischen Potentials bestimmt. Wir geben nun diese Bedingung für die Gesamtgrößen (und nicht pro Fläche) in der Form

$$A\sigma_{ik}\xi_i n_k = (\delta\mathcal{U})_{\mathcal{S},e} \tag{81,1}$$

(A ist die Fläche der Kondensatorplatte) an. Anstelle des (thermodynamischen) Potentials $\tilde{\mathcal{F}}$ wurde hier die gewöhnliche Energie $\mathcal{U}$ benutzt, deren Änderung bei gegebenen Werten der Entropie $\mathcal{S}$ des Dielektrikums und der auf den Kondensatorplatten befindlichen Gesamtladungen $\pm e$ (anstelle des gegebenen Potentials φ) betrachtet wird; dabei benutzten wir, daß nach dem Theorem über die kleinen Zusatzterme

$$(\delta\tilde{\mathcal{F}})_{T,\varphi} = (\delta\mathcal{U})_{\mathcal{S},e}$$

gilt.

In der Form von (81,1) hat diese Bedingung einen besonders einfachen Sinn: Ein thermisch isolierter Kondensator mit gegebenen Ladungen auf den Platten stellt ein elektrisch abgeschlossenes System dar; verrichtet nun eine äußere Quelle an ihm eine mechanische Arbeit (Verschiebung der Platten), dann führt diese gesamte Arbeit zu einer Erhöhung der Kondensatorenergie. Die Kondensatorenergie ist gleich

$$\mathcal{U} = \mathcal{U}_0 + \frac{e^2}{2C}, \tag{81,2}$$

wobei $\mathcal{U}_0$ die Energie des Dielektrikums ohne Feld (bei demselben Entropiewert $\mathcal{S}$) und C die Kondensatorkapazität sind; für einen Plattenkondensator gilt $C = \varepsilon A/4\pi h$ mit h als dem Abstand zwischen den Platten.

Hieraus hat man

$$(\delta\mathcal{U})_{\mathcal{S},e} = (\delta\mathcal{U}_0)_{\mathcal{S}} - \frac{e^2}{2C^2}(\delta C)_{\mathcal{S}}. \tag{81,3}$$

Drückt man nun δC über die Plattenverschiebung ξ (unter Berücksichtigung der Dichteabhängigkeit von ε, die sich bei der Verschiebung ändert) aus, so erhält man

Formel (15,9)[1]); wegen der Offensichtlichkeit des Ergebnisses werden wir darauf nicht weiter eingehen.

Bei vorliegender Dispersion ändert sich der Ausdruck für die Energie $\mathcal{U}$. Wir werden zeigen, daß trotzdem die Relation (81,3) für die zeitlich gemittelte Variation $\overline{\delta\mathcal{U}}$ ihre Gültigkeit behält, und damit wird auch die oben angeführte Behauptung über den gemittelten Spannungstensor bewiesen.

Die Ladung auf den Kondensatorplatten möge sich nach einem monochromatischen Gesetz mit der Frequenz ω ändern. Dann stellt der Kondensator an und für sich schon nicht mehr ein elektrisch abgeschlossenes System dar, weil nun Ladungen zu- bzw. abgeführt werden müssen. Ein derartiges System stellt allerdings ein Schwingkreis, bestehend aus einem Kondensator und einer entsprechend ausgewählten Selbstinduktion mit der Eigenfrequenz ω dar.[2])

Fehlt ein äußerer Widerstand, dann ist die Potentialdifferenz φ an den Kondensatorplatten gleich der Summe aus der äußeren EMK und der EMK der Selbstinduktion

$$\varphi = \mathcal{E} - \frac{1}{c^2} L \frac{\mathrm{d}J}{\mathrm{d}t}, \tag{81,4}$$

dabei ist der Strom mit der Ladung auf den Kondensatorplatten durch die Gleichung $J = \mathrm{d}e/\mathrm{d}t$ verknüpft. Für Größen, die sich zeitlich nach einem monochromatischen Gesetz ändern, haben wir gemäß der Definition der Kapazität $C(\omega)$: $\varphi = e/C(\omega)$. Setzt man in (81,4) $\mathcal{E} = 0$, $J = -i\omega e$, so finden wir vor allem, daß auch bei vorliegender Dispersion der Kapazität die Eigenfrequenz des Kreises wie früher durch die THOMSON-Relation (62,5) bestimmt wird:

$$\omega = c/\sqrt{LC(\omega)}\,. \tag{81,5}$$

Weiterhin erhalten wir nach Multiplikation von Gleichung (81,4) mit $J = \mathrm{d}e/\mathrm{d}t$ und der Annahme (wie auch bei der Herleitung von (80,12)), daß alle Größen „fast monochromatisch" sind,

$$\overline{\mathcal{E}J} = \frac{\mathrm{d}}{\mathrm{d}t}\left\{\frac{1}{c^2}\frac{L\overline{J^2}}{2} + \frac{\mathrm{d}(\omega C)}{\mathrm{d}\omega}\frac{\overline{\varphi^2}}{2}\right\}.$$

Aus der Gestalt dieser Gleichung ist klar, daß der Ausdruck in den geschweiften Klammern die Energie $\mathcal{U}$ des Schwingkreises darstellt. Den ersten Term in diesem Ausdruck formen wir durch Einsetzen von $J = -i\omega e$ sowie Verwendung von (81,5) um:

$$\frac{1}{2c^2} L\overline{J^2} = \frac{1}{2c^2} L\omega^2\overline{e^2} = \frac{1}{2c^2} LC^2\omega^2\overline{\varphi^2} = \frac{C\overline{\varphi^2}}{2}\,.$$

---

[1]) Sie ist dabei über andere Veränderliche ausgedrückt. Anstatt der isothermen Ableitung $\partial\varepsilon/\partial\varrho$ und der Funktion P_0 gehen in sie die entsprechenden adiabatischen Größen ein. Beide Ausdrücke sind natürlich äquivalent.

[2]) Zur Erfüllung der Quasistationäritätsbedingung ist erforderlich, daß die Abmessungen des Schwingkreises klein gegenüber der Wellenlänge c/ω sind. Diese Einschränkung ist allerdings nicht von allgemeinem Charakter und schränkt die Allgemeingültigkeit der dargelegten Ableitung nicht ein.

Schließlich geben wir die Schwingkreisenergie in der Form

$$\overline{\mathcal{U}} = \frac{1}{\omega} \frac{\mathrm{d}(\omega^2 C)}{\mathrm{d}\omega} \frac{\overline{\varphi^2}}{2} \tag{81,6}$$

an.[1])

Wir haben die Variation dieser Energie bei einer kleinen Verschiebung der Kondensatorplatten, d. h. bei einer kleinen Änderung seiner Kapazität, zu berechnen. In einem veränderlichen Feld hat man sich diese Verschiebung als unendlich langsamen Prozeß vorzustellen. Bei einer solchen Änderung bleibt aber die adiabatische Invariante konstant, die (wie für jedes lineare Schwingungssystem) gleich dem Verhältnis von Schwingungsenergie und Frequenz im Vakuum ist.[2]) Somit ist $\delta(\overline{\mathcal{U}}/\omega) = 0$, d. h.

$$\delta\overline{\mathcal{U}} = \overline{\mathcal{U}}\, \frac{\delta\omega}{\omega}. \tag{81,7}$$

Aus der Gleichung (81,5) finden wir, daß bei einer kleinen Änderung der Kondensatorkapazität für die Änderung der Resonanzfrequenz

$$\frac{\delta\omega}{\omega} = -\frac{\delta C}{2C} \tag{81,8}$$

gilt. Die Kapazitätsänderung setzt sich aber aus zwei Anteilen zusammen:

$$\delta C = (\delta C)_{\mathrm{st}} + \frac{\mathrm{d}C}{\mathrm{d}\omega}\,\delta\omega\,. \tag{81,9}$$

Der erste Term ist der „statische" Anteil der Änderung, der mit der Deformation ebenso wie im statischen Falle zusammenhängt (hier ist wesentlich, daß bei vorliegender Dispersion die Kapazität $C(\omega)$ sich ebenso über $\varepsilon(\omega)$ wie im statischen Falle ausdrückt). Der zweite Term hängt einfach mit der Frequenzänderung zusammen. Aus (81,8 und 9) finden wir für den „statischen" Anteil

$$(\delta C)_{\mathrm{st}} = -\,\frac{1}{\omega^2} \frac{\mathrm{d}(\omega^2 C)}{\mathrm{d}\omega}\,\delta\omega\,. \tag{81,10}$$

Setzt man nun (81,6) in (81,7) unter Berücksichtigung von (81,10) ein, dann entfällt die Ableitung, und die Energievariation nimmt die Gestalt

$$\delta\overline{\mathcal{U}} = -\,\frac{\overline{\varphi^2}}{2}\,(\delta C)_{\mathrm{st}} = -\,\frac{\overline{e^2}}{2C^2}\,(\delta C)_{\mathrm{st}} \tag{81,11}$$

an, die tatsächlich mit dem gemittelten zweiten Term in (81,3) übereinstimmt.

Es sei vermerkt, daß das Herausfallen der die Ableitung nach ω enthaltenden Terme in $\delta\overline{\mathcal{U}}$ eine ganz allgemeine Eigenschaft ist und nicht mit der konkreten Art der Zustandsänderung des Körpers zusammenhängt (im gegebenen Fall des Kondensators). Insbesondere behält für ein Medium mit Dispersion die Formel (14,1) für die Änderung

[1]) Hier und weiter unten lassen wir der Einfachheit der Formeln wegen in der Energie den „nichtelektromagnetischen" Anteil $\mathcal{U}_0$ weg.

[2]) Vgl. I, § 49. Die Invarianz der angeführten Größe wird in der quantenmechanischen Terminologie besonders anschaulich: Das Verhältnis $\mathcal{U}/\hbar\omega$ ist die Nummer des Quantenzustandes, der sich unter adiabatischen Bedingungen nicht ändert.

der freien Energie bei einer kleinen Änderung von ε ihre Gültigkeit (dabei hat man $\boldsymbol{E}^2$ durch $\overline{\boldsymbol{E}^2}$ zu ersetzen):

$$\delta\mathcal{F} = -\int \delta\varepsilon(\omega) \frac{\overline{\boldsymbol{E}^2}}{8\pi} \mathrm{d}V. \tag{81,12}$$

Ist der Spannungstensor bekannt, so kann man nach Formel (75,17) die auf das Dielektrikum wirkende Kraftdichte bestimmen. Dabei stimmen die räumliche Ableitungen enthaltenden Terme mit den entsprechenden Termen des zeitlich gemittelten Ausdruckes (75,18) (in dem man $\mu = 1$ zu setzen hat) überein. Der die Ableitung nach der Zeit enthaltende Term (die ABRAHAM-Kraft) stellt sich jedoch als unterschiedlich heraus. Dieser Term entsteht nämlich als Differenz

$$\frac{1}{4\pi c}\left\{\frac{\partial}{\partial t}[\boldsymbol{D}\boldsymbol{H}] - \frac{\partial}{\partial t}[\boldsymbol{E}\boldsymbol{H}]\right\},$$

die nun über die Zeit zu mitteln ist. Dazu schreiben wir $\boldsymbol{D}$, $\boldsymbol{E}$ und $\boldsymbol{H}$ in komplexer Form (d. h., wir ersetzen sie durch $(\boldsymbol{D} + \boldsymbol{D}^*)/2$ usw.) und benutzen für die Ableitung $\partial\boldsymbol{D}/\partial t$ die Formel (80,10). Als Ergebnis erhalten wir die ABRAHAM-Kraft in der Gestalt

$$\frac{1}{8\pi c}(\varepsilon - 1)\,\mathrm{Re}\,\frac{\partial}{\partial t}[\boldsymbol{E}\boldsymbol{H}^*] + \frac{1}{8\pi c}\,\omega\,\frac{\mathrm{d}\varepsilon}{\mathrm{d}\omega}\,Re\left[\frac{\partial \boldsymbol{E}}{\partial t}\boldsymbol{H}^*\right] \tag{81,13}$$

(C. WASCHINA, W. I. KARPMAN, 1976).

Die Fragestellung nach dem Spannungstensor in einem veränderlichen Feld ist nicht nur für ein transparentes, sondern auch für ein absorbierendes Medium sinnvoll, im Gegensatz zur Frage nach der inneren Energie, die nur bei Vernachlässigung der Dissipation formuliert werden kann. Es gibt allerdings Gründe anzunehmen, daß für ein absorbierendes Medium der Spannungstensor nicht durch die dielektrische Funktion allein ausgedrückt werden kann; er kann daher auch nicht in allgemeiner Form auf makroskopischem Wege bestimmt werden.

§ 82. Die analytischen Eigenschaften der Funktion $\varepsilon(\omega)$

Die Funktion $f(\tau)$ in (77,3) ist für alle Werte von τ endlich, auch für $\tau = 0$.[1] Bei Dielektrika strebt diese Funktion für $\tau \to \infty$ gegen Null. Diese Tatsache ist einfach dafür ein Ausdruck, daß in einem gegebenen Zeitpunkt die Werte von $\boldsymbol{E}(t)$ zu längst vergangenen Zeitpunkten auf $\boldsymbol{D}(t)$ keinen merklichen Einfluß ausüben können. Der physikalische Mechanismus, der der Integralbeziehung (77,3) zugrunde liegt, besteht in den Prozessen, welche die elektrische Polarisation bewirken. Daher ist das τ-Intervall, in dem die Funktion $f(\tau)$ merklich von Null verschieden ist, von der Größenordnung der Relaxationszeit, welche die Geschwindigkeit dieser Prozesse charakterisiert.

Das eben Gesagte bezieht sich auch auf Metalle, nur mit dem Unterschied, daß für $\tau \to \infty$ nicht die Funktion $f(\tau)$ selbst, sondern die Differenz $f(\tau) - 4\pi\sigma$ gegen Null strebt. Dieser Unterschied ist damit verbunden, daß schon der Durchgang eines

[1]) Zu diesem Zweck wurde der Term $\boldsymbol{E}(t)$ in der Integralbeziehung (77,3) nämlich separiert; andernfalls hätte die Funktion $f(\tau)$ für $\tau = 0$ eine deltaartige Singularität.

stationären Leitungsstroms, obwohl er zu keiner realen Veränderung des physikalischen Zustandes des Metalles führt, in unseren Gleichungen jedoch das formale Auftreten einer Induktion $\boldsymbol{D}$ gemäß

$$\frac{1}{c}\frac{\partial \boldsymbol{D}}{\partial t} = \frac{4\pi}{c}\sigma \boldsymbol{E}$$

oder

$$\boldsymbol{D}(t) = \int\limits_{-\infty}^{t} 4\pi\sigma \boldsymbol{E}(\tau)\,\mathrm{d}\tau = 4\pi\sigma \int\limits_{0}^{\infty} \boldsymbol{E}(t-\tau)\,\mathrm{d}\tau$$

bedeutet. Die Funktion $\varepsilon(\omega)$ hatten wir in (77,5) als

$$\varepsilon(\omega) = 1 + \int\limits_{0}^{\infty} \mathrm{e}^{i\omega\tau} f(\tau)\,\mathrm{d}\tau \qquad (82,1)$$

definiert. Für diese Funktion können einige sehr allgemeine Beziehungen hergeleitet werden, wenn man ω als komplexe Veränderliche ($\omega = \omega' + i\omega''$) auffaßt. Man könnte diese Eigenschaften hier sofort formulieren, indem man bemerkt, daß die elektrische Suszeptibilität $[\varepsilon(\omega) - 1]/4\pi$ zu der in V, § 123, bereits behandelten Kategorie von Größen (verallgemeinerte Suszeptibilitäten) gehört. Wir werden aber trotzdem einige der Überlegungen und Resultate hier wiederholen, um sowohl das Lesen zu erleichtern, als auch mit dem Ziel, einige Unterschiede zwischen den Fällen von Metallen und Dielektrika zu betonen.

Aus der Definition (82,1) und den oben genannten Eigenschaften der Funktion $f(\tau)$ folgt, daß $\varepsilon(\omega)$ in der ganzen oberen Halbebene eine eindeutige Funktion ist, die nirgends unendlich wird, d. h., sie hat keinen singulären Punkt. Denn für $\omega'' > 0$ enthält der Integrand in Formel (82,1) den exponentiell abnehmenden Faktor $\mathrm{e}^{-\omega''\tau}$; da auch die Funktion $f(\tau)$ im ganzen Integrationsgebiet endlich ist, konvergiert das Integral. Die Funktion $\varepsilon(\omega)$ hat auch auf der reellen Achse ($\omega'' = 0$) keine Singularität, wenn man von der möglicherweise im Koordinatenursprung auftretenden Singularität absieht (bei Metallen hat $\varepsilon(\omega)$ in diesem Punkt eine einfache Polstelle).

In der unteren Halbebene ist die Definition (82,1) dagegen nicht brauchbar, weil das Integral divergiert. Daher kann die Funktion $\varepsilon(\omega)$ in der unteren Halbebene nur als analytische Fortsetzung der Formel (82,1) aus der oberen Halbebene definiert werden. In diesem Gebiet hat die Funktion $\varepsilon(\omega)$ im allgemeinen singuläre Punkte.

Die Funktion $\varepsilon(\omega)$ hat in der oberen Halbabene nicht nur formalen mathematischen, sondern auch einen physikalischen Sinn: Durch sie wird die Beziehung zwischen $\boldsymbol{D}$ und $\boldsymbol{E}$ für Felder hergestellt, deren Amplitude wie $\mathrm{e}^{\omega'' t}$ anwächst. In der unteren Halbebene ist eine solche physikalische Interpretation schon deshalb unmöglich, weil das Vorhandensein eines Feldes, das wie $\mathrm{e}^{-|\omega''|t}$ gedämpft ist, für $t \to -\infty$ ein unendliches Feld impliziert.

Es ist nützlich zu bemerken, daß der Schluß auf die Regularität von $\varepsilon(\omega)$ in der oberen Halbebene physikalisch gesehen eine Folge des Kausalitätsprinzips ist. Dieses Prinzip besagt, daß sich die Integration in (77,3) nur über das Zeitintervall erstreckt, das vor dem betrachteten Zeitpunkt liegt. Daher erstreckt sich auch das Integrationsgebiet in Formel (82,1) von 0 bis ∞ (und nicht von $-\infty$ bis $+\infty$).

Aus der Definition (82,1) ist auch ersichtlich, daß

$$\varepsilon(-\omega^*) = \varepsilon^*(\omega) \qquad (82,2)$$

gilt. Das ist die Verallgemeinerung der für relle Werte von ω geltenden Beziehung (77,7). Insbesondere haben wir für rein imaginäre ω-Werte

$$\varepsilon(i\omega'') = \varepsilon^*(i\omega'') , \tag{82,3}$$

was bedeutet, daß die Funktion $\varepsilon(\omega)$ auf der oberen imaginären Achse reell ist.[1])

Es muß betont werden, daß die Eigenschaft (82,2) einfach die Tatsache ausdrückt, daß die Operatorrelation $\boldsymbol{D} = \hat{\varepsilon}\boldsymbol{E}$ für reelle Werte von $\boldsymbol{E}$ reelle $\boldsymbol{D}$ liefern muß. Wenn die Funktion $\boldsymbol{E}(t)$ durch den reellen Ausdruck

$$\boldsymbol{E} = \boldsymbol{E}_0 \, \mathrm{e}^{-i\omega t} + \boldsymbol{E}_0^* \, \mathrm{e}^{i\omega^* t} \tag{82,4}$$

gegeben ist, so erhalten wir durch Anwendung des Operators $\hat{\varepsilon}$ auf jeden Term

$$\boldsymbol{D} = \varepsilon(\omega) \, \boldsymbol{E}_0 \, \mathrm{e}^{-i\omega t} + \varepsilon\,(-\omega^*) \, \boldsymbol{E}_0^* \, \mathrm{e}^{i\omega^* t} \, ;$$

die Bedingung dafür, daß diese Größe reell ist, hat die Gestalt (82,2).

Nach den Resultaten von § 80 ist der Imaginärteil von $\varepsilon(\omega)$ für positive reelle Werte $\omega = \omega'$ (d. h. auf der rechten Hälfte der reellen Achse) positiv. Da nach (82,2) $\operatorname{Im} \varepsilon(-\omega') = -\operatorname{Im} \varepsilon(\omega')$, ist der Imaginärteil von $\varepsilon(\omega)$ auf der linken Hälfte dieser Achse negativ. Daher gilt

$$\left.\begin{aligned} &\operatorname{Im} \varepsilon > 0 \quad \text{für} \quad \omega = \omega' > 0 \, , \\ &\operatorname{Im} \varepsilon < 0 \quad \text{für} \quad \omega = \omega' < 0 \, . \end{aligned}\right\} \tag{82,5}$$

Im Punkt $\omega = 0$ ändert die Funktion $\operatorname{Im} \varepsilon$ das Vorzeichen, wobei sie für Dielektrika Null und für Metalle Unendlich wird. Das ist der einzige Punkt auf der reellen Achse, in dem $\varepsilon(\omega)$ verschwinden kann.

Wenn ω auf irgendeinem Weg (in der oberen Halbebene) gegen Unendlich strebt, geht die Funktion $\varepsilon(\omega)$ gegen Eins. Das wurde für den Fall $\omega \to \infty$ längs der reellen Achse schon in § 78 gezeigt. Im allgemeinen Fall ist dasselbe aus der Formel (82,1) zu ersehen: wenn $\omega \to \infty$, derart, daß $\omega'' \to \infty$, so wird das Integral in (82,1) zu Null, weil im Intgeranden der Faktor $\mathrm{e}^{-\tau\omega''}$ steht; bleibt ω'' endlich und $|\omega'| \to \infty$, so verschwindet das Integral wegen des oszillierenden Faktors $\mathrm{e}^{i\omega'\tau}$.

Die genannten Eigenschaften der Funktion $\varepsilon(\omega)$ reichen aus, um das folgende Theorem zu beweisen: Die Funktion $\varepsilon(\omega)$ nimmt, wenn man von den Punkten der imaginären Achse absieht, in keinem endlichen Punkt der oberen Halbebene einen reellen Wert an. Auf der imaginären Achse fällt $\varepsilon(\omega)$ monoton von dem Wert $\varepsilon_0 > 1$ (für Dielektrika) oder $+\infty$ (für Metalle) bei $\omega = i0$ auf den Wert 1 bei $\omega = i\infty$. Hieraus folgt im besonderen, daß die Funktion in der oberen Halbebene keine Nullstellen hat.

Wir werden hier den Beweis dieser Behauptungen nicht wiederholen, er wurde in V, § 123, angeführt; man hat lediglich zu beachten, daß nicht die Funktion $\varepsilon(\omega)$ selbst, sondern die Differenz $\varepsilon(\omega) - 1$ die Rolle einer verallgemeinerten Suszeptibilität spielt.

Weiterhin werden wir auch die Herleitung der Real- und Imaginärteil dieser Funktion verbindenden Beziehung nicht wiederholen. Wir geben lediglich die Endformeln mit entsprechend veränderten Bezeichnungen an.

[1]) Für die untere imaginäre Halbachse hätte eine solche Aussage im allgemeinen keine Gültigkeit. Die Funktion $\varepsilon(\omega)$ kann hier Verzweigungspunkte besitzen; für ihre Definition als analytische Funktion in der unteren Halbebene können daher Verzweigungsschnitte auf dieser Halbachse erforderlich werden. Dann bedeutet die Gleichung (82,2) lediglich, daß die Werte von $\varepsilon(\omega)$ beiderseits des Verzweigungsschnittes konjugiert komplex sind.

Die Funktion $\varepsilon(\omega)$ der reellen Veränderlichen ω schreiben wir wie in § 77 in der Gestalt $\varepsilon(\omega) = \varepsilon'(\omega) + i\varepsilon''(\omega)$. Bezieht sich die Funktion auf ein Dielektrikum, dann lauten die erwähnten Beziehungen

$$\varepsilon'(\omega) - 1 = \frac{1}{\pi} \int_{-\infty}^{+\infty} \frac{\varepsilon''(x)}{x - \omega} dx \,, \tag{82,6}$$

$$\varepsilon''(\omega) = -\frac{1}{\pi} \int_{-\infty}^{+\infty} \frac{\varepsilon'(x) - 1}{x - \omega} dx \,, \tag{82,7}$$

wobei der Querstrich am Integralzeichen bedeutet, daß das Integral des Polstellenausdrucks als Hauptwertintegral aufgefaßt wird (H. A. Kramers, R. L. Kronig, 1927). Wir erinnern daran, daß zur Herleitung dieser Formeln nur die Regularität der Funktion $\varepsilon(\omega)$ in der oberen Halbebene als einzige wesentliche Eigenschaft benutzt wurde. Man kann daher sagen, daß die Kramers-Kronig-Formeln (wie auch die genannte Eigenschaft der Funktion $\varepsilon(\omega)$) eine unmittelbare Folge des Kausalitätsprinzips sind.

Benutzen wir die Eigenschaft, daß $\varepsilon''(\omega)$ eine ungerade Funktion ist, so können wir (82,6) folgendermaßen schreiben:

$$\varepsilon'(\omega) - 1 = \frac{2}{\pi} \int_{0}^{\infty} \frac{x\varepsilon''(x)}{x^2 - \omega^2} dx \,. \tag{82,8}$$

Handelt es sich um Metalle, so hat die Funktion $\varepsilon(\omega)$ im Punkt $\omega = 0$ eine Polstelle, in deren Umgebung $\varepsilon = 4\pi\sigma i/\omega$ gilt (s. (77,9)). Dies führt in der Formel (82,7) zum Auftreten eines Zusatzterms (vgl. V, (123, 18)):

$$\varepsilon''(\omega) = -\frac{1}{\pi} \int_{-\infty}^{+\infty} \frac{\varepsilon'(x)}{x - \omega} dx + \frac{4\pi\,\sigma}{\omega} \,; \tag{82,9}$$

die Formeln (82,6) und (82,8) bleiben unverändert. Im Fall von Metallen muß noch eine weitere Bemerkung gemacht werden. Wir hatten am Ende von § 77 gesagt, daß bei Metallen Frequenzgebiete existieren können, in denen die Funktion $\varepsilon(\omega)$ auf Grund der räumlichen Inhomogenität des Feldes ihren physikalischen Sinn verliert. Indessen muß sich die Integration in den hier betrachteten Formeln über alle Frequenzen erstrecken. In solchen Fällen muß man unter $\varepsilon(\omega)$ in den entsprechenden Frequenzgebieten eine Funktion verstehen, die man durch Lösung des formalen Problems des Verhaltens eines Körpers in einem fiktiven räumlich homogenen periodischen elektrischen Feld (und nicht in dem unvermeidlich inhomogenen Feld der elektromagnetischen Welle) erhält.

Formel (82,8) ist besonders wichtig. Sie ermöglicht die Berechnung der Funktion $\varepsilon'(\omega)$, wenn die Funktion $\varepsilon''(\omega)$ näherungsweise (z. B. empirisch) für diesen betrachteten Körper bekannt ist. Dabei ist wesentlich, daß die Relation (82,8) für jede Funktion $\varepsilon''(\omega)$, welche die physikalisch notwendige Forderung $\varepsilon'' > 0$ für $\omega > 0$ erfüllt, eine Funktion $\varepsilon'(\omega)$ liefert, die keiner notwendigen physikalischen Forderung widerspricht, d h., sie liefert eine Funktion, die prinzipiell möglich ist (das Vorzeichen und die Größe von ε' werden durch keine allgemeinen physikalischen Bedingungen eingeschränkt). Das ermöglicht es auch, die Formel (82,8) für eine genäherte Funktion $\varepsilon''(\omega)$ zu benutzen. Die Beziehung (82,7) liefert dagegen bei einer beliebigen Wahl von $\varepsilon'(\omega)$ keine physikalisch mögliche Funktion $\varepsilon''(\omega)$, weil die Bedingung $\varepsilon''(\omega) > 0$ für $\omega > 0$ nicht automatisch erfüllt ist.

In der Dispersionstheorie wird der Ausdruck für $\varepsilon'(\omega)$ gewöhnlich folgendermaßen geschrieben:

$$\varepsilon'(\omega) - 1 = -\frac{4\pi e^2}{m} \fint_0^\infty \frac{f(x)}{\omega^2 - x^2} \mathrm{d}x\,, \tag{82,10}$$

wo e und m die Ladung und die Masse des Elektrons sind; $f(\omega)\,\mathrm{d}\omega$ nennt man die *Oszillatorstärke* (oder die *Zahl der Dispersionselektronen*) im Frequenzintervall $\mathrm{d}\omega$. Nach (82,8) ist diese Größe mit $\varepsilon''(\omega)$ durch die Beziehung

$$f(\omega) = \frac{m}{2\pi^2 e^2}\,\omega\varepsilon''(\omega) \tag{82,11}$$

verbunden. Für Metalle strebt $f(\omega)$ mit $\omega \to 0$ gegen eine endliche Grenze.

Für genügend große Werte ω kann x im Integranden in (82,8) im Vergleich zu ω vernachlässigt werden. Dann haben wir

$$\varepsilon'(\omega) - 1 = -\frac{2}{\pi\omega^2} \int_0^\infty x\varepsilon''(x)\,\mathrm{d}x\,.$$

Andererseits gilt für die Dielektrizitätskonstante bei großen Frequenzen die Formel (78,1). Vergleichen wir diese beiden Ausdrücke, so gelangen wir zu der Formel

$$\frac{m}{2\pi^2 e^2} \int_0^\infty \omega\varepsilon''(\omega)\,\mathrm{d}\omega = \int_0^\infty f(\omega)\,\mathrm{d}\omega = N\,, \tag{82,12}$$

wo N die Elektronendichte des Stoffes ist.[1])

Wenn $\varepsilon''(\omega)$ bei $\omega = 0$ keine Singularität hat, so ist es möglich, den Grenzübergang $\omega \to 0$ in Formel (82,8) durchzuführen, und wir erhalten

$$\varepsilon'(0) - 1 = \frac{2}{\pi} \int_0^\infty \frac{\varepsilon''(x)}{x} \mathrm{d}x\,. \tag{82,13}$$

Wenn der Punkt $\omega = 0$ eine Singularität der Funktion $\varepsilon''(\omega)$ ist (Metalle), so fällt der Grenzwert, gegen den das Integral (82,8) für $\omega \to 0$ strebt, nicht mit der Größe zusammen, die wir durch einfache Vernachlässigung des Terms in ω erhalten. Um den Grenzwert zu berechnen, müssen wir erst $\varepsilon''(x)$ im Integranden durch

$$\varepsilon''(x) - \frac{4\pi\sigma}{x}$$

ersetzen; der Wert des Integrals bleibt unverändert, da

$$\fint_0^\infty \frac{\mathrm{d}x}{x^2 - \omega^2} = 0\,.$$

[1]) Diese Gleichung wird auch als *f-Summenregel* bezeichnet (Anm. d. Hrsg.).

Für Dielektrika kann die Formel (82,13) folgendermaßen geschrieben werden:

$$\varepsilon_0 - 1 = \frac{4\pi e^2 N}{m} \overline{\omega^{-2}}\,, \tag{82,14}$$

wobei der Strich die Mittelung bezüglich der Oszillatorstärken bezeichnet:

$$\overline{\omega^{-2}} = \frac{1}{N} \int_0^\infty \frac{f(\omega)}{\omega^2}\, d\omega\,.$$

Dieser Ausdruck kann bei verschiedenen Abschätzungen der Größen ε_0 nützlich sein.

Schließlich kann man noch eine Formel erhalten, die die Werte von $\varepsilon(\omega)$ auf der oberen imaginären Achse durch die Werte $\varepsilon''(\omega)$ auf der reellen Achse ausdrückt (die entsprechenden Rechnungen werden ebenfalls in V, § 123, ausgeführt). Diese Formel hat die Gestalt

$$\varepsilon(i\omega) - 1 = \frac{2}{\pi} \int_0^\infty \frac{x\varepsilon''(x)}{x^2 + \omega^2}\, dx\,. \tag{82,15}$$

Integrieren wir diese Beziehung auf beiden Seiten über ω, so erhalten wir

$$\int_0^\infty [\varepsilon(i\omega) - 1]\, d\omega = \int_0^\infty \varepsilon''(\omega)\, d\omega\,. \tag{82,16}$$

Alle erhaltenen Resultate (bis auf kleine Korrekturen) gelten auch für die magnetische Permeabilität $\mu(\omega)$. Unterschiede sind vor allem damit verbunden, daß bei einer Vergrößerung der Frequenz die Funktion $\mu(\omega)$ verhältnismäßig früh ihren physikalischen Sinn verliert. Daher müssen z. B. die KRAMERS-KRONIG-Formeln folgendermaßen auf $\mu(\omega)$ angewandt werden. Anstelle des unendlichen ω-Bereiches betrachten wir einen endlichen ω-Bereich (von 0 bis ω_1), der sich nur bis zu solchen Frequenzen erstreckt, bei denen μ noch sinnvoll ist, sich aber nicht mehr ändert; wir können daher annehmen, daß der Imaginärteil von μ gleich Null ist, und bezeichnen die reelle Größe $\mu(\omega_1)$ mit μ_1.[1]) Formel (82,8) muß dann folgendermaßen geschrieben werden:

$$\mu'(\omega) - \mu_1 = \frac{2}{\pi} \int_0^{\omega_1} \frac{x\mu''(x)}{x^2 - \omega^2}\, dx\,. \tag{82,17}$$

Der Wert $\mu_0 = \mu(0)$ kann im Gegensatz zu ε_0 sowohl kleiner als auch größer als Eins sein. μ nimmt längs der imaginären Achse wieder monoton ab, dieses Mal von μ_0 bis $\mu_1 < \mu_0$.

Zum Schluß sei noch bemerkt, daß die in diesem Paragraphen für die Funktion $\varepsilon(\omega)$ gefundenen analytischen Eigenschaften gleichermaßen auch für die Funktion $\eta(\omega) \equiv 1/\varepsilon(\omega)$ gelten. So folgt die Analytizität von $\eta(\omega)$ in der oberen Halbebene aus der Analytizität und dem Fehlen von Nullstellen für die Funktion $\varepsilon(\omega)$ in dieser Halbebene. Für die Funktion $\eta(\omega)$ gelten dieselben KRAMERS-KRONIG-Beziehungen (82,6 und 7) wie für $\varepsilon(\omega)$.

---

[1]) Faktisch muß ω_1 der Bedingung $\omega_1\tau \gg 1$ genügen, wobei τ die kleinste der beiden Relaxationszeiten für ferro- oder paramagnetische Prozesse im Magnetikum ist.

§ 83. Die ebene monochromatische Welle

Die MAXWELLschen Gleichungen (77,2) für ein monochromatisches Feld lauten

$$i\omega\, \mu(\omega)\, \boldsymbol{H} = c \operatorname{rot} \boldsymbol{E}\,, \qquad i\omega\, \varepsilon(\omega)\, \boldsymbol{E} = -\, c \operatorname{rot} \boldsymbol{H}\,. \tag{83,1}$$

Diese Gleichungen bilden ein vollständiges System, weil die Gleichungen (77,1) aus ihnen automatisch folgen und daher nicht betrachtet zu werden brauchen. Nehmen wir an, daß das Medium homogen ist, und eliminieren $\boldsymbol{H}$ (oder $\boldsymbol{E}$) aus diesen Gleichungen, so erhalten wir die Gleichung zweiter Ordnung

$$\Delta \boldsymbol{E} + \varepsilon\mu \frac{\omega^2}{c^2} \boldsymbol{E} = 0 \tag{83,2}$$

und dieselbe Gleichung für $\boldsymbol{H}$).

Betrachten wir eine ebene elektromagnetische Welle, die sich in einem unendlichen homogenen Medium fortpflanzt. In einer ebenen Welle im Vakuum ist die Abhängigkeit des Feldes von den Koordinaten durch den Faktor $e^{i\boldsymbol{kr}}$ mit reellem Wellenvektor $\boldsymbol{k}$ gegeben. Bei der Betrachtung der Wellenausbreitung in Medien ist es im allgemeinen notwendig, komplexe Werte von $\boldsymbol{k}$ einzuführen:

$$\boldsymbol{k} = \boldsymbol{k}' + i\boldsymbol{k}''\,,$$

wo $\boldsymbol{k}'$ und $\boldsymbol{k}''$ reelle Vektoren sind.

Nehmen wir an, daß $\boldsymbol{E}$ und $\boldsymbol{H}$ zu $\mathrm{e}^{i\boldsymbol{kr}}$ proportional sind, und führen die Differentiation nach den Koordinaten in den Gleichungen (83,1) aus, so erhalten wir

$$\omega\mu \boldsymbol{H} = c[\boldsymbol{kE}]\,, \qquad \omega\varepsilon \boldsymbol{E} = -\, c[\boldsymbol{kH}]\,. \tag{83,3}$$

Eliminieren wir aus diesen beiden Beziehungen $\boldsymbol{E}$ und $\boldsymbol{H}$, so finden wir den folgenden Ausdruck für das Quadrat des Wellenvektors:

$$k^2 \equiv k'^2 - k''^2 + 2i\boldsymbol{k}'\boldsymbol{k}'' = \varepsilon\mu \frac{\omega^2}{c^2}\,. \tag{83,4}$$

Wir sehen, daß $\boldsymbol{k}$ nur dann reell sein kann, wenn ε und μ reell und positiv sind. Aber sogar in diesem Fall kann $\boldsymbol{k}$ immer noch komplex sein, wenn $\boldsymbol{k}'\boldsymbol{k}'' = 0$ gilt (solch einem Fall werden wir bei der Betrachtung der Totalreflexion begegnen, s. § 86).

Wir müssen beachten, daß im allgemeinen Fall komplexer $\boldsymbol{k}$ die Welle nur formal als „eben" bezeichnet werden kann. Schreiben wir

$$\mathrm{e}^{i\boldsymbol{kr}} = \mathrm{e}^{i\boldsymbol{k}'\boldsymbol{r}}\, \mathrm{e}^{-\boldsymbol{k}''\boldsymbol{r}}\,,$$

so sehen wir, daß die zu dem Vektor $\boldsymbol{k}'$ senkrechten Ebenen Ebenen konstanter Phase sind. Die Ebenen konstanter Amplitude liegen senkrecht zum Vektor $\boldsymbol{k}''$, in dessen Richtung die Wellen gedämpft werden. Die Flächen, auf denen das Feld selbst konstant ist, sind im allgemeinen keine Ebenen. Solche Wellen werden *inhomogene ebene Wellen* im Gegensatz zu den gewöhnlichen homogenen ebenen Wellen genannt.

Die Beziehung zwischen den Komponenten des elektrischen und magnetischen Feldes werden im allgemeinen durch die Formeln (83,3) gegeben. Multiplizieren wir insbesondere diese Formeln skalar mit $\boldsymbol{k}$, so erhalten wir

$$\boldsymbol{kE} = 0\,, \quad \boldsymbol{kH} = 0\,. \tag{83,5}$$

Quadrieren wir eine dieser Formeln und benutzen (83,4), so finden wir

$$\boldsymbol{E}^2 = \frac{\mu}{\varepsilon}\boldsymbol{H}^2 . \tag{83,6}$$

Es muß jedoch bemerkt werden, daß wegen der komplexen Werte der drei Vektoren $\boldsymbol{k}$, $\boldsymbol{E}$ und $\boldsymbol{H}$ diese Beziehungen im allgemeinen nicht eine solche anschauliche Bedeutung haben, wie sie sie für reelle Größen haben würden.

Wir werden uns nicht mit den umfangreichen Beziehungen beschäftigen, die im allgemeinen Fall gültig sind, sondern werden nur die wichtigsten Spezialfälle betrachten.

Besonders einfache Resultate erhält man für Wellen, die sich ohne Dämpfung in einem nichtabsorbierenden (transparenten), homogenen Medium ausbreiten. Der Wellenvektor ist in diesem Fall reell und sein Betrag ist

$$k = \sqrt{\varepsilon\mu}\,\frac{\omega}{c} = n\frac{\omega}{c}, \tag{83,7}$$

wobei $n = \sqrt{\varepsilon\mu}$ als *Brechungsindex* des Mediums bezeichnet wird. Sowohl das elektrische als auch das magnetische Feld liegen in einer zum Vektor $\boldsymbol{k}$ senkrechten Ebene (rein transversale Welle), wobei beide aufeinander senkrecht stehen und durch die folgende Beziehung verbunden werden:

$$\boldsymbol{H} = \sqrt{\frac{\varepsilon}{\mu}}\,[\boldsymbol{l}\boldsymbol{E}] \tag{83,8}$$

($\boldsymbol{l}$ ist der Einheitsvektor in Richtung von $\boldsymbol{k}$). Hieraus folgt, daß

$$\varepsilon\boldsymbol{E}\boldsymbol{E}^* = \mu\boldsymbol{H}\boldsymbol{H}^*$$

gilt; das bedeutet jedoch nicht, daß die elektrische und die magnetische Energie der Welle gleich sind (wie bei fehlender Dispersion), da diese Energien durch andere Ausdrücke bestimmt werden (die beiden Terme in der Formel (80,11)). Der gesamten elektromagnetischen Energiedichte kann man in diesem Falle die Gestalt

$$\overline{U} = \frac{1}{16\pi\mu\omega}\frac{\mathrm{d}}{\mathrm{d}\omega}(\omega^2\varepsilon\mu)\,\boldsymbol{E}\boldsymbol{E}^* = \frac{c}{8\pi}\sqrt{\frac{\varepsilon}{\mu}}\frac{\mathrm{d}k}{\mathrm{d}\omega}\boldsymbol{E}\boldsymbol{E}^* \tag{83,9}$$

verleihen.

Die Ausbreitungsgeschwindigkeit u der Welle im Medium wird durch den bekannten Ausdruck für die Gruppengeschwindigkeit bestimmt[1]):

$$u = \frac{\mathrm{d}\omega}{\mathrm{d}k} = \frac{c}{\mathrm{d}(n\omega)/\mathrm{d}\omega}. \tag{83,10}$$

Dabei gilt $u = \overline{S}/\overline{U}$, in Übereinstimmung mit ihrer Bedeutung als Geschwindigkeit des Energietransports im Wellenpaket; $\overline{U}$ ist hierbei die Energiedichte, die durch Formel (83,9) gegeben wird, und

$$\overline{S} = \frac{c}{8\pi}\sqrt{\frac{\varepsilon}{\mu}}\boldsymbol{E}\boldsymbol{E}^* \tag{83,11}$$

---

[1]) Wenn eine merkliche Absorption auftritt, kann der Begriff der Gruppengeschwindigkeit überhaupt nicht eingeführt werden, weil in einem absorbierenden Medium die Wellenpakete sich nicht ausbreiten, sondern einer schnellen „Verschmierung" unterliegen.

ist der Mittelwert des POYNTING-Vektors. Bei fehlender Dispersion, wo der Brechungsindex frequenzunabhängig ist, wird der Ausdruck (83,10) einfach zu c/n (vgl. (75,13)).

Betrachten wir als nächstes den allgemeineren Fall der Ausbreitung einer elektromagnetischen Welle in einem absorbierenden Medium, wobei der Wellenvektor eine bestimmte Richtung habe, d. h., $\boldsymbol{k}'$ und $\boldsymbol{k}''$ seien parallel zueinander. Solch eine Welle ist im eigentlichen Sinne eben, da die Flächen konstanter Feldwerte Ebenen sind, die zur Ausbreitungsrichtung senkrecht sind (eine „homogene" ebene Welle).

In diesem Fall können wir die komplexe „Länge" k des Wellenvektors durch die Beziehung $\boldsymbol{k} = k\boldsymbol{l}$ einführen ($\boldsymbol{l}$ ist der Einheitsvektor von $\boldsymbol{k}'$ und $\boldsymbol{k}''$), und aus (83,4) erhalten wir $k = \sqrt{\varepsilon\mu}\,\omega/c$. Die komplexe Größe $\sqrt{\varepsilon\mu}$ schreibt man gewöhnlich in der Form $n + i\varkappa$ mit den rellen Größen n und $\varkappa$, so daß

$$k = \sqrt{\varepsilon\mu}\,\frac{\omega}{c} = (n + i\varkappa)\frac{\omega}{c} \tag{83,12}$$

gilt. Die Größe n wird als *Brechungsindex* und $\varkappa$ als *Absorptionskoeffizient* des Mediums bezeichnet; $\varkappa$ bestimmt die Dämpfung der Welle während ihrer Fortpflanzung. Es muß jedoch betont werden, daß die Dämpfung der Welle nicht unbedingt mit einer echten Absorption verbunden sein muß; die Dissipation der Energie tritt nur auf, wenn ε und μ komplex sind, während der Koeffizient $\varkappa$ auch bei reellen (negativen) ε und μ von Null verschieden sein kann.

Drücken wir die Größen n und $\varkappa$ durch Real- und Imaginärteil der Dielektrizitätskonstanten aus, wobei wir $\mu = 1$ annehmen. Aus der Gleichung $n^2 - \varkappa^2 + 2in\varkappa = \varepsilon = \varepsilon' + i\varepsilon''$ erhalten wir $n^2 - \varkappa^2 = \varepsilon'$, $2n\varkappa = \varepsilon''$. Lösen wir diese Gleichungen für n und $\varkappa$, so erhalten wir¹)

$$n = \sqrt{\frac{\varepsilon' + \sqrt{\varepsilon'^2 + \varepsilon''^2}}{2}}, \qquad \varkappa = \sqrt{\frac{-\varepsilon' + \sqrt{\varepsilon'^2 + \varepsilon''^2}}{2}}. \tag{83,13}$$

Im besonderen ist der Imaginärteil von ε für Metalle in dem Frequenzbereich, in dem die Formel (77,9) gilt, groß im Vergleich zum Realteil. Er ist mit der Leitfähigkeit durch die Beziehung $\varepsilon'' = 4\pi\sigma/\omega$ verbunden. Vernachlässigen wir ε' im Vergleich zu ε'', so finden wir, daß n und $\varkappa$ gleich sind:

$$n = \varkappa = \sqrt{\frac{2\pi\sigma}{\omega}}. \tag{83,14}$$

Die Beziehung zwischen den Feldern $\boldsymbol{E}$ und $\boldsymbol{H}$ ist bei der betrachteten homogenen ebenen Welle wieder durch die Formel (83,8) gegeben, ε und μ sind nun aber komplex. Die Formel zeigt wieder, daß die beiden Felder und die Ausbreitungsrichtung der Welle zueinander senkrecht sind. Wenn $\mu = 1$ gilt, so schreiben wir $\sqrt{\varepsilon}$ in der Form

$$\sqrt{\varepsilon} = \sqrt{n^2 + \varkappa^2}\; e^{i \arctan(\varkappa/n)}.$$

Wir sehen, daß das magnetische Feld das elektrische dem Betrag nach $\sqrt{n^2 + \varkappa^2}$-mal übertrifft, während es in der Phase um den Winkel $\arctan(\varkappa/n)$ hinter ihm zurückbleibt; insbesondere beträgt die Phasendifferenz im Fall (83,14) $\pi/4$.

¹) Da $\varepsilon'' > 0$, müssen die Vorzeichen von n und $\varkappa$ dieselben sein, in Übereinstimmung damit, daß die Welle in ihrer Ausbreitungsrichtung gedämpft wird. Die Wahl der positiven Vorzeichen in (83,13) entspricht der Welle, die sich in Richtung der positiven x-Achse ausbreitet.

Aufgabe

In einem gegebenen Zeitpunkt $t = 0$ existiere in irgendeinem Raumgebiet eine elektromagnetische Störung. Die Störung werde durch keine äußere Ursache aufrechterhalten; sie wird daher im Laufe der Zeit gedämpft. Man bestimme das Dekrement der Dämpfung.

Lösung. Stellen wir die Anfangsstörung durch ein FOURIER-Integral bezüglich der Koordinaten dar und betrachten irgendeine FOURIER-Komponente mit dem Wellenvektor $\boldsymbol{k}$ (ein reller Vektor). Die Zeitabhängigkeit dieser Komponente ist (für hinreichend große t) durch den Faktor $e^{-i\omega t}$ mit einer komplexen „Frequenz" gegeben, die bestimmt werden muß; das Dekrement der Dämpfung ist $-\operatorname{Im}\omega$.

Aus den Gleichungen

$$-\frac{1}{c}\dot{\boldsymbol{H}} = \operatorname{rot}\boldsymbol{E} = i[\boldsymbol{k}\boldsymbol{E}]\,, \qquad \frac{1}{c}\dot{\boldsymbol{D}} = \operatorname{rot}\boldsymbol{H} = i[\boldsymbol{k}\boldsymbol{H}]$$

erhalten wird durch Eliminierung von $\boldsymbol{H}$

$$\frac{1}{c^2}\ddot{\boldsymbol{D}} = [\boldsymbol{k}[\boldsymbol{k}\boldsymbol{E}]]\,. \tag{1}$$

Wir wählen die $\boldsymbol{k}$-Richtung als x-Achse. Für den longitudinalen Teil der Störung haben wir daher $\ddot{D}_x = 0$, woraus $D_x = 0$ folgt.

Andererseits ist die Beziehung zwischen D_x und E_x durch einen Integraloperator folgender Form gegeben:

$$E_x(t) = \hat{\varepsilon}^{-1} D_x = \int_{-\infty}^{t} F(t-\tau)\, D_x(\tau)\, d\tau\,. \tag{2}$$

Da im betrachteten Fall $D_x(t) = 0$ für $t > 0$ ist (wodurch das Fehlen von Feldquellen für $t > 0$ ausgedrückt wird), gilt

$$E_x(t) = \int_{-\infty}^{0} F(t-\tau)\, D_x(\tau)\, d\tau\,. \tag{3}$$

Daraus sieht man, daß bei großen t die Zeitabhängigkeit von E_x durch die der Funktion $F(t)$ bestimmt wird.

Für ein monochromatisches Feld haben wir aus (3)

$$\frac{1}{\varepsilon(\omega)} = \int_0^\infty F(x)\, e^{i\omega x}\, dx$$

oder umgekehrt

$$F(t) = \frac{1}{2\pi}\int_{-\infty}^{+\infty} \frac{1}{\varepsilon(\omega)}\, e^{-i\omega t}\, d\omega\,.$$

Um dieses Integral für große Werte von t abzuschätzen, verschieben wir den Integrationsweg in die untere Halbebene von ω, wo der Integrand schnell abnimmt. Dabei müssen alle singulären Punkte der Funktion $1/\varepsilon(\omega)$, d. h. die Nullstellen und Verzweigungspunkte von $\varepsilon(\omega)$, umgangen werden. Das Integral wird dann schließlich $e^{-i\omega_0 t}$ proportional, wo ω_0 die der reellen Achse nächste Singularität ist. Das liefert die Lösung der Frage für den longitudinalen Teil der Störung.

Für die transversalen Komponenten haben wir aus (1)

$$\frac{1}{c^2}\ddot{D}_{y,z} + k^2 E_{y,z} = 0\,.$$

Eine analoge Untersuchung führt zu dem Schluß, daß die gesuchte „Frequenz" ω_0 im gegebenen Fall die Nullstelle oder der Verzweigungspunkt der Funktion

$$\omega^2\varepsilon(\omega) - c^2k^2$$

ist, die (bzw. der) der reellen Achse am nächsten liegt.

§ 84. Transparente Medien

Wenden wir die in § 82 erhaltenen allgemeinen Formeln (in einem gegebenen Frequenzbereich) auf schwach absorbierende Medien an, d. h., nehmen wir an, daß für diese Frequenzen der Imaginärteil der dielektrischen Permeabilität vernachlässigt werden kann.

In einem solchen Fall ist es nicht nötig, in Formel (82,8) den Hauptwert zu nehmen, da der Punkt $x = \omega$ praktisch nicht im Integrationsgebiet liegt. Das Integral kann dann wie ein gewöhnliches Integral nach dem Parameter ω differenziert werden, da keine Singularität im Integranden auftritt. Wir erhalten

$$\frac{\mathrm{d}\varepsilon}{\mathrm{d}\omega} = \frac{4\omega}{\pi} \int\limits_0^\infty \frac{x\varepsilon''(x)\,\mathrm{d}x}{(\omega^2 - x^2)^2}.$$

Da der Integrand im ganzen Integrationsgebiet positiv ist, können wir schließen, daß

$$\frac{\mathrm{d}\varepsilon(\omega)}{\mathrm{d}\omega} > 0 \tag{84,1}$$

ist, d. h., im Gebiet fehlender Absorption ist die dielektrische Funktion eine monoton wachsende Funktion der Frequenz.

Analog erhalten wir in diesem Frequenzgebiet noch eine andere Ungleichung:

$$\frac{\mathrm{d}}{\mathrm{d}\omega}[\omega^2(\varepsilon - 1)] = \frac{4\omega}{\pi} \int\limits_0^\infty \frac{x^3\varepsilon''(x)}{(x^2 - \omega^2)^2}\,\mathrm{d}x > 0$$

oder

$$\frac{\mathrm{d}\varepsilon}{\mathrm{d}\omega} > \frac{2(1 - \varepsilon)}{\omega}. \tag{84,2}$$

Wenn $\varepsilon < 1$ oder sogar $\varepsilon < 0$ ist, so ist diese Ungleichung stärker als (84,1).[1]

Es muß bemerkt werden, daß die Ungleichungen (84,1) und (84,2) (zusammen mit den für $\mu(\omega)$ analogen Ungleichungen) sichern, daß für die Ausbreitungsgeschwindigkeit der Wellen $u < c$ erfüllt ist. So haben wir für $\mu = 1$ $n = \sqrt{\varepsilon}$, und ersetzen wir ε in (84,1) und (84,2) durch n, so erhalten wir

$$\frac{\mathrm{d}(n\omega)}{\mathrm{d}\omega} > n, \qquad \frac{\mathrm{d}(n\omega)}{\mathrm{d}\omega} > \frac{1}{n}. \tag{84,3}$$

Daher erhalten wir für die Geschwindigkeit u (83,10) zwei Ungleichungen: $u < c/n$ und $u < cn$, woraus ersichtlich ist, daß $u < c$ sowohl für $n > 1$ als auch für $n < 1$ gilt. Diese Ungleichungen zeigen auch, daß $u > 0$ ist, d. h., daß die Gruppengeschwindigkeit in dieselbe Richtung wie der Wellenvektor zeigt. Das ist völlig natürlich, wenn es auch logisch nicht notwendig ist.

Wir wollen annehmen, daß sich die schwache Absorption über einen großen Frequenzbereich von ω_1 bis $\omega_2 (\omega_2 \gg \omega_1)$ erstreckt, und betrachten solche Frequenzen ω, daß $\omega_1 \ll \omega \ll \omega_2$. Das Integrationsgebiet in (82,8) zerfällt in zwei Teile: $x < \omega_1$ und $x > \omega_2$. Im ersten Teil können wir im Nenner des Integranden x im Vergleich zu ω

---

[1]) Nimmt man die halbe Summe der Ungleichungen (84,1) und (84,2), so findet man, daß $\mathrm{d}(\omega\varepsilon)/\mathrm{d}\omega > 1$ gilt. Dies stellt eine stärkere Ungleichung im Vergleich zu (80,13) dar.

und im zweiten ω im Vergleich zu x vernachlässigen:

$$\varepsilon(\omega) = 1 + \frac{2}{\pi} \int\limits_{\omega_1}^{\infty} \varepsilon''(x) \frac{\mathrm{d}x}{x} - \frac{2}{\pi\omega^2} \int\limits_{0}^{\omega_1} x\varepsilon''(x)\, \mathrm{d}x\,, \tag{84,4}$$

d. h., die Funktion $\varepsilon(\omega)$ ist im betrachteten Gebiet von der Form $a - b/\omega^2$, wo a und b positive Konstanten sind. Die Konstante b kann durch die „Zahl der Dispersionselektronen" N_1 ausgedrückt werden, die für die Absorption im Gebiet von 0 bis ω_1 verantwortlich sind (s. (82,12)):

$$\varepsilon(\omega) = a - \frac{4\pi N_1 e^2}{m\omega^2}\,. \tag{84,5}$$

Aus diesem Ausdruck folgt insbesondere, daß in einem hinreichend großen Gebiet schwacher Absorption die dielektrische Permeabilität, allgemein gesprochen, gegen Null geht. In diesem Zusammenhang muß daran erinnert werden, daß bei einem im eigentlichen Sinne transparenten Medium $\varepsilon(\omega)$ nicht nur reell, sondern auch positiv ist; wenn ε negativ wäre, so würde die Welle im Innern des Mediums selbst dann gedämpft, wenn in ihr keine echte Dissipation der Energie auftritt.

Für eine Frequenz, bei der $\varepsilon = 0$ wird, ist die Erregung $\boldsymbol{D}$ identisch Null und die MAXWELLschen Gleichungen erlauben ein veränderliches elektrisches Feld, das nur die eine Gleichung rot $\boldsymbol{E} = 0$ befriedigt, wobei das Magnetfeld gleich Null ist. Mit anderen Worten, in diesem Fall können longitudinale elektrische Wellen auftreten. Um ihre Ausbreitungsgeschwindigkeit zu bestimmen, müssen wir nicht nur die Dispersion der dielektrischen Permeabilität in der Frequenz, sondern auch bezüglich des Wellenvektors berücksichtigen. In § 105 werden wir auf diese Frage zurückkommen.

In einem breiten Transparenzbereich liege in der Umgebung einer bestimmten Frequenz ω_0 ein schmaler Absorptionsbereich (eine „Absorptionslinie"). Betrachten wir die Umgebung dieser Frequenz, die der Bedingung

$$\gamma \ll |\,\omega - \omega_0| \ll \omega_0 \tag{84,6}$$

genüge, wobei γ die Linienbreite ist. In diesem Bereich kann man im Integranden (82,6) überall außer in der sich schnell ändernden Funktion $\varepsilon''(x)$ durch ω_0 ersetzen. Wir erhalten dann

$$\varepsilon(\omega) \approx \varepsilon'(\omega) \approx \frac{1}{\pi(\omega_0 - \omega)} \int \varepsilon''(x)\, \mathrm{d}x\,, \tag{84,7}$$

wobei sich die Integration über den Bereich der Absorptionslinie erstreckt.

Aufgabe

Eine ebene elektromagnetische Welle mit einer steil abbrechenden Front falle in Normalenrichtung auf den Rand des Halbraumes $x > 0$, der von einem transparenten Medium mit $\mu = 1$ erfüllt sei. Man bestimme die Struktur der Wellenfront, die sich im Innern des Mediums ausbreitet (A. SOMMERFELD, L. BRILLOUIN, 1914).

Lösung. Die Welle möge zur Zeit $t = 0$ auf den Rand des Mediums fallen, so daß bei $x = 0$ für das Feld der einfallenden Welle ($\boldsymbol{E}$ oder $\boldsymbol{H}$) gilt: $E = 0$ für $t < 0$ und $E \approx e^{-i\omega_0 t}$ für $t > 0$. Stellen wir das Feld durch ein FOURIER-Integral bezüglich der Zeit dar, so führen wir das Problem auf den Einfall unendlich ausgedehnter Wellen verschiedener Frequenzen auf den Rand zurück. Die Amplitude der FOURIER-Komponente der Frequenz ω ist proportional zu

$$\int_0^\infty e^{i(\omega-\omega_0)\tau}\, d\tau \, .$$

Wenn eine Welle der Frequenz ω einfällt, so ist die sich im Medium fortpflanzende Welle von der Form

$$a(\omega)\, e^{-i\omega t + i(\omega/c)nx} \, ,$$

wo die Amplitude $a(\omega)$ eine sich langsam mit der Frequenz ändernde Funktion ist. Daher wird das Feld der Welle im gegebenen Fall im Medium

$$E \propto \int_{-\infty}^{+\infty} d\omega\, a(\omega)\, e^{-i\omega t + i(\omega/c)nx} \int_0^\infty e^{i(\omega-\omega_0)\tau}\, d\tau \, .$$

In dem Gebiet nahe der Wellenfront spielen diejenigen Werte von ω eine Rolle, die in der Nähe von ω_0 liegen. Wir führen die neue Variable $\xi = \omega - \omega_0$ ein, ersetzen $a(\omega)$ durch $a(\omega_0)$ und entwickeln den Exponenten nach Potenzen von ξ. Lassen wir alle unwichtigen Konstanten und die Phasenfaktoren weg, so erhalten wir

$$E \propto \int_0^\infty \int_{-\infty}^{+\infty} \exp\left\{i\xi\left(\tau - t + \frac{x}{u}\right) - \frac{i\xi^2}{2} x \frac{u'}{u^2}\right\} d\xi\, d\tau \, ,$$

wo $u = u(\omega_0)$ die Ausbreitungsgeschwindigkeit (83,10) ist und $u' = (du/d\omega)|_{\omega=\omega_0}$. Führen wir die Integration über ξ aus, so bringen wir E leicht in die folgende Form:

$$E \propto \int_w^\infty e^{\pm i\eta^2}\, d\eta \, , \qquad w = \frac{x - ut}{\sqrt{2x\,|u'|}}$$

(das Vorzeichen im Exponenten hängt vom Vorzeichen von u' ab). Die Intensitätsverteilung der Welle in der Nähe ihrer Front ist gegeben durch

$$I \propto \left|\int_w^\infty e^{i\eta^2}\, d\eta\right|^2 .$$

Diese Formel stimmt offenbar mit der überein, welche die Intensitätsverteilung in der Nähe des Schattenrandes bei der FRESNEL-Beugung bestimmt (s. II, § 60). Für $w > 0$ fällt die Intensität monoton mit wachsendem w, und für $w < 0$ oszilliert sie mit abnehmender Amplitude um einen konstanten Wert, gegen den sie für $w \to -\infty$ strebt.

In großen Entfernungen vor der betrachteten Front eilen ihr sogenannte „Vorläufer" voraus, die sich mit der Geschwindigkeit c ausbreiten. Sie entsprechen den FOURIER-Komponenten mit großen Frequenz, für die $\varepsilon \to 1$.

X AUSBREITUNG ELEKTROMAGNETISCHER WELLEN

§ 85. Geometrische Optik

Die Bedingung für die Anwendbarkeit der geometrischen Optik (s. II, § 53) ist, daß die Wellenlänge λ im Vergleich zur charakteristischen Dimension l des Problems klein ist. Die Beziehung zwischen der geometrischen und der Wellenoptik besteht darin, daß für $\lambda \ll l$ jede Größe φ, die das Wellenfeld (d. h. jede Komponente von $\boldsymbol{E}$ oder $\boldsymbol{H}$) beschreibt, durch eine Formel der Gestalt

$$\varphi = a\, e^{i\psi}$$

ausgedrückt wird, wobei die Amplitude a eine sich langsam ändernde Funktion der Koordinaten und der Zeit ist; die Phase ψ ist eine große Größe, die „fast linear" von den Koordinaten und der Zeit abhängt. ψ bezeichnet man als *Eikonal*; es spielt in der geometrischen Optik eine große Rolle. Die zeitliche Ableitung von ψ bestimmt die Frequenz der Welle:

$$\frac{\partial \psi}{\partial t} = -\omega\,; \tag{85,1}$$

die Ableitung nach den Koordinaten bestimmt den Wellenvektor,

$$\nabla \psi = \boldsymbol{k}\,, \tag{85,2}$$

und damit die Richtung der Strahlen in jedem Raumpunkt.

Bei einer monochromatischen stationären Welle ist die Frequenz eine konstante Größe, und die Zeitabhängigkeit des Eikonals wird durch den Term $-\omega t$ gegeben. Wir führen dann anstelle von ψ die neue Funktion ψ_1 (die wir auch als Eikonal bezeichnen werden) durch die folgende Beziehung ein:

$$\psi = -\omega t + \frac{\omega}{c}\psi_1(x, y, z); \tag{85,3}$$

ψ_1 ist nur eine Funktion der Koordinaten, und ihr Gradient lautet

$$\nabla \psi_1 = \boldsymbol{n}\,, \tag{85,4}$$

wo $\boldsymbol{n}$ ein Vektor sei, der mit $\boldsymbol{k}$ folgendermaßen zusammenhängt:

$$\boldsymbol{k} = \frac{\omega}{c}\boldsymbol{n}\,. \tag{85,5}$$

Der Betrag des Vektors $\boldsymbol{n}$ ist gleich dem Brechungsindex n des Mediums.[1]) Daher lautet die Eikonalgleichung für die Ausbreitung der Strahlen in einem Medium mit

---

[1]) In der geometrischen Optik betrachtet man nur transparente Medien.

dem Brechungsindex $n(x, y, z)$, der eine gegebene Funktion der Koordinaten sei,

$$(\nabla\psi_1)^2 \equiv \left(\frac{\partial\psi_1}{\partial x}\right)^2 + \left(\frac{\partial\psi_1}{\partial y}\right)^2 + \left(\frac{\partial\psi_1}{\partial z}\right)^2 = n^2 . \tag{85,6}$$

Die Gleichung für die Ausbreitung der Strahlen in einem stationären Zustand kann auch aus dem FERMATschen *Prinzip* abgeleitet werden. Nach diesem Prinzip hat das Integral

$$\psi_1 = \int_A^B \boldsymbol{n}\,\mathrm{d}\boldsymbol{l} = \int_A^B n\,\mathrm{d}l$$

für den Weg des Lichtstrahls zwischen zwei gegebenen Raumpunkten A und B ein Minimum. Setzen wir die Variation dieses Integrals gleich Null, so haben wir

$$\delta\psi_1 = \int_A^B (\delta n \cdot \mathrm{d}l + n\delta\mathrm{d}l) = 0 .$$

$\delta\boldsymbol{r}$ sei die Verschiebung der Bahn des Strahles bei der Variation. Dann haben wir

$$\delta n = \delta\boldsymbol{r}\,\nabla n\,, \qquad \delta\mathrm{d}l = \boldsymbol{l}\,\mathrm{d}\delta\boldsymbol{r}\,,$$

wo $\boldsymbol{l}$ der zum Strahl tangentiale Einheitsvektor sei. Setzen wir das in $\delta\psi_1$ ein und integrieren im zweiten Term partiell (wobei wir berücksichtigen, daß in den Punkten A und B $\delta\boldsymbol{r} = 0$ ist), so erhalten wir

$$\delta\psi_1 = \int_A^B \delta\boldsymbol{r}\,\nabla n\,\mathrm{d}l + \int_A^B n\boldsymbol{l}\,\mathrm{d}\,\delta\boldsymbol{r} = \int_A^B \left(\nabla n - \frac{\mathrm{d}(n\boldsymbol{l})}{\mathrm{d}l}\right)\delta\boldsymbol{r}\,\mathrm{d}l = 0 .$$

Hieraus folgt

$$\frac{\mathrm{d}(n\boldsymbol{l})}{\mathrm{d}l} = \nabla n . \tag{85,7}$$

Führen wir die Differentiation aus und setzen $\mathrm{d}n/\mathrm{d}l = \boldsymbol{l}\,\nabla n$, so erhalten wir

$$\frac{\mathrm{d}\boldsymbol{l}}{\mathrm{d}l} = \frac{1}{n}\,[\nabla n - \boldsymbol{l}(\boldsymbol{l}\,\nabla n)] . \tag{85,8}$$

Das ist die Gleichung, welche die Form der Strahlen bestimmt. Aus der Differentialgeometrie ist bekannt, daß die Ableitung $\mathrm{d}\boldsymbol{l}/\mathrm{d}l$ entlang des Lichtstrahls gleich $\boldsymbol{N}/R$ ist, wo $\boldsymbol{N}$ der Einheitsvektor der Hauptnormalen und R der Krümmungsradius des Strahls sei. Multiplizieren wir die Gleichung (85,8) auf beiden Seiten mit $\boldsymbol{N}$ und berücksichtigen, daß $\boldsymbol{N}$ und $\boldsymbol{l}$ senkrecht zueinander sind, so erhalten wir

$$\frac{1}{R} = \boldsymbol{N}\frac{\nabla n}{n} . \tag{85,9}$$

Der Strahl wird in Richtung wachsenden Brechungsindexes gekrümmt.

In der geometrischen Optik breiten sich die Stahlen in $\boldsymbol{l}$-Richtung aus, und die Ausbreitungsgeschwindigkeit wird durch die Ableitung

$$\boldsymbol{u} = \frac{\partial\omega}{\partial\boldsymbol{k}} \tag{85,10}$$

bestimmt. Diese Geschwindigkeit bezeichnet man auch als *Gruppengeschwindigkeit*; das Verhältnis ω/k bezeichnet man als *Phasengeschwindigkeit*. Man muß jedoch beachten, daß letztere nicht die Geschwindigkeit für die Ausbreitung irgendeiner realen physikalischen Größe ist.

Die Gleichung, welche die Änderung der Intensität des Lichtes längs eines Strahls bestimmt, kann ebenfalls leicht abgeleitet werden. Die Intensität I ist der Betrag des über die Zeit gemittelten POYNTING-Vektors. Dieser Vektor zeigt ebenso wie die Gruppengeschwindigkeit in die Richtung von $\boldsymbol{l}$:

$$\overline{\boldsymbol{S}} = I\boldsymbol{l}\,.$$

In einem stationären Zustand ist die mittlere Energiedichte des Feldes in jedem Raumpunkt zeitlich konstant. Die Gleichung für die Erhaltung der Energie lautet daher $\operatorname{div} \overline{\boldsymbol{S}} = 0$ oder

$$\operatorname{div}(I\boldsymbol{l}) = 0\,. \tag{85,11}$$

Das ist die gesuchte Gleichung.

Schließlich wollen wir sehen, wie sich die Polarisationsrichtung von linear polarisiertem Licht längs eines Strahls ändert (S. M. RYTOV, 1938).

Aus der Differentialgeometrie wissen wir, daß eine Kurve im Raum (im gegebenen Fall ein Strahl) in jedem ihrer Punkte durch die drei zueinander senkrechten Einheitsvektoren $\boldsymbol{l}$ (Tangenteneinheitsvektor), $\boldsymbol{N}$ (Hauptnormale) und $\boldsymbol{b}$ (Binormale) bestimmt wird, die ein sogenanntes *natürliches Dreibein* bilden. Da die elektromagnetischen Wellen transversal sind, liegen die Vektoren $\boldsymbol{E}$ und $\boldsymbol{H}$ immer in der Normalebene (sie wird von $\boldsymbol{N}$ und $\boldsymbol{b}$ aufgespannt).

Die Richtung von $\boldsymbol{E}$ falle in irgendeinem Punkt mit der von $\boldsymbol{N}$ zusammen, d. h., $\boldsymbol{E}$ liege in der Schmiegebene (die Ebene durch $\boldsymbol{N}$ und $\boldsymbol{l}$). Bekanntlich ist die Abweichung der Kurve aus der Schmiegebene über eine Länge $\mathrm{d}l$ klein von dritter Ordnung in $\mathrm{d}l$. Wir können daher sagen, daß der Vektor $\boldsymbol{E}$ über eine Länge $\mathrm{d}l$ in der ursprünglichen Schmiegebene bleibt. Die neue Schmiegebene ist bezüglich der alten um den Winkel $\mathrm{d}\varphi = \mathrm{d}l/T$ gedreht, wo T der Torsionsradius der Kurve ist. Das ist daher der Winkel, um den der Vektor $\boldsymbol{E}$ relativ zu $\boldsymbol{N}$ in der Normalebene gedreht wird. Daher dreht sich bei einer Verschiebung längs des Strahls die Polarisationsrichtung in der Normalebene so, daß ihr Winkel mit der Richtung der Hauptnormalen sich folgendermaßen ändert:

$$\frac{\mathrm{d}\varphi}{\mathrm{d}l} = \frac{1}{T}\,. \tag{85,12}$$

Insbesondere ist die Richtung des Vektors $\boldsymbol{E}$ in der Normalebene konstant, wenn die Torsion Null ist, d. h., wenn der Strahl eine ebene Kurve ist. Das ist bei Berücksichtigung der Symmetrie sofort ersichtlich.

Aufgaben

1. Man bestimme das Transformationsgesetz der Ausbreitungsgeschwindigkeit des Lichtes in einem Medium (Gruppengeschwindigkeit) bei einer Transformation des Bezugssystems.

Lösung. Nach der Definition der Gruppengeschwindigkeit $\boldsymbol{u}$ ist

$$\mathrm{d}\omega = \boldsymbol{u}\,\mathrm{d}\boldsymbol{k}\,, \qquad \mathrm{d}\omega' = \boldsymbol{u}'\,\mathrm{d}\boldsymbol{k}';$$

die gestrichenen Größen beziehen sich auf ein Bezugssystem K', das sich mit der Geschwindigkeit $\boldsymbol{v}'$ relativ zum System K (die entsprechenden Größen ohne Strich) bewegt. Nach den Formeln der LORENTZ-Transformation für einen Vierervektor haben wir

$$k'_x = \gamma(k_x - v\omega/c^2)\,, \qquad k'_y = k_y\,, \qquad k'_z = k_z\,,$$
$$\omega = \gamma(\omega' + vk'_x)\,,$$

wobei $\gamma = 1/\sqrt{1 - v^2/c^2}$ (die x-, x'-Achsen liegen in $\boldsymbol{v}$-Richtung). Aus der Formel in der zweiten Zeile erhalten wir

$$d\omega = \gamma(d\omega' + v\, dk'_x) = \gamma(\boldsymbol{u}'\, d\boldsymbol{k}' + v\, dk'_x)\,.$$

Setzt man hierin das durch $d\boldsymbol{k}$ und $d\omega$ aus der Formel der ersten Zeile ausgedrückte $d\boldsymbol{k}'$ ein und sammelt alle $d\omega$ enthaltenden Terme, so hat man

$$\gamma\left(1 + \frac{1}{c^2} vv'_x\right) d\omega = \gamma(u'_x + v)\, dk_x + u'_y\, dk_y + u'_z\, dk_z\,.$$

Nach dem Vergleich mit $d\omega = \boldsymbol{u}\, d\boldsymbol{k}$ finden wir, daß sich die Geschwindigkeiten $\boldsymbol{u}'$ und $\boldsymbol{v}$, wie erwartet, nach den gewöhnlichen relativistischen Formeln der Geschwindigkeitsaddition zu $\boldsymbol{u}$ addieren.

2. Man bestimme die Ausbreitungsgeschwindigkeit des Lichtes in einem Medium, das sich in bezug auf den Beobachter bewege.

Lösung. ω und $\boldsymbol{k}$ seien die Frequenz und der Wellenvektor der Lichtwelle in einem unbewegten Bezugssystem K; ω' und $\boldsymbol{k}'$ seien dieselben Größen in einem System K', das sich in bezug auf K zusammen mit der Flüssigkeit mit einer Geschwindigkeit $\boldsymbol{v}$ bewegt. Im System K' ruht die Flüssigkeit, und daher sind ω' und k' durch die Beziehung

$$ck' = \omega' n(\omega') \tag{1}$$

verbunden. Nach den Formeln der LORENTZ-Transformation haben wir, wenn wir nur Terme erster Ordnung in v/c berücksichtigen,

$$\omega' = \omega - \boldsymbol{kv}\,, \qquad \boldsymbol{k}' = \boldsymbol{k} - \frac{\omega}{c^2}\boldsymbol{v}\,, \qquad k' = k - \frac{\omega}{c^2}\boldsymbol{vl}$$

($\boldsymbol{l} = \boldsymbol{k}/k$). Setzen wir diese Ausdrücke in (1) ein und entwickeln die Funktion $n(\omega')$ nach Potenzen von $\boldsymbol{v}$, so erhalten wir in derselben Näherung[1])

$$k = \frac{\omega}{c} n + \frac{\omega}{c^2}\left[1 - n\frac{d(n\omega)}{d\omega}\right]\boldsymbol{vl}\,. \tag{2}$$

Die Ausbreitungsgeschwindigkeit (Gruppengeschwindigkeit) im ruhenden Medium erhält man durch Differentiation der Beziehung $ck = \omega n(\omega)$ zu

$$\boldsymbol{u}_0 = \frac{c}{d(n\omega)/d\omega}\boldsymbol{l}\,. \tag{3}$$

Im bewegten Medium erhalten wir sie durch Differentiation der Beziehung (2), die wir in die Form

$$k = \frac{\omega}{c} n + \boldsymbol{kv}\left(\frac{1}{cn} - \frac{1}{u_0}\right)$$

umschreiben. Wieder bis zu Termen erster Ordnung finden wir

$$\boldsymbol{u} = \boldsymbol{u}_0 + \boldsymbol{l}(\boldsymbol{lv})\left(\frac{u_0}{cn} - \frac{u_0^2}{c^2} - \frac{n\omega}{c}\frac{du_0}{d\omega}\right) + \boldsymbol{v}\left(1 - \frac{u_0}{cn}\right). \tag{4}$$

1) Es sei bemerkt, daß der zweite Term in (2) und mit ihm alle weiteren Effekte erster Ordnung für $n^2 = \varepsilon = 1 - \text{const}\cdot\omega^{-2}$ identisch zu Null werden.

Für die Lichtausbreitung in Bewegungsrichtung des Mediums ($\boldsymbol{v} \parallel \boldsymbol{l}$) erhalten wir hieraus[1])

$$u = u_0 + v\left(1 - \frac{u_0^2}{c^2}\right) - \frac{vn\omega}{c}\frac{du_0}{d\omega}. \tag{5}$$

Die ersten beiden Terme können einfach aus der relativistischen Formel für die Addition von Geschwindigkeiten gewonnen werden. Sind $\boldsymbol{v}$ und $\boldsymbol{l}$ einander orthogonal, so ist

$$\boldsymbol{u} = \boldsymbol{u}_0 + \boldsymbol{v}\left(1 - \frac{u_0}{cn}\right). \tag{6}$$

Die Phasengeschwindigkeit der Welle erhält man aus (2) in der Gestalt

$$\frac{\omega}{k} = \frac{c}{n} + \boldsymbol{vl}\left(1 - \frac{1}{n^2} + \frac{\omega}{n}\frac{dn}{d\omega}\right).$$

Für $\boldsymbol{v} \perp \boldsymbol{l}$ verschwindet der Effekt in erster Ordnung.

§ 86. Reflexion und Brechung von Wellen

Betrachten wir die Reflexion und die Brechung einer monochromatischen ebenen elektromagnetischen Welle an einer ebenen Grenze zwischen zwei homogenen Medien. Die Welle fällt von einem transparenten Medium (Medium 1) her ein. Vom zweiten Medium werden wir nicht voraussetzen, daß es transparent ist. Wir werden die Größen, die sich auf einfallende (bzw. reflektierte) Welle beziehen, mit dem Index 0 (bzw. 1) bezeichnen; die der gebrochenen Welle sollen mit dem Index 2 bezeichnet werden (Abb. 46). Die Normalenrichtung zur Grenzfläche wählen wir als z-Achse (mit $z > 0$ in Medium 2).

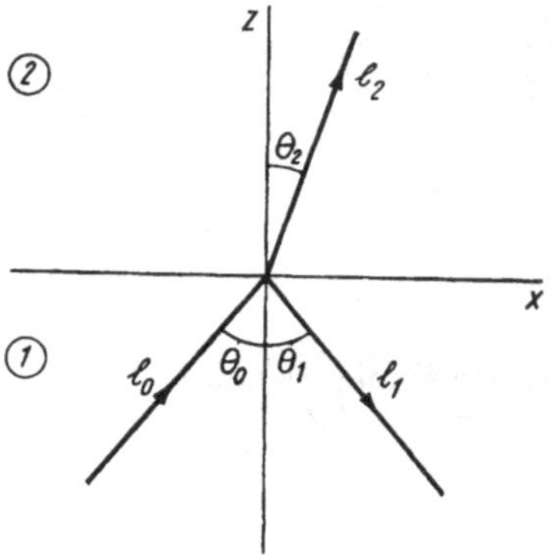

Abb. 46

Wegen der vollständigen Homogenität in der x,y-Ebene muß die Abhängigkeit der Lösung der Feldgleichungen von x und y im ganzen Raum dieselbe sein. Das bedeutet, daß die Komponenten k_x und k_y des Wellenvektors für alle drei Wellen dieselben sind. Hieraus folgt vor allem, daß die Ausbreitungsrichtungen aller Wellen in einer Ebene liegen; diese wählen wir als x,z-Ebene.

Aus den Gleichungen

$$k_{0x} = k_{1x} = k_{2x} \tag{86,1}$$

[1]) Diese Formeln beschreiben den sogenannten Fizeau-Effekt, der zuerst von A. Fresnel 1818 vorausgesagt wurde. Der Dispersionseinfluß auf diesen Effekt wurde von H. A. Lorentz 1895 behandelt.

finden wir für die z-Komponenten dieser Vektoren

$$k_{1z} = -k_{0z} = -\frac{\omega}{c}\sqrt{\varepsilon_1}\cos\theta_0\,,$$

$$k_{2z} = \sqrt{\frac{\omega^2}{c^2}\varepsilon_2 - k_{0x}^2} = \frac{\omega}{c}\sqrt{\varepsilon_2 - \varepsilon_1\sin^2\theta_0}\,. \tag{86,2}$$

Der Vektor $\boldsymbol{k}_0$ ist nach Definition reell. Mit ihm zusammen ist auch $\boldsymbol{k}_1$ reell. Die Größe k_{2z} ist in einem absorbierenden Medium komplex, wobei das Vorzeichen der Wurzel so gewählt werden muß, daß Im $k_{2z} > 0$ in Übereinstimmung damit ist, daß die gebrochene Welle im Medium 2 gedämpft wird.

Wenn beide Medien transparent sind, folgen aus den Gleichungen (86,1) die bekannten Gesetze der Reflexion und der Brechung:

$$\theta_1 = \theta_0\,, \qquad \frac{\sin\theta_2}{\sin\theta_0} = \sqrt{\frac{\varepsilon_1}{\varepsilon_2}} = \frac{n_1}{n_2}. \tag{86,3}$$

Um die Amplitude der reflektierten und der gebrochenen Welle zu bestimmen, müssen wir die Randbedingungen für die Grenzfläche ($z = 0$) benutzen. Wir werden die beiden Fälle, daß das elektrische Feld $\boldsymbol{E}_0$ in der Einfallsebene und daß es senkrecht zu ihr liegt, getrennt betrachten; aus den Ergebnissen für diese Fälle kann auch die Lösung für den allgemeinen Fall erhalten werden, indem $\boldsymbol{E}_0$ in die Komponenten dieser beiden Richtungen zerlegt wird.

Nehmen wir zuerst an, daß $\boldsymbol{E}_0$ senkrecht zur Einfallsebene liegt; aus Symmetriegründen ist zu ersehen, daß dieselben Ergebnisse für die Felder $\boldsymbol{E}_1$ und $\boldsymbol{E}_2$ in der reflektierten und gebrochenen Welle gelten werden. Der Vektor $\boldsymbol{H}$ liegt in der x,z-Ebene. Die Grenzbedingungen fordern die Stetigkeit von $E_y = E$ und H_x;[1]) nach (83,3) ist $H_x = -(c/\omega)\,k_z E_y$.

Das Feld im Medium 1 ist die Summe der Felder der einfallenden und der reflektierten Welle, so daß wir zwei Gleichungen haben:

$$E_0 + E_1 = E_2\,, \qquad k_{0z}(E_0 - E_1) = k_{2z}\,E_2\,.$$

Die Exponentialfaktoren kürzen sich auf beiden Seiten der Gleichungen weg, da k_x (und auch ω) in allen drei Wellen dieselben sind; im folgenden verstehen wir unter E die komplexen Wellenamplituden. Die Lösung der obigen Gleichungen führt zu den sogenannten FRESNEL*schen Formeln*:

$$\left.\begin{aligned} E_1 &= \frac{k_{0z} - k_{2z}}{k_{0z} + k_{2z}}\,E_0 = \frac{\sqrt{\varepsilon_1}\cos\theta_0 - \sqrt{\varepsilon_2 - \varepsilon_1\sin^2\theta_0}}{\sqrt{\varepsilon_1}\cos\theta_0 + \sqrt{\varepsilon_2 - \varepsilon_1\sin^2\theta_0}}\,E_0\,,\\ E_2 &= \frac{2k_{0z}}{k_{0z} + k_{2z}}\,E_0 = \frac{2\sqrt{\varepsilon_1}\cos\theta_0}{\sqrt{\varepsilon_1}\cos\theta_0 + \sqrt{\varepsilon_2 - \varepsilon_1\sin^2\theta_0}}\,E_0\,. \end{aligned}\right\} \tag{86,4}$$

---

[1]) Die Grenzbedingungen für die Normalkomponenten von $\boldsymbol{B}$ und $\boldsymbol{D}$ liefern im gegebenen Fall nichts Neues in Übereinstimmung damit, daß die Gleichungen div $\boldsymbol{B} = 0$ und div $\boldsymbol{D} = 0$ Folgen der Gleichungen (83,1) sind.

Wenn beide Medien transparent sind, so können diese Formeln mit Hilfe der Beziehung (86,3) folgendermaßen geschrieben werden:

$$E_1 = \frac{\sin(\theta_2 - \theta_0)}{\sin(\theta_2 + \theta_0)} E_0\,, \qquad E_2 = \frac{2\cos\theta_0 \sin\theta_2}{\sin(\theta_2 + \theta_0)} E_0\,. \tag{86,5}$$

Auf analoge Art kann der Fall diskutiert werden, in dem $\boldsymbol{E}$ in der Einfalllsebene liegt; hier ist es einfacher, die Berechnungen für das Magnetfeld durchzuführen, das zur Einfallsebene senkrecht ist. Man erhält dann noch zwei FRESNELsche Formeln:

$$\left.\begin{aligned} H_1 &= \frac{\varepsilon_2 k_{0z} - \varepsilon_1 k_{2z}}{\varepsilon_2 k_{0z} + \varepsilon_1 k_{2z}} H_0 = \frac{\varepsilon_2 \cos\theta_0 - \sqrt{\varepsilon_1(\varepsilon_2 - \varepsilon_1 \sin^2\theta_0)}}{\varepsilon_2 \cos\theta_0 + \sqrt{\varepsilon_1(\varepsilon_2 - \varepsilon_1 \sin^2\theta_0)}} H_0\,, \\ H_2 &= \frac{2\varepsilon_2 k_{0z}}{\varepsilon_1 k_{2z} + \varepsilon_2 k_{0z}} H_0 = \frac{2\varepsilon_2 \cos\theta_0}{\varepsilon_2 \cos\theta_0 + \sqrt{\varepsilon_1(\varepsilon_2 - \varepsilon_1 \sin^2\Theta_0)}} H_0. \end{aligned}\right\} \tag{86,6}$$

Wenn beide Medien transparent sind, können diese in folgender Form geschrieben werden:

$$H_1 = \frac{\tan(\theta_0 - \theta_2)}{\tan(\theta_0 + \theta_2)} H_0\,, \qquad H_2 = \frac{\sin 2\theta_0}{\sin(\theta_0 + \theta_2)\cos(\theta_0 - \theta_2)} H_0\,. \tag{86,7}$$

Der *Reflexionskoeffizient* R ist als das Verhältnis des (zeitlich) gemittelten Energiestroms, der von der Fläche reflektiert wird, zum einfallenden Strom definiert. Jeder dieser beiden Ströme ist durch den Mittelwert der z-Komponente des POYNTING-Vektors (83,11) der entsprechenden Welle gegeben:

$$R = \frac{\sqrt{\varepsilon_1}\cos\theta_1\,|\boldsymbol{E}_1|^2}{\sqrt{\varepsilon_1}\cos\theta_0\,|\boldsymbol{E}_0|^2} = \frac{|\boldsymbol{E}_1|^2}{|\boldsymbol{E}_0|^2}\,.$$

Bei normalem Einfall ($\theta_0 = 0$) sind beide Polarisationsfälle äquivalent, und der Reflexionskoeffizient ist durch die Formel

$$R = \left|\frac{\sqrt{\varepsilon_1} - \sqrt{\varepsilon_2}}{\sqrt{\varepsilon_1} + \sqrt{\varepsilon_2}}\right|^2 \tag{86,8}$$

gegeben. Diese Formel ist sowohl für ein transparentes als auch für ein nichttransparentes reflektierendes Medium gültig. Wenn wir $\sqrt{\varepsilon_2} = n_2 + i\varkappa_2$ setzen, so erhalten wir z. B. beim Einfall aus dem Vakuum ($\varepsilon_1 = 1$)

$$R = \frac{(n_2 - 1)^2 + \varkappa_2^2}{(n_2 + 1)^2 + \varkappa_2^2}\,. \tag{86,9}$$

Die weitere Diskussion der erhaltenen Formeln führen wir unter der Annahme aus, daß beide Medien transparent sind. Vorher machen wir die folgende allgemeine Bemerkung.

Die Grenze zwischen den beiden unterschiedlichen Medien ist in Wirklichkeit keine geometrische Fläche, sondern eine dünne Übergangsschicht. Die Gültigkeit der Formel (86,1) beruht nicht auf irgendwelchen Voraussetzungen über den Charakter dieser Schicht. Die Herleitung der FRESNELschen Formel, die auf dem Gebrauch der Grenzbedingungen beruhte, setzt dagegen voraus, daß die Dicke δ der Übergangsschicht im Vergleich zur Wellenlänge λ klein ist. Gewöhnlich ist die Dicke δ mit den

Atomabständen vergleichbar, die in jedem Fall klein sind im Vergleich zu λ andernfalls wäre die makroskopische Beschreibung des Feldes nicht möglich); (daher wird die Bedingung $\lambda \gg \delta$ gewöhnlich erfüllt. Im entgegengesetzten Grenzfall würde die Erscheinung der Brechung einen ganz anderen Charakter haben. Für $\delta \gg \lambda$ werden die Bedingungen für die Gültigkeit der geometrischen Optik erfüllt (λ klein im Vergleich zu den Dimensionen des inhomogenen Mediums). Daher könnte die Ausbreitung der Wellen in diesem Fall als Ausbreitung von Strahlen angesehen werden, welche in der Übergangsschicht zwar gebrochen, aber von dieser nicht reflektiert werden. Mit anderen Worten, der Reflexionskoeffizient würde gleich Null sein.

Kehren wir nun zu den FRESNELschen Formeln zurück. Bei der Reflexion von einem transparenten Medium ist der Proportionalitätsfaktor zwischen $\boldsymbol{E}_1$, $\boldsymbol{E}_2$ und $\boldsymbol{E}_0$ in diesen Formeln reell.[1]) Das bedeutet, daß die Phase der Welle entweder unverändert bleibt oder sich um π ändert, je nachdem welches Vorzeichen diese Koeffizienten haben. Im besonderen fällt die Phase der gebrochenen Welle immer mit der Phase der einfallenden Welle zusammen. Hingegen kann die Reflexion von einer Phasenänderung begleitet werden.[2]) So ändert sich die Phase der Welle bei normalem Einfall nicht, wenn $\varepsilon_1 > \varepsilon_2$. Ist dagegen $\varepsilon_2 > \varepsilon_1$, so haben die Vektoren $\boldsymbol{E}_1$ und $\boldsymbol{E}_0$ entgegengesetztes Vorzeichen, d. h., die Phase der Welle ändert sich um π.

Bei schrägem Einfall sind die Reflexionskoeffizienten nach (86,5) und (86,7) durch die Formeln

$$R_\perp = \frac{\sin^2(\theta_2 - \theta_0)}{\sin^2(\theta_2 + \theta_0)}, \qquad R_\parallel = \frac{\tan^2(\theta_2 - \theta_0)}{\tan^2(\theta_2 + \theta_0)} \tag{86,10}$$

gegeben. Hier und im folgenden bezeichnen die Indizes $\perp$ und $\parallel$ die Fälle, in denen das Feld $\boldsymbol{E}$ senkrecht bzw. parallel zur Einfallsebene ist. Die Ausdrücke (86,10) ändern sich nicht bei Vertauschung von θ_2 und θ_0 (die Phasen der reflektierten Wellen ändern sich dabei aber nach (86,5) und (86,7) um π). Mit anderen Worten, der Reflexionskoeffizient ist für Wellen, die aus dem Medium 1 unter dem Winkel θ_0 einfallen, gleich dem Reflexionskoeffizienten für Wellen, die aus dem Medium 2 unter dem Winkel θ_2 einfallen.

Eine bemerkenswerte Eigenschaft besitzt die Reflexion des Lichtes, das unter solch einem Winkel θ_0 einfällt, bei dem $\theta_0 + \theta_2 = \pi/2$ (der reflektierte und gebrochene Strahl sind dabei senkrecht zueinander). Wir bezeichnen diesen Wert mit θ_p; schreiben wir $\sin\theta_p = \sin\big((\pi/2) - \theta_2\big) = \cos\theta_2$ und benutzen das Brechungsgesetz (86,3), so erhalten wir

$$\tan\theta_p = \sqrt{\frac{\varepsilon_2}{\varepsilon_1}}. \tag{86,11}$$

Für $\theta_0 = \theta_p$ haben wir $\tan(\theta_0 + \theta_2) = \infty$, und $R_\parallel$ wird Null. Daher wird das reflektierte Licht bei beliebiger Polarisationsrichtung des Lichtes, das unter diesem Winkel einfällt, so polarisiert, daß sein elektrisches Feld senkrecht zur Einfallsebene

[1]) Wir lassen im Augenblick den Fall der sogenannten Totalreflexion beiseite (s. unten).

[2]) Die Reflexion von einem absorbierenden Medium führt im allgemeinen zum Auftreten einer elliptischen Polarisation. Die expliziten Ausdrücke für die Amplituden- und Phasenbeziehungen zwischen den drei Wellen sind dabei außerordentlich kompliziert. Man kann sie im Buch von STRATTON, Electromagnetic Theory, chap. IX, Mc Graw-Hill, New York 1941, finden.

gerichtet ist. Genauso wird das reflektierte Licht polarisiert, wenn das einfallende Licht natürlich ist; die Komponenten mit anderer Polarisation werden daher nicht reflektiert. Der Winkel θ_p wird als *Winkel der Totalpolarisation* oder als BREWSTER-*Winkel* bezeichnet. Es muß folgendes bemerkt werden: Während das natürliche Licht durch Reflexion total polarisiert werden kann, kann dieser Effekt durch Brechung nicht erreicht werden, unter welchem Winkel das Licht auch einfällt.

Die Reflexion und die Brechung von linear-polarisiertem Licht führen immer wieder zu linear-polarisiertem Licht; die Polarisationsrichtung fällt im allgemeinen aber nicht mehr mit der des einfallenden Lichtes zusammen. γ_0 sei der Winkel zwischen der Richtung von $\boldsymbol{E}_0$ und der Einfallsebene, γ_1 und γ_2 seien die analogen Winkel für die reflektierte und die gebrochene Welle. Mit Hilfe der Formeln (86,5) und (86,7) erhalten wir leicht die Beziehungen

$$\tan \gamma_1 = -\frac{\cos(\theta_0 - \theta_2)}{\cos(\theta_0 + \theta_2)} \tan \gamma_0 , \qquad \tan \gamma_2 = \cos(\theta_0 - \theta_2) \tan \gamma_0 . \tag{86,12}$$

Die Winkel γ_0, γ_1 und γ_2 fallen nur in den Fällen $\gamma_0 = 0$ und $\gamma_0 = \pi/2$ für alle Einfallswinkel zusammen; sie sind auch für den normalen Einfall ($\theta_0 = \theta_2 = 0$) und den streifenden Einfall ($\theta_0 = \pi/2$) gleich (im letzten Fall gibt es überhaupt keine gebrochene Welle). In allen anderen Fällen folgt aus (86,12) (wenn man berücksichtigt, daß $0 < \theta_0, \theta_2 < \pi/2$, und voraussetzt, daß $0 < \gamma_0 < \pi/2$, $0 < \gamma_1, \gamma_2 < \pi$) die Ungleichungen

$$\gamma_1 > \gamma_0 > \gamma_2$$

Daher dreht sich die Richtung von $\boldsymbol{E}$ bei Reflexion von der Einfallsebene weg und bei Brechung zu ihr hin. Der Vergleich der beiden Formeln (86,10) zeigt, daß für alle Einfallswinkel (mit Ausnahme der Winkel $\theta_0 = 0$ und $\theta_0 = \pi/2$)

$$R_{\parallel} < R_{\perp}$$

gilt. Daher ist z. B. beim Einfall natürlichen Lichtes das reflektierte Licht teilweise polarisiert, und die Vorzugsrichtung des elektrischen Feldes ist senkrecht zur Einfallsebene. Das gebrochene Licht ist ebenfalls teilweise polarisiert, wobei die Vorzugsrichtung von $\boldsymbol{E}$ in der Einfallsebene liegt.

Die Größen $R_{\parallel}$ und $R_{\perp}$ hängen ganz unterschiedlich vom Einfallswinkel ab. Der Koeffizient $R_{\perp}$ wächst vom Wert (86,8) für $\theta_0 = 0$ an monoton mit dem Winkel θ_0. Der Koeffizient $R_{\parallel}$ nimmt denselben Wert (86,8) für $\theta_0 = 0$ an. Er fällt mit wachsendem θ_0 auf den Wert Null (bei $\theta_0 = \theta_p$) und beginnt danach, mit θ_0 zu wachsen.

Dabei muß man zwei wesentlich verschiedene Fälle unterscheiden. Wenn die Reflexion vom optisch dichteren Medium (d. h. $\varepsilon_2 > \varepsilon_1$) erfolgt, so wachsen $R_{\parallel}$ und $R_{\perp}$ gemeinsam bis $\theta_0 = \pi/2$ (streifender Einfall) an, wo sie beide den Wert 1 annehmen. Wenn dagegen das Medium optisch dünner ist, d. h. $\varepsilon_2 < \varepsilon_1$), werden beide Koeffizienten schon für den Einfallswinkel $\theta_0 = \theta_r$ zu 1, wo θ_r durch die Gleichung

$$\sin \theta_r = \sqrt{\frac{\varepsilon_2}{\varepsilon_1}} = \frac{n_2}{n_1} \tag{86,13}$$

bestimmt wird und als *Grenzwinkel der Totalreflexion* bezeichnet wird. Für $\theta_0 = \theta_r$ ist der Reflexionswinkel $\theta_2 = \pi/2$, d. h., die gebrochene Welle breitet sich parallel zur Grenzfläche aus.

Die Reflexion am optisch dünneren Medium unter dem Winkel $\theta_0 > \theta_r$ erfordert eine gesonderte Betrachtung. In diesem Fall wird k_{2z} (s. (86,2)) rein imaginär, d. h., das Feld wird im brechenden Medium gedämpft.

Die Dämpfung der Welle ohne echte Absorption (d. h. Dissipation der Energie) bedeutet, daß der Energiestrom vom ersten Medium in das zweite im Mittel verschwindet (durch eine einfache Rechnung kann man sich leicht davon überzeugen, daß der Vektor $\boldsymbol{S}$ minus der mittleren Energiestromdichte im zweiten Medium tatsächlich nur eine x-Komponente hat). Mit anderen Worten, die gesamte auf die Grenzflächefallende Energie wird in das erste Medium zurück reflektiert, d. h., die Reflexionskoeffizienten sind

$$R_\perp = R_{||} = 1\,.$$

Diese Erscheinung bezeichnet man als *Totalreflexion.*[1]) Die letzte Gleichung für $R_\perp$ und $R_{||}$ kann unmittelbar aus den FRESNELschen Formeln (86,4) und (86,6) erhalten werden.

Für $\theta_0 > \theta_r$ werden die Proportionalitätsfaktoren zwischen $\boldsymbol{E}_1$ und $\boldsymbol{E}_0$ komplexe Größen der Form $(a - ib)/(a + ib)$. Die Größen $R_\perp$ und $R_{||}$ sind durch die Quadrate der Beträge dieser Faktoren gegeben; diese sind gleich 1. Diese Formeln erlauben es uns, nicht nur das Verhältnis der Beträge des Feldes in der reflektierten und der einfallenden Welle, sondern auch ihre Phasendifferenz zu bestimmen. Dazu müssen wir die Felder in der Form

$$E_{1\perp} = \mathrm{e}^{-i\delta_\perp} E_{0\perp}\,, \qquad E_{1||} = \mathrm{e}^{-i\delta_{||}} E_{0||}$$

darstellen. Dann haben wir[2])

$$\tan\frac{\delta_\perp}{2} = \frac{\sqrt{\varepsilon_1 \sin^2\theta_0 - \varepsilon_2}}{\sqrt{\varepsilon_1}\cos\theta_0}\,, \qquad \tan\frac{\delta_{||}}{2} = \frac{\sqrt{\varepsilon_1(\varepsilon_1 \sin^2\theta_0 - \varepsilon_2)}}{\varepsilon_2\cos\theta_0}\,. \tag{86,14}$$

Deshalb wird die Totalreflexion von einer Änderung der Wellenphase begleitet, die im allgemeinen für die zur Einfallsebene parallelen und senkrechten Feldkomponenten verschieden ist. Daher wird bei der Reflexion einer Welle, die in einer zur Einfallsebene geneigten Ebene polarisiert ist, die reflektierte Welle elliptisch polarisiert. Für die Phasendifferenz $\delta = \delta_\perp - \delta_{||}$ erhält man leicht den Ausdruck

$$\tan\frac{\delta}{2} = \frac{\cos\theta_0\sqrt{\varepsilon_1\sin^2\theta_0 - \varepsilon_2}}{\sqrt{\varepsilon_1}\sin^2\theta_0}\,. \tag{86,15}$$

Diese Differenz wird nur für $\theta_0 = \theta_r$ und $\theta_0 = \pi/2$ Null.

Aufgaben

1. Man bestimme das Gesetz, nach dem der Reflexionskoeffizient in der Nähe des Winkels der Totalreflexion gegen Eins geht.

---

[1]) Wir erinnern daran, daß der Reflexionskoeffizient für die Reflexion von einem Medium mit reellem, aber negativem ε immer gleich 1 ist. In solch einem Medium gibt es auch keine echte Absorption, sondern die Welle kann in das Innere des Mediums nicht eindringen.

[2]) Wenn $(a - ib)/(a + ib) = \mathrm{e}^{-i\delta}$ ist, so folgt $\tan\delta/2 = b/a$.

Lösung. Wir setzen $\theta_0 = \theta_r - \delta$, wo δ eine kleine Größe ist, und entwickeln in den Formeln (86,10) $\sin\theta_0$ und $\cos\theta_0$ nach Potenzen von δ. Wir erhalten dann

$$R_\perp = 1 - 4\sqrt{2\delta}(n^2 - 1)^{-1/4},$$

$$R_\parallel = 1 - 4\sqrt{2\delta}\,n^2(n^2 - 1)^{-1/4},$$

wo $n^2 = \varepsilon_1/\varepsilon_2 > 1$ ist. Die Ableitungen $\mathrm{d}R/\mathrm{d}\delta$ werden für $\delta \to 0$ wie $\delta^{-1/2}$ unendlich.

2. Man bestimme den Reflexionskoeffizienten für einen beinahe streifenden Lichteinfall aus dem Vakuum auf die Oberfläche eines Körpers, für den ε nahezu 1 sei.

Lösung. Die Formeln (86,10) liefern

$$R_\perp \approx R_\parallel \approx \frac{(\varphi_0 - \sqrt{\varphi_0^2 + \varepsilon - 1})^4}{(\varepsilon - 1)^2},$$

wo $\varphi_0 = (\pi/2) - \theta_0$ ist.

3. Man bestimme den Reflexionskoeffizienten für den Einfall einer Welle aus dem Vakuum auf ein Medium, für das ε und μ von 1 verschieden seien.

Lösung. Die Berechnungen, die zu den im Text durchgeführten vollkommen analog sind, führen zu dem Ergebnis

$$R_\perp = \left|\frac{\mu\cos\theta_0 - \sqrt{\varepsilon\mu - \sin^2\theta_0}}{\mu\cos\theta_0 + \sqrt{\varepsilon\mu - \sin^2\theta_0}}\right|^2, \quad R_\parallel = \left|\frac{\varepsilon\cos\theta_0 - \sqrt{\varepsilon\mu - \sin^2\theta_0}}{\varepsilon\cos\theta_0 + \sqrt{\varepsilon\mu - \sin^2\theta_0}}\right|^2.$$

4. Eine planparallele Schicht (Gebiet 2) liege zwischen dem Vakuum (Gebiet 1) und einem beliebigen Medium (Gebiet 3). Aus dem Vakuum falle auf die Schicht Licht, das in der Einfallsebene (oder senkrecht zu ihr) polarisiert sei. Man drücke den Reflexionskoeffizienten R der Schicht durch die Reflexionskoeffizienten für den Einfall des Lichtes auf die Medien mit den Eigenschaften 2 bzw. 3, die jeweils den unendlichen Halbraum füllen, aus.

Lösung. Wir bezeichnen mit A_0 und A_1 die Amplituden des Feldes ($\boldsymbol{E}$ oder $\boldsymbol{H}$, welche immer zur Schicht parallel seien) der einfallenden und der reflektierten Welle. Das Feld in der Schicht besteht aus der gebrochenen Welle (Amplitude A_2) und der vom Gebiet 3 reflektierten Welle (Amplitude A_2'). Die Grenzbedingung auf der Fläche 1—2 liefert die Gleichung

$$A_2' = a(A_1 - r_{12}A_0), \tag{1}$$

wo a und r_{12} Konstanten sind. Bei der Reflexion am Medium 2, das den unendlichen Halbraum füllt, ist A_2' Null, so daß (1) $r_{12} = A_1/A_0$ ergibt, d. h., r_{12} ist in diesem Fall die Amplitude der Reflexion. Aus (1) erhält man noch eine Gleichung, wenn man A_1 und A_0 vertauscht und A_2' durch A_2 ersetzt, was einfach einer Änderung des Vorzeichens der z-Komponente des Wellenvektors entspricht:

$$A_2 = a(A_0 - r_{12}A_1). \tag{2}$$

Im Gebiet 3 gibt es nur eine (auslaufende) Welle, deren Amplitude die Bedingung

$$A_2\,\mathrm{e}^{i\psi} = aA_3, \qquad A_2'\,\mathrm{e}^{-i\psi} = -\,ar_{32}A_3 \tag{3}$$

befriedigt (analog zu (1), (2) mit $A_1 = 0$); die Exponentialfaktoren tragen der Änderung der Wellenphase über die Dicke h der Schicht Rechnung, wobei

$$\psi = \frac{\omega}{c}h\sqrt{\varepsilon_2 - \sin^2\theta_0} \tag{4}$$

gilt. Eliminieren wir A_3 aus den Gleichungen (3), so haben wir

$$A_2'\,\mathrm{e}^{-i\psi} = r_{32}A_2\,\mathrm{e}^{i\psi} \tag{5}$$

($r_{23} = -r_{32}$).

Aus den Gleichungen (1), (2) und (5) finden wir die Amplitude der Reflexion an der Schicht:

$$r = \frac{A_1}{A_0} = \frac{r_{12}\, e^{-2i\psi} + r_{23}}{e^{-2i\psi} + r_{12} r_{23}} \tag{6}$$

(der Reflexionskoeffizient ist $R = |r|^2$). Die Bedeutung der Konstanten r_{23} ergibt sich daraus, daß für $h = 0$ r mit der Amplitude der Reflexion r_{13} am Medium 3 im unendlichen Halbraum zusammenfallen muß. Hieraus finden wir

$$r_{23} = \frac{r_{12} - r_{13}}{r_{12} r_{13} - 1}. \tag{7}$$

Die Formeln (6) und (7) liefern die gesuchte Lösung. Es muß betont werden, daß ihre Herleitung nicht mit irgendwelchen Voraussetzungen über die Eigenschaften der Medien in den Gebieten 2 und 3 verbunden ist, die sowohl transparent als auch nichttransparent sein können.

Wenn die Medien in den Gebieten 2 und 3 transparent sind, so sind alle Größen ψ, r_{12}, r_{13} reell, und r_{23} ist die Amplitude der Reflexion an der Grenze zwischen den jeweils einen Halbraum füllenden Medien 2 und 3. Aus (6) haben wir dabei

$$R = \frac{(r_{12} + r_{23})^2 - 4 r_{12} r_{23} \sin^2 \psi}{(r_{12} r_{23} + 1)^2 - 4 r_{12} r_{23} \sin^2 \psi}. \tag{8}$$

Wenn ψ sich ändert, so ändert sich R zwischen den Grenzen

$$\left(\frac{r_{12} + r_{23}}{r_{12} r_{23} + 1}\right)^2 \quad \text{und} \quad \left(\frac{r_{12} - r_{23}}{r_{12} r_{23} - 1}\right)^2.$$

Bei normalem Lichteinfall gilt $r_{12} = \dfrac{n_1 - n_2}{n_1 + n_2}$, und r_{13} und r_{23} sind durch analoge Beziehungen gegeben. Wenn $n_2^2 = n_1 n_3$ gilt, so wird $r_{12} = r_{23}$, und bei entsprechender Wahl der Dicke der Schicht kann R Null werden.

Wenn sich Vakuum im Gebiet 3 befindet, so gilt $r_{13} = 0$, $r_{23} = -r_{12}$, und aus (6) haben wir

$$r = \frac{r_{12}(e^{-2i\psi} - 1)}{e^{-2i\psi} - r_{12}^2} = -\frac{\sinh i\psi}{\sinh\,[i\psi + \ln(-r_{12})]}. \tag{9}$$

Wenn auch das Medium 2 transparent ist, so gilt

$$R = \frac{4 R_{12} \sin^2 \psi}{(1 - R_{12})^2 + 4 R_{12} \sin^2 \psi}.$$

Der Durchlässigkeitskoeffizient D für die Schicht (zwischen den Vakua) fällt nur mit $1 - R$ zusammen, wenn das Medium 2 transparent ist. Andernfalls muß D aus den Gleichungen (1) bis (3) berechnet werden, indem man in ihnen $r_{32} = r_{12}$ setzt. Die „Amplitude der Durchlässigkeit" d ist gleich

$$d = \frac{A_3}{A_0} = \frac{1 - r_{12}^2}{e^{-i\psi} - r_{12}^2\, e^{i\psi}}, \tag{10}$$

der Durchlässigkeitskoeffizient lautet $D = |d|^2$.

5. Man bestimme den Reflexions- und Durchlässigkeitskoeffizienten bei normalem Lichteinfall auf eine Platte, die eine sehr große komplexe dielektrische Permeabilität ε besitzt.

Lösung. In diesem Fall gilt

$$r_{12} = \frac{1 - \sqrt{\varepsilon}}{1 + \sqrt{\varepsilon}} \approx -\left(1 - \frac{2}{\sqrt{\varepsilon}}\right),$$

und nach Formel (9) der Aufgabe 4

$$r = -\frac{1}{1 - (2/\sqrt{\varepsilon}) \coth i\psi}, \qquad \psi = \frac{\omega}{c} h \sqrt{\varepsilon}.$$

Wenn die Platte so dünn ist, daß $h\omega/c \ll 1/\sqrt{|\varepsilon|}$, können wir schreiben

$$r = -\frac{1}{1 + (2ic/\varepsilon\omega h)}.$$

Dabei kann man zwei Fälle unterscheiden:

$$\text{für} \quad \frac{1}{|\varepsilon|} \ll \frac{\omega}{c} h \ll \frac{1}{\sqrt{|\varepsilon|}} \qquad R = 1 - \frac{4c}{\omega h}\frac{\varepsilon''}{|\varepsilon|^2},$$

$$\text{für} \quad \frac{\omega}{c} h \ll \frac{1}{|\varepsilon|} \qquad R = \frac{\omega^2 h^2}{4c^2}|\varepsilon|^2.$$

Für den Durchlässigkeitskoeffizienten haben wir nach Formel (10)

$$\text{für} \quad \frac{\omega}{c} h \sim \frac{1}{\sqrt{|\varepsilon|}} \qquad d = -\frac{2}{\sqrt{\varepsilon}\sinh i\psi},$$

$$\text{für} \quad \frac{\omega}{c} h \ll \frac{1}{\sqrt{|\varepsilon|}} \qquad d = \frac{1}{1 - i\varepsilon\omega h/2c}.$$

Im letzten Fall kann man wieder zwei Fälle unterscheiden:

$$\text{für} \quad \frac{1}{|\varepsilon|} \ll \frac{\omega}{c} h \ll \frac{1}{\sqrt{|\varepsilon|}} \qquad D = \frac{4c^2}{\omega^2 h^2 |\varepsilon|^2}.$$

$$\text{für} \quad \frac{\omega}{c} h \ll \frac{1}{|\varepsilon|} \qquad D = 1 - \frac{\varepsilon''\omega h}{c}.$$

§ 87. Oberflächenimpedanz von Metallen

Die dielektrische Permeabilität der Metalle ist bei niedrigen Frequenzen dem Betrag nach groß im Vergleich zu 1 (für $\omega \to 0$ strebt sie wie $1/\omega$ gegen Unendlich). Die „Wellenlänge“ $\delta \sim c/\omega\sqrt{|\varepsilon|}$ ist dann[1]) im Metall im Vergleich zur Wellenlänge $\lambda \sim c/\omega$ im Vakuum klein. Wenn dabei δ (aber nicht unbedingt λ) auch im Vergleich zum Krümmungsradius der Metalloberfläche klein ist, so kann man das Problem der Reflexion einer beliebigen elektromagnetischen Welle von einem Metall wesentlich vereinfachen.

Daß δ klein ist, bedeutet, daß die Ableitungen der Feldkomponenten im Metall in Normalenrichtung zur Fläche im Vergleich zu den Ableitungen in den Tangentialrichtungen groß sind. Daher kann das Feld im Metall in der Nähe der Oberfläche als das Feld einer ebenen Welle angesehen werden. Die Felder $\boldsymbol{E}_t$ und $\boldsymbol{H}_t$ werden dann durch die Beziehung

$$\boldsymbol{E}_t = \sqrt{\frac{\mu}{\varepsilon}}\,[\boldsymbol{H}_t\boldsymbol{n}] \qquad (87{,}1)$$

miteinander verbunden, wo $\boldsymbol{n}$ die Oberflächennormale ist, die in das Metall hineinzeigt. Da $\boldsymbol{E}_t$ und $\boldsymbol{H}_t$ stetig sind, müssen ihre Werte außerhalb des Metalls in der Nähe

[1]) Große Werte von $\sqrt{\varepsilon(\omega)}$ sind praktisch immer komplex. Dabei wird das elektromagnetische Feld im Innern des Körpers gedämpft, so daß die „Wellenlänge“ in ihm gleichzeitig die „Eindringtiefe“ des Feldes ist. Wenn $\varepsilon(\omega)$ durch die Leitfähigkeit σ (gemäß (77,9)) ausgedrückt wird, so fällt diese Größe mit der Eindringtiefe zusammen, die in § 59 eingeführt wurde.

der Oberfläche durch dieselben Beziehungen verbunden sein. Die Gleichung (87,1) kann bei der Bestimmug des Feldes außerhalb des Leiters als Grenzbedingung benutzt werden (das wurde von M. A. LEONTOWITSCH 1948 gezeigt). Daher kann die Aufgabe der Bestimmung des äußeren elektromagnetischen Feldes ohne Betrachtung des inneren Feldes gelöst werden.

Die Größe $\sqrt{\mu/\varepsilon}$ heißt *Oberflächenimpedanz* des Metalls; wir werden sie mit $\zeta = \zeta' + i\zeta''$ bezeichnen[1]):

$$\zeta = \sqrt{\frac{\mu}{\varepsilon}}. \tag{87,2}$$

In einem Frequenzgebiet, in dem ε durch die gewöhnliche Leitfähigkeit des Metalls ausgedrückt werden kann, haben wir

$$\zeta = (1 - i)\sqrt{\frac{\omega\mu}{8\pi\sigma}}. \tag{87,3}$$

Der (zeitliche) Mittelwert der Energiestromdichte durch die Metalloberfläche lautet

$$\overline{\boldsymbol{S}} = \frac{c}{8\pi}\,\mathrm{Re}\,[\boldsymbol{E}_t\boldsymbol{H}_t^*] = \frac{c\zeta'}{8\pi}|\boldsymbol{H}_t|^2\,\boldsymbol{n}\,. \tag{87,4}$$

Dieser Strom stellt die Energie dar, die in das Metall hineinfließt und dort dissipiert wird. Hieraus ist ersichtlich, daß insbesondere

$$\zeta' > 0 \tag{87,5}$$

gelten muß. Diese Ungleichung bestimmt das Vorzeichen der Wurzel in (87,2).

Wenn die Frequenz anwächst, wird die Eindringtiefe von derselben Größenordnung wie die freie Weglänge l der Leitungselektronen.[2]) In diesem Fall macht es die räumliche Inhomogenität des Feldes unmöglich, das Feld mit Hilfe der dielektrischen Permeabilität ε makroskopisch zu beschreiben. Aber die Grenzbedingung der Form

$$\boldsymbol{E}_t = \zeta[\boldsymbol{H}_t\boldsymbol{n}] \tag{87,6}$$

ist auch für solche Frequenzen gültig. Dabei kann das Feld im Metall nahe seiner Oberfläche wieder als eine ebene Welle angesehen werden, obwohl diese jetzt nicht durch die gewöhnlichen makroskopischen MAXWELLschen Gleichungen beschrieben wird. In solch einer Welle müssen die Felder $\boldsymbol{E}$ und $\boldsymbol{H}$ durch eine lineare Beziehung miteinander verbunden sein. Die einzig mögliche lineare Beziehung zwischen dem axialen Vektor $\boldsymbol{H}$ und dem polaren Vektor $\boldsymbol{E}$ hat die Gestalt (87,6). Der Koeffizient ζ in dieser Beziehung ist die einzige die Eigenschaften des Metalls charakterisierende Größe, die man kennen muß, um das äußere elektromagnetische Feld zu bestimmen. Seine Berechnung erfordert aber die Anwendung der kinetischen Theorie (diese wird in einem anderen Band dieses Lehrbuches behandelt — s. X, § 86).

---

[1]) Gewöhnlich bezeichnet man als Oberflächenimpedanz eine Größe, die sich von (87,2) um den Faktor $4\pi/c$ unterscheidet.

[2]) Die freie Weglänge hängt wesentlich von der Temperatur des Metalls ab. Praktisch geht es gewöhnlich um sehr tiefe Temperaturen im Heliumgebiet, und die betrachteten Erscheinungen treten im Gebiet sehr kurzer Radiowellen auf.

Wenn die Frequenz weiterhin (gewöhnlich in das infrarote Gebiet) anwächst, so wird die makroskopische Beschreibung des Feldes wieder möglich, und ε ist wieder sinnvoll. Die Ursache für dieses Verhalten liegt darin, daß ein Leitungselektron eine große Energie gewinnt, wenn es ein großes Quant $\hbar\omega$ aufnimmt, woraufhin sich seine freie Weglänge verkleinert, so daß die Ungleichung $l \ll \delta$ wieder gilt. Die Impedanz ζ wird wieder umgekehrt proportional zu $\sqrt{\varepsilon}$.[1] In diesem Frequenzbereich hat $\varepsilon(\omega)$ einen großen negativen Realteil und einen kleinen Imaginärteil. Die Ungleichung $l \ll \delta$ ist eine Bedingung dafür, daß die beiden Größen ε' und ε'' eine makroskopische Bedeutung haben. Wenn nur die große Größe ε' einen makroskopischen Sinn haben soll, reicht es jedoch aus, daß die schwächere Bedingung $v/\omega \ll \delta$ erfüllt wird, wo v die Geschwindigkeit der Leitungselektronen im Metall ist (wenn diese Bedingung gilt, kann die räumliche Inhomogenität des Feldes bei der Betrachtung der Bewegung der Elektronen vernachlässigt werden)[2].

Die Ungleichung $\zeta' > 0$ wird vom Realteil der Impedanz immmer erfüllt. Wenn die Formel (87,2) gilt, können einige Schlüsse über das Vorzeichen des Imaginärteils von ζ gezogen werden. So folgt aus $\varepsilon'' > 0$ $\zeta'\zeta'' < 0$, wenn die Dispersion von ε wesentlicher ist als die von μ (d. h., wenn man annehmen kann, daß μ reell ist), und da immer $\zeta' > 0$ gilt, so folgt $\zeta'' < 0$. Das ist der häufigste Fall. Wenn die Dispersion von ζ durch die Dispersion von μ bestimmt wird, so finden wir auf demselben Wege, daß $\zeta'' > 0$ ist.

Der Begriff der Impedanz kann auch auf Supraleiter angewandt werden. Eine charakteristische Besonderheit der Supraleiter ist die, daß bei ihnen die Eindringtiefe δ auch im statischen Fall ($\omega = 0$) klein ist. Bei nicht allzu großen Frequenzen kann man annehmen, daß die Verteilung des Magnetfeldes dieselbe ist wie im statischen Fall. Um das elektrische Feld zu bestimmen, schreiben wir die Gleichung

$$\operatorname{rot} \boldsymbol{E} = i \frac{\omega}{c} \boldsymbol{H}$$

auf.

Wir legen die z-Achse in die Richtung der äußeren Normalen der Oberfläche des Supraleiters. Vernachlässigen wir die Tangentialableitungen im Vergleich zu den großen z-Ableitungen, so haben wir

$$\frac{\partial E_x}{\partial z} = i \frac{\omega}{c} H_y$$

(und analog für E_y). Wir integrieren diese Gleichung im Körper über z:

$$E_x(0) = \frac{i\omega}{c} \int\limits_{-\infty}^{0} H_y \, dz .$$

[1] Man muß jedoch beachten, daß die Gleichung (87,6) nur solange als Randbedingung benutzt werden kann, wie $|\varepsilon|$ groß (d. h. ζ klein) ist; diese Bedingung wird jedenfalls schon für optische Frequenzen nicht befriedigt. Wir nehmen an, daß $\mu \approx 1$ ist; dann entsprechen großen $|\varepsilon|$ kleine ζ. Wenn $\mu \gg 1$, so ist die Ungleichung $\delta \ll \lambda$ notwendig, wenn die Randbedingung (87,6) gelten soll; das bedeutet, daß $\sqrt{\mu\varepsilon} \gg 1$ gelten muß; dabei kann $\zeta = \sqrt{\mu/\varepsilon}$ auch nicht klein sein.

[2] Dieser Fall wird in X, § 87 ausführlicher behandelt.

$E_x(0)$ sei der Wert von E_x für $z = 0$, d. h. auf der Oberfläche des Körpers. Die Eindringtiefe bestimmen wir quantitativ folgendermaßen:

$$\int_{-\infty}^{0} H_y \, dz = H_y(0) \, \delta \, . \tag{87,7}$$

Dann gilt

$$E_x(0) = \frac{i\omega}{c} H_y(0) \, \delta \, .$$

Vergleichen wir das mit der Grenzbedingung (87,6), so finden wir, daß die Impedanz eines Supraleiters (in dem betrachteten Gebiet nicht allzu großer Frequenzen[1])) durch die Formel

$$\zeta = -i \frac{\omega}{c} \delta \tag{87,8}$$

gegeben ist. Dieser Ausdruck ist der erste Term in der Entwicklung von $\zeta(\omega)$ nach Potenzen der Frequenz. Er beginnt daher bei Supraleitern mit einem Term, der zu ω proportional ist. Der nächste Term der Entwicklung ist ω^2 proportional und reell; er ist der erste Term in der Entwicklung von ζ'.[2])

Die Impedanz $\zeta(\omega)$, die als eine Funktion der komplexen Variablen ω angesehen wird, besitzt Eigenschaften, die in vielem denen der Funktion $\varepsilon(\omega)$ analog sind (W. L. Ginsburg, 1954). Die Grenzbedingung, die für eine monochromatische Welle die Form (87,6) hat, muß im allgemeinen Fall als Operatorbeziehung geschrieben werden:

$$\boldsymbol{E}_t = \hat{\zeta}[\boldsymbol{H}_t \boldsymbol{n}] \, , \tag{87,9}$$

welche den Wert $\boldsymbol{E}_t$ in irgendeinem Zeitpunkt durch die Werte von $\boldsymbol{H}_t$ in allen vorhergehenden Zeitpunkten ausdrückt (vgl. § 77). Wie auch in § 82 folgt hieraus, daß die Funktion $\zeta(\omega)$ in der oberen Halbebene von ω einschließlich der reellen Achse (abgesehen vom Punkt $\omega = 0$) keine singulären Punkte hat. Die Bedingung, daß $\boldsymbol{E}_t$ für reelles $\boldsymbol{H}_t$ reell sei, führt zu der Beziehung

$$\zeta(-\omega^*) = \zeta^*(\omega) \, .$$

Da die Dissipation der Energie durch den Realteil der Funktion $\zeta(\omega)$ (und nicht durch den Imaginärteil wie bei $\varepsilon(\omega)$) bestimmt wird, folgt schließlich, daß $\zeta'(\omega)$ positiv ist und für keinen reellen Wert von ω ($\neq 0$) Null wird. Überlegungen, die den in § 82 durchgeführten ähnlich sind, führen zu dem Schluß, daß

$$\operatorname{Re} \zeta(\omega) > 0$$

in der ganzen oberen Halbebene ist. Hieraus folgt insbesondere, daß $\zeta(\omega)$ keine Nullstelle in der oberen Halbebene hat.

Weil $\zeta(\omega)$ in der oberen Halbebene keine singulären Punkte hat, gelangen wir wieder zu den Formeln von Kramers und Kronig. Dabei ist besonders die Formel

$$\zeta''(\omega) = -\frac{1}{\pi} \int_{-\infty}^{+\infty} \frac{\zeta'(x) - 1}{x - \omega} \, dx$$

---

[1]) Es handelt sich praktisch um Frequenzen ungefähr bis zum Zentimeterwellenbereich.
[2]) Die mikroskopische Theorie zeigt, daß der zu ω^2 proportionale Term in der Impedanz weiterhin einen logarithmischen Faktor in ω enthält — s. X, §§ 96, 97.

wichtig. Benutzen wir die Tatsache, daß die Funktion $\zeta'(x)$ gerade ist, so können wir sie in folgender Form schreiben:

$$\zeta''(\omega) = -\frac{1}{\pi}\int_0^\infty \frac{\zeta'(x)-1}{x-\omega}\,dx + \frac{1}{\pi}\int_0^\infty \frac{\zeta'(x)-1}{x+\omega}\,dx$$

oder

$$\zeta''(\omega) = -\frac{2\omega}{\pi}\int_0^\infty \frac{\zeta'(x)}{x^2-\omega^2}\,dx \qquad (87,10)$$

(1 kann im Zähler des Integranden weggelassen werden, da der Hauptwert des Integrals von $1/(x^2 - \omega^2)$ gleich Null ist).

Alles über die Funktion $\zeta(\omega)$ Gesagte ist natürlich auch auf die reziproke Funktion $1/\zeta(\omega)$ anwendbar; der Operator drückt $[\boldsymbol{H}_t \boldsymbol{n}]$ durch $\boldsymbol{E}_t$ aus. Insbesondere werden wir anstelle von (87,10)

$$[\zeta^{-1}(\omega)]'' = -\frac{2\omega}{\pi}\int_0^\infty \frac{[\zeta^{-1}(x)]'}{x^2-\omega^2}\,dx \qquad (87,11)$$

haben. Für kleine ζ kann diese Formel nützlicher sein als (87,10). In der aufgeschriebenen Form ist sie jedoch nicht auf Supraleiter anwendbar, für die ζ^{-1} nach (87,8) einen Pol bei $\omega = 0$ hat. Eine einfache Modifikation der Herleitung (s. den Übergang von (82,7) zu (82,9)) führt zu der Formel

$$[\zeta^{-1}(\omega)]'' = -\frac{2\omega}{\pi}\int_0^\infty \frac{[\zeta^{-1}(x)]'}{x^2-\omega^2}\,dx + \frac{c}{\omega\delta}. \qquad (87,12)$$

Zum Abschluß dieses Paragraphen werden wir als Beispiele für die Anwendung des Begriffes der Impedanz die Reflexion einer ebenen elektromagnetischen Welle betrachten, die aus dem Vakuum auf eine ebene Metalloberfläche mit der Impedanz ζ fällt. Wenn der Vektor $\boldsymbol{E}$ senkrecht zur Einfallsebene polarisiert ist, so liefert die Grenzbedingung (87,6)

$$E_0 + E_1 = \zeta(H_0 - H_1)\cos\theta_0 = \zeta(E_0 - E_1)\cos\theta_0$$

(die Bezeichnungen sind dieselben wie in § 86). Hieraus erhalten wir, da ζ klein ist,

$$\frac{E_1}{E_0} = -(1 - 2\zeta\cos\theta_0),$$

und der Reflexionskoeffizient wird

$$R_\perp = 1 - 4\zeta'\cos\theta_0. \qquad (87,13)$$

Liegt $\boldsymbol{E}_0$ dagegen in der Einfallsebene, so schreiben wir die Grenzbedingung in der Form $\zeta\boldsymbol{H}_t = [\boldsymbol{n}\boldsymbol{E}_t]$, d. h.

$$\zeta(H_0 + H_1) = (E_0 - E_1)\cos\theta_0 = (H_0 - H_1)\cos\theta_0.$$

Daher lautet der Reflexionskoeffizient

$$R_\parallel = \left|\frac{\cos\theta_0 - \zeta}{\cos\theta_0 + \zeta}\right|^2. \qquad (87,14)$$

Für Einfallswinkel, die nicht zu nahe bei $\pi/2$ liegen, gilt

$$R_{\parallel} = 1 - \frac{4\zeta'}{\cos\theta_0}. \tag{87,15}$$

Wenn der Winkel $\varphi_0 = \pi/2 - \theta_0 \ll 1$ wird, so folgt

$$R_{\parallel} = \left|\frac{\varphi_0 - \zeta}{\varphi_0 + \zeta}\right|^2. \tag{87,16}$$

Dieser Ausdruck hat bei $\varphi_0 = |\zeta|$ das Minimum

$$R_{\parallel} = (|\zeta| - \zeta')/(|\zeta| + \zeta').$$

Außer im Spezialfall (87,16) liegt der Reflexionskoeffizient für eine Oberfläche mit kleinem ζ nahe bei Eins. Eine Oberfläche mit $\zeta \to 0$ (oder, wie man sagt, eine ideal leitende Fläche) ist gleichzeitig ideal reflektierend. Die Grenzbedingung auf solch einer Fläche lautet $\boldsymbol{E}_t = 0$, analog zu der Bedingung für ein elektrostatisches Feld auf der Oberfläche eines Leiters. Im Gegensatz zum konstanten Feld impliziert diese Bedingung im veränderlichen Feld die Erfüllung einer bestimmten Bedingung für das Magnetfeld. Wegen der Gleichung $(i\omega/c)\,\boldsymbol{H} = \operatorname{rot}\boldsymbol{E}$ folgt nämlich aus $\boldsymbol{E}_t = 0$ auf der Oberfläche die Gleichung $H_n = 0$. Daher wird in einem elektromagnetischen Feld die Normalkomponente des magnetischen Feldes auf einer ideal leitenden Oberfläche Null. In diesem Sinne ist solch eine Oberfläche der Oberfläche eines Supraleiters im konstanten Magnetfeld ähnlich.

Aufgabe

Man bestimme die Intensität der Wärmestrahlung (einer gegebenen Frequenz) von einer ebenen Fläche mit kleiner Impedanz.

Lösung. Nach dem KIRCHHOFFschen Gesetz ist die Intensität $\mathrm{d}I$ der Wärmestrahlung (in ein Element $\mathrm{d}o$ des Raumwinkels) einer beliebigen Fläche mit der Strahlungsintensität $\mathrm{d}I_0$ eines schwarzen Körpers durch die Beziehung $\mathrm{d}I = (1 - R)\,\mathrm{d}I_0$ verbunden, wo R der Reflexionskoeffizient der gegebenen Fläche für das natürliche Licht sei. Berechnet man $R = 1/2\,(R_\perp + R_\parallel)$ mit Hilfe der Formeln (87,13) und (87,14) und benutzt die Isotropie der Strahlung der Fläche eines schwarzen Körpers ($\mathrm{d}I_0 = I_0\,\mathrm{d}o/2\pi$), so erhalten wir

$$I = 2I_0\zeta' \int_0^{\pi/2} \left\{1 + \frac{1}{\cos^2\theta + 2\zeta'\cos\theta + \zeta'^2 + \zeta''^2}\right\} \cos\theta \sin\theta \,\mathrm{d}\theta.$$

Führen wir die Integration aus und lassen die Terme von höherer Ordnung in ζ weg, so finden wir

$$\frac{I}{I_0} = \zeta' \left[\ln\frac{1}{\zeta'^2 + \zeta''^2} + 1 - \frac{2\zeta'}{\zeta''}\arctan\frac{\zeta''}{\zeta'}\right].$$

Insbesondere haben wir für Metalle mit einer Impedanz, die durch die Formel (87,3) bestimmt wird ($\mu = 1$),

$$\frac{I}{I_0} = \sqrt{\frac{\omega}{8\pi\sigma}}\left[\ln\frac{4\pi\sigma}{\omega} + 1 - \frac{\pi}{2}\right].$$

§ 88. Ausbreitung von Wellen im inhomogenen Medium

Betrachten wir die Ausbreitung elektromagnetischer Wellen in einem elektrisch inhomogenen (aber isotropen) Medium. In den MAXWELLschen Gleichungen

$$\operatorname{rot} \boldsymbol{E} = \frac{i\omega}{c} \boldsymbol{H}, \qquad \operatorname{rot} \boldsymbol{H} = -i\varepsilon \frac{\omega}{c} \boldsymbol{E}$$

(wir setzen überall $\mu = 1$) sei ε eine Funktion der Koordinaten. Setzen wir $\boldsymbol{H}$ aus der ersten Gleichung in die zweite ein, so erhalten wir für $\boldsymbol{E}$ die Gleichung

$$\triangle \boldsymbol{E} + \frac{\varepsilon\omega^2}{c^2} \boldsymbol{E} - \operatorname{grad} \operatorname{div} \boldsymbol{E} = 0 . \tag{88,1}$$

Die Elimination von $\boldsymbol{E}$ liefert für $\boldsymbol{H}$ die Beziehung

$$\triangle \boldsymbol{H} + \frac{\varepsilon\omega^2}{c^2} \boldsymbol{H} + \frac{1}{\varepsilon} [\nabla\varepsilon \operatorname{rot} \boldsymbol{H}] = 0 . \tag{88,2}$$

Diese Gleichungen vereinfachen sich wesentlich im eindimensionalen Fall, in dem sich ε nur in einer Raumrichtung ändert. Wir wählen diese Richtung als z-Achse und betrachten eine Welle, deren Ausbreitungsrichtung in der x,z-Ebene liegt. Bei solch einer Welle hängen alle Größen überhaupt nicht von der y-Koordinate ab, und wegen der Homogenität des Raumes in x-Richtung können wir annehmen, daß die x-Abhängigkeit durch den Faktor $e^{i\varkappa x}$ mit der Konstanten $\varkappa$ gegeben ist. Für $\varkappa = 0$ hängt das Feld nur von z ab, d. h., es handelt sich um einen *normalen* Durchgang der Welle durch die Schicht des Stoffes mit $\varepsilon = \varepsilon(z)$. Ist dagegen $\varkappa \neq 0$, so spricht man von einem *geneigten* Durchgang der Welle.

Für $\varkappa \neq 0$ muß man zwei unabhängige Fälle der Polarisation unterscheiden. In einem Fall liegt der Vektor $\boldsymbol{E}$ senkrecht zur Ausbreitungsebene der Welle (d. h., er zeigt in y-Richtung), und das Magnetfeld liegt dementsprechend in dieser Ebene. Die Gleichung (88,1) nimmt die folgende Form an:

$$\frac{\partial^2 E}{\partial z^2} + \left(\varepsilon \frac{\omega^2}{c^2} - \varkappa^2\right) E = 0 . \tag{88,3}$$

Im anderen Fall zeigt das Feld $\boldsymbol{H}$ in y-Richtung, und $\boldsymbol{E}$ liegt in der Ausbreitungsebene. In diesem Fall ist es bequemer, von der Gleichung (68,2) auszugehen, was zu

$$\frac{\partial}{\partial z}\left(\frac{1}{\varepsilon} \frac{\partial H}{\partial z}\right) + \left(\frac{\omega^2}{c^2} - \frac{\varkappa^2}{\varepsilon}\right) H = 0 \tag{88,4}$$

führt. Wir werden diese beiden Wellentypen *E*- und *H*-*Wellen* nennen.

Die Gleichungen können in dem wichtigen Fall, daß die Ausbreitungsbedingungen sich denen der geometrischen Optik annähern, allgemein gelöst werden. Wir werden im folgenden annehmen, daß die Funktion $\varepsilon(z)$ reell sei.[1]) In der Gleichung (88,3) spielt die Größe $2\pi/\sqrt{f}$ mit

$$f(z) = \varepsilon \frac{\omega^2}{c^2} - \varkappa^2$$

[1]) Gleichung (88,3) hat eine formale Ähnlichkeit mit der SCHRÖDINGER-Gleichung für die eindimensionale Teilchenbewegung in der Quantenmechanik, und die Näherung der geometrischen Optik entspricht dem quasiklassischen Fall. Wir werden unten die Schlußresultate angeben; ihre Herleitung kann in III, Kap. VII, gefunden werden.

die Rolle der „Wellenlänge“ in Richtung der z-Achse. Die Näherung der geometrischen Optik entspricht der Ungleichung

$$\frac{\mathrm{d}}{\mathrm{d}z}\frac{1}{\sqrt{f}} \ll 1\,, \tag{88,5}$$

und die beiden unabhängigen Lösungen der Gleichung (88,3) haben die Form

$$\frac{\mathrm{const}}{f^{1/4}}\,\mathrm{e}^{\pm i\int\sqrt{f}\mathrm{d}z}\,. \tag{88,6}$$

Die Bedingung (88,5) ist gewiß nicht in der Nähe eines *Reflexionspunktes* erfüllt, in dem $f = 0$ (sofern ein solcher existiert). $z = 0$ sei solch ein Punkt, wobei $f > 0$ für $z < 0$ und $f < 0$ für $z > 0$ ist. In genügend großen Abständen auf beiden Seiten des Punktes $z = 0$ hat die Lösung der Gleichung (88,3) die Form (88,6). Um aber die Beziehung zwischen den Koeffizienten in dieser Lösung in den Gebieten $z > 0$ und $z < 0$ aufzustellen, muß man die exakte Lösung der Gleichung (88,3) in der Nähe von $z = 0$ untersuchen. In der Nachbarschaft dieses Punktes kann man die Funktion $f(z)$ nach Potenzen von z entwickeln und in der Form $f = -\alpha z$ darstellen. Die Lösung der Gleichung

$$\frac{\mathrm{d}^2E}{\mathrm{d}z^2} - \alpha z E = 0\,,$$

die für alle z definiert ist, lautet

$$E = \frac{A}{\alpha^{1/6}}\,\Phi(\alpha^{1/3}z)\,, \tag{88,7}$$

wo

$$\Phi(\xi) = \frac{1}{\sqrt{\pi}}\int\limits_0^{+\infty}\cos\left(\frac{u^3}{3} + u\xi\right)\mathrm{d}u$$

die sogenannte Airy-*Funktion* ist (den Faktor $\mathrm{e}^{-i\omega t + i\varkappa x}$ in E haben wir überall weggelassen).[1] Die asymptotische Form der Lösung der Gleichung (88,3) für große $|z|$ ist

$$\left.\begin{aligned} E &= \frac{A}{f^{1/4}}\cos\left(\int\limits_0^z\sqrt{f}\,\mathrm{d}z + \frac{\pi}{4}\right) \quad &&\text{für} \quad z < 0\,,\\ E &= \frac{A}{2\,|f|^{1/4}}\,\mathrm{e}^{-\int_0^z\sqrt{|f|}\mathrm{d}z} &&\text{für} \quad z > 0\,, \end{aligned}\right\} \tag{88,8}$$

mit demselben Koeffizienten A wie auch in (88,7). Der erste Ausdruck stellt eine stationäre Welle dar, die durch die Überlagerung der (in Richtung der positiven z-Achse) einfallenden und der von der Ebene $z = 0$ reflektierten Welle entsteht. Die Amplituden dieser Wellen sind beide gleich $A/2\,f^{1/4}$, d. h., der Reflexionskoeffizient ist gleich Eins. In das Gebiet $z > 0$ dringt nur eine exponentiell gedämpfte Welle ein.

---

[1]) Wir verwenden hier dieselbe Definition der Airy-Funktion wie auch in den anderen Bänden dieses Lehrbuches. Gegenwärtig ist aber die Definition $\mathrm{Ai}\,\xi = \Phi(\xi)/\sqrt{\pi}$ mehr verbreitet.

Wie man schon aus dem Auftreten des Faktors $f^{1/4}$ im Nenner von (88,8) ersieht, wächst die Wellenamplitude bei Annäherung an den Reflexionspunkt an. Um die Größe des Feldes in der unmittelbaren Nähe dieses Punktes zu bestimmen, muß man jedoch den Ausdruck (88,7) benutzen. Diese Funktion fällt monoton im Innern des Gebietes $z > 0$ und oszilliert im Gebiet $z < 0$, wobei die Größe des Maximums von $|E|$ ständig abnimmt. Das erste und höchste Maximum wird bei $\alpha^{1/3} z = -1{,}02$ erreicht und ist gleich

$$E = 0{,}949 \cdot A\alpha^{-1/6} .$$

Bisher haben wir von der Lösung für E-Wellen gesprochen. Man kann leicht sehen, daß in der Näherung der geometrischen Optik auch für H-Wellen völlig analoge Formeln gelten. Wenn wir in der Gleichung (88,4) $H = u \sqrt{\varepsilon}$ setzen, so treten die Ableitungen von ε nur als Produkt mit u (und nicht mit u') auf. Vernachlässigen wir daher die Terme, die diese Ableitungen (welche wegen der Bedingung (88,5) klein sind) enthalten, so erhalten wir für die Funktion $u(z)$ die Gleichung

$$\frac{\mathrm{d}^2 u}{\mathrm{d}z^2} + \left(\frac{\varepsilon\omega^2}{c^2} - \varkappa^2\right) u = 0 ,$$

die mit der Beziehung (88,3) zusammenfällt. Daher unterscheiden sich alle Formeln für H von den Formeln (88,6) bis (88,8) nur um den Faktor $\sqrt{\varepsilon}$.

Ein eigentümlicher Unterschied tritt im Verhalten dieser beiden Wellentypen auf, wenn eine schräg ($\varkappa \neq 0$) einfallende Welle von einer Schicht reflektiert wird, in der $\varepsilon(z)$ gegen Null geht. Die Reflexion findet dabei an der Ebene statt, auf der $f(z) = \varepsilon\omega^2/c^2 - \varkappa^2 = 0$ wird, d. h., die Welle „erreicht die Ebene $\varepsilon = 0$ nicht". Die E-Welle gelangt nur in der Form eines exponentiell gedämpften Feldes hinter diese Ebene. Wenn die H-Welle reflektiert wird, so überlagert sich solch einem gedämpften Feld in der Nähe von $\varepsilon = 0$ ein jäh verstärktes Feld (K. Försterling, 1949)[1]). Betrachten wir diese Erscheinung.

Im Punkt $z = 0$ sei $\varepsilon = 0$. In der Nähe dieses Punktes schreiben wir

$$\varepsilon = -az, \quad a > 0 , \tag{88,9}$$

und die Gleichung (88,4) nimmt die Gestalt

$$\frac{\mathrm{d}^2 H}{\mathrm{d}z^2} - \frac{1}{z}\frac{\mathrm{d}H}{\mathrm{d}z} - \left(\frac{a\omega^2}{c^2} z + \varkappa^2\right) H = 0 \tag{88,10}$$

an. Nach der allgemeinen Theorie der linearen Differentialgleichungen hat eine der Lösungen dieser Gleichung (wir werden sie $H_1(z)$ nennen) keine Singularität bei $z = 0$, und ihre Entwicklung nach Potenzen von z beginnt mit dem Term z^2:

$$H_1(z) = z^2 + \ldots .$$

Die zweite unabhängige Lösung besitzt eine logarithmische Singularität, und ihre Entwicklung hat die Form

$$H_2(z) = H_1(z) \ln \varkappa z + \frac{2}{\varkappa^2} + \ldots$$

---

[1]) Es muß bemerkt werden, daß dieser Punkt eine Singularität der Gleichung (88,4) ist, und die Näherung der geometrischen Optik ist daher in seiner Nähe ungültig, abgesehen davon, daß $f(z)$ nicht verschwindet und die Bedingung (88,5) nich t elten kann.

(der Parameter a tritt erst in den höheren Entwicklungstermen auf). Zur Bestimmung des Feldes in der Umgebung von $z = 0$ ist die Untersuchung der Frage nach der Auswahl der Linearkombination von H_1 und H_2, die den Grenzbedingungen im Unendlichen genügt, nicht erforderlich. Es reicht aus zu bemerken, daß sie für $z \to 0$ gegen eine Konstante strebt (die wir mit H_0 bezeichnen) und eine logarithmische Singularität aufweist:

$$H \approx H_0\left(1 + \frac{\varkappa^2}{2} z^2 \ln \varkappa z\right);$$

neben der Konstanten wurde hier auch der singuläre führende Term angegeben. Das elektrische Feld wird durch das Feld $H_y = H$ aus den MAXWELLschen Gleichungen

$$E_x = -\frac{ic}{\varepsilon\omega}\frac{\partial H}{\partial z}, \qquad E_z = \frac{ic}{\varepsilon\omega}\frac{\partial H}{\partial x}$$

bestimmt. Wir erinnern daran, daß die x-Abhängigkeit von H durch den Faktor $e^{i\varkappa x}$ gegeben ist, und finden die führenden Terme in E_x und E_y zu

$$E_x \approx H_0 \frac{i\varkappa^2 c}{a\omega} \ln \varkappa z, \qquad E_z \approx H_0 \frac{\varkappa c}{a\omega}\frac{1}{z}. \tag{88,11}$$

Sie werden für $z \to 0$ unendlich. In Wirklichkeit erreicht das Feld natürlich wegen der im Medium vorhandenen, wenn auch kleinen Absorption (d. h. der Imaginärteil von ε wird nicht exakt Null) nur verhältnismäßig (im Vergleich zum schwachen Feld der Umgebung) große, aber nicht unendliche Werte. Interessant ist aber, daß bereits ein beliebig kleiner Imaginärteil von ε zu einer endlichen Energiedissipation führt. Setzt man $\varepsilon = -az + i\delta$, $\delta \to +0$, dann muß die analytische Fortsetzung des Logarithmus in (88,11) von der rechten z-Halbachse auf die linke in der komplexen z-Ebene von unten erfolgen, und für $z < 0$ hat man

$$E_x = H_0 \frac{i\varkappa^2 c}{a\omega}(\ln|\varkappa z| - i\pi).$$

Der (zeitlich) mittlere Energiestrom längs der x-Achse beträgt

$$\overline{S}_z = \frac{c}{8\pi}\operatorname{Re}(E_x H_y^*)$$

(vgl. (59,9a)); für $z > 0$ ist er gleich Null, und für $z < 0$ führt das Auftreten eines Realteils in E_x zu einem von Null verschiedenen Energiestrom in Richtung auf die Ebene $z = 0$, wo diese Energie dissipiert[1]):

$$\overline{S}_z = \frac{\varkappa^2 c^2}{8\omega a} H_0^2 \tag{88,12}$$

(W. B. GILDENBURG, 1963).

---

[1]) Dieses Resultat kann man auch aus dem Ausdruck (80,4) für die dissipierte Energiedichte erhalten:

$$Q = \frac{\omega\varepsilon''|\boldsymbol{E}|^2}{8\pi} \approx \frac{\varkappa^2 c^2 H_0^2}{8\pi\omega} \lim_{\delta\to 0}\frac{\delta}{a^2 z^2 + \delta^2} = \frac{\varkappa^2 c^2 H_0^2}{8a\omega}\delta(z);$$

die Integration über z führt auf (88,12).

Aufgabe

Eine Oberflächen-H-Welle möge sich längs der Grenze zwischen zwei Medien ausbreiten, deren dielektrische Permeabilitäten (ε_1 und $-|\varepsilon_2|$) ein entgegengesetztes Vorzeichen besitzen sollen. Die Welle werde in beiden Medien gedämpft. Man bestimme die Beziehung zwischen ihrer Frequenz und ihrem Wellenvektor.

Lösung. Wir wählen die Trennungsebene als x,y-Ebene, wobei die Welle sich längs der x-Achse ausbreitet und das Feld $\boldsymbol{H}$ zur y-Achse parallel sei. Der Halbraum $z > 0$ enthalte das Medium mit der positiven (ε_1) und der Halbraum $z < 0$ das mit der negativen (ε_2) Permeabilität. Wir setzen das Feld in der Welle, die für $z \to \pm\infty$ gedämpft wird, in folgender Form an:

$$H_1 = H_0\, e^{ikx+\varkappa_1 z}, \quad \varkappa_1 = \sqrt{k^2 - \frac{\omega^2}{c^2}\varepsilon_1} \quad \text{für} \quad z > 0,$$

$$H_2 = H_0\, e^{ikx-\varkappa_2 z}, \quad \varkappa_2 = \sqrt{k^2 + \frac{\omega^2}{c^2}|\varepsilon_2|} \quad \text{für} \quad z < 0,$$

wobei k, $\varkappa_1$ und $\varkappa_2$ reell sind. Die Grenzbedingung, daß $H_y = H$ stetig sei, ist schon erfüllt, und die Stetigkeitsbedingung für E_x liefert

$$\frac{1}{\varepsilon_1}\frac{\partial H_1}{\partial z} = \frac{1}{\varepsilon_2}\frac{\partial H_2}{\partial z} \quad \text{für} \quad z = 0$$

oder $\varkappa_1/\varepsilon_1 = \varkappa_2/|\varepsilon_2|$. Diese Bedingung kann nur befriedigt werden, wenn $\varepsilon_1 < |\varepsilon_2|$ gilt (und falls $\varepsilon_1 \cdot \varepsilon_2 < 0$, was vorausgesetzt worden war). Dabei ist die Beziehung zwischen k und ω durch folgende Gleichung gegeben:

$$k^2 = \frac{\omega^2 \varepsilon_1 |\varepsilon_2|}{c^2\,(|\varepsilon_2| - \varepsilon_1)}.$$

Man kann leicht sehen, daß die Ausbreitung von Oberflächen-E-Wellen nicht möglich ist.

§ 89. Reziprozitätsprinzip

Die Emission monochromatischer elektromagnetischer Wellen durch eine Quelle, die aus einem dünnen Draht in einem beliebigen Medium besteht, wird durch die Gleichungen

$$\operatorname{rot} \boldsymbol{E} = i\frac{\omega}{c}\boldsymbol{B}, \qquad \operatorname{rot} \boldsymbol{H} = -i\frac{\omega}{c}\boldsymbol{D} + \frac{4\pi}{c}\boldsymbol{j}_a \tag{89,1}$$

beschrieben, wo $\boldsymbol{j}_a$ die Dichte der durch den Draht fließenden (in bezug auf das Medium) „äußeren" periodischen Ströme sei. Im Medium seien zwei verschiedene Quellen (von gleicher Frequenz) angeordnet; wir werden mit den Indizes 1 und 2 die Felder bezeichnen, die durch diese Quellen verursacht werden. Das Medium kann beliebig inhomogen und ansiotrop sein. Die einzige Annahme, die wir im folgenden über die Eigenschaften des Mediums machen, ist die, daß die linearen Beziehungen $D_i = \varepsilon_{ik}E_k$ und $B_i = \mu_{ik}H_k$ mit dem symmetrischen Tensoren ε_{ik} und μ_{ik} gelten mögen. Unter diesen Bedingungen ist es möglich, eine bestimmte Beziehung abzuleiten, die die Felder der beiden Quellen und die äußeren Ströme in ihnen verbindet.

Wir multiplizieren die beiden Gleichungen

$$\operatorname{rot} \boldsymbol{E}_1 = ik\boldsymbol{B}_1 ,$$

$$\operatorname{rot} \boldsymbol{H}_1 = -ik\boldsymbol{D}_1 + \frac{4\pi}{c} \boldsymbol{j}_a^{(1)}$$

mit $\boldsymbol{H}_2$ bzw. mit $\boldsymbol{E}_2$ und die entsprechenden Gleichungen für $\boldsymbol{E}_2$ und $\boldsymbol{H}_2$ mit $-\boldsymbol{H}_1$ und $-\boldsymbol{E}_1$. Addieren wir dann alle diese Gleichungen, so erhalten wir

$$(\boldsymbol{H}_2 \operatorname{rot} \boldsymbol{E}_1 - \boldsymbol{E}_1 \operatorname{rot} \boldsymbol{H}_2) + (\boldsymbol{E}_2 \operatorname{rot} \boldsymbol{H}_1 - \boldsymbol{H}_1 \operatorname{rot} \boldsymbol{E}_2) =$$

$$= i\frac{\omega}{c}(\boldsymbol{B}_1\boldsymbol{H}_2 - \boldsymbol{H}_1\boldsymbol{B}_2) + i\frac{\omega}{c}(\boldsymbol{E}_1\boldsymbol{D}_2 - \boldsymbol{D}_1\boldsymbol{E}_2) + \frac{4\pi}{c}(\boldsymbol{j}_a^{(1)}\boldsymbol{E}_2 - \boldsymbol{j}_a^{(2)}\boldsymbol{E}_1) .$$

Es gilt aber $\boldsymbol{B}_1\boldsymbol{H}_2 = \mu_{ik}H_{1k}H_{2i} = \boldsymbol{H}_1\boldsymbol{B}_2$ und $\boldsymbol{E}_1\boldsymbol{D}_2 = \boldsymbol{D}_1\boldsymbol{E}_2$, so daß die beiden ersten Terme auf der rechten Seite der Gleichung Null sind. Die linke Seite der Gleichung kann mit Hilfe der bekannten Formel der Vektoranalysis umgeformt werden, und wir finden

$$\operatorname{div}\{[\boldsymbol{E}_1\boldsymbol{H}_2] - [\boldsymbol{E}_2\boldsymbol{H}_1]\} = \frac{4\pi}{c}(\boldsymbol{j}_a^{(1)}\boldsymbol{E}_2 - \boldsymbol{j}_a^{(2)}\boldsymbol{E}_1) .$$

Wir integrieren diese Gleichung über den ganzen Raum; das Integral auf der linken Seite der Gleichung kann in ein Integral über eine im Unendlichen gelegene Oberfläche umgewandelt werden; es verschwindet. Wir erhalten daher

$$\int \boldsymbol{j}_a^{(1)}\boldsymbol{E}_2 \,\mathrm{d}V_1 = \int \boldsymbol{j}_a^{(2)}\boldsymbol{E}_1 \,\mathrm{d}V_2 . \tag{89,2}$$

Die Integrale auf der linken und rechten Seite erstrecken sich nur über die Volumina der ersten und zweiten Quelle, weil nur in ihnen von Null verschiedene Ströme $\boldsymbol{j}_a^{(1)}$ und $\boldsymbol{j}_a^{(2)}$existieren. Da die Drähte dünn sind, kann der Einfluß eines jeden Drahtes auf das Feld des anderen vernachlässigt werden, und $\boldsymbol{E}_1$ und $\boldsymbol{E}_2$ in Formel (89,2) sind die Strahlungsfelder (der ersten und der zweiten Quelle), die von jeder Quelle so am Ort der anderen erzeugt werden, als wenn die letztere nicht vorhanden wäre. Formel (89,2) ist die gesuchte Beziehung, die unter dem Namen *Reziprozitätstheorem* bekannt ist.

Wenn die Dimensionen der Quellen sowohl im Vergleich zur Wellenlänge als auch im Vergleich zur gegenseitigen Entfernung klein sind, kann der Ausdruck des Reziprozitätstheorems vereinfacht werden. Das Feld jeder Quelle ändert sich nur wenig im Bereich der anderen Quelle, und in (89,2) können wir $\boldsymbol{E}_1$ und $\boldsymbol{E}_2$ aus dem Integral herausziehen und sie einfach als $\boldsymbol{E}_1(2)$ und $\boldsymbol{E}_2(1)$ schreiben, wo 1 und 2 die Punkte bezeichnen, in denen sich die beiden Quellen befinden:

$$\boldsymbol{E}_2(1) \int \boldsymbol{j}_a^{(1)} \,\mathrm{d}V_1 = \boldsymbol{E}_1(2) \int \boldsymbol{j}_a^{(2)} \,\mathrm{d}V_2 .$$

Das Integral $\int \boldsymbol{j}_a \,\mathrm{d}V$ ist nichts anderes als die zeitliche Ableitung des totalen Dipolmomentes $\mathscr{P}$ der Quelle. Da $\dot{\mathscr{P}} = -i\omega\mathscr{P}$, haben wir schließlich

$$\boldsymbol{E}_2(1)\,\mathscr{P}_1 = \boldsymbol{E}_1(2)\,\mathscr{P}_2 . \tag{89,3}$$

Diese Form des Reziprozitätstheorems ist natürlich nur auf die Dipolstrahlung anwendbar. Wenn das Dipolmoment der Quelle gleich Null (oder sehr klein) wird, so ist die Näherung, die beim Übergang von der allgemeinen Formel (89,2) zu (89,3) gemacht wurde, nicht zulässig (s. Aufgabe 1 zu diesem Paragraphen).

Aufgaben

1. Man leite das Reziprozitätstheorem für Quadrupolstrahler und magnetische Dipolstrahler her.

Lösung. Wenn $\int \boldsymbol{j}_a \, dV = 0$ ist, so müssen in den Integralen (89,2) die nächsten Terme der Entwicklung genommen werden:

$$\int \boldsymbol{j}_1 \boldsymbol{E}_2 \, dV_1 \approx \frac{\partial E_{2i}}{\partial x_k} \int x_k j_{1i} \, dV_1 = \frac{1}{4} \left(\frac{\partial E_{2i}}{\partial x_k} + \frac{\partial E_{2k}}{\partial x_i} \right) \int (x_k j_{1i} + x j_{1k}) \, dV_1 + \frac{1}{4} \left(\frac{\partial E_{2i}}{\partial x_k} - \frac{\partial E_{2k}}{\partial x_i} \right) \int (x_k j_{1i} - x_i j_{1k}) \, dV_1$$

(den Index a an $\boldsymbol{j}$ lassen wir zur Abkürzung weg). Wir führen den Tensor des Quadrupolmoments und den Vektor des magnetischen Moments folgendermaßen ein:

$$\dot{D}_{ik} = -i\omega D_{ik} = \int \{3(x_i j_k + x_k j_i) - 2\delta_{ik} \boldsymbol{rj}\} \, dV ,$$

$$\mathcal{M} = \frac{1}{2c} \int [\boldsymbol{rj}] \, dV .$$

Benutzen wir die Gleichung rot $\boldsymbol{E} = \boldsymbol{B} i\omega/c$ und berücksichtigen, daß $\varepsilon = \text{const}$ in der Nähe der Quelle (deshalb auch div $\boldsymbol{E} = 0$) gilt, so erhalten wir

$$\int \boldsymbol{j}_1 \boldsymbol{E}_2 \, dV = -\frac{i\omega}{12} \left(\frac{\partial E_{2i}}{\partial x_k} + \frac{\partial E_{2k}}{\partial x_i} \right) D_{ik}^{(1)} + i\omega \boldsymbol{B}_2(1) \, \mathcal{M}_1 .$$

Hieraus ist ersichtlich, daß das Reziprozitätstheorem für Quadrupolstrahler folgendermaßen lautet:

$$\left(\frac{\partial E_{2i}(1)}{\partial x_k} + \frac{\partial E_{2k}(1)}{\partial x_i} \right) D_{ik}^{(1)} = \left(\frac{\partial E_{1i}(2)}{\partial x_k} + \frac{\partial E_{1k}(2)}{\partial x_i} \right) D_{ik}^{(2)} .$$

Für magnetische Dipolstrahler lautet es

$$\boldsymbol{B}_2(1) \, \mathcal{M}_1 = \boldsymbol{B}_1(2) \, \mathcal{M}_2 .$$

2. Man bestimme die Abhängigkeit der Strahlungsintensität einer Dipolquelle, die in ein homogenes isotropes Medium eingetaucht sei, von ε und μ.

Lösung. Setzen wir

$$\boldsymbol{E} = \sqrt{\frac{\mu}{\varepsilon}} \boldsymbol{E}' , \quad \boldsymbol{H} = \boldsymbol{H}', \quad \omega = \frac{\omega'}{\sqrt{\varepsilon\mu}} ,$$

so nehmen die Gleichungen (89,1) die Form

$$\text{rot}\, \boldsymbol{E}' = \frac{i\omega'}{c} \boldsymbol{H}', \quad \text{rot}\, \boldsymbol{H}' = -i \frac{\omega'}{c} \boldsymbol{E}' + \frac{4\pi}{c} \boldsymbol{j}_a$$

an, die ε und μ nicht enthält. Die Lösung dieser Gleichungen für die Dipolstrahlung liefert in der Wellenzone ein Vektorpotential des Feldes (s. II, § 67):

$$\boldsymbol{A}' = \frac{1}{cR_0} \int \boldsymbol{j}_a \, dV$$

(R_0 sei der Abstand von der Quelle; hier und im folgenden lassen wir die für die Berechnung der Intensität unwichtigen Phasenfaktoren weg). Hieraus ist ersichtlich, daß man bei gegebenem $\boldsymbol{j}_a$ schreiben kann: $\boldsymbol{A}' = \boldsymbol{A}_0$, wobei der Index 0 das Feld der im Vakuum befindlichen Quelle bezeichnet. Für die Größen $\boldsymbol{H}'$ und $\boldsymbol{E}'$ haben wir

$$\boldsymbol{H}' = i[\boldsymbol{k}'\boldsymbol{A}'] = i\sqrt{\varepsilon\mu}[\boldsymbol{k}\boldsymbol{A}_0] = \sqrt{\varepsilon\mu} \boldsymbol{H}_0 , \quad \boldsymbol{E}' = \boldsymbol{H}' .$$

Daraus folgt

$$\boldsymbol{H} = \sqrt{\varepsilon\mu} \boldsymbol{H}_0 , \quad \boldsymbol{E} = \mu \boldsymbol{E}_0 ,$$

und für die Intensität gilt

$$I = I_0 \mu^{3/2} \varepsilon^{1/2} .$$

Das ist die gesuchte Lösung.

§ 90. Elektromagnetische Schwingungen in Hohlraumresonatoren

Wir betrachten das elektrische Feld in einem leeren Raum, der von ideal leitenden Wänden umgeben sei. Die Gleichungen für ein monochromatisches Feld im Vakuum lauten

$$\operatorname{rot} \boldsymbol{E} = i\frac{\omega}{c}\boldsymbol{H}, \qquad \operatorname{rot} \boldsymbol{H} = -i\frac{\omega}{c}\boldsymbol{E} . \tag{90,1}$$

Die Randbedingungen auf der Oberfläche eines ideal leitenden Körpers (d. h. eines Körpers mit der Impedanz $\zeta = 0$) sind

$$\boldsymbol{E}_{\mathrm{t}} = 0 , \qquad H_{\mathrm{n}} = 0 . \tag{90,2}$$

Zur Lösung des Problems reicht es aus, eine der Größen $\boldsymbol{E}$ oder $\boldsymbol{H}$ zu betrachten. Eliminieren wir z. B. $\boldsymbol{H}$ aus den Gleichungen (90,1), so erhalten wir für $\boldsymbol{E}$ die Wellengleichung

$$\Delta \boldsymbol{E} + \frac{\omega^2}{c^2}\boldsymbol{E} = 0 , \tag{90,3}$$

zu der wir noch die Gleichung

$$\operatorname{div} \boldsymbol{E} = 0 \tag{90,4}$$

hinzunehmen müssen, die nicht automatisch aus (90,3) folgt. Lösen wir diese Gleichungen mit der Randbedingung $\boldsymbol{E}_{\mathrm{t}} = 0$, so finden wir das Feld $\boldsymbol{E}$, wonach $\boldsymbol{H}$ dann sofort aus der ersten der Gleichungen (90,1) berechnet werden kann; die Randbedingung $H_{\mathrm{n}} = 0$ wird dabei automatisch erfüllt.

Bei gegebener Größe und Form des Hohlraumes haben die Gleichungen (90,3) und (90,4) nur für gewisse Werte von ω Lösungen. Diese Werte bezeichnet man als *Eigenfrequenzen* der elektromagnetischen Schwingungen des gegebenen Resonators. Für $\zeta = 0$ dringt das Magnetfeld nicht in das Innere des Metalls ein und erleidet in ihm keine Verluste. Daher sind alle Eigenschwingungen ungedämpft, d. h., alle Eigenfrequenzen sind reell. Die Zahl der verschiedenen Eigenfrequenzen des Resonators ist unendlich. Die Größenordnung der kleinsten Eigenfrequenz wird $\omega_1 \sim c/l$, wo l die lineare Ausdehnung des Hohlraumes sei. Das ist aus Dimensionsbetrachtungen sofort zu ersehen, da l der einzige Dimensionsparameter ist, der das Problem (bei gegebener Form des Resonators) charakterisiert. Die großen Eigenfrequenzen ($\omega \gg c/l$) liegen sehr dicht beieinander, wobei ihre Zahl pro Einheitsintervall von ω gleich

$$\frac{V\omega^2}{2\pi^2 c^3}$$

ist; sie hängt nur vom Volumen des Resonators und nicht von seiner Form ab (s. II § 52). Die (zeitlichen) Mittelwerte der elektrischen und magnetischen Feldenergie im Resonator sind durch die Integrale $1/2 \int |\boldsymbol{E}|^2/8\pi \, \mathrm{d}V$ bzw. $1/2 \int |\boldsymbol{H}|^2/8\pi \, \mathrm{d}V$ gegeben. Wir wollen zeigen, daß diese beiden Größen einander gleich sind. Mit Hilfe der ersten der Gleichungen (90,1) schreiben wir

$$\int \boldsymbol{H}\boldsymbol{H}^* \,\mathrm{d}V = \frac{c^2}{\omega^2}\int \operatorname{rot}\boldsymbol{E} \operatorname{rot}\boldsymbol{E}^* \,\mathrm{d}V.$$

Das zweite Integral kann partiell integriert werden:

$$\int \operatorname{rot}\boldsymbol{E} \operatorname{rot}\boldsymbol{E}^* \,\mathrm{d}V = \oint \operatorname{rot}\boldsymbol{E}^*[\mathrm{d}\boldsymbol{f}\boldsymbol{E}] + \int \boldsymbol{E} \operatorname{rot}\operatorname{rot}\boldsymbol{E}^* \,\mathrm{d}V\,.$$

Da $\boldsymbol{E}_t = 0$ auf der Oberfläche gilt, wird das Oberflächenintegral Null, und wir behalten

$$\int |\boldsymbol{H}|^2 \,\mathrm{d}V = \frac{c^2}{\omega^2}\int \boldsymbol{E} \operatorname{rot}\operatorname{rot}\boldsymbol{E}^* \,\mathrm{d}V = -\frac{c^2}{\omega^2}\int \boldsymbol{E}\,\Delta\boldsymbol{E}^* \,\mathrm{d}V\,,$$

oder wegen (90,3)

$$\int |\boldsymbol{H}|^2 \,\mathrm{d}V = \int |\boldsymbol{E}|^2 \,\mathrm{d}V\,, \tag{90,5}$$

was wir beweisen wollten.[1])

Ungedämpfte Schwingungen erhält man dann im Resonator, wenn man voraussetzt, daß die Impedanz seiner Wände Null ist. Wir werden nun untersuchen, welchen Einfluß eine kleine, aber noch endliche Impedanz der Wände auf die Eigenfrequenzen hat.

Die (zeitlich) gemittelte Leistung, die in den Wänden des Resonators dissipiert wird, kann als Energiestrom aus dem elektromagnetischen Feld im Hohlraum in die Wände berechnet werden. Wenn wir die Randbedingung (87,6) an der Oberfläche des Körpers mit der Impedanz ζ benutzen, so können wir die Normalkomponente der Energiestromdichte folgendermaßen schreiben:

$$\bar{S}_n = \frac{c}{8\pi}\operatorname{Re}\{[\boldsymbol{E}_t\boldsymbol{H}_t^*]\} = \frac{c\zeta'}{8\pi}|\boldsymbol{H}_t|^2$$

(ζ' ist der Realteil von ζ). In diesem Ausdruck, der schon den kleinen Faktor ζ' enthält, können wir in erster Näherung für $\boldsymbol{H}$ das Feld verstehen, das wir bei der Lösung des Problems mit $\zeta = 0$ erhalten haben. Die gesamte dissipierte Energie wird durch das Integral

$$\frac{c}{8\pi}\oint \zeta' \,|\boldsymbol{H}|^2 \,\mathrm{d}f \tag{90,6}$$

gegeben; die Integration erstreckt sich über die innere Oberfläche des Resonators. Das Dekrement der Dämpfung der Feldamplitude im Laufe der Zeit erhält man durch Division von (90,6) durch die doppelte Gesamtenergie des Feldes, welche durch

$$\frac{1}{2}\frac{1}{8\pi}\int (|\boldsymbol{E}|^2 + |\boldsymbol{H}|^2)\,\mathrm{d}V = \frac{1}{8\pi}\int |\boldsymbol{H}|^2 \,\mathrm{d}V$$

gegeben ist.

---

[1]) Wir verstehen unter $\boldsymbol{E}$ und $\boldsymbol{H}$ immer die Feldstärken, die einer bestimmten Eigenfrequenz entsprechen. Es ist nicht schwierig zu zeigen, daß das Feld, das zwei verschiedenen Eigenfrequenzen ω_a und ω_b entspricht, die Orthogonalitätsbeziehungen befriedigt:

$$\int \boldsymbol{E}_a\boldsymbol{E}_b^* \,\mathrm{d}V = \int \boldsymbol{H}_a\boldsymbol{H}_b^* \,\mathrm{d}V = 0\,.$$

Das Dekrement der Dämpfung wird durch den Imaginärteil $|\omega''|$ der komplexen Frequenz $\omega = \omega' + i\omega''$ bestimmt.[1]) Schreiben wir die Formel in komplexer Form,

$$\omega - \omega_0 = -\frac{ic}{2}\frac{\oint \zeta\, |\boldsymbol{H}|^2\, \mathrm{d}f}{\int |\boldsymbol{H}|^2\, \mathrm{d}V} \tag{90,7}$$

(ω und ω_0 seien die Werte der Frequenz mit und ohne ζ), so können wir mit ihrer Hilfe nicht nur das Dekrement der Dämpfung, sondern auch die Änderung ihrer Eigenfrequenzen bestimmen. Die letztere wird, wie wir sehen, durch den Imaginärteil von ζ bestimmt. In § 87 wurde gezeigt, daß gewöhnlich $\zeta'' < 0$ gilt; dabei verkleinern sich die Eigenfrequenzen.

Für die praktische Rechnung kann es bequemer sein, das Volumenintegral im Nenner von (90,7) in ein Oberflächenintegral umzuwandeln. Da der Vektor $\boldsymbol{H}$ tangential zur Oberfläche ist, schreiben wir gleichbedeutend

$$\oint (\boldsymbol{H}\boldsymbol{H}^*)\,(\boldsymbol{r}\,\mathrm{d}\boldsymbol{f}) = \oint (\boldsymbol{H}\boldsymbol{H}^*)\,(\boldsymbol{r}\,\mathrm{d}\boldsymbol{f}) - \oint (\boldsymbol{H}\boldsymbol{r})\,(\boldsymbol{H}^*\,\mathrm{d}\boldsymbol{f}) - \oint (\boldsymbol{H}^*\boldsymbol{r})\,(\boldsymbol{H}\,\mathrm{d}\boldsymbol{f}).$$

Die rechts stehenden Integrale formen wir in Volumenintegrale durch den Übergang $\mathrm{d}\boldsymbol{f} \to \mathrm{d}V\,\nabla$ um; benutzen wir dabei die Gleichungen (90,1), so erhalten wir

$$\oint (\boldsymbol{H}\boldsymbol{H}^*)\,(\boldsymbol{r}\,\mathrm{d}\boldsymbol{f}) = ik\int \boldsymbol{r}([\boldsymbol{H}\boldsymbol{E}^*] - [\boldsymbol{H}^*\boldsymbol{E}])\,\mathrm{d}V + \int \boldsymbol{H}\boldsymbol{H}^*\,\mathrm{d}V\,.$$

Analog erhalten wir, wenn wir die Identität $[\boldsymbol{r}[\boldsymbol{E}\,\mathrm{d}\boldsymbol{f}]] = \boldsymbol{E}(\boldsymbol{r}\,\mathrm{d}\boldsymbol{f}) - (\boldsymbol{E}\boldsymbol{r})\,\mathrm{d}\boldsymbol{f}$ und die Randbedingung $\boldsymbol{E}_t = 0$ berücksichtigen,

$$\begin{aligned}\oint (\boldsymbol{E}\boldsymbol{E}^*)\,(\boldsymbol{r}\,\mathrm{d}\boldsymbol{f}) &= -\oint (\boldsymbol{E}\boldsymbol{E}^*)\,(\boldsymbol{r}\,\mathrm{d}\boldsymbol{f}) + \oint (\boldsymbol{E}\boldsymbol{r})\,(\boldsymbol{E}^*\,\mathrm{d}\boldsymbol{f}) + \oint (\boldsymbol{E}^*\boldsymbol{r})\,(\boldsymbol{E}\,\mathrm{d}\boldsymbol{f})\\ &= ik\int \boldsymbol{r}([\boldsymbol{H}\boldsymbol{E}^*] - [\boldsymbol{H}^*\boldsymbol{E}])\,\mathrm{d}V - \int \boldsymbol{E}\boldsymbol{E}^*\,\mathrm{d}V\,.\end{aligned}$$

Subtrahieren wir die beiden erhaltenen Gleichungen voneinander und berücksichtigen (90,5), so erhalten wir

$$\int |\boldsymbol{H}|^2\,\mathrm{d}V = \tfrac{1}{2}\oint (|\boldsymbol{H}|^2 - |\boldsymbol{E}|^2)\,(\boldsymbol{r}\,\mathrm{d}\boldsymbol{f})\,. \tag{90,8}$$

Alle Formeln für einen Resonator, dessen Hohlraum mit einem nichtabsorbierenden dielektrischen Medium gefüllt ist, für welches ε und μ verschieden von 1 sind, erhält man aus den Formeln für einen ungefüllten Resonator dadurch, daß man in ihnen die Substitution

$$\omega, \boldsymbol{E}, \boldsymbol{H} \to \omega\sqrt{\varepsilon\mu}, \sqrt{\varepsilon}\boldsymbol{E}, \sqrt{\mu}\boldsymbol{H}\,. \tag{90,9}$$

ausführt. Dies ist daraus ersichtlich, daß die Gleichungen (90,1) bei einer solchen Transformation in die richtigen MAXWELLschen Gleichungen für ein Medium übergehen:

$$\operatorname{rot}\boldsymbol{E} = i\frac{\omega}{c}\mu\boldsymbol{H}\,, \qquad \operatorname{rot}\boldsymbol{H} = -i\frac{\omega}{c}\varepsilon\boldsymbol{E}\,.$$

Insbesondere verkleinert das Vorhandensein eines Mediums alle Eigenfrequenzen um den Faktor $\sqrt{\varepsilon\mu}$.

[1]) In der Radiotechnik führt man anstelle des Dekrements der Dämpfung $|\omega''|$ die sogenannte *Güte* des Resonators ein, die als das Verhältnis $\omega'/2\,|\omega''|$ definiert wird.

Aufgaben

1. Man bestimme die Eigenfrequenzen der Schwingungen in einem Resonator mit ideal leitenden Wänden, der die Form eines rechtwinkligen Parallelepipeds hat.

Lösung. Wir legen die x-, y- und z-Achse in die Richtung der drei Kanten des Parallelepipeds, die die Längen a_1, a_2 und a_3 haben. Die Lösungen der Gleichungen (90,3) und (90,4), welche die Randbedingung $\boldsymbol{E}_t = 0$ befriedigen, sind

$$E_x = A_1 \cos k_x x \sin k_y y \sin k_z z \cdot e^{-i\omega t} \tag{1}$$

und analog für E_y und E_z mit

$$k_x = \frac{n_1 \pi}{a_1}, \qquad k_y = \frac{n_2 \pi}{a_2}, \qquad k_z = \frac{n_3 \pi}{a_3} \tag{2}$$

(n_1, n_2, n_3 seien positive ganze Zahlen). Die Konstanten A_1, A_2 und A_3 sind durch die Beziehung

$$A_1 k_x + A_2 k_y + A_3 k_z = 0 \tag{3}$$

verbunden, und die Eigenfrequenzen sind

$$\omega^2 = c^2(k_x^2 + k_y^2 + k_z^2)\,.$$

Das Magnetfeld wird aus (1) berechnet:

$$H_x = -\,i\,\frac{c}{\omega}\,(A_3 k_y - A_2 k_z) \sin k_x x \cos k_y y \cos k_z z \cdot e^{-i\omega t}\,.$$

Für H_y und H_z gilt das Analoge.

Wenn alle drei oder wenn zwei der Zahlen n_1, n_2, n_3 gleich Null sind, so gilt $\boldsymbol{E} \equiv 0$. Daher entspricht die erste (kleinste) Frequenz einer Schwingung, für die eine dieser Zahlen gleich Null ist und zwei gleich Eins sind.

Da die Beziehung (3) gilt, enthält die Lösung (1) (mit gegebenen, von Null verschiedenen n_1, n_2 und n_3) nur zwei unabhängige Konstanten, d. h., jede Eigenfrequenz ist zweifach entartet. Die Frequenzen, für die eine der Zahlen n_1, n_2, n_3 gleich Null wird, sind nicht entartet.

2. Man bestimme die elektrischen und magnetischen Dipolschwingungen in einem kugelförmigen Oszillator (vom Radius a).

Lösung. In einer stationären sphärischen elektrischen Dipolwelle haben die Felder $\boldsymbol{E}$ und $\boldsymbol{H}$ die Form

$$\boldsymbol{E} = e^{-i\omega t} \operatorname{rot} \operatorname{rot} \left(\frac{\sin kr}{r}\,\boldsymbol{b}\right), \qquad \boldsymbol{H} = -\,ik\, e^{-i\omega t} \operatorname{rot} \left(\frac{\sin kr}{r}\,\boldsymbol{b}\right),$$

wo $\boldsymbol{b}$ ein konstanter Vektor ist und $k = \omega/c$ (s. II, § 72). Die Randbedingung $[\boldsymbol{n}\boldsymbol{E}] = 0$ für $r = a$ führt zu der Gleichung

$$\cot ka = \frac{1}{ka} - ka\,.$$

Die kleinste Wurzel dieser Gleichung ist $ka = 2{,}74$. Die Frequenz $\omega = 2{,}74\, c/a$ ist die kleinste von allen Eigenfrequenzen des kugelförmigen Resonators.

In einer stationären sphärischen magnetischen Dipolwelle gilt

$$\boldsymbol{E} = ik\, e^{-i\omega t} \operatorname{rot} \left(\frac{\sin kr}{r}\,\boldsymbol{b}\right), \qquad \boldsymbol{H} = e^{-i\omega t} \operatorname{rot} \operatorname{rot} \left(\frac{\sin kr}{r}\,\boldsymbol{b}\right).$$

Die Randbedingung für $\boldsymbol{E}$ führt zur Gleichung

$$\tan ka = ka\,.$$

Ihre kleinste Wurzel ist $ka = 4{,}49$.

3. In einen Resonator sei ein kleines Kügelchen mit den elektrischen und magnetischen Polarisierbarkeiten α_e bzw. α_m eingeführt worden. Man bestimme die dadurch hervorgerufene Verschiebung der Resonanzfrequenz des Resonators.

Lösung. Es seien $\boldsymbol{E}$ und $\boldsymbol{H}$ die Feldstärken im Resonator ohne Kügelchen und $\boldsymbol{E}_1$ sowie $\boldsymbol{H}_1$ bei dessen Anwesenheit. Die Felder $\boldsymbol{E}$ und $\boldsymbol{H}$ genügen den Gleichungen (90,1) und $\boldsymbol{E}_1$ und $\boldsymbol{H}_1$ den Gleichungen

$$\operatorname{rot} \boldsymbol{E}_1 = \frac{i\omega_1}{c} \boldsymbol{H}_1 , \qquad \operatorname{rot} \boldsymbol{H}_1 = \frac{4\pi}{c} \boldsymbol{j}_1 - \frac{i\omega_1}{c} \boldsymbol{E}_1 , \tag{1}$$

wobei $\boldsymbol{j}_1$ die Stromdichte in dem Kügelchen ist. Wir multiplizieren die erste Gleichung von (1) mit $\boldsymbol{H}^*$ und die zweite mit $-\boldsymbol{E}^*$, führen die komplexe Konjugation der Gleichungen (90,1) aus und multiplizieren die erste von ihnen mit $\boldsymbol{H}_1$ und die zweite mit $-\boldsymbol{E}_1$. Danach addieren wir alle vier Gleichungen und erhalten

$$\operatorname{div} \{[\boldsymbol{E}_1\boldsymbol{H}^*] + [\boldsymbol{E}^*\boldsymbol{H}_1]\} = i\frac{\delta\omega}{c} (\boldsymbol{H}_1\boldsymbol{H}^* + \boldsymbol{E}_1\boldsymbol{E}^*) - \frac{4\pi}{c} \boldsymbol{j}_1\boldsymbol{E}^* ,$$

wobei $\delta\omega = \omega_1 - \omega$ die gesuchte Frequenzverschiebung ist. Wir integrieren diese Gleichung über das gesamte Resonatorvolumen. Die linke Seite wird nach dem Gaussschen Theorem umgeformt und verschwindet, da an der Wand $\boldsymbol{E}_t = 0$, $\boldsymbol{E}_{1t} = 0$ gilt. Wegen der kleinen Kugelabmessungen entsteht der Hauptbeitrag des ersten Terms von rechts in großen Entfernungen von dem Kügelchen; andererseits ist das in diesen Entfernungen von dem Kügelchen erzeugte Feld schwach, so daß man $\boldsymbol{E}_1 \approx \boldsymbol{E}$, $\boldsymbol{H}_1 \approx \boldsymbol{H}$ setzen kann. Das Integral über den zweiten Term wird — ähnlich wie das in § 89 (und in der zugehörigen Aufgabe) getan wurde — umgeformt und liefert

$$\int \boldsymbol{j}_1\boldsymbol{E}^* \, dV = - i\omega(\mathscr{P}\boldsymbol{E}_0^* + \mathscr{M}\boldsymbol{H}_0^*) = - i\omega V_0(\alpha_e |\boldsymbol{E}_0|^2 + \alpha_m |\boldsymbol{H}_0|^2) ,$$

wobei $\boldsymbol{E}_0 \equiv \boldsymbol{E}(\boldsymbol{r}_0)$, $\boldsymbol{H}_0 \equiv \boldsymbol{H}(\boldsymbol{r}_0)$ sind; $\boldsymbol{r}_0$ ist die Koordinate des Kügelchens und V_0 sein Volumen. Selbstverständlich muß der Kugelradius hinreichend klein sein, damit die Änderungen der Felder $\boldsymbol{E}$ und $\boldsymbol{H}$ auf diesen Abständen vernachlässigt werden können.

Somit finden wir unter Berücksichtigung von (90,5) die gesuchte Frequenzverschiebung zu

$$\frac{\delta\omega}{\omega} = - \frac{\alpha_e |\boldsymbol{E}_0|^2 + \alpha_m |\boldsymbol{H}_0|^2}{\dfrac{1}{2\pi}\displaystyle\int |\boldsymbol{H}|^2 \, dV} V_0 .$$

Ist die Polarisierbarkeit komplex, so liefert diese Formel sowohl die Frequenzverschiebung der Eigenschwingungen des Resonators als auch die ihrer Dämpfung.

4. Der Resonator sei mit einem transparenten dispersionslosen Dielektrikum mit der dielektrischen Permeabilität ε_0 gefüllt. Man bestimme die Eigenfrequenzänderung bei einer kleinen Änderung der dielektrischen Permeabilität $\delta\varepsilon(\boldsymbol{r})$.

Lösung. Das ungestörte Feld $\boldsymbol{E}_0$, $\boldsymbol{H}_0$ im Resonator genügt den Gleichungen

$$\operatorname{rot} \boldsymbol{E}_0 = \frac{i\omega_0}{c} \boldsymbol{H}_0 , \qquad \operatorname{rot} \boldsymbol{H}_0 = - \frac{i\omega_0\varepsilon_0}{c} \boldsymbol{E}_0$$

und das gestörte Feld $\boldsymbol{E}$, $\boldsymbol{H}$ den Gleichungen

$$\operatorname{rot} \boldsymbol{E} = \frac{i(\omega_0 + \delta\omega)}{c} \boldsymbol{H} , \qquad \operatorname{rot} \boldsymbol{H} = - \frac{i}{c} (\omega_0\varepsilon_0 + \omega_0\delta\varepsilon + \varepsilon_0\delta\omega) \boldsymbol{E}$$

(der Term mit $\delta\omega\,\delta\varepsilon$ wird vernachlässigt). Wir verfahren mit diesen vier Gleichungen ebenso wie in der vorangegangenen Aufgabe und erhalten

$$\begin{aligned} \operatorname{div} \{[\boldsymbol{E}\boldsymbol{H}_0^*] + [\boldsymbol{E}_0^*\boldsymbol{H}]\} &= \frac{i}{c} (\omega_0\delta\varepsilon + \varepsilon_0\delta\omega) \boldsymbol{E}\boldsymbol{E}_0^* + \frac{i}{c} \delta\omega \, \boldsymbol{H}\boldsymbol{H}_0^* \\ &\approx \frac{i}{c} (\omega_0\delta\varepsilon + \varepsilon_0\delta\omega) \boldsymbol{E}_0\boldsymbol{E}_0^* + \frac{i}{c} \delta\omega \, \boldsymbol{H}_0\boldsymbol{H}_0^* . \end{aligned}$$

woraus

$$\frac{\delta\omega}{\omega_0} = - \frac{\int |\boldsymbol{E}_0|^2 \, \delta\varepsilon \, dV}{2\varepsilon_0 \int |\boldsymbol{E}_0|^2 \, dV}$$

folgt. Beim Übergang zu der letzten Formel wurde berücksichtigt, daß für einen mit einem Dielektrikum gefüllten Resonator die Beziehung (90,5) die Gestalt

$$\int |\boldsymbol{H}_0|^2 \, dV = \varepsilon_0 \int |\boldsymbol{E}_0|^2 \, dV$$

erlangt, wie das aus (90,9) ersichtlich ist.

§ 91. Ausbreitung elektromagnetischer Wellen in Wellenleitern

Im Unterschied zu den im vorigen Paragraphen betrachteten Resonatoren mit endlichem Volumen stellt der Wellenleiter einen Hohlraum von unbegrenzter Länge dar; er ist ein unendlich langes Rohr.[1]) Im Resonator sind die Eigenschwingungen stehende Wellen. Im Wellenleiter dagegen sind sie nur in den transversalen Richtungen stehende Wellen, während in Richtung der Rohrlänge die Ausbreitung laufender Wellen möglich ist.

Betrachten wir einen geradlinigen Wellenleiter von beliebigem (einfach zusammenhängendem) Querschnitt, der sich längs des Wellenleiters nicht ändert. Wir werden anfangs annehmen, daß die Wände des Wellenleiters ideal leitend sind. Wir legen die z-Achse in die Richtung des Wellenleiters. In der sich längs der z-Achse bewegenden Welle ist die Abhängigkeit aller Größen von z durch den Faktor $e^{ik_z z}$ mit der Konstanten k_z gegeben.

Alle in solch einem Wellenleiter möglichen elektromagnetischen Wellen können in zwei Typen eingeteilt werden: In einem Typ ist $H_z = 0$, und im anderen gilt $E_z = 0$ (Rayleigh, 1897). Die Wellen des ersten Typs, bei denen das Magnetfeld rein transversal ist, nennt man *Wellen vom elektrischen Typ* oder *E-Wellen.* Wellen mit rein transversalem elektrischen Feld nennt man *Wellen vom magnetischen Typ* oder *H-Wellen.*[2])

Wir betrachten zunächst E-Wellen; die x- und y-Komponenten der Gleichungen (90,1) liefern

$$\frac{\partial E_z}{\partial y} - ik_z E_y = i\frac{\omega}{c} H_x\,, \qquad -\frac{\partial E_z}{\partial x} + ik_z E_x = i\frac{\omega}{c} H_y\,,$$

$$ik_z H_y = i\frac{\omega}{c} E_x\,, \qquad ik_z H_x = -i\frac{\omega}{c} E_y\,.$$

Hieraus folgt

$$\left.\begin{aligned} E_x &= \frac{ik_z}{\varkappa^2}\frac{\partial E_z}{\partial x}, & E_y &= \frac{ik_z}{\varkappa^2}\frac{\partial E_z}{\partial y}, \\ H_x &= -\frac{i\omega}{c\varkappa^2}\frac{\partial E_z}{\partial y}, & H_y &= \frac{i\omega}{c\varkappa^2}\frac{\partial E_z}{\partial x}, \end{aligned}\right\} \tag{91,1}$$

wobei die Bezeichnung

$$\varkappa^2 = \frac{\omega^2}{c^2} - k_z^2$$

---

[1]) Wir schreiben unten alle Formeln für einen evakuierten Wellenleiter auf. Der Übergang zu den Formeln eines Wellenleiters, der mit einem nichtabsorbierenden Dielektrikum gefüllt ist, wird durch die Transformation (90,9) bewirkt.

[2]) *E*- und *H-Wellen* nennt man auch *TM*- (*transversal-magnetische*) und *TE*- (*transversal-elektrische*) Wellen.

eingeführt wurde. Daher können bei der E-Welle alle transversalen Komponenten von $\boldsymbol{E}$ und $\boldsymbol{H}$ durch die longitudinalen Komponenten des elektrischen Feldes ausgedrückt werden. Das letztere muß durch die Lösung der Wellengleichung bestimmt werden, die zu der zweidimensionalen Gleichung

$$\Delta_2 E_z + \varkappa^2 E_z = 0 \tag{91,2}$$

führt (Δ_2 ist der zweidimensionale LAPLACE-Operator). Die Randbedingungen zu dieser Gleichung verlangen, daß die Tangentialkomponenten von $\boldsymbol{E}$ an der Wand des Wellenleiters Null sind. Diese Forderung kann durch

$$E_z = 0 \quad \text{auf dem Rand des Querschnitts} \tag{91,2}$$

erfüllt werden. Nach den Formeln (91,1) ist der zweidimensionale Vektor mit den Komponenten E_x und E_y dem zweidimensionalen Gradienten der Größe E_z proportional. Daher ist bei der Befriedigung der Bedingung (91,3) auch die Tangentialkomponente von $\boldsymbol{E}$ in der x,y-Ebene gleich Null.

Analog können die transversalen Komponenten von $\boldsymbol{E}$ und $\boldsymbol{H}$ bei der H-Welle durch die longitudinale Komponente des Magnetfeldes ausgedrückt werden:

$$\left.\begin{aligned} H_x &= \frac{ik_z}{\varkappa^2}\frac{\partial H_z}{\partial x}, & H_y &= \frac{ik_z}{\varkappa^2}\frac{\partial H_z}{\partial y}, \\ E_x &= \frac{i\omega}{c\varkappa^2}\frac{\partial H_z}{\partial y}, & E_y &= -\frac{i\omega}{c\varkappa^2}\frac{\partial H_z}{\partial x}. \end{aligned}\right\} \tag{91,4}$$

Das longitudinale Feld H_z ist durch die Lösungen der folgenden Gleichung gegeben:

$$\Delta_2 H_z + \varkappa^2 H_z = 0 \tag{91,5}$$

mit der Randbedingung

$$\frac{\partial H_z}{\partial n} = 0 \quad \text{auf dem Rand des Querschnitts}\,. \tag{91,6}$$

Nach Formel (91,4) gewährleistet diese Bedingung, daß die Normalkomponente von $\boldsymbol{H}$ Null ist.

Daher reduziert sich die Aufgabe der Bestimmung des elektromagnetischen Feldes im Wellenleiter darauf, Lösungen der zweidimensionalen Wellengleichung $\Delta_2 f + \varkappa^2 f = 0$ mit der Randbedingung $f = 0$ oder $\partial f/\partial n = 0$ auf dem Rand des Querschnitts zu finden. Für einen gegebenen Querschnitt existieren solche Lösungen nur für gewisse Eigenwerte des Parameters $\varkappa^2$.

Zu jedem Eigenwert $\varkappa^2$ gehört eine Beziehung

$$\omega^2 = c^2(k_z^2 + \varkappa^2) \tag{91,7}$$

zwischen der Frequenz ω und dem Wellenvektor k_z der Welle. Die Ausbreitungsgeschwindigkeit der Welle längs des Wellenleiters ist durch die Ableitung

$$u_z = \frac{\partial \omega}{\partial k_z} = \frac{ck_z}{\sqrt{k_z^2 + \varkappa^2}} = \frac{c^2 k_z}{\omega} \tag{91,8}$$

gegeben. Für ein gegebenes $\varkappa$ durchläuft sie die Werte von 0 bis c, wenn k_z sich zwischen 0 und ∞ ändert.

Die (zeitlich) gemittelte Energiestromdichte längs des Wellenleiters ist durch die z-Komponente des POYNTING-Vektors gegeben. Eine einfache Rechnung liefert mit

(91,1) für die E-Welle

$$\overline{S}_z = \frac{c}{8\pi} \operatorname{Re} \{[\boldsymbol{E}\boldsymbol{H}^*]_z\} = \frac{\omega k_z}{8\pi\varkappa^4} |\nabla_2 E_z|^2 .$$

Den Gesamtstrom q der Energie erhält man durch Integration von $\overline{S}_z$ über die Fläche des Querschnitts des Wellenleiters. Wir haben

$$\int |\nabla_2 E_z|^2 \, \mathrm{d}f = \oint E_z^* \frac{\partial E_z}{\partial n} \mathrm{d}l - \int E_z^* \Delta_2 E_z \, \mathrm{d}f .$$

Das erste Integral erstreckt sich über den Rand des Querschnitts und verschwindet wegen der Grenzbedingung $E_z = 0$. Im zweiten Integral ersetzen wir $\Delta_2 E_z$ durch $-\varkappa^2 E_z$ und erhalten schließlich

$$q = \frac{\omega k_z}{8\pi\varkappa^2} \int |E_z|^2 \, \mathrm{d}f . \tag{91,9}$$

Für die H-Welle erhalten wir einen entsprechenden Ausdruck mit H_z statt E_z.

Analog kann man die Dichte der elektromagnetischen Energie W berechnen (bezogen auf die Länge eines Wellenleiters). Wir erhalten W unmittelbar aus q, da $q = W u_z$. Somit erhalten wir aus (91,8) und (91,9)

$$W = \frac{\omega^2}{8\pi\varkappa^2 c^2} \int |E_z|^2 \, \mathrm{d}f . \tag{91,10}$$

Aus (91,7) folgt, daß für jeden Wellentyp (für einen gegebenen Wert von $\varkappa^2$) eine kleinste mögliche Frequenz existiert, die gleich $c\varkappa$ ist. Bei niedrigeren Frequenzen wird die Ausbreitung des betreffenden Wellentyps unmöglich. Nun gibt es aber unter allen Eigenfrequenzen $\varkappa$ eine kleinste, $\varkappa_{\min}$, die von Null verschieden ist (s. unten). Daher kommen wir zu dem Schluß, daß eine untere Grenzfrequenz $\omega_{\min} = c\varkappa_{\min}$ existiert, für die überhaupt keine Ausbreitung irgendwelcher Wellen längs des Wellenleiters möglich ist. Die Größenordnung von $\omega_{\min}$ ist c/a, wo a die transversale Dimension des Rohres ist.

Diese Feststellung ist jedoch nur richtig für Wellenleiter mit einfach zusammenhängendem Querschnitt, die wir bisher betrachtet hatten. Bei mehrfach zusammenhängendem Querschnitt ändert sich die Situation wesentlich.[1]) In solchen Wellenleitern ist neben den oben beschriebenen E- und H-Wellen auch die Ausbreitung eines Wellentyps möglich, dessen Frequenz durch keinerlei Bedingungen eingeschränkt wird.

Diese Wellen, man nennt sie *Hauptwellen*, sind dadurch charakterisiert, daß $k_z = k$ gilt (d. h. $\varkappa = 0$); sie breiten sich mit Lichtgeschwindigkeit aus.

Wir werden die Haupteigenschaften dieser Wellen untersuchen. Wir werden dabei sehen, weshalb dieser Wellentyp bei einem einfach zusammenhängenden Querschnitt des Wellenleiters nicht möglich ist. Alle Feldkomponenten der Hauptwelle befriedigen die zweidimensionale LAPLACE-Gleichung $\Delta_2 f = 0$. Für die Randbedingung $f \equiv 0$ ist $f = 0$ die einzige im ganzen Gebiet (einfach oder mehrfach zusammenhängend) reguläre Lösung. Daher ist bei der Hauptwelle $E_z = 0$.

---

[1]) Es kann sich sowohl um den Raum zwischen zwei ineinander gestellten Rohren als auch um den Raum außerhalb zweier paralleler Leiter handeln.

Bei der Grenzbedingung $\partial f/\partial n = 0$ ist $f = \text{const}$ eine reguläre Lösung. Man kann jedoch leicht sehen, daß für $f = H_z$ diese Konstante nur Null sein kann (mit const meinen wir natürlich eine Größe, die von x und y unabhängig ist; ihre z- und t-Abhängigkeit ist durch den Faktor $e^{i(k_z z - \omega t)}$ gegeben). Tatsächlich, integrieren wir die Gleichung

$$\operatorname{div} \boldsymbol{H} = \frac{\partial H_x}{\partial x} + \frac{\partial H_y}{\partial y} + i \frac{\omega}{c} H_z = 0$$

über die Fläche des Querschnitts, so erhalten wir

$$\oint H_n \mathrm{d}l + \frac{i\omega}{c} \int H_z \, \mathrm{d}f = 0 ;$$

wegen der Gleichung $H_n = 0$ auf dem Rand des Querschnitts und der Konstanz von H_z auf der Fläche des Querschnitts folgt daraus, daß $H_z = 0$ ist.

Daher ist die Hauptwelle rein transversal. Für $E_z = H_z = 0$ liefern die x- und y-Komponenten der Gleichungen (90,1)

$$H_x = -E_y , \qquad H_y = E_x , \tag{91,11}$$

d. h., die Felder $\boldsymbol{E}$ und $\boldsymbol{H}$ sind zueinander senkrecht, und ihre Beträge sind gleich. Zur Bestimmung dieser Felder haben wir die Gleichungen

$$\operatorname{div} \boldsymbol{E} = \frac{\partial E_x}{\partial x} + \frac{\partial E_y}{\partial y} = 0 , \qquad (\operatorname{rot} \boldsymbol{E})_z = \frac{\partial E_y}{\partial x} - \frac{\partial E_x}{\partial y} = 0$$

mit der Randbedingung $\boldsymbol{E}_t = 0$ zu lösen.

Wir sehen, daß die Abhängigkeit von $\boldsymbol{E}$ (und damit auch von $\boldsymbol{H}$) von x und y durch die Lösung des zweidimensionalen elektrostatischen Problems $\boldsymbol{E} = -\nabla_2 \varphi$ gegeben ist, wobei das Potential φ die Gleichung $\triangle_2 \varphi = 0$ mit der Randbedingung $\varphi = \text{const}$ befriedigt. In einem einfach zusammenhängenden Gebiet führt diese Randbedingung zu $\varphi = \text{const}$ (und daher zu $\boldsymbol{E} = 0$) als einziger im ganzen Gebiet regulären Lösung. Das zeigt, daß sich dieser Wellentyp längs Wellenleitern mit einfach zusammenhängendem Querschnitt nicht ausbreiten kann. In einem mehrfach zusammenhängenden Gebiet braucht der Wert const in der Randbedingung dagegen auf den verschiedenen Teilen des Randes nicht derselbe zu sein; die Laplace-Gleichung hat dann nichttriviale Lösungen. Die Verteilung des elektrischen Feldes über den Querschnitt des Wellenleiters entspricht dabei dem zweidimensionalen elektrostatischen Feld zwischen den Platten eines Kondensators bei einer gegebenen Potentialdifferenz.

Bisher nahmen wir an, daß die Platten des Wellenleiters ideal leitend seien.[1]) Das Auftreten einer kleinen, aber noch endlichen Impedanz der Platten führt zu einem Verlust und damit zu einer Dämpfung der Welle bei ihrer Ausbreitung längs des Wellenleiters. Der Dämpfungskoeffizient kann genauso ausgerechnet werden, wie im vorigen Paragraphen die zeitliche Dämpfung elektromagnetischer Schwingungen im Resonator ausgerechnet wurde.

Die an den Wänden des Wellenleiters (pro Länge des Wellenleiters) dissipierte Leistung ist durch das Integral

$$\frac{c}{8\pi} \zeta' \oint |\boldsymbol{H}|^2 \, \mathrm{d}l ,$$

[1]) Insbesondere ist eine strenge Einteilung in Wellen mit $E_z = 0$ und Wellen mit $H_z = 0$ überhaupt nur unter dieser Bedingung möglich.

genommen über den Rand des Querschnitts, gegeben; $\boldsymbol{H}$ ist das unter der Annahme $\zeta = 0$ berechnete Magnetfeld. Dividieren wir diese Größe durch das Doppelte des Energiestromes q längs des Wellenleiters, so erhalten wir den gesuchten Dämpfungskoeffizienten α. Mit dieser Definition liefert α die Dämpfungsgeschwindigkeit der Wellenamplitude, die entlang des Wellenleiters wie $e^{-\alpha z}$ abnimmt.

Drücken wir alle Größen mit Hilfe der Formeln (91,1) und (91,4) durch E_z und H_z aus, so erhalten wir die folgenden Formeln für den Absorptionskoeffizienten:

$$\alpha = \frac{\omega\zeta'}{2\varkappa^2 k_z c} \frac{\oint |\nabla_2 E_z|^2 \, dl}{\int |E_z|^2 \, df} \tag{91,12}$$

für eine E-Welle und

$$\alpha = \frac{c\varkappa^2\zeta'}{2k_z\omega} \frac{\oint \{|H_z|^2 + (k_z^2/\varkappa^4)\,|\nabla_2 H_z|^2\}\, dl}{\int |H_z|^2 \, df} \tag{91,13}$$

für eine H-Welle. Für die praktische Rechnung kann es nützlich sein, die im Nenner stehenden Oberflächenintegrale in Linienintegerale umzuformen. Die dazu notwendigen Formeln, sie werden genauso wie die Formeln (90,8) hergeleitet, sind

$$\left.\begin{aligned} \int |E_z|^2 \, df &= \frac{1}{2\varkappa^2} \oint (\boldsymbol{nr})\, |\nabla_2 E_z|^2 \, dl\,, \\ \int |H_z|^2 \, df &= \frac{1}{2\varkappa^2} \oint (\boldsymbol{nr})\, \{\varkappa^2 |H_z|^2 - |\nabla_2 H_z|^2\}\, dl\,. \end{aligned}\right\} \tag{91,14}$$

Wenn $k_z \to 0$ (d. h. die Frequenz $\omega \to c\varkappa$) geht, so streben die Ausdrücke (91,12) und (91,13) gegen Unendlich. Diese Formeln sind dann jedoch nicht mehr anwendbar, da ihre Herleitung erfordert, daß $\varkappa$ im Vergleich zu k_z klein ist.

Die Formeln (91,12) und (91,13) gelten nicht für eine Hauptwelle (in einem Wellenleiter mit mehrfach zusammenhängendem Querschnitt), für die E_z, H_z und $\varkappa$ gleich Null sind. In diesem Fall kann man alle Feldkomponenten durch das skalare Potential φ ausdrücken. Berücksichtigen wir, daß $\boldsymbol{H}$ und $\boldsymbol{E} = -\nabla_2\varphi$ für eine Hauptwelle zueinander senkrecht und ihrem Betrag nach gleich sind, so erhalten wir für ihren Absorptionskoeffizienten den Ausdruck

$$\alpha = \frac{\zeta' \oint |\nabla_2\varphi|^2 \, dl}{2\int |\nabla_2\varphi|^2 \, df}\,. \tag{91,15}$$

Die Ausbreitung einer Hauptwelle längs eines Wellenleiters kann auch in den Fällen relativ einfach diskutiert werden, in denen ihr Absorptionskoeffizient nicht klein wird (so daß die Formel (91,15) nicht anwendbar ist) und die Wellenlänge c/ω im Vergleich zu den transversalen Dimensionen des Wellenleiters groß wird. Wie oben bemerkt wurde, entspricht das transversale elektrische Feld in einer Hauptwelle (in jedem Zeitpunkt) dem elektrostatischen Feld in einem Kondensator, welcher von den Wänden eines Wellenleiters gebildet wird, die entgegengesetzt gleiche Ladungen tragen. Wir bezeichnen diese Ladungen (pro Länge des Wellenleiters) mit $\pm e(z)$. Sie sind mit Strömen $\pm J(z)$, die durch die Wände des Wellenleiters fließen, durch die Kontinuitätsgleichung

$$\frac{\partial e}{\partial t} = -\frac{\partial J}{\partial z}$$

oder, für ein monochromatisches Feld, durch

$$i\omega e = \frac{\partial J}{\partial z}$$

verbunden. C sei die Kapazität pro Länge des Wellenleiters. Die „Potentialdifferenz" $\varphi_2 - \varphi_1$ zwischen seinen Wänden ist e/C; differenzieren wir diese nach z, so erhalten wir die EMK, die den Stromfluß durch die Wände aufrecht erhält (wenn Absorption vorhanden ist, so ist das Feld nicht rein transversal). Vergleichen wir die EMK mit ZJ (Z sei die Impedanz pro Länge des Wellenleiters), so erhalten wir

$$-\frac{\partial}{\partial z}\frac{e}{C} = ZJ$$

oder

$$\frac{\partial}{\partial z}\left(\frac{1}{C}\frac{\partial J}{\partial z}\right) + i\omega ZJ = 0\,. \tag{91,16}$$

Setzen wir hier $Z = R - i\omega L/c^2$ ein (R und L seien Widerstand und Selbstinduktion pro Länge des Wellenleiters), so können wir von den monochromatischen Stromkomponenten zu einer beliebigen Funktion der Zeit übergehen. Nehmen wir an, daß die Kapazität C längs des Wellenleiters konstant ist, so erhalten wir die sogenannte *Telegraphengleichung*

$$\frac{1}{C}\frac{\partial^2 J}{\partial z^2} - R\frac{\partial J}{\partial t} - \frac{L}{c^2}\frac{\partial^2 J}{\partial t^2} = 0\,. \tag{91,17}$$

Diese Gleichung reduziert sich, wenn kein Widerstand vorhanden ist ($R = 0$) erwartungsgemäß auf die Wellengleichung mit der Geschwindigkeit $c = \sqrt{c^2/LC}$ für die Wellenausbreitung. Die Gleichung $LC = 1$ folgt aus der mathematischen Äquivalenz des Problems der Bestimmung von $1/C$ und von L für eine gegebene Form des Querschnitts. Das elektrische und das magnetische Feld zwischen den Flächen idealer Leiter sind senkrecht zueinander und dem Betrag nach gleich (s. (91,11)), wobei der Wert des Betrages auf der Fläche im ersten Fall die Dichte der Ladungen und im zweiten Fall die Dichte der Ströme bestimmt. Daher fallen auch die Porportionalitätsfaktoren ($1/C$ und L) zwischen der Feldenergie und dem Quadrat der Ladung bzw. des Stromes zusammen.

Aufgaben

1. Man bestimme die Werte von $\varkappa$ für Wellen, die sich längs eines Wellenleiters rechteckigen Querschnitts (mit den Seitenlängen a und b) ausbreiten. Man bestimme den Dämpfungskoeffizienten der Wellen.

Lösung. Für E-Wellen gilt[1])

$$E_z = \text{const} \cdot \sin k_x x \sin k_y y$$

mit

$$k_x = \frac{n_1 \pi}{a}, \qquad k_y = \frac{n_2 \pi}{b}$$

und positiven ganzen Zahlen n_1, n_2. Für H-Wellen gilt

$$H_z = \text{const} \cdot \cos k_x x \cos k_y y\,,$$

---

[1]) Den Faktor $\exp\{i(k_z z - \omega t)\}$ lassen wir überall weg.

wobei eine der Zahlen n_1, n_2 Null sein kann. Bei beiden Wellentypen gilt

$$\varkappa^2 = k_x^2 + k_y^2 = \pi^2 \left(\frac{n_1^2}{a^2} + \frac{n_2^2}{b^2}\right).$$

Der kleinste Wert von $\varkappa$ entspricht der Welle H_{10} (die Indizes geben die Werte von n_1 und n_2 an) und ist $\varkappa_{\min} = \pi/a$ (wir nehmen $a > b$ an). Die Dämpfungskoeffizienten werden mit Hilfe der Formeln (91,12 und 13) berechnet und sind

$$\alpha = \frac{2\zeta'\omega}{c\varkappa^2 k_z ab}(k_x^2 b + k_y^2 a)$$

für E-Wellen,

$$\alpha = \frac{\zeta'\omega}{ck_z ab}\left(a + \frac{2\varkappa^2}{k^2} b\right)$$

für $H_{n_1 0}$-Wellen und

$$\alpha = \frac{2c\varkappa^2\zeta'}{\omega k_z ab}\left[a + b + \frac{k_z^2}{\varkappa^4}(k_x^2 a + k_y^2 b)\right]$$

für $H_{n_1 n_2}$-Wellen.

2. Man löse dasselbe Problem wie in Aufgabe 1, aber für einen Wellenleiter kreisförmigen Querschnitts (vom Radius a).

Lösung. Lösen wir die Wellengleichung in den Polarkoordinaten r und φ, so erhalten wir die E-Wellen

$$E = \text{const} \cdot J_n(\varkappa r) \begin{matrix}\sin \\ \cos\end{matrix} n\varphi$$

mit der Bedingung $J_n(\varkappa a) = 0$, welche die Werte von $\varkappa$ bestimmt. Für H-Wellen gilt dieselbe Formel für H_z, und die Werte von $\varkappa$ werden durch die Bedingung $J_n'(\varkappa a) = 0$ bestimmt. Den kleinsten Wert von $\varkappa$ findet man für die erste Welle H_1; er ist $\varkappa_{\min} = 1{,}84/a$. Der Dämpfungskoeffizient, mit Hilfe der Formeln (91,12) bis (91,14) berechnet, wird

$$\alpha = \frac{\omega\zeta'}{cak_z}$$

für E-Wellen und

$$\alpha = \frac{c\zeta'\varkappa^2}{\omega k_z a}\left[1 + \frac{n^2\omega^2}{c^2\varkappa^2(a^2\varkappa^2 - n^2)}\right]$$

für H-Wellen.

§ 92. Streuung elektromagnetischer Wellen an kleinen Teilchen

Betrachten wir die Streuung elektromagnetischer Wellen an makroskopischen Teilchen, deren Dimensionen im Vergleich zur Wellenlänge $\lambda \approx c/\omega$ der zu streuenden Welle klein sind (Rayleigh, 1871). Wenn diese Bedingung erfüllt ist, kann das elektromagnetische Feld in der Nähe der Teilchen als homogen angenommen werden. In einem homogenen, zeitlich periodischen Feld bekommt ein Teilchen ein bestimmtes elektrisches und magnetisches Moment $\mathscr{P}$ bzw. $\mathscr{M}$, deren Zeitabhängigkeit durch den Faktor $e^{-i\omega t}$ gegeben ist. Die gestreute Welle kann so beschrieben werden, als wenn sie das Resultat der Strahlung dieser veränderlichen Momente wäre. In (im Vergleich zu λ) großen Entfernungen R von den Teilchen (in der Wellenzone) ist das Feld der gestreuten Welle durch folgende Formeln gegen (s. II, § 71):

$$\left.\begin{aligned} \boldsymbol{H}' &= \frac{\omega^2}{c^2 R}\{[\boldsymbol{n}\mathscr{P}] + [\boldsymbol{n}[\mathscr{M}\boldsymbol{n}]]\}\,, \\ \boldsymbol{E}' &= [\boldsymbol{H}'\boldsymbol{n}]\,, \end{aligned}\right\} \tag{92,1}$$

wo der Einheitsvektor $\boldsymbol{n}$ die Richtung der Streuung bezeichnet und die Werte von $\mathcal{P}$ und $\mathcal{M}$ im Zeitpunkt $t - R/c$ genommen werden müssen (wir werden das Feld der gestreuten Welle mit gestrichenen und das der einfalllenden Welle mit ungestrichenen Buchstaben bezeichnen). Die (zeitlich) gemittelte Intensität der Strahlung, die in den Raumwinkel do gestreut wird, ist

$$\mathrm{d}I = \frac{1}{2}\frac{c}{4\pi}|\boldsymbol{H}'|^2 R^2 \,\mathrm{d}o\ ;$$

dividieren wir diese durch die Energiestromdichte der einfallenden Welle

$$\frac{c}{8\pi}|\boldsymbol{H}|^2 = \frac{c}{8\pi}|\boldsymbol{E}|^2,$$

so erhalten wir den *Streuquerschnitt.*

Die Berechnung von $\mathcal{P}$ und $\mathcal{M}$ ist besonders einfach, wenn die Dimensionen des Teilchens nicht nur im Vergleich zu λ, sondern auch im Vergleich zur „Wellenlänge" δ, die der Frequenz ω in der Substanz des Teilchens entspricht, klein sind. In diesem Fall kann man die Polarisierbarkeit des Teilchens nach den Formeln berechnen, die für ein äußeres homogenes statisches Feld gelten, mit dem Unterschied natürlich, daß für ε und μ nicht die statischen Werte, sondern diejenigen Werte, welche der gegebenen Frequenz ω entsprechen, genommen werden. Wenn, wie das gewöhnlich der Fall ist, μ nahe bei 1 liegt, so kann der magnetische Dipolterm in Formel (92,1) weggelassen werden.

So haben wir für ein kugelförmiges Teilchen vom Radius a (s. (8.10))

$$\mathcal{P} = V\alpha \boldsymbol{E}\,, \qquad \alpha = \frac{3}{4\pi}\frac{\varepsilon - 1}{\varepsilon + 2}, \tag{92,2}$$

und der Streuquerschnitt wird

$$\mathrm{d}\sigma = \frac{\omega^4}{c^4}|\alpha|^2 V^2 \sin^2\theta \,\mathrm{d}o\,, \tag{92,3}$$

wo θ der Winkel zwischen der Richtung $\boldsymbol{n}$ der Streuung und der Richtung des elektrischen Feldes $\boldsymbol{E}$ einer linear polarisierten einfallenden Welle sei. Der totale Streuquerschnitt ist

$$\sigma = \frac{8\pi|\alpha|^2 \omega^4 V^2}{3c^4}. \tag{92,4}$$

Die Frequenzabhängigkeit des Streuquerschnitts wird sowohl von dem Faktor ω^4 als auch von der Polarisierbarkeit bestimmt. Wenn die Frequenzen so klein sind, daß α keine Dispersion zeigt, ist die Streuung ω^4 proportional. Es muß auch bemerkt werden, daß der Streuquerschnitt dem Quadrat des Teilchenvolumens proportional ist.

Ist die einfallende Welle nicht polarisiert (natürliches Licht), so muß man die Gleichung (92,3) über alle Richtungen des Vektors $\boldsymbol{E}$ in der Ebene, die zur Ausbreitungsrichtung der einfallenden Welle (d. h. zu ihrem Wellenvektor $\boldsymbol{k}$) senkrecht ist, mitteln, um den differentiellen effektiven Streuquerschnitt zu erhalten. Bezeichnen wir mit ϑ und φ den Polarwinkel und das Azimut der Richtung $\boldsymbol{n}$ in bezug auf $\boldsymbol{k}$

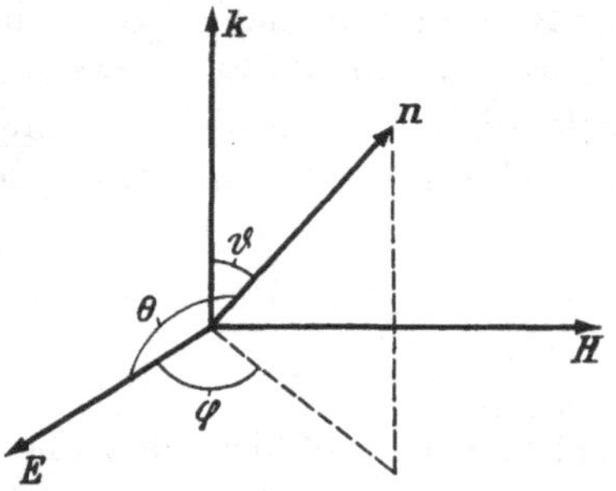

Abb. 47

(wobei wir φ von der $\boldsymbol{k},\boldsymbol{E}$-Ebene an messen), so haben wir $\cos\theta = \sin\vartheta\cos\varphi$ (Abb. 47), so daß

$$d\sigma = \frac{\omega^4}{c^4}|\alpha|^2 V^2 (1 - \sin^2\vartheta\cos^2\varphi)\, do \tag{92,5}$$

folgt. Mitteln wir über φ, so erhalten wir die folgende Formel für den Streuquerschnitt der unpolarisierten Welle:

$$d\sigma = \frac{\omega^4}{2c^4} V^2 |\alpha|^2 (1 + \cos^2\vartheta)\, do\,, \tag{92,6}$$

wo ϑ der Winkel zwischen der Einfalls- und der Streurichtung ist. Wir weisen auf die Symmetrie der Winkelverteilung (92,6) bezüglich der Ebene $\vartheta = \pi/2$ hin: Vorwärts- und Rückwärtsstreuung sind gleichartig.

Aus Formel (92,5) können wir auch leicht den Grad der Depolarisation des gestreuten Lichtes bestimmen. Dazu bemerken wir, daß bei einer gegebenen Richtung von $\boldsymbol{E}$ die Richtung von $\boldsymbol{E}'$ in der $\boldsymbol{E},\boldsymbol{n}$-Ebene liegt. Daher wird die Richtung des elektrischen Feldes $\boldsymbol{E}'$ der gestreuten Welle in der $\boldsymbol{k},\boldsymbol{n}$-Ebene liegen (Streuebene) oder senkrecht zu dieser Ebene sein, je nachdem, ob das Azimut des Vektors $\boldsymbol{E}$ bezüglich der $\boldsymbol{k},\boldsymbol{n}$-Ebene $\varphi = 0$ oder $\varphi = \pi/2$ ist. $I_{\parallel}$ und $I_{\perp}$ seien die Intensitäten der Streuung mit diesen beiden Polarisationen: Der Depolarisationsgrad wird als das Verhältnis der kleineren zu der größeren dieser beiden Größen definiert. Nach Formel (92,5) erhalten wir

$$\frac{I_{\parallel}}{I_{\perp}} = \cos^2\vartheta\,. \tag{92,7}$$

Wenn das streuende Teilchen eine große dielektrische Permeabilität besitzt, so gilt $\delta \sim c/\omega\sqrt{|\varepsilon|} \ll \lambda$. Die Dimensionen des Teilchens können dabei klein sein im Vergleich zu λ und gleichzeitig im Vergleich zu δ nicht klein sein. Das elektrische Moment des Teilchens kann in der ersten Näherung in bezug auf $1/\varepsilon$ einfach als Moment eines Leiters ($\varepsilon \to \infty$) in einem homogenen konstanten äußeren Feld berechnet werden. Bei der Berechnung des magnetischen Moments sind dagegen unter diesen Bedingungen die im Teilchen induzierten Ströme wesentlich, und das Problem läuft nicht auf ein statisches hinaus; wir müssen statt dessen eine Lösung der Gleichung (83,2)

$$\Delta\boldsymbol{H} + \varepsilon\frac{\omega^2}{c^2}\boldsymbol{H} = 0 \tag{92,8}$$

suchen (wir setzen $\mu = 1$ voraus), welche in großer Entfernung vom Teilchen in das Feld der einfallenden Welle übergeht. Das magnetische und das elektrische Feld sind dabei von derselben Größenordnung, und in der Formel (92,1) müssen beide Terme berücksichtigt werden. Die Winkelverteilung und die Größe der Streuung unterscheiden sich hierbei wesentlich von denen des oben betrachteten Falls (s. Aufgabe 2).

Aufgaben

1. Linear polarisiertes Licht wird an stochastisch orientierten kleinen Teilchen gestreut, deren Tensor der elektrischen Polarisierbarkeit drei verschiedene Hauptkomponenten habe. Man bestimme den Depolarisationskoeffizient des gestreuten Lichtes.

Lösung. Vernachlässigen wir wie oben das magnetische Moment, so haben wir wegen (92,1)

$$\boldsymbol{E}' = \frac{\omega^2}{c^2 R}[[\boldsymbol{n}\mathcal{P}]\,\boldsymbol{n}]\,.$$

Der gesuchte Depolarisationskoeffizient ist durch das Verhältnis der Hauptkomponenten des zweidimensionalen Tensors

$$I_{\alpha\beta} = \overline{E'_\alpha E'^*_\beta}$$

gegeben, wo der Strich die Mittelung über die Orientierung der gestreuten Teilchen für eine gegebene Streurichtung $\boldsymbol{n}$ bedeutet; die Indizes α und β durchlaufen die beiden Werte in der zu $\boldsymbol{n}$ senkrechten Ebene (s. II, § 50). Es ist jedoch einfacher, den dreidimensionalen Tensor $\mathcal{P}_i\mathcal{P}_k^*$ zu mitteln und ihn danach auf die zu $\boldsymbol{n}$ *senkrechte* Ebene zu projizieren, diese Tensorkomponenten $\overline{\mathcal{P}_i\mathcal{P}_k^*}$ sind den entsprechenden Komponenten $I_{\alpha\beta}$ proportional.

Setzen wir $\mathcal{P}_i = \alpha_{ik}E_k$, so haben wir

$$\overline{\mathcal{P}_i\mathcal{P}_k^*} = \overline{\alpha_{il}\alpha_{km}^*}E_lE_m^*\,.$$

Beim Ausführen der Mittelung benutzen wir die Formel

$$\overline{\alpha_{ik}\alpha_{lm}^*} = A\,\delta_{ik}\delta_{lm} + B(\delta_{il}\delta_{km} + \delta_{im}\delta_{kl})\,.$$

Das ist der allgemeinste Tensor vierter Stufe, der in den Indizes i, k und l, m symmetrisch ist und nur skalare Konstanten enthält. Diese Konstanten werden aus den beiden Gleichungen bestimmt, die man durch Kontraktion des Tensors (einmal $i = k$, $l = m$ und das andere Mal $i = l$, $k = m$) erhält; sie lauten

$$A = \frac{2|\alpha_{ii}|^2 - |\alpha_{ik}|^2}{15} = \frac{1}{15}\{|\alpha_1|^2 + |\alpha_2|^2 + |\alpha_3|^2 + 4\,\mathrm{Re}(\alpha_1\alpha_2^* + \alpha_1\alpha_3^* + \alpha_2\alpha_3^*)\},$$

$$B = \frac{3|\alpha_{ik}|^2 - |\alpha_{ii}|^2}{30} = \frac{1}{15}\{|\alpha_1|^2 + |\alpha_2|^2 + |\alpha_3|^2 - \mathrm{Re}(\alpha_1\alpha_2^* + \alpha_1\alpha_3^* + \alpha_2\alpha_3^*)\}\,,$$

wo α_1, α_2 und α_3 die Hauptkomponenten des Tensors α_{ik} sind.

Bei einer linear polarisierten Welle kann die Feldamplitude $\boldsymbol{E}$ (den zeitlichen Faktor $e^{-i\omega t}$ werden wir weglassen) immer als reelle Größe definiert werden. Wir erhalten dann

$$\overline{\mathcal{P}_i\mathcal{P}_k^*} = (A + B)\,E_iE_k + B\delta_{ik}E^2\,. \tag{1}$$

Die z-Achse zeige in $\boldsymbol{n}$-Richtung, und die x,z-Ebene enthalte die Vektoren $\boldsymbol{n}$ und $\boldsymbol{E}$; diese Achsen sind Hauptachsen des Tensors $I_{\alpha\beta}$. Nehmen wir die geeigneten Komponenten des Tensors (1), so erhalten wir den Depolarisationskoeffizienten

$$\frac{I_y}{I_x} = \frac{B}{(A + B)\sin^2\theta + B}$$

(θ ist der Winkel zwischen $\boldsymbol{E}$ und $\boldsymbol{n}$).

2. Man bestimme den effektiven Querschnitt für eine Streuung an einer Kugel (vom Radius a), für die ε groß sei; es werde $\lambda \gg a \approx \delta$ vorausgesetzt.

Lösung. Das Problem der Berechnung des magnetischen Moments, das eine Kugel mit gegebenem Wert von ε (und $\mu = 1$) in einem veränderlichen Magnetfeld $\boldsymbol{H}$ bekommt, ist dasselbe wie das in § 59 (Aufgabe 1) gelöste, nur mit dem Unterschied, daß man in den dort erhaltenen Formeln $k = (\omega/c)\sqrt{\varepsilon}$ setzen muß. Daher haben wir

$$\mathcal{M} = -a^3\gamma \boldsymbol{H}$$

mit

$$\gamma = \frac{1}{2}\left(1 + \frac{3}{ka}\cot ka - \frac{3}{(ka)^2}\right).$$

Das elektrische Moment wird in erster Näherung in $1/\varepsilon$ einfach als Moment einer leitenden ($\varepsilon \to \infty$) Kugel im konstanten homogenen elektrischen Feld berechnet:

$$\mathcal{P} = a^3\boldsymbol{E}\,.$$

Berücksichtigen wir, daß $\boldsymbol{E}$ und $\boldsymbol{H}$ senkrecht sind, so erhalten wir nach einer einfachen Rechnung mit Hilfe von (92,1) die folgende Formel für den Streuquerschnitt:

$$d\sigma = \frac{a^6\omega^4}{c^4}\{|\gamma|^2\cos^2\varphi + \sin^2\varphi - (\gamma + \gamma^*)\cos\vartheta + \cos^2\vartheta\,(\cos^2\varphi + |\gamma|^2\sin^2\varphi)\}\,do\,,$$

wo φ und ϑ die Winkel in Abb. 47 sind. Bei der Streuung unpolarisierten Lichtes gilt

$$d\sigma = \frac{a^6\omega^4}{c^4}\left\{\frac{1}{2}(1 + |\gamma|^2)(1 + \cos^2\vartheta) - (\gamma + \gamma^*)\cos\vartheta\right\}do\,,$$

und der Depolarisationsgrad des gestreuten Lichtes wird

$$\frac{I_{\parallel}}{I_{\perp}} = \left|\frac{\gamma - \cos\vartheta}{I - \gamma\cos\vartheta}\right|^2.$$

Der totale Streuquerschnitt ist

$$\sigma = \frac{8\pi a^6\omega^4}{3c^4}(1 + |\gamma|^2)\,.$$

Im Grenzfall $ka \to \infty$ (d. h., wenn $\lambda \gg a \gg \delta$ gilt) haben wir $\gamma = 1/2$; dieser Grenzfall entspricht der Streuung an einer ideal reflektierenden Kugel, in deren Inneres weder ein elektrisches noch ein magnetisches Feld eindringt. Für den differentiellen Streuquerschnitt haben wir

$$d\sigma = \frac{5a^6\omega^4}{8c^4}\left(1 + \cos^2\vartheta - \frac{8}{5}\cos\vartheta\right)do\,.$$

Wir weisen auf die starke Asymmetrie der Winkelverteilung bezüglich der Ebene $\vartheta = \pi/2$ hin: Die Streuung ist hauptsächlich eine Rückwärtsstreuung (das Verhältnis der Intensität des vorwärts gestreuten Lichtes zur Intensität des rückwärts gestreuten Lichtes beträgt 1:9).

§ 93. Absorption elektromagnetischer Wellen durch kleine Teilchen

Die Streuung elektromagnetischer Wellen an Teilchen wird von einer Absorption begleitet. Der effektive Absorptionsquerschnitt dieses Prozesses ist durch das Verhältnis der mittleren Energie Q, die an einem Teilchen (pro Zeit) gestreut wird, zur einfallenden Energiestromdichte gegeben. Zur Berechnung von Q kann man dabei die Formel

$$Q = -\overline{\mathcal{P}\dot{\mathfrak{E}}} - \overline{\mathcal{M}\dot{\mathfrak{H}}} \tag{93,1}$$

benutzen, wo $\mathcal{P}$ und $\mathcal{M}$ das gesamte elektrische bzw. magnetische Moment des Teilchens sind und die äußeren Felder $\mathfrak{E}$ und $\mathfrak{H}$ durch das elektrische Feld $\boldsymbol{E}$ und das magnetische Feld $\boldsymbol{H}$ der gestreuten Welle ersetzt werden (s. (59,11)).

Benutzen wir die komplexe Darstellung der Größen, so können wir schreiben (s. Fußnote 2 auf S. 253)

$$Q = -\frac{1}{2}\,\mathrm{Re}\,\{\mathscr{P}\dot{\boldsymbol{E}}^* + \mathscr{M}\dot{\boldsymbol{H}}^*\} = \frac{\omega}{2}\,V(\alpha_e'' + \alpha_m'')\,|\boldsymbol{E}|^2\,,$$

wo α_e und α_m die elektrische und magnetische Polarisierbarkeit des Teilchens sind. Dividieren wir das durch den einfallenden Energiestrom, so erhalten wir

$$\sigma = \frac{4\pi\omega}{c}\,(\alpha_e'' + \alpha_m'')\,V. \tag{93,2}$$

Wir wenden diese Formel auf die Absorption durch eine Kugel vom Radius a ($a \ll \lambda$) an, wobei wir annehmen, daß die Kugel nicht magnetisch ist ($\mu = 1$). Der Charakter der Absorption hängt wesentlich von der Größe der dielektrischen Permeabilität ab.

Wenn ε klein wird, so gilt neben $a \ll \lambda$ auch $a \ll \delta$. In diesem Fall kann die magnetische Polarisierbarkeit im Vergleich zur elektrischen vernachlässigt werden. Wir haben dann mit (92,2)

$$\sigma = \frac{12\pi w a^3 \varepsilon''}{c[(\varepsilon' + 2)^2 + \varepsilon''^2]}\,. \tag{93,3}$$

Ist dagegen $|\varepsilon| \gg 1$, so wird der elektrische Teil der Absorption klein, und die magnetische Absorption kann sogar für $\delta \gg a$ noch wesentlich sein. Für $\delta \gg a$ (d. h. $|ka| \ll 1$) wird die magnetische Polarisierbarkeit (s. Aufgabe 2, § 92)

$$\alpha_m = \frac{(ak)^2}{40\pi} = \frac{a^2\omega^2\varepsilon}{40\pi c^2}\,,$$

und der Absorptionsquerschnitt lautet

$$\sigma = \frac{12\pi\omega a^3\varepsilon''}{c}\left(\frac{1}{|\varepsilon|^2} + \frac{\omega^2 a^2}{90 c^2}\right). \tag{93,4}$$

Wenn ε weiter anwächst, wird der elektrische Teil der Absorption im Vergleich zum magnetischen klein. Im Grenzfall $\delta \ll a$ (d. h. $|ka| \gg 1$) haben wir

$$\alpha_m = \frac{3}{8\pi}\left(1 - \frac{3i}{ka}\right) = -\frac{3}{8\pi}\left(1 - \frac{3ic}{\omega a}\zeta\right),$$

wo $\zeta = 1/\sqrt{\varepsilon}$ die Oberflächenimpedanz der Kugel ist. Hieraus folgt

$$\sigma = 6\pi a^2 \zeta'\,. \tag{93,5}$$

Es muß bemerkt werden, daß man diese Formel auch auf direktem Weg ohne Benutzung des allgemeinen Ausdrucks für die magnetische Polarisierbarkeit $\alpha_m(\omega)$ der Kugel hätte erhalten können.

Wenn ζ klein ist, kann die Dissipation der Energie Q durch Integration des mittleren Poynting-Vektors (87,4) über die Oberfläche der Kugel berechnet werden, wobei die Verteilung des magnetischen Feldes auf der Oberfläche durch die Lösung (54,3) des Problems einer supraleitenden ($\zeta = 0$) Kugel in einem homogenen Magnetfeld gegeben ist.

Kennt man den Absorptionsquerschnitt der Kugel, so kann man die Intensität der von ihr emittierten Wärmestrahlung unmittelbar bestimmen. Nach dem KIRCHHOFFschen Gesetz (s. V, § 63) wird die Intensität $\mathrm{d}I$ (im Frequenzintervall $\mathrm{d}\omega$) durch $\sigma(\omega)$ mittels folgender Formel ausgedrückt:

$$\mathrm{d}I = 4\pi c\sigma(\omega)\, e_0(\omega)\, \mathrm{d}\omega\,,$$

wo

$$e_0(\omega) = \frac{\hbar\omega^3}{4\pi^3 c^3(e^{\hbar\omega/T} - 1)}$$

die spektrale Dichte der schwarzen Strahlung pro Volumen und pro Raumwinkel ist.

§ 94. Beugung an einem Keil

Die gewöhnliche genäherte Theorie der Beugung (s. II, §§ 59 bis 61) beruht auf der Annahme, daß die Abweichungen von der geometrischen Optik klein seien. Erstens wird dabei vorausgesetzt, daß alle Dimensionen groß seien im Vergleich zur Wellenlänge; das bezieht sich sowohl auf die Dimensionen der Körper (der Schirme) oder der Öffnungen in ihnen als auch auf die Entfernungen der Körper von den Emissions- und Beobachtungspunkten des Lichtes. Zweitens werden nur kleine Beugungswinkel betrachtet, d. h., die Verteilung des Lichtes wird in Richtungen untersucht, die in der Nähe der Schattenränder liegen. Unter diesen Bedingungen sind die konkreten optischen Eigenschaften des Materials des Körpers unwesentlich; wesentlich ist nur, daß die Schirme undurchsichtig sind.

Wenn die genannten Bedingungen nicht erfüllt sind, erfordert die Lösung des Beugungsproblems eine genaue Lösung der Wellengleichung unter Beachtung geeigneter Randbedingungen auf der Oberfläche der Körper; diese Randbedingungen hängen von den konkreten Eigenschaften der Oberfläche ab. Das Auffinden solcher Lösungen ist mathematisch außerordentlich schwierig und ist nur für eine relativ kleine Zahl von Problemen durchgeführt worden. Dabei wird gewöhnlich eine gewisse vereinfachende Annahme über die Eigenschaften der Körper gemacht, an denen die Beugung stattfindet; nämlich die, daß sie ideal leitend (und damit vom optischen Standpunkt aus ideal reflektierend) sind.

Wir bemerken in diesem Zusammenhang folgende Tatsache. Es könnte als vernünftig erscheinen, das Beugungsproblem unter der Annahme zu lösen, daß die Oberfläche des Körpers schwarz sei, d. h., daß sie das auf sie fallende Licht völlig absorbiert. In Wirklichkeit würde jedoch eine solche Annahme über die Eigenschaften des Körpers bei der Aufstellung des exakten Beugungsproblems widersprüchlich sein. Das liegt daran, daß der Reflexionskoeffizient auf der Körperoberfläche nicht klein, sondern im Gegenteil nahezu 1 wird, wenn das Material des Körpers stark absorbierend ist (s. § 87). Daher erfordert ein nahe bei Null gelegener Reflexionskoeffizient ein schwach absorbierendes Material und damit eine (im Vergleich zur Wellenlänge) genügende Dicke des Körpers. In der exakten Beugungstheorie spielen die Gebiete der Oberfläche des Körpers unvermeidlich eine wesentliche Rolle, die in der Nähe seines Randes liegen (in Entfernungen von der Größenordnung der Wellenlänge); die Dicke eines Körpers ist aber in der Nähe seines Randes immer klein, so daß die Annahme, daß er „schwarz" sei, bestimmt nicht begründet ist.

Von großem theoretischem Interesse ist die exakte Lösung des Problems der Beugung des Lichtes an der Kante eines ideal leitenden Keils, der von zwei sich schneidenden Halbebenen begrenzt wird (A. SOMMERFELD, 1894). Eine vollständige Darlegung dieser sehr komplizierten mathematischen Theorie, die die Verwendung besonderer mathematischer Methoden erfordert, führt über den Rahmen dieses Buches hinaus. Wir geben hier zur Information nur die Endresultate an.[1])

Wählen wir die Kante des Keils als z-Achse eines zylindrischen Koordinatensystems (r, φ, z). Der Vorderfläche des Keils (OA in Abb. 48) entspricht $\varphi = 0$, und per hinteren (OB) entspricht $\varphi = \gamma$, wo $2\pi - \gamma$ der Öffnungswinkel des Keils sei; dem Gebiet außerhalb des Keils entsprechen die Winkel $0 \leqq \varphi \leqq \gamma$.

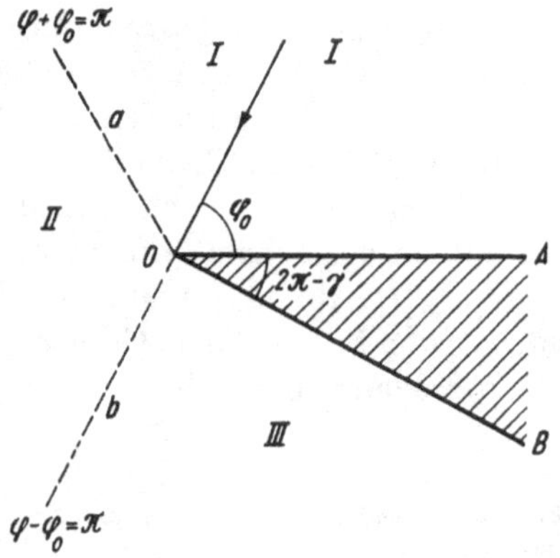

Abb. 48

Es möge eine ebene monochromatische Welle mit einer Einheitsamplitude in der r,φ-Ebene auf die Vorderfläche des Keils unter dem Winkel φ_0 einfallen (wegen der Symmetrie des Keils reicht es aus, die Werte $\varphi_0 < \gamma/2$ zu betrachten). Wir werden zwei unabhängige Fälle der Polarisation der einfallenden (und damit auch der gebeugten) Welle unterscheiden: Die Kante des Keils (z-Achse) kann dem Vektor $\boldsymbol{E}$ oder dem Vektor $\boldsymbol{H}$ parallel sein. Der Buchstabe u wird in diesen Fällen E_z bzw. H_z bezeichnen.

Das elektromagnetische Feld ist dann im ganzen Raum durch die Formel

$$u(r, \varphi) = v(r, \varphi - \varphi_0) \mp v(r, \varphi + \varphi_0) \tag{94,1}$$

gegeben (den zeitlichen Faktor lassen wir überall weg); das obere und untere Vorzeichen entspricht der Polarisation von $\boldsymbol{E}$ bzw. $\boldsymbol{H}$ in z-Richtung, und die Funktion $v(r, \psi)$ wird durch das komplexe Integral

$$v(r, \psi) = \frac{1}{2\gamma} \int\limits_C \mathrm{e}^{-ikr\cos\zeta} \frac{\mathrm{d}\zeta}{1 - \mathrm{e}^{-i\pi(\zeta+\psi)/\gamma}} \tag{94,2}$$

[1]) Die ausführliche Durchführung der Berechnungen kann man in folgenden Büchern finden: A. SOMMERFELD, Optik; PH. FRANK und R. VON MISES, Differential- und Integralgleichungen der Physik, Teil 2, Kap. XX, Braunschweig 1935. Eine andere Lösungsmethode, die auf M. J. KONTOROWITSCH und N. N. LEBEDEW zurückgeht, wird im Buch von G. A. GRINBERG dargelegt (Fragen der mathematischen Theorie elektrischer und magnetischer Erscheinungen, Kap. XXII, Moskau 1948).

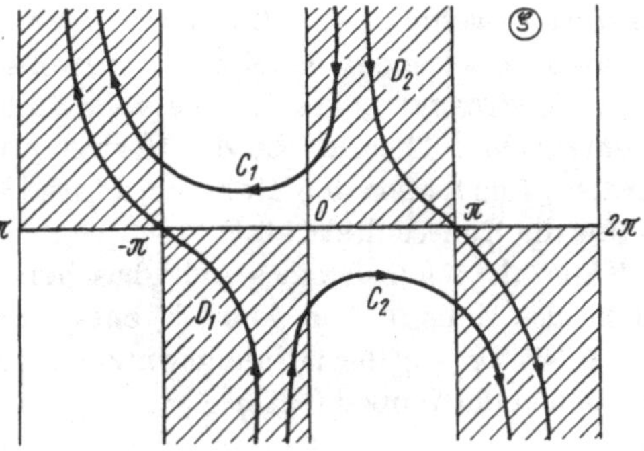

Abb. 49

bestimmt ($k = \omega/c$). Der Integrationsweg C in der ζ-Ebene besteht aus den beiden Schleifen C_1 und C_2, die in Abb. 49 dargestellt sind. Die Enden dieser Schleifen gehen in den Teilen der ζ-Ebene (schraffiert in Abb. 49), in denen Im $(\cos\zeta) < 0$ gilt, gegen Unendlich, und daher strebt der Faktor $e^{-ikr\cos\zeta}$ im Unendlichen gegen Null. Der Integrand in (94,2) besitzt Pole, die auf der reellen ζ-Achse in den Punkten $\zeta = -\psi + 2n\gamma$ liegen, wobei n die ganzen Zahlen bezeichnet. Die Integration kann man statt über C auch über den Weg $D = D_1 + D_2$ (Abb. 49) ausführen, indem man zu dem Integral die Residuen des Integranden in den Polen, die im Gebiet $-\pi \leqq \zeta \leqq \pi$ liegen, addiert (sofern dort welche liegen). Wir stellen v in der Form

$$v(r, \psi) = v_0(r, \psi) + v_d(r, \psi) \tag{94,3}$$

dar, wo v_d das über den Weg D genommene Integral (94,2) sei; v_0 ist der Beitrag der Residuen in den genannten Polen. Jeder Pol liefert zu v_0 einen Beitrag $e^{-ikr\cos(\psi-2n\gamma)}$, der entweder die einfallende Welle oder irgendeine von der Oberfläche des Keils nach den Gesetzen der geometrischen Optik reflektierte Welle darstellt.

Die Funktion v_d beschreibt die Beugungsverzerrung der Wellen. Das Feld in (im Vergleich zur Wellenlänge) großen Entfernungen vom Rand des Keils ist von größtem Interesse. Für $kr \gg 1$ gilt die asymptotische Formel[1])

$$v_d(r, \psi) = \frac{\pi}{\gamma\sqrt{2\pi kr}}\, e^{(ikr+\pi/4)}\, \frac{\sin(\pi^2/\gamma)}{\cos(\pi^2/\gamma) - \cos(\pi\psi/\gamma)}\,, \tag{94,4}$$

wenn der Winkel ψ die folgende Bedingung erfüllt:

$$\left(\cos\frac{\pi^2}{\gamma} - \cos\frac{\pi\psi}{\gamma}\right)^2 \gg \frac{1}{kr}. \tag{94,5}$$

Die r-Abhängigkeit der Funktion v_d und damit des Feldes

$$u_d(r, \varphi) = v_d(r, \varphi - \varphi_0) \mp v_d(r, \varphi + \varphi_0)$$

ist durch den Faktor $e^{ikr}/\sqrt{r}$ gegeben, d. h., dieses Feld hat den Charakter einer Zylinderwelle, die von der Kante des Keils ausgestrahlt wird.

In der oben angegebenen Form gelten die Formeln (94,1 bis 5) für beliebige Werte der Winkel γ und φ_0. Eine ausführlichere Diskussion dieser Formeln führen wir unter der Annahme, daß zwischen den Winkeln γ und φ_0 ($\gamma > \pi + \varphi_0$) eine Beziehung be-

[1]) Die folgenden Terme dieses asymptotischen Ausdrucks hat W. PAULI angegeben (Phys. Rev. **54**, 924 (1938)).

steht, die vom Standpunkt der geometrischen Optik zur Herausbildung von zwei Grenzen führt: die Grenze *Ob* des gesamten Schattens (Gebiet III in Abb. 48) und die Grenze *Oa* des Schattens der Welle, die von der Oberfläche *OA* reflektiert wird. In Abb. 48 ist $\varphi_0 < \pi/2$; ist dagegen $\varphi_0 > \pi/2$, so liegt die Grenze *Oa* rechts der Richtung der einfallenden Welle. Für $\gamma < \pi + \varphi_0$ gibt es kein Gebiet eines vollständigen Schattens, und die (einfache oder mehrfache) Reflexion geht auf beiden Seiten des Keils vor sich.

In den Gebieten I, II und III hat die Funktion

$$u_0(r, \varphi) = v_0(r, \varphi - \varphi_0) \mp v_0(r, \varphi + \varphi_0)$$

folgende Form:

$$\left.\begin{aligned} &\text{in I} \quad u_0 = e^{-ikr\cos(\varphi-\varphi_0)} \mp e^{-ikr\cos(\varphi+\varphi_0)} \\ &\text{in II} \quad u_0 = e^{-ikr\cos(\varphi-\varphi_0)}\,, \\ &\text{in III} \quad u_0 = 0\,. \end{aligned}\right\} \tag{94,6}$$

Diese Ausdrücke, die für $kr \to \infty$ nicht Null werden, beschreiben die durch die Reflexion nicht verzerrte einfallende (Gebiet II) oder einfallende und reflektierte (Gebiet I) Welle. Die Reflexionsverzerrung des Feldes ist durch die Formel (94,4) gegeben, die Bedingung (94,5) wird aber für Werte von ψ, die zu nahe bei π liegen, verletzt (wenn die Differenz $|\psi - \pi|$ im Vergleich zu $1/\sqrt{kr}$ nicht mehr groß ist).

Die Werte $\psi = \pi$ entsprechen den geometrischen Grenzen des Schattens; für $\psi = \varphi - \varphi_0$ ist das die Grenze des gesamten Schattens, und für $\psi = \varphi + \varphi_0$ ist das die Grenze des Schattens der reflektierten Welle. In der unmittelbaren Nähe dieser Werte muß man einen anderen asymptotischen Ausdruck benutzen, dessen Gültigkeit nur die Befriedigung der Ungleichung $|\psi - \pi| \ll 1$ erfordert. Diese Bedingung gewährleistet zusammen mit der Bedingung $kr \gg 1$, daß die Gültigkeit der gewöhnlichen Näherungstheorie der FRESNELschen Beugung gesichert ist. In Übereinstimmung damit erhält man in der Nähe der Grenze *Ob* des gesamten Schattens den folgenden asymptotischen Ausdruck:

$$\left.\begin{aligned} u(r, \varphi) &= e^{-ikr\cos(\varphi-\varphi_0)} \frac{1-i}{\sqrt{2\pi}} \int\limits_{-\infty}^{w} e^{i\eta^2}\, d\eta\,, \\ w &= -(\varphi - \varphi_0 - \pi)\sqrt{\frac{kr}{2}}\,. \end{aligned}\right\} \tag{94,7}$$

In der Nähe der Grenze *Oa* des Schattens der reflektierten Welle haben wir analog

$$\left.\begin{aligned} u(r, \varphi) &= e^{-ikr\cos(\varphi-\varphi_0)} + e^{-ikr\cos(\varphi+\varphi_0)} \frac{1-i}{\sqrt{2\pi}} \int\limits_{-\infty}^{w} e^{i\eta^2}\, d\eta\,, \\ w &= -(\varphi + \varphi_0 - \pi)\sqrt{\frac{kr}{2}}\,. \end{aligned}\right\} \tag{94,8}$$

In dieser Näherung hängt das Beugungsbild nicht von der Polarisationsrichtung der Welle und vom Öffnungswinkel des Keils ab.

Die Anwendungsbereiche der Formeln (94,4) und (94,7 und 8) überlappen sich teilweise. So ist der gemeinsame Anwendungsbereich in der Nähe der Grenze des Gesamtschattens durch die Ungleichung

$$1 \gg |\varphi - \varphi_0 - \pi| \gg 1/\sqrt{kr}$$

gegeben, und in diesem Gebiet gilt

$$u(r, \varphi) = u_0(r, \varphi) + \frac{1}{\sqrt{2\pi kr}} e^{i(kr+\pi/4)} \frac{1}{\varphi - \varphi_0 - \pi} \tag{94,9}$$

(mit u_0 aus (94,6)). Dieser Ausdruck kann aus (94,7) mit Hilfe der bekannten asymptotischen Formeln für das FRESNELsche Integral für große $|\omega|$ erhalten werden:

$$\int\limits_{-\infty}^{w} e^{i\eta^2}\, d\eta = (1+i)\sqrt{\frac{\pi}{2}} + \frac{1}{2iw} e^{iw^2} \qquad \text{für} \qquad w > 0\,,$$

$$\int\limits_{-\infty}^{w} e^{i\eta^2}\, d\eta = \frac{1}{2iw} e^{iw^2} \qquad \text{für} \qquad w < 0\,.$$

§ 95. Beugung an einem ebenen Schirm

Die exakte Formel (94,2) für die Beugung an einem Keil kann in dem Spezialfall der Beugung an einer Halbebene (die $\gamma = 2\pi$ entspricht) in eine verhältnismäßig einfache Form gebracht werden. Das komplexe Integral in (94,2) kann nämlich auf das FRESNELsche Integral zurückgeführt werden:

$$\left.\begin{aligned} v(r, \psi) &= \frac{1}{\sqrt{\pi}} e^{-i(kr\cos\psi + \pi/4)} \int\limits_{-\infty}^{w} e^{i\eta^2}\, d\eta\,, \\ w &= \sqrt{2kr}\cos\frac{\psi}{2}\,. \end{aligned}\right\} \tag{95,1}$$

Diese Formel gilt für beliebige Werte von r und ψ. Für $kr \gg 1$ und für Winkel $|\psi - \pi| \gg 1/\sqrt{kr}$ ist der asymptotische Ausdruck

$$v_d(r, \psi) = -\, e^{i(kr+\pi/4)} \frac{1}{2\sqrt{2\pi kr}\cos(\psi/2)} \tag{95,2}$$

zu benutzen (Formel (94,4) mit $\gamma = 2\pi$).

Mit Hilfe der Formel (95,2) kann die Lösung des Problems der Beugung an einem ebenen, ideal leitenden Schirm beliebiger Form in geschlossener Form erhalten werden. Dabei wird nur vorausgesetzt, daß die Dimensionen der Schirme und die Entfernungen von ihnen im Vergleich zur Wellenlänge groß und die Beugungswinkel nicht zu klein seien (wobei dieses Gebiet mit dem Gebiet der kleinen Winkel überlappt, in dem die gewöhnlichen Formeln der FRESNELschen Beugung anwendbar sind). Das Ergebnis wird in der Form eines Integrals über den Rand des Schirms ausgedrückt, analog dazu, wie in der gewöhnlichen Näherungstheorie das Beugungsfeld in der Form eines

Integrals über die Oberfläche, die die Öffnungen im Schirm überdeckt, ausgedrückt wird. Wir werden uns hier nicht mit diesen Rechnungen aufhalten.

In der exakten Theorie der Beugung an ebenen, ideal leitenden Schirmen gibt es ein Theorem (von L. I. Mandelschtam und M. A. Leontowitsch), das dem Theorem von Babinet in der Näherungstheorie der Beugung in gewissem Sinne analog ist.

Betrachten wir einen ebenen Schirm mit einer Öffnung von beliebiger Form; wir wählen die Schirmebene als Ebene $z = 0$, und eine elektromagnetische Welle falle von der Seite $z < 0$ ein. $\boldsymbol{E}_0$ und $\boldsymbol{H}_0$ seien das Gesamtfeld der einfallenden und der vom Schirm reflektierten Welle (so reflektiert, als hätte der Schirm keine Öffnung); wir werden das Feld so darstellen, als wenn es sich hinter dem Schirm ($z > 0$) fortsetzen würde. Da $H_z = 0$ und $\boldsymbol{E}_t = 0$ für $z = 0$ (wegen der Grenzbedingung an der ideal leitenden Oberfläche) gelten müssen, werden die Werte $\boldsymbol{E}_0$ und $\boldsymbol{H}_0$ für $z > 0$ und $z < 0$ durch die folgenden Beziehungen verbunden sein:

$$\left.\begin{aligned} E_{0z}(x, y, z) &= E_{0z}(x, y, -z)\,, & \boldsymbol{E}_{0t}(x, y, z) &= -\boldsymbol{E}_{0t}(x, y, -z)\,,\\ H_{0z}(x, y, z) &= -H_{0z}(x, y, -z)\,, & \boldsymbol{H}_{0t}(x, y, z) &= \boldsymbol{H}_{0t}(x, y, -z)\,. \end{aligned}\right\} \quad (95{,}3)$$

Weiterhin seien $\boldsymbol{E}'$ und $\boldsymbol{H}'$ die Felder, die man erhält, wenn man eine ebene Platte von der Form und der Größe der Schirmöffnung in das Feld $\boldsymbol{E}_0$ und $\boldsymbol{H}_0$ (und zwar an den Ort der Öffnung) bringt; die Platte soll die magnetische Permeabilität $\mu = \infty$ besitzen. Dann ist die Lösung des Beugungsproblems für eine Öffnung in einem Schirm durch folgende Ausdrücke gegeben:

$$\left.\begin{aligned} \boldsymbol{E} &= \tfrac{1}{2}(\boldsymbol{E}_0 + \boldsymbol{E}')\,, & \boldsymbol{H} &= \tfrac{1}{2}(\boldsymbol{H}_0 + \boldsymbol{H}') & &\text{für} & z &< 0\,,\\ \boldsymbol{E} &= \tfrac{1}{2}(\boldsymbol{E}_0 - \boldsymbol{E}')\,, & \boldsymbol{H} &= \tfrac{1}{2}(\boldsymbol{H}_0 - \boldsymbol{H}') & &\text{für} & z &> 0\,. \end{aligned}\right\} \quad (95{,}4)$$

Um diese Behauptung zu beweisen, bemerken wir, daß die Felder $\boldsymbol{E}'$ und $\boldsymbol{H}'$ dieselbe Symmetrie (ausgedrückt durch die Formeln (95,3)) wie die Felder $\boldsymbol{E}_0$ und $\boldsymbol{H}_0$ besitzen. Sie befriedigen daher auf der Ebene $z = 0$ die Bedingungen $\boldsymbol{E}'_t = 0$, $H'_z = 0$ außerhalb der Öffnung, $\boldsymbol{E}'_{t_1} = -\boldsymbol{E}'_{t_2}$, $H'_{z_1} = -H'_{z_2}$ an der Öffnung (die Indizes 1 und 2 entsprechen $z \to \pm\infty$). Außerdem befriedigen sie die Bedingungen $E'_z = 0$, $\boldsymbol{H}'_t = 0$ an der Öffnung, weil die Randbedingungen auf der Oberfläche eines Körpers mit $\mu = \infty$ aus den Bedingungen für eine ideal leitende ($\varepsilon = \infty$) Oberfläche durch Vertauschung von $\boldsymbol{E}$ und $\boldsymbol{H}$ erhalten werden. Hieraus ist ersichtlich, daß die Felder (95,4) die notwendigen Bedingungen $\boldsymbol{E}_t = 0$ und $H_z = 0$ auf der Schirmoberfläche ($z \to -0$) außerhalb der Öffnung befriedigen und an der Öffnung stetig sind. Da die Felder $\boldsymbol{E}'$ und $\boldsymbol{H}'$ im Unendlichen gegen $\boldsymbol{E}_0$ und $\boldsymbol{H}_0$ streben, streben die Felder (95,4) gegen $\boldsymbol{E}_0$ und $\boldsymbol{H}_0$ für $z \to -\infty$ und gegen Null für $z \to +\infty$. Damit befriedigen sie alle Bedingungen des Beugungsproblems. Somit ist das Theorem bewiesen.

Das Problem der Beugung an einer Öffnung in einem Schirm mit $\varepsilon = \infty$ ist dem Problem der Beugung an einem komplementären Schirm mit $\mu = \infty$ äquivalent.

Aufgaben

1. Eine ebene monochromatische Welle falle auf einen Spalt in einem ideal leitenden, ebenen Schirm; die Breite $2a$ des Spaltes sei groß im Vergleich zur Wellenlänge. Man bestimme für große Beugungswinkel die Intensitätsverteilung des Lichtes hinter dem Schirm in großen Entfernungen von diesem.

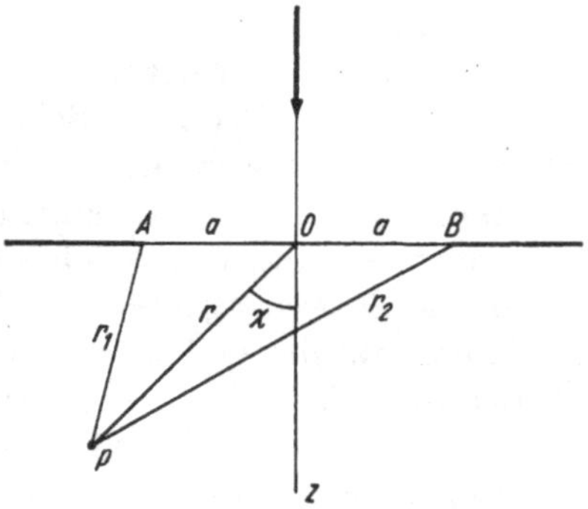

Abb. 50

Lösung. Für $a \gg \lambda$ kann das Beugungsfeld hinter dem Spalt als eine Überlagerung der Felder, die von der unabhängigen Beugung an den beiden Rändern des Spaltes herrühren, angesehen werden und mit Hilfe der asymptotischen Formel (95,2) bestimmt werden.[1] Wenn die Entfernungen $AP = r_1$ und $BP = r_2$ zwischen den Spalträndern und dem Beobachtungspunkt (Abb. 50) im Vergleich zu a groß sind, können wir in den Faktoren e^{ikr_1} und e^{ikr_2} schreiben

$$r_1 = r - a \sin \chi\,, \qquad r_2 = r + a \sin \chi;$$

sonst setzen wir $r_1 \approx r_2 \approx r$, und alle Winkel zwischen AP, OP, BP und der z-Achse können gleich dem Beugungswinkel χ gesetzt werden.

Als Ergebnis erhalten wir

$$u = \frac{e^{i(kr+\pi/4)}}{\sqrt{2\pi kr}} \left\{ \frac{\sin (ka \sin \chi)}{\sin \frac{\chi}{2}} \pm i \frac{\cos (ka \sin \chi)}{\cos \frac{\chi}{2}} \right\}.$$

Hieraus folgt für die Intensität des Lichtes, das in einem Winkel $d\chi$ gebeugt wird (im Verhältnis zur Gesamtintensität des auf den Spalt fallenden Lichtes):

$$dI = \frac{1}{4a\pi k} \left\{ \left[\frac{\sin (ka \sin \chi)}{\sin \frac{\chi}{2}} \right]^2 + \left[\frac{\cos (ka \sin \chi)}{\cos \frac{\chi}{2}} \right]^2 \right\} d\chi$$

$$= \frac{ka}{\pi} \left\{ \left[\frac{\sin (ka \sin \chi)}{ka \sin \chi} \right]^2 \cos \chi + \frac{1}{\left[2ka \cos \frac{\chi}{2} \right]^2} \right\} d\chi\,.$$

Für kleine χ geht dieser Ausdruck in die Formel für die Fraunhofersche Beugung an einem Spalt über:

$$dI = \frac{1}{\pi ka} \frac{\sin^2 (ka\chi)}{\chi^2} d\chi\,.$$

2. Eine ebene Welle falle auf eine ideal leitende Fläche mit einer kreisförmigen Öffnung, deren Radius im Vergleich zur Wellenlänge klein ist. Man bestimme die Intensität des gebeugten Lichtes, das durch diese Öffnung hindurchgeht (Rayleigh, 1897).

Lösung. Nach dem oben Gesagten führt dieses Problem auf das Problem der Streuung an einer kreisförmigen Platte mit $\mu = \infty$. Da $a \ll \lambda$ ist, haben wir es mit der Streuung an einem kleinen Teilchen zu tun. Nach § 72 muß man zur Lösung dieses Problems die statische elektrische und magnetische Polarisierbarkeit der Scheibe bestimmen. Das Feld $\boldsymbol{E}_0$

[1] Diese Annahme ist aber für Beugungswinkel, die hinreichend nahe $\pi/2$ sind (für $\pi/2 - \chi \lessapprox 1/\sqrt{ka}$), nicht mehr gerechtfertigt.

ist zur Ebene der Scheibe senkrecht, und die Randbedingung $E'_z = 0$ fällt formal mit der Bedingung zusammen, mit der wir es in der Elektrostatik auf der Oberfläche eines Körpers mit $\varepsilon = 0$ zu tun hatten. Das Feld $\boldsymbol{H}_0$ ist dagegen parallel zur Scheibe, und die Grenzbedingung $\boldsymbol{H}'_t = 0$ entspricht dem magnetostatischen Problem mit $\mu = \infty$. Daher wird das elektrische und magnetische Moment der Scheibe (s. § 4, Aufgabe 4, und die Aufgabe zum § 54)

$$\mathscr{P} = -\frac{2a^3}{3\pi}\boldsymbol{E}_0\,, \qquad \mathscr{M} = \frac{4a^3}{3\pi}\boldsymbol{H}_0\,.$$

Geht man zu dem Problem der Beugung an einer Öffnung über, so muß man in Übereinstimmung mit Formel (95,4) diese Ausdrücke durch 2 dividieren und sie danach in die Streuformel (92,1) einsetzen. Deshalb lautet die Intensität der gebeugten Strahlung im Raumwinkel do[1])

$$\begin{aligned} \mathrm{d}I &= \frac{c}{4\pi}\frac{\omega^4 a^6}{9\pi^2 c^4}\{[\boldsymbol{n}\boldsymbol{E}_0] - 2[\boldsymbol{n}[\boldsymbol{H}_0\boldsymbol{n}]]\}^2\,\mathrm{d}o \\ &= \frac{c}{4\pi}\frac{\omega^4 a^6}{9\pi^2 c^4}\{[\boldsymbol{n}\boldsymbol{E}_0]^2 + 4[\boldsymbol{n}\boldsymbol{H}_0]^2 + 4\boldsymbol{n}[\boldsymbol{H}_0\boldsymbol{E}_0]\}\,\mathrm{d}o\,. \end{aligned}$$

Die Gesamtintensität der Beugung erhält man durch Integration über eine Halbkugel, sie ist

$$I = \frac{c}{4\pi}\frac{4\omega^4 a^6}{27\pi c^4}(E_0^2 + 4H_0^2)\,.$$

Den Beugungsquerschnitt definieren wir als Verhältnis der Intensität der gebeugten Strahlung zur Energiestromdichte der einfallenden Welle ($cE^2/4\pi$; die Buchstaben ohne Index beziehen sich auf das Feld der einfallenden Welle). Wir unterscheiden zwei Fälle der Polarisation der einfallenden Welle:

a) Der Vektor $\boldsymbol{E}$ der einfallenden Welle liege senkrecht zur Einfallsebene (zur x,z-Ebene), d. h. parallel zur Schirmebene (x,y-Ebene). Die Summe der Felder der einfallenden und reflektierten Welle an der Schirmoberfläche lautet

$$E_0 = 0\,, \qquad H_{0x} = 2H\cos\alpha = 2E\cos\alpha$$

(α ist der Einfallswinkel). Hieraus folgt

$$\mathrm{d}\sigma = \frac{16a^6\omega^4}{9\pi^2c^4}\cos^2\alpha(1 - \sin^2\vartheta\cos^3\varphi)\,\mathrm{d}o\,.$$

Hier sind ϑ der Winkel zwischen der Beugungsrichtung $\boldsymbol{n}$ und der Schirmnormalen (z-Achse) und φ das Azimut des Vektors $\boldsymbol{n}$ bezüglich der Einfallsebene. Der gesamte Querschnitt ist

$$\sigma = \frac{64a^6\omega^4}{27\pi c^4}\cos^2\alpha\,.$$

b) Der Vektor $\boldsymbol{E}$ liege in der Einfallsebene. Dann gilt

$$E_0 = E_{0z} = -2E\sin\alpha\,, \qquad H_0 = H_{0y} = 2H = 2E\,.$$

Der differentielle effektive Querschnitt wird

$$\mathrm{d}\sigma = \frac{16a^6\omega^4}{9\pi^2c^4}\left\{\cos^2\vartheta + \sin^2\vartheta\left(\cos^2\varphi + \frac{1}{4}\sin^2\alpha\right) - \sin\vartheta\sin\alpha\cos\varphi\right\}\mathrm{d}o\,,$$

der gesamte Querschnitt lautet

$$\sigma = \frac{64a\omega^4}{27\pi c^4}\left(1 + \frac{\sin^2\alpha}{4}\right).$$

Fällt natürliches Licht ein, so gilt

$$\sigma = \frac{64a^6\omega^4}{27\pi c^4}\left(1 - \frac{3}{8}\sin^2\alpha\right).$$

---

[1]) Die Faktoren $\mathrm{e}^{-i\omega t}$ lassen wir weg, so daß $\boldsymbol{E}$ und $\boldsymbol{H}$ reell sind.

XI ELEKTROMAGNETISCHE WELLEN IN ANISOTROPEN MEDIEN

§ 96. Die dielektrische Funktion der Kristalle

Die Eigenschaften anisotroper Medien gegenüber elektromagnetischen Wellen werden durch die Tensoren $\varepsilon_{ik}(\omega)$ und $\mu_{ik}(\omega)$ bestimmt, die die Beziehung zwischen Induktion und Feldstärke nach den Formeln[1])

$$D_i = \varepsilon_{ik}(\omega)\, E_k\,, \qquad B_i = \mu_{ik}(\omega)\, H_k \tag{96,1}$$

herstellen. Um etwas Bestimmtes vor Augen zu haben, werden wir im weiteren über das elektrische Feld und den Tensor ε_{ik} sprechen; alle erhaltenen Resultate sind auch für den Tensor μ_{ik} vollkommen richtig.

Im Grenzfall $\omega \to 0$ nehmen die Größen ε_{ik} ihre statischen Werte an, für die in § 13 die Symmetrie in den Indizes i, k gezeigt wurde. Der Beweis dafür hatte rein thermodynamischen Charakter und bezog sich daher nur auf den Fall des thermodynamischen Gleichgewichts. Im veränderlichen Feld ist die Substanz natürlich nicht mehr im Zustand des Gleichgewichts und der gegebene Beweis daher nicht mehr gültig. Zur Analyse der Eigenschaften des Tensors ε_{ik} muß man nun auf das verallgemeinerte Symmetrieprinzip der kinetischen Koeffizienten zurückgreifen (s. V, § 125).

Wir erinnern daran, daß die in die Formulierung dieses Prinzips eingehenden verallgemeinerten Suszeptibilitäten $\alpha_{ab}(\omega)$ über das Response-Verhalten (Reaktion) des Systems auf eine Störung der Gestalt

$$\hat{V} = -\hat{x}_a f_a(t)$$

definiert werden (wobei x_a eine Anzahl das System charakterisierender Größen ist) und die Koeffizienten in der linearen Beziehung zwischen den Fourier-Koeffizienten der Mittelwerte $x_a(t)$ und den verallgemeinerten Kräften $f_a(t)$ darstellen:

$$\bar{x}_{a\omega} = \alpha_{ab}(\omega)\, f_{b\omega}\,.$$

Die Änderung der Energie des Systems mit der Zeit unter dem Einfluß der Störung drückt sich durch die Formel

$$\dot{\mathcal{U}} = -\dot{f}_a \bar{x}_a$$

aus. Gemäß dem Symmetrieprinzip ist

$$\alpha_{ab}(\omega) = \alpha_{ba}(\omega)$$

---

[1]) Wir erinnern daran, daß sich alle Größen auf das veränderliche Feld in der Welle beziehen; eine möglicherweise vorliegende konstante Induktion (in einem pyroelektrischen oder ferromagnetischen Kristall) hat nichts mit den hier behandelten Fragestellungen zu tun.

für den Fall, daß sich das System nicht in einem äußeren Magnetfeld befindet und auch keine magnetische Struktur aufweist; anderenfalls hat man $\alpha_{ba}(\omega)$ für das „zeitlich umgekehrte" System zu nehmen.

Die Komponenten des Tensors ε_{ik} lassen sich unschwer mit den verallgemeinerten Suszeptibilitäten verknüpfen. Dazu bemerken wir, daß die Geschwindigkeit der Energieänderung eines dielektrischen Körpers in einem veränderlichen elektrischen Feld durch das Integral

$$\int \frac{1}{4\pi} \boldsymbol{E} \frac{\partial \boldsymbol{D}}{\partial t} \mathrm{d}V \tag{96,2}$$

gegeben ist. Ein Vergleich mit den oben angegebenen Formeln zeigt, daß den Größen f_a die Komponenten von $\boldsymbol{D}$ entsprechen werden, wenn man für x_a die Werte der Komponenten des Vektors $\boldsymbol{E}$ in jedem Punkt des Körpers wählt (der Index a durchläuft eine kontinuierliche Reihe von Werten, die sowohl die Komponenten des Vektors als auch alle Punkte des Körpers durchnumerieren). Dabei werden die Komponenten des Tensors ε_{ik}^{-1} die Rolle der Koeffizienten α_{ab} übernehmen. Es ist klar, daß alle Symmetrieeigenschaften des Tensors ε_{ik} mit denen seines Inversen ε_{ik}^{-1} übereinstimmen. Da im Integral (96,2) nur Werte von $\boldsymbol{E}$ und $\boldsymbol{D}$ an gleichen Orten des Körpers multipliziert werden, so reduziert sich eine Vertauschung der Indizes a und b faktisch lediglich auf eine Vertauschung der Tensorindizes. Somit gelangen wir zu dem Schluß, daß der Tensor ε_{ik} symmetrisch ist[1]):

$$\varepsilon_{ik}(\omega) = \varepsilon_{ki}(\omega) \,. \tag{96,3}$$

Wir bemerken, daß auch die Komponenten der Polarisierbarkeit des ganzen Körpers, d. h. die Koeffizienten in den Gleichungen

$$\mathcal{P}_i = V\alpha_{ik}\mathfrak{E}_k$$

von der Definition der verallgemeinerten Suszeptibilitäten erfaßt werden. Die Energieänderung des in ein äußeres veränderliches Feld $\mathfrak{E}$ gebrachten Körpers wird nämlich durch die Formel

$$-\boldsymbol{\mathcal{P}} \frac{\mathrm{d}\mathfrak{E}}{\mathrm{d}t} \tag{96,4}$$

gegeben. Hieraus ist ersichtlich, daß den Größen f_a die Komponenten des Vektors $\mathfrak{E}$ entsprechen werden, wenn man den Größen x_a die drei Komponenten des Vektors $\boldsymbol{\mathcal{P}}$ zuordnet, so daß die Koeffizienten α_{ab} mit $V\alpha_{ik}$ zusammenfallen.

Eine Anzahl von Formeln, die früher für isotrope Medien gewonnen wurden, lassen sich unmittelbar auf den anisotropen Fall verallgemeinern. Indem wir die in § 80 durchgeführte Herleitung wiederholen, finden wir, daß die Energiedissipation in einem monochromatischen elektromagnetischen Feld durch die Formel

$$Q = \frac{i\omega}{16\pi} \{(\varepsilon_{ik}^* - \varepsilon_{ki})\, E_i E_k^* + (\mu_{ik}^* - \mu_{ki})\, H_i H_k^*\} \tag{96,5}$$

gegeben ist (in Analogie zu Formel (80,5)). Die Bedingung für das Fehlen einer Absorption drückt sich nun in der Gleichheit $\varepsilon_{ik}^* = \varepsilon_{ki}$ aus, d. h., alle ε_{ik} sind reell (dasselbe gilt auch für μ_{ik}).

[1]) Die Eigenschaften des Tensors ε_{ik} bei Vorhandensein eines äußeren Magnetfeldes betrachten wir in § 101.

Bei fehlender Absorption kann, wie in § 80 gezeigt wurde, die elektromagnetische innere Energiedichte des Körpers definiert werden. Für ein anisotropes Medium wird sie durch die Formel

$$\overline{U} = \frac{1}{16\pi}\left\{\frac{\mathrm{d}}{\mathrm{d}\omega}(\omega\varepsilon_{ik})\, E_i E_k^* + \frac{\mathrm{d}}{\mathrm{d}\omega}(\omega\mu_{ik})\, H_i H_k^*\right\} \tag{96,6}$$

gegeben, die analog zu (80,11) ist.

In § 87 wurde der Begriff der Oberflächenimpedanz ζ eingeführt, mit dessen Hilfe Grenzbedingungen an Metalloberflächen sogar in solchen Fällen formuliert werden können, in denen der Begriff der dielektrischen Permeabilität seinen Sinn verliert. An der Oberfläche anisotroper Körper muß die zu (87,6) analoge Grenzbedingung in der Form

$$E_\alpha = \zeta_{\alpha\beta}[\boldsymbol{Hn}]_\beta \tag{96,7}$$

geschrieben werden, wo $\zeta_{\alpha\beta}(\omega)$ ein zweidimensionaler Tensor auf der Oberfläche des Körpers ist. Man muß im Auge behalten, daß die Werte dieses Tensors im allgemeinen auch von der kristallographischen Richtung der betreffenden Oberfläche abhängen.

Die Energiestromdichte in den Körpern wird

$$\frac{c}{4\pi}[\boldsymbol{EH}]\,\boldsymbol{n} = \frac{c}{4\pi}\boldsymbol{E}[\boldsymbol{Hn}] = \frac{c}{4\pi}E_\alpha[\boldsymbol{Hn}]_\alpha$$

hier sind $\boldsymbol{E}$ und $\boldsymbol{H}$ reell). Hieraus ist ersichtlich, wenn man bei Anwendung des Symmetrieprinzips für die Größen x_a die Komponenten E_α wählt, daß dann den Größen $\dot{f}_a$ die Komponenten $-[\boldsymbol{Hn}]_\alpha$, d. h. (bei komplexer Darstellung) den Größen f_a die Komponenten $-(i/\omega)\,[\boldsymbol{Hn}]_\alpha$ entsprechen. Daher stimmen die Koeffizienten α_{ab} bis auf einen Faktor mit den Komponenten $\zeta_{\alpha\beta}$ überein, und wir kommen zu dem Schluß, daß

$$\zeta_{\alpha\beta} = \zeta_{\beta\alpha} \tag{96,8}$$

(bei Abwesenheit eines äußeren Magnetfeldes) gilt.

Aufgabe

Es sind die Komponenten des Tensors $\zeta_{\alpha\beta}$ durch die Komponenten des Tensors $\eta_{\alpha\beta} \equiv \varepsilon^{-1}_{\alpha\beta}$ (wenn man annimmt, daß letzterer existiert) auszudrücken; der Körper sei unmagnetisch ($\mu_{ik} = \delta_{ik}$).

Lösung. Im anisotropen Fall ist die Gleichung (87,2) zu ersetzen durch

$$\zeta_{\alpha\gamma}\zeta_{\gamma\beta} = \eta_{\alpha\beta}\,.$$

In Komponenten:

$$\zeta_{11}^2 + \zeta_{12}\zeta_{21} = \eta_{11}\,,\qquad \zeta_{22}^2 + \zeta_{12}\zeta_{21} = \eta_{22}\,,$$
$$\zeta_{12}(\zeta_{11} + \zeta_{22}) = \eta_{12}\,,\qquad \zeta_{21}(\zeta_{11} + \zeta_{22}) = \eta_{21}\,.$$

Die Lösung dieser Gleichungen lautet

$$\zeta_{12} = \frac{\eta_{12}}{\xi}\,,\qquad \zeta_{21} = \frac{\eta_{21}}{\xi}\,,\qquad \zeta_{11} = \frac{1}{\xi}\left[\eta_{11} \pm \sqrt{\eta_{11}\eta_{22} - \eta_{12}\eta_{21}}\right],$$
$$\zeta_{22} = \frac{1}{\xi}\left[\eta_{22} \pm \sqrt{\eta_{11}\eta_{22} - \eta_{12}\eta_{21}}\right]\ ;\quad \xi^2 = \eta_{11} + \eta_{22} \pm 2\sqrt{\eta_{11}\eta_{12} - \eta_{12}\eta_{21}}\,.$$

Die Wahl der Vorzeichen bestimmt sich aus der Bedingung, daß die Energieabsorption positiv ist. Wir nehmen nicht $\zeta_{12} = \zeta_{21}$ an und lassen daher die Existenz eines äußeren Magnetfeldes zu.

§ 97. Die ebene Welle im anisotropen Medium

Beim Studium der Optik anisotroper Körper, der Kristalle, beschränken wir uns auf den wichtigsten Fall, daß man das Medium (im gegebenen Frequenzbereich) als unmagnetisch und transparent ansehen kann. In Übereinstimmung damit ist der Zusammenhang zwischen Feldstärke und Induktion des elektrischen bzw. magnetischen Feldes durch die Gleichungen

$$D_i = \varepsilon_{ik} E_k\,, \qquad \boldsymbol{B} = \boldsymbol{H} \tag{97,1}$$

gegeben, wobei alle Komponenten des dielektrischen Tensors ε_{ik} reell und seine Hauptkomponenten positiv sind.

Die MAXWELLschen Gleichungen für das Feld einer monochromatischen Welle lauten

$$i\omega \boldsymbol{H} = c \operatorname{rot} \boldsymbol{E}\,, \qquad i\omega \boldsymbol{D} = -c \operatorname{rot} \boldsymbol{H}\,. \tag{97,2}$$

In einer ebenen Welle, die sich im durchsichtigen Medium ausbreitet, sind alle Größen proportional $e^{i\boldsymbol{kr}}$ mit reellem Wellenvektor $\boldsymbol{k}$. Führen wir die Differentiation nach den Koordinaten aus, so erhalten wir

$$\frac{\omega}{c}\boldsymbol{H} = [\boldsymbol{kE}]\,, \qquad \frac{\omega}{c}\boldsymbol{D} = -[\boldsymbol{kH}]\,. \tag{97,3}$$

Daraus ist vor allem ersichtlich, daß die drei Vektoren $\boldsymbol{k}$, $\boldsymbol{D}$ und $\boldsymbol{H}$ paarweise orthogonal sind. Außerdem steht der Vektor $\boldsymbol{H}$ senkrecht auf $\boldsymbol{E}$. Da der Vektor $\boldsymbol{H}$ gleichzeitig auf den drei Vektoren $\boldsymbol{D}, \boldsymbol{E}, \boldsymbol{k}$ senkrecht steht, liegen diese in einer Ebene. Abb. 51 veranschaulicht die gegenseitige Lage aller dieser Vektoren. In bezug auf die Richtung des Wellenvektors sind nur $\boldsymbol{D}$ und $\boldsymbol{H}$ transversal, aber nicht $\boldsymbol{E}$. In der Ab-

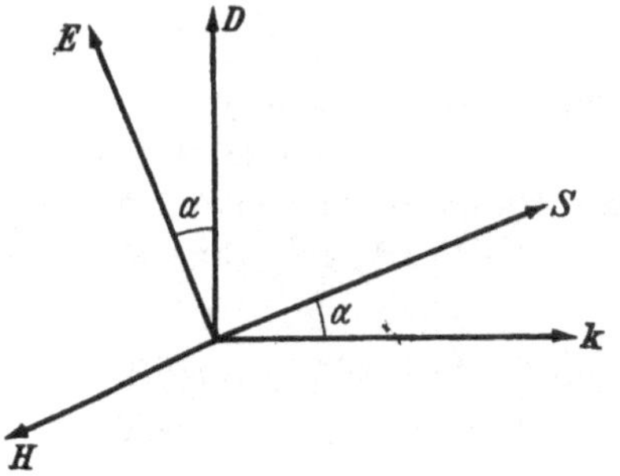

Abb. 51

bildung ist auch die Richtung des Energiestromes $\boldsymbol{S}$ in der Welle angegeben. Diese bestimmt sich aus dem Vektorprodukt $[\boldsymbol{EH}]$, d. h. ist senkrecht zu $\boldsymbol{E}$ und $\boldsymbol{H}$. Im Unterschied zu den Wellen im isotropen Medium stimmt hier die Richtung des Energiestromes nicht mit der Richtung des Wellenvektors überein. Offensichtlich ist der Vektor $\boldsymbol{S}$ mit den Vektoren $\boldsymbol{E}$, $\boldsymbol{D}$, $\boldsymbol{k}$ komplanar und bildet mit dem Vektor $\boldsymbol{k}$ einen Winkel, der gleich dem Winkel zwischen $\boldsymbol{E}$ und $\boldsymbol{D}$ ist.

Wir spalten vom absoluten Betrag des Vektors $\boldsymbol{k}$ einen Faktor ω/c ab und werden schreiben

$$\boldsymbol{k} = \frac{\omega}{c}\boldsymbol{n}\,. \tag{97,4}$$

Der absolute Betrag des so bestimmten Vektors $\boldsymbol{n}$ im anisotropen Medium hängt von seiner Richtung ab, im Gegensatz zum isotropen Medium, in welchem $n = \sqrt{\varepsilon}$ nur von der Frequenz abhängig ist.[1]) Mit der Bezeichnung (97,4) schreiben sich die grundlegenden Formeln (97,3) in der Form

$$\boldsymbol{H} = [\boldsymbol{n}\boldsymbol{E}]\,, \qquad \boldsymbol{D} = -[\boldsymbol{n}\boldsymbol{H}]\,. \tag{97,5}$$

Wir schreiben noch den Ausdruck für den Vektor des Energiestromes in einer ebenen Welle auf:

$$\boldsymbol{S} = \frac{c}{4\pi}[\boldsymbol{E}\boldsymbol{H}] = \frac{c}{4\pi}\{\boldsymbol{n}E^2 - \boldsymbol{E}(\boldsymbol{E}\boldsymbol{n})\} \tag{97,6}$$

(in dieser Formel sind $\boldsymbol{E}$ und $\boldsymbol{H}$ reell).

Bis jetzt haben wir noch nicht die Beziehungen (97,1) ausgenutzt, die die Materialkonstanten ε_{ik} enthalten. Die gleichzeitige Benutzung dieser Beziehungen und der Gleichungen (97,5) erlaubt, die Funktion $\omega(\boldsymbol{k})$ zu bestimmen.

Setzen wir die erste der Formeln (97,5) in die zweite ein, so erhalten wir

$$\boldsymbol{D} = [\boldsymbol{n}[\boldsymbol{E}\boldsymbol{n}]] = n^2\boldsymbol{E} - \boldsymbol{n}(\boldsymbol{n}\boldsymbol{E})\,. \tag{97,7}$$

Setzen wir die Komponenten dieses Vektors gleich den Ausdrücken $\varepsilon_{ik}E_k$ gemäß (97,1), so erhalten wir drei homogene lineare Gleichungen für die drei Komponenten des Vektors $\boldsymbol{E}$:

$$n^2E_i - n_in_kE_k = \varepsilon_{ik}E_k$$

oder

$$(n^2\delta_{ik} - n_in_k - \varepsilon_{ik})\,E_k = 0\,. \tag{97,8}$$

Die Lösbarkeitsbedingung dieser Gleichungen erfordert das Verschwinden ihrer Koeffizientendeterminante,

$$|n^2\delta_{ik} - n_in_k - \varepsilon_{ik}| = 0\,. \tag{97,9}$$

Die praktische Berechnung dieser Determinante läßt sich geeignet ausführen, wenn man als die kartesischen Koordinatenachsen die Hauptachsen des Tensors ε_{ik} (die wir in diesem Zusammenhang *dielektrische Hauptachsen* nennen) wählt. Die Hauptkomponenten des Tensors bezeichnen wir mit $\varepsilon^{(x)}$, $\varepsilon^{(y)}$, $\varepsilon^{(z)}$. Eine einfache Rechnung führt zu folgender Gleichung:

$$n^2(\varepsilon^{(x)}n_x^2 + \varepsilon^{(y)}n_y^2 + \varepsilon^{(z)}n_z^2) - [n_x^2\varepsilon^{(x)}(\varepsilon^{(y)} + \varepsilon^{(z)}) + n_y^2\varepsilon^{(y)}(\varepsilon^{(x)} + \varepsilon^{(z)}) + n_z^2\varepsilon^{(z)}(\varepsilon^{(x)} + \varepsilon^{(y)})] + \varepsilon^{(y)}\varepsilon^{(y)}\varepsilon^{(z)} = 0\,. \tag{97,10}$$

Wir bemerken, daß sich die Glieder mit der sechsten Potenz in n_i bei der Entwicklung der Determinante gegenseitig aufheben; dieser Umstand ist natürlich nicht zufällig und hängt letzten Endes damit zusammen, daß die Welle im ganzen nicht drei, sondern nur zwei unabhängige Polarisationsrichtungen hat.

Gleichung (97,10), die sogenannte Fresnel*sche Gleichung,* ist eine der grundlegenden Gleichungen der Kristalloptik.[2]) Aus ihr läßt sich das Dispersionsgesetz folgern,

---

[1]) Die Größe n wird auch hier *Brechungsindex* genannt, obwohl n jetzt nicht mehr in einer so einfachen Beziehung zum Brechungsgesetz steht wie beim isotropen Körper.

[2]) Die Grundlagen der Kristalloptik wurden von A. Fresnel in den zwanziger Jahren des 19. Jh., lange vor der Entwicklung der elektromagnetischen Theorie, ausgehend von mechanischen Analogien, gelegt.

d. h. die Abhängigkeit zwischen Frequenz und Wellenvektor (man muß daran erinnern, daß die Hauptkomponenten $\varepsilon^{(i)}$, und in einigen Fällen (s. § 99) auch die Richtungen der Hauptachsen des Tensors ε_{ik}, Funktionen der Frequenz sind). Gewöhnlich, bei der Betrachtung monochromatischer Wellen, sind jedoch Frequenz und mit ihr auch alle $\varepsilon^{(i)}$ vorgegebene konstante Größen, und die Gleichung (97,10) bestimmt dann den absoluten Betrag des Wellenvektors aus seiner Richtung. Bei gegebener Richtung $\boldsymbol{n}$ ist (97,10) eine quadratische Gleichung in n^2 mit reellen Koeffizienten. Daher entsprechen im allgemeinen Fall jeder Richtung $\boldsymbol{n}$ zwei verschiedene absolute Beträge des Wellenvektors.

Gleichung (97,10) (mit konstanten Koeffizienten $\varepsilon^{(i)}$) bestimmt in den Koordinaten n_x, n_y, n_z eine bestimmte Fläche, die *Wellenvektorfläche*.[1]) Im allgemeinen Fall ist dies eine Fläche vierter Ordnung; ihrer ausführlichen Untersuchung ist der folgende Paragraph gewidmet. Jetzt wollen wir nur einige ihrer wichtigen allgemeinen Eigenschaften zeigen.

Vorbereitend führen wir noch eine Größe ein, die das Licht, das sich im anisotropen Medium ausbreitet, charakterisiert. Die Richtung des Lichtstrahls (in der geometrischen Optik) ist durch den Vektor der Gruppengeschwindigkeit $\partial\omega/\partial\boldsymbol{k}$ gegeben. Im isotropen Medium fällt seine Richtung immer mit der des Wellenvektors zusammen; im anisotropen Medium ist dies jedoch im allgemeinen nicht der Fall. Zur Charakterisierung des Strahls führen wir den Vektor $\boldsymbol{s}$ ein, dessen Richtung mit der Gruppengeschwindigkeit zusammenfallen und dessen Betrag sich aus der Gleichung

$$\boldsymbol{n}\boldsymbol{s} = 1 \tag{97,11}$$

bestimmen soll. Wir werden $\boldsymbol{s}$ als *Strahlvektor* bezeichnen. Der Sinn dieser Größe wird auf folgende Weise erklärt.

Wir betrachten ein Strahlenbüschel (mit ein und derselben Frequenz), das sich von einem Zentrum aus in alle Richtungen ausbreitet. Der Wert des Eikonals ψ (das bis auf den Faktor ω/c mit der Wellenphase zusammenfällt; s. § 85) ist in jedem Punkt des Strahls durch das Integral $\int \boldsymbol{n}\, \mathrm{d}\boldsymbol{l}$ gegeben, genommen längs des Strahls. Indem wir den Vektor $\boldsymbol{s}$ einführen, der die Richtung des Strahls bestimmt, schreiben wir

$$\psi = \int \boldsymbol{n}\, \mathrm{d}\boldsymbol{l} = \int \frac{\boldsymbol{n}\boldsymbol{s}}{s}\, \mathrm{d}l = \int \frac{\mathrm{d}l}{s}. \tag{97,12}$$

Im homogenen Medium bleibt $\boldsymbol{s}$ längs des Strahls konstant, so daß $\psi = L/s$ gilt, wo L die Länge des gegebenen Abschnitts des Strahls sei. Trägt man nun auf jedem vom Zentrum des Strahlenbüschels aus gezogenen Radius einen Abschnitt ab, der gleich (oder proportional) s ist, so erhält man eine Fläche, auf deren Punkten die Strahlen ein und dieselbe Phase haben. Diese Fläche nennt man *Strahlenfläche*.

Die auf diese Weise eingeführte Wellenvektorfläche und Strahlenfläche stehen zueinander in einer „dualen" Beziehung. Die Gleichung der Wellenvektorfläche möge sich in der Form $f(\boldsymbol{k}, \omega) = 0$ schreiben lassen. Dann ist die Gruppengeschwindigkeit

$$\frac{\partial\omega}{\partial\boldsymbol{k}} = -\frac{\partial f}{\partial\boldsymbol{k}}\bigg/\frac{\partial f}{\partial\omega}, \tag{97,13}$$

[1]) In der Literatur wird häufig eine andere Konstruktion, die sog. *Normalenfläche* (oder *Indexfläche*) verwandt. Diese entsteht dadurch, daß man in jeder Richtung nicht die Entfernung n sondern $1/n$ abträgt.

d. h. proportional der Ableitung $\partial f/\partial \boldsymbol{k}$ oder gleichbedeutend (da diese Ableitung bei konstantem ω genommen wird) proportional der Ableitung $\partial f/\partial \boldsymbol{n}$. Dieser ist folglich auch der Strahlvektor proportional. Der Vektor $\partial f/\partial \boldsymbol{n}$ ist aber normal zur Fläche $f = 0$. Somit kommen wir zu dem Schluß, daß die Richtung des Strahlvektors der Wellen bei vorgegebenem $\boldsymbol{n}$ durch die Normale zur Wellenvektorfläche im entsprechenden Punkt bestimmt wird. Es ist leicht zu sehen, daß auch die Umkehrung richtig ist: Die Normalen zur Strahlfläche bestimmen die Richtungen der entsprechenden Wellenvektoren. In der Tat, die Orthogonalität von $\boldsymbol{s}$ zur Wellenvektorfläche drückt sich durch die Beziehung

$$\boldsymbol{s}\,\delta\boldsymbol{n} = 0$$

aus, wo $\delta\boldsymbol{n}$ eine beliebige differentielle Änderung von $\boldsymbol{n}$ (bei vorgegebenem ω), d. h. der Vektor der infinitesimalen Verschiebung auf der Fläche sei. Differenziert man aber (ebenfalls bei vorgegebenem ω) die Gleichung $\boldsymbol{ns} = 1$, so folgt $\boldsymbol{n}\,\delta\boldsymbol{s} + \boldsymbol{s}\,\delta\boldsymbol{n} = 0$ und daher auch

$$\boldsymbol{n}\,\delta\boldsymbol{s} = 0\,,$$

was die obige Behauptung beweist.

Der beschriebene Zusammenhang zwischen den Flächen $\boldsymbol{n}$ und $\boldsymbol{s}$ kann noch präzisiert werden. Sei $\boldsymbol{n}_0$ der Radiusvektor irgendeines Punktes der Wellenvektorfläche und $\boldsymbol{s}_0$ der ihm entsprechende Strahlvektor; wir schreiben die Gleichung der in diesem Punkt berührenden Ebene auf. Diese lautet

$$\boldsymbol{s}_0(\boldsymbol{n} - \boldsymbol{n}_0) = 0$$

und drückt die Orthogonalität von $\boldsymbol{s}_0$ zu einem beliebigen Vektor $(\boldsymbol{n} - \boldsymbol{n}_0)$ dieser Ebene aus. Da $\boldsymbol{s}_0$ und $\boldsymbol{n}_0$ durch die Beziehung $\boldsymbol{s}_0\boldsymbol{n}_0 = 1$ verknüpft sind, läßt sich diese Beziehung in der Form

$$\boldsymbol{s}_0\boldsymbol{n} = 1 \tag{97,14}$$

schreiben. Hieraus folgt, daß $1/s_0$ die Länge des Lotes ist, das vom Koordinatenursprung auf die Ebene gefällt wird, die die Wellenvektorfläche im Punkt $\boldsymbol{n}_0$ berührt.

Umgekehrt: Wenn an irgendeinem Punkt der Strahlenfläche die Tangentenebene konstruiert wird, so ist die Länge des auf diese (vom Koordinatenursprung) gefällten Lotes gleich $1/n_0$.

Wir bestimmen jetzt die Lage des Strahlvektors zu den Vektoren der Feldstärke in der Welle. Dazu bemerken wir, daß die Richtung der Gruppengeschwindigkeit immer mit der Richtung des über die Zeit gemittelten Vektors des Energiestromes zusammenfällt. Betrachten wir ein Wellenpaket, das auf einen kleinen Raumbereich begrenzt sei. Es ist offensichtlich, daß sich bei einer Verschiebung des Paketes die in ihm konzentrierte Energie mit ihm verschieben muß, und dies bedeutet, daß die Richtung ihres Stromes mit der Richtung der Geschwindigkeit des Paketes, d. h. der Gruppengeschwindigkeit, zusammenfällt. Die Übereinstimmung der Richtungen von Gruppengeschwindigkeit und Poynting-Vektor läßt sich auch ausgehend von den Formeln (97,5) unmittelbar beweisen. Durch Differentiation dieser Formeln (bei gegebenem ω) erhält man

$$\delta\boldsymbol{D} = [\delta\boldsymbol{H}\cdot\boldsymbol{n}] + [\boldsymbol{H}\,\delta\boldsymbol{n}]\,, \qquad \delta\boldsymbol{H} = [\boldsymbol{n}\,\delta\boldsymbol{E}] + [\delta\boldsymbol{n}\cdot\boldsymbol{E}]\,. \tag{97,15}$$

Skalare Multiplikation der ersten Gleichung mit $\boldsymbol{E}$ und der zweiten mit $\boldsymbol{H}$ ergibt

$$\boldsymbol{E}\,\delta\boldsymbol{D} = \boldsymbol{H}\,\delta\boldsymbol{H} + [\boldsymbol{EH}]\,\delta\boldsymbol{n}\,, \qquad \boldsymbol{H}\,\delta\boldsymbol{H} = \boldsymbol{D}\,\delta\boldsymbol{E} + [\boldsymbol{EH}]\,\delta\boldsymbol{n}\,.$$

Wegen $\boldsymbol{D}\,\delta\boldsymbol{E} = \varepsilon_{ik}\,E_k\,\delta E_i = \boldsymbol{E}\,\delta\boldsymbol{D}$ folgt aus der Addition beider Gleichungen

$$[\boldsymbol{EH}]\,\delta\boldsymbol{n} = 0\,, \tag{97,16}$$

d. h., der Vektor $[\boldsymbol{EH}]$ ist zur Wellenvektorfläche normal, was zu beweisen war.[1])

Da der POYNTING-Vektor senkrecht zu $\boldsymbol{E}$ und $\boldsymbol{H}$ liegt, gilt dasselbe auch für den Vektor $\boldsymbol{s}$:

$$\boldsymbol{sE} = 0\,, \qquad \boldsymbol{sH} = 0\,. \tag{97,17}$$

Eine direkte Rechnung mit Hilfe der Formeln (97,5), (97,11) und (97,17) führt zu den Beziehungen

$$\boldsymbol{H} = [\boldsymbol{sD}]\,, \qquad \boldsymbol{E} = -\,[\boldsymbol{sH}]\,. \tag{97,18}$$

Also gilt

$$[\boldsymbol{sH}] = [\boldsymbol{s}[\boldsymbol{nE}]] = \boldsymbol{n}(\boldsymbol{sE}) - \boldsymbol{E}(\boldsymbol{ns}) = -\boldsymbol{E}\,.$$

Wenn man die Formeln (97,18) mit (97,5) vergleicht, so sieht man, daß sie auseinander hervorgehen, wenn man

$$\boldsymbol{E} \text{ durch } \boldsymbol{D}, \qquad \boldsymbol{D} \text{ durch } \boldsymbol{E}\,, \qquad \boldsymbol{n} \text{ durch } \boldsymbol{s}\,, \qquad \varepsilon_{ik} \text{ durch } \varepsilon_{ik}^{-1} \tag{97,19}$$

ersetzt (dabei wird auch nicht, wie man sieht, die Beziehung $\boldsymbol{ns} = 1$ verletzt). Die letzte dieser vier Ersetzungen muß deswegen ausgeführt werden, damit nicht auch die Beziehung (97,1) zwischen $\boldsymbol{D}$ und $\boldsymbol{E}$ verletzt wird. Man kann daher folgende Regel aufstellen, die bei verschiedenen Berechnungen nützlich ist: Hat man irgendeine Gleichung, welche für die eine Reihe der aufgeführten Größen gilt, so führt die Ersetzung (97,19) zu einer analogen Gleichung, die für die andere Reihe dieser Größen richtig ist.

Wenden wir insbesondere diese Regel auf die Gleichung (97,10) an, so erhalten wir unmittelbar die analoge Gleichung für den Vektor $\boldsymbol{s}$:

$$s^2(\varepsilon^{(y)}\varepsilon^{(z)}s_x^2 + \varepsilon^{(x)}\varepsilon^{(z)}s_y^2 + \varepsilon^{(x)}\varepsilon^{(y)}s_z^2) \\ - [s_x^2(\varepsilon^{(y)} + \varepsilon^{(z)}) + s_y^2(\varepsilon^{(x)} + \varepsilon^{(z)}) + s_z^2(\varepsilon^{(x)} + \varepsilon^{(y)})] + 1 = 0\,. \tag{97,20}$$

Diese Gleichung bestimmt die Form der Strahlenfläche. Wie auch die Wellenvektorfläche ist dies eine Fläche vierter Ordnung. Bei vorgegebener Richtung von $\boldsymbol{s}$ liefert (97,20) eine quadratische Gleichung für s^2, die im allgemeinen Fall zwei verschiedene reelle Wurzeln hat. Daher können sich im Kristall längs jeder Richtung zwei Strahlen mit verschiedenem Wellenvektor ausbreiten.

Wir gehen jetzt zur Frage des Polarisationscharakters der Wellen über, die sich im ansiotropen Medium ausbreiten. Die Gleichungen (97,8), aus denen die FRESNELschen Gleichungen folgten, sind dafür ungeeignet, da in sie die Feldstärke $\boldsymbol{E}$ eingeht, während die elektrische Induktion $\boldsymbol{D}$ transversal in der Welle (in bezug auf die Richtung $\boldsymbol{n}$) liegt. Um von Anfang an die Transversalität des Vektors $\boldsymbol{D}$ auszunutzen, wählen wir

[1]) Das so gefolgerte Ergebnis bezieht sich auf den augenblicklichen (und nicht nur gemittelten) Wert des Energiestromes. Bei der Herleitung wurde jedoch wesentlich von der Symmetrie des Tensors ε_{ik} Gebrauch gemacht. Das Ergebnis ist in der obigen Form daher für Medien mit unsymmetrischem ε_{ik} ungültig (gyrotrope Medien, s. § 101). Die Behauptung gilt jedoch für den Mittelwert des POYNTING-Vektors auch in diesem Fall (Aufgabe 1 zu § 101).

vorübergehend ein neues Koordinatensystem, dessen eine Achse in die Richtung des Wellenvektors zeigt. Die beiden dazu senkrechten Achsen werden wir mit griechischen Indizes bezeichnen, die die Werte 1, 2 durchlaufen. Die zu $\boldsymbol{n}$ orthogonalen Komponenten der Gleichung (97,7) geben $D_\alpha = n^2 E_\alpha$; wenn wir hier $E_\alpha = \varepsilon^{-1}_{\alpha\beta} D_\beta$ einsetzen (wo $\varepsilon^{-1}_{\alpha\beta}$ aus dem zu ε_{ik} inversen Tensor gebildet ist), erhalten wir $D_\alpha - n^2 \varepsilon^{-1}_{\alpha\beta} D_\beta = 0$ oder

$$n^{-2}\,\delta_{\alpha\beta} - \varepsilon^{-1}_{\alpha\beta}\,D_\beta = 0\,. \tag{97,21}$$

Die Verträglichkeitsbedingung dieser beiden Gleichungen ($\alpha = 1, 2$) mit den beiden Unbekannten D_1, D_2 führt zu der Forderung, daß ihre Determinate

$$\det \mid n^{-2}\,\delta_{\alpha\beta} - \varepsilon^{-1}_{\alpha\beta} \mid = 0 \tag{97,22}$$

verschwinden muß. Diese Bedingung stimmt natürlich mit der FRESNELschen Gleichung überein, die wir in den Ausgangskoordinaten x, y, z geschrieben hatten. Wir sehen jetzt indessen, daß die den zwei Werten von n entsprechenden Vektoren $\boldsymbol{D}$ in die Richtungen der Hauptachsen des zweidimensionalen symmetrischen Tensors zweiten Ranges $\varepsilon^{-1}_{\alpha\beta}$ fallen. Nach einem allgemeinen Satz folgt hieraus, daß diese Vektoren aufeinander senkrecht stehen. Daher sind in zwei Wellen mit gleichgerichtetem Wellenvektor die Vektoren der elektrischen Induktion in zwei zueinander senkrechten Ebenen polarisiert.

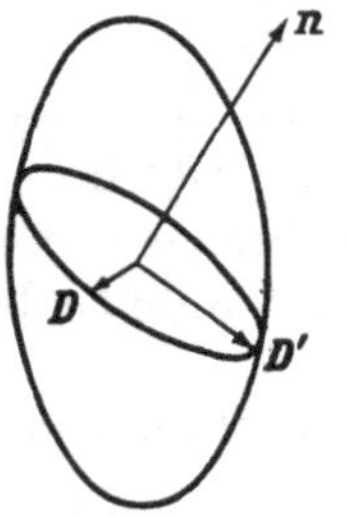

Abb. 52

Die Gleichungen (97,21) lassen eine einfache geometrische Interpretation zu. Wir konstruieren im Koordinatensystem x, y, z (wir kehren wieder zu den dielektrischen Hauptachsen zurück) das Tensorellipsoid, das dem Tensor ε^{-1}_{ik} entspricht, d. h. die Fläche

$$\varepsilon^{-1}_{ik} x_i x_k = \frac{x^2}{\varepsilon^{(x)}} + \frac{y^2}{\varepsilon^{(y)}} + \frac{z^2}{\varepsilon^{(z)}} = 1 \tag{97,23}$$

(Abb. 52). Wir schneiden das Ellipsoid in einer Ebene auf, die durch ihr Zentrum geht und senkrecht zur gegebenen Richtung $\boldsymbol{n}$ liegt. Die Schnittfigur wird im allgemeinen Fall eine Ellipse sein; die Längen ihrer Hauptachsen sind durch die Werte von n bestimmt, und ihre Richtungen entsprechen den Schwingungsrichtungen (den Vektoren $\boldsymbol{D}$).

Aus dieser Konstruktion (im allgmeinen Fall mit verschiedenen $\varepsilon^{(x)}$, $\varepsilon^{(y)}$, $\varepsilon^{(z)}$) ist unmittelbar ersichtlich, daß insbesondere, wenn der Wellenvektor z. B. in die Richtung der x-Achse zeigt, die Polarisationsrichtungen $\boldsymbol{D}$ in die Richtungen der y- und z-Achse weisen werden. Wenn der Vektor in einer der Koordinatenebenen, z. B. der x,y-Ebene liegt, so liegt die eine der Polarisationsrichtungen ebenfalls in der x,y-Ebene, während die andere senkrecht auf ihr steht.

Vollkommen analoge Eigenschaften besitzen die Polarisationen zweier Wellen mit gleichgerichtetem Strahlvektor. Anstelle der Richtung von $\boldsymbol{D}$ muß man hier die Richtung des zu $\boldsymbol{s}$ transversalen Vektors $\boldsymbol{E}$ betrachten, wobei anstelle der Gleichungen (97,21) die analogen Gleichungen

$$\left(\frac{1}{s^2}\,\delta_{\alpha\beta} - \varepsilon_{\alpha\beta}\right) E_\beta = 0 \tag{97,24}$$

gelten. Die geometrische Konstruktion wird hier mit Hilfe des Tensorellipsoids

$$\varepsilon_{ik} x_i x_k = \varepsilon^{(x)} x^2 + \varepsilon^{(y)}\, y^2 + \varepsilon^{(z)}\, z^2 = 1 \tag{97,25}$$

durchgeführt, welches dem Tensor ε_{ik} selbst entspricht (das FRESNEL*sche Ellipsoid*).

Man muß die Tatsache unterstreichen, daß in anisotropen Medien sich ausbreitende ebene Wellen eine vollkommene lineare Polarisation mit bestimmten Polarisationsebenen zeigen. In dieser Beziehung unterscheiden sich die Eigenschaften anisotroper Medien wesentlich von denen isotroper Medien. Eine ebene Welle, die sich im isotropen Medium ausbreitet, ist im allgemeinen Fall elliptisch polarisiert, und nur in bestimmten Fällen wird aus dieser elliptischen Polarisation eine lineare. Dieser wesentliche Unterschied hängt damit zusammen, daß der Fall der vollkommenen Isotropie im bekannten Sinne entartet ist: Den zwei Polarisationsrichtungen entspricht hier ein und derselbe Wellenvektor anstelle zweier verschiedener (mit derselben Richtung) im allgemeinen Fall des anisotropen Mediums; zwei linear polarisierte Wellen, die sich mit ein und demselben Wert $\boldsymbol{n}$ ausbreiten, überlagern sich aber zu einer elliptisch polarisierten Welle.

Aufgabe

Man drücke die Komponenten des Strahlvektors $\boldsymbol{s}$ über die Komponenten von $\boldsymbol{n}$ in den dielektrischen Hauptachsen aus.

Lösung. Differenziert man die linke Seite der Gleichung $f(\boldsymbol{n}) = 0$ (97,10) nach $\boldsymbol{n}$ und bestimmt danach den Proportionalitätsfaktor zwischen s_i und $\partial f/\partial n_i$; so erhält man aus der Bedingung $\boldsymbol{n}\boldsymbol{s} = 1$ die folgende Beziehung für die Vektoren $\boldsymbol{s}$ und $\boldsymbol{n}$:

$$\frac{s_x}{n_x} = \frac{\varepsilon^{(x)}(\varepsilon^{(y)} + \varepsilon^{(z)}) - 2\varepsilon^{(x)} n_x^2 - (\varepsilon^{(x)} + \varepsilon^{(y)})\, n_y^2 - (\varepsilon^{(x)} + \varepsilon^{(z)})\, n_z^2}{2\varepsilon^{(x)}\varepsilon^{(y)}\varepsilon^{(z)} - n_x^2 \varepsilon^{(x)}(\varepsilon^{(y)} + \varepsilon^{(z)}) - n_y^2 \varepsilon^{(y)}(\varepsilon^{(x)} + \varepsilon^{(z)}) - n_z^2 \varepsilon^{(z)}\,(\varepsilon^{(x)} + \varepsilon^{(y)})}$$

sowie analog für s_y und s_z.

§ 98. Optische Eigenschaften einachsiger Kristalle

Die optischen Eigenschaften von Kristallen hängen in erster Linie von der Symmetrie des dielektrischen Tensors ε_{ik} ab. In dieser Beziehung ordnen sich alle Kristalle in die drei Kategorien kubische, einachsige und zweiachsige Kristalle ein (s. § 13). Im Kristall des kubischen Systems gilt $\varepsilon_{ik} = \delta_{ik}$, d. h., alle drei Hauptkomponenten des Tensors fallen zusammen, und die Hauptachsen bleiben vollkommen willkürlich. Daher unterscheiden sich die kubischen Kristalle in ihren optischen Eigenschaften nicht von isotropen Körpern.

Zu den einachsigen Kristallen gehören die rhomboedrischen, tetragonalen und hexagonalen Systeme. Eine der Hauptachsen des Tensors ε_{ik} fällt hier entsprechend mit einer drei-, vier- bzw. sechszähligen Symmetrieachse zusammen; diese Achse nennt man in der Optik die *optische Achse des Kristalls* (unten werden wir diese Achse als z-Achse wählen und die entsprechende Hauptkomponente von ε_{ik} mit $\varepsilon_{||}$ bezeichnen). Die Richtungen der beiden anderen Hauptachsen (in der Ebene senkrecht zur optischen Achse) sind willkürlich, aber die entsprechenden Hauptkomponenten des dielektrischen Tensors fallen zusammen (unten bezeichnen wir sie mit $\varepsilon_{\perp}$).

Setzen wir in der FRESNELschen Gleichung (97,10) $\varepsilon^{(x)} = \varepsilon^{(y)} = \varepsilon_{\perp}$, $\varepsilon^{(z)} = \varepsilon_{||}$, so zerfällt ihre linke Seite in zwei quadratische Faktoren:

$$(n^2 - \varepsilon_{\perp})\,[\varepsilon_{||} n_z^2 + \varepsilon_{\perp}\,(n_x^2 + n_y^2) - \varepsilon_{\perp}\varepsilon_{||}] = 0\,.$$

Mit anderen Worten, die Gleichung vierter Ordnung zerfällt in zwei Gleichungen zweiter Ordnung

$$n^2 = \varepsilon_{\perp}\,, \qquad (98,1)$$

$$\frac{n_z^2}{\varepsilon_{\perp}} + \frac{n_x^2 + n_y^2}{\varepsilon_{||}} = 1\,. \qquad (98,2)$$

Geometrisch bedeutet dies, daß die Wellenvektorfläche (die im allgemeinen Fall eine Fläche vierter Ordnung ist) in zwei getrennte Flächen, eine Kugel und ein Ellipsoid, zerfällt. In Abb. 53 ist ein Längsschnitt dieser Flächen dargestellt. Hier sind zwei Fälle möglich: wenn $\varepsilon_{\perp} > \varepsilon_{||}$ ist, liegt die Kugel außerhalb des Ellipsoids, wenn aber $\varepsilon_{\perp} < \varepsilon_{||}$ gilt, liegt sie in seinem Innern (im ersten Fall nennt man den einachsigen Kristall *negativ* und im zweiten *positiv*). Beide Oberflächen berühren einander in zwei Punkten, den auf der n_z-Achse sich gegenüberliegenden Polen. Anders ausgedrückt, der Richtung der optischen Achse entspricht nur ein Wert des Wellenvektors.

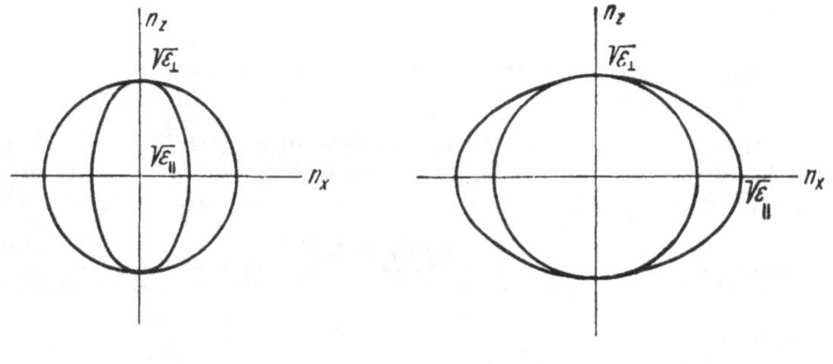

Abb. 53

Eine vollkommen analoge Form hat die Strahlenfläche. Entsprechend der Regel (97,19) erhält man ihre Gleichung aus (98,1 und 2), indem man $\boldsymbol{n}$ durch $\boldsymbol{s}$ und ε durch $1/\varepsilon$ ersetzt:

$$s^2 = \frac{1}{\varepsilon_{\perp}}\,, \qquad (98,3)$$

$$\varepsilon_{\perp} s_z^2 + \varepsilon_{||}(s_x^2 + s_y^2) = 1\,. \qquad (98,4)$$

Im positiven Kristall liegt das Ellipsoid innerhalb der Kugel, im negativen ist es umgekehrt.

Wir sehen daher, daß sich in einachsigen Kristallen Wellen zweier Typen ausbreiten können. In bezug auf die eine Art dieser Wellen (die sogenannten *ordentlichen* Wellen) verhält sich der Kristall wie ein isotroper Körper mit dem Brechungsindex $n = \sqrt{\varepsilon_{\perp}}$. Der absolute Betrag des Wellenvektors ist gleich $\omega n/c$ unabhängig von seiner Richtung, und die Richtung des Strahlvektors fällt mit der Richtung von $\boldsymbol{n}$ zusammen.

Bei den Wellen vom zweiten Typ (den *außerordentlichen* Wellen) hängt der Betrag des Wellenvektors von seinem Neigungswinkel θ gegen die optische Achse ab. Nach (98,2) gilt

$$\frac{1}{n^2} = \frac{\sin^2\theta}{\varepsilon_{||}} + \frac{\cos^2\theta}{\varepsilon_{\perp}}. \tag{98,5}$$

Was den Strahlvektor der außerordentlichen Wellen betrifft, so stimmt seine Richtung nicht mit der des Wellenvektors überein, jedoch liegt sie in derselben durch die optische Achse gehenden Ebene (diese Ebene nennt man den zu einem gegebenen $\boldsymbol{n}$ gehörenden *Hauptschnitt*). Diese Ebene möge mit der x,z-Ebene übereinstimmen; differenzieren wir die linke Seite der Gleichung (98,2) nach n_z und n_x und nehmen das Verhältnis dieser Ableitungen, so finden wir die Richtung des Strahlvektors:

$$\frac{s_x}{s_z} = \frac{\varepsilon_{\perp} n_x}{\varepsilon_{||} n_z}.$$

Anders ausgedrückt, der Winkel θ' zwischen Strahlenvektor und optischer Achse steht zum Winkel θ in der einfachen Beziehung

$$\tan\theta' = \frac{\varepsilon_{\perp}}{\varepsilon_{||}} \tan\theta. \tag{98,6}$$

Die Richtungen von $\boldsymbol{n}$ und $\boldsymbol{s}$ stimmen nur für solche Wellen überein, die sich paralle oder senkrecht zur optischen Achse ausbreiten.

Die Frage nach der Polarisationsrichtung der ordentlichen und außerordentlichen Wellen löst sich sehr einfach. Dazu genügt es zu bemerken, daß die vier Vektoren $\boldsymbol{E}$, $\boldsymbol{D}$, $\boldsymbol{s}$, $\boldsymbol{n}$ jeder Welle immer komplanar sind. In der außerordentlichen Welle stimmen die Richtungen von $\boldsymbol{s}$ und $\boldsymbol{n}$ nicht überein, sie liegen jedoch in demselben Hauptschnitt. Daher ist die Welle so polarisiert, daß die Vektoren $\boldsymbol{E}$ und $\boldsymbol{D}$ in demelben Hauptschnitt liegen wie $\boldsymbol{s}$ und $\boldsymbol{n}$. Andererseits liegen die Vektoren $\boldsymbol{D}$ in der ordentlichen und außerordentlichen Welle mit derselben Richtung von $\boldsymbol{n}$ (oder die Vektoren $\boldsymbol{E}$ mit derselben Richtung von $\boldsymbol{s}$) zueinander orthogonal. Daher ist die Polarisation der ordentlichen Wellen derart, daß die Vektoren $\boldsymbol{E}$ und $\boldsymbol{D}$ in einer Ebene senkrecht zum Hauptschnitt liegen.

Ausgeschlossen sind dabei nur Wellen, die sich in Richtung der optischen Achse ausbreiten. In dieser Richtung verschwindet der Unterschied zwischen ordentlichen und außerordentlichen Wellen, ihre Polarisationen überlagern sich und geben im allgemeinen Fall eine elliptische polarisierte Welle.

Die Erscheinung der Brechung ebener Wellen, die auf eine Kristalloberfläche treffen, unterscheidet sich wesentlich von der Brechung an der Grenze zweier isotroper Medien. Das Gesetz der Brechung (und der Reflexion) erhält man auch hier aus der Bedingung der Stetigkeit der Tangentialkomponente $\boldsymbol{n}$ des Wellenvektors an der Grenzfläche. Daher liegt der Wellenvektor der gebrochenen (wie auch der reflektierten) Welle in der Einfallsebene. Dabei entstehen im Kristall jedoch gleichzeitig zwei verschiedene gebrochene Wellen (sogenannte *Doppelbrechung*) entsprechend den zwei möglichen Werten der Normalkomponente n_n, die durch die FRESNELsche Gleichung bei gegebenem $\boldsymbol{n}_t$ geliefert werden. Außerdem muß man daran erinnern, daß die beobachtete Ausbreitungsrichtung der Strahlen nicht durch den Wellenvektor, sondern durch den Strahlvektor $\boldsymbol{s}$ bestimmt ist; dieser unterscheidet sich von der Richtung $\boldsymbol{n}$ und liegt im allgemeinen nicht in der Einfallsebene.

In einachsigen Kristallen entstehen bei der Brechung ordentliche und außerordentliche Wellen. Die ersten verhalten sich vollkommen analog den gewöhnlichen gebrochenen Wellen in isotropen Körpern; insbesondere liegt ihre Strahlvektor (der in der Richtung mit dem Wellenvektor zusammenfällt) in der Einfallsebene. Die Richtung des Strahlvektors der außerordentlichen Welle liegt im allgemeinen jedoch nicht in der Einfallssebene.

Aufgaben

1. Bestimme die Richtung des außerordentlichen Strahls bei der Brechung von Licht, das aus dem Vakuum auf die Oberfläche eines einachsigen Kristalls senkrecht zu seiner optischen Achse fällt.

Lösung. Der gebrochene Strahl bleibt im vorliegenden Fall in der Einfallsebene (die wir als x,z-Ebene wählen mit der z-Achse in Richtung der Oberflächennormalen). Bei der Brechung bleibt die x-Komponente des Wellenvektors $n_x = \sin\vartheta$ erhalten (ϑ = Einfallswinkel); die Komponente n_z der gebrochenen Welle finden wir aus (98,2):

$$n_z = \sqrt{\varepsilon_\perp - \frac{\varepsilon_\perp}{\varepsilon_\parallel}\sin^2\vartheta}\,.$$

Die Richtung des gebrochenen Strahls (ϑ' = Brechungswinkel) finden wir aus (98,6):

$$\tan\vartheta' = \frac{\varepsilon_\perp n_x}{\varepsilon_\parallel n_z} = \frac{\sqrt{\varepsilon_\perp}\sin\vartheta}{\sqrt{\varepsilon_\parallel(\varepsilon_\parallel - \sin^2\vartheta)}}\,.$$

2. Bestimme die Richtung des außerordentlichen Strahls bei normalem Einfall von Licht auf die Oberfläche eines einachsigen Kristalls und willkürlicher Richtung der optischen Achse.

Lösung. Der gebrochene Strahl liegt in der x,z-Ebene, die durch die Normale zur Oberfläche (z-Achse) und die optische Achse geht; der Winkel zwischen optischer Achse und Normale sei α. Für den Strahlvektor (dessen Komponenten den Ableitungen der linken Seite der Gleichung (98,2) nach den entsprechenden Komponenten von $\boldsymbol{n}$ proportional sind) gilt die Proportionalität

$$\boldsymbol{s} \propto \frac{\boldsymbol{n}}{\varepsilon_\parallel} + (\boldsymbol{n}\boldsymbol{l})\,\boldsymbol{l}\left(\frac{1}{\varepsilon_\perp} - \frac{1}{\varepsilon_\parallel}\right),$$

wo $\boldsymbol{l}$ ein Einheitsvektor in Richtung der optischen Achse ist. Im vorliegenden Fall liegt der Wellenvektor $\boldsymbol{n}$ in Richtung der z-Achse, so daß

$$s_x \propto \cos\alpha\sin\alpha\left(\frac{1}{\varepsilon_\perp} - \frac{1}{\varepsilon_\parallel}\right), \qquad s_z \propto \frac{\sin^2\alpha}{\varepsilon_\parallel} + \frac{\cos^2\alpha}{\varepsilon_\perp}$$

gilt. Hieraus finden wir für den Brechungswinkel ϑ'

$$\tan\vartheta' = \frac{s_x}{s_z} = \frac{(\varepsilon_\parallel - \varepsilon_\perp)\sin 2\alpha}{\varepsilon_\parallel + \varepsilon_\perp + (\varepsilon_\parallel - \varepsilon_\perp)\cos 2\alpha}\,.$$

§ 99. Zweiachsige Kristalle

Für zweiachsige Kristalle sind alle drei Hauptkomponenten des Tensors ε_{ik} verschieden. Hierzu gehören die Kristalle des triklinen, monoklinen und rhombischen Systems. In den Kristallen des triklinen Systems ist die Lage der dielektrischen Hauptachsen nicht mit bestimmten kristallographischen Richtungen verbunden; insbesondere verändert sich diese Lage mit der Frequenz, von der alle Komponenten abhängen. In den Kristallen des monoklinen Systems ist eine der dielektrischen Hauptachsen kristallographisch fixiert (sie fällt mit der Symmetrieachse zweiter Ordnung zusammen oder steht senkrecht auf der Symmetrieebene); die Lage der anderen beiden Hauptachsen hängt jedoch von der Frequenz ab. In den Kristallen des rhombischen Systems schließlich sind alle drei Hauptachsen fixiert, sie müssen mit den drei aufeinander senkrecht stehenden Symmetrieachsen zweiter Ordnung zusammenfallen.

Das Studium der optischen Eigenschaften zweiachsiger Kristalle ist mit der Untersuchung der FRESNELschen Gleichung in ihrer allgemeinen Form verbunden.

Wir nehmen im folgenden o.B.d.A. an, daß

$$\varepsilon^{(x)} < \varepsilon^{(y)} < \varepsilon^{(z)} \tag{99,1}$$

gelte. Zur Klärung des Charakters der Form der Fläche vierter Ordnung, die durch die Gleichung (97,10) bestimmt wird, wollen wir vor allem die Form ihrer Schnitte mit den Koordinatenflächen finden. Indem wir in der Gleichung (97,10) $n_z = 0$ setzen, finden wir, daß ihre linke Seite in zwei Faktoren zerfällt:

$$(n^2 - \varepsilon^{(z)})\,(\varepsilon^{(x)}\,n_x^2 + \varepsilon^{(y)}\,n_y^2 - \varepsilon^{(x)}\varepsilon^{(y)}) = 0\,.$$

Hieraus folgt, daß die Schnittfigur in der x,y-Ebene aus einem Kreis

$$n^2 = \varepsilon^{(z)} \tag{99,2}$$

und einer Ellipse

$$\frac{n_x^2}{\varepsilon^{(y)}} + \frac{n_y^2}{\varepsilon^{(x)}} = 1 \tag{99,3}$$

besteht, wobei zufolge der Bedingung (99,1) die Ellipse innerhalb des Kreises liegt. Ebenso finden wir, daß der Schnitt mit der y,z- und x,z-Ebene auch aus einer Ellipse und einem Kreis besteht, nur liegt in der y,z-Ebene die Ellipse außerhalb des Kreises, und in der x,z-Ebene schneiden sie einander. Die Wellenvektorfläche ist also eine sich selbst schneidende Fläche von dem in der Abb. 54 dargestellten Typ (in der Abbildung ist die Fläche in einem Oktanten dargestellt).

Diese Fläche hat vier singuläre Punkte, nämlich die vier Eigenschnittpunkte, die in je einem Quadranten der x,z-Ebene liegen. Die singulären Punkte einer Fläche, die durch eine Gleichung der Form $f(n_x, n_y, n_z) = 0$ gegeben ist, bestimmen sich bekanntlich aus der Bedingung, daß alle drei ersten Ableitungen der Funktion f verschwinden. Differenzieren wir den Ausdruck auf der linken Seite der Gleichung (97,10), so erhalten wir folgende Relationen:

$$\left.\begin{aligned} n_x[\varepsilon^{(x)}(\varepsilon^{(y)} + \varepsilon^{(z)}) - \varepsilon^{(x)}n^2 - (\varepsilon^{(y)}n_x^2 + \varepsilon^{(y)}n_y^2 + \varepsilon^{(z)}n_z^2)] &= 0\,, \\ n_y[\varepsilon^{(y)}(\varepsilon^{(x)} + \varepsilon^{(z)}) - \varepsilon^{(y)}n^2 - (\varepsilon^{(x)}n_x^2 + \varepsilon^{(y)}n_y^2 + \varepsilon^{(z)}n_z^2)] &= 0\,, \\ n_z[\varepsilon^{(z)}(\varepsilon^{(x)} + \varepsilon^{(y)}) - \varepsilon^{(z)}n^2 - (\varepsilon^{(x)}n_x^2 + \varepsilon^{(y)}n_y^2 + \varepsilon^{(z)}n_z^2)] &= 0 \end{aligned}\right\} \tag{99,4}$$

(dabei muß natürlich auch die Beziehung (97,10) selbst befriedigt sein). Da wir bereits wissen, daß die gesuchten Richtungen in der x,z-Ebene liegen, setzen wir $n_y = 0$, und aus den beiden übrigbleibenden Gleichungen finden wir nach einfacher Rechnung[1])

$$n_x^2 = \frac{\varepsilon^{(z)}(\varepsilon^{(y)} - \varepsilon^{(x)})}{\varepsilon^{(z)} - \varepsilon^{(y)}}, \qquad n_z^2 = \frac{\varepsilon^{(x)}(\varepsilon^{(z)} - \varepsilon^{(y)})}{\varepsilon^{(z)} - \varepsilon^{(x)}}. \tag{99,5}$$

Die Richtungen dieser Vektoren sind gegen die z-Achse um einen Winkel β geneigt, für welchen

$$\frac{n_x}{n_z} = \pm \tan\beta = \pm \sqrt{\frac{\varepsilon^{(z)}(\varepsilon^{(y)} - \varepsilon^{(x)})}{\varepsilon^{(x)}(\varepsilon^{(z)} - \varepsilon^{(y)})}} \tag{99,6}$$

gilt. Diese Formel bestimmt zwei Achsen (zwei Richtungen) in der x,z-Ebene, die je durch zwei gegenüberliegende singuläre Punkte gehen und gegen die z-Achse um den Winkel β geneigt sind. Sie heißen die *optischen Achsen* (oder *Binormalen*) des Kristalls; in Abb. 54 ist eine von ihnen durch eine gestrichelte Linie dargestellt. Die Richtungen

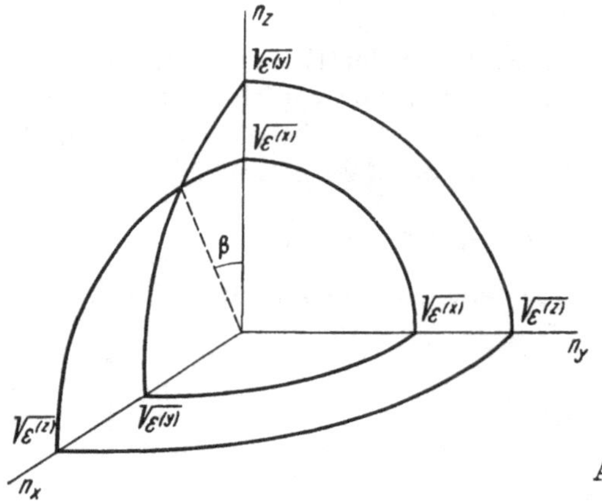

Abb. 54

der optischen Achsen sind natürlich die einzigen Richtungen, in denen der Wellenvektor nur einen Wert haben kann.[2]) Vollkommen analoge Eigenschaften hat die Strahlenfläche. Um die entsprechenden Formeln zu erhalten, genügt es, $\boldsymbol{n}$ durch $\boldsymbol{s}$ und ε durch $1/\varepsilon$ zu ersetzen. Insbesondere gibt es zwei optische *Strahlenachsen* (oder *Biradialen*), die ebenfalls in der x,z-Ebene angeordnet sind und gegen die z-Achse um einen Winkel γ geneigt sind:

$$\tan\gamma = \sqrt{\frac{\varepsilon^{(y)} - \varepsilon^{(x)}}{\varepsilon^{(z)} - \varepsilon^{(y)}}} = \sqrt{\frac{\varepsilon^{(x)}}{\varepsilon^{(z)}}} \tan\beta\,. \tag{99,7}$$

Da $\varepsilon^{(x)} < \varepsilon^{(z)}$, ist $\gamma < \beta$.

Die Richtungen von $\boldsymbol{n}$ und $\boldsymbol{s}$ stimmen nur für Wellen überein, die sich in Richtung der Koordinatenachsen (d. h. der dielektrischen Hauptachsen) ausbreiten. Wenn $\boldsymbol{n}$

[1]) Man überzeugt sich leicht davon, daß die so gefundene Lösung auch die einzige reelle Lösung der Gleichung (99,4) ist. Wenn alle drei Komponenten n_x, n_y, n_z von Null verschieden sind, widersprechen die drei Gleichungen (99,4) einander (denn in sie gehen im ganzen nur die beiden Unbekannten n^2 und $\varepsilon^{(x)}n_x^2 + \varepsilon^{(y)}n_y^2 + \varepsilon^{(z)}n_z^2$ ein). Für $n_x = 0$ oder $n_z = 0$ haben aber die Gleichungen imagiäre Lösungen.

[2]) In dem Tensorellipsoid (97,23) sind die Binormalen die Richtungen, die auf den Kreisschnitten des Ellipsoids senkrecht stehen. Ein dreiachsiges Ellipsoid hat bekanntlich zwei solcher Schnitte.

in einer Koordinatenebene liegt, so liegt **s** in derselben Ebene. Für diese Regel gibt es jedoch eine bemerkenswerte Ausnahme, nämlich für die Wellenvektoren, die in die Richtung der optischen Achsen zeigen.

Für die Werte $\boldsymbol{n}$ aus (99,5) geben die allgemeinen Formeln zur Bestimmung des Vektors **s** durch den Vektor $\boldsymbol{n}$ (s. die Aufgabe zu § 97) eine Unbestimmtheit der Form 0/0. Der Ursprung und die Bedeutung dieser Unbestimmtheit wird vollkommen durch die folgenden geometrischen Überlegungen geklärt. In der Nähe eines singulären Punktes stellen sowohl der äußere als auch der innere Teil der Wellenvektorfläche Kegel mit gemeinsamer Spitze dar. In dieser Spitze (dem singulären Punkt) wird die Richtung der Normalen zur Oberfläche unbestimmt; indessen bestimmen die erwähnten Formeln die Richtung **s** gerade als die Normalenrichtung. In Wirklichkeit entspricht dem Wellenvektor, der in Richtung der optischen Achse (der Binormalen) zeigt, eine unendliche Menge von Strahlenvektoren, deren Richtungen eine bestimmte konische Fläche bilden (den *Kegel der inneren konischen Refraktion*)[1]).

Zur Bestimmtheit dieses Strahlenkegels könnte man die Normalenrichtungen in der Umgebung des singulären Punktes untersuchen. Anschaulicher ist jedoch der Weg, der sich auf die geometrische Konstruktion mit Hilfe der Strahlenfläche stützt.

In Abb. 55 ist in einem Quadranten (durch die ausgezogenen Kurven) der Schnitt der Strahlfläche mit der x,z-Ebene dargestellt. In demselben Koordinatensystem ist der Schnitt mit der Wellenvektorfläche dargestellt (in willkürlich verändertem Maßstab). Die Strecke OS ist die Biradiale und ON die Binormale; den Wellenvektor, der dem Punkt N entspricht, bezeichnen wir mit $\boldsymbol{n}_N$. Es ist leicht zu sehen, daß dem singulären Punkt N auf der Wellenvektorfläche auf der Strahlenfläche eine Tangentialebene entspricht, die senkrecht zur Richtung ON liegt und die Fläche nicht nur in einem Punkt, sondern in einer ganzen Kurve berührt (diese erweist sich als ein Kreis). In Abb. 55 ist der Schnitt mit dieser Ebene durch die Strecke ab dargestellt. Dies folgt unmittelbar aus der in § 97 gezeigten geometrischen Beziehung zwischen der Wellenvektorfläche und der Strahlenfläche: Wenn man in irgendeinem Punkt **s** der Strahlenfläche die Tangentialebene konstruiert, so stimmt das Lot, das vom Koordinatenursprung auf diese Ebene gefällt wird, in der Richtung mit $\boldsymbol{n}$ und dem Betrag nach

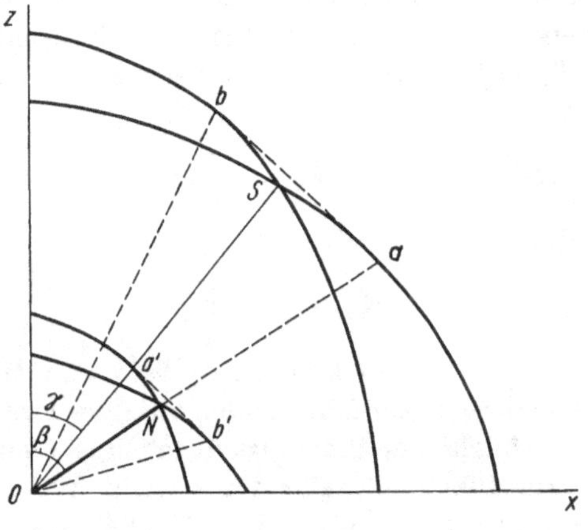

Abb. 55

[1]) Die oben beschriebene Erscheinung der konischen Refraktion wurde 1833 von W. R. Hamilton vorausgesagt.

mit $1/n$ überein, wo $\boldsymbol{n}$ der Wellenvektor sei, der dem gegebenen Vektor $\mathbf{s}$ entspricht. In unserem Fall muß es eine unendliche Menge von Vektoren $\mathbf{s}$ geben, die ein und demselben Vektor $\boldsymbol{n} = \boldsymbol{n}_N$ entsprechen; daher müssen die ihnen entsprechenden Punkte der Strahlenfläche auf ein und derselben Tangentialebene liegen, wobei diese Ebene orthogonal zu $\boldsymbol{n}_N$ liegt. Daher ist in Abb. 55 das Dreieck Oab die Schnittfigur des Kegels der inneren konischen Refraktion mit der x,z-Ebene. Die quantitative Rechnung zu dem beschriebenen geometrischen Bild bietet keine Schwierigkeiten, doch wollen wir sie hier nicht ausführen und uns nur darauf beschränken, die Endformeln anzugeben. Die Gleichung des Kreises, in dem der Refraktionskegel die Strahlenfläche schneidet, wird durch die folgenden Formeln gegeben:

$$\begin{gathered}(\varepsilon^{(z)} - \varepsilon^{(x)})\, s_y^2 + \left(s_x \sqrt{\varepsilon^{(x)}(\varepsilon^{(z)} - \varepsilon^{(y)})} - s_z \sqrt{\varepsilon^{(z)}(\varepsilon^{(y)} - \varepsilon^{(x)})}\right) \\ \times \left(s_x \sqrt{\frac{\varepsilon^{(z)} - \varepsilon^{(y)}}{\varepsilon^{(x)}}} - s_z \sqrt{\frac{\varepsilon^{(y)} - \varepsilon^{(x)}}{\varepsilon^{(z)}}}\right) = 0\,, \\ s_x \sqrt{\varepsilon^{(z)}(\varepsilon^{(y)} - \varepsilon^{(x)})} + s_z \sqrt{\varepsilon^{(x)}(\varepsilon^{(z)} - \varepsilon^{(y)})} = \sqrt{\varepsilon^{(z)} - \varepsilon^{(x)}}\,.\end{gathered} \tag{99,8}$$

Die erste dieser Gleichungen ist die Gleichung des Refraktionskegels selbst, wenn man in ihr s_x, s_y, s_z als drei unabhängige Variable ansieht. Die zweite dagegen gibt die Gleichung der Tangentialebene (zur Strahlenfläche). Insbesondere zerfällt Gleichung (99,8) bei $s_y = 0$ in zwei Gleichungen,

$$\frac{s_x}{s_z} = \sqrt{\frac{\varepsilon^{(z)}(\varepsilon^{(y)} - \varepsilon^{(x)})}{\varepsilon^{(x)}(\varepsilon^{(z)} - \varepsilon^{(y)})}}\,, \qquad \frac{s_x}{s_z} = \sqrt{\frac{\varepsilon^{(x)}(\varepsilon^{(y)} - \varepsilon^{(x)})}{\varepsilon^{(z)}(\varepsilon^{(z)} - \varepsilon^{(y)})}}\,,$$

die die Richtungen der äußersten Strahlen (in Abb. 55 die Strecken Oa und Ob) in der Schnittebene x,z bestimmen. Die erste fällt mit der Richtung der Binormalen zusammen (s. (99,6)), die gleichzeitig senkrecht zu ab ist.

Eine vollkommen analoge Situation gilt für die Wellenvektoren bei vorgegebenem Strahlvektor. Dem Vektor $\mathbf{s}$, der in die Richtung der Biradialen weist, entspricht eine unendliche Menge von Wellenvektoren, deren Richtungen den sogenannten *Kegel der äußeren konischen Refraktion* ausfüllen (in Abb. 55 ist das Dreieck $Oa'b'$ die Schnittfigur dieses Kegels mit der x,z-Ebene). Die entsprechenden Formeln erhalten wir wie stets, indem wir in den Formeln (99,8) die Substitutionen $\mathbf{s} \to \boldsymbol{n}$, $\varepsilon \to 1/\varepsilon$ vornehmen; sie lauten

$$\begin{gathered}\varepsilon^{(y)}(\varepsilon^{(z)} - \varepsilon^{(x)})\, n_y^2 + \left(n_x \sqrt{\varepsilon^{(z)} - \varepsilon^{(y)}} - n_z \sqrt{\varepsilon^{(y)} - \varepsilon^{(x)}}\right) \\ \times \left(n_x \varepsilon^{(x)} \sqrt{\varepsilon^{(z)} - \varepsilon^{(y)}} - n_z \varepsilon^{(z)} \sqrt{\varepsilon^{(y)} - \varepsilon^{(x)}}\right) = 0\,, \\ n_x \sqrt{\varepsilon^{(y)} - \varepsilon^{(x)}} + n_z \sqrt{\varepsilon^{(z)} - \varepsilon^{(y)}} = \sqrt{\varepsilon^{(y)}(\varepsilon^{(z)} - \varepsilon^{(x)})}\,.\end{gathered} \tag{99,9}$$

Für die praktische Beobachtung der inneren konischen Refraktion[1]) kann man planparallele Platten benutzen, die senkrecht zur Binormalen aus dem Kristall herausgeschnitten sind (Abb. 56). Eine Oberfläche der Platte ist durch eine schmale Blende abgedeckt, die aus der senkrecht zur Platte einfallenden ebenen Welle (mit einer bestimmten Richtung des Wellenvektors) ein schmales Büschel aussondert. Der

[1]) Die folgende Beschreibung ist sehr schematisch.

Wellenvektor des in die Platte eindringenden Lichtes wird die Richtung der Binormalen haben, und daher werden sich seine Strahlen auf der Kegelfläche der inneren Refraktion verteilen. Das Licht jedoch, das auf der anderen Seite aus der Platte austritt, hat denselben Wellenvektor wie auch das einfallende Licht und verteilt sich daher auf der Fläche eines Kreiszylinders.

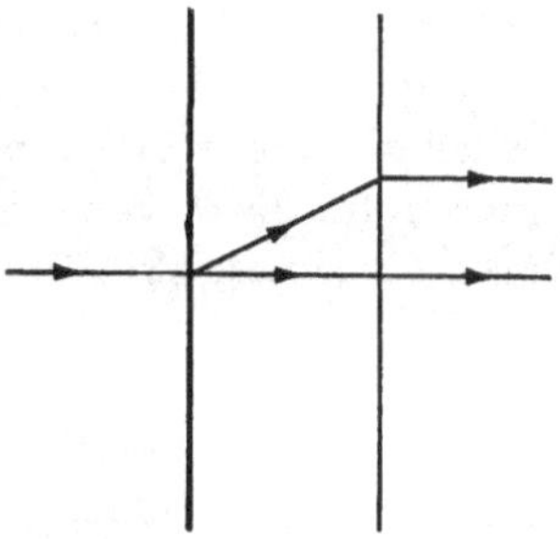

Abb. 56

Zur Beobachtung der äußeren konischen Refraktion muß die Platte senkrecht zur Biradialen aus dem Kristall herausgeschnitten werden, und seine beiden Oberflächen müssen durch Blenden mit kleiner Öffnung abgedeckt werden, die sich genau einander gegenüber liegen. Bei der Beleuchtung der Platte mit konvergentem Licht (d. h. mit einem Büschel, das Strahlen aller möglichen Richtungen $\boldsymbol{n}$ enthält) läßt die Blende nur Strahlen in die Platte, deren Richtungen $\boldsymbol{s}$ in die Richtungen der Biradialen weisen, und daher mit Richtungen $\boldsymbol{n}$, die auf der Kegelfläche der äußeren konischen Refraktion angeordnet sind. Das aus der zweiten Öffnung austretende Licht verteilt sich daher ebenfalls auf einer Kegelfläche (die jedoch infolge der Brechung beim Austritt nicht genau mit dem Kegel der äußeren Refraktion zusammenfällt).

Die Brechungsgesetze an Oberflächen zweiachsiger Kristalle bei beliebiger Einfallsrichtung sind außerordentlich kompliziert, und wir wollen uns hier nicht damit aufhalten.[1]) Wir bemerken nur, daß im Unterschied zum einachsigen Kristall beide gebrochenen Wellen „außerordentlich" sind und insbesondere ihre Strahlen nicht in der Einfallsebene liegen.

Wie in § 97 vereinbart wurde, behandeln wir hier die Optik von transparenten Kristallen. An dieser Stelle sei aber eine Eigenschaft von zweiachsigen Kristallen erwähnt, die bei Berücksichtigung der Absorption auftreten kann.

Betrachten wir eine sich im Kristall ausbreitende, homogene ebene Welle mit einem komplexen Vektor $\boldsymbol{n}$, wobei allerdings Real- und Imaginärteil die gleiche Richtung aufweisen: $\boldsymbol{n} = n\boldsymbol{\nu}$ ($\boldsymbol{\nu}$ ist ein reeller Einheitsvektor und $n = n(\omega)$ eine komplexe Größe). Bei gegebenem $\boldsymbol{\nu}$ lautet die in ausführlicher Form geschriebene Dispersionsgleichung (97,21)

$$n^{-4} - n^{-2}(\eta_{11} + \eta_{22}) + \eta_{11}\eta_{22} - \eta_{12}^2 = 0\,,$$

wobei $\eta_{ik} \equiv \varepsilon_{ik}^{-1}$ ist und 1 und 2 tensorielle Indizes in der zu $\boldsymbol{\nu}$ orthogonalen Ebene sind. Diese in n^{-2} quadratische Gleichung hat eine mehrfache Wurzel, wenn

$$\eta_{22} - \eta_{11} = \pm\, 2i\eta_{12} \qquad (99,10)$$

[1]) Die ausführlichen Rechnungen findet man in dem Artikel „Kristalloptik" von G. Szivessy im Handbuch der Physik, Bd. XX, Berlin 1928.

gilt, wobei $n^{-2} = (\eta_{11} + \eta_{22})/2$ ist. Bei vorliegender Absorption ist der Tensor $\eta_{ik} = \eta'_{ik} + i\eta''_{ik}$ komplex.

In zweiachsigen Kristallen sind die Tensorellipsoide von η'_{ik} und η''_{ik} dreiachsig, wobei das Verhältnis ihrer Halbachsenlängen (und in triklinen und monoklinen Kristallen auch ihrer Richtungen) unterschiedlich für beide Tensoren ist. Unter diesen Bedingungen existiert im allgemeinen für die zweidimensionalen Tensoren η'_{ab} und η''_{ab} keine gleichzeitige Hauptachsentransformation. Der Winkel ϑ zwischen den Hauptachsen beider Tensoren ist eine Funktion zweier unabhängiger Veränderlicher (der die Richtung von $\boldsymbol{\nu}$ angebenden Winkel). Bei gegebener Frequenz ω kann daher eine einparametrige Menge der Richtungen von $\boldsymbol{\nu}$ existieren, für die $\vartheta = \pi/4$ gilt. Bei diesem Wert von ϑ wird der Imaginärteil der komplexen Gleichung (99,10) identisch erfüllt, und der Realteil nimmt die Form

$$\eta'_2 - \eta'_1 = \mp (\eta''_2 - \eta''_1) \tag{99,11}$$

an, wobei die Indizes 1 und 2 die Hauptwerte der entsprechenden Tensoren angeben.[1]) Bei beliebiger Wahl der x_1- und x_2-Achsen liefert die Gleichung (97,21) nun

$$D_2/D_1 = (\eta_{22} - \eta_{11})/2\eta_{12} = \pm i\,,$$

wobei die beiden Vorzeichen auf der rechten Seite der Gleichung den beiden Vorzeichen in (99,10) entsprechen. Somit zeichnen die Bedingungen $\vartheta = \pi/4$ und (99,11) gemeinsam für jeden Wert von ω eine bestimmte Richtung von $\boldsymbol{\nu}$ aus, in der sich nur eine Welle mit linker oder rechter Zirkularpolarisation in Abhängigkeit davon, mit welchem Vorzeichen die Bedingung (99,10) erfüllt wird, ausbreitet (W. Voigt, 1902). Eine solche Kristallrichtung wird als *singuläre* oder *zirkulare optische Achse* bezeichnet.

Entsprechend der allgemeinen Theorie linearer Differentialgleichungen enthält die zweite unabhängige Lösung der Feldgleichungen in diesem Fall neben dem Exponentialfaktor exp $(in\boldsymbol{\nu r})$ (der die Dämpfung enthält) auch noch einen in den Koordinaten linearen Faktor in der Gestalt $a + b\boldsymbol{\nu r}$.[2]) Die Polarisation dieser Welle ändert sich längs des Strahls, aber schließlich stellt sich mit wachsendem $\boldsymbol{\nu r}$ eine ebensolche Zirkularpolarisation wie für die erste Welle ein (das wird evident, wenn man bemerkt, daß im angeführten Grenzfall beim Einsetzen der Lösung in die Feldgleichungen nur der Exponentialfaktor zu differenzieren ist, so daß dann der Unterschied zwischen beiden Lösungen verschwindet).

Wir möchten hiermit auf den Unterschied beim Vorhandensein einer singulären Achse und den Fall, wenn eine Doppelwurzel der Dispersionsgleichung automatisch aufgrund der Kristallsymmetrie entsteht, hinweisen. Für Licht, das sich längs der optischen Achse eines einachsigen Kristalls ausbreitet, weist der zweidimensionale Tensor $\eta_{\alpha\beta}$ die Gestalt $\eta_{\alpha\beta} = \eta\delta_{\alpha\beta}$ auf, und die Bedingung (99,10) wird identisch erfüllt. Dabei lassen die Gleichungen (97,21) zwei unabhängige Lösungen mit verschiedener Polarisation zu.

---

[1]) Davon kann man sich leicht überzeugen, indem man die x_1- und x_2-Achse längs der Hauptachsen des Tensors $\eta'_{\alpha\beta}$ wählt und die Komponenten des Tensors $\eta''_{\alpha\beta}$ über seine Hauptwerte ausdrückt.

[2]) Diese Lösung muß beispielsweise bei der Reflexion und Brechung von Licht, das sich längs einer singulären Achse ausbreitet, berücksichtigt werden.

§ 100. Doppelbrechung im elektrischen Feld

Ein isotroper Körper wird im konstanten elektrischen Feld optisch anisotrop. Die Erscheinung dieser Anisotropie kann beschrieben werden als Resultat der Veränderung der Dielektrizitätskonstanten unter dem Einfluß des konstanten Feldes. Wenn auch diese Veränderung relativ sehr schwach bleibt, so ist sie für uns doch wesentlich, da sie zu einer qualitativen Veränderung der optischen Eigenschaften des Körpers führt.

Wir werden in diesem Paragraphen mit $\boldsymbol{E}$ die Stärke des konstanten elektrischen Feldes im Körper bezeichnen[1]) und führen eine Entwicklung des dielektrischen Tensors nach Potenzen dieser Größe durch. Im isotropen Körper ist in nullter Näherung $\varepsilon_{ik} = \varepsilon^{(0)}\,\delta_{ik}$. Glieder erster Ordnung in der Feldstärke kann es für ε_{ik} nicht geben, da es im isotropen Körper keinen konstanten Vektor gibt, mit dem man einen in $\boldsymbol{E}$ linearen Tensor zweiter Stufe bilden könnte. Daher sind die folgenden Glieder der Entwicklung von ε_{ik} in der Feldstärke quadratisch. Aus den Komponenten eines Vektors kann man zwei symmetrische Tensoren zweiter Stufe bilden: $E^2\,\delta_{ik}$ und E_iE_k. Von diesen verändert der erste die Eigenschaften des Tensors $\varepsilon^{(0)}\,\delta_{ik}$ nicht, die Addition eines Gliedes der Form const $E^2\,\delta_{ik}$ führt einfach zu einer kleinen Korrektur der skalaren Konstanten $\varepsilon^{(0)}$; diese Korrektur führt offensichtlich nicht zu einer Erscheinung optischer Anisotropie und ist daher hier ohne Interesse. Wir kommen deswegen zu folgender Form der Abhängigkeit des dielektrischen Tensors von der Feldstärke:

$$\varepsilon_{ik} = \varepsilon^{(0)}\,\delta_{ik} + \alpha E_iE_k\,, \tag{100,1}$$

wo α eine skalare Konstante sei.

Eine der Hauptachsen dieses Tensors fällt mit der Richtung des elektrischen Feldes zusammen, und die entsprechende Hauptkonstante ist

$$\varepsilon_{\parallel} = \varepsilon^{(0)} + \alpha E^2\,. \tag{100,2}$$

Die anderen beiden Hauptkomponenten sind einander gleich,

$$\varepsilon_{\perp} = \varepsilon^{(0)}\,, \tag{100,3}$$

die Lage der entsprechenden Hauptachsen in der zum Feld senkrechten Ebene ist willkürlich. Daher verhält sich ein isotroper Körper im elektrischen Feld optisch wie ein einachsiger Kristall (sogenannter KERR-*Effekt*).

Eine Änderung der optischen Symmetrie im elektrischen Feld kann es auch bei Kristallen geben (so kann sich ein optisch einachsiger Kristall in einen zweiachsigen verwandeln, und ein optisch isotroper, kubischer Kristall kann optisch anisotrop werden). Im Unterschied zu der entsprechenden Erscheinung im isotropen Körper kann dieser Effekt auch von erster Ordnung in der Feldstärke sein. Diesem linearen Effekt entspricht ein dielektrischer Tensor der Form

$$\varepsilon_{ik} = \varepsilon_{ik}^{(0)} + \alpha_{ikl}E_l\,,$$

wobei die Gesamtheit der Koeffizienten α_{ikl} einen Tensor dritter Stufe bildet, der in den Indizes i und k symmetrisch ist ($\alpha_{ikl} = \alpha_{kil}$). Die Symmetrie dieses Tensors ist dieselbe wie die des piezoelektrischen Tensors. Daher existiert der betrachtete Effekt bei den Kristallen derselben 20 Klassen, die sich auch piezoelektrisch verhalten.

---

[1]) Nicht zu verwechseln mit der Feldstärke des gewöhnlich sehr schwachen veränderlichen Feldes der Welle!

§ 101. Magnetooptische Effekte

Bei Anwesenheit eines konstanten Magnetfeldes $\boldsymbol{H}$[1]) ist der Tensor $\varepsilon_{ik}(\omega, \boldsymbol{H})$ nicht mehr symmetrisch. Das verallgemeinerte Symmetrieprinzip der kinetischen Koeffizienten verknüpft die Komponenten von ε_{ik} und ε_{ki} in verschiedenen Feldern:

$$\varepsilon_{ik}(\boldsymbol{H}) = \varepsilon_{ki}(-\boldsymbol{H}) \,. \tag{101,1}$$

Die fehlende Absorption bedingt lediglich, daß dieser Tensor hermitesch ist:

$$\varepsilon_{ik} = \varepsilon_{ki}^* \tag{101,2}$$

(wie dies aus (96,5) ersichtlich ist), aber nicht, daß er reell sein muß. Aus (101,2) folgt nur, daß Real- und Imaginärteil von ε_{ik} symmetrisch bzw. antisymmetrisch sein müssen:

$$\varepsilon'_{ik} = \varepsilon'_{ki} \,, \qquad \varepsilon''_{ik} = -\,\varepsilon''_{ki} \,. \tag{101,3}$$

Berücksichtigung von (101,1) führt zu

$$\varepsilon'_{ik}(\boldsymbol{H}) = \varepsilon'_{ki}(\boldsymbol{H}) = \varepsilon'_{ik}(-\boldsymbol{H}) \,, \qquad \varepsilon''_{ik}(\boldsymbol{H}) = -\,\varepsilon''_{ki}(\boldsymbol{H}) = -\,\varepsilon''_{ik}(-\boldsymbol{H}) \,, \tag{101,4}$$

d. h., im nicht absorbierenden Medium sind die Größen ε'_{ik} gerade und die Größen ε''_{ik} ungerade Funktionen von $\boldsymbol{H}$.

Dieselben Symmetrieeigenschaften besitzt offensichtlich auch der inverse Tensor ε^{-1}_{ik}. Für die weiteren Rechnungen ist es zweckmäßig, diesen Tensor zu benutzen. Der Einfachheit halber führen wir für ihn die besonderer Bezeichnung[2])

$$\varepsilon^{-1}_{ik} = \eta_{ik} = \eta'_{ik} + i\eta''_{ik} \tag{101,5}$$

ein (die wir bereits auch früher benutzten).

Bekanntlich ist jeder antisymmetrische Tensor zweiter Stufe einem gewissen axialen Vektor äquivalent (dual); für den Tensor η''_{ik} bezeichnen wir diesen Vektor mit $\boldsymbol{G}$. Mit Hilfe des total antisymmetrischen Einheitstensors e_{ikl} kann man den Zu sammenhang zwischen den Komponenten des Tensors η''_{ik} und des Vektors $\boldsymbol{G}$ in folgen der Form schreiben:

$$\eta''_{ik} = e_{ikl} G_l \tag{101,6}$$

und in Komponenten

$$\eta''_{xy} = G_z \,, \qquad \eta''_{zx} = G_y \,, \qquad \eta''_{yz} = G_x \,.$$

Der Zusammenhang $E_i = \eta_{ik} D_k$ zwischen Induktion und Feldstärke nimmt dabei folgende Form an:

$$E_i = (\eta'_{ik} + i e_{ikl} G_l)\, D_k = \eta'_{ik} D_k + i[\boldsymbol{DG}]_i \,. \tag{101,7}$$

Analog lautet die direkte Abhängigkeit von $\boldsymbol{D}$ von $\boldsymbol{E}$:

$$D_i = \varepsilon'_{ik} E_k + i[\boldsymbol{Eg}]_i \,. \tag{101,8}$$

Die Beziehung zwischen den Koeffizienten in (101,7) und (101,8) wird durch die Formeln

$$\eta'_{ik} = \frac{1}{|\varepsilon|} \{\varepsilon'^{-1}_{ik} |\varepsilon'| - g_i g_k\} \,, \qquad G_i = -\,\frac{1}{|\varepsilon|}\, \varepsilon'_{ik} g_k \tag{101,9}$$

---

[1]) Nicht zu verwechseln mit dem schwachen periodischen Feld der elektromagnetischen Welle.

[2]) η'_{ik} und η''_{ik} sind natürlich nicht die zu ε'_{ik} und ε''_{ik} inversen Tensoren.

gegeben, wobei $|\varepsilon|$ und $|\varepsilon'|$ die Determinanten der Tensoren ε_{ik} und ε'_{ik} sind (vgl. die Aufgabe zu § 22). Ein Medium mit einer derartigen Form der Abhängigkeit zwischen $\boldsymbol{D}$ und $\boldsymbol{E}$ wird als *gyrotrop* bezeichnet. Der Vektor $\boldsymbol{g}$ wird *Gyrationsvektor* und $\boldsymbol{G}$ *Vektor der optischen Aktivität* genannt.

Wir führen jetzt eine allgemeine Untersuchung des Charakters der Wellen durch, die sich in einem beliebigen gyrotropen Medium ausbreiten, betrachten dabei das Medium als anisotrop und machen keinerlei Annahmen über die Größe des Magnetfeldes.[1])

Wir wählen den Wellenvektor in Richtung der z-Achse und schreiben Gleichung (97,21) in der Form

$$\left(\eta_{\alpha\beta} - \frac{1}{n^2}\delta_{\alpha\beta}\right) D_\beta = \left(\eta'_{\alpha\beta} + i\eta''_{\alpha\beta} - \frac{1}{n^2}\delta_{\alpha\beta}\right) D_\beta = 0\,, \tag{101,10}$$

wobei die Indizes α, β die Werte x, y durchlaufen. Die x- und y-Achse legen wir in Richtung der Hauptachsen des zweidimensionalen Tensors $\eta'_{\alpha\beta}$, und die entsprechenden Hauptkomponenten dieses Tensors bezeichnen wir mit n_{01}^{-2} und n_{02}^{-2}; dann nehmen die Gleichungen folgende Form an:

$$\left(\frac{1}{n_{01}^2} - \frac{1}{n^2}\right) D_x + iG_z D_y = 0\,, \qquad -iG_z D_x + \left(\frac{1}{n_{02}^2} - \frac{1}{n^2}\right) D_y = 0\,. \tag{101,11}$$

Die Bedingung des Verschwindens der Determinante führt zu einer in n^2 quadratischen Gleichung

$$\left(\frac{1}{n^2} - \frac{1}{n_{01}^2}\right)\left(\frac{1}{n^2} - \frac{1}{n_{02}^2}\right) = G_z^2\,, \tag{101,12}$$

deren Wurzeln zwei Werte n, die sich auf eine vorgegebene Richtung von $\boldsymbol{n}$ beziehen bestimmen[2]):

$$\frac{1}{n^2} = \frac{1}{2}\left(\frac{1}{n_{01}^2} + \frac{1}{n_{02}^2}\right) \pm \sqrt{\frac{1}{4}\left(\frac{1}{n_{01}^2} - \frac{1}{n_{02}^2}\right)^2 + G_z^2}\,. \tag{101,13}$$

Setzen wir umgekehrt diese Werte in (101,11) ein so finden wir das entsprechende Verhältnis

$$\frac{D_x}{D_y} = \frac{i}{G_z}\left[\frac{1}{2}\left(\frac{1}{n_{01}^2} - \frac{1}{n_{02}^2}\right) \mp \sqrt{\frac{1}{4}\left(\frac{1}{n_{01}^2} - \frac{1}{n_{02}^2}\right)^2 + G_z^2}\,\right]. \tag{101,14}$$

Das rein imaginäre Verhältnis D_y/D_x bedeutet, daß die Wellen elliptisch polarisiert sind, wobei die Hauptachsen der Polarisationsellipsen mit der x- und y-Achse zu-

[1]) Wir nehmen wieder an, daß das Medium in bezug auf das veränderliche Feld der elektromagnetischen Welle unmagnetisch ist (d. h., wir setzen $\mu_{ik}(\omega) = \delta_{ik}$). Das schließt jedoch nicht die Möglichkeit der Magnetisierung des Mediums durch ein konstantes magnetisches Feld aus (d. h., die statische Permeabilität kann von Eins verschieden sein).

Alle für den Tensor $\varepsilon_{ik}(\omega)$ hergeleiteten Beziehungen gelten ebenso für den Tensor $\mu_{ik}(\omega)$ in dem Frequenzbereich, in welchem die Dispersion der magnetischen Permeabilität wesentlich wird.

[2]) Wenn kein Feld vorhanden ist, gilt $\boldsymbol{G} = 0$ und $n = n_{01}$ oder n_{02}. Man muß jedoch beachten, daß bei Vorhandensein eines Feldes die Größen n_{01} und n_{02} in (101,12) im allgemeinen nicht die Bedeutung des Wertes n für $\boldsymbol{H} = 0$ haben, da nicht nur der Vektor $\boldsymbol{G}$, sondern auch der Tensor η'_{ik} vom Feld abhängt.

sammenfallen. Das Produkt der beiden Werte dieses Verhältnisses ist, wie man leicht sieht, gleich Eins. Mit anderen Worten, wenn in der einen Welle

$$D_y = i\varrho D_x$$

gilt (wo die reelle Zahl ϱ das Längenverhältnis der Achsen des Polarisationsellipsoids sei), so gilt für die andere Welle

$$D_y = -\frac{i}{\varrho} D_x .$$

Das heißt, daß die Polarisationsellipsen zweier Wellen das gleiche Achsenverhältnis haben, aber um 90° gegeneinander gedreht sind; die Rotationsrichtung ist in ihnen entgegengesetzt (Abb. 57).

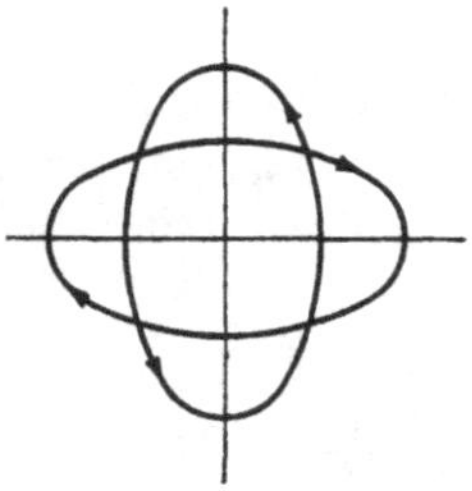

Abb. 57

Wenn wir die Vektoren $\boldsymbol{D}$ in beiden Wellen mit $\boldsymbol{D}_1$ und $\boldsymbol{D}_2$ bezeichnen, können die erhaltenen Beziehungen in der Form

$$\boldsymbol{D}_1\boldsymbol{D}_2^* = D_{1x}D_{2x}^* + D_{1y}D_{2y}^* = 0$$

geschrieben werden. Dies ist eine allgemeine Eigenschaft des Eigenvektors bei der Hauptachsentransformation eines hermiteschen Tensors (in diesem Fall des Tensors $\eta'_{\alpha\beta}$).

Die Komponenten des Vektors $\boldsymbol{G}$ und des Tensors η'_{ik} sind Funktionen der magnetischen Feldstärke. Wenn sich das magnetische Feld (wie das gewöhnlich der Fall ist) als verhältnismäßig schwach erweist, können wir nach Potenzen der Feldstärke entwickeln. Bei Abwesenheit eines Feldes verschwindet der Vektor $\boldsymbol{G}$; im schwachen Feld können wir daher

$$G_i = f_{ik}H_k \tag{101,15}$$

setzen, wo f_{ik} ein im allgemeinen asymmetrischer Tensor zweiter Stufe ist. Diese Form der Abhängigkeit befindet sich in Übereinstimmung mit der allgemeinen Regel, derzufolge im durchsichtigen Medium die Komponenten des antisymmetrischen Tensors η''_{ik} (wie auch des Tensors ε''_{ik}) ungerade Funktionen von $\boldsymbol{H}$ sein müssen. Was jedoch den symmetrischen Tensor η'_{ik} betrifft, so sind seine Komponenten gerade Funktionen des magnetischen Feldes. Daher sind die ersten Korrekturglieder für η'_{ik} (im Vergleich zu den Werten ohne Feld) von zweiter Ordnung in der Feldstärke (bei Vernachlässigung dieser Terme in (101,9) haben wir einfach $\eta'_{ik} = \varepsilon'^{-1}_{ik}$).

Im allgemeinen Fall des willkürlich gerichteten Wellenvektors hat das magnetische Feld nur einen verhältnismäßig geringen Einfluß auf die Ausbreitung des Lichtes im Kristall und führt nur zu einer schwachen Elliptizität der Schwingungen mit kleinem Längenverhältnis der Achsen des Polarisationsellipsoids (von erster Ordnung im Feld.)

Eine Ausnahme hinsichtlich des Charakters des magnetooptischen Effektes bilden nur die Richtungen der optischen Achsen (und die benachbarten Richtungen), längs deren ohne Feld beide Werte von n zusammenfallen. Die Wurzeln der Gleichung (101,12) unterscheiden sich dann von diesen Werten nur um Größen, die von erster Ordnung klein sind,[1]) und es kommt zu analogen Effekten wie in isotropen Körpern, zu deren Betrachtung wir jetzt übergehen.

Der magnetooptische Effekt in isotropen Körpern (und auch in Kristallen des kubischen Systems) ist von besonderem Interesse wegen seines merkwürdigen Charakters und verhältnismäßig großen Betrages.

Vernachlässigen wir Größen zweiter Ordnung, so haben wir $\eta'_{ik} = \varepsilon^{-1}\,\delta_{ik}$, wo ε die dielektrische Permeabilität des isotropen Mediums ohne Magnetfeld sei. Die Beziehung zwischen $\boldsymbol{D}$ und $\boldsymbol{E}$ wird durch die Formeln

$$\boldsymbol{E} = \frac{1}{\varepsilon}\boldsymbol{D} + i[\boldsymbol{D}\boldsymbol{G}], \qquad \boldsymbol{D} = \varepsilon\boldsymbol{E} + i[\boldsymbol{E}\boldsymbol{g}] \tag{101,16}$$

gegeben, wobei die Vektoren $\boldsymbol{g}$ und $\boldsymbol{G}$ in derselben Näherung durch

$$\boldsymbol{G} = -\frac{1}{\varepsilon^2}\boldsymbol{g} \tag{101,17}$$

verknüpft sind. Die Abhängigkeit von $\boldsymbol{g}$ (oder $\boldsymbol{G}$) vom äußeren Feld reduziert sich im isotropen Medium auf eine einfache Proportionalität

$$\boldsymbol{g} = f\boldsymbol{H}; \tag{101,18}$$

die skalare Konstante kann sowohl positiv als auch negativ sein.

In der Gleichung (101,12) haben wir jetzt $n_{01} = n_{02} = n_0 \equiv \sqrt{\varepsilon}$, dies ist der Brechungsindex bei Abwesenheit eines Feldes. Es folgt

$$\frac{1}{n^2} = \frac{1}{n_0^2} \mp G_z$$

oder mit derselben Genauigkeit

$$n_\mp^2 = n_0^2 \pm n_0^4 G_z = n_0^2 \mp g_z\,. \tag{101,19}$$

Indem wir daran erinnern, daß die z-Achse in die Richtung des Vektors $\boldsymbol{n}$ gelegt wurde, können wir dieser Gleichung mit derselben Genauigkeit folgende Vektorform geben:

$$\left(\boldsymbol{n} \pm \frac{1}{2n_0}\boldsymbol{g}\right)^2 = n_0^2\,. \tag{101,20}$$

Hieraus folgt, daß die Wellenvektorfläche im vorliegenden Fall aus zwei Kugeln mit dem Radius n_0 besteht, deren Zentren in der Richtung $\boldsymbol{G}$ um die Entfernung $\pm\, g/2n_0$ vom Koordinatenursprung verschoben sind. Jedem dieser beiden Werte n entspricht eine eigene Polarisation der Welle, nämlich

$$D_x = \mp\, iD_y\,, \tag{101,21}$$

[1]) Wir machen darauf aufmerksam, daß sich beide Wurzeln der Gleichung (101,12) dabei etwas voneinander unterscheiden. Geometrisch heißt dies, daß beide Teile der Wellenvektorfläche völlig voneinander getrennt sind.

wobei die Vorzeichen denen in (101,19) entsprechen. Die Gleichheit der Absolutbeträge von D_x und D_y bei einer Phasenverschiebung von $\pm\pi/2$ bedeutet zirkulare Polarisation der Welle mit einer Drehrichtung des Vektors $\boldsymbol{D}$ entgegen oder in Uhrzeigerrichtung, wenn man in Richtung des Wellenvektors sieht (oder in der üblichen Sprechweise *rechts-* und *linkspolarisierte* Wellen).

Der Unterschied im Brechungsindex für links- und rechtspolarisierte Wellen führt dazu, daß bei der Brechung an der Oberfläche eines gyrotropen Körpers zwei zirkular polarisierte gebrochene Wellen entstehen (sogenannte *zirkulare Doppelbrechung*).

Eine linear polarisierte ebene Welle möge in Normalrichtung auf eine planparallele Schicht (der Dicke l) der Substanz einfallen. Die Einfallsrichtung wählen wir als z-Achse und die Richtung des Vektors $\boldsymbol{E} = \boldsymbol{D}$ der einfallenden Welle als x-Achse. Die lineare Schwingung kann man durch eine Summe zweier zirkularer Schwingungen entgegengesetzter Drehrichtung darstellen, die sich dann in der Schicht mit verschiedenen Wellenvektoren $k_\pm = (\omega/c)\, n_\pm$ ausbreiten werden.

Setzen wir die Amplitude der Welle der Einfachheit halber gleich Eins, so haben wir

$$D_x = \frac{1}{2}\left(e^{ik_+z} + e^{ik_-z}\right), \qquad D_y = \frac{i}{2}\left(-e^{ik_+z} + e^{ik_-z}\right)$$

oder, indem wir $k = 1/2\,(k_+ + k_-)$ und $\varkappa = 1/2\,(k_+ - k_-)$ einführen,

$$D_x = \frac{1}{2}\, e^{ikz}\left(e^{i\varkappa z} + e^{-i\varkappa z}\right) = e^{ikz} \cos \varkappa z\,,$$

$$D_y = \frac{i}{2}\, e^{ikz}\left(-e^{i\varkappa z} + e^{-i\varkappa z}\right) = e^{ikz} \sin \varkappa z\,,$$

und beim Austritt der Wellen aus der Schicht gilt

$$\frac{D_y}{D_x} = \tan \varkappa l = \tan\left(l\,\frac{\omega g}{2cn_0}\right). \tag{101,22}$$

Daß das Verhältnis reell wird, bedeutet, daß die Welle linear polarisiert bleibt, aber in bezug auf die Anfangsrichtung mit gedrehter Polarisationsrichtung (sogenannter FARADAY-*Effekt*). Der Drehwinkel der Polarisationsebene ist proportional dem von der Welle durchlaufenen Weg; pro Längeneinheit beträgt er in Richtung des Wellenvektors

$$\frac{\omega g}{2cn_0} \cos\theta\,, \tag{101,23}$$

wo θ der Winkel zwischen $\boldsymbol{n}$ und $\boldsymbol{g}$ sei.

Man muß betonen, daß sich bei vorgegebener Richtung des Magnetfeldes die Rotationsrichtung der Polarisationsebene (in bezug auf die Richtung $\boldsymbol{n}$) bei einer Vorzeichenänderung von $\boldsymbol{n}$ umkehrt, eine Rechtsdrehung geht in eine Linksdrehung über und umgekehrt. Wenn daher der Strahl ein und denselben Weg zweimal durchläuft (hin und zurück), verdoppelt sich die Drehung der Polarisationsebene gegenüber einem einfachen Durchgang.

Bei $\theta = \pi/2$ (der Wellenvektor ist dann senkrecht zum Magnetfeld) verschwindet der durch die Formeln (101,19) beschriebene, im Feld lineare Effekt (in Übereinstimmung mit der oben gegebenen Regel, daß von allen Komponenten des Vektors $\boldsymbol{g}$ nur seine Projektion auf die Richtung $\boldsymbol{n}$ einen Einfluß auf die Lichtausbreitung hat). Daher müssen bei Winkeln θ in der Umgebung von $\pi/2$ auch die im Feld quadratischen

Glieder berücksichtigt werden. Insbesondere muß man auch die Glieder zweiter Ordnung des Tensors η'_{ik} berücksichtigen. Wegen der axialen Symmetrie in bezug auf die Feldrichtung sind die beiden Hauptkomponenten des symmetrischen Tensors η'_{ik} einander gleich (wie beim einachsigen Kristall). Wir wählen im folgenden die x-Achse in Richtung des Feldes und bezeichnen die Hauptkomponenten der zum Magnetfeld parallelen bzw. senkrechten Richtung mit $\eta_{\parallel}$ und $\eta_{\perp}$; die Differenz $\eta_{\parallel} - \eta_{\perp}$ ist proportional H^2.

Wir betrachten den rein quadratischen Effekt, der bei Orthogonalität von $\boldsymbol{n}$ und $\boldsymbol{g}$ entsteht (der sogenannte COTTON-MOUTON-*Effekt*). In den Gleichungen (101,11 und 12) haben wir in diesem Fall $G_z = 0$, und n_{01}^{-2} bzw. n_{02}^{-2} sind gleich $\eta_{\parallel}$ bzw. $\eta_{\perp}$. Daher gilt für die eine der Wellen

$$\frac{1}{n^2} = \eta_{\parallel}, \qquad D_y = 0;$$

diese Welle ist linear polarisiert mit dem Vektor $\boldsymbol{D}$ in Richtung der x-Achse. Für die andere Welle gilt dagegen

$$\frac{1}{n^2} = \eta_{\perp}, \qquad D_x = 0,$$

d. h., in ihr liegt $\boldsymbol{D}$ in Richtung der y-Achse. Linear polarisiertes Licht möge in Normalrichtung auf eine planparallele Schicht einfallen, die sich in einem zu ihr parallelen Magnetfeld befindet. Die beiden durch die Substanz durchgehenden Komponenten des Lichtes (mit den Vektoren $\boldsymbol{D}$ in der x,z- bzw. y,z-Ebene) breiten sich mit verschiedenen Werten n aus. Das auf der gegenüberliegenden Seite der Schicht austretende Licht zeigt daher eine elliptische Polarisation.

Zum Schluß gehen wir noch auf einen eigentümlichen Effekt ein, der in einem Medium mit einem im (konstanten) Magnetfeld linearen Vektor der optischen Aktivität (101,15) entsteht: Die Magnetisierung eines nichtmagnetischen transparenten Mediums durch ein veränderliches elektrisches Feld (L. P. PITAJEWSKI, 1960).

Wir gehen von der allgemeinen Formel (31,6)

$$-\frac{\boldsymbol{B}}{4\pi} = \frac{\partial \tilde{U}}{\partial \boldsymbol{H}}$$

aus, wobei wir den durch Formel (80,11) gegebenen Beitrag des veränderlichen elektrischen Feldes zu $\tilde{U}$ berücksichtigen. Nach dem Theorem über kleine Zusatzterme zu den thermodynamischen Größen stimmt die Änderung $\delta\tilde{U}$ dieses Beitrages bei einer kleinen Änderung der dielektrischen Funktion (ausgedrückt durch die entsprechenden Veränderlichen) mit der Änderung der freien Energie $\delta\tilde{F}$ überein. Für letztere kann man die Formel (14,1) verwenden, indem man sie auf evidente Weise auf ein anisotropes Medium verallgemeinert (in § 81 erwähnten wir, daß diese Formel auch für ein veränderliches und nicht wie in § 14 für ein konstantes Feld in einem transparenten Medium mit Dispersion ihre Gültigkeit bewahrt.[1]) Somit haben wir

$$\delta\tilde{U} = -\delta\varepsilon_{ik}\frac{E_i E_k^*}{16\pi} = \delta\eta_{ik}\frac{D_i D_k^*}{16\pi} \qquad (101,24)$$

[1]) Es sei daran erinnert, daß das Zeichen $\sim$ über U sich hier auf die magnetischen und nicht die elektrischen Veränderlichen bezieht. Zur Vereinfachung des Schriftbildes lassen wir hier das Mittelungszeichen über $\tilde{U}$ weg.

(der zusätzliche Faktor 1/2 berücksichtigt die komplexe Darstellungsform von $\boldsymbol{E}$). Die letzte Gleichung in (101,24) ist eine Folge dessen, daß wir aufgrund der Definition $\varepsilon_{il}\eta_{lk} = \delta_{ik}$ dann $\varepsilon_{il}\delta\eta_{lk} = -\eta_{lk}\,\delta\varepsilon_{il}$ haben.[1])

Indem wir nun die Variation der dielektrischen Funktion als Ergebnis der Änderung des konstanten Magnetfeldes verstehen, schreiben wir

$$-\frac{\boldsymbol{B}}{4\pi} = \frac{\partial \tilde{U}_0}{\partial \boldsymbol{H}} + \frac{\partial \eta_{ik}}{\partial \boldsymbol{H}} \frac{D_i D_k^*}{16\pi},$$

wobei sich $\tilde{U}_0$ auf das Medium ohne elektrisches Feld bezieht. Ist das Medium selbst nicht magnetisch ($\mu = 1$), so gilt $\partial \tilde{U}_0/\partial \boldsymbol{H} = -\boldsymbol{H}/4\pi$. Dann ist die Magnetisierung $\boldsymbol{M} = (\boldsymbol{B} - \boldsymbol{H})/4\pi$

$$\boldsymbol{M} = -\frac{\partial \eta_{ik}}{\partial \boldsymbol{H}} \frac{D_i D_k^*}{16\pi}.$$

Bei fehlendem äußeren Magnetfeld hat man den Wert der Ableitung $\partial\eta_{ik}/\partial\boldsymbol{H}$ bei $\boldsymbol{H} = 0$ zu nehmen. Mit η_{ik} aus (101,6) und (101,15) erhalten wir schließlich den folgenden Ausdruck für die durch das veränderliche elektrische Feld bedingte Magnetisierung:

$$M_l = -\frac{i}{16\pi} e_{ikm} f_{ml} D_i D_k^*; \qquad (101,25)$$

sie ist quadratisch im elektrischen Feld. Ist das Medium bei fehlendem Magnetfeld isotrop, so ist $f_{ml} = f\delta_{ml}$ und dann gilt

$$\boldsymbol{M} = -\frac{if}{16\pi} [\boldsymbol{D}\boldsymbol{D}^*]. \qquad (101,26)$$

Für ein linear polarisiertes Feld kann sich der Vektor $\boldsymbol{D}$ nur durch einen Phasenfaktor von einem reellen Vektor unterscheiden; dann sind $\boldsymbol{D}$ und $\boldsymbol{D}^*$ kollinear, und der Ausdruck (101,25) oder (101,26) verschwindet. Somit entsteht eine Magnetisierung nur unter dem Einfluß eines rotierenden elektrischen Feldes. Dieser Effekt ist in gewissem Sinne umgekehrt zu dem Effekt der Drehung der Polarisationsebene in einem Magnetfeld und drückt sich durch denselben Tensor f_{ik} aus. Man bezeichnet ihn daher als *umgekehrten* FARADAY-*Effekt*.

Aufgaben

1. Man zeige durch eine unmittelbare Rechnung, daß die Richtung des zeitlich mittleren POYNTING-Vektors in einer Welle, die sich in einem gyrotropen transparenten Medium ausbreitet, mit der Richtung der Gruppengeschwindigkeit übereinstimmt.

Lösung. Gemäß (59,9a) ist

$$\bar{\boldsymbol{S}} = \frac{c}{8\pi} \operatorname{Re} [\boldsymbol{E}^*\boldsymbol{H}],$$

---

[1]) Für eine unmittelbare Ableitung der Formel (101,24) hätte man einen mit einem Dielektrikum gefüllten Resonator anstelle des in § 81 behandelten Schwingkreises zu betrachten. Nach Berechnung der Frequenzänderung bei einer kleinen Änderung der dielektrischen Funktion (vgl. Aufgabe 4, § 90) und der Benutzung des Theorems von der adiabatischen Invariante finden wir die Energieänderung des Resonators.

wobei $\boldsymbol{E}$ und $\boldsymbol{H}$ in komplexer Form ausgedrückt sind. Wir verfahren analog zur Herleitung von (97,16) und multiplizieren die Gleichungen (97,15) entsprechend mit $\boldsymbol{E}^*$ und $\boldsymbol{H}^*$:

$$\boldsymbol{E}^*\delta\boldsymbol{D} = \boldsymbol{H}^*\delta\boldsymbol{H} + [\boldsymbol{E}^*\boldsymbol{H}]\,\delta\boldsymbol{n}\,,$$

$$\boldsymbol{H}^*\delta\boldsymbol{H} = \boldsymbol{D}^*\delta\boldsymbol{E} + [\boldsymbol{E}\boldsymbol{H}^*]\,\delta\boldsymbol{n}\,.$$

Wir addieren sie und bemerken, daß aufgrund der Hermitezität des Tensors ε_{ik} die Beziehung $\boldsymbol{E}^*\delta\boldsymbol{D} = \boldsymbol{D}^*\delta\boldsymbol{E}$ gilt, und finden das gesuchte Resultat

$$\delta\boldsymbol{n}\cdot\operatorname{Re}\,[\boldsymbol{E}^*\boldsymbol{H}] = 0\,.$$

2. Man bestimme die Richtung der aus dem Vakuum auf die Oberfläche eines isotropen Körpers einfallenden Strahlen bei der Brechung im Magnetfeld.

Lösung. Die Richtung des Strahlvektors $\boldsymbol{s}$ bestimmt sich aus der Normalen zur Wellenvektorfläche; differenzieren wir die linke Seite der Gleichung (101,20) nach den Komponenten des Vektors $\boldsymbol{n}$, so finden wir, daß der Vektor $\boldsymbol{s}$ proportional zu $\boldsymbol{n} \pm \boldsymbol{g}/2n_0$ wird. Das Quadrat des absoluten Betrages dieses Ausdrucks ist gleich n_0^2; daher wird der Einheitsvektor in Strahlrichtung durch die Formel

$$\frac{\boldsymbol{s}}{s} = \frac{1}{n_0}\left(\boldsymbol{n} + \frac{1}{2n_0}\,\boldsymbol{g}\right) \tag{1}$$

gegeben.

Wir bezeichnen den Einfallswinkel mit θ. Die gebrochenen Strahlen liegen im allgemeinen nicht in der Einfallsebene, und ihre Richtung wird durch den Winkel θ' mit der Normalenrichtung und das Azimut φ', welches von der Einfallsebene aus gezählt werden soll, bestimmt. Letztere wählen wir als x,z-Fläche mit z-Achse senkrecht zur brechenden Fläche. Bei der Brechung bleiben die Komponenten n_x, n_y des Wellenvektors konstant. Im einfallenden Strahl sind sie $n_x = \sin\theta$, $n_y = 0$. Setzen wir dies in (1) ein, so finden wir die x- und y-Komponente des Einheitsvektors $\boldsymbol{s}/s$, wodurch unmittelbar die Richtung der gebrochenen Strahlen gegeben ist:

$$\sin\theta'\,\cos\varphi' = \frac{1}{n_0}\sin\theta \pm \frac{1}{2n_0^2}\,g_x\,, \qquad \sin\theta'\,\sin\varphi' = \pm\frac{g_y}{2n_0^2}\,.$$

Bei nicht zu kleinen Einfallswinkeln ist das Azimut φ' klein, und man kann schreiben

$$\varphi' = \pm\frac{g_y}{2n_0\sin\theta}\,, \qquad \sin\theta' = \frac{\sin\theta}{n_0} \pm \frac{g_x}{2n_0^2}\,.$$

Bei Normaleinfall ($\theta = 0$) möge die x,z-Ebene durch den Vektor $\boldsymbol{g}$ verlaufen; dann ist $\varphi' = 0$, und für θ' haben wir

$$\theta' \approx \sin\theta' = \pm\frac{1}{2n_0^2}\,g_x\,.$$

Wenn in diese Formel g_z auch nicht eingeht, so ist sie doch für $g_z = 0$ nicht anwendbar, da bei Orthogonalität von $\boldsymbol{n}$ und $\boldsymbol{g}$ die im Feld lineare Näherung nicht mehr ausreichend ist.

3. Man bestimme die Polarisation des reflektierten Lichtes bei Normaleinfall linear polarisierter Wellen aus dem Vakuum auf die Oberfläche eines isotropen Körpers im Magnetfeld.

Lösung. Bei Normaleinfall bleibt die Richtung des Wellenvektors beim Eintritt der Wellen in das zweite Medium ungeändert. Daher sind in allen Wellen (der einfallenden, der reflektierten und der gebrochenen) die Vektoren $\boldsymbol{H}$ parallel zur Grenzfläche (der x,y-Ebene). Was den elektrischen Vektor $\boldsymbol{E}$ betrifft, so ist er in der einfallenden und reflektierten Welle ebenfalls parallel zur x,y-Ebene, in der gebrochenen Welle jedoch ist der Zusammenhang zwischen den x- und y-Komponenten von $\boldsymbol{E}$ und $\boldsymbol{H}$, auch wenn $E_z \neq 0$ ist, derselbe wie im isotropen Körper ($H_x = -\,nE_y$, $H_y = nE_x$). Wenn die Polarisation der einfallenden Welle mit der Polarisation einer der beiden Wellentypen übereinstimmt, die sich im gegebenen anisotropen (brechenden) Medium in der gegebenen Richtung $\boldsymbol{n}$ ausbreiten können, so entsteht vor allem eine gebrochene Welle mit eben dieser Polarisation. Unter diesen Bedingungen unterscheidet sich die Aufgabe formal nicht von der Aufgabe der Reflexion am isotropen Körper, und die Felder $\boldsymbol{E}_1$ und $\boldsymbol{E}_0$ der reflektierten und der einfallenden Welle stehen zueinander in der Beziehung

$$\boldsymbol{E}_1 = \frac{1-n}{1+n}\boldsymbol{E}_0\,, \tag{1}$$

wo n der der gegebenen Polarisation entsprechende Brechungsindex ist.

Die lineare Polarisation kann man als Zusammensetzung zweier zirkularer Polarisationen mit entgegengesetzter Rotationsrichtung auffassen; wenn in der einfallenden Welle $\boldsymbol{E}_0$ in Richtung der x-Achse zeigt, so schreiben wir $\boldsymbol{E}_0 = \boldsymbol{E}_0^+ + \boldsymbol{E}_0^-$ mit

$$E_{0x}^+ = iE_{0y}^+ = \tfrac{1}{2}E_0\,, \qquad E_{0x}^- = -iE_{0y}^- = \tfrac{1}{2}E_0\,.$$

Benutzen wir für jede der Wellen $\boldsymbol{E}_0^\pm$ die Formel (1) mit entsprechendem $n_\pm$ aus (101,19), so erhalten wir

$$E_{1x} = \frac{E_0}{2}\left[\frac{1-n_+}{1+n_+} + \frac{1-n_-}{1+n_-}\right] \approx E_0\frac{1-n_0}{1+n_0}\,,$$

$$E_{1y} = \frac{iE_0}{2}\left[\frac{1-n_-}{1+n_-} - \frac{1-n_+}{1+n_+}\right] \approx iE_0\frac{g\cos\theta}{n_0(1+n_0)^2}$$

(θ sei der Winkel zwischen der Einfallsrichtung und dem Vektor $\boldsymbol{g}$). Hieraus ist ersichtlich, daß die reflektierte Welle elliptisch polarisiert ist, wobei die große Achse der Ellipse in x-Richtung liegt und das Verhältnis der kleinen zur großen Achse gleich

$$\frac{g\cos\theta}{n_0(n_0^2-1)}$$

ist.

4. Man bestimme das Grenzgesetz der Abhängigkeit des Gyrationsvektors von der Frequenz bei hohen Frequenzen.

Lösung. Eine analoge Rechnung wurde in § 78 ausgeführt, nur mit dem Unterschied, daß man in der Bewegungsgleichung des Elektrons (dessen Ladung $e = -|e|$ ist) die LORENTZ-Kraft des äußeren konstanten Magnetfeldes $\boldsymbol{H}$ hinzufügen muß:

$$m\frac{d\boldsymbol{v}'}{dt} = e\boldsymbol{E}_0\,e^{-i\omega t} + \frac{e}{c}[\boldsymbol{v}'\boldsymbol{H}]\,.$$

Unter Beachtung der Bedingung $\omega \gg eH/mc$ kann man diese Gleichung durch folgende Näherungen lösen. Mit einer Genauigkeit bis zu Gliedern erster Ordnung in $\boldsymbol{H}$ erhalten wir

$$\boldsymbol{v}' = \frac{ie}{m\omega}\boldsymbol{E} - \frac{e^2}{m^2\omega^2 c}[\boldsymbol{EH}]\,,$$

wonach wir die Erregung in der Form

$$\boldsymbol{D} = \varepsilon(\omega)\,\boldsymbol{E} + if(\omega)\,[\boldsymbol{EH}]$$

finden, dabei stimmt $\varepsilon(\omega)$ mit (78,1) überein, und es gilt

$$f(\omega) = -\frac{4\pi Ne^3}{cm^2\omega^3} = \frac{|e|}{2mc}\frac{d\varepsilon}{d\omega}$$

(H. BECQUEREL, 1897).

§ 102. Dynamooptische Erscheinungen

Neben den elektro- und magnetooptischen Effekten gibt es auch andere Fälle der Veränderung optisch symmetrischer Medien unter der Wirkung äußerer Einflüsse.

Hierzu gehört vor allem der Einfluß elastischer Deformationen auf die optischen Eigenschaften fester Körper. Insbesondere kann ein isotroper fester Körper durch eine Deformation optisch anisotrop werden. Diese Erscheinungen beschreibt man dadurch, daß man zu $\varepsilon_{ik}(\omega)$ Glieder hinzufügt, die proportional den Komponenten des Deformationstensors sind. Die entsprechenden Formeln haben genau dieselbe Gestalt wie die Formeln (16,1) und (16,6) für die statische dielektrische Permeabilität, mit dem einzigen Unterschied, daß die in ihnen stehenden Koeffizienten jetzt Funktionen der Frequenz sind. Bei der Deformation eines isotropen Körpers gilt also

$$\varepsilon_{ik} = \varepsilon^{(0)}\,\delta_{ik} + a_1 u_{ik} + a_2 u_{ll}\delta_{ik}\,. \tag{102,1}$$

Die Koeffizienten $a_1(\omega)$ und $a_2(\omega)$ heißen *elastooptische Konstanten.* Ein anderer Fall ist die Entstehung optischer Anisotropie in einer sich bewegenden Flüssigkeit. Es ist klar, daß eine fortschreitende Bewegung der Flüssigkeit im Ganzen zu keinerlei Anisotropie führen kann; daher sind dafür Geschwindigkeitsgradienten nötig. Der entsprechende allgemeine Ausdruck für den dielektrischen Tensor

$$\varepsilon_{ik} = \varepsilon_{ik}^{(0)} + \lambda_1\left(\frac{\partial v_k}{\partial x_i} + \frac{\partial v_i}{\partial x_k}\right) + \frac{i}{2}\lambda_2\left(\frac{\partial v_k}{\partial x_i} - \frac{\partial v_i}{\partial x_k}\right) \tag{102,2}$$

stellt die ersten Terme der Entwicklung von ε_{ik} nach Potenzen der Ableitungen der Geschwindigkeit $\boldsymbol{v}(\boldsymbol{r})$ dar. Die Bedingung fehlender Absorption (die Hermitezität von ε_{ik}) erfordert, daß die Koeffizienten $\lambda_1(\omega)$ und $\lambda_2(\omega)$ reell sind. Die Größe $\varepsilon^{(0)}(\omega)$ ist die dielektrische Funktion der ruhenden Flüssigkeit. In einer inkompressiblen Flüssigkeit gilt $\partial v_l/\partial x_l = \operatorname{div} \boldsymbol{v} = 0$, und die beiden letzten Terme in (102,2) geben bei Kontraktion Null.

Bei der Untersuchung der elektromagnetischen Eigenschaften bewegter Flüssigkeiten hat man gemeinsam die Formeln der Elektrodynamik bewegter Dielektrika (76,9 bis 11) (mit einer koordinatenabhängigen Geschwindigkeit $\boldsymbol{v}$) und den Ausdruck (102,2) zu benutzen. Dabei muß man aber die die Geschwindigkeit und ihre Ableitung gleichzeitig enthaltenden Terme vernachlässigen, da diese außerhalb des Genauigkeitsbereiches der Formeln liegen.

Der zweite und der dritte Term in (102,2) sind symmetrisch bzw. antisymmetrisch in den Indizes i, k. Bei einer Rotation der Flüssigkeit als Ganzes haben wir $\boldsymbol{v} = [\boldsymbol{\Omega}\boldsymbol{r}]$ ($\boldsymbol{\Omega}$ ist die Winkelgeschwindigkeit der Rotation), und der symmetrische Term verschwindet auch. Der antisymmetrische Term hingegen nimmt die Gestalt $i\lambda_2 e_{ikl}\Omega_l$ an, d. h., das Medium wird gyrotrop mit dem Gyrationsvektor

$$\boldsymbol{g} = \lambda_2\boldsymbol{\Omega}\,. \tag{102,3}$$

Zur Größe von λ_2 tragen zwei Effekte bei: Die Dispersion der dielektrischen Funktion und deren Beeinflussung durch die CORIOLIS-Kräfte.

In einem Bezugssystem, das sich gemeinsam mit einem gegebenen Element der Flüssigkeit bewegt, rotiert die Amplitude $\boldsymbol{E}_0$ einer monochromatischen (im Laborsystem) Welle mit der Winkelgeschwindigkeit $-\boldsymbol{\Omega}$, d. h. wird eine Funktion der Zeit, die der Gleichung

$$\frac{\partial \boldsymbol{E}_0}{\partial t} = -\,[\boldsymbol{\Omega}\boldsymbol{E}_0]$$

genügt. In diesem Sinne wird die Welle quasimonochromatisch, und der Zusammenhang von $\boldsymbol{D}$ und $\boldsymbol{E}$ in ihr wird durch die Formel

$$\boldsymbol{D} = \varepsilon(\omega)\,\boldsymbol{E} + i\,\frac{\mathrm{d}\varepsilon(\omega)}{\mathrm{d}\omega}\,\frac{\partial \boldsymbol{E}_0}{\partial t}\,\mathrm{e}^{-i\omega t} \tag{102,4}$$

gegeben (die Herleitung unterscheidet sich von der Herleitung von (80,10) nur dadurch, daß nun $f(\omega) = \varepsilon(\omega)$ ist). Setzt man hierin den Wert der Ableitung $\partial \boldsymbol{E}_0/\partial t$ ein und vergleicht das Ergebnis mit der Definition des Gyrationsvektors $\boldsymbol{g}$ in (101,16), so findet man, daß die Dispersion einen Beitrag zu λ_2 liefert, der gleich $\mathrm{d}\varepsilon^{(0)}/\mathrm{d}\omega$ ist (M. A. Player, 1976).

Stellt man nun λ_2 in der Form

$$\lambda_2 = \lambda_2^{(C)} + \frac{\mathrm{d}\varepsilon^{(0)}}{\mathrm{d}\omega} \tag{102,5}$$

dar, dann hängt $\lambda_2^{(C)}$ nur mit den Coriolis-Kräften (linear in $\boldsymbol{\Omega}$) zusammen.

Bekanntlich spielt die Differenz

$$\hat{\mathscr{H}}' = \hat{\mathscr{H}} - \hat{\mathscr{M}}_{\mathrm{mech}} \boldsymbol{\Omega}$$

in einem rotierenden Bezugssystem die Rolle des Hamilton-Operators des Systems, wobei $\hat{\mathscr{H}}$ und $\hat{\mathscr{M}}_{\mathrm{mech}}$ die gewöhnlichen Operatoren der Energie und des mechanischen Drehimpulses des Systems sind (s. V, § 34); die dielektrische Funktion des rotierenden Systems muß im Prinzip mit diesem Hamilton-Operator berechnet werden. Dieser Ausdruck ist aber analog zum Hamilton-Operator eines Systems im Magnetfeld, der bis zu ersten Termen in $\boldsymbol{H}$ aufgeschrieben wurde:

$$\hat{\mathscr{H}} = \hat{\mathscr{H}}_0 - \hat{\mathscr{M}} \boldsymbol{H},$$

wobei $\hat{\mathscr{M}}$ der Operator des magnetischen Moments ist (s. III, § 113). Die Analogie wird vollständig, wenn im gegebenen Frequenzbereich ein Beitrag zur dielektrischen Funktion nur durch die Bahnbewegungen der Elektronen in den Atomen entsteht. Dann ist $\hat{\mathscr{M}} = (e/2mc)\, \hat{\mathscr{M}}_{\mathrm{mech}}$ ($e = -|e|$ sei die Elektronenladung), und beide Hamilton-Operatoren unterscheiden sich nur durch die Substitution von $\boldsymbol{\Omega}$ durch $e\boldsymbol{H}/2mc$. Daher ist evident, daß in einem solchen Fall

$$\lambda_2^{(C)}(\omega) = \frac{2mc}{e} f(\omega) \tag{102,6}$$

ist, wobei $f(\omega)$ durch die Formel (101,18) bestimmt wird (N. B. Baranowa, B. J. Seldowitsch, 1978).[1]

Die mit dem Koeffizienten λ_1 zusammenhängenden Effekte haben nur bei solchen Objekten wie Suspensionen und kolloidalen Lösungen mit der Form nach anisotropen Teilchen eine bemerkbare Größe. Der Effekt hängt dabei mit der orientierenden Einwirkung der Geschwindigkeitsgradienten auf die in der Flüssigkeit schwebenden Teilchen zusammen. Die gleichförmige Rotation weist keine solche orientierende Einwirkung auf. Im vorliegenden Fall ist daher $\lambda_2 \ll \lambda_1$, und der letzte Term in (102,2)

---

[1]) In diesem Zusammenhang sei betont, daß ein von Null verschiedener Koeffizient $\lambda_2^{(C)}$ bereits in der klassischen (nichtquantenmechanischen) Theorie vorliegen kann. Das bekannte Theorem über die Unabhängigkeit (im Rahmen der klassischen Theorie) der thermodynamischen Eigenschaften der Körper von den Coriolis-Kräften bei gleichförmiger Rotation (s. V, § 34) bezieht sich nur auf statistische Gleichgewichtseigenschaften. Die dielektrische Funktion kennzeichnet aber für $\omega \neq 0$ Nichtgleichgewichts-, d. h. kinetische Eigenschaften der Körper.

kann weggelassen werden. Der λ_1 enthaltende Term beschreibt einen Effekt, der als MAXWELL-*Effekt* bezeichnet wird.

Zum Schluß machen wir darauf aufmerksam, daß der λ_1 enthaltende Term in (102,2) nicht dem verallgemeinerten Symmetrieprinzip der kinetischen Koeffizienten genügt. Nach diesem müßte $\varepsilon_{ik}(\omega, \boldsymbol{v}) = \varepsilon_{ki}(\omega, -\boldsymbol{v})$ gelten (da $\boldsymbol{v}$ ein Parameter ist, der bei Zeitumkehr sein Vorzeichen wechselt). Dies ist aber nicht erforderlich, da bei der Herleitung dieses Prinzips angenommen wurde, daß die Prozesse, die den betrachteten Koeffizienten entsprechen, die einzige Ursache für die Energiedissipation im System sind. Im vorliegenden Fall gibt es aber außer der Dissipation im variablen elektromagnetischen Feld der Welle eine andere Ursache für die Dissipation, welche mit dem Feld in keiner Beziehung steht, nämlich die innere Reibung der ungleichförmigen Flüssigkeitsströmung. Vom Standpunkt der Theorie der verallgemeinerten Suszeptibilitäten aus gesehen, beschreibt der λ_1 enthaltende Term die Reaktion (das Response-Verhalten) des Systems auf eine nichtlineare Einwirkung: den gleichzeitigen Beitrag des Feldes $\boldsymbol{E}$ und der Geschwindigkeitsgradienten auf die Induktion.[1]) Die gleichförmige Rotation der Flüssigkeit als Ganzes ist dagegen nicht mit einer zusätzlichen Dissipation verbunden. Der λ_2 enthaltende Term in (102,2), der auch bei einer solchen Rotation vorliegt, erfüllt das Symmetrieprinzip:

$$\varepsilon_{ik}(\omega, \boldsymbol{\Omega}) = \varepsilon_{ki}(\omega, -\boldsymbol{\Omega}) .$$

Aufgabe

Man bestimme die Drehung der Polarisationsebene einer Welle, die sich parallel zur Achse eines rotierenden dielektrischen Körpers ausbreitet.

Lösung. Die Aufgabe läßt sich auf die Bestimmung des Gyrationsvektors zurückführen, der sich additiv aus zwei Anteilen zusammensetzt – dem Beitrag (102,3) von der Änderung der dielektrischen Funktion und ihrer Dispersion sowie aus dem „kinetischen" Anteil, der mit den in den Beziehungen (76,10 und 11) enthaltenen Geschwindigkeiten verknüpft ist. Dieser letzte Anteil muß berechnet werden.

In den MAXWELLschen Gleichungen

$$\operatorname{rot} \boldsymbol{E} = \frac{i\omega}{c} \boldsymbol{B} , \quad \operatorname{rot} \boldsymbol{H} = -\frac{i\omega}{c} \boldsymbol{D} , \quad \operatorname{div} \boldsymbol{B} = 0 , \quad \operatorname{div} \boldsymbol{D} = 0 \tag{1}$$

drücken wir $\boldsymbol{E}$ und $\boldsymbol{B}$ über $\boldsymbol{D}$ und $\boldsymbol{H}$ gemäß den Relationen (76,10 und 11) (mit $\mu = 1$) aus, indem wir auf die erste Gleichung die Operation rot anwenden und die übrigen Gleichungen benutzen. Wir erhalten

$$\Delta \boldsymbol{D} + \frac{\varepsilon\omega^2}{c^2} \boldsymbol{D} + \frac{\varepsilon - 1}{c} \operatorname{rot} \operatorname{rot} [\boldsymbol{v}\boldsymbol{H}] + \frac{i\omega(\varepsilon - 1)}{c^2} \operatorname{rot} [\boldsymbol{D}\boldsymbol{v}] = 0 \tag{2}$$

(wir schreiben hier ε anstelle von $\varepsilon^{(0)}$, wie man eigentlich gemäß den Bezeichnungen im Text zu schreiben hätte); da alle Formeln nur bis zu Termen erster Ordnung in $\boldsymbol{v}$ gültig sind, wurden die Terme höherer Ordnung unterdrückt.

Die beiden letzten Terme in Gleichung (2) liefern den gesuchten Effekt. Nach Einsetzen von $\boldsymbol{v} = [\boldsymbol{\Omega}\boldsymbol{r}]$ lauten sie ausführlich

$$\operatorname{rot} [\boldsymbol{v}\boldsymbol{H}] = -[\boldsymbol{H}\boldsymbol{\Omega}] , \qquad \operatorname{rot} [\boldsymbol{D}\boldsymbol{v}] = [\boldsymbol{D}\boldsymbol{\Omega}] .$$

[1]) Im Prinzip gibt es auch noch andere ähnlich geartete Effekte. So ist in einem leitenden Medium ohne Inversionszentrum in ε_{ik} die Existenz von pseudotensoriellen Termen der Gestalt $\delta_{ik} \boldsymbol{E}\boldsymbol{H}$ oder $H_i E_k + H_k E_i$ zulässig, wobei $\boldsymbol{E}$ und $\boldsymbol{H}$ äußere konstante Felder sind (N. B. BARANOWA, J. B. BOGDANOW, B. J. SELDOWITSCH, 1977). Wichtig ist, daß diese das Symmetrieprinzip formal verletzenden Terme nur in einem leitenden Medium möglich sind, wo das konstante elektrische Feld zu einer zusätzlichen Dissipation führt.

Nach der Ausführung dieser Diffentiationen reduziert sich die Koordinatenabhängigkeit aller übrigen Größen auf Faktoren $e^{i\boldsymbol{kr}}$, wobei $\boldsymbol{k} \parallel \boldsymbol{\Omega}$ ist (gemäß der Aufgabenstellung). Schließlich bemerken wir, daß in nullter Näherung in $\boldsymbol{v}$ die gewöhnlichen Beziehungen $\boldsymbol{H} = c[\boldsymbol{kE}]/\omega$, $k^2 = \varepsilon\omega^2/c^2$ gelten. Nach der Rechnung bringen wir die Gleichung (2) in die Gestalt

$$\Delta \boldsymbol{D} + \frac{\varepsilon\omega^2}{c^2}\boldsymbol{D} + 2i\omega\frac{\varepsilon - 1}{c^2}[\boldsymbol{D\Omega}] = 0$$

oder

$$\left(\frac{1}{n_0^2} - \frac{1}{n^2}\right)\boldsymbol{D} - \frac{2i(\varepsilon - 1)}{\omega\varepsilon^2}[\boldsymbol{D\Omega}] = 0\,, \tag{3}$$

wobei $n_0^2 = \varepsilon$ und n der Brechungskoeffizient im rotierenden Körper ist. Nach Vergleich von (3) mit (101,11) und (101,17) finden wir, daß der gesuchte „kinetische" Beitrag zum Gyrationsvektor gleich

$$2(\varepsilon - 1)\,\Omega/\omega$$

ist (E. Fermi, 1923). Die Drehung der Polarisationsebene wird durch den gesamten Vektor

$$\boldsymbol{g} = \left\{\frac{2(\varepsilon - 1)}{\omega} + \frac{\mathrm{d}\varepsilon}{\mathrm{d}\omega} + \lambda_2^{(C)}\right\}\boldsymbol{\Omega}$$

bestimmt. Wir bemerken, daß im Grenzfall hoher Frequenzen, wenn man die atomaren Elektronen im Stoff als frei betrachten kann, ε durch den Ausdruck (78,1) gegeben ist, so daß sich die beiden ersten Terme in den Klammern gegenseitig kürzen.

XII RÄUMLICHE DISPERSION

§ 103. Räumliche Dispersion

Bisher hatten wir bei der Erörterung der dielektrischen Stoffeigenschaften angenommen, der Induktionswert $\boldsymbol{D}(t, \boldsymbol{r})$ sei durch die Werte der elektrischen Feldstärke $\boldsymbol{E}(t', \boldsymbol{r})$ in demselben Raumpunkt $\boldsymbol{r}$ bestimmt, obgleich (bei vorliegender Dispersion) nicht nur zum selben Zeitpunkt, sondern auch zu allen vergangenen Zeitpunkten $t' \leqq t$. Diese Annahme ist nicht immer gerechtfertigt. Im allgemeinen Falle hängen die Werte von $\boldsymbol{D}(t, \boldsymbol{r})$ von den Werten $\boldsymbol{E}(t', \boldsymbol{r}')$ in einem bestimmten Raumgebiet in der Umgebung des Punktes $\boldsymbol{r}$ ab. Die lineare, den Ausdruck (77,3) verallgemeinernde Beziehung zwischen $\boldsymbol{D}$ und $\boldsymbol{E}$ wird dann in der Gestalt

$$D_i(t, \boldsymbol{r}) = E_i(t, \boldsymbol{r}) + \int\int_0^\infty f_{ik}(\tau; \boldsymbol{r}, \boldsymbol{r}')\, E_k(t - \tau, \boldsymbol{r}')\, \mathrm{d}V'\, \mathrm{d}\tau \qquad (103,1)$$

geschrieben. In der hier angegebenen Form ist sie auch für ein anisotropes Medium gültig. In dieser *nichtlokalen* Beziehung kommt die sogenannte *räumliche Dispersion* zum Ausdruck (in diesem Zusammenhang wird die in § 77 behandelte Dispersion als *zeitliche* oder *Frequenzdispersion* bezeichnet). Für eine monochromatische Feldkomponente, deren t-Abhängigkeit durch den Faktor $\mathrm{e}^{-i\omega t}$ gegeben wird, nimmt diese Beziehung die Gestalt

$$D_i(\boldsymbol{r}) = E_i(\boldsymbol{r}) + \int f_{ik}(\omega; \boldsymbol{r}, \boldsymbol{r}')\, E_k(\boldsymbol{r}')\, \mathrm{d}V' \qquad (103,2)$$

an.

Es sei schon hier angemerkt, daß in der Mehrzahl der Fälle die räumliche Dispersion eine wesentlich geringere Rolle als die zeitliche Dispersion spielt. Der Grund dafür ist, daß für gewöhnliche Dielektrika der Kern des Integraloperators f_{ik} schon auf Abständen $|\boldsymbol{r} - \boldsymbol{r}'|$ abfällt, die groß nur im Vergleich zu den Atomabmessungen a sind. In diesem Kapitel betrachten wir nun — so wie in der gesamten vorangehenden Darstellung — die über ein physikalisch unendlich kleines Volumenelement gemittelten makroskopischen Felder. Solche Felder sollen definitionsgemäß auf Abständen $\sim a$ schwach variieren. In erster Näherung kann man dann $\boldsymbol{E}(\boldsymbol{r}') \approx \boldsymbol{E}(\boldsymbol{r})$ aus dem Integral über $\mathrm{d}V'$ in (103,1) heraus- ziehen, und damit kehren wir wieder zu (77,3) zurück. In diesen Fällen kann sich die räumliche Dispersion nur als kleine Korrektur bemerkbar machen. Diese Korrekturen können aber, wie wir sehen werden, zu qualitativ neuen physikalischen Erscheinungen führen und daher wesentlich sein.

Eine andere Situation kann in leitenden Medien (Metalle, Elektrolytlösungen, Plasma) vorliegen: Die Bewegung der freien Ladungsträger führt zu Nichtlokalitäten, die sich über Abstände erstrecken, die groß gegenüber den Atomabständen sind. In diesen Fällen kann eine wesentliche räumliche Dispersion bereits im Rahmen einer makroskopischen Theorie vorliegen.[1])

Die räumliche Dispersion äußert sich auch in der DOPPLER-*Verbreiterung* von Absorptionslinien in Gasen. Hat ein ruhendes Atom bei der Frequenz ω_0 eine Absorptionslinie mit vernachlässigbarer Breite, so verschiebt sich diese Frequenz für ein bewegtes Atom aufgrund des DOPPLER- Effektes um die Größe $\boldsymbol{kv}$, wobei $\boldsymbol{v}$ die Geschwindigkeit des Atoms ist ($v \ll c$). Diese führt im Absorptionsspektrum des Gases als Ganzes zum Auftreten einer Linienverbreiterung $\Delta\omega \approx kv_T$, wo v_T die mittlere thermische Geschwindigkeit der Atome ist. Diese Verbreiterung bedeutet ihrerseits, daß die dielektrische Funktion des Gases für $k \gtrsim |\omega - \omega_0|/v_T$ eine wesentliche räumliche Dispersion aufweist.

In Verbindung mit der angegebenen Form von (103,1) muß folgendes bemerkt werden. Die Möglichkeit der elektrischen Polarisierung eines Dielektrikums im veränderlichen inhomogenen Magnetfeld kann durch keinerlei Symmetrieüberlegungen (räumliche oder zeitliche) ausgeschlossen werden. Im Zusammenhang damit kann die Frage entstehen, ob man nicht die rechte Seite der Gleichung (103,1) oder (103,2) durch einen Magnetfeldterm zu ergänzen hat. In Wirklichkeit besteht dafür keinerlei Notwendigkeit. Die Felder $\boldsymbol{E}$ und $\boldsymbol{B}$ kann man nämlich nicht als völlig unabhängig betrachten. Sie sind miteinander (im monochromatischen Fall) durch die Gleichung $\operatorname{rot} \boldsymbol{E} = \frac{i\omega}{c}\boldsymbol{B}$ verknüpft. Aufgrund dieser Gleichung kann man die Abhängigkeit von $\boldsymbol{D}$ von $\boldsymbol{B}$ als Abhängigkeit von den räumlichen Ableitungen von $\boldsymbol{E}$ betrachten, d. h. eine als der Erscheinungsformen der Nichtlokalität.

Bei Berücksichtigung der räumlichen Dispersion ist es oft zweckmäßig, ohne den Allgemeingültigkeitsgrad der Theorie zu verringern, die MAXWELL-Gleichungen in der Gestalt

$$\operatorname{rot} \boldsymbol{E} = -\frac{1}{c}\frac{\partial \boldsymbol{B}}{\partial t}, \qquad \operatorname{div} \boldsymbol{B} = 0\,, \tag{103,3}$$

$$\operatorname{rot} \boldsymbol{B} = \frac{1}{c}\frac{\partial \boldsymbol{D}}{\partial t}, \qquad \operatorname{div} \boldsymbol{D} = 0 \tag{103,4}$$

aufzuschreiben, ohne neben der mittleren magnetischen Feldstärke $\overline{\boldsymbol{h}} = \boldsymbol{B}$ auch noch eine andere Größe $\boldsymbol{H}$ einzuführen. Stattdessen wird angenommen, daß alle im Ergebnis der Mittelung der mikroskopischen Ströme entstehenden Terme in der Definition von $\boldsymbol{D}$ enthalten sind. Die früher verwendete Aufteilung des mittleren Stromes in zwei Anteile gemäß (79,3) ist im allgemeinen nicht eindeutig. Bei fehlender räumlicher Dispersion wird sie durch die Bedingung festgelegt, daß $\boldsymbol{P}$ die elektrische, auf lokale Weise

[1]) Für ein isotropes leitendes Medium können die Bedingungen zur Vernachlässigung der räumlichen Dispersion für die transversale und die longitudinale dielektrische Funktion unterschiedlich sein. Im ersten Fall wird der charakteristische Abstand r_0, auf dem der Integralkern in (103,2) von Null verschieden ist, durch die kleinere der beiden Größen v/ω; l gegeben, wo v die mittlere Geschwindigkeit der Ladungsträger und l ihre freie Weglänge sind. Für die longitudinale dielektrische Funktion stimmt r_0 mit der kleineren der beiden Größen v/ω; $(lv/\omega)^{1/2}$ überein (die letztere Länge ist der Abstand, den ein Ladungsträger in der Zeit $\approx 1/\omega$ in Feldrichtung durch Diffusion zurücklegt; für den Diffusionskoeffizienten gilt $D \sim lv$). Die räumliche Dispersion ist unwesentlich, wenn $kr_0 \ll 1$ gilt.

mit $\boldsymbol{E}$ verknüpfte, Polarisation ist. Beim Fehlen einer solchen Beziehung ist es zweckmäßiger, $\boldsymbol{M} = 0$, $\boldsymbol{B} = \boldsymbol{H}$ und

$$\overline{\varrho \boldsymbol{v}} = \frac{\partial \boldsymbol{P}}{\partial t} \tag{103,5}$$

zu setzen, was auch der in (103,3 und 4) dargestellten Form der MAXWELL-Gleichungen entspricht.[1])

Die Tensorkomponenten $f_{ik}(\omega; \boldsymbol{r}, \boldsymbol{r}')$ des Kerns des Integraloperators in (103,2) genügen den Symmetrierelationen

$$f_{ik}(\omega; \boldsymbol{r}, \boldsymbol{r}') = f_{ki}(\omega; \boldsymbol{r}', \boldsymbol{r}) \,. \tag{103,6}$$

Dies folgt aus den gleichen Überlegungen wie in § 96 für den Tensor ε_{ik}. Der Unterschied besteht lediglich darin, daß bei Vertauschung der Indizes a, b in den verallgemeinerten Suszeptibilitäten α_{ab}, die eine Vertauschung sowohl der Tensorindizes i, k als auch der Punkte $\boldsymbol{r}$ und $\boldsymbol{r}'$ bedeutet, nun zu einer Vertauschung der entsprechenden Argumente in der Funktion $f_{ik}(\omega, \boldsymbol{r}, \boldsymbol{r}')$ führt.[2])

Unten betrachten wir ein unbegrenztes makroskopisches homogenes Medium. In diesem Fall hängt der Kern des Integraloperators in (103,1) oder (103,2) nur von der Differenz $\boldsymbol{\varrho} = \boldsymbol{r} - \boldsymbol{r}'$ ab. Die Funktionen $\boldsymbol{D}$ und $\boldsymbol{E}$ entwickelt man zweckmäßigerweise nicht nur in ein FOURIER-Integral über die Zeit, sondern auch über die Koordinaten und führt sie so auf eine Gesamtheit von ebenen Wellen zurück, deren Abhängigkeit von $\boldsymbol{r}$ und t durch den Faktor $\exp\,[i(\boldsymbol{k}\boldsymbol{r} - \omega t)]$ gegeben wird. Für solche Wellen nimmt die Relation zwischen $\boldsymbol{D}$ und $\boldsymbol{E}$ die Gestalt

$$D_i = \varepsilon_{ik}(\omega, \boldsymbol{k})\, E_k \tag{103,7}$$

an, wo

$$\varepsilon_{ik}(\omega, \boldsymbol{k}) = \delta_{ik} + \int_0^\infty \int f_{ik}(\tau, \varrho)\, e^{i(\omega\tau - \boldsymbol{k}\varrho)}\, d^3\varrho\, d\tau \tag{103,8}$$

ist. Bei einer derartigen Beschreibung reduziert sich die räumliche Dispersion auf das Auftreten einer $\boldsymbol{k}$-Abhängigkeit des Tensors der dielektrischen Funktion.

Die „Wellenlänge" $1/k$ bestimmt die Abstände, auf denen das Feld wesentlich variiert. Man kann deshalb sagen, daß die räumliche Dispersion ein Ausdruck der Abhängigkeit der makroskopischen Stoffeigenschaften von der räumlichen Inhomogenität des elektromagnetischen Feldes ist, ähnlich wie Frequenzdispersion die Abhängigkeit von zeitlichen Änderungen des Feldes ausdrückt. Für $k \to 0$ wird das Feld

---

[1]) Selbstverständlich sprechen wir von nichtferromagnetischen Körpern. Es soll auch betont werden, daß wir im folgenden nur unbegrenzte, homogene Medien betrachten; die Grenzbedingungen für die Gleichungen werden nicht erörtert. Im Sinne der obengenannten Ausführungen kann man von einem etwas veränderten Standpunkt aus die in § 79 formulierte Behauptung betrachten, daß die Permeabilität μ im optischen Frequenzbereich ihren Sinn verliert. In diesem Bereich sind im allgemeinen die Effekte, die mit einer Abweichung der magnetischen Permeabilität von 1 verbunden sind, nicht von den Effekten der räumlichen Dispersion in der dielektrischen Funktion zu unterscheiden.

[2]) Bei Anwendung des verallgemeinerten Symmetrieprinzips der kinetischen Koeffizienten muß wie immer, wenn sich der Körper in einem äußeren Magnetfeld befindet oder eine magnetische Struktur aufweist, die rechte Seite der Relation (103,6) mit entgegengesetzten Feldvorzeichen oder mit einer zeitlich umgekehrten Struktur genommen werden.

homogen, und dementsprechend strebt $\varepsilon_{ik}(\omega, \boldsymbol{k})$ gegen die gewöhnliche dielektrische Funktion (Permeabilität) $\varepsilon_{ik}(\omega)$.[1])

Aus der Definition (103,8) ist ersichtlich, daß die Relation

$$\varepsilon_{ik}(-\omega, -\boldsymbol{k}) = \varepsilon_{ki}^{*}(\omega, \boldsymbol{k}) \tag{103,9}$$

gilt, die (77,7) verallgemeinert. Die Symmetrie von (103,6), ausgedrückt über die Funktionen $\varepsilon_{ik}(\omega, \boldsymbol{k})$, liefert nun

$$\varepsilon_{ik}(\omega, \boldsymbol{k}; \mathfrak{H}) = \varepsilon_{ki}(\omega, -\boldsymbol{k}; -\mathfrak{H}), \tag{103,10}$$

wo in explizierter Form der Parameter $\mathfrak{H}$, das äußere Magnetfeld, aufgeschrieben wurde, falls ein solches vorliegt. Besitzt das Medium ein Inversionszentrum, dann sind die Komponenten von ε_{ik} gerade Funktionen des Vektors $\boldsymbol{k}$; denn ein axialer Vektor ändert sich bei Inversion nicht, und die Gleichung (103,10) reduziert sich auf

$$\varepsilon_{ik}(\omega, \boldsymbol{k}; \mathfrak{H}) = \varepsilon_{ki}(\omega, \boldsymbol{k}; -\mathfrak{H}). \tag{103,11}$$

Die räumliche Dispersion wirkt sich nicht auf die Ableitung der Formel (96,5) für die Energiedissipation aus. Die Bedingung für das Fehlen einer Absorption wird daher wie früher durch die Hermitezität des Tensors $\varepsilon_{ik}(\omega, \boldsymbol{k})$ ausgedrückt.

Bei Vorhandensein einer räumlichen Dispersion ist die dielektrische Funktion sogar in einem isotropen Medium ein Tensor (und kein Skalar): Die ausgezeichnete Richtung wird durch den Wellenvektor geschaffen. Wenn das Medium nicht nur isotrop ist, sondern auch noch ein Inversionszentrum besitzt, dann läßt sich der Tensor ε_{ik} nur aus Komponenten des Vektors $\boldsymbol{k}$ und des Einheitstensors δ_{ik} zusammenstellen (fehlt ein Inversionszentrum, so ist auch ein Term mit dem antisymmetrischen Einheitstensor e_{ikl} möglich, s. § 104). Die allgemeine Gestalt des Tensors kann man als

$$\varepsilon_{ik}(\omega, \boldsymbol{k}) = \varepsilon_{t}(\omega, k)\left(\delta_{ik} - \frac{k_i k_k}{k^2}\right) + \varepsilon_{l}(\omega, k)\,\frac{k_i k_k}{k^2} \tag{103,12}$$

schreiben, wo ε_t und ε_l nur vom Absolutbetrag des Wellenvektors (und von ω) abhängen. Ist die Feldstärke $\boldsymbol{E}$ längs des Wellenvektors gerichtet, so ist die Induktion $\boldsymbol{D} = \varepsilon_l \boldsymbol{E}$; wenn dagegen $\boldsymbol{E} \perp \boldsymbol{k}$ gilt, so ist $\boldsymbol{D} = \varepsilon_t \boldsymbol{E}$. Die Größen ε_l und ε_t bezeichnet man als *longitudinale* bzw. *transversale dielektrische Funktion.* Für $\boldsymbol{k} \to 0$ muß der Ausdruck (103,12) gegen den Wert $\varepsilon(\omega)\,\delta_{ik}$ streben, der nicht von der Richtung von $\boldsymbol{k}$ abhängt; es ist daher klar, daß

$$\varepsilon_l(\omega, 0) = \varepsilon_t(\omega, 0) = \varepsilon(\omega) \tag{103,13}$$

gilt. Die Beschreibung der elektromagnetischen Eigenschaften eines homogenen Mediums mit Hilfe der Funktionen ε_l und ε_t entspricht den in der Form (103,3 und 4) geschriebenen MAXWELL-Gleichungen. Andererseits kann man für $\boldsymbol{k} \to 0$, wenn die räumliche Dispersion verschwindet, zur Beschreibung mit Hilfe der Permeabilitäten ε und μ zurückkehren. Es besteht daher zwischen diesen und jenen Größen ein bestimmter Zusammenhang (s. Aufgabe 1).

Die Analogie zwischen den Formeln (103,8) und (77,5) gestattet, die in den §§ 77 und 82 durchgeführten Untersuchungen zu den analytischen Eigenschaften als Funktion

---

[1]) Genauer gesagt, die Abhängigkeit von $\boldsymbol{k}$ verschwindet für $kr_0 \ll 1$, wo r_0 die Abmessungen des Gebietes, in dem $f_{ik}(\omega, \varrho)$ wesentlich von Null verschieden ist, charakterisiert.

der komplexen Frequenz ω auf jede der Komponenten $\varepsilon_{ik}(\omega, \boldsymbol{k})$ zu übertragen. Sie sind analytische Funktionen ohne Besonderheiten in der oberen ω-Halbebene und genügen (für jeden fixierten $\boldsymbol{k}$-Wert) den KRAMERS-KRONIG-Dispersionsbeziehungen. Dasselbe gilt auch für die Funktionen $\varepsilon_l(\omega, \boldsymbol{k})$ und $\varepsilon_t(\omega, \boldsymbol{k})$. Dabei hat man zu beachten, daß die Funktion ε_l für $k \neq 0$ und $\omega \to 0$ sogar für ein leitendes Medium nicht gegen Unendlich strebt; die Subtraktion (die bei der Herleitung von (82,9) notwendig war) ist deshalb hier nicht erforderlich; daß $\varepsilon(\omega)$ in einem Leiter für $\omega \to 0$ unendlich wird, hängt mit der Homogenität ($\boldsymbol{k} = 0$) des statischen Feldes zusammen.

Die über die Zeit gemittelte (in dem in § 80 erläuterten Sinne) Energiedichte des elektromagnetischen Feldes in einem transparenten Medium mit räumlicher Dispersion wird durch die frühere Formel (96,6) ausgedrückt; da nun $\mu \equiv 1$ gilt, ist

$$\overline{U} = \frac{1}{16\pi}\left[\frac{\partial(\omega\varepsilon_{ik})}{\partial\omega} E_i E_k^* + |\boldsymbol{B}|^2\right] \tag{103,14}$$

($\boldsymbol{E}$ und $\boldsymbol{B}$ werden als in komplexer Form dargestellt angenommen). In der Energiestromdichte dagegen tritt für ein solches Medium ein Zusatzterm auf:

$$\overline{\boldsymbol{S}} = \frac{c}{8\pi}\,\mathrm{Re}\,[\boldsymbol{E}^*\boldsymbol{B}] - \frac{\omega}{16\pi}\frac{\partial\varepsilon_{ik}}{\partial\boldsymbol{k}} E_i^* E_k\,. \tag{103,15}$$

Diese Formel wird durch Verallgemeinerung der Herleitung von Formel (80,11) gewonnen: Jetzt hat man eine Welle zu betrachten, die sowohl über ein kleines Frequenzintervall als auch über die Richtungen des Wellenvektors verschmiert ist (s. Aufgabe 2).

Aufgaben

1. Man bestimme den Zusammenhang zwischen den Funktionen $\varepsilon(\omega)$, $\mu(\omega)$ und den Grenzwerten der Funktionen $\varepsilon_l(\omega, k)$, $\varepsilon_t(\omega, k)$ für $k \to 0$.

Lösung. Wir vergleichen die Ausdrücke für den gemittelten mikroskopischen Strom $\overline{\varrho\boldsymbol{v}}$ in der Gestalt von (103,5) und (79,3). Für ein monochromatisches Feld haben wir im ersten Fall

$$\overline{\varrho v_i} = -\frac{i\omega}{4\pi}\left[\varepsilon_{ik}(\omega, \boldsymbol{k}) - \delta_{ik}\right] E_k$$

und im zweiten

$$\overline{\varrho\boldsymbol{v}} = -\frac{i\omega}{4\pi}\left[\varepsilon(\omega) - 1\right]\boldsymbol{E} + \frac{ic}{4\pi}\left[\mu(\omega) - 1\right][\boldsymbol{kH}]\,.$$

Nach Einsetzen von $\varepsilon_{ik}(\omega, \boldsymbol{k})$ aus (103,12) in den ersten Ausdruck und $\boldsymbol{H} = (c/\omega\mu)\,[\boldsymbol{kE}]$ gemäß der MAXWELL-Gleichung in den zweiten sowie Gleichsetzung beider Ausdrücke (für $k \to 0$) erhalten wir die Gleichung

$$1 - \frac{1}{\mu(\omega)} = \frac{\omega^2}{c^2}\lim_{k\to 0}\frac{\varepsilon_t(\omega, k) - \varepsilon_l(\omega, k)}{k^2}$$

(man erhält sie durch Vergleich der Terme mit $\boldsymbol{k}(\boldsymbol{kE})$). Zusammen mit der bereits bekannten Gleichung (103,13) stellt diese Formel den gesuchten Zusammenhang her.

2. Man leite die Formel (103,15) für die über die Zeit gemittelte Energiestromdichte in einem Medium mit räumlicher Dispersion ab.

Lösung. Wir gehen wie in § 80 von Gleichung (80,2) aus, setzen in ihr $\boldsymbol{H} = \boldsymbol{B}$ (entsprechend der Beschreibung des Feldes durch die Gleichungen (103,3 und 4)), schreiben alle Größen in komplexer Gestalt und mitteln über die Zeit:

$$-\operatorname{div} \frac{c}{8\pi} \operatorname{Re}[\boldsymbol{E}\boldsymbol{H}^*] = \frac{1}{8\pi} \operatorname{Re}\left(\boldsymbol{E}^* \frac{\partial \boldsymbol{D}}{\partial t} + \boldsymbol{B}^* \frac{\partial \boldsymbol{B}}{\partial t}\right). \tag{1}$$

Wir betrachten eine fast monochromatische Welle, in der

$$\boldsymbol{E} = \boldsymbol{E}_0(t, \boldsymbol{r})\, e^{i(\boldsymbol{k}_0\boldsymbol{r} - \omega_0 t)}$$

ist, wo $\boldsymbol{E}_0(t, \boldsymbol{r})$ eine in Raum und Zeit langsam variierende Funktion ist. Die Ableitung $\partial D_i/\partial t$ schreiben wir durch Einführung des Operators

$$\hat{f}_{ik} = \frac{\partial}{\partial t}\, \hat{\varepsilon}_{ik} \tag{2}$$

in der Form $\hat{f}_{ik}E_k$; bei der Einwirkung auf eine in Raum und Zeit streng monochromatische Welle hat man

$$\hat{f}_{ik}E_k = f_{ik}E_k = -i\omega\varepsilon_{ik}(\omega, \boldsymbol{k})\, E_k .$$

Nach Entwicklung von $\boldsymbol{E}_0(t, \boldsymbol{r})$ in ein Fourier-Integral über Zeit und Koordinaten stellen wir sie als Superposition der Komponenten in der Gestalt

$$\boldsymbol{E}_{0\alpha\boldsymbol{q}} e^{i(\boldsymbol{q}\boldsymbol{r} - \alpha t)}$$

dar, wobei $\alpha \ll \omega_0$ und $q \ll k_0$ gelten. Weiter verfahren wir wie bei der Herleitung der Formel (80,10). Nach Einwirkung des Operators (2) auf die Funktion

$$\boldsymbol{E}_{\omega_0+\alpha,\boldsymbol{k}_0+\boldsymbol{q}} = \boldsymbol{E}_{0\alpha\boldsymbol{q}} \exp\left[i(\boldsymbol{k}_0 + \boldsymbol{q})\,\boldsymbol{r} - i(\omega_0 + \alpha)\, t\right]$$

schreiben wir

$$\hat{f}_{ik}\boldsymbol{E}_{\omega_0+\alpha,\boldsymbol{k}_0+\boldsymbol{q}} = f_{ik}(\omega_0 + \alpha, \boldsymbol{k}_0 + \boldsymbol{q})\, \boldsymbol{E}_{\omega_0+\alpha,\boldsymbol{k}_0+\boldsymbol{q}}$$

$$\approx \left[f_{ik}(\omega_0, \boldsymbol{k}_0) + \alpha \frac{\partial f_{ik}(\omega_0, \boldsymbol{k}_0)}{\partial \omega_0} + \boldsymbol{q} \frac{\partial f_{ik}(\omega_0, \boldsymbol{k}_0)}{\partial \boldsymbol{k}_0}\right] \boldsymbol{E}_{\omega_0+\alpha,\boldsymbol{k}_0+\boldsymbol{q}} \cdot$$

Wir führen nun die Rücksummation der Fourier-Komponenten aus. Nach Einsetzen von $f_{ik}(\omega, \boldsymbol{k}) = -i\omega\varepsilon_{ik}(\omega, \boldsymbol{k})$ und Weglassen des Index 0 bei ω_0 und k_0 erhalten wir

$$\frac{\partial D_i}{\partial t} = -i\omega\varepsilon_{ik} E_k + \left[\frac{\partial(\omega\varepsilon_{ik})}{\partial\omega} \frac{\partial E_{0k}}{\partial t} - \omega \frac{\partial \varepsilon_{ik}}{\partial \boldsymbol{k}} \nabla E_{0k}\right] e^{i(\boldsymbol{k}\boldsymbol{r} - \omega t)} . \tag{3}$$

Der zweite Term in den eckigen Klammern unterscheidet diesen Ausdruck von (80,10). Nach Einsetzen von (3) in Gleichung (1) bringen wir letztere in die Form des Energieerhaltungssatzes

$$\frac{\partial \overline{U}}{\partial t} = -\operatorname{div} \overline{\boldsymbol{S}}$$

mit $\overline{U}$ und $\overline{\boldsymbol{S}}$ aus (103,14 und 15).

§ 104. Natürliche optische Aktivität

Wenn die räumliche Dispersion schwach ist, kann man den Tensor $\varepsilon_{ik}(\omega, \boldsymbol{k})$ nach Potenzen von $\boldsymbol{k}$ entwickeln. Für gewöhnliche kondensierte dielektrische Medien ist das eine Entwicklung nach Potenzen von a/λ, wo a die Atomabmessungen und λ die Wellenlänge des Feldes sind.

Mit einer Genauigkeit bis zu Termen erster Ordnung hat diese Entwicklung die Gestalt

$$\varepsilon_{ik}(\omega, \boldsymbol{k}) = \varepsilon_{ik}^{(0)}(\omega) + i\gamma_{ikl}k_l , \tag{104,1}$$

wo $\varepsilon_{ik}^{(0)} = \varepsilon_{ik}(\omega, 0)$ gilt und γ_{ikl} ein Tensor dritter Stufe ist, der von ω abhängt (für $\omega \to 0$ streben die Komponenten dieses Tensors, der nicht mit irgendwelchen Entwicklungen nach ω verbunden ist, gegen konstante Werte). Die der dielektrischen Funktion (104,1) entsprechende Relation zwischen $\boldsymbol{D}$ und $\boldsymbol{E}$ in einem monochromatischen ($\sim \mathrm{e}^{-i\omega t}$) Feld hat in Koordinatendarstellung die Gestalt

$$D_i = \varepsilon_{ik}^{(0)} E_k + \gamma_{ikl} \frac{\partial E_k}{\partial x_l}. \tag{104,2}$$

Nach Anwendung der Symmetrieforderung (103,10) auf (104,1) finden wir (beim Fehlen eines äußeren Feldes)

$$\gamma_{ikl}(\omega) = -\gamma_{kil}(\omega). \tag{104,3}$$

Die Hermitezitätsbedingung liefert bei fehlender Dissipation $\gamma_{ikl}^* = -\gamma_{kil}$; zusammen mit (104,3) finden wir hieraus $\gamma_{ikl}^* = \gamma_{ikl}$. Somit erfordert die Bedingung, daß keine Absorption vorliegt, einen reellen Tensor γ_{ikl}.

Folgen wir den in § 97 eingeführten Bezeichnungen und stellen den Wellenvektor einer ebenen Welle in der Gestalt $\boldsymbol{k} = \omega \boldsymbol{n}/c$ dar, dann wird der Ausdruck (104,1) in der Gestalt

$$\varepsilon_{ik} = \varepsilon_{ik}^{(0)} + i \frac{\omega}{c} \gamma_{ikl} n_l \tag{104,4}$$

geschrieben. Wir führen nun anstelle des antisymmetrischen Tensors zweiter Stufe $\gamma_{ikl} n_l$ den zu ihm dualen axialen *Gyrationsvektor* $\boldsymbol{g}$ gemäß

$$\frac{\omega}{c} \gamma_{ikl} n_l = e_{ikl} g_l \tag{104,5}$$

ein, d. h., wir schreiben ε_{ik} in der Gestalt

$$\varepsilon_{ik} = \varepsilon_{ik}^{(0)} + i e_{ikl} g_l, \tag{104,6}$$

die formal mit der in § 101 benutzten Form übereinstimmt. Der Unterschied besteht darin, daß dort der Vektor $\boldsymbol{g}$ nur von den Eigenschaften des Mediums (und dem angelegten magnetischen Feld) abhing, während hier der Gyrationsvektor auch vom Wellenvektor des Feldes abhängt. Nach (104,5) sind die Komponenten dieses Vektors lineare Funktionen der Komponenten von $\boldsymbol{n}$, d. h.

$$g_i = g_{ik} n_k. \tag{104,7}$$

Setzen wir (104,7) in (104,5) ein, so finden wir

$$\frac{\omega}{c} \gamma_{ikl} n_l = e_{ikm} g_{ml} n_l,$$

woraus wegen der Willkür von $\boldsymbol{n}$ folgt

$$\frac{\omega}{c} \gamma_{ikl} = e_{ikm} g_{ml}, \tag{104,8}$$

was eine Beziehung zwischen den Komponenten des echten Tensors dritter Stufe γ_{ikl} und dem Pseudotensor zweiter Stufe g_{ik} darstellt[1]). Die konkrete Kristallsymmetrie ergibt für die Komponenten des Tensors γ_{ikl} (oder g_{ik}) bestimmte Bedingungen und kann insbesondere zum identischen Verschwinden aller Komponenten führen. So kann es für einen Körper mit zentraler Symmetrie keinen Tensor γ_{ikl} geben. Denn bei einer Vorzeichenänderung aller drei Koordinaten (Inversion) ändern alle Komponenten eines Tensors dritter Stufe (oder des entsprechenden Pseudotensors zweiter Stufe) ihr Vorzeichen, während die Symmetrie des Körpers dabei ihre Invarianz erfordern würde.

Von Körpern mit von Null verschiedenem Tensor g_{ik} sagt man, daß sie eine *natürliche optische Aktivität* oder *Gyrotropie* besitzen. Eine optische Aktivität schließt daher in jedem Fall ein Symmetriezentrum des Körpers aus.

Wir betrachten zuerst die natürliche optische Aktivität isotroper Körper. Wenn eine Flüssigkeit (oder ein Gas) aus einer Substanz besteht, die keine Steroisomere hat, so ist sie symmetrisch nicht nur gegenüber einer beliebigen Drehung, sondern auch gegenüber Spiegelung (Inversion) an einem beliebigen Punkt, und eine natürliche Aktivität ist in ihr ausgeschlossen. Optisch aktiv sind nur Flüssigkeiten mit zwei stereoisomeren Formen, wobei beide Isomere in der Flüssigkeit in unterschiedlichen Mengen enthalten sein müssen; eine solche Flüssigkeit besitzt kein Symmetriezentrum.

Im isotropen Körper (aber auch in Kristallen mit kubischer Symmetrie) reduziert sich der Pseudotensor g_{ik} auf einen Pseudoskalar:

$$g_{ik} = f\delta_{ik} \tag{104,9}$$

(der Tensor γ_{ikl} drückt sich mit f durch $\gamma_{ikl} = (c/\omega)\, f \cdot e_{ikl}$ aus). Ein Pseudoskalar ist eine Größe, die bei Inversion der Koordinaten ihr Vorzeichen ändert. Zwei stereoisomere Stoffe gehen bei einer Inversion formal ineinander über; daher haben ihre Werte der Größe f entgegengesetztes Vorzeichen.

Für einen optisch aktiven isotropen Körper gilt also für den Gyrationsvektor $\boldsymbol{g} = f\boldsymbol{n}$, und der Zusammenhang zwischen Induktion und Feldstärke des elektrischen Feldes ist durch die Formel

$$\boldsymbol{D} = \varepsilon^{(0)}\boldsymbol{E} + if[\boldsymbol{E}\boldsymbol{n}] \tag{104,10}$$

gegeben. Da $\boldsymbol{D}\boldsymbol{n} = 0$ ist, folgt hieraus, daß auch $\boldsymbol{E}\boldsymbol{n} = 0$ gilt. Mit anderen Worten, in einer solchen Welle ist (in bezug auf die Richtung $\boldsymbol{n}$) nicht nur die Induktion $\boldsymbol{D}$ wie in jedem Medium transversal, sondern auch die Feldstärke $\boldsymbol{E}$.

Die Veränderung des Brechungsindex bei Berücksichtigung der natürlichen Aktivität ist gering. Daher kann man zu ihrer Bestimmung in dem kleinen Glied $[\boldsymbol{E}\boldsymbol{g}]$ in (104,10) $n = n_0 = \sqrt{\varepsilon^{(0)}}$ setzen. Dann fällt die Aufgabe der Berechnung der Differenz $n - n_0$ formal mit der im vorigen Paragraphen betrachteten Aufgabe der Veränderung von n unter dem Einfluß eines Magnetfeldes zusammen und unterscheidet sich von ihr nur durch den Sinn des Vektors $\boldsymbol{g}$ und dadurch, daß dieser immer parallel zu $\boldsymbol{n}$ ist (z-Achse in § 101). Daher können wir in Analogie zu Formel (101,19)

---

[1]) In Komponenten

$$g_{xx} = \frac{\omega}{c}\,\gamma_{yzx}\,, \qquad g_{xy} = \frac{\omega}{c}\,\gamma_{yzy}\,, \qquad g_{yx} = \frac{\omega}{c}\,\gamma_{zxx}$$

usw.

sofort schreiben

$$n_{\pm}^2 = n_0^2 \pm g = n_0^2 \pm f n_0 \,. \tag{104,11}$$

Diesen beiden Werten entsprechen (s. (101,21)) die folgenden Verhältnisse der beiden Komponenten des Vektors $\boldsymbol{E}$ (oder $\boldsymbol{D}$):

$$E_x = \pm\, i E_y \,, \tag{104,12}$$

d. h., wir haben links und rechts zirkular polarisierte Wellen. Wir bemerken noch, daß der Betrag des Vektors $\boldsymbol{n}$ nicht von seiner Richtung abhängt; daher fallen die Richtungen von $\boldsymbol{n}$ und des Strahlvektors $\boldsymbol{s}$ zusammen.

Wir sehen also, daß die optischen Eigenschaften natürlich aktiver isotroper Körper Ähnlichkeit mit den Eigenschaften haben, die ein nicht aktiver Körper im Magnetfeld annimmt: Er besitzt zirkulare Doppelbrechung, und beim Durchgang linear polarisierter Wellen erfahren diese in ihm eine Drehung ihrer Polarisationsebene. Der Rotationswinkel pro Länge des Lichtweges ist gleich $\omega f/2c$.

Die Vorzeichen der Konstanten g und mit ihr auch der Rotationsrichtungen zweier stereoisomerer Modifikationen einer Substanz sind voneinander verschieden; im Zusammenhang damit spricht man von *rechts* und *links drehenden Isomeren.*

Im Unterschied zur Drehung der Polarisationsebene im Magnetfeld hängen in einer natürlichen aktiven Substanz Betrag und Vorzeichen der Drehung nicht von der Ausbreitungsrichtung des Strahls ab. Wenn daher ein linear polarisierter Lichtstrahl ein und denselben Weg zweimal, hin und zurück, durchläuft, ist er im natürlich aktiven Medium am Ende wieder in der Ausgangsebene polarisiert.

Wir kommen nun zu den natürlichen aktiven Kristallen. Ohne hier eine systematische Untersuchung aller möglichen Symmetriefälle vorzunehmen (s. die Aufgabe zu diesem Paragraphen), bemerken wir, daß eine natürliche Aktivität bei Existenz eines Symmetriezentrums ausgeschlossen ist, sie ist aber bei Existenz einer Symmetrieebene oder einer Dreh-Spiegelungs-Achse möglich. Wir unterscheiden, daß die Bedingungen der Existenz einer natürlichen Aktivität bei Kristallen folglich nicht mit den Bedingungen übereinstimmen, die die Existenz zweier spiegelisomerer Formen der Kristalle (*enantiomorpher Kristalle*) gewährleisten; letztere sind sehr hart und erfordern die Nichtexistenz nicht nur einer Symmetriezentrums, sondern auch einer Symmetrieebene. Daher kann ein Kristall optisch aktiv sein und gleichzeitig mit seiner spiegelisomeren Form zusammenfallen.

Im natürlichen aktiven Kristall (ein- oder zweiachsig) haben wir es bei der Ausbreitung des Lichtes mit willkürlicher Richtung des Wellenvektors praktisch mit gewöhnlicher Doppelbrechung linear polarisierter Wellen zu tun; die Berücksichtigung der Aktivität führt im wesentlichen zur Ersetzung der streng linearen Polarisation durch eine elliptische mit kleinem Achsenverhältnis (klein von erster Ordnung).

Eine Ausnahme bilden nur die Richtungen der optischen Achsen, entlang deren ohne Berücksichtigung der Aktivität beide Wurzeln der FRESNELschen Gleichung zusammenfallen. In diesen Richtungen ist die Erscheinung der optischen Aktivität ähnlich zur Aktivität isotroper Körper: Es findet eine zirkulare Doppelbrechung erster Ordnung und eine entsprechende Drehung der Polarisationsebene linear polarisierter Wellen statt. Bei einer Abweichung des Wellenvektors von der Richtung der optischen Achsen nehmen diese Erscheinungen schnell ab.

Bei einer quantitativen Berechnung der Erscheinungen der optischen Aktivität in Kristallen ist es zweckmäßig, nicht $\boldsymbol{D}$ durch $\boldsymbol{E}$, sondern umgekehrt $\boldsymbol{E}$ durch $\boldsymbol{D}$ auszudrücken (wie wir das auch in § 101 gemacht haben). Mit einer Genauigkeit bis zu Größen erster Ordnung lauten diese Formeln

$$E_i = \varepsilon_{ik}^{(0)-1} D_k + [\boldsymbol{DG}]_i\,, \tag{104,13}$$

wo der Vektor $\boldsymbol{G}$ mit dem früher eingeführten Vektor $\boldsymbol{g}$ durch

$$G_i = -\frac{1}{|\varepsilon|}\,\varepsilon_{ik}^{(0)} g_k$$

zusammenhängt (s. (101,9)). Wegen der formalen Übereinstimmung dieses Ausdruckes mit (101,7) bleiben auch die Gleichungen (101,11 und 12) unverändert gültig. In diesen Gleichungen ist G_z die Projektion des Vektors $\boldsymbol{G}$ auf die Richtung $\boldsymbol{n}$. Wenn man $\boldsymbol{G}$ in der Form

$$G_i = G_{ik} n_k \tag{104,14}$$

darstellt (analog zu (104,7)), so ist diese Projektion proportional

$$\boldsymbol{nG} = G_{ik} n_i n_k\,. \tag{104,15}$$

Mit dieser quadratischen Form lassen sich die optischen Eigenschaften natürlich aktiver Kristalle bestimmen. Der Tensor G_{ik} selbst braucht zwar nicht symmetrisch zu sein; wenn man ihn jedoch in seinen symmetrischen und antisymmetrischen Teil aufspaltet, so fällt bei der Bildung der Form (104,15) der antisymmetrische Teil heraus. Wir kommen folglich zu dem Schluß, daß man beim Studium der optischen Eigenschaften natürlich aktiver Kristalle den Tensor G_{ik} als symmetrisch ansehen kann.

Aufgabe

Man bestimme die Bedingungen, die durch die Kristallsymmetrie den Komponenten des Tensors G_{ik} auferlegt werden.

Lösung. Bei jeder Drehung verhält sich der Pseudotensor G_{ik} wie ein echter Tensor; insbesondere führt die Existenz einer Symmetrieachse höherer als zweiter Ordnung, wie auch beim echten symmetrischen Tensor zweiter Stufe, zur vollständigen Isotropie in der zur Achse senkrechten Ebene. Das Verhalten des Pseudotensors G_{ik} bei Spiegelung wird dadurch bestimmt, daß er einem echten Tensor dritter Stufe dual ist; und zwar bleiben bei jeder Spiegelung, die das Vorzeichen von Komponenten eines echten Tensors zweiter Stufe ändert, die entsprechenden Komponenten von G_{ik} ungeändert und umgekehrt. So ändern bei einer Spiegelung an der y,z-Ebene die Komponenten G_{xx}, G_{zz}, G_{yz} das Vorzeichen, während G_{xy}, G_{xz} unverändert bleiben. Unten sind die nichtverschwindenen Komponenten des Tensors G_{ik} für alle Kristallklassen angegeben, die eine natürliche Aktivität zulassen. Als z-Achse wurde die Symmetrieachse dritter, vierter oder sechster Ordnung gewählt oder die einzige Achse zweiter Ordnung (bei den Klassen $\mathbf{C}_2$, $\mathbf{C}_{2v}$), und in der Klasse $\mathbf{C}_s$ die Senkrechte zur Symmetrieebene; bei der Existenz dreier zueinander senkrechter Symmetrieachsen fallen diese mit den Koordinatenachsen zusammen.

Klasse $\mathbf{C}_1$: alle Komponenten G_{ik}.

Klasse $\mathbf{C}_2$: G_{xx}, G_{yy}, G_{zz}, G_{xy}; bei geeigneter Wahl der x- und y-Achse wird G_{xy} Null.

Klasse $\mathbf{C}_s$: G_{xz}, G_{yz}; bei geeigneter Wahl der x- und y-Achse kann man eine dieser Größen zum Verschwinden bringen.

Klasse $\mathbf{C}_{2v}$: G_{xz} (die x,z- und y,z-Ebenen fallen mit den Symmetrieebenen zusammen).

Klasse $\mathbf{D}_2$: G_{xx}, G_{yy}, G_{zz}.

Klassen $\mathbf{C}_3$, $\mathbf{C}_4$, $\mathbf{C}_6$, $\mathbf{D}_3$, $\mathbf{D}_4$, $\mathbf{D}_6$: $G_{xx} = G_{yy}$, G_{zz}.

Klasse $\mathbf{S}_4$: $G_{xx} = -G_{yy}$, G_{xy}; durch geeignete Wahl der x- und y-Achse kann eine dieser Größen zum Verschwinden gebracht werden.

Klasse D_{2d}: G_{xy} (die x- und y-Achse liegen in den vertika en Symmetrieebenen).
Klassen T, O: $G_{xx} = G_{yy} = G_{zz}$.

Wir bemerken, daß in den einachsigen Kristallen der Klassen S_4 und D_{2d} der Skalar Null wird, wenn der Vektor $\boldsymbol{n}$ in Richtung der z-Achse weist, da $G_{zz} = 0$ ist (104,15). Das bedeutet, daß in diesen Kristallen die Effekte der natürlichen Aktivität in Richtung der optischen Achse fehlen.

Im zweiachsigen Kristall der Klasse C_{2v} liegen die optischen Achsen in einer der Symmetrieebenen. Und für Vektoren $\boldsymbol{n}$, die in der x,z- oder y,z-Ebene liegen, verschwindet dann ebenfalls der Skalar (104,15), so daß auch hier diese Effekte entlang der optischen Achsen ausbleiben. Als einzige Kristallklasse, die eine Drehung der Polarisationsebene entlang der optischen Achse erlaubt und nicht gleichzeitig einen Enantiomorphismus gestattet, erweist sich die monokline Klasse C_s.

§ 105. Räumliche Dispersion in optisch inaktiven Medien

In Kristallen, deren Symmetrie eine natürliche optische Aktivität nicht erlaubt, erweisen sich die ersten (nach dem nullten) Terme der Entwicklung der dielektrischen Funktion $\varepsilon_{ik}(\omega, \boldsymbol{k})$ nach Potenzen von $\boldsymbol{k}$ als quadratisch.

In der Kristalloptik ist es wie gewöhnlich für die weitere Verwendung zweckmäßiger, diese Entwicklung für den reziproken Tensor $\eta_{ik} = \varepsilon_{ik}^{-1}$ anzuschreiben. Wir schreiben sie in der Gestalt

$$\eta_{ik} = \eta^{(0)}(\omega) + \beta_{iklm}(\omega)\, k_l k_m \,. \tag{105,1}$$

Den Tensor β_{iklm} kann man als symmetrisch bezüglich des zweiten Indexpaares ansehen, da er mit dem symmetrischen Produkt $k_l k_m$ multipliziert wird. Aufgrund von (103,10) (bei $\mathfrak{H} = 0$) ist der Tensor β_{iklm} auch symmetrisch gegenüber dem ersten Indexpaar:

$$\beta_{iklm} = \beta_{kilm} = \beta_{ikml} \,. \tag{105,2}$$

Er muß allerdings nicht symmetrisch bezüglich einer Vertauschung beider Paare sein. Bei fehlender Absorption folgt aus der Hermitezität des Tensors η_{ik} und seiner Symmetrie, daß der Tensor β_{iklm} reell ist, was unten auch angenommen wird.

In einem isotropen Medium muß sich der Tensor β_{iklm} nur über den Einheitstensor ausdrücken lassen, d. h., er hat die Gestalt

$$\beta_{iklm} = \beta_1 \delta_{ik} \delta_{lm} + \frac{\beta_2}{2} (\delta_{il}\delta_{km} + \delta_{kl}\delta_{im}) \,;$$

er enthält nur zwei unabhängige Komponenten. In einem isotropen Medium gilt weiterhin $\eta_{ik}^{(0)} = \eta^{(0)} \delta_{ik}$, und damit nimmt der Tensor (105,1) die Gestalt

$$\eta_{ik} = (\eta^{(0)} + \beta_1 k^2)\, \delta_{ik} + \beta_2 k_i k_k \tag{105,3}$$

in Übereinstimmung mit dem allgemeinen Ausdruck (103,12) des dielektrischen Tensors für ein isotropes Medium mit räumlicher Dispersion an. Die Ausbreitung von Wellen wird durch die Gleichungen (97,21) bestimmt. Beim Einsetzen von (105,3) in diese Gleichungen fällt aber der anisotrope Term mit β_2 aufgrund der Orthogonalität von $\boldsymbol{D}$ und $\boldsymbol{k}$ in einer ebenen Welle heraus, d. h., das Medium bleibt, wie es auch sein muß, optisch isotrop.

Aber bereits in kubischen Kristallen reduziert sich der Tensor β_{iklm} nicht auf den Einheitstensor, in Abhängigkeit von der Kristallklasse hat er für diese Kristalle drei oder vier unabhängige Komponenten. Ohne Berücksichtigung der räumlichen Dispersion sind kubische Kristalle optisch isotrop; die Berücksichtigung der in $\boldsymbol{k}$ quadratischen Dispersion führt zum Auftreten einer neuen Eigenschaft in ihnen — der optischen Anisotropie (H. A. LORENTZ, 1878).

In einem kubischen Kristall gilt $\eta_{ik}^{(0)} = \delta_{ik}/\varepsilon^{(0)}$, und die Entwicklung (105,1) nimmt die Gestalt

$$\eta_{ik} = \frac{1}{\varepsilon^{(0)}}\,\delta_{ik} + \beta_{iklm}\,k_l k_m \tag{105,1}$$

an. Nach Einsetzen dieses Ausdrucks in die Gleichungen (97,21) erhalten wir

$$\left[\left(\frac{1}{n^2} - \frac{1}{n_0^2}\right)\delta_{\alpha\beta} - \frac{\omega^2 n^2}{c^2}\,\beta_{\alpha\beta 33}\right] D_\beta = 0\,, \tag{105,5}$$

wo $n_0^2 = \varepsilon^{(0)}$ ist und die x_3-Achse des kartesischen x_1-, x_2-, x_3-Koordinatensystems längs des Wellenvektors gerichtet ist. Gemäß dem Sinn der Entwicklung (105,4) hat man den zweiten Term in den eckigen Klammern in diesen Gleichungen als kleine Korrektur zu betrachten (bezüglich besonderer Fälle des Verschwindens von $1/n_0^2$ s. § 106). Dann kann man in ihm n^2 durch n_0^2 ersetzen:

$$\left[\left(\frac{1}{n^2} - \frac{1}{n_0^2}\right)\delta_{\alpha\beta} - \frac{\omega^2 n_0^2}{c^2}\,\beta_{\alpha\beta 33}\right] D_\beta = 0\,. \tag{105,6}$$

Diese Gleichungen haben dieselbe Gestalt wie für die Wellen in einem nichtkubischen Kristall ohne Berücksichtigung der räumlichen Dispersion. Ihre Determinante ist eine in n^{-2} quadratische Bestimmungsgleichung für den Brechungsindex der beiden Wellen mit gleichen Richtungen von $\boldsymbol{k}$ und unterschiedlichen Polarisationen. Somit hebt die räumliche Dispersion die ,,Polarisationsentartung" in einem kubischen Kristall auf, und die Geschwindigkeiten beider Wellen werden unterschiedlich und richtungsabhängig.

Am Ende von § 84 wurde die Existenzmöglichkeit von longitudinalen elektromagnetischen Wellen in einem transparenten isotropen Medium erwähnt. Eine folgerichtige Formulierung der Bedingung zur Bestimmung des Zusammenhanges zwischen der Frequenz und dem Wellenvektor (das Dispersionsgesetz) dieser Wellen erfordert die Berücksichtigung der räumlichen Dispersion; sie lautet:

$$\varepsilon_l(\omega, k) = 0\,. \tag{105,7}$$

Für kleine k hat die Lösung dieser Gleichung die Gestalt

$$\omega(k) = \omega_{l0} + \frac{1}{2}\,\alpha k^2\,, \tag{105,8}$$

wo α eine Konstante und ω_{l0} der Frequenzwert ist, bei dem die dielektrische Funktion $\varepsilon(\omega) = \varepsilon_l(\omega, 0)$ verschwindet. Die Ausbreitungsgeschwindigkeit der Welle

$$\boldsymbol{u} = \frac{\partial\omega}{\partial\boldsymbol{k}} = \alpha\boldsymbol{k} \tag{105,9}$$

ist dabei proportional zur ersten Potenz des Wellenvektors.

Aufgabe

Man bestimme die Relationen zwischen den Komponenten des Tensors β_{iklm} in optisch inaktiven Kristallen der kubischen Klasse.

Lösung. Die natürliche Gyrotropie fehlt in den Kristallklassen $\mathbf{T}_d$, $\mathbf{T}_h$, $\mathbf{O}_h$.

In den Klassen $\mathbf{T}_d$ und $\mathbf{T}_h$ wählen wir die x-, y- und z-Achse längs der drei zweizähligen Symmetrieachsen. Die von Null verschiedenen Komponenten des Tensors sind

$$\beta_1 \equiv \beta_{xxxx} = \beta_{yyyy} = \beta_{zzzz}\,, \qquad \beta_2 \equiv \beta_{xxzz} = \beta_{yyxx} = \beta_{zzyy}\,,$$

$$\beta_3 \equiv \beta_{xyxy} = \beta_{yzyz} = \beta_{zxzx}\,, \qquad \beta_4 \equiv \beta_{zzxx} = \beta_{xxyy} = \beta_{yyzz}\,.$$

In der Klasse $\mathbf{O}_h$ werden die drei C_2-Achsen zu C_4-Achsen; daraus resultiert zusätzlich $\beta_2 = \beta_4$.

§ 106. Räumliche Dispersion in der Nähe einer Absorptionslinie

In den beiden vorangegangenen Paragraphen wurden die Effekte der räumlichen Dispersion als kleine Korrekturen behandelt, wie das gewöhnlich auch der Fall ist. Die Situation ändert sich aber in der Nähe einer schmalen Absorptionslinie in einem Kristall, wo nach (84,7) $\varepsilon^{(0)}(\omega)$ jäh anwächst. In diesem Bereich ändert die Berücksichtigung der räumlichen Dispersion das Bild sogar qualitativ.

Das Hinzufügen von Termen in den Potenzen von k zur dielektrischen Funktion erhöht nämlich den Grad der algebraischen Dispersionsgleichung zur Bestimmung der Abhängigkeit $k(\omega)$. Bei ihrer formalen Lösung treten daher zusätzliche Wurzeln auf. Weit von der Absorptionslinie entfernt liegen diese Wurzeln im Bereich großer k, d. h. außerhalb des Gültigkeitsbereiches der Theorie und müssen daher verworfen werden. In der Nähe einer Absorptionslinie aber ändert sich die dielektrische Funktion wesentlich bereits bei kleinen k. Es können daher zusätzliche Wurzeln mit einem realen physikalischen Sinn entstehen, d. h., es entstehen neue transversale Wellen.

Der Einfachheit wegen beschränken wir uns auf die Behandlung eines isotropen Mediums und beginnen mit dem Fall, wenn das Medium nicht gyrotrop ist, d. h. keine natürliche optische Aktivität aufweist (S. I. Pekar, 1957; W. L. Ginsburg, 1958).

Wie bereits im vorhergehenden Paragraphen erwähnt wurde, bleibt ein isotropes Medium auch bei Berücksichtigung der räumlichen Dispersion optisch isotrop. Das bedeutet, daß das Dispersionsgesetz für die transversalen elektromagnetischen Wellen in solch einem Medium durch die übliche Gleichung $n^2 = \varepsilon$ geliefert wird, wobei man unter ε die transversale dielektrische Funktion ε_t zu verstehen hat:

$$n^2 = \varepsilon_t(\omega, k)\,. \tag{106,1}$$

In § 103 wurde darauf hingewiesen, daß $\varepsilon_t(\omega, k)$ und $\varepsilon_l(\omega, k)$ als Funktion der Frequenz denselben Kramers-Kronig-Beziehungen wie auch die Funktion $\varepsilon(\omega)$ ohne räumliche Dispersion genügen. Man kann daher behaupten, daß in der Nähe einer Absorptionslinie $\varepsilon_t(\omega, k)$ dieselbe Gestalt wie auch in (84,7), nur mit einer k-abhängigen Konstanten, hat. Wir schreiben sie in der Gestalt

$$\varepsilon_t(\omega, k) = \frac{A(k)}{\omega_t(k) - \omega}\,, \qquad A(k) > 0\,.$$

Ist die Größe A relativ klein,[1]) so kann es sinnvoll sein, neben dem Polstellenterm auch einen konstanten (nicht von ω abhängigen) Term in ε_t zu berücksichtigen; wir bezeichnen ihn mit $a(k)$ und werden annehmen, daß $a > 0$ gelte, d. h., weit von der Absorptionslinie entfernt ist das Medium optisch transparent. Die theoretische Zulässigkeit einer gleichzeitigen Berücksichtigung des konstanten und des Polstellenterms in ε_t erfordert, daß sie im Frequenzbereich $|\omega - \omega_t| \ll \omega_t$ miteinander vergleichbar sind, wo der Polausdruck auch nur gültig ist, anders ausgedrückt, es hat $A \ll a\omega_t$ zu sein.

Da k wie früher als klein angenommen wird, so kann man die Funktionen nach dessen Potenzen entwickeln. Dabei reicht es aus, $a(k)$ und $A(k)$ durch konstante Werte $a \equiv a(O)$ und $A \equiv A(O) > 0$ zu ersetzen und einen Korrekturterm nur in der Entwicklung der Funktion $\omega_t(k)$ in der kleinen Differenz $\omega_t - \omega$ zu belassen:

$$\omega_t(k) \approx \omega_0 + \nu k^2 .$$

Die dielektrische Funktion ist dann

$$\varepsilon_t(\omega, k) = a + \frac{A}{\omega_0 + \nu k^2 - \omega} . \tag{106,2}$$

Wir bemerken, daß dieser Ausdruck als Funktion der Frequenz im Bereich $\omega > \omega_t$ einen Nulldurchgang hat. Für $k = 0$ tritt dies bei $\omega = \omega_{t0} = \omega_0 + A/a$ ein. Da für $k = 0$ die dielektrischen Funktionen ε_t und ε_l übereinstimmen, so ist ω_{l0} die Grenzfrequenz (für $k \neq 0$) einer longitudinalen Welle (vgl. (105,8)). Die Wurzel der Funktion $\varepsilon_t(\omega, k)$ hat dagegen für $k \neq 0$ keinen direkten physikalischen Sinn.

Die Dispersionsgleichung (106,1) nimmt nun die Gestalt

$$(n^2 - a)\,(\beta n^2 - \omega + \omega_0) = A \tag{106,3}$$

an, wobei die Bezeichnung $\beta = \nu\omega^2/c^2 \approx \nu\omega_0^2/c^2$ eingeführt wurde; diese Größe kann beide Vorzeichen aufweisen. Die Lösung dieser Gleichung kann man als Schnittstelle der beiden Zweige des Spektrums betrachten — der gewöhnlichen Lichtwelle mit $n^2 = a$ und der Welle mit $n^2 = (\omega - \omega_0)/\beta$, die mit der Polstelle der dielektrischen Funktion verbunden ist; diese Zweige sind in Abb. 58 durch die Strich-Punkt-Geraden dargestellt. Die „Wechselwirkung" beider Zweige, die durch die Stärke von A bestimmt wird, führt zu einer Abstoßung der Kurven.[2])

In Abbildung 58 sind mit ausgezogenen Linien schematisch die durch die Wurzeln der Gleichung (106,3) bestimmten Abhängigkeiten $n^2(\omega)$ dargestellt; die gestrichelten Linien sind die Funktionen $n^2(\omega)$ ohne Berücksichtigung der räumlichen Dispersion ($\beta = 0$). Wellen, die sich im Medium ausbreiten, entsprechen natürlich nur reelle[3])

[1]) Beispielsweise aufgrund irgendwelcher genäherter Auswahlregeln, die die Matrixelemente zur Bestimmung des Wertes von A verringern.

[2]) In der mikroskopischen Theorie spiegelt die Polstelle der dielektrischen Funktion die Existenz von boseartigen Elementaranregungen in einem Dielektrikum, den *Exzitonen*, wider; das Vorzeichen von β stimmt mit dem Vorzeichen der effektiven Exzitonenmasse überein (vgl. IX, § 66). Der entsprechende Zweig des Wellenspektrums wird als *Exzitonenzweig* bezeichnet. Der Spektralbereich in der Nähe des virtuellen Schnitts beider Zweige wird als *Polaritonenbereich* bezeichnet.

[3]) Zur Anschaulichkeit sind in der Abbildung auch die imaginären Wurzeln dargestellt. Wir erinnern daran, daß rein imaginäre Werte von n Wellen entsprechen, für die das Medium nicht transparent ist (obwohl in ihm auch keine Absorption vorliegt); man kann daher sagen, daß die Welle vom Medium total reflektiert wird.

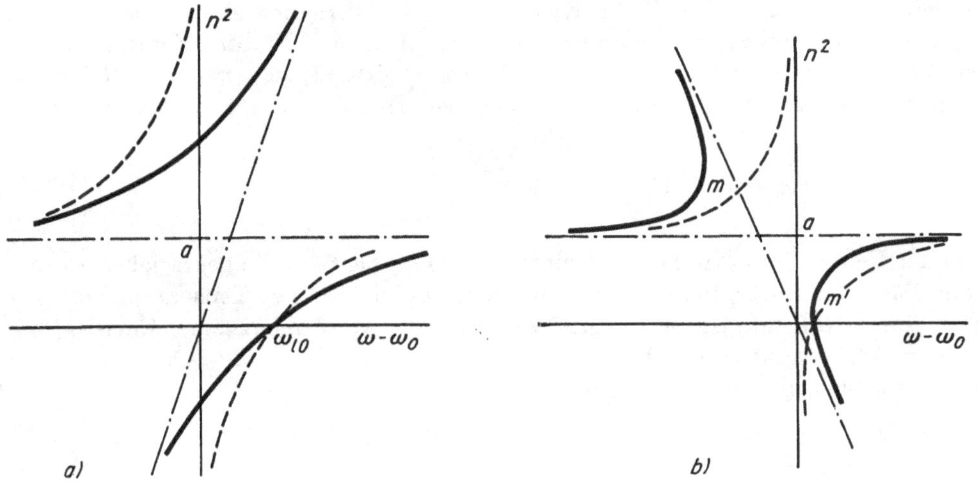

Abb. 58

Wurzeln von n^2. Für $\beta > 0$ (Abb. 58a)) dringt die obere Kurve in den Bereich $\omega > \omega_0$ ein und erzeugt damit eine neue Welle, die ohne Berücksichtigung der räumlichen Dispersion nicht existieren würde; für $\omega > \omega_{10}$ ist im Medium die Ausbreitung zweier unterschiedlicher elektromagnetischer Wellen möglich. In Abb. 58b) sind die Kurven der Abhängigkeiten $n^2(\omega)$ für den Fall $\beta < 0$ dargestellt. Links vom Punkt m mit den Koordinaten

$$n_m^2 = a + \sqrt{\frac{A}{|\beta|}}\,, \qquad \omega_m - \omega_0 = -\,|\beta|\left(a + 2\sqrt{\frac{A}{|\beta|}}\right)$$

(der Punkt, in dem $\mathrm{d}n^2/\mathrm{d}\omega = \infty$ ist und die beiden Wurzeln zusammenlaufen) existieren zwei positive Wurzeln, und im Medium können sich zwei unterschiedliche Wellen ausbreiten. Dasselbe gilt auch für den Bereich zwischen dem Punkt m' mit den Koordinaten

$$n_{m'}^2 = a - \sqrt{\frac{A}{|\beta|}}\,, \qquad \omega_{m'} - \omega_0 = -|\beta|\left(a - 2\sqrt{\frac{A}{|\beta|}}\right)$$

und dem Punkt $\omega = \omega_{01}$.

Wenn die Größe A nicht hinreichend klein ist, so ist das Mitnehmen des konstanten Terms in (106,2) streng genommen nicht folgerichtig. Nach Weglassen dieses Terms (d. h., wir setzen in den angegebenen Formeln $a = 0$) kommen wir zu einem Bild, das sich von Abb. 58 dadurch unterscheidet, daß zur horizontalen Asymptoten aller Kurven die Abszissenachse selbst wird (anstelle der Linien $n^2 = a$). Der Bereich $\omega \geqq \omega_{10}$ wird dabei nicht in Betracht gezogen.

Wir wenden uns nun der Situation in der Nähe einer Absorptionslinie in einem gyrotropen Medium zu (W. L. Ginsburg, 1958).
Die dielektrische Funktion $\varepsilon^{(0)}$ ohne Berücksichtigung der räumlichen Dispersion stellen wir in der Form eines Polstellenausdrucks dar:

$$\varepsilon^{(0)}(\omega) = \frac{A}{\omega_0 - \omega}\,. \tag{106,4}$$

Wir werden nun nicht speziell die Kleinheit des Koeffizienten A voraussetzen und schreiben dementsprechend den konstanten Term nicht hin. Für den Zusammenhang zwischen $\boldsymbol{E}$ und $\boldsymbol{D}$ hat man eine Formel der Gestalt (104,13) zu verwenden, die durch den reziproken Tensor $\eta_{ik} = \varepsilon_{ik}^{-1}$ ausgedrückt ist. In einem isotropen Medium ist

$$\boldsymbol{E} = \frac{1}{\varepsilon^{(0)}} \boldsymbol{D} + iF[\boldsymbol{Dn}] , \tag{106,5}$$

wobei der Vektor der optischen Aktivität in der Gestalt $\boldsymbol{G} = F\boldsymbol{n}$ geschrieben wurde. In der Nähe der Absorptionslinie haben die Komponenten des Tensors η_{ik} einfache Nullstellen, so daß kein Grund für eine Verletzung der Konvergenz seiner Entwicklung nach dem Wellenvektor besteht.

Die Dispersionsgleichung hat die Gestalt

$$\left(\frac{1}{n^2} - \frac{1}{n_0^2}\right)^2 = F^2 n^2 , \tag{106,6}$$

wo $n_0^2 = \varepsilon^{(0)}$ ist (vgl. (101,12)). Nach Einsetzen von $\varepsilon^{(0)}$ aus (106,4) in (106,6) erhalten wir die Gleichung

$$\left(\frac{1}{n^2} + \frac{\omega - \omega_0}{A}\right)^2 = F^2 n^2 . \tag{106,7}$$

In Abb. 59 ist mit ausgezogenen Linien schematisch die Abhängigkeit der Wurzeln n^2 dieser Gleichung von $\omega - \omega_0$ dargestellt. Eine von ihnen existiert sowohl für $\omega < \omega_0$ als auch für $\omega > \omega_0$, wo ohne Berücksichtigung der räumlichen Dispersion keine reellen n-Werte existieren (die gestrichelte Kurve in der Abbildung ist die Funktion $n_0^2(\omega)$). Zwei andere existieren nur für $\omega < \omega_m$, d. h. links vom Punkt m, in dem

$$\omega_0 - \omega_m = 3A\left(\frac{F}{2}\right)^{2/3} ,$$

$$n_m^2 = \left(\frac{2}{F}\right)^{2/3}$$

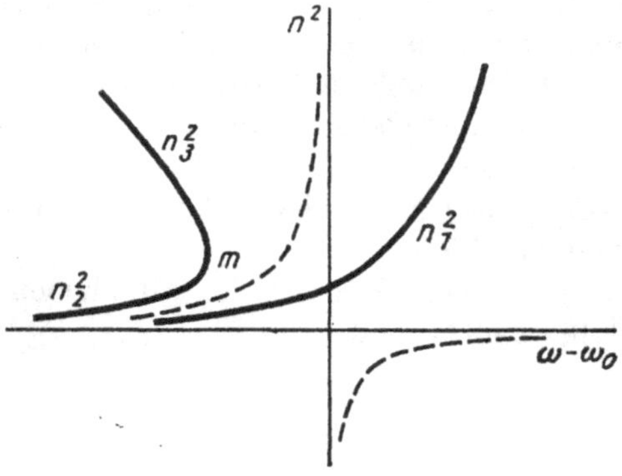

Abb. 59

ist. Die Kurven der Funktionen $n_2^2(\omega)$ und $n_3^2(\omega)$ verlaufen oberhalb der Kurve $n_0^2(\omega)$ und die Kurve $n_1^2(\omega)$ unter ihr. Daher haben die Wellen 2 und 3 eine Zirkularpolarisation ein und desselben Vorzeichens und die Welle 1 des entgegengesetzten Vorzeichens (das ist aus den Gleichungen (101,11), die die Induktion $\boldsymbol{D}$ in der Welle bestimmen, klar ersichtlich).

Zum Abschluß sei betont, daß sich die Formeln (106,2) und (106,4) für die dielektrische Funktion selbst und daher auch die auf ihnen beruhenden Ergebnisse nur auf Frequenzen beziehen, die hinreichend weit vom Zentrum der Absorptionslinie entfernt sind: $|\omega - \omega_0| \gg \gamma$, wo γ die Linienbreite ist. Für $|\omega - \omega_0| \lesseqgtr \gamma$ ist die Berücksichtigung der Absorption, d. h. des Imaginärteils der dielektrischen Funktion erforderlich. Dies kann das Bild wesentlich verändern.

XIII NICHTLINEARE OPTIK

§ 107. Frequenzwandlung in nichtlinearen Medien

Die in den vorigen Kapiteln dargelegte Theorie der Ausbreitung elektromagnetischer Wellen in dielektrischen Medien beruht auf der Annahme eines linearen Zusammenhanges zwischen der Induktion des elektrischen Feldes $\boldsymbol{D}$ und seiner Feldstärke $\boldsymbol{E}$. Diese Näherung ist dann mit hinreichender Genauigkeit gerechtfertigt, wenn die Feldstärke $\boldsymbol{E}$ klein gegenüber charakteristischen Werten für inneratomare Felder ist (wie das auch faktisch der Fall ist). Aber sogar unter diesen Bedingungen führen die in der Abhängigkeit $\boldsymbol{D}(\boldsymbol{E})$ existierenden kleinen nichtlinearen Korrekturen zu qualitativ neuen Effekten und können daher wesentlich sein.

Die wichtigste Besonderheit eines nichtlinearen Mediums stellt die Erzeugung von Schwingungen mit neuen Frequenzen in ihm dar. So werden, wenn eine monochromatische Welle mit der Frequenz ω_1 auf ein derartiges Medium fällt, im Verlaufe ihrer Ausbreitung im Medium Wellen mit den Frequenzen $m\omega_1$ (wobei m ganzzahlig ist) erzeugt; liegt anfangs eine Gesamtheit von monochromatischen Signalen mit den Frequenzen ω_1 und ω_2 vor, dann entstehen im Verlaufe der Zeit auch kombinierte Frequenzen $m\omega_1 + n\omega_2$ u. ä.

Ist das Medium dissipationslos, dann unterliegt der Frequenzwandlungsprozeß außer der offensichtlichen Bedingung für die Erhaltung der gesamten Energie der Schwingungen bei allen Frequenzen einigen sehr allgemeinen Relationen. Dabei wird vorausgesetzt, die Nichtlinearität sei schwach ; die Bedeutung dieses Begriffes „schwach“ wird unten genauer ausgeführt.

Herkunft und Bedeutung der gesuchten Relationen sind vom Quantenstandpunkt aus, von dem wir auch ausgehen werden, am klarsten. Zur Vereinfachung der Überlegungen nehmen wir an, alle Frequenzen des Systems seien als Linearkombination zweier inkommensurabler Grundfrequenzen ω_1 und ω_2 darstellbar:

$$\omega_{mn} = m\omega_1 + n\omega_2 , \tag{107,1}$$

wobei m, n positive oder negative ganze Zahlen sind.

Die Gesamtenergie der Strahlung im Medium kann man als Summe der Energien aller Quanten darstellen:

$$\mathcal{U} = \sum_{m,n} N_{mn}\hbar\omega_{mn} ,$$

wobei N_{mn} die Zahl der Quanten mit der Frequenz ω_{mn} ist. Die Summation wird über alle Zahlen m und n, für die $\omega_{mn} > 0$ gilt, ausgeführt (da natürlich nur positive Frequenzen einen physikalischen Sinn haben).

Die Frequenzumsetzungsprozesse führen mit der Zeit zu einer Änderung der Zahlen N_{mn} bei Erhaltung der Gesamtenergie. Daher gilt

$$\frac{d\mathcal{U}}{dt} = \hbar\omega_1 \sum_{m,n} m \frac{dN_{mn}}{dt} + \hbar\omega_2 \sum_{m,n} n \frac{dN_{mn}}{dt} = 0 .$$

Wegen der angenommenen Inkommensurabilität von ω und ω_2 und der Ganzzahligkeit der Quantenzahlen und ihrer Änderungen macht diese Gleichung das Verschwinden jeder der beiden Summen erforderlich[1]):

$$\sum_{m,n} m \frac{dN_{mn}}{dt} = 0 , \qquad \sum_{m,n} n \frac{dN_{mn}}{dt} = 0 . \tag{107,2}$$

Anstelle der Zahl der Quanten führen wir die entsprechenden Intensitäten — die Gesamtenergien $\overline{\mathcal{U}}_{mn}$, die in der Strahlung der entsprechenden Frequenzen enthalten sind, ein:

$$\overline{\mathcal{U}}_{mn} = \hbar\omega_{mn} N_{mn} . \tag{107,3}$$

Dann nimmt die Relation (107,2) die Form

$$\sum_{m,n} \frac{m}{\omega_{mn}} \frac{d\overline{\mathcal{U}}_{mn}}{dt} = 0 , \qquad \sum_{m,n} \frac{n}{\omega_{mn}} \frac{d\overline{\mathcal{U}}_{mn}}{dt} = 0 \tag{107,4}$$

an. Hier muß ein Sachverhalt angemerkt werden, der besonders klar vom Standpunkt des klassischen Schwingungsbildes aus ist. Wenn von der zeitlichen Änderung von $\mathcal{U}_{mn}$ die Rede ist, meinen wir nur den systematischen Verlauf dieser Änderung, anders ausgedrückt, es wird die über Zeitintervalle, die groß gegenüber den Perioden $1/\omega_1$ und $1/\omega_2$ sind, gemittelte Energie betrachtet (was auch durch den Strich über $\mathcal{U}_{mn}$ in (107,4) angezeigt wird). Eben an dieser Stelle wird die Schwäche der nichtlinearen Effekte benötigt: Die charakteristische Zeit τ des durch sie bedingten Anwachsens der sich anregenden Schwingungen muß groß gegenüber den angeführten Perioden sein. Nur unter diesen Bedingungen ist die Betrachtung von zeitlichen Verläufen für über Intervalle Δt gemittelte Größen sinnvoll, derart daß

$$1/\omega_1, \quad 1/\omega_2 \ll \Delta t \ll \tau$$

gilt.

Die Gleichungen (107,4) sind die gesuchten Relationen, sie sind als Manley-Rowe-Theorem bekannt (J. M. Manley, H. E. Rowe, 1956).[2]) Indem wir uns von der Einschränkung bei der Summation lösen, verbleibt uns noch, ihnen eine konkretere Form zu geben. Das ist leicht getan, indem wir bemerken, daß jedem Zahlenpaar m, n, für das $\omega_{mn} > 0$ gilt, ein Zahlenpaar $-m, -n$ entspricht, für das bei demselben $|\omega_{mn}|$ die Frequenz negativ ist. Wir definieren

$$\overline{\mathcal{U}}_{-m,-n} = \overline{\mathcal{U}}_{mn} , \tag{107,5}$$

dehnen die Summation über alle ganzen Zahlen von $-\infty$ bis $+\infty$ aus und verdoppeln folglich die Summen, was ihr Verschwinden nicht beeinträchtigt. Hierauf kann man noch eine Vereinfachung machen. In der ersten Gleichung (107,4) spalten wir die

---

[1]) Das Aufschreiben von Änderungsgeschwindigkeiten ganzzahliger Größen in der Form von Ableitungen ist natürlich nur bedingt richtig.

[2]) Ihre Quanteninterpretation stammt von M. T. Weiss, 1957.

Summe über m in zwei Summen von 0 bis ∞ und von $-\infty$ bis 0 auf; und in der zweiten substituieren wir $m, n \to -m, -n$. Eine analoge Transformation führen wir in der zweiten Gleichung in der Summation über n aus.

Als Resultat erhalten wir schließlich

$$\sum_{m=0}^{\infty} \sum_{n=-\infty}^{\infty} \frac{m}{m\omega_1 + n\omega_2} \frac{\mathrm{d}\bar{\mathcal{U}}_{mn}}{\mathrm{d}t} = 0\,, \quad \sum_{n=0}^{\infty} \sum_{m=-\infty}^{\infty} \frac{n}{m\omega_1 + n\omega_2} \frac{\mathrm{d}\bar{\mathcal{U}}_{mn}}{\mathrm{d}t} = 0\,. \tag{107,6}$$

Die Verallgemeinerung für den Fall einer großen Anzahl von inkommensurablen Ausgangsfrequenzen ist offensichtlich.

Die konkreten Eigenschaften des Schwingungssystems können diese oder jene Frequenzwandlungsprozesse verbieten. Die Summation in (107,6) wird daher faktisch über erlaubte Prozesse ausgeführt. So durchlaufen die Zahlen m, n im einfachsten Fall eines Systems, das nur die Erzeugung der kombinierten Frequenz $\omega_1 + \omega_2$ zuläßt, die Werte 0 und 1, und wir erhalten

$$-\frac{1}{\omega_1} \frac{\mathrm{d}\bar{\mathcal{U}}_{10}}{\mathrm{d}t} = -\frac{1}{\omega_2} \frac{\mathrm{d}\bar{\mathcal{U}}_{01}}{\mathrm{d}t} = \frac{1}{\omega_1 + \omega_2} \frac{\mathrm{d}\bar{\mathcal{U}}_{11}}{\mathrm{d}t}\,. \tag{107,7}$$

Der Sinn dieser Gleichungen ist offensichtlich: die Zahl der vernichteten Quanten mit $\hbar\omega_1$ und $\hbar\omega_2$ ist gleich der Zahl der erzeugten Quanten mit $\hbar(\omega_1 + \omega_2)$.

§ 108. Die nichtlineare dielektrische Funktion

Im Falle schwacher Nichtlinearität ist die erste Korrektur zur linearen Abhängigkeit von $\boldsymbol{D}$ von $\boldsymbol{E}$ quadratisch im Feld. Bei vorliegender zeitlicher Dispersion[1]) kann sie für ein beliebiges anisotropes Medium durch den Ausdruck

$$D_i^{(2)}(t) = \iint_0^{\infty} f_{i,kl}(\tau_1, \tau_2)\, E_k(t - \tau_1)\, E_l(t - \tau_2)\, \mathrm{d}\tau_1\, \mathrm{d}\tau_2 \tag{108,1}$$

analog zu (77,3) dargestellt werden. Selbstverständlich bedingt das Vorhandensein eines solchen Terms bestimmte Einschränkungen für die zulässige Symmetrie des Systems. Insbesondere tritt für ein inversionsinvariantes System ein solcher Term nicht auf. Wenn wir auch im folgenden den in $\boldsymbol{E}$ quadratischen Term von der Form (108,1) als typisch betrachten werden, so müssen wir jedoch anmerken, daß die Induktion $\boldsymbol{D}$ in quadratischer Näherung sowohl bilineare Terme in den Komponenten von $\boldsymbol{E}$ und $\boldsymbol{H}$ als auch quadratische in $\boldsymbol{H}$ aufweisen kann. Diese Terme spielen gewöhnlich eine untergeordnete Rolle, und wir werden sie hier nicht betrachten. Weiterhin werden wir hier auch eine nichtlineare Abhängigkeit der magnetischen Induktion $\boldsymbol{B}$ von $\boldsymbol{H}$ nicht behandeln, da diese Frage analog zur Abhängigkeit $\boldsymbol{D}(\boldsymbol{E})$ ist.

Wir führen die Größe

$$\varepsilon_{i,kl}(\omega_1, \omega_2) = \iint_0^{\infty} \mathrm{e}^{i(\omega_1\tau_1 + \omega_2\tau_2)}\, f_{i,kl}(\tau_1, \tau_2)\, \mathrm{d}\tau_1\, \mathrm{d}\tau_2 \tag{108,2}$$

ein, die natürlicherweise als *nichtlineare dielektrische Funktion* zweiter Ordnung (in Analogie zur linearen dielektrischen Funktion $\varepsilon_{ik}(\omega)$, die durch den Ausdruck (77,5)

---

[1]) Die räumliche Dispersion wird in diesem Kapitel überall vernachlässigt.

definiert wird) bezeichnet wird. Sie unterscheidet sich nur durch einen Faktor von den Größen $\chi_{ikl} = \varepsilon_{ikl}/4\pi$, die man *nichtlineare Suszeptibilitäten* nennt. Aufgrund der Symmetrie, mit der E_k und E_l in die Definition (108,1) eingehen, ist der Tensor $f_{i,kl}$ in den Indizes kl bei gleichzeitiger Vertauschung seiner Argumente symmetrisch: $f_{i,kl}(\tau_1, \tau_2) = f_{i,kl}(\tau_2, \tau_1)$. Der Tensor $\varepsilon_{i,kl}$ weist daher dieselbe Symmetrie auf:

$$\varepsilon_{i,kl}(\omega_1, \omega_2) = \varepsilon_{i,lk}(\omega_2, \omega_1)\,. \tag{108,3}$$

Insbesondere für $\omega_1 = \omega_2$ ist der Tensor im letzten Indexpaar symmetrisch:

$$\varepsilon_{i,kl}(\omega, \omega) = \varepsilon_{i,lk}(\omega, \omega)\,. \tag{108,4}$$

Außerdem haben wir, da $f_{i,kl}$ reell ist (was seinerseits aus der Definition (108,1) mit reellen $\boldsymbol{E}$ und $\boldsymbol{D}$ folgt),

$$\varepsilon_{i,kl}(-\omega_1, -\omega_2) = \varepsilon^*_{i,kl}(\omega_1, \omega_2)\,. \tag{108,5}$$

Die dielektrische Funktion (108,2) tritt natürlicherweise bei der Behandlung monochromatischer Felder oder ihrer Superposition auf. In den nichtlinearen Ausdrücken müssen solche Felder natürlich in reeller Form dargestellt werden. Ist beispielsweise $\boldsymbol{E}$ eine monochromatische Welle mit einer Frequenz ω, so hat man $\boldsymbol{E}(t) = \operatorname{Re}\{\boldsymbol{E}_0\, e^{-i\omega t}\}$ zu schreiben. Setzt man dies in (108,1) ein, so erhält man den Ausdruck

$$D_i^{(2)}(t) = \tfrac{1}{2} \operatorname{Re}\{\varepsilon_{i,kl}(\omega, \omega)\, e^{-2i\omega t} E_{0i}E_{0k} + \varepsilon_{i,kl}(\omega, -\omega)\, E_{0i}E^*_{0k}\}\,. \tag{108,6}$$

Er enthält Schwingungen mit doppelter Frequenz (neben dem konstanten Term, der der Differenz $\omega - \omega = 0$ entspricht). Im allgemeinen Fall beschreibt $\varepsilon_{i,kl}(\omega_1, \omega_2)$ einen zu $e^{-i\omega_3 t}$, $\omega_3 = \omega_1 + \omega_2$, proportionalen Beitrag.

Wir werden unten nur Medien ohne Dissipation betrachten und sie als transparent bezeichnen, obwohl sie dies im wörtlichen Sinne (für eine Welle gegebener Frequenz) nicht sind, da ein Energieübergang zu anderen Frequenzen möglich ist. Des weiteren werden wir annehmen, daß das Medium keine magnetische Struktur aufweise.

Zeigen wir zunächst, daß unter diesen Bedingungen die nichtlineare dielektrische Funktion reell ist. Davon könnte man sich unmittelbar überzeugen, indem man die Komponenten des Tensors der nichtlinearen Suszeptibilität über die Matrixelemente der elektrischen Dipolwechselwirkung des Mediums mit dem Feld ausdrückt. Diese Wechselwirkung stellt eine kleine Störung dar, und die Suszeptibilität zweiter Ordnung tritt in der dritten Ordnung der Störungstheorie auf.[1]) Man kann aber auch ohne direkte Ausführung dieser Rechnungen verstehen, warum sie ein reelles Ergebnis liefern. Das vollständige System der Wellenfunktion, mit dem die Matrixelemente berechnet werden, kann man (für ein System ohne magnetische Struktur, das daher invariant bezüglich Zeitumkehr ist!) reell wählen. Der Operator der Wechselwirkung zwischen dem Feld und dem elektrischen Dipolmoment des Mediums ist ebenfalls reell. Imaginäre Terme können daher nur nach Umgehungen von Polstellen der Energienenner in der Störungstheorie entstehen. Das Fehlen einer Dissipation im Medium bedeutet aber, daß keine Frequenz des Feldes mit einer Energieniveaudifferenz des Systems übereinstimmt (oder daß die Residuen in den Polstellen aufgrund dieser oder jener Auswahlregel gleich Null sind); man braucht daher faktisch keine Polstellenumgehungen auszuführen.

---

[1]) Diese Rechnungen verlaufen analog (wenn auch wesentlich umfangreicher) zur Berechnung der verallgemeinerten Suszeptibilität in der zweiten Ordnung der Störungstheorie (s. V, § 126).

Die Transparenz des Mediums führt weiterhin zum Auftreten bestimmter Symmetrierelationen für den Tensor $\varepsilon_{i,kl}$. Diese Relationen könnte man ebenfalls aus konkreten Ausdrücken, die die Störungstheorie liefert, ersehen. Man kann aber auch hier auf einfacherem Wege zum erforderlichen Ergebnis gelangen.

Dazu nehmen wir an, das Feld im Medium sei die Summe dreier fast monochromatischer Felder mit den inkommensurablen Frequenzen ω_1, ω_2, ω_3,

$$\boldsymbol{E} = \boldsymbol{E}_1 + \boldsymbol{E}_2 + \boldsymbol{E}_3 = \mathrm{Re}\{\boldsymbol{E}_{01}\, \mathrm{e}^{-i\omega_1 t} + \boldsymbol{E}_{02}\, \mathrm{e}^{-i\omega_2 t} + \boldsymbol{E}_{03}\, \mathrm{e}^{-i\omega_3 t}\}\,, \qquad (108{,}7)$$

wobei $\omega_3 = \omega_1 + \omega_2$ gelte. Wir betrachten die Felder mit den Frequenzen ω_1, ω_2 und ω_3 als durch äußere Quellen erzeugt, die später abgeschaltet wurden. Unter dem Einfluß der schwachen Nichtlinearität des Mediums werden ihre Amplituden $\boldsymbol{E}_{01}$, $\boldsymbol{E}_{02}$, $\boldsymbol{E}_{03}$ zu zeitlich langsam variierenden Funktionen.

Diese Langsamkeit gestattet, die MAXWELL-Gleichungen für jedes der Felder mit der entsprechenden Grundfrequenz getrennt zu schreiben. Aus diesen Gleichungen folgt seinerseits auf die übliche Weise der Energieerhaltungssatz in der Gestalt

$$\frac{1}{4\pi}(\overline{\boldsymbol{E}_1\dot{\boldsymbol{D}}_1} + \overline{\boldsymbol{H}_1\dot{\boldsymbol{H}}_1}) + \mathrm{div}\,\frac{c}{4\pi}\,\overline{[\boldsymbol{E}_1\boldsymbol{H}_1]} = 0$$

(und analog für die Größen mit den Indizes 2 und 3); mit $\boldsymbol{D}_1$ wird jener Anteil der Induktivität bezeichnet, der den Faktor $e^{\pm i\omega_1 t}$ enthält. Der Strich bedeutet die (im folgenden erforderliche) zeitliche Mittelung. Bei der Integration über das vom Feld eingenommene Gesamtvolumen verschwindet der die Divergenz enthaltende Term, und es verbleibt

$$\frac{1}{4\pi}\int(\overline{\boldsymbol{E}_1\dot{\boldsymbol{D}}_1} + \overline{\boldsymbol{H}_1\dot{\boldsymbol{H}}_1})\,\mathrm{d}V = 0\,.$$

Stellt man nun in expliziter Form in $\boldsymbol{D}_1$ die in $\boldsymbol{E}$ linearen und quadratischen Terme dar,

$$\boldsymbol{D}_1 = \boldsymbol{D}_1^{(1)} + \boldsymbol{D}_1^{(2)}\,,$$

so liefern die erstgenannten zusammen mit $\boldsymbol{H}_1\dot{\boldsymbol{H}}_1$ die zeitliche Änderung $\mathrm{d}\overline{\mathcal{U}}_1/\mathrm{d}t$ der Energie des Feldes mit der Frequenz ω_1. Diese Änderung wird somit durch die Gleichung

$$\frac{\mathrm{d}\overline{\mathcal{U}}_1}{\mathrm{d}t} = -\frac{1}{4\pi}\int\overline{\mathrm{Re}\,\{\boldsymbol{E}_{01}\,\mathrm{e}^{-i\omega_1 t}\}\,\dot{\boldsymbol{D}}_1^{(2)}}\,\mathrm{d}V \qquad (108{,}8)$$

bestimmt. Die Ableitung $\partial\boldsymbol{D}_1^{(2)}/\partial t$ hat man hier über die Feldstärke mit Hilfe von (108,1 und 2) auszudrücken. Die zeitliche Mittelung läßt alle Terme außer denjenigen verschwinden, wo sich die Exponentialfaktoren gegenseitig aufheben. Wir wiederholen diese Rechnungen für die übrigen Frequenzen und finden schließlich

$$\left.\begin{aligned}
\frac{\mathrm{d}\overline{\mathcal{U}}_1}{\mathrm{d}t} &= -\frac{i\omega_1}{16\pi}\int \varepsilon_{k,il}(-\omega_3, \omega_2)\, E_{03i}^* E_{01k} E_{02l}\,\mathrm{d}V + \text{c. c.},\\
\frac{\mathrm{d}\overline{\mathcal{U}}_2}{\mathrm{d}t} &= -\frac{i\omega_2}{16\pi}\int \varepsilon_{l,ki}(\omega_1, -\omega_3)\, E_{03i}^* E_{01k} E_{02l}\,\mathrm{d}V + \text{c. c.},\\
\frac{\mathrm{d}\overline{\mathcal{U}}_3}{\mathrm{d}t} &= -\frac{i\omega_3}{16\pi}\int \varepsilon_{i,kl}(\omega_1, \omega_2)\, E_{03i}^* E_{01k} E_{02l}\,\mathrm{d}V + \text{c. c.},
\end{aligned}\right\} \qquad (108{,}9)$$

wobei mit c. c. die konjugiert komplexen Ausdrücke bezeichnet wurden. Bei der Rechnung wurde die Eigenschaft (108,3) benutzt.

Die gesamte Energieänderung bei allen drei Frequenzen ist

$$\frac{d\overline{\mathcal{U}}}{dt} = \frac{d\overline{\mathcal{U}}_1}{dt} + \frac{d\overline{\mathcal{U}}_2}{dt} + \frac{d\overline{\mathcal{U}}_3}{dt}. \tag{108,10}$$

In einem nichtlinearen Medium muß diese Summe im allgemeinen nicht genau verschwinden, da auch Energieübergänge zu anderen Kombinationsfrequenzen $\omega_1 - \omega_2$, $\omega_3 + \omega_2$ usw. möglich sind. Die Größe der von den äußeren Quellen erzeugten Felder mit den Frequenzen ω_1, ω_2, ω_3 steht in keinem Zusammenhang zum Nichtlinearitätsgrad, sie müssen daher im Gegensatz zu den Feldern bei anderen Frequenzen, die nur aufgrund der Nichtlinearität des Mediums entstehen, nicht klein sein. Man kann daher den Beitrag der zuletzt genannten zur Energiebalance als vernachlässigbar betrachten und das Verschwinden der Summe (108,10) fordern. Da dieses Medium ein nichtlineares System mit nur drei Frequenzen darstellt, kann man das MANLEY-ROWE-Theorem in seiner einfachsten Form (107,7) anwenden. In den von uns hier verwendeten Bezeichnungen lauten diese Relationen

$$\frac{1}{\omega_1}\frac{d\overline{\mathcal{U}}_1}{dt} + \frac{1}{\omega_3}\frac{d\overline{\mathcal{U}}_3}{dt} = 0, \qquad \frac{1}{\omega_2}\frac{\partial\overline{\mathcal{U}}_2}{dt} + \frac{1}{\omega_3}\frac{d\overline{\mathcal{U}}_3}{dt} = 0.$$

Setzt man hierin (108,9) ein, so findet man, daß die nichtlineare dielektrische Funktion die folgenden wichtigen Symmetrierelationen erfüllt[1]):

$$\varepsilon_{i,kl}(\omega_1, \omega_2) = \varepsilon_{k,il}(-\omega_3, \omega_2) = \varepsilon_{l,ki}(\omega_1, -\omega_3) \tag{108,11}$$

(J. A. ARMSTRONG, N. BLOEMBERGEN, J. DUCUING, P. S. PERSHAN, 1962). Die durch diese Gleichungen ausgedrückte Symmetrie wird noch anschaulicher, wenn man den Tensorkomponenten noch ein drittes Argument derart zuschreibt, daß die Summe aller drei Frequenzen Null ist:

$$\begin{aligned}\varepsilon_{i,kl}(-\omega_3; \omega_1, \omega_2) &= \varepsilon_{k,il}(\omega_1; -\omega_3, \omega_2)\\ &= \varepsilon_{l,ki}(\omega_2; \omega_1, -\omega_3) = \varepsilon_{i,lk}(-\omega_3; \omega_2, \omega_1)\end{aligned}$$

(die letzte Gleichung s. (108,3)). Wenn man vereinbart, die aufeinanderfolgenden drei Argumente (Frequenzen) mit den drei aufeinanderfolgenden Tensorindizes zu verknüpfen, so kann man diese Indizes unter der Bedingung beliebig vertauschen, daß dabei die Argumente ebenso vertauscht werden.

Wir bemerken, daß die Forderung, daß keine Dissipation vorliegt, allein genommen nur zu einer schwächeren Bedingung, dem Verschwinden der Summe (108,10) führen würde, d. h.

$$\omega_3\varepsilon_{i,kl}(\omega_1, \omega_2) - \omega_1\varepsilon_{k,il}(-\omega_3, \omega_2) - \omega_2\varepsilon_{l,ki}(\omega_1, -\omega_3) = 0. \tag{108,12}$$

Die dargelegte Herleitung wird unmittelbar für $\omega_1 = \omega_2 = \omega$ ungültig, da sich die MANLEY-ROWE-Relationen dabei nur auf den Erhaltungssatz der Gesamtenergie reduzieren. Auf die Gleichung

$$\varepsilon_{i,kl}(\omega, \omega) = \varepsilon_{k,il}(-2\omega, \omega) = \varepsilon_{l,ki}(\omega, -2\omega) \tag{108,13}$$

[1]) Dabei ist wesentlich, daß die komplexen Amplituden beliebig sind, die konjugiert komplexen Terme in (108,9 und 10) sind daher unabhängig, und man kann diese einzeln Null setzen.

kann man jedoch einfach wegen der Stetigkeit des Grenzüberganges aus (108,11) schließen.

Wenn beide Frequenzen ω_1 und ω_2 gegen Null streben, dann erweist sich der Tensor $\varepsilon_{i,kl}$ als vollständig symmetrisch. Diese Symmetrie drückt einfach den Fakt aus, daß im statischen Fall die Induktion $\boldsymbol{D}$ durch Differentiation der freien Energie nach $\boldsymbol{E}$ gewonnen werden kann,

$$D_i = -4\pi \frac{\partial \tilde{F}}{\partial E_i},$$

so daß

$$\frac{\partial D_i}{\partial E_k} = \frac{\partial D_k}{\partial E_i}$$

ist. Hieraus folgt die Symmetrie des Tensors $\varepsilon_{i,kl}$ in den Indizes ik und damit in allen drei Indizes.

Wenn dagegen nur eine der Frequenzen Null ist, so führen die Relationen (108,11) auf die Gleichung

$$\varepsilon_{i,kl}(\omega, 0) = \varepsilon_{l,ki}(\omega, -\omega) \tag{108,14}$$

sowie auf

$$\varepsilon_{i,kl}(\omega, 0) = \varepsilon_{k,il}(-\omega, 0) = \varepsilon_{k,il}(\omega, 0) \tag{108,15}$$

(aufgrund von (108,5) sind die reellen Funktionen $\varepsilon_{k,il}(\omega, 0)$ gerade in ω). Der Tensor $\varepsilon_{i,kl}(\omega, 0)$ beschreibt den linearen elektrooptischen Effekt, d. h. die Änderung der dielektrischen Funktion des Kristalls durch den Einfluß eines konstanten elektrischen Feldes und stimmt daher mit dem in (100,4) definierten Tensor α_{ikl} überein,

$$\varepsilon_{i,kl}(\omega, 0) = \alpha_{ikl}(\omega),$$

der wegen (108,15), wie es auch sein muß, in den Indizes ik symmetrisch ist. Der Tensor $\varepsilon_{l,ki}(\omega, -\omega)$ beschreibt dagegen einen anderen Effekt: das Auftreten einer statischen dielektrischen Polarisation im Medium, die proportional zum Quadrat des angelegten schwachen veränderlichen periodischen Feldes ist (vgl. den zweiten Term in (108,6)). Die Gleichung (108,14) stellt somit einen Zusammenhang zwischen diesen beiden Effekten her.

Durch analoge Überlegungen könnte man unter Verwendung der nichtlinearen Suszeptibilität, die in den elektrischen und magnetischen Größen „gemischt" ist, erneut zu einem Zusammenhang zwischen dem magnetooptischen Faraday-Effekt und einer Magnetisierung des Mediums gelangen, die in Richtung des elektrischen Feldes rotiert; dies ist der durch die Formeln (101,15) und (101,25) hergestellte Zusammenhang.

Wie bereits erwähnt wurde, fehlt für Medien, die invariant bezüglich der räumlichen Inversion sind, die Nichtlinearität in der zweiten Ordnung. In diesen Fällen beginnen die nichtlinearen Effekte mit kubischen Termen in der Entwicklung der Abhängigkeit $\boldsymbol{D}(\boldsymbol{E})$. Die entsprechende nichtlineare dielektrische Funktion dritter Ordnung ist ein Tensor vierter Ordnung, der von drei unabhängigen Frequenzen abhängt:

$$\varepsilon_{i,klm}(\omega_1, \omega_2, \omega_3).$$

Seine Symmetrieeigenschaften sind den Eigenschaften des dielektrischen Tensors zweiter Ordnung völlig analog: Führt man noch eine vierte Frequenz

$$\omega_4 = \omega_1 + \omega_2 + \omega_3$$

ein und schreibt den Tensor in der Gestalt

$$\varepsilon_{i,klm}(-\omega_4; \omega_1, \omega_2, \omega_3),$$

so kann man die Indizes beliebig vertauschen, wenn man dabei die vier Argumente ebenso vertauscht.

Die Nichtlinearität dritter Ordnung kann sogar beim Vorhandensein einer quadratischen Nichtlinearität wegen der Spezifik der durch sie bedingten Effekte wesentlich sein.

§ 109. Selbstfokussierung

In diesem Paragraphen werden optische Effekte behandelt, die mit einer nichtlinearen Änderung des Feldes bei der Frequenz der primären Welle verbunden sind. Anders ausgedrückt: Es wird der nichtlineare Beitrag zu $\boldsymbol{D}$ bei derselben Frequenz ω behandelt, die das monochromatische Feld $\boldsymbol{E}$ hat. Die quadratischen Terme liefern keinen derartigen Beitrag, da sie nur die Frequenzen 2ω und 0 enthalten. Der erste von Null verschiedene Effekt entsteht bei einer kubischen Nichtlinearität und ist in Termen der Gestalt $\boldsymbol{EEE}^*$ (mit der Frequenz $\omega + \omega - \omega = \omega$) enthalten.

Im folgenden werden wir in diesem Paragraphen das Medium als isotrop (Flüssigkeit oder Gas) betrachten. Die uns interessierenden Terme dritter Ordnung für die Induktion haben dann im allgemeinen Fall die Gestalt

$$\boldsymbol{D}^{(3)} = \alpha(\omega)\,(\boldsymbol{EE}^*)\,\boldsymbol{E} + \beta(\omega)\,\boldsymbol{E}^2\boldsymbol{E}^*. \tag{109,1}$$

Sie enthalten zwei unabhängige Koeffizienten. In einem transparenten Medium sind diese Koeffizienten reelle gerade Funktionen der Frequenz. Eine solche Zahl von unabhängigen Koeffizienten befindet sich in Übereinstimmung mit den Symmetrieeigenschaften des Tensors $\varepsilon_{i,klm}(-\omega; -\omega, \omega, \omega)$. Für die erwähnten Werte der Argumente ist dieser Tensor symmetrisch in den Indexpaaren ik und lm. In einem isotropen System hat dieser Tensor zwei unabhängige Komponenten. Im Grenzfall kleiner Frequenzen muß dieser Tensor, wie im vorangegangenen Paragraphen erwähnt wurde, in allen Indizes symmetrisch sein, d. h., in einem isotropen Medium ist er der Kombination

$$\delta_{ik}\delta_{lm} + \delta_{il}\delta_{km} + \delta_{im}\delta_{kl}$$

proportional. Dies bedeutet, daß

$$\alpha(0) = 2\beta(0) \tag{109,2}$$

ist.

Für ein linear polarisiertes Feld $\boldsymbol{E}$ läßt sich der Ausdruck (109,1) vereinfachen. Bei einer solchen Polarisation reduziert sich der komplexe Vektor $\boldsymbol{E}$ auf einen reellen Vektor, der mit einem allgemeinen Phasenfaktor multipliziert wird. Die Ausdrücke $|\boldsymbol{E}|^2\boldsymbol{E}$ und $\boldsymbol{E}^2\boldsymbol{E}^*$ fallen dann zusammen, und es gilt

$$\boldsymbol{D}^{(3)} = (\alpha + \beta)\,|\boldsymbol{E}|^2\,\boldsymbol{E}. \tag{109,3}$$

Eine ähnliche Vereinfachung entsteht bei zirkularer Polarisation des Feldes $\boldsymbol{E}$. In diesem Fall gilt $\boldsymbol{E}^2 = 0$, und (109,1) reduziert sich auf

$$\boldsymbol{D}^{(3)} = \alpha\,|\boldsymbol{E}|^2\,\boldsymbol{E}. \tag{109,4}$$

In beiden Fällen ist die Induktivität ebenso wie $\boldsymbol{E}$ polarisiert. Im allgemeinen Fall einer elliptischen Polarisation hingegen fallen die Richtungen und Hauptachsenverhältnisse der Ellipsen von $\boldsymbol{E}$ und $\boldsymbol{D}^{(3)}$ nicht zusammen. Die Relation

$$\boldsymbol{D} = \boldsymbol{D}^{(1)} + \boldsymbol{D}^{(3)} = \varepsilon \boldsymbol{E} + \boldsymbol{D}^{(3)}$$

($\varepsilon(\omega)$ ist die gewöhnliche, lineare dielektrische Funktion) hat man in die MAXWELL-Gleichungen einzusetzen, die dabei (unter Eliminierung des Magnetfeldes $\boldsymbol{H}$) in der Gestalt

$$\operatorname{rot}\operatorname{rot}\boldsymbol{E} + \frac{1}{c^2}\frac{\partial^2 \boldsymbol{D}}{\partial t^2} = 0\,, \tag{109,5}$$

$$\operatorname{div}\boldsymbol{D} = 0\,. \tag{109,6}$$

zu schreiben sind.

Dabei ist wesentlich, daß dieses nichtlineare Gleichungssystem eine strenge Lösung in Form einer monochromatischen ebenen Welle

$$\boldsymbol{E} = \boldsymbol{E}_0\,\mathrm{e}^{i(\boldsymbol{kr}-\omega t)} \tag{109,7}$$

mit linearer oder zirkularer Polarisation zuläßt. Für solche Wellen gilt nämlich $|\boldsymbol{E}|^2 = |\boldsymbol{E}_0^2|$; so daß die Formeln (109,3) oder (109,4) denselben Charakter wie im linearen Falle mit einer von der Feldamplitude abhängigen dielektrischen Funktion aufweisen. Man kann daher nach der Lösung der Gleichungen den reellen Anteil nehmen. Den Zusammenhang zwischen $\boldsymbol{D}$ und $\boldsymbol{E}$ werden wir in diesen Fällen in der Form

$$\boldsymbol{D} = \left(\varepsilon + \frac{2c^2}{\omega^2}\,\eta\,|\boldsymbol{E}_0|^2\right)\boldsymbol{E} \tag{109,8}$$

unter Einführung der im folgenden zweckmäßigen Bezeichnung $\eta = \omega^2(\alpha + \beta)/2c^2$ für eine linear polarisierte oder $\eta = \omega^2\alpha/2c^2$ für eine zirkular polarisierte Welle schreiben.

Einsetzen von (109,8) in (109,6) liefert $\operatorname{div}\boldsymbol{E} = 0$, d. h., das Feld bleibt wie in einer linearen Theorie transversal. Unter Berücksichtigung dessen führt die Substitution von (109,7) in (109,5) auf die Dispersionsrelation

$$k^2 = \frac{\omega^2}{c^2}\,\varepsilon + 2\eta\,|\boldsymbol{E}_0|^2\,. \tag{109,9}$$

Die Phasengeschwindigkeit ω/k hängt nun nicht nur von der Frequenz, sondern auch noch von der Amplitude der Welle ab. Wenn $\eta > 0$ ist, dann fällt die Phasengeschwindigkeit mit wachsender Amplitude ab; ein solches Medium wird als fokussierend bezeichnet (der Sinn dieser Bezeichnung wird unten geklärt). Ist dagegen $\eta < 0$, so wächst die Phasengeschwindigkeit bei Vergrößerung der Amplitude, und das Feld wird als *defokussierend* bezeichnet.

Die Verwendung der nichtlinearen Beziehung (109,1) setzt natürlich eine nur schwache Nichtlinearität voraus, d. h., die Terme höherer Ordnung müssen im Vergleich zu den Termen in $\boldsymbol{D}^{(3)}$ klein sein. Dabei können durch die „Anhäufung" von nichtlinearen Effekten in einem großen Zeitabschnitt und auf großen Entfernungen qualitativ neue Effekte entstehen. Eine natürliche Fragestellung ist dabei die Betrachtung einer fast monochromatischen Welle der Gestalt

$$\boldsymbol{E} = \boldsymbol{E}_0(t, \boldsymbol{r})\,\mathrm{e}^{i(k_0 x - \omega t)}\,, \tag{109,10}$$

wobei $\boldsymbol{E}_0(t, \boldsymbol{r})$ eine räumlich und zeitlich langsam variierende Funktion ist (ihre Änderung auf Zeitintervallen $\sim 1/\omega$ und Abständen $1/k_0$ ist klein). Die in die FOURIER-Entwicklung dieses Feldes eingehenden Wellenvektoren sind in einem kleinen Intervall von Werten um den Vektor $\boldsymbol{k}_0$ verteilt, der längs der x-Achse gerichtet ist. Wir vereinbaren, daß sein Betrag mit ω über die Gleichung

$$k_0^2 = \frac{\omega^2}{c^2}\,\varepsilon(\omega) \tag{109,11}$$

verknüpft ist, was der linearen Theorie entspricht. Wir leiten nun eine Gleichung für die Funktion $\boldsymbol{E}_0(t, \boldsymbol{r})$ ab.

Zunächst bemerken wir, daß in der Gleichung (109,5) im Term

$$\operatorname{rot}\operatorname{rot}\boldsymbol{E} = \operatorname{grad}\operatorname{div}\boldsymbol{E} - \Delta\boldsymbol{E}$$

die Größe $\operatorname{grad}\operatorname{div}\boldsymbol{E}$ vernachlässigt werden kann. Wegen Gleichung (109,6) ist nämlich die Divergenz der Feldstärke

$$\operatorname{div}\boldsymbol{E} \approx -\eta\,\frac{2c^2}{\varepsilon\omega^2}\,\boldsymbol{E}_0\operatorname{grad}|\boldsymbol{E}_0|^2\,,$$

d. h., sie ist nur aufgrund der Ableitungen der langsam variierenden Funktion $\boldsymbol{E}_0$ von Null verschieden und wegen der Kleinheit der nichtlinearen Terme zusätzlich klein; solche Größen vernachlässigen wir. Somit haben wir

$$\operatorname{rot}\operatorname{rot}\boldsymbol{E} \approx -\Delta\boldsymbol{E} \approx \left[k_0^2\boldsymbol{E}_0 - 2ik_0\,\frac{\partial\boldsymbol{E}_0}{\partial x} - \Delta_\perp\boldsymbol{E}_0\right]\mathrm{e}^{i(\boldsymbol{k}_0\boldsymbol{r}-\omega t)}\,,$$

wobei $\Delta_\perp = \partial^2/\partial y^2 + \partial^2/\partial z^2$ ist (der Term, der die zweite Ableitung $\partial^2\boldsymbol{E}_0/\partial x^2$ enthält, wurde weggelassen, da er nicht den großen Faktor k_0 aufweist; die transversalen Ableitungen können hingegen im Vergleich zu den longitudinalen groß werden).

Die Berechnung von $\partial^2\boldsymbol{D}^{(1)}/\partial t^2$ erfolgt analog zur Herleitung von Formel (80,10) und liefert[1])

$$\begin{aligned}\frac{1}{c^2}\,\frac{\partial^2\boldsymbol{D}^{(1)}}{\partial t^2} &\approx -\frac{1}{c^2}\left(\omega^2\varepsilon(\omega)\,\boldsymbol{E}_0 + i\,\frac{\partial(\omega^2\varepsilon)}{\partial\omega}\,\frac{\partial\boldsymbol{E}_0}{\partial t}\right)\mathrm{e}^{i(\boldsymbol{k}_0\boldsymbol{r}-\omega t)}\\ &= -\left(k_0^2\boldsymbol{E}_0 + 2i\,\frac{k_0}{u}\,\frac{\partial\boldsymbol{E}_0}{\partial t}\right)\mathrm{e}^{i(\boldsymbol{k}_0\boldsymbol{r}-\omega t)},\end{aligned}$$

wobei die Gruppengeschwindigkeit u gemäß der Definition

$$\frac{1}{u} = \frac{\mathrm{d}k_0}{\mathrm{d}\omega} = \frac{1}{c}\,\frac{\partial(\omega\sqrt{\varepsilon})}{\partial\omega} \tag{109,12}$$

eingeführt wurde. In der Ableitung von $\boldsymbol{D}^{(3)}$ hingegen reicht es aus, nur den Term

$$\frac{1}{c^2}\,\frac{\partial^2\boldsymbol{D}^{(3)}}{\partial t^2} = -2\eta(\omega)\,|\boldsymbol{E}_0|^2\,\boldsymbol{E}$$

mitzunehmen, wobei hier der Term, der die kleine Ableitung $\partial\boldsymbol{E}_0/\partial t$ enthält, vernachlässigt wird.

---

[1]) Der Unterschied zur Herleitung von (80,10) besteht lediglich darin, daß nun $\hat{f} = \partial^2\hat{\varepsilon}/\partial t^2$, $f(\omega) = -\omega^2\varepsilon(\omega)$ gilt.

Wir setzen die gewonnenen Ausdrücke in (109,5) ein und erhalten schließlich die folgende Gleichung:

$$ik_0\left(\frac{\partial}{\partial x}+\frac{1}{u}\frac{\partial}{\partial t}\right)\boldsymbol{E}_0=-\frac{1}{2}\Delta_\perp\boldsymbol{E}_0-\eta(\omega)\,|\boldsymbol{E}_0|^2\,\boldsymbol{E}_0\,. \qquad (109{,}13)$$

Die Kombination der Ableitungen auf der linken Seite der Gleichung drückt die Tatsache aus, daß Störungen der Amplitude in der Ausbreitungsrichtung der Welle mit Gruppengeschwindigkeit übertragen werden.

Mit Hilfe dieser Gleichung kann man die Stabilität einer unbegrenzten ebenen Welle untersuchen, die durch die exakte Lösung von (109,7 und 8) beschrieben wird (B. I. Bespalow, W. I. Talanow, 1966). Wie wir sehen werden, erweist sich die Welle in einem fokussierenden Medium als instabil.[1])

Nach (109,9) ist in der strengen Lösung (109,7)

$$k\approx k_0+\frac{\eta E_0^2}{k_0}$$

mit k_0 aus (109,11). In einer linear polarisierten Welle kann die Amplitude $\boldsymbol{E}_0$ als reeller Vektor definiert werden. Wenn man die Welle (109,7) in der Gestalt (109,10) schreibt, so hat man daher in der letzten Gleichung

$$\boldsymbol{E}_0(x)=\boldsymbol{E}_0\exp\left(ix\frac{\eta E_0^2}{k_0}\right)$$

zu setzen. Dieser Ausdruck spielt die Rolle der Amplitude der ungestörten Welle. Wir betrachten nun die stationäre Aufgabe von der räumlichen Entwicklung der Störungen längs der Ausbreitungsrichtung der Welle. Dementsprechend schreiben wir die einer kleinen Störung unterworfene Amplitude der Welle als

$$\boldsymbol{E}_0(\boldsymbol{r})=\{\boldsymbol{E}_0+\delta\boldsymbol{E}(\boldsymbol{r})\}\exp\left(ix\frac{\eta E_0^2}{k_0}\right). \qquad (109{,}14)$$

Wir nehmen an, $\delta\boldsymbol{E}$ sei längs $\boldsymbol{E}_0$ gerichtet.

Einsetzen von (109,14) in (109,13) liefert die Gleichung

$$ik_0\frac{\partial\delta E}{\partial x}=-\frac{1}{2}\Delta_\perp\,\delta E-\eta E_0^2(\delta E+\delta E^*)\,. \qquad (109{,}15)$$

Setzen wir

$$\delta E=A\,\mathrm{e}^{i(\boldsymbol{q}\boldsymbol{r}+\gamma x)}+B^*\,\mathrm{e}^{-i(\boldsymbol{q}\boldsymbol{r}+\gamma x)}\,, \qquad (109{,}16)$$

wobei $\boldsymbol{q}$ ein Vektor in der y,z-Ebene ist. Durch Einsetzen dieses Ausdrucks in (109,15) und getrenntes Zusammenfassen aller $\exp\{\pm i(\boldsymbol{q}\boldsymbol{r}+\gamma x)\}$ enthaltenden Terme erhalten wir die beiden Gleichungen

$$\left(\frac{q^2}{2}-\eta E_0^2+k_0\gamma\right)A-\eta E_0^2B=0\,,$$

$$-\eta E_0^2A+\left(\frac{q^2}{2}-\eta E_0^2-k_0\gamma\right)B=0\,.$$

[1]) Dieser Umstand wurde schon früher von R. W. Chochlow (1965) bemerkt.

Die Bedingung, daß ihre Determinante verschwindet, liefert

$$\gamma = \pm \frac{q}{2k_0}\sqrt{q^2 - 4\eta E_0^2}\,.$$

Für $\eta > 0$ und

$$q^2 < 4\eta E_0^2 \tag{109,17}$$

ist γ imaginär, so daß δE aus (109,16) einen exponentiell anwachsenden Term enthält, d. h., die Welle ist instabil. Wir bemerken, daß das maximale Instabilitätsinkrement von der Größenordnung der nichtlinearen Korrektur zum Wellenvektor ist.

Eine der Erscheinungsformen dieser Instabilität ist die *Selbstfokussierung* eines in der Breite begrenzten Lichtbündels, das sich in einem fokussierenden Medium ausbreitet. Diese Erscheinung hängt damit zusammen, daß bei einer Feldamplitude, die von der Achse dieses Bündels zur Peripherie hin abfällt, die von dieser Amplitude abhängige dielektrische Funktion des Mediums (für $\eta > 0$) in dieser Richtung ebenfalls abfällt und das Medium sich wie eine Sammellinse verhält (G. A. Askarjan 1962). Das Verhalten des Bündels wird durch das Zusammenspiel zweier gegenläufiger Tendenzen bestimmt — dieser Fokussierung und der Ausdehnung des Bündels infolge der Beugung.

Wir zeigen zunächst, daß sich diese beiden Tendenzen gegenseitig kompensieren können, in dem Sinne, daß die Gleichung (109,13) (für $\eta > 0$) eine Lösung in der Gestalt eines stationären, nicht expandierenden Bündels zuläßt. Eine derartige Selbstkanalierung ist ein spezifisch nichtlinearer Effekt. In der linearen Theorie divergiert jedes querschnittsbeschränkte Bündel aufgrund der Beugung. Wir beschränken uns hier auf den eindimensionalen Fall, wenn das $\boldsymbol{E}$-Feld nur von der transversalen y-Koordinate abhängt und längs der z-Achse polarisiert ist; die Welle breitet sich längs der x-Achse aus.[1]) In diesem Fall läßt sich eine analytische Lösung des Problems angeben (W. I. Talanow 1965). Dabei sehen wir von dem Umstand ab, daß ein Bündel unendlicher Breite (in Richtung der z-Achse) natürlich instabil ist, da in ihm Störungen mit kleinen q_z-Werten vorliegen können, die gemäß (109,17) instabil sind.

Wir setzen

$$E_{0z} = F(y)\,e^{i\varkappa x}, \tag{109,18}$$

wobei die kleine Größe $\varkappa$ die Rolle einer kleinen Störung des Wellenvektors k_0 spielt. Die Funktion $F(y)$ ist reell. Einsetzen in (109,13) liefert für diese Funktion die Gleichung

$$\frac{1}{2}\frac{d^2F}{dy^2} = k_0\varkappa F - \eta F^3\,. \tag{109,19}$$

Ihr erstes Integral lautet

$$\frac{1}{2}\left(\frac{dF}{dy}\right)^2 - k_0\varkappa F^2 + \frac{\eta}{2}F^4 = \text{const.}$$

Uns interessiert eine Lösung, in der F und dF/dy für $|y| \to \infty$ gegen Null streben. Dementsprechend setzen wir die Konstante gleich Null, und eine einfache Integra-

[1]) Wir bemerken, daß unter diesen Bedingungen der oben als klein vernachlässigte Term grad div $\boldsymbol{E}$ identisch verschwindet.

tion liefert

$$F = \left(\frac{2k_0\varkappa}{\eta}\right)^{1/2} \frac{1}{\cosh[(2k_0\varkappa)^{1/2}y]} \tag{109,20}$$

(der Koordinatenursprung von y wurde ins Zentrum des Bündels gelegt). Die Bündelbreite in Richtung der y-Achse beträgt

$$\delta \sim (k_0\varkappa)^{-1/2} \sim 1/\sqrt{\eta}F(0)\,.$$

Da der Energiestrom durch das Bündel $W \approx E^2(0)\,\delta$ ist, so ist δ proportional zu $1/W$, d. h., das Bündel ist um so enger je größer die von ihm übertragene Leistung ist.

Ein solches selbstkanalierendes Bündel stellt den Sonderfall dar, wo die fokussierenden Eigenschaften des Mediums genau durch die Beugung kompensiert werden. Die anderen Bündel werden entweder divergieren oder konvergieren. Wir geben zunächst ein qualitatives Kriterium für die Selbstfokussierung eines realen Bündels mit begrenztem Querschnitt an (R. Y. Chiao, E. Garmire, C. H. Townes, 1964). Dies kann man sofort tun, indem man von der Instabilitätsbedingung (109,17) ausgeht. In einem Bündel mit dem charakteristischen Radius R sind Störungen mit zur Bündelachse transversalen Wellenlängen kleiner als R möglich, d. h. für $q \gtrapprox 1/R$. Die Bedingung (109,17) bestimmt die obere Grenze der zur Instabilität führenden q-Werte. Das Bündel wird daher für

$$E_0^2 R^2 \eta \gtrapprox 1 \tag{109,21}$$

bezüglich einer Fokussierung instabil. Die längs des Bündels übertragene Leistung wird durch das Produkt $E_0^2 R^2$ bestimmt. Wir bemerken, daß der kritische Wert dieser Leistung, oberhalb dessen die Selbstfokussierung einsetzt, nicht von der Querschnittsfläche des Bündels abhängt.

Es läßt sich auch ein exaktes (nicht größenordnungsmäßiges) hinreichendes Kriterium für die Selbstfokussierung eines Bündels angeben (S. N. Wlassow, W. A. Petrischtschew, W. I. Talanow, 1971).

Für ein stationäres, linear polarisiertes Lichtbündel hat die Gleichung für die Funktion $E_0(x, \boldsymbol{\varrho})$ ohne vorherige Annahmen über den Charakter der x-Abhängigkeit die Gestalt

$$ik_0 \frac{\partial E_0}{\partial x} = -\frac{1}{2}\Delta_\perp E_0 - \eta\,|E_0|^2\,E_0 \tag{109,22}$$

($\boldsymbol{\varrho}$ ist ein zweidimensionaler Radiusvektor in der y,z-Ebene; in derselben Ebene wirken die Differentialoperatoren $\Delta_\perp$ und $\nabla_\perp$). Man überzeugt sich leicht davon, daß aus dieser Gleichung

$$\frac{\partial |E_0|^2}{\partial x} + \operatorname{div}_\perp \boldsymbol{j} = 0 \tag{109,23}$$

folgt, wobei

$$\boldsymbol{j} = \frac{i}{2k_0}(E_0\nabla_\perp E_0^* - E_0^*\nabla_\perp E_0)$$

ist. Hieraus folgt wiederum die „Erhaltung“ (d. h. die Unabhängigkeit von x) des Integrals

$$N = \int_{-\infty}^{\infty} |E_0|^2\,\mathrm{d}^2\varrho\,. \tag{109,24}$$

Auch das Integral

$$\mathscr{E} = \frac{1}{2k^2} \int_{-\infty}^{\infty} \{ |\nabla_\perp E_0|^2 - \eta \, |E_0|^4 \} \, d^2\varrho \tag{109,25}$$

bleibt erhalten, wovon man sich durch unmittelbares Differenzieren nach x unter Verwendung der Gleichung (109,22) überzeugen kann. Dabei wird natürlich angenommen, daß E_0 für $\varrho \to \infty$ hinreichend schnell abfällt, so daß beide Integrale (wie auch das Integral (109,26) unten) konvergieren.[1])

Wir zeigen nun, daß das Verhalten des Bündels durch das Vorzeichen des Integrals $\mathscr{E}$ bestimmt wird: Für $\mathscr{E} > 0$ divergiert das Bündel im Mittel, und für $\mathscr{E} < 0$ wird es fokussiert. Der Beweis beruht auf einer einfachen Gleichung, die man für den mittleren Bündelradius R erhalten kann, der gemäß

$$R^2(x) = \frac{1}{N} \int_{-\infty}^{\infty} \varrho^2 |E_0|^2 \, d^2\varrho \tag{109,26}$$

definiert ist. Zur Herleitung dieser Gleichung schreiben wir unter Verwendung von (109,23)

$$\frac{d}{dx} \int |E_0|^2 \, \varrho^2 d^2\varrho = - \int \operatorname{div}_\perp \boldsymbol{j} \cdot \varrho^2 \, d^2\varrho = 2 \int \boldsymbol{j\varrho} \, d^2\varrho \, .$$

Wir differenzieren nochmals nach x, setzen $\partial E_0/\partial x$ aus (109,22) ein und erhalten nach zweimaliger partieller Integration die Gleichung

$$N \frac{d^2}{dx^2} R^2 = 4\mathscr{E} \, .$$

Hieraus folgt

$$R^2(x) = \frac{2\mathscr{E}}{N} (x - x_0)^2 + R_0^2 \, , \tag{109,27}$$

wobei x_0 und R_0 Konstanten sind. Wir sehen, daß für $\mathscr{E} < 0$ die vollständige Fokussierung des Bündels auf einer endlichen Entfernung längs zur Ausbreitungsrichtung erreicht wird, d. h., sein Radius verschwindet.[2])

Dieses im Rahmen der genäherten Gleichung (109,13) erhaltene Ergebnis verliert aber in der Nähe des Brennpunktes selbst, wo die bei der Herleitung der Gleichung getroffenen Annahmen verletzt werden, seinen unmittelbaren physikalischen Sinn. Dafür braucht man nur zu erwähnen, daß bei einem unbegrenzten Anwachsen der Energiedichte des Feldes bei einer exakten Fokussierung die Beschränkung auf niedere Potenzen der Nichtlinearität, d. h. der kubischen, nicht mehr gerechtfertigt ist. Aber

---

[1]) Nach der Art, wie in sie die Ableitungen eingehen, ist die Gleichung (109,22) analog zu einer zweidimensionalen SCHRÖDINGER-Gleichung (wobei die Koordinate x die Rolle der Zeit spielt). In dieser Analogie spielen die Integrale N und $\mathscr{E}$ die Rolle der „Teilchenzahl" und der „Energie". Die Nichtlinearität der Gleichung beeinflußt die Herleitung dieser Erhaltungssätze nicht.

[2]) Wir bemerken, daß für eine Verteilung von $|E_0|^2$, die über den Bündelquerschnitt entlang der Bündellänge unverändert bleibt, $R^2 = \text{const}$ und $\mathscr{E} = 0$ gelten. Das Umgekehrte ist aber nicht unbedingt notwendig; es können auch Lösungen mit $\mathscr{E} = 0$ existieren, so daß $R = \text{const}$ ist, die Verteilung aber von x abhängt.

wesentlich ist bereits die Möglichkeit der Selbstfokussierung des Bündels bis zu einem Grad, wo die Nichtlinearität aufhört, klein zu sein. Wir unterstreichen, daß das aufgestellte Kriterium von hinreichendem, jedoch nicht notwendigem Charakter ist. Ein Bündel mit $\mathcal{E} < 0$ wird natürlich vollständig fokussiert, aber die Divergenz eines Bündels im Mittel für $\mathcal{E} \geqq 0$ widerspricht nicht dem, daß ein bestimmter innerer Anteil fokussiert wird.

§ 110. Erzeugung der zweiten Harmonischen

In § 107 behandelten wir lediglich einige allgemeine Relationen, die sich auf für die nichtlineare Optik charakteristische Prozesse der Frequenzwandlung beziehen. Wir legen nun die qualitative Theorie eines typischen solchen Prozesses, die Erzeugung der zweiten Harmonischen, d. h. die Anregung eines elektromagnetischen Feldes mit der Frequenz 2ω durch ein Feld der Frequenz ω, dar (R. W. Chochlow, 1960; J. A. Armstrong, N. Bloembergen, J. Ducuing, P. S. Pershan, 1962).

Die Erzeugung einer zweiten Harmonischen ist ein nichtlinearer Effekt zweiter Ordnung. Er ist im nichtlinearen Suszeptibilitätstensor

$$\varepsilon_{i,kl}(-2\omega;\omega,\omega) \tag{110,1}$$

enthalten und fehlt daher in Medien, die eine räumliche Inversion zulassen. Der Tensor (110,1) ist in den Indizes kl symmetrisch. Seine Symmetrieeigenschaften in verschiedenen Kristallen sind dieselben wie für den piezoelektrischen Tensor (§ 17). Wir werden das Medium als absorptionslos betrachten, so daß die $\varepsilon_{i,kl}$ reelle Größen sind.

Das Problem der Erzeugung einer zweiten Harmonischen kann folgendermaßen gestellt werden. Auf die ebene Oberfläche eines kristallinen Mediums möge eine ebene monochromatische Welle mit der Frequenz ω fallen. Neben der reflektierten und den beiden gebrochenen Wellen (bei Doppelbrechung des Kristalls) der gleichen Frequenz entstehen noch eine reflektierte und eine gebrochene Welle mit der Frequenz 2ω. Wellen dieser Frequenz im Kristall sind Lösungen der Gleichungen (109,5 und 6), in denen der nichtlineare Term in der Induktion $\boldsymbol{D}^{(2)}$ über das Feld der Grundfrequenz ausgedrückt wird. Die Amplituden aller dieser Wellen werden mit Hilfe der Grenzbedingungen, auf die wir hier nicht eingehen, über die Amplitude der einfallenden Welle ausgedrückt. Die Amplituden der Wellen mit den Frequenzen 2ω sind natürlich wegen der Kleinheit der nichtlinearen Suszeptibilität ebenfalls klein.[1])

Die gebrochenen Wellen breiten sich im Inneren des Kristalls wie in einem unbegrenzten Medium aus. Im Verlaufe ihrer Ausbreitung wachsen die nichtlinearen Effekte kumulativ an, und die Intensität der Harmonischen kann große Werte erreichen, d. h., es wird Energie von der Grundfrequenz zur Harmonischen übertragen. Eben dieser Prozeß wird uns hier interessieren. Die Bedingungen an der Kristalloberfläche spielen dabei lediglich die Rolle von „Anfangsbedingungen“, die eine bestimmte kleine, von Null verschiedene Amplitude des Feldes der zweiten Harmonischen

[1]) Zur Berechnung der Reflexions- und Brechungsbedingungen an der Grenze eines nichtlinearen Mediums für einige Spezialfälle s. den Artikel von N. Bloembergen, P. S. Pershan, Phys. Rev. **128** (1962) 606.

vorgeben. Dieselben Bedingungen liefern (für eine gegebene Richtung der einfallenden Welle die Wellenvektoren der ersten und zweiten Harmonischen im Kristall $\boldsymbol{k}_1$ und $\boldsymbol{k}_2$.

Wie aus dem weiteren ersichtlich wird, erfolgt eine effektive Energieübertragung nur dann, wenn die *Synchronisationsbedingung* der Grundwelle und der Harmonischen

$$\boldsymbol{k}_2 \approx 2\boldsymbol{k}_1 \tag{110,2}$$

erfüllt ist.[1]) Wir betonen, daß für die eigentliche Problemstellung von der Erzeugung einer zweiten Harmonischen das Vorhandensein einer Dispersion von prinzipieller Bedeutung ist. Bei fehlender Dispersion wird die Bedingung (110,2) bei der Brechung automatisch zusammen mit analogen Bedingungen auch für höhere Harmonische ($\boldsymbol{k}_3 \approx 3\boldsymbol{k}_1$ usw.) erfüllt. Bei vorliegender Dispersion ist dies nicht mehr der Fall, und man kann annehmen, daß bei Erfüllung der Synchronisationsbedingung für die zweite Harmonische dies nicht für die anderen Harmonischen zutrifft. Wir betonen, daß bereits die Bedingung (110,2) selbst faktisch nur erfüllt werden kann, wenn die Grundwelle und die Harmonische verschieden polarisiert sind und dementsprechend verschiedene Dispersionsgesetze aufweisen.

Wir schreiben das Feld im Medium als Superposition zweier Wellen:

$$\boldsymbol{E} = \boldsymbol{E}_1 + \boldsymbol{E}_2 = \operatorname{Re}[\boldsymbol{e}_1 E_{10}\, e^{i(\boldsymbol{k}_1\boldsymbol{r} - \omega t)} + \boldsymbol{e}_2\, E_{20}\, e^{i(\boldsymbol{k}_2\boldsymbol{r} - 2\omega t)}]\,, \tag{110,3}$$

dabei gilt aufgrund von Bedingung (110,2)

$$\boldsymbol{k}_2 = 2\boldsymbol{k}_1 + \boldsymbol{q}\,, \tag{110,4}$$

wobei $q \ll k_1$ ist. Die Amplituden der Wellen sind in der Gestalt der Produkte $\boldsymbol{E}_0 = \boldsymbol{e}E_0$ dargestellt, wobei $\boldsymbol{e}$ der Polarisationseinheitsvektor ist ($\boldsymbol{e}\boldsymbol{e}^* = 1$). In linearer Näherung wären diese Amplituden konstant, und unter Berücksichtigung der Nichtlinearität werden sie zu langsam veränderlichen Funktionen der Koordinaten (d. h., sie ändern sich auf Entfernungen $\sim 1/\boldsymbol{k}_1$ nur wenig).

Die Gleichungen für die Amplituden beider Wellen erhält man durch Einsetzen von (110,3) in die MAXWELL-Gleichungen (109,5 und 6) und die Aussonderung von allen Termen mit gleichartiger Zeitabhängigkeit. Wir geben hier diese einfachen, aber umfangreichen Rechnungen nicht an und beschränken uns lediglich auf einige prinzipielle Hinweise.

Wir werden die Lösungen der Gleichungen, die die stationäre Erzeugung einer zweiten Harmonischen im Kristall beschreiben, als laufende Grundwelle suchen. Solche Lösungen hängen nicht von der Zeit ab. Bei exakter Synchronisation ($\boldsymbol{q} = 0$) enthalten die Gleichungen für die Amplituden die Koordinaten in expliziter Form überhaupt nicht. Für eine ungenaue Synchronisation gehen die Koordinaten in die Gleichung nur in der Kombination $\boldsymbol{q}\boldsymbol{r}$ ein (in den Faktor $\exp(-i\boldsymbol{q}\boldsymbol{r})$). Wählt man die Richtung von $\boldsymbol{q}$ als z-Achse, so kann man die Lösungen der Gleichungen als nur von z abhängig suchen. Geht man von der oben erwähnten Problemstellung vom Einfall einer Welle der Frequenz ω auf die Kristalloberfläche aus, so ist die Aufgabe in den zu dieser Oberfläche parallelen Ebenen homogen. Die z-Achse ist daher senkrecht zu

[1]) Die Natur dieser Bedingung wird besonders vom Quantenstandpunkt aus anschaulich, wo die Erzeugung der zweiten Harmonischen als „Verschmelzung" zweier Phononen in eines betrachtet wird. Die Gleichung $\hbar\boldsymbol{k}_2 = 2\hbar\boldsymbol{k}_1$ drückt die Impulserhaltung in diesem Prozeß aus.

ihr (die Orthogonalität des Vektors $\boldsymbol{q}$ zur Kristalloberfläche wird aufgrund der Grenzbedingungen automatisch erfüllt).

In der linearen Näherung sind die Wellen in einem anisotropen (nichtgyrotropen) Medium linear polarisiert (s. § 97); für sie kann $\boldsymbol{e}$ als reeller Vektor definiert werden, und eben diese Werte für beide Wellen werden wir unten unter $\boldsymbol{e}_1$ und $\boldsymbol{e}_2$ verstehen. Entwickelt man die Amplitude $\boldsymbol{E}_0$ jeder Welle nach den Richtungen von $\boldsymbol{e}$, $\boldsymbol{k}$ und $[\boldsymbol{ek}]$, so sind die Komponenten der beiden zuletzt genannten Richtungen entsprechend den Ableitungen $\mathrm{d}E_0/\mathrm{d}z$, in denen sich der Nichtlinearitätseffekt ausdrückt, klein. Die Komponenten längs $\boldsymbol{e}$ fallen näherungsweise mit den Absolutbeträgen E_0 der Vektoren $\boldsymbol{E}_0$ zusammen. Ihre Bestimmungsgleichungen erhält man durch Multiplikation von Gleichung (109,5) mit dem Vektor $\boldsymbol{e}_1$ oder $\boldsymbol{e}_2$. Da die Welle mit $E_0 =$ = const in linearer Näherung als exakte Lösung der MAXWELL-Gleichungen angenommen wird, kürzen sich sämtliche linearen, die Ableitungen nach z nicht enthaltenden, Terme gegenseitig heraus. Die Terme, die die Komponenten von $\boldsymbol{E}_0$ in den Richtungen von $\boldsymbol{k}$ und $[\boldsymbol{ek}]$ enthalten (sie könnten von der gleichen Größenordnung wie die die Ableitungen $\mathrm{d}E_0/\mathrm{d}z$ enthaltenden Terme sein), fallen bei der erwähnten Multiplikation heraus. Dies hängt mit der Orthogonalität der Induktion $\boldsymbol{D}$ zu den Richtungen von $\boldsymbol{k}$ als auch von $[\boldsymbol{ek}]$ zusammen (s. (97,3)).

Wegen der angenommenen langsamen Koordinatenabhängigkeit der Amplituden kann man in den Gleichungen die zweiten Ableitungen von $\boldsymbol{E}_0$ nach z vernachlässigen. Daher reduziert sich beispielsweise in der (mit $\boldsymbol{e}_2$ multiplizierten) Gleichung für $\boldsymbol{E}_2$ der Ausdruck

$$e_{2i}\left\{(\mathrm{rot\ rot})_{ik} - \frac{4\omega^2}{c^2}\,\varepsilon_{ik}(2\omega)\right\}e_{2k}E_{20}\,\mathrm{e}^{i\boldsymbol{k}_2\boldsymbol{r}}$$

unter Berücksichtigung aller obigen Ausführungen näherungsweise auf

$$2i\boldsymbol{e}_2[\boldsymbol{k}_2[\boldsymbol{l}\boldsymbol{e}_2]]\,\frac{\mathrm{d}E_{20}}{\mathrm{d}z}$$

(wobei $\boldsymbol{l}$ der Einheitsvektor der z-Achse ist) und analog für $\boldsymbol{E}_1$.

Die endgültigen Gleichungen, die man nach Ausführung der beschriebenen Operationen erhält, lauten

$$\left.\begin{aligned} \alpha_2\frac{\mathrm{d}E_{20}}{\mathrm{d}z} &= -\,i\eta\,\mathrm{e}^{-iqz}\,E_{10}^2\,, \\ \alpha_1\frac{\mathrm{d}E_{10}^*}{\mathrm{d}z} &= i\eta\,\mathrm{e}^{-iqz}\,E_{10}E_{20}^*\,, \end{aligned}\right\} \tag{110,5}$$

wobei die Bezeichnungen

$$\eta = \frac{\omega^2}{2c^2}\,\varepsilon_{i,kl}(\omega,\omega)\,e_{2i}e_{1k}e_{1l}\,, \tag{110,6}$$

$$\alpha_1 = \boldsymbol{l}[\boldsymbol{e}_1[\boldsymbol{k}_1\boldsymbol{e}_1]]\,,\qquad \alpha_2 = \tfrac{1}{2}\,\boldsymbol{l}[\boldsymbol{e}_2[\boldsymbol{k}_2\boldsymbol{e}_2]] \approx \boldsymbol{l}[\boldsymbol{e}_2[\boldsymbol{k}_1\boldsymbol{e}_2]] \tag{110,7}$$

eingeführt wurden.[1])

---

[1]) Die erste Gleichung aus (110,5) erhält man von den $\mathrm{e}^{-2i\omega t}$ enthaltenden Termen und die zweite von denjenigen mit $\mathrm{e}^{i\omega t}$. Auf den rechten Seiten dieser Gleichungen wurden die Relationen (108,13) benutzt.

Nach Multiplikation der ersten Gleichung von (110,5) mit E_{20}^*, der zweiten mit E_{10} und nachfolgender Addition der beiden Gleichungen erhalten wir das erste Integral dieses Systems zu

$$\alpha_1 |E_{10}|^2 + \alpha_2 |E_{20}|^2 = \text{const} \equiv P\,. \tag{110,8}$$

Es bringt die Konstanz des gesamten Energiestromes längs der z-Achse zum Ausdruck (in beiden Wellen).[1]

Von den komplexen Größen geht man zweckmäßigerweise zu den reellen Absolutwerten und den Phasen der Größen E_{10} und E_{20} über. Zur maximalen Vereinfachung der Gleichungen führen wir die Unbekannten ϱ_1, ϱ_2, φ_1 und φ_2 als dimensionslose Größen definitionsgemäß als

$$E_{10} = \sqrt{\frac{P}{\alpha_1}}\,\varrho_1\, e^{i\varphi_1}\,, \qquad E_{20} = \sqrt{\frac{P}{\alpha_2}}\,\varrho_2\, e^{i\varphi_2} \tag{110,9}$$

ein. Das Gleichungssystem (110,5) ist bezüglich der Transformation

$$\varphi_1 \to \varphi_1 + c\,, \qquad \varphi_2 \to \varphi_2 + 2c$$

invariant. Daher lassen sich zwei Gleichungen für die Funktionen ϱ_1 und ϱ_2 und die invariante Kombination $2\varphi_1 - \varphi_2$ abspalten, die zusammen ein geschlossenes Gleichungssystem bilden. Es lautet

$$\frac{d\varrho_1}{d\zeta} = -\,\varrho_1\varrho_2 \sin\theta\,, \qquad \frac{d\varrho_2}{d\zeta} = \varrho_1^2 \sin\theta\,, \tag{110,10}$$

$$\frac{d\theta}{d\zeta} = -\,s - \left(2\varrho_2 - \frac{\varrho_1^2}{\varrho_1}\right)\cos\theta\,, \tag{110,11}$$

wobei

$$\theta = 2\varphi_1 - \varphi_2 - s\zeta \tag{110,12}$$

ist und die dimensionslose Variable

$$\zeta = z\eta \sqrt{\frac{P}{\alpha_1^2\alpha_2}} \tag{110,13}$$

und der dimensionslose Parameter

$$s = \frac{q}{\eta}\sqrt{\frac{\alpha_1^2\alpha_2}{P}} \tag{110,14}$$

eingeführt wurden. Das erste Integral (110,8) nimmt mit diesen Variablen die Gestalt

$$\varrho_1^2 + \varrho_2^2 = 1 \tag{110,15}$$

an.

Betrachten wir den Fall exakter Synchronisation: $q = 0$, d. h. $s = 0$. Dann haben die Gleichungen (110,10 und 11) noch ein erstes Integral:

$$\varrho_1^2\varrho_2 \cos\theta = \text{const} \equiv \delta \tag{110,16}$$

---

[1]) Die zeitlich gemittelte Energiestromdichte in der Welle mit $\boldsymbol{E}_1$ beträgt

$$\bar{S}_{1z} = \frac{c}{8\pi}\,\text{Re}\,\boldsymbol{l}[\boldsymbol{E}_{10}^*\boldsymbol{H}_{10}] = \frac{c^2}{8\pi\omega}\,\boldsymbol{l}[\boldsymbol{E}_{10}^*[\boldsymbol{k}_1\boldsymbol{E}_{10}]] = \frac{c^2\alpha_1}{8\pi\omega}\,|\boldsymbol{E}_{10}|^2$$

und analog für die Welle mit $\boldsymbol{E}_2$.

(wobei die Konstante $\delta^2 \leqq 4/27$ erfüllt; dies folgt, wie man leicht verifizieren kann, aus den Gleichungen (110,15 und 16) wegen der Bedingung $|\cos\theta| \leqq 1$). Unter Verwendung dieser beiden Integrale reduziert sich die Lösung der Gleichungen (110,10) auf eine Quadratur, d. h. ein elliptisches Integral

$$\zeta = \pm\frac{1}{2}\int\limits_{\varrho_2^2(0)}^{\varrho_2^2(\zeta)} \frac{du}{[u(1-u)^2-\delta^2]^{1/2}}. \tag{110,17}$$

Das Vorzeichen vor dem Integral wird nach dem Vorzeichen des Anfangswertes von $\sin\theta$ (bei $\zeta = 0$) bestimmt. Die kubische Gleichung

$$u(1-u)^2 - \delta^2 = 0 \tag{110,18}$$

hat (für $\delta^2 \leqq 4/27$) drei reelle positive Wurzeln, von denen zwei kleiner als Eins sind. Wir bezeichnen die zuletzt genannten mit ϱ_a^2 und ϱ_b^2, wobei $\varrho_a^2 < \varrho_b^2$ gelte.[1]) Die durch die Formel (110,17) definierte Funktion $\varrho_2^2(\zeta)$ variiert periodisch zwischen den Intervallgrenzen dieser Werte. Die Periode wird durch das Integral

$$\int\limits_{\varrho_a^2}^{\varrho_b^2} \frac{du}{[u(1-u)^2-\delta^2]^{1/2}} \tag{110,19}$$

gegeben. Auf analoge Weise variiert auch die Funktion $\varrho_1^2(\zeta) = 1 - \varrho_2^2(\zeta)$. Dabei ist eine von ihnen maximal, wenn die andere minimal ist.

Die Größe ϱ_a^2 ist mit dem Intensitätswert der zweiten Harmonischen $\varrho_2^2(0)$ identisch, der durch die Grenzbedingungen an der Kristalloberfläche ($z = 0$) gegeben ist. Wir sehen, daß in Richtung der z-Achse im Innern des Kristalls eine periodische Umverteilung der Energie von der Grundfrequenz zur zweiten Harmonischen und umgekehrt stattfindet. Bei Verringerung von $\varrho_2(0)$ wächst die Periode dieses Prozesses an, und für $\varrho_2(0) \to 0$ strebt sie nach einem logarithmischen Gesetz gegen Unendlich. Dem Grenzwert $\varrho_2(0) = \varrho_a = 0$ entspricht die Lösung

$$\varrho_1 = 1/\cosh\zeta, \qquad \varrho_2 = \tanh\zeta, \tag{110,20}$$

die man aus (110,17) für $\delta = 0$ durch elementare Integration gewinnt. In dieser Lösung wächst die Amplitude der zweiten Harmonischen monoton an, und für $\zeta \to \infty$ geht die gesamte Energie von der Grundfrequenz zur Harmonischen über.

Wir betrachten nun den umgekehrten Fall, wenn die Amplitude ϱ_2 überall im Vergleich zu ϱ_1 klein bleibt. Wie wir sehen werden, entspricht dieser Fall einer erheblichen Abweichung von der Synchronisation der Wellen.

Für $\varrho_2 \ll \varrho_1$ kann man in erster Näherung ϱ_1 als konstant ansehen ($\varrho_1 = \varrho_1(0)$) und die Gleichungen für ϱ_2 und θ in der Gestalt

$$\frac{d\varrho_2}{d\zeta} = \varrho_1^2(0)\sin\theta, \qquad \frac{d\theta}{d\zeta} = -s + \frac{\varrho_1^2(0)}{\varrho_2}\cos\theta$$

---

[1]) Das Polynom auf der linken Seite von (110,18) erreicht zwischen diesen Wurzeln im Punkt $u = 1/3$ ein Maximum gleich $4/27 - \delta^2$. Dieses Maximum wird für $\delta^2 = 4/27$ zu Null, d. h., die beiden Wurzeln fallen zusammen, und danach verschwindet es.

schreiben. Die im Anfangspunkt $\zeta = 0$ verschwindenden Lösungen dieser Gleichungen lauten

$$\varrho_2(\zeta) = \frac{2}{s}\,\varrho_1^2(0)\sin\frac{s\zeta}{2}, \qquad \theta = \frac{\pi}{2} - \frac{s\zeta}{2}. \tag{110,21}$$

Diese Formeln bestimmen die Änderungen des Feldes auf einer Intervallänge $0 \leqq \zeta \leqq 2\pi/s$ (d. h. $0 \leqq x \leqq 2\pi/q$), worauf sich der Prozeß periodisch wiederholt.[1]) Die Bedingung $\varrho_2 \ll \varrho_1$ bedeutet, daß $\varrho_1^2(0)/s \ll \varrho_1(0)$, d. h. $s \gg \varrho_1(0)$ oder

$$qz_0 \gg 1, \quad z_0 \approx 1/\eta\varrho_1(0)\sqrt{P}$$

sein muß. Dies ist die Bedingung für eine relativ große Abweichung von der Synchronisation. Die Größe des Parameters q bestimmt im allgemeinen, welcher Effekt die Erzeugung der zweiten Harmonischen beschränkt (d. h. das Anwachsen der Amplitude ϱ_2) — der lineare Effekt der Synchronisationszerstörung für $qz_0 \gg 1$ oder nichtlineare Effekte für $qz_0 \ll 1$.[2])

In diesem Paragraphen war bisher immer von der Erzeugung der zweiten Harmonischen auf Kosten der Grundfrequenz die Rede. Die behandelten Gleichungen beschreiben aber auch den umgekehrten Effekt: die (*parametrisch* genannte) Verstärkung eines schwachen Signals der Frequenz ω im intensiven Strahlungsfeld der Frequenz 2ω. Dieser Prozeß, auf dessen Betrachtung wir uns hier beschränken, stellt den einfachsten Fall einer allgemeinen Erscheinung, der Verstärkung von Signalen mit verschiedenen Frequenzen ω_2 und $\omega_1 - \omega_2$ im Feld der intensiven Welle mit der Frequenz ω_1, dar (S. A. Achmanow, R. W. Chochlow, 1962; R. H. Kingston, 1962).

Zunächst unterstreichen wir den folgenden Unterschied dieses Prozesses von der Erzeugung der zweiten Harmonischen. Die zuletzt genannte konnte bereits bei verschwindender Intensität einsetzen. Für die Möglichkeit einer Verstärkung der Grundfrequenz hingegen ist in jedem Falle wenigstens ihre kleine Anfangsintensität erforderlich: wenn zu einem Anfangspunkt $\varrho_1(0) = 0$ gilt, dann bleibt dies auch immer so. Aus den Gleichungen (110,10) ist ersichtlich, daß zusammen mit ϱ_1 auch die Ableitungen aller Ordnungen von ϱ_1 und ϱ_2 verschwinden.

Wir betrachten wieder den exakten Synchronisationsfall, und darüber hinaus möge der Anfangswert der Phasenvariablen $\theta(0) = -\pi/2$ betragen. Bei genauer Synchronisation bleibt dieser Wert erhalten. Dann ist wegen $\cos\theta = 0$ der Parameter $\delta = 0$, obwohl die Anfangswerte von ϱ_1 und ϱ_2 von Null verschieden sind. Die Lösungen der Gleichungen (110,10) lauten in diesem Fall

$$\varrho_1 = 1/\cosh(\zeta - \zeta_0), \qquad \varrho_2 = -\tanh(\zeta - \zeta_0), \tag{110,22}$$

wobei $\zeta_0 > 0$ eine Konstante ist. Für einen großen Wert dieser Konstanten ist der Anfangswert von $\varrho_1(0) = 1/\cosh\zeta_0$ klein. Wir sehen, daß im Inneren des Kristalls längs der z-Achse eine Verstärkung der Welle mit der Grundfrequenz auf Kosten der

---

[1]) In jeder darauffolgenden Periode hat man zu dem konstanten Term in der Phasenvariablen θ jeweils π hinzuzufügen. Im Punkt $\varrho_2 = 0$ verliert die Phsae φ_2 ihren Sinn, und die Phasendifferenz kann eine sprunghafte Unstetigkeit erleiden.

[2]) Wir erinnern daran, daß die ganze Betrachtung auf der Annahme $q \ll k_1$ beruht. Diese Bedingung wurde bereits bei der Herleitung der Gleichungen (110,5) benutzt, und der kleine Parameter q/k_1 tritt in ihnen nicht mehr auf. Wenn wir von dem Fall $qz_0 \gg 1$ sprechen, so setzen wir dabei natürlich die Vereinbarkeit mit der Bedingung $q \ll k_1$ voraus.

Intensität der Harmonischen stattfindet. Letztere fällt (für $\zeta = \zeta_0$) auf Null ab und wächst darauf wieder an, solange die gesamte Intensität nicht asymptotisch bei ihr konzentriert ist.[1])

§ 111. Starke elektromagnetische Wellen

Die im vorangegangenen Paragraphen behandelte Problemstellung der Erzeugung nur einer bestimmten Harmonischen war aufgrund der vorliegenden Dispersion möglich. Wir behandeln nun den umgekehrten Fall, wo im gesamten wesentlichen Frequenzintervall die Dispersion vernachlässigt werden kann, so daß die Induktion $\boldsymbol{D}(t)$ in jedem Punkt durch den Wert von $\boldsymbol{E}(t)$ zum selben Zeitpunkt bestimmt wird.[2]) Wir werden das Medium als isotrop ansehen. Dann fallen die Richtungen von $\boldsymbol{D}$ und $\boldsymbol{E}$ zusammen. Die Nichtlinearität wird dagegen in diesem Paragraphen nicht als klein angesehen, so daß die Abhängigkeit $\boldsymbol{D}(\boldsymbol{E})$ eine beliebige Funktion ist.

Die Vernachlässigung der Absorption und der Dispersion ist in der Hinsicht von prinzipieller Bedeutung, daß danach irgendwelche Parameter mit der Dimension einer Frequenz (oder damit einer Längeneinheit) aus den Gleichungen verschwinden. Dieser Umstand gestattet, eine strenge Lösung, die die gewöhnliche eindimensionale ebene Welle der linearen Näherung verallgemeinert, zu finden (A. B. Gaponow, G. I. Friedman).[3])

Die Welle möge sich in Richtung der x-Achse ausbreiten, das elektrische Feld sei entlang der y-Achse und das Magnetfeld längs der z-Achse gerichtet (E_y und H_z werden wir einfach mit E und H bezeichnen). Die Maxwell-Gleichungen

$$\operatorname{rot} \boldsymbol{H} = \frac{1}{c}\frac{\partial \boldsymbol{D}}{\partial t}, \qquad \operatorname{rot} \boldsymbol{E} = -\frac{1}{c}\frac{\partial \boldsymbol{H}}{\partial t}$$

nehmen die Gestalt

$$-\frac{\partial H}{\partial x} = \frac{1}{c}\frac{\partial D}{\partial t} = \frac{\varepsilon}{c}\frac{\partial E}{\partial t}, \qquad -\frac{\partial E}{\partial x} = \frac{1}{c}\frac{\partial H}{\partial t} \tag{111,1}$$

an, wobei definitionsgemäß

$$\varepsilon(E) = \frac{\mathrm{d}D}{\mathrm{d}E} \tag{111,2}$$

ist (für $E \to 0$ strebt die Funktion $\varepsilon(E)$ gegen den gewöhnlichen Wert der Dielektrizitätskonstanten ε_0).

Wir suchen eine Lösung, in der die Funktionen $E(t, x)$ und $H(t, x)$ jeweils als eine Funktion der anderen ausgedrückt werden können: $H = H(E)$. Dann kann man die

---

[1]) Für $\zeta > \zeta_0$ hat man der Phasenvariablen den Wert $\theta = \pi/2$ zu verleihen und das Vorzeichen vor tanh in $\varrho_2(\zeta)$ umzukehren.

[2]) Der Einheitlichkeit der Darstellung wegen werden wir in diesem Paragraphen von einem nichtlinearen Zusammenhang zwischen $\boldsymbol{D}$ und $\boldsymbol{E}$ sprechen und nehmen dabei das Medium als nicht magnetisch an. In Wirklichkeit ist von den behandelten Erscheinungen gewöhnlich für Medien mit einem nichtlinearen Zusammenhang von $\boldsymbol{B}$ und $\boldsymbol{H}$ die Rede.

[3]) Diese Lösung ist den sog. einfachen Wellen der eindimensionalen Hydrodynamik einer idealen kompressiblen Flüssigkeit analog (s. VI, § 94).

Gleichungen (111,1) als

$$\frac{\varepsilon}{c}\frac{\partial E}{\partial t} + \frac{\mathrm{d}H}{\mathrm{d}E}\frac{\partial E}{\partial x} = 0\,, \qquad \frac{1}{c}\frac{\mathrm{d}H}{\mathrm{d}E}\frac{\partial E}{\partial t} + \frac{\partial E}{\partial x} = 0 \tag{111,3}$$

umschreiben. Damit diese Gleichungen von zwei von Null verschiedenen Werten der Unbekannten $\partial E/\partial t$ und $\partial E/\partial x$ erfüllt werden können, muß ihre Determinante verschwinden. Diese Bedingung liefert

$$\left(\frac{\mathrm{d}H}{\mathrm{d}E}\right)^2 = \varepsilon(E)\,,$$

woraus

$$H = \pm \int_0^E \sqrt{\varepsilon(E)}\,\mathrm{d}E \tag{111,4}$$

folgt. Setzen wir nun $\mathrm{d}H/\mathrm{d}E$ aus (111,4) in den Gleichungen (111,3) ein, so erhalten wir

$$-\frac{(\partial E/\partial t)_x}{(\partial E/\partial x)_t} = \left(\frac{\partial x}{\partial t}\right)_E = \pm\frac{c}{\sqrt{\varepsilon}}\,.$$

Hieraus folgt, daß

$$x \mp \frac{c}{\sqrt{\varepsilon}}\,t$$

eine beliebige Funktion von E sein kann. Nach Bezeichnung der Umkehrfunktion mit f haben wir

$$E = f\left(x \mp \frac{c}{\sqrt{\varepsilon(E)}}\,t\right); \tag{111,5}$$

die beiden Vorzeichen entsprechen hier den beiden Ausbreitungsrichtungen der Welle. Nach der Auswahl der Funktion f bestimmt die Formel (111,5) in impliziter Form die Abhängigkeit $E(t, x)$. In schwachen Feldern, wo man $\varepsilon = \varepsilon_0$ setzen kann, geht (111,5) in eine gewöhnliche ebene Welle mit der Phasengeschwindigkeit $c/\sqrt{\varepsilon_0}$ über. Wir bemerken, daß die gewonnene Lösung in Übereinstimmung mit der Stabilitätsbedingung (18,8) nur für $\varepsilon > 0$ existiert.[1])

Im Verlauf der Ausbreitung der Welle wird ein zu einem Anfangsmoment gegebenes Profil verzerrt, da verschiedene Abschnitte mit unterschiedlichen Geschwindigkeiten laufen. Gewöhnlich fällt $\varepsilon(E)$ mit anwachsendem E ab (die Funktion $\varepsilon(E)$ strebt gegen einen Sättigungswert). Dann laufen die Profilpunkte mit größeren E-Werten mit höheren Geschwindigkeiten, wodurch sich die Krümmung der Profilvorderfront erhöht (wie dies durch Abb. 60 illustriert wird, in der die Profilform für einige aufeinanderfolgende Zeitpunkte angegeben ist). In einem bestimmten Moment entsteht ein überhängendes Profil, was nicht mehr eindeutig sein würde. In Wirklichkeit entsteht in diesem Moment eine *elektromagnetische Stoßwelle*, d. h. eine Unstetigkeit der Größen E und H. Die Grenzbedingungen an der Unstetigkeit haben die gleiche Gestalt (76,13) wie für eine beliebige bewegte Fläche. Für eine ebene transversale

[1]) In der dargelegten Herleitung wird angenommen, daß die Dichte, Temperatur usw. nicht von den Schwingungen des Feldes beeinflußt werden. Dies wird sowohl durch die Kleinheit der Striktionseffekte als auch durch die große Ausbreitungsgeschwindigkeit (im Vergleich zur Schallgeschwindigkeit) der Wellen gerechtfertigt.

Welle lauten sie

$$\left.\begin{aligned} H_2 - H_1 &= \frac{v}{c}(D_2 - D_1)\,, \\ E_2 - E_1 &= \frac{v}{c}(H_2 - H_1)\,, \end{aligned}\right\} \tag{111,6}$$

wobei sich die Indizes 1 und 2 auf die Werte der Größen vor bzw. hinter der Wellenfront beziehen. Multipliziert man diese beiden Gleichungen, so findet man die Geschwindigkeit der Stoßwelle zu

$$v^2 = c^2 \frac{E_2 - E_1}{D_2 - D_1}\,. \tag{111,7}$$

In einer Stoßwelle wird Energie dissipiert. Die Dissipationsgeschwindigkeit pro Unstetigkeitsfläche sei Q. Zu ihrer Berechnung schreiben wir den Energieerhaltungssatz in Anwendung auf ein zylindrisches Volumenelement des Mediums, dessen eine Grundfläche sich hinter und dessen andere sich vor der Unstetigkeit befinde:

$$\frac{c}{4\pi}(E_2H_2 - E_1H_1) = v(U_2 - U_1) + Q\,. \tag{111,8}$$

Links steht die Differenz der Energieströme durch Grund- und Deckfläche und rechts die gesamte Geschwindigkeit der Änderung der inneren Energie durch die Bewegung der Grenze zwischen den Gebieten 1 und 2 und die dabei dissipierte Energie. Die Differenz der inneren Energien (bei unveränderter Dichte und Temperatur) ist

$$U_2 - U_1 = \frac{1}{4\pi}\int_{D_1}^{D_2} E\,\mathrm{d}D + \frac{1}{8\pi}(H_2^2 - H_1^2)\,.$$

Wenn man weiterhin die Gleichungen (111,6 und 7) verwendet, so kann man (111,8) in die Gestalt

$$Q = \frac{v}{4\pi}\left\{\frac{1}{2}(D_2 - D_1)(E_2 + E_1) - \int_{D_1}^{D_2} E\,\mathrm{d}D\right\}$$

bringen.

Wenn die Stoßwelle schwach ist (d. h. die Größen der Unstetigkeiten in ihr klein sind), dann kann man bei der Berechnung von Q die Beziehung zwischen D und E in Gestalt der Entwicklung

$$D(E) = D_1 + \varepsilon(E_1)(E - E_1) + \tfrac{1}{2}\varepsilon'(E_1)(E - E_1)^2$$

darstellen, wobei $\varepsilon'(E) = \mathrm{d}^2D/\mathrm{d}E^2$ ist. Eine einfache Rechnung führt auf das Ergebnis

$$Q = -\frac{1}{48\pi} v\varepsilon'(E_1)(E_2 - E_1)^3\,. \tag{111,9}$$

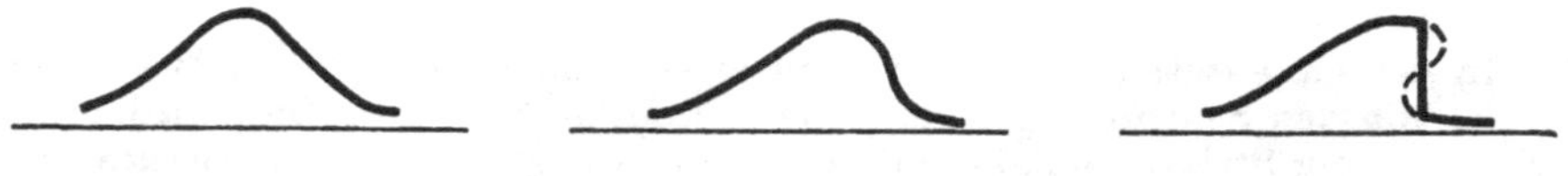

Abb. 60

Die Energiedissipation in einer schwachen elektromagnetischen Stoßwelle ist somit von dritter Größenordnung in der Unstetigkeitsgröße des Feldes in ihr. Da $Q > 0$ sein muß, hat man für $\varepsilon' < 0$ $E_2 > E_1$ in Übereinstimmung mit Abb. 60.

Das Auftreten einer Stoßwelle verletzt die Gültigkeit der gewonnenen Lösung: Die Ausdrücke für das Feld (114,4 und 5) widersprechen den Grenzbedingungen (111,6). Wesentlich ist aber, daß die Welle näherungsweise (bis zu Größen zweiter Ordnung einschließlich) eine einfache Welle bleibt, solange man die Stoßwelle als schwach betrachten kann.[1]) Mit dieser Genauigkeit kann die Geschwindigkeit der Unstetigkeitsfläche in der Gestalt

$$v = c\left[\varepsilon\left(\frac{E_1 + E_2}{2}\right)\right]^{-1/2} \qquad (111,10)$$

dargestellt werden. In dieser Näherung wird die Lage der Unstetigkeit im Wellenprofil durch die Gleichgewichtsbedingung der beiden Flächen zwischen den vertikalen Geraden und der gestrichelten Linie in Abb. 60 bestimmt.

Aufgabe

Aus dem Vakuum falle eine ebene Welle der Gestalt $E = f_i(t - x/c)$ normal auf die Grenze eines Mediums ein. Man bestimme die reflektierte Welle (L. J. Broer, 1963).

Lösung. Das Feld im Vakuum (im Halbraum $x < 0$) setzt sich aus den Feldern der einfallenden und der reflektierten Welle (Index r) zusammen:

$$E = f_i(t - x/c) + f_r(t + x/c)\,,$$
$$H = f_i(t - x/c) - f_r(t + x/c)$$

(im Vakuum sind die Feldgleichungen linear, und zwei Lösungen können daher addiert werden!). Im Medium $x > 0$ existiert nur eine auslaufende Welle, in der

$$E = f_t\left(t - \frac{\sqrt{\varepsilon(E)}}{c}\,x\right), \qquad H = \int_0^E \sqrt{\varepsilon}\,\mathrm{d}E$$

gilt. Die Stetigkeitsbedingung des elektrischen Feldes für $x = 0$ liefert

$$f_t(t) = f_i(t) + f_r(t)\,.$$

Die Stetigkeit für H an derselben Grenze ergibt danach die Relation

$$f_i(t) - f_r(t) = \int_0^{f_i(t)+f_r(t)} \sqrt{\varepsilon(E)}\,\mathrm{d}E\,,$$

die in kompliziter Form die Funktion f_r bestimmt.

§ 112. Erzwungene kombinierte Streuung

Zur Gruppe nichtlinearer Effekte dritter Ordnung gehört auch der Einfluß, den eine Strahlung mit der bestimmten Frequenz ω_1 (*Pumpwelle*) auf die Ausbreitung einer Welle mit einer anderen Frequenz ω_2 ausübt. Diese Effekte sind in der nichtlinearen

[1]) Die Situation ist hier vollständig analog zum Entstehen von gewöhnlichen hydrodynamischen Stoßwellen in einer starken Schallwelle (s. VI, § 95). Die entsprechenden Überlegungen werden wir hier nicht wiederholen.

dielektrischen Funktion

$$\varepsilon_{i,klm}(\omega_2, \omega_1, -\omega_1) \tag{112,1}$$

enthalten, die einen Beitrag zur Induktion mit der Frequenz ω_2 liefert.[1])

In einem isotropen Medium wird die Induktion $\boldsymbol{D}_2$ bei der Frequenz ω_2 unter Berücksichtigung des erwähnten Beitrages durch den Ausdruck

$$\boldsymbol{D}_2 = \varepsilon_2 \boldsymbol{E}_2 + \alpha_2(\boldsymbol{E}_1\boldsymbol{E}_1^*)\boldsymbol{E}_2 + \beta_2\boldsymbol{E}_1(\boldsymbol{E}_1^*\boldsymbol{E}_2) + \gamma_2\boldsymbol{E}_1^*(\boldsymbol{E}_1\boldsymbol{E}_2) \tag{112,2}$$

gegeben, wobei

$$\boldsymbol{E}_1 = \boldsymbol{E}_{10}\, \mathrm{e}^{i(\boldsymbol{k}_1\boldsymbol{r} - \omega_1 t)}, \quad \boldsymbol{E}_2 = \boldsymbol{E}_{20}\, \mathrm{e}^{i(\boldsymbol{k}_2\boldsymbol{r} - \omega_2 t)} \tag{112,3}$$

ist. Im ersten Term von (112,2) ist $\varepsilon_2 = \varepsilon_2(\omega)$ die gewöhnliche dielektrische Funktion; in den anderen Termen sind α_2, β_2 und γ_2 drei unabhängige Komponenten des Tensors (112,1) (ihre Zahl ist bereits aus der Struktur des Ausdrucks (112,2) mit den Vektoren $\boldsymbol{E}_1$, $\boldsymbol{E}_1^*$, $\boldsymbol{E}_2$ offensichtlich). Wir sehen, daß die nichtlineare Einwirkung des Feldes $\boldsymbol{E}_1$ auf das Feld mit der Frequenz ω_2 durch Einführung der anisotropen dielektrischen Funktion

$$\varepsilon_{2ik} = (\varepsilon_2 + \alpha_2\boldsymbol{E}_1\boldsymbol{E}_1^*)\,\delta_{ik} + \beta_2 E_{1i}E_{1k}^* + \gamma_2 E_{1i}^* E_{1k} \tag{112,4}$$

beschrieben werden kann. In einem dissipationslosen Medium sind die Koeffizienten $\alpha_2, \beta_2, \gamma_2$ (wie auch ε_2) reell und der Tensor (112,4) hermitesch. Im Spezialfall für $\omega_1 \to 0$ und ein entsprechendes reelles $\boldsymbol{E}_1$ enthält er die Doppelbrechung in einem statischen elektrischen Feld, die durch die Formel (100,1) beschrieben wird. Für $\omega_1 \neq 0$ beschreibt der Ausdruck (112,4) auch die durch das Feld $\boldsymbol{E}_1$ induzierte Gyrotropie des Mediums. Vergleicht man (112,2) mit (101,8), so findet man den Gyrationsvektor zu

$$\boldsymbol{g} = \frac{i}{2}(\beta_2 - \gamma_2)\,[\boldsymbol{E}_1^*\boldsymbol{E}_1]\,. \tag{112,5}$$

Er verschwindet, wenn das Feld $\boldsymbol{E}_1$ linear polarisiert ist.

Vielfältigere Erscheinungen können dann auftreten, wenn die nichtlinearen Wechselwirkungen des Feldes mit dem Medium von einer Dissipation begleitet werden. In diesem Falle sind die Koeffizienten $\alpha_2, \beta_2, \gamma_2$ komplex (die lineare dielektrische Funktion werden wir dagegen weiterhin als reell ansehen). Wie sich herausstellt, kann eine solche Dissipation sowohl zu einer Abschwächung als auch zu einer Verstärkung des Feldes $\boldsymbol{E}_2$ führen. Im letzten Fall spricht man von einer *erzwungenen kombinierten Streuung.*[2])

---

[1]) Die Bedingung, daß die dielektrische Funktion dritter Ordnung $\varepsilon_{i,klm}(\omega_1, \omega_2, \omega_3)$ reell ist, erfordert nicht nur, daß die Differenzen der Energieniveaus des Systems nicht mit den Frequenzen $\omega_1, \omega_2, \omega_3$ und ihrer Summe ω_4 zusammenfallen, sondern auch ihre paarweisen Summen von diesen verschieden sind; für die Suszeptibilität (112,1) sind dies $\omega_1 + \omega_2$ und $|\omega_1 - \omega_2|$. Davon kann man sich überzeugen, indem man die Herkunft der Energienenner in dem auf S. 465 erwähnten Ausdruck der nichtlinearen Suszeptibilität über die Matrixelemente des Mediums mit dem Feld verfolgt. Dieser Ausdruck wird in dem Artikel von J. A. Armstrong, N. Bloembergen, J. Ducuing, P. S. Pershan, Phys. Rev. **127** (1962) 1918, angeführt (russ. Übersetzung in dem Buch von N. Bloembergen, Nichtlineare Optik, Mir, Moskau 1966).

[2]) Vom Quantenstandpunkt aus gesehen, handelt es sich dabei um die Emission eines Photons $\hbar\omega_2$ beim Einfall eines Photons $\hbar\omega_1$ auf im Feld der $\hbar\omega_2$-Photonen befindliche Atome. Dabei wird die Energie $\hbar(\omega_1 - \omega_2)$ dem Mediun übertragen, d. h., es wird eine elementare Anregung des Mediums bestimmten Typs (Phonon, Exziton usw.) erzeugt. In der Spezialliteratur existieren besondere Bezeichnungen für die verschiedenartigen Streuprozesse. Bei unserer rein phänomenologischen Beschreibung verwenden wir die im Text erwähnte Bezeichnung im allgemeinen, verbalen Sinne.

Daß die linearen dielektrischen Funktionen $\varepsilon(\omega_1)$ und $\varepsilon(\omega_2)$ reell sind, bedeutet, daß bei den Frequenzen ω_1 und ω_2 im Medium selbst keine Dissipation stattfindet; die Quanten $\hbar\omega_1$ und $\hbar\omega_2$ werden, für sich genommen, vom Medium nicht absorbiert. Die Differenz $\omega_1 - \omega_2$, aber nicht die Summe $\omega_1 + \omega_2$, möge in dem Frequenzbereich liegen, wo das Medium absorbieren kann. Die Dissipation kann nur durch die Umwandlung von hochenergetischen in niederenergetische Quanten unter Abgabe der freiwerdenden Energie an das Medium erfolgen. Somit verstärkt für $\omega_1 > \omega_2$ die Pumpwelle die Welle mit der geringeren Frequenz. Die zeitlich gemittelte Energie, die das Feld $\boldsymbol{E}_2$ (pro Zeit und Volumen) aufgrund der schwachen nichtlinearen Effekte erhält, wird unmittelbar durch den mit entgegengesetztem Vorzeichen genommenen Ausdruck (96,5) geliefert:

$$\frac{\mathrm{d}\overline{U}_2}{\mathrm{d}t} = -\frac{i\omega_2}{8\pi}(\varepsilon_{2ik}^* - \varepsilon_{2ki})\,E_{2i}E_{2k}^*$$

$$= -\frac{\omega_2}{4\pi}\{\alpha_2''|\boldsymbol{E}_1|^2\,|\boldsymbol{E}_2|^2 + \beta_2''\,|\boldsymbol{E}_1\boldsymbol{E}_2|^2 + \gamma_2''\,|\boldsymbol{E}_1\boldsymbol{E}_2^*|^2\} \tag{112,6}$$

(vgl. die Herleitung von Formel (108,9)). Die Energieänderung des Feldes $\boldsymbol{E}_1$ wird durch einen analogen Ausdruck gegeben:

$$\frac{\mathrm{d}\overline{U}_1}{\mathrm{d}t} = -\frac{\omega_1}{4\pi}\{\alpha_1''|\boldsymbol{E}_1|^2\,|\boldsymbol{E}_2|^2 + \beta_1''\,|\boldsymbol{E}_1\boldsymbol{E}_2|^2 + \gamma_1''|\boldsymbol{E}_1\boldsymbol{E}_2^*|^2\}\,, \tag{112,7}$$

wobei α_1, β_1 und γ_1 die unabhängigen Komponenten der dielektrischen Funktion

$$\varepsilon_{i,klm}(\omega_1, \omega_2, -\omega_2)$$

sind, die den Einfluß des Feldes der Frequenz ω_2 auf das Feld der Frequenz ω_1 beschreiben.

Überlegungen, die denen bei der Herleitung des Manley-Rowe-Theorems in § 107 ähnlich sind, gestatten die Behauptung, daß

$$\frac{1}{\omega_1}\frac{\mathrm{d}\overline{U}_1}{\mathrm{d}t} = -\frac{1}{\omega_2}\frac{\mathrm{d}\overline{U}_2}{\mathrm{d}t} \tag{112,8}$$

gilt: Auf jedes erzeugte Quant $\hbar\omega_2$ kommt ein vernichtetes Quant $\hbar\omega_1$. Hieraus folgt, daß

$$\alpha_1'' = -\alpha_2''\,, \qquad \beta_1'' = -\beta_2''\,, \qquad \gamma_1'' = -\gamma_2'' \tag{112,9}$$

ist.

Die dissipierte Energie wird durch den Verlust der Gesamtenergie beider Felder bestimmt:

$$Q = -\frac{\mathrm{d}\overline{U}_1}{\mathrm{d}t} - \frac{\mathrm{d}\overline{U}_2}{\mathrm{d}t} = \frac{\omega_1 - \omega_2}{\omega_2}\frac{\mathrm{d}\overline{U}_2}{\mathrm{d}t}\,. \tag{112,10}$$

Für $\omega_1 > \omega_2$ folgt aus der Bedingung $Q > 0$, daß $\mathrm{d}\overline{U}_2/\mathrm{d}t < 0$ ist, d. h., die Welle der kleineren Frequenz wird in Übereinstimmung mit den obigen Ausführungen verstärkt. Das positive Vorzeichen des Ausdrucks (112,6) wird durch die Ungleichungen

$$\alpha_2'' < 0\,, \quad \alpha_2'' + \beta_2'' < 0\,, \quad \alpha_2'' + \gamma_2'' < 0\,, \quad \alpha_2'' + \beta_2'' + \gamma_2'' < 0 \qquad (112{,}11)$$

bedingt.[1])

Wir richten das Augenmerk darauf, daß der betrachtete Effekt nicht von den Phasenrelationen zwischen den Feldern abhängt. Das hängt damit zusammen, daß das Feld der Pumpwelle in die Gleichungen in Form von bilinearen Ausdrücken (in $\boldsymbol{E}_1$ und $\boldsymbol{E}_1^*$), aus denen die Phasenfaktoren verschwinden, eingeht. Im Endergebnis führt dies dazu, daß für die Verstärkung des Feldes ω_2 im Gegensatz zu der in § 110 behandelten Erzeugung der Harmonischen und der parametrischen Signalverstärkung eine Synchronisation der Felder nicht erforderlich ist.

Man kann die Charakteristika der erzwungenen kombinierten Streuung mit den Charakteristika der gewöhnlichen (spontanen) Streuung verbinden, die in Kapitel XV behandelt werden wird. Die entsprechenden Rechnungen sind in der Aufgabe zu § 118 ausgeführt.

Die oben angeführten Relationen sind, wie bereits erwähnt wurde, gültig, wenn die Energieabsorption durch das Medium nur auf der Differenzfrequenz $\omega_1 - \omega_2$ stattfindet. Eine andere Situation liegt vor, wenn nicht die Differenzfrequenz, sondern die Summenfrequenz $\omega_1 + \omega_2$ im Absorptionsgebiet liegt. In diesem Fall wird für jedes absorbierte Quant $\hbar\omega_2$ noch ein Quant $\hbar\omega_1$ absorbiert und an das Medium die Energie $\hbar(\omega_1 + \omega_2)$ abgegeben (*Zwei*photonenabsorption). Natürlich werden in diesem Fall die Wellen beider Frequenzen abgeschwächt.

[1]) Davon kann man sich leicht überzeugen, indem man die Werte des Ausdrucks (112,6) für verschiedene Polarisationen der Felder $\boldsymbol{E}_1 = \boldsymbol{e}_1 E$ und $\boldsymbol{E}_2 = \boldsymbol{e}_2 E$ betrachtet, d. h. lineare Polarisationen zusammenfallender oder einander orthogonaler Richtungen, zirkulare Polarisation gleicher oder verschiedener Vorzeichen. In den ersten beiden Fällen sind $\boldsymbol{e}_1$ und $\boldsymbol{e}_2$ reell, wobei $\boldsymbol{e}_1\boldsymbol{e}_2 = 1$ oder $\boldsymbol{e}_1\boldsymbol{e}_2 = 0$ gilt. In den letzten beiden Fällen sind $\boldsymbol{e}_1$ und $\boldsymbol{e}_2$ komplex, wobei $\boldsymbol{e}_1\boldsymbol{e}_2 = 0$, $\boldsymbol{e}_1\boldsymbol{e}_2^* = 1$ oder $\boldsymbol{e}_1\boldsymbol{e}_2 = 1$, $\boldsymbol{e}_1\boldsymbol{e}_2^* = 0$ gelten.

XIV DURCHGANG SCHNELLER TEILCHEN DURCH SUBSTANZEN

§ 113. Ionisationsverluste schneller Teilchen im Medium. Nichtrelativistischer Fall

Ein schnelles geladenes Teilchen ionisiert beim Durchgang durch eine Substanz deren Atome und verliert im gleichen Maße dabei an Energie.[1]) In Gasen können die Ionisationsverluste aus den Stößen eines schnellen Teilchens mit einzelnen Atomen bestimmt werden. In kondensierten Medien können in die Wechselwirkung mit dem durchfliegenden Teilchen jedoch gleichzeitig viele Atome einbezogen werden. Der Einfluß dieses Umstandes auf die Energieverluste des Teilchens ergibt sich vom makroskopischen Standpunkt aus der dielektrischen Polarisation des Mediums durch seine Ladung. Wir betrachten diesen Effekt zunächst für den Fall nichtrelativistischer Geschwindigkeiten des Teilchens. Wie man dem Endergebnis entnimmt, wirkt sich in diesem Fall die Polarisation des Mediums nur wenig auf die Größe des Verlustes aus. Die entsprechende Ableitung ist jedoch von methodischem Interesse im Hinblick auf spätere Anwendungen einer ähnlichen Methode.

Wir erklären zuerst die Bedingungen, unter denen eine makroskopische Betrachtung dieser Erscheinung möglich ist. In die Spektraldarstellung des Feldes, das von einem mit der Geschwindigkeit v bewegten Teilchen im Abstand r von seiner Bahn erzeugt wird, gehen hauptsächlich Frequenzen der Ordnung v/r (reziproke „Stoßzeit") ein. Die Ionisation des Atoms kann aber von den Komponenten des Feldes mit Frequenzen $\omega \gtrless \omega_0$ hervorgerufen werden, wo ω_0 eine gewisse mittlere Frequenz ist, welche der Bewegung der Mehrzahl der Elektronen im Atom entspricht. Daher wird das Teilchen gleichzeitig mit vielen Atomen in Wechselwirkung treten, wenn die Länge v/ω_0 im Vergleich zu den Entfernungen zwischen den Atomen groß ist; in kondensierten Medien stimmen diese Entfernungen der Größenordnung nach mit der Dimension a der Atome selbst überein. Wir kommen also zu der Bedingung $v \gg a\omega_0$, d. h., die Geschwindigkeit der ionisierenden Teilchen muß im Vergleich zu den Geschwindigkeiten der Atomelektronen (oder zumindest der meisten von ihnen) groß sein.[2])

Wir bestimmen das Feld, das von dem sich im Medium bewegenden geladenen Teilchen erzeugt wird. Im nichtrelativistischen Fall genügt es, nur das elektrische Feld zu betrachten, das sich aus dem skalaren Potential φ bestimmt. Dies genügt der POISSON-Gleichung

$$\hat{\varepsilon}\, \Delta\varphi = -4\pi e \delta(\boldsymbol{r} - \boldsymbol{v}t)\,, \tag{113,1}$$

[1]) Wir sprechen, wie das üblich ist, von „Ionisationsverlusten"; in ihnen sind natürlich auch die Energieverluste durch Anregung der diskreten Energieniveaus der Atome eingeschlossen.

[2]) Für die Energie E des Teilchens folgt hieraus die Bedingung $E \gg (M/m)\, I$, wo M die Masse des Teilchens, m die des Elektrons und I eine gewisse mittlere Ionisationsenergie für die Mehrheit der Elektronen des Atoms ist.

in welcher die „Dielektrizitätskonstante" als Operator aufzufassen ist, und der Ausdruck $e\delta(\boldsymbol{r} - \boldsymbol{v}t)$ auf der rechten Seite ist gleich der Dichte, die von einer Punktladung e, die sich mit konstanter Geschwindigkeit $\boldsymbol{v}$ bewegt, erzeugt wird.[1])

Wir entwickeln φ in ein FOURIER-Integral:

$$\varphi = \int_{-\infty}^{+\infty} \varphi_{\boldsymbol{k}}\, \mathrm{e}^{i\boldsymbol{k}\boldsymbol{r}}\, \mathrm{d}^3k\,. \tag{113,2}$$

Wenden wir auf beide Seiten der Gleichung den LAPLACE-Operator an, so erhalten wir, daß die FOURIER-Komponenten von $\Delta\varphi$

$$(\Delta\varphi)_{\boldsymbol{k}} = -k^2\varphi_{\boldsymbol{k}}$$

sind. Bestimmen wir andererseits die FOURIER-Komponenten von beiden Seiten der Gleichung (113,1), so haben wir

$$\hat{\varepsilon}(\Delta\varphi)_{\boldsymbol{k}} = -\frac{1}{(2\pi)^3}\int 4\pi e\delta(\boldsymbol{r} - \boldsymbol{v}t)\, \mathrm{e}^{-i\boldsymbol{k}\boldsymbol{r}}\, \mathrm{d}V = -\frac{e}{2\pi^2}\, \mathrm{e}^{-it\boldsymbol{v}\boldsymbol{k}}\,.$$

Ein Vergleich beider Formeln ergibt

$$\hat{\varepsilon}\varphi_{\boldsymbol{k}} = \frac{e}{2\pi^2k^2}\, \mathrm{e}^{-it\boldsymbol{v}\boldsymbol{k}}\,.$$

Hieraus folgt, daß $\varphi_{\boldsymbol{k}}$ von der Zeit über den Faktor $\mathrm{e}^{-it\boldsymbol{v}\boldsymbol{k}}$ abhängt. Der Operator $\hat{\varepsilon}$, welcher auf die Funktion $\mathrm{e}^{-i\omega t}$ wirkt, führt zu einem Faktor $\varepsilon(\omega)$. Wir erhalten dahe endgültig für $\varphi_{\boldsymbol{k}}$ folgenden Ausdruck:

$$\varphi_{\boldsymbol{k}} = \frac{e}{2\pi^2k^2\,\varepsilon(\boldsymbol{k}\boldsymbol{v})}\, \mathrm{e}^{-it\boldsymbol{v}\boldsymbol{k}}\,.$$

Die FOURIER-Komponenten der Feldstärke sind mit den Fourier-Komponenten des Potentials durch

$$\boldsymbol{E}_{\boldsymbol{k}}\, \mathrm{e}^{i\boldsymbol{k}\boldsymbol{r}} = -\operatorname{grad}\varphi_{\boldsymbol{k}}\, \mathrm{e}^{i\boldsymbol{k}\boldsymbol{r}} = -i\boldsymbol{k}\,\varphi_{\boldsymbol{k}}\, \mathrm{e}^{i\boldsymbol{k}\boldsymbol{r}}$$

verbunden, oder $\boldsymbol{E}_{\boldsymbol{k}} = -i\boldsymbol{k}\varphi_{\boldsymbol{k}}$. Also gilt

$$\boldsymbol{E}_{\boldsymbol{k}} = -\frac{ie\boldsymbol{k}}{2\pi^2k^2\,\varepsilon(\boldsymbol{k}\boldsymbol{v})}\, \mathrm{e}^{-it\boldsymbol{k}\boldsymbol{v}}\,. \tag{113,3}$$

Die Gesamtfeldstärke erhalten wir dann durch Summation ihrer FOURIER-Komponenten:

$$\boldsymbol{E} = \int_{-\infty}^{+\infty} \boldsymbol{E}_{\boldsymbol{k}}\, \mathrm{e}^{i\boldsymbol{k}\boldsymbol{r}}\, \mathrm{d}^3k\,. \tag{113,4}$$

Der uns interessierende Energieverlust des bewegten Teilchens ist nichts anderes als die Arbeit, die durch die rückwirkende Bremskraft $e\boldsymbol{E}$ verrichtet wird, welche auf das Teilchen durch das von ihm erzeugte Feld wirkt. Nehmen wir den Wert des Feldes

---

[1]) Wir nehmen an, daß sich die Teilchen geradlinig bewegen, und vernachlässigen hierbei die Streuung, was bei Problemen dieser Art immer gerechtfertigt ist.
Wenn das Teilchen die Ladung ze besitzt, müssen alle Formeln für die Energieverluste in diesem und dem folgenden Paragraphen mit z^2 multipliziert werden.

in dem Punkt, in dem sich das Teilchen befindet, d. h. im Punkt $\boldsymbol{r} = \boldsymbol{v}t$, so erhalten wir im Integranden von (113,4) einen Faktor $e^{it\boldsymbol{v}\boldsymbol{k}}$, dieser kürzt sich gegen den Faktor $e^{-it\boldsymbol{k}\boldsymbol{v}}$ im Ausdruck (113,3) für $\boldsymbol{E}_{\boldsymbol{k}}$. Daher wird die Bremskraft durch folgendes Integral gegeben:

$$\boldsymbol{F} = -\frac{ie^2}{2\pi^2} \int\limits_{-\infty}^{+\infty} \frac{\boldsymbol{k}}{k^2\, \varepsilon(\boldsymbol{k}\boldsymbol{v})} \mathrm{d}^3k\,.$$

Es ist von vornherein klar, daß die Kraft $\boldsymbol{F}$ antiparallel zur Geschwindigkeit $\boldsymbol{v}$ gerichtet ist; die Richtung von $\boldsymbol{v}$ wählen wir in Richtung der x-Achse. Indem wir die Bezeichnungen $k_x v = \omega$, $q = \sqrt{k_y^2 + k_z^2}$ einführen und $\mathrm{d}k_y\, \mathrm{d}k_z$ durch $2\pi q\, \mathrm{d}q$ ersetzen, gehen wir zum Betrag des Vektors $\boldsymbol{F}$ über:

$$F = \frac{ie^2}{\pi} \int\limits_{-\infty}^{+\infty} \int\limits_{0}^{q_0} \frac{q\omega\, \mathrm{d}q\, \mathrm{d}\omega}{\varepsilon(\omega)\, (q^2v^2 + \omega^2)} \tag{113,5}$$

(zur Wahl der oberen Integrationsgrenze für q siehe unten).

Man muß noch folgende Bemerkung zur Einführung der Integration über ω in der Formel (113,5) machen. Für $\omega \to \infty$ gilt $\varepsilon(\omega) \to 1$, und das Integral divergiert (logarithmisch). Dies ist damit verbunden, daß man von dem Feld $\boldsymbol{E}$ genau genommen dasjenige Feld hätte subtrahieren müssen, daß das Teilchen im Vakuum (d. h. bei $\varepsilon = 1$) erzeugen würde; es ist klar, daß dieses Feld keinen Einfluß auf die Abbremsung des Teilchens im Medium hat. Diese Subtraktion führt dazu, daß man den Ausdruck $1/\varepsilon$ im Integral (113,5) durch $(1/\varepsilon) - 1$ ersetzen muß, dann konvergiert das Integral. Man kann jedoch dasselbe Resultat auch ohne diese Subtraktion erhalten, wenn man unter der Integration in den Grenzen von $-\infty$ bis $+\infty$ eine Integration in den symmetrischen Grenzen von $-R$ bis $+R$ mit anschließendem Grenzübergang $R \to \infty$ versteht. Da die Funktion $\varepsilon'(\omega)$ gerade ist, ist der Realteil des Integranden eine ungerade Funktion von ω und gibt daher bei der vorgeschriebenen Art der Integration Null; das Integral über den Imaginärteil des Integranden konvergiert.

Im folgenden werden wir noch mehrmals die hier zweckmäßige Bezeichnung

$$\frac{1}{\varepsilon(\omega)} = \eta(\omega) = \eta' + i\eta'' \tag{113,6}$$

verwenden, wo $\eta'(\omega)$ bzw. $\eta''(\omega)$ gerade bzw. ungerade Funktionen sind. Dabei gilt $\eta'' = -\varepsilon''/|\varepsilon|^2 < 0$. Für die Formel (113,5) kann man den explizit reellen Ausdruck

$$F = \frac{2e^2}{\pi} \int\limits_{0}^{\infty} \int\limits_{0}^{q_0} \frac{q\omega\, |\eta''(\omega)|}{(q^2v^2 + \omega^2)} \mathrm{d}q\, \mathrm{d}w \tag{113,7}$$

schreiben.

Der Energieverlust des Teilchens pro Länge seines Weges ist gleich der Arbeit der Bremskraft auf diesem Weg, d. h., er ist gleich der Größe F.

Nach den allgemeinen Gesetzen der Quantenmechanik überträgt die Fourier-Komponente des Feldes mit dem Wellenvektor $\boldsymbol{k}$ dem Ionisationselektron

(δ-Elektron) den Impuls $\hbar k$. Bei hinreichend großen Werten von $q(q \gg \omega_0/v)$ haben wir $k^2 = q^2 + \omega^2/v^2 \approx q^2$, so daß der übertragene Impuls angenähert mit $\hbar q$ übereinstimmt. Einem festen Wert von q entspricht ein Stoß mit der „Zielentfernung“ $\approx 1/q$. Daher erfordert die Bedingung der Anwendbarkeit der betrachteten makroskopischen Methode $1/q \gg a$. In Übereinstimmung damit wählen wir als obere Integrationsgrenze einen Wert q_0, der die Bedingung $\omega_0/v \ll q_0 \ll 1/a$ erfüllt. Die Größe $F(q_0)$ ist der Energieverlust des schnellen Teilchens bei einer Impulsübertragung auf das Atomelektron, die die Größe $\hbar q_0$ nicht überschreitet.

Führen wir in (113,7) die Integration über dq aus, so erhalten wir

$$F(q_0) = \frac{2e^2}{\pi v^2} \int\limits_0^\infty \omega \, |\eta''(\omega)| \ln \frac{q_0 v}{\omega} \, d\omega \,. \tag{113,8}$$

Diese allgemeine Formel kann schon nicht weiter umgeformt werden, jedoch läßt sie sich durch Einführung entsprechender Beziehungen in eine zweckmäßigere Form bringen.

Wir berechnen vorbereitend das Integral

$$\int\limits_0^\infty \omega \, \eta''(\omega) \, d\omega = -\frac{i}{2} \int\limits_{-\infty}^{+\infty} \frac{\omega}{\varepsilon} \, d\omega \,.$$

Dazu bemerken wir folgendes: Bei der Integration in der komplexen ω-Ebene über einen Weg, der aus der reellen Achse und dem unendlich fernen oberen Halbkreis σ besteht, wird dieses Integral Null, da der Integrand keine Pole in der oberen Halbebene hat. Für große Werte des Arguments gilt für $\varepsilon(\omega)$ die Formel (78,1):

$$\varepsilon(\omega) = 1 - \frac{4\pi e^2 N}{m\omega^2} \,. \tag{113,9}$$

Die Integration über den unendlich fernen Halbkreis führen wir mit dieser Formel durch und erhalten[1])

$$-\int\limits_0^\infty \omega \eta''(\omega) \, d\omega = -i \frac{2\pi N e^2}{m} \int\limits_\sigma \frac{d\omega}{\omega} = \frac{2\pi^2 N e^2}{m} \,. \tag{113,10}$$

Wir führen durch die Formel

$$\ln \overline{\omega} = \frac{\int_0^\infty \omega \, \eta''(\omega) \ln \omega \cdot d\omega}{\int_0^\infty \omega \eta''(\omega) \, d\omega} = \frac{m}{2\pi^2 N e^2} \int\limits_0^\infty \omega |\eta''(\omega)| \ln \omega \, d\omega \tag{113,11}$$

einen Frequenzmittelwert für die Bewegung der Atomelektronen ein. Damit kann man (113,8) in der Form

$$F(q_0) = \frac{4\pi N e^4}{m v^2} \ln \frac{q_0 v}{\overline{\omega}} \tag{113,12}$$

schreiben.

[1]) Dieser Wert stimmt mit (82,12) überein, da wir bei $|\omega| \to \infty$ $|\varepsilon| \to 1$ haben und daher $\eta'' \to -\varepsilon''$.

An dieser Stelle machen wir folgende Bemerkung. Die Form von (113,7) oder (113,11) läßt die Vermutung zu, daß nur solche Frequenzbereiche einen merklichen Beitrag zu den Ionisationsverlusten (113,12) liefern, für die es eine bedeutende Absorption gibt. Dies ist jedoch nicht unbedingt notwendig; in diesen Formeln können auch solche Bereiche einen bedeutenden Beitrag geben, für die ε'' klein ist. Dies erklärt sich daraus, daß in solchen Gebieten die Funktion $\varepsilon(\omega) \approx \varepsilon'(\omega)$ eine Nullstelle haben kann. Aus der Formel (113,5) ist aber ersichtlich, daß die Nullstellen von $\varepsilon(\omega)$ Pole des Integranden sind. $\varepsilon''(\omega)$ ist jedoch nicht streng Null, die Nullstellen der Funktion $\varepsilon(\omega)$ liegen also nicht direkt auf der reellen Achse, sondern etwas darunter. Daher muß bei Benutzung des durch Null gehenden reellen Ausdrucks für $\varepsilon(\omega)$ der Pol des Integranden von oben her umgangen werden; dies gibt einen entsprechenden Beitrag zum Integral. Und der Beitrag zur Bremsung (113,12), der von der Umgehung der beiden Pole bei $\pm\omega_1$ ($\varepsilon(\omega_1) = 0$) herrührt, wenn wir beispielsweise die Funktion durch Formel (84,5) ausdrücken ist gleich

$$\frac{4\pi N e^4}{m v^2 a^2} \ln \frac{q_1 v}{\omega_1},$$

wovon man sich leicht durch direkte Berechnung von (113,7) überzeugt.

Um den Ausdruck für den Energieverlust $F(q_1)$ bei einer Impulsübertragung, die einen gewissen Wert $q_1 > q_0$ nicht überschreitet, zu finden, muß man den Zusammenhang der Formel (113,12) mit der Formel der quantenmechanischen Theorie der Stöße, die einem Energieverlust beim Stoß mit einzelnen Atomen entspricht, herstellen. Dies ist möglich, da sich die Bereiche der Anwendbarkeit beider Formeln überschneiden. Wie aus der Stoßtheorie bekannt ist, beträgt der Energieverlust bei einer Impulsübertragung im Intervall $\hbar\, dq$

$$dF = \frac{4\pi N e^4}{m v^2} \frac{dq}{q}, \tag{113,13}$$

wobei diese Formel (im nichtrelativistischen Fall) für beliebige Werte $q \gg \omega_0/v$ anwendbar ist, die den Gesetzen der Energie- und Impulserhaltung genügen, unter der einzigen Bedingung, daß die übertragene Energie im Vergleich zur Anfangsenergie des schnellen Teilchens klein bleibt.[1]) Der Energieverlust für alle Werte q zwischen q_0 und q_1 beträgt nun

$$\frac{4\pi N e^4}{m v^2} \ln \frac{q_1}{q_0}.$$

Bei Addition dieses Ausdrucks zur Formel (113,12) ist in letzterer einfach q_0 durch q_1 zu ersetzen, so daß gilt

$$F(q_1) = \frac{4\pi N e^4}{m v^2} \ln \frac{q_1 v}{\overline{\overline{\omega}}}. \tag{113,14}$$

[1]) S. III, § 149; die Größe F unterscheidet sich von der dort eingeführten „effektiven Bremsung" durch den Faktor $N_a = N/Z$, die Atomzahldichte. Die Formel (113,13) entspricht dem Stoß mit freien Elektronen. Ihr Gültigkeitsbereich ($q \gg \omega_0/v$) beginnt jedoch bei solchen Werten von q, bei denen die Atomelektronen praktisch nicht mehr als frei betrachtet werden können. Dies würde $q \gg \omega_0/v_0$ erfordern, wo v_0 die Größenordnung der Geschwindigkeit der Mehrheit der Atomelektronen ist; die Energie des Sekundärelektrons $\hbar^2 q^2/2m$ ist dann groß im Vergleich zu den Atomenergien.

Wenn dem Atomelektron ein (im Vergleich zum atomaren Impuls) großer Impuls $\hbar q_1$ übertragen wird, so ist die ihm zugeführte Energie gleich $E_1 = \hbar^2 q_1^2/2m$. Wenn wir diese Größe einführen, können wir schreiben

$$F(E_1) = \frac{2\pi N e^4}{m v^2} \ln \frac{2 m v^2 E_1}{\hbar^2 \overline{\omega}^2} . \qquad (113,15)$$

Die Formeln (113,14 und 15) bestimmen die Bremsung eines schnellen Teilchens durch Ionisation mit einer Energieübertragung, die einen bestimmten Wert E_1, der klein gegenüber der Anfangsenergie des Teilchens ist, nicht überschreitet. Es sei betont, daß bei einer derartigen Bedingung die Formeln gleichermaßen für die Bremsung schneller Elektronen als auch schneller schwerer Teilchen gültig sind.

Die Formel (113,15) unterscheidet sich vom Ergebnis der mikroskopischen Theorie, die die Wechselwirkungen zwischen den Atomen nicht berücksichtigt (s. III, § 149, Formel (149,14)), nur durch die Definition der „Ionisationsenergie", die hier durch $\hbar\overline{\omega}$ gegeben ist. Die (über die Elektronen gemittelte) mittlere Ionisationsenergie des Atoms hängt jedoch im allgemeinen wenig von seiner Wechselwirkung mit anderen Atomen ab, da sie hauptsächlich durch die Elektronen der inneren Hüllen bestimmt ist, die fast gar nicht dieser Wechselwirkung unterworfen sind. Da im vorliegenden Fall diese Größe außerdem nur logarithmisch eingeht, wirkt sich ihre genaue Definition um so schwächer auf die Größe des Energieverlustes aus.

Beim Stoß eines schweren Teilchens mit Elektronen ist sogar der maximale übertragene Impuls $\hbar q_{\max}$ klein im Vergleich zum Teilchenimpuls Mv. Die Energieänderung des schweren Teilchen ist daher gleich $\boldsymbol{v}\hbar\boldsymbol{q}$; setzt man diese der Elektronenenergie gleich, so haben wir

$$\hbar^2 q^2/2m = \hbar \boldsymbol{q}\boldsymbol{v} \leqq \hbar q v ,$$

woraus folgt $\hbar q_{\max} = 2mv$, $E_{1\max} = 2mv^2$. Nach Einsetzen dieses Wertes anstelle von E_1 in (113,15) erhalten wir den totalen Ionisationsverlust eines schweren Teilchens

$$F = \frac{4\pi N e^4}{m v^2} \ln \frac{2 m v^2}{\hbar \overline{\omega}} . \qquad (113,16)$$

Diese Formel unterscheidet sich von der gewöhnlich benutzten (s. III, (150,10)) nur durch die Definition der Ionisationsenergie $\hbar\overline{\omega}$.

Wir verfolgen nun, auf welche Weise die gemäß (113,11) bestimmte Größe $\hbar\overline{\omega}$ in einem verdünnten Medium in die mittlere Ionisationsenergie eines Einzelatoms übergeht, die nach der Formel III, (149,11) berechnet wurde. Hierzu bemerken wir, daß für ein verdünntes Gas (das wir der Einfachheit wegen als aus einheitlichen Atomen bestehend annehmen) die dielektrische Funktion durch

$$\varepsilon = 1 + 4\pi N_a \alpha(\omega)$$

gegeben ist, wo N_a die Anzahl der Atome pro Volumen und $\alpha(\omega)$ die Polarisierbarkeit eines Einzelatoms sind; dabei gilt $|\varepsilon - 1| \ll 1$. Für den Imaginärteil der Größe $\eta = 1/\varepsilon$ haben wir

$$|\eta''| \approx 4\pi N_a \alpha''(\omega) .$$

Die Polarisierbarkeit eines Atoms wird durch die Formel IV, (85,13) gegeben; nach Bestimmung ihres Imaginärteils (mit Hilfe von Formel IV, (75,19)) erhalten wir für $\omega > 0$

$$|\eta''| = \frac{4\pi}{3} N_a \sum_n |\boldsymbol{d}_{0n}|^2 \, \delta(E_n - E_0 - \hbar\omega) ,$$

wobei E_0 und E_n die Energie des Grundzustandes bzw. der angeregten Zustände des Atoms sind. Nach Einsetzen dieses Ausdrucks in (113,11) führen wir die Integration aus, ersetzen $N = N_a Z$ und gelangen zur Definition III, (149,11).

§ 114. Ionisationsverluste schneller Teilchen im Medium. Relativistischer Fall

Bei Geschwindigkeiten, die mit der Lichtgeschwindigkeit vergleichbar werden, kann der Einfluß der Polarisation des Mediums auf die Bremsung schneller Teilchen, wie wir sehen werden, sehr wesentlich werden, und zwar nicht nur in kondensierter Materie sondern auch in Gasen.[1])

Zur Herleitung der entsprechenden Formeln verwenden wir eine Methode, die analog der im vorangegangenen Paragraphen benutzten ist. Dabei muß man jedoch von den vollen Maxwellschen Gleichungen ausgehen. Bei Anwesenheit äußerer Ladungen (mit der Raumdichte ϱ_s) und äußerer Ströme (mit der Dichte $\boldsymbol{j}_s$) lauten diese Gleichungen[2])

$$\operatorname{div} \boldsymbol{H} = 0 , \qquad \operatorname{rot} \boldsymbol{E} = -\frac{1}{c}\frac{\partial \boldsymbol{H}}{\partial t} , \tag{114,1}$$

$$\operatorname{div} \hat{\varepsilon}\boldsymbol{E} = 4\pi\varrho_s , \qquad \operatorname{rot} \boldsymbol{H} = \frac{1}{c}\frac{\partial \hat{\varepsilon}\boldsymbol{E}}{\partial t} + \frac{4\pi}{c}\boldsymbol{j}_s . \tag{114,2}$$

In unserem Fall sind die äußeren Ladungen und Ströme durch die Formeln

$$\varrho_s = e\delta(\boldsymbol{r} - \boldsymbol{v}t) , \qquad \boldsymbol{j}_s = e\boldsymbol{v}\delta(\boldsymbol{r} - \boldsymbol{v}t) \tag{114,3}$$

gegeben.

Auf die übliche Weise führen wir das skalare und Vektorpotential ein gemäß

$$\boldsymbol{H} = \operatorname{rot} \boldsymbol{A} , \qquad \boldsymbol{E} = -\frac{1}{c}\frac{\partial \boldsymbol{A}}{\partial t} - \operatorname{grad} \varphi , \tag{114,4}$$

wodurch die Gleichungen (114,1) identisch erfüllt werden. An die Potentiale stellen wir noch die Bedingung

$$\operatorname{div} \boldsymbol{A} + \frac{1}{c}\frac{\partial \hat{\varepsilon}\varphi}{\partial t} = 0 , \tag{114,5}$$

welche eine Verallgemeinerung der gewöhnlich in der Theorie der Strahlung benutzten Lorentz-*Konvention* ist. Einsetzen von (114,4) in (114,2) führt dann zu folgenden

---

[1]) Auf diesen Effekt hat 1940 E. Fermi aufmerksam gemacht, der auch die Rechnungen für den speziellen Fall eines Gases ausgeführt hat, dessen Atome als harmonische Oszillatoren betrachtet werden. Die hier gegebene allgemeine Herleitung geht auf L. Landau zurück.

[2]) Wir setzen stets $\mu(\omega) = 1$, da die Materie bei den Frequenzen, die für die Ionisationsverluste in Betracht kommen, keine magnetischen Eigenschaften zeigt.

Gleichungen für die Potentiale:

$$\left.\begin{aligned} \Delta \boldsymbol{A} - \frac{\hat{\varepsilon}}{c^2}\frac{\partial^2 \boldsymbol{A}}{\partial t^2} &= -\frac{4\pi}{c} e\boldsymbol{v}\delta(\boldsymbol{r} - \boldsymbol{v}t)\,, \\ \hat{\varepsilon}\left(\Delta\varphi - \frac{\hat{\varepsilon}}{c^2}\frac{\delta^2\varphi}{\partial t^2}\right) &= -4\pi e\delta(\boldsymbol{r} - \boldsymbol{v}t)\,. \end{aligned}\right\} \tag{114,6}$$

Wir entwicklen $\boldsymbol{A}$ und φ in FOURIER-Integrale. Berechnen wir die FOURIER-Komponenten der beiden Seiten von (114,6), so erhalten wir

$$k^2 \boldsymbol{A}_{\boldsymbol{k}} + \frac{\hat{\varepsilon}}{c^2}\frac{\partial^2 \boldsymbol{A}_{\boldsymbol{k}}}{\partial t^2} = \frac{e\boldsymbol{v}}{2\pi^2 c}\,\mathrm{e}^{-i\boldsymbol{k}\boldsymbol{v}t}\,,$$

$$\hat{\varepsilon}\left(k^2\varphi_{\boldsymbol{k}} + \frac{\hat{\varepsilon}}{c^2}\frac{\partial^2\varphi_{\boldsymbol{k}}}{\partial t^2}\right) = \frac{e}{2\pi^2}\,\mathrm{e}^{-i\boldsymbol{k}\boldsymbol{v}t}\,.$$

Hieraus folgt, daß die Abhängigkeit von $\boldsymbol{A}_{\boldsymbol{k}}$ und $\varphi_{\boldsymbol{k}}$ von der Zeit durch den Faktor $\mathrm{e}^{-i\boldsymbol{k}\boldsymbol{v}t}$ gegeben wird. Wir führen wieder die Bezeichnungen $\omega = \boldsymbol{k}\boldsymbol{v} = k_x v$ ein und erhalten

$$\boldsymbol{A}_{\boldsymbol{k}} = \frac{e}{2\pi^2 c}\frac{\boldsymbol{v}}{k^2 - \omega^2\dfrac{\varepsilon(\omega)}{c^2}}\,\mathrm{e}^{-i\omega t}\,, \qquad \varphi_{\boldsymbol{k}} = \frac{e}{2\pi^2\,\varepsilon(\omega)}\frac{1}{k^2 - \omega^2\dfrac{\varepsilon(\omega)}{c^2}}\,\mathrm{e}^{-i\omega t}\,. \tag{114,7}$$

Die FOURIER-Komponente der elektrischen Feldstärke ist

$$\boldsymbol{E}_{\boldsymbol{k}} = \frac{i\omega}{c}\boldsymbol{A}_{\boldsymbol{k}} - i\boldsymbol{k}\varphi_{\boldsymbol{k}}\,. \tag{114,8}$$

Aus den erhaltenen Formeln ergibt sich die auf das Teilchen wirkende Bremskraft $\boldsymbol{F} = e\boldsymbol{E}$ [1]) ebenso wie im vorangegangenen Paragraphen. Mit denselben Bezeichnungen erhalten wir jetzt für den Betrag dieser Kraft den folgenden Ausdruck:

$$F = \frac{ie^2}{\pi}\int\limits_{-\infty}^{+\infty}\int\limits_{0}^{q_0}\frac{\left(\dfrac{1}{v^2} - \dfrac{\varepsilon}{c^2}\right)\omega q\,\mathrm{d}q\,\mathrm{d}\omega}{\varepsilon\left[q^2 + \omega^2\left(\dfrac{1}{v^2} - \dfrac{\varepsilon}{c^2}\right)\right]} \tag{114,9}$$

(für $c \to \infty$ geht diese Formel natürlich in (113,5) über).

Wir beginnen mit der partiellen Integration. Da wir die Integration in der komplexen ω-Ebene ausführen, bestimmen wir vorbereitend, in welchen Punkten der oberen Halbebene der Integrand Pole hat. Die Funktion $\varepsilon(\omega)$ hat in diesem Gebiet weder singuläre Punkte noch Nullstellen; die gesuchten Pole können daher nur die Nullstellen des Ausdrucks

$$\omega^2\left(\frac{\varepsilon}{c^2} - \frac{1}{v^2}\right) - q^2$$

sein. Wir zeigen, daß bei jedem Wert der positiven reellen Zahl q^2 dieser Ausdruck bei nur einem Wert ω Null wird.

[1]) Die magnetische Kraft $e/c\ [\boldsymbol{v}\boldsymbol{H}]$ verschwindet offensichtlich aus Symmetriegründen (da diese Kraft stets senkrecht zur Geschwindigkeit des Teilchens liegt, leistet sie ohnehin an dem Teilchen keine Arbeit).

Zum Beweis[1]) verwenden wir das bekannte Theorem der Funktionentheorie, nach dem das Integral

$$\frac{1}{2\pi i}\int \frac{\mathrm{d}f(\omega)}{\mathrm{d}\omega}\,\frac{\mathrm{d}\omega}{f(\omega)-a}\,, \tag{114,10}$$

genommen über den geschlossenen Weg C, gleich der Differenz der Nullstellen- und der Polstellenzahl der Funktion $f(\omega) - a$ im vom Weg C begrenzten Bereich ist. Es sei

$$f(\omega) = \omega^2\left(\frac{\varepsilon(\omega)}{c^2} - \frac{1}{v^2}\right),$$

wobei $a = q^2$ eine positive reelle Zahl ist; als C wählen wir den Weg, der aus der reellen Achse und dem unendlich fernen Halbkreis besteht (Abb. 61). Die Funktion $f(\omega)$ hat nirgends in der oberen Halbebene (und auf der reellen Achse selbst) Polstellen;[2]) daher liefert das Integral (114,10) unmittelbar die Zahl der Nullstellen der Funktion $f(\omega) - a$ in der oberen Halbebene. Zur Berechnung schreiben wir das Integral in der Form

$$\frac{1}{2\pi i}\int\limits_{C'} \frac{\mathrm{d}f}{f-a}\,, \tag{114,11}$$

wobei die Integration entlang des Weges C' in der Ebene der komplexen Variablen ausgeführt wird. C' ist eine Abbildung desWeges C in der ω-Ebene. Für $\omega = 0$ ist $f = 0$. Für positive reelleWerte ω gilt $\operatorname{Im} f > 0$ und bei negativen $\operatorname{Im} f < 0$. Im Unendlichen haben wir $f \to -\omega^2\left(\frac{1}{v^2} - \frac{1}{c^2}\right)$; daher durchläuft f den unendlich fernen Kreis, wenn ω den Halbkreis durchläuft. Hieraus folgt, daß der Integrationsweg C' in der f-Ebene so aussieht, wie dies schematisch in Abb. 61 gezeigt ist. Es sei $a = q^2$ eine positive reelle Zahl (wie in Abb. 61). Dann ändert sich das Argument der komplexen

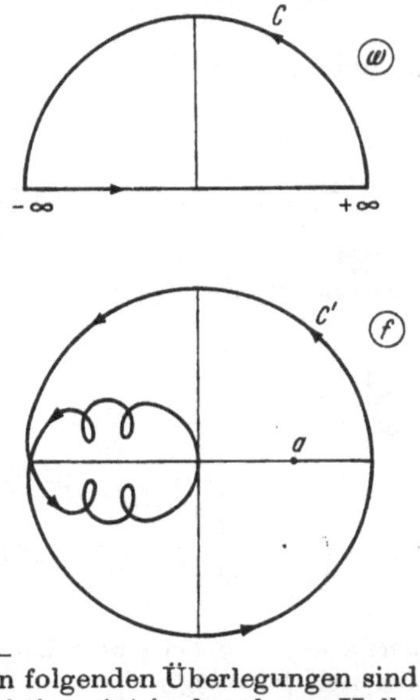

Abb. 61

[1]) Die unten folgenden Überlegungen sind analog zu dem in V, § 123 dargelegten Beweis, daß die Funktion $\varepsilon(\omega)$ in der oberen Halbebene keine Nullstellen aufweist.

[2]) Für Metalle hat $\varepsilon(\omega)$ bei $\omega = 0$ eine Polstelle, $\omega^2\varepsilon$ strebt aber trotzdem gegen Null.

Zahl $f - a$ bei einem Umlauf entlang des Weges C' um 2π, und das Integral (114,11) ist gleich Eins. Damit ist unsere Behauptung bewiesen.[1])

Außerdem sieht man leicht ein, daß diese einzige Wurzel der Gleichung $f(\omega) - q^2 = 0$ auf der imaginären Achse der ω-Ebene liegt. Denn bei rein imaginären Werten von ω ist $f(\omega)$ (zusammen mit der Funktion $\varepsilon(\omega)$) reell und durchläuft alle Werte von 0 bis ∞, darunter alle positiven Werte q^2.

Wir wenden uns jetzt wieder dem Integral (114,9) zu:

$$\int_{-\infty}^{+\infty} \frac{\left(\frac{1}{\varepsilon v^2} - \frac{1}{c^2}\right) \omega \, d\omega}{q^2 - \omega^2 \left(\frac{\varepsilon}{c^2} - \frac{1}{v^2}\right)}.$$

Man kann es als Differenz der Integration über den Weg C und über den unendlich fernen Halbkreis darstellen. Die zweite Integration liefert

$$\int \frac{d\omega}{\omega} = i\pi \, ,$$

während die erste das mit $2\pi i$ multiplizierte Residuum bezüglich des einzigen Poles ist. Wir werden unter $\omega(q)$ die durch

$$\omega^2 \left(\frac{\varepsilon}{c^2} - \frac{1}{v^2}\right) = q^2 \tag{114,12}$$

definierte Funktion verstehen. Nach einer bekannten Regel zur Berechnung der Residuen[2]) finden wir dann für den Wert des Integrals über C den Ausdruck

$$2\pi i \frac{\omega \left(\frac{1}{\varepsilon v^2} - \frac{1}{c^2}\right)}{-\frac{d}{d\omega}\left[\omega^2\left(\frac{\varepsilon}{c^2} - \frac{1}{v^2}\right)\right]} = 2\pi i \frac{\omega \left(\frac{1}{\varepsilon v^2} - \frac{1}{c^2}\right)}{-\frac{dq^2}{d\omega}}.$$

Setzen wir die erhaltenen Ausdrücke in (114,9) ein, so folgt

$$F = e^2 \int_0^{q_0} \left[\frac{\omega \left(\frac{1}{\varepsilon v^2} - \frac{1}{c^2}\right)}{q \, dq/d\omega} + 1\right] q \, dq$$

oder, indem wir im ersten Glied die Integration über dq durch eine Integration über dω ersetzen,

$$F = e^2 \int_{\omega(0)}^{\omega(q_0)} \left[\frac{1}{v^2 \varepsilon(\omega)} - \frac{1}{c^2}\right] \omega \, d\omega + \frac{e^2 q_0^2}{2}$$

$$= \frac{e^2}{v^2} \int_{\omega(0)}^{\omega(q_0)} \left(\frac{1}{\varepsilon(\omega)} - 1\right) \omega \, d\omega + \frac{e^2 q_0^2}{2} + \frac{e^2}{2}\left(\frac{1}{v^2} - \frac{1}{c^2}\right)[\omega^2(q_0) - \omega^2(0)] \, . \tag{114,13}$$

---

[1]) Wenn a negativ ist, ändert sich das Argument von $f - a$ bei einem Umlauf entlang C' um 4π, so daß das Integral gleich 2 ist; d. h., die Gleichung $f(\omega) = -|a|$ hat in der oberen Halbebene zwei Nullstellen.

[2]) Das Residuum des Ausdrucks $f(z)/\varphi(z)$ am Pol $z = z_0$ ist gleich $f(z_0)/\varphi'(z_0)$.

Großen Werten von q entsprechen dem absoluten Betrag nach große Wurzeln ω der Gleichung (114,12). Benutzen wir den in diesem Fall gültigen Ausdruck (113,9) für $\varepsilon(\omega)$, so finden wir

$$\omega^2(q_0) = -\frac{v^2}{\beta^2}\left(q_0^2 + \frac{4\pi N e^2}{mc^2}\right)$$

mit der Bezeichnung

$$\beta = \sqrt{1 - \frac{v^2}{c^2}}\,.$$

Setzen wir dies in (114,13) ein, so erhalten wir

$$F = \frac{e^2}{v^2}\int\limits_{\omega(0)}^{ivq_0/\beta}\left[\frac{1}{\varepsilon(\omega)} - 1\right]\omega\,d\omega - \frac{2\pi N e^4}{mc^2} - \frac{e^2\beta^2}{2v^2}\omega^2(0) \tag{114,14}$$

(im Integral genügt es, für $\omega(q_0)$ den führenden Term ivq_0/β zu nehmen).

In (114,14) wird über rein imaginäre Werte ω integriert. Wir führen gemäß $\omega = i\omega''$ eine reelle Veränderliche ein, bezeichnen die untere Integrationsgrenze mit $\omega(0) = i\xi$ und benutzen wieder die Bezeichnung (113,6) $1/\varepsilon = \eta$. Wir müssen dann das Integral

$$-\int\limits_{\xi}^{vq_0/\beta}[\eta(i\omega'') - 1]\,\omega''\,d\omega''$$

berechnen. Die Werte der Funktion $\eta(\omega)$ auf der imaginären Achse können durch ihren Imaginärteil auf der reellen Achse nach der Formel

$$\eta(i\omega'') - 1 = \frac{2}{\pi}\int\limits_0^\infty \frac{x\eta''(x)}{x^2 + \omega''^2}\,dx$$

ausgedrückt werden (vgl. Formel (82,15)). Daher erhalten wir für das betrachtete Integral (wenn wir noch x gegen vq_0/β vernachlässigen)

$$\frac{2}{\pi}\int\limits_0^\infty\int\limits_\xi^{vq_0/\beta}\frac{x|\eta''(x)|\,\omega''\,d\omega''\,dx}{x^2 + \omega''^2} = \frac{1}{\pi}\int\limits_0^\infty x\,|\eta''(x)|\ln\frac{v^2 q_0^2}{\beta^2(x^2+\xi^2)}\,dx\,.$$

Wir setzen dieses Ergebnis in (114,14) ein, wobei wir abkürzend die Schreibweise

$$\ln\Omega = \frac{1}{2}\,\overline{\ln(\omega^2 + \xi^2)} \tag{114,15}$$

einführen, der Strich bedeutet Mittelwertbildung mit dem Gewicht $\omega|\eta''(\omega)|$, wie in (113,11). Dann erhalten wir

$$F(q_0) = \frac{4\pi N e^4}{mv^2}\ln\frac{q_0 v}{\beta\Omega} - \frac{2\pi N e^4}{mc^2} + \frac{e^2\beta^2}{2v^2}\xi^2\,. \tag{114,16}$$

Zur weiteren Untersuchung dieser Formel muß man zwei Fälle getrennt betrachten. Wir nehmen zuerst an, daß das Medium ein Dielektrikum sei und die Geschwindigkeit der Teilchen die Bedingung

$$v^2 < \frac{c^2}{\varepsilon_0} \tag{114,17}$$

erfülle, wo $\varepsilon_0 = \varepsilon(0)$ der elektrostatische Werte der dielektrischen Permeabilität sei. Auf der imaginären Achse fällt die Funktion $\varepsilon(\omega)$ monoton von $\varepsilon_0 > 1$ bei $\omega = 0$ bis 1 bei $\omega = i\infty$ ab. Der Ausdruck auf der linken Seite der Gleichung (114,12) wächst dabei monoton von 0 bis ∞. Daher gibt Gleichung (114,12) für $q = 0$ auch $\omega = 0$. In (114,16) hat man also $\xi = 0$ zu setzen; Ω geht dann in die mittlere Atomfrequenz $\overline{\omega}$ (113,11) über:

$$F(q_0) = \frac{4\pi N e^4}{m v^2}\left[\ln\frac{q_0 v}{\beta\overline{\omega}} - \frac{v^2}{2c^2}\right]$$

(für $v \ll c$ geht diese Formel, wie es sein muß, in (113,12) über).

Der Wert q_0 genügt der Bedingung $q_0 \ll 1/a$, wo a die Größenordnung der Entfernungen zwischen den Atomen ist (in kondensierten Medien entspricht dies den Atomdimensionen). Um diese Formel auf den Bereich großer Werte für die Energie- und Impulsübertragung auszudehnen, muß man ihren Zusammenhang mit der Formel der gewöhnlichen Stoßtheorie herstellen, ähnlich wie im vorangegangenen Paragraphen. Hier muß das jedoch in zwei Etappen getan werden. Zuerst gehen wir mit Hilfe der Formel (113,13) zu einem Bereich von q-Werten über, die einer im Vergleich zu den atomaren Energien großen Energieübertragung entsprechen, aber immer noch im nichtrelativistischen Bereich liegen. Die Form von (114,18) ändert sich dabei nicht, aber man kann in ihr die Energie des Sekundärelektrons $\hbar^2 q^2/2m$ einführen. Bezeichnen wir diese mit E_1, so erhalten wir

$$F(E_1) = \frac{2\pi N e^4}{m v^2}\left[\ln\frac{2mE_1 v^2}{\beta^2\hbar^2\overline{\omega}^2} - \frac{v_2}{c^2}\right]. \tag{114,19}$$

Wir können nun weiter zu dem Bereich relativistischer Werte von E_1 übergehen, wenn wir die Formel der relativistischen Theorie der Stöße benutzen, derzufolge der Energieverlust bei einer Energieübertragung im Intervall zwischen E' und $E' + \mathrm{d}E'$ gleich

$$\frac{2\pi N e^4}{m v^2}\frac{\mathrm{d}E'}{E'} \tag{114,20}$$

ist, falls E' im Vergleich zur maximal übertragenen Energie $E_{1\max}$, die nach den Erhaltungssätzen für Energie und Impuls beim Stoß des vorliegenden schnellen Teilchens mit einem freien Elektron zugelassen wird, klein ist.[1]) Da der Ausdruck (114,20) bei Integration $\ln E'$ ergibt, ist klar, daß sich die Gestalt der Formel (114,19) im Endergebnis nicht ändert, so daß sie für alle Werte $E_1 \ll E_{1\max}$ gültig ist.

Bei der Bremsung eines schweren Teilchens (mit der Masse $M \gg m$ und der relativistischen Energie E, für die aber trotzdem $E \ll M^2c^2/m$ sein muß) beträgt die maximale, einem Elektron übertragene Energie $E_{1\max} \approx 2mv^2/\beta^2$, die immer noch klein im Vergleich zu E ist (s. IV, § 82, Formel (82,23)). Für solche Teilchen lautet der differentielle Ausdruck für den Energieverlust, bedingt durch freie Elektronen,

$$\frac{2\pi N e^4}{m v^2}\left(\frac{1}{E'} - \frac{\beta^2}{2mc^2}\right)\mathrm{d}E'$$

bei beliebigen Werten von E' (s. IV, § 82, Formel (82,24)). Der zusätzliche Energieverlust (verglichen mit (114, 19)) bei einer Energieübertragung zwischen E_1 und $E_{1\max}$

---

[1]) S. IV, Formeln (81,15) und (82,24). Die Bremsung F erhält man durch Multiplikation dieser Ausdrücke für den Streuquerschnitt mit dem Energieverlust $m\Delta$ und mit N.

(wobei $E_1 \ll E_{1\max}$ gilt) beträgt im vorliegenden Falle

$$\frac{2\pi N e^4}{m v^2}\left(\ln\frac{E_{1\max}}{E_1} - \frac{E_{1\max}\beta^2}{2mc^2}\right) = \frac{2\pi N e^4}{m v^2}\left(\ln\frac{2mv^2}{E_1\beta^2} - \frac{v^2}{c^2}\right). \tag{114,21}$$

Addieren wir diesen Ausdruck zu (114,19), so finden wir den totalen Energieverlust des schweren Teilchens zu

$$F = \frac{4\pi N e^4}{m v^2}\left(\ln\frac{2mv^2}{\hbar\overline{\omega}\beta^2} - \frac{v^2}{c^2}\right). \tag{114,22}$$

Diese Formel unterscheidet sich vom Ergebnis der gewöhnlichen Theorie nur durch die Definition der „Ionisationsenergie" $\hbar\overline{\omega}$ (vgl. IV, Formel (82,26)).

Wir betrachten nun den zweiten Fall, daß die Geschwindigkeit des Teilchens die Bedingung

$$v_2 > \frac{c^2}{\varepsilon_0} \tag{114,23}$$

erfüllt (dies gilt insbesondere stets für Metalle, da für diese $\varepsilon(0) = \infty$ wird). Der Ausdruck $\omega^2(\varepsilon/c^2 - 1/v^2)$ auf der linken Seite der Gleichung (114,12) hat in diesem Fall (auf der imaginären Achse) zwei Nullstellen, bei $\omega = 0$ und bei $\omega = i\xi$, wobei ξ aus der Gleichung

$$\varepsilon(i\xi) = \frac{c^2}{v^2} \tag{114,24}$$

folgt. Im Intervall zwischen 0 und $i\xi$ ist dieser Ausdruck negativ und nimmt für $|\omega| > \xi$ alle positiven Werte von 0 bis ∞ an. Für $q \to 0$ strebt die Wurzel von (114,12) daher in diesem Fall gegen den Wert ξ, der auch in (114,15) und (114,16) eingesetzt werden muß.

Hier kann man zwei Grenzfälle unterscheiden. Wenn der Wert ξ im Vergleich zur Atomfrequenz ω_0 klein ist, kann man in (114,16) das letzte Glied vernachlässigen, und es gilt $\Omega \approx \overline{\omega}$. Wir kommen daher wieder zur Formel (114,18). Von besonderem Interesse ist aber der zweite Fall, wenn $\xi \gg \omega_0$ gilt. Da die Funktion $\varepsilon(i\xi)$ für große Werte von ξ gegen 1 strebt, folgt aus (114,24), daß dieser Fall einer ultrarelativistischen Geschwindigkeit des Teilchens entspricht. Wir benutzen für $\varepsilon(\omega)$ die Formel (113,9) und schreiben Gleichung (114,24) in der Gestalt

$$1 + \frac{4\pi N e^2}{m\xi^2} = \frac{c^2}{v^2},$$

woraus

$$\xi^2 = \frac{4\pi N e^2 v^2}{mc^2\beta^2} \approx \frac{4\pi N e^2}{m\beta^2}$$

folgt.

Bei einer Steigerung der Teilchengeschwindigkeit ist die Bedingung $\xi \gg \omega_0$ letzten Endes in jedem beliebigen Medium bei beliebigen Werten der Elektronendichte erfüllt (also auch für Gase). Die dafür nötigen Geschwindigkeiten sind jedoch um so größer, je kleiner N, d. h. je verdünnter das Medium ist.

Aus (114,15) folgt jetzt einfach $\Omega \approx \xi$; setzen wir noch $v \approx c$, so finden wir, daß sich die letzten beiden Glieder in (114,16) gegenseitig aufheben, und es bleibt übrig

$$F(q_0) = \frac{2\pi N e^4}{mc^2}\ln\frac{mc^2 q}{4\pi N e^2}.$$

Erweitern wir diese Formel in derselben Weise wie oben auf den Bereich großer Werte für die Energie- und Impulsübertragung, so finden wir folgenden Ausdruck für die Bremskraft auf ultrarelativistische Teilchen bei einer Energieübertragung, die E_1 nicht überschreitet (wobei $E_1 \ll E_{1\max}$):

$$F(E_1) = \frac{2\pi N e^4}{mc^2} \ln \frac{m^2 c^2 E_1}{2\pi N e^2 \hbar^2} . \tag{114,25}$$

Dieses Ergebnis unterscheidet sich wesentlich von dem, welches man in der gewöhnlichen Theorie der Stöße ohne Berücksichtigung der Polarisation des Mediums erhält. Nach dieser (s. IV, § 82) nimmt die Bremskraft im ultrarelativistischen Fall bei Vergrößerung der Teilchenenergie ständig zu, wenngleich dies nach dem logarithmischen Gesetz[1])

$$F(E_1) = \frac{2\pi N e^4}{mc^2} \ln \left(\frac{2mc^2 E_1}{I^2 \beta^2} - 2 \right)$$

relativ langsam geschieht. Die Polarisation des Mediums führt dagegen zu einer solchen Abschirmung der Ladung, daß dadurch das Anwachsen der Bremskraft letzten Endes aufgehoben wird und diese dem durch (114,25) gegebenen Grenzwert zustrebt, in welchem β nicht mehr enthalten ist.

Für schwere Teilchen kann man auch die Formel für die totale Bremskraft mit einer beliebigen Energieübertragung bis zu $E_{1\max}$ aufschreiben (unter der Bedingung, daß $E_{1\max}$ im Vergleich zur Energie des Teilchens selbst klein ist). Benutzen wir wieder den Ausdruck (114,21) (in welchem man jetzt $v = c$ setzen kann), so finden wir

$$F = \frac{2\pi N e^4}{mc^2} \left[\ln \frac{m^2 c^4}{\pi N e^2 \hbar^2 \beta^2} - 1 \right] . \tag{114,26}$$

Wir sehen, daß die totale Bremskraft dennoch mit der Teilchengeschwindigkeit zunimmt, und zwar aufgrund der fast zentralen Stöße mit einer großen Energieübertragung, bei welchen der abschirmende Einfluß der Polarisation des Mediums nicht in Erscheinung tritt. Diese Zunahme ist jedoch etwas geringer als nach der Theorie, die die Polarisation des Mediums nicht berücksichtigt. Gemäß letzterer ist

$$F = \frac{4\pi N e^4}{mc^2} \left[\ln \frac{2mc^2}{I \beta^2} - 1 \right]$$

(s. IV, Formel (82,28)); der Koeffizient vor dem $\ln \beta$ enthaltenden Term ist hier doppelt so groß wie in (114,26).

Wir bemerken noch, daß das Auftreten der Elektronendichte N im Argument des Logarithmus in den Formeln (114,25 und 26) zu folgender Besonderheit für den Energieverlust relativistischer Teilchen führt: Beim Durchgang solcher Teilchen durch Schichten verschiedener Substanzen, die die gleiche Elektronenzahl (pro Fläche) enthalten, erweisen sich die Verluste als geringer als in Substanzen mit großem N.

---

[1]) Diese Formel erhält man durch Addition der Ausdrücke IV, (82,20) und IV, (82,25), wobei man im letzteren unter $m\Delta_{\max}$ nun E_1 zu verstehen hat. Es sei daran erinnert, daß für kleine übertragene Energien E_1 die Formeln für schnelle Elektronen wie auch für schnelle schwere Teilchen gültig sind.

§ 115. Tscherenkow-Strahlung

Ein geladenes Teilchen, das sich im transparenten Medium bewegt, sendet unter bestimmten Bedingungen eine eigentümliche Strahlung aus; diese wurde erstmalig von S. I. Wawilow und P. A. Tscherenkow beobachtet und von I. E. Tamm und I. M. Frank theoretisch gedeutet und berechnet (1937). Es muß betont werden, daß diese Strahlung nichts mit der faktisch immer (bei der Bewegung schneller Elektronen) vorhandenen Bremsstrahlung gemein hat. Letztere wird von dem Elektron selbst bei seinen Stößen mit den Atomen ausgesandt. Beim Tscherenkow-Effekt haben wir es aber im Grunde genommen mit einer Strahlung zu tun, die von dem Medium unter dem Einfluß des Feldes des in ihm bewegten Teilchens ausgesandt wird. Der Unterschied zwischen den beiden Typen der Strahlung wird besonders klar, wenn man zum Grenzfall beliebig großer Massen der Teilchen übergeht: Die Bremsstrahlung verschwindet dabei, während sich die Tscherenkow-Strahlung überhaupt nicht ändert.

Wellenvektor und Frequenz einer elektromagnetischen Welle, die sich im transparenten Medium ausbreitet, sind durch die Beziehung $k = n\,\omega/c$ miteinander verbunden, wo $n = \sqrt{\varepsilon}$ der reelle Brechungsindex ist. Andererseits sahen wir, daß die Frequenz der Fourier-Komponente des Feldes eines gleichförmig im Medium bewegten Teilchens mit der x-Komponente des Wellenvektors (die x-Achse sei die Bewegungsrichtung des Teilchens) durch $\omega = k/v$ zusammenhängt. Damit diese Komponente eine sich frei ausbreitende Welle darstellt, dürfen die Beziehungen $k = n\omega/c$ und $k_x = \omega/v$ einander nicht widersprechen. Da nun $k > k_x$ gelten muß, folgt notwendig die Bedingung

$$v > \frac{c}{n(\omega)}. \tag{115,1}$$

Eine Ausstrahlung mit der Frequenz ω findet also dann statt, wenn die Teilchengeschwindigkeit die Phasengeschwindigkeit der Wellen dieser Frequenz im gegebenen Medium übertrifft.[1])

Der Winkel zwischen der Bewegungsrichtung des Teilchens und der Strahlungsrichtung sei θ. Wir haben $k_x = k\cos\theta = (n\omega/c)\cos\theta$; wenn wir mit $k_x = \omega/v$ vergleichen, finden wir

$$\cos\theta = \frac{c}{nv}. \tag{115,2}$$

Die Abstrahlung einer gegebenen Frequenz entspricht also einem bestimmten Wert des Winkels θ. Mit anderen Worten, die Abstrahlung jeder Frequenz findet in Bewegungsrichtung des Teilchens statt und verteilt sich auf einer Kegelfläche mit dem Öffnungswinkel θ, welcher durch (115,2) bestimmt wird. Zwischen Winkel- und Frequenzverteilung der Strahlung besteht folglich ein bestimmter Zusammenhang.

Die Abstrahlung elektromagnetischer Wellen ist (in den Fällen, wo sie existiert) mit einem bestimmten Energieverlust des bewegten Teilchens verbunden. Dieser Verlust stellt einen, wenn auch unbedeutenden Teil jener totalen Energieverluste dar, die im vorangegangenen Paragraphen berechnet wurden (die Bremsstrahlung geht in

[1]) Das formale Problem der Strahlungsemission eines im Vakuum gleichmäßig mit der Geschwindigkeit $v > c$ bewegten Elektrons wurde vor Erscheinen der Relativitätstheorie von Sommerfeld betrachtet (A. Sommerfeld, 1904).

diese Verluste nicht ein). In diesem Sinne ist die Bezeichnung totaler Verluste durch „Ionisation" im vorliegenden Fall nicht ganz exakt. Wir spalten nun diesen Anteil von dem totalen Energieverlust ab. Damit bestimmen wir gleichzeitig die Intensität der Tscherenkow-Strahlung.

Nach (114,9) wird der Energieverlust im Frequenzintervall $d\omega$ durch den Ausdruck

$$dF = -d\omega \frac{ie^2}{\pi} \sum \omega \left(\frac{1}{c^2} - \frac{1}{v^2\varepsilon}\right) \int \frac{q\,dq}{q^2 - \omega^2\left(\frac{\varepsilon}{c^2} - \frac{1}{v^2}\right)}$$

gegeben, wobei das Zeichen $\sum$ bedeutet, daß die Summe dieser Ausdrücke für $\omega = \pm |\omega|$ genommen werden soll. Wir führen die neue Variable

$$\xi = q^2 - \omega^2\left(\frac{\varepsilon}{c^2} - \frac{1}{v^2}\right)$$

ein. Dann gilt

$$dF = -d\omega \frac{ie^2}{2\pi} \sum \omega \left(\frac{1}{c^2} - \frac{1}{v^2\varepsilon}\right) \int \frac{d\xi}{\xi}\,.$$

Bei der Integration entlang der reellen Achse muß der singuläre Punkt $\xi = 0$ (der gerade die Beziehung $q^2 + k_x^2 = k^2$ erfüllt) auf bestimmte Weise umgangen werden. Die Umgehungsrichtung wird dadurch bestimmt, daß die Funktion $\varepsilon(\omega)$, obwohl wir sie als reelle Größe behandeln (das Medium sei transparent!), in Wirklichkeit einen gewissen, wenn auch kleinen Imaginärteil hat, welcher für $\omega > 0$ positiv und für $\omega < 0$ negativ ist. Dementsprechend besitzt ξ einen kleinen negativen (positiven) Imaginärteil, und man hätte entlang eines Weges zu integrieren, der unterhalb (oberhalb) der reellen Achse verläuft. Wenn wir den Integrationsweg auf die reelle Achse verschieben, muß daher der singuläre Punkt von unten (oben) umgangen werden. Gerade diese beiden Umgehungen liefern einen Beitrag zu dF, während sich die Realteile bei der Summenbildung gegeneinander aufheben. Führen wir die Umgehungen auf unendlich kleinen Halbkreisen durch, so erhalten wir

$$\sum \omega \int \frac{d\xi}{\xi} = \omega \left\{ \int_{\smile} \frac{d\xi}{\xi} - \int_{\frown} \frac{d\xi}{\xi} \right\} = 2i\omega\pi\,.$$

Wir kommen daher auf die endgültige Formel

$$dF = \frac{e^2}{c^2}\left(1 - \frac{c^2}{v^2 n^2}\right) \omega\, d\omega\,, \tag{115,3}$$

die die Intensität der Strahlung im Frequenzintervall $d\omega$ bestimmt. Nach (115,2) ist diese Strahlung in einem Winkelintervall $d\theta$ gemäß

$$d\theta = \frac{c}{vn^2 \sin\theta} \frac{dn}{d\omega} d\omega \tag{115,4}$$

konzentriert. Die gesamte Strahlungsintensität ergibt sich durch Integration über den Ausdruck (115,3), genommen über alle Frequenzen im Transparenzbereich des Mediums.

Man kann auch leicht die Frage nach der Polarisation der Tscherenkow-Strahlung beantworten. Wie aus (114,7) ersichtlich ist, zeigt das Vektorpotential des Strahlungsfeldes in Richtung der Geschwindigkeit $\boldsymbol{v}$. Das Magnetfeld $\boldsymbol{H}_k = i[\boldsymbol{k}\boldsymbol{A}_k]$ steht daher senkrecht auf der Ebene, die durch $\boldsymbol{v}$ und die Strahlrichtung $\boldsymbol{k}$ geht. Das elektrische Feld steht aber (in der Wellenzone der Strahlung) senkrecht auf dem magnetischen Feld und liegt daher in dieser Ebene.

Aufgabe

Man bestimme den Wellenvektorkegel der Tscherenkow-Strahlung eines Teilchens, das sich gleichförmig in einem einachsigen nichtmagnetischen Kristall bewegt, a) in Richtung der optischen Achse, b) senkrecht zur optischen Achse (W. L. Ginsburg, 1940).

Lösung. a) Bei der Bewegung einer Ladung in einem einachsigen Kristall vollzieht sich die Tscherenkow-Strahlung über zwei Kegel, die gewöhnlichen und ungewöhnlichen Wellen entsprechen. Bei der Bewegung längs der optischen Achse wird jedoch die gewöhnliche Welle nicht abgestrahlt (obwohl eine Bedingung vom Typ (115,1) auch erfüllt sein könnte!): Die gewöhnliche Welle ist immer linear polarisiert mit dem Vektor $\boldsymbol{E}$ orthogonal zum Hauptschnitt (d. h. zur Ebene, die durch die optische Achse (z-Achse) verläuft, und zur Richtung des gegebenen $\boldsymbol{k}$-Vektors). Daß im vorliegenden Fall keine derartige Welle abgestrahlt werden kann, ist schon daraus offensichtlich, daß die Arbeit $e\boldsymbol{E}\boldsymbol{v} = 0$ ist, d. h., das Teilchen erleidet keine Energieverluste. Den Kegel der ungewöhnlichen Strahlung erhält man durch Einsetzen des Wertes von n aus der Gleichung (115,2), deren Gültigkeit nicht mit der Isotropie des Mediums verknüpft ist (der Winkel θ zwischen $\boldsymbol{k}$ und $\boldsymbol{v}$ stimmt im vorliegenden Fall mit dem Winkel zwischen $\boldsymbol{k}$ und der optischen Achse überein), in (8,5). Wir finden

$$\tan^2\theta = \frac{\varepsilon_{\parallel}}{\varepsilon_{\perp}}\left(\frac{v^2}{c^2}\varepsilon_{\perp} - 1\right),$$

wobei $v > c/\sqrt{\varepsilon_{\perp}}$ sein muß. Dieser Kegel ist ein Kreiskegel mit einer gleichmäßigen Intensitätsverteilung auf seinen Erzeugenden (wie das aus Symmetrieüberlegungen von vornherein offensichtlich ist). Der Öffnungswinkel ϑ des Kegels der Strahlungsvektoren ist mit θ über die Gleichung $\tan\vartheta = \varepsilon_{\perp}\tan\theta/\varepsilon_{\parallel}$ verknüpft.

b) In diesem Fall existieren zwei Tscherenkow-Kegel. Die Richtung von $\boldsymbol{v}$ wählen wir als x-Achse, die optische Achse als z-Achse, den Winkel zwischen $\boldsymbol{k}$ und der x-Achse als θ. φ als Azimut der Richtung von $\boldsymbol{k}$ zählen wir von der x,y-Ebene aus (Abb. 62). Der Öffnungswinkel des Kegels der gewöhnlichen Wellen wird durch die Gleichung

$$\cos\theta = c/v\sqrt{\varepsilon_{\perp}}$$

gegeben, wobei $v > c/\sqrt{\varepsilon_{\perp}}$ sein muß. Dieser Kegel ist ein Kreiskegel. Die Intensität der Abstrahlung hängt aber vom Azimut ab[1]); insbesondere fehlt die Strahlung in der x,z-

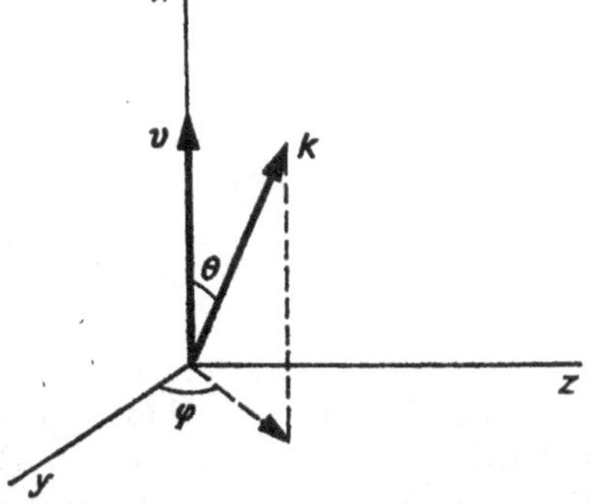

Abb. 62

[1]) Die Bestimmung der Intensitätsverteilung würde die Berechnung der Bremskräfte analog zur Rechnung in § 114 für ein isotropes Medium erfordern. Die Darlegung dieser Rechnungen (sowie auch einiger anderer Fragen, die mit der Tscherenkow-Strahlung verbunden sind) kann man in den Übersichtsartikeln von B. M. Bolotowski finden: Uspechi fiz. nauk **62** (1957) 201; **75** (1961) 295.

Ebene, wo $\varphi = \pi/2$ gilt (wegen der Gleichung $\boldsymbol{vE} = 0$). Der Kegel der ungewöhnlichen Wellen ist kein Kreiskegel, und sein Öffnungswinkel hängt von φ ab:

$$\cos^2\theta = \frac{(\varepsilon_{\parallel} - \varepsilon_{\perp})\sin^2\varphi + \varepsilon_{\perp}}{(\varepsilon_{\parallel} - \varepsilon_{\perp})\sin^2\varphi + \varepsilon_{\perp}\varepsilon_{\parallel}v^2/c^2},$$

wobei $v > c/\sqrt{\varepsilon_{\parallel}}$ sein muß. Die ungewöhnliche Strahlung ist mit dem Vektor $\boldsymbol{D}$ im Hauptschnitt orthogonal zu $\boldsymbol{k}$ polarisiert. Wenn $\boldsymbol{k}$ in der x,y-Ebene ($\varphi = 0$) liegt, dann ist der Vektor $\boldsymbol{D}$, und damit auch $\boldsymbol{E}$ längs der z-Achse gerichtet. Dabei gilt $\boldsymbol{vE} = 0$, so daß die Intensität der ungewöhnlichen Strahlung in der x,y-Ebene verschwindet.

§ 116. Übergangsstrahlung

Die Tscherenkow-Strahlung wird dadurch gekennzeichnet, daß sie bei einer gleichförmigen Bewegung eines geladenen Teilchens auftritt (währenddessen eine sich im Vakuum gleichförmig bewegende Ladung nicht abstrahlt). Eine andere Kategorie in diesem Sinne analoger Erscheinungen stellt die Übergangsstrahlung, d. h. die Abstrahlung bei gleichförmiger Bewegung eines geladenen Teilchens in einem räumlich inhomogenen Medium, darunter auch beim Übergang zwischen zwei Medien, dar (W. L. Ginsburg, I. M. Frank, 1945). Sie unterscheidet sich von der Tscherenkow-Strahlung prinzipiell dadurch, daß sie bei beliebigen Geschwindigkeiten des Teilchens und nicht nur bei Phasengeschwindigkeiten, die die Phasengeschwindigkeit des Lichtes übertreffen, auftritt. Sie hat auch wie die Tscherenkow-Strahlung nichts mit der Bremsstrahlung gemeinsam (welche ebenfalls beim Auftreffen geladener Teilchen auf eine Grenzfläche zweier Medien entsteht). Wie auch für die Tscherenkow-Strahlung wird der Unterschied im Grenzfall beliebig großer Teilchenmassen besonders anschaulich. Die Bremsstrahlung verschwindet dabei, die Übergangsstrahlung jedoch nicht.

Wir betrachten die Übergangsstrahlung beim Durchgang eines geladenen Teilchens (mit konstanter Geschwindigkeit $\boldsymbol{v}$) durch die Grenzfläche zwischen dem Vakuum und einem dielektrischen (nichtmagnetischen) Medium mit der komplexen dielektrischen Funktion ε. Die Bewegung verlaufe längs der x-Achse, senkrecht zur Grenzfläche (der Ebene $x = 0$; Abb. 63).

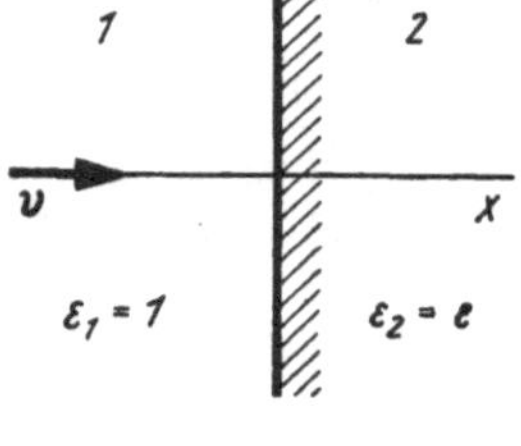

Abb. 63

Das elektromagnetische Feld wird durch die Gleichungen (114,1 bis 3) oder die ihnen äquivalenten (114,6) bestimmt. Alle Größen in den Gleichungen zerlegen wir in Fourier-Integrale nach der Zeit und den Koordinaten y, z, bezüglich deren das Medium homogen ist:

$$\boldsymbol{E} = \int \boldsymbol{E}_{\omega\boldsymbol{q}}(x)\, e^{i(\boldsymbol{rq} - \omega t)} \frac{d\omega\, d^2q}{(2\pi)^3} \tag{116,1}$$

usw., wobei $\boldsymbol{q}$ der Wellenvektor in der y,z-Ebene ist. In jedem der beiden Halbräume suchen wir das Feld als Summe der partiellen Lösung der inhomogenen Gleichungen (114,6) (das Feld der Ladung, Index (e)) und der allgemeinen Lösungen der homogenen Gleichungen, d. h. der Gleichungen (114,6) ohne die rechten Seiten (das freie Strahlungsfeld, Index (r)). Die zuerst genannte wird durch die zu (114,7) analogen Formeln

$$\left.\begin{aligned} \varphi_{\omega\boldsymbol{q}}^{(e)} &= \frac{4\pi e}{\varepsilon v}\left[q^2 + \frac{\omega^2}{v^2} - \frac{\varepsilon\omega^2}{c^2}\right]^{-1} e^{i\omega x/v}, \\ \boldsymbol{A}_{\omega\boldsymbol{q}}^{(e)} &= \frac{\varepsilon \boldsymbol{v}}{c}\,\varphi_{\omega\boldsymbol{q}}^{(e)} \end{aligned}\right\} \tag{116,2}$$

gegeben. Hieraus folgt für die Feldstärke des elektrischen Feldes

$$\boldsymbol{E}_{\omega\boldsymbol{q}}^{(e)} = i\left[\omega\boldsymbol{v}\left(\frac{\varepsilon}{c^2} - \frac{1}{v^2}\right) - \boldsymbol{q}\right]\varphi_{\omega\boldsymbol{q}}^{(e)} \tag{116,3}$$

(den Ausdruck für $\boldsymbol{H}_{\omega\boldsymbol{q}}^{(e)}$ benötigen wir nicht und geben ihn daher nicht an).

Den zweiten Lösungsanteil, der dem freien Strahlungsfeld entspricht, schreiben wir gleich als Feldstärke auf. Die longitudinale Komponente der Feldstärke $\boldsymbol{E}_{\omega\boldsymbol{q}}^{(r)}$ schreiben wir als

$$(\boldsymbol{E}_{\omega\boldsymbol{q}}^{(r)}) = ia\, e^{\pm ik_x x}$$

mit dem vorläufig noch unbekannten Koeffizienten a. Für k_x haben wir nun

$$k_x^2 + q^2 = \varepsilon\omega^2/c^2\,. \tag{116,4}$$

Die transversale Komponente (von der schon im voraus bekannt ist, daß sie längs $\boldsymbol{q}$, d. h. der einzigen in dieser Ebene ausgezeichneten Richtung orientiert ist) wird durch die Gleichung div $\boldsymbol{D} = 0$ bestimmt, d. h. $\varepsilon(\boldsymbol{q} \pm k_x\boldsymbol{n})\,\boldsymbol{E}_{\omega\boldsymbol{q}} = 0$ ($\boldsymbol{n}$ ist der Einheitsvektor längs der x-Achse):

$$\boldsymbol{E}_{\omega\boldsymbol{q}}^{(r)} = ia\left[\boldsymbol{n} \mp \frac{\boldsymbol{q}}{q^2}\sqrt{\frac{\varepsilon\omega^2}{c^2} - q^2}\right]\exp\left[\pm ix\sqrt{\frac{\varepsilon\omega^2}{c^2} - q^2}\right]. \tag{116,5}$$

Die Vorzeichen + und − im Exponenten beziehen sich entsprechend auf die Halbräume $x > 0$ und $x < 0$: Die Wellen breiten sich von der Grenzfläche weggerichtet aus.[1])

Die Konstanten a_1 und a_2 in beiden Halbräumen werden aus den Stetigkeitsbedingungen an der Grenzfläche für die Normalkomponenten der Induktion $\varepsilon\boldsymbol{n}\boldsymbol{E}_{\omega\boldsymbol{q}}$ sowie die Tangentialkomponenten der elektrischen Feldstärke $\boldsymbol{q}\boldsymbol{E}_{\omega\boldsymbol{q}}$ bestimmt (die Stetigkeitsbedingung für die magnetische Feldstärke liefert selbstverständlich nichts Neues). Wir geben das Ergebnis für den Koeffizienten im Bereich $x < 0$ (Vakuum) an:

$$a_1 = \frac{4\pi e\beta\varkappa^2(\varepsilon - 1)\,(1 - \beta^2 + \beta\sqrt{\varepsilon - \varkappa^2})}{\omega(1 - \beta^2 + \beta^2\varkappa^2)\,(1 + \beta\sqrt{\varepsilon - \varkappa^2})\,(\sqrt{\varepsilon - \varkappa^2} + \varepsilon\sqrt{1 - \varkappa^2})}, \tag{116,6}$$

wobei $\beta = v/c$ und $\varkappa = qc/\omega$ gilt.

Wir berechnen nun die vom Teilchen entgegengesetzt zur Bewegungsrichtung des Elektrons ins Vakuum abgestrahlte Gesamtenergie $\mathcal{U}_1$. Dies kann man einfach auf

[1]) In den Formeln (116,2 bis 5) hat man unter ε im Bereich $x < 0$ $\varepsilon_1 \equiv 1$ und im Bereich $x > 0$ $\varepsilon = \varepsilon_2$ zu verstehen. In den folgenden Formeln gilt überall $\varepsilon \equiv \varepsilon_2$.

folgende Weise tun: Wir betrachten einen abgestrahlten Wellenzug zu großen Zeiten t, wenn dieser schon weit nach links gelaufen ist. Das Strahlungsfeld und das Eigenfeld der Ladung sind dann schon voneinander separiert. Verschiebt man den Koordinatenursprung längs der x-Achse in den Bereich des Wellenzuges, so kann man aufgrund des Abklingens seines Feldes in beiden Richtungen von x die Integration über diese Koordinate von $-\infty$ bis $+\infty$ ausdehnen. Im Wellenbereich sind die Dichten der magnetischen und der elektrischen Energie gleich groß. Daher gilt

$$\mathcal{U}_1 = \frac{1}{4\pi} \int \mathrm{d}y \, \mathrm{d}z \int_{-\infty}^{\infty} \mathrm{d}x \cdot \boldsymbol{E}_1^2 .$$

Wir setzen für $\boldsymbol{E}_1$ die Entwicklung (116,1) ein und schreiben das Quadrat im Integral als Doppelintegral:

$$\boldsymbol{E}^2(t, \boldsymbol{r}) = \int \boldsymbol{E}_{\omega\boldsymbol{q}}(x) \, \boldsymbol{E}(x)^*_{\omega'\boldsymbol{q}'} \times \exp\{i[\boldsymbol{r}(\boldsymbol{q} - \boldsymbol{q}') - t(\omega - \omega')]\} \frac{\mathrm{d}\omega \, \mathrm{d}\omega' \, \mathrm{d}^2q \, \mathrm{d}^2q'}{(2\pi)^6} .$$

Die Integration dieses Ausdrucks über $\mathrm{d}y\,\mathrm{d}z$ liefert die δ-Funktion $(2\pi)^2\,\delta(\boldsymbol{q} - \boldsymbol{q}')$, die durch die Integration über d^2q' beseitigt wird. Somit gilt

$$\mathcal{U}_1 = \frac{1}{4\pi} \int_{-\infty}^{\infty} \mathrm{d}x \int \boldsymbol{E}_{\omega\boldsymbol{q}}(x) \, \boldsymbol{E}^*_{\omega'\boldsymbol{q}}(x) \, \mathrm{e}^{-it(\omega-\omega')} \frac{\mathrm{d}\omega \, \mathrm{d}\omega' \, \mathrm{d}^2q}{(2\pi)^4} . \tag{116,7}$$

Nach Einsetzen des Ausdrucks (116,5) (mit $\varepsilon = 1$, $a = a_1$) für $\boldsymbol{E}_{\omega\boldsymbol{q}}$ in (116,7) und Ausführung der Integration über x erhalten wir

$$\mathcal{U}_1 = \frac{1}{2} \int |a_1|^2 \frac{\omega^2}{q^2c^2} \, \delta\left[\sqrt{\frac{\omega^2}{c^2} - q^2} - \sqrt{\frac{\omega'^2}{c^2} - q^2}\right] \frac{\mathrm{d}^2q \, \mathrm{d}\omega \, \mathrm{d}\omega'}{(2\pi)^4} ,$$

wobei schon berücksichtigt wurde, daß aufgrund der vorliegenden δ-Funktion $\omega = \omega'$ gilt; aus diesem Grunde verschwinden in dem Produkt $a_1(\omega, q)\, a_1^*(\omega', q)$ die Phasenfaktoren, die in a_1 durch Verschiebung des Koordinatenursprungs in (116,5) entstehen. Die Integration über ω und ω' erfolgt von $-\infty$ bis $+\infty$. Nach der Integration über ω', die die δ-Funktion beseitigt, erhalten wir

$$\mathcal{U}_1 = \int_0^{\infty}\!\!\int |a_1(\omega, \boldsymbol{q})|^2 \frac{\omega^2}{cq^2} \sqrt{1 - \frac{c^2q^2}{\omega^2}} \frac{d^2q \, \mathrm{d}\omega}{(2\pi)^4} . \tag{116,8}$$

Da der Integrand gerade in ω ist, wurde das Integral über ω ohne den Faktor $^1/_2$ als Integral von 0 bis ∞ dargestellt.

Die Integration über d^2q hat man im Bereich $q^2 < \omega^2/c^2$ auszuführen, in dem k_x reell ist, so daß das Feld (116,5) wirklich eine sich ausbreitende Welle beschreibt.[1])

[1]) Für $q^2 > \omega^2/c^2$ hat man die Exponentialfaktoren im Ausdruck (116,5) als $\exp\left(\pm \sqrt{q^2 - \omega^2/c^2}\right)$ zu schreiben. Dies entspricht dem Auftreten von Oberflächenwellen (die bei Entfernung von der Grenzfläche abklingen). Solche Wellen treten bei der Übergangsstrahlung immer auf; wir werden sie hier aber nicht behandeln.

Wir führen den Winkel θ zwischen dem Wellenvektor der Strahlung $\boldsymbol{k} = (k_x, \boldsymbol{q})$ und der Richtung des Vektors $\boldsymbol{v}$ ein (so daß $\theta = 0$ einer bezüglich der Bewegungsrichtung des Teilchens streng rückwärtigen Abstrahlung entspricht). Dann ist $q = (\omega/c) \sin \theta$. Wir gehen von der Integration über d^2q zur Integration über $2\pi q\, dq = (2\pi\omega^2/c^2) \sin \theta$ $\cos \theta\, d\theta$ über und finden

$$\mathcal{U}_1 = \frac{1}{c(2\pi)^3} \int_0^\infty \int_0^{\pi/2} |a_1|^2 \omega^2 \frac{\cos^2 \theta}{\sin \theta} \, d\theta \, d\omega = \int_0^\infty \int_0^{\pi/2} \mathcal{U}_1(\omega, \theta) \, 2\pi \sin d\theta \, d\omega \, .$$

Die Funktion $\mathcal{U}_1(\omega, \theta)$ liefert die Spektral- und Winkelverteilung der Strahlung. Entnimmt man (116,6) a_1, so erhält man schließlich

$$\mathcal{U}_1(\omega, \Theta) = \frac{e^2\beta^2 \sin^2 \theta \cos^2 \theta}{\pi^2 c\, (1 - \beta^2 \cos^2 \theta)^2} \left| \frac{(\varepsilon - 1)\,(1 - \beta^2 + \beta \sqrt{\varepsilon - \sin^2 \theta})}{(1 + \beta \sqrt{\varepsilon - \sin^2 \theta})\,(\varepsilon \cos \theta + \sqrt{\varepsilon - \sin^2 \theta})} \right|^2 \tag{116,9}$$

(W. L. Ginsburg, I. M. Frank, 1945). Die Übergangsstrahlung ist linear polarisiert, wobei der elektrische Vektor (wie das aus (116,5) ersichtlich ist) in der durch $\boldsymbol{k}$ und $\boldsymbol{v}$ aufgespannten Ebene liegt. Für nichtrelativistische Geschwindigkeiten ist die Strahlungsintensität proportional zu v^2, d. h. zur Teilchenenergie.

An der Grenzfläche eines idealen Leiters ($\varepsilon = \infty$) reduziert sich die Formel (116,9) auf

$$\mathcal{U}_1(\omega, \theta) = \frac{e^2 v^2}{\pi^2 c^3} \frac{\sin^2 \theta}{(1 - \beta^2 \cos^2 \theta)^2} \, .$$

Im ultrarelativistischen Fall ($\beta \approx 1$) weist die Strahlung im Bereich kleiner Winkel $\theta \approx \sqrt{1 - \beta^2}$ ein Maximum auf. Die Formel (116,9) nimmt hier die Gestalt

$$\mathcal{U}_1(\omega, \theta) = \frac{e^2}{\pi^2 c} \left| \frac{\sqrt{\varepsilon} - 1}{\sqrt{\varepsilon} + 1} \right|^2 \frac{\theta^2}{[\theta^2 + (1 - \beta^2)]^2}$$

an. Mit logarithmischer Genauigkeit erhalten wir hieraus für die gesamte Spektraldichte der Strahlung

$$\mathcal{U}_1(\omega) \approx \int_0^{\approx 1} \mathcal{U}_1(\omega, \theta) \, 2\pi\theta \, d\theta \approx \frac{e^2}{\pi c} \left| \frac{\sqrt{\varepsilon} - 1}{\sqrt{\varepsilon} + 1} \right|^2 \ln \frac{1}{1 - \beta^2} . \tag{116,10}$$

Verwenden wir für hinreichend große Frequenzen den asymptotischen Ausdruck der dielektrischen Funktion (78,1)

$$\varepsilon = 1 - \frac{\omega_0^2}{\omega^2}, \qquad \omega_0^2 = \frac{4\pi N e^2}{m}, \tag{116,11}$$

so finden wir, daß für $\omega \gg \omega_0$ die Spektralverteilung der Strahlung wie ω^{-4} abfällt. Das bedeutet, daß in Wirklichkeit die Frequenzen $\omega \lesssim \omega_0$ den Hauptbeitrag zur Übergangsstrahlung (in rückwärtiger Richtung) liefern.

Zum Schluß gehen wir noch auf die Übergangsstrahlung beim Durchgang eines Teilchens aus einem Medium ins Vakuum ein. Diese Aufgabe unterscheidet sich von der vorangegangenen nur durch das Vorzeichen der Geschwindigkeit $\boldsymbol{v}$. Daher wird die differentielle Intensität der beim Austritt des geladenen Teilchens aus dem Medium ins Vakuum emittierten Strahlung durch eine Formel gegeben, die man aus (116,9) durch die Substitution $\boldsymbol{v} \to -\boldsymbol{v}$ erhält, wobei θ nun der Winkel zwischen den Richtungen von $\boldsymbol{k}$ und $\boldsymbol{v}$ ist (so daß $\theta = 0$ einer strengen Vorwärtsstrahlung relativ zur Teilchenbewegung entspricht)[1]):

$$\mathcal{U}_1(\omega, \theta) = \frac{e^2\beta^2 \sin^2\theta \cos^2\theta}{\pi^2 c(1-\beta^2\cos^2\theta)^2} \left| \frac{(\varepsilon - 1)(1 - \beta^2 - \beta\sqrt{\varepsilon - \sin^2\theta})}{(1-\beta\sqrt{\varepsilon - \sin^2\theta})(\varepsilon\cos\theta + \sqrt{\varepsilon - \sin^2\theta})} \right|^2 . \tag{116,12}$$

Im ultrarelativistischen Fall hat die Strahlungsintensität im Bereich kleiner Winkel $\theta \approx \sqrt{1-\beta^2}$ ein Maximum. Die Formel (116,12) nimmt hier die Gestalt

$$\mathcal{U}_1(\omega, \theta) = \frac{e^2\theta^2}{\pi^2 c} \frac{|\sqrt{\varepsilon} - 1|^2}{(1 - \beta^2 + \theta^2)^2 \, |\, 1 - \beta\sqrt{\varepsilon - \theta^2}|^2} \tag{116,13}$$

an. Ist ε nicht zu nahe an Eins, dann kann man den letzten Faktor im Nenner durch $|1 - \sqrt{\varepsilon}|$ ersetzen, und für die Spektralverteilung erhält man mit logarithmischer Genauigkeit

$$\mathcal{U}_1(\omega) = \frac{e^2}{\pi c} \ln \frac{2}{1-\beta^2} .$$

Für große Frequenzen verwenden wir erneut den Ausdruck (116,11) und ersetzen in (116,13)

$$1 - \beta\sqrt{\varepsilon - \theta^2} \approx \frac{1}{2}\left(1 - \beta^2 + \frac{\omega_0^2}{\omega^2} + \theta^2\right), \qquad \sqrt{\varepsilon - 1} \approx -\frac{\omega_0^2}{2\omega^2}.$$

Die Winkelintegration liefert

$$\mathcal{U}_1(\omega) = \frac{e^2}{\pi c} \ln \frac{\omega_0^2}{\omega^2(1-\beta^2)} \qquad \text{für} \quad \omega_0 \ll \omega \ll \omega_0/\sqrt{1-\beta^2} ,$$

$$\mathcal{U}_1(\omega) = \frac{e^2}{6\pi c}\left(\frac{\omega_0}{\omega}\right)^4 \frac{1}{(1-\beta^2)^2} \qquad \text{für} \quad \omega \gg \omega_0/\sqrt{1-\beta^2} .$$

Aus diesen Formeln ist ersichtlich, daß der Hauptbeitrag der Vorwärtsstrahlung von großen Frequenzen $\omega \approx \omega_0/\sqrt{1-\beta^2}$ geliefert wird (G. M. Garibjan, 1959). Die bezüglich der Frequenzen integrale Strahlungsenergie erweist sich dabei als proportional zur Teilchenenergie[2]):

$$\mathcal{U}_1 = \frac{e^2\omega_0}{3c\sqrt{1-\beta^2}} . \tag{116,14}$$

[1]) Für transparente Medien beschränken wir uns auf Geschwindigkeiten $v < c/\sqrt{\varepsilon}$ (ε kann man als reell betrachten). Anderenfalls entsteht die Frage nach der Separation des Tscherenkow-Anteils der Strahlung, die vom Teilchen im Medium vorwärts bezüglich der Bewegungsrichtung ausgesandt wird und durch die Grenzfläche ins Vakuum austritt. Diesem Austritt entspricht eine Polstelle der Intensität (116,12) in einem Punkt, für den $\beta\sqrt{\varepsilon - \sin^2\theta} = 1$ gilt. Der durch diese Gleichung bestimmte Winkel θ ist gerade der Austrittswinkel des an der Grenzfläche gebrochenen Stahls des Tscherenkow-Kegels im Medium.

[2]) Eine ausführliche Darstellung der mit der Übergangsstrahlung zusammenhängenden Fragen kann man in folgenden Übersichtsartikeln finden: F. G. Bass, W. M. Jakowlenko, Uspechi fis. nauk **86** (1965) 189; W. L. Ginsburg, W. N. Zytowitsch, Uspechi fis. nauk **126** (1978) 553, Physics Reports **49** (1979) 1.

XV STREUUNG ELEKTROMAGNETISCHER WELLEN

§ 117. Allgemeine Theorie der Streuung in isotropen Medien

In der in den vorangegangenen Kapiteln dargelegten Theorie der Ausbreitung elektromagnetischer Wellen in transparenten Medien wurde eine, wenn auch verhältnismäßig schwache, aber doch prinzipiell wichtige Erscheinung vollkommen außer acht gelassen, die *Streuung*. Diese Erscheinung besteht darin, daß schwache (gestreute) Wellen mit solchen Frequenzen und Richtungen auftreten, die nicht mit Frequenz und Ausbreitungsrichtung der Hauptwelle übereinstimmen.

Die Streuung entsteht durch eine Bewegungsänderung der im Medium befindlichen Ladungen unter dem Einfluß der einfallenden Welle; dies führt zur Emission der gestreuten Wellen. Der mikroskopische Mechanismus der Streuung muß auf der Grundlage der Quantenmechanik untersucht werden; zur Entwicklung der unten beschriebenen makroskopischen Theorie ist dieser jedoch nicht erforderlich. Daher beschränken wir uns auf einige kurze Bemerkungen über die Natur der Prozesse, die zur Frequenzänderung der Wellen bei der Streuung führen.

Der wichtigste Typ des elementaren Streuvorganges besteht in der Absorption des ursprünglichen Lichtquants $\hbar\omega$ und einer gleichzeitigen Emission eines anderen Quants $\hbar\omega'$ durch das streuende System. Die Frequenz ω' des gestreuten Quants kann sowohl kleiner als auch größer sein als die Frequenz ω (diese beiden Fälle werden STOKES*sche* bzw. *anti*-STOKES*sche Streuung* genannt). Im ersten Fall absorbiert das System die Energie $\hbar(\omega - \omega')$; im zweiten emittiert es die Energie $\hbar(\omega' - \omega)$, wobei es in einen Zustand niederer Energie übergeht. Im einfachen Fall eines Gases findet die Streuung an den einzelnen Molekülen statt, und die Frequenzänderung kann ihre Ursache sowohl in einem Übergang des Moleküls auf ein anderes Energieniveau als auch in der Änderung seiner kinetischen Bewegungsenergie als Ganzes haben.

Ein anderer Streuprozeß besteht darin, daß das ursprüngliche Quant $\hbar\omega$ ungeändert bleibt, das streuende System unter seinem Einfluß aber gleich zwei Quanten emittiert: ein weiteres Quant $\hbar\omega$ mit ungeänderter Frequenz und Richtung und ein „gestreutes" Quant $\hbar\omega'$. Die Energie $\hbar(\omega + \omega')$ wird dabei dem streuenden System entnommen. Prozesse dieser Art sind jedoch unter gewöhnlichen Bedingungen außerordentlich selten im Vergleich zu den erstgenannten und spielen bei der Streuung praktisch keine Rolle.[1])

Wenn wir nun zur makroskopischen Streutheorie übergehen, müssen wir vor allem präzisieren, wie hier die Mittelwertbildung definiert ist. Die Mittelwertbildung kann in der makroskopischen Elektrodynamik als das Resultat zweier Operationen auf-

---

[1]) Wir werden unten sehen (§ 118), daß der Effekt der erzwungenen Emission für alle Temperaturen T mit $T \ll \hbar(\omega + \omega')$ sehr klein ist. Im Bereich der Radiofrequenzen kann er wesentlich werden.

gefaßt werden. Geht man der Anschaulichkeit wegen vom klassischen Standpunkt aus, so kann zunächst über ein physikalisch infinitesimales Volumen bei gegebener Anordnung der darin befindlichen Teilchen und danach über die Bewegung der Teilchen gemittelt werden. In der Streutheorie ist dieses Vorgehen jedoch nicht möglich, da eine Mittelwertbildung über die Teilchenbewegung gerade zum Verschwinden der uns interessierenden Erscheinung führt. Daher muß man die in der Streutheorie z. B. auftretende Induktion und Feldstärke der gestreuten Welle als Größen auffassen, die nur im Ergebnis des ersten Teils der oben beschriebenen Mittelwertbildung entstanden sind.

Es ist zu bemerken, daß man bei einer quantenmechanischen Betrachtungsweise natürlich nicht von einer Volumenmittelung bezüglich der physikalischen Größe selbst, sondern nur für ihren Operator sprechen kann. Der zweite Teil der Mittelwertbildung besteht in der Bestimmung des mathematischen Erwartungswertes dieses Operators mit Hilfe der quantenmechanischen Wahrscheinlichkeiten. Daher hat man die unten auftretenden elektromagnetischen Größen streng genommen als quantenmechanische Operatoren zu verstehen. Dieser Umstand spiegelt sich aber nicht in den endgültigen Ergebnissen der in diesem Paragraphen behandelten Theorie wider. Zur Vereinfachung der angegebenen Formeln werden wir daher alle Größen als klassisch betrachten.

Die monochromatischen Komponenten der in diesem Sinne verstandenen Feldgrößen der gestreuten Welle werden wir unten mit $\boldsymbol{E}'$, $\boldsymbol{H}'$, $\boldsymbol{D}'$, $\boldsymbol{B}'$ bezeichnen. Das Feld der einfallenden Welle bezeichnen wir mit den ungestrichenen Buchstaben $\boldsymbol{E}$ und $\boldsymbol{H}$. Wir nehmen in diesem Kapitel stets an, daß die einfallende Welle monochromatisch von der Frequenz ω sei.

Für die gestreute Welle, die sich im Medium ausbreitet, gilt für Induktion und Feldstärke des elektrischen Feldes die Beziehung $\boldsymbol{D}' = \varepsilon(\omega')\,\boldsymbol{E}'$ (wir nehmen an, daß das streuende Medium isotrop sei). Diese Beziehung sagt jedoch nichts über den Prozeß der Streuung selbst aus, d. h. über die Entstehung der gestreuten Welle aus der einfallenden. Dazu muß man im Ausdruck für $\boldsymbol{D}'$ zusätzliche kleine Glieder berücksichtigen. In erster Näherung müssen diese Glieder im Feld der einfallenden Welle linear sein; die allgemeinste Form einer solchen Beziehung lautet dann

$$D_i' = \varepsilon' E_i' + \alpha_{ik} E_k + \beta_{ik} E_k^* \,. \tag{117,1}$$

Hier steht ε' für $\varepsilon(\omega')$, und α_{ik}, β_{ik} bezeichnen Tensoren, die die Streueigenschaften des Mediums charakterisieren. Im allgemeinen besitzen sie keinerlei Symmetrieeigenschaften, und ihre Komponenten sind Funktionen sowohl der Frequenz ω' der gestreuten Welle als auch der Frequenz ω der einfallenden Welle. Wir betonen, daß der Tensorcharakter der Größen α und β der angenommenen Isotropie des Mediums natürlich nicht widerspricht. Isotrop sind nur die vollständig gemittelten Eigenschaften des Mediums; die lokalen Abweichungen von den gemittelten Eigenschaften, auf die sich auch die zusätzlichen Glieder in (117,1) beziehen, brauchen nicht isotrop zu sein.

Der letzte Term (117,1) ist mit jenem Teil der Streuung verbunden, welcher durch den Prozeß der erzwungenen Emission entsteht, denn alle Glieder der rechten Seite von Gleichung (117,1) müssen derselben Frequenz ω' wie $\boldsymbol{D}'$ auf der linken Seite der Gleichung entsprechen. Da $\boldsymbol{E}^*$ die Frequenz $-\,\omega$ zukommt, muß die Frequenz von β_{ik} gleich $\omega + \omega'$ sein, damit die Frequenz des Produktes $\beta_{ik} E_k^*$ wieder ω' wird. $\omega + \omega'$ ist aber die Frequenz, welche den Prozeß der erzwungenen Emission charakterisiert.

Aufgrund der oben erwähnten Kleinheit dieses Effektes können wir die entsprechenden Glieder in (117,1) vernachlässigen, und wir werden im folgenden schreiben

$$D'_i = \varepsilon' E'_i + \alpha_{ik} E_k \,. \tag{117,2}$$

Durch analoge Formeln wird auch der Zusammenhang zwischen $\boldsymbol{B}'$ und $\boldsymbol{H}'$ ausgedrückt. Wir werden jedoch die magnetischen Eigenschaften des Mediums, die gewöhnlich für die Streuung von Licht völlig unwesentlich sind, vernachlässigen und setzen daher $\boldsymbol{B}' = \boldsymbol{H}'$.

Für das Feld der gestreuten Wellen lauten die MAXWELLschen Gleichungen

$$\operatorname{rot} \boldsymbol{E}' = i \frac{\omega'}{c} \boldsymbol{H}' \,, \qquad \operatorname{rot} \boldsymbol{H}' = -i \frac{\omega'}{c} \boldsymbol{D}' \,.$$

Eliminieren wir $\boldsymbol{H}'$ aus diesen Gleichungen, so finden wir

$$\operatorname{rot} \operatorname{rot} \boldsymbol{E}' = \frac{\omega'^2}{c^2} \boldsymbol{D}' \,.$$

Setzen wir hier gemäß (117,2) ein,

$$\boldsymbol{E}' = \frac{1}{\varepsilon'} \boldsymbol{D}' - \frac{1}{\varepsilon'} (\alpha \boldsymbol{E})$$

($(\alpha \boldsymbol{E})$ bezeichnet den Vektor mit den Komponenten $\alpha_{ik} E_k$), und berücksichtigen $\operatorname{div} \boldsymbol{D}' = 0$, so erhalten wir die folgende Gleichung für $\boldsymbol{D}'$:

$$\Delta \boldsymbol{D}' + k'^2 \boldsymbol{D}' = -\operatorname{rot} \operatorname{rot} (\alpha \boldsymbol{E}) \,, \tag{117,3}$$

wo $k' = (\omega/c)\sqrt{\varepsilon'}$ der Betrag des Wellenvektors der gestreuten Welle ist.

Zur exakten Formulierung der Bedingungen, unter denen Gleichung (117,3) gelöst werden muß, teilen wir das streuende Medium in kleine Bereiche auf (deren Abmessungen sollen jedoch im Vergleich zu den Entfernungen der Moleküle noch groß sein). Auf Grund der molekularen Natur der Streuprozesse erstrecken sich die Korrelationen zwischen diesen Prozessen in verschiedenen Punkten des Mediums (welches nach Voraussetzung nicht kristallin sein soll!) im allgemeinen nur über eine Entfernung von der Größenordnung der Molekülabstände.[1]) Daher ist das von verschiedenen Bereichen aus gestreute Licht inkohärent. Wir können folglich die Streuung von einem Bereich so behandeln, als ob das Licht im gesamten übrigen Medium nicht gestreut würde. In diesem Sinne berechnen wir das Feld der gestreuten Welle in großer Entfernung vom streuenden Bereich des Mediums. Indem wir die bekannte Näherung für die retardierten Potentiale in großer Entfernung von der Quelle benutzen (s. II, § 66), können wir die gesuchte Lösung von (117,3) unmittelbar hinschreiben:

$$\boldsymbol{D}' = \frac{1}{4\pi} \operatorname{rot} \operatorname{rot} \frac{e^{ik' R_0}}{R_0} \int (\alpha \boldsymbol{E})\, e^{-i\boldsymbol{k}'\boldsymbol{r}}\, dV \,. \tag{117,4}$$

Hier ist $\boldsymbol{R}_0$ der Radiusvektor von irgendeinem Punkt im streuenden Bereich (über welchen integriert wird) zum Beobachtungspunkt des Feldes, der Vektor $\boldsymbol{k}'$ hat die Richtung von $\boldsymbol{R}_0$. Das Integral hängt nicht von den Koordinaten des Beobachtungs-

[1]) Ausnahmen können für besondere Fälle der Streuung eintreten, welche in § 120 diskutiert werden sollen. In diesen Fällen muß man annehmen, daß die Dimensionen des streuenden Bereichs groß im Vergleich zur Wellenlänge des Lichtes sind.

punktes ab; wenn wir die Differentiation ausführen und wie gewöhnlich nur Glieder mit $1/R_0$ beibehalten, bekommen wir

$$D' = -\frac{e^{ik'R_0}}{4\pi R_0}[k'[k' \int (\alpha E)\, e^{-ik'r}\, dV]] .$$

Da wir im Beobachtungspunkt das Medium nicht als streuend ansehen, wird dort der Zusammenhang zwischen D' und E' einfach durch die Beziehung $D' = \varepsilon' E'$ gegeben. Vom Feld E der einfallenden Welle separieren wir einen im Raum periodischen Faktor und schreiben

$$E = E_0\, e^{ikr} = E_0\, e\, e^{ikr} ; \tag{117,5}$$

im zweiten Ausdruck wurde die komplexe Amplitude E_0 als $E_0\, e$ geschrieben, wobei E_0 eine reelle Größe ($E_0^2 \equiv |E_0|^2$) und e der komplexe Einheitsvektor ($ee^* = 1$) ist, der die Polarisation der Welle bestimmt.

Nach Einführung der Bezeichnungen

$$G = \int (\alpha e)\, e^{-iqr}\, dV , \qquad q = k' - k , \tag{117,6}$$

schreiben wir

$$E' = -\, e^{ik'R_0} \frac{E_0}{4\pi R_0 \varepsilon'}[k'[k'G]] = e^{ik'R_0} \frac{E_0 k'^2}{4\pi R_0 \varepsilon'} G_\perp . \tag{117,7}$$

Der Vektor E' ist orthogonal zur Richtung von k' der gestreuten Welle und wird durch die zu k' senkrechte Komponente $G_\perp$ bestimmt.

Nachdem wir so das nicht gemittelte Feld der gestreuten Welle bestimmt haben, können wir nun zur Untersuchung von Intensität und Polarisation des gestreuten Lichtes übergehen. Dazu müssen wir den Tensor

$$I_{ik} = \langle E_i' E_k'^* \rangle \tag{117,8}$$

bilden, wobei die spitzen Klammern die bis jetzt noch nicht ausgeführte letzte Mittelwertbildung über die Bewegung der Teilchen im Medium bedeutet; der Mittelwert eines quadratischen Ausdrucks gibt natürlich ein von Null verschiedenes Resultat. Da $E' \perp k'$ ist, hat der Tensor I_{ik} nur in der zu k' orthogonalen Ebene von Null verschiedene Komponenten; diese Komponenten bilden (in dieser Ebene) einen zweidimensionalen Tensor $I_{\alpha\beta}$ (griechische Indizes durchlaufen zwei Werte). Der Tensor $I_{\alpha\beta}$ ist nach Definition hermitesch: $I_{\alpha\beta} = I_{\beta\alpha}^*$. Er kann auf Hauptachsen transformiert werden, wobei das Verhältnis seiner beiden Hauptwerte den Grad der Depolarisation angibt und ihre Summe proportional der totalen Intensität des Lichtes ist.[1])

In die Produkte $E_i' E_k'^*$ gehen die Produkte der Integrale G_i ein, von denen ebenfalls die Mittelwerte gebildet werden müssen. Wir schreiben das Produkt der beiden Integrale in Form eines Doppelintegrals:

$$\langle G_i G_k^* \rangle = e_l e_m^* \iint \langle \alpha_{il}^{(1)} \alpha_{km}^{(2)} \rangle\, e^{-iq(r_1 - r_2)}\, dV_1\, dV_2 . \tag{117,9}$$

[1]) S. II, § 50. Die Hauptachsentransformation bedeutet für einen hermiteschen Tensor, daß man ihn in der Form $I_{ik} = \lambda_1 n^{(1)} n_k^{(1)*} + \lambda_2 n^{(2)} n_k^{(2)*}$ darstellt, wo $n^{(1)}$, $n^{(2)}$ im allgemeinen komplexe Einheitsvektoren sind, die aufeinander senkrecht stehen: $n^{(1)} n^{(1)*} = n^{(2)} n^{(2)*} = 1$, $n^{(1)} n^{(2)*} = 0$. Die Hauptkomponenten eines hermiteschen Tensors λ_1, λ_2 sind reell.

Die oberen Indizes (1) und (2) zeigen an, daß die Werte von α an zwei verschiedenen Raumpunkten genommen werden.

Bei der Mittelwertbildung des Integranden muß man berücksichtigen, daß sich die Korrelation zwischen den Werten α in verschiedenen Raumpunkten im allgemeinen nur über die Größenordnung der Molekülentfernungen erstreckt. Das heißt, daß der Integrand nach der Mittelwertbildung nur für $|\boldsymbol{r}_2 - \boldsymbol{r}_1| \sim a$ wesentlich von Null verschieden sein wird, wobei a die Größenordnung der Molekülentfernung ist. Der Exponent im Faktor $e^{-i\boldsymbol{q}(\boldsymbol{r}_1-\boldsymbol{r}_2)}$ wird $\sim a/\lambda$, wo λ die Wellenlänge der gestreuten Welle sei; es ist aber $a/\lambda \ll 1$ schon die notwendige Bedingung der Anwendbarkeit der makroskopischen Theorie überhaupt. Den Exponentialfaktor können wir daher gleich Eins setzen.[1])

Die Integration über die Koordinaten $\boldsymbol{r}_1$ und $\boldsymbol{r}_2$ kann man durch Integration über $1/2\,(\boldsymbol{r}_1 + \boldsymbol{r}_2)$ und $\boldsymbol{r} = (\boldsymbol{r}_1 - \boldsymbol{r}_2)$ ersetzen. Da der Integrand (nach der Mittelwertbildung) nur von $\boldsymbol{r}$ abhängt, erhalten wir

$$\langle G_i G_k^* \rangle = V e_l e_m^* \int \langle \alpha_{il}^{(1)} \alpha_{km}^{(2)*} \rangle \, dV \,, \tag{117,10}$$

wo V das Volumen des streuenden Bereiches des Mediums sei; es ist offensichtlich, daß die Streuung proportional zu V sein muß. Wir bemerken, daß der Wellenvektor $\boldsymbol{k}$ der einfallenden Welle aus der Formel (117,10) und daher auch aus allen folgenden Formeln vollkommen herausfällt.

Die Integrale in (117,10) bilden einen Tensor vierter Stufe, der nur von den Eigenschaften des streuenden Mediums abhängt. Wegen der Isotropie des Mediums kann man diesen Tensor nur über den Einheitstensor δ_{ik} (und skalare Konstanten) ausdrücken. Bevor wir den entsprechenden Ausdruck angeben, sei bemerkt, daß sich der Tensor α_{ik} wie jeder Tensor zweiter Stufe im allgemeinen Fall als Summe dreier Anteile darstellen läßt:

$$\alpha_{ik} = \alpha \delta_{ik} + s_{ik} + a_{ik} \,, \tag{117,11}$$

wobei α ein Skalar, s_{ik} ein irreduzibler (d. h. mit einer Spur gleich Null) symmetrischer Tensor und a_{ik} ein antisymmetrischer Tensor ist:

$$\alpha = {}^1/_3\, \alpha_{ii}, \quad s_{ik} = {}^1/_2\, (\alpha_{ik} + \alpha_{ki} - {}^2/_3\, \alpha_{ll} \delta_{ik}), \quad a_{ik} = {}^1/_2\, (\alpha_{ik} - \alpha_{ki}) \,. \tag{117,12}$$

Bei der Mittelung des Produkts $\alpha_{il}^{(1)} \alpha_{km}^{(2)*}$ können nur Produkte aus den Komponenten jedes der drei erwähnten Anteile des Tensors α_{ik} mit sich selbst von Null verschieden sein. Es ist klar, daß man mit Hilfe des Einheitstensors keinen Ausdruck konstruieren kann, der in seinen Symmetrieeigenschaften einem gemischten Produkt entspräche. Diese Überlegungen gestatten, den gesuchten Tensor vierter Stufe in der Gestalt

$$\begin{aligned}\int \langle \alpha_{il}^{(1)} \alpha_{km}^{(2)*} \rangle \, dV = G_0 \delta_{il} \delta_{km} &+ {}^1/_{10}\, G_s (\delta_{ik} \delta_{lm} + \delta_{im} \delta_{kl} - {}^2/_3\, \delta_{il} \delta_{km}) \\ &+ {}^1/_6\, G_a (\delta_{ik} \delta_{lm} - \delta_{im} \delta_{kl})\end{aligned} \tag{117,13}$$

anzugeben, wobei die drei Terme nach ihrer Symmetrie den Produkten der skalaren, symmetrischen und antisymmetrischen Anteile der Tensoren $\alpha_{il}^{(1)}$ und $\alpha_{km}^{(2)}$ entsprechen. Nach Kontraktion dieses Ausdrucks bezüglich verschiedener Indexpaare erhalten wir drei Gleichungen, die die Bedeutung der Koeffizienten in (117,13) erläutern:

$$G_0 = \int \langle \alpha^{(1)} \alpha^{(2)*} \rangle \, dV \,, \qquad G_s = \int \langle s_{ik}^{(1)} s_{ik}^{(2)*} \rangle \, dV \,, \tag{117,14}$$
$$G_a = \int \langle a_{ik}^{(1)} a_{ik}^{(2)*} \rangle \, dV \,.$$

---

[1]) Die Zulässigkeit dieser Vernachlässigung erfordert jedoch spezielle Klauseln bei der sogenannten Rayleigh-Streuung (s. § 120).

Diese Größen sind reell und positiv.[1])

Der Tensor I_{ik} nimmt damit die Gestalt

$$I_{ik} = \text{const} \cdot [G_0 e_i e_k^* + {}^1/_{10}\, G_s(\delta_{ik} + e_i^* e_k - {}^2/_3 e_i e_k^*) + {}^1/_6\, G_a(\delta_{ik} - e_i^* e_k)] \qquad (117{,}15)$$

an, wobei die Konstante unabhängig von Streurichtung und Polarisation der einfallenden Welle ist. Dieser Tensor ist natürlich noch nicht orthogonal zur Richtung von $\boldsymbol{k}'$. Den gesuchten Tensor $I_{\alpha\beta}$ erhält man durch Projektion des Tensors (117,15) auf eine zu $\boldsymbol{k}'$ senkrechte Ebene (dafür reicht es aus, eine Achse des Koordinatensystems längs $\boldsymbol{k}'$ zu wählen und die Komponenten des Tensors bezüglich der beiden anderen Achsen zu nehmen).

Wir machen darauf aufmerksam, daß im allgemeinen Fall die Streuung als Superposition dreier unabhängiger Streuprozesse *skalaren, symmetrischen* und *antisymmetrischen* Typs dargestellt werden kann, die den drei Termen in (117,15) entsprechen.[2]) Interessiert man sich nicht für diese Aufspaltung, so kann es zweckmäßig sein, durch Zusammenfassen ähnlicher Terme den Ausdruck (117,15) in einer anderen Gestalt darzustellen:

$$I_{ik} = \text{const} \cdot \left\{\frac{a+c}{2} e_i e_k^* + \frac{a-c}{2} e_i^* e_k + b\delta_{ik}\right\}, \qquad (117{,}16)$$

wobei

$$a = G_0 + {}^1/_{30}\, G_s - 1{}^1/_6\, G_a, \quad b = {}^1/_{10}\, G_s + {}^1/_6\, G_a, \quad c = G_0 - {}^1/_6\, G_s + {}^1/_6 G_a \qquad (117{,}17)$$

ist.

Die Formeln (117,15) oder (117,16) bestimmen die Winkelverteilung und die Polarisationseigenschaften des gestreuten Lichtes. Insbesondere erhalten wir durch Projektion dieses Tensors auf einen bestimmten Polarisationsvektor $\boldsymbol{e}'$ (der die Richtung von $\boldsymbol{E}'$ bestimmt) die Intensität der auf eine bestimmte Weise polarisierten Komponenten des gestreuten Lichtes, die durch einen entsprechenden Polarisationsanalysator selektiert werden könnte:

$$I_{ik} e_i'^* e_k' = \text{const} \cdot \{G_0\, |\boldsymbol{e}\boldsymbol{e}'^*|^2 + {}^1/_{10}\, G_s(1 + |\boldsymbol{e}\boldsymbol{e}'|^2 - {}^2/_3\, |\boldsymbol{e}\boldsymbol{e}'^*|^2) + {}^1/_6\, G_a(1 - |\boldsymbol{e}\boldsymbol{e}'|^2)\} \qquad (117{,}18)$$

oder

$$I_{ik} e_i'^* e_k' = \text{const} \cdot \left\{\frac{a+c}{2} |\boldsymbol{e}\boldsymbol{e}'^*|^2 + \frac{a-c}{2} |\boldsymbol{e}\boldsymbol{e}'|^2 + b\right\}. \qquad (117{,}19)$$

---

[1]) Daß der Tensor (117,13) und damit auch die in ihn eingehenden Koeffizienten reell sind, ist bereits aus der Symmetrie bezüglich einer Vertauschung der Indexpaare *il* und *km* ersichtlich; eine solche Vertauschung ist aber dem Übergang zur komplex konjugierten Größe gleichbedeutend (aufgrund der Äquivalenz der Punkte 1 und 2). Positiv sind die Koeffizienten deshalb, weil sie mit Hilfe einer zum Übergang von (117,9) zu (117,10) inversen Transformation in der Gestalt eines Betragsquadrats (oder der Summe von Betragsquadraten) dargestellt werden kann. So ist

$$G_0 = \frac{1}{V}\left\langle\left|\int \alpha^{(1)}\, \mathrm{d}V\right|^2\right\rangle.$$

[2]) Die Formel (117,15) und die daraus abgeleiteten Schlüsse unterscheiden sich nur durch die Definition der Größen G_0, G_s, G_a von der PLACZEKschen Quantentheorie der Streuung an einzelnen frei orientierten Molekülen, die in IV, § 60 dargelegt ist.

Wir betrachten die Streuung einer linear polarisierten Welle. Dieser Polarisation entspricht ein reeller Vektor $\boldsymbol{e}$ (s. II, §§ 48 und 50). Damit sind auch alle Komponenten des Tensors $I_{\alpha\beta}$ des gestreuten Lichts reell. Das bedeutet, daß das gestreute Licht partiell polarisiert ist; es kann in zwei unabhängige (inkohärente) Wellen zerlegt werden, wovon jede linear polarisiert ist. Da in der zu $\boldsymbol{k}'$ orthogonalen Ebene nur eine ausgezeichnete Richtung vorliegt (bestimmt durch die Projektion des Vektors $\boldsymbol{e}$ auf diese Ebene), so ist von vornherein klar, daß eine dieser Wellen mit dem Vektor $\boldsymbol{e}'$ in der Ebene von $\boldsymbol{e}$ und $\boldsymbol{k}$ polarisiert ist (ihre Intensität bezeichnen wir mit I_1) und die andere senkrecht zu dieser Ebene (Intensität I_2).[1])

Für reelles $\boldsymbol{e}$ reduziert sich der Ausdruck (117,16) auf

$$I_{ik} = \text{const} \cdot (a e_i e_k + b\delta_{ik}) . \tag{117,20}$$

Wir bemerken sofort, daß dieser Ausdruck nur zwei und nicht drei Konstanten enthält. Dementsprechend haben wir

$$I_{ik} e_i' e_k' = \text{const} \cdot \left(a(\boldsymbol{e}\boldsymbol{e}')^2 + b\right) .$$

Legt man $\boldsymbol{e}'$ in die beiden oben erwähnten Richtungen, so findet man die Winkelverteilung der beiden inkohärenten Komponenten des gestreuten Lichts als

$$I_1 = \text{const} \cdot (a \sin^2 \theta + b) , \qquad I_2 = \text{const} \cdot b , \tag{117,21}$$

wobei θ der Winkel zwischen $\boldsymbol{e}$ und der Streurichtung von $\boldsymbol{k}'$ ist. Wir bemerken, daß sich die zweite Verteilung als isotrop herausstellt.

Beim Durchgang von natürlichem Licht durch ein Medium ist das gestreute Licht partiell polarisiert. Den entsprechenden Tensor I_{ik} erhält man aus (117,16) durch Mittelung über alle Richtungen von $\boldsymbol{e}$ in der zu $\boldsymbol{k}$ orthogonalen Ebene. Diese Mittelung wird durch die Formel

$$\overline{e_i e_k^*} = {}^1/_2 \, (\delta_{ik} - n_i n_k) \tag{117,22}$$

ausgeführt ($\boldsymbol{n} = \boldsymbol{k}/k$); dies ist ein Tensor zweiter Stufe, der nur von der Richtung von $\boldsymbol{n}$ abhängt, bei Kontraktion den Wert 1 liefert und der Bedingung

$$n_i \overline{e_i e_k^*} = \overline{(\boldsymbol{n}\boldsymbol{e}) \, e_k^*} = 0$$

genügt. Somit gilt bei der Streuung von natürlichem Licht

$$I_{ik} = \text{const} \cdot \left\{\frac{a}{2} (\delta_{ik} - n_i n_k) + b\delta_{ik}\right\}. \tag{117,23}$$

Aus Symmetrieüberlegungen ist evident, daß zwei inkohärente Komponenten des gestreuten Lichtes mit dem Vektor $\boldsymbol{e}'$ in der von $\boldsymbol{k}$ und $\boldsymbol{k}'$ aufgespannten Ebene (Streuebene) und der zu ihr orthogonalen Ebene linear polarisiert sein werden. Wir bezeichnen die Intensitäten dieser Komponenten mit $I_{\parallel}$ bzw. $I_{\perp}$. Aus der Formel

$$I_{ik} e_i' e_k' = \text{const} \cdot \left\{\frac{a}{2} [1 - (\boldsymbol{n}\boldsymbol{e}')^2] + b\right\}$$

---

[1]) Wir betonen nochmals die Notwendigkeit, zwischen dem Polarisationszustand des gestreuten Lichtes als solchem und der Polarisation $\boldsymbol{e}'$, die durch einen Detektor selektiert wird, zu unterscheiden.

erhalten wir

$$I_{||} = \text{const} \cdot \left(\frac{a}{2} \cos^2 \vartheta + b\right), \quad I_{\perp} = \text{const} \cdot \left(\frac{a}{2} + b\right), \tag{117,24}$$

wobei ϑ der Streuwinkel (der Winkel zwischen $\boldsymbol{k}$ und $\boldsymbol{k}'$) ist.

Wir geben noch die Formeln für die Winkelverteilung und die Polarisationseigenschaften jedes der drei Streutypen getrennt an. Man erhält sie aus (117,21) und (117,24) einfach durch Einsetzen der entsprechenden Terme aus (117,17) für a und b.

Bei skalarer Streuung von linear polarisiertem Licht ist das gestreute Licht ebenfalls vollständig polarisiert, die Winkelverteilung der Intensität wird durch die Formel

$$I = {}^3/_2 \sin^2 \theta \tag{117,25}$$

gegeben (hier und im folgenden ist I so normiert, daß man bei Mittelwertbildung über alle Richtungen Eins erhält). Bei der Streuung von natürlichem Licht werden die Winkelverteilung der Gesamtintensität und der Depolarisationsgrad (das Verhältnis der kleineren zur größeren Größe aus $I_{||}$, $I_{\perp}$) des gestreuten Lichtes durch die Formeln

$$I = I_{\perp} + I_{||} = {}^3/_4 (1 + \cos^2 \vartheta), \quad I_{||}/I_{\perp} = \cos^2 \vartheta \tag{117,26}$$

gegeben.[1])

Für symmetrische Streuung von polarisiertem Licht haben wir

$$I = I_1 + I_2 = \frac{3}{20} (6 + \sin^2 \theta), \quad \frac{I_2}{I_1} = \frac{3}{3 + \sin^2 \theta}, \tag{117,27}$$

und für natürliches Licht folgt

$$I = \frac{3}{40} (13 - \sin^2 \vartheta), \quad \frac{I_{||}}{I_{\perp}} = 1 - \frac{1}{7} \sin^2 \vartheta. \tag{117,28}$$

Für antisymmetrische Streuung von polarisiertem Licht gilt

$$I = \frac{3}{4} (1 + \cos^2 \theta), \quad \frac{I_1}{I_2} = \cos^2 \theta \tag{117,29}$$

und bei der Streuung von natürlichem Licht

$$I = \frac{3}{8} (2 + \sin^2 \vartheta), \quad \frac{I_{\perp}}{I_{||}} = \frac{1}{1 + \sin^2 \vartheta}. \tag{117,30}$$

§ 118. Prinzip des detaillierten Gleichgewichts bei Streuprozessen

Das allgemeine quantenmechanische Prinzip des detaillierten Gleichgewichts (s. III, § 144) erlaubt, eine bestimmte Beziehung zwischen den Intensitäten der verschiedenen Streuprozesse herzuleiten.

---

[1]) Dem Übergang von den Formeln für $I(\theta)$ zu den Formeln für $I(\vartheta)$ entspricht die Mittelung

$$\overline{\sin^2 \theta} = {}^1/_2 (1 + \cos^2 \vartheta)$$

(vgl. den Übergang von (92,3) zu (92,6)).

Die Wahrscheinlichkeit (pro Länge) dafür, daß ein Quant $\hbar\omega_1$ eine Streuung erfährt, wobei ein Quant $\hbar\omega_2$ entsteht und sich im Raumwinkelelement $\mathrm{d}o_2$ ausbreitet, sei $\mathrm{d}w_{21}$.[1] Der inverse Prozeß, wo ein Quant $\hbar\omega_2$ gestreut wird und dabei ein Quant $\hbar\omega_1$ im Raumwinkel $\mathrm{d}o_1$ liefert, habe die Wahrscheinlichkeit $\mathrm{d}w_{12}$. Das Prinzip des detaillierten Gleichgewichts fordert zwischen beiden Wahrscheinlichkeit enfolgenden Zusammenhang:

$$\frac{\mathrm{d}w_{21}}{k_2^2 \mathrm{d}o_2} = \frac{\mathrm{d}w_{12}}{k_1^2 \mathrm{d}o_1},$$

wo k_1, k_2 die Wellenvektoren der beiden Quanten sind. Wir setzen $k_1^2 = \varepsilon_1 \omega_1^2/c^2$, $k_2^2 = \varepsilon_2 \omega_2^2/c^2$ (mit $\varepsilon_1 = \varepsilon(\omega_1)$, $\varepsilon_2 = \varepsilon(\omega_2)$) und erhalten

$$\varepsilon_1\, \omega_1^2 \frac{\mathrm{d}w_{21}}{\mathrm{d}o_2} = \varepsilon_2\, \omega_2^2 \frac{\mathrm{d}w_{12}}{\mathrm{d}o_1}. \tag{118,1}$$

Hierbei wird angenommen, daß Anfangs- und Endzustand des streuenden Systems diskreten Energieniveaus entsprechen, für die

$$E_1 + \hbar\omega_1 = E_2 + \hbar\omega_2$$

gilt. Eine solche Annahme entspricht aber nicht ganz den wirklichen Verhältnissen, da das Spektrum der Energieniveaus makroskopischer Körper außerordentlich dicht ist und als quasikontinuierlich angesehen werden kann.

Anstelle der Streuwahrscheinlichkeit $\mathrm{d}w_{21}$ mit exakt definierter Frequenzänderung muß man daher die Wahrscheinlichkeit der Streuung in ein Frequenzintervall $\mathrm{d}\omega_2$ einführen, was einem Übergang des Körpers in einen Energiezustand entspricht, der im Intervall $\mathrm{d}E_2 = \hbar\, \mathrm{d}\omega_2$ liegt. Bezeichnen wir diese Wahrscheinlichkeit pro Weglänge mit $\mathrm{d}h_{21}$, so haben wir

$$\mathrm{d}h_{21} = \mathrm{d}w_{21}\, \mathrm{d}\Gamma_2 = \mathrm{d}w_{21} \frac{\mathrm{d}\Gamma_2}{\mathrm{d}E_2} \hbar\, \mathrm{d}\omega_2 ,$$

wo $\mathrm{d}\Gamma_2$ die Zahl der Quantenzustände im Energieintervall $\mathrm{d}E_2$ bedeutet. Statt (118,1) schreiben wir jetzt

$$\frac{\mathrm{d}\Gamma_1}{\mathrm{d}E_1} \varepsilon_1 \omega_1^2 \frac{\mathrm{d}h_{21}}{\mathrm{d}o_2 \mathrm{d}\omega_2} = \frac{\mathrm{d}\Gamma_2}{\mathrm{d}E_2} \varepsilon_2 \omega_2^2 \frac{\mathrm{d}h_{12}}{\mathrm{d}o_1 \mathrm{d}\omega_1}.$$

Nach einem bekannten Zusammenhang zwischen dem statistischen Gewicht makroskopischer Zustände des Körpers und seiner Entropie $\mathscr{S}$ stimmt aber die Ableitung $\mathrm{d}\Gamma/\mathrm{d}E$ im wesentlichen mit $\mathrm{e}^{\mathscr{S}}$ überein, so daß gilt

$$\frac{\mathrm{d}\Gamma_1/\mathrm{d}E_1}{\mathrm{d}\Gamma_2/\mathrm{d}E_2} = \mathrm{e}^{\mathscr{S}_1 - \mathscr{S}_2}.$$

[1]) Dabei sind auch die bestimmten Polarisationen beider Quanten gemeint; die Polarisationsindizes geben wir der Kürze halber nicht an. Die Anordnung der Indizes in der Bezeichnung $\mathrm{d}w_{21}$ entspricht der in der Quantenmechanik üblichen: von rechts nach links — vom Anfangs- zum Endzustand.

Da die durch die Streuung eines Quants verursachte Energieänderung des Körpers im Vergleich zu seiner Energie selbst sehr klein ist, wird die entstehende Entropieänderung ebenfalls relativ klein, für die wir daher schreiben können

$$\mathcal{S}_1 - \mathcal{S}_2 = \frac{\mathrm{d}\mathcal{S}}{\mathrm{d}E}(E_1 - E_2) = \frac{1}{T}(E_1 - E_2) = \frac{\hbar}{T}(\omega_2 - \omega_1)\,.$$

Unter Berücksichtigung dieses Umstandes schreiben wir den endgültigen Ausdruck für das Prinzip des detaillierten Gleichgewichts in folgender Form:

$$\mathrm{e}^{-\hbar\omega_1/T}\varepsilon_1\omega_1^2\frac{\mathrm{d}h_{21}}{\mathrm{d}o_2\mathrm{d}\omega_2} = \mathrm{e}^{-\hbar\omega_2/T}\,\varepsilon_2\,\omega_2^2\frac{\mathrm{d}h_{12}}{\mathrm{d}o_1\mathrm{d}w_1}\,. \tag{118,2}$$

Die Größe $\mathrm{d}h$ (die die Dimension einer reziproken Länge hat) nennt man den *differentiellen Extinktionskoeffizienten* für die Streuung von Licht. Er kann auch folgendermaßen definiert werden: $\mathrm{d}h$ ist das Verhältnis der Zahl der Quanten, die pro Zeit und Volumen (in die Richtung $\mathrm{d}o$ im Frequenzintervall $\mathrm{d}\omega$) gestreut werden, zur Photonenstromdichte des einfallenden Lichtes. Integration von $\mathrm{d}h$ über alle Richtungen und Frequenzen des gestreuten Lichtes liefert den *totalen Extinktionskoeffizienten*, welcher das Dämpfungsdekrement der Photonenstromdichte bei dessen Ausbreitung im streuenden Medium darstellt.

Es sei $\omega_2 < \omega_1$. (118,2) stellt eine Beziehung zwischen den Intensitäten (Extinktionskoeffizienten) der STOKESschen ($1 \to 2$) und anti-STOKESschen ($2 \to 1$) Streuung dar. Wir sehen, daß die zweite im allgemeinen um den Faktor

$$\mathrm{e}^{-\hbar(\omega_1-\omega_2)/T}$$

kleiner ist. Dies ist ein sehr allgemeines Ergebnis und entspricht der Tatsache, daß eine Energieabgabe vom Körper an das elektromagnetische Feld die Wahrscheinlichkeit dieses Prozesses um einen Faktor $\mathrm{e}^{-\Delta E/T}$ verringert, wo ΔE die abgegebene Energie ist. Insbesondere wird aus diesem Grund der Effekt der erzwungenen Emission im allgemeinen sehr schwach, bei welchem der Körper in jedem einzelnen Streuprozeß die Energie $\hbar(\omega_1 + \omega_2)$ abgibt. Die Wahrscheinlichkeit für diesen Prozeß enthält den bei $\hbar(\omega_1 + \omega_2) \gg T$ sehr kleinen Faktor

$$\mathrm{e}^{-\hbar(\omega_1+\omega_2)/T}\,.$$

Die allgemeine Beziehung (118,2) wird in dem wichtigen Fall der Streuung mit relativ kleiner Frequenzänderung stark vereinfacht. Wir bezeichnen ω_1 einfach mit ω und die kleine Differenz $\omega_2 - \omega_1$ mit $\Omega(|\Omega| \ll \omega)$. Außerdem führen wir die Abkürzung

$$\frac{\mathrm{d}h_{21}}{\mathrm{d}o_2\mathrm{d}\omega_2} = I(\omega, \Omega) \tag{118,3}$$

ein. In den nicht exponentiellen Faktoren $\varepsilon\omega^2$ in (118,2) können wir die Differenz Ω vernachlässigen; diese Faktoren fallen dann heraus, und es bleibt

$$I(\omega,\Omega)\,\mathrm{e}^{-\hbar\omega/T} = I(\omega + \Omega, -\Omega)\,\mathrm{e}^{-\hbar(\omega+\Omega)/T}\,.$$

Im ersten Argument der Funktion $I\,(\omega + \Omega, -\Omega)$, welches die Frequenz des einfallenden Lichtes kennzeichnet, können wir Ω vernachlässigen, d. h., wir beziehen die Intensität des gestreuten Lichtes auf eine gegenüber der des einfallenden Lichtes etwas verschobene Frequenz. Dann gilt

$$I(\omega, \Omega) = I(\omega, -\Omega)\, e^{-\hbar\Omega/T}. \tag{118,4}$$

In dieser Näherung bezieht sich I auf beiden Seiten der Gleichung auf dieselbe Frequenz des einfallenden Lichtes. Anders ausgedrückt, (118,4) gibt einen einfachen Zusammenhang zwischen STOKESscher und anti-STOKESscher Streuung desselben Lichtes mit gleichem Betrag der Frequenzverschiebung an.

Aufgabe

Man bestimme den Zusammenhang zwischen der Intensität der erzwungenen kombinierten Streuung (s. § 112) und der Intensität der gewöhnlichen (*spontanen*) Streuung.

Lösung. Die Wahrscheinlichkeit für eine erzwungene Streuung erhält man aus der Wahrscheinlichkeit für eine spontane Streuung durch Multiplikation mit $N_{\boldsymbol{k}_2}$, der Zahl der Photonen im Quantenzustand mit dem Wellenvektor $\boldsymbol{k}_2$. Um diese Zahl mit der Feldstärke der gestreuten Welle $\boldsymbol{E}_2$ in Zusammenhang zu bringen, hat man letztere als fast monochromatisch zu betrachten und die Ausdrücke für die Energiedichte des Feldes als Funktion der Quantenzahl bzw. der Feldstärke einander gleichzusetzen:

$$\int \hbar\omega_2 N_{\boldsymbol{k}_2} \frac{d^3k_2}{(2\pi)^3} = \frac{c\sqrt{\varepsilon_2}}{8\pi}\frac{dk_2}{d\omega_2}|\boldsymbol{E}_2|^2 \tag{1}$$

(die rechte Seite wurde gemäß (83,9) geschrieben). Auf der linken Seite kann man die in dem engeren Frequenzintervall schwach veränderlichen Faktoren vor das Integralzeichen ziehen, wenn man vorher die Substitution

$$d^3k_2 = k_2^2 \frac{dk_2}{d\omega_2} do_2 d\omega_2 = \frac{\varepsilon_2\omega_2^2}{c^2}\frac{dk_2}{d\omega_2} do_2 d\omega_2$$

durchführt. Dann gilt

$$\int \hbar\omega_2 N_{\boldsymbol{k}_2} \frac{d^3k_2}{(2\pi)^3} = \frac{\hbar\omega_2^3\varepsilon_2}{8\pi^3 c^2}\frac{dk_2}{d\omega_2}\int N_{\boldsymbol{k}_2}\, d\omega_2\, do_2 ,$$

und aus (1) erhalten wir

$$\int N_{\boldsymbol{k}_2} d\omega_2\, do_2 = |\boldsymbol{E}_2|^2 \frac{\pi^2 c^3}{\hbar\omega_2^3\sqrt{\varepsilon_2}}.$$

· Die Dichte der einfallenden Photonen beträgt (s. (83,11))

$$\frac{1}{\hbar\omega_1}\overline{S}_1 = \frac{c\sqrt{\varepsilon_1}}{8\pi\hbar\omega_1}|\boldsymbol{E}_1|^2 .$$

Somit beträgt die dem Feld $\boldsymbol{E}_2$ durch die erzwungene Streuung von $\hbar\omega_1$-Photonen übertragene Energie (unter Verwendung der Bezeichnung (118,3)

$$\frac{d\overline{U}_2}{dt} = \hbar\omega_2 \frac{\overline{S}_1}{\hbar\omega_1} I(\omega_1, \Omega)\int N_{\boldsymbol{k}_2}\, d\omega_2\, do_2$$

$$= \frac{\pi c^4\sqrt{\varepsilon_1}}{8\hbar\omega_1\omega_2^2\sqrt{\varepsilon_2}} |\boldsymbol{E}_1|^2\, |\boldsymbol{E}_2|^2\, I(\omega_1, \Omega) \tag{2}$$

($\Omega = \omega_2 - \omega_1$). Aber gleichzeitig verliert das Feld $\boldsymbol{E}_2$ durch die erzwungene Streuung von $\hbar\omega_2$-Photonen und ihre Umwandlung in $\hbar\omega_1$-Photonen Energie. Die vom Feld $\boldsymbol{E}_1$ durch diese Prozesse aufgenommene Energie wird durch eine Formel gegeben, die sich von (2) nur durch die Vertauschung der Indizes 1 und 2 unterscheidet. Die vom Feld $\boldsymbol{E}_2$ abgegebene Energie erhält man hieraus durch eine zusätzliche Multiplikation mit $-\omega_2/\omega_1$ (vgl. (112,8)) als

$$-\frac{\pi c^4 \sqrt{\varepsilon_2}}{8\hbar\omega_1^3\sqrt{\varepsilon_1}} |\boldsymbol{E}_1|^2 |\boldsymbol{E}_2|^2 I(\omega_2, -\Omega) . \tag{3}$$

Wir addieren nun beide Ausdrücke, drücken $I(\omega_2, -\Omega)$ mit Hilfe von (118,2) durch $I(\omega_1, \Omega)$ aus und erhalten die summarische Änderung der Feldenergie zur Frequenz ω_2

$$\frac{\mathrm{d}\overline{U}_2}{\mathrm{d}t} = \frac{\pi c^4}{8\hbar\omega_1\omega_2^2} \sqrt{\frac{\varepsilon_1}{\varepsilon_2}} (1 - e^{\hbar\Omega/T}) I(\omega_1, \Omega) |\boldsymbol{E}_1|^2 |\boldsymbol{E}_2|^2 . \tag{4}$$

Nach Einführung des Inkrements (für $\omega_2 < \omega_1$) des Intensitätswachstums der gestreuten Strahlung mit der Frequenz ω_2 pro Länge

$$q_2 = \frac{1}{\overline{S}_2} \frac{\mathrm{d}\overline{U}_2}{\mathrm{d}t}$$

(eine Größe mit der Dimension einer reziproken Länge) schreiben wir diese Relation schließlich in der Gestalt

$$q_2 = \frac{(2\pi)^3}{k_2^2\hbar\omega_1}(1 - e^{\hbar\Omega/T}) \overline{S}_1 \frac{\mathrm{d}h_{21}}{\mathrm{d}o_2 \mathrm{d}\omega_2} \tag{5}$$

wobei $k_2 = \omega_2 \sqrt{\varepsilon_2}/c$ und $\overline{S_1}$ die Energiestromdichte des mit der Frequenz ω_1 einfallenden Lichtes sind.

§ 119. Streuung mit kleiner Frequenzänderung

Die im § 117 entwickelte Theorie zeichnet sich durch volle Allgemeingültigkeit aus und kann daher auf alle Streufälle im isotropen Medium, unabhängig von dem konkreten Streumechanismus, angewandt werden. Natürlicherweise kann man aber bei einem derartigen Allgemeinheitsgrad die Rechnungen nicht sehr weit vorantreiben, und weitergehende Untersuchungen von Streuphänomenen sind nur unter speziellen Annahmen möglich.

Gewöhnlich geht die Lichtstreuung nur mit einer relativ kleinen Frequenzänderung $\Omega = \omega' - \omega$ einher. Die folgenden Rechnungen beziehen sich gerade auf diesen Fall, wobei wir außer der Bedingung $\Omega \ll \omega$ noch annehmen werden, daß die Änderung des Brechungsindex des Mediums im Frequenzintervall klein sei. Diese Bedingung bedeutet, daß die Frequenz ω nicht in zu großer Nähe der Gebiete (oder Linien) liegen darf, für die das streuende Medium auch Absorption zeigt.

Wenn ω im optischen Bereich des Spektrums liegt, kann der mikroskopische Streumechannismus für kleine Ω mit den verschiedenen Bewegungsformen der Atome und Moleküle verbunden sein (d. h. mit der Bewegung der Atomkerne im Unterschied zu den reinen Elektronenbewegungen, die optischen Übergängen entsprechen). Dies können intramolekulare Schwingungen der Atome, Rotationen oder Schwingungen der Moleküle sein usw.[1])

Mit $q = q(t)$ sei ein Satz von Koordinaten bezeichnet, der eine der Streuung entsprechende Bewegung beschreibt (der Einfachheit halber führen wir die Diskussion

---

[1]) Dabei wird angenommen, daß die entsprechenden Werte von Ω klein im Vergleich zu den Frequenzen elektronischer Übergänge sind. Diese Bedingung kann für ein Gas, das aus Molekülen mit entartetem elektronischen Grundzustand besteht, verletzt werden.

zunächst vom klassischen Standpunkt aus). Da diese Bewegung relativ langsam ist, kann man die makroskopische Beschreibung der Streuung unter einem neuen Aspekt betrachten. Und zwar kann man den Tensor der dielektrischen Funktion $\varepsilon_{ik}(q)$ einführen, dessen Komponenten (zu jedem Zeitpunkt) nur von den Werten der als Parameter auftretenden Koordinaten zum gleichen Zeitpunkt abhängen. Das Letztgenannte hängt gerade mit der angenommenen relativ langsamen Änderung von ε zusammen. Die so definierte dielektrische Funktion bezieht sich auf ein Feld, für das die Mittelung über die Elektronenbewegung bei gegebener Anordnung der Kerne schon ausgeführt wurde. Bei vollständiger Mittelung (einschließlich der Kernbewegung) reduziert sich die dielektrische Funktion auf den Skalar $\varepsilon = \varepsilon(\omega)$. Die Abweichungen von diesem Wert bezeichnen wir mit $\delta\varepsilon_{ik}$:

$$\varepsilon_{ik}(q) = \varepsilon\delta_{ik} + \delta\varepsilon_{ik}(q)\,. \tag{119,1}$$

Der Tensor ε_{ik} bestimmt den Zusammenhang zwischen Induktion und Feldstärke als Funktion der Zeit. Wir betonen, daß wir die einfallende Welle nach wie vor als monochromatisch annehmen (mit der Frequenz ω), aber das Feld $\boldsymbol{E}'$ der gestreuten Welle nun als Funktion der Zeit, nicht nach monochromatischen Komponenten entwickelt, betrachten. Das Gesamtfeld setzt sich aus dem Feld $\boldsymbol{E}$ der einfallenden Welle und dem Feld $\boldsymbol{E}'$ der gestreuten Welle zusammen; es gilt also

$$D_i + D_i' = \varepsilon_{ik}(E_k + E_k')\,.$$

Berücksichtigen wir definitionsgemäß $\boldsymbol{D} = \varepsilon\boldsymbol{E}$ und lassen noch den Term zweiter Ordnung $\delta\varepsilon_{ik}E_k'$ weg, so folgt

$$D_i' = \varepsilon E_i' + \delta\varepsilon_{ik}(q)\,E_k\,. \tag{119,2}$$

Die Relation (119,2) hat dieselbe Form wie (117,2). Der Unterschied besteht aber darin, daß bei der hier gegebenen Behandlung sofort folgt, daß im vorliegenden Fall der Tensor $\alpha_{ik} = \delta\varepsilon_{ik}$ symmetrisch ist. Dies folgt unmittelbar aus dem allgemeinen Theorem über die Symmetrie des Tensors der dielektrischen Funktion. Da außerdem der Tensor der dielektrischen Funktion im transparenten Medium reell ist, gilt dies auch für den Tensor $\delta\varepsilon_{ik}$.

Das Verschwinden des antisymmetrischen Teils des Tensors α_{ik} bedeutet, daß einer von den drei in § 117 gefundenen Streutypen, nämlich der antisymmetrische, bei der Streuung mit kleiner Frequenzänderung nicht auftritt.

Wir berechnen die totale Streuintensität (für alle Frequenzverschiebungen $\Omega \equiv \omega - \omega' \ll \omega$). In Gleichung (117,3) kann man für das Feld der gestreuten Welle k' durch $k = \omega\sqrt{\varepsilon}/c$ ersetzen (und auch den Wert α für $\omega = \omega'$ nehmen); danach enthält diese Gleichung ω' überhaupt nicht mehr, d. h., sie ist für alle Spektralkomponenten des Feldes dieselbe. Die Gleichung gilt daher auch für das noch nicht in ein Fourier-Integral entwickelte gestreute Feld, das wir hier mit demselben Buchstaben $\boldsymbol{E}'$ bezeichnen. Unter Benutzung der Lösung (117,7) erhalten wir

$$\langle|\boldsymbol{E}|'^2\rangle = \frac{E_0^2 k^4 \sin^2\theta}{16\pi^2\varepsilon^2 R_0^2}\langle|\boldsymbol{G}|^2\rangle = \frac{E_0^2\omega^4 \sin^2\theta}{16\pi^2 c^4 R_0^2}\langle|\boldsymbol{G}|^2\rangle\,,$$

wobei θ der Winkel zwischen $\boldsymbol{k}$ und $\boldsymbol{G}$ ist und die spitzen Klammern wie in § 117 die endgültige Mittelung über die Teilchenbewegung bedeuten.

Wir führen den Extinktionskoeffizienten h als das Verhältnis der totalen Intensität des (in alle Richtungen) gestreuten Lichtes zur Stromdichte des einfallenden Lichtes ein, bezogen auf das Volumen des streuenden Mediums:[1])

$$h = \frac{1}{V |\boldsymbol{E}|^2} \int \langle |\boldsymbol{E}'|^2 \rangle \, R_0^2 \, \mathrm{d}o' \tag{119,3}$$

(hier wurde bereits $\varepsilon(\omega') \approx \varepsilon(\omega)$ gesetzt).

Aus dem bereits in § 117 genannten Grund ersetzen wir bei der Berechnung des Mittelwertes $\langle |\boldsymbol{G}|^2 \rangle$ im Integranden von $\boldsymbol{G}$ den Exponentialfaktor durch Eins, so daß

$$\langle |\boldsymbol{G}|^2 \rangle = V e_l e_m^* \int \langle \delta\varepsilon_{il}^{(1)} \delta\varepsilon_{im}^{(2)} \rangle \, \mathrm{d}V$$

(vgl. (117,9 und 10)) gilt. Der Ausdruck in den spitzen Klammern stellt einen Tensor zweiter Stufe dar, der aufgrund der Isotropie des Mediums nach der Mittelung

$$\langle \delta\varepsilon_{il}^{(1)} \, \delta\varepsilon_{im}^{(2)} \rangle = {}^1/_3 \, \delta_{lm} \langle \delta\varepsilon_{ik}^{(1)} \, \delta\varepsilon_{ik}^{(2)} \rangle$$

liefert. Dann hängt der quadratische Mittelwert

$$\langle |\boldsymbol{G}|^2 \rangle = \frac{V}{3} \int \langle \delta\varepsilon_{ik}^{(1)} \, \delta\varepsilon_{ik}^{(2)} \rangle \, \mathrm{d}V$$

nicht von der Streurichtung ab, und die Integration in (119,3) führt zu dem Resultat

$$h = \frac{\omega^4}{18\pi c^4} \int \langle \delta\varepsilon_{ik}^{(1)} \, \delta\varepsilon_{ik}^{(2)} \rangle \, \mathrm{d}V \,. \tag{119,4}$$

Der Integrand in (119,4) stellt eine Korrelationsfunktion für die Fluktuationen der dielektrischen Funktion in verschiedenen Punkten des Mediums $\boldsymbol{r}_1$ und $\boldsymbol{r}_2$ zu ein und demselben Zeitpunkt dar; die Integration wird über die Koordinatendifferenz $\boldsymbol{r} = \boldsymbol{r}_1 - \boldsymbol{r}_2$ ausgeführt. Kehrt man zur Integration über $\mathrm{d}V_1$ und $\mathrm{d}V_2$ zurück, dann nimmt die Formel (119,4) die Gestalt

$$h = \frac{\omega^4}{18\pi c^4} V \langle \delta\varepsilon_{ik}^2 \rangle_V \tag{119,5}$$

an, wobei $\langle \ldots \rangle_V$ das mittlere Fluktuationsquadrat im Volumen V bedeutet. Wir bemerken, daß der totale Extinktionskoeffizient nicht von der Polarisation des einfallenden Lichtes abhängt.

Die gewonnenen Formeln gestatten es, die Streuung vom makroskopischen Standpunkt aus als Streuung an Fluktuationsinhomogenitäten des Mediums zu betrachten. Bei einer solchen Behandlung werden die Winkelverteilung und die Spektralverteilung des gestreuten Lichtes durch die räumlich-zeitlichen Charakteristika der Fluktuationen, d. h. der Korrelationsfunktion

$$\langle \delta\varepsilon_{il}(t_1, \boldsymbol{r}_1) \, \delta\varepsilon_{km}(t_2, \boldsymbol{r}_2) \rangle$$

---

[1]) Diese Definition unterscheidet sich durch einen Faktor ω'/ω von der in § 118 gegebenen Definition nach der Quantenzahl. Im vorliegenden Fall kann dieser Faktor als Eins angenommen werden, und beide Definitionen sind äquivalent.

zwischen den Fluktuationen in verschiedenen Raumpunkten und zu verschiedenen Zeiten bestimmt.[1])

Wir überzeugen uns davon, indem wir die zeitabhängigen Größen $\delta\varepsilon_{ik}$ in ein FOURIER-Integral entwickeln:

$$\delta\varepsilon_{ik}(t) = \int_{-\infty}^{\infty} \delta\varepsilon_{ik\Omega}\, e^{-i\Omega t} \frac{d\Omega}{2\pi}, \qquad \delta\varepsilon_{ik\Omega} = \int_{-\infty}^{\infty} \delta\varepsilon_{ik}(t)\, e^{i\Omega t}\, dt\,.$$

Jede der Komponenten $\delta\varepsilon_{ik\Omega}\, e^{-i\Omega t}$ wird nun die Rolle der Größen α_{ik} in der Relation (117,2) zwischen den monochromatischen Komponenten $\boldsymbol{E}$ und $\boldsymbol{D}'$ spielen, wobei $\omega' = \omega + \Omega$ ist. Stellen wir nun die im Feld quadratischen Ausdrücke als Doppelintegrale dar (analog zu (117,9)), so erhält man für den in bezug auf die Frequenzen und die Richtung differentiellen Extinktionskoeffizienten

$$dh = \frac{\omega^4}{16\pi^2 c^4} \{e_i'^* e_k' e_l e_m (\delta\varepsilon_{il}\, \delta\varepsilon_{km})_{\Omega\boldsymbol{q}}\}\, do' \frac{d\Omega}{2\pi}, \tag{119,6}$$

wobei (in Übereinstimmung mit den in IX, Kapitel 8 und 9 vereinbarten Bezeichnungen) die räumlich-zeitliche FOURIER-Entwicklungskomponente der Korrelationsfunktion

$$(\delta\varepsilon_{il}\delta\varepsilon_{km})_{\Omega\boldsymbol{q}} = \int \int_{-\infty}^{\infty} \langle \delta\varepsilon_{il}(t_1, \boldsymbol{r}_1)\, \delta\varepsilon_{km}(t_2, \boldsymbol{r}_2)\rangle\, e^{i(\Omega t - \boldsymbol{q}\boldsymbol{r})}\, dt\, dV \tag{119,7}$$

($t = t_1 - t_2$, $\boldsymbol{r} = \boldsymbol{r}_1 - \boldsymbol{r}_2$) eingeführt wurde. Die Formel (119,6) bezieht sich auf die durch den Polarisationsanalysator registrierte Komponente des gestreuten Lichtes mit dem Polarisationsvektor $\boldsymbol{e}'$. Wenn wir von der Spektralverteilung sprechen, meinen wir eine starke Abhängigkeit von Ω innerhalb der Streulinien; der langsam variierende Faktor ω'^4 wurde durch ω^4 ersetzt. Im Integranden des Ausdrucks (119,6) wurde der Faktor $e^{-i\boldsymbol{q}\boldsymbol{r}}$ beibehalten. Seine Substitution in der Spektralverteilung durch Eins kann sich als unzulässig erweisen, sogar dann, wenn dies für die in bezug auf die Frequenzen integrale Streuung erlaubt ist (s. den folgenden Paragraphen).

Bislang erfolgt die Darstellung auf dem Niveau der klassischen Mechanik. Beim Übergang zur Quantenbeschreibung werden die Koordinaten und damit auch die Größen $\delta\varepsilon_{ik}$ durch die entsprechenden quantenmechanischen Operatoren im HEISENBERG-Bild ersetzt. Man kann zeigen (s. Paragraphenende), daß dabei die Formel (119,6) ihre Gültigkeit behält, wenn man unter $(\delta\varepsilon_{il}\, \delta\varepsilon_{km})_{\Omega\boldsymbol{q}}$ die Größe

$$(\delta\varepsilon_{il}\delta\varepsilon_{km})_{\Omega\boldsymbol{q}} = \int \int_{-\infty}^{\infty} \langle \delta\hat{\varepsilon}_{km}(t_2, \boldsymbol{r}_2)\, \delta\hat{\varepsilon}_{il}(t_1, \boldsymbol{r}_1)\rangle\, e^{i(\Omega t - \boldsymbol{r}\boldsymbol{q})}\, dt\, dV \tag{119,8}$$

versteht. Die spitzen Klammern bedeuten nun die vollständige (sowohl quantenmechanische als auch statistische) Mittelung über die Zustände des Mediums. Da die Operatoren $\delta\hat{\varepsilon}_{ik}$ zu verschiedenen Zeitpunkten und an verschiedenen Medienpunkten nicht kommutieren, ist die Reihenfolge der Operatoren in (119,8) wesentlich. Eben dieser Sachverhalt bedingt die durch die Beziehung (118,4) ausgedrückte Abhängig-

[1]) Diese Funktion hängt natürlich nur von der Differenz $t = t_1 - t_2$ ab. Die zweite Mittelungsstufe (durch spitze Klammern bezeichnet) kann man hier bei der Anwendung auf das Fluktuationsprodukt als Mittelung über den zeitlichen „Anfangspunkt“ t_2 bei gegebenem t verstehen.

keit der Streuintensität vom Vorzeichen von Ω; im klassischen Grenzfall verschwindet diese Abhängigkeit. Die Quantenformel dagegen erfüllt die erwähnte Beziehung automatisch.

Den in den Frequenzen integralen Extinktionskoeffizienten erhält man durch Integration über Ω; aufgrund der schnellen Konvergenz außerhalb der Absorptionslinie kann die Integeration von $-\infty$ bis ∞ erstreckt werden (wir erinnern daran, daß Ω die Differenz $\omega' - \omega$ ist, und daher sind ihre positiven und negativen Werte physikalisch verschieden). Die im Integral

$$\int_{-\infty}^{\infty} e^{i\Omega t} \frac{d\Omega}{2\pi} = \delta(t)$$

entstehende δ-Funktion wird durch die Integration über t beseitigt, und aus der verschiedenzeitigen Korrelationsfunktion wird eine einzeitige. Der in den Richtungen differentielle Extinktionskoeffizient wird durch die Formel

$$dh = \frac{\omega^4}{16\pi^2 c^4} \{ e_i'^* e_k' e_l e_m^* (\delta\varepsilon_{il} \delta\varepsilon_{km})_{\boldsymbol{q}} \} \, do' \tag{119,9}$$

gegeben, wobei

$$(\delta\varepsilon_{il}\delta\varepsilon_{km})_{\boldsymbol{q}} = \int \langle \delta\varepsilon_{il}^{(1)} \delta\varepsilon_{km}^{(2)} \rangle \, e^{-i\boldsymbol{q}\boldsymbol{r}} \, dV \tag{119,10}$$

die FOURIER-Komponente der einzeitigen Korrelationsfunktion ist. Für $\boldsymbol{q} = 0$ hängt die Winkelverteilung nur mit den Polarisationsfaktoren zusammen, und wir kommen wieder zu den uns bereits bekannten Formeln.

Die Berücksichtigung eines von Eins verschiedenen Faktors $e^{-i\boldsymbol{q}\boldsymbol{r}}$ in (119,10) läßt die Winkelverteilung und die Polarisationseigenschaften des gestreuten Lichtes wesentlich komplizierter werden.[1]) Insbesondere wird die Aufteilung der Streuung in zwei Anteile (den skalaren und den symmetrischen), die durch die beiden ersten Terme in (117,18) gegeben wären, ungültig. Wesentlich ist dabei, daß der Tensor $(\delta\varepsilon_{il}\, \delta\varepsilon_{km})_{\boldsymbol{q}}$ schon nicht mehr unbedingt ein echter Tensor sein muß, wie das für $\boldsymbol{q} = 0$ automatisch der Fall ist; er kann auch pseudotensorielle Terme enthalten (s. Aufgabe 2). Diese Terme sind zulässig, wenn das isotrope Medium aus rechts-links-asymmetrischen Molekülen besteht und daher nicht invariant bezüglich Inversion ist.

Zum Schluß gehen wir noch kurz auf die quantenmechanische Herleitung der Formeln (119,6) und (119,8) ein.

Die Rolle des Störoperators im HAMILTON-Operator des Systems Medium + Feld spielt das Integral

$$\hat{V} = -\int \delta\hat{\varepsilon}_{ik} \frac{\hat{E}_i \hat{E}_k}{8\pi} \, dV \,, \tag{119,11}$$

wobei $\hat{\boldsymbol{E}}$ der Operator des quantisierten elektromagnetischen Feldes ist (nach der Mittelung über die stationären Zustände des Systems und der statistischen Mittelung über die GIBBSsche Verteilung liefert der Operator (119,11) die Änderung der freien Energie $\delta\mathcal{F}$ bei einer langsamen Änderung der dielektrischen Funktion, s. (101,24)).

[1]) In den §§ 121 bis 123 stoßen wir auf Fälle, wo man sogar für die in den Frequenzen integrale Streuung nicht $\boldsymbol{q} = 0$ in (119,10) setzen darf.

Der Operator $\hat{\boldsymbol{E}}$ wird durch die Erzeugungs- und Vernichtungsoperatoren der Photonen in den Zuständen ω, $\boldsymbol{k}$, $\boldsymbol{e}$ ausgedrückt:

$$\hat{\boldsymbol{E}} = i \sum_{\boldsymbol{ke}} \left(\frac{2\pi\hbar\omega u}{c\sqrt{\varepsilon}}\right)^{1/2} \{\hat{c}_{\boldsymbol{ke}}\, \boldsymbol{e}\, \mathrm{e}^{i(\boldsymbol{kr}-\omega t)} + \hat{c}_{\boldsymbol{ke}}^{+}\, \boldsymbol{e}^{*}\, \mathrm{e}^{-i(\boldsymbol{kr}-\omega t)}\}\,, \tag{119,12}$$

wobei $u = \mathrm{d}\omega/\mathrm{d}k$ ist (das Normierungsvolumen setzen wir gleich 1). Dieser Ausdruck unterscheidet sich von demjenigen für das Feld im Vakuum (s. IV, § 2) durch den Faktor $(u/\sqrt{\varepsilon})^{1/2}$ in den Normierungskoeffizienten. Er rührt von dem Faktor $\sqrt{\varepsilon}/u$ in der Energiedichte (83,9) einer ebenen elektromagnetischen Welle im Medium her.[1])

Die Übergangswahrscheinlichkeit bei Absorption eines Photons $\boldsymbol{k}$ und Emission eines Photons $\boldsymbol{k}'$, wobei das Medium von einem bestimmten gegebenen Anfangszustand (wir bezeichnen ihn mit dem Index n) in einen beliebigen Endzustand (f) übergeht, wird durch die Formel (vgl. III, (40,5))

$$\mathrm{d}w = \sum_f \left|\frac{1}{\hbar}\int_{-\infty}^{\infty} \langle \boldsymbol{k}'f\,|V|\,\boldsymbol{k}n\rangle\, \mathrm{d}t\right|^2 \frac{\mathrm{d}^3k'}{(2\pi)^3} \tag{119,13}$$

gegeben, wobei das Matrixelement durch

$$\langle \boldsymbol{k}'f|\,V|\,\boldsymbol{k}n\rangle = -\frac{2\pi\hbar\omega u}{c\sqrt{\varepsilon}} \int (\delta\varepsilon_{ik})_{fn} \frac{e_i'^{*} e_k}{4\pi}\, \mathrm{e}^{i(\Omega t - \boldsymbol{qr})}\, \mathrm{d}V\,,$$

$$\Omega = \omega' - \omega\,, \qquad \boldsymbol{q} = \boldsymbol{k}' - \boldsymbol{k}\,,$$

gegeben ist.

Das Integral in (119,13) schreiben wir als Doppelintegral über $\mathrm{d}V_1\, \mathrm{d}V_2\, \mathrm{d}t_1\, \mathrm{d}t_2$ und bemerken, daß

$$\sum_f (\delta\varepsilon_{il}^{(1)})_{fn}\, (\delta\varepsilon_{km}^{(2)})_{fn}^{*} = (\delta\varepsilon_{km}^{(2)}\delta\varepsilon_{il}^{(1)})_{nn}$$

gilt. Der Integrand hängt nur von den Differenzen $\boldsymbol{r}_1 - \boldsymbol{r}_2$, $t_1 - t_2$ ab. Die Wahrscheinlichkeit $\mathrm{d}w$ enthält daher den Faktor t, die totale Beobachtungszeit. Der gesuchte Extinktionskoeffizient wird als $\mathrm{d}h = \mathrm{d}w/tu$ definiert. Nach der abschließenden Mittelung über die Mediumzustände erhalten wir das gesuchte Ergebnis.

Aufgaben

1. Man bestimme die allgemeine Gestalt der Polarisationsabhängigkeit der Streuung in einem isotropen Medium unter Berücksichtigung des dem Medium übertragenen Impulses $\boldsymbol{q}$ (B. J. Seldowitsch, 1972).

---

[1]) Den Normierungskoeffizienten in (119,12) erhält man aus der Bedingung, daß die Eigenwerte des Operators der Feldenergiedichte gleich $\sum (N_{\boldsymbol{ke}} + {}^1/_2)\, \hbar\omega$ sein müssen, wobei $N_{\boldsymbol{ke}}$ die Besetzungszahl der Quantenzustände des Photons sind. Die Energie eines Photons im Medium beträgt $\hbar\omega$, und sein Impuls ist gleich $\hbar\boldsymbol{k}$($k = \omega\sqrt{\varepsilon}/c$); diese Größen erscheinen in den Exponenten der Exponentialfaktoren in (119,12). Zur Vermeidung von Mißverständnissen sei betont, daß der Impuls $\hbar\boldsymbol{k}$ nicht nur den Beitrag vom Feld als solchem, sondern auch den vom Medium erworbenen Impuls bei der Emission eines Photons einschließt.

Lösung. Die Aufgabe reduziert sich auf das Auffinden aller unabhängigen tensoriellen Kombinationen vierter Stufe, die die Symmetrie des Tensors $(\delta\varepsilon_{il}\,\delta\varepsilon_{km})_{\Omega q}$ aufweisen und sich aus dem Einheitstensor δ_{ik}, dem antisymmetrischen Einheitstensor e_{ikl} sowie den Komponenten des Vektors $\boldsymbol{\nu} = \boldsymbol{q}/q$ zusammensetzen können. Diese Kombinationen müssen symmetrisch in jedem der Indexpaare il und km und invariant bezüglich einer Vertauschung des Paares il mit dem Paar km (was einer Vertauschung der Punkte $\boldsymbol{r}_1$ und $\boldsymbol{r}_2$ und damit einer Vorzeichenänderung von $\boldsymbol{r}$ äquivalent ist) bei gleichzeitiger Änderung des Vorzeichens von $\boldsymbol{\nu}$ sein. Diesen Anforderungen genügen die Kombinationen

1) $\delta_{il}\delta_{km}$,

2) $\delta_{ik}\delta_{lm} + \delta_{lk}\delta_{im}$,

3) $\delta_{il}\nu_k\nu_m + \delta_{km}\nu_i\nu_l$,

4) $\delta_{ik}\nu_l\nu_m + \dots$,

5) $\nu_i\nu_k\nu_l\nu_m$,

6) $\nu_p e_{pik}\delta_{lm} + \dots$,

7) $\nu_p e_{pik}\nu_l\nu_m + \dots$

(in 4), 6), 7) wurden jeweils drei Terme weggelassen, die man durch Symmetrisierung des angegebenen Terms erhält). Der Gesamtheit dieser Kombinationen entspricht eine Winkelverteilung der Gestalt

$$\begin{aligned} & f_1\,|\boldsymbol{e}\boldsymbol{e}'^*|^2 + f_2\{1 + |\boldsymbol{e}\boldsymbol{e}'|^2\} \\ & + f_3\{(\boldsymbol{e}\boldsymbol{e}'^*)\,(\boldsymbol{\nu}\boldsymbol{e}^*)\,(\boldsymbol{\nu}\boldsymbol{e}') + \text{c. c.}\} \\ & + f_4\{|\boldsymbol{\nu}\boldsymbol{e}|^2 + |\boldsymbol{\nu}\boldsymbol{e}'|^2 + \big((\boldsymbol{e}\boldsymbol{e}')\,(\boldsymbol{\nu}\boldsymbol{e}^*)\,(\boldsymbol{\nu}\boldsymbol{e}'^*) + \text{c. c.}\big)\} \\ & + f_5\,|(\boldsymbol{\nu}\boldsymbol{e})\,(\boldsymbol{\nu}\boldsymbol{e}')|^2 \\ & + if_6\,\boldsymbol{\nu}\{[\boldsymbol{e}\boldsymbol{e}^*] + [\boldsymbol{e}'^*\boldsymbol{e}'] + ([\boldsymbol{e}\boldsymbol{e}']\,(\boldsymbol{e}^*\boldsymbol{e}'^*) - \text{c. c.})\} \\ & + if_7\,\boldsymbol{\nu}\{[\boldsymbol{e}'^*\boldsymbol{e}']\,(\boldsymbol{\nu}\boldsymbol{e})\,(\boldsymbol{\nu}\boldsymbol{e}^*) + [\boldsymbol{e}\boldsymbol{e}^*]\,(\boldsymbol{\nu}\boldsymbol{e}')\,(\boldsymbol{\nu}\boldsymbol{e}'^*) + ([\boldsymbol{e}\boldsymbol{e}']\,(\boldsymbol{\nu}\boldsymbol{e}^*)\,(\boldsymbol{\nu}\boldsymbol{e}'^*) - \text{c. c.})\} \end{aligned}$$

($f_1, \dots, f_7$ sind reelle Funktionen von Ω und q). In einem Medium, das die Inversion zuläßt, existieren nur die ersten fünf Terme (die beiden ersten von ihnen sind den beiden ersten Termen in (117,18) äquivalent). In einem Medium ohne Inversionszentrum existieren auch noch die beiden letzten Terme; sie verschwinden aber, falls beide Polarisationen $\boldsymbol{e}$ und $\boldsymbol{e}'$ linear sind. Vernachlässigt man in $\boldsymbol{q}$ den Unterschied zwischen ω und ω', so hat man $\boldsymbol{\nu} = (\boldsymbol{n}' - \boldsymbol{n})/|\boldsymbol{n}' - \boldsymbol{n}|$, wobei $\boldsymbol{n} = \boldsymbol{k}/k$ und $\boldsymbol{n}' = \boldsymbol{k}'/k'$ sind. In dieser Näherung wird der f_7 enthaltende Term identisch zu Null (wovon man sich durch ziemlich lange Rechnungen überzeugen kann, indem man jeden der Vektoren $\boldsymbol{e}$ und $\boldsymbol{e}'$ in zwei Komponenten, in der Streuebene und in der dazu orthogonalen Ebene, zerlegt).

2. Man bestimme die Strahlung eines schnellen Teilchens mit Unterlichtgeschwindigkeit in einem lichtstreuenden Medium (S. P. Kapiza, 1960).

Lösung. Die Strahlung kann man in diesem Falle als Streuung des Teilchenfeldes an den Fluktuationen der dielektrischen Funktion des Mediums behandeln. Wir schreiben die pro Zeit und pro Volumen ausgesandte Strahlungsenergie für ein monochromatisches, zu streuendes Feld als

$$W = h\overline{S} = \frac{hc\sqrt{\varepsilon}}{8\pi}\,|\boldsymbol{E}|^2$$

($\overline{S}$ aus (83,11); h sei der Lichtextinktionskoeffizient). In dieser Gestalt gilt diese Formel für ein Feld beliebiger Herkunft.

Das Feld des bewegten Teilchens besitzt ein kontinuierliches Frequenzspektrum. Daher hat man zur Bestimmung der Strahlung im Frequenzintervall $d\omega$ (pro Volumen, aber über die ganze Flugzeit)

$$|\boldsymbol{E}|^2 \to 2\,|\boldsymbol{E}_\omega(\boldsymbol{r})|^2 \frac{d\omega}{2\pi}$$

zu substituieren (s. II, § 66), wobei $\boldsymbol{E}_\omega$ die zeitliche FOURIER-Komponente des Feldes ist. Nach der Integration über das Volumen erhalten wir die Spektralverteilung der Gesamtstrahlung als

$$dW_\omega = d\omega \frac{hc\sqrt{\varepsilon}}{8\pi^2} \int |\boldsymbol{E}_\omega(\boldsymbol{r})|^2\, dV\,.$$

Die Gültigkeit dieser Formel erfordert, daß sich das Feld auf Atomabständen nur schwach verändert, genauer gesagt, auf Abständen, die mit dem Korrelationsradius der Fluktuationen der dielektrischen Funktion ε des Mediums vergleichbar sind. Außerdem muß zur Vernachlässigung der Frequenzverschiebung bei der Streuung die Geschwindigkeit der Moleküle des Mediums klein sein im Vergleich zur Teilchengeschwindigkeit v.

Das Feld des bewegten Teilchens wird durch die Formeln (114,7 und 8) gegeben. Wir haben

$$\boldsymbol{E} = \int \boldsymbol{E}_{\boldsymbol{k}}\, e^{i\boldsymbol{k}\boldsymbol{r}} \frac{d^3k}{(2\pi)^3}\,,$$

aber die Frequenz des Feldes bei der Teilchenbewegung ist $\omega = vk_x$. Daher gilt $d^3k = dk_x\, d^2q = v^{-1}\, d\omega\, d^2q$, so daß

$$\boldsymbol{E}_\omega(\boldsymbol{r})\, e^{-i\omega t} = \frac{1}{v}\int \boldsymbol{E}_{\boldsymbol{k}}\, e^{i\boldsymbol{k}\boldsymbol{r}} \frac{d^2q}{(2\pi)^2}$$

ist, wobei $\boldsymbol{k}\boldsymbol{r} = \omega x/v + \boldsymbol{q}\boldsymbol{r}$ gilt. Hieraus erhalten wir

$$\int |\boldsymbol{E}_\omega|^2\, dV = \frac{1}{v^2}\int \boldsymbol{E}_{\boldsymbol{k}}\boldsymbol{E}_{\boldsymbol{k}'}\, e^{i(\boldsymbol{q}-\boldsymbol{q}')\boldsymbol{r}} \frac{d^2q\, d^2q'}{(2\pi)^4}\, dV\,.$$

Das Integral über dx liefert einfach die vom Teilchen zurückgelegte Weglänge l und das Integral über $dy\, dz$ die δ-Funktion $(2\pi)^2\, \delta(\boldsymbol{q} - \boldsymbol{q}')$. Somit ist

$$\int |\boldsymbol{E}_\omega|^2\, dV = \frac{l}{v^2}\int |\boldsymbol{E}_{\boldsymbol{k}}|^2 \frac{d^2q}{(2\pi)^2}\,.$$

In diesem Inetgral ist der Bereich relativ großer q-Werte wesentlich:

$$\omega\left(\frac{1}{v^2} - \frac{\varepsilon}{c^2}\right)^{1/2} \ll q \ll \frac{1}{a}$$

(a sind die Atomabstände). In diesem Bereich reduziert sich nämlich der Ausdruck für $\boldsymbol{E}_{\boldsymbol{k}}$ auf

$$\boldsymbol{E}_{\boldsymbol{k}} \approx -i\boldsymbol{k}\varphi_{\boldsymbol{k}} \approx -i\boldsymbol{q}\frac{4\pi e}{\varepsilon q^2}\, e^{-i\omega t}\,,$$

und das Integral divergiert logarithmisch. Mit logarithmischer Genauigkeit hat man daher das Integral an der erwähnten oberen Grenze abzuschneiden. Danach erhalten wir den folgenden endgültigen Ausdruck für die Spektralverteilung der Strahlungsintensität pro Weglänge ($dF = dW/l$):

$$dF = \frac{he^2c}{\pi v^2 \varepsilon^{3/2}} \ln \frac{vc}{a\omega(c^2 - \varepsilon v^2)^{1/2}} \tag{1}$$

mit dem Extinktionskoeffizienten aus (119,5).

Die behandelte Strahlung ist zur Übergangsstrahlung in dem Sinne analog, daß sie von der Teilchenmasse abhängig ist. Bei vergleichbaren Geschwindigkeitswerten (die sich aber auf verschiedenen Seiten des Grenzwertes $c/\sqrt{\varepsilon}$ befinden) ist jedoch die Intensität dieser Strahlung klein im Vergleich zur TSCHERENKOW-Strahlung. So finden wir für Gase bei $v \sim c$ durch Vergleich der Ausdrücke (1) und (115,3) nach einer groben Abschätzung

$$\frac{\mathrm{d}F}{\mathrm{d}F_{\mathrm{TSCHER}}} \sim \frac{\alpha^2}{\lambda^3 d^3} \sim \frac{a^6}{\lambda^3 d^3},$$

wobei d der zwischenmolekulare Abstand ist, $\lambda \sim \omega/c$ (für h wurde der Ausdruck (120,4) verwendet, in dem $n - 1 \sim N\alpha$ gesetzt wurde, wobei $\alpha \sim a^3$ die Polarisierbarkeit des Moleküls darstellt). Die Abschätzung für eine Flüssigkeit kann man erhalten, indem man $d \sim a$ setzt; dann gilt $\mathrm{d}F/\mathrm{d}F_{\mathrm{TSCHER}} \sim (a/\lambda)^3$.

§ 120. RAYLEIGH-Streuung in Gasen und Flüssigkeiten

Nach der Art der Frequenzänderung des Lichtes unterscheidet man zwei Typen der Streuung: 1. die *kombinierte Streuung* (RAMAN-LANDSBERG-MANDELSCHTAM-*Effekt*), die im gestreuten Licht zum Auftreten von Linien führt, deren Frequenzen gegenüber denen des einfallenden Lichtes verschoben sind, 2. die RAYLEIGH-*Streuung*, bei welcher die Frequenz im wesentlichen ungeändert bleibt.

Der Mechanismus der kombinierten Streuung besteht in einer Änderung des Schwingungs-, Rotations- oder Elektronenzustandes der Moleküle unter dem Einfluß des einfallenden Lichtes. Die RAYLEIGH-Streuung ist nicht mit irgendeiner Änderung des inneren Zustandes des Moleküls verbunden. Im Grenzfall eines verdünnten Gases (wenn die mittlere freie Weglänge l im Vergleich zur Wellenlänge λ des Lichtes groß ist) findet unabhängig an jedem Molekül eine Streuung statt; diese Erscheinung kann mikroskopisch auf der Grundlage der Quantenmechanik diskutiert werden.

Wir werden hier den entgegengesetzten Fall betrachten, daß $l \ll \lambda$ ist.[1]) In diesem Fall kann man bei der RAYLEIGH-Streuung in Gasen zwei Anteile unterscheiden. Der eine resultiert aus den Irregularitäten in der Orientierung der Moleküle (sog. *Anisotropiefluktuationen*). Der andere besteht in einer Streuung durch Fluktuationen in der Gasdichte. Nach einigen Stößen, d. h. nach einer Zeit von der Größenordnung der mittleren freien Flugzeit τ, hat sich die Orientierung der Moleküle vollständig geändert. Die Streuung durch Anisotropiefluktuationen führt daher zu einer relativ breiten Linie mit einem Maximum bei $\omega' = \omega$ und einer Beite $\approx \hbar/\tau$. Die Streuung durch Dichtefluktuationen gibt eine viel schärfere Linie, die der anderen überlagert ist. Wir werden unten sehen, daß für die Streuung von Licht mit der Wellenlänge λ die Dichtefluktuationen in einem Volumen der Größenordnung λ^3 wesentlich sind. Da diese Volumina groß sind, gehen die Fluktuationen in ihnen relativ langsam vor sich, und die gestreuten Linien werden deswegen schmal. Wir vereinbaren, diese scharfe Linie im folgenden als „unverschobene" Linie zu bezeichnen.

Die Streuung durch Dichtefluktuationen ist vom skalaren Typ; da die Dichte ϱ ein Skalar ist, gilt dies auch für die mit einer Dichteänderung verbundene Änderung der dielektrischen Funktion $\delta\varepsilon$. Andererseits wird die Änderung der dielektrischen Funktion durch Anisotropiefluktuationen durch einen symmetrischen Tensor $\delta\varepsilon_{ik}$ mit verschwindender Spur beschrieben; die letztere Eigenschaft erklärt sich daraus, daß

---

[1]) Genauer lautet die unten notwendige Bedingung $l \ll \lambda \sin \vartheta/2$, wo ϑ der Streuwinkel ist. Die Ursache dafür besteht darin, daß in den Ausdruck (119,7), der die Streuintensität bestimmt, die Frequenz nur in der Kombination $q = (2\omega/c) \sin \vartheta/2$ eingeht.

dieser Effekt bei der Bildung des Mittelwertes über alle Richtungen verschwinden muß. Die Streuung durch Anisotropiefluktuationen ist also vom symmetrischen Typ.

In Flüssigkeiten ist die Situation komplizierter. Die kombinierte Streuung kann hier nur mit einer Änderung des Schwingungs- oder Elektronenzustandes der Moleküle verbunden sein. Kombinierte Rotationslinien treten bei der Streuung in Flüssigkeiten nicht auf. Denn auf Grund der großen Wechselwirkung der Moleküle in einer Flüssigkeit können diese nicht frei rotieren, so daß auch keine diskreten Rotationsspektren existieren. Wie jede andere Bewegung, bei welcher sich die relative Lage der Moleküle ändert, gibt ihre Rotation daher nur einen Beitrag zu der relativ breiten Streulinie bei $\omega' = \omega$, die man in diesem Fall im Ganzen als einen Effekt der RAYLEIGH-Streuung bezeichnen kann. Die Relaxationszeit solcher Bewegungen hängt wesentlich von der Viskosität der Flüssigkeit ab.

Die Möglichkeit, in einer Flüssigkeit von der totalen RAYLEIGH-Streuung einen Teil zu separieren, der auf thermodynamische Fluktuationen (der Dichte oder Temperatur) zurückzuführen ist, hängt von der Größe der verschiedenen Relaxationszeiten ab. Es ist notwendig, daß die Relaxationszeiten aller Prozesse, die die Gleichgewichtsbedingungen in der Flüssigkeit wieder herstellen, verglichen mit der Zeit, in der sich die genannten Fluktuationen wesentlich ändern, klein sind. In diesem Fall beobachtet man eine scharfe unverschobene Linie, die von verschmiertem Hintergrund (er wird als *Flügel* der RAYLEIGH-Linie bezeichnet) umgeben ist. Die unverschobene Linie ist durch die skalare Streuung bedingt. Von dem Flügel kann man jedoch im Fall der Streuung in Flüssigkeiten (im Unterschied zu Gasen) nicht behaupten, daß er einer reinen symmetrischen Streuung ohne Beimischung eines skalaren Anteils entspräche.

Die Winkelverteilung der unverschobenen Linie wird durch die allgemeinen Formeln (117,25 und 26) gegeben, die sich auf die skalare Streuung beziehen. Daher reicht es aus, den totalen Extinktionskoeffizienten zu berechnen. Setzt man in der Formel (119,5) $\delta\varepsilon_{ik} = \delta\varepsilon\delta_{ik}$, so findet man

$$h = \frac{\omega^4}{6\pi c^4} V \langle \delta\varepsilon^2 \rangle_V . \tag{120,1}$$

Sind $\delta\varrho$ und δT die Änderungen in Dichte und Temperatur, so gilt

$$\delta\varepsilon = \left(\frac{\partial\varepsilon}{\partial\varrho}\right)_T \delta\varrho + \left(\frac{\partial\varepsilon}{\partial T}\right)_\varrho \delta T .$$

Nach bekannten Formeln (s. V, § 112) sind die Fluktuationen von Dichte und Temperatur voneinander unabhängig ($\langle \delta\varrho\, \delta T \rangle = 0$), für die Mittelwerte ihrer Quadrate gilt

$$\langle (\delta T)^2 \rangle_V = \frac{T^2}{\varrho c_v V}, \quad \langle (\delta\varrho)^2 \rangle_V = \frac{\varrho T}{V} \left(\frac{\partial\varrho}{\partial P}\right)_T$$

(wo c_v die spezifische Wärmekapazität ist). Wir erhalten also die Formel

$$h = \frac{\omega^4}{6\pi c^4} \left[\varrho T \left(\frac{\partial\varrho}{\partial P}\right)_T \left(\frac{\partial\varepsilon}{\partial\varrho}\right)_T^2 + \frac{T^2}{\varrho c_v} \left(\frac{\partial\varepsilon}{\partial T}\right)_\varrho^2 \right]; \tag{120,2}$$

sie wurde erstmalig von A. EINSTEIN 1910 hergeleitet.

Diese Formel läßt sich in einer anderen Form darstellen, indem man sie durch andere thermodynamische Ableitungen ausdrückt. Wählt man mit Druck P und Entropie s (bezogen auf die Masse) ein anderes Paar statistisch unabhängiger Größen als unabhängige Variable, so hat man

$$\delta\varepsilon = \left(\frac{\partial\varepsilon}{\partial P}\right)_s \delta P + \left(\frac{\partial\varepsilon}{\partial s}\right)_P \delta s \,.$$

Wir benutzen die bekannten Ausdrücke für die Fluktuationen dieser Größen

$$\langle(\delta s)^2\rangle_V = \frac{c_p}{\varrho V}, \quad \langle(\delta P)^2\rangle_V = \frac{\varrho T u^2}{V}$$

(u sei die adiabatische Schallgeschwindigkeit des Mediums: $u^2 = (\partial P/\partial\varrho)_s$). Weiterhin bemerken wir, daß

$$\left(\frac{\partial\varepsilon}{\partial s}\right)_P = \left(\frac{\partial\varepsilon}{\partial T}\right)_P \left(\frac{\partial T}{\partial s}\right)_P = \frac{T}{c_p}\left(\frac{\partial\varepsilon}{\partial T}\right)_P, \quad \left(\frac{\partial\varepsilon}{\partial P}\right)_s = \left(\frac{\partial\varepsilon}{\partial\varrho}\right)_s \frac{1}{u^2}$$

ist, und wir erhalten die EISTEINsche Formel in der Gestalt

$$h = \frac{\omega^4}{6\pi c^4}\left[\frac{T^2}{\varrho c_p}\left(\frac{\partial\varepsilon}{\partial T}\right)_P^2 + \frac{\varrho T}{u^2}\left(\frac{\partial\varepsilon}{\partial\varrho}\right)_s^2\right]. \tag{120,3}$$

Für Gase läßt sich die Formel (120,3) stark vereinfachen. Die dielektrische Funktion eines Gases hängt (im optischen Frequenzbereich) kaum von der Temperatur ab; den ersten Term in den eckigen Klammern kann man daher vernachlässigen. Die Abhängigkeit von der Dichte reduziert sich auf eine direkte Proportionalität zwischen $\varepsilon - 1$ und ϱ, also

$$\varrho\left(\frac{\partial\varepsilon}{\partial\varrho}\right)_T \approx \varepsilon - 1 \approx 2(n-1)$$

($n = \sqrt{\varepsilon}$ ist der Brechungsindex). Berücksichtigen wir noch die Zustandsgleichung des idealen Gases $(1/\varrho)\cdot(\delta\varrho/\delta P)_T = 1/NT$ (N ist die Teilchendichte), so finden wir

$$h = \frac{2\omega^4}{3\pi c^4}\frac{(n-1)^2}{N}. \tag{120,4}$$

Diese Formel wurde zuerst von RAYLEIGH 1881 hergeleitet.

Wir wollen uns nun mit der Feinstruktur der unverschobenen Linie befassen. Dazu müssen wir die zeitliche Änderung der Fluktuationen untersuchen. In dieser Hinsicht zerfallen die thermodynamischen Fluktuationen bekanntlich in zwei Klassen. Die adiabatischen Fluktuationen des Druckes breiten sich in Flüssigkeiten (oder Gasen) als ungedämpfte Wellen mit der Schallgeschwindigkeit u aus (wir vernachlässigen hier die Schallabsorption, da sie nur zu einer Verbreiterung der Linie führt, s. u.). Die Fluktuationen der Entropie bei konstantem Druck erfahren in der Flüssigkeit keine Ausbreitung (und werden nur aufgrund der Wärmeleitung allmählich gedämpft).

Bedingt durch den Wellencharakter der Ausbreitung von Schallstörungen sind die zeitlichen Variationen der Druckfluktuationen auch über größere Abstände als die intermolekularen Entfernungen korreliert. Dieser Umstand war für die Bestimmung der totalen (bezüglich der Frequenzen integralen) Streulinienintensität unwesentlich: Sie wird nur durch Korrelationen zwischen den Fluktuationen an verschiedenen

Raumpunkten zum selben Zeitpunkt bestimmt; eine solche Korrelation erstreckt sich jedoch nur über kleine Entfernungen. Die Spektralverteilung der Streuintensität wird dagegen durch die zweizeitige Fluktuationskorrelationsfunktion bestimmt, und das Vorhandensein einer weitreichenden Korrelation macht die Berücksichtigung des Faktors $e^{-i\boldsymbol{q}\boldsymbol{r}}$ in (119,7) erforderlich.

Für eine ungedämpfte Schallwelle sind die Frequenz Ω und der Wellenvektor $\boldsymbol{q}$ durch die Beziehung $\Omega^2 = u^2 q^2$ verknüpft. Dementsprechend besteht die Spektralzerlegung der Druckfluktuationskorrelationsfunktion (und damit auch der entsprechenden Fluktuationen der dielektrischen Funktion) aus zwei scharfen Linien bei den Frequenzen

$$\Omega = \pm\, qu\,.$$

Der Betrag des Vektors $\boldsymbol{q} = \boldsymbol{k}' - \boldsymbol{k}$, der der Lichtstreuung entspricht, hängt mit dem Streuwinkel ϑ (dem Winkel zwischen $\boldsymbol{k}$ und $\boldsymbol{k}'$) durch die Gleichung

$$q = |\boldsymbol{k}' - \boldsymbol{k}| \approx 2n\frac{\omega}{c}\sin\frac{\vartheta}{2} \tag{120,5}$$

zusammen (da die Differenz $\Omega = \omega' - \omega$ klein ist, wurde hier $\omega' \approx \omega$ gesetzt). Wir bezeichnen den entsprechenden Wert von Ω mit Ω_0 und haben folglich

$$\Omega_0 = \pm\, 2n\omega\frac{u}{c}\sin\frac{\vartheta}{2}. \tag{120,6}$$

Die durch die Druckfluktuationen verursachte Streuung führt daher zur Entstehung eines Dubletts, des sogenannten MANDELSCHTAM-BRILLOUIN-*Dubletts*, mit einem vom Streuwinkel abhängigen Abstand $2\,|\Omega_0|$ zwischen den Komponenten (L.I. MANDELSCHTAM, 1918; L. BRILLOUIN, 1922).[1]

Die Entropiefluktuationen besitzen dagegen, wie oben bemerkt, die Frequenz Null. Die durch sie hervorgerufene Streuung ergibt daher noch eine zentrale Linie mit $\Omega = 0$ (L. D. LANDAU, G. PLACZEK, 1933).[2]

Wir untersuchen nun, wie die Intensität der nicht verschobenen Streuung zwischen Dublett und zentraler Linie verteilt ist. Unter der Intensität des Dubletts werden wir die Summe der Intensitäten seiner beiden Komponenten verstehen, d. h. das Doppelte jeder einzelnen Intensität.[3] Dann ist der totale Extinktionskoeffizient, der durch die Formeln (120,2) oder (120,3) gegeben wird, $h = h_{\text{Dub}} + h_{\text{zL}}$.

Da die Linien des Dubletts durch Streuung an den adiabatischen Druckfluktuationen verursacht werden, wird ihre Intensität durch den zweiten Term von (120,3) bestimmt, der durch eben diese Fluktuationen bedingt ist. Die adiabatische Ablei-

[1]) Zur Illustration sei bemerkt, daß wir für typische Werte $u = 1{,}5 \cdot 10^5$ cm/s, $n = 1{,}5$, der Wellenlänge des einfallenden Lichtes $\lambda \approx 5 \cdot 10^{-5}$ cm und des Streuwinkels $\vartheta = 90°$ Dublettbreiten von $\Omega_0/2\pi c = 0{,}05\ \text{cm}^{-1}$ erhalten. Die Breite des Flügels einer RAYLEIGH-Linie hingegen beträgt $200-150\ \text{cm}^{-1}$.

[2]) In superfluidem flüssigen Helium (^{4}He-Isotop) breiten sich die Entropiestörungen als schwachgedämpfte Schwingungen, als zweiter Schall, aus. Die Geschwindigkeit dieser Schallwellen u_2 ist wesentlich geringer als die gewöhnlicher Schallwellen. Daher spaltet die zentrale Streulinie in superfluidem Helium weiter in ein schmales Dublett auf, dessen Breite durch dieselbe Formel (120,6) mit u_2 anstelle von u gegeben wird (W. L. GINSBURG, 1943).

[3]) Der Unterschied in den Intensitäten beider Komponenten ist nach Formel (118,4) gewöhnlich völlig unwesentlich, da $\hbar\Omega_0 \ll T$ gilt.

tung $(\partial\varepsilon/\partial\varrho)_s$ kann man mit der isothermen Ableitung verknüpfen, indem man zu den Veränderlichen ϱ, T übergeht:

$$\left(\frac{\partial\varepsilon}{\partial\varrho}\right)_s = \left(\frac{\partial\varepsilon}{\partial\varrho}\right)_T + \frac{T}{c_v\varrho^2}\left(\frac{\partial P}{\partial T}\right)_\varrho\left(\frac{\partial\varepsilon}{\partial T}\right)_\varrho .$$

Vernachlässigt man die Änderung von ε mit der Temperatur bei konstanter Dichte, dann gilt $(\partial\varepsilon/\partial\varrho)_s = (\partial\varepsilon/\partial\varrho)_T$. Mit dieser Genauigkeit kann man in der totalen, in der Form von (120,2) dargestellten Intensität den zweiten Term vernachlässigen (zur Rechnung ohne diese Vernachlässigungen s. Aufgabe 1). Schließlich benutzen wir noch die bekannte thermodynamische Relation zwischen der adiabatischen und der isothermen Kompressibilität (s. V (16,14))

$$\left(\frac{\partial\varrho}{\partial P}\right)_s = \frac{c_v}{c_p}\left(\frac{\partial\varrho}{\partial P}\right)_T \tag{120,7}$$

und erhalten danach die LANDAU-PLACZEK-Formel für den Anteil des Dubletts an der totalen Intensität der unverschobenen Linie

$$\frac{h_{\text{Dubl}}}{h} = \frac{c_v}{c_p}. \tag{120,8}$$

Zur Bestimmung der Linienform hat man die zweizeitige Korrelationsfunktion unter Berücksichtigung derjenigen Dissipationsprozesse zu betrachten, die zur Dämpfung der Fluktuationen führen. Für die Druckfluktuationen sind dies Viskositäts- und Wärmeleitungsprozesse. Die FOURIER-Komponente der Korrelationsfunktion der adiabatischen Druckfluktuationen lautet

$$(\delta P^2)_{\Omega q} = \frac{\varrho T u^3 \gamma}{(\Omega \mp qu)^2 + u^2\gamma^2}, \tag{120,9}$$

wobei

$$\gamma = \frac{q^2}{2\varrho u}\left[\frac{4}{3}\eta + \zeta + \varkappa\left(\frac{1}{c_v} - \frac{1}{c_p}\right)\right] \tag{120,10}$$

ist (s. IX, § 89). Die Größe γ ist der Schallabsorptionskoeffizient pro Weglänge; darin sind η, ζ die Viskositäten und $\varkappa$ die Wärmeleitfähigkeit des Mediums (s. VI, § 77). Die Intensitätsverteilung in der Linie (in jeder der Dublettkomponenten) bei gegebener Streurichtung ist dem Ausdruck (120,9) proportional. Durch Normierung auf Eins erhalten wir

$$\mathrm{d}I = \frac{\Gamma}{2\pi[(\Omega - \Omega_0)^2 + \Gamma^2/4]}\,\mathrm{d}\Omega\,, \tag{120,11}$$

wobei $\Gamma = 2u\gamma$ ist. Eine solche Linienform bezeichnet man als *Dispersionsform* und die Größe Γ als Linienbreite. Nimmt man q aus (120,5), so findet man für diese Breite

$$\Gamma = \frac{2\omega^2 n^2}{\varrho c^2}(1 - \cos\vartheta)\left[\frac{4}{3}\eta + \zeta + \varkappa\left(\frac{1}{c_v} - \frac{1}{c_p}\right)\right]. \tag{120,12}$$

Die isobaren Entropiefluktuationen werden nur durch die Wärmeleitung gedämpft. Für ihre Korrelationsfunktion haben wir

$$(\delta s^2)_{\Omega q} = \frac{2c_p}{\varrho}\frac{\chi q^2}{\Omega^2 + \chi^2 q^4}, \tag{120,13}$$

wobei $\chi = \varkappa/\varrho c_p$ die Temperaturleitfähigkeit ist. Die Form der zentralen Linie wird ebenfalls durch die Dispersionsformel (120,11) gegeben, wobei man nun $\Omega_0 = 0$ zu setzen hat, und die Linienbreite beträgt

$$\Gamma = 2\chi q^2 = 4\chi \frac{n^2\omega^2}{c^2}(1 - \cos\vartheta) . \tag{120,14}$$

Wie bereits zu Beginn des Paragraphen erwähnt, ist die hier dargelegte Theorie auf die Streuung in Flüssigkeiten unter der Bedingung anwendbar, daß alle Relaxationszeiten im Vergleich zu der Zeit, in welcher sich die Fluktuationen wesentlich ändern, klein sind. Man muß dabei beachten, daß es in jeder Flüssigkeit Relaxationszeiten verschiedener Größenordnung gibt. Der schnellste Relaxationsprozeß ist offensichtlich das „Abklingen" der elastischen Spannungen in der Flüssigkeit. Die entsprechende MAXWELL*sche Relaxationszeit* ist $\tau_M \sim \eta/G$, wo G der Elastizitätsmodul ist. Weniger schnell geht die Reorientierung, d. h. das Abklingen der Anisotropiefluktuationen der Moleküle vor sich. Die entsprechende DEBYE*sche Relaxationszeit* beträgt $\tau_D \sim \eta a^3/T$, wo a die Moleküldimension bezeichnet; die Differenz zwischen τ_M und τ_D ist in Flüssigkeiten mit großen Molekülen besonders groß. Es sind noch verschiedene andere langsame Relaxationsprozesse möglich, die zur Schalldispersion führen (z. B. chemische Reaktionen, verzögerte Energieübertragung an die Schwingungsfreiheitsgrade der Moleküle u. a.). Für die Streuung sind solche Prozesse wesentlich, für die $1/\tau$ mit der Frequenz derjenigen Schallstörungen vergleichbar ist, welche die Streuung verursachen. Ohne auf Details einzugehen, bemerken wir nur, daß sich für hinreichend große Viskositäten, wenn $\tau_M \gg 1/qu$ gilt, die Flüssigkeit bezüglich Lichtstreuung wie ein amorpher fester Körper verhält.

Aufgaben

1. Man bestimme die exakte Formel für das Verhältnis der Intensitäten der zentralen Linie und des Dubletts in einer unverschobenen Streulinie (I. L. FABELINSKI, 1956).

Lösung. Wie bereits im Text erwähnt wurde, liefert der zweite Term in (120,3) die Intensität des Dubletts. Der erste Term dagegen ist mit den isobaren Entropiefluktuationen verbunden und liefert daher die Intensität der zentralen Linie. Somit gilt

$$\frac{h_{\text{zL}}}{h_{\text{Dubl}}} = \frac{T}{c_p \varrho^2}\left(\frac{\partial \varepsilon}{\partial T}\right)_P^2 \Bigg/ \left(\frac{\partial \varepsilon}{\partial \varrho}\right)_s^2 \left(\frac{\partial \varrho}{\partial P}\right)_s .$$

Aus den thermodynamischen Relationen (120,7) und

$$\left(\frac{\partial \varrho}{\partial P}\right)_s = \left(\frac{\partial \varrho}{\partial P}\right)_T - \frac{T}{c_p \varrho^2}\left(\frac{\partial \varrho}{\partial T}\right)_P^2$$

(s. V, (16,15)) finden wir

$$\left(\frac{\partial \varrho}{\partial P}\right)_s = \frac{c_v}{c_p - c_v}\frac{T}{c_p \varrho^2}\left(\frac{\partial \varrho}{\partial T}\right)_P^2$$

und daraus schließlich

$$\frac{h_{\text{zL}}}{h_{\text{Dubl}}} = \left(\frac{c_p}{c_v} - 1\right)\left[\left(\frac{\partial \varepsilon}{\partial T}\right)_P \Bigg/ \left(\frac{\partial \varepsilon}{\partial \varrho}\right)_s \left(\frac{\partial \varrho}{\partial T}\right)_P\right]^2 .$$

In der LANDAU-PLACZEK-Näherung wird der Ausdruck in den eckigen Klammern gleich Eins.

2. Licht werde in einem Gas aus langgestreckten Molekülen mit den Polarisierbarkeiten $\alpha_{||}$ bzw. $\alpha_{\perp}$ in Richtung der bzw. quer zur Achse gestreut. Bestimme die Intensität der verschiedenen Streutypen.

Lösung. Die totale Streuintensität umfaßt (für einen gegebenen Schwingungs- und Elektronenzustand der Moleküle) die RAYLEIGH-Streuung und den Rotationsanteil der kombinierten Streuung. Da die Streuung an den einzelnen Molekülen des Gases stattfindet, kann man den totalen Extinktionskoeffizienten am einfachsten aus (92,4) erhalten, indem man dort mit der Teilchendichte N multipliziert und das Quadrat der Polarisierbarkeit der Teilchen durch $1/3\ \alpha_{ik}^2 = 1/3\ (\alpha_{||}^2 + 2\alpha_{\perp}^2)$ ersetzt:

$$h_{\text{tot}} = \frac{8\pi\omega^4 N}{9c^4} (\alpha_{||}^2 + 2\alpha_{\perp}^2)\,. \tag{1}$$

Die unverschobene RAYLEIGH-Linie ist mit dem skalaren Teil der Polarisierbarkeit verbunden, d. h., sie ändert sich nicht, solange sich die Spur des Polarisierbarkeitstensors nicht ändert. Aus derselben Formel (92,4) finden wir daher

$$h_{\text{unversch}} = \frac{8\pi\omega^4 N}{9c^4} \frac{(\alpha_{||} + 2\alpha_{\perp})^2}{3}\,. \tag{2}$$

Die Differenz $h_{\text{tot}} - h_{\text{unversch}}$ enthält den Untergrund der unverschobenen Linie (entstanden durch die Anisotropiefluktuationen) und den Rotationsanteil der kombinierten Streuung. Um den ersten Teil zu separieren, müssen wir zunächst vom Polarisierbarkeitstensor den Mittelwert über Molekülrotation in bezug auf eine bestimmte Achse (die senkrecht zur Molekülachse liegt) bilden. Offensichtlich stimmt die so gebildete Polarisierbarkeit in Richtung der Rotationsachse mit $\alpha_{\perp}$ überein und ist in irgendeiner Richtung der zur Rotationsachse senkrechten Ebene gleich $1/2\ (\alpha_{\perp} + \alpha_{||})$. Anders ausgedrückt, ein Molekül, das um eine gegebene Achse rotiert, kann als Teilchen angesehen werden, für welches die Hauptkomponenten des Polarisierbarkeitstensors gleich

$$\alpha_{\perp}, \qquad 1/2(\alpha_{\perp} + \alpha_{||})\,, \qquad 1/2(\alpha_{\perp} + \alpha_{||})$$

sind. Damit können wir den symmetrischen Tensor mit verschwindender Spur $\alpha_{ik} - 1/3\ (\alpha_{ll}\delta_{ik})$ berechnen und erhalten auf ähnliche Weise, wie wir die Formeln (1) und (2) hergeleitet haben,

$$h_{\text{Unter}} = \frac{8\pi\omega^4 N}{9c^4} \frac{(\alpha_{\perp} - \alpha_{||})^2}{6}\,. \tag{3}$$

Die Intensität des Rotationsanteils der kombinierten Streuung erhalten wir schließlich, indem wir (2) und (3) von (1) subtrahieren:

$$h_{\text{komb}} = \frac{8\pi\omega^4 N}{9c^4} \frac{(\alpha_{\perp} - \alpha_{||})^2}{2}\,.$$

§ 121. Kritische Opaleszenz

Bekanntlich wächst die isotherme Kompressibilität $(\partial\varrho/\partial P)_T$ bei Annäherung an den kritischen Zustand unbeschränkt. Damit wächst auch der Ausdruck (120,2) für die totale Intensität der RAYLEIGH-Streuung. Dies kommt in einem starken Anwachsen der Streuung in der Nähe des kritischen Punktes zum Ausdruck (*kritische Opaleszenz*)[1]). Allerdings wird die Formel (120,2) selbst ungültig. In der Umgebung des kritischen

[1]) Die Idee, daß diese Erscheinung mit dem Anwachsen der Dichtefluktuationen zusammenhängt, stammt von M. SMOLUCHOWSKY (1908). Im Rahmen der VAN-DER-WAALS-Theorie des kritischen Punktes (s. V, § 152) wurde sie von L. S. ORNSTEIN und F. ZERNICKE (1914) behandelt.

Punktes erstreckt sich die einzeitige Korrelationsfunktion für Dichtefluktuationen (und damit auch für die dielektrische Funktion) in verschiedenen Raumpunkten auf Abstände von der Größenordnung des Korrelationsradius r_c, der bei Annäherung an den kritischen Punkt unbegrenzt anwächst (s. V, §§ 152 und 153). Man darf daher hier sogar bei der Berechnung der totalen Streuintensität (und nicht nur für die spektrale Feinstruktur) in (119,9) den Faktor e^{-iqr} nicht mehr durch Eins ersetzen.

Eine solche Substitution im gesamten Streuwinkelbereich ist nur bei Erfüllung der Bedingung

$$kr_c \ll 1 \tag{121,1}$$

zulässig, wobei $k = n\omega/c$ der Betrag des Wellenvektors des einfallenden Lichtes ist. In solch einem Fall kann man weiterhin die Formel (120,2) für den totalen Extinktionskoeffizienten verwenden, wobei man in ihr nur den ersten, anwachsenden Term (es wachsen nur die Fluktuationen der Dichte an, nicht die der Temperatur) zu berücksichtigen braucht. Bei Annäherung an den kritischen Punkt aus einer beliebigen Richtung in der ϱ,T-Ebene, ausgenommen die kritische Isotherme $T = T_c$, wächst die Kompressibilität nach dem Gesetz[1])

$$\left(\frac{\partial \varrho}{\partial P}\right)_T \sim |T - T_c|^{-\gamma}, \qquad \gamma \approx 1{,}26\,.$$

Da keinerlei Ursachen für ein Verschwinden bzw. ein Unendlichwerden der Ableitung $(\partial\varepsilon/\partial\varrho)_T$ vorliegen, wird sich auch die Streuintensität nach demselben Gesetz verhalten:

$$h \sim |T - T_c|^{-\gamma}\,. \tag{121,2}$$

Dieses Anwachsen hängt nicht mit einem Anwachsen der Intensität aller Feinstrukturkomponenten der RAYLEIGH-Linie, sondern nur mit dem ihrer zentralen Komponente zusammen. Nach (120,8) gilt nämlich $h_{\text{Dubl}} = hc_v/c_p$. Der Faktor c_p im Nenner kompensiert den Faktor $(\partial\varrho/\partial P)_T$ in h, da beide nach demselben Gesetz anwachsen. Die Intensität des Dubletts wächst daher nur wie c_v, d. h. nach einem langsameren Gesetz[2]):

$$h_{\text{Dubl}} \sim |T - T_c|^{-\alpha}, \qquad \alpha \approx 0{,}1\,. \tag{121,3}$$

In hinreichender Nähe des kritischen Punktes wird die Ungleichung (121,1) für ein gegebenes k offensichtlich um so später verletzt und damit auch die Substitution des Faktors e^{-iqr} durch Eins um so später unzulässig, je kleiner der Streuwinkel ist.[3]) Es sei dh der differentielle Extinktionskoeffizient für eine Streuung in das Raumwinkelelement do', d. h. für einen gegebenen Wert von $\boldsymbol{q} = \boldsymbol{k}' - \boldsymbol{k}$. Der Bestimmtheit halber beschränken wir uns auf die Streuung von natürlichem Licht. Wir berücksichtigen, daß die mit dem Polarisationszustand des Lichtes verbundene Winkelabhängig-

---

[1]) Alle in diesem Paragraphen verwendeten Informationen über das Verhalten der thermodynamischen Größen in der Umgebung des kritischen Punktes findet man in V, § 153. Wir verwenden dieselben Bezeichnungen für die kritischen Indizes wie dort.

[2]) Bei all diesen Überlegungen wird natürlich vorausgesetzt, die Ungleichung (121,1) sei mit der Annahme vereinbar, daß sich der Stoff bereits im „Fluktuationsgebiet" der Umgebung des kritischen Punktes befindet.

[3]) Es sei aber bemerkt, daß der Begriff des Streuwinkels nur bis zu Winkeln der Größenordnung des Beugungswinkels $\sim \lambda/L$ sinnvoll ist, wobei L die linearen Ausmaße des Körpers charakterisiert.

keit bei der Streuung an skalaren Fluktuationen durch den Faktor I (117,26) gegeben wird, und haben

$$dh = \frac{\omega^4}{6\pi c^4} (\delta\varepsilon^2)_q \frac{3}{4} (1 + \cos^2 \vartheta) \frac{do'}{4\pi}, \tag{121,4}$$

wobei

$$(\delta\varepsilon^2)_q = \left(\frac{\partial\varepsilon}{\partial\varrho}\right)_T^2 (\delta\varrho^2)_q$$

gilt.

In unmittelbarer Nähe des kritischen Punktes, wo

$$kr_c \gg 1 \tag{121,5}$$

gilt, wird für nicht zu kleine Streuwinkel auch $qr_c \gg 1$ sein. In diesem Winkelbereich sind im Integral $(\delta\varrho^2)_q$ die Abstände $r \approx 1/q \gg r_c$ wesentlich, wo die Korrelationsfunktion der Dichtefluktuationen Potenzcharakter aufweist:[1])

$$\langle \delta\varrho^{(1)} \, \delta\varrho^{(2)} \rangle \propto r^{-(1+\zeta)}, \qquad \zeta \approx 0{,}04 .$$

Dabei beträgt die FOURIER-Komponente der Korrelationsfunktion

$$(\delta\varrho^2)_q \propto q^{-2+\zeta}, \tag{121,6}$$

wobei der Proportionalitätsfaktor temperaturunabhängig ist. Somit gelangen wir zur folgenden Winkel- und Frequenzabhängigkeit des Extinktionskoeffizienten im betrachteten Gebiet:

$$dh \propto \omega^{2-\zeta} \frac{1 + \cos^2 \vartheta}{(1 - \cos \vartheta)^{1-\zeta/2}} do' . \tag{121,7}$$

Wir sehen, daß für einen festen Streuwinkel die Intensität im Bereich $qr_c \gg 1$ bei Annäherung an den kritischen Punkt nicht weiter anwächst. In diesem Punkt selbst ist die Formel (121,7) für alle Winkel gültig.

§ 122. Streuung in Flüssigkristallen

Eine intensive Lichtstreuung, die in vieler Hinsicht an die kritische Opaleszenz erinnert, findet in Flüssigkristallen statt. Wir beschränken uns hier auf Flüssigkristalle nematischer Art (P. G. DE GENNES, 1968).

Solche Kristalle erwähnten wir bereits am Ende von § 17, wo auch der Ausdruck für ihren Tensor der dieletrischen Funktion angegeben wurde,

$$\varepsilon_{ik} = \varepsilon_0(\omega)\, \delta_{ik} + \varepsilon_a(\omega)\, d_i d_k; \tag{122,1}$$

wobei die Koeffizienten ε_0 und ε_a nun Funktionen der Frequenz sind.

Die Fluktuationen der dielektrischen Funktion hängen in erster Linie mit den Richtungsfluktuationen des Direktors $\boldsymbol{d}$ zusammen und stellen somit Anisotropiefluktuationen dar. Eine gleichgroße synchrone Drehung des Direktors im gesamten Volumen ändert die Energie des Körpers überhaupt nicht. Langwellige Fluktuationen sind daher nur mit geringen Energieaufwendungen verbunden und deshalb groß.

---

[1]) S. V, (148,7). Aufgrund der formalen Äquivalenz zwischen dem Problem des kritischen Punktes und dem des Phasenüberganges zweiter Art (für einen einkomponentigen Ordnungsparameter) bezieht sich diese Formel auch auf die Umgebung des kritischen Punktes.

Große Fluktuationen der dielektrischen Funktion führen ihrerseits zu einer starken Lichtstreuung.

Wir stellen die fluktuierende Größe $\boldsymbol{d}$ in der Gestalt

$$\boldsymbol{d} = \boldsymbol{d}_0 + \boldsymbol{\nu} \tag{122,2}$$

dar, wobei $\boldsymbol{d}_0$ ihr Mittelwert und $\boldsymbol{\nu}$ ein kleiner fluktuierender Anteil seien. Da $\boldsymbol{d}^2 = \boldsymbol{d}_0^2 = 1$ gilt, haben wir wegen der Kleinheit von $\boldsymbol{\nu}$

$$\boldsymbol{\nu d}_0 = 0\,. \tag{122,3}$$

Die Änderung der dielektrischen Funktion bei Fluktuationen wird durch $\boldsymbol{\nu}$ gemäß

$$\delta\varepsilon_{ik} = \varepsilon_a(d_{0i}\nu_k + d_{0k}\nu_i) \tag{122,4}$$

ausgedrückt. Den Einfluß der Dichte- und Temperaturfluktuationen kann man vernachlässigen.

Unter Berücksichtigung von (122,4) drücken wir die einzeitige Korrelationsfunktion der Fluktuationen der dielektrischen Funktion über die Korrelationsfunktion der Fluktuationen des Direktors aus:

$$(\delta\varepsilon_{il}\,\delta\varepsilon_{km})_{\boldsymbol{q}} = \varepsilon_a^2\{d_{0i}d_{0k}(\nu_l\nu_m)_{\boldsymbol{q}} + d_{0i}d_{0m}(\nu_k\nu_l)_{\boldsymbol{q}} + d_{0k}d_{0l}(\nu_i\nu_m)_{\boldsymbol{q}} + d_{0l}d_{0m}(\nu_i\nu_k)_{\boldsymbol{q}}\}\,. \tag{122,5}$$

Die Funktion $(\nu_i\nu_k)_{\boldsymbol{q}}$ wurde schon in V, § 141 gefunden. Wegen (122,3) hat dieser Tensor nur in der zu $\boldsymbol{d}_0$ orthogonalen Ebene von Null verschiedene Komponenten. Bezeichnen wir die Tensorindizes in dieser Ebene mit den Buchstaben α, β, dann haben wir

$$\left.\begin{aligned} (\nu_\alpha\nu_\beta)_{\boldsymbol{q}} &= a\left(\delta_{\alpha\beta} - \frac{q_\alpha q_\beta}{q_\perp^2}\right) + b\,\frac{q_\alpha q_\beta}{q_\perp^2}, \\ a &= \frac{T}{a_2 q_\perp^2 + a_3 q_\parallel^2}, \qquad b = \frac{T}{a_1 q_\perp^2 + a_3 q_\parallel^2}, \end{aligned}\right\} \tag{122,6}$$

wobei a_1, a_2, a_3 positive Moduln sind, die die Abhängigkeit der freien Energie des nematischen Kristalls von den Richtungen der Ableitungen des Direktors bestimmen; $q_\parallel$ und $q_\perp$ sind die Projektionen von $\boldsymbol{q}$ auf die Richtung von $\boldsymbol{d}_0$ und auf die zu ihm normale Ebene.

Nimmt man die Anisotropie der dielektrischen Funktion als relativ gering an, d. h. $|\varepsilon_a| \ll \varepsilon_0$, dann kann man für den bezüglich der Richtungen differentiellen Extinktionskoeffizienten die für isotrope Medien erhaltene Formel (119,9) verwenden (dabei darf man natürlich nicht $\boldsymbol{q} = 0$ setzen!). Wir führen hier die damit sich ergebenden umfangreichen Formeln für die Winkelverteilung und die Polarisationsabhängigkeiten nicht an.

Eine charakteristische Eigenschaft der behandelten Streuung besteht in dem Anwachsen ihrer Intensität bei kleinen Streuwinkeln nach dem Gesetz

$$\mathrm{d}h \sim \mathrm{d}o'/q^2\,. \tag{122,7}$$

Ein solch starkes Anwachsen (wie auch das Anwachsen nach Formel (121,7) im kritischen Punkt) hängt mit dem langsamen, potenzartigen Abklingen der Fluktuationskorrelationsfunktion mit zunehmender Entfernung zusammen. Das Winkelintegral divergiert an der unteren Grenze logarithmisch. Es muß daher bei Werten von $q \approx 1/L$ abgeschnitten werden, die einer Beugung am Körper als Ganzem entsprechen (vgl. die Fußnote 3 auf S. 537). Die totale Streuintensität hängt somit logarithmisch von den Ausmaßen L des Körpers ab.

Schließlich sei noch bemerkt, daß ein äußeres Magnetfeld das Anwachsen der Korrelationsfunktion $(\nu_i \nu_k)_{\boldsymbol{q}}$ für kleine $\boldsymbol{q}$ einschränkt (s. V, § 141) und damit die Streuung unterdrückt; es „hellt" den Flüssigkristall auf.

§123. Streuung in amorphen Festkörpern

Die RAYLEIGH-Streuung in amorphen Festkörpern[1]) unterscheidet sich wesentlich von der in Flüssigkeiten und Gasen. Im isotropen festen Körper gibt es bekanntlich nicht eine, sondern zwei Ausbreitungsgeschwindigkeiten des Schalls, die longitudinale u_l und die transversale u_t. Die Feinstruktur der RAYLEIGH-Linie enthält daher nicht nur ein MANDELSCHTAM-BRILLOUIN-Dublett, sondern zwei. Sie resultieren aus der Streuung durch transversale und longitudinale „Schallwellen" und haben von der Linienmitte entsprechend einen Abstand

$$\Omega_l = \pm\, u_l q\,, \qquad \Omega_t = \pm\, u_t q\,.$$

Da stets $u_l > u_t$ ist, gilt $\Omega_l > \Omega_t$. Die mittlere Komponente der Linie hängt wieder mit der Streuung durch jene Fluktuationen zusammen, die sich nicht relativ zum Medium ausbreiten. Unter diesen sind hier die Strukturfluktuationen am wichtigsten. Im amorphen Körper mit seiner ungeordneten Lage der Atome sind diese Fluktuationen relativ groß und ändern sich praktisch nicht mit der Zeit (aufgrund der außerordentlichen Langsamkeit von Diffusionsprozessen im festen Körper). Die Streuung durch diese Fluktuationen führt zu einer intensiven Linie, deren Breite fast Null ist. Was die Polarisation und Winkelverteilung betrifft, so ist diese Linie das Ergebnis einer Überlagerung von skalarer und symmetrischer Streuung.

Wir wollen nun die Dublettkomponenten der RAYLEIGH-Linie im amorphen Körper betrachten. In einem Festkörper breitet sich der Einfluß jeder Deformation (im vorliegenden Fall der Fluktuation) über erhebliche Entfernungen aus. Daher sind sogar gleichzeitige Fluktuationen in verschiedenen Punkten des Körpers in (im Vergleich zu $1/q$) großen Abständen korreliert. Somit haben wir es erneut mit einer Situation zu tun, in der bei der Berechnung der totalen Intensität (und auch der Polarisation) des gestreuten Lichtes in der Korrelationsfunktion nicht $\boldsymbol{q} = 0$ gesetzt werden darf.

Das Feld der gestreuten Lichtwelle ergibt sich aus der Formel

$$\boldsymbol{E}' = -\frac{e^{ikR_0}\omega^2}{4\pi R_0 c^2} E_0[\boldsymbol{n}'[\boldsymbol{n}'\boldsymbol{G}]]\,, \tag{123,1}$$

wo

$$G_i = \int \delta\varepsilon_{ik}\, e^{-i\boldsymbol{q}\boldsymbol{r}}\, dV \cdot e_k \tag{123,2}$$

und $\boldsymbol{n}'$ ein Einheitsvektor in Streurichtung ist. Die Änderung der dielektrischen Funktion durch die Deformation des isotropen Körpers ist

$$\delta\varepsilon_{ik} = a_1 u_{ik} + a_2 u_{ll}\delta_{ik}\,, \tag{123,3}$$

---

[1]) Die wesentlich umfangreichere Theorie der Streuung in kristallinen Festkörpern wird in diesem Buch nicht behandelt.

wo u_{ik} der Deformationstensor sei (s. (102,1)). Da das Integral (123,2) aus $\delta\varepsilon_{ik}$ die räumliche FOURIER-Komponente mit dem Wellenvektor $\boldsymbol{q}$ separiert, muß man in (123,3) unter u_{ik} die Deformation in einer Schallwelle mit diesem Wellenvektor verstehen. Wir schreiben den Verschiebungsvektor daher in der Form

$$\boldsymbol{u} = \mathrm{Re}\{\boldsymbol{u}_0\, \mathrm{e}^{i\boldsymbol{q}\boldsymbol{r}}\} = \tfrac{1}{2}\,(\boldsymbol{u}_0\, \mathrm{e}^{i\boldsymbol{q}\boldsymbol{r}} + \boldsymbol{u}_0^*\, \mathrm{e}^{-i\boldsymbol{q}\boldsymbol{r}})\,; \tag{123,4}$$

daraus folgt für den Deformationstensor

$$u_{ik} = \frac{1}{2}\left(\frac{\partial u_i}{\partial x_k} + \frac{\partial u_k}{\partial x_i}\right) = \mathrm{Re}\left\{\frac{i}{2}\,(u_{0i}q_k + u_{0k}q_i)\, \mathrm{e}^{i\boldsymbol{q}\boldsymbol{r}}\right\}$$

und für das Volumenintgeral

$$\int u_{ik}\, \mathrm{e}^{-i\boldsymbol{q}\boldsymbol{r}}\, \mathrm{d}V = \frac{iV}{4}\,(u_{0i}q_k + u_{0k}q_i)\,. \tag{123,5}$$

Wir betrachten zuerst die Streuung durch transversale Schallwellen. Da in einer transversalen Welle $\boldsymbol{u} \perp \boldsymbol{q}$ und $u_{ll} = 0$ gilt, ist

$$\delta\varepsilon_{ik} = a_1 u_{ik}\,.$$

Mit (123,5) finden wir daher

$$\boldsymbol{G} = \frac{iVa_1}{4}\,\{\boldsymbol{u}_0(\boldsymbol{q}\boldsymbol{e}_0) + \boldsymbol{q}(\boldsymbol{u}_0\boldsymbol{e}_0)\}\,. \tag{123,6}$$

Eine transversale Schallwelle kann zwei unabhängige Polarisationsrichtungen haben: Der Vektor $\boldsymbol{u}$ kann in der Ebene von $\boldsymbol{k}$ und $\boldsymbol{k}'$ oder senkrecht zu dieser liegen. Berücksichtigt man noch, daß $\boldsymbol{E} \perp \boldsymbol{k}$, so ist leicht zu sehen, daß im ersten Fall die Projektion von $\boldsymbol{G}$ auf die zu $\boldsymbol{k}'$ senkrechte Ebene verschwindet. Transversale Schallwellen, die in der Ebene von $\boldsymbol{k}$ und $\boldsymbol{k}'$ polarisiert sind, ergeben daher keinen Beitrag zur Lichtstreuung.

Wenn jedoch der Verschiebungsvektor $\boldsymbol{u}$ auf der Ebene von $\boldsymbol{k}$ und $\boldsymbol{k}'$ senkrecht steht, so gibt eine einfache Rechnung unter Benutzung von (123,1) und (123,6) für die Felder der gestreuten Welle folgende Ausdrücke:

$$E'_{\parallel} = \frac{\mathrm{e}^{ikR_0}\,\omega^2}{4\pi R_0 c^2}\,\frac{a_1 iV}{4}\,qu_0 \cos\frac{\vartheta}{2}\,E_0 e_{\perp}\,, \qquad E'_{\perp} = \frac{\mathrm{e}^{ikR_0}\omega^2}{4\pi R_0 c^2}\,\frac{a_1 iV}{4}\,qu_0 \cos\frac{\vartheta}{2}\,E_0 e_{\parallel} \tag{123,7}$$

(ϑ kennzeichnet wieder den Winkel zwischen $\boldsymbol{k}$ und $\boldsymbol{k}'$, und die Indizes $\parallel$ und $\perp$ geben die Vektorkomponenten in bzw. senkrecht zur Streuebene an). Die Proportionalitätskoeffizienten enthalten in beiden Formeln dieselbe Fluktuationsgröße u_0. Das heißt, daß bei der Streuung keine Depolarisation stattfindet — linear polarisiertes Licht bleibt linear polarisiert (wenn auch in einer anderen Ebene).

Wegen der Gleichheit der Koeffizienten in den Formeln (123,7) hängt der Extinktionskoeffizient $\mathrm{d}h$ nicht vom Polarisationszustand des einfallenden Lichtes ab und ist

$$\mathrm{d}h = \left(\frac{q\omega^2 a_1}{16\pi c^2}\right)^2 V\langle|u_0|^2\rangle \cos^2\frac{\vartheta}{2}\,\mathrm{d}o\,. \tag{123,8}$$

Wir müssen nun noch den quadratischen Mittelwert der Amplitude der Fluktuation u_0 bestimmen.

Vom Standpunkt der allgemeinen Theorie thermodynamischer Fluktuationen kann man die Schallwelle (123,4) als eine Kombination zweier klassischer Oszillatoren betrachten (Wellen, die sich nach rechts und links ausbreiten), die je eine mittlere kinetische Energie $T/2$ besitzen müssen. Da die Frequenz der Schwingungen im vorliegenden Fall $\Omega = u_t q$ ist, beträgt die mittlere kinetische Energie

$$\tfrac{1}{2} V \langle \varrho \dot{\boldsymbol{u}}^2 \rangle = \tfrac{1}{4} V \varrho (u_t q)^2 \langle |u_0|^2 \rangle .$$

Setzen wir dies dem Ausdruck $2 \cdot T/2$ gleich, so folgt

$$\langle |u_0|^2 \rangle = \frac{4T}{V \varrho u_t^2 q^2}. \tag{123,9}$$

Einsetzen von (123,9) in (123,8) ergibt schließlich

$$\mathrm{d}h = \frac{a_1^2 \omega^4 T}{64 \pi^2 c^4 u_t^2 \varrho} \cos^2 \frac{\vartheta}{2} \, \mathrm{d}o . \tag{123,10}$$

Wir lenken die Aufmerksamkeit auf die eigentümliche Winkelabhängigkeit der Streuung, die sich vollkommen von derjenigen für Flüssigkeiten und Gase unterscheidet.

Betrachten wir nun die Streuung durch longitudinale Schallwellen. In diesen ist $\boldsymbol{u} \| \boldsymbol{q}$, und mit Hilfe von (123,3) und (123,4) finden wir

$$\boldsymbol{G} = \frac{iV}{2} u_0 q \left\{ a_1 \frac{\boldsymbol{q}(\boldsymbol{q}\boldsymbol{e}_0)}{q^2} + a_2 \boldsymbol{e}_0 \right\} E_0 .$$

Eine einfache Rechnung gibt für das Feld der gestreuten Welle

$$\left.\begin{aligned} E_\perp &= \frac{e^{ikR_0} \omega^2}{4\pi R_0 c^2} \frac{i V u_0 q}{2} a_2 E_0 e_\perp , \\ E_\| &= \frac{e^{ikR_0} \omega^2}{4\pi R_0 c^2} \frac{i V_0 u q}{2} \left[\frac{a_1}{2} + \left(\frac{a_1}{2} + a_2 \right) \cos \vartheta \right] E_0 e_\| . \end{aligned}\right\} \tag{123,11}$$

Auch in diesem Fall findet bei der Streuung keine Depolarisation statt. Winkelverteilung und Größe des Extinktionskoeffizienten hängen aber von Zustand und Richtung der Polarisation des einfallenden Lichtes ab. Wir werden hier die recht umfangreichen Formeln nicht aufschreiben; die Rechnungen sind vollkommen analog zu den oben angegebenen, wobei sich der Ausdruck für $\langle |u_0|^2 \rangle$ nur dadurch unterscheidet, daß man in (123,9) u_t durch u_l ersetzen muß.

XVI BEUGUNG VON RÖNTGENSTRAHLEN IN KRISTALLEN

§ 124. Allgemeine Theorie der Beugung von Röntgenstrahlen

Die Beugung von Röntgenstrahlen in Kristallen nimmt einen besonderen Platz in der Elektrodynamik materieller Medien ein, da ihre Wellenlängen mit den Entfernungen zwischen den Atomen vergleichbar sind. Deswegen ist hier eine makroskopische Behandlung der Stoffe als Kontinuum vollkommen unzulässig, und wir müssen von der Streuung an einzelnen geladenen Teilchen (den Elektronen)[1]) ausgehen.

Die Frequenzen der Elektronenbewegung im Atom sind von der Größenordnung $\omega_0 \sim v/a$, wo v die Geschwindigkeit der Elektronen und a die Atomdimensionen kennzeichnen. Wenn $\lambda \sim a$, sind diese Frequenzen wegen $v \ll c$ klein im Vergleich zur Frequenz der Röntgenstrahlen $\omega \sim c/\lambda$. Dies erlaubt, die Bewegungsgleichung des Elektrons im Feld der elektromagnetischen Welle in der Form

$$m\dot{\boldsymbol{v}}' = e\boldsymbol{E} \tag{124,1}$$

zu schreiben, d. h., wir können mit freien Elektronen rechnen (s. § 78).

Aus (124,1) finden wir für die Geschwindigkeit, die das Wellenfeld dem Elektron erteilt hat,

$$\boldsymbol{v}' = \frac{ie}{m\omega}\boldsymbol{E}\,.$$

Wir bezeichnen mit $n(x, y, z)$ die Elektronendichte im Kristall, die über die quantenmechanischen Elektronenzustände und über die statistische Verteilung der Wärmebewegung der Kerne im Gitter gemittelt wurde. Wir betonen jedoch, daß hier nicht der gewöhnliche Mittelwert der makroskopischen Theorie über ein physiaklisch infinitesimales Volumen gebildet wird, d. h., $n(\boldsymbol{r})$ ist die wahre quantenmechanische Dichte der „Elektronenwolke" im Kristallgitter. Die entsprechende durch das Wellenfeld hervorgerufene Stromdichte ist

$$\boldsymbol{j}' = en\boldsymbol{v}' = \frac{ie^2n}{m\omega}\boldsymbol{E}\,. \tag{124,2}$$

Wir führen diesen Strom in die mikroskopischen MAXWELL-Gleichungen ein:

$$\operatorname{rot}\boldsymbol{E} = i\frac{\omega}{c}\boldsymbol{H}\,, \tag{124,3}$$

$$\operatorname{rot}\boldsymbol{H} = -\frac{i\omega}{c}\boldsymbol{E} + \frac{4\pi}{c}\boldsymbol{j}' = -\frac{iw}{c}\left(1 - \frac{4\pi e^2 n}{m\omega^2}\right)\boldsymbol{E}\,. \tag{124,4}$$

Damit berücksichtigen wir auch umgekehrt dessen Einfluß auf das Feld, d. h. die Streuung. Es wird natürlich angenommen, daß dieser Effekt klein sei, es gelte also

---

[1]) Streuung an den Kernen ist aufgrund ihrer großen Masse unwesentlich.

die Ungleichung

$$\frac{4\pi e^2 n}{m\omega^2} \ll 1 . \qquad (124,5)$$

Mit $\boldsymbol{D} = \varepsilon \boldsymbol{E}$, wo

$$\varepsilon = 1 - \frac{4\pi e^2 n}{m\omega^2}, \qquad (124,6)$$

was der üblichen Definition der Induktion entspricht, nimmt (124,4) die gewöhnliche Form $\operatorname{rot} \boldsymbol{H} = -(i\omega/c)\,\boldsymbol{D}$ an. Wir sehen, daß der Ausdruck (124,6) für die dielektrische Funktion in diesem Sinne auch für Wellenlängen $\lambda \sim a$ angewandt werden kann. Es muß natürlich daran erinnert werden, daß die Symbole $\boldsymbol{E}$, $\boldsymbol{D}$ nicht ihre frühere Bedeutung beibehalten, da sie sich jetzt auf ein Feld beziehen, das nicht über ein physikalisch infinitesimales Volumen gemittelt wurde. Demgemäß ist ε jetzt eine Funktion der Koordinaten.

Bei der Streuung von Röntgenstrahlen an schweren Atomen kann der Fall eintreten, daß die Bedingung $\omega \gg \omega_0$ für die äußeren Elektronenhüllen erfüllt ist, während sie für die inneren Elektronen nicht gilt, für welche dann $\omega \lesseqgtr \omega_0$ und also die Ungleichung $\lambda \gg a$ gilt. Auch in diesem Fall kann der Begriff der dielektrischen Funktion (als Proportionalitätsfaktor zwischen $\boldsymbol{D}$ und $\boldsymbol{E}$) eingeführt werden, aber die (124,6) entsprechende Formel gibt nur den Beitrag der äußeren Elektronen. Der Beitrag von den inneren Elektronen muß im Prinzip durch Mittelwertbildung über das Volumen der inneren Schalen berechnet werden. Wenn wir also ganz allgemein $\boldsymbol{D} = \varepsilon \boldsymbol{E}$ schreiben, wo ε eine Funktion der Koordinaten ist, berücksichtigen wir alle möglichen Fälle. Im folgenden werden wir, um etwas Bestimmtes zu betrachten, überall den Ausdruck (124,6) benutzen. Indem wir in (124,2) den Mittelwert der Elektronendichte bilden und dabei eine zeitunabhängige Dichte erhalten, schließen wir eine mögliche Frequenzänderung bei der Streuung aus. Wir betrachten also streng kohärente Streuung ohne Frequenzänderung. Wir eliminieren $\boldsymbol{H}$ aus den beiden Gleichungen (124,3) und (124,4):

$$\operatorname{rot}\operatorname{rot} \boldsymbol{E} = \frac{\omega^2}{c^2} \boldsymbol{D} .$$

Hier setzen wir

$$\boldsymbol{E} = \boldsymbol{D} + \frac{4\pi e^2 n}{m\omega^2} \boldsymbol{E}$$

ein, entwickeln den Ausdruck $\operatorname{rot}\operatorname{rot} \boldsymbol{E}$ und berücksichtigen $\operatorname{div} \boldsymbol{D} = 0$ (wie dies aus (124,4) folgt). Dann ergibt sich

$$\Delta \boldsymbol{D} + \frac{\omega^2}{c^2} \boldsymbol{D} = \operatorname{rot}\operatorname{rot} \frac{4\pi e^2 n}{m\omega^2} \boldsymbol{E} . \qquad (124,7)$$

Auf der rechten Seite dieser Gleichung, die bereits die kleine Größe $4\pi e^2 n/m\omega^2$ enthält, muß man unter $\boldsymbol{E}$ das gegebene Feld der einfallenden Welle verstehen. Wir suchen die Lösung von (124,7) im Bereich weit außerhalb vom streuenden Kristall.[1]) Da diese

[1]) Bei der Lösung der Gleichung (117,3) war es nicht möglich, das Feld außerhalb des Körpers zu betrachten, da das die Berücksichtigung der Grenzbedingungen an seiner Oberfläche erfordern würde, denn die linke Seite der Gleichung enthält eine Größe (ε'), die außerhalb und innerhalb des Körpers verschiedene Werte hat. Die linke Seite der Gleichung (124,7) ändert sich jedoch im ganzen Raum nicht.

Gleichung der Form nach mit (117,3) übereinstimmt, können wir die gesuchte zu (117,4) analoge Lösung sofort angeben:

$$\boldsymbol{E} = \frac{e^2}{m\omega^2} \frac{e^{ikR_0}}{R_0} [\boldsymbol{k}'[\boldsymbol{k}'\boldsymbol{E}_0]] \int n e^{-i\boldsymbol{q}\boldsymbol{r}} \, dV . \tag{124,8}$$

Hier sei R_0 die Entfernung vom Koordinatenursprung, der sich im Innern des Kristalls befinde, zum Beobachtungspunkt; $\boldsymbol{q} = \boldsymbol{k}' - \boldsymbol{k}$, $k = k' = \omega/c$; $\boldsymbol{E}_0$ sei die Amplitude der einfallenden Welle; auf der linken Seite der Gleichung schreiben wir $\boldsymbol{E}$ statt $\boldsymbol{D}$, da außerhalb des Körpers im Vakuum $\boldsymbol{D} = \boldsymbol{E}$ ist.

Zur Charakterisierung der Beugungsintensität der Röntgenstrahlen führen wir den *effektiven Wirkungsquerschnitt* σ (oder einfach *Wirkungsquerschnitt*) ein, der als das Verhältnis der in einen Raumwinkel do' gebeugten Intensität zur Dichte des Energiestromes der einfallenden Welle definiert ist. Nach (124,8) haben wir

$$d\sigma = \left(\frac{e^2}{mc^2}\right)^2 \sin^2\theta \left| \int n e^{-i\boldsymbol{q}\boldsymbol{r}} \, dV \right|^2 do' , \tag{124,9}$$

wo θ der Winkel zwischen $\boldsymbol{E}_0$ und $\boldsymbol{k}'$ ist. Bei natürlicher (nichtpolarisierter) einfallender Strahlung muß der Faktor $\sin^2\theta$ in dieser Formel durch $1/2\,(1 + \cos^2\vartheta)$ ersetzt werden, wo ϑ der Winkel zwischen $\boldsymbol{k}$ und $\boldsymbol{k}'$ ist (s. die Fußnote auf S. 518):

$$d\sigma = \frac{1}{2} \left(\frac{e^2}{mc^2}\right)^2 (1 + \cos^2\vartheta) \left| \int n e^{-i\boldsymbol{q}\boldsymbol{r}} \, dV \right|^2 do' . \tag{124,10}$$

Im folgenden werden wir der Bestimmtheit halber stets diesen Fall annehmen.

Wir sehen, daß sich die in eine bestimmte Richtung gebeugte Strahlungsintensität im wesentlichen durch das absolute Quadrat des Integrals

$$\int n \, e^{-i\boldsymbol{q}\boldsymbol{r}} \, dV \tag{124,11}$$

bestimmt, d. h. durch die räumliche FOURIER-Komponente (mit dem entsprechenden Wert $\boldsymbol{q}$) der Elektronendichte. Bei $\boldsymbol{q} \to 0$ reduziert sich dieses Integral einfach auf den Mittelwert der Elektronendichte $\bar{n}$ im Kristallvolumen (d. h. über eine Gitterzelle). Wenn wir in den Gleichungen (124,3) und (124,4) n durch $\bar{n}$ ersetzen, erhalten wir die gewöhnlichen makroskopischen Gleichungen mit der dielektrischen Funktion

$$\varepsilon(\omega) = 1 - \frac{4\pi e^2 \bar{n}}{m\omega^2} .$$

Nach diesen Gleichungen erleiden die Röntgenstrahlen beim Durchgang durch den Kristall eine gewöhnliche Brechung (mit dem Brechungsindex $\sqrt{\varepsilon}$). Für kleine Winkel führt also die Beugung auf den hier für uns uninteressanten Fall der gewöhnlichen Brechung. Wir werden im folgenden stets annehmen, daß $\boldsymbol{q}$ merklich von Null verschieden sei. Die Elektronendichte kann (wie auch jede andere Größe, die eine Funktion der Punkte des Kristallgitters ist) in eine FOURIER-Reihe entwickelt werden:

$$n = \sum_{\boldsymbol{b}} n_{\boldsymbol{b}} \, e^{i\boldsymbol{b}\boldsymbol{r}} , \tag{124,12}$$

wo sich die Summation über alle Perioden $\boldsymbol{b}$ des reziproken Gitters erstreckt (s. V, § 133). Wenn wir (124,12) in (124,11) substituieren und über das Kristallvolumen integrieren, erhalten wir ein wesentlich von Null verschiedenes Ergebnis nur für solche $\boldsymbol{q}$, die in der Nähe irgendeines Wertes $\boldsymbol{b}$ liegen. Zwischen diesen Werten haben wir eine praktisch verschwindende Intensität. Wir können daher jedes Beugungsmaximum getrennt betrachten und setzen dabei $n = n_{\boldsymbol{b}}\, e^{i\boldsymbol{b}\boldsymbol{q}}$, mit einem gegebenen Wert $\boldsymbol{b}$. Setzen wir dies in (124,10) ein, so folgt

$$d\sigma = \frac{1}{2}\left(\frac{e^2}{mc^2}\right)^2 (1 + \cos^2\vartheta)\, |n_{\boldsymbol{b}}|^2 \left|\int e^{-i(\boldsymbol{k}'-\boldsymbol{k}-\boldsymbol{b})\boldsymbol{r}}\, dV\right|^2 do' . \qquad (124,13)$$

Die stärksten Maxima entstehen in den Richtungen, für die die Gleichung

$$\boldsymbol{k}' - \boldsymbol{k} = \boldsymbol{b} \qquad (124,14)$$

exakt erfüllt ist (sog. LAUE-*Gleichung*), und werden *Hauptmaxima* genannt. Für gegebenes $\boldsymbol{b}$ kann ein Hauptmaximum jedoch nicht bei beliebiger Frequenz und Richtung der einfallenden Strahlung entstehen. Schreiben wir (124,14) in der Form $\boldsymbol{k}' = \boldsymbol{k} + \boldsymbol{b}$, quadrieren diese Gleichung und berücksichtigen $k' = k'^2$, so erhalten wir

$$2\boldsymbol{b}\boldsymbol{k} = -b^2 . \qquad (124,15)$$

Diese Gleichung bestimmt diejenigen Werte des Wellenvektors $\boldsymbol{k}$, für die bei gegebenem $\boldsymbol{b}$ Hauptmaxima möglich sind. Geometrisch ist (124,15) die Gleichung einer Ebene im $\boldsymbol{k}$-Raum, die senkrecht zum Vektor $\boldsymbol{b}$ liegt und vom Koordinatenursprung die Entfernung $b/2$ hat. Wir sehen insbesondere, daß $k \geqq b/2$ gelten muß.

Da $|\boldsymbol{k}' - \boldsymbol{k}| = 2k \sin \vartheta/2$ ist, folgt aus (124,14)

$$2k \sin\frac{\vartheta}{2} = b\,, \qquad (124,16)$$

wodurch der Beugungswinkel vom Hauptmaximum bestimmt ist (BRAGG-WULF-*Gleichung*).

Bekanntlich bestimmt jeder Vektor $\boldsymbol{b}$ des reziproken Gitters durch die Gleichung $\boldsymbol{r}\boldsymbol{b} = 2\pi m$, wo m die ganzen Zahlen durchläuft, eine Gesamtheit von Kristallflächen. Diese Flächen liegen senkrecht zu $\boldsymbol{b}$, und die Vektoren $\boldsymbol{k}$ und $\boldsymbol{k}'$, die die Bedingungen (124,14) erfüllen, bilden mit ihnen gleiche „Einfalls"- und „Reflexionswinkel" (Abb. 64). Im Zusammenhang damit spricht man manchmal bei der Beugung der Hauptmaxima von einer Reflexion an den entsprechenden Netzebenen.

Die Gesamtintensität des *Beugungsfleckes* in der Nähe eines Maximums erhält man durch Integration von (124,13) über einen Raumwinkel um die zu $\boldsymbol{k}'$ benachbarten Richtungen. Wir bestimmen die Gesamtintensität in der Nähe eines Hauptmaximums. Wir bezeichnen mit $\boldsymbol{k}_0'$ den Wert $\boldsymbol{k}'$, der die LAUE-Bedingung (bei gegebe-

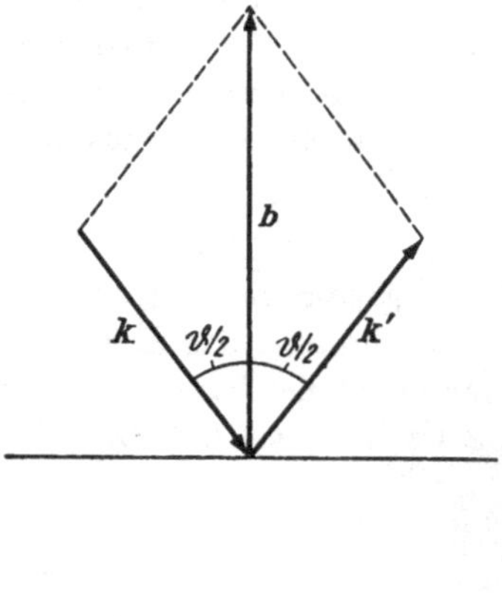

Abb. 64

nem $\boldsymbol{k}$) exakt erfüllt: $\boldsymbol{k}'_0 = \boldsymbol{k} + \boldsymbol{b}$. Ferner sei $\boldsymbol{\varkappa} = \boldsymbol{k}' - \boldsymbol{k}'_0$. In der Umgebung des Maximums ist $\boldsymbol{\varkappa}$ klein, und da sich $\boldsymbol{k}'$ und $\boldsymbol{k}'_0$ nur in der Richtung unterscheiden, wird $\boldsymbol{\varkappa} \perp \boldsymbol{k}'_0$. Daher kann man das Raumwinkelelement in der Form

$$do' = \frac{1}{k'^2} d\varkappa_x \, d\varkappa_y = \frac{1}{k^2} d\varkappa_x \, d\varkappa_y \tag{124,17}$$

schreiben, wo die z-Achse in die Richtung von $\boldsymbol{k}'_0$ gelegt wurde. Wir haben also

$$\sigma = \frac{1}{2k^2}\left(\frac{e^2}{mc^2}\right)^2 (1 + \cos^2\vartheta) \, |n_{\boldsymbol{b}}|^2 \iint d\varkappa_x \, d\varkappa_y \left|\int e^{-i\boldsymbol{\varkappa r}} \, dV\right|^2 .$$

Im Volumenintegral kann man die Integration über dz ausführen, da $e^{i\boldsymbol{\varkappa r}}$ von dieser Koordinate nicht abhängt:

$$\int e^{-i\boldsymbol{\varkappa r}} dV = \int Z e^{-i\boldsymbol{\varkappa r}} df ,$$

wo $df = dx\, dy$ und $Z = Z(x, y)$ die Länge des Körpers in der Richtung $\boldsymbol{k}'_0$ sei. Schließlich benutzen wir noch eine bekannte Formel aus der Theorie der FOURIER-Integrale:

$$\int |\varphi_{\varkappa}|^2 \, d\varkappa_x \, d\varkappa_y = (2\pi)^2 \int \varphi^2 \, dx \, dy , \tag{124,18}$$

wo

$$\varphi_{\varkappa} = \int \varphi(x, y) \, e^{-i\boldsymbol{\varkappa r}} \, dx \, dy$$

die zweidimensionalen FOURIER-Komponenten sind. Als Endergebnis erhalten wir

$$\begin{aligned} \sigma &= \frac{2\pi^2}{k^2}\left(\frac{e^2}{mc^2}\right)^2 (1 + \cos^2\vartheta) \, |n_{\boldsymbol{b}}|^2 \int Z^2 \, df \\ &= \frac{8\pi^2}{b^2}\left(\frac{e^2}{mc^2}\right)^2 \sin^2\frac{\vartheta}{2} \, (1 + \cos^2\vartheta) \, |n_{\boldsymbol{b}}|^2 \int Z^2 \, df . \end{aligned} \tag{124,19}$$

Das Integral ist von der Ordnung L^4, wo L die Lineardimension des Körpers ist. Der totale effektive Wirkungsquerschnitt (und damit die Gesamtintensität des Beugungsfleckes) wird daher proportional $V^{4/3}$, wo V das Volumen des Körpers ist. Im Maximum selbst wird die Intensität einer andern Potenz des Volumens proportional: Für $\boldsymbol{k}' - \boldsymbol{k} = \boldsymbol{b}$ ist das Integral in (124,13) einfach gleich V, so daß $d\sigma$ proportional V^2 wird:

$$\left(\frac{d\sigma}{do'}\right)_{\max} = \frac{1}{2}\left(\frac{e^2}{mc^2}\right)^2 (1 + \cos^2\vartheta) \, |n_{\boldsymbol{b}}|^2 \, V^2 . \tag{124,20}$$

Die Tatsache, daß die Intensität im Maximum einer viel höheren Potenz von V proportional ist als die Gesamtintensität, zeigt anschaulich, daß das Maximum sehr scharf ist. Seine Breite ist offensichtlich proportional $V^{4/3}/V^2 = V^{-2/3}$.

Die hier entwickelte Theorie ist nur dann anwendbar, wenn der gesamte Beugungseffekt klein bleibt. Dies erfordert, wie wir jetzt sehen, eine bestimmte Bedingung für die Abmessungen des Kristalls: σ muß im Vergleich zum geometrischen Wirkungsquerschnitt des Körpers ($\sim L^2$) klein sein, woraus folgt

$$\frac{e^2}{mc^2} \frac{L}{k} |n_{\boldsymbol{b}}| \ll 1 . \tag{124,21}$$

Wird diese Bedingung verletzt, so ist die bei der Herleitung von (124,8) verwendete Störungstheorie nicht mehr anwendbar.[1])

Aufgaben

1. Bestimme die Intensitätsverteilung des Beugungsfleckes in der Umgebung des Hauptmaximums bei der Beugung an einem Kristall, der die Form eines Parallelepipeds mit den Seitenlängen L_x, L_y, L_z habe.

Lösung. Wie im Text führen wir den Vektor $\boldsymbol{\varkappa} = \boldsymbol{k}' - \boldsymbol{k}_0$ ein, und als Koordinatensystem wählen wir die den Seiten des Parallelepipeds parallelen Achsen mit dem Ursprung in dessen Mittelpunkt.

Das Integral $\int e^{-i\boldsymbol{\varkappa r}}\,dV$ wird ein Produkt dreier Integrale der Form

$$\int\limits_{-L_x/2}^{L_x/2} e^{-i\varkappa_x x}\,dx = \frac{2}{\varkappa_x}\sin\frac{\varkappa_x L_x}{2}\,.$$

Also gilt

$$d\sigma = 32\left(\frac{e^2}{mc^2}\right)^2 (1+\cos^2\vartheta)\,|n_{\boldsymbol{b}}|^2\,\frac{1}{\varkappa_x^2\varkappa_y^2\varkappa_z^2}\sin^2\frac{\varkappa_x L_x}{2}\sin^2\frac{\varkappa_y L_y}{2}\sin^2\frac{\varkappa_z L_z}{2}\,do'\,.$$

Man muß daran erinnern, daß die Komponenten des Vektors $\boldsymbol{\varkappa}$ nicht unabhängig sind, sondern der Bedingung $\boldsymbol{\varkappa k}_0' = 0$ genügen.

2. Dasselbe Problem wie bei 1, aber für die Beugung an einem sphärischen Kristall vom Radius a.

Lösung. Wir führen wieder $\boldsymbol{\varkappa} = \boldsymbol{k}' - \boldsymbol{k}_0'$ ein und wählen ein Koordinatensystem mit dem Ursprung im Kugelmittelpunkt und der z-Achse in Richtung von $\boldsymbol{\varkappa}$. Wir haben dann

$$\int e^{-i\varkappa z}\,dV = \int\limits_{-a}^{a}\pi(a^2 - z^2)\,e^{-i\varkappa z}\,dz = \frac{4\pi}{\varkappa^3}(\sin\varkappa a - \varkappa a\cos\varkappa a)\,.$$

Also folgt

$$d\sigma = 8\pi^2\left(\frac{e^2}{mc^2}\right)^2(1+\cos^2\vartheta)\,|n_{\boldsymbol{b}}|^2\,\frac{1}{\varkappa^6}(\sin\varkappa a - \varkappa a\cos\varkappa a)^2\,do'\,.$$

3. Bestimme die Gesamtintensität des Beugungsfleckes in der Umgebung eines Nebenmaximums.

Lösung. In diesem Fall erfüllt der Wellenvektor $\boldsymbol{k}$ der einfallenden Welle nicht die Bedingung (124,15). Wie oben gezeigt wurde, ist (124,15) die Gleichung einer zum Vektor $\boldsymbol{b}$ senkrechten Ebene; $\eta\boldsymbol{b}$ mit $\eta \ll 1$ sei die kleine Differenz des Vektors $\boldsymbol{k}$ zu dieser Ebene.

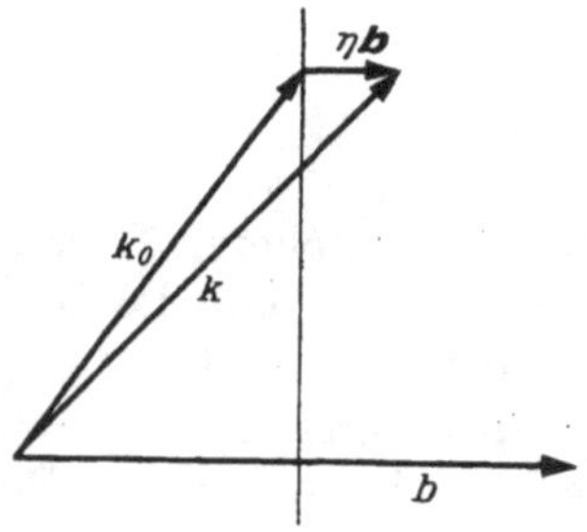

Abb. 65

[1]) Die Darlegung der von der Einschränkung (124,21) freien *dynamischen Streutheorie* kann man in dem Buch von Pinsker, S. G., Dynamische Theorie der Streuung von Röntgenstrahlen in Kristallen, NAUKA, Moskau 1974, finden. Die oben behandelte Theorie wird als *kinematische* Theorie bezeichnet.

Mit anderen Worten, wir stellen $\boldsymbol{k}$ in der Form $\boldsymbol{k} = \boldsymbol{k}_0 + \eta \boldsymbol{b}$ dar, wo $\boldsymbol{k}_0$ die Gleichung (124,15) befriedigt (Abb. 65).

Das Intensitätsmaximum des Fleckes entspricht derjenigen Richtung $\boldsymbol{k}'$, für die die Differenz $\boldsymbol{k}' - (\boldsymbol{k} + \boldsymbol{b})$ ihren kleinsten Wert besitzt (so daß das Integral (124,13) einen maximalen Wert erreicht). Der Betrag der Differenz zweier Vektoren (von denen einer eine beliebige Richtung annehmen kann) erreicht seinen kleinsten Wert, wenn die Richtungen beider Vektoren übereinstimmen. Wir haben also (wenn wir $k = k'$ berücksichtigen)

$$|\boldsymbol{k}' - \boldsymbol{k} - \boldsymbol{b}|_{\min} = k - |\boldsymbol{k} + \boldsymbol{b}| = \frac{k^2 - (\boldsymbol{k} + \boldsymbol{b})^2}{k + |\boldsymbol{k} + \boldsymbol{b}|} .$$

Da $\boldsymbol{k}$ in der Nähe von $\boldsymbol{k}_0$ liegt und wir das Gebiet in der Nähe eines Maximums betrachten, ist $\boldsymbol{k}' \approx \boldsymbol{k} + \boldsymbol{b}$, und der Nenner dieses Ausdrucks kann durch $2k$ ersetzt werden. Im Zähler entwickeln wir den Klammerausdruck und erhalten

$$-2\boldsymbol{k}\,\boldsymbol{b} - \boldsymbol{b}^2 = [-2\boldsymbol{k}_0\,\boldsymbol{b} - \boldsymbol{b}^2] - 2\eta\,\boldsymbol{b}^2 = -2\eta b^2 .$$

Also gilt

$$|\boldsymbol{k}' - \boldsymbol{k} - \boldsymbol{b}|_{\min} \approx -\frac{\eta b^2}{k} .$$

Wir setzen nun

$$\boldsymbol{k}' = (\boldsymbol{k} + \boldsymbol{b})\left(1 - \frac{\eta b^2}{k^2}\right) + \boldsymbol{\varkappa}$$

und legen die z-Achse in die Richtung von $\boldsymbol{k} + \boldsymbol{b}$. Die Aufgabe reduziert sich damit auf die Berechnung des Integrals (s. die Herleitung der Formel (124,19))

$$\iint \mathrm{d}\varkappa_x \mathrm{d}\varkappa_y \left|\int \exp\left\{i\frac{\eta b^2}{k} z - i\boldsymbol{\varkappa}\boldsymbol{r}\right\} \mathrm{d}V\right|^2$$
$$= \iint \mathrm{d}\varkappa_x\, \mathrm{d}\varkappa_y \left|\int \mathrm{e}^{-i\boldsymbol{\varkappa}\boldsymbol{r}} \frac{\sin(\eta b^2 Z/2k)}{\eta b^2/2k} \mathrm{d}f\right|^2 .$$

Unter Benutzung der Formel (124,18) erhalten wir schließlich

$$\sigma = \frac{2\pi^2}{k^2}\left(\frac{e^2}{mc^2}\right)^2 (1 + \cos^2\vartheta)\, |n_{\boldsymbol{b}}|^2 \int \frac{\sin^2(\eta b^2 Z/2k)}{(\eta b^2/2k)^2} \mathrm{d}f .$$

Bei $\eta \to 0$ geht diese Formel in (124,19) über. Für $\eta b^2 Z/2k \gg 1$ (was der Bedingung $\eta \ll 1$ nicht widerspricht) kann man das Quadrat des Sinus durch seinen Mittelwert 1/2 ersetzen und erhält

$$\sigma = 4\pi^2\left(\frac{e^2}{mc^2}\right)^2 \frac{1 + \cos^2\vartheta}{\eta^2 b^4} |n_{\boldsymbol{b}}|^2 S ,$$

wo S die Projektionsfläche des Körpers auf die x,y-Ebene ist (sein „Schatten").

§ 125. Integrale Intensität

Die im vorangegangenen Paragraphen erhaltenen Formeln bestimmen die Beugungsintensität, wenn eine streng monochromatische und ebene Welle auf den Kristall trifft. Wir betrachten jetzt eine Reihe von Fällen, bei denen diese Bedingungen nicht erfüllt sind.

Wir beginnen damit, daß die einfallende Welle zwar eben, aber nicht monochromatisch ist.[1]) Ihre Spektralzerlegung enthält also Wellen mit den Wellenvektoren $\boldsymbol{k}$, die zwar die gleiche Richtung, aber verschiedene Beträge $k = \omega/c$ haben. Mit $\varrho(k)$ bezeichnen wir die Dichteverteilung der Intensität der einfallenden Strahlung über die Frequenzen, die wir durch die Bedingung $\int \varrho(k)\,\mathrm{d}k = 1$ auf Eins normieren.

---

[1]) Dies entspricht der bekannten *Methode von* Laue zur Röntgenanalyse der Kristalle.

Die Gesamtintensität des Beugungsfleckes wird durch den effektiven Wirkungsquerschnitt bestimmt, den wir aus (125,13) durch Multiplikation mit $\varrho(k)$ und Integration über $\mathrm{d}o'$ und $\varrho(k)\mathrm{d}k$ erhalten:

$$\sigma = \frac{1}{2}\left(\frac{e^2}{mc^2}\right)^2 |n_{\boldsymbol{b}}|^2 \iint \left|\int \mathrm{e}^{-i(\boldsymbol{k}'-\boldsymbol{k}-\boldsymbol{b})\boldsymbol{r}}\, \mathrm{d}V\right|^2 (1+\cos^2\vartheta)\,\varrho(k)\,\mathrm{d}o'\,\mathrm{d}k\,. \tag{125,1}$$

Wir setzen vorübergehend $\boldsymbol{K} = \boldsymbol{k}' - \boldsymbol{k} - \boldsymbol{b}$ und schreiben das Quadrat des absoluten Betrages in der Form eines zweifachen Integrals:

$$|\int \mathrm{e}^{-i\boldsymbol{K}\boldsymbol{r}}\,\mathrm{d}V|^2 = \iint \mathrm{e}^{i\boldsymbol{K}(\boldsymbol{r}_2-\boldsymbol{r}_1)}\,\mathrm{d}V_1\,\mathrm{d}V_2\,.$$

Benutzen wir anstelle von $\boldsymbol{r}_1$ und $\boldsymbol{r}_2$ die Veränderlichen $1/2(\boldsymbol{r}_1+\boldsymbol{r}_2)$ und $\boldsymbol{r} = \boldsymbol{r}_2 - \boldsymbol{r}_1$ und integrieren bezüglich der ersten über das Volumen des Körpers, so erhalten wir

$$|\int \mathrm{e}^{i\boldsymbol{K}\boldsymbol{r}}\,\mathrm{d}V|^2 = V\int \mathrm{e}^{i\boldsymbol{K}\boldsymbol{r}}\,\mathrm{d}V\,.$$

In dem noch übrig bleibenden Integral kann man jetzt die Integration über alle Variablen in uneigentlichen Grenzen ausführen¹) und erhält

$$\int |\,\mathrm{e}^{i\boldsymbol{K}\boldsymbol{r}}\,\mathrm{d}V|^2 = (2\pi)^3\, V\,\delta(\boldsymbol{K}). \tag{125,2}$$

Setzen wir dies in (125,1) ein, so erhalten wir

$$\sigma = 4\pi^3\left(\frac{e^2}{mc^2}\right)^2 |n_{\boldsymbol{b}}|^2\, V(1+\cos^2\vartheta_0)\iint \delta(\boldsymbol{k}'-\boldsymbol{k}-\boldsymbol{b})\,\varrho(k)\,\mathrm{d}o'\,\mathrm{d}k\,; \tag{125,3}$$

wegen der δ-Funktion im Integranden haben wir den Faktor $1+\cos^2\vartheta$ mit $\vartheta = \vartheta_0$ vor das Integral gezogen, wo ϑ_0 der Winkel zwischen den Vektoren $\boldsymbol{k}$ und $\boldsymbol{k}'$ ist, die die Laue-Bedingung erfüllen (wir bezeichnen sie mit $\boldsymbol{k}_0$ und $\boldsymbol{k}_0' = \boldsymbol{k}_0 + \boldsymbol{b}$).

Die Integration über $\mathrm{d}o'$ kann man zweckmäßig ausführen, indem man bemerkt, daß sie der Integration über

$$\mathrm{d}^3k' = k'^2\,\mathrm{d}k'\,\mathrm{d}o' = \tfrac{1}{2}\,k\,\mathrm{d}(k'^2)\,\mathrm{d}o'$$

äquivalent ist, wenn man im Integranden einen zusätzlichen Faktor $(2/k)\,\delta(k'^2-k^2)$ einführt. Das Integral in (125,3) wird also durch

$$\iint \frac{2}{k}\,\delta(\boldsymbol{k}'-\boldsymbol{k}-\boldsymbol{b})\,\delta(k'^2-k^2)\,\varrho(k)\,\mathrm{d}^3k'\,\mathrm{d}k$$

ersetzt. Nach der Integration über d^3k' mit Hilfe der ersten δ-Funktion können wir k'^2 durch $(\boldsymbol{k}+\boldsymbol{b})^2$ ersetzen und erhalten

$$\sigma = (2\pi)^3\left(\frac{e^2}{mc^2}\right)^2 |n_{\boldsymbol{b}}|^2\, V(1+\cos^2\vartheta_0)\int \frac{1}{k}\,\delta(2\boldsymbol{b}\boldsymbol{k}+b^2)\,\varrho(k)\,\mathrm{d}k\,. \tag{125,4}$$

Wir führen noch die letzte Integration über $\mathrm{d}k$ aus (bei gegebener Richtung $\boldsymbol{n}=\boldsymbol{k}/k$). Das Argument der δ-Funktion wird bei $k = k_0$ Null, und das Integral ist gleich

$$\frac{\varrho(k_0)}{2k_0}\,\frac{1}{|\boldsymbol{b}\boldsymbol{n}|} = \frac{\varrho(k_0)}{2\,|\boldsymbol{b}\boldsymbol{k}_0|} = \frac{\varrho(k_0)}{b^2}\,.$$

---

¹) Dies ist möglich, da wir nur die totale Intensität des Beugungsfleckes berechnen wollen und nicht seine Breite.

Wir erhalten also

$$\sigma = (2\pi)^3 \left(\frac{e^2}{mc^2}\right)^2 |n_{\boldsymbol{b}}|^2 \, V(1 + \cos^2 \vartheta_0) \frac{\varrho(k_0)}{b^2}. \tag{125,5}$$

Wir wollen nun den anderen Fall betrachten, daß das einfallende Licht zwar monochromatisch ist, aber Komponenten mit verschiedenen Richtungen $\boldsymbol{k}$ enthält, die auseinander durch Rotation um eine gewisse Achse hervorgehen.[1]) Den Einheitsvektor in deren Richtung bezeichnen wir mit $\boldsymbol{l}$ und den Drehwinkel um diese Achse mit ψ. Die Funktion $\varrho(\psi)$ gebe eine Intensitätsverteilung der einfallenden Strahlung über die Winkel, die wir auf Eins normieren:

$$\int_0^{2\pi} \varrho(\psi) \, d\psi = 1 .$$

Alle Rechnungen, die zur Formel (125,4) führten, gelten auch für diesen Fall, nur daß man die Integration über $\varrho(k)\, dk$ jetzt durch eine solche über $\varrho(\psi)\, d\psi$ ersetzen muß:

$$\sigma = (2\pi)^3 \left(\frac{e^2}{mc^2}\right)^2 |n_{\boldsymbol{b}}|^2 \, V(1 + \cos^2 \vartheta_0) \int \frac{1}{k} \, \delta(2\boldsymbol{bk} + b^2) \, \varrho(\psi) \, d\psi . \tag{125,6}$$

Wir bezeichnen wieder mit $\boldsymbol{k}_0$ den Wert $\boldsymbol{k}$, für den das Argument der δ-Funktion verschwindet, und zählen den Winkel ψ von der Ebene durch $\boldsymbol{l}$ und $\boldsymbol{k}_0$. Für kleine ψ gilt

$$\boldsymbol{k} = \boldsymbol{k}_0 + [\boldsymbol{l}\boldsymbol{k}_0] \, \psi .$$

Dann nimmt das Integral (125,6) die Form

$$\int \frac{1}{k} \, \delta(2\boldsymbol{b}[\boldsymbol{l}\boldsymbol{k}_0]\psi) \, \varrho(\psi) \, d\psi = \frac{\varrho(0)}{2k|\boldsymbol{b}[\boldsymbol{l}\boldsymbol{k}_0]|} = \frac{\varrho(0)}{2k^2|\boldsymbol{b}[\boldsymbol{l}\boldsymbol{n}_0]|} = \frac{2\varrho(0)\sin^2\dfrac{\vartheta_0}{2}}{b^2\,|\boldsymbol{b}[\boldsymbol{l}\boldsymbol{n}_0]|}$$

an, also

$$\sigma = \frac{2(2\pi)^3}{b^2} \left(\frac{e^2}{mc^2}\right) \sin^2\frac{\vartheta_0}{2} \, (1 + \cos^2 \vartheta_0) \, |n_{\boldsymbol{b}}|^2 \, V \, \frac{\varrho(0)}{|\boldsymbol{b}[\boldsymbol{l}\boldsymbol{n}_0]|} . \tag{125,7}$$

Zum Schluß betrachten wir noch die Beugung einer monochromatischen ebenen Welle an einem Körper, der aus willkürlich orientierten Kristalliten bestehe.[2])

Mit $\boldsymbol{k}_0'$ und $\boldsymbol{b}_0$ bezeichnen wir die Vektoren $\boldsymbol{k}'$ und $\boldsymbol{b}$, die die LAUE-Bedingung $\boldsymbol{k}_0' = \boldsymbol{k} + \boldsymbol{b}_0$ erfüllen. Die Richtungen $\boldsymbol{k}_0'$ und $\boldsymbol{b}_0$ sind nicht eindeutig, da die LAUE-Bedingung natürlich bei einer beliebigen Drehung des Dreiecks $\boldsymbol{k}$, $\boldsymbol{b}_0$, $\boldsymbol{k}_0'$ um die Richtung von $\boldsymbol{k}$ erfüllt bleibt. Das Hauptmaximum entspricht also den Richtungen $\boldsymbol{k}'$, die eine konische Fläche mit dem Öffnungswinkel $2\vartheta_0$ an der Spitze ausfüllen; statt eines Beugungsfleckes haben wir jetzt einen Beugungsring.

Der gesuchte totale effektive Wirkungsquerschnitt wird durch die Formel bestimmt, die sich von (125,4) nur dadurch unterscheidet, daß die Integration über $\varrho(k)\, dk$ durch eine Mittelwertbildung über die Richtungen von $\boldsymbol{b}$ zu ersetzen ist:

$$\sigma = (2\pi)^3 V \left(\frac{e^2}{mc^2}\right)^2 |n_{\boldsymbol{b}}|^2 \, (1 + \cos^2 \vartheta_0) \int \frac{1}{k} \, \delta(2\boldsymbol{bk} + b^2) \frac{do_b}{4\pi} \tag{125,8}$$

---

[1]) Dies entspricht der bekannten BRAGGschen *Methode* (oder *Drehmethode*) der Röntgenstrahlanalyse, wobei der Kristall selbst und nicht die Richtung $\boldsymbol{k}$ um die Achse $\boldsymbol{l}$ rotiert.

[2]) Dieser Fall entspricht der *Pulvermethode* (DEBYE-SCHERRER-*Verfahren*) in der Röntgenstrukturanalyse.

(do_b ist das Raumwinkelelement in der Richtung von $\boldsymbol{b}$). Bezeichnen wir den Winkel zwischen $\boldsymbol{k}$ und $\boldsymbol{b}$ mit α, so können wir das Integral in (125,8) in der Form

$$\int \frac{1}{k}\,\delta(2b\,k\cos\alpha + b^2)\,\frac{2\pi d\cos\alpha}{4\pi} = \frac{1}{4bk^2} = \frac{1}{b^3}\sin^2\frac{\vartheta_0}{2}$$

schreiben. Es gilt also

$$\sigma = (2\pi)^3\left(\frac{e^2}{mc^2}\right)^2 |n_b|^2\,\frac{V}{b^3}\,(1+\cos^2\vartheta_0)\sin^2\frac{\vartheta_0}{2}\,. \qquad (125,9)$$

Jedem der drei betrachteten Fälle entspricht eine bestimmte Art, vom Beugungsbild einen Mittelwert zu bilden. Wir bemerken, daß sich die Abhängigkeit der gemittelten totalen Beugungsintensität vom Volumen des Körpers, wie man erwarten sollte, dabei auf eine einfache Proportionalität reduziert. Im Beugungsbild, über das noch nicht gemittelt wurde, hängen die Intensität und ihre Verteilung über den Fleck sehr deutlich vom Volumen ab.

§ 126. Diffuse Wärmestreuung von Röntgenstrahlen

In den beiden vorangegangenen Paragraphen verstanden wir unter $n(x, y, z)$ die über die Zeit gemittelte Elektronendichte im Kristall. Die verschiedenen Dichteschwankungen und mit diesen der entsprechende (nichtkohärente) Teil der Streuung der Röntgenstrahlen wurden dabei ausgeschlossen. Eine Ursache einer nichtkohärenten Streuung sind die Wärmefluktuationen der Dichte. Diese Streuung ist diffus über alle Richtungen verteilt, aber sie ist durch eine relativ hohe Intentität in der Nähe der Richtungen charakterisiert, die den scharfen Linien der in den vorangegangenen Paragraphen beschriebenen Strukturstreuung entsprechen. Wir betrachten jetzt insbesondere diese Maxima der Wärmestreuung (W. H. ZACHARIASEN 1940).

Die Wärmeschwingungen des Kristallgitters können als Überlagerungen von Schallwellen dargestellt werden. Wir wir sehen werden, sind an der Entstehung der uns interessierenden Maxima der Wärmestreuung die Wellen mit langen Wellenlängen (im Vergleich zur Gitterkonstante) maßgebend beteiligt. Die durch eine solche Welle entstehende Veränderung der Elektronendichte kann man in jedem Punkt als das Ergebnis einer einfachen Verschiebung des Gitters um eine Größe betrachten, die gleich dem lokalen Wert des Verschiebungsvektors $\boldsymbol{u}$ in der Welle ist. Die Dichteänderung (die nicht über die Zeit gemittelt ist!), die beim Durchgang einer gegebenen Schallwelle entsteht, kann man also mit Hilfe der mittleren Dichte durch

$$\delta n = n(\boldsymbol{r} - \boldsymbol{u}) - n(\boldsymbol{r}) \approx -\boldsymbol{u}\frac{\partial n}{\partial \boldsymbol{r}}$$

ausdrücken. Wenn wir die diffuse Streuung in der Nähe einer bestimmten Linie betrachten, müssen wir n durch $n_b\,e^{i\boldsymbol{br}}$ mit dem entsprechenden Wert $\boldsymbol{b}$ ersetzen, so daß

$$\delta n = -\,i(\boldsymbol{bu})\,n_b\,e^{i\boldsymbol{br}} \qquad (126,1)$$

gilt.

Die Streuung durch Dichtefluktuationen ist natürlich mit der Streuung durch die mittlere Dichte nicht kohärent, und beide interferieren daher nicht miteinander. Den effektiven Wirkungsquerschnitt der diffusen Streuung kann man also aus der Formel (124,10) erhalten, indem man dort δn statt n einsetzt und dann den statistischen Mittelwert über die Fluktuationen bildet:

$$d\sigma = \frac{1}{2}\left(\frac{e^2}{mc^2}\right)^2 |n_{\boldsymbol{b}}|^2 (1 + \cos^2 \vartheta) \left\langle \left| \int (\boldsymbol{u}\boldsymbol{b})\, e^{-i\boldsymbol{K}\boldsymbol{r}}\, dV \right|^2 \right\rangle do' \tag{126,2}$$

mit $\boldsymbol{K} = \boldsymbol{k}' - \boldsymbol{k} - \boldsymbol{b}$. Die Streuintensität ist in den Richtungen groß, für die der Vektor $\boldsymbol{K}$ klein ist ($K \ll b$).

Das Integral $\int \boldsymbol{u}\, e^{-i\boldsymbol{K}\boldsymbol{r}}\, dV$ gibt die räumliche Fourier-Komponente von $\boldsymbol{u}$ mit dem Wellenvektor $\boldsymbol{K}$; wir können daher unter $\boldsymbol{u}$ einfach den Verschiebungsvektor in der Schallwelle mit diesem Wellenvektor verstehen. Die Ungleichung $K \ll b$ bedeutet folglich, daß die Wellenlänge der streuenden Schallwelle im Vergleich zu den Abmessungen der Elementarzelle im Kristall groß sein muß.

Mit

$$\boldsymbol{u} = \tfrac{1}{2}\left(\boldsymbol{u}_0\, e^{i\boldsymbol{K}\boldsymbol{r}} + \boldsymbol{u}_0^*\, e^{-i\boldsymbol{K}\boldsymbol{r}}\right) \tag{126,3}$$

wird

$$\int (\boldsymbol{b}\boldsymbol{u})\, e^{-i\boldsymbol{K}\boldsymbol{r}}\, dV = \tfrac{1}{2} V(\boldsymbol{b}\boldsymbol{u}_0)\,,$$

und für den effektiven Wirkungsquerschnitt folgt

$$d\sigma = 8\left(\frac{e^2}{mc^2}\right)^2 |n_{\boldsymbol{b}}|^2 (1 + \cos^2 \vartheta)\, b_i b_k \langle u_{0i} u_{0k}^* \rangle\, V^2\, do'\,. \tag{126,4}$$

Der Mittelwert wird für die Produkte der Komponenten von $\boldsymbol{u}_0$ ebenso gebildet wie in § 123 für die Schallwelle im isotropen Körper. Die elastische Energie pro Volumen des deformierten Kristalls beträgt

$$\tfrac{1}{2} \lambda_{iklm} u_{ik} u_{lm}\,,$$

wo u_{ik} der Deformationstensor ist und λ_{iklm} der Tensor der elastischen Moduln (s. VII, § 10). Die mittlere elastische Energie des ganzen Kristalls ist daher gleich

$$\tfrac{1}{2} V \lambda_{iklm} \langle u_{ik} u_{lm} \rangle\,.$$

Im folgenden substituieren wir

$$u_{ik} = \frac{1}{2}\left(\frac{\partial u_i}{\partial x_k} + \frac{\partial u_k}{\partial x_i}\right) = \frac{1}{2} \operatorname{Re} \left\{ (iK_k u_{0i} + iK_i u_{0k})\, e^{i\boldsymbol{K}\boldsymbol{r}} \right\}.$$

Die Glieder mit dem Faktor $e^{\pm 2i\boldsymbol{K}\boldsymbol{r}}$ geben keinen Beitrag zum Mittelwert. Berücksichtigen wir noch die Symmetrieeigenschaften des Tensors λ_{iklm} (Symmetrie in den Indizes i, k und l, m und Symmetrie gegenüber Vertauschung der Indexpaare i, k mit l, m), so erhalten wir

$$\frac{V}{4} \lambda_{iklm} K_k K_m \langle u_{0i} u_{0l}^* \rangle = \frac{V}{4} g_{ik} \langle u_{0i} u_{0l}^* \rangle$$

mit der Bezeichnung

$$g_{ik} = \lambda_{iklm} K_l K_m\,. \tag{126,5}$$

Nach der allgemeinen Theorie der thermodynamischen Fluktuationen können wir jetzt den gesuchten Mittelwert sofort hinschreiben:[1])

$$\langle u_{0i} u_{0k}^* \rangle = \frac{4T}{V} g_{ik}^{-1} \tag{126,6}$$

(g_{ik}^{-1} ist der zu g_{ik} inverse Tensor), und für den effektiven Wirkungsquerschnitt der Streuung erhalten wir schließlich

$$d\sigma = \frac{1}{2}\left(\frac{e^2}{mc^2}\right)^2 TV\,|n_{\mathbf{b}}|^1\,(1 + \cos^2\vartheta)\, b_i b_k g_{ik}^{-1} \cdot do' \,. \tag{126,7}$$

Die Intensität der diffusen Streuung ist also, wie zu erwarten war, dem Kristallvolumen proportional. Eine charakteristische Besonderheit dieser Streuung besteht in der Art ihrer Intensitätsverteilung über die Fläche des Beugungsfleckes. Abgesehen von dem Faktor $(1 + \cos^2\vartheta)$, der für einen gegebenen Fleck praktisch konstant ist, bestimmt sich die Intensitätsverteilung durch den Ausdruck $g_{ik}^{-1} b_i b_k$. Dieser ist das Produkt von K^{-2} mit einer ziemlich komplizierten Funktion der Richtung des Vektors $\boldsymbol{K}$ in bezug auf die Kristallachsen. Bei der Streuung in der Nähe des Hauptmaximums hat die Intensität der diffusen Streuung ebenfalls ein Maximum im Punkt $\boldsymbol{K} = 0$ (der Ausdruck (126,7), der für $\boldsymbol{K} = 0$ unendlich wird, ist dabei natürlich nicht anwendbar). Wenn die Bedingung (124,15) $2\boldsymbol{bk} = -b^2$ jedoch nicht erfüllt ist, kann $\boldsymbol{K}$ nicht Null werden, und das Intensitätsmaximum der diffusen Streuung liegt bei einem etwas von Null verschiedenen $\boldsymbol{K}$, welches im allgemeinen nicht mit dem Maximum der Strukturstreuung übereinstimmt. In beiden Fällen bildet die diffuse Streuung einen Untergrund, dessen Intensität im wesentlichen wie $1/K^2$ abfällt, d. h. wesentlich langsamer als die Intensität der scharfen Linien der Strukturstreuung, die in ihr liegen.

§ 127. Temperaturabhängigkeit des Beugungsquerschnitts

Wir wenden uns nun der Untersuchung der Temperaturabhängigkeit des kohärenten Streuquerschnitts von Röntgenstrahlen zu. Das Problem reduziert sich auf die Bestimmung der Temperaturabhängigkeit der mikroskopischen Elektronendichte im Kristall, die über die thermische Bewegung der Atome gemittelt wurde.

Wir werden die Atome als hinreichend schwer annehmen, so daß der größte Teil ihrer Elektronen in nichtüberlappenden Schalen lokalisiert ist, die sich bei Schwingungen des Gitters nur schwach deformieren. Weiterhin nehmen wir an, daß das Gitter nur aus Atomen einer Sorte bestehe, d. h. ein Atom pro Elementarzelle. Es sei betont, daß diese letzte Annahme nicht prinzipieller Natur ist und nur zur Vereinfachung der angegebenen Formeln gemacht wird.

---

[1]) S. V, § 111. Wenn die Wahrscheinlichkeitsverteilung der Fluktuationsgrößen $x_1, x_2, \ldots$ die Form

$$\exp\{-\tfrac{1}{2}\lambda_{ik} x_i x_k\}$$

hat, ist $\langle x_i x_k \rangle = \lambda_{ik}^{-1}$. In (126,6) tritt ein Faktor 2 auf, da u_{0i} komplex ist und zwei unabhängige Größen enthält.

Dann kann man die exakte (nicht gemittelte) mikroskopische Elektronendichte in der Form

$$n(\boldsymbol{r}) = \sum_{\boldsymbol{n}} F(\boldsymbol{r} - \boldsymbol{r}_{\boldsymbol{n}}) = \sum_{\boldsymbol{n}} F(\boldsymbol{r} - \boldsymbol{r}_{\boldsymbol{n}0} - \boldsymbol{u}_{\boldsymbol{n}}) \tag{127,1}$$

darstellen, wobei $F(\boldsymbol{r})$ die Elektronendichte in einem Einzelatom ist (*atomarer Formfaktor*); die Summation erstreckt sich über alle Gitteratome, $\boldsymbol{r}_{\boldsymbol{n}}$ bezeichnet die Radiusvektoren der Atomkerne, die vektoriell mit dem Index $\boldsymbol{n}$ (ganzzahligen Komponenten) numeriert sind. Wir bezeichnen die Radiusvektoren der Gleichgewichtslagen der Kerne (d. h. der Gitterpunkte) mit $\boldsymbol{r}_{\boldsymbol{n}0}$ und die Vektoren der Auslenkung der Atome aus diesen Lagen mit $\boldsymbol{u}_{\boldsymbol{n}}$ und haben $\boldsymbol{r}_{\boldsymbol{n}} = \boldsymbol{r}_{\boldsymbol{n}0} + \boldsymbol{n}_{\boldsymbol{n}}$, was in der letzten Gleichung von (127,1) auch benutzt wurde.

Nach der Entwicklung der Dichte (127,1) in eine Fourier-Reihe (124,12) im Gittervolumen V stellen wir die Entwicklungskoeffizienten in der Form

$$n_{\boldsymbol{b}} = \frac{1}{V} \sum_{\boldsymbol{n}} \mathrm{e}^{-i(\boldsymbol{r}_{\boldsymbol{n}0} + \boldsymbol{u}_{\boldsymbol{n}})\boldsymbol{b}} F_{\boldsymbol{b}}$$

dar, wobei

$$F_{\boldsymbol{b}} = \int F(\boldsymbol{r})\, \mathrm{e}^{-i\boldsymbol{b}\boldsymbol{r}}\, \mathrm{d}V \tag{127,2}$$

die Fourier-Komponente des atomaren Formfaktors ist. Alle Produkte $\boldsymbol{r}_{\boldsymbol{n}0}\boldsymbol{b}$ sind einem ganzen Vielfachen von 2π gleich. Deshalb sind alle Faktoren $\exp(-i\boldsymbol{r}_{\boldsymbol{n}0}\boldsymbol{b}) = 1$, so daß

$$n_{\boldsymbol{b}} = \frac{F_{\boldsymbol{b}}}{V} \sum_{\boldsymbol{n}} \mathrm{e}^{-i\boldsymbol{u}_{\boldsymbol{n}}\boldsymbol{b}} \tag{127,3}$$

gilt.

Wir mitteln diesen Ausdruck über die Bewegung der Atome. Offensichtlich hängt der Mittelwert der Glieder dieser Summe nicht von der Nummer $\boldsymbol{n}$ ab. Daher gilt

$$\langle n_{\boldsymbol{b}} \rangle = \frac{F_{\boldsymbol{b}}}{v} \langle \mathrm{e}^{-i\boldsymbol{b}\boldsymbol{u}} \rangle\,, \tag{127,4}$$

wobei $\boldsymbol{u}$ der Auslenkungsvektor eines Atoms (ganz gleich welches) und $v = V/N$ das Volumen der Elementarzelle ist (N ist die Zellenzahl im Volumen V). Die Mittelung in (127,4) hat man als vollständige statistische Mittelung, d. h. als Mittelung über die Wellenfunktionen der stationären Zustände und nachfolgende Mittelung über die Gibbs-Verteilung aufzufassen.

Zur Ausführung dieser Mittelung hat man $\boldsymbol{u}$ als quantenmechanischen Operator zu betrachten:

$$\hat{\boldsymbol{u}} = \sum_{\boldsymbol{k}\alpha} \left(\frac{\hbar}{2MN\omega_\alpha(\boldsymbol{k})} \right)^{1/2} \{ \hat{c}_{\boldsymbol{k}\alpha}\, \boldsymbol{e}_{\boldsymbol{k}\alpha}\, \mathrm{e}^{i\boldsymbol{k}\boldsymbol{r}_{\boldsymbol{n}}} + \hat{c}^{+}_{\boldsymbol{k}\alpha}\, \boldsymbol{e}^{*}_{\boldsymbol{k}\alpha}\, \mathrm{e}^{-i\boldsymbol{k}\boldsymbol{r}_{\boldsymbol{n}}} \} \tag{127,5}$$

(s. V, § 72). Die Summation erstreckt sich über alle Werte des Wellenvektors $\boldsymbol{k}$ der Phononen (im Volumen V) und über ihre unabhängigen, durch die Indizes $\alpha = 1, 2, 3$ numerierten Polarisationen, $\omega_\alpha(\boldsymbol{k})$ sind die Frequenzen der Phononen, $\boldsymbol{e}_{\boldsymbol{k}\alpha}$ ihre Polarisationsvektoren, und M ist die Atommasse. Die Operatoren $\hat{c}^{+}_{\boldsymbol{k}\alpha}$ und $\hat{c}_{\boldsymbol{k}\alpha}$ sind die Erzeugungs- und Vernichtungsoperatoren der Phononen in den Zuständen $\boldsymbol{k}\alpha$.

Operatoren der Gestalt (127,5) erfüllen das Wicksche Theorem, gemäß dem der Mittelwert eines Produktes einer beliebigen geraden Anzahl von Operatoren gleich der Summe der Produkte aller möglichen Mittelwerte (der Operatoren) ist (der Mittelwert eines Produktes einer ungeraden Anzahl von Operatoren ist gleich Null).[1] Für unsere Zwecke ist die Gleichheit

$$\langle e^{\hat{L}} \rangle = \exp\left(\tfrac{1}{2}\langle \hat{L}^2 \rangle\right), \tag{127,6}$$

wesentlich, die für jeden diesem Theorem genügenden Operator $\hat{L}$ gültig ist; von seiner Richtigkeit kann man sich leicht überzeugen, indem man $\exp \hat{L}$ in eine Reihe entwickelt und jeden Entwicklungsterm mittelt.[2])

Durch Anwendung von (127,6) auf (127,4) erhalten wir

$$\langle n_{\boldsymbol{b}} \rangle = \frac{F_{\boldsymbol{b}}}{v} \exp\left\{-\frac{1}{2}\langle (\boldsymbol{bu})^2 \rangle\right\}.$$

Der Beugungsquerschnitt ist dem Quadrat dieser Größe proportional. Seine Temperaturabhängigkeit läßt sich daher in der Gestalt

$$D = \exp\{-\langle (\boldsymbol{bu})^2 \rangle\} \tag{127,7}$$

darstellen. Er wird DEBYE-WALLER-Faktor genannt (P. DEBYE, 1912; I. WALLER, 1925).

Nun muß noch das gemittelte Quadrat $\langle (\boldsymbol{bu})^2 \rangle$ berechnet werden. Von allen Operatorpaarprodukten mit $\hat{c}_{\boldsymbol{k}\alpha}$ und $\hat{c}^+_{\boldsymbol{k}\alpha}$ sind nur die Mittelwerte

$$\langle \hat{c}^+_{\boldsymbol{k}\alpha} \hat{c}_{\boldsymbol{k}\alpha} \rangle = N_{\boldsymbol{k}\alpha}, \quad \langle \hat{c}_{\boldsymbol{k}\alpha} \hat{c}^+_{\boldsymbol{k}\alpha} \rangle = N_{\boldsymbol{k}\alpha} + 1$$

von Null verschieden, wobei $N_{\boldsymbol{k}\alpha}$ die mittlere Gleichgewichtsbesetzungszahl der Phonenzustände ist. Daher gilt

$$\langle (\boldsymbol{bu})^2 \rangle = \sum_{\boldsymbol{k}\alpha} \frac{\hbar}{2MN\omega_\alpha(\boldsymbol{k})} |\boldsymbol{e}_{\boldsymbol{k}\alpha}\boldsymbol{b}|^2 \langle \hat{c}_{\boldsymbol{k}\alpha}\hat{c}^+_{\boldsymbol{k}\alpha} + \hat{c}^+_{\boldsymbol{k}\alpha}\hat{c}_{\boldsymbol{k}\alpha} \rangle$$
$$= \sum_{\boldsymbol{k}\alpha} \frac{\hbar}{MN\omega_\alpha(\boldsymbol{k})} |\boldsymbol{b}\boldsymbol{e}_{\boldsymbol{k}\alpha}|^2 \left(N_{\boldsymbol{k}\alpha} + \frac{1}{2}\right).$$

Die Besetzungszahlen $N_{\boldsymbol{k}\alpha}$ werden dabei durch die BOSE-Verteilung gegeben:

$$N_{\boldsymbol{k}\alpha} = \left[\exp\frac{\hbar\omega_\alpha(\boldsymbol{k})}{T} - 1\right]. \tag{127,8}$$

Beim Einsetzen in (127,7) liefert der die Nullpunktsschwingungen enthaltende Term einen temperaturunabhängigen Faktor, den man wegzulassen hat (genauer gesagt, in der Definition von $F_{\boldsymbol{b}}$ berücksichtigen muß). Schließlich erhalten wir durch den Übergang von der $\boldsymbol{k}$-Summation zur Integration über $V\mathrm{d}^3k/(2\pi)^3$ endgültig

$$D = \exp\left\{-\frac{\hbar v}{M}\sum_\alpha \int \frac{|\boldsymbol{b}\boldsymbol{e}_{\boldsymbol{k}\alpha}|^2}{\omega_\alpha(\boldsymbol{k})} N_{\boldsymbol{k}\alpha} \frac{\mathrm{d}^3k}{(2\pi)^3}\right\}. \tag{127,9}$$

---

[1]) Zum Beweis des Theorems im „makroskopischen Grenzfall" ($N \to \infty$) entsprechend seiner Anwendung in der Statistik s. IX, § 13.

[2]) Das Produkt einer geraden Anzahl von $2n$ Faktoren in $\hat{L}$ kann man auf $(2n-1)(2n-3)\ldots 1$-fache Weise in Paare zerlegen (indem man einen der $2n$ Faktoren auswählt, kann man ihn mit einem beliebigen der restlichen $2n-1$ Operatoren kontrahieren; wählt man weiter stets einen der restlichen $2n-2$ Operatoren, dann kann man ihn auf $(2n-3)$fache Weise kontrahieren usw.). Daher gilt

$$\langle \hat{L}^{2n} \rangle = [(2n-1)(2n-3)\ldots 1]\langle \hat{L}^2 \rangle.$$

Für $T \to 0$ verschwindet die Funktion $N_{k\alpha}$, und D strebt dementsprechend gegen Eins; mit wachsender Temperatur fällt D. Wir bemerken, daß der Temperatureinfluß zu einer allgemeinen Verringerung der Streulinienintensität bei unveränderter Linienform (insbesondere auch der Breite) führt.

Die mittlere thermische Auslenkung der Atome aus den Gitterpunkten des Kristalls ist gewöhnlich (sogar bei hohen Temperaturen) klein im Vergleich zur Gitterkonstanten. Dann ist der Exponent der Exponentialfunktion in D für eine Streulinie mit einem geringen Wert von $\boldsymbol{b}$ klein im Vergleich zu 1, und der Temperatureffekt stellt eine kleine Korrektur dar. Die Verringerung der Intensität wird aber für eine Streulinie, der ein großer Wert von $\boldsymbol{b}$ entspricht, erheblich.

Im Hochtemperaturbereich (im Vergleich zur DEBYE-Temperatur) ist das mittlere Quadrat $\langle \boldsymbol{u}^2 \rangle \sim T$, und damit ist der Exponent der Exponentialfunktion in D proportional zu T. Bei tiefen Temperaturen gehören die thermischen Phononen hauptsächlich zu den akustischen Zweigen des Spektrums, für die $\omega \sim k$ gilt. Die Integration über ω in (127,9) kann in diesem Fall bis ∞ ausgedehnt werden, und der Exponent der Exponentialfunktion erweist sich als proportional zu T^2.

Zum Schluß sei noch bemerkt, daß für tiefe Temperaturen, wenn nur langwellige Phononen wesentlich sind, die Gültigkeit der Formeln (127,7 bis 9) nicht unbedingt die Darstellungsmöglichkeit von $n(\boldsymbol{r})$ als Summe über die Atome (127,1) erfordert: Für langwellige Schwingungen verschieben sich große Gitterbereiche als Ganzes mit ihren Werten der Elektronendichte, was für die Herleitung der angegebenen Formeln wichtig war.

ANHANG KRUMMLINIGE KOORDINATEN

Wir stellen hier zum Nachschlagen einige Formeln zusammen, die sich auf Vektoroperationen in krummlinigen Koordinaten im allgemeinen und in gewissen Spezialfällen beziehen.

In einem beliebigen krummlinigen orthogonalen Koordinatensystem u_1, u_2, u_3 ha das Quadrat des Linienelements die Form

$$\mathrm{d}l^2 = h_1^2\,\mathrm{d}u_1^2 + h_2^2\,\mathrm{d}u_2^2 + h_3^2\,\mathrm{d}u_3^2\,,$$

wo h_i Funktionen der Koordinaten sind. Das Volumenelement in denselben Koordinaten lautet

$$\mathrm{d}V = h_1 h_2 h_3\,\mathrm{d}u_1\,\mathrm{d}u_2\,\mathrm{d}u_3\,.$$

Die verschiedenen Vektoroperationen können mit Hilfe der Funktionen h_i durch die folgenden Formeln ausgedrückt werden. Vektoroperationen mit einem Skalar:

$$(\operatorname{grad} f)_i = \frac{1}{h_i}\frac{\partial f}{\partial u_i}\,,$$

$$\Delta f = \frac{1}{h_1 h_2 h_3}\sum \frac{\partial}{\partial u_1}\left(\frac{h_2 h_3}{h_1}\frac{\partial f}{\partial u_1}\right),$$

wo die Summation über die zyklische Vertauschung der Indizes 1, 2, 3 erfolgen soll. Vektoroperationen mit einem Vektor:

$$\operatorname{div}\boldsymbol{A} = \frac{1}{h_1 h_2 h_3}\sum \frac{\partial}{\partial u_1}(h_2 h_3 A_1)\,,$$

$$(\operatorname{rot}\boldsymbol{A})_1 = \frac{1}{h_2 h_3}\left[\frac{\partial}{\partial u_2}(h_3 A_3) - \frac{\partial}{\partial u_3}(h_2 A_2)\right]$$

(die übrigen Komponenten von rot $\boldsymbol{A}$ erhält man durch zyklische Vertauschung der Indizes).

Zylindrische Koordinaten r, φ, z. Das Linienelement:

$$\mathrm{d}l^2 = \mathrm{d}r^2 + r^2\,\mathrm{d}\varphi^2 + \mathrm{d}z^2\,,$$

$$h_h = 1, \quad h_\varphi = r\,, \quad h_z = 1\,.$$

Vektoroperationen:

$$\Delta f = \frac{1}{r}\frac{\partial}{\partial r}\left(r\frac{\partial f}{\partial r}\right) + \frac{1}{r^2}\frac{\partial^2 f}{\partial \varphi^2} + \frac{\partial^2 f}{\partial z^2},$$

$$\operatorname{div} \boldsymbol{A} = \frac{1}{r}\frac{\partial}{\partial r}(rA_r) + \frac{1}{r}\frac{\partial A_\varphi}{\partial \varphi} + \frac{\partial A_z}{\partial z},$$

$$(\operatorname{rot} \boldsymbol{A})_r = \frac{1}{r}\frac{\partial A_z}{\partial \varphi} - \frac{\partial A_\varphi}{\partial z}, \qquad (\operatorname{rot} \boldsymbol{A})_\varphi = \frac{\partial A_r}{\partial z} - \frac{\partial A_z}{\partial r},$$

$$(\operatorname{rot} \boldsymbol{A})_z = \frac{1}{r}\frac{\partial}{\partial r}(rA_\varphi) - \frac{1}{r}\frac{\partial A_r}{\partial \varphi},$$

$$(\Delta \boldsymbol{A})_r = \Delta A_r - \frac{A_r}{r^2} - \frac{2}{r^2}\frac{\partial A_\varphi}{\partial \varphi},$$

$$(\Delta \boldsymbol{A})_\varphi = \Delta A_\varphi - \frac{A_\varphi}{r^2} + \frac{2}{r^2}\frac{\partial A_\varphi}{\partial \varphi}, \qquad (\Delta A)_z = \Delta A_z .$$

In den Ausdrücken für die Komponenten von $\Delta \boldsymbol{A}$ bedeutet ΔA_i, daß der Operator Δ auf die Größe A_i wirkt, die dabei als Skalar angesehen wird.

Sphärische Koordinaten r, θ, φ. Das Linienelement:

$$\mathrm{d}l^2 = \mathrm{d}r^2 + r^2\,\mathrm{d}\theta^2 + r^2 \sin^2\theta\,\mathrm{d}\varphi^2 ,$$

$$h_r = 1 , \qquad h_\theta = r , \qquad h_\varphi = r \sin\theta .$$

Vektoroperationen:

$$\Delta f = \frac{1}{r^2}\frac{\partial}{\partial r}\left(r^2\frac{\partial f}{\partial r}\right) + \frac{1}{r^2 \sin\theta}\frac{\partial}{\partial \theta}\left(\sin\theta\frac{\partial f}{\partial \theta}\right) + \frac{1}{r^2\sin^2\theta}\frac{\partial^2 f}{\partial \varphi^2},$$

$$\operatorname{div} \boldsymbol{A} = \frac{1}{r^2}\frac{\partial}{\partial r}(r^2 A_z) + \frac{1}{r\sin\theta}\frac{\partial}{\partial \theta}(\sin\theta A_\theta) + \frac{1}{r\sin\theta}\frac{\partial A_\varphi}{\partial \varphi},$$

$$(\operatorname{rot} \boldsymbol{A})_r = \frac{1}{r\sin\theta}\left[\frac{\partial}{\partial \theta}(\sin\theta A_\varphi) - \frac{\partial A_\theta}{\partial \varphi}\right],$$

$$(\operatorname{rot} \boldsymbol{A})_\theta = \frac{1}{r\sin\theta}\frac{\partial A_r}{\partial \varphi} - \frac{1}{r}\frac{\partial}{\partial r}(rA_\varphi),$$

$$(\operatorname{rot} \boldsymbol{A})_\varphi = \frac{1}{r}\left[\frac{\partial}{\partial r}(rA_\theta) - \frac{\partial A_r}{\partial \theta}\right],$$

$$(\Delta \boldsymbol{A})_r = \Delta A_r - \frac{2}{r^2}\left[A_r + \frac{1}{\sin\theta}\frac{\partial}{\partial \theta}(\sin\theta A_\theta) + \frac{1}{\sin\theta}\frac{\partial A_\varphi}{\partial \varphi}\right],$$

$$(\Delta \boldsymbol{A})_\theta = \Delta A_\theta + \frac{2}{r^2}\left[\frac{\partial A_r}{\partial \theta} - \frac{A_\theta}{2\sin^2\theta} - \frac{\cos\theta}{\sin^2\theta}\frac{\partial A_\varphi}{\partial \varphi}\right],$$

$$(\Delta \boldsymbol{A})_\varphi = \Delta A_\varphi + \frac{2}{r^2\sin\theta}\left[\frac{\partial A_r}{\partial \varphi} + \cot\theta\frac{\partial A_\theta}{\partial \varphi} - \frac{A_\varphi}{2\sin\theta}\right].$$

SACHVERZEICHNIS

Abbildung, konforme 15
abgeplattete sphäroidale Koordinaten 25
Abklingzeit des Feldes 250
Abschirmung der Ladungen 45
Absorption elektromagnetischer Wellen 402
Absorptionskoeffizient 357
Absorptionslinie 457
Absorptionsquerschnitt 403
Achse des Kristalls, optische 422
—, leichte 174, 200
Aktivität, optische 450
ALFVÉN-Geschwindigkeit 295
ALFVÉN-Unstetigkeit 302
ALFVÉN-Welle 296, 311
amorpher Festkörper, Streuung 540
analytische Eigenschaften der dielektrischen Funktion 349
anisotropes dielektrisches Medium 66
Anisotropie, magnetische 173
Anisotropieenergie 174, 198
Anisotropiefluktuation 530
Antiferromagnetikum 208
—, kollineares 166
—, nichtkollineares 166
Antiferromagnetismus 163
anti-STOKESsche Streuung 511
antisymmetrische Streuung 516
Äquipotentialfläche 3
äußere konische Refraktion 428
außerordentliche Welle 423
Austauschkräfte der Atome 170
Austauschnäherung 203
Austrittsarbeit 115
Austrittspotential 115
axialer Gyrationsvektor 451

BARNETT-Effekt 161
Beugung am Keil 404
— am Schirm 408
— von Röntgenstrahlung 543
Beugungsflecke 550
Bezirke, WEISSsche 192
Bildkraft 10
bikritischer Punkt 213
Binormale 426
BIOT-SAVARTsches Gesetz 138
Biradiale 426
BLOCH-Wand 185
BRAGG-WULF-Gleichung 546
Brechungsindex 356, 362
Bremskraft 491
Bremsung schneller Teilchen 495
BREWSTERscher Winkel 370

CAUCHY-RIEMANNsche Differentialgleichung 14
chemisches Potential 118
COTTON-MOUTON-Effekt 437
CURIE-Punkt 170
CURIE-WEISSsches Gesetz 172

Dämpfungskoeffizient 395
DEBEYEsche Relaxationszeit 535
DEBYE-WALLER-Faktor 556
Depolarisationsfeld 51
Depolarisationskoeffizient 29
detailliertes Gleichgewicht 518
Dichte des Leitungsstromes 135
— der Molekularströme 135
— der Oberflächenladung 3
Dielektrizitätskonstante 49
Dielektrikum 1
—, Elektrostriktion im 63
—, sich bewegendes 326
dielektrische Funktion, analytische Eigenschaften 349
— —, Dispersion 331
— — in Kristallen 412
— —, longitudinale 448
— —, nichtlineare 464
— —, transversale 448
dielektrische Hauptachsen 416
— Permeabilität 44
— Polarisation 41
— Suszeptibilität 44
—r Tensor 66
differentieller Extinktionskoeffizient 520
diffuse Wärmestreuung 552

Diffusionserscheinungen, elektrische 127
Dipolmoment 43
Dispersion der dielektrischen Funktion 331
— der magnetischen Suszeptibilität 336
—, räumliche 445
Dispersionsgesetz 295, 334
— magnetohydrodynamischer Wellen 295
Dissipationsfunktion 268
dissipative Prozesse 353
— — in der Magnetohydrodynamik 284
Domänen 179
Domänenstruktur eines Ferromagnetikums 192
Domänenwand 184
Doppelbrechung 423
— im elektrischen Feld 431
Doppelschicht 116
Doppler-Verbreiterung 446
Drehmoment 160
— durch elektrische Kräfte 83
Dsjaloschinski-Feld 219
Dynamo, turbulenter 316
dynamooptische Erscheinung 440

Eigenfrequenzen in Hohlraumresonatoren 387
Eigenschaften, dielektrische 66
—, ferroelektrische 97
Eikonal 362
einachsige Kristalle 421
Eindomänenteilchen 197
Eindringtiefe in Leitern 250
— in Supraleitern 226
Einstein-de-Haas-Effekt 161
elastooptische Konstanten 441
Elektrokapillarität 119
Elektrolytlösung 118
elektromotorische Kraft 118
Elektrostriktion 38
— in Dielektrika 63
elektrostatische Induktionskoeffizienten 4
Elemente, Galvanische 118
Ellipsoid, dielektrisches 48
—, Fresnelsches 421
—, leitendes 23
elliptische Koordinaten 24
EMK 118
enantiomorphe Kristalle 453
elektrische Induktion 43
— Leitfähigkeit 108, 122
— Verschiebung 43
—r Dipol, Potential 8
Energie, Extremaleigenschaft 6
— des Feldes 4
—, gesamte freie 56
— der Inhomogenität 185
—, innere 56
— eines pyroelektrischen Körpers, freie 68
— von Strömen 147
Energiedichte in Supraleitern 226
Energiestromdichte 325, 341
Energieverluste schneller Teilchen 491
Entelektrisierungsfaktor 29
Entmagnetisierungsfeld 198
Entropie 56
Entropiewellen 311
Erhaltung der Ladung 323
Ettinghausen-Effekt 122
E-Wellen 392
Extinktionskoeffizient 537
—, differentieller 520
—, totaler 520

Faraday-Effekt 436
—, umgekehrter 438
Faradaysches Gesetz 273
Feld, elektrisches 1
Feldstärke, kritische in Supraleitern 232
—, magnetische 132
Feldenergie 341
Fermatsches Prinzip 363
Ferroelektrika 97, 165
—, uneigentliche 105
Ferromagnetika 165, 170
—, Domänenstruktur 192
—, Magnetisierungskurve 176
—, Phasengleichgewichte 196
Ferromagnetismus 163
—, schwacher 215
Fluktuationen in Ferromagnetika 243
Fluktuationsbereich 213
Fluß, magnetischer 149
Flüssigkristalle, Streuung 538
Formfaktor, atomarer 555
Foucaultsche Ströme 250, 273
freie Energie 150
— —, dielektrische Körper 59
— —, magnetische Systeme 144
— —, pyroelektrische Körper 68
Frequenzwandlung 462
Frequenzwandlungsprozesse 464
Fresnelsche Beugung 407
— Formeln 367
— Gleichung 416
—s Ellipsoid 421
f-Summenregel 353

Galvanische Elemente 118
Gesetz, Biot-Savartsches 138
—, Curie-Weisssches 172
—, Faradaysches 273
—, Joule-Lenzsches 109
—, Ohmsches 108
Gibbssche Verteilung 73
Ginsburg-Landau-Theorie 226

Gleichgewichtsbedingungen im elektrischen Feld 58
Grenzwinkel der Totalreflexion 370
Gruppengeschwindigkeit 295, 371
Gyrationsvektor 433, 451
gyrotrope Abhängigkeit 433
Gyrotropie 452

HALL-Effekt 112
HALL-Konstante 114
HARTMANNsche Zahl 288
Hauptmaxima der Bewegung 546
Hauptschnitt 423
Hauptwelle in Wellenleitern 394
helikoidale Struktur in Ferromagnetika 222
Hohlraumresonanzen 387
HUGONIOT-Kurve 306
H-Wellen 392
Hysterese 178

Impedanz 261
— eines Supraleiters 376
Impulsdichte, räumliche 325
Impulsstromdichtetensor 285
Indexfläche 417
Induktion, elektrische 43
—, magnetische 131
—, unipolare 274
Induktionskoeffizient, elektrostatischer 4
—, gegenseitiger 148
Inertialbereich in der Magnetohydrodynamik 319
Inhomogenitätsenergie 185
integrale Intensität 549
Inversionsmethode 12
Ionisationsverluste 489
—, relativistische Teilchen 495
Isomere, rechts- und linksdrehende 453

JOULE-LENZsches Gesetz 109
JOULEsche Wärme 253, 316

Kantenproblem 16
Kapazität 4
— des Ellipsoids 27
— im quasistatischen Stromkreis 266
Kapazitätskoeffizient 4
Kausalitätsprinzip 350
Kegel der inneren konischen Refraktion 427
— der äußeren konischen Refraktion 428
KERR-Effekt 431
kinetische Koeffizienten 125
— —, Symmetrieprinzip 110
Klassen, magnetische 166
Koeffizient der gegenseitigen Induktion 148
kombinierte Streuung 530
— —, erzwungene 485
komplexes Potential 14
konforme Abbildung 14
Kontaktpotential 115
Kontaktunstetigkeit 301
Kontinuitätsgleichung 281
Koordinaten, abgeplattete sphäroidale 25
—, elliptische 24
—, krummlinige 558
—, sphärische 559
—, verlängerte sphäroidale 25
—, zylindrische 558
Körper, antiferromagnetische 164
—, ferromagnetische 164
—, pyroelektrische 68
Korrelationsfunktion 524
Kraftdichte 325
Kräfte in Festkörpern 79
— auf Leiter 35
— im Magnetfeld 157
—, ponderomotorische 74
KRAMERS-KRONIG-Formeln 352
KRAMERS-KRONIG-Dispersionsbeziehungen 448
Kristall, einachsiger 67
—, enantiomorpher 453
—, piezoelektrischer 80
—, zweiachsiger 67
Kristallklassen, magnetische 164
Kristalloptik 416
kritische Exponenten 203
— Indizes 203
— Opaleszenz 536
—r Zustand 96
—s Feld in Supraleitern 231

Ladung, Erhaltung 323
LANDAU-PLACZEK-Formel 534
LANDAU-Theorie 200
LAPLACE-Gleichung 2
LAUE-Gleichung 546
LAUE-Methode 549
LEDUC-RIGHI-Effekt 127
leichte Achse, Ebene 174, 200
— — in Antiferromagnetika 209
Leiter 1
Leitfähigkeit, elektrische 108, 122
—, thermische 123
Leitfähigkeitstensor 109
Leitungsstromdichte 135
Linienbreite 534
linksdrehende Isomere 453
LORENTZ-Konvention 495
LORENTZ-Kraft 159
LORENTZ-Transformation 327

Magnetfeld, thermodynamische Beziehungen 142
—, zeitabhängiges 131

magnetische Feldstärke 132
— Flächen 290
— Induktion 131
— Permeabilität 133, 147
— REYNOLDsche Zahl 286, 321
— Struktur 163
— Suszeptibilität 337
—r Fuß 149
Magnetisierbarkeit, leichte 174
Magnetisierung, Ferromagnetikum 171
Magnetisierungskurve 176
Magnetisierungsverteilung, Eindomänenprobe 198
magnetooptische Effekte 432
magnetostatische Selbstenergie 198
—r Effekt 220
MANDELSCHTAM-BRILLOUIN-Dublett 533
MANLEY-ROWE-Theorem 463
MAXWELL-Effekt 443
MAXWELLsche Relaxationszeit 535
—r Spannungstensor 35, 82, 282
Medium, anisotropes dielektrisches 66
MEISSNER-Effekt 226
Mischung, disperse 52
Molekularstromdichte 135

natürliche optische Aktivität 450
negativer einachsiger Kristall 422
NERNST-Effekt 127
NERNSTscher Satz 234
Nichtleiter 1, 42
nichtlineare dielektrische Funktion 465
— Medien 462
— Suszeptibilität 463
Normalenfläche 417

Oberflächenimpedanz 253, 374
Oberflächenladung 3, 45
Oberflächenspannung 241
Oberflächenstrom in Supraleitern 226
OHMsches Gesetz 108
Opaleszenz, kritische 536
Optik, geometrische 362
—, nichtlineare 462
optische Achse eines Kristalls 422, 426
— —, singuläre 430
— —, zirkuläre 430
optische Aktivität 433
— Dispersion 450
— Strahlenachsen 426
ordentliche Wellen 422
Orientierungsübergänge in Ferromagnetika 199, 201
Oszillatorstärke 353

parametrische Verstärkung 481
PELTIER-Effekt 124
PELTIER-Koeffizient 124
Permeabilität, dielektrische 44
—, magnetische 133, 147
Phasenübergang zweiter Art 98, 202
Piezoelektrika 84
piezoelektrischer Tensor 85
Piezomagnetismus in Antiferromagnetika 221
Pinch 290
Plasmafaden 290
Polarisation, dielektrische 42
—, spontane 99
— der TSHERENKOW-Strahlung 504
Polarisationsvektor 42
Polarisierbarkeitstensor 8
ponderomagnetische Kräfte 346
Potential 2
—, komplexes 14
—, thermodynamisches 56
POYNTING-Vektor 139, 253
Prinzip des detaillierten Gleichgewichts 518
Pumpwelle 485
Pyroelektrizität 68, 90, 165
pyroelektrischer Körper 68

quasistationäre Ströme 247

RAMAN-LANDSBERG-MANDELSCHTAM-Effekt 530
Raumgruppe, magnetische 164, 166
RAYLEIGH-Streuung 515, 530
— in amorphen Festkörpern 540
Reaktanz 263
rechtsdrehende Isomere 453
Reflexionskoeffizient 368
Reflexionspunkte 381
Refraktion, Kegel der äußeren konischen 428
—, Kegel der inneren konischen 427
Relaxationszeit, DEBYEsche 535
—, MAXWELLsche 535
Resonanz, homogene ferromagnetische 339
—, inhomogene ferromagnetische 338
REYNOLDSsche Zahl, magnetische 280
Reziprozitätstheorem 385
Röntgenstrahlen 543
Rotationsunstetigkeit 299

Schalldispersion 535
Schwingung, freie elektrische 267
SEIGNETTE-Elektrika 97
Selbstfokussierung 473
Selbstinduktion, linienförmige Leiter 151
Selbstinduktionskoeffizient 148
skalare Streuung 516
Skaleninvarianz 206

Skineffekt 259
Spannungstensor 74, 158, 325, 346
—, MAXWELLscher 35, 82, 282
— in Supraleitern 226
Spiegelungsmethode 20
sphärische Koordinaten 559
spontane Polarisation 99
Stabilitätsbedingung in Ferroelektrika 101
STEWART-TOLMAN-Effekt 277
STOKESsche Streuung 511
Stoßadiabaten 307
Stoßwellen 306
—, elektromagnetische 483
—, Evolutionsbedingungen 309
—, parallele 313
—, schnelle 312
Strahlenfläche 417
Strahlvektor 417
Streuprozesse 516
— durch Dichtefluktuationen 552
—, nichtkohärente 552
Streuquerschnitt 399
Streuung, anti-STOKESsche 511
— elektromagnetischer Wellen 398
—, kombinierte 485, 530
—, skalare 516
—, spontane 521
—, STOKESsche 511
—, symmetrische 516
Stromdichte, elektrische 108
Stromkreis mit Kapazität 267
Struktur, magnetische 163
Supraleiter erster Art 226
— zweiter Art 226
supraleitender Strom 227
Supraleitfähigkeit 225
Suszeptibilität, dielektrische 44, 72
—, magnetische 133
—, —, in Antiferromagnetika 210
—, nichtlineare 465
—, verallgemeinerte 350
Symmetrie, magnetische 163
Symmetrieprinzip der kinetischen Koeffizienten 110
Symmetrietransformation 209
symmetrische Streuung 516
Synchronisationsbedingung 477

tangentiale Unstetigkeit 301
Telegraphengleichung 397
Tensor der elektrischen Permeabilität 66
—, piezoelektrischer 85
Tensorellipsoid 67
thermische Leitfähigkeit 123
thermodynamische Beziehungen, Dielektrika 54
— — im Magnetfeld 142
thermodynamische Potentiale 56
— —, magnetoelastischer Anteil 181
— — in Supraleitern 121
— Ungleichungen 93
thermoelektrische Erscheinungen 121
— Koeffizienten 123
Thermo-EMK 125
thermogalvanomagnetische Erscheinungen 126
Theta-Pinch 291
THOMSON-Effekt 124
THOMSON-Koeffizient 124
THOMSON-Relation 267, 347
Totalpolarisation 370
Totalreflexion 371
—, Grenzwinkel 370
transparente Medien 359
Transparenzgebiete 344
transversal-elektrische (TE) Wellen 392
transversal-magnetische (TM) Wellen 392
TSCHERENKOW-Strahlung 503

Übergangsstrahlung 506
Überstrukturperiode 224
Umklappfeld in Antiferromagnetika 211
unipolare Induktion 274
Unstetigkeiten 299
—, tangentiale 301
—, Rotationsunstetigkeiten 302
Untergitter, magnetisches 166
—, Umklappen 211

Vektorpotential 135
verlängerte sphäroidale Koordinaten 25
Verschiebung, elektrische 43
Verschiebungsstrom 324
Verstärkung, parametrische 481
Verteilung, GIBBSsche 73
Verzweigungen von Domänen 195
Volumenkräfte 158

Wärme, JOULEsche 242
Wärmetransportgleichung in der Magnetohydrodynamik 285
Wärmestreuung, diffuse, von Röntgenstrahlung 552
Wärmestromdichte 126
WEISSsche Bezirke 192
Wellen in anisotropen Medien 415
—, außerordentliche 423
—, in inhomogenen Medien 380
—, linkspolarisierte 436
—, links zirkular polarisierte 453
—, magnetohydrodynamische 293
—, monochromatische 355
—, ordentliche 422
—, rechts zirkular polarisierte 453
—, Reflexion und Brechung 366

—, transversal elektrische, magnetische 392
—, in Wellenleitern, elektrischer Typ 392
—, — —, magnetischer Typ 392
—, zirkular polarisierte 453
Wellenfront 360
Wellengleichungen 321
Wellenleiter 392
Wellenoptik 362
Wellenvektorfläche 417
Widerstand, komplexer 261
Winkelphase 201
Winkel der Totalpolarisation 370
— — Totalreflexion 371
Wirkungsquerschnitt 545
—, diffuse Streuung 553
—, totaler 547

ZEMPLÉN-Theorem 307
zirkulare Doppelbrechung 436
Zirkulation 264
z-Pinch 291
Zustand, kritischer 96
zweiachsige Kristalle 424
zweite Harmonische, Erzeugung 476
Zweiphotonenabsorption 488
Zwischenzustand 236
zylindrische Koordinaten 558